Quednau
Geomikrobiologie – Band 1: Grundlagen
De Gruyter Studium

Weitere empfehlenswerte Titel

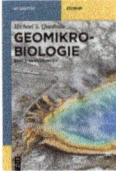

Geomikrobiologie.
Band 2: Anwendungen
Quednau, 2016
ISBN 978-3-11-042676-2, e-ISBN 978-3-11-042287-0

Trennungsmethoden der Analytischen Chemie
Bock, Nießner, 2014
ISBN 978-3-11-026544-6, e-ISBN 978-3-11-026637-5

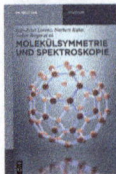

Molekülsymmetrie und Spektrometrie
Lorenz, Kuhn, Berger, Christen, 2015
ISBN 978-3-11-036492-7, e-ISBN 978-3-11-036493-4

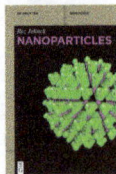

Nanoparticles
Jelinek, 2015
ISBN 978-3-11-033002-1, e-ISBN 978-3-11-033003-8

Compact NMR
Blümich, Haber-Pohlmeier, Zia, 2014
ISBN 978-3-11-026628-3, e-ISBN 978-3-11-026671-9

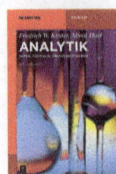

Analytik.
Daten, Formeln, Übungsaufgaben
Küster, Thiel, 2016
ISBN 978-3-11-041495-0, e-ISBN 978-3-11-041496-7

Michael S. Quednau

Geomikrobiologie

Band 1: Grundlagen

DE GRUYTER

Autor
Dr. Michael S. Quednau
Hartmuthstr. 1A
61476 Kronberg i. T.
Deutschland
E-Mail: info@drquednau.eu
URL: www.drquednau.eu

ISBN 978-3-11-042675-5
e-ISBN (PDF) 978-3-11-042677-9
e-ISBN (EPUB) 978-3-11-042350-1

Library of Congress Cataloging-in-Publication Data
A CIP catalog record for this book has been applied for at the Library of Congress.

Bibliografische Information der Deutschen Nationalbibliothek
Die Deutsche Nationalbibliothek verzeichnet diese Publikation in der Deutschen
Nationalbibliografie; detaillierte bibliografische Daten sind im Internet über
http://dnb.dnb.de abrufbar.

© 2017 Walter de Gruyter GmbH, Berlin/Boston
Umschlagabbildung: sergioboccardo/iStock/Thinkstock
Satz: PTP-Berlin, Protago-TEX-Production GmbH, Berlin
Druck und Bindung: CPI books GmbH, Leck
♾ Gedruckt auf säurefreiem Papier
Printed in Germany

www.degruyter.com

Vorwort

Das Motiv der vorliegenden Publikation beruhte auf unternehmensbezogenen Überlegungen, inwieweit die biogene Synthese metallischer Nanopartikel/-cluster im Sinne einer *Bottom-up*-Strategie in/aus der Geomikrobiologie einer industriell-wirtschaftlichen Verwertung zugänglich ist.

Denn innerhalb der Geowissenschaften entwickelte sich mit der Geomikrobiologie eine Disziplin, deren bislang vorliegende Datenbestände eine Weiterleitung in die Angewandte Geomikrobiologie oder auch Geobiotechnologie gestatten. Ein häufig beschriebenes Phänomen in laborbezogenen Experimenten sowie mikrobiell ausgerichteter Feldstudien ist die Synthese metallführender Biomineralisationen im µm-nm-Bereich. Die physikalisch-chemischen Eckdaten dieser durch biogene Aktivitäten erzeugten Feststoffphasen erreichen zum Zwecke eines möglichen technischen Einsatzes eine nahezu fehlerfreie Qualität.

Zeitgleich eröffnen aufkommende Themen wie Nanobiotechnologie, miniaturisierte Hybridwerkstoffe u. a., gekoppelt mit Forderungen nach Ressourceneffizienz sowie Nachhaltigkeit unter Berücksichtigung der aktuellen und zu erwartenden Bedürfnisse rohstofforientierter Märkte, neben den Perspektiven eine Fülle von Herausforderungen an industriell-technische Verfahrenslösungen und Qualitätsmerkmale.

Zielsetzung der vorliegenden Veröffentlichung ist die Vermittlung eines zusammenfassenden Ein-/Überblicks über die praktischen als auch theoretischen Vorgehensweisen, die über einen *Bottom-up*-Ansatz zur biogenen Materialabscheidung, insbesondere metallischer Nanopartikel und -cluster im Sinne einer technisch-industriell regulierbaren Synthese und ökonomischer Kriterien, führen können.

Nach Sichtung und Bewertung der zum Zeitpunkt der Kompilierung vorliegenden Datenbestände im Sinne einer bioinspirierten Materialsynthese ist zur Umsetzung einer kommerziell rentablen Produktion jedoch eine interdisziplinär orientierte Vorgehensweise zwingend erforderlich.

Die vorliegende Ausarbeitung verfolgt daher die Absicht, die mit einer Biomineralisation assoziierten Reaktionssequenzen aus sehr unterschiedlichen naturwissenschaftlichen Blickwinkeln – unter Beachtung ihrer spezifischen Materialien und Methoden – zu bewerten, z. B. Mikrobiologie, Biochemie, Biophysik, Kristallographie, Materialwissenschaften, Elektrochemie, Mathematik etc.

Da aus den unterschiedlichen o. a. Arbeitsgebieten mit ihren spezifischen methodischen Vorgehensweisen und Zielsetzungen wichtige Impulse zur Machbarkeit für die biogene Synthese metallischer Nanopartikel angeboten werden, fließen alle o. a. Arbeitsgebiete, nach entsprechender Angleichung der Schnittstellen, zu Teilen in die Methoden der Geobiotechnologie ein.

DOI 10.1515/9783110426779-001

Alle Ausführungen orientieren sich an den Auswahlkriterien
(1) Kontrolle,
(2) Qualität,
(3) wirtschaftliche Exploitation unter Einbeziehung sozioökologischer Aspekte und
(4) Anschlussfähigkeit biologischer Prozesse und Merkmale an digitale Techniken.

Bedingt durch den Umfang an ausgewerteten Daten ist die vorliegende Ausarbeitung in zwei Bände untergliedert, d. h. eine Einführung in die Grundlagen, d. h. Band 1, sowie in die praxisbezogene Anwendung, d. h. Band 2.

Konzeptionell gestalten sich die einzelnen Kapitel themenspezifisch und sind in sich abgeschlossen, so dass sie ohne Kenntnisse der jeweiligen anderen Abschnitte eine geeignete Informationsvermittlung anbieten können.

Die vorliegende Publikation kann, neben Hinweisen zu Themen innerhalb der Geomikrobiologie, darüber hinaus bei Fragenstellungen innerhalb der Mikrobiologie, Biochemie, Biophysik sowie Materialwissenschaften bzw. Festkörperphysik geeignete Hinweise anbieten, speziell wenn geowissenschaftliche Themen/Interaktionen einbezogen sind.

Als Zielgruppe der vorgelegten Ausarbeitung kommen neben Studenten u. a. (Geo-)Mikrobiologen, (Geo-)Biotechnologen, Montangeologen sowie Materialwissenschaftler aus Wissenschaft und Wirtschaft in Betracht.

Ungeachtet der diversen Ansätze/Betrachtungsweisen mit deren Hilfe die vorgestellte Thematik zugänglich ist, verbleibt eine wichtige Ambition der vorliegenden Arbeit, stets den Bezug zu den Geowissenschaften zu berücksichtigen, da von der genannten Wissenschaftsdisziplin wichtige Impulse zum Thema Angewandte Geomikrobiologie angeboten werden. Hier zählen die Entdeckung neuer Habitate als übergeordnete chemische Reaktionsräume und Quellen der benötigten Ausgangsstoffe, die Bioverfügbarkeit, die Indikation und Akkumulation metallführender Präzipitate, die Isotopengeochemie etc.

Ohne die mentale sowie materielle Mithilfe des sozialen Umfeldes wäre die vorgelegte Veröffentlichung nicht zustande gekommen. Daher ist der Verfasser der vorliegenden Abhandlung an dieser Stelle allen unterstützenden Personen und Situationen zu allergrößtem Dank verpflichtet. Ungeachtet dessen erfolgt an dieser Stelle eine namentliche Erwähnung: Alexandra Zdraga.

Die ungeachtet sorgfältiger Revision sowie nach Drucklegung erforderlichen Korrekturen werden auf der Webseite https://www.degruyter.com/view/product/456618 als Download bereitgestellt.

Michael S. Quednau
Kronberg i. T. und Berlin, Dezember 2016

Inhalt

1 Einleitung

Alle durch individuelle oder zu Biofilmen organisierten funktionstüchtigen mikrobiellen Zellen oder isolierten Biomoleküle, z. B. Enzym, bioinspirierte Materialsynthesen in Form von u. a. metallischen Nanopartikeln (NP) und deren räumliches Arrangement zu funktionstüchtigen Clustern von gleichbleibender Qualität, verlaufen in diversen (Mikro-)Habitaten. Diese sind durch eine große Vielfalt an geochemischen/-physikalischen Rahmenbedingungen gekennzeichnet. Daher kann das Habitat für angedachte verfahrenstechnische Lösungen zu o. a. Absichten im Labor- bis Industriemaßstab Aussagen zur Belastbarkeit einer biogenen Materialsynthese anbieten. Der in das Habitat eingebundene Reaktionsraum, d. h. meist im mm- bis nm-Bereich, als Schnittstelle zwischen Mikroorganismus, Mineral sowie Metall, schafft u. a. durch die Bereitstellung/Bioverfügbarkeit von u. a. metallischen Spezifikationen sowie die hierfür benötigten Energiebeträge die Voraussetzung für physiologische Aktivitäten. Simultan kommt es zur Modifikation des Mikrohabitats mit wiederum Auswirkungen auf die betroffenen Mikroorganismen. Im Bereich der genannten Schnittstelle lassen sich die Vorgänge geomikrobiologisch gesteuerter *Bottom-up*-Methoden messtechnisch erfassen sowie mit *Top-down*-Techniken vergleichen. Darüber hinaus offerieren die o. a. Überlegungen eine Reihe unterstützender fachübergreifender Aspekte für z. B. Geomedizin.

1.1 Mikrobielles Habitat Geosphäre

Das mikrobielle Habitat stellt, je nach Beschaffenheit, das für den Mikroorganismus und/oder das Biomolekül erforderliche Nährstoffangebot bzw. die Edukte (Präkursor) sowie die thermodynamischen Rahmenbedingungen bereit. Unter dem Begriff Habitat wird zunächst der Lebensraum von Organismen (Nehring & Albrecht 2000) verstanden und neben den biologischen Aspekten sind auch nichtbiologische Größen einzubeziehen. Im Angelsächsischen tritt als Synonym oftmals der Begriff Biotop auf. Die oberflächennahen Bereiche der diversen Geosphären – von terrestrischen bis hin zu sub-marinen Milieus – bieten Organismen eine Vielzahl unterschiedlicher Habitate und Mikrohabitate an, d. h. die Erde als Habitat (Ehrlich et al. 2015). Hiermit geht wiederum ein weites Spektrum verschiedenartiger chemischer und physikalischer Umweltbedingungen einher, z. B. Temperatur, pH-Wert, Eh-Potential, Druck, osmotischer Stress etc. Der Term Geosphäre bezieht sich auf jenen Bereich der Erdoberfläche, wo es zu einem Kontakt und einer Durchdringung von fünf unterschiedlich definierten Sphären kommt, d. h. Atmo-, Bio-, Hydro-, Litho- sowie Pedosphäre (url: Meteorology-Network). Hydro-, Litho- sowie Pedosphäre stehen, unter terrestrischen Bedingungen, wiederum in Beziehung mit der Atmosphäre, d. h. Klimageschehen, mit entsprechenden Einwirkungen auf das Habitat sowie Mikrohabitat (Gadd 2007).

DOI 10.1515/9783110426779-002

(a) Bio- und Geosphäre

In nahezu allen oberflächennahen Geosphären der Erde sind Vertreter von Mikroorganismen anzutreffen, worunter, grob zusammengefasst, Viren, Bakterien, *Archaea* und Pilze (*Fungi*) zählen. Durch Nischenbesetzung und daran gekoppelte evolutionäre Optimierungstechniken konnte eine Vielzahl genetischer Modifikationen/Mutationen/Informationen angelegt werden. In ihrer Publikation zur Geobiologie von Organo- und Biofilmen betonen Reitner et al. (2011) die Koppelung der Geo- und Biosphäre über mikrobielle Prozesse. Biomineralisationen, Biotransformationen sowie Biokatalysen verarbeiten nahezu alle Metalle, die unter geeigneten geochemischen/-physikalischen Konditionen, z. B. pH, Temperatur, wichtige Lagerstätten bilden können, z. B. für Al, Au, Ni etc. (Stottmeister et al. 2003). Speziell SRB beteiligen sich z. B. wesentlich an Kreisläufen des C mit Auswirkungen auf klimatische Prozesse (Pester et al. 2012), Abschn. 2.2 (b).

(b) Ökosystem

Ökosysteme stehen in Verbindung mit der Bio- und Geosphäre. Unter einem Ökosystem sind weitläufig dynamische Wechselwirkungen von Fauna und Flora als Funktionseinheit zu verstehen. In den Term gehen je u. U. Begriffe wie Biotop, Biozönose ein. Die Kenntnis der die Stabilität beeinflussenden Konditionen ermöglicht eine Bewertung der auf ein Habitat wirkenden externen Parameter mit allen Konsequenzen, u. a. für biotechnologische Anwendungen. Als Bewertungssystem zur Messung der Stabilität eignen sich z. B. die Persistenz einer Population und die Dynamik einer mikrobiellen Gemeinschaft, die wiederum ein funktional stabiles Ökosystem ermöglichen (Fernández et al. 1999).

(c) Hydrosphäre

Die Hydrospäre nimmt mehr als 70 % der Erdoberfläche ein, das entspricht einem Volumen von ca. $1,37 \cdot 10^9$ km^3 (Ehrlich 2002). Geologisch sind im submarinen Milieu durch Beckenstrukturen, Kontinentalhänge, Guyots, Spreizungszonen, verbunden mit hydrothermalen Vorgängen, u. a. überprägte Habitate anzutreffen. Neben magmatischen, feinkörnigen klastischen Sedimenten sind u. a. biogene Sedimente wie Diatomeen- sowie Radiolarienschlämme beschrieben. Hydrochemisch bilden sich diverse Zonierungen aus, z. B. oxisch bzw. anoxisch und es überwiegen salinare Wässer, untergeordnet treten Süßwässer auf. Entsprechend vielfältig ist die mikrobielle Biomasse.

(d) Lithosphäre

Die Lithosphäre bietet mikrobiellen Aktivitäten eine Vielzahl von Feststoffphasen in Form von Gesteinen sowie Böden mit entsprechenden Ausgangssubstanzen (Edukt,

Präkursor) an, geeignet für metabolische Aktivitäten. Mineralische Zusammensetzung, H_2O-Gehalt, Redoxbedingungen und Bioverfügbarkeit der Elemente determinieren das Auftreten von Mikroorganismen. Bislang ist das Auftreten von Mikroorganismen innerhalb der Lithosphäre bis zu einer Tiefe von 3000 m nachgewiesen (Ehrlich 2002, Ehrlich et al. 2015).

(e) Pedosphäre

Die Pedosphäre mit ihren zahlreichen Bodenbildungen/-typen (z. B. Gleye, Podsole etc.), Mikrohabitaten wie Detritus, Rhizosphäre bietet einer Fülle unterschiedlichster Mikroorganismen, je nach Bodentyp, ein geeignetes Habitat an, z. B. Bakterien. Als Teil des Edaphons treten sie permanent als auch temporär auf. Neben diskreten individuellen Zellen sind Lebensgemeinschaften sowie isolierte funktionstüchtige Biomoleküle, wie z. B. Bodenenzyme, (Abschn. 3.3.4) beschrieben. Böden stellen biochemisch hochreaktive Habitate mit hohen Umsatzraten an u. a. metallischen Metaboliten dar, z. B. Fe, Mn. Das mikrobiell verwertbare Stoffangebot erstreckt sich auf u. a. Hydro-(Oxide), Karbonate etc. Es steht, je nach Umfeld, ein breites Angebot an geophysikalischen/-chemischen Parametern zur Verfügung. Die Pedosphäre führt z. T. erhebliche Datenbestände in Form von u. a. Genen.

(f) Humid

Humid (engl. *wetland*) überprägte Habitate zeichnen sich durch hohe, frei verfügbare H_2O-Anteile aus, da die Rate der Niederschläge den Austrag durch Verdunstung überbietet. Tropische/sub-tropische Bereiche sowie gemäßigte Zonen definieren diese Form der Geozonierung. Bodenbildung, Bodenenzyme, Bioverfügbarkeit mobiler Phasen inkl. Metallspezifikationen, hoher Biomasseanteil, moderate Temperaturen, Hydro-/Protolysen charakterisieren Habitate unter humiden Bedingungen. Durch die Vielfalt an bioverfügbaren Nährstoffen bedingt, d. h. C, S, N, P sowie Fe, ist eine hohe Diversität der Biomasse und somit geoaktiver Mikroorganismen verbunden.

(g) Arid

Aride Klimazonen sind gegenüber Einträgen von Niederschlägen durch höhere Verdunstungsraten ausgewiesen. Auch sind sie i. d. R. hohen Temperaturunterschieden ausgesetzt, d. h., durchschnittliche Maximalwerte belaufen sich in heißen Zonen um die 40 °C, in sog. „kalten Wüsten" sind Temperaturen häufig unter 0 °C gemessen. Abflusssysteme sind kaum bis nicht anzutreffen. Stoffströme, ausgelöst durch Verwitterungsvorgänge, finden nur in sehr geringem Ausmaß statt. Dennoch können sich kleinräumig stoffliche Bewegungen bilden und, bedingt durch kapillar aufsteigende Wässer von Gesteinen und Taupräzipitationen, Fe- und Mn-Krusten bilden, d. h. Wüstenlack (engl. *desert varnish*). Als Grund für die hohen Mn-Gehalte, d. h.

Anreicherungsfaktor > 50 %, werden durch Mikroorganismen implementierte biochemische Prozesse angenommen. Denn es sind in diesem Zusammenhang oftmals organische Pigmente in Kombination mit Metalloxiden beschrieben (Gorbushina 2007). Flood et al. (2003) berichten von mikrobiellen Fossilien in Wüstenlackbildungen, d. h. Bakterien und Fungi.

(h) Polargebiete

Die Polargebiete beherbergen, ungeachtet der Temperaturbedingungen, mikrobielle Lebensformen und bedecken weite Areale der Erdoberfläche. Innerhalb der Geographie als Kältewüste bezeichnet, da kaum Niederschläge zu verzeichnen sind, bilden Polargebiete z. B. Trockentäler, Permafrostböden, Gletscherbildungen. Die durchschnittlichen Jahrestemperaturen belaufen sich z. B. in der Antarktis auf −23 °C (Cary et al. 2010). Die Böden, soweit vorhanden, sind durch extrem niedrige C_{org}-Gehalte definiert, die durchschnittlichen Jahresniederschläge belaufen sich auf < 100 mm. Ungeachtet dessen häufen sich die Entdeckungen prokaryotischer Lebensformen (Kirchman et al. 2009). Ein Studium der mikrobiellen Vertreter/Konsortien, d. h. psychrophil toleranter Extremophile (Hoover & Pikuta 2010), bietet Ansatzpunkte für eine Verwertung im wirtschaftlichen Sinne, da sie infolge evolutionärer Anpassungsmaßnahmen über gegenüber physikalischem Stress belastbare Biokomponenten verfügen, z. B. Enzyme als Biokatalysatoren.

(i) Marin

Auch innerhalb der Ozeanographie, assoziiert mit einer Vielzahl von Habitaten, hält die Geomikrobiologie Einzug. Auf die Wechselwirkungen zwischen Mikrobe mit dem Mineral auf/in marinen Böden gehen z. B. Edwards et al. (2005) ein. Die Ozeanographie mit interdisziplinärer Ausrichtung bezieht von Anfang an die Wechselwirkungen zwischen Mikroben und Mineralen in ihre Untersuchungen mit ein und berührt infolgedessen die Geomikrobiologie. Beginnend mit dem Studium von Manganknollen bis hin zur Entdeckung hydrothermaler Schlöte setzt sich die Erkenntnis einer Einbeziehung von Mikroorganismen in die verschiedenen Stufen der Transformation von Gesteinen sowie Mineralen auf und in Böden des submarinen Milieus durch. Die Vorgänge erstrecken sich von Temperaturen um 100 °C bis um den Gefrierpunkt des Wassers, d. h. 0 °C. Im Unterschied zur terrestrischen Verwitterung von Mineralen finden die o. a. Prozesse unter Ausschluss der Sonneneinstrahlung statt, die als energetische Quelle gegenüber der Biomasse auftritt (Edwards et al. 2005).

(j) Geothermal

Insbesondere ist es neueren geowissenschaftlichen Arbeiten/Untersuchungen und Techniken aus den Bereichen Thermalquellen, Tiefseeforschung usw. zu verdanken, fachübergreifende Kenntnisse über z. B. an extreme Bedingungen angepasste Lebensformen zu gewinnen. Kontinuierlich werden neue Mikroorganismen aus vor allem extremen Habitaten beschrieben.

So sind z. B. in den letzten 30–40 Jahren, insbesondere aus der Tiefsee, im Zusammenhang mit Tiefseeschlöten (engl. *black smoker*) sowie heißen Quellen/Sintern (engl. *hot springs*) zahlreiche Mikroorganismen beschrieben worden, Abb. 2.3, Abschn. 2.2.2. Generell zeichnen sich geothermale Habitate durch sowohl hohe Anteile an Biomasse als auch Metallkationen aus. Die evolutionären Anpassungsmechanismen mussten zudem auf niedrige pH-Werte sowie hohe Temperaturen reagieren.

(k) Kryptoendolithisch

Zur Verteilung anorganischer Spezifikationen und mikrobieller Diversität innerhalb arktischer, kryptoendolithischer Habitate äußern sich Omelon et al. (2007). Kryptoendolithische Habitate im Bereich der kanadischen Arktis sind mit einer Vielzahl mikrobieller Gemeinschaften verbunden. Diese Habitate unterziehen Omelon et al. (2007) – über sequenzielle Extraktion – entsprechenden Analysen zur Präsenz von Metallionen sowie der Evaluation der Beziehungen zwischen den anzutreffenden Mikroorganismen und Metallionen mittels multivariater Statistik. Unter den Bedingungen erhöhter Konzentrationen an Ca sowie Mg und hohen pH-Werten dominieren Cyanobakterien die mikrobiellen Gemeinschaften, dahingegen herrschen bei niedrigem pH-Wert und erhöhten Al-, Fe- und SiO_2-Gehalten Fungi sowie Algae vor. Anhand ihrer Ergebnisse vermuten Omelon et al. (2007), dass die vorherrschenden Mikroorganismen den pH-Wert des unmittelbaren Umfelds kontrollieren, mit der Auswirkung rückgekoppelter Beeinflussungen der Verwitterungsraten oder der Möglichkeit einer auf die Oberfläche bezogenen Krustenbildung. Beide Vorgänge gestalten wiederum die Struktur der mikrobiellen Diversität für jedes diskrete kryptoendolithische Habitat.

(l) Flüssigkeitseinschlüsse

Flüssigkeitseinschlüsse in rezentem sowie fossilem Halit enthalten mikrobielle Gemeinschaften, z. B. halophile Prokaryoten (Lowenstein et al. 2011), Abschn. 2.2.2. Ausgestattet mit entsprechenden Gehalten an C und anderen Metaboliten, ebenfalls eingebettet in den Einschlüssen, sind Mikroorganismen in der Lage, mehrere Jahre in diesem Zustand zu überleben, z. B. *Dunaliella* (Schubert et al. 2010). Zellen von *Pseudomonas aeruginosa* sind in Flüssigkeitseinschlüssen von unter Laborbedingungen synthetisiertem Halit nachgewiesen (Adamski et al. 2006). Über fossilisierte Mikroorganismen, erhalten als Flüssigkeitseinschlüsse in marin-epithermalen Gängen, einer Akkumulation von Baryt, Quarz sowie Vertretern von Mn-Oxiden, berichten Ivarson et al. (2010). Eine Mikrothermometrie zeigt für die Mikrofossilien eine Einschlusstemperatur von ca. 100 °C in siedendem Wasser. Die Präservierung der

Mikrofossilien geschah unter flachen, submarinen Bedingungen (< 10 m). Ivarson et al. (2010) erörtern die Möglichkeit einer Verwertung dieser Beobachtung, d. h. „biogene Flüssigkeitseinschlüsse" im Sinne paläobiologischer Fragestellungen wie z. B. Eignung als Biosignatur bzw. Informationen zum Paläoenvironment und dessen Rekonstruktion via fossilisierte Mikroorganismen (Ivarson et al. 2010).

(m) Geophysik/-chemie

Die geophysikalischen Parameter wie Temperatur und Druck und die chemischen Kriterien pH- sowie Eh-Wert nehmen entscheidenden Einfluss auf jede Form von Habitat. Ihnen unterliegen alle geochemischen Abläufe und mikrobiellen Aktivitäten. Im Zusammenhang mit magnetotakten Bakterien stehen Arbeiten zu dem Habitat und der Geochemie (Faivre & Schüler 2008). Allem Anschein nach tritt in einem Habitat mit geringen Nährstoffgehalten eine höhere Anzahl von Morphotypen auf, wie sie vergleichsweise in Habitaten mit größerem Nährstoffangebot gefunden werden. Auch kann es in Profilen, speziell im aquatisch-marinen Milieu, in Böden, u. a. innerhalb kurzer vertikaler Distanzen, zu Unterschieden in dem geochemischen Budget und den Parametern, wie z. B. pH-Wert, kommen.

Insbesondere an den Schnittstellen zwischen Sediment – Wasser, Sapropelen (reich an organischem C) – und an organischem C verarmten Horizonten ändern sich im Profil geochemische Gradienten im cm-Bereich (Faivre & Schüler 2008, Quednau et al. 1997). Die Verbindung zwischen Habitat und Geochemie verdeutlichen Magnetit (Fe_3O_4) produzierende Bakterien. Sie sind fähig, unter mikro- bis anaeroben Bedingungen zu leben. Unter anaeroben Bedingungen kommt es im Gegensatz zu aeroben Konditionen mit Synthese von Fe_3O_4 zur Erzeugung von Greigit (Fe_3S_4). Innerhalb vertikaler Bodenprofile spiegeln sich die genannten Vorgänge in Form geochemischer Gradienten wider, Abb. 1.1. Magnetit wiederum kann weiteren Transformationen unterliegen, z. B. Maghemit oder reduktiv unterstützter Zersetzung. Er dient daher bei entsprechenden Fragestellungen als Biomarker, Abschn. 2.6.1 (j)/ Bd. 2. In einem Tiefen-/Bodenprofil, d. h. 160 cm, gezogen aus einer hochgradig an der Oberfläche ausbeißenden Sulfidvererzung, werden die Wechsel der Habitate und das hiermit verbundene Auftreten/die Verbreitung bestimmter Mikroorganismen in enger räumlicher Nähe deutlich (Amils et al. 2011), Abb. 1.2. So sind, horizontspezifisch und von den jeweils vorherrschenden chemischen Konditionen determiniert, u. a. denitrifizierende, Thiosulfat reduzierende Mikroorganismen sowie Fe-oxidierende vertreten (Amils et al. 2011), mit dem Ergebnis einer mikrobiellen Zonierung (Konhauser 2007).

(n) Metabolisches Potential

Das metabolische Potential unterliegt allen o. a. Einflussgrößen mit wiederum Konsequenzen auf das Habitat und den Stoffaustausch durch entsprechende Metabolite. So übernehmen sulfatreduzierende Bakterien (= SRB) eine führende Rolle bei gekoppel-

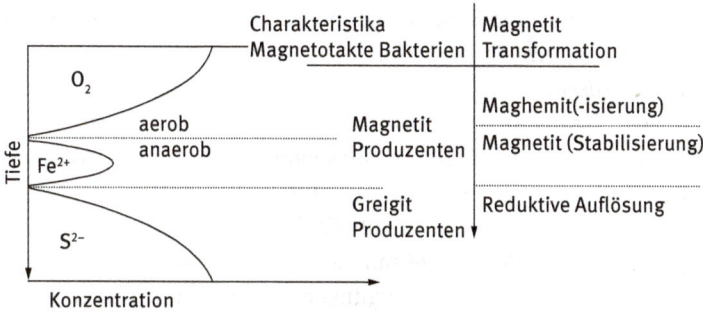

Abb. 1.1: Habitat und Geochemie: Schematische Darstellung eines geochemischen Gradienten im Profil (nach Faivre & Schüler 2008), mit dem Ergebnis einer mikrobiellen Zonierung.

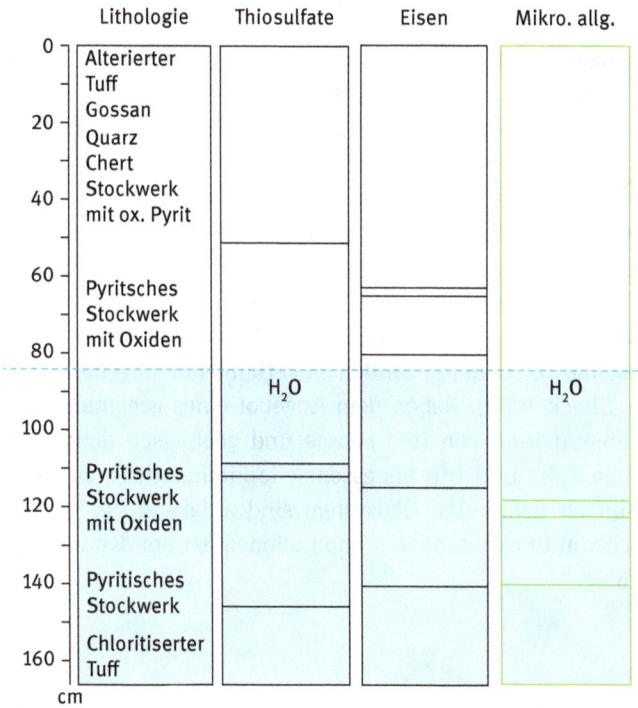

Abb. 1.2: Tiefen-/Bodenprofil mit u. a. Auftreten/Verbreitung bestimmter Mikroorganismen innerhalb kurzer Distanzen aufgrund des Wechsels in den chemischen Konditionen des geogenen Umfeldes (Amils et al. 2011). Hierbei kommt es zur Ausbildung einer mikrobiellen Zonierung (Konhauser 2007).

ten biogeochemischen Kreisläufen von S und chalkophilen Metallen sowie auf deren Spezifikation und Mobilität. Die Diversität von Genen, verantwortlich für eine dissimilatorische Sulfit-Reduktase (*dsrAB*) in einem Salzmarsch, überprägt durch langfristig eingehende, saure Grubenwässer-Daten (engl. *acid mine drainage* = AMD), vermitteln Moreau et al. (2010). Über Techniken wie *DsrAB*-Gensequenzierung und S-Isotopen-Profile sind Ansprachen zur Phylogenie (Abschn. 2.2.1) und Verteilung von SRB durchführbar. Über Genanalysen lässt sich z. B. die metabolische Aktivität von SRB in Sedimenten abschätzen (Moreau et al. 2010). Insgesamt bieten die Aufzeichnungen vertiefende Einblicke in das auch unter extremen Bedingungen anzutreffende metabolische Potential von Mikroorganismen. Umgekehrt gestattet der Gencode Rückschlüsse auf die Umweltbedingungen (Lay et al. 2013).

(o) Biogeochemische Zyklen

Eingebunden in ihre jeweiligen Habitate üben Mikroorganismen einen erheblichen Einfluss auf die Gestaltung und chemisch-physikalischen Eigenschaften des betreffenden Milieus aus und nehmen auf diese Weise aktiv an den Stoff-/Elementzyklen oder biogeochemischen Zyklen teil, z. B. stoffliche Umverteilungen.

Innerhalb aller Geosphären kommt es zur Synthese von Biomineralisationen, u. a. metallischen Nanopartikeln (NP), bedingt durch geomikrobiologisch beeinflusste Wechselwirkungsprozesse mit allen ihren Rückkopplungseffekten. Diese betreffen insbesondere die Hydrosphäre sowie das oberste Milieu der Lithosphäre, speziell Sedimentgesteine und Böden. Biochemische Zyklen bilden Böden und Sedimentgesteine, korrodieren Festgesteine und Minerale, bilden im Verbund mit diagenetischen Prozessen neue Minerale (Shock 2009). Neben dem Angebot eines geeigneten Reaktionsraums spielt die Kombination von (Bio-)Masse und geologisch definierter Zeitspanne eine wesentliche Rolle und tritt als essenzielle Einflussgröße auf. Aus einem verhältnismäßig einfach definierten Ökosystem sind aufgrund der großen Anzahl und Diversität auch von untergeordneten Populationen extrem dynamische Konsortien entwicklungsfähig.

(p) Genetische Aspekte

Zur Definition des funktionalen Potentials und der aktiven Mitglieder einer Sedimente besiedelnden mikrobiellen Gemeinschaft in einer hocharktischen hypersalinen Quelle, versehen mit einer Temperatur unter dem Gefrierpunkt, beziehen Lay et al. (2013) Stellung. Aus einem Milieu von $-5\,°C$, einer Salinität von 24 %, mit sowohl reduzierenden, d. h. ca. $-165\,mV$, als auch mikrooxischen sowie oligotrophen Konditionen, mit hohen Konzentrationen an Sulfaten (SO_4^{2-}), d. h. 10 wt %, gelöstem H_2S und anderen Sulfiden (S^{2-}), d. h. bis zu 25 ppm, Ammoniak (NH_3), d. h. ca. 380 µM, sowie Methan (CH_4), d. h. ca. 11 g d^{-1}, ist eine Vielzahl von Mikroorganismen beschrieben. Aufgrund von Analysen zum Metagenom und weiterer gentechnischer Studien handelt es sich bei den vorherrschenden Vertretern, d. h. Phyla, um Cyanobakterien, d. h. knapp 20 %, Bakteroide, d. h. ca. 13 %, sowie Proteobakterien, d. h. ca. 6 % (Lay et al. 2013). Konkret geht es aufgrund der Angaben seitens der cDNS-Profile u. a. um *Pseudomonas sp.*, d. h. Denitrifizierer, *Desulfolobus sp.*, d. h. SO_4^{2-}-Reduzierer, u. a., und Lay et al. (2013) deuten auf die Einbeziehung der genannten Mikroorganismen in die Kreisläufe von N_2 sowie S hin. Der Datensatz des Metagenoms enthält die Enzympfade für eine bakterielle Nitrifizierung, Denitrifizierung, NH_3-Bildung sowie SO_4^{2-}-Reduktion. Weiterhin befinden sich im Metagenom Gene zur Stressbeantwortung von Kälte, Osmose und oxidativen Vorgängen. Insgesamt führten evolutionäre Antworten zur Adaption zu enormen genetischen Datenbeständen, mit zahlreichen Möglichkeiten einer wirtschaftlichen Exploitation.

(q) Exploitation

Das Habitat prägt entscheidend die Geochemie des unmittelbaren Umfelds eines Mikroorganismus und tritt ihm gegenüber in biogeochemischer Hinsicht als Quelle für die Ausgangssubstanzen (Edukt, Präkursor) und mittelbares biochemisches Reaktionsumfeld auf, d. h. Temperatur, Druck, Eh-Potential, pH-Wert, Hydrochemie, Bioverfügbarkeit etc. Es führt das für das jeweilige Habitat charakteristische Inventar u. a. an Metallen mit allen Auswirkungen auf die das Habitat besiedelnden Mikroorganismen. Von essenzieller Bedeutung ist hier der Reaktionsraum, definiert durch Biomasse und anorganische Feststoffphase. Bei der Suche nach Lösungen industrieller Prozesse bieten Beobachtungen der unterschiedlich definierten Habitate mögliche Lösungswege an, z. B. ist eine ähnliche Synthese unter geogenen Bedingungen anzutreffen. Zu fragen ist, wie sich die Reaktionen seitens der Biomasse, u. a. durch Mikroorganismen, auf die Einwirkungen von z. B. Co-, Cu-, Fe-, Ga-, Ge-, Mn-, Ni-, Se-, SEE-, Te-, Ta-, Zn-Spezifikationen gestalten. Im Verbund mit Studien aus u. a. der Medizin zu den Wechselwirkungen zwischen Zelle und Metall stehen potente Datenquellen zur Verfügung. Insgesamt führten evolutionäre Maßnahmen zur Adaption zu enormen genetischen Datenbeständen, mit zahlreichen Möglichkeiten einer wirtschaftlichen Exploitation.

˙ 1.2 Schnittstelle Biomasse – anorganische Feststoffphase

Die Schnittstelle zwischen der Biomasse und anorganischen Feststoffphasen, es handelt sich im geologischen Ambiente u. a. um Minerale, offenbart eine Vielzahl grundlegender Vorgänge mit Konsequenzen, beginnend von molekularen Ebenen bis hin zum großräumigen terrestrischen Geschehen. Von Bedeutung ist der μm-nm-skalige Übergangsbereich zwischen Biomasse/Mikroorganismus und den Mineralen. Der Reaktionsraum, mit einer Mächtigkeit von wenigen nm, zwischen und unter Einbeziehung eines Mikroenvironments, definiert durch Biomasse sowie anorganische Feststoffphase, d. h. Mineral bzw. Metall als Schnittstelle und einem Mikroorganismus, bildet die Voraussetzung für eine Vielzahl von Reaktionsabläufen, in die Metall(e)-Spezifikationen einbezogen sind.

Umgekehrt wird eine Fülle wichtiger metabolischer Prozesse durch Minerale beeinflusst, z. B. Erzeugung von Energie, Akquise von Nährstoffen, Zelladhäsion sowie Biofilmbildung (Gadd 2010). Als wichtiges Ergebnis der Wechselwirkungen an der Schnittstelle Biomasse mit anorganischen Feststoffphasen setzen, bezogen auf das geologische Ambiente, Vorgänge einer Verwitterung der betroffenen Minerale und deren Paragenesen ein, mit entsprechenden Auswirkungen auf die Stoffflüsse. Ungeachtet ihrer Komplexität sind Interaktionen zwischen anorganischen Komponenten und Biomolekülen ein ubiquitär anzutreffendes Phänomen (Perry et al. 2009), Abschn. 2.3.4 (f).

(a) Biomasse

Die Biomasse übernimmt an der μm bis nm großen Schnittstelle mit einem Mineral eine passive sowie aktive Funktion und tritt in vielfältiger Form auf. Hierzu zählen zunächst geoaktive Mikroorganismen in Form sulfatreduzierender Bakterien (= SRB), dissimilatorische metallreduzierende Bakterien (= DMRB) Abschn. 2.2. Aufgrund der spezifischen geochemischen/geophysikalischen Rahmenbedingungen treten meso- und extremophile Formen auf, z. B. acidophil, thermophil, psychrophil, metallophil. An isolierten Biomolekülen können je nach der vorherrschenden Biomasse diverse EPS, Lipide, Saccharide etc. vorkommen Abb. 1.3 (a). In Böden verbleiben isolierte Bodenenzyme über einen längeren Zeitraum funktionstüchtig, Abschn. 3.3.4. Mikroorganismen verfügen aufgrund ihres Verhältnisses von Oberfläche und Volumen über gegenüber dem Umfeld ausreichende Flächen zur Synthese und Präzipitation mineralischer Feststoffphasen ([2]Gilbert et al. 2005).

(b) Biofilm

Eine herausragende Stellung übernehmen Biofilme. Durch eine erfolgreiche Nischenbesetzung am Übergang Atmosphäre und Lithosphäre entstehen leistungsfähige biologische Systeme (Gorbushina 2007), Abschn. 2.3.3. Zu einem Kollektiv organisiert, generieren unterschiedliche Mikroorganismenvertreter, wie z. B. Cyanobakterien, Algen, Fungi u. a., elektrische Ströme, formen chemische Gradienten, führen einen Datenaustausch durch und bilden, bei entsprechendem Angebot, signifkante Akkumulationen metallischer Biomineralisationen. So können sich im Bereich des Reaktionsraums „Biomasse : Mineral" u. U. Fe^{3+}, Pd^0, Se^0, SEE, $Ca[UO_2|PO_4]_2 \cdot 10\,H_2O$, ZnS u. a. bilden (Druschel et al. 2002, Harrison et al. 2007, Harrison et al. 2005, Kulp et al. 2008, Labrenz & Banfield 2004, Labrenz et al. 2000, Moreau et al. 2004, Takahashi et al. 2005, Yong et al. 2002), Abschn. 5.3.

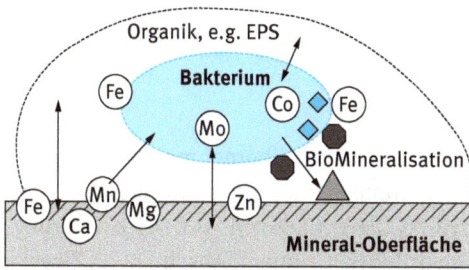

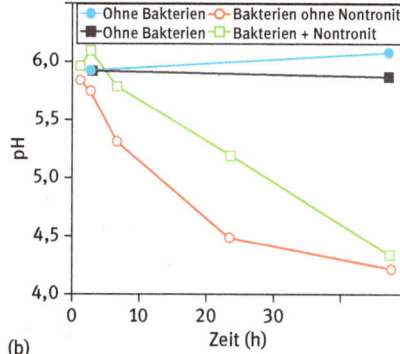

(a)

(b)

Abb. 1.3: (a) Schematische Darstellung der diversen organischen und anorganischen Komponenten an der Schnittstelle zwischen Mikroorganismus und Mineral (Kemner et al. 2005) und (b) Abhängigkeit des pH-Werts von der Zeit in Verbindung mit Mikroorganismen (Oulkadi et al. 2014).

(c) Elementinventar

An der Schnittstelle Biomasse mit anorganischen Feststoffphasen, d. h., Minerale, sehen sich alle Mikroorganismen mit nahezu allen Elementen des Periodensystems bis zur Position 83 konfrontiert. Je nach der chemischen Komposition der Minerale bzw. Mineralparagenese handelt es sich, bezogen auf die Metalle und gemäß ihrer Bioverfügbarkeit sowie technischen Verwertung, um Fe sowie die Legierungsmetalle Cr, Mn, Ni, weiterhin sind die NE-Metalle Al, Cd, Co, Cu, Mo, Pb, Sb, Ti, V, W, Zn einbezogen. Darüber hinaus sind die Hochtechnologiemetalle As, Bi, Ga, Ge, In, Li, Nb, Se, Ta, Te, Zr, die Edelmetalle in Form von Ag, Au, PGE, SEE wie Ce, La, Nd, Y sowie Radionuklide wie z. B. U, Th u. a. vertreten. Eingebunden sind die o. a. Metalle in ultramafische Gesteine, intermediäre/felsische Gesteine, vulkanische Gläser, Metamorphite, Sedimentite, Silikate, Phosphate, Karbonate, Sulfide, Sulfate, Arsenate, Oxide, Abschn. 2.5.

(d) Metabolisches Potential

Die Intensität chemischer Reaktionen im Bereich des Reaktionsraums/-saums hängt u. a. vom metabolischen Potential eines Mikroorganismus ab. Das metabolische Potential eines Prokaryoten definiert die Voraussetzungen für die Leistungsfähigkeit, d. h. Intensität, der o. a. biochemischen Prozesse. So beruhen z. B. mikro- und nanoskalige Biomineralisationen auf entsprechenden Stoffwechselvorgängen u. a. von Prokaryoten. Unter einem Stoffwechsel werden die Aufnahme, der Transport, die Umwandlung sowie chemische Verwertung von Substanzen aus Gründen der Erzeugung von Energie und Leistung verstanden (Madigan & Martinko 2009). Das metabolische Potential bestimmt in technisch-wirtschaftlicher Hinsicht die Menge an u. a. metallischen Metaboliten pro Zeiteinheit, Abschn. 2.3.1. Gentechnische Eingriffe gestatten eine Veränderung des metabolischen Potentials.

(e) Funktionelle Gruppen

Eine herausragende Rolle beim Erwerb von Nährstoffen übernehmen, integriert in bakterielle Zellwände oder in mikrobielle Biofilme, funktionelle Gruppen. Es handelt sich u. a. um Amin- (NH_3-), Aldehyd- (COH-), Carboxyl- (COOH-), Hydroxy-(CHOH-), Phosphoryl- (PO_4H_3-) sowie Sulfhydril-(SH-)Gruppen, Abschn. 2.3.7. Zwecks der Bildung von bakteriellen Oberflächenkomplexen treten in wässriger Lösung befindliche Metallkationen über sowohl elektrostatische als auch kovalente Bindungen mit deprotonierten funktionellen Gruppen in Wechselwirkungen (Borrok et al. 2005), Abschn. 4.3. Im Gegensatz zu den funktionellen Gruppen auf den Oberflächen von Mineralen, die doppelt protoniert werden können und bei niedrigem pH-Werten positive Ladungen aufweisen, treten funktionelle Gruppen bakterieller Oberflächen entweder aufprotoniert und somit elektrisch neutral oder deprotoniert, mit entsprechender negativer Ladung versehen, auf (Borrok et al. 2005).

(f) EPS

Neben den funktionellen Gruppen sind oftmals extrazelluläre polymere Substanzen (EPS) bei der Akquise von Nährstoffen eingebunden. Bei EPS handelt es sich um extrazelluläre Polymere, aufgebaut aus überwiegend Polysacchariden, Proteinen und Resten von DNS. Im Fall von Biofilmen im Zusammenhang mit sauren Minendrainagen sind darüber hinaus Metalle, Fe, Mg u. a., beschrieben (Jiao et al. 2010). Ausgeschieden durch Mikroorganismen dienen sie u. a. als eine Art Matrix zum Aufbau und zur Stabilität von Biofilmen. EPS scheinen die Biolaugung/Biokorrosion via grenzflächenbezogene Prozesse unter Einbeziehung von Fe^{3+}-Ionen und acidophilen Bakterien zu fördern bzw. offensichtlich eine Schlüsselrolle bei der Biokorrosion von Metallen und der Biolaugung von Metallsulfiden zur Gewinnung von Edelmetallen zu übernehmen (Sand & Gehrke 2006), Abschn. 2.3.6/Bd. 2.

(g) Chelatkomplexe

Nahezu alle natürlich vorkommenden Biochemikalien/-komponenten verfügen über die Fähigkeit, bestimmte Metallkationen zu binden, oder treten selbst als Chelatkomplexe auf. So besitzen z. B. Proteine (Gylcin, Histidin), Polysaccharide, Malat, Polypeptide, wie z. B. Phytochelatine, polydentale Liganden für zahlreiche Metallionen. Die Mehrzahl der in der Natur auftretenden Metallkomplexe sind in einer Art Chelatring eingebunden, z. B. Huminsäure, Protein. Insgesamt sind Metallchelate zur Mobilisierung der Metalle aus Böden, zur Aufnahme und Akkumulation wie z. B. in Mikroorganismen befähigt. Auf der bakteriellen Zellwand von *Bacillus subtilis* konnten die entsprechenden Sites zur Metallablagerung identifiziert werden (Beveridge & Murray 1980). Bei der chemischen Verwitterung kann von einem Beitrag von organischen chelatierenden Reagenzien, z. B. Peptiden, ausgegangen werden, die Metallionen aus Mineralen und Gesteinen extrahieren. Unter Einsatz von Peptiden, Cofaktoren und prosthetischen Gruppen chelatieren weitgehend alle Metalloenzyme geeignete Metalle. Typische chelatierende Agentien sind z. B. Porphyrinringe im Hämoglobin und Chlorophyll. Eine große Anzahl mikrobieller Stämme erzeugt wasserlösliche Biomoleküle, die als chelatierende Elemente auftreten, z. B. Siderophore. So sondern Vertreter von *Pseudomonas* z. B. Pyocyanin sowie Pyoverdin ab, und *E. coli* produziert den bislang wirkungsvollsten Chelatkomplex, d. h. Enterobactin. So verarbeitet/entzieht das marine Cyanobakterium *Synechococcus elongatus, Stamm BDU/75042*, Uran (U), das in seinem unmittelbaren Umfeld auftritt (Acharya et al. 2009), Abschn. 4.5.1.

(h) Enzym

Eine Schlüsselfunktion bei allen Vorgängen im Zusammenhang mit Metallen übernehmen spezielle Proteine, d. h. Enzyme. Sie katalysieren alle für den Metabolismus des Mikroorganismus erforderlichen Prozesse, z. B. Redoxreaktionen durch z. B. Oxidoreduktasen, Abschn. 3.1. Gegenüber dem Stoffangebot an der Schnittstelle Biomasse : Mineral stehen Mikroorganismen eine Reihe spezialisierter Enzyme zur Verfügung. Fe^{3+}-Reduktasen katalysieren die Reduktion von Fe^{3+} zu Fe^{2+}. Assimilativ tätige Fe^{3+}-Reduktasen treten als Schlüsselenzyme im Fe-Assimilationspfad auf. Vor Eintritt in die Zelle unterliegt das zuvor chelatierte Fe^{3+} einer Reduktion durch eine Fe^{3+}-Reduktase. Fe^{3+}-Reduktasen reduzieren u. a. Fe^{3+}-Pyrophosphat $(Fe_4(P_2O_7)_3)$, Fe^{3+}-Citrat $(C_6H_6FeO_7)$, Fe^{3+}-EDTA u. a. (Schröder et al. 2003). Die dissimilatorische Reduktion von Fe^{3+} sowie Mn^{4+} durch sowohl *Geobacter sp.* als auch *Shewanella sp.* scheint, unter Einbeziehung eines in der Transmembran sowie im intrazellulären Raum vorhandenen Elektronentransportsystems, mit in der äußeren Membran exprimierten terminalen Reduktasen verbunden zu sein (Roberts et al. 2006). Generell katalysieren Sulfit-Oxidasen, unter Verwendung von Ferricytochrom c ((cyt c)$_{ox}$) als physiologischen Elektronenakzeptor, die Oxidation von Sulfit (SO_3^{2-}) zu Sulfat (SO_4^{2-}) (Feng et al. 2007).

SO_3^{2-} ist ein Produkt einer Desulfonation innerhalb organotropher Bakterien. Aufgrund der hohen Reaktivität mit Biomolekülen, z. B. Proteinen, muss es zu Sulfat oxidiert werden. Dieser Vorgang geschieht in Prokaryoten über Sulfit-Dehydrogenasen (Lehmann 2013). Durch Zugabe von SO_4^{2-} sowie Phosphat (PO_4^{3-}) lässt sich die Aktivität der Sulfit-Dehydrogenase verhindern. Weiterhin sind z. B. Arsenit-Reduktasen/ Oxidasen, Multikupfer-Oxidasen u. a. beschrieben. Ein großer Vorteil der o. a. Abläufe besteht in den diversen Kontrollmöglichkeiten. Neben gentechnischen Eingriffen bieten sich Techniken wie z. B. Inhibition, Eingriffe über das Substrat u. a. zu regulativen Maßnahmen an.

(i) pH-Wert

Jede Form von Wechselwirkung zwischen Mikroorganismus kann zu erheblichen Veränderungen des lokalen pH-Werts führen. Denn eine Vielzahl von sowohl lithotrophen als auch organotrophen Mikroorganismen fördert durch die Bildung von anorganischen und organischen Säuren die Mobilisierung diverser Elemente aus Feststoffphasen. Die Abhängigkeit des pH-Werts von der Zeit in Verbindung mit der Schnittstelle Mineral : Mikroorganismus, d. h. *Rahnella aquatilis RA1*, ist Inhalt einer Untersuchung von Oulkadi et al. (2014), Abb. 1.3 (b). Mittels SECM (= *scanning electrochemical microscopy*) bewerten die o. a. Autoren Acidifizierungs-Kinetiken im Zusammenhang mit der o. a. Thematik. Auf den Unterschied des pH-Wertes an der Schnittstelle Biofilm : Silikat mit jenem im *Bulk*-Medium, d. h. $\Delta pH = pH_{Schnittstelle} - pH_{bulk}$, in Abhängigkeit vom Mikroorganismen-Vertreter, machen Liermann et al. (2000) aufmerksam.

(j) Oberflächenladungen

Bakterielle Zellwände verfügen über eine ubiquitär auftretende anionische Ladung, bereitgestellt durch biologische Makromoleküle. Auf der anderen Seite können Metalloxide aufgrund ihrer positiven Ladung bzw. ihres hydrophoben Auftretens zur Erhöhung der Adhäsion negativ geladener Bakterien beitragen. Generell bestehen Abhängigkeiten des elektrischen Potentials vom Abstand der jeweiligen geladenen Oberfläche sowie der Kationen-/Anionen-Konzentrationen innerhalb des Elektrolyten von der Distanz zur negativ geladenen Oberfläche (Blake et al. 1994). Hierbei treten Phänomene wie z. B. Sternschicht, Zeta- sowie *Nernst*-Potential auf, Abschn. 2.3.6. Insgesamt kommt es an der Schnittstelle Mikroorganismus : Mineral zum Aufbau und zu Wechselwirkungen zwischen den Oberflächenladungen von z. B. Bakterium und mineralischen Oberflächen, verbunden u. a. mit einem Elektronentransfer bzw. Anziehung und Abstoßung.

(k) Elektronenfluss

Als große Herausforderung für die Biogeochemie erweist sich der Elektronentransfer zwischen der Schnittstelle von Mineral und Mikroorganismus (Fredrickson & Zachara 2008). Denn diese Prozesse liefern ein weites Spektrum an Einblicken, wie z. B. Mikroorganismen mit Oberflächen interagieren und ein zur Lebensfunktionen unerlässlicher Austausch an Energie und Elektronendichte abläuft.

Zwecks Möglichkeiten zur Kontrolle des Elektronentransfers an der Schnittstelle Mikrobe : Mineral führen Richardson et al. (2013) experimentelle Arbeiten durch. Hierzu befestigen sie Monolagen eines Biofilms des Fe-reduzierenden Bakteriums *Shewanella oneidensis* auf ITO-Elektroden (engl. *indium tin oxide* = ITO) und ermitteln den Elektronenaustausch in An- sowie Abwesenheit von Flavinen, d. h. einer Gruppe von organischen Komponenten, die Redoxreaktionen unterzogen werden können. Zur Struktur eines Elektronenleiters auf einer bakteriellen Zelle schildern Clarke et al.

(2011) ihre Beobachtungen. Einige Mikroorganismen sind zur Respiration in der Lage bzw. als Elektronenakzeptor extrazelluläres Fe sowie Mn zu verwerten. Als Beispiel nennen die o. a. Autoren *Shewanella oneidensis*.

Zum Transfer von Elektronen bezieht der Mikroorganismus auf der Zellwand befindliche Cytochrome ein, wobei die Cytochrome durch Biomoleküle zu Strukturen organisiert werden, Abschn. 2.6.4/Bd. 2. Auch bei enzymatisch kontrollierten Reaktionssequenzen nimmt die Rate des Elektronentransfers wesentlichen Einfluss auf die Geschwindigkeit des Gesamtablaufs, denn als der langsamste Schritt, d. h. dimolekulare Reaktion, verzögert er somit den zeitlichen Ablauf des katalytischen Kreislaufs (Honeychurch et al. 1999), Abschn. 3.3.

(l) Oberflächenchemie

Die an der Schnittstelle Biomasse : Mineral ablaufenden Wechselwirkungen verändern den primären Chemismus der Oberflächen von sowohl Mineral als auch Mikroorganismus. Am Beispiel von *Thiobacillus ferrooxidans* im Kontakt mit Sulfiden, wie z. B. Pyrit (FeS_2), Chalkopyrit ($CuFeS_2$), erläutern Devasia et al. (1993) die Veränderung der isoelektrischen Punkte und hiermit verbundenen modifizierten, auf Oberflächen bezogenen Chemie.

(m) Metallkationen-Partitionierung

Infolge der Wechselbeziehungen zwischen Biomasse und Mineral kommt es zur Partitionierung primärer Elementzusammensetzungen. Die primären Gehalte an Metallen können durch Freisetzung und Mobilisierung, Aufkonzentration oder andere Prozesse verändert werden. Hinsichtlich einer Fixierung von Metallen durch Zellen sind u. a. Ionenpotential, Abstand der Liganden, d. h. Stereochemie, Typ des Liganden, u. a. verantwortlich (Konhauser 2007). Wichtige Terme hierbei sind z. B. der Sorptionsverteilungskoeffizient K_d und Selektivitätskoeffizient, Abschn. 2.3.8.

(n) Biolaugung

An der Schnittstelle Biomasse : Mineral(-verband) treten, je nach chemischer Zusammensetzung, u. a. Phänomene wie Biolaugung (engl. *bioleaching*) auf. Im Fall Sulfid-(S^{2-})-führender Minerale/Gesteine kommt es zur Biolaugung, worunter die biologische Konvertierung einer unlöslichen Metallkomponente in eine Spezifikation, die sich in H_2O lösen lässt, verstanden wird.

Im Fall einer Biolaugung von Sulfiden unterliegen diese durch metabolisch ausgelöste Aktivitäten seitens aerober, acidophiler Fe^{2+} und/oder S oxidierender Bakterien oder Archeae einer Oxidation mit Überführung in Metallionen und Sulfat (SO_4^{2-}) (Schippers 2007). Prozesse der Biolaugung stützen sich auf sowohl chemische als auch biologische Reaktionsabläufe. Durch die eigentliche Metall-Sulfid(S^{2-})-Oxidation kann eine Vielzahl intermediärer S-Komponenten entstehen, z. B. elementarer S, Polysulfide (S_n^{2-}), Thiosulfate ($S_2O_3^{2-}$) sowie Polythionate ($S_nO_6^{2-}$). Im Verlauf einer Biolaugung kommt es u. a. zu Vorgängen wie z. B. Bioxidation (Lack et al. 2002, Olson et al. 2006, Rawlings & Johnson 2007, Schmid & Urlacher 2007 u. a.), Abschn. 2.5.1/ Bd. 2. Verwitterungsprozesse beruhen auf den genannten Vorgängen.

(o) Biokorrosion

Im Wesentlichen beruhen Vorgänge wie Biokorrosion auf chemischen Abläufen, die jenen der o. a. Biolaugung ähneln (z. B. Gorbushina 2007). Der Ausdruck mikrobiell beeinflusste Korrosion oder Biokorrosion bezieht sich auf die beschleunigte Bearbeitung von Metallen, bedingt und gefördert durch das Auftreten von Biofilmen. Sekundäre Biomineralisationen sowie innerhalb einer Biofilm-Matrix auftretende extrazelluläre Enzyme üben auf elektrochemische Reaktionen an der Schnittstelle Biofilm : Metall einen erheblichen Einfluss aus. In sowohl natürlichen als auch durch anthropogene Aktivitäten überprägten Habitaten unterliegen metallführende Konstruktionsmaterialien, z. B. Legierungen, einer chemischen Umwandlung vom Grundzustand in eine ionisierte, oftmals mobile Spezifikation. Bei den Metallen handelt es sich überwiegend um Al-, Fe- und Cu-Legierungen, mit entsprechenden Beimengungen an u. a. Cr, Mn, Ni, W, u. v. a., Abschn. 2.6.3/Bd. 2.

(p) Biomineralisation

Die Vielfalt der Biomineralisationen wird durch aktuelle Fragen und Studien seitens Geobiologie, Geomikrobiologie, Geobiotechnologie u. a. deutlich, Abschn. 5.3. Bakterien als Produzenten in Lebendfabriken/Bioreaktoren verarbeiten diverse Metallspezifikationen zu einer Vielzahl unterschiedlicher Feststoffphasen. Eine Biomineralisation lässt sich sowohl unter aktiver als auch passiver Mitwirkung des Mikroorganismus synthetisieren, d. h. biologisch kontrollierte und biologisch induzierte Biomineralisationen, Abschn. 2.3.4 (d). Bezogen auf die Schnittstelle können kleinräumige, d. h. im cm- bis nm-Bereich liegende geobiochemische Senken zur Synthese von Biomineralisationen führen, Abschn. 2.5.7. Im Bereich Geomikrobiologie sind innerhalb der Zelle und an der äußeren Zellwand nanoskalige hochreine Metallbildungen in der Größenordnung von zumeist der µm- bis nm-Dimension beschrieben. Beispiele für die biogene Synthese metallischer NP sind in Form von diskretem intrazellulärem Gold (Au), d. h. Element ([1,2]Gericke & Pinches 2006), intrazellulärem Magnetit (Fe_3O_4), d. h. Oxid (Keim et al. 2005), und fossil mikrobiell erzeugtem Greigit (Fe_3S_4), d. h. Sulfid (Vasiliev et al. 2008), beschrieben. Alle Minerale repräsentieren das Ergebnis einer biogenen *Bottom-up*-Strategie, Abb. 1.4, Abb. 1.6. Die genannten Biomineralisationen können auf metabolisch bedingten Wechselwirkungen zwischen Mikroorganismen und externen, d. h. extrazellulär chemischen Systemen, u. a. metallischen Komponenten, beruhen und werden hinsichtlich Größe, Form und Chemismus u. a. durch proteinogene/

enzymatische Vorgänge gesteuert (Konhauser & Riding 2012). Aber auch aus Gründen einer Resistenz sind Biotransformationen (Abschn. 2.3.3), die zu Biomineralisationen führen, möglich, Abschn. 2.3.2. Weiterhin sind durch die Ladungsunterschiede zwischen Oberfläche einer Zellwand und metallhaltiger Feststoffphase bedingt Adhäsionen von z. B. Fe_2O_3 aufgezeichnet ([1]Gilbert et al. 2005). Von essenzieller Bedeutung sind die chemisch-physikalischen Rahmenbedingungen an der Schnittstelle Mineral : Organik : Mikroorganismus, denn sie bestimmen die Möglichkeit sowie den weiteren Verlauf einer Biomineralisation (Vaughan & Lloyd 2012).

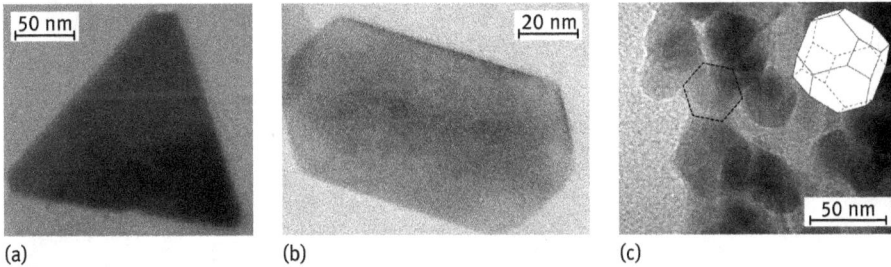

(a)　　　　　　　　(b)　　　　　　　　(c)

Abb. 1.4: Beispiel für die biogene Synthese metallischer NP in Form von (a) diskreten intrazellulärem Au, d. h. Element (Gericke & Pinches 2006), (b) intrazellulärem Fe_3O_4, d. h. Oxid (Keim et al. 2005), und (c) fossil-mikrobiell erzeugtem Greigit (Fe_3S_4), d. h. Sulfid (Vasiliev et al. 2008). Alle Minerale bewegen sich in einer nanoskaligen Größenordnung und stellen das Ergebnis einer biogenen *Bottom-up*-Strategie dar, d. h. via Protein-/Enzymeinsatz.

Häufig spiegeln mineralogische Daten die Wechselbeziehungen von mikrobiellen Lebensformen mit der Umwelt wider (Douglas 2005), Abschn. 2.6.1/Bd. 2. Daher ziehen z. B. Macalady & Banfield (2003) eine Verbindungslinie zwischen fossilen Aufzeichnungen, Genen, Genomen und Evolution. In Studien zu den Interaktionen zwischen einem Mineral und Mikroorganismus beschreiben Tributsch & Rojas-Chapana (2000) beispielhaft die Auswirkungen, die sich im Zusammenhang mit den Vorgängen an der Schnittstelle Pyrit (FeS_2) und *Thiobacillus ferroxidans* ergeben. So bilden sich in unmittelbarer Nähe des o. a. Mikroorganismus zahlreiche S-Kolloide, Abb. 1.5. Andererseits entwickeln sich z. B. nach einer Inkubation von FeS_2 inverse Strukturen in der kristallinen Phase (url: Thomm). Es liegen zahlreiche Studien zur bioreduktiven Ablagerung von metallischen NP vor, umgekehrt ist eine Besiedelung von Metallspezifikationen in Form sulfidischer Mineralisationen durch Mikroorganismen beschrieben, z. B. *Thiobacillus* auf Molybdänit (MoS_2) und *Acidithiobacillus ferrooxidans* auf Pyrit (FeS_2) sowie *Sulfolobus* (?) auf Arsenopyrit (FeAsS), Abb. 1.6.

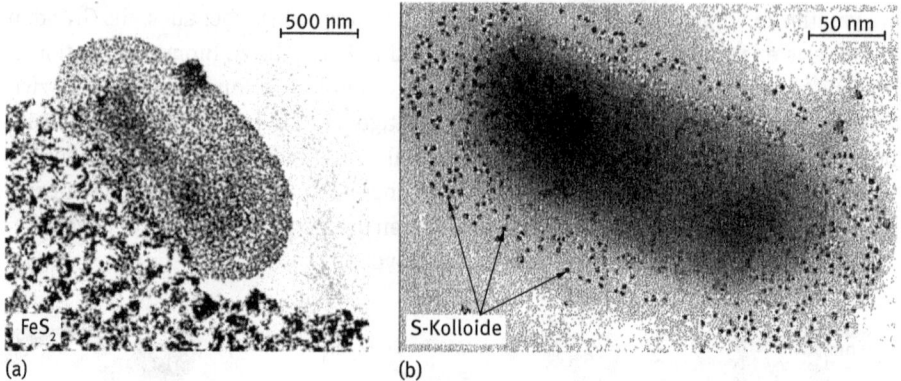

Abb. 1.5: (a) Schnittstelle Pyrit und *Thiobacillus ferroxidans* und (b) Schwefel-Kolloide als Ergebnis der unter (a) dargestellten Wechselwirkung (Tributsch & Rojas-Chapana 2000).

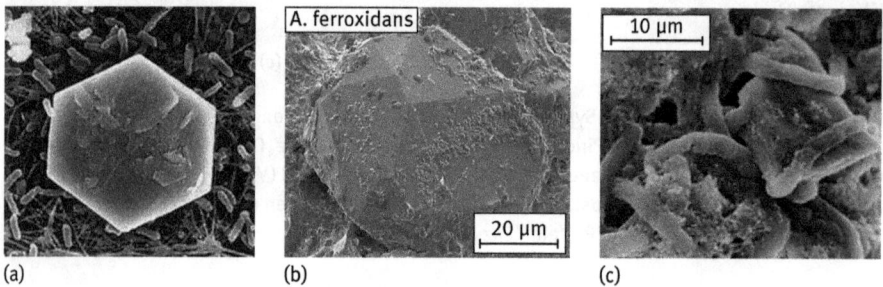

Abb. 1.6: Besiedelung von Metallspezifikationen in Form sulfidischer Mineralisationen durch Mikroorganismen, (a) *Thiobacillus* und Molybdänit mit Vergrößerung 5000× (url: OTRI) und (b) *A. ferrooxidans* auf Pyrit (url: Thomm) sowie *Sulfobacillus* (c) auf Arsenopyrit (Ehrlich 2002).

(q) Genetische Aspekte

Alle Vorgänge, die seitens eines Mikroorganismus an der o. a. Schnittstelle durchgeführt werden, sind in genetischen Datenbanken hinterlegt und bei Bedarf und Kenntnis gezielten Engriffen zugänglich. Die Genomsequenz eines metallmobilisierenden, extrem thermoacidophilen *Archaea*-Vertreters, d. h. *Metallosphaera sedula*, erlaubt Einsichten in einen mit Biolaugung assoziierten Metabolismus (Auernik et al. 2008). Am Beispiel eines Metagenoms von psychrophilen Formen skizzieren Simon et al. (2009) u. a. die Adaption des metabolischen Potentials an extreme Habitate, Abschn. 2.3.1. Eine Methode zur Modifizierung von z. B. Enzymen und Proteinen bietet die Gerichtete Evolution (z. B. Bornscheuer & Pohl 2001, Sauter 2007, Woodyer et al. 2004), Abschn. 3.4.2. Zur Steuerung eines mikrobiellen Ökosystems in eine gewünschte/vorgegebene Richtung erörtern Vandecasteele et al. (2007) genetische Algorithmen. Silver (1998) evaluiert die Verbindung von Vertretern des Periodensystems und den entsprechenden genetischen Informationen wie z. B. Ag^+, AsO_2^-,

AsO_4^{3-}, Cd^{2+}, Co^{2+}, CrO_4^{2-}, Cu^{2+}, Hg^{2+}, Ni^{2+}, Pb^{2+}, TeO_3^{2-}, Tl^+ and Zn^{2+} zumeist aus dem Motiv einer effizienten Resistenz gegenüber toxischen Effekten der o. a. Metallspezifikationen, Abschn. 2.3.2.

(r) Thermodynamische Kriterien

Hinter allen o. a. Vorgängen stehen thermodynamische Antriebskräfte. Denn alle Energiebilanzen unterliegen, auch im biologischen Bereich, den zwei Hauptsätzen der Thermodynamik: (1) Enthalpie sowie (2) Entropie. Das Motiv für die Transformation eines gelösten Stoffes, in eine Feststoffphase überzugehen, d. h. Biomineralisation, beruht auf den Differenzen der Freien Energie zwischen der Ausgangsphase und der Summe aller Freien Energien der kristallinen Phasen inkl. Energieumsatz (Yoreo de & Vekilov 2003). So repräsentiert z. B. die Nukleation eine Energiebarriere im Sinne der Aktivierung gegenüber einer spontanen, aus einer übersättigten Lösung hervorgehenden Bildung einer Feststoffphase. Diese kinetische Auflage kann zum Aussetzen der zur Präzipitation erforderlichen thermodynamischen Antriebskräfte beitragen, mit dem Ergebnis einer Erzeugung von metastabilen Lösungen (Mann 1988), Abschn. 5.2 (a). In diesem Zusammenhang stehen speziell für die Unterkategorie Biothermodynamik Angaben zu Standards zur Verfügung (Goldberg 2014).

(s) Analytik

Die Dynamiken an der Schnittstelle Mineral mit Mikroorganismus sowie die Rolle der „biologischen" Mikroskopie (d. h. *biological force microscopy* = BFM) in der Biogeochemie und Geomikrobiologie erörtern Lower et al. (2001). Mithilfe der BFM sind die Vorgänge an der Schnittstelle zwischen lebendem, mikrobiellem Zellmaterial und mineralischen Oberflächen in wässrigen Lösungen, d. h. anziehende sowie abstoßende Kräfte, im Nano-Newton-Bereich messtechnisch quantifizierbar. Kemner et al. (2005) unterziehen die Schnittstelle Mineral : Mikroorganismus : Metall Untersuchungen mit einer Synchronröntgentechnik. Miot et al. (2014) widmen sich in ihren Untersuchungen einer messtechnischen Erfassung der Wechselwirkungen zwischen Mikroben und Mineralen, Abschn. 2.4. Via SECM (= *scanning electrochemical microscopy*) führen Oulkadi et al. (2014) Messungen des lokalen pH-Werts in einem dünnen Film aus H_2O verbunden mit der Schnittstelle Mineral : *Rahnella aquatilis RA1*-Atmosphäre durch. Die Methode gestattet die Differenzierung der Acidifikationskinetiken unter den Bedingungen von Böden und Sedimenten, die eine Filmbildung um Minerale durch wässrige Lösungen gestatten. Zur Quantifizierung der Beziehung zwischen mikrobieller Anhaftung und den Dynamiken mineralischer Oberflächen mittels einer Variante der Interferometrie veröffentlichen Davis & Lüttge (2005) ihre Überlegungen.

Eine der Herausforderungen innerhalb der Biogeochemie ist die Klärung der Frage, welche Form mikrobieller Aktivitäten die Reaktionen mit mineralischen Oberflächen beeinflussen. Allerdings sind Vorgänge an der Schnittstelle zwischen Biomasse und Geosphäre, wie z. B. Rekognition des Substrats und Anhaftung, analytischen Techniken nur schwer zugänglich. Messungen korrodierender, Minerale abbauender Bakterien mit den hiermit verbundenen mineralischen Oberflächen via Interferometrie skizzieren Waters et al. (2009). Detailliert lassen sich oftmals die Wechselwirkungen von Metallen und Protonen beispielhaft charakterisieren (Pokrovsky et al. 2013). Generell steht zur analytischen Bewertung eine große Auswahl ausgereifter Techniken zur Verfügung. Es sind nahezu alle bislang identifizierten Prozesse, die hinter den Vorgängen an der Schnittstelle Biomasse : Mineral stehen, bis auf molekulare Ebene hinab messtechnisch hinlänglich präzise erfassbar. Beginnend bei der kristallographischen bis -chemischen Ansprache eignen sich RDA bzw. EDX, zur Ansprache von Strukturen kommen die diversen Techniken auf dem Gebiet der EM in Betracht etc. Abschn. 1.3/Bd. 2.

(t) Modellierung

Anhand der kontinuierlich ansteigenden Datenbestände in Kombination mit dem Angebot leistungsstarker Rechnersysteme sind zahlreiche Vorgänge an der Schnittstelle Mikroorganismus : Mineral : Metall im Sinne von Prognose und Optimierung zum Zweck einer Exploitation modellierbar. Als hilfreich zur Modellierung erweist sich ein Modell, das Zonen chemischer sowie physikalischer Wechselwirkungen zwischen mikrobiellen Gemeinschaften und Mineralen berücksichtigt (Barker & Banfield 1998). Hierzu werden vier Zonen biogeochemischer Verwitterung einer silikatischen Mineralparagenese, besiedelt durch lithobiotische Gemeinschaften, z. B. *Lichen*, und basierend auf Analysen via EM entworfen. Zone 1 ist frei von Veränderungen, d. h. mineralischer Transformation. Zone 2 erstreckt sich auf Bereiche eines allseitigen Kontakts seitens der Biomasse mit der Mineraloberfläche, verbunden mit Auflösungsmerkmalen des primären Mineralbestandes sowie einer Vielzahl extrazellulärer Produkte. Barker & Banfield (1998) erwähnen organische Polymere, Ca-K-Fe-haltige Tonminerale, nanokristalline Al-führende Fe-Oxyhydroxide. Zone 3 offenbart Verwitterungsreaktionen ohne Bedeckung durch organische Polymere und zeichnet sich durch Smektit sowie etwas Goethit in korrodierten Klüften aus. Zone 4 unterliegt nicht mehr den Einflüssen der Biomasse. Mithilfe des o. a. Konstrukts sind näherungsweise Modellierungen machbar. Zu den Dynamiken der Metallpartitionierung an der Schnittstelle Zelle : Lösung führen Duval et al. (2015) theoretische Berechnungen durch.

(u) Exploitation

Aus den Erkenntnissen, ermittelt im Zusammenhang mit den Interaktionen zwischen der Biomasse sowie anorganischen Feststoffphasen, ist eine Fülle verwertbarer technisch-industrieller Optionen ableitbar. Sie betreffen den Bergbau in Form des *biomining* sowie Techniken wie die Biohydrometallurgie oder erstrecken sich auf die Werkstoffkunde bzw. Materialwissenschaften insbesondere bei Vorgängen wie der Biokorrosion. Aktuell nimmt die Bedeutung einer kommerziellen Verwertung von Biolaugung in Form eines *biomining* unter Einsatz einer Bioflotation kontinuierlich zu, Abschn. 2.5.1 (e)/Bd. 2. Durch Biokorrosion und Biomineralisation, effektiv implementiert speziell durch Biofilmbildungen, entstehen erhebliche Schäden, Abschn. 2.6.3/Bd. 2. Diese Vorgänge und hierfür angesetzte Präventivmaßnahmen sind über Umkehrfunktionen der an der Schnittstelle Mikroorganismus : Mineral : Metall erfolgenden bioelektrochemischen Reaktionen technisch verwertbar. Aktuell neu aufkommende Arbeitsgebiete wie *urban mining* oder Bioremediation profitieren von den Einsichten, die sich aus den Abläufen und den ihnen zugrunde liegenden Gesetzmäßigkeiten an der Schnittstelle Mikroorganismus : Mineral : Metall ergeben. Betreffs weiterführender Informationen bzw. zu Detailfragen/-aspekten im Rahmen der Angewandten Mikrobiologie (Antranikian 2005), bioanorganischer Chemie (Roat-Malone 2007), biologischer Aspekte von Biomineralisationen bzw. der Bildung von Strukturen (Bäuerlein 2009), des *biomining* (Rawlings & Johnson 2006) ist auf die entsprechende Literatur verwiesen.

Zusammenfassend

dienen die Wechselbeziehungen zwischen Mikroorganismus : Mineral : Metall Mikroorganismen zum einen als Nährstoff- und zum anderen als Energiequelle. Für sehr unterschiedliche Zwecke sind Kenntnisse in den Wechselwirkungen zwischen Metallen und biologischen Materialien interessant: Gewinnung von Metallen aus heterogenen Stoffgemischen (z. B. Abschn. 2.5.1/Bd. 2), Toxizität (Abschn. 5.6), Synthese von Metallen (z. B. Abschn. 5.3), metallogenetische Aspekte (Abschn. 2.6.1/Bd. 2). Die Schnittstelle zwischen Mineral und Mikroorganismus vermittelt aufgrund einer kontinuierlichen Verbesserung der Analysetechniken in Kombination mit rechnergestützten Methoden wesentliche Einblicke in die Wechselbeziehungen und Rückkopplungsmechanismen zwischen lebender Biomasse und anorganischen Materialien. Diese erstrecken sich z. B. auf die Charakterisierung der chemischen Abläufe durch Vorgänge wie Biotransformation, Ansprache der eingesetzten Techniken in Form von enzymatisch gesteuerten Biokatalysen sowie als Konsequenz dieser Prozesse auf die Identifikation von Biomineralisationen sowie deren messtechnischer Erfassung. Aber nicht nur individuelle metallische NP sind beschrieben, sondern auch die gezielten geometrischen Anordnungen einzelner NP zu metallischen Nanoclustern im Raum.

1.3 *Top-down* vs. *Bottom-up*

Die Synthese von elementaren Metallen und Metallverbindungen ist ein im geologischen Ambiente ubiquitär auftretendes Phänomen und bedient sich ausschließlich der *Bottom-up*-Methode. So synthetisieren z. B. Magnetosome nach der *Bottom-up*-Vorgehensweise über den Einsatz von Proteinen Magnetit, Abschn. 5.4.1. Fachübergreifend ist unter dem Term *Top-down* zunächst ein „von oben nach unten" zu verstehen, eine Vorgehensweise, die, vom Übergeordneten ausgehend, über diverse, von der Fragestellung oder Zielsetzung abhängige Zwischenschritte zu einem untergeordneten Zustand gelangt. Demgegenüber steht der *Bottom-up*-Ansatz, d. h. „von unten nach oben".

Der *Bottom-up*-Ansatz bedient sich Antriebskräften, die zur Organisation räumlicher Anordnungen diskreter molekularer Bausteine führen und in Verbindung mit einer komplementär arbeitenden Rekognition auf der reversiblen Natur sekundärer Wechselwirkungen beruhen. Ergänzend begünstigen thermodynamische Minima der i. d. R. nanoskaligen Konstrukte den *Bottom-up*-Ansatz. Somit stehen zwei konträre Konzepte zur Verfügung. Die Unterschiede in der Methodik zwischen *Bottom-up*- und *Top-down*-Ansatz seien am Beispiel einer Produktherstellung skizziert. Ein *Top-down*-Ansatz bedient sich zur Herstellung von miniaturisierten Produkten, wie u. a. von Chipmasken oder optischen Spiegeln, Methoden wie z. B. der Photolithographie, Schneiden, Ätzen oder Mahlen. Diese Vorgehensweisen sind mit Ungenauigkeiten verknüpft. Vom konstruktionstechnischen Standpunkt aus sind die o. a. Defizite über *Bottom-Up*-Techniken weitgehend vermeidbar.

Unter Verwendung von Techniken wie chemischer Synthese sowie Selbstassemblierung gelingt über den *Bottom-up*-Ansatz die Konstruktion diskreter, individueller Kristalle, Moleküle, Filme, die, bei Bedarf, zu höheren/komplexeren Strukturen organisierbar sind (Niemeyer 2001), Abb. 1.7, Abschn. 4.4. So erwähnen z. B. Fang et al. (2011) die Option, spezialisierte Makromoleküle zur Regulation von Biomineralisationen einzusetzen, Abschn. 5.2 (g). Daher bietet sich als effiziente Technik/Methode zur Erzeugung metallischer Nanocluster der *Bottom-up*-Ansatz an. Im Gegensatz hierzu steht die *Top-down*-Strategie, deren technisch-wirtschaftliche Umsetzung insbesondere für den Nanometerbereich wirtschaftlich bislang verhältnismäßig unattraktiv ist, da sie sich im technischen Aufwand und somit hinsichtlich der Kosten durch ungünstige Bilanzierungen auszeichnet. Der in der Natur, z. B. bei Mikroorganismen, angewandte *Bottom-up*-Ansatz zeigt eine hohe geometrisch-architektonische Präzision beim Aufbau diverser, auch hochkomplexer Strukturen sowie exakte Spezifität gegenüber den Ausgangssubstraten, die sich mithilfe von *Top-down*-Techniken nicht erreichen lassen. Einer der großen Vorteile sind die Möglichkeiten eines kontrollierten Eingriffs wie z. B. über genetische Datenpools (Abschn. 3.4), thermodynamischer und quantenmechanischer Berechnungen im Sinne einer Modellierung sowie *In-silico*-Studien, Abschn. 2.3.11/Bd. 2. Insbesondere die Nanotechnologie profitiert von dieser Art der Vorgehensweise, da sich die Vorgänge auch unter kommerziellen Aspekten realisieren lassen. In Hinsicht auf u. a. nanoskalige, metallorganische Komposite sind in Bezug auf stoffliche Inhomogenität, Uniformität in Dimension und Morphologie die *Bottom-up*-Techniken den *Top-down*-Verfahren überlegen. Zur Dynamik von bakteriellem Plankton, z. B. Masse, Größe, Wachstumsrate etc., in oligotrophen und eutrophen aquatischen Habitaten diskutieren Billen et al. (1990) eine *Bottom-up*- oder *Top-Down*-Kontrolle. Einen *Bottom-up*-Ansatz zur Zellmechanik skizziert Bausch & Kroy (2006).

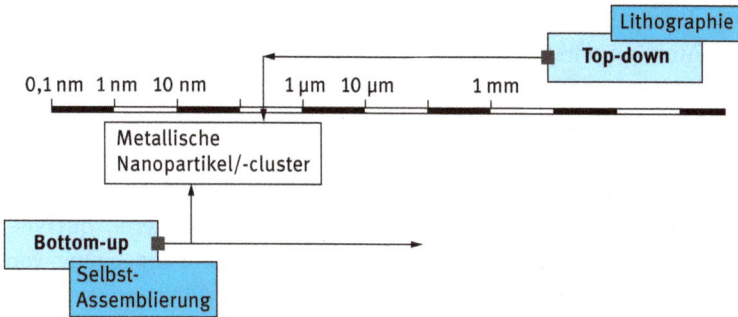

Abb. 1.7: Unterschiede in der Methodik zwischen *Bottom-up*- und *Top-down*-Ansatz (Niemeyer 2001).

(a) Supramolekulare Chemie

Modelle aus der Supramolekularen Chemie wie z. B. Selbstassemblierung und Rekognition bieten Arbeiten via *Bottom-up*-Ansatz wichtige theoretische Grundlagen.

Eine Konstruktion von Nanostrukturen über den *Bottom-up*-Ansatz unter Einbeziehung selbst-assemblierender Systeme sowie Mechanismen einer Rekognition von z. B. anorganischen Systemen u. a. zur Kontrolle eines Kristallwachstums bezeichnen Seeman & Belcher (2002) als Emulationen der Biologie. Eine wichtige *Bottom-up*-Technik besteht z. B. in der hierarchisch aufgebauten Selbstassemblierung durch Amelogenin und der Regulation der Biomineralisation auf der Nanoskala (Fang et al. 2011), Abschn. 5.1 (m). Zur Entwicklung von selbstassemblierenden bakteriellen NP aus Cellulose und Stärke bieten Grande et al. (2008) Informationen.

(b) Biotemplat

Biologische Template (Biotemplate) übernehmen räumlich lebenswichtige Ordnungsfunktionen diskreter biogener Bausteine. Sie bieten belastbare geometrisch arrangierte Blaupausen an, die biogene Prozesse zur Konstruktion großräumiger Architekturen einsetzen können. Neben Biopolymeren, wie z. B. S-Layer (Abschn. 5.4.2), lässt sich eine Reihe weiterer Polymere, wie z. B. DNS (Abschn. 5.4.3), „zweckentfremden". Die Größe der Vorlagen liegt u. a. im nm-Bereich. Im Fall magnetotakter Bakterien (MTP) übernehmen spezielle Proteine die räumliche Anordnung von Magnetitkristallen, d. h. Magnetosome (Abschn. 5.4.1). Ohne Strukturierung der diskreten Fe_3O_4-NP zu einem Stabmagneten verbliebe das System funktionsuntüchtig.

Nach bislang vorliegenden Informationen geschieht die Biogenese von Apatit über eine templatkontrollierte Mineralisation. Das hierzu eingesetzte elastische Proteingerüst ist unter Laborbedingungen durch ein synthetisches, bionisch auftretendes Polymer aus Hydrogel substituierbar. Für die mechanische Stabilität und Integrität biologischer Zellen zeichnet sich ein Netzwerk von Biopolymeren in Form eines Cytoskeletts verantwortlich. Es tritt als eine Art multifunktionaler Muskel auf, dessen passive bzw. aktive Leistung sich sehr heterogen in Raum und Zeit verhalten und mit unterschiedlicher Funktion wirken kann, z. B. Sensor, Entwicklung etc. In diesem Zusammenhang gelingt es, eine *In-vitro*-Rekonstitution von funktionalen Modulen zu erreichen, die nur über eine *Bottom-up*-Strategie machbar ist (Bausch & Kroy 2006).

Auf einen *Bottom-up*-Ansatz zur Erzeugung von Mikro- sowie Nanostrukturen unter Verwendung biologischer und chemischer Wechselbeziehungen machen [5]Lee et al. (2007) aufmerksam. Mit mineralbindenden Liganden präparierte, querver-linkte (engl. *cross-linked*) Hydrogele stehen als Template für die Erzeugung von Hydroxyapatit zur Verfügung. Auf diese Weise ist eine intensive Adhäsion zwischen organischen und anorganischen Materialien für Hydrogele, funktionalisiert mit ent-weder Carboxylat- oder Hydroxy-Liganden, machbar. In ihrer Studie betonen Song et al. (2005) das Nukleationspotential von Hydroxylgruppen für eine nachfolgende Mineralisation. Über metallakkumulierende Bakterien und ihr Potential für die Mate-rialwissenschaften referieren Klaus-Joerger et al. (2001).

1.4 Interdisziplinärer Ansatz

Aus der Zielsetzung und den hierzu erforderlichen Vorgehensweisen zur industriellen Exploitation von biogen synthetisierten Nanopartikeln/-clustern ist eine interdiszi-plinäre Denk- und Vorgehensweise Grundvoraussetzung. Generell bedienen sich die Geowissenschaften, wie nahezu alle naturwissenschaftlichen Disziplinen, zur Cha-rakterisierung, Analyse und zu Prognosen einer fachübergreifenden Zusammenfüh-rung diskreter Arbeitsgebiete, wie z. B. in den Bezeichnungen Geochemie, Geophysik, Geostatistik, Geobiologie etc. zum Ausdruck gebracht.

(a) Biogeochemisches Periodensystem

Neuartige Denkansätze/Konzeptionen sowie die Rolle/Funktion von Elementen in biogeochemischen Stoffkreisläufen spiegeln sich in z. B. der Darstellung eines bio-geochemischen Periodensystems wider. Generell soll das Diagramm adäquat die biologische Relevanz der diversen Elemente betonen (Wackett et al. 2004), Abb. 1.8. Einen Unterschied ergibt neben der spiralförmigen Darstellung die zentrale Position des Wasserstoffs, da ca. 60 % der Zellmasse aus H_2O bestehen, eine Vielzahl von Enzymen den H^+-Transfer beeinflussen, H^+-Gradienten zur Synthese von ATP be-nutzt werden, er zur Stabilität wichtiger Biomoleküle beiträgt und Hydrogenasen das Equilibrium von H^+ und H_2 justieren. Im Anschluss folgt, der Spiralform folgend, ein Cluster von C, O, N, S sowie P.

Als essenzielle Elemente in Prokaryoten sind sie z. B. bei *E. coli* bis zu ca. 97 % am Aufbau dieses Mikroorganismus beteiligt. Sie sind Bestandteil an Strukturen ge-bundener Lipide, katalytisch aktiver Enzyme sowie metabolisch Intermediäre im Ka-tabolismus erzeugter Komponenten. Im Anschluss folgt ein Cluster mit den wichtigs-

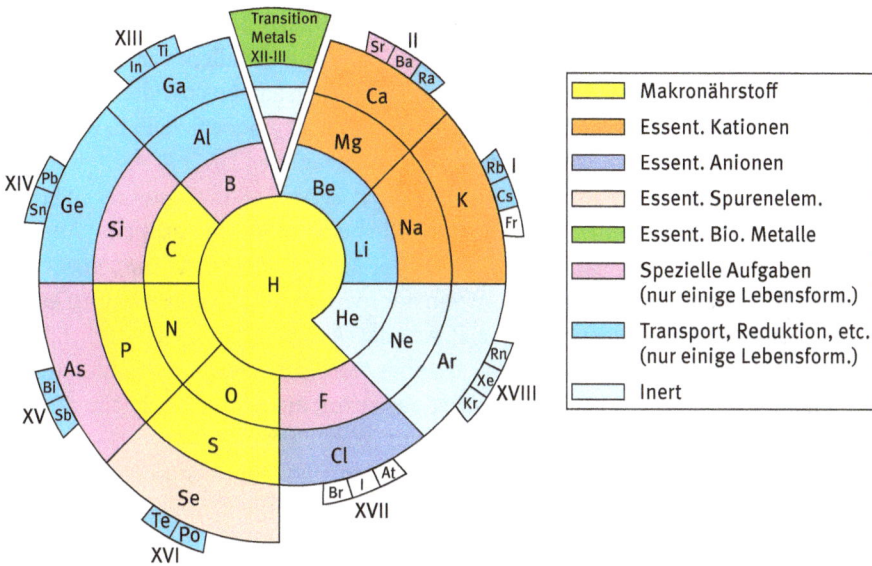

Abb. 1.8: Spiralförmiges biochemisches Periodensystem, die Anordnung folgt der biologischen Relevanz der diskreten Elemente (Wackett et al. 2004).

ten Kationen einer mikrobiellen Zelle: Na^+, K^+, Mg^{2+} sowie Ca^{2+}. Unabhängig davon, dass die genannten Elemente innerhalb prokaryotischer Zellen teilweise erheblichen Schwankungen unterliegen, sind sie für wesentliche Zellfunktionen unentbehrlich (Wackett et al. 2004).

Als häufigstes intrazelluläres divalentes Element dieses Clusters ist bislang Mg^{2+} beschrieben. Das Metall übernimmt Aufgaben der Koordination, dient zahlreichen Enzymen als Cofaktor, ist in die Aufrechterhaltung eines pH-Gleichgewichts sowie in den Fe-Transport einbezogen. Aufgrund seiner geringen mikromolaren Löslichkeit spielt Ca^{2+} im mikrobiellen Bereich nur eine untergeordnete Rolle (Wackett et al. 2004). Unter den monovalenten Kationen übernimmt K^+ eine herausragende Position, z. B. in *E. coli* sind bis zu 300 mM gemessen. Na^+ hingegen unterliegt häufig einer Abstoßung seitens einer betroffenen prokaryotischen Zelle (Wackett et al. 2004), Abb. 1.8.

Chloride (Cl^-) repräsentieren in biologischen Systemen das wichtigste Anion, wohingegen andere Halogene, z. B. F, Br, I, nur sehr untergeordnet in Metaboliten auftauchen (Wackett et al. 2004). Ungeachtet mit ca. 1–2 % an der Gesamtmasse beteiligt, vertreten Metalle innerhalb der Biowissenschaften eine unverzichtbare Stoffmenge. Sie sind evolutionär speziell auf Funktionen in Enzymen zugeschnitten, und ein z. B. Bakterium kann mehrere 1000 Proteine und Enzyme exprimieren, wovon ca. 30 % als Metalloproteine (Abschn. 3.2.2) ausgebildet sind.

Ohne die Einbeziehung von Metallen ist keine biologische Zelle lebensfähig. In der Reihenfolge Zn > Fe > Cu > Mo > Co > Ni auftretend, kommt es bei Defiziten zu erheblichen Beeinträchtigungen in der Funktionalität einer Zelle. Gelegentlich unterliegt ein Metall einer Substitution durch ein anderes Metall, z. B. Mo durch W innerhalb anaerober Bakterien (Wackett et al. 2004). Eine Reihe von Metallen, z. B. Ag, As, Cd, Hg, Pb u. a., wirken hingegen toxisch. Ausgestattet mit den entsprechenden Sensoren, Transportern etc. ist ein Mikroorganismus in der Lage, mit einer effizienten, evolutionär ausgereiften Palette von Abwehrmaßnahmen zu reagieren.

Einige der hochtoxisch auftretenden Metalle, z. B. Ag^{2+}, Cd^{2+}, unterliegen einer Bindung durch innerhalb einer mikrobiellen Zelle befindliche Thiolgruppen. Andere wiederum werden selektiv, nach unbeabsichtigter Aufnahme, durch Pumpen wieder in den extrazellulären Raum befördert. Wenn erforderlich gehen den Techniken eines Effluxes reduktive Maßnahmen voraus, z. B. Arsenat (AsO_4^{3-}) zu Arsenit (AsO_3^{3-}). Eine weitere effiziente Technik besteht aufgrund seines niedrigen Siedepunkts unter Atmosphärendruck in der Volatilisierung von Hg, das zuvor, als Hg^{2+} mithilfe einer enzymatisch ausgeführten Biokatalyse reduziert wird (Wackett et al. 2004).

Aus Gründen eines mikrobiellen Katabolismus sind Biotransformationen von Metallen ein häufig zu beobachtendes Phänomen. Insbesondere in der Funktion als terminaler Elektronenakzeptor (Abschn. 4.6.2 (b)) im Verlauf einer Respiration bilden Biotransformationen eine wichtige präparative Vorphase und erstrecken sich u. a. auf Fe^{3+}, Mn^{4+}, Vanadate (VO_4^{3-}), Uranate, Arsenate (AsO_4^{3-}), Rh-Sesquioxide, Chromate (CrO_4^{2-}), Molybdate (MoO_4^{2-}), Wolframate (WO_4^{2-}) (Wackett et al. 2004). Einen vertiefenden Einblick zur Rolle von Metallionen innerhalb der Lebenswissenschaften bieten z. B. Sigel et al. (2008).

(b) Mikrobielle Ökologie

Zengler (2009) betont in seiner Arbeit die entscheidende Rolle der Zelle innerhalb der mikrobiellen Ökologie bzw. umweltbezogenen Mikrobiologie. In geographisch weit voneinander getrennten Arealen werden häufig der Mikroorganismus *Bacillus cereus* und seine Produkte, z. B. Sporen, von unterschiedlichen Autoren angesprochen (Melchior et al. 1994, Melchior et al. 1996, Neybergh et al. 1991, Parduhn 1991, Wang et al. 2003 u. a.). Zur mikrobiellen Ökologie des *Rio-Tinto*-Gebietes, eines natürlichen, extrem sauren Milieus, das für die Biohydrometallurgie von besonderem Interesse ist, siehe González-Toril et al. (2010). Der im Iberischen Pyritgürtel liegende *Rio Tinto* zeichnet sich durch einen konstanten pH-Wert und hohe Konzentrationen an Schwermetallen aus. Das betroffene Ökosystem unterliegt der chemischen Kontrolle durch das Fe. Die geomikrobiologische Charakterisierung des *Rio Tinto* verhilft ungeachtet aller umweltbezogenen Problematiken zu einer Klärung grundsätzlicher Fragestellungen auf dem Gebiet der Biohydrometallurgie sowie der Beobachtung, d. h. beim Monitoring, unterschiedlicher Verfahren zur Biolaugung (González-Toril et al. 2010), Abschn. 2.5.1 (b)/Bd. 2.

(c) Geomorphologie

Dorn et al. (2013) stellen eine Verbindung zwischen nanoskaliger Verwitterung von Mineralen und der Geomorphologie dar. Sie erachten die Verwitterung in der Nanodimension als Ausgangspunkt für die sich in Richtung Mikroskala entwickelnde Zersetzung der Gesteine mit erheblichen Auswirkungen auf die geomorphologische Gestaltung des Terrains, z. B. Entwicklung von Siltgesteinen, biogenes *Coating* von Gesteinen, u. a. Prozesse mit entsprechenden Effekten auf die Geomorphologie.

(d) Fossile Metallcluster

Mineralisierte fossile Mikroorganismen sind aus einem Geothermalsystem beschrieben, wobei die mineralisierten Phasen aus diversen As- und Sb-Sulfiden bestehen (Phoenix et al. 2005).

Das Besondere ist die hochauflösende zweidimensionale räumliche Anordnung der Nanokristallite, die im extrazellulären Milieu durch proteinführende Template zu weiträumigen Nanoclustern arrangiert wurden, Abschn. 5.1 (b). Im Zusammenhang mit der Magnetisierung von Sedimenten diskutieren Faivre & Schüler (2008) die Überlegung einer biogenen Herkunft der Magnetite.

(e) Metallogenese

In der Metallogenese von Erzlagerstätten gewinnen zunehmend Modelle an Einfluss, die die aktive, biogen gesteuerte Rolle bei der Präzipitation und Akkumulation wirtschaftlich abbauwürdiger Mineralisationen berücksichtigen (Southam & Saunders 2005). So erhebt sich innerhalb der Prospektion sowie Exploration mineralischer Rohstoffe zunehmend die Diskussion, inwieweit das Auftreten bestimmter Mikroorganismen im räumlichen Zusammenhang mit z. B. Au-Mineralisationen steht und sich dieses Phänomen zum Zwecke der Erkundung geochemischer Anomalien ausnutzen lässt, Abschn. 2.6.1/Bd. 2.

(f) *Smart mining*

Zunehmend bedienen sich Techniken zur Gewinnung und Verarbeitung metallführender Medien biotechnologischer Ansätze, z. B. *smart mining*, durch z. B. Enyzmlaugung zu Zwecken der Exploration. Infolge unterschiedlicher Entwicklungen erstrecken sich die zunehmend etablierenden Verfahrenslösungen wie z. B. Biolaugung, Bioflotation etc. auch auf so genannte Abfallströme der z. B. metallverarbeitenden Industrie und Recyclingbetriebe, d. h. *urban mining*. Es entwickeln sich hier kommerziell attraktive Optionen, Abschn. 2.5.1/Bd. 2. Als Vorbild im Sinne einer technischen Verwertung ist das Studium von Grubendrainagen von Interesse (engl. *acid mine drainage*).

(g) *Biofactory*

Mittels einer *Biofactory* oder mikrobiellen Zelle als Produktionsumfeld (Abschn. 2.1 (q)/Bd. 2) ist bislang eine Fülle von Wirtschaftsgütern produzierbar, z. B. Enzyme, Feinchemikalien etc. Sie haben sich unter den Bedingungen einer industriellen Serienfertigung im großen Maßstab bewährt. So repräsentiert z. B. die proteingesteuerte Synthese von Magnetitclustern in magnetotakten Bakterien (MTB) ein Beispiel für die biogene Synthese geometrisch angeordneter metallischer Nanocluster. Zwecks Funktionstüchtigkeit erfolgt die Anordnung der Nanomagnete entlang der Längsachse (Simpson et al. 2005), Abb. 1.9. Einer der großen Vorteile ist die Größe der die NP produzierenden und behandelnden Biokomponenten, sie bewegen sich ebenfalls im nm-Bereich, z. B. Proteine, Enzyme, Phagen etc., Abschn. 2.4 (d)/Bd. 2.

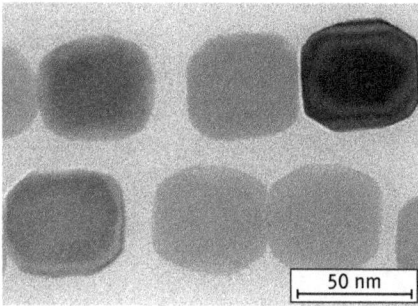

Abb. 1.9: Proteingesteuerte Synthese von Magnetitclustern in magnetotaktem Bakterium (MTB) als Beispiel für die biogene Synthese geometrisch angeordneter metallischer Nanocluster. Zwecks Funktionstüchtigkeit erfolgt die Anordnung der Nanomagnete entlang der Längsachse (Simpson et al. 2005).

(h) Geo-, Bio-, Nano- und Hochtechnologie

Aufgrund einer nahezu stetig anwachsenden Miniaturisierung von Bauteilen in nahezu allen Bereichen der Hochtechnologie bieten sich als weiterführende Perspektiven die Arbeitsfelder Geo-Bio-Nanotechnologie und Geobiotechnologie an. Die Kombination der Arbeitsfelder Geo-, Bio- und Nanotechnologie liefert die Grundlage zur Synthese metallischer Partikel im µm- bis nm-Maßstab, geeignet als Ausgangskomponenten für u. a. die Hochtechnologie. Biotemplate, Regulierung der Kristallmorphologe und Größe einer metallischen Biomineralisation durch Biomoleküle, z. B. Peptide, Energieverbrauch, abgehende Stoffströme etc. bieten ökologisch brauchbare Hilfsmittel und bilanz-technische Rahmenbedingungen an. Es ist durch Exploitation der natürlich auftretenden, zumeist auf mikrobielle/biogene stoffwechselbezogene Abläufe eine breite Produktpalette von metallischen Partikeln oder Lösungen machbar, z. B. Ferrofluide aus Magnetosomen, Binärmetalle in Form von z. B. Kobaltferrit, Basischemikalien in Form von Pigmenten, Quantenpunkte, Abschn. 2.7 (i)/Bd. 2.

So sind z. B. biogen unterstützte Ausfällungen von Cu-Mineralisationen, zuvor selektiv aus Reststoffen bzw. Abfallströmen der elektrochemischen Industrie extrahiert, als verkaufsfähiges Produkt herstellbar, Abb. 1.10 (a). Die diskreten Cu-Partikel

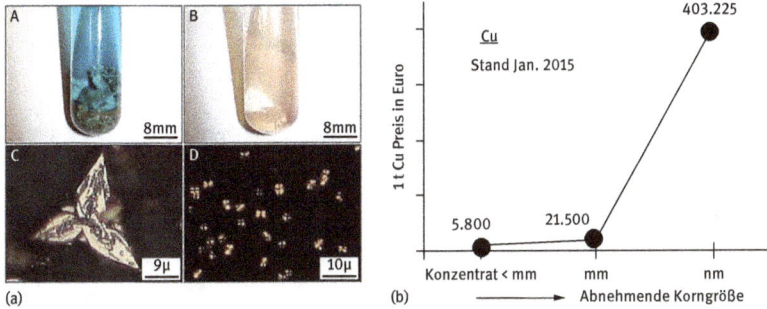

Abb. 1.10: (a) Biogen unterstützte Ausfällungen von Cu-Mineralisationen, zuvor extrahiert aus Reststoffen bzw. Abfallströmen der elektrochemischen Industrie, (b) Wertsteigerung von Cu auf den Verbrauchermärkten durch abnehmende Korngröße.

bewegen sich im μm- bis nm-Bereich. In diesem Zusammenhang sei auf die Wertsteigerung von Cu auf den Verbrauchermärkten durch abnehmende Korngröße hingewiesen, Abb. 1.10 (b).

(i) Geo-Genomik

Geo-Genomik, als bislang nicht eingeführter Begriff, soll auf die Verflechtung zwischen dem Habitat, seinem Metallbudget und dem genetischen Datenbestand hinweisen. Die Entwicklung biogeochemischer Signaturen im Verlauf der Zeit, abgeleitet von kompletten mikrobiellen Genomen, skizzieren Zerkle et al. (2005). Bezogen auf die geologische Zeitskala existiert eine intensive Rückkopplung zwischen der Geo- und der Biosphäre und somit auf alle im Zusammenhang mit der Behandlung von Metallen durch Mikroorganismen stehenden Prozesse. Darüber hinaus bieten mikrobielle Genome Einblicke in das metabolische Potential von Prokaryoten, die Evolution von Resistenzen gegenüber unerwünschten Metall-Gehalten und daran gekoppelte regulative Eingriffe durch die genetischen Datenbanken.

Es sind Informationen bis auf die molekulare Ebene möglich. Zur Verdeutlichung der Überlegungen berechnen Zerkle et al. (2005) für diverse Metalle wie Co, Cu, Fe, Mn, Mo, Ni, V, W, Zn den f_i-Wert, die Metallsignatur, Abb. 1.11 (a). Zusätzlich verhelfen rechnergestützte Strategien zur Vertiefung theoretischer Hintergrundinformationen und Modellierung von Modell-Metallonomen, Abb. 1.11 (b).

In ihrer Publikation zu Genen und geochemischen Kreisläufen betonen Macalady & Banfield (2003) die Informationsangebote, die sich auf Verknüpfungen zwischen fossilen Aufzeichnungen mit evolutionären Werdegängen von Genen bzw. Genomen anbieten. Sie verweisen auf den lateralen Gentransfer im Verlauf der Evolution und die Akquise von Genen als Antwort auf Wechsel in den geochemischen Rahmenbedingungen. Als Beispiel nennen die o. a. Autoren den Transfer von pflanzlichen Geninformationen in *Deinococcus radiodurans*, einem strahlungsresistenten Bakte-

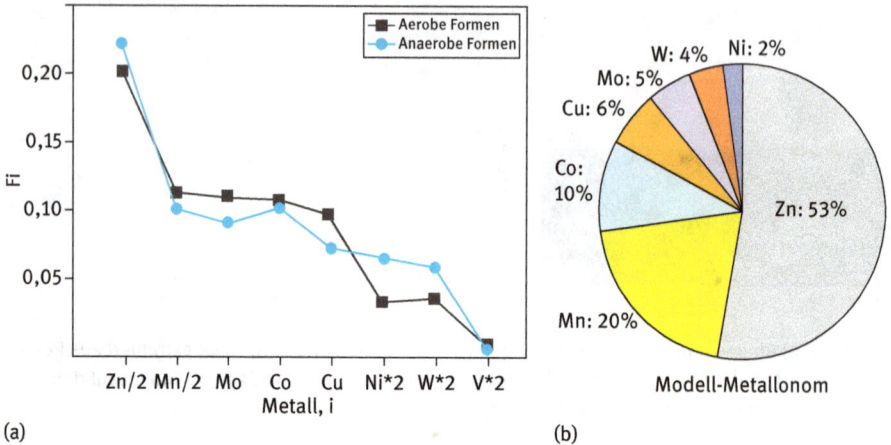

(a)   (b)

Abb. 1.11: (a) Durchschnittliche Werte für F_I-Werte, d. h. für aerobe sowie anaerobe Formen und (b) Modell-Metallonom (Zerkle et al. 2005)

rium. Bose et al. (2011) ziehen Verbindungen von Genomen zu geologischen Kreisläufen mit entsprechenden Rückkopplungseffekten, wobei sie sich auf das Verhalten des ubiquitär auftretenden und chemisch relvantesten Metalls, d. h. Fe, berufen.

(j) Geomedizin

Da im Rahmen der vorliegenden Ausarbeitung auf zahlreiche Datenbestände aus dem medizinischen Bereich zurückgegriffen wurde, z. B. Wechselwirkungen metallischer Implantate mit körpereigenen Fluidphasen, Biofilmbildungen in Kathetern, speziell präparierte Metalle zur Diagnostik, Biokompatibilität von Metallen gegenüber Biomasse, Extraktion von Metallen wie z. B. Cd, Pb, U u. a. via Chelatoren, soll über ein neu aufkommendes Arbeitsgebiet oder eine Teildisziplin hingewiesen werden. Unter der Bezeichnung medizinische Geologie deuten z. B. Bunnel et al. (2007) auf diese global aufstrebende Arbeitsdisziplin hin. Es handelt sich um die Schnittstelle medizinischer Inhalte mit Themen aus der Geologie, speziell in Verbindung mit der Geochemie (z. B. Skinner 2003, USGS 2013). Steines (2009) umschreibt die Geomedizin als die Wissenschaft, die den Einfluss von natürlich auftretenden Faktoren auf das geographische Auftreten bestimmter Probleme in der Human- und Veterinärmedizin zum Inhalt hat. Neben den anthropogenen Einträgen an Kontaminanten können geogenregionale, geochemische Parameter erhebliche Einflüsse auf das gesundheitliche Wohlbefinden ausüben. Defizite an bestimmten Nährstoffen, u. a. von Metallen, können signifikante Mangelerscheinungen auslösen oder von erhöhten Indikationen an z. B. Metallen, wie Co, Cu, Mn, Mo, Se, Zn, können toxische Wirkungen ausgehen (Steines 2009), Abschn. 5.6 (b). Ähnlich äußern sich Selinus et al. (2013) in ihren Ausführungen zur medizinischen Geologie. Sie betonen hierbei die Einwirkungen

der natürlichen Umwelt auf die öffentliche Gesundheit. Neu entstehende Arbeitsgebiete wie Medizinische Geochemie (Censi et al. 2013) oder die Verbindung von
medizinischer Mineralogie mit der Geochemie (Sahai & Schoonen 2006) unterliegen
ebenfalls einführenden Überlegungen und Diskussionen. Darüber hinaus erörtert
z. B. Sahai (2007) aufgrund von Vorgängen, wie z. B. Biomineralisationen, Spezifikationen von Metallen, den Wechselwirkungen an Grenzfläche Mineral – Wasser
sowie dem Aufkommen von Produkten wie Biokeramiken, mögliche Schnittstellen
zwischen medizinischer Mineralogie und der Geochemie. Mineralisation von synthetischen Polymer-Gerüststrukturen erweitern das Angebot an *Bottom-up*-Ansätzen
zur Entwicklung von u. a. künstlichen Knochen (Song et al. 2005). Die kontrollierte
Integration von organischen und anorganischen Komponenten gewährt am Beispiel
von Knochen Materialien mit technisch interessanten Eigenschaften. Aus den Gewe-
bepartien der menschlichen Hirnmasse sind magnetische NP beschrieben (Kirschvink
et al. 1992), Abschn. 2.7 (k)/Bd. 2.

(k) Geo-Portfolio

Arbeiten im Zusammenhang mit der biogenen Synthese metallischer Nanopartikel/
-cluster vergrößern das geologische Portfolio an neuartigen Denkansätzen, Modellen,
Arbeitsweisen etc. So werden z. B. Verbindungen zwischen vulkanischen Aktivitäten
und chemolithotrophen Lebensformen diskutiert (Wächtershauser 2006) oder eine
Übertragung von Kenntnissen aus den Materialwissenschaften auf die Strukturgeo-
logie erörtert (Paterson 2013). Eine weitere Arbeitsdisziplin betont die Bedeutung von
Fungi auf geologische Geschehen, d. h. die Geomykologie (Gadd 2007, Gadd et al. 2012,
Wei et al. 2013). Vereinfacht ausgedrückt führen Überlegungen via Geomikrobiologie und biologische Gesteinsverwitterung letztendlich zur Enzymtechnik und deren
wirtschaftlicher Exploitation. Der aktuelle technische Einsatzbereich der Angewandten Geomikrobiologie/Geobiotechnologie bzw. mikrobiellen Stoffproduktion umfasst
zum einen die wirtschaftliche Metallextraktion, d. h. *biomining* oder *bioleaching*, und
zum anderen die Sanierung schwermetallhaltiger Abwässer oder Böden, d. h. Bioremediation. Auch zur Geometallurgie lassen sich Querverbindungen ableiten.

Zusammenfassend
stehen in Hinsicht auf die biogene Synthese von Metallen zur Klärung der auf den Erfordernissen
des Metabolismus beruhenden mikrobiellen Leistungsfähigkeit umfangreiche Datenbestände zur Einsicht, z. B. Leistungspotential unter verschiedenen p/T-Bedingungen, repräsentiert durch die Habitate, sowie *Bottom-up*-Strategien zur Synthese etc. Allerdings ergibt sich hieraus wiederum eine Vielzahl weiterführender Fragestellungen wie z. B., Abschn. 2.7/Bd. 2:
– Inwieweit können biogen inerte Metalle wie Ga, In, Hf etc. mikrobiell behandelt werden?
– Wie aufnahmefähig sind die Datenbanken der DNS gegenüber unbekannten Informationen im
  Sinne der Synthese biogen bislang unbekannter Metallspezifikationen von z. B. Ge?
– Gibt es Möglichkeiten einer Optimierung metallischer mikrobieller Metabolite durch z. B. Pro-
  zesse eines bestärkenden Lernens (engl. *reinforcement learning*)?

Aus sowohl technischer Perspektive, z. B. *Bottom-up*-Ansatz, als auch wirtschaftlicher Hinsicht, z. B. *biomining*, bieten Arbeiten auf dem Gebiet der F&E, abgeleitet von der Geomikrobiologie, kommerziell vielversprechende Optionen im Sinne einer Ressourceneffizienz bei der Produktion strategischer Metalle, absatzfähig auf Märkten für u. a. Zukunftstechnologien.

2 Geomikrobiologie

Die Geomikrobiologie kann im Sinne technisch-wirtschaftlicher Überlegungen mit ihren zugrunde liegenden Gesetzmäßigkeiten eine Art Vorbildfunktion für die biogene Synthese metallischer Nanopartikel/-cluster übernehmen. Denn im Verbund mit dem jeweiligen Habitat bieten die zur Geomikrobiologie zählenden Organismen zum einen das makroskopische Umfeld für die Reaktionen und zum anderen ein entsprechendes stoffliches Inventar in Form einer Quelle oder eines Lieferanten für die Edukte, den Transport und die Senke durch z. B. Präzipitation/Akkumulation an. Evolutionär entsprechend den jeweiligen Umweltbedingungen durch Vorgänge der Adaption optimiert, erfolgt daher eine einführende Vorstellung der diversen Typen von Mikroorganismen, insbesondere extremophiler Formen. Die molekulare Geomikrobiologie erstreckt sich auf den Energiestoffwechsel sowie die Mechanismen von Resistenzen gegenüber Metall(en)(-spezifikationen), beides Motive, die infolge mikrobieller Aktivitäten zur Bildung metallischer Präzipitate führen können. Hinter der Synthese von Biomineralisationen stehen Vorgänge wie die Biotransformation sowie Biokatalyse. Metallische Nanopartikel/-cluster können im Zusammenhang mit stoffwechselbezogenen Vorgängen in Form von Primär- und Sekundärmetaboliten auftreten und ereignen sich in einem Mikroenvironment als Reaktionsumgebung. Aufgrund der aktuellen Thematik, d. h. des Angebots preisgünstiger Ausgangsmaterialien für die z. B. Hochtechnologie, konzentrieren sich die Erörterungen auf geostrategische Metalle wie z. B. Ge, Se, Te, Edelmetalle Au, Ag, Pt und Pd, radiogene Elemente wie U sowie SEE. Abschließend werden die biogen gesteuerte Erosion, Mobilisierung und Neubildung von Mineralpräzipitaten durch Diagenese kurz skizziert, da diese Vorgänge über das biogene Leistungsspektrum, dessen Voraussetzungen, die Möglichkeiten, aber auch Grenzen in sowohl wissenschaftlicher als auch technisch-wirtschaftlicher Hinsicht infomieren. Um neuartige mikrobielle Syntheseprodukte u. a. in Form von metallischen NP kontrolliert herzustellen sowie bei Bedarf Optimierungsstrategien zu entwerfen, ist ein Verständnis der zugrunde liegenden Gesetzmäßigkeiten geomikrobiologischer Vorgänge unerlässlich. Denn sie bieten modellhaft die zu diesem Zwecke erforderlichen Techniken an.

2.1 Definition Geomikrobiologie

Zum Verständnis der hinter einer gezielten biogenen Synthese von u. a. metallischen Phasenräumen, d. h. Biomineralisationen, stehenden notwendigen Voraussetzungen sind einleitende Gedanken zur Geomikrobiologie unerlässlich, da Mikroorganismen unter industriellen Produktionsbedingungen u. a. in Form von Ganzzellverfahren, eingesetzt werden können. Eine genaue Herkunft des Begriffs Geomikrobiologie lässt sich z. Zt. nicht rekonstruieren. Generell befasst sich die Geomikrobiologie mit der Ein-

DOI 10.1515/9783110426779-003

beziehung von Mikroorganismen in geologische Prozesse und den sie begleitenden Wechselwirkungen seit dem Beginn ihrer biologischen Evolution. Die Vorgänge erstrecken sich auf Stoffkreisläufe von organischer und zu Teilen anorganischer Materie im oberflächennahen Milieu der Erde, der Verwitterung von Gesteinen und Mineralen sowie die Genese und Transformation von Böden, Sedimenten und fossilen Kohlenwasserstoffen (Ehrlich & Newman 2008). Barns & Nierzwicki-Bauer (1997) betonen ebenfalls die Einflüsse bzw. Wechselwirkungen zwischen mikrobiellen Aktivitäten und den diversen Geosphären, wie z. B. Litho- und Hydrosphäre. Konhauser (2007) nimmt in seinem Term Geomikrobiologie Vorgänge wie z. B. die Klassifikation der Mikroorganismen, die Bioenergetik, chemische Reaktivität, mikrobiologische Mineralbildung u. a. auf, wobei Wechselwirkungen im molekularen Bereich biogeochemische Systeme unterstützen (Newman & Banfield 2002). Nach Gadd (2010) befasst sich die Geomikrobiologie mit der Funktion von Mikroben innerhalb geologischer Prozesse. Die o. a. Interaktionen sind im Rahmen der Geomikrobiologie und mikrobieller Vorgänge in Verbindung mit Biomineralisationen von entscheidender Bedeutung, Abschn. 2.2.4.

So sind z. B. Mikroorganismen fähig, den Oxidationzustand von Metallen zu ändern und somit Abtrennung, Aufkonzentration und Ausfällung eines Metalls zu implementieren. Nach Templeton & Knowles (2009) umfasst die Geomikrobiologie die Definition und Quantifizierung bezüglich der anteiligen Einbeziehung mikrobieller Organismen in geochemische Prozesse, determiniert durch Niedrigtemperaturbedingungen, Abschn. 2.2.2. Gemäß Dong (2008) tritt die Geomikrobiologie als interdisziplinäres Themengebiet vermittelnd zwischen Geologie und Mikrobiologie auf und umschreibt das mikrobielle Leben unter u. a. extremen Milieubedingungen bzw. die Verbindung von geologischen und mikrobiologischen Prozessen, z. B. mikrobielle Bildung von Dolomit, fossile DNS, Leben in unteren Krustenabschnitten etc.

Zur Beschreibung der durch die Geomikrobiologie erfassten Vorgänge und spezifischen Gesetzmäßgkeiten gibt es weitere Begriffsbezeichnungen wie Geobiologie und Mikrobielle Biogeochemie. Geomikrobiologie ist nicht gleichzusetzen mit Mikrobieller Ökologie oder Mikrobieller Biogeochemie (Ehrlich & Newman 2008). Auf dem Gebiet der Mikrobiellen Ökologie bildet der Studienschwerpunkt die Beziehungen zwischen verschiedenen Mikroorganismen, Fauna und Flora mit ihren jeweils vorherrschenden Habitaten bzw. ihrer Umwelt. Dahingegen untersucht die Mikrobielle Biogeochemie mikrobiell beeinflusste geochemische Reaktionsabläufe mit oder ohne Einbeziehung enzymatisch gesteuerter Katalysen inkl. der dahinterstehenden Kinetiken.

Abgewandelt erörtern Macalady & Banfield (2003) den Begriff „Molekulare Geomikrobiologie". Sie nutzen den Begriff, um, über den Einsatz der Molekularen Biologie auf geologische Systeme hinausgehend, die Suche nach einem Verständnis auf molekularer Ebene betreffs der Koppelung von biologischen und geochemischen Prozessen zu beschreiben. Die Molekulare Geomikrobiologie berücksichtigt insbesondere die Beziehungen oder Rückkoppelungen zwischen Genen und geochemischen Kreisläufen (Macalady & Banfield 2003). Sie bezieht speziell folgende Aspekte mit ein (Macalady & Banfield 2003):

- Akquise von Genen als Antwort auf geochemische Veränderungen,
- Korrelation von Lipid-Biosignaturen mit Geninventar und Organismus,
- Korrelation von Isotopen-Biosignaturen mit Geninventar und Organismus,
- ribosomale Gensignaturen mit geochemischen Reaktionen,
- Anpassen von ribosomalen Gensignaturen mit geochemischen Reaktionsabläufen über kulturbasierte Ansätze.

In die Prozesse sind als geochemische Reagenzien im obersten Niveau der Litho- und Hydrosphäre eine Reihe unterschiedlichster Mikroorganismen, d. h. Bakterien, Protozoa, Algen und Pilze, einbezogen (Ehrlich 1998). In nahezu allen oberflächennahen geologischen Vorgängen, wie z. B. der Verwitterung von Gesteinen, Sedimentbildung, deren Umwandlung sowie der Genese und dem Abbau von Mineralen und fossiler Kohlenwasserstoffe, sind mikrobielle Aktivitäten von Mikroorganismen präsent. Daneben übernehmen Mikroorganismen einen aktiven oder passiven Anteil bei der Bildung von Mineralisationen durch Präzipitation und der nachfolgenden für die eigentliche Kristallbildung benötigten Nukleation außer- oder innerhalb der Zelle bzw. formieren die Biominerale zu einem größeren Verband (engl. *bulk phase*).

Bakterien entwickelten im Laufe ihrer Evolution diverse Fähigkeiten einer bakteriellen Kommunikation, z. B. Quorum Sensing (Abschn. 3.4 (d)), chemotaktische Signalverarbeitung, Austausch von Plasmiden etc. Diese Strategien verhelfen zu einer Art kooperativer Selbstorganisation in höher strukturierte Kolonien mit optimierter Anpassungsfähigkeit an Umweltbedingungen (Jacob et al. 2004).

Eine Schlüsselfunktion übernehmen sog. geoaktive Mikroorganismen, d. h. dissimilatorische metallreduzierende Bakterien sowie sulfatreduzierende Bakterien.

Übergreifend steht der Begriff der Geobiologie. Im Fall eines Bezugs auf das geologische Geschehen, wie z. B. den globalen CO_2- oder S-Kreislauf, überträgt die Geobiologie als wissenschaftliche Disziplin die Prinzipien sowie Methoden der Biologie auf die Geologie (Knoll et al. 2012).

2.2 Geoaktive Mikroorganismen

Unter den Term geoaktive Mikroorganismen fallen Mikooroganismen, die in Wechselwirkungen mit geologischen Körpern stehen, z. B. dissimilatorische metallreduzierende Bakterien (DMRB), sulfat-reduzierende Bakterien (SRB). Sie zählen somit unter die chemolithotrophen Formen (Abschn. 2.3.1 (b)). Geoaktive Mikroorganismen oder Mikroben als geoktive Agenzien (Gadd 2010) verfügen in der Vielfalt ihrer Wechselbeziehungen mit unter geologischen Bedingungen auftretenden komplex zusammengesetzten Feststoffphasen in Form von Gesteinen und den sie bestimmenden Mineralparagenesen über ein erhebliches Potential zur Beeinflussung von Massentransporten. Sie treten als Katalysatoren, Konsumenten sowie Produzenten auf (Ehrlich 2002). Da nach aktuellen Einschätzungen die Masse der Mikroorganismen vermutlich höher als jene aller anderen Lebensformen zusammen ist, sind in Kombination von Masse und Zeit erhebliche Stoffströme und -akkumulationen zu erwarten. Die Zelle eines Mikroorganismus als *black box*, d. h., Träger einer Fülle an Biokatalysatoren, erfasst Vorgänge im Zusammenhang mit biologischen Aktitäten wie Biodegradation, Biotransformation und Biokatalyse (*B3*) (Parales et al. 2002).

(a) DMRB

Als Vertreter der DMRB treten u. a. auf (1) *Aeromonas hydrophila* (Pham et al. 2003), (2) *Clostridium butyricum* (Park et al. 2001), (3) *Desulfobulbus propionicus* (Holmes et al. 2004), (4) *Geobacter sulfurreducens* (Bond & Lovley 2003), (5) *Rhodoferax ferrireducens* (Chaudhuri et al. 2003) und (6) *Shewanella putrefaciens* (Chang et al. 2006), (7) *Shewanella oneidensis MR-1* (Lall & Mitchell 2007), Abschn. 1.5.1 (c)/Bd. 2. Sie bevorzugen als Habitate Böden und oberflächennahe Sedimente. Als spezielle Variante von DMRB sind dissimilatorische Fe-reduzierende Bakterien (engl. *dissimilatory ironreducing bacteria* = DIRB) zu nennen und es fällt eine Vielzahl ubiquitär auftretender Mikroorganismen in diese besondere Form von DMRB (Lovley 1993, Lovley et al. 2004). Zum Erwerb des Fe stützen sie sich auf diverse Instrumente wie Fe^{3+}-chelatierende Biomoleküle u. a. Zur Generierung von Energie setzt z. B. *Geobacter metallireducens* Acetat ($CH_3CO_2^-$) ein und reduziert Fe^{3+} zu Fe^{2+} (Lovley 1993):

$$CH_3CO_2^- + 8\,Fe^{3+} + 4\,H_2O \longrightarrow 2\,HCO_3^- + 8\,Fe^{2+} + 9\,H^+ \qquad (2.1)$$

Shewanella putrefaciens wiederum reduziert Fe^{3+} zu Fe^{2+} unter Verwendung dreier Elektronendonatoren, d. h. Format ($COOH^-$), Lactat ($CH_3CH(OH)CO_2^-$) oder Pyruvat (Lovley 1993). Für Format ergibt sich folgender Reaktionspfad:

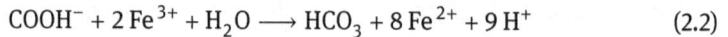

$$COOH^- + 2\,Fe^{3+} + H_2O \longrightarrow HCO_3^- + 8\,Fe^{2+} + 9\,H^+ \qquad (2.2)$$

für $CH_3CH(OH)CO_2^-$, wobei neben der Fe^{3+}-Reduktion als Beiprodukt $CH_3CO_2^-$ entsteht:

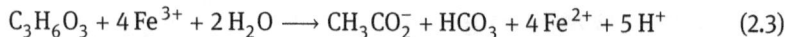

$$C_3H_6O_3 + 4\,Fe^{3+} + 2\,H_2O \longrightarrow CH_3CO_2^- + HCO_3^- + 4\,Fe^{2+} + 5\,H^+ \qquad (2.3)$$

Bei Gebrauch von Pyruvat entwickelt sich ebenfalls $CH_3CO_2^-$ (Lovley 1993):

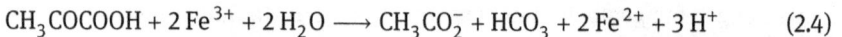

$$CH_3COCOOH + 2\,Fe^{3+} + 2\,H_2O \longrightarrow CH_3CO_2^- + HCO_3^- + 2\,Fe^{2+} + 3\,H^+ \qquad (2.4)$$

Bei geeigneten Voraussetzungen kann es zu einer Bioreduktion von NP aus Hämatit (Fe_2O_3) durch das DIRB *Shewanella oneidensis MR-1* (Bose et al. 2009) oder der Reduktion von Fe^{3+}-(Hydr)oxiden durch *Geobacter metallireducens* und *Clostridium butyricum* (Dominik 2002) kommen. Als Untergruppierung sind thermophile Fe-reduzierende Prokaryoten in nahezu allen terrestrischen Habitaten anzutreffen, beginnend von kontinentalen *hot springs* bis hin zu geothermal beeinflussten oberflächennahen Sedimenten. Sie gehören nicht zu einer phylogenetisch homogen auftretenden Gruppe und schließen diverse Vertreter von Bakterien und *Archaea* ein. Betreffs ihrer physio-chemischen, mineralogischen sowie auf Isotope bezogenen Charakteristika sind sie teilweise erfasst (Zhang et al. 1997). Fe-oxidierende Proteobakterien sind in vier physiologische Gruppen untergliedert, d. h. (1) acidophile aerobe Fe-Oxidierer, (2) neutrophile aerobe Fe-Oxidierer, (3) neutrophile anaerobe, d. h. nitratabhängige Fe-Oxidierer sowie anaerobe photosynthetisch aktive Fe-Oxidierer. Je nach vorherrschenden Bedingungen des Umfelds ist die Mehrzahl der Spezies fähig, sowohl Fe^{3+} zu reduzieren als auch Fe^{2+} zu oxidieren. Als Mikroorganismenvertreter sind u. a. (1) *Acidithiobacillus ferrooxidans*, (2) *Gallionella ferruginea*, (3) *Thiobacillus denitrificans* sowie (4) *Rhodobacter sp. SW2* (Hedrich et al. 2011) zu nennen. Aufgrund ihrer Eigenschaften zur Generierung elektrischer Ströme und der sich hieraus ergebenden Gradienten verfügen dissimilatorisch metallreduzierende Bakterien als elektrogene Formen über ein beachtliches technisches Potential (Lovley et al. 2008), Abschn. 4.6.1, Abschn. 2.4.4/Bd. 2. Metallreduzierende Mikroorganismen, d. h. Bakterien, scheinen sich daher für den Einsatz in biologischen Brennstoffzellen mit verwertbarem Wirkungsgrad zu eignen. Bei Zugabe von $CH_3CO_2^-$, Fructose ($C_6H_{12}O_6$), Glucose ($C_6H_{12}O_6$), $CH_3CH(OH)CO_2^-$, Xylose ($C_5H_{12}O_5$) u. a. generieren die betreffenden Bakterien infolge metabolischer Vorgänge Elektronen, die mit einer Ausbeute von 80 % an eine Graphitelektrode weitergeleitet werden können. Weiterhin übernehmen sie wichtige Aufgaben bei der Oxidation von organischen Kontaminanten (Lloyd et al. 1998), Abschn. 2.5.3/Bd. 2. Darüber hinaus ist mithilfe dissimilatorisch wirkender Fe^{3+}-reduzierender Bakterien und *Archaea* eine reduktive Ausfällung von Au machbar (Kashefi et al. 2001), Abschn. 5.3.2 (a). Zwecks Exploitation ergeben sich via Biomethylierung Optionen einer geobiotechnologischen Sanierung von durch Hg-kontaminierten Geosphären (Kerin et al. 2006).

(b) SRB

Eine wichtige Gruppe geoaktiver Mikroorganismen stellen sulfatreduzierende Bakterien (engl. *sulphate reducing bacteria* = SRB) dar. Zu den charakteristischen Schlüsselgattungen zählen *Desulfovibrio*, z. B. *Desulfovibrio vulgaris* (Abb. 2.1), *Desulfobacter* sowie *Desulfuromonas* (Madigan & Martinko 2009). Sie treten ubiquitär in anoxischen Habitaten auf. Dort übernehmen sie wichtige Funktionen bei den Kreisläufen von S sowie C. Allerdings können sie z. B. in der Ölindustrie schwerwiegende Probleme verursachen, da sie S^{2-} mit hohem reaktivem, korrosivem und toxischem Potential erzeugen (Muyzer & Stams 2008). Chemolithotrophe Bakterien, die SO_4^{2-} als terminalen Elektronenakzeptor benutzen, fallen in die Kategorie SRB und umfassen ca. 220 Arten mit ungefähr 60 Gattungen, Abschn. 4.5.2 (h). Sie akzeptieren eine Vielzahl von Komponenten als Elektronendonatoren und verfügen, zwecks eines Elektronenflusses über eine große Anzahl an Proteinen mit redoxaktiven Metallgruppen.

SRB sind anaerobe Mikroorganismen, die zum Abbau organischer Komponenten Sulfat (SO_4^{3-}) als terminalen Elektronenakzeptor einsetzen (Muyzer & Stams 2008).

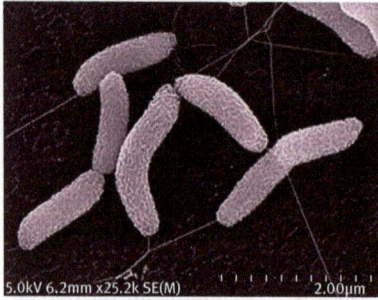

Abb. 2.1: Vertreter SRB, d. h. *Desulfovibrio vulgaris* (url: BerkeleyLab).

Sie benutzen zur Dissimilation organischer Substanzen z. B. Lactat (CH_3–HCOH–COO^-), Sulfat (SO_4^{2-}) als Oxidationsmittel, wobei der auf diese Weise reduzierte S aus metabolisch bedingten Gründen der Akquise höher organisierter Organismen dient (Spear et al. 2000).

Diverse Arten von SRB reduzieren anorganische, in wässrigen Lösungen auftretende Ionen, z. B. Fe^{3+}, Cr^{6+}, Mn^{4+} etc., und eignen sich daher zur Bioremediation kontaminierter Geosphären, Abschn. 2.5.3/Bd. 2. So reduzieren zum Beispiel *Geobacter metallireducens*, *Shewanella putrefaciens* u. a., lösliches hexavalentes U^{6+} in Grundwässern sowie sekundären Abfallströmen, wie z. B. in Bergeteichen aus dem Bergbau, zu extrazellulärem immobilem U^{4+} (Konhauser 2007):

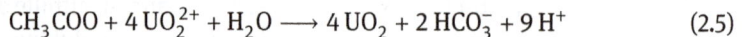

$$CH_3COO + 4\,UO_2^{2+} + H_2O \longrightarrow 4\,UO_2 + 2\,HCO_3^- + 9\,H^+ \tag{2.5}$$

Auf eine Biomineralisation von Fe^{3+}-Oxiden mit geringer Kristallinität durch DMRB weisen Zachara et al. (2002) hin, Abschn. 5.3.1 (i). SRB, wenn in Biofilmen organisiert, leiten beim Kontakt mit Metalloberflächen ganz wesentlich Vorgänge wie Biofouling/-korrosion ein (Beech & Gaylarde 1999), Abschn. 2.6.3/Bd. 2. Auf die Umwelt bezogene, durch SRB stattfindende Aktivitäten sind das Ergebnis spezieller Komponenten zum Elektronentransport oder zur Generierung hoher Gehalte an H_2S. Die Möglichkeit, entweder in Reinkultur oder in Gemeinschaft diverse Kohlenwasserstoffe (KW) einzusetzen, U^{6+} sowie Cr^{6+} dissimilatorisch zu reduzieren, gestattet Überlegungen einer Biosanierung von z. B. mit KW kontaminierten Geosphären wie z. B. Böden, z. B. Toluol (C_7H_8), Benzen (C_6H_6), Xylol (C_8H_{10}) etc. durch SRB (Barton & Fauque 2009). Weiterhin ist es aufgrund von nichtspezifisch ausgerichteten Aktivitäten seitens der Metallreduktasen mithilfe von SRB möglich, aus Abfallströmen Edelmetalle zurückzugewinnen, z. B. Pt, Au u. a., denn generell führt die Produktion von Biosulfiden zur Immobilisierung von Metallen. Neben den Aspekten einer gezielten Inanspruche der SRB zur im o. a. Sinne Gewinnung und Sanierung von Metallen sind Maßnahmen der Prävention unerlässlich. So produzieren SRB z. B. Sulfide (S_2^-), die im Zusammenhang mit Beton, der Konstruktion von Offshore-Plattformen u. a. erhebliche Schäden durch Korrosion verursachen können und daher einer strikten Kontrolle betreffs ihrer sulfidogenen Aktivitäten unterliegen müssen (Barton & Fauque 2009). SRB übernehmen einen wichtigen Anteil am gekoppelten Kreislauf von S und chalkophilen Metallen,

Tab. 2.1: Diverse Reaktionsabläufe implementierbar durch *Thiobacillus sp.*
(Roberston & Kuenen 2006).

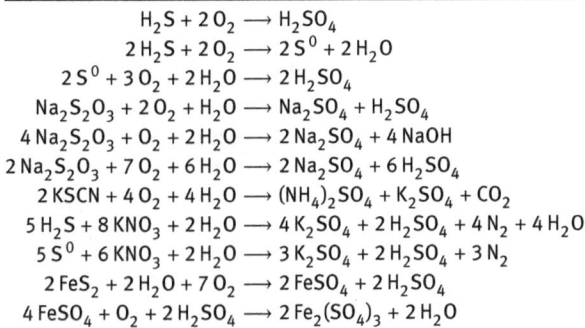

$$H_2S + 2O_2 \longrightarrow H_2SO_4$$
$$2H_2S + 2O_2 \longrightarrow 2S^0 + 2H_2O$$
$$2S^0 + 3O_2 + 2H_2O \longrightarrow 2H_2SO_4$$
$$Na_2S_2O_3 + 2O_2 + H_2O \longrightarrow Na_2SO_4 + H_2SO_4$$
$$4Na_2S_2O_3 + O_2 + 2H_2O \longrightarrow 2Na_2SO_4 + 4NaOH$$
$$2Na_2S_2O_3 + 7O_2 + 6H_2O \longrightarrow 2Na_2SO_4 + 6H_2SO_4$$
$$2KSCN + 4O_2 + 4H_2O \longrightarrow (NH_4)_2SO_4 + K_2SO_4 + CO_2$$
$$5H_2S + 8KNO_3 + 2H_2O \longrightarrow 4K_2SO_4 + 2H_2SO_4 + 4N_2 + 4H_2O$$
$$5S^0 + 6KNO_3 + 2H_2O \longrightarrow 3K_2SO_4 + 2H_2SO_4 + 3N_2$$
$$2FeS_2 + 2H_2O + 7O_2 \longrightarrow 2FeSO_4 + 2H_2SO_4$$
$$4FeSO_4 + O_2 + 2H_2SO_4 \longrightarrow 2Fe_2(SO_4)_3 + 2H_2O$$

Abschn. 2.5.3 (b). Ihr Einfluss erstreckt sich auf die Spezifikation und Mobilität metallischer Kontaminanten. Über diverse Techniken, d. h. Gensequenzierung, S-Isotope, lassen sich Rückschlüsse auf z. B. Stoffwechselaktivitäten ziehen, Abschn. 2.3.1.

Das Spektrum an durch *Thiobacillus sp.* durchführbaren Reaktionen erstreckt sich auf zahlreiche unterschiedliche Ausgangssubstanzen, Reaktionspfade sowie Produkte. So erzeugt der o. a. Mikroorganismus, unter Verwendung verschiedenartiger Präkursor, über z. B. die Reaktionspfade $2FeS_2 + 2H_2O + 7O_2$, $2S^0 + 3O_2 + 2H_2O$, $Na_2S_2O_3 + 2O_2 + H_2O$ sowie $5S^0 + 6KNO_3 + 2H_2O$ Schwefelsäure (H_2SO_4). In die von *Thiobacillus* bearbeiten Ausgangssubstanzen fallen weiterhin u. a. H_2S, KSCN, KNO_3 sowie $FeSO_4$. An Produkten aus den o. a. Reaktionen, inkl. der erwähnten Ausgangsstoffe, stehen z. B. $(NH_4)_2SO_4$, Na_2SO_4, NaOH u. a. zur Verfügung (Roberston & Kuenen 2006), Tab. 2.1. Weiterhin sind die biologische Zersetzung von z. B. Hornblende ($Ca_2(Mg, Fe, Al)_5(Al, Si)_8O_{22}(OH)_2$) ([2]Liermann et al. 2000), Feldspat (($Ba, Ca, Na, K, NH_4)(Al, B, Si)_4O_8$) (Hutchens et al. 2003, Rogers et al. 1998), Wollastonit ($CaSiO_3$) u. a. beschrieben, Abschn. 2.5.1 (f), Abschn. 2.5.3 (d), Abschn. 2.5.3 (c). In die Synthese von PT-NP sind Hydrogenasen von SRB einbezogen (Riddin et al. 2009), Abschn. 3.3.1 (g). Zur Biochemie, Physiologie sowie Biotechnologie von SRB vermitteln u. a. Barton & Fauque (2009), Rabus et al. (2006), Luptakova & Macingova (2012) u. a. Einblicke. Vergleichende, auf das Genom bezogene Analysen zum Energiestoffwechsel in SRB enthüllen u. a. in die Reduktion von Sulfaten verwickelte Proteine (Pereira et al. 2011), Abschn. 2.5.4 (b). Von SRB wird eine Einflussnahme auf das globale Klimageschehen angenommen (Pester et al. 2012), Abschn. 1.1 (a).

(c) Genetische Aspekte
Zahlreiche Mikroorganismen verfügen über die Fähigkeit, (Übergangs-)Metalle zu reduzieren, verbunden mit der Oxidation von Energiesubstraten durch dissimilatorische Reduktion, d. h. Metalle für die Respiration (Nealson et al. 2002). Aufgrund ihrer

Häufigkeit liegen über die Reduktion von Fe- und Mn-Verbindungen Daten vor, wobei in zahlreichen Environments die Reduktion von Mn und Fe einen wesentlichen Beitrag bei der Umwandlung und dem Umsatz von organischem C leistet. Darüber hinaus reduziert eine große Anzahl von dissimilatorischen, metallreduzierenden Bakterien (DMRB) toxisch wirkende Metalle wie z. B. Cr^{6+} und radiogene Kontaminanten wie U^{6+}. Allerdings verlaufen diese Prozesse sehr langsam und da nahezu alle Fe- und Mn-Oxide als Feststoffphasen vorliegen, stellen deren Visualisierung und chemische Messung eine besondere Herausforderung dar. Auch herrschen hinsichtlich der Wechselwirkungen zwischen der Schnittstelle Bakterium : Mineral Unklarheiten. Von einem DMRB liegt eine nahezu vollständige Sequenzierung des Genoms vor, d. h. *Shewanella oneidensis MR-1*. Durch die Verfügbarkeit dieser Genomsequenzierung stehen erste Informationen über die metallreduzierenden Fähigkeiten zur Verfügung. Mit der Fortentwicklung dieser Studien dürfte es möglich sein, diverse Mechanismen, einbezogen in die Reduktion von Metallen, zu unterscheiden, z. B. Oberflächenerkennung, Anlagerung, Destabilisierung von Metallkomplexen sowie deren Reduktion und sekundäre Mineralbildungen (Nealson et al. 2002). Für zahlreiche SRB sind Informationen zum genetischen Datenbestand erhältlich. So liegt z. B. vom anaeroben SRB *Desulfovibrio vulgaris Hildenborough*, als Modellorganismus für das Studium des Energiestoffwechsels von SRB, die Genomsequenz vor (Heidelberg et al. 2004). Bezüglich u. a. auf die Einbeziehung von Elektronendonatoren in den Stoffwechsel des grampositiven SRB *Desulfotomaculum reducens* Stamm *MI-1* steht die vollständige Genomsequenz zur Einsicht bereit (Junier et al. 2010). Byrne-Bailey et al. (2010) verweisen auf die vollständige Genomsequenz des Fe-reduzierenden Bakteriums *Acidovorax ebreus* Stamm *TPSY* und Patel (2014) stellt den Entwurf einer Genomsequenz des ebenfalls Fe-reduzierenden thermoanaeroben *Fervidicella metallireducens* Stamm *AeBt* vor.

Zusammenfassend

fördern mittels diverser Techniken und vielfältiger Reaktionspfade die vorgestellten Mikroorganismen in Form von SRB sowie DMRB die Gesteinsverwitterung durch die Mobilisierung von Mineralbestandteilen und verfügen über ein technisch verwertbares Potential.

Hierzu zählen anorganische/organische Säuren oder zuvor ausgeschiedene Liganden. Einige Formen spezialisierten sich darauf, durch Redoxaktionen diverse Metalle, wie z. B. Fe und Mn, aus Mineralen bzw. Mineralverbänden herauszulösen. Sowohl DMRB als SRB fallen in den Stamm Bakterien, neben den Archeae einer der beiden Hauptgruppen der Prokaryoten.

2.2.1 Taxonomie

Im Rahmen der vorliegenden Arbeit wird im Sinne einer Taxonomie, d. h. eines Klassifikationschemas, auf zwei Klassen zurückgegriffen, wobei sich der Term Hauptgruppe zum einen auf die Unterscheidung des Stoffwechsels und zum anderen auf die chemischen sowie physikalischen Rahmenbedingungen des Habitats ausrichtet. Sie bezieht ausschließlich Prokaryoten ein, denn geomikrobiologische Abläufe beruhen u. a. auf den Aktivitäten dieser Organismen. Die genannte Lebensform unterscheidet sich von Eukaryoten durch das Fehlen eines Zellkerns, d. h., die DNS ist frei in die Zelle, d. h. in das Cytoplasma, integriert. Die Hauptgruppen umfassen die Stämme: Bakterien sowie *Archaea*. Die Unterschiede zwischen Bakterien und *Archaea* bestehen in genetischen, physiologischen u. a. Kriterien. Im phylogenetischen Baum sind unter besonderer Berücksichtigung der Prokaryoten im Bereich der Bakterien Vertreter wie z. B. grampositive Bakterien, Purpurbakterien u. a. anzutreffen. Aufgrund von Färbetechniken erfolgt eine Unterscheidung zwischen grampositiven und gramnegativen Bakterien. Bei den Archae finden sich *Sulfolobus*, *Desulfococcus*, *Thermococcus* u. a. (Hough & Danson 1999), Abb. 2.2.

Eine weitere Klassifikation von Mikroorganismen beruht auf der Art der Energieerzeugung und C-Quelle, Tab. 2.2. Setzt ein Mikroorganismus Lichtquanten als Energieform und CO_2 als C-Quelle ein, erfolgt die Zuordnung photoautotroph. Bilden anorganische Komponenten sowie organischer C die Ausgangsquellen, fallen jene Organismen unter die Kategorie lithoheterotroph (Macalady & Banfield 2003). Entsprechend den Bedingungen hinsichtlich Temperatur, pH, Druck des Habitats wird bezogen auf

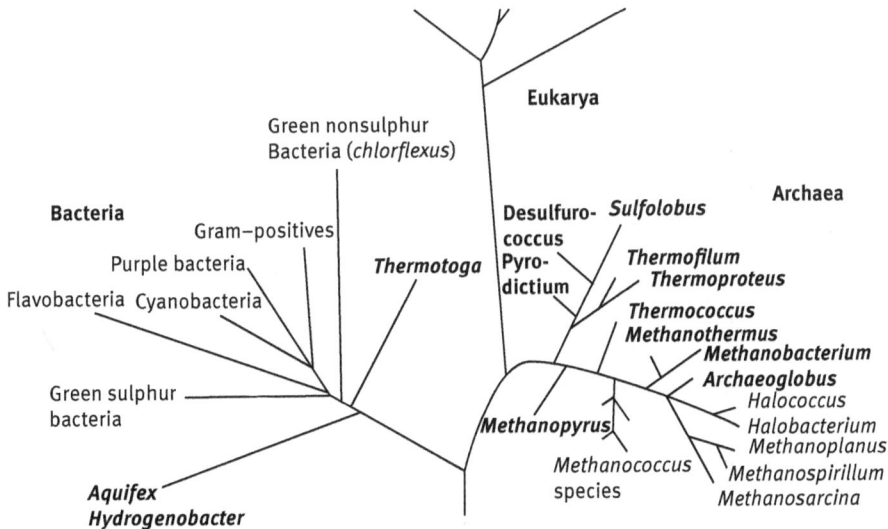

Abb. 2.2: Ausschnitt des phylogenetischen Baums unter besonderer Berücksichtigung der Prokaryoten (Hough & Danson 1999).

Tab. 2.2: Energie und C-Quelle als Klassifikationsmerkmale für Mikroorganismentyp (z. B. Macalady & Banfield 2003).

Energie	Kohlenstoff-Quelle	Terminus
Licht	CO_2	photoautotroph
Licht	org. Kohlenstoff	photoheterotroph
anorg. Chemikalien	CO_2	lithoautotroph
anorg. Chemikalien	org. Kohlenstoff	lithoheterotroph
org. Kohlenstoff	org. Kohlenstoff	heterotroph

die Mikroorganismen zunächst zwischen meso- und extremophilen Formen unterschieden. Im Fall extromophil auftretender Repräsentanten folgt eine weitere Klassifizierung einer physikalischen Einflussgröße, z. B. Temperatur = thermophil, pH = acidophil.

Gruppen wie z. B. ε-Proteobakterien, global-ubiquitär in marinen als auch terrestischen Ökosystemen auftretend, übernehmen signifikante Rollen in sowohl biogeochemischen als auch geologischen Prozessen, z. B. in sulfidisch überprägten Habitaten (Campbell et al. 2006). Über Techniken wie *DsrAB*-Gensequenzierung und S-Isotopen-Profile sind Angaben zur Phylogenie machbar (Moreau et al. 2010). Im Sinne einer technischen Verwertung sind inbesondere Mikroorganismen inkl. ihrer Metabolite produzierenden Biomoleküle, wie z. B. Enzyme, interessant, die unter diversen Formen physikalischen Stresses funktionstüchtig bleiben bzw. sich evolutionär anpassen, z. B. meso- und extremophile Formen.

2.2.2 Meso- und extremophil

Extremophile Formen innerhalb der Mikroorganismen zeichnen sich durch Anpassung an „extreme" Umweltbedingungen aus (Horokoshi et al. 2011). Extremophile sind Mikroorganismen, angepasst an extreme Umweltbedingungen, wie z. B. hohe/ tiefe Temperaturen, niedrige pH-Werte, hohe Salinität und/oder Druck mit erfolgreicher Nischenbesetzung dieser Habitate. Je nach optimalen externen Wachstumsbedingungen wird zwischen meso- und extremophilen Formen unterschieden. Es existieren Formen, die gegenüber niedrigen oder hohen Temperaturen, extremen pH-Werten, hohem Druck, Radioaktivität, hoher Salinität und hohen Metallkonzentrationen entsprechend resistent sind bzw. widerstehen ihre physiologischen/ stoffwechselbezogenen Prozesse die o. a. Milieubedingungen unbeschadet. So können sich Mikroorganismen in einem Temperaturbereich von ca. −15 °C bis 115 °C entwickeln. Sowohl pro- als auch eukaryotische Vertreter besiedeln diese ökologischen Nischen.

Im Zusammenhang mit Umweltbedingungen eines Habitats im arktischen Bereich differenzieren Mueller et al. (2005) zwischen Extremotrophen sowie Extremophilen. Ihre Unterscheidung beruht auf der Quantifizierung kurzfristiger physiologischer Reaktionen auf einen Wechsel der wichtigsten Parameter (= Einflussgrößen) wie z. B. Temperatur, Salinität u. a. innerhalb eines Kryo-Ökosystems, Abschn. 1.3.1 (c)/Bd. 2. Als Ergebnis stoßen die o. a. Autoren betreffs der Reaktionen gegenüber den Stressfaktoren auf deutliche Unterschiede zwischen hetero- und autotrophen Gemeinschaften. Im von Mueller et al. (2005) publizierten Beitrag sind die Unterschiede zwischen extremophil auftretenden heterotrophen Bakterien und einer autotroph lebenden Gemeinschaft aus Mikroorganismen verdeutlicht. Letztgenannte kann gegenüber abweichenden Umwelteinflüssen auf ein breiteres Spektrum an Toleranz und Optimierung zurückgreifen. Dahingegen sind nach Einschätzung der o. a. Autoren die heterotrophen, d. h. extremophilen Formen nur an bestimmte Umweltbedingungen angepasst.

Biomoleküle, isoliert aus Extremophilen, verfügen über ungewöhnliche Merkmale. Die aus dieser Form von Mikroorganismen isolierten Proteine enthalten einzigartige Biomoleküle, die unter auch erschwerten Bedingungen, wie z. B. erhöhter Temperatur, funktionstüchtig bleiben und jenen Konditionen ähneln können, wie sie in einem industriellen Umfeld vorherrschen. Proteine/Enzyme von Extremophilen sind als stabile Instrumentarien für fortgeschrittene biotechnologische Anwendungen von hohem sozioökonomischen Interesse (Champdoré et al. 2007), Abschn. 3.3.3. Extremophile Organismen lassen sich, je nach Spezialisierung, in verschiedene Typen unterteilen: (hypo-)thermophil, acido/alkaliphil, halophil, psychrophil, piezophil, radiophil, metallophil und xerophil (van den Burg 2003, Gomes & Steiner 2004, Rainey & Oren 2006 u. a.), Tab. 2.3. Mit der Molekularen Biologie von Extremophilen befasst sich eine Publikation von Ciaramella et al. (2002).

Tab. 2.3: Extremophile Formen (van den Burg 2003, Gomes & Steiner 2004, Rainey & Oren 2006 u. a.).

Typus	Wachstums-bedingungen*	Geologisches Umfeld	Beispiel
(Hypo-)thermophil	50–110 °C	*Black Smoker, hot springs*	*Pyrolobus fumarii*
Psychrophil	−10 °C bis +10 °C	Tiefsee	*Psychrobacter sp.*
Azidophil	pH < 3	Böden („sauer"), Bergbau	*Thiobacillus sp.*
Alkaliphil	pH 8–11	Sodaseen, Böden („Kalk"),	*Nitrobacter, Spirulina*
Piezophil	35 MPa	Tiefsee	*Halomonas sp.*
Halophil	4 M KCl + 5 M NaCl	Salzseen	*Halobacterium sp.*
Metallophil	k. A.	Metallhaltige Halden	*Cupriavidus metallidurans*
		Erzführende Gesteine	*Ralstonia metallidurans*
Radiophil	k. A.	Radioaktives Umfeld	*Deinococcus radiodurans*
Xerophil	k. A.	Arid	*Trichosporonoides nigrescens*

k. A.: keine Angaben

(a) Acidophil

Mikroorganismen, die ihr Wachstumsoptimum bei einem pH-Wert von < 3 aufweisen, fallen in die Kategorie „Acidophil". Acidophile Formen sind allem Anschein nach in der Lage, unterschiedliche strukturelle und funktionelle Merkmale unter Einbeziehung eines reversen Membranpotentials, hoch impermeable Zellmembranen und eine Vormacht von sekundären Transportern zu teilen, d. h. für verschiedene Funktionen zur Verfügung zu stellen. Um unter den Bedingungen eines niedrigen pH-Wertes gedeihen zu können, müssen Acidophile, während sie über den Eintritt von Protonen und dem Einsatz einer F0F1-ATPase ATP produzieren, durch die zellulare Membran hindurch einen pH-Gradienten über mehrere Einheiten aufrechterhalten. Weiterhin sind nach Eintritt von Protonen Strategien erforderlich, um die Auswirkungen durch den intern abgesenkten pH-Wert zu verringern. Die Ladung und Ladungsdichte an der Zellwand helfen, die extremen pH-Werte zu kompensieren. Niedrige pH-Werte können durch interne Puffer abgefangen werden (Gomes & Steiner 2004). Fortschritte in der biochemischen Analyse von Acidophilen, verbunden mit der Sequenzierung diverser Genome, gestatten Einblicke in die Vorgänge einer pH-Homöostase von Acidophilen (Baker-Austin & Dopson 2007). Zu der pH-Homöostase in Acidophilen, den Eigenschaften des Metabolismus, dem pH-Optimum und den genetischen Details einiger acidophiler Mikroorganismen stehen Informationen zur Verfügung (Baker-Austin & Dopson 2007).

Zur Phylogenie von Mikroorganismen, die einen mächtigen subaerischen, vorwiegend lithotrophen Biofilm in einem AMD-Environment mit extremen pH-Werten besiedeln, äußern sich Bond et al. (2000). Ein ca. 1 cm mächtiger „Schleim", entwickelt auf einem Abschnitt mit fein disseminiertem Pyrit innerhalb einer sauren Minendrainage, stand über einen Zeitraum von einem Jahr unter Beobachtung. Die angetroffene subaerische Form des „Schleims" unterscheidet sich von anderen typischen überfluteten Streamern. Eine phylogenetische Analyse der 16S-rRNS-Gene erbringt Hinweise auf eine weitgehend neue Diversität an Sequenzen. Für die Mehrheit der Sequenzen scheinen als nächste Verwandte Fe-oxidierende Acidophile in Betracht zu kommen. Allem Anschein nach überwiegt in den stoffwechselbezogenen Abläufen bei den im „Schleim" anzutreffenden Organismen die Fe-Oxidation (Bond et al. 2000).

Die am häufigsten auftretenden 16S-rRNS-Gene entstammen Organismen, die Beziehungen mit *Leptospirillum sp.* aufweisen, wobei die vorherrschende Sequenz, d. h. 71 % der Klone, möglicherweise eine neue Art (engl. *genus*) repräsentieren (Bond et al. 2000). Weiterhin wurde innerhalb der *Archaea* durch die Autoren eine Linie der Thermoplasmalen entdeckt. Andere wiederum weisen nur entfernte Ähnlichkeiten mit bekannten Mikroorganismen auf. Auch sind bei Bond et al. (2000) Sequenzen mit Verbindungen zu *Acidimicrobium* beschrieben. Einige sind eng mit *Ferromicrobium acidophilus* verbunden, andere ausschließlich mit einer Linie umweltbezogener Klone. Unerwartet wurden Sequenzen identifiziert, die Verbindungen innerhalb der δ-Subdivision von Proteobakterien aufwiesen. Das bestimmende stoffwechselbezogene Charakteristikum dieser Unterordnung ist die anaerobe Reduktion von Sulfaten sowie Metallen. Bond et al. (2000) vermuten, dass es auch innerhalb eines weitgehenden oxidativen Umfelds zur Entwicklung von Mikroenvironments mit geringem Redoxpotential kommen kann.

(b) Thermophil

Unter Bildung von „hitzeresistenten" Makromolekülen entfalten bestimmte (hyper-) thermophile Formen nur in einem Temperaturbereich zwischen 55 °C und 110 °C ihre volle Leistungsbereitschaft. Weiterhin ist in einem Milieu mit niedrigen pH-Werten eine Fülle von Mikroorganismen anzutreffen.

Die Mehrheit der bislang entdeckten Arten ist marinen Ursprungs. Aber auch in kontinentalen Habitaten wie Heißen Quellen und Fumarolen sind sie anzutreffen (Ladenstein & Antranikian 1998). Bezüglich einer mikrobielle Biofazies in Sinterbildungen Heißer Quellen präsentieren Jones et al. (1998) ein Modell, basierend auf dem Ohaaki Pool, North Island, Neuseeland. Noch lebend oder kurz nach dem Absterben unterliegen die Mikroorganismen unterschiedlich ausgeprägten Verdrängungen und Inkrustationen durch amorphes SiO_2. Als Konsequenz aus diesen Abläufen kontrollieren die mikrobiellen Konsortien durch ihre spezifischen Wachstumsformen und Zusammensetzung die Gefüge der Si-reichen Sinter, Abb. 2.3 (a). Weiterhin werden kontinuierlich neue Formen beschrieben, so zum Beispiel *Balnearium lithotrophicum gen. nov., sp. nov.*, ein thermophiles, strikt anaerobes, H_2-oxidierendes, chemolithotrophes Bakterium, isoliert aus einer Anlage eines Black Smokers als Ausdruck submariner, hydrothermaler Aktivitäten (Takai et al. 2003), Abb. 2.3 (b).

Über die cyanobakterielle Funktionstüchtigkeit während einer Überprägung durch hydrothermal ausgelöste Biomineralisationen publizieren Phoenix et al. (2000) ihre Untersuchungen. Das Cyanobakterium *Calothrix sp.*, isoliert aus einer Heißen

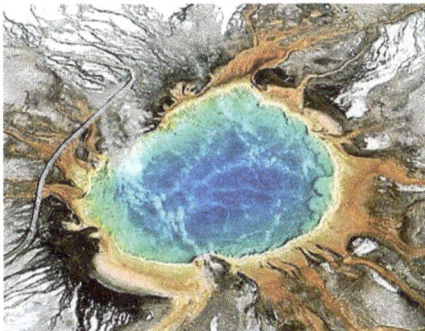

(a) (b)

Abb. 2.3: Beispiele für extreme Habitate mit hohen Anteilen an metabolisch aktiver Biomasse, (a) *hot springs* (California Academy of Science 2010) und (b) *Black Smoker* (DLR 2010).

Quelle Islands (*Krisuvik hot spring*), mineralisiert sowohl in Kieselsäure- (z. B. Si(OH)$_4$-) als auch Fe-Si-haltigen Lösungen. Nach zwölf Tagen Inkubationszeit in einer kieselsäurehaltigen Lösung entwickeln sich um zahlreiche Filamente Mineralkrusten mit einer Dicke von bis zu 5 µm. Noch rascher erfolgt die Mineralisation der Filamente in einer Fe-Si-führenden Lösung, nach Ablauf von zwölf Tagen ist die gesamte Kolonie in eine mineralisierte Matrix eingebettet. Analysen mit der TEM ergeben (Abschn. 1.3.4 (a)/Bd. 2), dass sich die Mineralisation auf die extrazellulären äußeren Bereiche der Zellwandoberfläche beschränkt. Dahingegen weist der intrazelluläre Raum keinerlei Mineralbildung auf. Wie eine Autofluoreszenz-Analyse ergibt, verbleiben die mineralisierten Zellen intakt und funktionstüchtig. Entsprechende Analysen der O$_2$-Elektrode bestätigen die photosynthetische Aktivität der mineralisierten Kolonie, wobei im Vergleich mit nicht behandelten Kolonien eine ähnlich hohe Photosyntheserate erfolgt (Phoenix et al. 2000).

Eine Respiration von Arsenat (AsO$_4^{3-}$) und Selenat (SeO$_4^{2-}$) wird durch in *hot springs* (heißen Quellen) auftretende strikt anaerob und fakultativ organotrophe hyperthermophile *Archaea* vorgestellt (Huber et al. 2000). Das Zellmaterial verhält sich chemolithoautotroph und benötigt CO$_2$ als C-Quelle, H$_2$ als Elektronendonator sowie AsO$_4^{3-}$, Thiosulfat (S$_2$O$_3^{2-}$) bzw. elementaren S als Elektronenakzeptor. H$_2$S bildet sich hierbei aus AsO$_4^{3-}$, AsO$_2^-$ oder S$_2$O$_3^{2-}$.

Die Gegenwart von z. B. anorganischen Elektronenakzeptoren wie S, AsO$_4^{3-}$ und SeO$_4^{2-}$ führt zu einem optimalen Wachstum der Isolate. Kulturen, die auf AsO$_4^{3-}$ und S$_2$O$_3^{2-}$, bzw. AsO$_4^{3-}$ L-Cystein wachsen, präzipitieren Realgar (As$_2$S$_2$). Bei einem Angebot von SeO$_4^{2-}$ entsteht elementares Selen. Der GC-Gehalt der DNS betrug 58,3 mol %. Entsprechend einer 16S-rRNA-Gensequenzanalyse zusammen mit physiologischen und morphologischen Kriterien, zählt das auf diese Weise erhaltene Isolat zur Ordnung der Thermoproteralen. Es repräsentiert eine neue Spezies innerhalb der Gattung *Pyrobaculum*, wobei Huber et al. (2000) *Pyrobaculum arsenaticum* (Stamm *PZ6**, *DSM 13514*, *ATCC 700994*) benennen. Vergleichende Studien mit unterschiedlichen *Pyrobaculum*-Arten offenbaren, dass *Pyrobaculum aerophilum* fähig ist, organotroph und unter aeroben Kulturbedingungen in Anwesenheit von Arsenat (AsO$_4^{3-}$), Selenat (SeO$_4^{2-}$) und Selenit (SeO$_3^{2-}$) zu wachsen. Während des Wachstums auf dem SeO$_3^{2-}$ entstand als Endprodukt elementeres Se. Im Gegensatz zu *P. arsenaticum* vermag AsO$_4^{3-}$ oder SeO$_4^{2-}$ unter Verwendung von CO$_2$ und H$_2$ lithoautotroph zu gedeihen (Huber et al. 2000).

Hyperthermophile Mikroorganismen benötigen für ihr Wachstum ein hohes Budget an Metallen. Eine erste Analyse von Metallom-Biosignaturen hyperthermophiler *Archaea* findet sich bei Cameron et al. (2012). In experimentellen Studien bestimmten sie die zellulären Spurenmetall-Konzentrationen der hyperthermophilen *Archaea* wie *Methanococcus jannaschii* und *Pyrococcus furiosus*. Über den Einsatz einer ICP-MS führten die o. a. Autoren eine Einschätzung des Metalloms für diese hyperthermophilen Spezies durch. Die Metallkonzentrationen dieser Zellen unterzogen sie einem Vergleich mit parallel angelegten Experimenten, die sich unter sowohl aeroben als auch anaeroben Bedingungen auf das mesophile Bakterium *E. coli* stützen. Die am häufigsten in den Zellen auftretenden Metalle sind Fe und Zn. Die Metallkonzentrationen von unter aeroben Bedingungen aufgezogenen *E. coli* nehmen wie folgt ab: Fe > Zn > Cu > Mo > Ni > W > Co. Im Gegensatz hierzu zeigen *M. jannaschii* und *P. furiosus* ein nahezu umgekehrtes Muster mit erhöhten Gehalten an Ni, Co sowie W (Cameron et al. 2012).

Von den genannten drei Mikroorganismen liegt, insbesondere für das methanogene Bakterium *M. jannaschii*, eine deutliche Biosignatur vor, die partiell auf die Anforderungen seitens einer Methanogenese an das Metallom zugeschnitten sein könnte. Insgesamt dürfte sich allerdings die Bioverfügbarkeit von Spurenmetallen im Verlauf der Zeit verändert haben und die o. a. beobachteten Spurenmetallmuster könnten Einblicke in frühes Zellmaterial hyperthermophiler Formen und somit die chemische Zusammensetzung der Erde liefern (Cameron et al. 2012). Die Werte, als Ausgangskonzentrationen, entsprechen der Zellinokulation und belaufen sich z. B. in *M. jannaschii* für Co auf ca. $79\,\mu g\,l^{-1}$, Fe auf bis zu $614\,\mu g\,l^{-1}$, Mn bis zu $1229\,\mu g\,l^{-1}$, Ni bis zu $94\,\mu g\,l^{-1}$ und für Mo ca. $70\,\mu g\,l^{-1}$. Hohe Zn- $(488\,\mu g\,l^{-1})$ sowie Cu-Gehalte $(6\,\mu g\,l^{-1})$ sind in *E. coli* (a = aerob) nachgewiesen, Tab. 2.4. Alle Metallkonzentrationen der o. a. Mikroorganismen lassen sich in einem metallfreien Wachstumsmedium via ICP-MS (Abschn. 1.3.5 (j)/Bd. 2) ermitteln (Cameron et al. 2012).

Tab. 2.4: Metallkonzentrationen, ermittelt in einem metallfreien Wachstumsmedium für vier Mikroorganismen, *E. coli (a)* steht für aerobe, *E. coli. (an)* für anaerobe Bedingungen (Cameron et al. 2012).

Mikroorganismus	Metallkonzentration (µg l⁻¹)							
	Co	Cu	Fe	Mo	Mn	Ni	W	Zn
E. coli (a)	3,56	6,18	260,08	4,95	7,59	3,71	0,93	488,13
E. coli (an)	3,35	0,53	258,18	3,99	7,66	4,30	0,88	404,00
P. furiosus	2,27	0,19	24,63	10,14	1,84	3,10	0,28	352,55
M. jannaschii	79,27	u. N.*	614,60	71,76	1229,63	94,74	0,90	u. N.*

* u. N.: unter Nachweisgrenze

Zu den metallreduzierenden Bakterien wie *Pseudoalteromonas telluritireducens sp. nov.* und *Pseudoalteromonas spiralis sp. nov.*, isoliert von hydrothermalen Feldern aus dem Tiefseemilieu des *Juan-de-Fuca*-Rückens im Pazifik, stellen Rathgeber et al. (2006) die Ergebnisse ihrer Arbeit vor. Fünf gramnegative Stämme mit unterschiedlicher Morphologie, z. B. stäbchen-, spiralförmig u. a., wurden aus der Umgebung von hydrothermalen Feldern, Schlotbildungen des *Main Endeavour Segments* des *Juan-de-Fuca*-Rückens im Pazifischen Ozean, isoliert. Alle fünf Stämme zeigen eine Resistenz gegenüber hohen Gehalten an toxischen Metalloxyanionen und sind fähig, die Oxyanionen von Te und Se in die weniger toxisch wirkende Elementarform zu überführen.

Phylogenetische Analysen von vier Stämmen verweisen auf die enge Verwandtschaft zur Gattung *Pseudoalteromonas* innerhalb der Klasse *Gammaproteobacteria*.

Mit einer Übereinstimmung von 99,5 % und 99,8 % für die 16S rDNS-Sequenz erweist sich *Pseudoalteromonas telluritireducens sp. nov.* als der den Stämmen *Te-1-1* und *Se-1-2-redT* am nahestehensten Verwandte, wobei der Stamm *Te-2-2T* mit dem Wert von 99,8 % in der rDNS-Sequenz eine hohe Übereinstimmung mit *Pseudoalteromonas paragorgicola* aufweist (Rathgeber et al. 2006). Die DNS-bezogene Basenkomposition von G(uanin) und C(ytosin) beläuft sich auf 39,6–41,8 mol % und steht somit in Übereinstimmung mit anderen Mitgliedern der Gattung (engl. *genus*) *Pseudoalteromonas*. Allerdings differenzieren sich die Isolate durch morphologische und physiologische Unterschiede von den vorab beschriebenen Arten (engl. *species*), z. B. vibrioiden und spiraligen Formen der Zellen. Rathgeber et al. (2006) schlagen die Schaffung neuer Spezien vor, d. h. *Pseudoalteromonas telluritireducens sp. nov.* und *Pseudoalteromonas spiralis sp. nov.*. In Verbindung mit *Pyrococcus furiosis* und *Thermococcus litoralis* weisen Vetriani et al. (1998) auf thermostabile Dehydrogenasen hin und deren supramolekulare Merkmale, Abschn. 4.7.

(c) Psychrophil

Bezüglich der Überlegungen einer kommerziellen Verwertung verfügen psychrophile Organismen und deren Produkte über ein beachtliches Potential, da die verantwortlichen Mechanismen bzw. zellulären Komponenten an niedrige Temperaturbereiche angepasst sind. Hinzu kommt eine hohe Diversität an *Archaea*, Bakterien und Eucarya und somit ein umfangreiches Inventar an kaltaktiven Enzymen. Cavicchioli et al. (2002) evaluieren das Potential von Niedrigtemperatur-Extremophilen und ihrer möglichen Verwendungen innerhalb der Biotechnologie. Zur Metallreduktion bei niedrigen Temperaturen durch Isolate der Gattung *Shewanella* aus unterschiedlichen marinen Habitaten, bestimmt durch niedrige Temperaturen, liegen Daten vor (Stapleton et al. 2005). In der Funktion als Elektronenakzeptoren fungieren Sauerstoff, Nitrat (NO_3^-) sowie diverse Metalle. Gekoppelt an die Oxidation von u. a. organischen Säuren, Glucose ($C_6H_{12}O_6$) etc. ist mittels der o. a. Mikroorganismen eine Reduktion von Metallen bis zu einer Temperatur von 0 °C möglich. Hierbei kann Akaganeit (β-$Fe^{3+}O(OH, Cl)$) zu Magnetit oder Siderit reduziert werden, womit Hinweise auf biogeochemische Zyklen auch unter niedrigen Bedingungen gegeben sind (Stapleton et al. 2005). Eine Aufzucht lässt sich in einem agarführenden Medium unter Verwendung von künstlichem Seewasser und Temperaturen um 8 °C realisieren (Stapleton et al. 2005). Das psychrotolerante, Fe^{3+}-reduzierende Bakterium *Shewanella sp.* Stamm *PV-4* ist fähig, Fe^{3+}, Co^{3+}, Cr^{6+}, Mn^{4+} sowie U^{6+} zu reduzieren, wobei die genannten Metalle in Form von Elektronenakzeptoren auftreten, Abschn. 4.6.2.

Als Elektronendonatoren verwendet der Mikroorganismus Lactat (CH_3–CHOH–COO^-), Format ($COOH^-$), Pyruvat (CH_3COCOO^-) oder Wasserstoff (Roh et al. 2006). Während der Reduktion erfolgt ein Wachstum innerhalb eines pH-Bereichs von 7,0 bis 8,9, einer NaCl-Konzentration von 0,05–5 % sowie einer Temperaturspanne von 0–37 °C. Als optimale Temperatur wurden 18 °C ermittelt. Abweichend von mesophilen, dissimilatorischen, Fe^{3+}-reduzierenden Bakterien, deren Magnetitkristallite 35 nm nicht überschreiten und superparamagnetisch auftreten, bildet der o. a. psychrophile Mikroorganismus *Shewanella sp.* Stamm *PV-4* bei Temperaturen von 18–37 °C Magnetite mit einer Größe > 35 nm, die wiederum als Single-Domäne ausgebildet sind (Roh et al. 2006), Abschn. 5.3.1 (a).

(d) Alkaliphil

Organismen, die basische Habitate besiedeln, werden als alkaliphil bzw alkalitolerant bezeichnet. In Übereinstimmung mit den Vorschlägen u. a. von Horikoshi (1999) erfolgt der Term alkaliphil, wenn es zu einem optimalen Wachstum bei einem pH-Wert von > 9, d. h. oftmals 10–12, kommt und bei neutralem pH-Wert eine erhebliche Verlangsamung oder ein Stillstand im Wachstum zu beobachten ist. Alkaliphile Mikroorganismen zeigen betreffs ihres Wachstums z. B. diverse pH-Optima, unterschiedliche Abhängigkeiten der Wachstumsbedingungen von Nährstoffen, Metallionen sowie Temperaturen. Ungeachtet der äußeren Milieubedingungen, d. h. alkalisch, findet eine optimale katalytische Aktivität unter pH-Bedingungen statt, die im nahezu neutralen Bereich liegen. So herrscht z. B. in *Micrococcus sp.* ein pH-Wert von ca. 7,5 vor, d. h., er unterscheidet sich nicht wesentlich von dem in neutrophilen Mikroorganismen wie z. B. *Bacillus subtilis* anzutreffenden pH-Wert. Aufgrunddessen erhebt sich die Frage nach den physiologischen und strukturellen Unterschieden zwischen alkali- und neutrophilen Mikroorganismen, um in einem extremen Milieu wie z. B. Alkaliseen zu überleben. Alkaliphile lösen dieses Problem durch Einstellung eines internen pH-Wertes mit z. T. erheblichen Unterschieden zum externen pH, z. B. *B. alcalophilus*, *B. firmus*, *Bacillus* Stamm *YN-2000* (Horikoshi 1999). So entwickelt z. B. die α-Galactosidase vom alkaliformen Mikroorganismus *Micrococcus sp. 31-2* ihre optimale katalytische Kapazität bei einem pH-Wert um ca. 7,5 und entspricht somit einem nahezu neutralen Milieu. Eine zellfreie, auf alkaliphile Formen bezogene Proteinsynthese inkorporiert Aminosäuren bei einem pH-Wert von 8,2–8,5, d. h., der Unterschied zum neutrophilen *B. subtilis* beläuft sich auf nur ca. 0,5.

Zur Isolierung von Alkaliphilen sind alkaline Medien erforderlich. Zur Einjustierung des pH auf einen Wert von ca. 10 eignet sich Na-Carbonat, da Alkaliphile i. d. R. Na-Ionen benötigen. Aerobe Alkaliphile sind in der Lage, mit neutrophilen Formen zu koexistieren. Eine besondere Funktion scheinen die Zellwände alkaliphiler Formen zu übernehmen. Da die Protoplasten der alkaliphilen Bacillus-Stämme im alkalinen Milieu ihre Stabilität verlieren, gibt es Vermutungen hinsichtlich einer protektiven Funktion der Zellwand gegenüber einem alkalinen Umfeld. Hierzu unterzog Horikoshi (1999) die Bestandteile der Zellwände diverser alkaliphiler *Bacillus spp.* mit jenen vom neutrophilen *B. subtilis* vergleichenden Studien. Im Gegensatz zum neutrophilen *Bacillus subtilis* führen die o. a. alkaliphilen Formen neben Peptidoglycan zusätzlich saure Polymere in Form von z. B. Phosphorsäure (engl. *phosphoric acid*, H_3PO_4), Gluconsäure (engl. *gluconic acid*, $C_6H_{12}O_7$), Asparaginsäure (engl. *aspartic acid*, $C_4H_7NO_4$) u. a. Durch die negative Ladung der o. a. sauren Nichtpeptidoglycankomponenten ist die Zellwandoberfläche in der Lage, Hydroxidionen (HO^-) abzustoßen, bzw. es wird vermutet, dass sie Hydroniumionen (H_3O^+) adsorbiert (Horikoshi 1999). Ungeachtet dessen, dass die Peptidoglycane alkaliphiler *Bacillus spp.* offensichtlich mit jenen vom neutrophilen *B. subtilis* Ähnlichkeiten aufweisen, ist ihre Zusammensetzung durch einen Überschuss an Hexoaminen sowie Aminosäuren charakterisiert.

So sind in diesem Zusammenhang aus Hydrolysaten u. a. D- und L-Alanin (engl. *D-, L-alanine*, $C_3H_7NO_2$), D-Glutaminsäure (engl. *glutamic acid*, $C_5H_9O_7$), Essigsäure (engl. *acetic acid*, $C_2H_4O_2$) u. a. beschrieben (Horikoshi 1999). Auch in alkalinen Habitaten kommt es zur Bildung von Biomineralisationen, z. B. durch *Alkaliphilus metalliredigens* (QYMF). Das alkaliphile, metall-reduzierende Bakterium *Alkaliphilus metalliredigens* (QYMF) setzt als Elektronendonatoren Lactat (CH_3–CHOH–COO$^-$), Acetat ($CH_3CO_2^-$) sowie Wasserstoff als alternativen Elektronendonator ein (Roh et al. 2007). Fe^{3+}-Citrat ($FeC_6H_6O_7$), Fe^{3+}-EDTA, Selenat (SeO_4^{2-}), Chromat (CrO_4^{2-}) und Co^{3+}-EDTA dienen in einem Medium, charakterisiert durch einen pH-Wert von 9,5, als Elektronenakzeptoren. In Anwesenheit von Dikaliumhydrogenphosphat (K_2HPO_4) sowie Bor kommt es zur Reduktion von Fe^{3+}-Citrat sowie Fe^{3+}-EDTA mit anschließender Bildung von Vivianit ($Fe_3^{2+}[PO_4]^2 \cdot 8\,H_2O$), Abschn. 5.3.1 (d). Die mit Unterstützung des alkaliphilen Fe^{3+}-reduzierenden Bakteriums ablaufende Biomineralisation von gering löslichen Fe-Phosphaten sequestriert Fe, Phosphat und andere Metalle in mehr stabile und weniger toxische Formen (Roh et al. 2007).

(e) Metallophil

Metallophile Formen bevorzugen an mobilen oder stationären Metallspezifikationen angereicherte Medien, wie sie z. B. am Ausbiss hochmineralisierter Zonen bzw. geogener Erzkörper, im Abraum und in Bergeteichen des Bergbaus oder metallhaltigen Reststoffen im Sinne eines *urban mining* angetroffen werden, Abschn. 2.5.1/Bd. 2, Abschn. 2.5.2/Bd. 2. In diesem Zusammenhang sind im gramnegativen β-Proteobacterium *Cupriavidus metallidurans* eine Vielzahl von Genclustern zur Detoxifikation von unerwünschten Metallen u. a. durch Komplexierung, Efflux, reduktive Präzipitation etc. nachgewiesen (Reith et al. 2009). Rensing & Grass (2009) legen über effiziente Efflux-Systme in Metallophilen weiterführende Informationen vor.

Nach Einschätzung von Sprocati et al. (2006) repräsentieren kontaminierte Geosphären neue ökologische Nischen und diverse kontaminierte Habitate beherbergen abweichende Formen von der bislang aufgezeichneten Biodiversität. Hierdurch entstehen bislang nicht bekannte metabolische Pfade. Das Spektrum der Resistenzen muss von den betroffenen Mikroorganismen an die veränderten geochemischen Bedingungen angepasst werden und das Angebot von verwertbaren metallischen Metaboliten kann sich erhöhen. Auch Mergeay (2009) betont den Begriff eines industriellen Biotops mit der Eigenschaft eines Sammelbeckens für Extremophile. Entsprechend der Einschätzung von Sinha et al. (2014) verfügen Metallophile über das Potential, Veränderungen der jeweilig vorherrschenden physikochemischen Rahmenbedingungen, der Metallspezifikation, Mobilität sowie Toxizität vorzunehmen. Sie stellen ihren Gedanken zufolge eine technisch-wirtschaftliche Bioressource für diverse biotechnologische Anwendungen dar, beginnend von der Synthese metallischer NP bis hin zur biotechnologischen Sanierung kontaminierter Geosphären mit anschließender Rückführung der Kontaminanten in Wertschöpfungsketten in Form von z. B. funktionellen metallischen Materialien, Abschn. 2.5.3/Bd. 2.

Das relative Auftreten einer Reihe von NE-Metallen in drei unterschiedlichen Mikroorganismen, d. h. *M. jannaschii*, *P. furiosis*, *E. coli*, beschreiben z. B. Cameron et al. (2012). So zeigt z. B. *E. coli* hohe Anteile an Zn. Artspezifisch sind weiterhin Ni (*Methanococcus jannaschii*), Cu (*E. coli*) sowie Co (*M. jannaschii*) ermittelt (Cameron et al. 2012), Abb. 2.4. Wichtige Vertreter metallophiler Mikrorganismen sind neben dem o. a. *Cupriavidus metallidurans* (Rensing & Grass 2009), *Ralstonia metallidurans* (Mergeay 2009). Eine Auflistung von Mikroorganismen mit teilweise metallophil augeprägten Merkmalen/Elementen findet sich z. B. bei Schippers et al. (2010), Tab. 2.19/Bd. 2, Abschn. 2.5.1 (f)/Bd. 2.

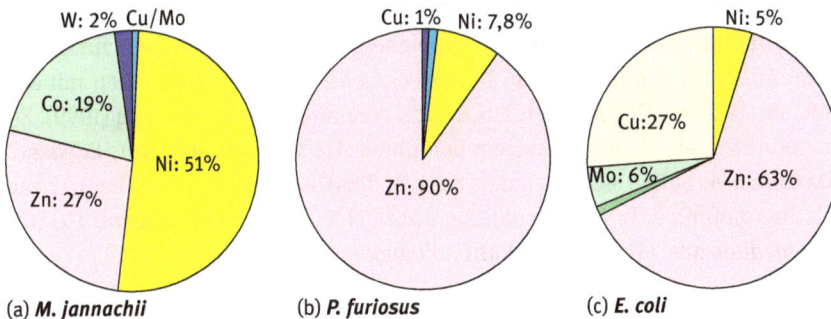

(a) *M. jannachii*   (b) *P. furiosus*   (c) *E. coli*

Abb. 2.4: Relative Häufigkeit von NE-Metallen in drei unterschiedlichen Mikroorganismen, es treten z. T. erhebliche Unterschiede auf, wie z. B. Ni in *M. jannachii* oder Zn in *P. furiosus* (Cameron et al. 2012).

(f) Piezophil

Mit der Reduktion sowie Mineralisation von Fe durch das in Tiefsee-Habitaten auftretende Fe-reduzierende *Shewanella piezotolerans* WP3 unter erhöhten hydrostatischen Druckbedingungen setzen sich Wu et al. (2013) auseinander. Der o. a. Mikroorganismus ist fähig, unter vier unterschiedlichen experimentellen Druckbedingungen eine Reduktion von Ferrihydrit (Fe^{3+}) mit Na-Lactat als Elektronendonator unter Volumenzunahme durchzuführen:

$$12\,Fe^{3+} + C_3H_5O_3^- + 11\,OH^- \longrightarrow 3\,CO_2 + 12\,Fe^{2+} + 8\,H_2O \qquad (2.6)$$

Als Konsequenz ihrer Studien vermuten Wu et al. (2013) eine gegenüber wechselnden bzw. hohen hydrostatischen Drücken (0,1, 5, 20, 50 MPa) ausgebildete Adaption für *S. piezotolerans WP3*.

(g) Radiophil

Eine weitere besondere Gruppe stellen radiodurante Lebensformen dar. Sie verfügen über das Merkmal, auch unter dem Einfluss von ionisierter Strahlung alle auf den Stoffwechsel bezogenen Vorgänge ohne Einschränkung ausüben zu können. So ist z. B. *Deinococcus radiodurans R1* in der Lage, bei einer Strahlung von 15 000 Gy zu überleben (Fredrickson et al. 2000). Zum Vergleich: Die Letaldosis beim Menschen beläuft sich auf 7–10 Gy. Unter bestimmten Voraussetzungen synthetisiert *Deinococcus radiodurans R1* das Fe-Phophat Vivianit ($Fe_3(PO_4)_2 \cdot 8\,H_2O$), Abschn. 2.2.1 (b).

(h) Halophil

Mikroorganismen, die Habitate mit hohen Salzkonzentrationen bevorzugen, fallen unter den Begriff halophil. Via u. a. die Regulierung osmotischer Vorgänge sowie selektive Aufnahme von K^+ stehen ihnen geeignete Überlebensstrategien zur Verfügung. Zum Auftreten von halophilen, homoacetogenen Bakterien, versehen mit der Fähigkeit, aus H_2 sowie CO_2 Acetat ($CH_3CO_2^-$) zu generieren, berichtet Oren (1999). Zu den Temperatur- und pH-Optima extrem halophiler *Archaea* bieten Bowers & Wiegel (2011) Daten. So verhalten sich nach dem Bericht der o. a. Autoren halophile Archeae ebenfalls thermophil, z. B. *Haloarcula quadrata* (52 °C), *Haloferax elongans* (53 °C), *Haloferax mediterranei* (51 °C) sowie *Natronolimnobius „aegyptiacus"* (55 °C).

(i) Genetische Aspekte

Generell scheinen alkaliphile Formen, als Beispiel für extremophile Formen, über eine Vielzahl von Komponenten zu verfügen, die die Zelle effizient beim Wachstum im alkalinen Milieu unterstützen. Genetisch verändertes Zellmaterial von *Pseudomonas aeruginosa* – d. h., das Bakterium ist in der Lage, grün-fluoreszierende Proteine zu produzieren – wurde in Flüssigkeitseinschlüssen in unter Laborbedingungen synthetisierten Halit eingefangen (Adamski et al. 2006), Abschn. 1.1 (m). Für den Versuchsablauf erfolgt zunächst eine Inokulation der Mikroorganismen in NaCl-haltige, wässrige Lösungen, denen es im Anschluss gestattet wird, zu evaporieren und als Halit (NaCl) zu präzipitieren. Anzahl, Größe und Verteilung der Flüssigkeitseinschlüsse verhalten sich hochgradig variabel und unterliegen, gemäß Adamski et al. (2006), in Anwesenheit von Bakterien offensichtlich keinerlei Beeinträchtigungen.

Eine Vielzahl von Einschlüssen in den Kristallen, hervorgegangen aus den inoku-
lierten Lösungen, enthält Zellmaterial und eine Anhaftung seitens der Mikroorganismen an die Kristalloberflächen scheint den Beobachtungen zufolge nicht erforderlich
zu sein. Die Zellen treten ausschließlich in den Flüssigkeitseinschlüssen auf, in der
Kristallmatrix sind keine Lebensspuren nachweisbar. Sowohl in den Einschlüssen als
auch in den hypersalinen Lösungen sind auch nach einem längeren Zeitraum (> 12 Monate) des Einschlusses eindeutige Lebensaktivitäten zu beobachten, z. B. Fluoreszenz.
Einschluss, Fluoreszenz und Erhalt der Zellen treten unabhängig von dem Volumen
der hypersalinen Lösung oder davon, inwieweit die Lösungen vollständig aufgrund
der Präzipitate evaporierten, auf (Adamski et al. 2006). Es ergeben sich anhand dieser
Daten Rückschlüsse über langfristige Überlebensstrategien von Mikroorganismen in
Flüssigkeitseinschlüssen und ihre Detektion in der Petrographie, die Absenkung sedi-
mentärer Becken, die geologische Zeitspanne sowie den extraterrestrischen Raum etc.

(j) Exploitation

Extremophile Mikroorganismen produzieren Biokatalysatoren, die unter extremen
Bedingungen arbeiten und die wiederum vergleichbar mit Konditionen sind, wie sie
auch bei diversen Industrie-Prozessen anzutreffen sind. Einige dieser Enzyme aus
Extremophilen wurden bereits aufgereinigt und ihre Gene in mesophile Wirtsorganismen geklont. Niehaus et al. (1999) führen eine Fülle von Beispielen an, inwieweit
Extremophile als Quelle für neue Enzyme mit der Eignung zur industriellen Anwendung in Frage kommen können, z. B. Extremozyme, Abschn. 3.3.3. Aufgrund der
vorgestellten Eigenschaften der Extremozyme und ihrer Enzyme sehen u. a. Champdoré et al. (2007) eine Reihe von Optionen zur technisch-wirtschaftlichen Verwertung,
z. B. industriellen Herstellung von fluoreszierenden Biosensoren etc. Abschn. 2.2.1 (d)/
Bd. 2. Extremophile Formen, einbezogen in Biokatalyse, -transformation und -minera-
lisation, sind z. B. *Acidithiobacillus ferrooxidans* sowie *Leptospirillum* (Hoque & Philip
2011), Abb. 2.5.

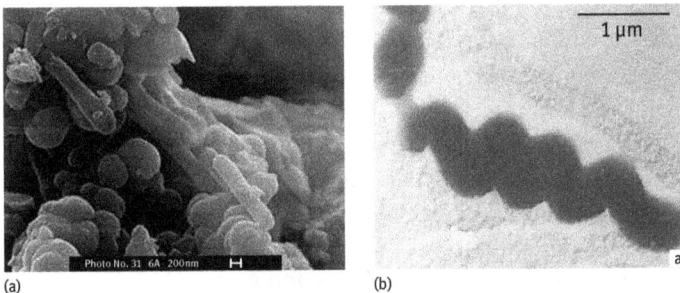

(a) (b)

Abb. 2.5: Extremophile Formen einbezogen in Biokatalyse, -transformation und -mineralisation, z. B.
(a) *Acidithiobacillus ferrooxidans* (BACMAP 2014) sowie (b) *Leptospirillum* (Hoque & Philip 2011).

Zusammenfassend

synthetisieren extremophile Formen eine Vielzahl von Biomineralisationen, wobei biochemisch-enzymatische Reaktionen innerhalb eines Temperaturintervalls von mehr als 100 °C umsetzbar sind. Kontinuierlich werden neue Formen aus extremen Habitaten beschrieben, so z. B. *Venenivibrio stagnispumantis gen. nov., sp. nov.*, ein thermophiles, H_2-oxidierendes Bakterium, isoliert vom *Champagne Pool, Waiotapu, New Zealand* (Hetzer et al. 2008), H_2-oxidierende thermophile Formen von terrestrischen „*Hot Spots*" (Aguiar et al. 2004) oder *Desulfohalophilus alkaliarsenatis gen. nov., sp. nov.*, ein extrem halophiles Sulfat (SO_4^{2-}) und Arsenat (AsO_4^{3-}) respirierendes Bakterium aus dem *Searles Lake, California* (Blum et al. 2012).

Anhand von biochemischen und auf das Genom bezogenen Ansätzen ist es möglich, die Diversität von mikrobiellem Leben in geologischen Systemen ohne Kultivierung zu dokumentieren sowie ihre Funktionen zu erfassen (Newman & Banfield 2002).

2.2.3 Biofilme

Im Zusammenhang mit der Synthese metallischer Partikel erweist sich die seitens der Mikroorganismen implementierte Strategie der Bildung von Biofilmen als hocheffizient, Abb. 2.6. Unter Biofilmen werden auf Grenzflächen, z. B. Schnittstelle Atmosphäre : Lithosphäre, bezogene Mikrohabitate im Sinne einer ökologischen Nische verstanden, aufgebaut durch Mikroorganismen mit signifikanten Unterschieden gegenüber den im Umfeld freilebenden mikrobiellen Vertretern (Gorbushina 2007). Sie treten ubiquitär auf und besiedeln alle Formen mineralischer sowie metallführender Substrate, z. B. geogene lithologische Einheiten, anthropogene Bauwerke sowie Konstruktionen wie z. B. Offshore-Anlagen. Subaerisch auftretend entstehen mithilfe von Biofilmen potente Ökosysteme (Gorbushina & Broughton 2009). An Lebensformen dominieren heterotrophe Bakterien, Actinobakterien, Cyanobakterien sowie diverse Vertreter von Fungi die Biofilme. Sie bilden auf diese Weise gegenüber schwankenden Umwelteinflüssen widerstandsfähige Konsortien (Gorbushina 2007). Neben Ganzzellen tritt eine Fülle weiterer funktioneller Biomoleküle auf, z. B. EPS, Abschn. 2.3.6/ Bd. 2. Aber auch Sekundärmetabolite in Form metallischer Phasen sind in Abhängigkeit von der mikrobiellen Zusammensetzung und dem jeweilig vorherrschenden Habitat anzutreffen. Aus Gründen einer erfolgreichen Überlebensstrategie setzen die in Biofilmen organisierten Mikroorganismen Methoden wie z. B. *Quorum sensing* ein, generieren elektrische Ströme, Abschn. 2.4.3/Bd. 2, erzeugen chemische Potentialgefälle, synthetisieren metallische Phasen etc. Mit den o. a. Vorgehensweisen und den hieraus resultierenden Synergieeffekten ausgestattet, überleben sie auch unter extremen Habitaten, z. B. Heißen Quellen (engl. *hot springs*) sowie anderen Nischen, und formieren so eine Übergangszone zwischen Litho- und Atmosphäre (Gorbushina 2007, Gorbushina & Broughton 2009). Biofilme verursachen in Verbindung mit u. a. metallischen Phasen führender Verbundwerkstoffe erhebliche Beeinträchtigungen in Form von Biofouling/-korrosion (Beech & Sunner 2004), mit wirtschaftlichen Konsequenzen für u. a. den Schiffsbau etc., Abschn. 2.6.3/Bd. 2.

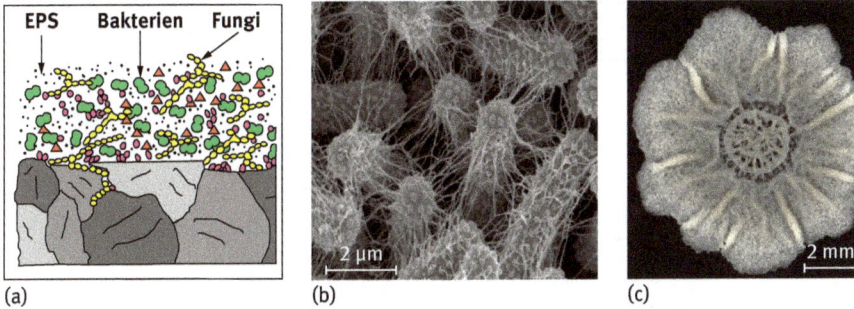

Abb. 2.6: (a) Schematische Darstellung eines Biofilms als mikrobielles Ökosystem (Gorbushina 2007), (b) vernetzter Biofilm (Balestrino et al. 2008) sowie Biofilm aus *B. subtilis* (Vlamakis et al. 2013).

Betroffen sind nahezu alle Habitate, die mit wässrigen Phasen in Kontakt stehen. Allerdings lassen sich die Vorgänge in Form einer Umkehrfunktion zu Zwecken einer Biolaugung/-hydrometallurgie (Abschn. 2.5.1/Bd. 2), geobiotechnologischer Sanierung (Abschn. 2.6.3/Bd. 2) und Immobilisierung/Fixierung (Abschn. 2.3.3/Bd. 2) wirtschaftlich verwerten. Denn Biofilme sind ebenso fähig, zahlreiche Metalle zu immobilisieren (Hullebuch et al. 2004). Auf der anderen Seite steht die Synthese von Biomineralisationen durch mikrobielle Konsortien (Douglas & Beveridge 1998).

Mit dem Auftreten von Biofilmen ist in Verbindung mit der Bildung metallischer Phasenräume eine Vielzahl von Reaktionsabläufen und Produkten verbunden (Havig 2009). So können sich u. U. As^{3+}, Fe^{3+}, Pd^0, Se^0, SEE, $Ca[UO_2|PO_4]_2 \cdot 10\,H_2O$, ZnS u. a. bilden (Druschel et al. 2002, Harrison et al. 2007, Harrison et al. 2005, Kulp et al. 2008, Labrenz & Banfield 2004, Labrenz et al. 2000, Moreau et al. 2004, Takahashi et al. 2005, Yong et al. 2002), Abschn. 5.3. Zur Analyse der o. a. Vorgänge eignet sich u. a. eine spezielle Variante der Fluoreszenzanalytik, d. h. FISH (engl. *fluorescence in situ hybridization*). In unter Laborbedingungen durchgeführten Experimenten zur Aufnahme und Freisetzung von Zn in photosynthetisch aktiven Biofilmen, präsent in durch Bergbau beeinträchtigten Wässern (d. h. 1–2 mg Zn l^{-1}), erhalten Morris et al. (2006) Hinweise auf die Abhängigkeit von Licht bei den o. a. Vorgängen. Bei konstantem pH-Wert, konstanter Temperatur sowie in wässrigen Phasen auftretenden Zn-Gehalten kommt es während der Tageszeit im Verlauf des Photozyklus zur Akkumulation von Zn sowie während der nächtlichen Periode zur Freigabe von Zn, Abb. 2.7. Mit einer Spannweite von 0,6–8,3 mg Zn g^{-1} TW Biofilm (TW = Trockengewicht), ermittelt im Labor, decken die akquirierten Zn-Gehalte während der Tageszeit den mikrobiellen Bedarf an in wässriger Lösung befindlichen Zn-Konzentration, d. h. geschätzt auf 1,5–3,7 mg Zn g^{-1} TW Biofilm (Morris et al. 2006). Eine mineralogische, chemische und biologische Beschreibung eines anaeroben Biofilms, kollektioniert aus einer Bohrprobe einer Au-Mine/Südafrika, die aus einem anaeroben Wasser und aus einem gasdurchströmten Bohrloch entstammte, veröffentlichten MacLean et al.

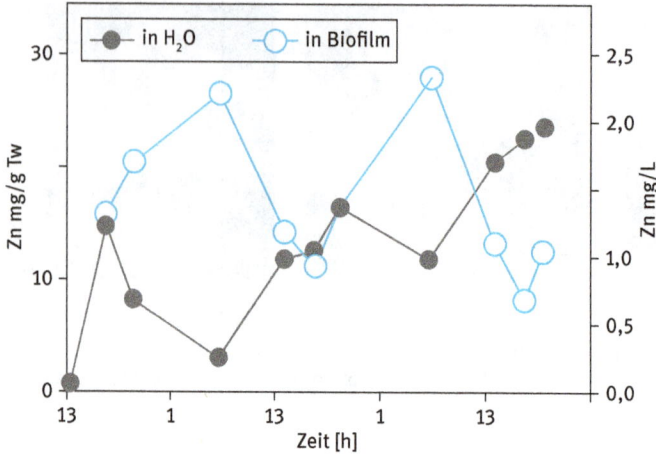

Abb. 2.7: Schematische Darstellung einer Akkumulation von Zn in Abhängigkeit von der Tageszeit, d. h. Licht (Morris et al. 2006).

(2007). Mit einer Konzentration von 27 wt % an ZnS lag der Wert erheblich höher, d. h. ca. 2- bis 100-mal, als in den umgebenden Bohrlochwässern. RDA (Abschn. 1.3.3/Bd. 2) zufolge handelte es sich bei der ZnS um ca. 5 nm große Partikel mit geringen Anteilen an Pyrit (FeS$_2$), zusätzliche Analysen durch SEM und EDX bestätigten diese Beobachtung. TEM-Analysen (Abschn. 1.3.4 (a)/Bd. 2) zufolge bedecken die feinkörnigen ZnS-Präzipitate die am Aufbau des Biofilms beteiligten ca. 1 μm großen stäbchenförmigen Bakterien. FeS$_2$ tritt als Framboide mit einem Durchmesser von bis zu 10 μm und als längliche, 2–3 μm große euhedrale Kristalle auf, die allerdings nicht intrazellulär vorkamen, sondern innerhalb des Biofilms auskristallisierten. Analysen der 16S rDNS durch den Gebrauch von Klonbibliotheken und phylogenetischen Mikroarrays, d. h. Phylochips, deuten innerhalb des ZnS-reichen Biofilms die Vorherrschaft von methanogenen Formen an, begleitet von einem bedeutenden Anteil an SO$_4^{3-}$-reduzierenden Populationen und einer untergeordneten Beteiligung an Sulfid- und CH$_4$-oxidierenden chemolithotrophen Formen. Zur Erhaltung der Biofilmgemeinschaft tragen SO$_4^{3-}$, C$_2$O$_5^{2-}$- und H$_2$-führende paläometeorische Wässer bei (MacLean et al. 2007). Im Oberflächenmilieu terrestrischer Milieus scheinen Biofilme eine wichtige Funktion bei der Lösung, Dispersion sowie sukzessiver Repräzipitation von Au zu übernehmen (Reith et al. 2010).

Das Verständnis des Einflusses seitens der Mineralogie auf die Struktur und Diversität von oberflächenfixierten Biofilmen wird dadurch erschwert, dass es schwierig ist, diesen Parameter von den anderen Mikroumweltfaktoren als eigenständige, bewertbare Variable zu isolieren. Durch die gezielte Behandlung von flächenmäßig und kompositionell exakt definierten „geologischen Chips" mittels Biofilmpräparaten konnte eine Abgrenzung von der umgebenden geologischen Matrix erreicht werden. Die „Versuchsanordnung" wurde acht Wochen einem Aquiferenvironment ausgesetzt (Boyd et al. 2007). Proteobakterien beherrschen das mikrobielle Inventar. Fe_2O_3, SiO_2 und Saprolith definieren die Mineralogie. Das Datenmaterial, produziert mittels der 165rDNS basierten T-RFLP-Technik, der Auswertung phylogenetischer Daten u. a. Methoden, verweist auf den entscheidenden Einfluss des Mineralbudgets auf die mikrobielle Heterogenität und Zusammensetzung und somit auf die Entwicklung und Implementation der damit verbundenen Enyzm-/Proteinausstattung.

Eine mathematische Beschreibung von Biofilmen veröffentlichen Klapper & Dockery (2010). Auch existieren *In-silico*-Studien von Biofilmen (Haruta et al. 2013), Abschn. 2.3.11/Bd. 2. Mikrobielle Konsortien verfügen über ein breites Spektrum an Kommunikationsstrategien mit u. a. der Intention zur Selbstorganisation (Ben-Jacob & Levine 2006). Aus elektrogen auftretenden Biofilmen konnten metabolische Netzwerke isoliert werden (Ishii et al. 2015). In diesem Zusammenhang wurden metabolische „Schalter" identifiziert, d. h. die Wahl zwischen $CH_3CO_2^-$ -, H_2- sowie C_2H_6O-Metabolismus.

Zusammenfassend
verfügen Biofilme, als Konsortium aus unterschiedlichen Mikroorganismen bestehend, über ein potentes Instrumentarium zur Adaption und Überlebenstechnik. Infolge der Wechselwirkungen der Biofilme mit metallhaltigen Medien kann sich eine Reihe von metallführenden Präzipitaten bilden. Für ein weiteres Verständnis im Sinne regulativer Eingriffe sind Einblicke in die molekulare Geomikrobiologie von großer Bedeutung.

2.3 Molekulare Geomikrobiologie

In den letzten vier Dekaden hat sich die Verbindung/Kombination von Geologie und Biologie zu einem weiteren geowissenschaftlichen Arbeitsgebiet entwickelt und etabliert: molekularen Geomikrobiologie. Auf dem Gebiet der molekularen Geomikrobiologie werden die Wechselbeziehungen zwischen Mikroorganismen/Biofilmen und z. B. Mineralen, der Freisetzung, dem Transport und der (Bio-)Mineralisation von u. a. Metall(-komplexierungen) auf molekularer Ebene beschrieben (Banfield et al. 2005, Beech & Sunner 2004, Fortin et al. 1997, [1,2]Gilbert et al. 2005, Jimenez-Lopez et al. 2007).

Unter molekularer Geomikrobiologie verstehen Macalady & Banfield (2003) die Suche nach den Verbindungsmechanismen von biologischen sowie geochemischen Prozessen auf molekularer Ebene. Prozesse auf molekularer Ebene unter Einbeziehung von nanoskaligen Mineralen in biogeochemischen Systemen betrachten Gilbert & Banfield (2005). Zum Verständnis erweisen sich Konzeptionen auf dem Gebiet der molekularen Mikrobiologie von Metallen als hilfreich (Nies & Silver 2007). Ausführliche Informationen zu Metallionen innerhalb der Lebenswissenschaften bieten Sigel et al. (2008). Auch Forschungen zu der Redoxbiokatalyse und dem Metabolismus und deren molekularen Mechanismen sowie die Analyse metabolisch ausgerichteter Netzwerke bieten vertiefende Einsichten (Blank et al. 2010), Abschn. 1.5.3/Bd. 2. Im Rahmen der vorliegenden Ausarbeitung sind insbesondere Vorgänge zu dem metabolischen Potential von Prokaryoten, zu Metallresistenzen, thermodynamischen Antriebskräften für Biotransformation, Vorgänge der Biomineralisation sowie -katalyse, Oberflächenladungen bakterieller Zellwände, funktionelle Gruppen sowie Metallkationen-Partitionierung von Interesse. Informationen zu Komplexbildnern, z. B. Siderophore, finden sich unter Abschn. 4.5.

2.3.1 Metabolisches Potential

In Bezug auf eine angestrebte Synthese metallischer Nanopartikel/-cluster definiert das metabolische Potential eines Prokaryoten die Voraussetzungen für dessen Leistungsfähigkeit. Das metabolische Potential, determinert durch den jeweiligen Mikroorganismus und dessen Habitat, bestimmt in technisch-wirtschaftlicher Hinsicht den Massenausstoss, d. h. Metabolite pro Zeiteinheit in Funktion von der Qualität. Infolgedessen wird eine Bewertung des metabolischen Potentials innerhalb einer *biofactory* zur Synthese u. a. nicht nativer, kommerziell verwertbarer Chemikalien diskutiert (Zhang et al. 2016). Im Zusammenhang mit metabolischen Prozessen ziehen Blank et al. (2010) eine Exploitation in Form einer Produktion von Feinchemikalien in Betracht.

Unter Metabolismus oder Stoffwechsel werden die Aufnahme, der Transport und die Umwandlung sowie chemische Verwertung von Substanzen verstanden, die u. a. zum Energiestoffwechsel, d. h. Katabolismus und Leistungsstoffwechsel, d. h. Anabolismus, benötigt werden (Madigan & Martinko 2009). Mikroorganismen entwickelten im Verlauf der Evolution eine Fülle unterschiedlicher Mechanismen zur Energie-(Stoff-)umwandlung. Hierbei greifen diese auf diverse Energiequellen und Elektronendonatoren zurück, Abschn. 4.6.2 (a). So beeinflusst z. B. im Zusammenhang mit der Aufkonzentration von Au^{3+} durch *C. metallidurans* neben dem pH-Wert der Lösung das metabolische Potential die Akkumulation von Au^{3+} (Reith et al. 2009). Im Zusammenhang mit der Evolution des Metabolismus erörtern Nealson & Rye (2003) die wechselnden Bedingungen, denen die diversen Habitate ausgesetzt waren. So unterlag die Redoxchemie im Verlauf der Erdgeschichte erheblichen Veränderungen, mit den entsprechenden Auswirkungen auf den Metabolismus von u. a. Mikroorganismen. Dominierten in der frühen Phase der terrestrischen Historie H_2S, H_2, NH_3, so herrschen aktuell O_2, Mn^{4+}, Fe^{3+} u. a. vor Abb. 2.10. Eine Biogeochemie der auf den marinen Bereich bezogenen Primärproduktion berücksichtigt u. a. die Stimulierung von Fe durch die mikrobielle Akquise von Nährstoffen (Falkowski 2003). Zur Biogeochemie einer terrestrischen Primärproduktion äußern sich Chapin & Evinder (2003) und betonen hierbei z. B. die Mineralisation von Nährstoffen. In Verbindung mit der Bildung von Fe_3O_4 zeichnet sich z. B. der Fe^{3+}-reduzierende *Geothrix fermentans* Stamm *HradG1*, isoliert aus einem kontaminertem Sediment, durch metabolische

Vielseitigkeit aus. Der Mikroorganismus vermag u. a. organische Säuren einzusetzen, wobei im Fall von organischen Säuren u. a. Lactat ($CH_3-CHOH-COO^-$), Fumarat ($C_4H_2O_4^{-2}$), Citrat ($C_6H_5O_7^{3-}$), Glucose ($C_6H_{12}O_6$) u. a. als Elektronendonator fungieren können (Klueglein et al. 2013).

Zu dem Design und der Konstruktion mikrobieller, metabolischer Flüsse in Verbindung mit genetischen Datenbeständen äußern sich Kohlstedt et al. (2010), Abschn. 3.4. Informationen zum metabolischen Potential finden sich in der entsprechenden DNS (Niewerth et al. 2012). Der Verbund von Katabolismus und Anabolismus stellt das wesentliche Hauptmotiv für die Akquise und Verarbeitung von Metallspezifikationen bzw. Ursachen für Stoffkreisläufe dar.

(a) Katabolismus

Der Energiestoffwechsel oder Katabolismus ist einer der wesentlichen Antriebsmechanismen für eine Biotransformation und -mineralisation. Um die für den Leistungsstoffwechsel erforderliche Energie, d. h. elektrochemische Potentialdifferenz an den Membranen bzw. protonenmotorische Kraft und Adenosintriphosphat (ATP), sowie das zur Reduktion erforderliche Nicotinamidadenindinucteotidphosphat (NADPH) anbieten zu können, sind die Vorgänge in Hinsicht des Energiestoffwechsels unerlässlich. ATP dient als Energieträger/-speicher. Der Katabolismus kann u. a. weiträumig in die Oxidation von Fe und Mn einbezogen sein (Ehrlich 2002). In der Geomikrobiologie wird zwischen zwei wesentlichen Energiequellen unterschieden. Je nach Art des Energiestoffwechsels werden chemolithotrophe und organotrophe Mikroorganismen differenziert, wobei für die chemolitho-/organotrophen eine Reihe von weiteren Unterteilungen existieren, z. B. S- und Fe-oxidierende Formen (Madigan & Martinko 2009).

(b) Autotrophie

Eine autotrophe Lebensweise liegt vor, wenn ausschließlich anorganische Komponenten zur Synthese seitens des Mikroorganismus benötigter höher organisierter Substanzen eingesetzt werden, i. d. R. CO_2 (Madigan & Martinko 2009). Je nach Art der Energiequelle wird zwischen chemo(auto)trophen und photo(auto)trophen Formen unterschieden. Als reduzierendes Element tritt häufig H_2O auf.

(c) Heterotrophie

Das Prinzip der Heterotrophie beruht auf dem Gebrauch von organischen C. CO_2 kann im Gegensatz zur Autotrophie nicht zur weiteren Verwertung eingesetzt werden. Je nach Vorgehensweise in der Art der Energiegewinnung ist eine Unterscheidung zwischen photo- sowie chemoheterotroph eingeführt. Der aus Gründen der Energieerzeugung, durch autotrophe Vorgänge reduzierte C dient heterotroph ausgerichteten Lebewesen, d. h. ca. 90 %, als Nahrungs-/Energiequelle.

(d) Chemotrophie

Chemotrophie bezeichnet Vorgänge, die zur Energieerzeugung auf der Oxidation von organischen und/oder anorganischen Elektronendonatoren beruhen, und stellt das Gegenstück zur Phototrophie dar. Betreffs der *Archaea* unterscheiden z. B. Barns & Nierzwicki-Bauer (1997) zwischen chemolithotroph und chemoorganotroph. Erstgenannte Form stützt sich auf anorganische Komponenten als Elektronendonator, bei einer chemoorganotroph Lebensweise dienen organische Bestandteile als Ausgangsbasis. Wichtige energieproduzierende Reaktionen bei hyperthermophilen *Archaea* stützen sich auf S^0 sowie H_2 als Elektronendonator und SO_4^{2-}, CO_2, NO_3^- sowie O_2 als Elektronenakzeptor (Barns & Nierzwicki-Bauer 1997), Tab. 2.5. Verbreitete Repräsentanten sind z. B. *Acidianus, Pyrobaculum, Sulfolobus* sowie die chemoorganotrophen Vertreter *Pyrococcus, Thermococcus* u. a. Chemolithotrophe Formen entwickelten eine besondere Form des Energiestoffwechsels. Sie gewinnen ihre Energie aus der Oxidation anorganischer Verbindungen (Madigan & Martinko 2009).

Tab. 2.5: Wichtigste energieproduzierende Reaktionen bei hyperthermophilen *Archaea* (Barns & Nierzwicki-Bauer 1997).

Typ	Energieliefernde Reaktion	Beispiel Gattung
Chemolithotroph	$H_2 + S^0 \longrightarrow H_2S$	*Acidianus, Pyrobaculum, Pyrodictum, Thermoproteus*
	$2H_2 + O_2 \longrightarrow 2H_2O$	*Acidianus, Pyrobaculum, Sulfolobus*
	$2S^0 + O_2 + 2H_2O \longrightarrow 2H_2SO_4$	*Acidianus, Metallosphaera, Sulfolobus*
	$4H_2S + 2O_2 \longrightarrow 4H_2SO_4$	*Acidianus, Metallosphaera, Sulfolobus*
	$H_2 + NO_3^- \longrightarrow NO_2^- + H_2O$	*Pyrodictum, Pyrobaculum, Thermoproteus*
Chemoorganotroph	OrgKomp* $+ S^0 \longrightarrow H_2S + CO_2$	*Desulfurococcus, Thermoproteus, Thermofilum, Thermococcus*
	OrgKomp* $+ O_2 \longrightarrow H_2O + CO_2$	*Sulfolobus*
	OrgKomp* $\longrightarrow H_2 + CO_2$	*Pyrococcus*
	OrgKomp* $\longrightarrow CO_2 +$ Fettsäuren	*Staphylothermus*

* OrgKomp: Komponenten

(e) Lithotrophie

Zur Erzeugung von Energie und Biosynthese verwenden lithotrophe Formen anorganische Verbindungen, z. B. Minerale bzw. Fe^{2+}, elementaren Schwefel oder H_2S als Reduktionsmittel. Sie zählen als Untergruppe zu den chemotrophen Vertretern. Typische Repräsentanten sind z. B. die Fe-oxidierenden Bakterien *Acidithiobacillus ferrooxidans, Leptospirillum ferrooxidans*. So oxidert z. B. *A. ferroxidans* Fe^{2+} zu Fe^{3+} nach folgendem Schema (Meruane & Vargas 2003):

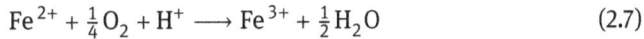

$$Fe^{2+} + \tfrac{1}{4}O_2 + H^+ \longrightarrow Fe^{3+} + \tfrac{1}{2}H_2O \tag{2.7}$$

Die Elektronendonatoren werden im Zellinneren verarbeitet, d. h. oxidiert. Das ist bei Einsatz der o. a. Mikroorganismen im Ganzzellverfahren zu berücksichtigen bzw. kann die Verwendung von Zellextrakten bei der Synthese metallischer Metabolite unpraktikbal machen. Lithotrophe Mikroorganismen gehen oftmals Symbiosen zu anderen Vertretern der eukaryotischen Fauna ein (Madigan & Martinko 2009).

(f) Phototrophie

Bei der phototrophen Lebensweise nutzen die betroffenen Lebewesen (Mikroorganismen) Lichtenergie, um diese anschließend in chemische Energie umzuwandeln. Phototrophe Formen stützen sich zur Produktion von Adenosintriphosphat (ATP) und zum Zweck des Energietransfers auf Lichtquanten als Energielieferanten (Madigan & Martinko 2009). Neben Chlorophyll- dienen Rhodopsin-Pigmente, d. h. Bacteriorhodopsin, als Konverter für Lichtenergie.

(g) Phosphorylierung

Unter die Phosphorylierung fallen reversible Vorgänge, die an ein Biomolekül, wie z. B. Protein, eine Phosphatgruppe anhängen. Einer Phosphorylierung kommt eine Reihe regulativer Mechanismen zu, wie z. B. Inhibition eines Enzyms, Thermodynamik von energiekonsumierenden Reaktionen, Rekognition u. a. Generell bewirkt eine Phosphorylierung die Aktivierung bzw. Dephosphorylierung die Inaktivierung eines Enzyms oder im Sinne einer *Boole*'schen Algebra ein „Einschalten = 1" oder „Abschalten = 0" des betroffenen Biomoleküls, Abschn. 1.4.3/Bd. 2.

(h) Zelluläre Respiration

Zelluläre Respiration bezieht sich, im Sinne der Biochemie, auf metabolische Vorgänge zur Generierung von Energie, die unter Einbeziehung von O_2 stattfinden und infolge der Reaktionen mit z. B. Glucose u. a. CO_2 erzeugen. Zur Respiration und zum Wachstum setzt *Shewanella oneidensis MR-1* als alleinigen Elektronenakzeptor Vanadat (VO_4^{3-}) ein (Carpentier et al. 2005). Der Mikroorganismus koppelt die anaerobe Oxidation u. a. an Lactat ($CH_3–HCOH–COO^-$), Nitrat (NO^{3-}), Nitrit (NO_2^-), unlösliche Fe- und Mn-Oxide. V selbst tritt unter neutralen pH-Bedingungen in zwei Oxidationszuständen auf, als kationische, d. h. V^{4+}- oder VO^{2+}-, sowie anionische, d. h. V^{5+}-, oder H_2VO_4-Spezifikation. Das aus einem Vanadat (V^{5+}) hervorgehende Vanadyl-Ion (V^{4+}) ist im Fall von *Shewanella oneidensis* in eine entsprechende granular ausgebildete Feststoffphase eingebunden (Carpentier et al. 2003). Zu einer Anreicherung und Isolation von *Bacillus beveridgei sp. nov.*, einem fakultativ anaeroben haloalkaliphilen Bakterium vom *Mono Lake*/California, das zur Respiration auf Oxyanionen von Te, Se und As zurückgreift, äußern sich Baesman et al. (2009). EM-Aufnahmen (Abschn. 1.3.4 (f)/Bd. 2) zeigen den Kontakt des Bakteriums *Shewanella oneidensis MR-1*, das zur Respiration Fe-Minerale und feste Huminstoffe als Elektronenakzeptor einsetzt (url: idw), Abb. 2.8. Einen Überblick zur mikrobiellen Respiration von Metallen bieten Gescher & Kappler (2013). Sie behandeln u. a. Themenbereiche wie die Biochemie der dissimilatorischen Fe^{3+} und Mn-Reduktion, Zielsetzungen der Reduktion, terminale Elektronenakzeptoren, extrazellulären Elektronentransfer.

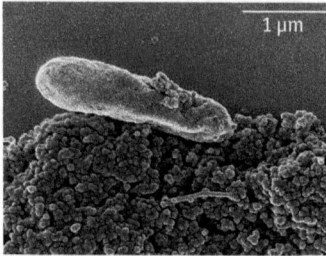

Abb. 2.8: Elektronenmikroskopische Aufnahme des Bakteriums *Shewanella oneidensis MR-1*, das zur Respiration Fe-Minerale und feste Huminstoffe als Elektronenakzeptor einsetzt (url: idw 2010).

(i) S-Verbindungen

S-Verbindungen, wie z. B. Sulfat (SO_4^{2-}) sowie elementarer S, ergeben in redoxgesteuerten Reaktionen für ΔG^0 [kJ mol^{-1}] günstige Werte (Madigan & Martinko 2009). So resultiert z. B. aus der Redoxreaktion von Thiosulfat ($S_2O_3^{2-}$) zu SO_4^{2-} für ΔG^0 ein Betrag von $-818{,}3$ [kJ mol^{-1}] und für die Reduktion von H_2S zu SO_4^{2-}, ist für ΔG^0 ein Wert von $-798{,}2$ ermittelt, Tab. 2.6. Insgesamt erweist sich der Gebrauch von SO_4^{2-} verglichen mit elementarem S als energetisch vorteilhafter.

So erfolgt z. B. die Oxidation von Acetat ($CH_3CO_2^-$) zu CO_2 innerhalb des Cytoplasmas. Die hierzu benötigten Elektronen sowie Protonen werden via NADH sowie $FADH_2$ vom intrazellulären Raum in die Cytoplasmamembran transferiert, wo sie mithilfe von Dehydrogenasen voneinander separiert werden (Druschel et al. 2002). Sukzessive kommt es zum Transport der Protonen aus der Membran, die Elektronen wandern zu anderen an die Membran gebundenen Enzymen mit höherem Redoxpotential. Die

Tab. 2.6: Energiebilanzen für ausgewählte Schwefelverbindungen (Madigan & Martinko 2009).

Reaktionsgleichung	Endprodukt	ΔG^0 [kJ mol^{-1}]
$S_2O_3^{2-} + H_2O + 2\,O_2 \longrightarrow 2\,SO_4^{2-} + 2\,H^+$	Sulfat	$-818{,}3$
$H_2S + 2\,O_2 \longrightarrow SO_4^{2-} + 2\,H^+$	Sulfat	$-798{,}2$
$S + H_2O + 1\tfrac{1}{2}\,O_2 \longrightarrow SO_4^{2-} + 2\,H^+$	Sulfat	$-587{,}1$
$HS^- + \tfrac{1}{2}\,O_2 + H^+ \longrightarrow S + H_2O$	Schwefel	$-209{,}4$

Exklusion von Protonen führt zu einem Protonengradienten durch die Membran hindurch, mit der Konsequenz einer Unterstützung bei der Synthese von ATP. Die Elektronen gelangen zu einer SO_4^{2-}-Verbindung, d. h. Adeninphosphatosulfat, das im Anschluss zunächst in ein Sulfit (SO_3^{2-}) überführt und abschließend zu Schwefelwasserstoff (H_2S) reduziert wird. Im Anschluss unterliegt H_2S einem Ausstoß aus dem Zellverband und migriert in die umgebende Lösung (Druschel et al. 2002). Zu den Stoffwechselvorgängen von sulfatreduzierenden Mikroorganismen (SRB) liegt eine Fülle von Veröffentlichungen vor (Druschel et al. 2002, Madigan & Martinko 2009 etc.), Abb. 2.9.

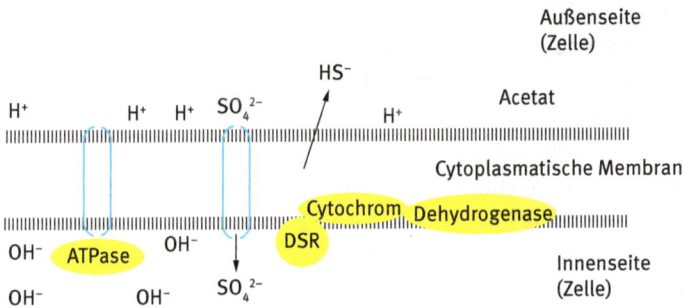

Abb. 2.9: Schematische Darstellung der Stoffwechselvorgänge von sulfatreduzierenden Mikroorganismen (Druschel et al. 2002, Madigan & Martinko 2009).

(j) Bioenergetische Aspekte

Minerale können gegenüber Mikroorganismen als eine Art Energiequelle auftreten (Shock 2009). Mikroorganismen verändern Minerale aus sehr unterschiedlichen Motiven heraus. Erforderliche Maßnahmen schließen u. a. die Schaffung eines Habitats mit günstigeren Parametern, die Extraktion von Nährstoffen und die Aussonderung toxischer Substanzen ein. Minerale dienen zum einen als Quelle und zum anderen als Senke für die aus gekoppelten Redoxprozessen generierten Elektronen. Eine Vielzahl der genannten Reaktionsabläufe ermöglicht die Freigabe und Aufnahme von Energie aus in- und/oder metastabilen Mineralen. Die genannten Abläufe können erhebliche Auswirkungen zeigen, so z. B. auf die Produktion von sauren Lösungen, während der Oxidation von Sulfiden (S^{2-}), oder auf die (Bio-)Transformation von Mineralen im Verlauf der Verwitterung und Diagenese unter dem Gesichtspunkt geologischer Zeiträume. Auf der anderen Seite gehen die mineralischen Energiequellen unwiderruflich durch den mikrobiellen Metabolismus verloren (Shock 2009). In diesem Zusammenhang ergeben sich Fragen wie z. B.: Nach welchen Kriterien bzw. unter welchen Bedingungen stellt ein Mineral eine Energiequelle für den mikrobiellen Metabolismus dar? Wie lässt sich der Betrag der verfügbaren Energie ermitteln? Was sind die für eine reibungslose Energiezulieferung kritischen Faktoren? etc.

Bioenergetische Aspekte des Halophilismus skizziert Oren (1999). Untersuchungen zur mikrobiellen Diversität in Habitaten mit steigender Salzkonzentration enthüllen ein Defizit an einem dissimilatorisch auftretenden Metabolismus, z. B. Methanogenese, Reduktion von Sulfaten (SO_4^{2-}) mit der Oxidation von Acetat ($CH_3CO_2^-$), autotrophe Nitrifizierung. Ein Auftreten der unterschiedlichen metabolischen Typen korreliert in Verbindung mit dissimilatorischen Reaktionen mit einem Wechsel in der Freien Energie. Generell erfordert eine Überlebensstrategie unter hohen Salzbedingungen einen erheblichen Energieaufwand.

Ungeachtet des erforderlichen Energieeinsatzes produziert eine Vielzahl von Bakterien und methanogenen *Archaea* intrazellulär erhebliche Konzentrationen an organischen, osmotisch auftretenden gelösten Stoffen. Zur Aufrechterhaltung und Anpassung der steilen, durch ihre cytoplasmatische Membran laufenden Gradienten der Na^+- und K^+-Konzentrationen müssen sämtliche Formen halophiler Mikroorganismen hohe Beiträge an Energie aufbringen, mit aller Wahrscheinlichkeit nach wesentlichen Konsequenzen auf jenen Typ von Metabolismus. Gegenüber der Produktion von organisch-kompatiblen gelösten Substanzen erweist sich der Gebrauch von KCl als intrazellulär auftretender gelöster Stoff energetisch als vorteilhafter, wobei diese Beobachtung erklären könnte, warum anaerobe halophile, fermentative Bakterien diese Vorgehensweise benutzen (Oren 1999). Chemolithotroph lebende Mikroorganismen oxidieren anorganische Komponenten, um auf diese Weise die Grundvoraussetzung für sowohl ihre Respiration als auch Ernährungsgrundlage zu schaffen (Fuchs 2014), Abb. 2.10 (b). In diesem Zusammenhang entwickeln sich kleinräumige Stoffkreisläufe, die ihre Ursache in dem räumlichen Nebeneinander von oxischen bis anorganischen Milieubedingungen und der hieraus sich entwickelnden Redoxgradienten haben. Die zum Ablauf der o. a. Stoffkreisläufe erforderliche Energie liefert das als Elektronendonator dienende organische Material, das wiederum durch chemoorganotrophe Mikroorganismen mittels bereitgestellter Elektronenakzeptoren verwertet wird. Der metallreduzierende Pfad von *Shewanella oneidensis* mit angedeutetem Elektronentransfer an externe Substanzen offenbart, dass verschiedene Proteine in die Reduktion von Fe^{3+} zu Fe^{2+} einbezogen sind, z. B. OmcA u. a. (Lall & Mitchell 2007), Abb. 2.11. Zusammenfassend bieten Nealson & Rye (2003) Angaben zur relativen elektrischen Spannung, Abb. 2.10 (a). Infolge des Energiestoffwechsels bei chemolithotrophen Formen, d. h. aerober sowie anaerober Respiration, entwickeln sich kleinräumige Stoffkreisläufe, da die anaeroben Prozesse reduzierte Elektronendonatoren für den aeroben Energiestoffwechsel bereitstellen, z. B. Oxidation von H_2S zu H_2SO_4. Diese Form des Kreislaufs entwickelt sich durch ein räumliches Nebeneinander von oxischen mit anoxischen Milieubedingungen (Fuchs 2014), Abb. 2.10 (b). Zum Energiestoffwechsel in SRB erstellen Pereira et al. (2011) Daten, Abschn. 2.2 (b).

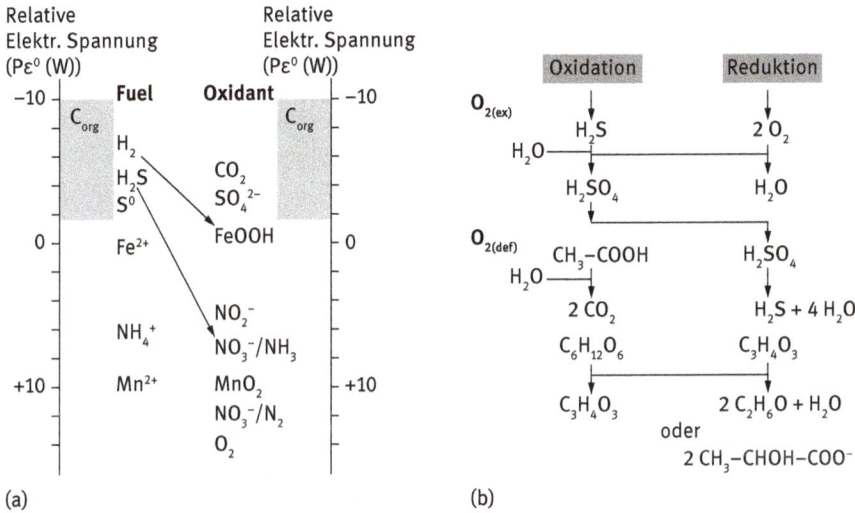

Abb. 2.10: Schematische Darstellung (a) der relativen elektrischen Spannung (nach Nealson & Rye 2003) und (b) des Energiestoffwechsels bei chemolithotrophen Formen, d. h. aerobe sowie anaerobe Respiration. Hierbei entwickeln sich kleinräumige Stoffkreisläufe, da die anaeroben Prozesse reduzierte Elektronendonatoren für den aeroben Energiestoffwechsel bereitstellen, z. B. Oxidation von H_2S zu H_2SO_4. Diese Form des Kreislaufs entwickelt sich durch das räumliche Nebeneinander von oxischen mit anoxischen Milieubedingungen, $O_{2(ex)}$ = oxidierendes Milieu, $O_{2(def)}$ = reduzierendes Milieu (nach Fuchs 2014).

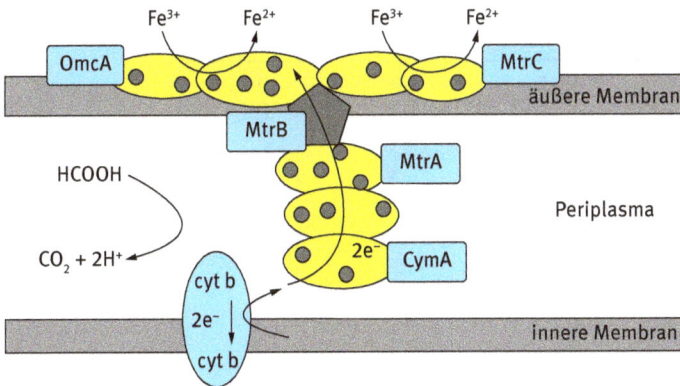

Abb. 2.11: Der metallreduzierende Pfad von *Shewanella oneidensis* mit angedeutetem Elektronentransfer an externe Substanzen unter Einbeziehung diverser Proteine (nach Lall & Mitchell 2007).

(k) pH-Homöostase

Eine wichtige, seitens eines Mikroorganismus zu erbringende Leistung besteht im Aufbau, wenn unabdingbar, einer pH-Homöostase. Denn ähnlich wie bei neutrophilen mikrobiellen Lebensformen, benötigen acidophile Bakterien einen nahezu neutral auftretenden intrazellulären pH-Wert. Um die teilweise erheblichen Differenzen zwischen dem extrazellulären pH – z. B. für *Acidithiobacillus ferrooxidans* ist als pH-Optimum ein Betrag von 2,5 sowie für *Picrophilus torridus* ein Wert von < 1,5 ermittelt – zu überwinden, verhalten sich mikrobielle Membranen gegenüber Protonen nahezu impermeabel und bauen geeignete pH-Gradienten auf (Fuchs 2014).

(l) Acidophile Formen

Zu den Merkmalen des Metabolismus, dem pH-Optimum sowie den genetischen Details einiger acidophiler Mikroorganismen listen Baker-Austin & Dopson (2007) Daten auf. So erreicht z. B. für den acidophilen *Archaea*-Vertreter *Picrophilus torridus* das pH-Optimum einen Wert von 1,1. Für *Ferroplasma acidiphilum* ist als pH-Optimum ein Wert von 1,3 ermittelt und *Thermoplasma acidophilium* operiert bei einem pH-Optimum von 1,4. Bei den acidophilen Bakterien ist für z. B. *Acidithiobacillus ferrooxidans* sowie *Acidiphilium acidophilum* ein pH-Wert von 1,8 angezeigt, Tab. 2.7. Generell finden sich unter den acidophilen Formen Bakterien sowie Archeae, Fe-/S-Oxidierer, auto- als auch heterotrophe Vertreter.

Tab. 2.7: Eigenschaften des Metabolismus, pH-Optimum und genetische Details einiger acidophiler Mikroorganismen (Baker-Austin & Dopson 2007).

Mikroorganismus	Metabolismus	pH-Optimum	Genom [Mbp]
Acidophile *Archaea*			
Thermoplasma acidophilum	H[a]	1,4	1,56
Thermoplasma volcanicum	H	1,58	1,58
Ferroplasma acidiphilum	FeO_x[b]/A[c]	1,3	n. a.[e]
Picrophilus torridus	H	1,1	1,55
Sulfolobus acidocaldarius	H	1,8	2,23
Sulfolobus solfataricus	H	2,5	2,99
Sulfolobus metallicus	FeO_x/SO_x[d]/H	3	n. a.
Acidophile Bakterien			
Acidithiobacillus ferrooxidans	FeO_x/SO_x/A	1,8	2,9
Acidithiobacillus caldus	SO_x/A	2,5	—
Acidithiobacillus thiooxidans	SO_x/A	2,5	—
Acidiphilium acidophilum	SO_x/A/H	1,8	n. a.

a H: heterotroph, **b** FeO_x: Eisen-Oxidierer, **c** A: autotroph, **d** SO_x: Schwefel-Oxidierer, **e** n. a.: nicht analysiert.

(m) Exploitation

Das Resultat des Metabolismus von *A. ferroxidans* führt zu der Oxidation/Reduktion von Fe- und S-Komponenten und, zu Zwecken einer Biolaugung angestrebt, der Lösung von Cu sowie anderen Metallen. Gleichzeitig kommt es zu einer Produktion von sauren Lösungen mit sukzessiver Abgabe an das geologische Umfeld (Valdés et al. 2008).

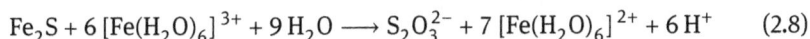

$$Fe_2S + 6\,[Fe(H_2O)_6]^{3+} + 9\,H_2O \longrightarrow S_2O_3^{2-} + 7\,[Fe(H_2O)_6]^{2+} + 6\,H^+ \qquad (2.8)$$

Ungeachtet dessen, dass seit längerem Kenntnisse über die Erzeugung von Energie durch Mikroorganismen vorliegen, wird erst jetzt deutlich, dass sich eine Vielzahl von ihnen auf den Elektronentransfer zu bzw. von extrazellulären Substraten, so z. B. zwischen Fe- und Mn-(Hydr-)oxiden und einem Mikroorganismus, stützt.

Diese Vorgänge fallen unter die extrazelluläre Respiration (Gralnick & Newman 2007). Aber auch eine Reihe löslicher Substrate ist – allem Anschein nach – von Vorgängen in Verbindung mit einer extrazellären Respiration betroffen. Als Gründe führen Gralnick & Newman (2007) folgende Überlegungen an:

– Das Substrat im ökologischen Kontext ist mit einer festen Oberfläche verbunden und somit unlöslich.
– Aufgrund der Größe und ungeachtet des gelösten Zustandes kann das Substrat nicht in die Zelle transportiert werden.
– Oder das Substrat verhält sich nach Änderung des Redoxzustandes im Anschluss durch metabolische Aktivitäten toxisch.

Zwecks der Klärung einer bakteriellen Sorption von gelöstem Ag^+, Cd^{2+}, Cu^{2+} sowie La^{3+} unter Gebrauch von Batch-Equilibrations-Methoden unterzogen Mullen et al. (1989) *Bacillus cereus*, *Bacillus subtilis*, *Escherichia coli* sowie *Pseudomonas aeruginosa* entsprechenden Experimenten. Zur Beschreibung der Cd- und Cu-Sorption mit einer Konzentrationsspanne von 0,001–1 mM stützen sich Mullen et al. (1989) auf die Darstellung der *Freundlich*-Isothermen (Sorptionsisotherme), d. h.:

$$q = K \cdot C_{eq}^n \qquad (2.9)$$

wobei gilt:
q Beladung des Sorbents,
K *Freundlich*-Koeffizient,
C_{eq} Konzentration Sorbat,
n *Freundlich*-Exponent.

Bei einer Cd^{2+}- bzw. Cu^{2+}-Konzentration von 1 mM erweist sich für die Entnahme der beiden genannten Metalle *P. aeruginosa* als der wirkungsvollste und *B. cereus* als der mit der geringsten Effizienz ausgestattete Mikroorganismus. Die *Freundlich-K-Konstanten* (Mullen et al. 1989) offenbaren einen maximalen Cd^{2+}-Entzug durch

E. coli und für die Gewinnung von Cu^{2+} eignet sich *B. subtilis*. Dahingegen gestaltet sich die Entfernung von Ag^+ durch die Bakterien als sehr effizient. So lassen sich aus einer 1-mM-Lösung durchschnittlich 89 % des Ag entfernen. Dem stehen Werte von 12 % für Cd^{2+}, 29 % für Cu^{2+} und 27 % für La^{3+} gegenüber.

Aufnahmen mit der EM zeigen für die auf der Zelloberfläche anzutreffenden La^{3+}-Akkumulationen nadelförmige kristalline Präzipitate. Silber hingegen fällt als diskretes colloidales Aggregat sowohl auf der Zelloberfläche als auch gelegentlich im Cytoplasma aus. Allerdings liefern weder Cd^{2+} noch Cu^{2+} aufgrund ihrer messtechnisch nicht erkennbaren Elektronenstreuung (engl. *electron scattering*) Hinweise auf die Lokalität ihrer Sorption. Hinsichtlich der genannten Metalle nehmen die Affinitätsserien seitens bakterieller Entnahme in der Abfolge Ag > La > Cu > Cd ab (Mullen et al. 1989). Offensichtlich sind nach den Ergebnissen der genannten Autoren bakterielle Zellen in der Lage, größere Mengen an unterschiedlichen Metallen anzubinden. Über entsprechende Algorithmen zur Adsorption sind die Wechselwirkungen zwischen Mikroorganismus und den Metallen Cd und Cu theoretisch beschreibbar.

Fein et al. (2001) führten experimentelle Arbeiten und Messungen zur Aufnahmekapazität von *Bacillus subtilis* gegenüber u. a. Co-, Nd- und Ni-Komplexen in Abhängigkeit vom pH-Wert durch. Als Ergebnis steht die Beobachtung eines typischen Kationen-Adsorptionsverhalten, d. h. geringe oder keine Adsorption unter sehr niedrigen pH-Bedingungen, wobei die Adsorption bei zunehmendem pH ansteigt. Die Co-Adsorption bei *B. subtilis* (Fein et al. 2001) zeigt im Vergleich Ähnlichkeiten mit jener aus *Shewanella oneidensis* (Borrok et al. 2004). So ist ungeachtet der Verschiedenartigkeit für beide Mikroorganismen unter einem pH von 5 ein Anteil von ca. bzw. um 50 % Co durch unterschiedliche Arbeitsgruppen ermittelt worden, Abb. 2.12. Thermophile Mikroorganismen sind in der Lage, $Au^{1+,3+}$, Co^{3+}, Cr^{6+}, Fe^{3+}, Hg^{2+}, Mn^{4+}, Mo^{6+}, Tc^{7+} und U^{3+} zu reduzieren. Während des Wachstums können Fe^{3+} und Mn^{4+} als Elektronenakzeptoren auftreten, wohingegen die physiologische Funktion der Reduktion der anderen o. a. Metalle z. Zt. noch im Unklaren liegt. Über die dissimilatorische Reduktion von Fe^{3+} liegt aktuell das bei weitem umfangreichste Datenmaterial vor.

Für Co-Adsorption durch *B. subtilis* (Fein et al. 2001) und *Shewanella oneidensis* ([2]Borrok et al. 2004) ist ein ähnlicher Trend beschrieben. So kommt es bei steigendem pH-Wert, beginnend bei 2, zu einem signifikanten Anstieg der Adsorption von Co, um unter neutralen Bedingungen einen konstanten Wert anzunehmen, d. h. $\approx$ 80 %, Abb. 2.12.

(n) Genetische Aspekte

Zu den genetischen Aspekten des metabolischen Potentials von Mikroorganismen vermittelt eine Reihe von Veröffentlichungen geeignete Informationen. Am Beispiel eines Metagenoms von psychrophilen Formen skizzieren Simon et al. (2009) u. a. die Adaption des metabolischen Potentials an extreme Habitate. Über die komplette Genomsequenz, bezogen auf das metabolische Potential, des Bakteriums *Arthrobacter sp.*

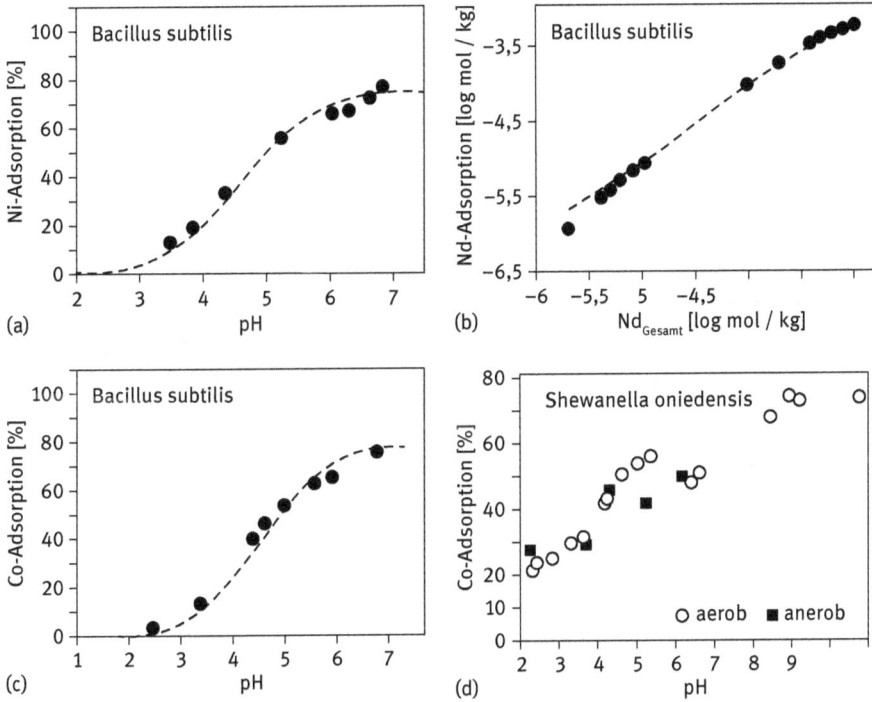

Abb. 2.12: Aufnahmekapazität von Ni- (a) und Nd-Komplexen (b) durch *Bacillus subtilis* in Abhängigkeit vom pH-Wert (Fein et al. 2001). Die Co-Adsorption (c) bei *Bacillus subtilis* (Fein et al. 2001) und zum Vergleich (d) *Shewanella oneidensis* unter aeroben sowie anaeroben Bedingungen ebenfalls in Abhängigkeit vom pH-Wert ([2]Borrok et al. 2004).

Rue61a sind Daten publiziert (Niewerth et al. 2012). Das angesprochene Genom reflektiert die metabolische Vielseitigkeit von *A. sp. Rue61a* und eine hohe Anpassungsfähigkeit gegenüber externem Stress. Zum Studium des metabolischen Potentials, gespeichert im Genom eines Vertreters der *Actinobacteria*, tragen [2]Garcia et al. (2013) ihre Überlegungen vor. Das untersuchte Genom spiegelte exakt die evolutionär dem Habitat angepassten metabolischen Prozesse wider. Weiterhin vermittelt der Abbau von aromatischen Kontaminanten Auskünfte über das metabolische Potential von Bakterien (Diaz 2004). Auch stehen Informationen über metabolische Pfade aus *Sulfolobus solfataricus* sowie deren regulativen Mechanismen zur Verfügung (Kort et al. 2013). Generell gestatten Optimierungsstrategien mittels gentechnischer Überlegungen und Strategien geeignete Zugriffsmöglichkeiten u. a. im Sinne einer mikrobiellen Produktionskapazität.

(o) Metabolisches Engineering

Das metabolische Engineering offeriert Werkzeuge zur kontrollierten Veränderung von auf metabolischen Prozessen beruhenden Vorgängen, wie z. B. die Reduktion von SO_4^{2-} (Wang et al. 2000). Weiterhin beschäftigen sich Arbeiten eines metabolischen Engineerings mit u. a. der Präzipitation von u. a. UO_2–HP (Gong et al. 2003). Für die Experimente wurde auf *Deinococcus radiodurans* sowie *Pseudomonas aeruginosa* zurückgegriffen. Erfolgversprechend sind auch Ergebnisse von Studien, die zur Rückführung von Au aus Elektronikschrott ein metabolisches Engineering einsetzen (Tay et al. 2013), Abschn. 2.5.2 (e)/Bd. 2. Hierbei lässt sich durch vergleichende Analysen zum Proteom die Cyanogenese von *Chromobacterium violaceum* durch ein metabolisches Engineering erhöhen. Eine Netzwerktopologie des Stoffwechsels vermittelt Kenntnisse über die Prinzipien, die eine Stoffverteilung durch den Metabolismus berücksichtigen. Experimentell sind diese Flüsse über eine Analyse des ^{13}C-Flusses einer Messung zugänglich (Schuetz et al. 2012). Anhand der auf diese Weise erzeugten Daten deutet sich am Beispiel von neun Bakterien sowie Flussdaten aus *E. coli* in Verbindung mit der Theorie der *Pareto*-Optimierung an, dass der Stoffwechsel innerhalb eines dreidimensionalen Raums operiert (Schuetz et al. 2012). Im Sinne einer Produktion u. a. von metallischen NP bietet sich ein metabolisches Engineering als vielversprechende Option an (McNerney et al. 2015). Ähnliche Überlegungen gibt es bereits für die Herstellung von Chemikalien ([2]Lee et al. 2012). Als unterstützende Maßnahme kann ein *In-silico*-Metabolismus in Betracht kommen, Abschn. 2.3.11 (b)/Bd. 2. Das metabolische Potential lässt sich, wie am Beispiel einer mikrobiellen Nischenbesetzung dargestellt, durch *In-silico*-Analysen beschreiben (Youssef et al. 2015).

Zusammenfassend

sind in zellspezifischen auf den Metabolismus bezogenen Prozessen nahezu alle Vertreter des Periodensystems, d. h. Metalle, Halbleitermetalle und Nichtmetalle, einbezogen (Wackett et al. 2004) und durch eine Vielzahl von begleitenden Maßnahmen charakterisiert, z. B. Respiration etc.

2.3.2 Metallresistenzen

Metallresistenzen bilden neben den auf den Metabolismus bezogenen Abläufen eines der essenziellen Motive zur biogenen Synthese metallischer Nanopartikel/-cluster und gestatten im technisch-industriellen Sinne Überlegungen eines Einsatzes als verwertungsfähige *Bottom-up*-Strategie. Metallresistenzen oder auch Metalltoleranzen dienen seitens des Mikroorganismus zur Verminderung von Stress und bieten ein weiteres Motiv im Umgang mit Metallen. Diese Vorgänge einer Metallhomöostase offerieren eine zusätzliche Vorgehensweise zur Behandlung von Metallen, z. B. durch Reduzierung der Bioverfügbarkeit. Mikroorganismen gehen mit toxischen Konzentrationen, von z. B. Metallionen, unterschiedlich um. Ihnen stehen diverse Techniken wie z. B. enzymatische Transformation, Biosorption, Metallbiopräzipitation sowie metallbindende Proteine zur Verfügung. Aus diesem Motiv heraus entwickelten sie im Verlauf der Evolution diesbezüglich zwei wichtige Mechanismen: (1) Sequestrierung innerhalb der Zelle oder/und den (2) Ausstoß in das jeweilige extrazelluläre Medium. Hierbei unterliegen die Metalle oftmals Redoxprozessen, implementiert durch Mikroorganismen. So gehen z. B. P, S sowie CH_3 mit Metallen Verbindungen ein. Zur Aufnahme der Endprodukte bietet der Mikroorganismus – bei Bedarf – spezielle zelluläre Kompartimente an, Abb. 2.13. Die betroffenen Mechanismen schließen eine intra- oder extrazelluläre Bindung und somit Immobilisierung von Metallen ein. Dies geschieht entweder über ein geeignetes Protein, d. h. häufig ein Metallothionein oder ein Anion mit der Fähigkeit zur Zusammenfügung. Es folgt die Biotransformation in weniger schädliche oder mehr volatile Formen, durch z. B. dissimilatorische Reduktion des Metalls. Generell spiegeln sich Metallresistenzen im genetischen Datenbestand wider, mit u. a. Optionen einer regulierbaren Bioverfügbarkeit (Roosa et al. 2014).

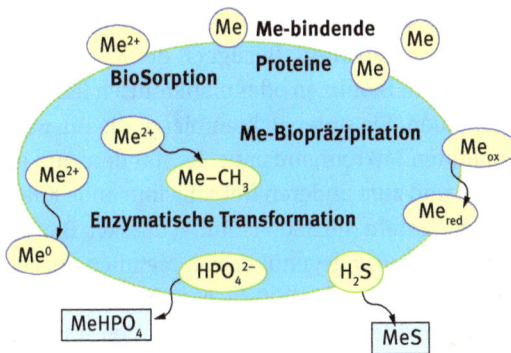

Abb. 2.13: Wie Bakterien mit toxischen Konzentrationen von z. B. Metallionen umgehen. Das vorgestellte Schema fasst die unterschiedlichen Reaktionsmechanismen seitens des Bakteriums in Anwesenheit von Metallen (M^{2+}) sowie die hierfür in Frage kommenden zellulären Kompartimente zur Aufnahme der Endprodukte zusammen.

Am Beispiel von As weisen Patel et al. (2007) auf das Auftreten von As-Resistenz-Operonen, d. h. *arsR*, *arsB* sowie *arsC* in *Pseudomonas sp.* Stamm *As-1*, hin, befähigt zur intrazellulären Reduktion von As^{5+} und einer Exkretion von As^{3+}, Abschn. 2.3.2/ Bd. 2. Neben den Resistenzmechanismen gegenüber As vermuten die o. a. Autoren weitere biochemische Erwiderungen, z. B. Ähnlichkeiten zwischen PO_4^{3-} - sowie AsO_4^{3-}-Anionen. Ausführlich ist z. B. die Biometallhomöostase in *Escherichia coli* beschrieben (Grass 2006). Über die Synthese von Au-NP als Ergebnis einer Resistenzreaktion publizieren Johnston et al. (2013) ihre Beobachtungen. Auch im Sinne eines *biomining* sind Einblicke in das Resistenzverhalten nützlich (Navarro et al. 2013). Im Umgang mit toxisch auftretenden Gehalten an Metallionen diskutieren

Dopson et al. (2014) am Beispiel acidiphiler Formen, inwieweit statt einer Resistenz ein Toleranzverhalten mit entsprechenden Konsequenzen für z. B. *biomining* vorliegt, Abschn. 2.5.1 (a)/Bd. 2.

(a) Biofilme

Zur Resistenz und Toleranz mikrobieller Biofilme gegenüber mehreren Metallen publizieren u. a. Harrison et al. (2007), Lewis (2001) u. a. ihre Überlegungen. Geochemische Kreisläufe und industriell bedingte Kontaminationen bewirken weltweit einen enormen Druck/Stress auf die Umwelt. Um sich vor dem Einfluss toxischer Stoffflüsse zu schützen und das Überleben zu garantieren, setzen Mikroorganismen möglicherweise auch auf eine Strategie der Biofilmbildung. Biofilmpopulationen scheinen sich durch kombinierte Aktionen von chemischen, physikalischen und physiologischen Maßnahmen – und in einigen Fällen verbunden mit Variationen im Phänotyp innerhalb von Biofilmzellen – gegen die Auswirkungen toxischer Metalle zur Wehr zu setzen. In Hinsicht einer Resistenz von Biofilmbildungen gegenüber den erwähnten Toxizitäten bestimmter Metalle favorisieren Harrison et al. (2007) ein multifaktorelles Modell, realisiert durch eine zelluläre Diversifikation. Bezüglich der Metallresistenz von *Pseudomonas aeruginosa*, organisiert in Biofilmen oder planktonisch lebend, unternahmen Teitzel & Parsek (2003) Studien. Sie untersuchten hierzu die Auswirkungen von Cu, Pb und Zn auf den genannten Mikroorganismus. Es standen zum einen ein im Biofilmreaktor erzeugter Biofilm und zum anderen frei schwimmende Kulturen zur Verfügung. Als Ergebnis ihrer Arbeiten steht die Beobachtung, dass ein Biofilm im Vergleich mit frei schwimmenden *P. aeruginosa* gegenüber von Metallen ausgehendem Stress wesentlich höhere Resistenzen, d. h. 2- bis 600-fach, aufweist. Werden die planktonischen Zellen in ihren unterschiedlichen Entwicklungsstadien untersucht, so erweisen sich gegenüber der Einwirkung von Cu und Pb logarithmisch wachsende Zellen im Unterschied zu den stationären Phasen als widerstandsfähiger. Insgesamt zeigen Biofilme gegenüber Metallen, im Vergleich mit den o. a. Wachstumsphasen, eine höhere Resistenz.

Um den Einfluss eines durch Cu ausgelösten Stresses auf einen entwickelten Biofilm, bestehend aus *P. aeruginosa*, zu evaluieren setzen Teitzel & Parsek (2003) mikroskopische Techniken ein. Als Ergebnis stehen die Beobachtungen, dass nach Aussetzung der erhöhten Konzentrationen an Cu das Äußere des Biofilms vorzugsweise abstirbt und das Gros der lebenden Zellen in der Nähe des Substrats angetroffen wird. Teitzel & Parsek (2003) vermuten eine Protektion der Zellen gegenüber dem Metallstress durch extrazelluläre Polymere, ursprünglich angelegt zum Schutz des Biofilms. Diese scheinen die Schwermetalle zu binden und somit ihre Diffusion innerhalb des Biofilms zu verhindern.

(b) Strategien

Zahlreiche Mikroorganismen verfügen gegenüber in Wässern, Böden und industriellen Abfallströmen befindlichen Metall(en)/-Ionen wirkungsvolle Resistenzmechanismen, mit dem entsprechenden genetischen Datenbestand in Chromosomen, Plasmiden sowie Transposonen, Abschn. 3.4. Einige Metalle, wie Co, Cu, Ni etc., dienen als Spurenelemente und werden für Redoxprozesse, über elektrostatische Wechselwirkungen zur Stabilisierung von Molekülen, zur Regulierung des osmotischen Stresses und als Komponenten für diverse Enzyme benötigt (Bruins et al. 2000). Jedoch scheinen, nach aktuellem Kenntnisstand, eine Fülle von Metallen keine Bedeutung für Mikroorganismen aufzuweisen und können je nach Rahmenbedingungen, wie z. B. Metallspezifikation, toxisch wirken.

Ein Mikroorganismus kann im Fall einer Resistenz gegenüber unerwünschten Metallen auf eine breite Palette an Strategien zurückgreifen. Über extrazelluläre Präzipitation, Freisetzung durch komplexierende Reagenzien sowie Metaboliten, intrazelluläre Chelatierung bis hin zur Volatilisierung kann ein betroffener Mikroorganismus auf chemischen Stress, ausgehend von Metallen, reagieren (Gadd 2010), Abb. 2.14. Mikroorganismen gehen mit wichtigen zellulären Komponenten kovalente und ionare Bindungen ein, begleitet von intensiven Wechselwirkungen. Bei hohen Konzentrationen können sowohl essenzielle als auch nichtessenzielle Metalle die Zellmembran beschädigen, die Spezifität von Enzymen verändern, zelluläre Funktionen unterbrechen sowie die Struktur der DNS modifizieren. Demgegenüber entwickelten Mikroorganismen eine Vielzahl von Abwehrmechanismen. Es handelt sich hierbei um folgende Maßnahmen bzw. Mechanismen (Bruins et al. 2000):

(1) Exklusion durch eine Permeabilitätsbarriere,
(2) intra- und extrazelluläre Sequestrierung,
(3) aktive Pumpen zum Transport von Abflüssen,
(4) enzymatische Detoxifizierung,
(5) Verminderung der Sensitivität von Zielobjekten für Metallionen.

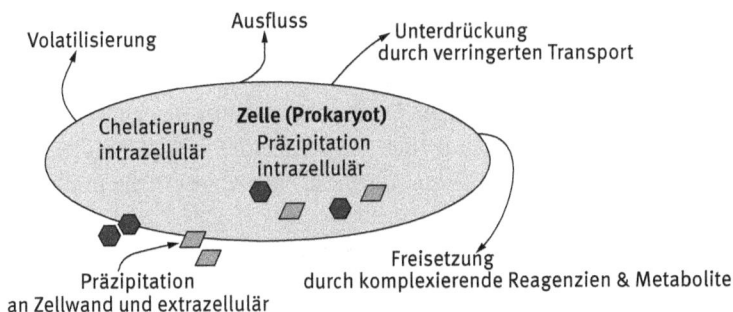

Abb. 2.14: Diverse Mechanismen zur mikrobiellen Resistenz, z. B. Präzipitation, Chelatierung, Volatilisierung etc. (Gadd 2010).

Detaillierte Studien unter Einsatz von *Rhodobacter sphaeroides* deuten an, dass mindestens eine Klasse der Oxyanionen, z. B. Rh-Sesquioxide (Metall/Übergangs-metall : $O_2 = 1 : 1,5$), Selenate (SeO_4^{2-}), Selenite (SeO_3^{2-}), Tellurate (TeO_4^{2-}, TeO_6^{6-}), Tellurite (Te^{+4}) über eine intrazelluläre Reduktion der Oxyanionen erfolgt und in der Ablagerung von Metallen in der cytoplasmatischen Membran resultiert (Moore & Kaplan 1992). Begleitend tritt beim photoheterotrophen Zellwachstum in Verbindung mit den o. a. Oxyanionen eine Entwicklung von H_2 auf. Durch den Kontakt mit exogenem Methionin oder Phosphat (PO_4^{3-}) kommt es in *R. sphaeroides* zu keiner Beeinträchtigung der Resistenz (HLR) gegenüber den Te^{4+}-Oxyanionen. Allerdings nimmt bei Zugabe von Cystein in das Kulturmedium die HLR beträchtlich ab, d. h. ca. 40-fach. Im Gegensatz hierzu verhindert extrazelluläres PO_4^{3-} die HLR gegenüber Periodat-(IO_4^--)Oxyanionen etc. und führt zu keiner Metallablagerung sowie Gasentwicklung.

Gegenüber der Klasse von Arsenatoxyanionen, z. B. Arsenat (AsO_4^{3-}), Molybdat (MoO_4^{2-}) und Wolframat (WO_4^{2-}), offenbart HLR einen weiteren abweichenden Mechanismus. Er äußert sich durch den Mangel an intrazellulärer Metallabscheidung sowie H_2-Gasentwicklung und eine Unempfindlichkeit gegenüber extrazellulärem PO_4^{3-} oder Cystein (Moore & Kaplan 1992). Der Mikroorganismus *Corynebacterium glutamicum*, gewöhnlich zur industriellen Produktion von z. B. Aminosäuren und Nukleotiden eingesetzt, erweist sich als einer der widerstandsfähigsten Mikroorganismen gegenüber As, d. h. bis zu 12 mM Arsenit (AsO_3^{3-}) und mehr als 400 mM Arsenat (AsO_4^{3-}) (Mateos et al. 2006). Er eignet sich daher zur Sanierung As-kontaminierter Böden und Wässer, Abschn. 2.5.3 (n)/Bd. 2.

Im Zusammenhang mit Schwermetallresistenzen liegt am Beispiel von *Cupriavidus metallidurans* eine Vielzahl von Daten vor und Rozycki & Nies (2009) schildern die Evolution eines metallresistenten Bakteriums. Bedingt durch seine Verwendung bei der Sanierung von durch Metalle kontaminierten Geosphären und andere biotechnologische Absichten dient *C. metallidurans CH34* als Modellorganismus zur Erforschung u. a. der Detoxifikation von Metallen und genetischen Aspekten bzw. Hintergründen. Zusammen mit anderen Abflusssystemen, verantwortlich für die Detoxifikation des Cytoplasmas, sowie weiteren Regulatoren verfügt ein Mikroorganismus in Verbindung mit den o. a. Proteinen über wirkungsvolle Mechanismen einer defensiven Position gegenüber Metallkationen. Unter Einbeziehung diverser Vertreter von Proteobakterien präsentieren Rozycki & Nies (2009) in einer vergleichenden Betrachtung zur o. a. Thematik weitere Details zu Proteinen, einbezogen in die Resistenz gegenüber Metallen.

Eine durch Ausfluss (engl. *efflux*) unterstützte Schwermetallresistenz in Prokaryoten unterzieht Nies (2003) geeigneten Studien. Hinsichtlich der Umsetzung einer Resistenz gegenüber Metallen steht dem Mikroorganismus eine Reihe von Hilfsmitteln zur Verfügung. So erwähnt z. B. Nies (2003) Pumpen zum Abfluss durch Proteine, deren Zugehörigkeit in die Superfamilie der Resistenznodulation-Zellteilung fällt, d. h. P-Typ-ATPasen, Facilitatoren zur Kationendiffusion, chromat-(CrO_4^{2-}-)führende Proteine sowie Resistenzfaktoren (vom Typ *NreB*, *CnrT*). Der o. a. Autor vergleicht ein Komplementär von sequenzierten Prokaryoten mit dem Abflusssystem des metallresistenten Bakteriums *Ralstonia metallidurans*. Als Ergebnis steht die Beobachtung, dass die Resistenz gegenüber Metallen das Ergebnis von mehrlagigen Schichten, bestehend aus Resistenzsystemen mit überlappenden Substraspezifitäten, darstellt. Somit steht dem jeweils in Frage kommenden Mikroorganismus ein wirkungsvoller Abwehrmechanismus gegenüber mobilen Metallspezifikationen zur Verfügung und definiert so seine Resistenz (Nies 2003).

(c) Genetische Aspekte

Die Resistenz eines Mikroorganismus gegenüber Metallkationen ist im genetischen Datenbestand gespeichert. Es finden sich Informationen für jene Proteine, die auf den Gebieten der Resistenz, Nodulation sowie Zellteilung aktiv sind. Sie sind Teil eines Proteinkomplexes, der zur Detoxifikation des Periplasmas in Form einer Ausfuhr von toxischen Metallionen in das extrazelluläre Milieu beisteuert. So enthält z. B. der Stamm *CH34* ca. zwölf Proteine mit der Funktion des Metallexports. Rozycki & Nies (2009) identifizieren und lokalisieren jene Gene, die Daten zur Cd-, Co-, Cu-, Hg-, Ni-, Zn- sowie CrO_4^{2-} -Resistenz führen. Am Beispiel erläutern die o. a. Autoren die Vorgehensweise von *Cupriavidus metallidurans CH34* zu der Entwicklung der Metallresistenz, dem horizontalen Gentransfer, der Duplikation der für den Abfluss zugedachten Gene und der Verminderung der für die metallspezifischen Aufnahme vorgesehenen Systeme.

Zur Metallresistenz und genotypischen Analyse von Genen zur Metallresistenz in grampositiven und -negativen Bakterien bieten Abou-Shanab et al. (2007) einführende Informationen. Mehr als 45 bakterielle Kulturen von grampositiven und -negativen Bakterien wurden in Tests auf ihre Fähigkeit der Toleranz gegenüber im Wachstumsmedium befindlichem AsO_4^{3-} , Cd, Co, Cr, Cu, Hg, Ni, Pb und Zn unterzogen. Die Kulturen entstammen zum überwiegenden Teil der Rizosphäre von *Alyssum murale* (n = 30) sowie Ni-reichen, serpentinhaltigen Böden (n = 15) (Abou-Shanab et al. 2007). Die Auswertung und Darstellung (engl. *resistance pattern*) stützen sich auf jene Mindestmenge, ab der die jeweilige Metallkonzentration gegenüber dem Mikroorganismus inhibitorischen Charakter aufweist. Zur Bestimmung des o. a. Kenngröße eignet sich als mikrobiologische Methode die Agardilutionsmethode (engl. *agar dilution method*). Eine große Anzahl der Kulturen erwies sich gegenüber Ni, Pb und Zn (alle 100 %) und Co und Cu (< 90 %) als gänzlich oder nahezu vollständig resistent. Weiterhin wurden für As ca. 80 %, Hg ca. 70 %, Cd ca. 58 % sowie ca. 47 % für Cr^{6+} ermittelt (Abou-Shanab et al. 2007). Anhand ihrer experimentell ermittelten Daten verweisen die o. a. Autoren speziell auf die Toleranz gegenüber den o. a. neun Metallen von *Arthrobacter rhombi AY509239*, *Clavibacter xyli AY509235*, *Microbacterium arabinogalactanolyticum AY509226*, *Rhizobium mongolense AY509209* und *Variovorax paradoxus AY512828*.

Zur Klärung der genetischen Mechanismen verantwortlich für die Metallresistenz gegenüber Cr, Hg, Ni und Zn von grampositiven und -negativen Bakterien setzten Abou-Shanab et al. (2007) eine Polymerasekettenreaktion (engl. *polymerase chain reaction* = PCR) in Verbindung mit einer DNS-Sequenzanalyse ein. Über den Einsatz von PCR ist gemäß Abou-Shanab et al. (2007) die Anwesenheit der *czc-*, *ncc-* sowie *mer*-Gene, verantwortlich für die Resistenz gegenüber Cr, Hg, Ni und Zn, innerhalb der o. a. Mikroorganismen nachweisbar. Im Fall von *M. arabinogalactanolyticum AY509226* zeigen die genannten Gene eine hohe Homologie mit den *czcD-*, *chrb-*, *nccA-* sowie *mer*-Genen von *Ralstonia metallidurans CH34*. Allgemein scheinen u. a. in Ni-reichen Böden Gene zur Cr-, Hg-, Ni- und Zn-Resistenz sowohl in grampositiven als auch -negativen Isolaten weit verbreitet (Abou-Shanab et al. 2007).

Hinweise auf eine vormalige Resistenz gegenüber Metallen bieten Paraloge von zur Codierung von Proteinen zur Metallresistenz zuständigen Genen in *Cupriavidus metallidurans* Stamm *CH34*. Ungeachtet dessen, dass diese im o. a. Mikroorganismus nicht genutzt werden, sollten sie bei Überlegungen zur technischen Verwertung des o. a. Mikroorganismus berücksichtigt werden (Nies et al. 2006). Bakterielle Plasmide besitzen Resistenzgene gegenüber einer Vielzahl von Metallen bzw. Metallspezifikationen und betreffen Edel- sowie Halbleiter-, NE-Metalle, deren Oxide u. a. wie z. B. Ag^+, AsO_2^-, Cd^{2+}, Co^{2+}, CrO_4^{2-}, Cu^{2+}, Ni^{2+}, Sb^{3+}, TeO_3^{2-}, Zn^{2+} etc. (Gadd 2010). [2]Silver & Phung (2005) verweisen auf Gene zur Resistenz von Ag^+, AsO_2^-, AsO_4^{3-}, Cd^{2+}, Co^{2+}, CrO_4^{2-}, $Cu2+$, Hg^{2+}, Ni^{2+}, Pb^{2+}, TeO_3^{2-}, Tl^+ und Zn^{2+}.

(d) Selektivität

Zur Charakterisierung der Schwermetalltoleranz und Biosorptionskapazität des Bakterienstamms *CPB4* (*Bacillus spp.*) bieten [2]Kim et al. (2007) Informationen. Ein gegen Metalle resistentes, aus entsprechend kontaminierten Böden isoliertes Bakterium, d. h. *Bacillus spp. CPB4*, weist gegenüber diversen Metallen ein hohes Aufnahmevermögen auf. Die Charakterisierung der Metalltoleranz und Biosorptionskapazität ergab für den Bakterienstamm *CPB4* die Reihenfolge Pb > Cd > Cu > Ni > Co > Mn > Cr > Zn, in sowohl einfachen als auch gemischten metallhaltigen Lösungen ([2]Kim et al. 2007). Die für eine Metallaufnahme via *CPB4* optimalen Bedingungen sind durch einen Temperaturbereich von 20–40 °C, einen pH-Wert von 5–7 sowie 24 h Vorlaufzeit (engl. *preculture time*) definiert.

TEM-Analysen zufolge sind die Metallkomplexe, ausgedrückt als Granula mit hoher Elektronendichte, überwiegend auf der Zellwand und -membran anzutreffen, Abschn. 1.3.4 (a)/Bd. 2. Nach Angaben von [2]Kim et al. 2007 verteilen sich ca. 90 % der adsorbierten Metalle innerhalb der Zelle sowie Zellmembran. Nach einer Behandlung der Zellen mit alkalischen Lösungen reduziert sich die Konzentration des Rohproteins. Sukzessive kommt es zu einer deutlich erkennbaren Abnahme des Metallentzugs. Aufgrund dieser Beobachtung diskutieren daher [2]Kim et al. (2007) die Verwendung als mögliche Technik zur Bioremediation, Abschn. 2.5.3/Bd. 2.

(e) Metallom

Der intrazelluläre Metallgehalt oder das Metallom in Bakterien spiegelt die stoffwechselbezogenen Bedürfnisse der Zelle wider. Am Beispiel des anaeroben Bakteriums *Desulfovibrio desulfuricans* untersuchten Barton et al. (2007) die Zusammensetzung und Stabilität eines bakteriellen Metalloms. Durch Vergleiche in der Komposition der Metalle, die in sowohl Phytoplankton als auch Bakterien als Makronährstoffe und Spurenelemente auftreten, konnten die o. a. Autoren eine deutliche Übereinstimmung im Gehalt der Spurenelemente bestimmen. Die in geringen Gehalten auftretenden Metalle treten gemäß Kalkulationen der stöchiometrisch molaren Formeln wie folgt auf (Barton et al. 2007):

$$Fe_1 Mn_{0,3} Zn_{0,26} Cu_{0,03} Co_{0,03} Mo_{0,03}$$

Unter den Bedingungen einer Routinekultivierung scheint eine Gruppe von durch die Zelle energetisch ausgestatteten Transportersystemen die Homöostase gegenüber (Spuren-)Metallen zu unterstützen. In Environments mit toxisch wirkenden Konzentrationen von Metallen entwickelten Bakterien eine Detoxifikationsstrategie, die außerhalb der Zelle Metallionen reduziert. Durch diesen Vorgang des extrazellulären Metabolismus kommt es zu keinerlei Beeinträchtigungen des Metalloms. Als Beispiel nennen Barton et al. (2007) *Desulfovibrio desulfuricans*. Dieser Mikroorganismus reduziert toxisch wirkende Metalle außerhalb der Zelle. Hierzu bezieht der enzymatisch kontrollierte Redoxprozess innerhalb der Zelle befindliche polyhämische Cytochrome und Hydrogenasen ein. Zum anderen scheint eine in der äußeren Membran von *Desulfovibrio desulfuricans ATCC 27774* angesiedelte Nitrit-Reduktase (B-Cytochrom c Nitrit-Reduktase = *NrfA*) als Metallreduktase aufzutreten (Barton et al. 2007).

(f) Metallionen-Homöostase

Wichtige Mechanismen zur Stabilisierung u. a. von Resistenzen werden von der Homöostase bereitgestellt. Unter einer Homöostase ist eine spezielle Form von Selbstregulierung zwecks Einstellung eines Equilibriums zu verstehen, wirksam in offenen Systemen.

Zu den Transportmechanismen für Metalle und den Detoxifikationssystemen gegenüber Metallen liegen für eukaryotische und prokaryotische Mikroorganismen Studien vor ([2]Rosen 2002). Ungeachtet dessen, dass eine Reihe von Metallen als essenzielle Spurenelemente benötigt wird, wirken sie im Überschuss i. d. R. toxisch. Daher existieren in allen Zellen geeignete Mechanismen zur Metallionenhomöostase, die häufig ein Gleichgewicht zwischen Aufnahme und Abgabe/Ausfluss einbeziehen, z. B. ATP-gebundene Resistenzpumpen (engl. *resistance pumps*). *ZntA* und *CadA* als bakterielle P-Typ-AtPAse bewirken die erforderliche Resistenz gegenüber Cd^{2+}, Pb^{2+} und Zn^{2+}. Homologe Cu-Pumpen, inklusive *Menkes*- und *Wilson*-Proteine (*ATP7B*) sowie *CopA*, eine in *Escherichia coli* anzutreffende Pumpe, tragen zur Cu^{1+}-Resistenz bei. Für

As^{3+}- und Sb^{3+}-Resistenzen zeichnet sich, am Beispiel von E. coli, eine *ArsAB*-ATPase verantwortlich. Bei den Eukaryoten übernehmen im Falle von *Saccharomyces cerevisiae* die Transporter *Acr3p* und *Ycf1p* die Detoxifikation von Arsenit (As^{3+}). Arsenat (AsO$_4^{3-}$) lässt sich durch eine Arsenat-Reduktase behandeln: As^{5+} zu As^{3+}. Insgesamt sind drei Arsenat-Reduktasen beschrieben: zwei in Bakterien und eine in *S. cerevisiae* ([2]Rosen 2002), Abschn. 2.4.3 (a).

Aus Böden und Wässern aus einer Sb-Mine mit aufgrund von Raffination erhöhten Konzentrationen an As konnten Bakterien mit einer gegenüber As Hyperresistenz isoliert werden (Botes et al. 2007). Es handelte sich hierbei um *Stenotrophomonas maltophilia SA Ant15* und *Serratia marcescens SA Ant16*. Beide Stämme lassen sich in Kulturen aufziehen, die sowohl As^{3+} als auch AsO$_4^{3-}$ enthalten (Botes et al. 2007). In Versuchen zur Resistenz von Wildtyp sowie Mutanten von *Rhodobacter capsulatus* gegenüber Cu zeigt sich im Experiment, im Gegensatz zum Wildtyp, ein Wachstum für den Mutanten (Ekici et al. 2014), Abb. 2.15. Eine Verbindung der o. a. Vorgänge resultiert in einer durch eine intracytoplasmatische Cu-Homöostase erwirkten Kontrolle der Produktion von Cytochrom c (Ekici et al. 2014).

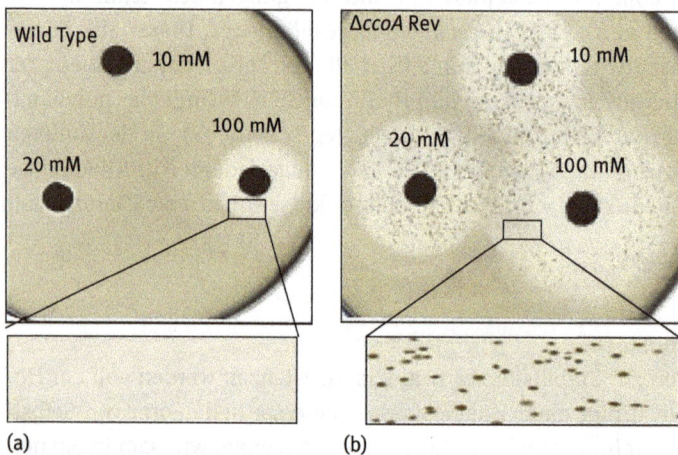

(a)   (b)

Abb. 2.15: Resistenz des (a) Wildtyp sowie (b) Mutanten von Rhodobacter capsulatus gegenüber Cu, mit erkennbarem Wachstum seitens des Mutanten, visualisiert durch Färbetechniken (Ekici et al. 2014).

(g) Toleranzverhalten

Quantitative Untersuchungen zum Toleranzverhalten gegenüber As, Co, Cr, Fe und Hg und somit Aufnahme- und Akkumulationsvermögen durch sowohl lebende als auch tote Biomasse stellen Velásquez & Dussan (2009) vor. Verschiedene native *Bacillus-sphaericus*-Stämme zeigen betreffs Biosorption eine relativ hohe Streuung von 6–47 % an As, Co, Fe und Hg. Speziell für Cr weist *B. sphaericus OT4b31*, bezogen sowohl auf lebende als auch „tote" Biomasse, Werte zwischen 25–44,5 % auf und *B. sphae-ricus IV(4)10* 32–45 %. Die Anreicherung im „toten Material", unter Ausschluss einer Regulation durch den pH-Wert, scheint offensichtlich ohne Einfluss metabolischer Vorgänge abzulaufen. In diesem Zusammenhang, d. h. adhäsive Fixierung von Metall-ionen, diskutieren die o. a. Autoren den Einsatz von S-Layer-Präparaten auf lebenden und toten Zellen, Abschn. 5.4.2.

(h) Multiple Metallresistenz

Eine Resistenz von *C. metallidurans* Wild-Typ-Derivaten gegenüber diversen Metall-spezifikationen, wie z. B. $NaAuCl_4$, Au^{1+}-Thiosulfat ($S_2O_3^{2-}$), $CuCl_2$ sowie $AgNO_3$, schildern (Wiesemann et al. 2013). Sie verweisen auf die begleitende Aufregulierung von genetischen Hintergrundinformationen. Diese führt z. B. bei Au zur Erhöhung von Auionen im Cytoplasma. Zwei Megaplasmide übernehmen bei den Vorgängen eine wichtige Funktion bei der Resistenz gegenüber Au und einer anschließenden Biomineralisation. Hinsichtlich einer Aufregulation zeichnen sich Au^{3+}-Komplexe sowie $Au(CN)^{2-}$ verantwortlich. Für $NaAuCl_4$, $Au^{1+}-S_2O_3^{2-}$ sowie $AgNO_3$ sind für alle o. a. mikrobiellen Vertreter ähnliche Werte ermittelt, großen Schwankungen unterliegt hingegen $CuCl_2$, Tab. 2.8.

Tab. 2.8: Resistenz von *Cupriavidus metallidurans* Wild-Typ-Derivaten gegenüber diversen Metall-Spezifikationen (Wiesemann et al. 2013).

Bakterienstamm	MIC [µM]			
	$NaAuCl_4$	Au^{1+}-Thiosulfat	$CuCl_2$	$AgNO_3$
AE104	1	0,5	1,750	0,3
AE104ΔcupC/AR	1	0,5	200,000	0,3
AE104ΔgigPABT	1	0,5	1,750	0,3
AE104ΔrpoQ	1	0,5	1,750	0,3
AE104ΔrpoQ-rsqA	1	0,5	1,750	0,3
CH34	0,9	0,5	2,000	0,3
CG34ΔcupC/AR	0,9	0,5	100,000	0,2
CG34ΔcopF	0,9	0,5	2,000	0,3
CG34ΔcupC/ARΔcopF	0,9	0,5	50,000	0,2

(i) Arsen (As)

Das Element As kann in vier Oxidationstufen auftreten. Unter aeroben Bedingungen liegt es in wässriger Lösung meist als Arsenat (As^{5+}:$H_2AsO_4^-$ und $HAsO_4^{2-}$) und unter anaeroben Konditionen als Arsenit (As^{3+}:$H_3AsO_3^{0}$ und $H_2AsO_3^-$) vor. Eine Oberflä-chenabsorption von Arsenat durch z. B. Ferrihydrite schränkt daher dessen Mobilität in wässrigen Lösungen erheblich ein, wohingegen sich Arsenit als Oxyanion wesentlich mobiler verhält. As ist aus einigen marinen Organismen beschrieben und übernimmt die Aufgabe eines Osmoliten. Eine Arsenat-Reduktase (*ArsC*) mit geringer Molekularmasse dient der As-Resistenz. Über P-Transporter erfolgt ein Transport als As^{5+} ([1]Rosen 2002). AsO_4^{3-} kann durch Oberflächen Al-Fe-haltiger Mineralphasen adsorbiert/fixiert werden, As^{3+} hingegen verhält sich als Oxyanion mobil (Oremland & Stolz 2003). Aufgrund von Daten wird zunehmend die Einbeziehung von As in den mikrobiellen Metabolismus diskutiert.

As-Resistenz und Detoxifikationsmechanismen sind u. a. aus *E. coli* ([1]Rosen 2002), *Pseudomonas sp.*, *Bacillus sp.*, *Psychrobacter sp.*, *Vibrio sp.* u. a. (Liao et al. 2011) beschrieben. Verhältnismäßig neu ist die Erkenntnis, dass As (und Se) Funktionen in der mikrobiellen Ökologie übernimmt. Als Toxine eingestuft, weist As ähnliche chemische Eigenschaften wie Se auf und scheint in Spurengehalten für Wachstum und Metabolismus erforderlich, wohingegen es sich in erhöhten Konzentration toxisch verhält.

(j) Gallium (Ga)

Über die Resistenz des planktonisch lebenden sowie zu Biofilmen organisierten Mikroorganismus *Burkholderia cepacia*, präpariert als Isolat, gegenüber Ga-Komplexierungen, d. h. $Ga(NO_3)_3$, berichten Peeters et al. (2008). Ihr vorgestelltes Datenmaterial betont die Resistenz seitens des o. a. in einem Biofilmkomplex befindlichen Mikroorganismus gegenüber hohen Gehalten an $Ga(NO_3)_3$. Der genaue Grad an Resistenz und das Ausmaß an beschützenden Effekten von 50 μM Fe^{3+} gegenüber $Ga(NO_3)_3$ scheinen von dem Stamm oder der Art abzuhängen. So sind ihren Messungen zufolge, bei Abwesenheit von Fe^{3+} für eine vollständige Unterbindung des planktonischen Wachstums, mindestens $16\,mg\,l^{-1}$ (62,5 μM) an $Ga(NO_3)_3$ erforderlich. Um die blockierenden Effekte von Ga^{3+} auf z. B. *Pseudomonas aeruginosa* zu überwinden, muss das molare Verhältnis von Fe^{3+} zu Ga^{3+} mindestens 5 : 1 betragen.

Zur Identifizierung einer intrinsischen, hochgradig entwickelten Resistenz (HLR) gegenüber 15 Oxiden der SEE und Oxyanionen bei Vertretern der Klasse *Proteobakteria* sowie zur Charakterisierung der Reduktion von Telluriten (TeO_3^{2-}), Seleniten (SeO_3^{2-}) und Rh-Sesquioxid (Rh_2O_3) im fakultativen, photoheterotrophen *Rhodobacter sphaeroides*, aufgewachsen entweder unter chemoheterotrophen oder photoheterotrophen Bedingungen, äußern sich Moore & Kaplan (1992).

Weitere Mitglieder der Proteobakterien, z. B. Vertreter der phylogenetischen Untergruppen *Alpha-2* und *Alpha-3*, führen ebenfalls eine Reduktion der o. a. Komponenten durch, wenn auch Gattungen der Untergruppen *Alpha-1*, *Beta-1* und *Gamma-3* gegenüber den überprüften Oxyanionen keine HLR aufweisen.

(k) Gold (Au)

Ein bakterielles Sensing von Au und Resistenz beschreiben Checca & Soncini (2011). Eine Aufnahme von mobilem Gold in eine Zelle geschieht unspezifisch. Zur Vermeidung von nicht gewünschten Effekten auch bei niedrigen Konzentrationen setzen Bakterien, wie z. B. *Cupriavidus metallidurans*, transkriptionale Regulatorien zur Erfassung toxisch auftretender Metallionen ein und kontrollieren die Exprimierung spezifischer Resistenzfaktoren. Im Gegensatz zum verwandten Cu-Sensor vermögen Auselektive, metallregulative Proteine Au^{1+} von Cu^{1+} oder Ag^{1+} zu unterscheiden. Dieses Verhalten lässt sich durch eine spezielle Präparation erzielen, sie führt zu einer Erniedrigung der Affinität gegenüber Cu^{1+} und zur Erhöhung der Affinität gegenüber Au^{1+} (Checa & Soncini 2011). Eine Kombination von Efflux sowie Reduktion von Au^{3+}-Komplexen ist aus *Cupriavidus metallidurans CH34* beschrieben (Reith et al. 2009), Abschn. 3.4 (j).

(l) Kupfer (Cu)

Auf die Mechanismen einer Cu-Resistenz von extremophilen Bakterien und *Archaea*, verwendet im industriellen *biomining* von Mineralen bzw. Extraktion von Cu, Au und anderen Metallen, verweisen Orell et al. (2010), Abschn. 2.5.1 (a)/Bd. 2.

Für das industrielle *biomining* auf die o. a. Metalle stehen insbesondere das acidophile Bakterium *Acidithiobacillus ferroxidans* sowie der thermoacidophile *Archaea*-Vertreter *Sulfolobus metallicus* zur Verfügung. Zusammen mit anderen Extremophilen existieren die o. a. Mikroorganismen in Habitaten (Abschn. 1.1), die Cu-Konzentrationen > 100 mM ausgesetzt sind. Nach bislang vorliegenden Informationen setzen diverse Extremophile gegenüber außergewöhnlich hohen Cu-Konzentrationen zur Umsetzung einer Cu-Resistenz eine Reihe von gleichzeitig stattfindenden Maßnahmen in Kombination ein (Orell et al. 2010). Hierzu zählen das Repertoire an Cu-resistenten Determinanten, die Duplikation der o. a. Cu-resistenten Determinanten, die Existenz von Cu-Chaperonen sowie eine auf *polyP*-beruhende Cu-Resistenz. Betreffs eines industriellen Einsatzes vermitteln erst Daten über die individuelle Antwort der diversen Repräsentanten eines Biofilms auf Cu die für ein effizientes *biomining* benötigten Informationen (Orell et al. 2010).

Zum Einfluss von Determinanten zur Cu-Resistenz während der Transformation von Au durch *Cupriavidus metallidurans* Stamm *CH34* unternahmen Wiesemann et al. (2013) Studien. Die Mutagenese einer Cu-haltigen AtPase in *Methylococcus capsulatus*, zuständig zur Codierung der Gene, resultiert in einer erhöhten Resistenz des Mikroorganismus gegenüber Cu (Khalifa 2013). Laut entsprechenden Arbeiten scheint sich eine ATPase vom Typ *P* des Mikroorganismus *Enterococcus hirae* für die Resistenz gegenüber Cu verantwortlich zu zeichnen (Solioz & Odermatt 1995), Abschn. 4.5.5. Nach Einschätzung der Autoren könnte ein System an Pumpen für monovalente Cu- und Ag-Ionen zur Verfügung stehen.

(m) Selen (Se)

Se zeigt ein dem As ähnliches Reaktionsverhalten. Die primären Oxidationszustände für Se sind Se^{6+}, Se^{4+} sowie Se^0. Se ist zum einen Bestandteil von Selenocystein und zum anderen tritt es als Ligand für Metalle in einigen Enzymen, z. B. FeNiSe-Hydrogenase, auf. Der Gebrauch von Se-Oxyanionen zur Gewinnung von Energie scheint innerhalb der Prokaroyten, z. B. *Crenarchaeota*, thermophilen Bakterien, Proteobakterien u. a., weitverbreitet.

Jüngsten Studien zufolge unterliegt Se offensichtlich einer intensiven biogenen Ver-/Bearbeitung. Es scheint bei der Bildung von Mineralisationen aus C in bestimmten Environments eine wichtige Rolle zu übernehmen. In diesem Zusammenhang führten Stolz et al. (2002) am Beispiel von u. a. Se Studien zur mikrobiellen Transformation durch. Das Auftreten von mehrfach ausgeprägten Mechanismen unter Einbeziehung unterschiedlicher Gene zur Transformation von Se könnte, nach Einschätzung von Stolz et al. (2002), auf diverse evolutionäre Schritte bzw. Pfade, z. B. Konvergenz sowie lateralen Gentransfer, und die umweltbezogene Bedeutung und selektive Auswirkung auf die mikrobielle Evolution von As und Se hinweisen.

Neben seiner Resistenz gegenüber antibakteriellen Reagenzien toleriert das insbesondere in Böden verbreitete anaerobe, gramnegative Bakterium *Stenotrophommonas maltophilia SM777* ein weites Spektrum an Metallen und deren Verbindungen, so z. B. Ag, Cd, Co, Hg, Pb, Selenite (SeO_3^{2-}), Tellurite (Te^{+4}) u. a., mit teilweise erheblichen Konzentrationen, d. h. 0,1–50 mM. So ist dieses Bakterium in der Lage, in Lösungen zu gedeihen, die z. B. 50 mM SeO_3^{2-} und 25 mM Te^{+4} enthalten, Tab. 2.9, und das darin auftretende Se zu Se^0, bzw. Te zu Te^0 reduzieren (Pages et al. 2008). Analysen mittels TEM (Abschn. 1.3.4 (a)/Bd. 2) sowie EDX (Abschn. 1.3.2/Bd. 2) zeigen granulare NP aus Se^0 und nanoskalige Kristalle aus Te^0, Abb. 2.32. Alle metallischen NP treten intrazellulär auf. Betreffs der Cd-Cluster und der Toleranz gegenüber Cd durch *S. maltophilia SM777* diskutieren Pages et al. (2008) die Einwirkung von Cystein.

Tab. 2.9: Toleranz von *Stenotrophommonas maltophilia SM777* gegenüber diversen Metallkomplexen (Pages et al. 2008).

Metallkomplex	Max. Gehalt
$AgNO_3$	> 1 mM
$CdCl_2$	2 mM
$CoCl_2$	0,1 mM
$CuSO_4$	5 mM
$HgCl_2$	0,05 mM
$NiSO_4$	10 mM
$Pb(NO_3)_2$	5 mM
SeO_3^{2-}	50 mM
TeO_3^{2-}	20 mM
$ZnSO_4$	4 mM

(n) Tellur (Te)

Die Aktivitäten einer sowohl Tellurit- als auch Selenat-Reduktase sind für die basale Resistenz von *Escherichia coli* gegenüber Tellurit verantwortlich (Avazéri et al. 1997). Die hierzu erforderlichen Messungen sind über den Gebrauch von Gelen aus Polyacrylamid und speziellen Färbetechniken möglich. Eine Resistenz gegenüber sowie die Reduktion von Te^{+4} durch obligat aerobe, photosynthetische Bakterien beschreiben Yurkov et al. (1996). An diversen Mikroorganismen wurde das Verhalten gegenüber K_2TeO_3 untersucht, d. h. *Erythromicrobium ezovicum*, *Erythrobacter litoralis*, *Roseococcus thiosulfatophilius* u. a. Als Ergebnis der Resistenz steht die Akkumulation von metallischen Te-Kristalliten, Abschn. 5.3.3 (i).

(o) Silber (Ag)

Ungeachtet dessen, dass Ag in der medizinischen Anwendung als antimikrobiell wirkendes Mittel zum Einsatz kommt, sind die molekularen Aspekte der Ag-Resistenz und Akkumulation in bakteriellen Stämmen wenig bekannt. Aller Wahrscheinlichkeit nach sondern die betroffenen Mikroorganismen die Ag-Ionen aus dem Zellinneren ab, was zu einer Abnahme der Ag-Akkumulation führt, oder sie immobilisieren es intrazellulär, um so der toxischen Wirkung entgegenzuwirken (Slawson et 1992).

(p) Exploitation

In seiner Veröffentlichung betont Lloyd (2006) für biotechnologische Anwendungen die Bedeutung von gegenüber Metallen bzw. deren Spezifikationen resistenten Mikroorganismen. Über diverse Techniken wie die Bildung von unlöslichen Metallsulfiden und Phosphaten diskutiert er Optionen einer Sanierung von durch Metalle kontaminierten Flächen mittels u. a. der Biodegradation von organischen Komponenten. Ein Entwurf zur Biosorption erfasst nach Einschätzung des o. a. Autors u. a. die dissimilatorische Reduktion von Metallen. Generell machen Dopson & Holmes (2014) auf die Bedeutung von Metallresistenzen acidophiler Mikroorganismen für biotechnologische Strategien aufmerksam.

Zusammenfassend

verfügen Mikrooragnismen gegenüber einer unerwünschten Metallspezifikation und zur Abwehr möglicher toxischer Effekte über ein breites Spektrum an Abwehrmechanismen. Oftmals kommt es infolge dieser Aktivitäten zur Synthese metallführender Biomineralisationen. Alle o. a. chemischen Abläufe unterliegen dem Regelwerk der Thermodynamik, so z. B. Prozesse einer Biotransformation. Mithilfe der Kenntnis ihrer Terme und zugrundeliegenden Gesetzmäßigkeiten sind Maßnahmen zur Regulation gezielter umsetzbar.

2.3.3 Biotransformation und Thermodynamik

Unter einer Biotransformation ist die „biotechnologische Umwandlung via Organismen" (Madigan & Martinko 2009) zu verstehen. Mindestens ein Drittel der Elemente des Periodensystems unterliegen u. a. einer Transformation durch mikrobielle Aktivitäten. Diese Vorgänge sind das Ergebnis von Assimilations-, Dissimilations- und Detoxifikationsprozessen und bilden die Ausgangspunkte zahlreicher biogeochemischer Kreisläufe. Eine Biotransformation wird von den Gesetzmäßigkeiten der Thermodynamik determiniert. Generell bestimmen somit die Prinzipien der Thermodynamik, inwieweit eine Reaktion ablaufen kann, und hinter jeder Form von Biotransformation stehen thermodynamische Antriebskräfte. Denn alle Energiebilanzen, auch im biologischen Bereich, unterliegen den zwei Hauptsätzen der Thermodynamik: (1) Enthalpie sowie (2) Entropie. Eng verbunden mit der Thermodynamik sind Aspekte wie z. B. Freie Energie, Energiebarriere, Aktivitätskoeffizienten, Fugazität, Phasengleichgewichte, Zustandsgleichungen etc. Alle die genannten Parameter sind via rechnergestützte Techniken implementierbar, Abschn. 1.5.1 (a)/Bd. 2.

Das Motiv für die Transformation eines gelösten Stoffes in die Feststoffphase begründet sich in den Differenzen der Freien Energie zwischen der Ausgangsphase und der Summe aller Freien Energien der kristallinen Phasen inkl. Energieumsatz (De Yoreo & Vekilov 2003). Eine quantitative Beschreibung jener Kräfte, die molekulare Verbindungen steuern, erfordert die Bestimmung aller thermodynamisch beeinflussbaren Parameter inklusive der freien Bindungsenergie [ΔG], Enthalpie [ΔH], die Bindungsentropie [ΔS] und der Wechsel der Wärmekapazität [ΔC_p]. Präzise Einblicke in die Bindungsprozesse sind von großer Bedeutung, da sie die grundlegenden Kenntnisse zum Entwurf von strukturbasierten, molekularen Designstrategien vermitteln (Perozzo et al. 2004). Eine Klassifikation der Biotransformation, zuweilen nicht immer klar abgegrenzt, listet eine Reihe von Vorgängen auf (url: Biomine Skelleftä):
– Assimilation/Adsorption und Mineralisation,
– Auflösung und Präzipitation,
– Oxidation und Reduktion,
– Methylation und Deakylation.

Andere gebräuchliche Ausdrücke im Zusammenhang mit der mikrobiell geförderten Biotransformation stimmen nicht immer exakt mit der vorausgegangenen Klassifikation überein. Diese Begriffe beschreiben (geo)biotechnologische Verfahren wie z. B. die angewandte, mikrobiell vermittelte Metalltransformation innerhalb der Biohydrometallurgie (url: Biomine Skelleftä):
– Biolaugung (*bioleaching*),
– Biotransformation.

Bei der Transformation von oxidier- sowie reduzierbaren Mineralen übernehmen Mikroorganismen einen wichtigen Part, wobei zunächst der mikrobielle Einfluss lange in seiner Wirksamkeit und seinem Ausmaß nicht erkannt wurde. Ausgehend von der Beschreibung komplexer Reaktionen an der Mineraloberfläche, unter Einsatz empirischer Geschwindigkeitsgesetze (engl. *rate law*), erstrecken sich die weiteren Ansätze auf die Analyse molekularer Wechselwirkungen auf elementarer Ebene, um auf diese Weise kinetische Parameter vorhersagen zu können (Newman & Banfield 2002). Eingehend studiert ist z. B. die infolge einer mikrobiellen Reduktion von Magnetit (Fe_3O_4) entstehende mineralische Biotransformation (Dong et al. 2000). Hierbei verwandeln *Shewanella putrefaciens CN32* sowie *MR-1*, als Vertreter von DIRB, in Abhängigkeit des eingesetzten Puffers, über die Reduktion des Fe^{3+} zu Fe^{2+} innerhalb des Fe_3O_4 diesen zu Siderit ($Fe[CO_3]$) bzw. in Anwesenheit von P zu Vivianit ($Fe_3^{2+}[PO_4]_2 \cdot 8\,H_2O$).

Zur Thematik der biochemischen Thermodynamik unter nahezu physiologischen Bedingungen finden sich bei Mendez (2008) Angaben zu Standardenergien und Enthalpien, wie sie bei der Entstehung biochemischer Reaktanten vorherrschen. Weiterhin bieten sie Flussdiagramme, die die Kalkulation von durch Transformation überprägten thermodynamischen Eigenschaften unter physiologischen Bedingungen zeigen, und es finden sich Angaben zu z. B. molaren transformierten *Gibbs*'schen Energien diverser biochemischer Prozessketten.

(a) Motiv

Eine Biotransformation stellt einen physiologisch stoffwechselbezogenen Vorgang dar. Durch geeignete chemische Prozesse unterliegen sog. „nichtausscheidbare" Substanzen, z. B. Xenobiotika, einer Umwandlung, d. h. Transformation, in „ausscheidbare" Stoffe, z. B. u. a. in der Leber. Ohne diese Biotransformation kann sich u. U. eine Akkumulation rasch zu einer letal wirkenden Dosierung entwickeln. Generell gestalten zwei übergeordnete Phasen eine Biotransformation (Rassow et al. 2012). In der ersten Phase entstehen über sog. Umwandlungsreaktionen die unpolaren Moleküle, z. B. Metabolite, funktionelle Gruppen, wie z. B. −OH oder −SH. Sukzessive kommt es innerhalb der zweiten Phase, unter Einbeziehung der funktionellen Gruppen, zu Konjugationsreaktionen mit Anbindung der o. a. Moleküle an wasserlösliche, i. d. R. endogene Moleküle. Diese stehen im Anschluss als Reaktionprodukte, d. h. Konjugate, geeigneten Prozessen zur Verfügung, z. B. Exkretion durch wässrige Lösungen. Im Mittelpunkt der Reaktionen steht die Modifikation von funktionellen Gruppen und/oder ihre Integration in die in Frage kommenden Substanzen. Enzyme mit geringer Substratspezifität katalysieren die Reaktionen, d. h., sie können somit auf unterschiedliche Substrate einwirken. Abweichungen bestehen, je nach Ausgangslage oder -konfiguration, z. B. im Wegfall der ersten oder zweiten Phase oder in einer weiteren Behandlung der Konjugate durch metabolische Vorgänge (Rassow et al. 2012).

(b) Leistungsspektrum

Aktuell technisch relevante Biotransformationen umfassen z. B. die Hydroxylierung von Arenen (aromatische KW) oder nichtfunktionalisierten Alkanen, Monooxygenierung, Halogenierung, stereoselektive Reduktionen, Synthese von Nukleosiden und glykosidischen Bindungen u. v. m. Sie lassen sich im Labormaßstab (in mg) zu präparativen Zwecken (in g) und im Industriemaßstab (in kg) umsetzen (Carballeira et al. 2009). Die mikrobielle Biotransformation eines Metalls bewirkt eine Reihe unterschiedlicher Vorgänge wie z. B. Phasenwechsel eines Metalls mit Konsequenzen von Metallkreisläufen in Ökosystemen. Metalle sind, unter Berücksichtigung der thermodynamischen Rahmenbedingungen u. a. via autotrophen Metabolismus aus den entsprechenden Matrizen herauslösbar. Sowohl Biometallurgie (Abschn. 2.5.1/Bd. 2) als auch Methoden des *urban mining* (Abschn. 2.5.2/Bd. 2) sowie biotechnologische Sanierungsstrategien (Abschn. 2.5.3/Bd. 2), als technisch verwertbare Einsatzgebiete, bedienen sich der mikrobiellen Metalltransformation. Denn es lassen sich z. B. As, Bi, Ge, In, Sb, Se, Sn, Te u. a. durch mikrobielle Transformation bearbeiten (Diaz-Bone & van de Wiele 2010). Zwecks Biotransformation von Metallen in mobile Phasen erweist sich, unter Berücksichtigung des pH-Werts, z. B. *Shewanella HN-41* gegenüber Al, As, Cr, Fe, Mn u. a. als effizient (Ayyasamy & Lee 2012). *Bacillus cereus AUMC 4368* transformiert, bedingt durch metabolische Aktivitäten, wasserlösliche metallische Citratkomplexen in u. a. unlösliche Karbonate sowie Hydroxide (Nikovskaya et al. 2002). Insgesamt existiert eine große Anzahl von mikobiell geförderten Metalltransformationen, wobei über den jeweiligen Mechanismus und Einfluss auf die Mobilität bzw. Immobilisierung der Metalle teilweise oder weitgehend noch Unklarheit herrscht. *Rhodotorula mucilaginosa LM9* stützt sich bei der Biotransformation von Cu u. a. auf die Bereitstellung von Siderophoren (Abschn. 4.5.2), Oxal- sowie Äpfelsäure (Rajpert et al. 2013).

(c) *Nernst*'sche Gleichung

Für Überlegungen zur Thermodynamik von Redoxreaktionen erweist sich die *Nernst'* sche Gleichung als grundlegend (Léger 2012). Vereinfacht stellt sich der Reaktionsablauf wie folgt dar (Léger 2012):

$$\text{Ox}_1 + \text{Red}_2 \longrightarrow \text{Red}_1 + \text{Ox}_2 \tag{2.10}$$

Die Freie Energie der o. a. Reaktion definiert sich für o. a. Gleichung:

$$\Delta_r G = \Delta_r G^0 + RT \ln \frac{[\text{Red}_1][\text{Ox}_2]}{[\text{Ox}_1][\text{Red}_2]} \tag{2.11}$$

wobei gilt:

$\Delta_r G$ in $J\,mol^{-1}$,

R Gaskonstante,

T absolute Temperatur,

$\Delta_r G^0$ Standard Freie Energie der Reaktion.

Herrscht zwischen den beiden Spezifikationen ein Gleichgewicht, sind $\Delta_r G = 0$ und das Verhältnis der Konzentrationen (Reaktionsquotient) mit $\Delta_r G^0$ zu verbinden:

$$K_{eq} = \frac{[Red_1]_{eq}[Ox_2]_{eq}}{[Ox_1]_{eq}[Red_2]_{eq}} = \exp\left(-\frac{\Delta_r G^0}{RT}\right) \tag{2.12}$$

Entsprechend den Gesetzen der Thermodynamik läuft eine Reaktion spontan ab, wenn der Reaktionsquotient gleich K_{eq} anstrebt. Wenn $\Delta_r G$ von Null abweicht, liegt das System außerhalb des Gleichgewichts. Im Einklang mit den Gesetzen zur Thermodynamik verläuft die unter Gleichung (2.10) aufgeführte Reaktion spontan, wenn

$$dG = \Delta_r G d\xi < 0 \tag{2.13}$$

wobei $d\xi$ den Wechsel im Umfang der Reaktion, bis der Reaktionsquotient gleich K_{eq} ist, zum Ausdruck bringt. Während der o. a. Reaktion unterliegt Red_2 einer Oxidation und übergibt Ox_1 Elektronen und der Reaktionsablauf ergibt sich aus der Summe zweier Halbreaktionen:

$$Ox_1 + n\,e^- \longrightarrow Red_1$$
$$Red_2 \longrightarrow Ox_2 + n\,e^- \tag{2.14}$$

Der sich hieraus einstellende Stromfluss resultiert aus den Unterschieden zwischen zwei Elektroden, d. h.:

$$V = E_2 - E_1 \tag{2.15}$$

Zur Vorhersage des o. a. kalkulierten Wertes eignet sich die *Nernst*-Gleichung (Léger 2012):

$$E = E^0 + \frac{RT}{nF} \ln \frac{[Ox]}{[Red]} \tag{2.16}$$

wobei gilt
E^0 Standard-Reduktionspotential des Redoxpaars Ox/Red,
F *Faraday*-Konstante, d. h. 96 500 C.

Daher sind bei allen theoretischen Vorarbeiten zur biogenen Synthese metallischer Nanopartikel/-cluster unter Einbeziehung von *Bottom-up*-Strategien in Form z. B. einer Simulation einer Biomineralisation die thermodynamischen Grundvoraussetzungen zu berücksichtigen, Abschn. 1.5.1/Bd. 2.

(d) Eurythermie

Biotransformationen werden u. a. durch Enzyme katalysiert. Auf Eurythermie und die Temperaturabhängigkeit der Enzymaktivität, und somit auf die Rate der Biotransformation, machen [1]Lee et al. (2007) aufmerksam. Das Gleichgewichtsmodell bietet Hilfsmittel zur Beschreibung und Untersuchung der thermalen Adaption von Enzymen. Es zeigt sich, dass der Effekt der Temperatur auf die Enzymaktivität nicht nur durch $\Delta G_{cat}^{\#}$ und $\Delta G_{inact}^{\#}$ bestimmt wird, sondern auch durch die neu entdeckten

Tab. 2.10: Einige thermodynamische Daten bezogen auf Enzymaktivitäten ([1]Lee et al. 2007).

Organismus	Enzym	Wachstums- temp. (°C)	$\Delta G^{\#}_{cat}$ (kJ mol^{-1})	$\Delta G^{\#}_{inact}$ (kJ mol^{-1})	ΔH_{eq} (kJ mol^{-1})	T_{eq} (°C)	T_{opt} (°C)
B. caldovelox	IPMDH	70	76	101	573	63,9	61
B. cereus	DHFR	30	66	90	261	58,5	55
B. psychrophilus	IPMDH	20	72	100	123	56,7	60
B. subtilis	IPMDH	30	73	94	255	52,8	50
B. taurus	AKP	39	57	97	86	59,6	69
C. utilis	GDH	31	57	94	409	59,5	55,5
E. coli	MDH	40	55	96	619	70,7	67
M. profunda	DHFR	2	67	93	104	54,6	60,5
P. fluorescens	AAA	25	74	92	115	35,8	41
R. glutinis	PAL	24	80	97	181	56,5	56
S. cerevisiae	α-GLU	28	71	90	272	39,4	36,5
Thermus sp. RT41a	AKP	75	72	99	305	90	86

intrinsische Parameter ΔH_{eq} sowie T_{eq}, d. h. Enthalpie und Mittelpunkt (engl. *mid-point*), eines reversiblen Equilibriums zwischen der aktiven und inaktiven Form eines Enyzms. Zu Fragen der Eurythermie und Temperaturabhängigkeit der Enzymaktivität führten [1]Lee et al. (2007) unter Einbeziehung des Equilibriummodells Studien an entsprechenden Enzymen aus Mikroorganismen mit einem breiten Spektrum an Wachstumsbedingungen durch. Ihren statistischen Berechnungen zufolge erweist sich der Parameter T_{eq} zur Vorhersage der Wachstumstemperatur als vorteilhafter als der Term $\Delta G^{\#}_{inact}$, d. h. Enzymstabilität, Tab. 2.10. Basierend auf dem Gleichgewichtsmodell verweisen [1]Lee et al. (2007) auf die Korrelation von ΔH_{eq} mit der katalytischen Temperaturtoleranz der Enzyme und bieten somit eine Methode zur quantitativen Messung eines Enzymeurythermalismus an. Den Bewertungen der o. a. Autoren zufolge erstreckt sich die Beschreibung des Equilibriummodells für den Effekt der Temperatur auf die Enzymaktivität und lässt sich auf alle Enzyme übertragen, unabhängig von ihrer Temperaturabhängigkeit. Die mit dem o. a. Modell assoziierten Parameter ΔH_{eq} sowie T_{eq} sind, als erforderliche Größen, intrinsischer Natur und scheinen sich generell zur Beschreibung der thermischen Eigenschaften von Enzymen zu eignen, unabhängig von ihrer Adaption an Temperatur sowie ihrem evolutionären Werdegang ([1]Lee et al. 2007). Generell bieten thermodynamische Stoffdaten für die Simulation chemischer Prozesse, z. B. Synthese metallischer Nanopartikel/-cluster, eine unentbehrliche Ausgangsbasis.

(e) Mobilisierung/Immobilisierung
Neben Biolaugung, Biokoagulation, Biosorption etc. durch Mikroorganismen (Madigan & Martinko 2009), Tab. 2.11, führt eine Biotransformation u. a. durch Bildung von Biomineralisationen zur Mobilisierung und Immobilisierung von Metallen (Ab-

schn. 2.3.4). Sie bedient sich häufig der Biokatalyse, Abschn. 2.4.5. Die mikrobielle Transformation von Mineralen und Metallen und die aktuellen Fortschritte in der Geomikrobiologie, abgeleitet durch synchrotronbasierte Röntgenspektroskopie und Röntgenmikroskopie, stellen Templeton & Knowles (2009) vor, Abschn. 1.3/Bd. 2. Die Konzentration sowie Spezifikation von u. a. Metallen in Gesteinen, Böden und wässrigem Milieu können u. U. erheblich durch das Sorptionsverhalten an den Zelloberflächen von Mikroorganismen geprägt werden. So sequestrieren z. B. natürliche Biofilme zahlreiche Metalle und andere alkaline Elemente und es sind, mit unterschiedlichen Gehalten in Abhängigkeit vom Habitat, eine Vielzahl von Metallen nachweisbar, z. B. Cr^{3+}, Cu^{2+}, Fe^{3+}, Mn^{2+}, Pb^{2+}, Zn^{2+} u. a., wobei die Konzentrationen bis zum 4-Fachen gegenüber dem umgebenden Environment betragen können.

Tab. 2.11: Mikrobielle Prozesse einbezogen in die Mobilisierung und Immobilisierung von Metallen (Madigan & Martinko 2009).

Metall-Mobilisierung	Metall-Immobilisierung
Biotransformation	Biotransformation
Biolaugung	—
—	Biopräzipitation
—	Biosorption
—	Biokoagulation
—	Bioakkumulation
Degradation/Synthese	Degradation/Synthese

Bezüglich mikrobieller Einflüsse auf ihre auf die Umwelt bezogene Rolle bei der Mobilisierung von Metallen lassen sich in einer vereinfachenden schematischen Darstellung drei wesentliche Pfade erkennen, d. h. (1) Pfad des Metalleintrags, (2) nichtbiogene Komponenten mit Einwirkungen auf Metallspezifikation und mikrobielle Populationen sowie (3) die Mitwirkung mikrobieller Aktivitäten bei der Transformation zwischen löslichen und nichtlöslichen Phasen (Gadd 2001), Abb. 2.16. Mikroorganismen können über autotrophe sowie heterotrophe Laugung, via Chelatierung durch mikrobielle Metabolite sowie Siderophore (Abschn. 4.5.2) und über Methylierung (Abschn. 4.5.6) mit anschließender Volatilisierung sowohl Metalle als auch Radionuklide mobilisieren. Auf der anderen Seite tragen Sorption an Zellkomponeten oder Exopolymere, Transport in das Zellinnere sowie intrazelluläre Sequestrierung und Präzipitation als z. B. Oxalate ($C_2O_4^{2-}$), Sulfide (S^{2-}) oder Phosphate (PO_4^{3-}) zur Immobilisierung von Metallen bei (Gadd 2001). Betreffs der Reduktion von Goethit (α-$Fe^{3+}O(OH)$) durch *Shewanella putrefaciens* Stamm *CN 32* erläutern Liu et al. (2001), unter Einbeziehung von u. a. *Monod* Kinetik, *Gibbs*'scher Freier Energie, Reaktionen in wässriger Lösung befindlicher Spezifikationen etc., ein kinetisches biogeochemisches Modell. Begleitend unterstützen theoretische Überlegungen, wie z. B. Modelle zur Oberflächenkomplexierung zur Ermittlung der Ladungsdichte, Deprotonierungs-

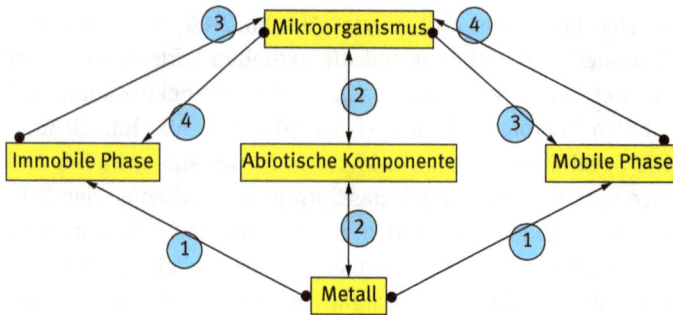

Abb. 2.16: Vereinfachtes Modell zur Rolle von Mikroorganismen bei der Mobilisierung von Metallen, 1 = Metall-Eintrag, 2 = nichtbiogene Komponenten, 3 und 4 mikrobielle Einflüsse (nach Gadd 2001).

konstanten, Säurekonstanten, metallbindenden Konstanten der auf den bakteriellen Oberflächen befindlichen funktionellen Gruppen u. a. die o. a. vermuteten Vorgänge/ Abläufe. Bei der Immobilisierung scheinen Carboxyl- und Phosphorylgruppen führende Sites bei niedrigem bis neutralem pH-Wert zu dominieren. Überschreitet der pH den Wert 8, übernehmen offensichtlich Hydroxyl- und Aminogruppen die Metallkomplexierung (Templeton & Knowles 2009).

Mikrobielle Zellwände, äußere Lagen sowie Exopolymere vermögen lösliche und unlösliche Metallspezifikationen zu sorbieren, zu binden und einzufangen. Ähnliche Phänomene, d. h. deutliche Metallsorptionseigenschaften, sind von Tonmineralen, Kolloiden und Oxiden beschrieben. Auch sind Redoxtransformationen im mikrobiellen Metabolismus sehr weit verbreitet. Chemische Aktivitäten von Strukturelementen unterstützen den Prozess der o. a. Transformation. Mikroorganismen verfügen über Transportsysteme für essenzielle Metalle. Nichtessenzielle Metallspezifikationen können ebenfalls aufgenommen werden (Gadd 2010).

Insgesamt erweisen sich Mikroorganismen als befähigt, die Ausfällung von Metallen und Mineralen in vielfältiger Weise zu fördern, z. B. durch Stoffwechselproduktion, Veränderung der physikalisch-chemischen Bedingungen des die Biomasse unmittelbar umgebenden Mikroenvironments. Mikroorganismen beeinflussen den chemischen Zustand sowie die Spezifikation und somit letztendlich die Mobilität von Metallen durch eine Vielzahl komplexer Mechanismen. Diese reichen von direkten Prozessketten wie z. B. Metalltransformation und intrazellulärer Aufnahme bis hin zu indirekten Vorgängen, z. B. Produktion von Substanzen, die Metalle mehr oder weniger mobil machen (Madigen & Martinko 2007).

(f) Exploitation

Eine technisch-industrielle Verwertung von Biotransformationen erstreckt sich auf die Sanierung kontaminierter Geosphären, z. B. Hydrosphäre, sowie die Produktion von Feinchemikalien. Insbesondere letztgenannte Art der Exploitation produziert zahlreiche Wirtschaftsgüter, z. B. Bioethanol. Ein Einsatz von z. B. Sanierungsstrategien, die sich biologischer Techniken bedienen, ist nur erfolgreich, wenn genaue Kenntnisse über den Ablauf von mikrobiellen Transformationen in der Umwelt vorliegen. Hier bietet ein Monitoring von mikrobiellen Transformationen in der Umwelt verwertbare Datensätze. Erfasst werden sollten u. a. sowohl feste als auch wässrige Proben, eine Unterscheidung zwischen diskreten chemischen Zuständen sollte vorgenommen, Informationen zu den Aktivitäten spezifischer mikrobieller Taxa innerhalb der entsprechenden Gemeinschaften, die das zu sanierte Terrain besiedeln, sollten u. a. kollektioniert werden (Wiatrowski & Barkay 2005). Biotransformationen, innerhalb C-reicher, Cu-führender Schwarzschiefer, z. B. Kupferschiefer, ausgeführt durch indigene Mikroorganismen, isoliert aus einer Cu-Mine in Polen, stellen Matlakowska et al. (2010) vor. Die Funktion von indigenen Mikroorganismen bei der Biotransformation von refraktären C-reichen, Cu-führenden Erzen des Kupferschiefers ist durch Laborexperimente belegt (Matlakowska et al. 2010). Die persistenten organischen Bestandteile des Kupferschiefers unterliegen als C- sowie Energiequelle dem Konsum diverser bakterieller Stämme. Bedingt durch die genannten Wechselbeziehungen gehen chemische und strukturelle Veränderungen des o. a. Gesteins einher.

Die hiermit assoziierte Freisetzung von Metall(-komplexierungen) sowie organischer Komponenten in wässrige Phasen ist ebenfalls nachgewiesen. Chemische Analysen zeigen die Anwesenheit langkettiger aliphatischer Kohlenwasserstoffe sowie eine weitere Biodegradation dieser Bestandteile durch bakterielle Aktivitäten an (Matlakowska et al. 2010). Weiterhin zeigen Studien die Freisetzung von Metallen aus im Kupferschiefer befindlichen metallorganischen Komponenten, die Biotransformation von Metalloporphyrinen durch indigene Mikroorganismen, den Wechsel in den Oberflächenbereichen sowie die quantitative mineralische Zusammensetzung der Kupferschiefer, die einer Behandlung durch Mikroorganismen folgen. Die im Zusammenhang mit den o. a. Aktivitäten stehenden Biotransformationen sind gemäß der Auffassung von Matlakowska et al. (2010) zur Gewinnung von Cu und anderen Metallen aus Rückständen des Bergbaus mit Anteilen des Schwarzschiefers verwertungsfähig, Abschn. 2.5.1 (m)/Bd. 2.

Mikrokrobielle Redoxtransformationen hängen u. a. von der Affinität bakterieller Oberflächen für Kationen in wässriger Lösung ab, die wiederum zu Teilen von den niedrigen isoelektrischen Punkten auf der Oberfläche determiniert sind, mit dem Ergebnis einer negativen, allerdings räumlich unregelmäßig verteilten Oberflächenladung über einen weiten pH-Bereich (Templeton & Knowles 2009). Sowohl Mikroorganismen selbst als auch saure Mucopolysaccharide bieten Nukleationssites zur Auskristallisation von u. a. Sulfiden und organometallischen Komplexierungen an und es kommt zur Einstellung eines Kontinuums bzw. Equilibriums zwischen Metallionensorption und Metallpräzipitation. Eine Ausfällung der Metallionen vollzieht sich nach heutiger Kenntnis in mehreren Schritten. Zunächst bilden sich, infolge stöchiometrischer Sorption von Metallkationen, auf funktionellen Gruppen der Zellwand geeignete Nukleationssites. In einem nachfolgenden Schritt kommt es zur Verbindung mit den entsprechenden Anionen, z. B. CO_3^{2-}, PO_4^{3-}. Abschließend lagern sich die Metallionen ab (Templeton & Knowles 2009).

Eine Biotransformation von Metallen aus kontaminierten Böden unter Einsatz des fakultativ anaeroben Bakteriums *Shewanella sp. HN-41* in synthetischen Medien untersuchten Ayyasamy & Lee (2012). Zielsetzung ihrer Arbeit war, den Einfluss von Glucose, als repräsentative C-Quelle, auf die Biotransformation von Metallen in Form einer vollständigen Solubilisierung aus Böden bei unterschiedlichen pH-Werten, d. h. 5, 6, 7, 8 sowie 9, zu ermitteln. In Bezug auf die Laugung von Metallen erweist sich im Vergleich mit Gehalten von 10 mM sowie 20 mM als optimale Konzentration eine Stoffmenge von 30 mM an Glucose. Der Mikroorganismus selbst verbleibt, auch bei einem Wechsel des pH-Werts von sauer bis basisch, unbeeinflusst und vermag über stoffwechselbezogene Vorgänge eine Vielzahl von Metallen zu erfassen. Das Ausmaß der Lösung, unter diversen anfänglichen pH-Werten, umspannt für Al, As, Cr, Fe, Mn sowie Pb einen Bereich von ca. 3 mg kg^{-1} bis ungefähr 7600 mg kg^{-1}. Verglichen mit sauren sowie basischen pH-Werten kommt es, betreffs einer Lösung von Metallspezifikationen, bei neutralem pH-Wert nur zu geringen Raten (Ayyasamy & Lee 2012). Zur Reinigung von mit an Cr^{6+}-kontaminierten Wässern, d. h. AMD, schlagen Seo & Roh (2015) durch MRB katalysierte Biotransformationen vor. Als Transformationsprodukt entsteht u. a. Siderit ($FeCO_3$).

Generell repräsentiert die mikrobielle Produktion von chemischen Grundstoffen eine seit geraumer Zeit etablierte Methode, die kontinuierlich erweitert und optimiert wird (Nagasawa & Yamada 1995). So synthetisiert z. B. *Rhodococcus sp. N-774* Acrylamid (C_3H_5NO) und *Candida boidinii* produziert Formaldehyd (CH_2O) (Meyer et al. 1997). Um als konkurrenzfähige *Bottom-up*-Strategien in/aus der Geomikrobiologie auftreten zu können, muss die biogene Synthese metallischer Nanopartikel/-cluster Vorgänge und Rahmenbedingungen einer Biotransformation verstanden haben. Von gleichfalls grundlegender Bedeutung sind alle Vorgänge im Zusammenhang mit der Biomineralisation.

2.3.4 Biomineralisation

Eine Biomineralisation definiert sich aus den kollektiv auftretenden Prozessen, die Mikroorganismen zur kontrollierten Synthese von Mineralen einsetzen (Weiner & Dove 2003). Madigan & Martinko (2009) bezeichnen Biomineralisation als: „[...] mineralische Ablagerung durch Lebewesen [...]". Nach Mann (2001) stützt sich eine Biomineralisation auf eine selektive Extraktion und Aufnahme der erforderlichen Ausgangssubstanzen aus dem lokalen Umfeld, ihre Inkorporation in funktionale Strukturen sowie ausschließlich unter biologischer Kontrolle implementiert. Vom chemischen Standpunkt aus gesehen beruht eine Biomineralisationen oftmals auf einer Präzipitation infolge von Redoxprozessen, die im technischen Sinne zu hochkomplexen Verbundwerkstoffen führen können. Infolge stoffwechselbezogener Vorgänge kommt es zu vielschichtigen Biomineralisationen (Madigan & Martinko 2009). So sind Biomineralisationen und Biofilmbildung in Wasserleitungen durch *Gallionella ferruginae* beschrieben (Wikipedia 2014), Abb. 2.17 (a). Mikrobielle Biomineralisationen auf der Nanoskala sind durch Diatomeen machbar (Allison et al. 2008), via *Myxobacteria* synthetisierbar (Jimenez-Lopez et al. 2007), Biomineralisationen endolithischer Mikroben sind aus aus antarktischen Habitaten ermittelt (Wierzchos et al. 2004). Biomineralisationen sind u. a. via SEM visualisierbar, Abb. 2.17 (c), Abschn. 1.3.4 (d)/Bd. 2. Geochemische Mechanismen der Biomineralisation sind am Beispiel von höher organisierten Lebensformen eingehend untersucht (Gagnon 2010). Häufig repräsentieren metallische Biomineralisationen nicht verwertbare Sekundärmetabolite. Biomineralisationen sind durch individuelle Zellen, Zellextrakte oder mikrobielle Konsortien in Form von z. B. Biofilmen generierbar. Sie gehen u. a. aus der biologischen Verwitterung von Festgesteinen hervor und bilden sich im Zusammenhang mit Artefakten.

Häufig treten in Verbindung mit ihnen organische Bestandteile oder C auf, Abb. 2.17 (b). Eine Vielzahl verschiedene Metalle führende Mineralen bilden sich direkt/indirekt durch mikrobielle Aktivitäten, z. B. diverse Karbonate, Phosphate u. a. Weiterhin kann die Exkretion von metall-präzipitierenden Substanzen aus anderen Aktivitäten Biominerale erzeugen, z. B. Phosphat bei der Zersetzung von organischer Materie oder der Lösung von Phosphatmineralen (Gadd 2010). Hierbei verweist Lowenstam (1981) auf Mineralisationen, die innerhalb der Biosphäre nicht anorganisch gebildet werden können. Abweichend von ihren ursprünglichen Präzipitaten können sie von jener Morphologie differieren, die sich am Ende dieser Vorgänge stabilisiert. Auch kann während der Entwicklung des betroffenen Organismus ein Mineral durch ein anderes substituiert werden. Nach Lowenstam (1981) weisen gewöhnlich biogene Minerale Attribute auf, die sich von den anorganischen Bildungen unterscheiden.

(a)   (b)   (c)

Abb. 2.17: (a) Biomineralisationen und Biofilmbildung in Wasserleitungen durch *Gallionella ferruginae*, ohne Maßstabsangabe (Wikipedia 2014), (b) räumliches Nebeneinander von Pyrit und organischem Kohlenstoff (C_{org}) (Lindgren et al. 2011) sowie (c) SEM-Aufnahme einer Biomineralisation (url: Mount & Johnstone 2008).

Seiner Einschätzung nach entwickelten sie sich, entsprechend ihrer biologischen Funktion, während der letzten 600 Mio. Jahre zu einer erheblichen Vielfalt und gestalteten entscheidend den Charakter der Biosphäre. Biomineralisationen unterliegen nach ihrer Genese sukzessive diversen Beanspruchungen im geologischen Ambiente, so z. B. Diagenese, metamorphe Überprägung, und können sukzessive in tektonische Vorgänge, wie Orogenesen, einbezogen sein, so sind z. B. frühe Diagenesen von biogenem SiO_2 aufgezeichnet (Michalopoulosa & Alle 2004). Eine detaillierte Behandlung bakterieller Biomineralisation bieten z. B. Konhauser & Riding (2012), auf die Diversität durch mikrobielle Tätigkeiten entstandener Fe-Minerale geht z. B. Konhauser (1998) ein. Ungeachtet dessen, dass aktuell das Angebot an Biomineralen im Vergleich mit synthetisch produzierten Mineralisationen geringer ausfällt, gestatten Biominerale, durch Veränderung des Reaktionsprofils, eine präzisere Kontrolle hinsichtlich ihrer Eigenschaften (Cölfen & Mann 2003).

(a) Motiv

Eine Biomineralisation stellt einen Vorgang zur Erzeugung einer materialführenden Feststoffphase dar, geeignet für funktionelle Bedürfnisse seitens eines (Mikro-) Organismus (De Yoreo & Vekilov 2003). Die Bildung von anorganischen Phasen, wie z. B. Oxiden, Sulfiden, Silikaten, Karbonaten sowie Phosphaten, durch lebende Organismen erzeugt Energie und/oder Stützgerüste. Sie äußern sich in vielfältiger Weise und erstrecken sich auf die eigentliche aktive Biomineralisation und erfassen ein umfangreiches Spektrum von intra/-extrazellären Phasen.

(b) Mineralspektrum

Das bislang beschriebene biogene Mineralinventar umfasst u. a. Sulfide, Sulfate, Phosphate, Silikate und Oxalate (Weiner & Dove 2003, Frankel & Bazylinski 2003, González-Muñoz et al. 2010, Roh et al. 2002). An Sulfiden sind z. B. Akantit, Sphalerit, Auripigment, Galenit beschrieben. Bezogen auf Fe und Mn konnten z. B. Birnessit, Jarosit, Greigit, Siderit, Vivianit u. v. a. identifiziert werden (Bazylinski et al. 1995, Frankel & Bazylinski 2003, Mann et al. 1990), Tab. 2.12. Skinner & Jahren (2003) gelingt es, die diversen fortschreitenden Stadien einer mikrobiell unterstützten Fe-Oxid-Mineralisation auf der Oberfläche eines Bakteriums aufzuzeichnen, Abb. 2.18. Daneben sind Fluorit sowie Chloride wie z. B. Atacamit ermittelt worden (Weiner & Dove 2003). Aber auch elementares Au, Ag und PGE sind analytisch nachgewiesen, z. B. von Reith et al. (2009). Die Präzipitation geschieht sowohl extra- als auch intrazellulär. Generell erzeugt ein Mikroorganismenvertreter nur ein bestimmtes Mineral. Dahingegen sind die in Böden anzutreffenden gramnegativen, heterotrophen Myxobakterien, z. B. *Myxococcus*, in der Lage, eine Vielzahl unterschiedlichster Biomineralisationen zu generieren, z. B. Calcit, Vaterit, Struvit. Auf eine Biomineralisation von schwach kristallinen Fe^{3+}-Oxiden durch DRMB verweisen Zachara et al. (2002).

Tab. 2.12: Durch mikrobielle Unterstützung (passiv/aktiv) synthetisierte metallführende Mineralisationen (Abreu et al. 2008, Frankel & Bazylinski 2003, Hazen et al. 2008, González-Muñoz et al. 2010, Gramp et al. 2006, Jimenez-Lopez et al. 2007, Karnachuk et al. 2008, Pena et al. 2010, Posfai et al. 2013, Reith et al. 2009, Roh et al. 2002, Slocik et al. 2004, Weiner & Dove 2003).

Gruppe	Mineral	Chemische Formel	Beispiel
Arsenate	Auripigment	As_2S_3	k. A.
Fluorid	Fluorit	CaF_2	k. A.
Hydroxide	Birnessit	$(Na_{0,3}Ca_{0,1}K_{0,1})(Mn^{4+}, Mn^{3+})_2O_4 \cdot 5H_2O$	*Pseudomonas putida*
	Goethit	α-FeOOH	k. A.
	Lepidokrokit	γ-FeOOH	*Shewanella putrefaciens*
Karbonate	Calcit, Aragonit	$CaCO_3$	*Myxococcus xanthus*
	Hydrocerrusit	$Pb_3(CO_3)_4(OH)_2$	k. A.
	Protodolomit	$CaMg(CO_3)_2$	k. A.
	Rhodochrosit	$MnCO_3$	*Thermoanaerobacter ethanolicus*
	Siderit	$FeCO_3$	*Shewanella sp.*
	Vaterit	$CaCO_3$	*Myxococcus xanthus*
Metalle	Gold, Platin etc.	Ag, Au, Pt, Se, Te	*Cupriavidus metallidurans*
Oxide	Amorpher Ilmenit	$Fe^{2+}TiO_3$	k. A.
	Amorphes Mn-Oxid	Mn_3O_4	k. A.
	Magnetit	Fe_3O_4	*Geobacter metallireducens*
Phosphate	Struvit	$Mg(NH_4(PO_4) \cdot 6H_2O$	*Myxococcus xanthus*
	Vivianit	$Fe_3^{2+}(PO_4)_2 \cdot 8H_2O$	*Magnetospirillum magnetotacticum*
Sulfate	Baryt	$BaSO_4$	*Myxococcus xanthus*
	Coelestin	$SrSO_4$	k. A.
	Gips	$CaSO_4 \cdot 2H_2O$	k. A.
	Jarosit	$KFe_3^{3+}[(OH)_6|(SO_4)_2]$	k. A.
Sulfide	Akantit	Ag_2S	*Pseudomonas stutzeri*
	Cd-Sulfid	CdS	*Klebsiella aerogenes*
	Covellin	CuS	*Desulfovibrio sp.*
	Galenit	PbS	k. A.
	Greigit	$Fe^{2+}(Fe^{3+})_2S_4$	*Magnetospirillum sp.*
	Mackinawit	$(Fe, Ni)_9S_8$	k. A.
	Pyrit	FeS_2	k. A.
	Pyrrhotin	$Fe_{1-x}S$	k. A.
	Sphalerit	ZnS	*Desulfobacteriaceae*

k. A.: keine Angaben

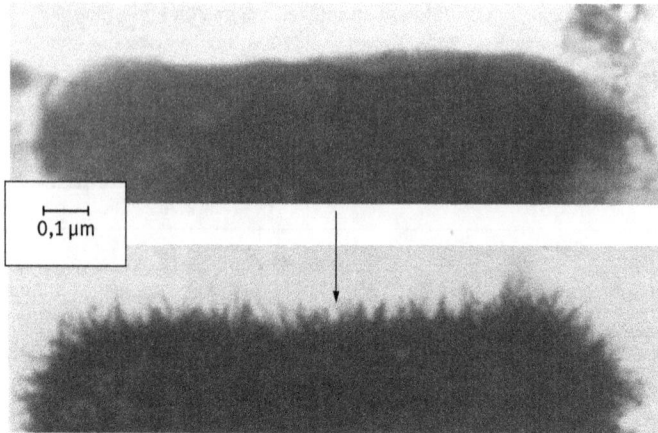

Abb. 2.18: Fortschreitende Stadien einer mikrobiell unterstützten Fe-Oxid-Mineralisation auf einem Bakterium, beginnend mit Ferrihydrit und als Endphase Magnetit (Skinner & Jahren 2003).

(c) Genese

Zusammengesetzt aus organischen und anorganischen Komponenten gleicher Größe und einer hochgeordneten Morphologie, aufgebaut durch selbstassemblierende Strukturen mit hierarchischer Struktur, unterliegt eine Biomineralisation sehr vielfältigen Prozessen (Matsunaga et al. 2007).

Allerdings sind die im Hintergrund ablaufenden Kontrollmechanismen zur Genese noch weitgehend unbekannt. Generell treten zwei Formen der Biomineralisation auf:

(1) biologisch induzierte Mineralisation (Frankel & Bazylinski 2003),
(2) biologisch kontrollierte Mineralisation (Bazylinski & Frankel 2003).

Insbesondere der unter Punkt 2 aufgeführte Aspekt ist technisch von verwertbarem Interesse, da sich hier gezielt Maßnahmen einer Regulation ansetzen lassen. Bei der Mehrheit der Vorgänge mit dem Ziel einer Biomineralisation sind zwei wesentliche Prozessschritte erkennbar (Konhauser 1997):

(1) Zunächst kommt es zu einer elektrostatisch unterstützten Anbindung von Metallen an die anionisch definierte Oberfläche einer Zellwand und umgebenden Biopolymere.
(2) Nachfolgend offeriert die auf diese Weise präparierte Zellwand geeignete Sites zur sukzessiven Nukleation.

Als Steuerungsmechanismen der Biomineralisation bzw. des Kristallwachstums stehen diverse Ansätze/Überlegungen zur Diskussion. So wird z. B. zur punktgenauen Kristallisation eine organische Templat-Matrix angenommen, ausgestattet mit bestimmten Biomolekülen, die entweder eine Nukleation initialisieren oder verhindern sowie die Ausrichtung der nachfolgenden Lagen aus Kristallen vorgeben. Allerdings liegen bislang nur unvollständige Daten zur Struktur der vermuteten Matrixmoleküle vor. So können z. B. synthetische Oligopeptide oder Calixarencarbonsäuren diese Funktionen durch Nachbildung in Funktion und somit Struktur der vermuteten Matrixmoleküle übernehmen. Entscheidend ist eine Art „molekulare" Identifikation von anorganischen Feststoffphasen an geeignete Monolagen und Dünnfilme organischer Grenzflächen. Weiterhin sind Vorgänge wie Heteroepitaxie zu berücksichtigen. Mithilfe von Proteinmimetika unterliegen die genannten Prozesse eingehenden Untersuchungen (url: MPG). Entscheidend sind jedoch letztendlich Prozesse der Nukleation sowie ein störungsfreier Ablauf der Phasenübergänge, Abschn. 5.2.

(d) BIM und BCM

Organismen entwickelten evolutionär Mineralsynthesen für spezielle Funktionen, so z. B. zur Unterstützung von Strukturen, zum Schutz gegen (Fress-)Feinde und zur Wahrnehmung magnetischer Felder. In allen Fällen übt der Organismus die strikte Kontrolle über die Eigenschaften und die Lage des Minerals aus. Die beschriebenen Prozesse fallen in die Kategorie „Biologisch kontrollierte Mineralisation" (*biologically controlled mineralization* = BCM). Biominerale können aber auch als Beiprodukt des Metabolismus oder durch ihre bloße Anwesenheit entstehen (Konhauser 1997).

Die anwesende Biomasse kann jenes chemische Environment schaffen, das die Präzipitation von Mineralen ermöglicht und bei dem biologische Oberflächen als Lokalisation zur Nukleation von Mineralen dienen. In diesem Fall wird betreffs der Ausfällung von Mineralen von einer „biologisch induzierten Mineralisation" (engl. *biologically induced mineralization* = BIM) gesprochen. Ungeachtet dessen, dass nur einige wenige Beispiele von durch BCM gebildeten Sulfid-Mineralisationen vorliegen, sind dagegen große Mengen an durch BIM synthetisierten Fe-Sulfiden beschrieben, die wiederum die globalen Stoffkreisläufe von Eisen (Fe), Schwefel (S), Sauerstoff (O_2) und Kohlenstoff (C) beeinflussen.

Hinsichtlich BIM sind regulative Eingriffe über die Chemie, den Raum, die Struktur sowie Morphologie möglich. An kontrollierbaren Größen stehen Fe-Konzentration, Nukleation u. a. zur Verfügung. Mittel zur Kontrolle sind Inhibitoren, Vesikel, organische Template, vektorielle Regulation u. a. (Pósfai & Dunin-Borkowski 2006), Tab. 2.13.

Die Visualisierung von BIM über einfache mikroskopische Techniken ist z. B. bei Schultz et al. (2011) nachzulesen. Zum Zwecke einer *Large-scale*-Implementation, auch unter dem Aspekt einer industriellen Exploitation, bieten die o. a. Studien Einsichten auf molekularer Ebene.

Tab. 2.13: Prozesse und Mechanismen, die eine Kontrolle von Biomineralen, erzeugt durch BIM, gestatten (Pósfai & Dunin-Borkowski 2006).

Typ Regulation	Kontrollierbare Größen	Mittel zur Kontrolle	Ergebnis
Chemie	Fe-Konzentration	koordinierter Fe-Transport	Übersättigung, Nukleation
	Kristallwachstum	Promotoren, Inhibitoren	Kontrolle über Morphologie, Phasentransformation
Raum	Übersättigung + Kristallwachstum	Vesikel, organische Boxen	Kontrolle über Lage, Größe, Form
Struktur	Nukleation	org. Template, molekulare Rekognition	polymorphe Selektion, kristallograph. Orientierung
Morphologie, Konstruktion	Nukleation, Wachstum	org. Grenzflächen, vektorielle Regulation	Morphologie, zeitabhängige Strukturierung

(e) Einflussgrößen

Zahlreiche Einflussgrößen wirken auf eine Biomineralisation, z. B. BIM und BCM, und deren Auswirkungen auf die Umwelt können beträchtliche Ausmaße annehmen. So nimmt ein Organismus durch Abgabe von z. B. Enzymen, Lipiden u. a., Einfluss auf die Häufigkeit sowie Verfügbarkeit von Elementen und somit auf eine Biomineralisation etc. (Mann 2001), Abb. 2.19.

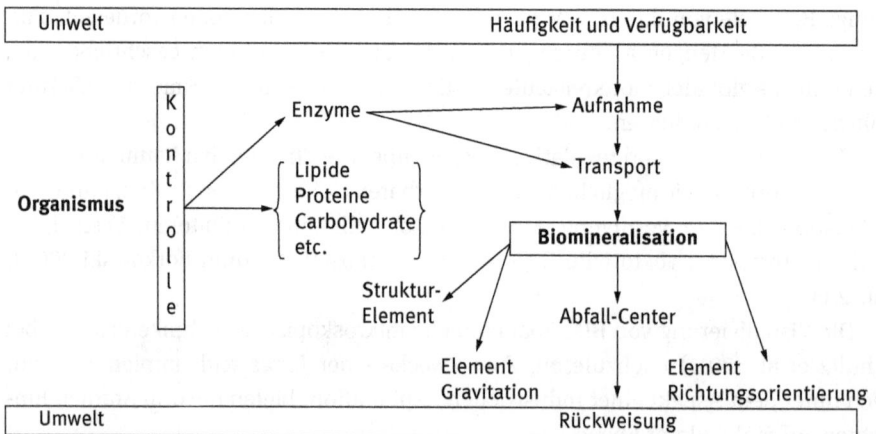

Abb. 2.19: Schematische Darstellung der Einflussgrößen auf die Biomineralisation und Umwelt (nach Mann 2001).

Innerhalb von Mikroorganismen unterliegt eine Biomineralisation mehreren in Wechselwirkungen stehenden Ebenen. Alle physikochemischen Eigenschaften einer Mineralisation sind hierbei manipulierbar. Als hilfreich erweisen sich hierarchische Modelle, die die für die Regulation der Biomineralisation erforderlichen Kontrollmechanismen in Beziehung bringen. Hierzu zählen der pH-Wert, das Redoxpotential (Eh), der genetische Datenbestand, die biochemische Ausgangssituation, Löslichkeitsverhalten, Ionenfluss u. a. (Mann 2001), Abb. 5.10, Abschn. 5.2 (k).

Auf die Bedeutung der Metastabilität und Präkursorphasen für die BCM macht Navrotsky (2004) aufmerksam. Eine BCM erzeugt, in Bezug auf die Kristallfacettisierung und ihre Orientierung, eine räumlich kontrollierte Kristallisation mit exakt definierter Form. Energetische Hinweise zu Pfaden einer Biomineralisation unter Einbeziehung von Präkursor, Cluster sowie NP erörtert Navrotsky (2004). Nach Einschätzung des Autors können NP sowie Nanocluster in Form von Präkursorn einen erheblichen Einfluss auf die Biomineralisation ausüben. Durch kleine Unterschiede in der Enthalpie sowie metastabile nanoskalige Phasen bedingt, besteht die Möglichkeit einer Kontrolle thermodynamisch sowie mechanistisch definierter Pfade. Hierbei können NP sowie Nanocluster u. a. den kontrollierten Transport der Reaktionspartner offerieren. Kontrollen auf Polymorphismus, Oberflächenenergie, Assemblierung von NP können ebenfalls zur Steuerung von Morphologie sowie Wachstumsraten von Biomineralen beitragen. Beobachtungen stützen die *Ostwald*-Stufen-Regel (engl. *Ostwald step rule*), d. h. auf der thermodynamischen Betrachtungsweise von Nukleation und Wachstum beruhend, dass die Mehrzahl von metastabilen Phasen zu niedrigeren Oberflächenenergien tendiert (Navrotsky 2004).

Ungeachtet der aktuell akzeptierten Annahme, dass der Startpunkt für die Konzentration und Transformation von Komponenten in einem wässrigen Medium mit gelösten Ionen mit anschließender Genese von Kristallen liegt, mehren sich die Hinweise einer Einbeziehung von Clustern, nanoskaligen amorphen Präzipitaten und anderen komplex aufgebauten Ausgangsmaterialien bei den Vorgängen einer Kristallisation (Navrotsky 2004), Abschn. 5.2 (a), Abb. 5.8. In diesem Zusammenhang ist – aus der Sichtweise einer technisch-industriellen Exploitation – die biologisch kontrollierte Mineralisation gegenüber einer biologisch eingeleiteten vorteilhafter, da die erstgenannte Vorgehensweise Einflussmöglichkeiten auf Polymorphie, Kristallmorphologie und Habitus gestattet. Erreicht wird die Kontrolle u. a. über die NP-Präkursor, deren Intermediärphasen sowie ihre Wechselwirkungen mit Biomolekülen. Neben den genannten Parametern gehen in die Mineralisation thermodynamische und kinetische Größen, deren wechselseitige Beziehungen sowie die hiermit verbundene Energie ein (Navrotsky 2004).

Auf den Einfluss von Umweltfaktoren auf die Synthese von Fe_3O_4-Magnetosomen in *Magnetospirillum magneticum AMB-1* sowie Schlussfolgerungen für eine biologisch kontrollierte Mineralisation weisen Li & Pan (2012) hin. Am Beispiel der bakteriellen Biosynthese von CdS-NP (Halbleiter) betonen Sweeney et al. (2004) die unterschiedlichen genetischen sowie physiologischen Parameter, mit verantwortlich für eine Synthese von Nanokristallen innerhalb von *E.-coli*-Zellen. So entstehen z. B. aus $CdCl_2$ und Na_2S als Ausgangsstoffe, unter Mitwirkung und nach Inkubation von *E. coli*, 2–5 nm große CdS-Kristalle mit Wurtzit-Struktur.

(f) Steuerungsmechanismus Biomolekül

Proteine, verantwortlich für eine kontrollierbare Biomineralisation, sind aus nahezu allen bekannten Organismen beschrieben, d. h. beginnend von den Vertebraten bis hin zu den Bakterien (Wang & Nilsen-Hamilton 2013).

Lebende Organismen setzen eine Vielzahl unterschiedlicher Strategien ein, um hochgeordnete und hierarchisch arrangierte Mineralstrukturen unter physiologischen Bedingungen zu generieren. Jedoch liegen Temperatur und Druck wesentlich unter jenen, die beim Einsatz konventioneller, d. h. chemischer Techniken zur Synthese ähnlich mineralisierter Strukturen erforderlich sind.

Obwohl die Mechanismen der Biomineralisation, u. a. bestimmt durch aktive organische Matrizen, im Detail oftmals noch im Dunklen liegen, sind bei der Bildung von Mineralstrukturen in vielen Fällen Proteine einbezogen bzw. hierfür verantwortlich. Ungeachtet ihrer variierenden Funktionsausübung wirken sie häufig als aktive Komponenten im Prozess der Biomineralisation von Metallionen. Bezüglich der o. a. Problematik offerieren Wang & Nilsen-Hamilton (2013) eine Übersicht zum Verständnis der Funktionen und deren zugrunde liegenden Mechanismen diverser Proteine, einbezogen in die Synthese von Biomineralen. Im Detail untersuchte Fallbespiele bieten Einzelheiten zur Synthese von Magnetit in Magnetosomen, einer charakteristischen Organelle magnetotaktischer Bakterien, Abschn. 5.4.1.

Unter Berücksichtigung einer Verwertbarkeit von Biomineralen als Biomaterial erforschen Perry et al. (2009) die Rolle der Wechselwirkungen zwischen Biomolekülen mit Mineralen, Abschn. 1.2. Ungeachtet ihrer Komplexität sind Wechselwirkungen zwischen anorganischen Materialien und Biomolekülen auf molekularer Ebene weit verbreitet. Unter technisch kontrollierten Bedingungen produzieren sie wirtschaftlich lauffähige Güter wie z. B. implantierfähige Biomaterialien, unterstützende Funktion für z. B. Arznei- und Lebensmittel. Von dem Ausmaß der auf molekularer Ebene stattfindenden Assoziationen mit Biomolekülen und den sich hieraus ergebenden auf die Interaktionen bezogenen Eigenschaften hängt die Effektivität der erwähnten funktionellen Materialien ab. Perry et al. (2009) studieren zu dieser Thematik Mechanismen zur Biointegration unter Einbeziehung von Oberflächenchemie und Protein-Adsorption mit u. a. der Zielsetzung einer Prognose zum Verhalten von Biomolekül-Mineral-Systemen.

(g) Kinetik

Hinsichtlich der Mechanismen zur Biomineralisation erörtern Nancollas & Wu (2000) eine auf die Kinetik und schnittstellenbezogene Energie ausgerichtete Vorgehensweise. Betreffs ihrer Synthese tritt eine Reihe von Parametern als Einflussgrößen auf, so z. B. pH-Wert, Temperatur, Zusammensetzung der Lösung, Ionenstärke u. a. Zur Lösung der o. a. Probleme steht die konstante Kompositionsmethode zur Verfügung. Darüber hinaus gibt es Versuche, schnittstellenbezogene Spannungen zwischen den Oberflächen des Wassers und den o. a. Oberflächen von Feststoffphasen über z. B. die Oberflächenspannungs-Komponenten-Theorie (engl. *surface tension component theory*) zu ermitteln.

Am Beispiel diverser Ca-Phosphatphasen erläutern Nancollas & Wu (2000) die Möglichkeiten, die sich durch die Kombination von Messdaten schnittstellenbezogener Energien mit Kalkulationen aus Experimenten zur Kinetik ergeben, um verwertbare Informationen zu dem individuellen Wachstum, den Auflösungsmechanismen und verschiedenen Reaktionsmechanismen zu erhalten. Ihren Überlegungen zufolge hängt das Vermögen einer Oberfläche, die Nukleation von Mineralphasen zu bewerkstelligen, vom Betrag der mit den Grenzflächen verbundenen Energien ab.

Zum Verständnis der Effizienz additiver Moleküle, geeignet für eine Veränderung der mit einer Biomineralisation verbundenen Kristallisationskinetiken, tragen Einblicke in Einflussgrößen wie die kritische Länge und die Dichte der einzelnen Schritte im Ablauf bei. Die Geschwindigkeit der Ablagerung oder die Morphologie der einzelnen Schritte ist weniger bedeutend.

Nach Einschätzung von Tang et al. (2005) basiert die biologische Kontrolle auf der Dynamik einer Biomineralisation hinsichtlich der auf Schnittstellen beruhenden Energien, die eine Bildung von aktiven Schritten im Verlauf der wachsenden Kristalloberfläche verzögern. Biomaterialien/-mineralisationen können als hierarchisch aufgebaute Systeme auftreten, deren Strukturen und Eigenschaften erhebliche Herausforderungen für eine Simulation darstellen. Aktuell zur Verfügung stehende Datenbanken gestatten jedoch eine Simulation von Biomaterialien bis auf die atomare Ebene und erfassen u. a. die Spannweite physikalischer Effekte und ihrer entsprechenden Zeitskalen (Harding & Duffy 2006).

(h) Experimentelle Arbeiten

Biochemische und Umweltfaktoren bei Biomineralisation von Fe am Beispiel der Bildung von Magnetit (Fe_3O_4) und Siderit ($FeCO_3$) listen Roh et al. (2003) auf. Die Bildung von Fe_3O_4 und $FeCO_3$ durch Fe^{3+}-reduzierende Bakterien übernimmt offensichtlich einen erheblichen Anteil am C- und Fe-Budget oberflächennaher und ozeanischer Sedimente, Abschn. 2.5. Zur Klärung dieser Fragestellung eignet sich folgende Versuchsanordnung: Zur Reduktion von schwach kristallinem Akageneit (β-FeOOH) kamen psychrotolerante ($< 20\,°C$), mesophile (20–$35\,°C$) und thermophile ($> 45\,°C$) Fe^{3+}-reduzierende Bakterien zum Einsatz.

Ohne die Zugabe eines löslichen Elektronentransporters, d. h. Anthrochinondisulfuonat (AGDS), in Anwesenheit von durch Kopfraumbegasung (*headspace*) zugeführtem N_2, N_2-CO_2, H_2 und H_2-CO_2, sowie in einem durch HCO_3^- gepufferten Medium unter einer N_2-Atmosphäre sollte β-FeOOH reduziert werden (Roh et al. 2003). Weiterhin erfolgten Untersuchungen zur Biomineralisation unter unterschiedlichen Wachstumsbedingungen wie Temperatur, pH, Inkubationszeit, Salinität und Elektronendonatoren.

Gemäß Roh et al. (2003) dominiert die Fe_3O_4-Bildung unter einer N_2- und H_2-Atmosphäre, wohingegen unter einer H_2-CO_2-Atmosphäre die Entwicklung von $FeCO_3$ vorherrscht. In Anwesenheit einer über einen Headspace eingegebenen Atmosphäre aus N_2 + CO_2 kristallisiert eine Mischung aus Fe_3O_4 und Siderit. Akaganeit wandelt sich in einem durch HCO_3^- gepufferten Medium, d. h. > 120 mM, mit Lactat (CH_3–HCOH–COO^-) als Elektronendonator und in Anwesenheit einer N_2-Atmosphäre, nach erfolgter Reduktion, in $FeCO_3$ und Fe_3O_4 um.

Unter Einbeziehung eines mittleren pH-Wertes, Salinität, Elektronendonatoren, atmosphärischer Zusammensetzung und Inkubationszeit bestimmen biogeochemische und umweltrelevante Faktoren die Phasen der sekundären Mineralsuite. Zusammenfassend betonen die vorgestellten Resultate die Bedeutung der mikrobiellen Fe^{3+}-Reduktion in der Biogeochemie von Fe und C, aber auch ihre Rolle bei der Sequestration unter natürlichen Umweltbedingungen (Roh et al. 2003).

In Böden, Sedimenten sowie natürlich auftretenden Wässern ist z. B. die Biomineralisation von Fe-Oxiden ein häufig stattfindendes Phänomen. Biomineralisation von Fe^{3+}-Oxiden in Verbindung mit geothermalen Habitaten: Beziehungen zwischen der Geochemie wässriger Lösungen, mikrobiellen Populationen sowie der Zusammensetzung und Struktur von Feststoffphasen (Inskeep et al. 2006). Im Rahmen der o. a. experimentellen Studien verweisen Inskeep et al. (2006) auf ein in Biomatten eingebettetes *Metallosphaera*-ähnliches Isolat, das Fe^{2+} oxidiert aber keinerlei Fe^{3+}-Oxide synthetisiert, ungeachtet dessen, dass diese in großer Anzahl die Zellwand umhüllen. Als Quellen der Biomineralisationen sind offensichtlich andere in der Biomatte vorhandene Mikroorganismen zuständig (Inskeep et al. 2006).

Mittels Studien unter Verwendung der Gattung *Shewanella* veröffentlichen Salas et al. (2010) die Einwirkung des bakteriellen Stamms auf die Produkte einer dissmilatorischen Fe-Reduktion. Hierzu inkubieren die genannten Autoren die Stämme *CN32*, *MR-4* sowie *W5-18-1* mit hydratisiertem Fe^{3+}-Oxid als terminalen Elektronenakzeptor sowie Lactat (CH_3–HCOH–COO^-) in der Funktion einer Energie- und C-Quelle. Als wichtigstes Produkt der Fe-Reduktion synthetisieren *CN32* sowie *MR-4* Fe_3O_4, im Fall von *W3-18-1* entstehen ein Gemenge von Fe_3O_4 sowie ein Präkursor für Fougerit, ein hydratisiertes Fe-Karbonat, d. h. $Fe_4^{2+}Fe_2^{3+}(OH)_{12}][CO_3] \cdot 3\,H_2O$. Während *CN32* sowie *MR-4* den vollständigen Anteil von Fe^{3+} in Fe_3O_4 überführen, transformiert *W3* nur einen Teil des Fe^{3+} in erkennbare kristalline Materialien (Salas 2008, Salas et al. 2010). Ein mit hohem Durchsatz versehenes Gerät zur Kristallisation zwecks Studien von Biomineralisationen in vitro stellen Becker & Epple (2005) vor. Es beruht auf einer speziellen Form von Diffusionstechnik und erlaubt bei Zugabe eines adäquaten Additivs die Beobachtung einer vollständigen Unterbindung des Kristallwachstums.

(i) Exploitation

Die Herstellung von nanoskaligen Materialien für neuartige Strukturen führte auf dem Gebiet der Biomineralisation zu einem wachsenden Interesse. Zahlreiche Mikroorganismen sind fähig, anorganische Strukturen zu synthetisieren. Zum Beispiel benutzen Diatomeen amorphes SiO_2 als Ausgangsmaterial zum Aufbau von Strukturen, bestimmte Bakterien erzeugen Magnetitpartikel (Fe_3O_4) und bilden Ag-NP. Hefen sind fähig, CdS-NP zu generieren (Naik et al. 2002).

Für eine Fülle von Mikroorganismen sind die Schaffung von anorganischen Nanostrukturen und die Produktion metallischer NP mit Eigenschaften nachgewiesen, die jenen gleichen, die von chemisch-synthetischen Materialien beschrieben sind. Zusätzlich übernehmen sie die Kontrolle über Größe, Morphologie und Zusammensetzung der Partikel. Beispiele umfassen z. B. neben Magnetit (Fe_3O_4), synthetisiert durch MTB, die Bildung von Ag-NP durch z. B. *Pseudomonas stutzeri*, Halbleiterverbindungen wie CdS innerhalb von *Schizosaccharomyces pombe*, Bereitstellung von Pd-NP durch SRB bei der Anwesenheit eines exogenen Elektronendonators ([1]Gericke & Pinches 2006).

Das Interesse an der Erforschung der Einbeziehung anorganischer Komponenten in den mikrobiellen Metabolismus begründet sich innerhalb der bioanorganischen Chemie bzw. mikrobiellen Biogeochemie durch die aktive Rolle von Bakterien bei der Transformation metallischer Komponenten. Bemerkenswert sind die Wechselwirkungen zwischen den Chalkogenen-Metalloiden Se und Te und Bakterien, und seitens einer Grundlagen- und angewandten Forschung besteht ein großes Interesse am Verständnis der bakteriellen Verarbeitung von Se- und Te-Oxyanionen (Zannoni et al. 2008). Eine Vielzahl von Organismen produziert ein breites Spektrum an speziell entworfenen organisch-anorganischen Hybridmaterialien, Knochen, Schalen etc., oftmals mit hoher Funktionalität, wobei die Biomineralisation als Inspiration für die Materialchemie dienen kann, u. a. für biomedizinische, industrielle und technische Anwendungen (Nudelman & Sommerdijk 2012).

Bioinspirierte Ansätze bieten Möglichkeiten, wie (supra-)molekulares Templating, organisierte Oberflächen etc., und die Synthese von Biomineralisationen geschieht überwiegend in wässrigen Medien und ist unter Raumbedingungen durchführbar, mit entsprechend geringer umweltbezogener Belastung. Unabdingbare Voraussetzung anwendungsbezogener Zielsetzungen ist die Kenntnis der Vorgänge und Mechanismen, die hinter der Genese bioinspirierender Mineralisationen und deren räumlicher Orientierung bzw. Vernetzung stehen. Lloyd et al. (2008) ziehen eine Verbindung von fossilen Biomineralisationen und industrieller Exploitation.

(j) Interdisziplinär

Durch Biomineralisation bereitgestellt, lagern sich um z. B. bakterielle Zellen diagenetisch induzierte Nanokristalle aus Fe-Hydroxid und biogene Tone ab. Nach Absterben der Mikroorganismen verbleiben diese neu gebildeten Minerale in ihrer urspünglichen Position und zeugen von ehemaligen endolithischen Vorgängen. Von daher schlagen Wierzchos et al. (2003) diese Fe-reichen, durch Diagenese entstandenen Minerale als Biomarker mikrobieller Aktivitäten in Gesteinen der Antarktis vor.

Zusammenfassend

ist die Bedeutung von Biomineralisationen auf das global geologische Geschehen beträchtlich und Biomineralisationen verfügen über ein wirtschaftlich bedeutendes Potential. Einer der wichtigsten Prozesse aller lebenden Organismen beruht auf der Biokatalyse. Ohne diese Vorgänge ist keine Lebensform vorstellbar. Sie stellt darüber hinaus eine der ältesten chemisch verwerteten Reaktionen in der Geschichte des *Homo sapiens* dar, d. h. Brauen.

2.3.5 Biokatalyse

Als eine der wichtigsten biologischen Prozesse erweisen sich durch natürlich vorkommende Biokatalysen implementierte Reaktionssequenzen. Unter einer Biokatalyse ist eine biologisch kontrollierte Katalyse zur Machbarkeit, Umsetzung bzw. Beschleunigung einer chemischen Reaktion zu verstehen. Aktuell steht sie in enger Anlehnung an die industrielle Mikrobiologie. Zuweilen gibt es zwischen Biokatalyse und Biotransformation keine klaren Abgrenzungen. Eine biokatalytisch gesteuerte Reaktion erfolgt unter dem Einsatz von Enzymen, die sich wiederum aus mehreren Aminosäuren zusammensetzen, Abschn. 3.1 (b), Abb. 3.4.

Das unmittelbare Reaktionsumfeld ist durch moderate Bedingungen, wie z. B. annähernde Raumtemperatur, definiert. Da Enzyme wasserlöslich sind, entfallen weitere Lösungsmittel. Im Sinne einer biogen gesteuerten Synthese von Produkten besteht einer der großen Vorteile der Biokatalyse in der Selektivität, z. B. Chemoselektivität, einer unerlässlichen Forderung für hohe Produktionsraten im Sinne einer wirtschaftlichen Exploitation, Abschn. 3.1.2. So verdankt eine Vielzahl von Biomineralisationen (Abschn. 2.3.4) ihre Entstehung biokatalytisch implementierter Reaktionen, d. h. infolge einer Biotransformation, Abschn. 2.3.3.

Die Biokatalyse stellt eine der ältesten Anwendungen chemischer Transformationen in der menschlichen Technikgeschichte dar, z. B. Brauwesen. Aktuell setzt die Industrieproduktion von z. B. Vitaminen, Säuren etc. auf die natürliche Biokatalyse (Regil & Sandoval 2013), Abschn. 2.3.5. Auf dem Gebiet der Weißen Biotechnologie kommt der Biokatalyse eine herausragende Stellung zu, z. B. Produktion von Feinchemikalien (Panke et al. 2004). In diesem Zusammenhang verweisen Tao et al. (2006) auf retrosynthetische Biokatalysen. Generell setzen Verfahren in der chemischen Industrie bis zu 80 % auf Katalysatoren (Braun et al. 2006). Bezogen auf das geologische Ambiente ermöglichen Biokatalysen u. a. geomikrobiologische Verwitterung und beeinflussen Stoffkreisläufe. Technisch lassen sich isolierte, aber auch Ganzzell-Katalysatoren einsetzen. Die Vorteile beim Gebrauch von kompletten Zellen als Biokatalysatoren liegen in ihrer verhältnismäßig einfachen und kostengünstigen Präparation gegenüber isolierten Enyzmen und dem Schutz der Enzyme gegenüber äußeren Umwelteinflüssen sowie der Stabilisierung durch intrazelluläre Medien. Generell sind drei Szenarien denkbar, die die Vorteile von katalysierten Prozessen durch komplette Zellen gegenüber den Katalysen von isolierten Enzymen berücksichtigen/favorisieren (Carballeira et al. 2009):

– das erforderliche Enzym tritt intrazellulär auf,
– für die Katalyse wird ein Cofaktor benötigt,
– die Zielsetzung hängt von Prozessen ab, die den Einsatz von mehreren Enzymen erfordern.

Im Zusammenhang mit der Herstellung von Grundstoffen für die Fein-/Spezialchemie stellt aktuell die Biokatalyse eine Standardtechnik dar. So definieren sich mehr als 80 % des kommerziellen Wertes von Enzymen durch die Verwendung als Prozesskatalysatoren speziell in hydrolytischen Reaktionen. In der Regel erfolgt der technische Einsatz eines Enzyms als gelöste Phase in einem wässrigen Medium. Detaillierte technische Skizzen und Verfahrensabläufe, Bestückung, Vernetzung, im Zusammenhang mit Enzymreaktoren etc. finden sich bei Illanes (2008). Im Sinne industriell-wirtschaftlicher Überlegungen können entweder Ganzzellverfahren oder entsprechend präparierte zellfreie Extrakte zum Zwecke einer Biomineralisation eingesetzt werden. Zum Verständnis der Wechselwirkungen von Zellwand mit Metall(en)-Spezifikationen sind u. a. Einblicke über die Oberflächenladungen bakterieller Zellwände von großer Wichtigkeit, da sie Orte von u. a. Biomineralisationen sind und sich betreffs der Synthese metallischer Partikel Ansätze zur Regulation entwickeln lassen, z. B. Protonierung von Oberflächen, Abschn. 2.3.4/Bd. 2. Über den aktuellen Stand sowie industrielle Zukunftsperspektiven von Enzymen resümieren u. a. Reetz (2013), Bornscheuer et al. (2012).

2.3.6 Oberflächenladungen bakterieller Zellwände

Von entscheidender Bedeutung bei der Identifizierung sowie der Aufnahme durch z. B. Anbindung von Metall(-komplexierungen/-spezifikationen) sind die Oberflächenladungen bakterieller Zellwände. Der Zellwand kommen, entsprechend gegenwärtig vorliegenden Erkenntnissen, Funktionen wie u. a. Matrix zur Nukleation von Mineralen und Filter zu (Phoenix et al. 2000). Zellwände bilden ein Element für die Akquise der metallführenden Präkursor. Oder im Fall eines Biotemplating, z. B. mittels S-Layer-Proteinen (Abschn. 5.4.2), sind Kenntnisse zu Oberflächenladungen, z. B. elektrische Doppelladungen, zwecks einer kontrollierbaren Synthese und räumlichen Platzierung metallischer Nanocluster eine unerlässliche Voraussetzung. Über die Mineralisierung bakterieller Oberflächen reflektieren Schultze-Lam et al. (1996). Ungeachtet ihrer Größe, d. h. $\approx 1{,}5\,\mu m^3$, verfügen Bakterien über das größte Verhältnis zwischen Oberfläche und Volumen aller Lebewesen. Als Ergebnis stehen

Grenzflächen zur Sorption von Metallen zur Disposition, die wiederum Metallspezifikationen auch in verdünnter Konzentration in einem wässrigen Medium erkennen und bei Bedarf entsprechend akquirieren sowie aufkonzentrieren. Ermöglicht werden die Abläufe durch eine ubiquitär auftretende anionische Ladung der bakteriellen Oberfläche, übermittelt durch sie aufbauende Makromoleküle. Einmal in Wechselwirkung mit den elektronegativen Sites der o. a. Moleküle getreten, leiten sie unter den erforderlichen Rahmenbedingungen die Nukleation ein, gefolgt von der Genese feinstkörniger Minerale. Als Präkursor greifen die o. a. Makromoleküle auf die im Umfeld zur Verfügung stehenden Anionen zurück. Hierbei ist es nicht ungewöhnlich, dass der Betrag der ausgefällten Metalle dem Anteil der zellulären Masse entspricht oder diesen sogar überwiegt. Je nach Stadium der Mineralentwicklung bilden sich amorphe oder kristalline Phasen von u. a. Hydroxiden/Oxiden, Karbonaten, Sulfaten/Sulfiden, Phosphaten, aber auch metallische Phasen, die wiederum durch das ubiquitäre Auftreten von Bakterien einen wesentlichen Beitrag zur Entwicklung von Mineralisationen in Böden und Sedimenten leisten können (Schultze-Lam et al. 1996). Generell bestehen Abhängigkeiten des elektrischen Potentials vom Abstand der jeweiligen geladenen Oberfläche sowie der Kationen-/Anionen-Konzentrationen innerhalb des Elektrolyten von der Distanz zur negativ geladenen Oberfläche (Blake et al. 1994), Abb. 2.20.

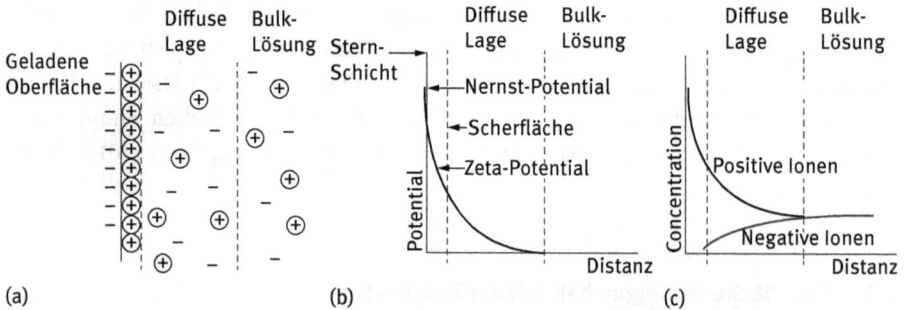

Abb. 2.20: Schematische Darstellung einer elektrischen Doppelladung, (a) repräsentiert eine mögliche Struktur für die Grenzfläche zwischen Feststoffphase und Elektrolyten (Anionen = −, Kationen = +), (b) Abhängigkeit des elektrischen Potentials vom Abstand von der jeweiligen geladenen Oberfläche sowie (c) Abhängigkeit der Kationen-/Anionenkonzentrationen innerhalb des Elektrolyten von der Distanz von der negativ geladenen Oberfläche (umgezeichnet nach Blake et al. 1994).

(a) Chemie

Zur Oberflächenchemie von *Thiobacillus ferrooxidans*, relevant zur Adhäsion auf Mineraloberflächen, unternahmen Devasia et al. (1993) Untersuchungen. Zellmaterial von *T. ferrooxidans*, kultiviert auf S, Pyrit (FeS_2) sowie Chalkopyrit ($CuFeS_2$) (*K1*), zeigt eine intensivere Hydrophobie als jene Zellen, denen nur Fe^{2+}-Ionen (*K2*) zur Verfügung standen. Die isoelektrischen Punkte der mit Schwefel, Pyrit sowie $CuFeS_2$ aufgezogenen *K1* zeigen im Vergleich mit *K2* abweichende Werte, d. h. einen höheren pH-Bereich (Devasia et al. 1993). Die Wechselwirkungen zwischen Mikroorganismus und Mineral bewirken sowohl einen Wechsel der Oberflächenchemie der jeweils betroffenen Organismen als auch des einbezogenen Minerals. So zeigen z. B. S, FeS_2 sowie $CuFeS_2$ eine deutliche Anhebung der isoelektrischen Punkte gegenüber den Anfangswerten, vormals nicht interaktiver Minerale. Für auf S aufgewachsenen Zellen scheint sich Analysen zufolge eine proteinhaltige, neue Zelloberfläche in Form eines Anhängsels, synthetisiert in mittels Mineralen aufgezogenem Zellmaterial, zu bilden, mit der Aufgabe einer Adhäsion auf festen Mineralsubstraten. In unter Fe-Bedingungen aufgezogenen Zellen fehlt das o. a. Anhängsel, es wird in liquiden Substraten im Verlauf des Wachstum nicht benötigt (Devasia et al. 1993).

(b) Zetapotential, Sternschicht und *Nernst*-Potential

Elektrische Doppelladungen zeichnen sich durch spezielle Strukturen an der Grenzfläche zwischen Feststoffphase und Elektrolyten aus. Hierbei prägen Phänomene wie Sternschicht, Zeta- sowie *Nernst*-Potential, Begriffe aus der Elektrochemie, die Vorgänge im elektrochemischen Sinne. Als Sternschicht wird eine Art Grenzschicht (Doppelschicht) zwischen elektrisch geladenen, separierten Schichten bezeichnet. Unter einem Zeta-Potential ist ein Term aus dem Bereich der Elektrokinetik, bezogen auf kolloidale Lösungen, zu verstehen. Die Bezeichnung *Nernst*-Potential ist der Elektrochemie entlehnt. Letztgenannter Term bezieht sich auf die durch einen ionaren Konzentrationsgradienten erzeugte elektrische Spannung, die eine Membran/Pore passieren kann, wohingegen der Zutritt entgegengesetzt geladener Ionen unterbunden wird, Abb. 2.20.

Letztendlich sieht sich die Grenzfläche zwischen bakterieller Zellwand und umgebenden Milieubedingungen mit u. a. einem elektrischen Gradienten oder einer elektrischen Potentialdifferenz konfrontiert. Speziell das Phänomen des Zeta-Potentials spielt im Bereich der Bioflotation, d. h. Biohydrometallurgie, eine herausragende Rolle (Vilinska & Rao 2008), Abschn. 2.5.1 (e)/Bd. 2.

(c) Hydrophobie

Metalloxide können aufgrund ihrer positiven Ladung bzw. ihres hydrophoben Auftretens zur Erhöhung der Adhäsion negativ geladener Bakterien beitragen. Um den relativen Beitrag von Ladung und Hydrophobie hinsichtlich einer bakteriellen Adhäsion abzuschätzen, unterziehen Li & Logan (2004), in Funktion von Ladung, Hydrophobie sowie Oberflächenenergie, diverse Oberflächen mehrerer bakterieller Stämme unterschiedlichen Ionenstärken, d. h. 1 mM sowie 100 mM. Als anorganische Oberflächen wählen sie unbeschichtete Glasoberflächen (d. h. *floatglas*) und mit Metalloxiden speziell präparierte Filme. Als Metalle zur Beschichtung wählten die o. a. Autoren

u. a. Fe, Sn, Ti u. a. in Form von Legierung, Dotierung oder Oxid. An gramnegativen Bakterien kamen, mit Unterschieden in Länge und Anzahl ihrer Exopolysacchariden, *Escherichia coli*, *Pseudomonas aeruginosa*, *Burkheldia cepacia* und als Vertreter eines grampositiven Bakteriums *Bacillus subtilis* zum Einsatz, mit geringer Tendenz einer Adhäsion an Glas.

Für alle eingesetzten Mikroorganismen beobachten Li & Logan (2004) eine beständige Erhöhung der Adhäsion zwischen den diversen Typen der anorganischen Oberflächen, wobei die Anhaftung auf den unterschiedlich behandelten Typen an Glas intensiver ausfällt, als sie vergleichsweise für die metallführenden Schichten beobachtbar ist. Eine Erhöhung der Ionenstärke von 1–100 mM erhöht die Wirkung der Adhäsion um den Faktor 2. Insgesamt erweist sich die elektrostatische Ladung als wichtige Einflussgröße für die Adhäsion. Allerdings betonen Li & Logan (2004) die Notwendigkeit einer weiterführenden Forschung, da für eine Reihe von Aufzeichnungen bislang keine schlüssigen Erklärungen möglich sind, z. B. keine Korrelation zwischen Adhäsion und bakterieller Ladung (Li & Logan 2004).

(d) Theoretische Modelle

Mittels einer Kombination von numerischer Modellierung mit potenziometrischer Titration sowie elektrophoretischer Mobilität, in Funktion von pH-Wert der Lösung und der Zusammensetzung des Elektrolyten, unterzogen Hong & Brown (2008) das elektrostatische Verhalten der durch Regulation bestimmten Oberflächenladung von *E. coli*, d. h. gramnegativ, sowie *Bacillus brevis*, d. h. grampositiv, entsprechenden Studien. Durch Imitation einer in Form eines polyelektrolytisch aktiven Polymers aufgebauten bakteriellen Zelloberfläche bestimmen die o. a. Autoren die effektive Anzahl der Sites der auf die Zelloberfläche relativierten, gegenüber Säuren und Basen sensitiven funktionellen Gruppen. Unter Zuhilfenahme der vorab ermittelten effektiven Sitekonzentration ist es möglich, über ein Ladungsregulierungsmodell (engl. *charge-regulation model*) die Auswirkungen von Elektrolyten zu bestimmen.

Die Kenntnis dieser Daten verhilft dazu, die Anwort einer Zelle gegenüber Wechseln des pH-Wertes der Lösung, der Zusammensetzung des Elektrolyten sowie die Wechselwirkungen mit anderen Oberflächen nachzuvollziehen. Darauf aufbauend bietet sich in Form der *Derjaguin-Landau-Verwey-Overbeek*-Theorie ein weiteres wichtiges Hilfsmittel zur Interpretation einer bakteriellen Adhäsion an. Da sowohl Oberflächenladung als auch Potential auf einer ladungsregulierten Oberfläche variieren, erfordert die Modellierung der bakteriellen Wechselwirkungen mit Oberflächen ein elektrostatisches Modell, das diese Vorgänge berücksichtigt (Hong & Brown 2008).

Zur Modellierung der Säure-Base-Eigenschaften bakterieller Oberflächen setzen Leone et al. (2007) eine kombinierte spektroskopische und potenziometrische Studie am grampositiven Bakterium *Bacillus subtilis* ein. Zur Umsetzung der o. a. Zielsetzung nutzen die o. a. Autoren ein Oberflächen-Komplexierungsmodell. Es verhilft zur Erklärung der Pufferkapazität von Suspensionen innerhalb eines weiten pH-Bereichs,

d. h. 3–9. Ihre Aussagen stützen sich u. a. auf die Bestimmung der Konzentration sowie Deprotonierungskonstanten der PO-Sites. In seiner Arbeit zur Modellierung zwecks Vorhersage der Metall-Adsorption auf bakteriellen Oberflächen im geologischen Ambiente akzentuiert Borrok (2005) die Wirkung der Ionenstärke auf die Adsorption von Metallen sowie Protonen. Zu diesem Zweck unterzieht er diese Beobachtungen diversen theoretischen Ansätzen, z. B. nichtelektrostatische, diffuse sowie Triplet-Lagen-Modellen. Duval (2013) modelliert die Dynamiken an der Schnittstelle Zelle : Lösung bei der Aufnahme von Metallen durch geladene *biointerfaces*.

(e) Diverses

In Verbindung mit einer Erfassung kolometrischer Bakterien mittels eines supramolekularen Enzym-Nanopartikel-Sensors erläutern Miranda et al. (2011) das Anbinden der anionischen mikrobiellen Oberfläche an die kationische Partikeloberfläche. Bakterielle Zellwandstrukturen und Schlussfolgerungen für die Wechselwirkungen zwischen Metallionen und Mineralen erforscht u. a. Beveridge (2005). Bushnell et al. (2012) stellen Überlegungen zu Applikationen von Oberflächen, versehen mit potenzieller Energie, zum Studium von enyzmatischen Reaktionen an. Es ist mittels dieser Vorgehensweise die relative Energie der in den Reaktionsablauf einbezogenen Spezifikationen, der auftretenden Sequenzen sowie der Aktivierungsbarriere bestimmbar. Über die Kombination von potentiometrischer Säure-Base-Titration mit Messungen zur elektrophoretischen Mobilität in Funktion des pH-Werts (3–11) sowie Ionenstärke (0,001–1,0 M) sind die Säure-Base-Eigenschaften und Metalladsorptionskapazität von Mikroorganismen charakterisierbar.

Zusammenfassend

bietet sich in Form einer Protonierung von Oberflächen eine weitere potente Methode zur Erhöhung der Aufnahme von Metallkationen an, Abschn. 2.3.4/Bd. 2. Die eigentliche Aufnahme von Metallkationen erfolgt über funktionelle Gruppen.

2.3.7 Funktionelle Gruppen

Ein weiteres unterstützendes Instrument zur Akquise von Metallspezifikationen seitens Mikroorganismen bietet sich in Form funktioneller Gruppen an. Unter funktionellen Gruppen sind zunächst jene Teile von organischen Molekülen zu verstehen, die den Hauptanteil an chemischen Reaktionen übernehmen und die Eigenschaften einer chemischen Komponente bestimmen. Bezogen auf organische Verbindungen determinieren sie sowohl die Art der Reaktion als auch die stofflichen Eigenschaften der betroffenen Verbindung. Bakterielle Zellwände, aber auch mikrobielle Biofilme, verfügen über eine Vielzahl Metalle komplexierender funktioneller Gruppen. Hierzu zählen Amin- (NH_3), Aldehyd- (–COH), Carboxyl- (–COOH), Hydroxy- (–CHOH), Phosphoryl-

($-PO_4H_3$) sowie Sulfhydril-Gruppen (–SH). Zur Kontrolle der *Brönsted*-Acidität bakterieller Zellwandoberflächen stehen hauptsächlich Carboxyl-, Phosphoryl- sowie Hydroxylgruppen zur Verfügung (Toner et al. 2006). Funktionelle Gruppen von Mikroorganismen, einbezogen z. B. in die Rhizosphäre, tragen durch stoffliche Umverteilungen erheblich zur Dynamik innerhalb der Rhizospäre bei und leisten in summa wichtige Anteile an biogeochemischen Kreisläufen (Andrade 2008), Abschn. 2.5.

Zwecks der Bildung bakterieller Oberflächenkomplexe treten in wässriger Lösung befindliche Metallkationen mit deprotonierten funktionellen Gruppen über sowohl elektrostatische als auch kovalente Bindungen in Wechselwirkungen (Borrok et al. 2005), Abschn. 4.3. Durch die Vorgänge kommt es innerhalb der oberen Krustenabschnitte zu einer Einwirkung auf die Bioverfügbarkeit, Schicksal und Transport von u. a. den jeweils betroffenen Metallen. So zeichnen z. B. bei *Pseudomonas sp.* Carboxyl- sowie Phosphorylgruppen für die Sequestrierung von Ni^{2+}, Co^{2+}, Cu^{2+} sowie Cd^{2+} verantwortlich, nachweisbar durch diverse Analysetechniken wie u. a. EDX (Choudhary & Sar 2009), Abschn. 1.3.2/Bd. 2. Für Vijayaraghavan & Yun (2008) bieten funktionelle Gruppen Möglichkeiten zur Sanierung von mit Metallen kontaminierten Geosphären an, Abschn. 2.5.3 (s)/Bd. 2.

(a) Ladung

Generell besitzen bakterielle Zellwände eine Reihe an funktionellen Gruppen organischer Säuren. Charakteristisch ist das Merkmal, dass sie sowohl Metallkationen als auch Protonen aus entsprechenden Lösungen adsorbieren können (Borrok et al. 2005). In Abhängigkeit vom pH-Wert nehmen sie Protonen auf oder geben sie ab, d. h., sie verhalten sich amphoter. Mehrheitlich liegen bakterielle Oberflächengruppen entweder protoniert und neutral oder deprotoniert und negativ geladen vor. Letztgenannte Möglichkeit tritt auch dann ein, wenn die Amin-Gruppen bei Protonierung in positiver Ladung vorliegen. Auf den Oberflächen von Mikroorganismen können funktionelle Gruppen protonenaktiv auftreten, und sie gleichen aufgrund dieser Eigenschaft mineralischen Oberflächen (Borrok et al. 2005), Abschn. 2.3.4/ Bd. 2. Im Gegensatz zu den funktionellen Gruppen auf den Oberflächen von Mineralen, die doppelt protoniert werden können und bei niedrigen pH-Werten positive Ladungen aufweisen, treten funktionelle Gruppen bakterieller Oberflächen entweder aufprotoniert und somit elektrisch neutral oder deprotoniert mit entsprechender negativer Ladung versehen auf, auch wenn die Amin-Gruppen während der Protonierung eine positive Ladung annehmen (Borrok et al. 2005). Im Gegensatz zu mineralischen Oberflächen, verhalten sich funktionelle Gruppen von bakteriellen Zellwänden wie monoprotonische organische Säuren (Borrok et al. 2005). Insgesamt besitzt die Oberfläche von Bakterien eine belastbare Pufferkapazität. Über Kalkulationen zum Gleichgewicht (engl. *equilibrium thermodynamics*) sind der jeweilige Protonierungszustand der individuellen funktionellen Gruppen sowie die Stabilität jedes einzelnen bakteriellen Oberflächenkomplexes darstellbar (Borrok et al. 2005).

Zur quantitativen Charakterisierung heterogener, bakterieller, auf Oberflächen bezogener funktioneller Gruppen führten Cox et al. (1999), unter Auswertung diskreter Affinitätsspektren und Verwendung abweichender Ionenstärken, d. h. 0,025, 0,1 M, zum Typ und zur Dichte der zur Protonenanbindung vorgesehenen Sites eingehende Untersuchungen an *B. subtilis* durch. Im Zusammenhang mit der Reaktivität der Zelloberfläche von *Calothrix sp. KC97* beschäftigt sich eine Studie mit dem Verhalten der Protonenbindung (Phoenix et al. 2002).

(b) Amingruppen

Amingruppen, als Derivate von Ammoniak, führen als organische Komponente N, und je nach Anzahl der ersetzten H-Atome erfolgt eine Zuordnung zu Primär-, Sekundäroder Tertiäraminen, Abb. 2.21 (e). Sie entstehen u. a. aus dem Zerfall von Aminosäuren und zeichnen sich durch ein schwaches Basenverhalten aus. Mit Aminen funktionalisierte magnetische NP (*amine-functionalized magnetic nanoparticles* = AF-MNPs) eignen sich offensichtlich zum Entfernen bakterieller Pathogene (Huang et al. 2010). Hierzu wird das Verhalten ausgenutzt, dass die positive Ladung auf den Oberflächen von AF-MNPs in elektrostatische Wechselwirkung mit der negativ geladenen Oberfläche von Bakterien tritt und somit eine effiziente Adsorptionskapazität entwickelt.

(c) Carboxygruppen

Unter Carboxygruppen oder Carboxylgruppen sind von Carbonsäuren abgeleitete funktionelle Gruppen, d. h. R–COOH, zu verstehen, Abb. 2.21 (a). Die Wechselwirkung von Metallionen mit S-Layern bezieht neben z. B. posttranslationalen Modifikationen der Proteine u. a. diverse funktionelle Gruppen aus natürlich auftretenden Aminosäureresiduen mit ein (Mobili et al. 2013), Abschn. 5.4.2. Im Fall von *Lactobacillus kefir* treten über die Koordinierung mit Seitenketten aus Carboxygruppen von Asparaginsäure (Asp = $C_4H_7NO_4$) sowie Glutaminsäure (Glu = $C_5H_9NO_4$) mit Metallen überwiegend über Koordinationen unter weiterer Einbeziehung von NH-Gruppen aus den Peptiden in Wechselwirkung. *Lysinobacillus sphaericus* interagiert mit Pd^{2+} über Carboxylgruppen, eine Koordinatierung von U erfolgt in Kombination von Carboxymit Phosphorylgruppen. Auch *Sulfolobus acidocaldarius DSM 639* greift im Umgang

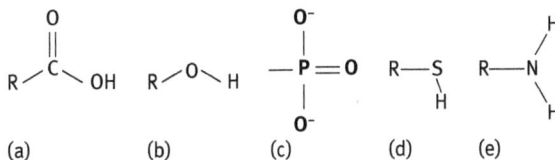

Abb. 2.21: Schematische Darstellung von (a) Carboxygruppe, (b) Hydroxygruppe, (c) Phosphorylgruppe, (d) Thiolgruppe sowie (e) primärer Amingruppe (Solomons et al. 2013).

mit U^{6+} auf Phosphorylgruppen zurück. Über die Zuführung von Thiolgruppen, überwiegend in Form von Cysteinresiduen oder Modifizierung der Aminogruppen, ist eine kontrollierbare Ablagerung von Au-NP möglich, ein Taggen der S-Layer-Proteine mit Histin verbessert die Kapazität einer Ni-Bindung seitens *Ly. sphaericus*, bei *Caulobacter crescentes* führt diese Maßnahme zu einer effizienteren Ausbringung von Cd (Mobili et al. 2013).

Eine Fixierung von Eu durch *P. aeruginosa* erfolgt u. a. durch Carboxygruppen (Texier et al. 2000), Abschn. 2.5.2 (m)/Bd. 2. Die Aufnahmen von Cd^{2+}, Cr^{6+}, Fe^{3+} sowie Ni^{2+} aus wässrigen Lösungen durch Carboxylgruppen durch zu einem Biofilm organisierten *E. coli* publizieren Quintelas et al. (2009), Abschn. 2.5.3 (l)/Bd. 2. Bei grampositiven Bakterien zählen Carboxygruppen zu den drei wichtigsten funktionellen Gruppen (Buszewski et al. 2015).

(d) Hydroxygruppen

Hydroxygruppen bzw. Hydroxylgruppen sind gekennzeichnet durch das Auftreten einer kovalenten Verbindung von O mit H. Sie treten in Phenol und Alkoholen auf, Abb. 2.21 (b). Im Zusammenhang mit einer bakteriellen Adhäsion auf selbstassemblierenden Schichten (Abschn. 4.4 (a)) in Form von Alkanethiol übernehmen u. a. Hydroxygruppen eine wichtige Funktion (Wiencek & Fletcher 1995).

(e) Phosphorylgruppen

Phosphorylgruppen (PG) leiten sich von der Phosphorsäure (H_3PO_4) ab und beziehen sich auf alle P-basierenden Gruppen, Abb. 2.21 (c). Kommt es zum Übertrag von einem PG-Donator zu einem PG-Akzeptor, wird von einer Phosphoryltransferreaktion gesprochen. Hierbei wird das elektrophile Verhalten des P-Atoms durch das Lewissäure-Verhalten z. B. eines Mg-Ions, erhöht. Diese Vorgänge unterliegen enymatisch gesteuerten Prozessen. Im mikrobiellen Umgang von SEE sind oftmals Phosphorylgruppen aufgeführt (Takahashi et al. 2005).

(f) Thiolgruppen

Bei Thiolgruppen oder Sulfhydrilgruppen handelt es sich um S-führende organochemische Verbindungen, Abb. 2.21 (d). In der Proteinchemie als wichtiges Reduktionsmittel anzusehen, tritt eine Thiolgruppe gegenüber Metallen als Ligand auf und bildet mit ihnen Metallthiolatkomlexe, z. B. Dicarbonylbis(cyclopentadienyl)titan:

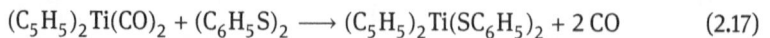

$$(C_5H_5)_2Ti(CO)_2 + (C_6H_5S)_2 \longrightarrow (C_5H_5)_2Ti(SC_6H_5)_2 + 2\,CO \qquad (2.17)$$

oder im Fall von Trieisendodecacarbonyl:

$$2\,Fe_3(CO)_{12} + 3\,(CH_3)_2S_2 \longrightarrow 3\,[Fe(CO)_3SCH_3]_2 + 6\,CO \qquad (2.18)$$

Der anwesende S zeigt im Sinne der *Hard/Soft/Acid/Base*-Theorie (HSAB) das Verhalten eines „Soft"-Atoms. Die Stabilität zeigt ein den Sulfiden ähnliches Verhalten. Die gegenüber Metallen wirksame Funktionalität ist in Metalloenzymen, blauen Cu-Proteinen, Molybdopterin, Cystein u. a. anzutreffen.

(g) Analyse

Eine Analyse funktioneller Gruppen auf den Oberflächen grampositiver und -negativer Bakterien mittels Infrarotspekroskopie zeichneten Jiang et al. (2004) auf. Die Chemie funktioneller Gruppen von sowohl grampositiven als auch gramnegativen bakteriellen Zellen sowie isolierter Zellwände ist in Funktion von pH-Wert, Wachstumsphase über eine Form der Infrarotspektroskopie (d. h. ATR-FTIR = *attentuated total reflectance Fourier transform infrared*) messbar. Wie aus den Spektren ersichtlich, führen die durch Jiang et al. (2004) implementierten Untersuchungen bakterieller Oberflächen diverse funktionelle Gruppen, d. h. Carboxyl-, Amin-, Phosphoryl- sowie Carbohydratgruppen, und sind sowohl für grampositive als auch gramnegative Zellen identisch. Nach Auffassung von Jiang et al. (2004) trägt die Deprotonierung von Carboxylaten und Phosphaten zur Bildung negativ geladener Oberflächen von Mikroorganismen bei. Variationen im pH-Wert verfügen über wenig Einfluss auf die sekundäre Struktur von Zellwandproteinen.

(h) Studien

Zur Charakterisierung aus einer U-Mine isolierten metallresistenten *Pseudomonas sp.* äußern sich Choudhary & Sar (2009) hinsichtlich seines Potentials zur Sequestrierung von Ni^{2+}, Co^{2+}, Cu^{2+} sowie Cd^{2+}. Eine auf 16SRNA Gene bezogene Analyse des Isolats verweist auf eine phylogenetische Beziehung zu *Pseudomonas fluorescens*. Die Metallaufnahme geschieht mit rasch einsetzender Sättigung monophasig und steht in Abhängigkeit von der Konzentration sowie vom pH-Wert. Für Ni^{2+} sind 1.048 nmol, für Co^{2+} 845 nmol, für Cu^{2+} 828 nmol sowie für Cd^{2+} 700 nmol pro 1 mg Trockenmasse seitens Choudhary & Sar (2009) ermittelt. Wie u. a. durch TEM (Abschn. 1.3.4 (a)/Bd. 2) erwiesen, wird die Zellumwandung bei der Metallablagerung bevorzugt. Durch u. a. EDX (Abschn. 1.3.2/Bd. 2) beschrieben, zeichnen sich Carboxyl- sowie Phosphorylgruppen (Abschn. 2.3.7) mit möglichen Mechanismen zum Ionenaustausch bei der Kationenanbindung verantwortlich. Binärsystemen zufolge kommt es durch *Pseudomonas sp.* zu einer selektiven Metallanbindung in der Reihenfolge $Cu^{2+} > Ni^{2+} > Co^{2+} > Cd^{2+}$. Dies sollte bei Maßnahmen im Sinne einer Sequestrierung beachtet werden (Choudhary & Sar 2009). Quintelas et al. (2009) weisen im Rahmen einer Sanierung von durch Cd^{2+}, Cr^{6+}, Fe^{3+} sowie Ni^{2+}, belasteten Wässern auf die Anwesenheit diverser funktioneller Gruppen hin, z. B. Bindung von Fe^{3+} sowie Cr^{6+} durch Carboxylgruppen.

Im Zusammenhang mit Studien zur Auswirkung der Kulturbedingungen und Ionenstärke auf die Adsorption von Protonen durch die Oberfläche des extrem thermophilen *Acidianus manzaensis* gelangen He et al. (2013) zu dem Schluss, dass sich die Säure-Base-Eigenschaften der Zellwand von *A. manzaensis* durch drei distinktive auf die Zellwand bezogene funktionelle Gruppen charakterisieren lassen: Carboxyl-, Phosphoryl- und Amidgruppen (Abschn. 2.3.7). Weder die Wachstumsphase noch das für den Mikroorganismus präparierte Kulturmedium verändern den Chemismus der o. a. funktionellen Gruppen, die Ergebnisse ihrer Arbeiten betonen vielmehr die Allgemeingültigkeit des Chemismus funktioneller Gruppen. Bei Studien zu den Mechanismen eines Kationenaustausches von *Pseudomonas aeruginosa PAO1* sowie *PAO1 wbpL* mit gekürzten Lipopolysacchariden ermittelten Shephard et al. (2008), dass eine Anbindung von La^{3+} bei den genannten Mikroorganismen mit Carboxylat- sowie Phosphatgruppen verbunden ist.

Ginn & Fein (2008) führen ein einfaches, metallspezifisches, oberflächenbezogenes Komplexierungsmodell vor, das das Säure-/Base- sowie Adsorptionsverhalten für jede Art in ausreichender Weise erfasst. Zur Beschreibung der Protonierung bakterieller funktioneller Gruppen stützen sich ihre Überlegungen auf ein nicht-elektrostatisches Modell mit vier eigenständigen Punkten (engl. *site*), wobei sie sich auf Vorgaben auf durchschnittliche pK_a-Werte sowie auf die Konzentration der Punkte in mol per Gramm feuchter Biomasse stützen. Über die Bereitstellung von Komplexbildnern lässt sich für jeden bakteriellen Oberflächenpunkt die Adsorption von Cd und Pb auf der Bakterienoberfläche ableiten. Entsprechend den Ergebnissen, d. h. ermittelten durchschnittlichen Stabilitätskonstanten der Cd- und Pb-Komplexierungen für die ausgewählten Punkte (*site* 1–4), deutet sich für eine Vielzahl von Bakterien ein gleichartiges Adsorptionsverhalten gegenüber Protonen und Metallen an. Ergänzend zeigen Ginn & Fein (2008) auf, dass ein einfacher Satz (engl. *set*) an Säurekonstanten, Punktekonzentrationen und Stabilitätskonstanten, d. h. alle Durchschnittswerte hinsichtlich oberflächenbezogener Komplexierungen zwischen Metall und Bakterium, als Modell für das Adsorptionsverhalten vieler Arten geeignet ist. Seitens Ginn & Fein (2008) veröffentlichte Daten zeigen für ein breites Spektrum an Bakterien ein ähnliches Adsorptionsverhalten gegenüber Protonen und den untersuchten Metallen. Weiterhin liefert ein einfacher Satz an durchschnittlichen Säurekonstanten, Site-Konzentrationen sowie Stabilitätskonstanten für Metall : Bakterienoberfläche : Komplexierungen einer Vielzahl von Arten ein brauchbares Modell zur Ermittlung des Adsorptionsverhaltens. Die von Ginn & Fein (2008) skizzierten Unterschiede im Adsorptionverhalten von *Acidiphlium angustum* beruhen nach Auffassung der Autoren auf genetischen Unterschieden bezogen auf die Chemie bestimmter funktioneller Gruppen, eingebaut innerhalb der Zellwand, und offensichtlich können signifikante Abweichungen vom typischen bakteriellen Adsorptionsverhalten auftreten.

Zusammenfassend

Bakterien enthalten ein großes Spektrum an aus organischen Säuren bestehenden funktionellen Gruppen wie z. B. Carboxyl- und Phosphorylgruppen, die aus Lösungen Metallkationen und Protonen adsorbieren und somit auf diese Weise die Bioverfügbarkeit, den Verbleib und Transport von u. a.

Metallen in oberflächennahen geologischen Milieus beeinflussen (Borrok et al. 2005). Ungeachtet der Ähnlichkeiten funktioneller Gruppen auf den Oberflächen von Bakterien sowie Mineralen, beide verhalten sich gegenüber Protonen aktiv, weisen sie signifikante Unterschiede auf. Bei der Suche, Aufnahme sowie Verarbeitung eines gewünschten Metallbudgets unterstützen funktionelle Gruppen mikrobielle Maßnahmen einer Identifizierung sowie der Selektion. Neben der Akquise von Metallen sieht sich ein Mikroorganismus u. U. einer Vielzahl in Konkurrenz stehender Metallkationen gegenüber, daher kommt der Metallkationen-Partitionierung eine wichtige Funktion zu.

2.3.8 Metallkationen-Partitionierung

In der Regel sieht sich ein Mikroorganismus bei der Akquise, Verarbeitung sowie Resistenz gegenüber Metallen mit Mehrstoffsystemen konfrontiert. Hierzu bietet die Metallkationen-Partitionierung eine effektive Methode der Selektion. Unter natürlichen Bedingungen sind die den Mikroorganismus umgebenden Habitate oftmals mit sehr unterschiedlichen Metallspezifikationen ausgestattet, versehen mit elementspezifischen Eigenschaften. Diese können in Konkurrenz bei der Besetzung aktiver Sites, mit einem zunächst indifferenten Verhalten der Zellwände gegenüber verschiedenen Metallkationen, auftreten. Die Geochemie spezieller saurer Wässer vom Rio Tinto und die Rolle von Bakterien bei der Partitionierung von metallischen Feststoffphasen bzw. Metallkationen erörtern Ferris et al. (2004). Durch das Flussbett gesickerte Grundwasser zeigen gegenüber dem Oberflächenwasser und der Sole chemisch eindeutig unterscheidbare chemische Verteilungsmuster und beziehen sich auf u. a. Al, As, Ba, Cu, Fe, Li, Mn, V sowie Zn, oftmals ist gegen die Tiefe ein progressiv ansteigender Gradient zu beobachten. Hinsichtlich der Fixierung von Metallen durch Zellen treten folgende Größen auf (Konhauser 2007):
– Ionenpotential,
– Abstand Liganden (Stereochemie),
– Typ des Liganden,
– kovalente Bindung.

So stellen z. B. [1]Waldron & Robinson (2009) Fragen nach der Art der Mechanismen, derer sich bakterielle Zellen bei der Zuweisung bestimmter Metalle an z. B. Metalloproteine bedienen. Schlüsselbegriffe sind Sorptionsverteilungskoeffizient K_d und Selektivitätskoeffizient.

(a) Sorptionsverteilungskoeffizient K_d
Generell gehen in natürlich vorkommenden Medien Metalle bzw. deren Spezifikationen Reaktionen mit Liganden sowie den Oberflächen von Feststoffphasen ein, die mit Wassser in Verbindung stehen ([1]Allison & Allison 2005). Handelt es sich um eine Anbindung an eine feste Matrix, wird von einer Sorptionsreaktion gesprochen. Der

Metallpartitionierungs- oder Sorptionsverteilungskoeffizient K_d stellt sich durch das Verhältnis der sorbierten Metallkonzentration [mg Metall per kg sorbierendem Material] mit der gelösten Metallkonzentration [mg Metall per l Lösung] unter Gleichgewichtseinstellung dar ([1]Allison & Allison 2005):

$$K_d = \frac{\text{sorbierte Metall-Konzentration } [\text{mg kg}^{-1}]}{\text{gelöste Metall-Konzentration } [\text{mg l}^{-1}]} \qquad (2.19)$$

(b) Selektivitätskoeffizient

Zwecks Betrachtungen zur Metallkationen-Partitionierung ist der Selektionskoeffizient nützlich. Innerhalb der Angewandten Geologie, als Maß für das ionenselektive Verhalten einer Sonde gegenüber z. B. Störionen eingeführt, lässt sich auch im Rahmen von Überlegungen zur Metallkationen-Partionierung der Selektivitätskoeffizient berücksichtigen, ein Term im Zusammenhang mit der Bindungsselektivität. Zur Quantifizierung jenes Anteils eines Substrats A, das mit unterschiedlichen Liganden, d. h. B und C, eine Bindung eingeht, kommt das Konzept der Selektivität in Betracht. Im einfachsten Fall liegt eine 1 : 1-Stöchiometrie vor, wobei die Wechselwirkungen durch die Equilibriumskonstanten K_{AB} sowie K_{AC} charakterisiert sind:

$$A + B = AB \qquad (2.20)$$

mit

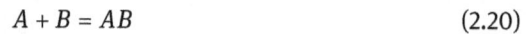

$$K_{AB} = \frac{[AB]}{[A][B]} \qquad (2.21)$$

sowie

$$A + C = AC \qquad (2.22)$$

mit

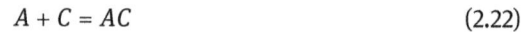

$$K_{AC} = \frac{[AC]}{[A][C]} \qquad (2.23)$$

wobei gilt [·]: Konzentration.

Das Verhältnis der zwei Equilibriumskonstanten definiert dann den Selektivitätskoeffizienten:

$$K_{AC} = \frac{K_{AC}}{K_{AB}} \qquad (2.24)$$

(c) *Irving-Williams*-Serie

In Lösung befindliche Metallkationen können sich je nach Bedarf über elektrostatische an die Oberfläche mikrobieller Zellwände Kräfte anbinden, Abschn. 4.3. Zum Verständnis, wie Zellen Metalle zuweisen und auf die Herausforderungen betreffs Homöostase reagieren, trägt das Modell der *Irving-Williams*-Serie bei (Tottey et al. 2007). Es beruht auf empirischen Beobachtungen der Bindungen divalenter Metalle inkl. des monovalenten Cu durch Modellkomplexe und postuliert eine Standard-Reihenfolge für die Bindungskonstanten von Proteinen gegenüber essenziellen Metallen: Mg^{2+} < Mn^{2+} < Fe^{2+} < Co^{2+} < Ni^{2+} < $Cu^{2+}(Cu^+)$ > Zn^{2+} (Tottey et al. 2007).

(d) Sensoren

Biologische Sensoren übernehmen die Detektion von für einen Mikroorganismus benötigten Komponenten, wie z. B. bestimmten Metallkationen. Sie sind für die gezielte mikrobielle Aufnahme unabdingbar. So ist z. B. gegenüber Ni eine Vielzahl von Sensoren beschrieben. Nickel (Ni) ist ein verhältnismäßig weit verbreitetes Spurenmetall und findet sich in einer Fülle von Biomolekülen wieder. Auf einen cytosolischen Ni^{2+}-Sensor in einem Cyanobakterium, die Ni-Detektion folgt der Ni-Affinität über vier Familien an Metallsensoren, verweisen Foster et al. (2012). Der Ausstoß von einem Überschuss an Ni^{2+} durch die inneren und äußeren Membranen von Synechocystis PCC 6803 hinweg geschieht unter Zuhilfenahme eines Nrs-Systems, überwacht durch einen periplasmatischen Ni^{2+}-Sensor. In Verbindung mit diversen genetisch ausgerichteten Arbeiten, z. B. Transkription, kommt es dann zur Akkumulation von Ni oder Co. Für Cu tritt hingegen keine messbare Anreicherung ein. Im Wettbewerb mit anderen Chelatoren, z. B. EDTA, EGTA u. a., um die weitgehend beständigste Site weist *InrS* die günstigsten Voraussetzungen auf, d. h. K_d Ni^{2+}. Dahingegen fällt der K_d Ni^{2+} gegenüber anderen auf die Zelle bezogenen Metallsensoren, z. B. Zn^{2+}-Corepressor *Zur*, Co^{2+}-Aktivator *CoaR* u. a., geringer aus. Bei Zugabe von Ni^{2+} an andere Sensoren erfolgt, ungeachtet des abweichenden Adressaten, ein Ni^{2+}-Transfer zu *InrS*. Durch eine enge Bindung durch *InrS* wird eine Abwanderung von Ni^{2+} zu anderen Sensoren, z. B. aus Gründen niedriger K_d-Werte für Ni^{2+}, unterbunden (Foster et al. 2012). Übergreifend werden als Alternative zu Analysetechniken, wie z. B. ICP, Biosensoren u. a. zur Detektion von Metallen diskutiert (Verma & Singh 2005).

(e) Transporter

Mo und W verfügen über ähnliche Ionenradien und chemische Eigenschaften, Abschn. 2.4.2 (j). So beläuft sich z. B. der K_d-Wert zur Bindung von durch *MadA* aus *E. coli* für Wolframat (WO_4^{2-}) auf 20 ± 8 und für Molybdat (MoO_4^{2-}) auf ebenfalls 20 ± 8. Erhebliche Abweichungen sind allerdings für *WtpA* aus *P. furiosis* zu beobachten, 0,017 für WO_4^{2-} sowie 11 ± 5 betreffs MoO_4^{2-}. Andreesen & Makdessi (2008) verweisen auf die Beobachtung eines selektiven Transports in prokaryotischen Zellen durch zwei Transporter vom Typ *ABC*, versehen mit entweder *TupA* oder *WtpA*, d. h. zur Bindung fähige Proteine. Beide Proteine weisen eine hohe Affinität gegenüber WO_4^{2-} auf und sind fähig, zwischen WO_4^{2-} sowie MoO_4^{2-} zu unterscheiden, es kommt durch die o. a. Vorgänge zur selektiven Inkorporation von W in die o. a. Enzyme (Andreesen & Makdessi 2008). Als Mitglied einer Klasse von WO_4^{2-}- und MoO_4^{2-}-Transportern tritt in *Pyrococcus furiosus* ein W-Transport-Protein A, d. h. *WtpA*, auf (Bevers 2006).

(f) pH-Wert

Die Rolle der Komplexierung von Kationen in Verbindung mit den Wechselwirkungen Bakterium : Metall bei der Ankoppelung an ein Mineral unterziehen Fowle & Kulczycki (2004) Studien. Hierbei betonen die o. a. Autoren am Beispiel von Experimenten zur Anbindung von *E. coli* auf Quarz die Abhängigkeit vom pH-Wert. Weiterhin scheint ihrer Einschätzung nach ein auf das Bakterium bezogenes elektrisches Feld, unterstützt durch Ca-Ionen, in Verbindung mit der Zellwand.

(g) Mn-/Fe-Oxide

Eine selektive Sorption von Co^{2+} gegenüber Ni^{2+} lässt sich offensichtlich mittels biogen erzeugter Mn-Oxide durchführen (Sasaki et al. 2009). Durch den Stamm *Paraconiothyrium sp. WL-2* synthetisierte biogene Mn-Oxide zeigen bei der Sorption gegenüber gleichzeitig auftretendem Ni^{2+} eine Bevorzugung von Co^{2+}-Ionen, wobei sich der maximale Selektivitätskoeffizient, d. h. α_{Co}, auf 18 beläuft. Grund für dieses Verhalten sind unterschiedliche Sorptionsmechanismen für Co^{2+} sowie Ni^{2+} sowie die speziellen Merkmale biogen erzeugter Mn-Oxide. Denn die oktaedrisch auftretenden Co^{2+}-Ionen besetzen die Leerstellen zentraler Metallsites innerhalb des ebenfalls oktaedrisch organisierten Mn-Oxids, wo sie im Anschluss durch Oxidation von Mn^{3+} zu CoOOH immobilisiert werden. Dahingegen unterliegt Ni^{2+}, insbesondere unter neutralen pH-Bedingungen, einer Sorption ohne nachfolgende Oxidation. Verglichen mit synthetisch erzeugtem Mn-Oxid, bedingt ein höherer Anteil an Leerstellen und Mn^{3+}-Gehalten sowie ausgedehnteren Oberflächen der biogenen Mn-Oxide die gegenüber Ni^{2+}selektive, d. h. stärkere Sorption von Co^{2+}. Auch Fe-Oxide übernehmen eine wichtige Funktion bei der Adsorption diverser Metallionen, z. B. Cu, Ni, Zn u. a., wobei die OH-Gruppen von Fe-Hydrooxiden eventuell einbezogen sind (z. B. Benjamin & Leckie 1981, Tessier et al. 1996 u. a.).

(h) Analyse

Zur Beschreibung von Experimenten zur Anbindung von Mikroorganismen auf festen Substraten eignen sich u. a. Titrationen zur elektrophoretischen Mobilität, Ionenaustauschchromatographie. Die jeweiligen Metallpräzipitate sind über TEM, SEM oder SAED visualisierbar (Ferris et al. 2004), Abschn. 1.3.4/Bd. 2.

(i) Modellierung

Generell reagieren frei verfügbare Metallkationen auf einen bestimmten Typ von Liganden unabhängig von dessen Herkunft, d. h. auf der Zelloberfläche eines Mikroorganismus oder in wässriger Lösung als frei beweglicher organischer Komplex.

Daher eignen sich zum Zwecke einer Modellierung z. B. Metalloxalate, deren ermittelte Datenbasis auf Metallcarboxylkomplexierungen ohne bislang erfolgte Messergebnisse übertragbar ist und somit Voraussagen zur Stabilität gestattet. Als Beispiel für erzablagernde Prozesse führen Druschel et al. (2002) eine geochemische Modellierung von Zinkblende (ZnS) in Biofilmen durch. Aufgrund der thermodynamisch bedingten Einschränkungen einer Reduktion von Sulfat bei niedrigen Temperaturen wird zunehmend die Einbeziehung mikrobiell-biologischer Prozesse in Betracht gezogen. Im Zusammenhang mit metallogenetischen Konzeptionen zu Erzlagerstätten vom Typ *Sedex* sowie stratiformen Zn-Lagerstätten (*Mississippi-Valley*-Typ = MVT) stellen Druschel et al. (2002) Überlegungen an. Hierzu präsentieren die o. a. Autoren Reaktionsmodelle einer Reduktion von Minendrainagen, in Wechselwirkung mit SRB in einem Biofilm stehend, sowie stratiformer Wässer im Zusammenhang mit Bergbauaktivitäten, Abb. 2.22 (a), Abschn. 2.6.1 (j)/Bd. 2.

Entsprechende thermodynamische Aspekte berücksichtigend, ergibt sich eine Kopräzipitation von ZnS sowie Galenit (PbS), gefolgt von Mackinawit ($(NiFe)_9S_8$), einem Niedrigtemperatur-Edukt von Pyrit (Fe_2S). Die Abfolge der S_2-Ausfällung unterliegt der Zusammensetzung der Lösung, die wiederum ein hydrothermales System (*ore fluid*) repräsentiert und auf den gewählten Metallen beruht. Geringfügige Veränderungen in der Chemie der Lösungen, z. B. pH, Konzentration von Ca-Ionen, Cl-Gehalt, Verfügbarkeit organischer Liganden, Temperatur etc., üben einen Einfluss auf die Löslichkeit von Metallspezifikationen aus. Weiterhin sind die Metallgehalte in Funktion des Verhältnisses zwischen wässriger Lösung und Festgestein unter Berücksichtigung des Wirtsgesteins zu stellen, Differenzen führen u. U. zu einer Verzögerung der Präzipitation von z. B. Zn und/oder Pb, Abb. 2.22 (b). Die Entwicklung einer durch die o. a. Autoren wässrigen Phase, in ihrem Fallbeispiel in Form einer Abnahme des Eh als Ergebnis eines Anstiegs des S^{2-}-Gehaltes, bedingt zunächst eine Ausfällung von Sphalerit. Hierbei kommt es bis zum Verbrauch der Zn^{2+}-Ionen zu einem Puffereffekt duch HS^-. Ein sukzessiver Anstieg der HS^--Aktivität bedingt im Weiteren, nach Verbrauch der Zn^{2+} Anteils, die Präzipitation eines nachfolgenden, und falls vorhanden, S^2, z. B. in Form von PbS (Druschel et al. 2002). Bei der Bearbeitung von Fragen

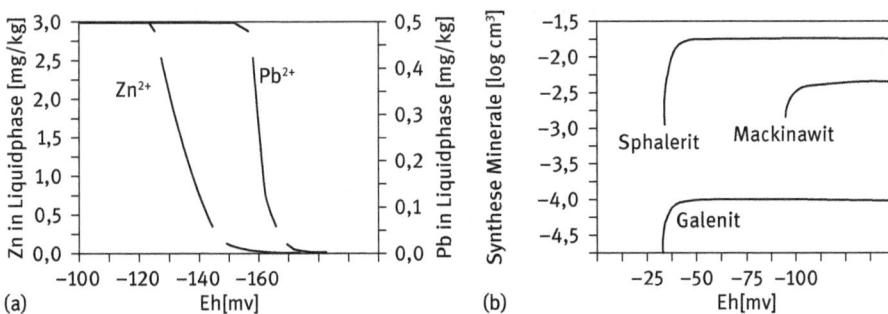

Abb. 2.22: Reaktionsmodelle für eine Reduktion von (a) Minendrainagen in Wechselwirkung mit sulfatreduzierenden Bakterien in einem Biofilm stehend sowie (b) stratiformer Wässer im Zusammenhang mit Bergbau (Druschel et al. 2002).

zur Quantifizierung der durch Sequestrierung aufgenommenen Metalle via SRB in kontaminierten Geosphären sprechen Moreau et al. (2013) von einer quantitativen Partitionierung von u. a. Metallen bzw. deren entsprechenden Spezifikationen.

(j) Genetische Aspekte

Nach den durch Foster et al. (2012) präsentierten Daten/Messungen besteht offensichtlich die Möglichkeit, über gentechnische Arbeiten die Metallselektivität zu verändern. Transkripte, durch *nrsD*-Promoter initialisiert, akkumulieren in Erwiderung auf Co oder Ni, bei Cu hingegen kommt es zu keiner Anreicherung. Weiterhin bildet rekombinantes *InrS* spezifische Ni^{2+}-inhibierte Komplexe mit dem *nrsD*-Promoter-Abschnitt.

Zusammenfassend

In wässriger Lösung wechselwirken Metallkationen in sehr vielfältiger Weise, d. h. sowohl elektrostatisch als auch kovalent, mit den deprotonierten funktionellen Gruppen. Auf diese Weise formieren sich metallhaltige bakterielle Oberflächenkomplexierungen (Borrok et al. 2005). Die jeweiligen Reaktionsräume/-bedingungen definieren die extrazellulären Größen, z. B. Phasenraum, die seitens des Mikroorganismus beachtet werden müssen. In einem nächsten Schritt sieht sich u. a. ein Mikroorganismus gezwungen, in Wechselwirkungen mit seiner Umwelt bzw. seinem Habitat zu treten. Profunde Kenntnisse auf dem Gebiet der Metallkationen sind z. B. für eine selektive Extraktion gewünschter Metallspezifikationen durch industrielle Prozesse wie z. B. Biohydrometallurgie, Bioremediation, Prävention gegen Biokorrosion etc. hilfreich.

2.4 Interaktion: Mikroorganismus – Metall

Zunehmend wird in der Geomikrobiologie die Bedeutung der Interaktionen an den Schnittstellen Mikroorganismus : Mineral bzw. Mikroorganismus : Metall wahrgenommen und in Bezug auf geochemische Stoffkreisläufe fachspezifisch sowie interdisziplinär vertiefend erforscht, u. a. im Bereich Biohydrometallurgie (Abschn. 2.5.1/Bd. 2), geobiotechnologischer Sanierungsstrategien (Abschn. 2.5.3/Bd. 2), Biokorrosion/-fouling (Abschn. 2.6.3/Bd. 2). Mikroorganismen besiedeln nahezu jedes Habitat auf der Erde und beeinflussen durch ihre metabolischen Aktivitäten die chemischen und physikalischen Eigenschaften ihrer unmittelbaren Umgebung (Newman & Banfield 2002). Während der gesamten geologischen Entwicklung und seit ihrer Entstehung stehen Bio- und Geosphäre in enger Wechselwirkung. Durch ihr ubiquitäres Auftreten, z. B. aride, glaziale, humide, marine Habitate, ihre hohe chemische Reaktivität und metabolische Diversität treten sie als signifikante Kontrollfaktoren bei der Elementzusammensetzung der Erde auf. Mikroorganismen sind in erheblicher Weise an stofflichen Umverteilungen im Bereich Geochemie beteiligt (Madigan & Martinko 2009, Viles 2012). Sie interagieren mit Mineralen und Metallen sowohl in natürlicher als auch synthetischer Umgebung, wobei sie deren physikalischen und chemischen

Zustand verändern. Gleichzeitig üben diese wiederum Einfluss auf das mikrobielle Wachstum, die Aktivität und das Überleben aus.

Die Mehrzahl der Mikroorganismen der aus dem terrestrischen, auf die Oberfläche bezogenen Milieu beschriebenen Formen besiedelt feste Oberflächen. Neben der Möglichkeit einer Fixierung auf einem Substrat bieten die betroffenen Mineraloberflächen die Ausgangsbasis für den Erwerb von Nährstoffen für diverse mikrobielle Lebensformen an. Entsprechende Studien zeigen, dass es an den Kontaktstellen zwischen Mikroorganismus und mineralogischem Substrat zu Veränderungen in der Mineralchemie kommt. Gleichzeitig passt sich die Physiologie des betroffenen Bakteriums, nach Anhaftung auf einem Medium, den o. a. Wechseln an. An den Schnittstellen von mikrobieller Biomasse mit anorganischen Komponenten, wie z. B. Metallen, aber auch Mineralen, werden jene physikochemischen Voraussetzungen geschaffen, die es ermöglichen, aus einem bioverfügbaren Edukt geeignete Produkte zu synthetisieren, u. a. biogene metallische Nanopartikel/-cluster.

Über die mikrobiellen Wechselwirkungen mit Metallen gibt es umfangreiche Datenbestände. Eine Vielzahl von Veröffentlichungen zur Beschreibung von an den Schnittstellen oder in Reaktionsräumen stattfindenden Prozessen steht zur Einsicht und Erweiterung bereits entwickelter u. a. technischer Ansätze zur Verfügung (Cervantes et al. 2006, Gadd 2010, u. a.). Die Mikrobiologie an der Schnittstelle Atmo-/Lithosphäre, als terrestrische Nische, häufig in Biofilmen organisiert, demonstriert, wie die biologische Wechselwirkung und der physikalische Stress ein kompliziertes mikrobielles Ökosystem modulieren (Gorbushina & Broughton 2009), Abschn. 2.3.3. Angepasst an eine Fülle unterschiedlichster Stressfaktoren, bedingt durch die Quellenfunktion der Minerale als u. a. Nährstoff, fördern Biofilme im erheblichen Ausmaß die Verwitterung von Gesteinen und Bildung von Böden.

Zusammengesetzt aus u. a. hetero- sowie phototrophen Mikroorganismen, mit gegenseitiger Unterstützung, gestalten sie durch ihre Wechselwirkungen kleinräumig die geomorphologische Situation (Gorbushina & Broughton 2009). Durch den Kontakt mit dem geologischen Umfeld und unter Berücksichtigung geologischer Zeiträume (seit ca. 3.8 Ga sind z. B. Mikroorganismen nachgewiesen) nehmen sie in vielerlei Hinsicht entscheidend an der Gestaltung der verschiedenen Geosphären teil. In Verbindung mit der Interaktion von Mikroorganismen setzt sich Viles (2012) mit der Konzeption einer mikrobiellen Geomorphologie auseinander, d. h. der Verbindung zwischen dem Leben und der Landschaft. Unterstützung findet diese Art von Themengebiet durch u. a. molekulare Techniken, umweltbezogene Mikrobiologie, Sedimentologie, Geochemie, Pedologie u. a. Die o. a. Wechselbeziehungen erfassen alle Typen bekannter Organismen und somit ihre physikalisch-chemischen Einwirkungen auf lokale/globale geologische sowie geochemische Prozesse. Nach bislang vorliegenden Daten kann davon ausgegangen werden, dass lebensbezogene Prozessabläufe und lebende Systeme/Gemeinschaften Auswirkungen auf Atmosphäre, Hydrosphäre sowie Lithosphäre haben.

Die Schnittstelle zwischen Mikroorganismus, Mineral und Metall zeichnet sich durch chemische und strukturelle Merkmale aus, wie z. B. Konzentration und Lokalisierung von Reduktasen sowie die physische Struktur der äußeren Membran auf der einen Seite und die Dichte und Koordination von z. B. Fe-Oxiden, die auf die Oberfläche des Minerals ausgebildete Mikrotopographie, Kristallographie u. a. seitens des betroffenen Minerals auf der anderen Seite (Lower et al. 2001). Die an der Schnittstelle Mikroorganismus : Mineral erfolgenden Wechselbeziehungen sind mittels diverser Analysetechniken, wie z. B. Röntgentechniken und EM, ansprechbar (Miot et al. 2014). Für die o. a. Abläufe ist als quantifizierbare Einflussgröße die Adhäsion von Mikroorganismen an die Oberfläche von Mineralen von essenzieller Bedeutung (Davis & Lüttge 2005), Abschn. 1.3.1 (c)/Bd. 2.

(a) Metalle

In Abhängigkeit von dem jeweiligen Umfeld und der speziellen Verwendung wird seitens der Mikroorganismen eine Vielzahl von Elementen bzw. Metallen inkl. Lanthaniden, Actiniden und anderer Radionuklide erfasst, und dies verweist auf die Schlüsselrolle von Mikroorganismen innerhalb biogeochemischer Kreisläufe (Ehrlich 1997, Gadd 2010). Ungefähr 75 % des Periodensystems der Elemente werden von den Metallen eingenommen. Sie treten innerhalb der Biosphäre ubiquitär auf. Begleitend steigt kontinuierlich das Angebot des anthropogenen Eintrags, verbunden mit den entsprechenden Reaktionen seitens der mikrobiellen Biomasse. Sowohl metabolische als auch physikalische Aktivitäten aller Organismen, inkl. Bakterien, Fungi, Fauna und Flora, wirken in Form von Bioerosion und Biokorrosion auf die Gesteinsverbände, Genese von biosedimentären Gesteinsformationen, Gestaltung von Atmosphäre und Hydrosphäre sowie durch Regulierung der Wechselwirkungen aller genannten Kompartimente der Erde und finden sowohl auf mikroskopischer als auch global makroskopischer Ebene statt.

So zeigen bislang vorliegende Studien, dass nur einige Hauptelemente, wie z. B. C, P, S u. a., die Hauptkationen Ca, Fe, K, Mg, Na sowie Spurenelemente in allen Lebensformen auftreten, z. B. Co, Cr, Cu, Mn, Mo, Se, V, W, Zn. Dahingegen ist eine Vielzahl von Metallen lediglich für spezielle Aufgaben vorgesehen und auf wenige Lebensformen beschränkt, z. B. Au, Ge, La, Pt, Se, Te, U, W u. a., Tab. 2.14. Zur adäquaten Behandlung von Metallen bedienen sich Mikroorganismen u. a. Redoxprozess, Akkumulation, Biosorption etc. Bedingt durch stoffwechselbezogene Abläufe verhält sich eine Fülle an Mikroorganismen gegenüber bestimmten Metallen wie z. B. Fe, Mn oder V hochsensitiv. Generell reagieren sie in vielfältiger Weise auf die Anwesenheit von Metallen. Bis auf wenige Ausnahmen kann seitens von Mikroorganismen auf nahezu alle Elemente bzw. Metalle des Periodensystems angemessen geantwortet werden.

Tab. 2.14: Hauptelemente, Spurenelemente und Elemente für spezielle Aufgaben bzw. nur in einigen Lebensformen vertreten.

Funktion	Elemente	Auftreten
Hauptelemente	C, H, N, O, P, S	alle Lebensformen
Hauptkationen	Ca, Fe, K, Mg, Na	alle Lebensformen
Hauptanionen	Cl	alle Lebensformen
Spurenelemente	Co, Cr, Cu, Mn, Mo, Ni, Se, V, W, Zn	alle Lebensformen
Spezielle Spurenelemente	As, B, Ba, F, Si, Sr	einige Lebensformen
Adsorption, Transport, Reduktion, Methylisierung, inert oder unbekannt	Ag, Au, Ga, Ge, La, Pt, Te, Th, U	einige Lebensformen

Tab. 2.15: Wechselwirkungen zwischen Spuren- und Halbleitermetallen („Metalloide") und Mikroorganismen sowie hiermit verbundenen chemischen Prozessen, z. B. Reduktion.

Metall	Mikroorganismus	Prozess/Mechanismus	Quelle
Ag	*Geobacter sulfurreducens*	Akkumulation, Reduktion	Law et al. (2008)
	Pseudomonas stutzeri	Sorption	Klaus et al. (1999)
	Shewanella oneidensis	Efflux, Sequestrierung	Suresh et al. (2010)
As	*Alkalilimnicola ehrlichii sp. nov.*	Akkumulation, Methylierung	Hoeft et al. (2007)
	Escherichia coli	Reduktion	Kostal et al. (2004)
	Thermus sp. A03C	Reduktion	Connon et al. (2008)
Au	*Cupriavidus metallidurans*	Dispersion, Lösung	Reith et al. (2009)
	Rhodopseudomonas capsulata	Reduktion	He et al. (2007)
	Shewanella algae	Reduktion	Ogi et al. (2010)
	Shewanella algae	Reduktion	[1,2]Konishi et al. (2007)
Bi	*Staphylococcus aureus*	k. A.	Busenlehner et al. (2002)
Ce	*Bacillus subtilis*	Adsorption	Takahashi et al. (2005)
Cd	*Escherichia coli*	k. A.	Sweeney et al. (2004)
	Geobacillus stearothermophilus	Biosorption	Hetzer et al. (2006)
Co	*Shewanella oneidensis*	Reduktion	Hau et al. (2008)
Cr	*Bacillus subtilis*	Reduktion	Lovley (1993)
	Desulfovibrio sp.	Reduktion	Michel et al. (2001)
	Deinococcus radiodurans R1	Reduktion	Fredrickson et al. (2000)
Cu	*Thiobacillus ferrooxidans*	Reduktion	Lovley (1993)
	k. A.	k. A.	Rubilar et al. (2013)
Eu	*Pseudomonas aeruginosa*	Adsorption	Philip et al. (2000)
	Pseudomonas aeruginosa	Adsorption	Texier et al. (2002)

k. A.: keine Angaben

Tab. 2.15: (fortgesetzt)

Metall	Mikroorganismus	Prozess/Mechanismus	Quelle
Fe	*Shewanella putrefaciens*	Reduktion	DiChristina et al. (2002)
	Shewanella sp.	Reduktion	Lower et al. (2001)
	Shewanella HN-41	Reduktion	[4]Lee et al. (2007)
	Shewanella putrefaciens 200	Reduktion	Cooper et al. (2003)
Ga	*Ustilago sphaerogena*	Chelatierung	Emery & Hoffer (1980)
	Burkholderia cepacia	k. A.	Peeters et al. (2008)
Ge	*Pseudomonas putida ATCC 33015*	Akkumulation	Chmielowski & Kłapcińska (1986)
	Bacillus sp.	Akkumulation	van Dyke et al. (1989)
Hf	*Bacillus subtilis*	k. A.	Beveridge (1978)
Hg	*Geobacter metallireducens*	Respiration (?)	Lovley (1993)
In	*Pseudomonas fluorescens*	Immobilisierung via Phosphat	Andersen & Appanna (1993)
	Klebsiella pneumonia	Labeling	Ardehali & Mohammad (1993)
	Bacillus subtilis	k. A.	Beveridge (1978)
	Shewanella algae	k. A.	Ogi et al. (2012)
La	*Pseudomonas sp.*	Biosorption	Kazy et al. (2006)
Li	*Athrobacter nicotianae*	Akkumulation	[2]Tsurata (2005)
Mn	*Shewanella putrefaciens*	Reduktion	DiChristina et al. (2002)
	Shewanella putrefaciens	Reduktion	Glasauer et al. (2004)
	Geobacteraceae sp.	Reduktion	Lovley et al. (2004)
	Geobacter metallireducens	Metabolismus	Lovley (1993)
	Pseudomonas putida	Oxidation	Toner et al. (2005)
Mo	*Bacillus sp.*	Molybdophor	Liermann et al. (2005)
	Thiobacillus ferrooxidans	Reduktion	Lovley (1993)
	Serratia sp. Stamm Dr. Y8	Reduktion	Shukor & Syed (2010)
Nd	*Bacillus subtilis*	Adsorption	Fein et al. (2001)
	Pseudomonas aeruginosa	Adsorption	Philip et al. (2000)
Ni	*Synechocystis PCC 6803*	Efflux	Foster et al. (2012)
Pd	*Escherichia coli*	Reduktion	[2]Deplanche et al. (2010)
	Desulfovibrio desulfuricans	Adsorption	de Vargas et al. (2004)
	Desulfovibrio fructosivorans	Bioakkumulation	Mikheenko et al. (2008)
	Desulfovibrio desulfuricans	Reduktion	Yong et al. (2002)
Pt	*Desulfovibrio desulfuricans*	Adsorption	de Vargas et al. (2004)
	Fusarium oxysporum	Reduktion	Govender et al. (2009)
	Shewanella algae	Reduktion	[1]Konishi et al. (2007)
	Plectonema boryanum UTEX 485	Reduktion	[1]Lengke et al. (2006)

k. A.: keine Angaben

Tab. 2.15: (fortgesetzt)

Metall	Mikroorganismus	Prozess/Mechanismus	Quelle
Sb	*Streptococcus aureus*	k. A.	An & Kim (2009)
	k. A.	Biomethylierung	Bentley & Chasteen (2002)
Se	*Cupriavidus metallidurans CH34*	Akkumulation	Avoscan et al. (2009)
	Pseudomonas sp. AX	Reduktion	Lovley (1993)
	Bacillus selenitireducens	Reduktion	Oremland et al. (2004)
	Veillonella atypica	Reduktion	Pearce et al. (2009)
	Thaurea selenatis	Reduktion	Schröder et al. (1997)
	Pseudoalteromonas	Reduktion	Rathgeber et al. (2002)
Sn	*Saccharomyces cerevisiae*	Biomethylierung	Ashby & Craig (1987)
Ta	k. A.	k. A.	Black (1994)
Te	*Bacillus beveridgei sp. nov.*	Respiration	Baesman et al. (2009)
	Rhodotorula	Reduktion	Ollivier et al. (2008)
	Saccharomyces cerevisiae	Reduktion	Ottosson et al. (2010)
	Pseudoalteromonas	Reduktion	Rathgeber et al. (2006)
	Shewanella oneidensis MR-1	Reduktion	Klonowska et al. (2005)
Th	*Deinococcus radiodurans R1*	Reduktion	Fredrickson et al. (2000)
	Pseudomonas sp.	Sequestrierung	Kazy et al. (2009)
U	*Pseudomonas sp.*	Sequestrierung	Kazy et al. (2009)
	Desulfovibrio desulfuricans G20	Reduktion (?)	Li & Krumholz (2009)
	Geobacteraceae	Reduktion (?)	Holmes et al. (2002)
	Deinococcus radiodurans R1	Reduktion	Fredrickson et al. (2000)
V	*Pseudomonas isachenkovii*	Respiration	Antipov et al. (2000)
	Acidithiobacillus ferrooxidans	k. A.	Bredberg et al. (2004)
	Shewanella oneidensis	Reduktion	Carpentier et al. (2003)
	Pseudomonas vanadium	k. A.	Lovley (1993)
	Anabaena variabilis ATCC 29413	k. A.	Pratte & Thiel (2006)
	Saccharomyces cerevisiae	k. A.	Willsky & Dosch (1986)
W	k. A.	k. A.	Andreesen & Makdessi (2008)
	k. A.	k. A.	Bevers et al. (2009)
	Pyrococcus furiosus	Reduktion (?)	Bol et al. (2008)
	Thermococcus litoralis	k. A.	Kletzin & Adams (1996)
Y	*Variovorax paradoxus*	Reduktion	Kamijo et al. (1998)
Yb	*Pseudomonas aeruginosa*	Adsorption	Texier et al. (2002)
Zn	*Desulfobacteriaceae*	Reduktion	Druschel et al. (2002)
	Desulfobacteriaceae	Reduktion	Labrenz et al. (2000)
	Biofilm	k. A.	Moreau et al. (2004)
Zr	*Bacillus subtilis*	k. A.	Beveridge (1978)
	Lactobacillus bulgaricus AU	k. A.	Tiwari et al. (1980)

k. A.: keine Angaben

Zwischen Spuren- und Halbleitermetallen („Metalloiden") und Mikroorganismen kommt es zu diversen chemisch-physikalischen Vorgängen, Tab. 2.15. So zeigt z. B. *Shewanella* Präferenzen gegenüber Fe sowie Mn und stützt sich auf Redoxprozesse (DiChristina et al. 2002, Lower et al. 2001, Lee et al. 2007, Cooper et al. 2003). Edelmetalle wie Au unterliegen Methoden wie Dispersion und Lösung durch u. a. *Cupriavidus metallidurans* (Reith et al. 2009), *Rhodopseudomonas capsulata* (He et al. 2007) oder *Shewanella algae* (Ogi et al. 2010). Die Legierungsmetalle Cr und Ni sind diversen Behandlungen zugänglich. Als wichtigste Methode im Umgang mit Cr nutzen Mikroorganismen wie z. B. *Bacillus subtilis* (Lovley 1993), *Desulfovibrio sp.* (Michel et al. 2001) und *Deinococcus radiodurans R1* katalytisch implementierte Redoxprozesse (Fredrickson et al. 2000). Mikrobielle Interaktionen erstrecken sich auch auf Halbleitermetalle wie Ga, Ge, Se und Te. Mittels Chelatierung behandelt *Ustilago sphaerogena* Ga (Emery & Hoffer 1980), *Burkholderia cepacia* entwickelt gegenüber Ga^{3+} ein entsprechendes Toleranzverhalten (Peeters et al. 2008). *Pseudomonas putida ATCC 33015* (Chmielowski & Kłapcińska 1986) oder *Bacillus sp.* (van Dyke et al. 1989) akkumulieren Ge. Im Umgang mit Se sind eine Vielzahl von Mikroorganismen erwähnt, *Cupriavidus metallidurans CH34* (Avoscan et al. 2009), *Pseudomonas sp. AX* (Lovley 1993), *Bacillus selenitireducens* (Oremland et al. 2004), *Veillonella atypical* (Pearce et al. 2009), *Thaurea selenatis* (Schröder et al. 1997) *Pseudoalteromonas* (Rathgeber et al. 2002). Auch gegenüber Te reagieren zahlreiche Mikroorganismen, z. B. *Bacillus beveridgei sp. nov.* (Baesman et al. 2009), *Saccharomyces cerevisiae* (Ottosson et al. 2010), *Shewanella oneidensis MR-1* (Klonowska et al. 2005) u. a.

Bezüglich Edelmetalle erweisen sich Mikrorganismen gegenüber Ag, Au, Pd sowie Pt als sensitiv. Ag, als toxisch wirkendes Metall, ist via Akkumulation, Reduktion sowie Sorption behandelbar, demonstriert durch z. B. *Geobacter sulfurreducens* (Law et al. 2008), *Pseudomonas stutzeri* (Klaus et al. 1999) oder *Shewanella oneidensis* (Suresh et al. 2010). *Desulfovibrio desulfuricans* vermag sowohl Pd als Pd zu adsorbieren (de Vargas et al. 2004). Betreffs Au setzen Mikrooorganismen wie *Cupriavidus metallidurans* Maßnahmen der Dispersion ein (Reith et al. 2009). An Vertretern der Lanthaniden, bezogen auf den Umgang mit Mikroorganismen, liegen zahlreiche Veröffentlichungen vor, Tab. 2.15. Über Mechanismen der Adsorption kann es bei entsprechender Präsenz zur Fixierung von Ce durch *B. subtilis* kommen (Takahashi et al. 2005). *Pseudomonas sp.* ist fähig, bei entsprechendem Auftreten La biosorptiv aufzutreten. Nd ist im Zusammenhang mit *B. subtilis* beschrieben (Fein et al. 2001). Im Umgang mit Radionukliden, wie z. B. U und Th, haben sich insbesondere Radioduranten, z. B. *Deinococcus radiodurans,* angepasst, sie setzen Techniken der Reduktion ein (Fredricksen et al. 2000). Aber auch *Desulfovibrio desulfuricans G20* (Li & Krumholz 2009) oder *Geobacteraceae sp.* verfügen über die Fähigkeit, mit Radionukliden ohne Beeinträchtigungen in Kontakt zu treten.

Andere Metalle hingegen, wie z. B. Hf, In, Ta, Zr, verhalten sich gegenüber jeder Form von Biomasse mehr oder weniger inert. Allerdings unterliegen die o. a. inerten Metalle indirekt Veränderungen in der Spezifikation und somit u. a. hinsichtlich ihrer

Mobilität. So berichten Anderson & Appanna (1993) über eine Detoxifikation von In in *Pseudomonas fluorescens*, Abschn. 2.4.3 (d). Aber auch Elemente, die bislang als biologisch nicht relevant angesehen wurden, so z. B. W, sind offensichtlich von Bedeutung (Andreesen & Makdessi 2008). Wechselwirkungen zwischen Mineralen mit Halbleitereigenschaften und Bakterien unter Lichtbedingungen unterziehen Lu et al. (2012) Betrachtungen. Zwischen Mineralen mit Halbleitereigenschaften, z. B. die Sulfidminerale Sphalerit (ZnS), Chalkopyrit ($CuFeS_2$) etc., und Bakterien existiert ein asynergetischer Reaktionspfad. Dieser hält den Transfer von Elektronen sowie Energie von einer Lichtquelle zu nichtphototrophen Bakterien mithilfe von als Halbleiter auftretenden Mineralen aufrecht, wobei diese als eine Art katalytischer Pendelverkehr wirken. Zur Umsetzung dieser Vorgänge, d. h. phototropher Metabolismus ohne die Einbeziehung von phototrophen Organismen, sind Sonnenlicht, Wasser, als Halbleiter wirkende Minerale, z. B. ZnS, und nichtphototrophe Bakterien die technischen Voraussetzungen (Lu et al. 2012).

(b) EPS

An der Schnittstelle Mikroorganismus und Mineraloberfläche kommt es je nach geologischen und somit geochemischen/-physikalischen Parametern des jeweiligen Habitats und Mikroorganismus zu einer Vielzahl chemischer Reaktionen, z. B. Biokatalyse (Abschn. 2.3.5), Biotransformation (Abschn. 2.3.3), Biomineralisation (Valdés et al. 2008), Abschn. 2.3.4. Extrazellulär stehen dem Mikroorganismus zwei Matrizen zur Verfügung, zum einen die Zellwandoberfläche und zum anderen ein Saum extrazellulärer Substanzen (= EPS), Abschn. 2.3.6/Bd. 2. Speziell in den EPS können, je nach Ausgangschemie der jeweiligen lithologisch/mineralogischen Matrix, dem in Frage kommenden Mikroorganismus und den jeweilgen thermodynamischen Bedingungen eines Mikroumfelds, sehr unterschiedliche Spezifikationen von einem Element/Mineral auftreten, z. B. $SO_4^{2-}/S_2O_3^{2-}/S^0$, Fe^{3+}/Fe^{2+}, Cu^+/Cu^{2+} (Valdés et al. 2008), Abb. 2.23. Neben den Komponenten, z. B. aus dem jeweiligen lithologischen/ mineralogischen Inventar, treten gasförmige Phasen wie z. B. CO_2, O_2, N_2 etc. mit dem Mikroorganismus in Kontakt und es können sich u. a. Verbindungen wie H_2O, NH_4 etc. entwickeln. Auch ist es seitens des Mikroorganismus, ungeachtet eines extrazellulären pH-Werts von z. B. 1,5–3, möglich, sich intrazellulär auf einen pH von z. B. 6,5 einzustellen (Valdes et al. 2008).

Zwecks Fragestellung nach den Wechselwirkungen von Metallen und Protonen mit dem anoxischen phototrophen Bakterium *Rhodobacter blasticus f-7*, am Beispiel von Al, Cd, Co, Cu, Ga, Ge, Mo, Ni, Zn u. a., bieten Pokrovsky et al. (2013) Daten an. Die Versuchsbedingungen fanden bei einer Temperatur von 25 °C in 0,01 M Lösung von $NaNO_3$ statt (Pokrovsky et al. 2013), Abschn. 2.3.4 (g)/Bd. 2. Über einen kompetitiven *Langmuir*-Sorptionsisotherm lassen sich die experimentellen Daten fitten, die Anzahl und Natur der Oberflächensites abschätzen, z. B. Carboxylat, Phosphoryl, Amine, sowie die Reaktionskonstanten der Adsorption der o. a. Metalle ermitteln. Bezogen auf

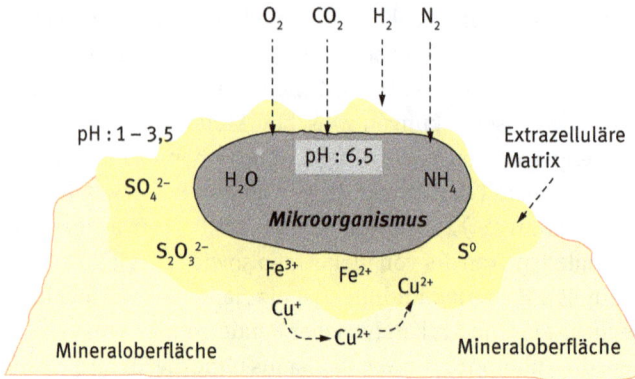

Abb. 2.23: Vereinfachte Darstellung der chemischen Prozesse an der Schnittstelle Mikroorganismus und Mineraloberfläche, am Beispiel von *Acidithiobacillus ferroxidans* (Valdés et al. 2008).

Rhodobacter blasticus f-7 entdecken Pokrovsky et al. (2013) darüber hinaus im Verlauf ihrer Untersuchungen Ähnlichkeiten mit Cyanobakterien, die sich in der Dichte und Art der Bindungssites sowie der Adsorptionsparameter gegenüber bestimmten divalenten Metallen äußern.

(c) Elektrophoretische Mobilität

Eine Verwitterung von Mineralen durch Bakterien sowie elektrophoretische Mobiltät von *Thiobacillus ferrooxidans* in der Gegenwart von Eisen, Pyrit sowie Schwefel beschreiben Blake et al. (1994).

Als obligat acidophiler Mikroorganismus respiriert *Thiobacillus ferrooxidans* Pyrit, elementare S- oder lösliche Fe^{2+}-Ionen. Unter physiologischen Bedingungen bestimmten Blake et al. (1994) die elektrophoretische Mobilität des Bakteriums. Wird das Zellmaterial auf Pyrit oder in Anwesenheit von Fe^{2+}-Ionen aufgezogen zeigen die gereinigten Zellen bei einem pH-Wert von 2 eine negative Ladung. Die Dichte der negativen Ladung hängt davon ab, inwieweit als konjugierte Base u. a. SO_4^{2-}, Cl^- sowie NO_3^- auftreten. Werden der Versuchsanordnung nach Blake et al. (1994) Fe^{3+}-Ionen zugeführt, nimmt die Gesamtladung der Oberfläche einen positiven Wert an. Auf S aufgezogen befindet sich das gesäuberte Zellmaterial bei einem pH-Wert von 2 nahe seinem isoelektrischen Punkt. Unter gleichen Bedingungen ist sowohl Pyrit als auch kolloidaler S negativ geladen.

Physiologischen Bedingungen unterworfen, übt die elektrische Doppelschicht nur eine geringe elektrostatische Abstoßung aus, Abschn. 2.3.6. Blake et al. (1994) ziehen in diesem Zusammenhang Wechselwirkungen zwischen der Zelle sowie den geladenen, unlöslichen Substraten in Betracht. Wird *Thiobacillus ferrooxidans* bei einem pH-Wert von 2 entweder mit Pyrit (FeS_2) oder kolloidalem S vermischt, entstehen unter Verringerung des Mobilitätsspektrums der freien Komponenten neue kolloidale Partikel, deren elektrophoretische Eigenschaften sich zwischen jenen, wie sie für die Ausgangssubstanzen charakteristisch sind, einstellen. Die neu geformten Partikel verfügen über identische Merkmale in Ladung sowie Größe, wie es für einen Komplex zwischen Bakterium und unlöslichem Substrat vorausgesagt wurde, d. h., der Gebrauch dieser Form der Vorgehensweise scheint Einblicke in die Wechselwirkungen zwischen chemolithotrophen Bakterien und ihrem unlöslichen Substrat zu gewähren (Blake et al. 1994).

(d) Valenzen

Zur Metall : Oxidoreduktion durch mikrobielle Zellen nimmt Wakatsuki (1995) Stellung. Ungeachtet dessen, dass für eine Vielzahl von Organismen Metalle mit niedriger Konzentration in einem externen Medium unerlässlich sind, erweisen sie sich bei hohen Gehalten als toxisch. Um Metalle wie Cu, Fe und Mn für den Gebrauch seitens der Mikroorganismen zu verwerten, müssen nach aktuellen Erkenntnissen Wechsel in den Valenzen stattfinden. Bei der Detoxifikation von Hg und Cr über reduzierende Systeme innerhalb der Zelle kommt es ebenfalls zu einer Veränderung der Valenzen.

Generell gestalten sich innerhalb biologischer Systeme die o. a. Prozesse der Oxidoreduktion zur Autoregulation und Unterstützung beim Umgang mit Metallen als essenziell. Hierzu befinden sich z. B. in den oberflächenbezogenen Schichten von Mikroorganismen metallionenspezifische, zur Reduktion befähigte Enzymsysteme.

Zur Unterstützung der Vorgänge benötigen die Enzyme als Elektronendonator NADH und NADPH sowie entweder FMN oder FAD zum Transfer der Elektronen. Innerhalb des Cytoplasmas sind Metallionen reduzierende Reduktasen eingebettet. Möglicherweise übernehmen auf die Transplasmamembran bezogene Redoxsysteme den Elektronentransport (Wakatsuki 1995). Weiterhin befinden sich im Cytoplasma auf Metallionen spezialisierte Reduktasen. In Abhängigkeit vom Valenzzustand der Metalle wechseln die Affinitäten der Metallionen zu den Residuen von Liganden. Die gegenseitigen Wechselbeziehungen der verschiedenen Metallionen steuern die diversen Zustände einer Oxidoreduktion. Mikroorganismen selbst gebrauchen Metalle und detoxifizieren überschüssige Metalle durch entsprechende Enzymsysteme sowie durch regulative Einwirkung auf die Bewegung von Metallionen (Wakatsuki 1995).

Auf Zusammenhänge zwischen Mikroorganismus, Mineral und Metall verweist z. B. Gadd (2010), zu den Wechselwirkungen zwischen Metallen und Bakterien auf dem Gebiet der Grundlagen- und Angewandten Forschung nimmt Merroun (2007) Stellung. Grundlegende Publikationen sind u. a. das „Handbuch zur Biomineralisation" (Behrens & Bäuerlein 2007). Zur molekularen Biologie der Zelle finden sich bei Alberts et al. (2007) zahlreiche Angaben. Über die mikrobielle Biosorption von Metallen sind Informationen bei Kotrba et al. (2011) einsehbar.

(e) Metallbindende Sites

Mit den Wechselwirkungen zwischen Metall und Protein beschäftigt sich u. a. Sarkar (1987). Innerhalb von Proteinen bieten die Residien von Aminosäuren funktionelle Gruppen an und stellen potenzielle Liganden für ein metallisches Kation dar. Metalle tragen zur strukturellen Stabilität von Proteinen bei und sind in den Sekundär-, Tertiär- und Quartärstrukturen sichtbar. Zur Ermittlung der Beschaffenheit der metallbindenden Sites sowie der Wechselwirkungen von Metall und Protein steht eine Vielzahl von Analysentechniken zur Verfügung. Zu den Analysetechniken zählen u. a. RDA, XANES, UV-Spektroskopie u. a. (Sarkar 1987), z. B. Abschn. 1.3.3/Bd. 2. Sie erfassen u. a. die Bindungsstärke und Anzahl der an das Proteinmolekül angebundenen Metalle.

Über eine Fülle von Proteinen, die als Metalltransporter auftreten, liegen insbesondere aus der Medizin umfangreiche Datensätze vor, z. B. Transferrin zum Transport von Fe^{3+}, Albumin bindet Cu^{2+} sowie Ni^{2+}, u. a., wobei das Auftreten von Karbonat ein wesentliches Merkmal der Fe^{3+}-Bindung an das Transferrin ist. Als Sites zur Bindung stehen zum einen *Tyr 185* sowie *Tyr 188* zur Verfügung und zum anderen dienen zwei von drei Histidinvertretern, d. h. *His 119*, *His 207*, *His 249*, als Liganden (Sarkar 1987).

(f) Metallhomöostase

Die exakte Kontrolle über die Konzentration cytoplasmatischer Metallionen, u. a. zwecks Bioverfügbarkeit, fällt unter den Begriff der Metallhomöostase. Zur Freisetzung von Metallen kommen Instrumente wie Metallochaperone, Metallimporter und Transporter (Abschn. 4.5.5) zum Einsatz (Caballero et al. 2011).

Zur Metallselektivität und allosterischen Zuweisung (engl. *switching*) via metallregulatorische Proteine äußern sich Caballero et al. (2011). (Übergangs-)Metalle sind innerhalb einer Zelle für eine Vielzahl biologischer Prozesse von essenzieller Bedeutung. Hierbei wird die Einbeziehung eines Metallions durch seine jeweiligen intrinsischen Eigenschaften determiniert. Metalle treten in Form essenzieller Cofaktoren für Redoxreaktionen auf, übernehmen den Elektronentransfer, gestalten die hydrolytische und Säure-Basen-Chemie und verhelfen Proteinen zur strukturellen Stabilität der Proteinfaltung.

So übernimmt Zn^{2+} als einziges Übergangsmetall eine zweifache Funktion. Zum einen dient es als strukturelles Element, z. B. *Zinkfinger*, und zum anderen wirkt es in der Funktion eines katalytisch tätigen Cofaktors vieler hydrolytischer Enzyme, z. B. Proteasen, Phosphotasen. Diese fungieren als Lewissäuren und aktivieren Wassermoleküle für die Katalyse (Caballero et al. 2011). Andere (Übergangs-)Metalle wie z. B. Cu, Fe, Mn, Ni sind als Cofaktoren u. a. in Katalasen und Superoxiddismutasen anzutreffen, Tab. 3.1, Abschn. 3.1.1. Zum Teil unterliegen die Fe- und Cu-Ionen einer Oxidation bzw. Reduktion und als Ergebnis steht die katalytisch gesteuerte Produktion von hochreaktiven, toxisch wirksamen O_2-Spezifikationen.

Tab. 2.16: Metallbindende Affinitäten (K_{Me}) für ausgewählte bakterielle gegenüber Metallen sensible Proteine (Caballero et al. 2011).

Regulator	Biologischer Prozess	Verwandtes Metall	Familie	Spezies	Metall	log K_{Me}	pH-Wert
Zur	Aufnahme	Zn	Fur	Escherichia coli	Zn^{2+}	15,7	7,6
ZntR	Ausstoß	Zn	MerR	E. coli	Zn^{2+}	15,0	7,6
CzrA	Ausstoß	Zn	ArsR	Streptococcus aureus	Zn^{2+}	12,4	7,0
					Co^{2+}	9,0	7,0
SmtB	Ausstoß/ Sequestrierung	Zn	ArsR	Synechococcus	Zn^{2+}	11,3	7,4
					Co^{2+}	9,0	7,4
AztR	Ausstoß/ Sequestrierung	Zn/Cd	ArsR	Anabaena PCC7120	Zn^{2+}	>10	7,0
					Co^{2+}	≥7,3	7,0
					Cd^{2+}	7,3	7,0
					Pb^{2+}	6,2	7,0
BxmR	Ausstoß/ Sequestrierung	Zn/Cd/Cu/Ag	ArsR	Oscillatoria brevis	Zn^{2+}	13,0	6,3
					Cu^{+}	7,6	6,3
AdcR	Aufnahme	Zn	MarR	Strepto. pneumoniae	Zn^{2+}	12,1	8,0
						10,0	6,0
					Co^{2+}	6,8	8,0
						5,4	8,0
					Mn^{2+}	5,1	8,0
CueR	Ausstoß	Cu	MerR	E. coli	Cu^{+}	20,7	8,0
					Au^{+}	34,7	7,7
CsoR$_{BS}$	Ausstoß	Cu	CsoR	Bacillus subtilis	Zn^{2+}	8,2	6,5
					Cu^{+}	≥19,0	6,5
					Ni^{2+}	9,5	6,5
					Co^{2+}	≤5,0	6,5
CsoR$_{MT}$	Ausstoß	Cu		Mycobac. tuberculosis	Cu^{+}	18,0	7,0
CsoR$_{SA}$	Ausstoß	Cu		S. aureus	Cu^{+}	18,1	7,0
CupR	Ausstoß	Au	MerR	Ralston. metallidurans	Au^{+}	34,1	7,7

Andere Metalle ohne bislang erkennbare biologische Funktion, wie z. B. As, Cd, Hg, Pb sowie Sn, verhalten sich z. T. extrem toxisch, da sie kovalente Bindungen mit zellulären Thiolen oder wie im Fall des Pb^{2+} mit Ca-bindenden Proteinen eingehen. Um den genannten Schwierigkeiten effektiv zu begegnen, d. h. Gebrauch essenzieller (Übergangs-)Metalle bei gleichzeitiger Detoxifikation oder Abgabe von nicht erforderlichen Ionen, entwickelten Mikroorganismen geeignete Techniken zur Regulierung interzellulärer Metallkonzentration. So stößt z. B. *Escherichia coli* via einen Regulator ZntR überschüssiges Zn^{2+} aus, *Staphylococcus aureus* wiederum stützt sich bei der Freigabe von Co^{2+} auf CzrA oder beim Überschuss an Cu^{2+} auf das regulierende Element *CsoR$_{SA}$*, *Anabaena PCC7120* bedient sich im Fall von Cd^{2+} u. a. der Sequestrierung (Caballero et al. 2011), Tab. 2.16.

Zu den Beiträgen von fünf sekundären Systemen zur Metallsufnahme, einbezogen in die Metallhomöostase von *Cupriavidus metallidurans CH34,* machen sich Kirsten et al. (2011) Gedanken. Die zelluläre Biochemie benötigt Metalle als Cofaktoren (Abschn. 3.1.1.), wobei in 40 % der Enzyme Metalle nachgewiesen sind. Folgende Reihenfolge ist beschrieben Mg (16 %) > Zn (9 %) > Fe (8 %) > Mn (6 %) > Ca (2 %) > Co, Cu (1 %) sowie in Spuren K, Na, Ni, V, Mo und W. Weiterhin unterziehen Kirsten et al. (2011) die Metallgehalte von *C. metallidurans* sowie Mutanten im Vergleich mit *E. coli* Stamm *W3110* vergleichenden Bewertungen, Tab. 2.17. Es erhebt sich in diesem Zusammenhang die Überlegung, inwieweit das erforderliche Metall dem entspechenden Protein zugewiesen werden kann. Dies gilt insbesondere für die divalenten Kationen wie Co^{2+}, Cu^{2+}, Fe^{2+}, Mg^{2+}, Mn^{2+}, Ni^{2+} und Zn^{2+}. Zudem konkurrieren die genannten Metallkationen um die metallbindenden Sites der in Frage kommenden Enzyme und $Fe^{2+/3+}$ sowie $Cu^{+/2+}$ unterstützen in *Fenton*-ähnlichen Reaktionen hoch reaktive Sauerstoff-Spezifikationen (Kirsten et al. 2011).

Es wurden die Toleranz verschiedener nativer *Bacillus-sphaericus*-Stämme gegenüber As, Co, Cr und Hg sowie die Biosorption und Bioakkumulation auf deren toter und lebender Biomasse untersucht (Velásquez & Dussan 2009). Das am tolerantesten reagierende lebende/intakte Zellmaterial zweier Stämme weist für As, Co, Fe und Hg

Tab. 2.17: Metallgehalte von *C. metallidurans* sowie Mutanten im Vergleich mit *E.-coli*-Stamm *W3110* (Kirsten et al. 2011).

Stamm oder Mutant	Metall in %						
	Cd	Co	Cu	Fe	Mn	Ni	Zn
E. coli W3110	87 ± 83	113 ± 47	279 ± 167	54 ± 19	1174 ± 159	90 ± 88	125 ± 34
C. metallidurans							
AE104	84 ± 34	189 ± 116	59 ± 23	80 ± 9	83 ± 26	48 ± 9	95 ± 6
Δznt Δcad4	150 ± 69	91 ± 1	46 ± 4	90 ± 2	79 ± 7	38 ± 2	104 ± 1
Δzup	100 ± 35	362 ± 211	92 ± 47	118 ± 16	122 ± 57	116 ± 40	104 ± 5
Δzup Δpit	85 ± 66	264 ± 127	49 ± 10	90 ± 5	111 ± 16	87 ± 10	82 ± 9

eine Akkumulationskapazität von 6–47 % auf. Lebendes und totes Zellmaterial von
B. sphaericus OT4b31 zeigte für Cr eine Biosorption von 25–44,5 %. Für *B. sphaeri-*
cus IV(4)10 schwankte der Wert zwischen 32 % und 45 %. Alle Ergebnisse entstanden ohne aktiven Metabolismus, d. h. in toten Zellen und Einstellung des pH-Wertes
(Velásquez & Dussan 2009).

(g) Metalladsorption

Um die Metalladsorption durch bakterielle Oberflächen zu quantifizieren, wenden diverse Studien Modelle zur Oberflächenkomplexierung an. Ungeachtet dessen, dass
es auf diese Weise möglich ist, eine Vielzahl abiotischer Variablen, wie z. B. pH-Wert
und Ionenstärke, zu berücksichtigen, liegen bislang keine Untersuchungen zu den
Effekten biogener Variablen, z. B. der Wachstumsphase, vor. Daughney et al. (2001)
untersuchen in ihrer Studie den Effekt der Wachstumsphase auf die Konzentration an
bestimmten Punkten, deprotonierungs- und metallbindende Konstanten. Die gewonnenen Daten stützten sich auf Säure-Base-Titrationen sowie batchbezogene Adsorp-
tionsexperimente von Cd und Fe^{3+}. Die Studie verwendete eine Lösung von *Bacillus*
subtilis, wobei der genannte Mikroorganismus in der exponentiellen, stationären und
sporenbildenden Phase vorlag.

Wenn sich die Zellen von der exponentiellen zur stationären Phase bewegen, ist
für jeden Typ des Oberflächenpunktes sowohl bei den Konzentrationen als auch pK_a-
Werten eine Abnahme der Deprotonierung zu verzeichnen. Beim Übergang von der
stationären zur sporenbildenden Phase verbleiben sie hingegen konstant (Daughney
et al. 2001). Gemäß den Schwankungen bei den Site-Konzentrationen und Deprotonierungskonstanten ergaben sich, betreffs Cd und Fe^{3+}, die höchsten Bindungskonstanten für das Zellmaterial in der stationären Phase. Sie weist die geringsten Werte
für die sporenbildenden Zellen auf. Zellen in der stationären Phase adsorbieren per
Gewichtseinheit 5–10 % weniger Metalle als die Zellen in der exponentiellen Phase
und ungefähr 10–20 % mehr als die sporenbildenden Zellen (Daughney et al. 2001).

Gemäß den genannten Autoren determiniert u. a. die Wachstumsphase der Population die unterschiedlichen Aufnahmekapazitäten. Diese Schwankungen bei den
Einflussgrößen im oberflächenbezogenen Komplexierungsmodell sind bei den Voraussagen zur Protonen- und Metallaufnahme seitens der Bakterien unbedingt zu berücksichtigen. Den Effekt der Ionenstärke auf die Adsorption von H^+, Cd^{2+}, Pb^{2+} sowie
Cu^{2+} durch *Bacillus subtilis* und *Bacillus licheniformis* und die Ableitung eines oberflächenbezogenen Komplexierungsmodells erörtern Daughney & Fein (1998). Zur Quantifizierung der Metalladsorption auf bakteriellen Oberflächen steht eine Theorie der
oberflächenbezogenen Komplexierungstheorie zur Verfügung. Sie dient zur Modellierung der chemischen und elektrostatischen Wechselwirkungen an der Schnittstelle
Lösung : Zellwand.

Zum Zwecke einer Beschreibung des von der Ionenstärke abhängigen Verhaltens
unterwerfen Daughney & Fein (1998) zum einen Suspensionen mit *Bacillus subtilis* so-

wie *Bacillus licheniformis* 0,01 oder 0,1 M NaNO$_3$ Säure-Base-Titrationen und zum anderen evaluieren sie theoretische Ansätze wie z. B. das konstante Kapazitäts- und das Stern-Doppellagen-Modell. Betreffs einer Beschreibung der experimentellen Daten erweist sich das konstante Kapazitätsmodell als die wirkungsvollste Vorgehensweise.

Die Parameter des konstanten Kapazitätsmodells variieren zwischen den unabhängig aufgezogenen bakteriellen Kulturen. Möglicherweise sind sie über Veränderungen der Zellwand durch genetischen Austausch während der Reproduktion bedingt. Zur Unterstützung der o. a. Überlegungen führten Daughney & Fein (1998) Experimente zur Adsorption von Cd, Cu sowie Pb durch distinktive funktionelle Gruppen der Zellwände von *B. subtilis* und *B. licheniformis* durch. Ihren Resultaten zufolge variieren die Stabilitätskonstanten zwischen zwei bakteriellen Spezies, zwei unterschiedlichen Ionenstärken ausgesetzt, sowohl substanziell als auch systematisch (Daughney & Fein 1998).

Unter Verwendung eines die Oberflächen bezogenen Komplexierungsmodells erörtern Burnett et al. (2007) am Beispiel des thermophilen *Anoxybacillus flavithermus* die divalente Adsorption eines oder mehrerer Metalle, d. h. Cd, Cu, Mn, Ni, Pb und/oder Zn. In die vergleichenden Betrachtungen gehen sowohl die relativen Affinitäten der erwähnten Metalle gegenüber der Zelloberfläche als auch individuelle Affinitätsveränderungen in Anwesenheit anderer Metalle ein. Hierzu stützen sich die o. a. Autoren auf den Ansatz linearer Beziehungen in der Freien Energie (engl. *linear free energy relationships* = LFERs), um die Stabilitätskonstanten der Oberflächenkomplexe für die Verbindung Metall : Bakterium einem Vergleich mit Stabilitätskonstanten von in wässrigen Lösungen befindlichen Metall:Ligand-Komplexierungen zu unterziehen. Zusätzlich vergleichen sie die Kapazitäten der Metallbindung, d. h. Cd, Cu, Mn, Pb, Ni und Zn, von *A. flavithermus* mit jenen des mesophilen Mikroorganismus *Bacillus subtilis* (Burnett et al. 2007). Betreffs des Verhaltens gegenüber der bakteriellen Oberfläche ergibt sich aufgrund der Ergebnisse folgende Reihenfolge: Mn ≈ Ni < Zn < Cd < Pb ≈ Cu. Als Metallbindung scheint ein M(etall)-Carboxykomplex, zusammen mit entweder einem MOH-Carboxy-, M-Phosphoroxy- oder MOH-Phosphoroxykomplex, in Betracht zu kommen, Abschn. 2.3.7. Die Stabilitätskonstanten, gewonnen aus Systemen mit einem bzw. mehreren Metallen, sind untereinander vergleichbar. Es ist somit möglich, sinnvolle Stabilitätskonstanten auch aus Systemen mit mehreren Metallen zu erhalten. Auf diese Weise lässt sich die Akquise von thermodynamischen Daten hinsichtlich der Beziehung Metall : Bakterium erheblich vereinfachen. Insgesamt erweisen sich die Stabilitätskonstanten, ermittelt aus einem Einmetallsystem, als präziser, da das experimentelle Umfeld prinzipiell und überwiegend idealen Rahmenbedingungen entspricht. Die angesetzten Untersuchungen offenbaren konkurrierende Effekte, insbesondere bei den Metallen mit niedriger Affinität gegenüber jenen mit hoher Affinität. Eingetragen in einen LFER-Plot (= *linear free energy relationship*) und unter besonderer Berücksichtigung der Bildung von M-Carboxy- sowie MOH-Carboxy- mit M-Acetatkomplexen sind lineare Korrelationskoeffizienten von 0,82 bzw. 0,73 angegeben. Daneben beobachten

Burnett et al. (2007), ungeachtet einer identischen Konzentration an Metallen sowie Biomasse, innerhalb der untersuchten Spannweite des pH-Werts für *A. flavithermus*, im Vergleich mit *B. subtilis*, eine geringere Adsorption von Metallen.

Redoxpaare, produziert durch vulkanische, geochemische und hydrologische Prozesse, bieten eine Fülle an Energiequellen an. Einen Überblick zu dem gegenwärtigen Erkenntnisstand und der zu erwartenden Entwicklung betreffs der Thermodynamik von Protein : Ligand-Wechselwirkungen bieten Perozzo et al. (2004).

Generell stellt die Überwindung der kinetischen Barriere von aus der Lithosphäre gewonnener Energie eine der großen Herausforderungen für die betroffenen Mikroorganismen dar und wird evolutionär durch geeignete Reaktionsmuster sowie Verhaltensweisen thermodynamisch entsprechend berücksichtigt (Cockell 2011).

(h) Exploitation
Auf die Wechselwirkungen von Mineralen und Mikroben und das biotechnologische Potential einer biologischen Verwitterung gehen Mapelli et al. (2012) ein. Sie beleuchten u. a. die technische Exploitation von an der mineralischen Verwitterung beteiligten Mikroorganismen zu z. B. Zwecken biotechnologischer Sanierung und deren wirtschaftlicher Kosteneffizienz. Allerdings, so betonen die o. a. Autoren, besteht die Notwendigkeit von Studien zum z. B. metabolischen Potential mikrobieller Gemeinschaften, einbezogen in verwitterungsbedingte Abläufe. Weiterhin kann die Verwertung extrazellulärer Metabolite zur Mobilisierung von Metallen, wie z. B. Co, Cu, Ni, V, Zn u. a., in Betracht gezogen werden (Matlakowska et al. 2014), Abschn. 2.5.1 (f)/Bd. 2. In allen Überlegungen einer Verwertung sind das Ausmaß der mikrobiellen Identifikation sowie die Selektion gegenüber Metallen sowie deren Bioverfügbarkeit zu berücksichtigen. Maßnahmen einer Optimierung/Modifikation interaktiver Prozesse sind, z. B. über eine Erhöhung oder Modifizierung des metabolischen Potentials (Abschn. 2.3.1), die Effizienz funktioneller Gruppen (Abschn. 2.3.7) etc. zu erreichen. Eine Exploitation kann sich u. a. auf die Veränderung des pH-Wertes an der Schnittstelle Mikroorganismus : Metall mit der Luftoberfläche stützen, die wiederum Einfluss auf die Lösung von Metallspezifikationen nimmt (Oulkadi et al. 2014).

Zusammenfassend
steht zu den Wechselwirkungen von Mikroorganismen und Metallen eine Fülle von Veröffentlichungen zur Verfügung (z. B. Beveridge et al. 1996, Ehrlich 1997, Haferburg & Kothe 2007 etc.). Einen Überblick zu den Wechselwirkungen von Mineral : Mikroorganismus vermittelt Dong (2010). Metallische Nanokristallite und ihre Wechselwirkungen mit mikrobiellen Systemen schildert Suresh (2012). Es liegen phylogenetische Hinweise vor, dass die Oxidation von Metallen sehr verbreitet ist (Lehr et al. 2007). Nach Einschätzung von Douglas (2005) kennzeichnen mineralogische Hinweise von mikrobiellen Lebensaktivitäten die enge Beziehung der Geo- mit der Biosphäre, vermittelnd über die mikrobielle Biomasse verbunden. Biosignaturen in Mineralen aus Evaporiten deuten sich nach Einschätzung der Arbeit von Douglas & Yang (2002) durch die Anwesenheit von Rosickyit (γ-S) in einer endoevaporitischen mikrobiellen Gemeinschaft an. Aus den im Verlauf der Zeit erhaltenen biogeochemischen

Signaturen sowie phylogenetischen Beziehungen prokaryoter Lebensformen leiten Zerkle et al. (2005) via mikrobielle Genomanalysen die geochemischen Aspekte ehemaliger Biosphären ab. Eine andere Option zur Metallentnahme ergibt sich mittels einer Biomineralisation, synthetisiert durch ein Urease produzierendes, aus Böden isoliertes Bakterium ([2]Li et al. 2013). Infolge der veränderten chemischen Rahmenbedingungen kommt es zu einer Modifikation der physikalischen Charakteristika des betroffenen Minerals bzw. Mineralverbandes. Um das Auftreten sowie die Effizienz solcher Vorgänge zu verstehen und günstigenfalls Einfluss zu nehmen, bildet das Verständnis des mikrobiellen Metabolismus die Grundlage (Downs 2006). Weiterhin stehen die Wechselwirkungen von Mineralen und Mikroben im Kontext nationaler Forschungsstrategien ([1,2]Dong & Lu 2012). Aufgrund aktueller Studien kommt es sowohl zu einer Vertiefung geowissenschaftlicher Einblicke als auch der Herausbildung neuartiger Perspektiven im Bereich Geobiotechnologie.

2.4.1 Fe und Legierungsmetalle (4. Periode): Cr, Mn, Ni

Die Metalle der vierten Periode umfassen u. a. Cr, Fe, Mn und Ni. Sie repräsentieren somit eine wichtige Gruppe auf dem Gebiet der Stahlveredelung. Andere Vertreter dieser Gruppe wie z. B. As, Ti, V bzw. Zn sind im Rahmen der vorliegenden Ausarbeitung der Klasse NE-Metalle bzw. den Hochtechnologiemetallen zugeordnet.

(a) Chrom (Cr)

Innerhalb der Geosphären mit ihren Habitaten ist Cr als Metall nicht ausgebildet. Cr ist überwiegend im Chromit ($FeCr_2O_4$) und untergeordnet im Krokoit ($PbCrO_4$) integriert. In der Kruste ist ein ungefährer Wert von 35 ppm berechnet (Taylor & McLennan 1985). Als partiell azidisch wirkendes Oxid verfügt Cr über sieben Oxidationsstufen, d. h. +6 bis −2. Cr in Form von Cr^{3+} fällt in die Kategorie Mikronährstoff. Ein Defizit an Cr kann Störungen im Stoffwechsel verursachen.

Die aerobe Reduktion von hexavalentem Chromat (CrO_4^{2-}) in die weniger toxische trivalente Form, durch Verwendung von Zellsuspensionen und zellfreier Extrakte von *B. subtilis*, unterziehen Garbisu et al. (1998) ausführlichen Studien. Als Ergebnis steht die Beobachtung sowohl eines bakteriellen Wachstums als auch der Reduktion von CrO_4^{2-}, d. h. 0,1–1 mM K_2CrO_4, durch *B. subtilis*. Die Zugabe eines Überschusses an nitratführenden Komponenten, als alternativer Elektronenakzeptor (Abschn. 4.6.2 (b)), unterbindet nicht die Reduktion von CrO_4^{2-} und wirkt einer Reduktion durch anaerobe Bakterien entgegen. Na-Azid (NaN_3) sowie Na-Cyanid (NaCN) hingegen hemmen die zur Reduktion von CrO_4^{2-} erforderlichen Stoffwechselvorgänge, da sie gegenüber dem Metabolismus toxisch auftreten (Garbisu et al. 1998). Bei Zufuhr von Wärme verhält sich die reduzierende Aktivität labil und ein konstitutives System, verbunden mit einer löslichen Proteinfraktion, gestaltet die Reduktion. Bestimmend für eine Reduktion von CrO_4^{2-} scheint im o. a. Fallbeispiel eine Detoxifikation und weniger ein dissimilatorisch auftretender Elektronentransport zu sein (Garbisu et al. 1998).

Eine Reduktion von hexavalentem Cr durch *Acinetobacter haemolyticus*, isoliert aus mit Metallen belasteten Abwässern, ist beobachtet (Zakaria et al. 2007). Als Ursache für die bakterielle Reduktion von Cr^{6+} wird als Motiv eine adäquate Resistenz gegenüber der o. a. Cr-Spezifikation angesehen. Die Toxizität von Cr^{6+}, als stark oxidierendes Reagenz, ergibt sich durch die nahezu ungehinderte Überwindung der Membran von Zellen wie z. B. Bakterien. Die Aufnahme von Cr^{6+} geschieht über die ansonsten für Sulfate (SO_4^{2-}) vorgesehenen Transportwege. Daher resultiert aus diesem Verhalten die Möglichkeit einer Unterdrückung/Eindämmung von Cr^{6+} durch konkurrierende Sulfate (SO_4^{2-}). Allerdings ist dieser Mechanismus im Vergleich zu aeroben Konditionen in anaeroben Systemen leistungsfähiger. Als Ursache für die o. a. Beobachtungen, d. h. Überwindung der Barrieren seitens prokaryotischer Zellen, kommt die chemische Ähnlichkeit von CrO_4^{2-}- mit SO_4^{2-}-Ionen in Betracht. Diese Zusammenhänge untersuchen Zakaria et al. (2007) am Beispiel von *Acinebacter haemolyticus* unter Berücksichtigung diverser C-Quellen. Hierbei erweist sich *A. haemolyticus* als verwertbarer Kandidat zur biologischen Remediation von mit Cr^{6+} kontaminierten Geosphären (Zakaria et al. 2007), Abschn. 2.5.3/Bd. 2.

Betreffs einer enzymatischen Reduktion von Chromat (CrO_4^{2-}) unterzogen Michel et al. (2001) verschiedene sulfatreduzierende Bakterien (= SRB), d. h. *Desulfovibrio sp.* und *Desulfomicrobium sp.*, experimentellen Testreihen und vergleichenden Studien. Ihrer Datengenerierung zufolge ist die Fähigkeit einer Reduktion von CrO_4^{2-} innerhalb der SRB weit verbreitet und *Desulfomicrobium norvegicum* reduziert Cr^{6+} mit der höchsten Reaktionsrate.

Der erwähnte Stamm wächst in Gegenwart von bis zu 500 µM CrO_4^{2-}. Allerdings hängt bei Abwesenheit von Sulfat (SO_4^{2-}) die Reduktion von Cr^{6+} nicht vom Wachstum ab. Somit verursacht die Präsenz von CrO_4^{2-} Veränderungen in der Morphologie und das Entweichen von periplasmatischen Proteinen in das Medium (Michel et al. 2001). Isoliertes Tetrahäm-Cytochrom c3 von *Desulfomicrobium norvegicum* weist gegenüber dem Tetrahäm-Cytochrom c3 von *Desulfovibrio vulgaris* oder dem Tetrahäm-Cytochrom c7 von *Desulfuromonas acetoxidans* eine zweimal höhere Aktivität auf. Aus Versuchen mit Cytochromen vom Typ c3 sowie anderen c-Typ-Cytochromen, verändert durch eine auf Sites bezogene Mutagenese, wird ersichtlich, dass offensichtlich Häme mit negativem Redoxpotential eine wesentliche Voraussetzung für die Aktivität einer Metallreduktase darstellen. Nach Michel et al. (2001) könnte die Fe-Hydrogenase aus SRB ebenfalls Chromate (CrO_4^{2-}, $Cr_2O_7^{2-}$) einer Reduktion unterziehen.

Über eine aerobe Reduktion von Cr^{6+} durch *Pseudomonas corrugata 28* und den Einfluss von Metabolismus sowie das Schicksal reduzierter Cr-Spezifikationen veröffentlichen Christl et al. (2012) ihre Ergebnisse. Ausgestattet mit einer Resistenz gegenüber toxischem Cr^{6+}, reduziert *P. corrugata 28* unter oxischen Bedingungen Cr^{6+} zu Cr^{3+}. Entsprechende Untersuchungen zu den Einflussgrößen C- und S-Zufuhr bekunden eine metabolische Ursache für die Reduktion von Cr^{6+} zu gelösten Cr^{3+}-Komplexen. Kleinere Beträge an reduziertem Cr finden sich an der bakteriellen Oberfläche (Abb. 2.24 (a)), eine anorganische Bildung von Cr^{3+}-Präzipitaten ist nicht angezeigt (Christl et al. 2012). Ungeachtet der vorherrschenden Auffassung einer aufgrund einer Präzipitation von $Cr(OH)_{3(s)}$ beruhenden Immobilität von Cr^{3+} innerhalb eines pH-Bereichs von 5,5 bis 11 hängt diese vom Vergleich zwischen konditionaler Löslichkeit mit der angestrebten Cr^{3+}-Konzentration ab (Chung et al. 2006), Tab. 2.18. Eine Adsorption von Cr^{6+} durch drei aus Sedimenten isolierte Hefestämme, d. h. *Cyberlindnera fabianii*, *Wickerhamomyces anomalus* sowie *Candida tropicalis*, schildern Bahafid et al. (2013).

Tab. 2.18: Gleichgewichtskonstanten für unterschiedliche Cr-Spezifikationen bei 25 °C (Chung et al. 2006).

Reaktion	log K
$Cr(OH)_{3(s)} + H_2O \longrightarrow Cr(OH)_4^- + H^+$	−18,3
$Cr(OH)_{3(s)} \longrightarrow Cr(OH)_{3(aq)}$	−6,0
$Cr(OH)_{3(aq)} + HPO_4^- \longrightarrow Cr(OH)_3HPO_4^{2-}$	1,97
$Cr(OH)_{3(s)} + 3\,H^+ \longrightarrow Cr^{3+} + 3\,H_2O$	9,8

(b) Eisen (Fe)

Unter geologischen Konditionen an/innerhalb der Erdoberfläche ist Fe^0 nicht anzutreffen. Mit ca. 6,0 % zählt Fe zu den am häufigsten auftretenden Elementen (Taylor & McLennan 1985). Als wichtige Fe-Mineralisationen sind Magnetit (Fe_3O_4), Hämatit (Fe_2O_3), Siderit ($FeCO_3$), Limonit ($Fe_2O_3 \cdot n\,H_2O$), Pyrit (FeS_2), Pyrrhotin (FeS) zu nennen. Bezüglich der Wechselwirkungen mit Mikroorganismen entwickelte sich evolutionär eine Fülle unterschiedlicher Prozesse und für die Synthese Fe-führender Biomineralisation sind chemohetero-, chemolithoautotrophe sowie photoautotrophe Mechanismen verantwortlich. Auf die Rolle von Fe innerhalb des mikrobiellen Metabolismus verweisen Konhauser et al. (2011). Zu mikrobiellen Fe-Mineralisationen äußert sich Fang (2013).

In Verbindung mit Fe liegen umfangreiche Datenbestände vor. So wird Fe u. a. gezielt in magnetotakten Bakterien synthetisiert, Abschn. 5.3.1 und 5.4.1. Daneben übernehmen Mikroorganismen eine passive Rolle durch z. B. die Oxidation sowie Hydrolyse von Fe-Verbindungen (Konhauser 2007, Martinko & Madigan 2009). Die einbezogenen Mikroorganismen zeichnen sich durch eine hohe Diversität aus, z. B. *Rhodobacter ferrooxidans* mit photoautotropher Vorgehensweise, *Acidithiobacillus ferroxidans* und *Gallionella ferruginea* mit chemolithoautotropher Strategie, und als mikrobielles Beispiel einer chemoheterotrophen Unterstützung ist auf *Leptothrix ochracea* verwiesen (Konhauser 2007). Die dissimilatorische Reduktion von Fe^{2+} sowie Mn^{4+} scheint einen erheblichen Einfluss auf die Geochemie aktueller Environments zu nehmen (Lovley et al. 2004). Eine dissimilatorische Fe-Reduktion, ausgeführt durch z. B. *Geobacter metallireducens* oder *Shewanella putrefaciens*, beruht auf einer gekoppelten Fe^{3+}-Reduktion mit einer Oxidation von H_2. Sie verläuft nach folgendem generalisierten Reaktionsschema (Konhauser 2007):

$$\tfrac{1}{2}H_2 + Fe(OH)_3 \longrightarrow Fe^{2+} + 2\,OH + H_2O \tag{2.25}$$

oder erfolgt durch Fermentation:

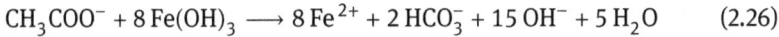

$$CH_3COO^- + 8\,Fe(OH)_3 \longrightarrow 8\,Fe^{2+} + 2\,HCO_3^- + 15\,OH^- + 5\,H_2O \tag{2.26}$$

Die hiermit verbundende Energieausbeute beläuft sich für die unter Gleichung (2.25) aufgeführte Reaktion auf $\Delta G^{0'} = -110\,kJ/2e^-$, für Gleichung (2.26) auf $\Delta G^{0'} = -84\,kJ/2e^-$ bzw. $-337\,kJ\,mol^{-1-}$ Acetat $(CH_3CO_2^-)$ (Konhauser 2007).

Fe-oxidierende Proteobakterien benutzen Fe^{2+} als Reduktionsmittel für CO_2 (Hedrich et al. 2011):

$$4\,Fe^{2+} + CO_2 + 11\,H_2O + h\nu \longrightarrow CH_2O + 4\,Fe(OH)_3 + 8\,H^+ \tag{2.27}$$

wobei gilt CH_2: an Biomasse fixierter C.

Fe^{2+} selbst kann in Form des Minerals Ferrihydrit $(Fe_{10}^{3+}O_{14}(OH)_2)$ einer Deposition unterliegen (Hedrich et al. 2011):

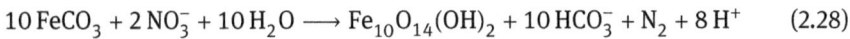

$$10\,FeCO_3 + 2\,NO_3^- + 10\,H_2O \longrightarrow Fe_{10}O_{14}(OH)_2 + 10\,HCO_3^- + N_2 + 8\,H^+ \tag{2.28}$$

Mikroorganismen mit der Fähigkeit, die durch eine Reduktion von Fe^{3+} sowie Mn^{4+} gewonnene Energie zu konservieren, sind phylogenetisch innerhalb der Bakterien und *Archaea* weit verbreitet. Insbesondere für hyperthermophile Formen ist die Oxidation von H_2 mittels der Reduktion von Fe^{3+} ein Charakteristikum. Zudem oxidieren Fe^{3+}- und Mn^{4+}-reduzierende Mikroorganismen eine breite Bandbreite organischer Komponenten oftmals vollständig zu CO_2 (Lovley et al. 2004). Typische alternative Elekronenakzeptoren für Fe^{3+}-Reduzierer schließen O_2, NO_3^-, U^{6+} sowie Elektroden ein, Abschn. 4.6.2 (b). Im Gegensatz zu anderen Elektronenakzeptoren erweisen sich Fe^{3+}- und Mn^{4+}-Oxide in nahezu allen Habitaten als weitgehend unlöslich. Daher sehen sich Fe^{3+}- und Mn^{4+}-reduzierende Mikroorganismen vor die Herausforderung gestellt, einen Elektronentransfer von intrazellulär bezogenen Stoffwechselvorgängen auf einen unlöslichen extrazellulären Elektronenakzeptor zu übertragen. Am Beispiel *Geobacter sulfurreducens* scheint hierbei ein spezielles Protein eine wichtige Funktion beim Elektronentransfer, zum z. B. Fe^{3+}-Oxid, zu übernehmen (Afkar et al. 2005).

Ungeachtet dessen, ob mikrobiologische und geochemische Hinweise dahingehend vorliegen, ob die Fe^{3+}-Reduktion als eine der ersten Formen mikrobieller Respiration auftrat, unterlag z. B. nach Auffassung von Lovley et al. (2004) das Leistungsvermögen einer Fe^{3+}-Reduktion mehreren evolutionären Phasen, mit dem Ergebnis von phylogenetisch unterscheidbaren Fe^{3+}-Reduzierern, d. h. unterschiedlich ausgeprägten Mechanismen zur Fe^{3+}-Reduktion. So ist z. B. für Vertreter von *Geobacter sp.*, einem im sedimentären Milieu vorherrschenden Fe^{3+}-Reduzierer, ein direkter Kontakt mit Fe^{3+}-Oxiden erforderlich. Dahingegen produzieren Gattungen von *Shewanella sp.* und *Geothrix sp.* Chelatoren zur Lösung von Fe^{3+}-Spezifikationen und stellen Transporter zum Elektronentransfer von der Zelloberfläche zu Fe^{3+}-Oxiden zur Disposition, verzichten aber auf einen direkten Kontakt. Bezüglich der Gattungen *Shewanella* und *Geothrix* scheint der Elektronentransfer von der inneren zur äußeren Membran eine Elektronentransportkette via mehrere c-Typ-Cytochrome (Abschn. 3.3.1 (m)) einzusetzen. Zusätzlich bildet die Gattung *Geobacter* während des Wachstums auf den Fe^{3+}- sowie Mn^{4+}-Oxiden Flagella und Pili und ist gegenüber Fe^{2+} sowie Mn^{2+} mit einer Chemotaxis versehen (Lovley et al. 2004).

Generell übernehmen Fe-oxidierende Bakterien (FeOB) wichtige Funktionen bei der Behandlung von Fe bzw. bei den Kreisläufen von Fe und C. Dissimilatorische FeOB repräsentieren Mikroorganismen, die die für das Wachstum erforderliche Energie über die Oxidation von Fe^{2+} erzeugen. Sie treten ubiquitär auf. Aufgrund der Redoxinstabilität von Fe^{2+} bei nahezu neutralen pH-Bedingungen und atmosphärischem O_2-Partialdruck stellen die idealen Umweltbedingungen für FeOB wässrige Systeme mit niedrigen O_2-Gehalten und erhöhten Konzentrationen an Fe^{2+} dar (James et al. 2012).

Als Ergebnis ihrer Tätigkeiten sind FeOB an der Bildung einer Vielzahl von Biomineralisationen beteiligt ([4]Lee et al. 2007). Phylogenetisch unterschiedliche, dissimilatorisch agierende FeOB konservieren die benötigte Energie aus der Reduktion von Fe^{3+} verbunden mit der Oxidation von organischen Säuren, Zuckern und aromatischen Kohlenwasserstoffen ([4]Lee et al. 2007). Als Konsequenz aus der Reduktion von Fe können dissimilatorisch FeOB eine Reihe von Fe-Mineralen formen, d. h. Magnetit (Fe_3O_4), Siderit $(FeCO_3)$ bzw. in Anwesenheit gering kristalliner Fe^{3+}-Oxyhydroxide z. B. Akaganeit (β-FeOOH). Den Einfluss von organischen Säuren, eingesetzt als Substrat für die bakterielle Respiration, assoziiert mit der dissimilatorischen Fe^{3+}-Reduktion, auf die Mineralogie der gebildeten Fe-Minerale bzw. die Abhängigkeit der Fe-Synthese von organischen Säuren am Beispiel eines neu isolierten FeOB, d. h. *Shewanella HN-41*, schildern [4]Lee et al. (2007). Der erwähnte Mikroorganismus zeigt als Ergebnis einer Reduktion von gering kristallinem Fe^{3+}-Oxyhydroxid, d. h. ca. 70 mM Akaganeit (β-FeOOH), und in Abhängigkeit der Anwesenheit verschiedener organischer Säuren, wie z. B. Lactat $(C_3H_5O_3)$, Pyruvat $(C_3H_4O_3)$ und Format $(CHOO^-)$, unter anaeroben Bedingungen eine Reihe unterschiedlicher Muster/Strukturen bei der Mineralbildung. Bei Gebrauch von $C_3H_5O_3$, $C_3H_4O_3$ und $CHOO^-$ als alleinige Elektronendonatoren (Abschn. 4.6.2 (b)) offenbart eine RDA (Abschn. 1.3.3 (b)/Bd. 2) Minerale wie Magnetit (Fe_3O_4), Siderit $(FeCO^3)$ sowie ein Gemenge aus beiden Mineralphasen, synthetisiert durch *Shewanella HN-41*. Mit abnehmendem Gehalt an Fe^{2+} innerhalb der wässrigen Lösung entlassen die $C_3H_5O_3$-, $C_3H_4O_3$- sowie $CHOO^-$-Inkubationen das aus dem Akaganeit (β-Fe^{3+}O(OH, Cl)) infolge der bakteriellen Fe^{3+}-Reduktion freigesetzte Fe^{2+} in das wässrige Medium. Der Betrag an in die wässrige Phase entlassenem Fe^{2+} verhält sich umgekehrt zum Grad der Kristallinität ([4]Lee et al. 2007). Fe_3O_4 produziert während der $C_3H_5O_3$-Inkubation mit den geringsten Anteilen an Fe^{2+} innerhalb der wässrigen Lösung einen finalen pH-Wert von 8,6 sowie einen Eh-Wert von $-408\,mV$ und zeigt den höchsten Grad an Kristallinität. $FeCO_3$ wiederum entsteht in einem Umfeld mit hoher Fe^{2+}-Freisetzung in die wässrige Phase, einem Endwert des pH von 8,1 und einen Wert von -394 für das Eh-Potential und weist die geringste Kristallinität auf ([4]Lee et al. 2007).

Beimpft mit organischen Säuren als Substrat (10 mM) sowie Fe^{3+}-Citrat (20 mM) zeigt der Stamm *HN-41* in Abhängigkeit von den unterschiedlichen als Elektronendonator (Abschn. 4.6.2 (a)) auftretenden organischen Säuren für den Gehalt des Gesamt-C (engl. *total inorganic carbon* = TIC, d. h. CO_2, CO_3^{2-}, HCO^{3-}, H_2CO_3) abweichende Trends. Es kommt durch sowohl der Pyruvat- ($C_3H_4O_3$-) als auch $CHOO^-$-Inkubation zu einer raschen Bildung des TIC, die allerdings im Verlauf der Zeit abnimmt, wohingegen der durch die $C_3H_5O_3$-Inkubation produzierte Gehalt des TIC graduell ansteigt, Abb. 2.24 (b). Anhand ihrer Arbeiten postulieren [4]Lee et al. (2007) einen unterschiedlichen Einfluss der niedrigmolekularen organischen Säuren, d. h. $CHOO^-$, $C_3H_5O_3$ sowie $C_3H_4O_3$, erzeugt durch das isolierte dissimilatorische Fe-reduzierende Bakterium *Shewanella HN-41* auf die Mineralbildung durch die Schaffung unterschiedlicher Milieubedingungen betreffs der Chemie.

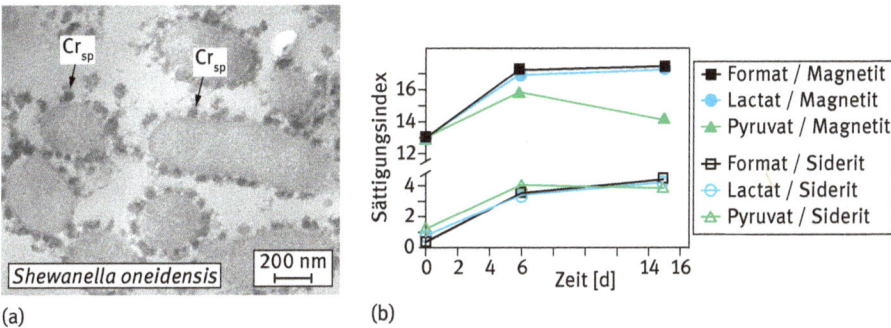

Abb. 2.24: (a) An Chrom angereicherte Lagen auf *Shewanella oneidensis* (url: Naval Research Laboratory 2005) und (b) Saturationsindex für Magnetit und Siderit ([4]Lee et al. 2007).

Im Zusammenhang mit Proben mikrobieller Matten, überwiegend von *Gallionella ferruginea* und *Leptothrix ochracea* zusammengesetzt, diskutieren Rentz et al. (2007) die Kontrolle der Fe^{2+}-Oxidation innerhalb neutral auftretender Fe-haltiger Matten durch zelluläre Aktivitäten sowie Autokatalyse. Arbeiten zur Reduktion von Fe^{3+}, Cr^{6+}, U^{6+} sowie Tc^{7+} durch *Deinococcus radiodurans R1* offenbaren u. a. eine Reduktion von HFO (engl. *hydrous ferric oxide* = HFO) in Anwesenheit von AQDS (engl. *anthraquinone-2,6-disulfonate* = AQDS), ausgeführt von *D. radiodurans R1*, liefert Vivianit ($Fe_3(PO_4)_2 \cdot 8\,H_2O$), Abschn. 2.2.2 (g). Bei Vorhandensein von AQDS reduziert *D. radiodurans R1* innerhalb von knapp 20 Tagen zudem ca. 450 µM an Fe^{3+} aus synthetischem Goethit ($FeO(OH)$), fehlt AQDS, sind für den analogen Zeitraum nur knapp 10 μM nachgewiesen (Fredrickson et al. 2000). Eine sehr verbreitete und vielfach beschriebene nanoskalige Biomineralisation sind Magnetit (Fe_3O_4)-/ -Greigit (Fe_3S_4)-Präzipitate, d. h. Magnetosome, in magnetotakten Bakterien, Abschn. 5.3.1. Zur Regulation der Bildung von Fe^{3+}-Oxiden durch Fe^{2+}-oxidierende Bakterien äußern sich James et al. (2012). Zahlreiche Fe^{2+}-oxidierende Mikroorganismen, z. B. Formen, die u. a. *G. ferruginea*, *Mariprofundus ferrooxidans* etc. ähneln, unterliegen einer Mineralisation durch wasserführende Fe^{3+}-Oxide (engl. *hydrous ferric oxides* = HFO). Um die auf unterschiedlichen organischen Trägermedien auftretenden HFO-Partikel miteinander vergleichen zu können, untersuchten James et al. (2012) die natürlichen bakteriogenen HFO-Aggregate aus drei unterschiedlichen geologischen Milieus, d. h. Seamount, marinen Bodensalinaren und Grundwasser.

Die in den gewählten Milieus auftretenden Temperaturen liegen im psychrophilen Bereich und der pH-Wert schwankt zwischen 5,6 und 7,4. Der in Lösung auftretende Fe-Gehalt variiert für die o. a. Milieus zwischen $0,2\,mg\,l^{-1}$ (marine Bodensalinare) bis $14,9\,mg\,l^{-1}$ (engl. *seamount*). Entsprechend ihren Ergebnissen vermuten James et al. (2012) bei den beobachteten Unterschieden im Partikelwachstum auf den eingesetzten Trägermaterialien, ungeachtet identischer Umweltbedingungen, restriktive Mechanismen seitens der reaktiven Oberflächenabschnitte, verursacht durch die Oberflächenenergie der Schnittstellen. Und als Ursache für das Auftreten einer inversen Beziehung zwischen Partikelgröße und Länge der Trägermaterials könnte nach Auffassung der o. a. Autoren eine Form der Überlebensstrategie seitens der FeOB in Betracht kommen, z. B. zur Linderung eines oxidativen Stresses, erzeugt durch die Produktion von Fe^{3+} (James et al. 2012).

NO_3^- scheint die mikrobielle Fe^{3+}-Reduktion im natürlichen Umfeld, d. h. Sedimente, sowie unter Laborbedingungen zu hemmen. Um die hierfür zugrundeliegenden Mechanismen zu erkennen, beobachteten Cooper et al. (2003) die chemischen und biologischen Wechselwirkungen während der Reduktion von Nitrat (NO_3^-) sowie Goethit (FeO(OH)) durch *Shewanella putrefaciens 200*. Als Ausgangsmaterial für Fe^{3+} standen Fe-haltige Feststoffphasen (Fe-Hydroxide) zur Verfügung. Die Milieubedingungen unterlagen anoxischen Bedingungen mit einer geringen Ionenstärke. Das mit *S. putrefaciens 200* beimpfte (künstliche Grundwasser-)Medium führt wechselnde Gehalte an NO_3^- sowie FeO(OH) mit hoher Oberfläche. Als Ergebnis steht die Beobachtung, dass bei Anwesenheit von NO_3^- erhebliche Beeinträchtigungen der mikrobiellen Reduktion von FeO(OH) eintreten. Sie übertreffen jene, die bislang im Zusammenhang mit anderen in wässrigen Phasen befindlichen oder mikrokristallen Fe^{3+}-Quellen ermittelt wurden (Cooper et al. 2003).

Umgekehrt bewirkt die Anwesenheit von FeO(OH) eine zweifache Abnahme der Reduktionrate von NO_3^-, eine ca. zehnfache Verringerung der NO_2^--Reduktion und eine ca. zwanzigfache Zunahme der synthetisierten N_2O-Gehalte. Um zwischen chemischer und biologischer Reduktion von NO_2^- unterscheiden zu können, unterziehen Cooper et al. (2003) stabile N-Isotope unter Verwendung der $\delta^{15}N$-Werte entsprechenden Experimenten. Hierbei wurde offenbar, dass in Anwesenheit von FeO(OH) eine

Reduktion von NO^{2-} bzw NO^{3-} nicht biogener Herkunft ist. Nach Einschätzung der o. a. Autoren führt die zeitgleich verlaufende mikrobielle Reduktion von Fe^{3+} sowie NO_3^- zum einen zu Fe^{2+} und zum anderen zu NO_2^-. Darauf aufbauend folgt im Anschluss eine nicht biogene Reduktion von NO^{2-} zu N_2O mit wiederum sukzessiver Oxidation von Fe^{2+} zu Fe^{3+} (Cooper et al. 2003).

Eine Oxidation durch Fe-reduzierende thermophile Formen vermag bei der Fe^{3+}-Reduktion ein umfangreiches Repertoire an organischen und anorganischen Komponenten einbeziehen. Eingebettet in eine mikrobielle Gemeinschaft, übernehmen sie sowohl eine abbauende als auch produktive Funktion. Insgesamt stellt die thermophile mikrobielle Metallreduktion eine mögliche Option auf dem Gebiet der biotechnologischen Prozesstechnik dar (Slobodkin 2005), Abschn. 2.5.1/Bd. 2.

Eine umweltbezogene und genetische Perspektive für Fe-oxidierende Bakterien sehen Emerson et al. (2010). Bereits 1830 wurde – als eine der ersten Gruppen von Mikroben – die Bedeutung von Fe-Bakterien bei der Mitwirkung an fundamentalen geologischen Prozessen erkannt, speziell die Oxidation von Fe. Ungeachtet der Fragen betreffs ihres Metabolismus verbunden mit Problemen in der Kultivierung wichtiger Mitglieder dieser Gruppe liegen bislang verhältnismäßig wenig Daten über Fe-oxidierende Bakterien vor. Sie sind insbesondere im Umfeld hydrothermaler Schlöte der Tiefsee anzutreffen, Abschn. 1.1 (f). Daher konzentrieren sich zunehmend erste Studien auf lithotrophe, O_2-abhängige, Fe-oxidierende Bakterien, die sich in nahezu neutralem pH-Environment kultivieren lassen.

Es sind Erkenntnisse über die Einflussnahme von Fe-oxidierenden Bakterien auf die Biogeochemie von Fe und anderen Elementen zu erwarten. Die Isolation neuer Stämme von obligaten Fe-oxidierenden Bakterien verhilft zu einem vertieften Verständnis über deren Physiologie und Phylogenie (Emerson et al. 2010). Zu der Bildung und dem Auftreten von biogenen Fe-reichen Mineralen veröffentlichen Fortin & Langley (2005) ihre Arbeiten. Der Fe-Kreislauf innerhalb der Kruste hängt von den Redoxreaktionen ab, häufig mit Auswirkungen auf die Präzipitation und Lösung von Fe-reichen Mineralisationen verbunden. Hierbei treten mikrobielle Aktivitäten, über z. B. C-Fixierung, Respiration sowie Sorption, u. a. als integrierter Teil des Fe-Kreislaufs, auf. Fe-Oxide in Verbindung mit Mikroorganismen, unabhängig davon, ob sie als intra- oder extrazelluläre Ausfällungen erscheinen, fallen unter die Bezeichnung biogene Minerale. Sie bilden sich in sehr unterschiedlichen geogenen Milieus/Habitaten, z. B. Süßwasser, marinen Systemen, Böden, durch Bergbau beeinflussten Arealen. Biogen synthetisierte Fe-Oxide treten für gewöhnlich als Nanokristallite mit einem breiten Spektrum betreffs Morphologie und Mineralogie auf. Als Ursache ihrer Entstehung kommen Vorgänge wie Metabolismus, passive Sorption sowie Nukleation in Betracht.

Speziell die metabolischen Aktivitäten acidophiler und neutrophiler Fe-oxidierender Bakterien unter oxischen Bedingungen fördern die Oxidation von Fe^{2+} zu Fe^{3+} sowie die Präzipitation biogener Fe-Oxide als extrazelluläre Bildungen nahe oder auf z. B. mikrobiellen Zellen (Fortin & Langley 2005). Aber auch unter anoxischen Bedingungen kann es unter Verwendung von Fe^{2+} als Elektronendonator (Abschn. 4.6.2 (b)) infolge der Aktivitäten von Nitratreduzierern und photoautotrophen Bakterien zur Oxidation von Fe kommen. Im Verlauf dieser Vorgänge und aufgrund der mikrobiellen Reduktion von Fe-Oxiden steht als Ergebnis ebenfalls eine Bildung von sekundären Fe-Mineralen. Ein weiterer wichtiger Prozess zur Entstehung von Fe-Oxiden beruht auf der passiven Sorption von Fe und der Keimbildung auf z. B. bakteriellen Zellwänden. Unter umweltbezogenen/natürlichen pH-Bedingungen überträgt die Reaktivität der bakteriellen Oberfläche eine negative Ladung auf die äußere Zellwand mit der Fähigkeit, lösliches Fe zu binden und gegebenenfalls unter gesättigten Lösungsbedingungen eine Präzipitation von Fe-Oxiden zu initialisieren. Weiterhin können durch z. B. Bakterien bereitgestellte extrazelluläre Polymere hinsichtlich der Sorption von Fe als Template und für eine Keimbildung dienen. Intrazelluläre Fe-Bildung ist ebenfalls in vielen Habitaten zu beobachten. z. B. magnetotakte Bakterien, Abschn. 5.4.1 (a). Neben Magnetosomen in MTB ist eine bislang nicht identifizierte Fe-reiche Phase innerhalb der Zellen von *Shewanella sp.* beschrieben, entstanden während der anaeroben Reduktion von Ferrihydrit ($Fe_{10}^{3+}O_{14}(OH)_2$). Zahlreiche Studien belegen die Entstehung biogener Fe-Oxide in rezenten Habitaten. Daher kann, nach Fortin & Langley (2005), davon ausgegangen werden, dass sie auch in geologischen Formationen, wie z. B. den gebänderten Fe-Erzen (engl. *banded iron formation* = BIF), wichtige Komponenten repräsentieren können. Ungeachtet dessen, dass die Diskussion über die Entwicklung der BIF anhält, mehren sich die Hinweise einer nicht unwesentlichen Einbeziehung speziell von phototrophen, Fe oxidierenden Mikroorganismen in die Genese dieser Form der Fe-Akkumulation, Abschn. 2.6.1 (g)/Bd. 2.

In Batchexperimenten wurden Untersuchungen zum Bindungsverhalten von *Shewanella putrefaciens 200R* gegenüber Magnetit (Fe_3O_4) sowie $Fe_{10}^{3+}O_{14}(OH)_2$ durchgeführt. Die experimentellen Rahmenbedingungen fanden unter aeroben und anaeroben Bedingungen in einer 0,01 M $NaNO_3$-Lösung als Funktion des pH-Werts mit einem Wertebereich von 3–10 sowie sorbiertem PO_4^{3-} statt (Roberts et al. 2006). Über Zellmaterial von *S. putrefaciens* sowie Fe_3O_4-Körner wurden Daten zur elektrophoretischen Mobilität (Abschn. 1.3.5 (d)/Bd. 2) kollektioniert und als Hilfsmittel zur Abschätzung der Rolle von elektrostatischen Wechselwirkungen (Abschn. 4.2) bei der Anbindung von Metallen eingesetzt.

Generell ergeben sich hinsichtlich des Anbindungsverhaltens in Funktion von Wachstumsbedingungen und Oberflächenbehandlung kaum Unterschiede. Pendelt der pH-Wert hingegen zwischen 2 und 4 und herrschen anaerobe Bedingungen vor, kommt es seitens *S. putrefaciens* zu einer Intensivierung bei der Anbindung von mit PO_4^{3-} versehenen Magnetitoberflächen (Roberts et al. 2006). Als Erklärung führen Roberts et al. (2006) die Möglichkeit einer Entwicklung von $Fe-PO_4$-Komplexen oder sekundären Mineralphasen an, mit dem Ergebnis veränderter Wechselwirkungen zwischen Zelle und Mineraloberfläche. Die Anbindung verhält sich irreversibel und steigt unter anaeroben Bedingungen auch unter erhöhten pH-Bedingungen im Verlauf der Zeit. Aus den Ergebnissen leiten Roberts et al. (2006) die Vermutung ab, dass sich

Daten zur elektrophoretischen Mobilität weniger zur Vorhersage ihres Anbindungs-verhaltens eignen. Dahingegen gibt es bei der Entwicklung der Oberflächenladung, generiert mittels Protonierung und Deprotonierung (Abschn. 2.3.4/Bd. 2) der auf die Oberfläche bezogenen funktionellen Gruppen, Übereinstimmungen mit experimenel-len Daten. In der vorgestellten Studie von Roberts et al. (2006) scheint der von ihnen eingesetzte Mikroorganismus, d. h. *S. putrefaciens*, polymere Substanzen oder Pili zur Anhaftung von Fe-Oxiden einzusetzen.

Im Kiemenraum einer im hydrothermalen Habitat lebenden Krabbe ist eine ektosymbiotische Gemeinschaft von chemoautotrophen Bakterien, assoziert mit Fe-Oxid-Ablagerungen, anzutreffen. Struktur und Elementzusammensetzung der mit den Bakterien verbundenen mehrlagigen Mineralkrusten unterzogen Corbari et al. (2008) Analysen durch u. a. TEM- und EDX-Mikroanalysen. Die Auswertung der Daten ergab größere Konkretionen an NP-Agglomerationen von Ferrihydrit sowie untergeordneten Anteilen an Si, Ca, S und P. Die Herkunft der letztgenannten Ele-mente verbleibt bislang unbekannt, möglicherweise handelt es sich um silikatische Kationen, Sulfate und Phosphate, die eventuell einen Beitrag zur Stabilisierung des Fe-Oxids Ferrihydrit hinzusteuern (Corbari et al. 2008). Beobachtungen mit der TEM offenbaren sehr enge Wechselwirkungen der Bakterien mit den genannten Minera-len und erlauben es, eine biologisch eingeleitete Bildung der Fe-Oxide zu erörtern (Corbari et al. (2008).

Durch Liu et al. (2002) wurden die Reduktionskinetiken von Fe^{3+}(–Citrat) Fe^{3+} (–NTA), Co^{3+}(–EDTA), $U^{6+}(-O_2)^{2+}$, $Cr^{6+}(-O_4)^{2-}$ und $Tc^{7+}(-O_4^-)$ in Kulturen aus dis-similatorischen metallreduzierenden Bakterien (engl. *dissimilatory metal reducing bacteria* = DMRB), d. h. *Shewanella algae BrY*, *Shewanella putrefaciens CN32*, *Shewa-nella oneidensis MR-1* sowie *Geobacter metallireducens GS-15*, bestimmt. Die Reduk-tionsraten verhalten sich metallspezifisch und orientieren sich am folgenden Trend: Fe^{3+}(–Citrat) $\geq Fe^{3+}$(–NTA) > Co^{3+}(–EDTA) $\gg U^{6+}(-O_2)^{2+}$ > $Cr^{6+}(-O_4)^{2-}$ > $Tc^{7+}(-O_4^-)$. Im Fall, dass H_2 als Elektronendonator eingesetzt wird, macht $Cr^{6+}(-O_4)^{2-}$ hiervon eine Ausnahme. Die Umsetzungsraten für die Reduktion hängen vom Typ des Elektro-nendonators ab (Liu et al. 2002), Abschn. 4.6.2 (b). In vergleichenden Studien erwies sich unter einem nahezu neutralen pH-Wert eine enzymatisch ausgeführte Reduktion von Fe^{3+} gegenüber einer nicht enzymatisch implementierten als wesentlich leis-tungsfähiger (Lovley et al. 1991). Als Elektronendonator sind u. a. H_2 sowie Ethanol angegeben, Fe^{3+}-Oxide aus einem sedimentären Milieu übernehmen die Funktion eines Elektronenakzeptors. Die Vorgänge lassen sich ebenso bei niedrigem Redox-potential durchführen. Nichtenzymatische Prozesse zeigen auch bei Anwesenheit mehrerer organischer Komponenten nur eine geringe Neigung einer Fe^{3+}-Reduktion (Lovley et al. 1991). Eine mikrobielle Oxidation von Fe^{2+} findet auch unter niedrigen Temperaturen, d. h. < 20 °C, statt. So unterzogen Ahonen & Tuovinen (1989) den meso-philen Mikroorganismus *Thiobacillus ferrooxidans*, gewonnen aus Minendrainagen, mehreren Versuchsreihen, wobei sie als wesentliche Einflussgröße die Temperatur wählten. In puncto Fe^{2+}-Oxidation steht als Ergebnis die Beobachtung einer Leistungsfähigkeit bis zu einer Temperatur von 4 °C. Thematisch ähnlich gestaltet sich die Arbeit von Kupka et al. (2007).

Sie setzen für ihre Studien psychotolerante Kulturen von *Acidithiobacillus ferrooxidans* ein. In Verbindung mit dem u. a. Verlauf einer Biomineralisation beobachten Mann et al. (1987) die Ausfällung von Lepidokrokit (γ-$Fe^{3+}O(OH)$) sowie die Adsorption von Metallen durch *Euglena sp.* Eine mittels SEM-EDX (Abschn. 1.3.4 (d)/Bd. 2, Abschn. 1.3.2/Bd. 2) visualisierte mikrobielle Kolonie und Genese von Pyritkristallen, ausgelöst durch biogene Prozesse, veröffentlichen Farooqui & Bajpai (2003), Abb. 2.25. Kappler & Newman (2004) charakterisieren die Substrate sowie Produkte, synthetisiert via phototrophe Oxidation von Fe^{2+} durch Fe^{2+}-oxidierende Bakterien. Aus gering kristallinen Fe^{3+}-Phasen entwickeln sich im Anschluss FeO(OH) sowie γ-$Fe^{3+}O(OH)$. Braunschweig et al. (2013) untersuchten die Größen, die die mikrobielle Reaktivität von Fe-Oxiden beeinflussen. Sie deuten unter Berücksichtigung von organischen Molekülen wie z. B. Huminsäuren und anderen organischen Bestandteilen auf die Unterschiede zwischen natürlich sowie synthetisch erzeugten Fe-Oxiden hin. Die o. a. Autoren vergleichen das Verhalten von Fe-Oxiden unter Labor- sowie natürlichen Umweltbedingungen. Gleichzeitig betonen sie die physikalisch-chemischen Differenzen zwischen nano- und mikroskaliger Materie. Zum Zweck einer wirtschaftlichen Exploitation sehen sie aufgrund der hohen Reaktivität der Fe-Oxide ein erhebliches Potential.

Abb. 2.25: Mittels SEM-EDX visualisierte mikrobielle Kolonie und Genese von Pyritkristallen (Pfeil), initialisiert durch biogene Prozesse (Farooqui & Bajpai 2003).

Biogene Fe-Oxide bieten ein potentes Hilfsmittel bei der Suche nach vergangenen und gegenwärtigen Lebensformen sowohl in terrestrischen als auch extraterrestrischen Habitaten (Fortin & Langley 2005). Allerdings liefert der Einsatz von Fe-Isotopen (Abschn. 2.6.1 (d)/Bd. 2) und Magnetosomen, ungeachtet ihrer vielversprechenden Resultate, keine eindeutigen Beweise einer alleinigen Beteiligung von Mikroorganismen bei der Bildung von Fe-Oxiden bzw. dass Fe-Oxide ausschließlich infolge biologischer Aktivitäten entstehen. Denn die Fraktionierung von Fe-Isotopen von nichtbiogenem Fe verläuft ähnlich, wie sie im Zusammenhang mit biogenen Fe-Mineralisationen beschrieben sind. Auch gleichen sich die mineralogischen Merkmale von Magnetitkristallen innerhalb magnetotakter Bakterien mit jenen, die sich unter nichtbiogenen Bedingungen formieren. Insgesamt scheinen an den Kreisläufen von Fe Mikroorganismen in erheblichem Ausmaß beteiligt zu sein. Jedoch besteht, verbunden mit Fragen zum Ausmaß der Einflussnahme seitens der Mikroorganismen auf den terrestrischen Kreislauf des Fe, noch erheblicher Klärungsbedarf (Fortin & Langley 2005). Auf die Fe-Bildung durch einen neu entdeckten, Fe^{3+}-reduzierenden *Geothrix fermentans HradG1*, isoliert aus einem Sediment mit erhöhter magnetischer Suszeptibilität, machen Klueglein et al. (2013) aufmerksam. Der o. a. Mikroorganismus zeichnet sich durch eine hohe metabolische Vielseitigkeit aus, Abschn. 2.3.1. Am Beispiel von *Leptothrix discophora SS-1* sowie *Leptothrix cholodnii* gibt es Hinweise einer durch Mn kontrollierten indirekten Oxidation von Fe (Eggerichs et al. 2015).

(c) Mangan (Mn)

Elementar ist Mangan (Mn) im geologischen Rahmen unbekannt. Im Bereich der Kruste ist Mn ein relativ häufiges Element: 600 ppm (Taylor & McLennan 1985). In Abhängigkeit von der Oxidationsstufe treten Mn-Oxide basisch, acidisch oder amphoter auf: +7 bis −3. Mn^{4+} zählt, bezogen auf das geologische Umfeld, zu den am häufigsten auftretenden und reaktivsten Mn-Oxid-Phasen. Mn-Minerale sind u. a. Pyrolusit (MnO_2), Braunit ($(Mn^{2+}Mn_6^{3+})(SiO_{12})$), Psilomelan ($(Ba, H_2O)_2Mn_5O_{10}$), Rhodochrosit ($\beta$-$MnCO_3$). Mn stellt einen der essenziellen Nährstoffe dar und ist in Form einer Mn-Superoxid-Dismutase in den biologischen Stoffbestand integriert. Mn kann als Katalysator und Cofaktor in enzymatischen Prozessen wirken. Unter Einbeziehung biogener Aktivitäten kann es in der Übergangszone vom oxischen bis zum anoxischen Milieu zu einer Oxidation von Mn^{2+} kommen (Ehrlich 1996, Ehrlich 2002):

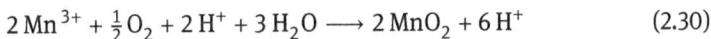

$$2\,Mn^{2+} + \tfrac{1}{2}O_2 + 2\,H^+ \longrightarrow 2\,Mn^{3+} + H_2O \qquad (2.29)$$

$$2\,Mn^{3+} + \tfrac{1}{2}O_2 + 2\,H^+ + 3\,H_2O \longrightarrow 2\,MnO_2 + 6\,H^+ \qquad (2.30)$$

Die Reaktion wird enzymatisch ausgeführt, Mn^{3+} verbleibt am Mn-oxidierenden Enzym. Mineralgebundenes Mn^{4+} tritt z. B. gegenüber *Shewanella putrefaciens* während der dissimilatorischen Metallreduktion infolge anaerober Respiration als Elektronenakzeptor (Abschn. 4.6.2 (b)) auf (Tebo et al. 2004). In diesem Zusammenhang berichten Glasauer et al. (2004) über intrazelluläre, d. h. im Cytoplasma auftretende diskrete nm-große, an Mn angereicherte Granula in *S. putrefaciens*. Als Elektronenakzeptor verabreichen sie während des Wachstums Birnessit ($MnO_{1,7-2}$) bzw. Pyrolusit (β-MnO_2). Ihren Beobachtungen zufolge kommt es zu einer raschen Reduktion von Mn. Neben dem Auftreten der Mn-haltigen Präzipitate sind weitere mit Mn versehene Phasen u. a. im Periplasma zu beobachten. Innerhalb der äußeren Membran entwickeln sich, nach Glasauer et al. (2004), im Verlauf der intrazellären Synthese von

Abb. 2.26: Extrazelluläre Besiedelung von Mn-Knollen durch Mikroorganismen (url: Müller 2012)

Mn-Phasen keine nachweisbaren Mn-Präzipitate. Bezogen auf marine Manganknollen stellt das Mn-Oxid Todorokit $((Na, Ca, K, Ba, Sr)_{1-x}(Mn, Mg, Al)_6O_{12} \cdot 3-4\,H_2O)$ eine der drei wichtigsten oxidischen Mn-Phasen dar. Das Mn-führende Mineral scheint bevorzugt aus lagigen Mn-Oxiden mit hexagonaler Symmetrie, z. B. Vernadit (δ-MnO_2) biogener Herkunft, hervorzugehen. Diesen Aspekt berücksichtigend, berichten Feng et al. (2010) von der Bildung einer nanoskaligen Todorokit ähnlichen Phase aus biogenen Mn-Oxiden, synthetisiert durch das Süßwasser-Bakterium *Pseudomonas putida* Stamm *GB-1*. Unter atmosphärischen Druckbedingungen werden biogene Mn-Oxide in Todorokit-ähnliche Phasen umgewandelt, wobei von Feng et al. (2010) eine im Verlauf der Transformation stattfindende topotaktische Transformation beschrieben wird. Als Ergebnis steht die Beobachtung, dass offensichtlich Mikroorganismen unter moderaten Umweltbedingungen zu einer Transformation von Mn-Oxiden in andere Mn-Oxide fähig sind. Eine raumbezogene Charakterisierung einer biogenen Synthese von Mn-Oxid innerhalb eines Biofilms schildern Toner et al. (2005). Als Mikroorganismus wählen sie *Pseudomonas putida* Stamm *MnB1* und als Analysetechnik u. a. NEXAFS (Abschn. 1.3.5 (o)/Bd. 2). Als Mn-führendes Mineral scheint Hausmannit ($Mn^{2+}Mn_2^{3+}O_4$) in Betracht zu kommen. Einen Überblick über Mn-oxidierende Bakterien vermittelt Nealson (2006). Zur Geomikrobiologie von Mn veröffentlichen Jones et al. (2011) Studien. Auf die Reduktion von Mn^{4+} geht Lovley (1991) ein. Zur Mn^{2+}-Oxidation nehmen Tebo et al. (2005) Stellung. Sie verbinden die Oxidation von Mn mit einer zellulären Funktion. Vermutungen zufolge scheint ein Multikupfer-Oxidase-System involviert zu sein, Abschn. 3.3.1 (n). Learman et al. (2011) vermuten für eine indirekte Oxidation von Mn^{2+} eine enzymatisch gesteuerte Erzeugung von extrazellulären O-Radikalen. Wechselwirkungen entwickeln sich bei der Besiedelung von Mn-Knollen durch Mikroorganismen (url: Müller 2012), Abb. 2.26.

(d) Nickel (Ni)

Das Auftreten von Ni im geologischen Rahmen konzentriert sich auf Mineralisationen wie Pentlandit $((FeNi)_9S_8)$ und Phyrrhotin $(Fe_{(1-x)}S)$. Ni ist innerhalb der Kruste mit einem Gehalt von 20 ppm vertreten (Taylor & McLennan 1985). Für eine Reihe von Organismen ist Ni als wichtiges Spurenelement unentbehrlich. In Bakterien kommt es zur Einbindung des Metalls in Hydrogenasen, Ni^{2+}- und Co^{2+}-Sensing durch *RcnR* von *E. coli* (Iwig et al. 2008). Auf Metalle reagierende DNS-bindende Proteine kontrollieren die transporter- und enzymbezogene Genexprimierung. Diese metallregulierenden Elemente sind in diverse strukturelle Familien unterteilt: *MerR*, *ArsR/SmtB*, *NikR* u. a. Jede der genannten Familien, mit Ausnahme von *NikR*, enthält Sub-Familien, mit entsprechender Sensitivität und Response gegenüber Metallen ausgestattet. So führen z. B. die *MerR*-Vertreter die Antwort auf Cu mittels *CueR*, auf Zn mit *ZntR* sowie Pb mit *PbrR* durch. Zur Vermeidung einer Aktivierung des Proteins durch unerwünschte Metalle muss es über ein präzises Vermögen zur Spezifität verfügen. Ein weiterer Metallregulator in *E. coli*, d. h. *RcnR*, unterdrückt die Transkription von *rcnA*, einem Protein, verantwortlich für den Ausstoß an Co und Ni. Da es eine nur sehr geringe Identität in der Sequenz mit den anderen o. a. Proteinen aufweist, glauben Iwig et al. (2008), eine neue metallregulierende Famile endeckt zu haben. Im Zusammenhang mit dem auf Ni^{2+} sowie Co^{2+} reagierenden *RcnR* von *E. coli* führten Iwig et al. (2008) Studien an dem Wildtyp und mutierten *RcnR*-Proteinen durch. Bei *RcnR* handelt es sich um ein Protein, das in Verbindung mit der DNS steht. Es kontrolliert die Exprimierung des zur Metallausscheidung zuständigen Proteins und reagiert ausschließlich auf Ni^{2+}- sowie Co^{2+}-Ionen. Über eine nanomolare Affinität zu den genannten Metallen stabilisiert sich das betreffende Protein gegen eine mögliche Denaturierung (Iwig et al. 2008). Zu einem zuvor speziell präparierten *RcnR*-Protein werden drei bis vier monomere Äquivalente an $NiCl_2$ sowie $CoCl_2$ zugeführt und das betreffende Probenmaterial bei 20 °C für 2 h inkubiert. Unvollständig gebundene und überschüssige Metallionen lassen sich über bestimmte Vorrichtungen aus dem System entfernen (z. B. Säule mit Microbiospin und einem Puffer). Eine bestimmte durch Co^{2+} und Ni^{2+} hervorgerufene Transkription aus einem Fusionskonstrukt (P_{rcnA}–*lacZ*) sollte dahingehend überprüft werden, inwieweit andere Metalle wie Cd^{2+}, Cu^{2+}, Fe^{2+}, Mn^{2+} sowie Zn^{2+} einen ähnlichen Einfluss wie Co^{2+} und Ni^{2+} bewirken können. Für die *In-vivo*-Spezifität von *RcnR* gegenüber den o. a. Metallen zeigt sich keine Aktivierung der Exprimierung von P_{rcnA} bzw., dass, über die relative *LAcZ*-Aktivität ermittelt, *PrcnA* nur bei Anwesenheit von Ni bzw. Co auftritt (Iwig et al. 2008), Abb. 2.27.

Ni und Co stellen für zahlreiche Mikroorganismen essenzielle Mikronährstoffe dar und beide Metalle unterstützen als enzymbezogene Cofaktoren eine Vielzahl von Reaktionen. Überschreiten jedoch die genannten Metalle bestimmte Grenzwerte, verhalten sie sich toxisch, worauf einige Mikroorganismen wiederum Mechanismen wie die Homöostase zur Regulierung von membranbezogener Aufnahme und/oder Abgabe von Metallen entwickelten. Denn es kommt, unter Einbeziehung der kooperativen Aktivität begleitender Proteine, erst dann zur Biosynthese von Co- und Ni-Metalloenzymen, wenn eine intrazelluläre Zuweisung der erwähnten Metalle an die entsprechenden Apoproteine gewährleistet ist. Bezüglich der o. a. Überlegungen liefern Hausinger & Zamble (2007) Anmerkungen zur molekularen Physiologie von stoffwechselbezogenen Co- und Ni-Kationen in *E. coli*. Sie verweisen auf zusätzli-

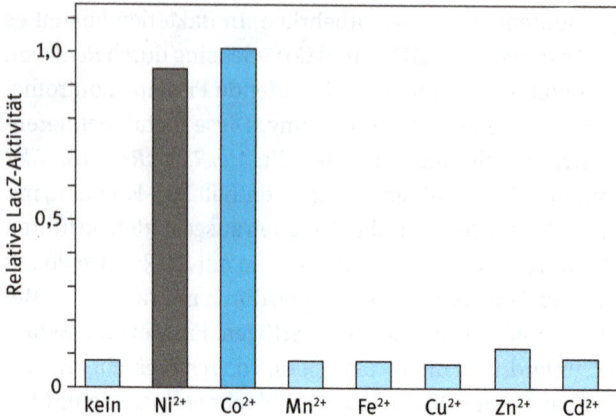

Abb. 2.27: Zellmaterial von *RZ4500* wird u. a. in Anwesenheit von divalenten Metallionen aufgezogen. Es zeigt sich, dass, über die relative *LAcZ*-Aktivität ermittelt, *PrenA* nur bei Anwesenheit von Ni bzw. Co auftritt (Iwig et al. 2008).

che Co- und Ni-abhängige Prozesse und in anderen Mikroorganismen auftretende homöostatische Mechanismen. Über eine Kombination von Experiment und rechnergestützter Vorgehensweise untersuchen Peña et al. (2010) die molekularen Mechanismen einer Sorption von Ni an biogen synthetisiertem, hexagonalem Birnessit ($Na_4Mn_{14}O_{27} \cdot 9\,H_2O$), produziert durch *Pseudomonas putida GB-1*. Das Versuchsumfeld ist durch unterschiedliche Gehalte und einen pH-Bereich von 6 definiert. In ihrer Arbeit zur Verfügbarkeit von Ni betonen Alves et al. (2011) das Potential serpentinisierter Böden zur Adsorption von Ni durch H_2O-haltige Mn-Oxide, die wiederum u. a. das Sorptionsvermögen von Ni mitbestimmen.

2.4.2 NE-Metalle: Al, Cd, Co, Cu, Mo, Pb, Sb, Ti, V, W, Zn

Zu den NE-Metallen zählen u. a. Co, Cu, Pb, Sb, Ti, V, W, Zn, wobei ein Teil der Kategorie Metalle der vierten Periode und somit den Stahlveredlern zugeordnet ist. Ihre biologische Funktion erstreckt sich von essenziell, z. B. Zn, bis bislang nicht bekannt, z. B. Ti. Zusammenfassend benötigt eine Vielzahl von Enzymen als Cofaktor Mo, V und W. Die entsprechenden Oxyanionen ähneln untereinander in Größe und Struktur und verfügen über die Fähigkeit einer gegenseitigen partiellen Substitution. Als Vorbild kann die Bindung von metallischen Ionen durch *Bacillus subtilis* dienen, z. B. Ferris et al. (1988), Abschn. 2.6.1 (j)/Bd. 2.

(a) Aluminium (Al)

Ungeachtet dessen, dass Al als eines der verbreitesten Elemente auftritt, d. h. 8,04 %, (Taylor & McLennan 1985), verhält es sich gegenüber lebender Biomasse i. d. R. toxisch.

Allerdings scheint, nach bislang vorliegenden Erkenntnissen, Al in die Aktivitäten einiger Dehydrogenasen einbezogen zu sein. Generell weist Al nur eine geringe Bioverfügbarkeit auf. Bedingt durch die Einwirkung von saurem Regen kommt es zur Lösung von Al-Spezifikationen mit toxisch wirkenden Anreicherungen. Saurer Regen verursacht eine Lösung von Al bis zu einem toxischen Grad. Da es in Konkurrenz zu Fe und Mg auftritt, besteht die Gefahr einer Anbindung durch die DNS, Zellmembran oder -wand, wobei es seine toxische Wirkung entfaltet. Auf mikrobielle Wechselwirkungen von Al mit diversen Cyanobakterien, Bodenbakterien u. a. sowie den Wettbewerb mit Fe und Mg im Zusammenhang mit der Anbindung an die DNS, Membranen sowie Zellwände berichten Piña & Cervantes (1996). Im Zusammenhang mit der Genese von Fe-Al-Silikaten in Form von Chamosit-ähnlichen Tonen, d. h. $(Fe_5Al)(Si_3Al)O_{10}(OH)_8$ auf bakteriellen Zellwänden, scheinen mikrobielle Aktivitäten mit einbezogen zu sein (Fortin et al. 1997). Weiterhin sind Kaolinit $(Al_4(Si_4O_{10}(OH)_4)$ sowie Glaukonit-ähnliche Minerale $(K(Al_{0,38}Fe_{1,28}Mg_{0,34})(Si_{3,4}Al_{0,3})O_{10}(OH)_2)$, beschrieben (Konhauser et al. 1993). Bei der Genese von Bauxit, dem wichtigsten Al-Erz, hervorgegangen aus Al-reichen Silikaten unter warmhumiden Bedingungen, übernehmen Mikroorganismen durch die Kontrolle über pH- sowie Eh-Wert sowie via Verwitterung der Al-Silikate eine indirekte Funktion (Ehrlich 2002).

(b) Antimon (Sb)

Unter geologischen Bedingungen bildet Sb u. a. Sulfide, z. B. Stibnit (Sb_2S_3), Oxide, z. B. Valentinit (Sb_2O_3), Legierung, z. B. Breithauptit (NiSb). Gelegentlich kann es auch gediegen angetroffen werden. Generell sind für das Krustenniveau 0,2 ppm errechnet (Taylor & McLennan 1985). Im Bereich biologischer Funktion liegen, nach aktuellem Stand der Daten, für Antimon (Sb) keine Indizien vor. In geringer Dossierung wirkt es als Stimulans für den Metabolismus. Zwischen Mikroorganismen und Sb-Spezifikationen sind zahlreiche Wechselwirkungen beschrieben.

Die möglichen Auswirkungen von Sb auf das mikrobielle Wachstum und die Aktivitäten von Bodenenzymen studierten An & Kim (2009). Als Testspezies standen *Escherichia coli*, *Bacillus subtilis* sowie *Streptococcus aureus* zur Verfügung. Hierbei zeigen die Ergebnisse, dass sich von den getesteten Spezies *S. aureus* als der am sensitivsten auftretende Mikroorganismus erwies. Ein mit Sb versetzter siltartiger Boden wurde beimpft und die Aktivitäten diverser Enzyme, z. B. Dehydrogenase, Urease etc., wurden messtechnisch aufgezeichnet (An & Kim 2009). Sowohl die Aktivität der Dehydrogenase als auch Urease ist eng an das Auftreten von Sb gekoppelt und ein Indiz für eine Indikation von Sb. Verglichen mit den Kontrollbedingungen kommt es durch das Auftreten von Sb nach 3 d für die auf den Boden bezogene Ureaseaktivität zu einer

Leistungssteigerung von 168 %. Gemäß den Studien von An & Kim (2009) wird die Funktionalität weiterer vier Enzyme, z. B. Hydrolase, durch das zugeführte Sb kaum beeinträchtigt. Oftmals ist Sb in mit Pb-kontaminierten Böden anzutreffen, wobei es sowohl in den Oxidationsstufen Sb^{3+} als auch mit der gegenüber Organismen am wenigsten toxisch wirkenden Form Sb^{5+} auftreten kann.

Über die Identifizierung von Sb sowie As-oxidierenden Bakterien, verbunden mit Sb-haltigen Abgängen des Bergbaus, veröffentlichen Hamamura et al. (2013) ihre Arbeiten. Hierzu versetzten die o. a. Autoren Isolate von mit *Pseudomonas* sowie *Stenotrophomonas* verwandten Formen mit u. a. Sb^{3+}. Durch die mikrobielle Respiration kommt es aufgrund der Veränderung der Metallspezifikation zur Umverteilung von u. a. Sb. Analysen zu der Phylogenie und dem Genom Sb-oxidierender Bakterien, isoliert aus S-haltigen Böden, enthüllen eine Vielzahl von Mikroorganismen, befähigt zur Aufnahme von Sb, z. B. *Acinetobacter JL7*, *Comamonas JL25*, *Comamonas JL40*, *Comamonas S44*, *Stenotrophomonas JL9* sowie *Variovorax sp. JL23* ([1]Li et al. 2013).

Zu der Bioverfügbarkeit, Verteilung der Feststoffphasen sowie u. a. der Spezifikation von Sb in Böden erhoben Denys et al. (2009) validierfähige Daten. Über u. a. eine sequentielle Extraktion führen sie eine Bewertung der Sb-Spezifikation in Böden durch und gelangen zu dem Schluss, dass nur eine relative geringe Zugänglichkeit des Sb gegenüber einer Biomasse vorliegt, d. h. von ca. 1,5–12 % vom Gesamtgehalt an Sb. Durch Analysen erhalten Denys et al. (2009) Hinweise auf den Einbau des pentavalenten Sb in überwiegend oxidische sowie sulfidische Mineralisationen. Die Bioverfügbarkeit von Sb in mit ehemaligem Bergbau und mineralischer Aufbereitung, d. h. Schmelzhütte, assoziierten Böden untersuchten [2]Flynn et al. (2003). Die von den o. a. Autoren erwähnten anormalen Sb-Indikationen belaufen sich bis zu 700 mg kg^{-1}. Ungeachtet der hohen Gehalte steht Sb über einen verhältnismäßig breit gestreuten pH-Bereich biologischen Prozessen nicht zur Verfügung. Es verhält sich in den untersuchten Böden wenig reaktiv und somit immobil. Auf diese Weise verbleibt Sb im Bereich der primären Ablagerung und ist daher nicht fähig, als gelöste Sb-Spezifikation in untere GW-führende Horizonte zu gelangen. Zur Identifizierung von Sb stehen bakterielle Biosensoren zur Verfügung ([2]Flynn et al. 2003).

Phoenix et al. (2005) schildern den Erhalt eines bakteriellen S-Layer und die Bioimmobilisierung von seltenen As-Sb-Sulphiden in Si-reichen Sedimenten einer Heißen Quelle (engl. *hot spring*). Diese ist durch Si-Sinter, Lockersedimente, weitere suspendierte Anteile, opalförmiges SiO_2 sowie Metallsulfide, entstanden unter Temperaturbedingungen von ca. 75 °C, charakterisiert. Als relativ hoch erweist sich der Anteil an gut erhaltenen mineralisierten Mikroorganismen. Analysen durch u. a. eine TEM (Abschn. 1.3.4 (a)/Bd. 2) offenbaren einen Erhalt der bakteriellen Zelle und des kapsularen Materials. Aller Wahrscheinlichkeit nach geschah die Konservierung durch die Immobilisierung gelöster As-, Sb- sowie S-Spezifikationen durch und innerhalb der organischen Matrix.

Mit Hinsicht auf die S-Layer ist das mosaikartige, gleichmäßige Muster der S-Layer (Abschn. 5.4.2 (a)) durch die Kombination von hydrothermaler mit biogen unterstützter Mineralisation exakt überliefert und kann zur Identifizierung von Mikrofossilien herangezogen werden, Abschn. 2.6.1 (j)/Bd. 2. In Hinsicht der möglichen Spezifikationen weisen Berechnungen für As sowie Sb auf negativ und neutral geladene Sulfid- (S^{2-}) oder Hydroxidkomplexe wie z. B. $HAs_2S_4^-$, H_3AsO_3 und $HSb_2S_4^-$ hin. Gemäß Phoenix et al. (2005) kommen anhand der spezifischen Merkmale der erhaltenen S-Layer als Mikroorganismen entweder *Clostridium thermohydrosulfuricum* oder *Desulfotomaculum nigrifacans* in Betracht. Innerhalb von geothermal angeregten heißen Quellhabitaten deuten Mineralsättigungs-indizes für As-Sb-Sulfat, S^{2-} sowie Oxid eine Abhängigkeit von der O_2-Fugazität an (Phoenix et al. 2005), Abb. 2.28. Die Anbindung von negativ geladenen As- und Sb-Komplexierungen an die in die S-Layer eingebauten kationischen Amingruppen könnte über folgendes Reaktionsschema erfolgt sein (Phoenix et al. 2005):

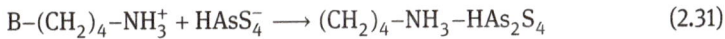

$$B-(CH_2)_4-NH_3^+ + HAsS_4^- \longrightarrow (CH_2)_4-NH_3-HAs_2S_4 \tag{2.31}$$

bzw.

$$B-(CH_2)_4-NH_3^+ + HAsO_3^- \longrightarrow (CH_2)_4-NH_3-H_2AsO_3 \tag{2.32}$$

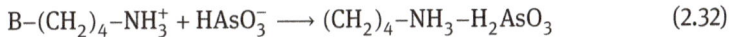

wobei gilt B: Bakterium, $(CH_2)_4-NH_3^+$: Amingruppe auf dem S-Layer-Polymer.

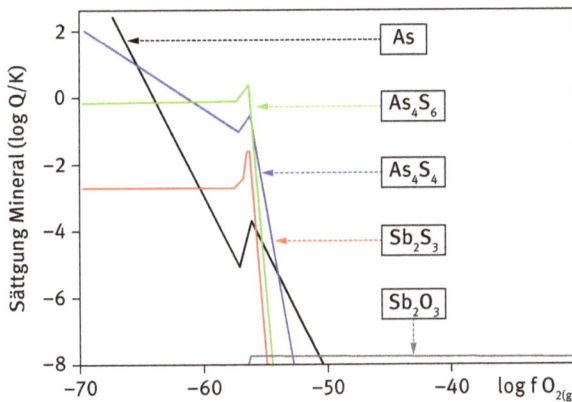

Abb. 2.28: Mineralsättigungs-indizes für As-Sb-Sulfat, S^{2-} sowie Oxid für ein Geothermal-/Heiße-Quellen-Habitat (Phoenix et al. 2005).

Nguyen & Lee (2014) beobachten ein Antimonat-($[Sb(OH)_4]^-$)respirierendes Bakterium, d. h., es reduziert pentavalentes Sb in trivalenten Antimonit (Sb_2S_3).

(c) Blei (Pb)

Als Pb-führende Minerale sind u. a. Galenit (PbS), Cerrusit ($PbCO_3$), Anglesit ($PbSO_4$) zu nennen. 0,5 ppb beträgt der Krustenwert (Taylor & McLennan 1985). Für Pb liegen bislang keine Hinweise einer biologischen Funktion vor. Generell verhält sich Pb toxisch. Es neigt zur Akkumulation in höher organisierten Lebewesen und löst diverse Krankheiten aus, z. B. Anämie.

Ungeachtet bislang vorliegender Ergebnisse verweisen Flis et al. (2010) in Anwesenheit von *Pseudomonas putida* auf die Möglichkeit einer seitens des o. a. Mikroorganismus unterstützten Lösung von Pyromorphit ($Pb_5(PO_4)_3Cl$), mit erheblichen Auswirkungen auf die Remobilisierung von Pb in der Umwelt (Flis et al. 2010). Das Motiv zur Zersetzung von Pyromorphit liegt möglicherweise im Bestreben seitens *P. putida*, den in diesem Mineral eingebundenen P zu akquirieren. Generell steuern innerhalb von Böden und Abwässern z. B. Pb-führende Apatite, d. h. Pyromorphit, das Verhalten und somit die Bioverfügbarkeit von Pb.

Im Rahmen von Sanierungsmaßnahmen stellt die Immobilisierung von Pb innerhalb von Böden und Aquiferen eine wichtige Strategie dar. Sie beruht, nach Eingabe von gelösten Phosphaten in die Porenwässer von Böden, auf der Bildung von Pyromorphit ($Pb_5[Cl|(PO_4)_3]$). Durch die Stabilität, geringe Löslichkeit und hohe thermodynamische Stabilität dieses P-Minerals wird dem Umfeld Pb entzogen, d. h., es verringert sich die Bioverfügbarkeit von Pb.

Allerdings deuten diverse Untersuchungen an, dass z. B. *Pseudomonas* P-haltige Bestandteile aus Apatit ($Ca_5[(F, Cl, OH)|(PO_4)_3]$) herauslöst (Flis et al. 2010). Hinzu kommt oftmals eine dichte Besiedelung von hoch kontaminierten Geosphären durch diverse Arten von *Pseudomonas*. Bei der Detoxifikation Pb-führender Feststoff-/Fluidphasen via biologische Vorgehensweisen sind die genannten Vorgänge unbedingt zu beachten.

Über die Spezifikation von Pb^{2+}, sorbiert durch *Burkholdia cepacia* : Goethitkomposite, berichten [1]Templeton et al. (2003). Aufgrund ihrer ausgedehnten Sorptionskapazität übernehmen Bakterium-Mineral-Komposite in einem weiten Spektrum von Umweltbedingungen bei der Rückhaltung von (Schwer-)Metallen wie z. B. Pb eine wichtige Rolle. Unter Verwendung von aus *Burkholdia cepacia* bestehenden Biofilmen, beschichtet mit Partikeln aus Goethit (α-$Fe^{3+}O(OH)$), messen [1]Templeton et al. (2003) mittels spektroskopischer Methoden eine Partitionierung von Pb^{2+} zwischen den biologischen und Fe-(Oxyhydro-)Oxid-Oberflächen.

Sie finden heraus, dass bei einem pH-Wert von 5,5 mindestens 50 % von der gesamten Pb-Konzentration mit den Komponenten des Biofilms verbunden sind, wohingegen bei einem pH-Wert von < 6 die Gesamtaufnahme innerhalb des Komposits durch α-$Fe^{3+}O(OH)$ beherrscht wird. Über Binärsysteme wie z. B. Pb/Biofilm bzw. Pb/α-$Fe^{3+}O(OH)$ kann ein unmittelbarer Vergleich zwischen den an jede Komponente des Systems fixiertem Pb^{2+} sowie den o. a. separaten Binärsystemen gezogen werden ([1]Templeton et al. 2003). Bei hohen pH-Werten kommt es infolge eines Wettbewerbs mit der Oberfläche des α-$Fe^{3+}O(OH)$ zu einer deutlichen Abnahme der Pb^{2+}-Aufnahme durch den Biofilm. Im Gegensatz hierzu erhöht sich bei Erniedrigung des pH-Werts im Vergleich mit ligandenfreien Systemen die Aufnahme von Pb durch α-$Fe^{3+}O(OH)$. Einzelheiten über den strukturellen Aufbau der Liganden können bei [1]Templeton et al. (2003) nachgelesen werden.

(d) Cadmium (Cd)

Im Zusammenhang mit Krustengesteinen tritt Cd mit einem Wert von 98 ppb auf (Taylor & McLennan 1985). Aktuell ist für Cd – bis auf einige marine Diatomeen – eine wesentliche Einbindung in biologische Prozesse erkennbar. Interessanterweise integrieren/substituieren (?) die o. a. Mikroorganismen bei wesentlichen Zn-Defiziten Cd in carbonischen Anhydrasen.

Eine bakteriell unterstützte extrazelluläre Synthese von metallischen NP, d. h. Ag, Cd sowie Pb, in der Zellwand von *Bacillus megaterium* schildern Prakash et al. (2010). Der Mikroorganismus lässt sich unter aeroben Bedingungen kultivieren und mit Lösungen aus Ag-, Cd- sowie Pb-Nitrat versehen. Zell-Lysate, produziert durch Zentrifugieren der Kulturen, sind den diversen Messtechniken, wie z. B. TEM, Spektroskopie, RDA u. a., zugänglich, Abschn. 1.3.3/Bd. 2.

Die Absorptionspeaks für Ag-NP belaufen sich auf 435 nm, für Cd-NP auf 410 nm und für Pb auf 330 nm und das dazugehörige RDA-Spektrum offenbart für alle genannten Metalle eine sulfidische Phase. Gemäß TEM zeigen die metallischen Nanopartikel einen Größenbereich von 10–20 nm (Prakash et al. 2010).

(e) Kobalt (Co)

Im geologischen Ambiente tritt Kobalt (Co) nicht in metallischer Form auf, sondern in Cobaltit [CoAsS], Linneit [$(Co, Ni)_3S_4$], Skutterit [$CoAs_3$] u. a. Die Krustenhäufigkeit beläuft sich auf ca. 10 ppm (Taylor & McLennan 1985). In Form von Salzen erweist sich Co in entsprechender Dosierung als essenziell für eine Vielzahl von Organismen, denn es bildet den Kern des Vitamins B_{12}.

Zu den Mechanismen und Auswirkungen der anaeroben Respiration bzw. der katalysierten Reduktion von chelatiertem Co durch *Shewanella oneidensis MR-1* legen Hau et al. (2008) Untersuchungsergebnisse vor. Bakterien von der Gattung *Shewanella* weisen nach bislang vorliegenden Daten die größte Diversität innerhalb respirierender Organismen auf. Sie benutzen als terminale Elektronenakzeptoren (Abschn. 4.6.2 (b)) eine Vielfalt von Metallen sowie Metalloiden. Da die unterschiedlichen Redoxzustände der Metalle oftmals deren Löslichkeit und somit die mögliche Toxizität beeinflussen, gibt es zunehmend Überlegungen hinsichtlich des Einsatzes dieser Mikroorganismen zum Zwecke einer z. B. geobiotechnologischen Sanierung, Abschn. 2.5.3/Bd. 2. Voraussetzung hierfür ist ein Verständnis der hinter den Metalltransformationen stehenden molekularen Mechanismen sowie der Auswirkungen möglicher Nebenprodukte, die sich gegenüber Mikroorganismen als toxisch erweisen und somit den Einsatz als Sanierungstechnik be- oder verhindern.

Hau et al. 2008 schildern die Bildung eines toxischen Nebenprodukts infolge der Reduktion von C[Co^{3+}–EDTA]$^-$. Das im Zusammenhang respirativer Vorgänge (d. h. Reduktion) aus dem [Co^{3+}–EDTA]$^-$ erzeugte [Co^{2+}–EDTA]$^{2-}$ unterbindet das Wachstum von *S. oneidensis MR-1*. Das toxische Verhalten lässt sich allerdings partiell durch die Zugabe von $MgSO_4$ aufheben. Zur Reduktion von [Co^{3+}–EDTA]$^-$ durch *S. oneiden-*

sis ist der extrazelluläre Respirationspfad zur Entwicklung funktioneller *Mtr*-Enzyme sowie zur Sicherstellung der geeigneten Lokalisierung unerlässlich.

Und für eine Reihe von Substraten inkl. chelatierter und unlöslicher Metalle sowie organischer Komponenten stellt der *Mtr*-Pfad eine wichtige Voraussetzung dar. Erst das Verständnis für die vollständige Bandbreite der für den *Mtr*-Pfad erforderlichen Substrate gestattet die Entwicklung von für die Biosanierung geeigneten Stämmen von *S. oneidensis* (Hau et al. 2008).

Der Bedarf an Ni sowie Co durch *E. coli* verhält sich unterschiedlich und die Ni-Physiologie von *E. coli* ist durch die anaerobe Exprimierung einer Ni-Fe-Hydrogenase geprägt, die wiederum ihr Ni durch eine NiKABCDE-Ni-Permease erhält. Bezüglich Co liegen die Mechanismen noch im Dunkeln (Iwig et al. 2008). Es existiert ein spezieller Transportweg für Co, jedoch ohne Synthese des Co-führenden Coenzyms Adenosyl-cobalamin (Vitamin B_{12}). Da Co^{2+}-Ionen in die Fe-S-Cluster von z. B. einer Ferrichrom-Reduktase eingreifen, besteht die Möglichkeit, dass die Zelle Co^{2+}-Ionen als toxisch erachtet. Eine Erfassung von Ni^{2+}- sowie Co^{2+} geschieht in *E. coli* durch ein *RcnR* und Iwig et al. (2008) äußern die Vermutung, dass ein Transfer über Transporter mit niedriger Spezifität erfolgt, z. B. ähnlich dem Mg-Transporter *CorA*, Abschn. 4.5.5.

(f) Kupfer (Cu)

Verbreitete Cu-führende Minerale sind u. a. in Fom von Chalcopyrit [$CuFeS_2$], Cuprit [Cu_2O], Malachit [$Cu_2[(OH)_2|CO_3]$] etc. vertreten, d. h. Sulfid, Oxid, Karbonat. Cu wird auch in elementarer Form angetroffen. Es liegt für die Kruste bislang ein kalkulierter Wert von 25 ppm vor (Taylor & McLennan 1985). Cu ist – in kleinen Dosierungen – für alle Lebensformen ein unentbehrliches Spurenmetall, es übernimmt eine Schlüsselfunktion in Redoxenzymen, d. h. Dehydrogenasen und Oxidasen. Cu einbezogen in biologische Systeme, stellt zum einen ein essenzielles Element dar und zum anderen kann es aufgrund seines hochreaktiven Verhaltens zur Beschädigung der Zelle beitragen (Magnani & Solioz 2007).

Daher ist seitens der Zelle eine stringente Kontrolle gegenüber dem Cu unbedingt erforderlich. Um dieser Herausforderung erfolgreich zu begegnen, verfügt eine Zelle im Umgang mit Cu über diverse Möglichkeiten, wie z. B. Pumpen für den Transport durch Membranen, Chaperone für den intrazellulären Transfer (*routing*), Oxidasen sowie Reduktasen für den Wechsel des Oxidationszustandes sowie Regulatoren zur Kontrolle der genetischen Exprimierung als Erwiderung gegenüber Cu.

Auch dienen die genannten Systeme zum Einbau von Cu in die entsprechenden Enzyme und es kann von einer Homöostase im Frühstadium der Evolution ausgegangen werden. Bislang sind mehr als 30 Cu-führende Proteine/Enzyme bekannt, so z. B. diverse Oxidasen. Daneben existieren eine Reihe von Proteinen als terminale Elektronenakzeptoren, z. B. Cytochrom c-Oxidase (Abschn. 3.3.1 (m)), sowie als Elektronentransporter z. B. Azurin. Bedingt durch einen alternierenden Redoxzustand, d. h. Cu^+

und Cu^{2+}, dient Cu in zur Reduktion befähigten Enzymen sowohl als Elektronenakzeptor als auch -donator (Magnani & Solioz 2007), (Abschn. 4.6.2).

Je nach Koordinationstyp, d. h. Bindung des Cu an das Protein, schwankt das Redoxpotential zwischen +200 und +800 mV. *CueO* (engl. *copper efflux oxidase*) ist eine multiple Cu-Oxidase, einbezogen in die Detoxifikation von Cu (Magnani & Solioz 2007). Die Exprimierung der *CueO* wird durch ein *CueR* (engl. *copper export regulator gene*) gesteuert und ist zusammen mit *copA* Bestandteil des *Cue*-Systems. Offensichtlich teilen sich gleiche Merkmale die Region des *cueO*-Promoters und des *copA*-Promoters. Ein vom Cu abhängiger Anstieg der β-Galactosidase-Aktivität, bezogen auf Fusionen des *cueO*-Promoters-*lacZ*, lässt die Vermutung aufkommen, dass die Exprimierung von *cueO* durch Cu eingeleitet wird (Magnani & Solioz 2007). Kommt es zur Unterbrechung von *cueO*, verhalten sich die Zellen gegenüber Cu sensitiver, möglicherweise ein Anzeichen für eine Einbeziehung von *CueO* in eine Cu-Homöostase.

Weiterhin beschützt *CueO* die alkaline Phosphatase gegenüber einer Schädigung durch Cu (Magnani & Solioz 2007). *CueO* erweist sich in seinen biochemischen Eigenschaften als sehr vielseitig. Es zeigt in *In-vitro*-Assays vergleichbare Merkmale zu multiplen Cu-Oxidasen wie *Fet3* sowie zu Laccasen. Daneben verfügt es über die Aktivitäten einer Phenoloxidase und Ferroxidase. Die Zufuhr von aufgereinigtem *CueO* übt einen positiven Effekt auf das Überleben der Zelle aus. Eine erfolgreiche Aktivität kann nur unter aeroben Bedingungen vonstattengehen. Liegen anaerobe Bedingungen vor, muss auf das *cusCFBA*-Operon zurückgegriffen werden, das die Zellen gegenüber Cu unter anaeroben Bedingungen resistenter gestaltet (Magnani & Solioz 2007). Das Cus-System von *E. coli* leitet sich von einem chromosomal kodierten Cu- und Ag-Resistenz-System ab und besteht aus einem *CusCBA*-Proton : Kation : Antiporter-Komplex, kontrolliert durch ein Zweikomponentensystem vom Typ *CusRS*. Als determinierendes Element unterstützt das *Cus*-System die Resistenz gegenüber Ag (Magnani & Solioz 2007).

Aus Anlass des toxischen Verhaltens von Cu-Ionen in biologischen Systemen versuchen diese sie durch geeignete Maßnahmen zu reduzieren. Cu-NP sind einfach oxidierbar und diverse Techniken bewahren natives Cu vor einer Aufoxidierung, d. h. Einkapselung von elementarem Cu durch Kohlenstoffvarianten wie z. B. Graphen, SiO$_2$ etc. Als hilfreich für die Synthese von elementarem Cu erweist sich Citrat. Zur Erzeugung von CuO, Cu$_2$O sowie Cu$_4$O$_3$ kommt als Präkursor Cu(OH)$_2$ in Betracht (Rubilar et al. 2013). Aus Cu lassen sich biogene NP mit sehr unterschiedlichen Spezifikationen produzieren, wie z. B. elementares Cu, Cu-Oxide, Cu-Sulfide, komplexe Cu-Strukturen und ihre Anwendungen (Rubilar et al. 2013).

Im Zusammenhang mit dem Auftreten von Chlostridiumvertretern in Porenwässern von Böden sind Cu^0-NP beschrieben (Hofacker et al. 2015). Ihre Größe pendelt zwischen ca. 40 nm und 100 nm. Ihr Auftreten erfolgt offensichtlich unterhalb der äußersten Zellmembran. Als Bildungsmechanismus werden Vorgänge zur Detoxifikation angenommen (Weber et al. 2009).

Da Cu-NP über ein großes Potential hinsichtlich ihrer technischen Verwendung verfügen, d. h. Optik, Elektronik etc., unterliegen sie intensiven Studien. Auf Cu basierende Nanostrukturen lassen sich für leitende Filme, Schmiermittel, Nanofluide, Katalysatoren etc. einsetzen.

(g) Molybdän (Mo)

Für nahezu alle Lebensformen ist Molybdän (Mo) ein unentbehrliches Element. Bereits geringe Mengen sind ausreichend, um die für den Organismus erforderliche N_2-Fixierung durchzuführen und zum anderen NO_3^--reduzierenden Enzymen zur Verfügung zu stehen. Mo ist ein selten vorkommendes Element in der Kruste und tritt mit einem Wert von 1,5 ppm auf (Taylor & McLennan 1985).

Mo, integriert in Molybdoenzymen, tritt ubiquitär auf und kann durch W ersetzt werden. Im geogenen Milieu kommen Mo-führende Minerale überwiegend als Molybdänit [MoS_2] und untergeordnet u. a. als Wulfenit ($PbMoO_4$), Powellit ($Ca(Mo, W)O_4$) vor.

Eine mikrobielle Reduktion von hexavalentem Mo zu Mo-Blau durch ein aus den unterlagernden Böden einer Anlage zum Metallrecycling auftretenden Isolat schildern Shukor & Syed (2010). Mit der vorläufigen Bezeichnung *Serratia sp.* Stamm *Dr.Y8* versehen, toleriert und reduziert dieser Mikroorganismus bis zu 50 mM Na-Molybdat ($Na_2MoO_4 \cdot H_2O$). In ihren Untersuchungen zu den Merkmalen einer Reduktion von Molybdat (z. B. MoO_4^{2-}) setzen die o. a. Autoren Saccharose ($C_{12}H_{22}O_{11}$), Fructose ($C_6H_{12}O_6$), Glucose ($C_6H_{12}O_6$) sowie Stärke (($C_6H_{10}O_5)_n$) als Elektronendonator ein. Weitere Rahmenbedingungen sind 5 mM PO_4^{3-}, pH-Wert von 6, und als Temperatur geben sie 37 °C an. Metallionen, z. B. von Ag, Cr, Cu, unterbinden mit unterschiedlicher Intensität die Mo-reduzierenden Aktivitäten (Shukor & Syed 2010).

Generell führt eine Reaktion von Na-Molybdat mit Borhydrid (BH_4^-) zu einer Erniedrigung der Valenz des Mo:

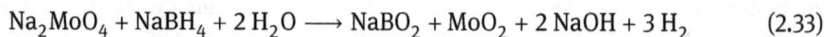

$$Na_2MoO_4 + NaBH_4 + 2\,H_2O \longrightarrow NaBO_2 + MoO_2 + 2\,NaOH + 3\,H_2 \qquad (2.33)$$

Betreffs MoO_4^{2-} und Wolframat (z. B. WO_4^{2-}) gibt es zu der Aufnahme, Homöostase, den Cofaktoren und Enzmyen Angaben (Schwarz et al. 2007). Bezogen auf die globalen Stoffströme katalysieren über eine Integration an geeignete Cofaktoren sowohl M als auch W diverse wichtige Redoxreaktionen, z. B. S-Kreislauf. M ist aus zwei gegenüber O_2 labilen Metallcofaktoren beschrieben, z. B. wirkt Pterin als Strukturelement in zahlreichen Proteinen. W tritt ebenfalls in einem Cofaktor sowie in einer künstlich synthetisierten Fe-W-Nitrogenase auf. Beide Oxyanionen gelangen über einen Transporter mit hoher Affinität zur Aufnahme in die Zelle, wo sie anschließend in einem mehrstufigen Prozess über Biosynthesen als Cofaktoren auftreten, z. B. *Moco*, *Wco*, *FeMoco* etc. Die funktionelle Diversität von mit Pterin assoziierten Mo-/W-Cofaktoren spiegelt sich in der breiten Palette von Enzymen, die diese beide Metalle integrieren, wider, z. B. Nitrat-Reduktase, Dimethylsulfoxid-Reduktase, Aldehyd-Oxidoreduktase

u. a., und innerhalb der genannten Eynzme sind Mo und W via Thiolate an Pterin gebunden, z. B. Molypdopterin (Schwarz et al. 2007). Eine Synthese von *Moco* lässt sich entsprechend den biosynthetischen Zwischenprodukten in vier Stufen einteilen, als Intermediäre treten u. a. zyklische Pyranopterinmonophosphat u. a. auf. Die Biosynthese von *FeMoco* verbleibt, im Sinne der Intermediäre und der in die Reaktionskatallyse einbezogenen Mechanismen, weniger verstanden. Sie startet mit der Bildung von Fe-S-Clustern, versehen mit einer ähnlichen Topologie, wie sie aus voll entwickelten *FeMoco* ermittelt wurde, und endet mit der Einfügung des Cofaktors in die Nitrogenase (Schwarz et al. 2007). Bellenger et al. (2008) beschreiben die Aufnahme von Mo via Siderophore eines Bodenbakteriums, d. h. *Azozobacter vinelandii*, Abschn. 4.5.2 (e).

(h) Titan (Ti)

Ungeachtet seiner Häufigkeit in der Erdkruste, es steht an 9. Stelle, finden sich keine Fundstellen von elementarem Titan (Ti) in den oberen Krustenabschnitten. Bezüglich der Kruste steht für Ti ein Gehalt von 0,3 % (Taylor & McLennan 1985). Innerhalb der Mineralogie vertreten u. a. Ilmenit ($FeTiO_3$), Rutil (TiO_2), Perowskit ($CaTiO_3$), Titanit ($CaTi[O|SiO_4]$) u. a. Ti. Bislang sind keine biologischen Funktionen für Ti registriert. Es kann allerdings hypoallergene Reaktionen auslösen.

Nach vorliegenden Arbeiten scheinen auch bislang als inert angesehene Metalle, wie z. B. Titan, von Biokomponenten „erkannt" zu werden. Diesen Hinweis liefert ein Hexapeptid-Motiv, d. h. *RKLPDA*, aus einer Peptid-Phagen-Selektion. Es ist in der Lage, Oberflächen aus Ti zu identifizieren. Entsprechende Analysen deuten für die Art der Bindung auf elektrostatische Interaktionen hin (Sano & Shiba 2003). Als möglicher, technisch verwertbarer Ansatz steht die Überlegung, Oberflächen aus Ti mithilfe der o. a. Biomoleküle zu behandeln bzw. zu modifizieren. Im Zusammenhang mit supergenen Pt-Vorkommen treten NP aus schwach kristallinem Anatas (TiO_2) auf. Cabral et al. (2012) stellen Ergebnisse einer Erforschung zur Mobilität von Ti in natürlichen Wässern vor. So beschreiben sie eine Beschichtung von Pt-Pd-Aggregaten durch schwach kristalline NP aus TiO_2. Als Ursachen erwägen die o. a. Autoren u. a. katalytische Einflüsse seitens der Pt-Pd-Phasen, die u. a. zur Destabilisierung der Ti-Spezifikation führen, mit sukzessiv erfolgender Überführung in den gelösten Zustand und Transport durch organische Liganden. Auch das Auftreten von Iod (I) im Zusammenhang mit alluvialen Pd-Pt-Akuumulationen scheint auf deren vormals biogene Fixierung hinzuweisen (Cabral et al. 2012). Die Funktion von Fulvosäure auf die Aggregation von TiO_2-NP mit einer Größe von 5 nm beleuchten Domingos et al. (2009). Als Bewertungskriterien sind unterschiedliche Konzentrationen an Fulvosäure, pH-Wert sowie Ionenstärke angegeben. Bei Annäherung der pH-Werte an den isoelektrischen Punkt erhöht sich die Aggregation der TiO_2-NP. Unabhängig vom pH-Wert bedingt ein Anstieg der Ionenstärke eine Intensivierung der Aggregation. Stellen sich Konditionen ein, die eine Adsorption von Fulvosäuren begünstigen, verringert sich die Aggregation der Partikel. Als Ergebnis ihrer Arbeit stellen die o. a. Autoren

Überlegungen an, inwieweit, entgegen aktuellen Einschätzungen, TiO_2 einer größeren Dispersion unterliegt. Zur Bestimmung des Diffusionskoeffizienten der TiO_2-NP setzten Domingos et al. (2009) eine Variante der Fluoreszenzspektroskopie ein.

Horst et al. (2010) schildern die Agglomeration von in wässrigen Lösungen gebildeten TiO_2-NP durch *Pseudomonas aeruginosa*. Anhand von u. a. Analysen durch diverse Typen von EM beschreiben sie die bakteriell unterstützte Dispersion von größeren TiO_2-NP im Medium der Zellkulturen, z. B. *cryogenic scanning electron microscopy*, sowie in Brackwasser. Hinsichtlich der Experimente in Zellkulturmedien verifizierten quantitative Bildanalysen, dass der Grad an Umwandlung von größeren Agglomeraten in kleinere NP-Zell-Kombinationen jenem ähnelt, der in Verbindung mit einem 12-h-Wachstum und kurzzeitigen Zellkontakt-Experimenten beschrieben ist (Horst et al. 2010). Als weitere Beschreibung der Dispersion innerhalb des Mediums für das Zellwachstum bietet sich die Fraktionierung der Größen an. So verbleiben z. B. bei dem Fehlen von Zellen ca. 81 wt % der agglomerierten TiO_2-Suspension in einem Filter mit einer Porenweite 5 µm, bei Anwesenheit von Zellmaterial beläuft sich der Betrag auf knapp 24 wt % (Horst et al. 2010). Infolge der Biosorption von nanoskaligem TiO_2 kommt es gemäß Analytik zu einer Vergrößerung der Zellen von ursprünglich 1,4 µm auf 1,9 µm. Hochauflösende SEM-Analysen zeigen für die dispersen TiO_2-Agglomerate eine Biosorption der NP vorzugsweise auf die Zelloberflächen von *P. aeroginosa*. Offensichtlich können Bakterien, unabhängig vom Wachstum, nicht nur den Transport von TiO_2-NP übernehmen, sondern auch Größe und massenbezogene Veränderungen von agglomerierten TiO_2-NP fördern, mit entsprechenden Konsequenzen für die Ausbreitung, d. h. Umwelteinwirkung (Horst et al. 2010), Abschn. 5.6 (f). Zahlreiche Peptid-Aptamere, ausgestattet mit der Fähigkeit, anorganische Materialien zu erkennen, wurden aus *In-vitro*-Peptid-Evolutionssystemen isoliert. Experimentelle Arbeiten sollten einen Beitrag zur Erhellung der Wechselwirkungen zwischen Peptiden und anorganischen Materialen leisten. Die Spezifität und Biomineralisationsaktivitäten eines Ti-bindenden Peptids-1 (*TBP-1*) sind beschrieben (Sano et al. 2005).

Hierzu standen die Target-Spezifikationen eines Peptid-Aptamer, d. h. *TBP-1* (*RKLPDAPGMHTW*), auf seine Fähigkeit einer Bindung von zehn verschiedenen Metallen unter Beobachtung. Hierbei stoßen die o. a. Autoren auf die Beobachtung einer Bindung von mit *TBP-1* ausgestatteten Phagen an die Oberflächen von Ag, Si sowie Ti. Im Fall von Au, Cr, Cu, Fe, Pt, Sn und Zn ist hingegen keine Anbindung ersichtlich. Für Ag, Si sowie Ti scheinen nach Bewertung ihres Datenmaterials, erhalten durch gentechnische Eingriffe, analoge molekulare Mechanismen bei der Anbindung seitens *TBP-1* zu wirken (Sano et al. 2005). Es sind, in Verbindung mit dem synthetischen *TBP-1*-Peptid, Si- sowie Ag-Mineralisationen zu beobachten. Sano et al. (2005) äußern die Vermutung, dass ungeachtet unterschiedlicher chemischer Merkmale der Oberflächen von Ag, Si und Ti ihnen eine gemeinsame Struktur in der Sub-nm-Dimension innewohnen muss, die von *TBP-1* erkannt wird.

Transferrine befördern Fe^{3+} und andere Metallionen innerhalb mononuklear bindender Sites. (Alexeev et al. 2004). Ein Mitglied dieser Form an Biomolekül ist fähig, multinukleare Oxometallcluster zu erkennen, d. h. kleinere Mineralfragmente als häufigste im geologischen Ambiente auftretende Formen von metallführenden Komponenten. Ein Fe^{3+}-bindendes Protein von *Neisseria gonorrhoeae*, d. h. *nFbp*, bindet Fe^{3+}-, Ti^{4+}-, Zr^{4+}- oder Hf^{4+}-Cluster aus den entsprechenden die erforderlichen Metallspezifikationen führenden Lösungen. Im Fall von Hf ist auf bislang ungeklärte Weise Phosphat (PO_4^{3-}) eingebunden. Aus Anlass ihrer Datenbasis postulieren Alexeev et al. (2004) eine weitere Variante der Metallaufnahme im Rahmen einer durch Proteine unterstützten Mineralisierung bzw. Auflösung, involviert in geochemische Prozesse.

(i) Vanadium (V)

V wird im geologischen Ambiente nicht in elementarer Form angetroffen. Verhältnismäßig häufig ist V mit 60 ppm im Krustenniveau verzeichnet (Taylor & McLennan 1985). V, als Vertreter der 5. Gruppe, kann unter neutralen pH-Bedingungen in zwei Oxidationsstufen vorliegen, d. h. als V^{4+} (Vanadylion bzw. Kation, d. h. VO^{2+}) sowie V^{5+} (Vanadation bzw. als Anion, d. h. $H_2VO_4^-$). Die Umwandlung beruht im Wesentlichen auf Redoxprozessen, bei den Metallen auf Reduktion. Vanadinit ($Pb_5(VO_4)_3Cl$), Descloizit ($Pb(Zn, Cu)[OH|VO_4]$), Carnotit ($K_2(UO_2)_2(VO_4)_2 \cdot 3H_2O$) repräsentieren u. a. V-haltige Mineralisationen, als Anionengruppe sind Orthovanadat (VO_4^{3-}) sowie Pyrovanadate ($V_2O_7^{4-}$)vorhanden. Die innerhalb der Geo-, Hydro- sowie Biosphäre vorherrschenden V-Spezifikationen treten in Form von löslichem V^{5+} sowie unlöslichem V^{4+} auf. Beide V-Spezifikationen können bakteriellen Transformationen unterliegen. Innerhalb der Mikrobiologie sind Vanadoenzyme beschrieben, z. B. Vanadiumbromo-Peroxidase. Ab einer Konzentration von $1\,mg\,l^{-1}$ beginnt V toxisch zu wirken (Xu et al. 2015).

Unterschiedliche Bakterienvertreter sind fähig, Vanadat (VO_4^{3-}) als einfachste Form zu reduzieren, d. h. *Veillonella (Micrococcus) lactilyticus*, *Desulfovibrio desulfuricans*, *Clostridium pasteurianum*, Isolate einer *Pseudomonas*-Gattung, d. h. *P. vanadiumreducens* sowie *P. issachenkovii* (Ehrlich 2002). *Veillonella lactilyticus*, *Desulfovibrio desulfuricans*, *Clostridium pasteurianum* reduzieren unter Zuhilfenahme von H_2, VO_4^{3-} zu Vanadyl VO(OH) (Ehrlich 2002):

$$VO_3^- + H_2 \longrightarrow VO(OH) + OH^- \tag{2.34}$$

Unter speziellen Kulturbedingungen führt eine Reduktion von VO_4^{3-} bei *P. vanadiumreducens* sowie *P. issachenkovii* zur Bildung von tetra- und trivalentem V, hervorgegangen aus pentavalentem V (Ehrlich 2002):

$$2\,NaVO_3 + NaC_3H_5O_3 \longrightarrow V_2O_3 + NaC_2H_3O_2 + NaHCO_3 + NaOH \tag{2.35}$$

Zum V-Metabolismus im Wildtyp und in Stämmen von *S. cerevisiae* mit eingeschränkter Respiration präsentieren Willsky & Dosch (1986) Studien. Hierbei wurden die Unterbindung des Wachstums durch Vanadat, die Akkumulation von VO_4^{3-} und die Umwandlung von zellverbundenem V^{5+} zu V^{4+} (Vanadyl) vergleichenden Bewertungen unterzogen. Sowohl bei den ursprünglichen als auch bei den Stämmen mit defizitärer Respiration verhinderte eine VO_4^{3-}-Konzentration $\geq 1\,mM$ ein ordnungsgemäßes Wachstum. Beide Stämme akkumulieren VO_4^{3-} und gemäß einer Elektronenspin-Resonanz-Analyse konvertieren sie VO_4^{3-} in zelluläres Vanadyl und die Anreicherung korreliert von mit dem Zellmaterial verbundenem Vanadyl mit der Abnahme an VO_4^{3-}. Im Unterschied zum Wildtyp oder gegenüber V resistenten repräsentativen Mutanten zeigt der Vertreter mit defiziärer Respiration eine höhere Konzentration an einer mit der Zelle assoziierten VO_4^{3-}-Komponente und Willsky & Dosch (1986) erörtern die Möglichkeit einer direkten Einbeziehung der Mitochondrien in den V-Metabolismus.

Zur mikrobiellen Reduktion und Präzipitation von V durch *Shewanella oneidensis*, einem freilebenden, gramnegativen γ-Proteobakterium, äußern sich Carpentier et al. (2003). Aus Gründen des Anschubs einer anaeroben Respiration ist *S. oneidensis MR-1* mit der Fähigkeit versehen, eine Fülle von Biomolekülen zu verwerten, so z. B. Fumarat ($C_4H_4O_4$), Nitrat (NO_3^-), unlösliche Fe- und Mn-Oxide. Die o. a. Autoren betonen das Vermögen seitens *S. oneidensis*, sich für die Respiration und das Wachstum ausschließlich auf VO_4^{3-} als Elektronenakzeptor zu stützen, Abschn. 4.5.2 (b). Durch entsprechende Analytik belegt, kommt es während der Reduktion von VO_4^{3-} zu einer Protonenverlagerung durch die cytoplasmatische Membran. Unterschiedlichen Analysen zufolge sind in den Transport von Elektronen Menaquinon sowie Cytochrom C einbezogen. Bei einem Defizit einer Synthese von Menoquinon oder Störung bestimmter Gene, zuständig für Cytochrom C, kann kein Wachstum auf VO_4^{3-} verzeichnet werden. Eine Wiederherstellung des Phänotyps gelingt über eine Komplementierung mit Genen aus *E. coli*, d. h. *ccm*, eingetragen über ein geeignetes Plasmid (Carpentier et al. 2005). Als Standardredoxpotential für die Reduktion von V^{5+} zu V^{4+}, d. h. $VO_2^+ \longrightarrow VO^{2+}$, ist bei einem pH von 7,4 ein Wert von 0,127 V angegeben (Carpentier et al. 2005), Abb. 2.29.

Aus dem Cyanobakterium *Anabaena variabilis ATCC 29413* sind hochaffine VO_4^{3-}-Transportsysteme beschrieben (Pratte & Thiel 2006). Der über eine V-abhängige Nitrogenase verfügende N-fixierende Mikroorganismus ist mit der Eigenschaft eines Transports von VO_4^{3-} ausgestattet. Wird an durch V-Mangel abgestorbenen Zellen von *A. variabilis ATCC 29413* VO_4^{3-} hinzugefügt, so ersetzt die Konzentration an VO_4^{3-} von $3 \cdot 10^{-9}$ M ungefähr die Hälfte der maximalen V-Nitrogenase-Aktivität. Entsprechenden Genanalysen zufolge befinden sich die für den V-Transport zuständigen Gene, d. h. *vupABC*, in unmittelbarer Nähe der für die V-Nitrogenase verantwortlichen Gencluster und sie lassen sich, ebenso wie Letztgenannte, durch Molybdat (MO_4^{2-}) unterdrücken. Abweichend von den die V-Nitrogenase codierenden Genen wurden die VO_4^{3-}-Transportgene allerdings nur in vegetativem Zellmaterial exprimiert (Pratte & Thiel 2006). Ein *vupB*-Mutant wächst ungeachtet dessen in

Anwesenheit einer V-Nitrogenase nur bei Zugabe von VO_4^{3-}. Nach Pratte & Thiel (2006) könnte dies ein Hinweis auf ein VO_4^{3-}-Transport-System mit niedriger Affinität sein. Die *vupABC*-Gene zählen zu Genen, für die ein Metalltransport vermutet wird. Sie umschließen weiterhin Gene, verantwortlich für den Transfer von WO_4^{2-} in *Eubakterium acidaminophilum*. Daneben führen *Azotobacter vinelandii*, *Rhodopseudomonas palustris* sowie *Methanosarcina barkeri* V-Nitrogenasen.

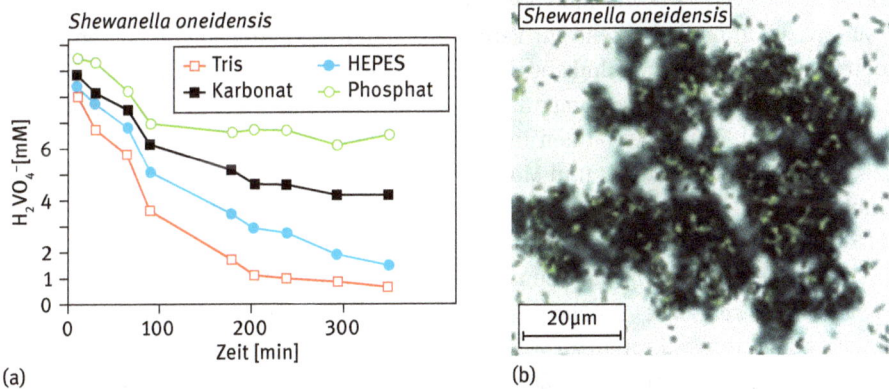

Abb. 2.29: Wechsel der V-Konzentration ($H_2VO_4^-$ in mM) gegen die Zeit (a) und V-Präzipitate (b) synthetisiert durch *Shewanella oneidensis* (Carpentier et al. 2003).

V-bindende Proteine, ausgeschieden durch V-reduzierende Bakterien, untersuchen Antipov et al. (2000). Vom V-reduzierenden Bakterium *Pseudomonas isachenkovii* isolierten Antipov et al. 2000 aus einem Kulturmedium mit Vanadat $[VO_4]^{3-}$ als terminalen Elektronenakzeptor (Abschn. 4.6.2 (b)) im Sinne einer anaeroben Respiration ein V-bindendes Protein. Das betreffende Protein ist mit V in einem molaren Verhältnis von ca. 1 : 20 assoziiert. Nach Aufreinigung bis zur Homogenität lässt es sich nach Behandlung mit 1 M HCl, gefolgt von einer Gelfiltration, in drei Komponenten trennen: (1) das eigentliche Protein, (2) in einen V-bindenden Liganden und (3) anorganisches V. Entsprechende Analysen (engl. *electron paramagnetic resonance analysis*) zeigen, dass das mit dem Protein verbundene V im Oxidationszustand 4+ vorliegt. Über eine EM (Abschn. 1.3.4 (f)/Bd. 2) und Röntgenmikroanalyse ist die Verteilung des V innerhalb der Zellen von *P. isachenkovii* darstellbar. Antipov et al. (2000) vermuten eine Anreicherung des V in speziellen Ausbuchtungen auf der Oberfläche der Zellmembranen, wo es reduziert und in das umgebende Medium abgesondert wird.

Eine Aufnahme von V und Mo durch ein N-fixierendes Bodenbakterium scheint unter Einsatz von Siderophoren möglich zu sein (Bellenger et al. 2008), Abschn. 4.5.2 (e). Die N-Fixierung transformiert über eine Nitrogenase atmosphärischen N in bioverfügbares NH_3 und ist für die Versorgung mit N in terrestrischen Ökosystemen verantwortlich. Die Reaktion benötigt neben Fe als Zugabe entweder Mo oder V, womit die genannten Metalle möglicherweise am terrestrischen N-Kreislauf beteiligt sind. Um gelöstes Fe zu akquirieren, scheidet eine Vielzahl von Bakterien Siderophore aus. Bellenger et al. (2008) gehen der Frage nach, inwieweit der Einsatz dieser Fe-bindenden Biomoleküle zur Anbindung von Mo und V möglich ist. Sie machen in ihren Arbeiten die Entdeckung, dass durch Kulturen von *Azotobacter vinelandii* während der Fixierung von atmosphärischem N, eingeschränkt durch die Anwesenheit von V oder Mo, Siderophore produziert werden, die nachfolgend stabile Komplexe mit Vanadat (VO_4^{3-}) sowie Molybdat (MoO_4^{2-}) eingehen. Sukzessive stehen diese V-Mo-Spezifikationen der Zelle zur Verfügung. Durch die Zuführung der Siderophore kommt es rasch zu einer Umkehrung jener Effekte, die ansonsten durch Bindung über natürlich auftretende Komponenten keine Aufnahme von Mo und V gestatten. Bellenger et al. (2008) erwähnen in diesem Zusammenhang die Möglichkeit einer Existenz von Vanadophoren und Molybdophoren. Sie erörtern die Überlegung einer Einbeziehung von V und Mo in den N-Kreislauf innerhalb terrestrischer Ökosysteme als Strategie zur Akquise von Metallen durch Bakterien.

Zu Zwecken einer Dissimilation und Respiration sind Arten wie *Shewanella sp.*, *Pseudomonas sp.* sowie *Geobacter sp.* in der Lage, V-Spezifikationen als einzigen primären Elektronenakzeptor zu verwerten (Rehder 2008). *Azotobacter sp.* wiederum nutzt V bei der Fixierung von N_2. Zum Erwerb von V^{5+} sekretiert der Mikroorganismus geeignete Vanadophore. Aber auch Siderophore scheinen sich zum Erwerb von V zu eignen. V konkurriert und interferiert hierbei mit Fe^{3+} mit dem Ergebnis einer Bakteriostasis. Aufgrund der vorgestellten Eigenschaften erörtert Rehder (2008) die Möglichkeit, die o. a. Vorgänge für die Sanierung kontaminierter Böden einzusetzen.

Aus *Enterobacter cloacae EV-SA01* ist ebenfalls eine dissimilatorische Reduktion von V^{5+} beobachtet worden (Marwijk et al. 2009). Es lässt sich sowohl unter aeroben als auch anaeroben Bedingungen aufziehen. Die Reduktion von V^{5+} durch die Aktivität einer membrangebundenen VO_4^{3-}-Reduktase ist gekoppelt mit einer Oxidation von NADH.

Ungeachtet dessen, dass V ein essenzielles Element für das Zellwachstum darstellt, verändern zu hohe V^{5+}-Gehalte u. a. die zelluläre Differentiation, Genexprimierung etc. Mittels der Reduktion von V^{5+} zu einer unlöslichen V^{4+}-Phase kann die Toxizität gemindert werden. Diese Vorgänge untersuchten Xu et al. (2015) im Sinne einer Bioreduktion von V^{5+} durch autohydrogentrophe Bakterien, d. h., H_2 dient als Elektronendonator. Ihnen gelang durch eine biochemische Reduktion ein Austrag von mobilem V^{5+} mit einem Betrag > 90 %. Die Reduktionskinetik ist über ein Modell erster Ordnung beschreibbar. Es erweist sich gegenüber pH-Wert und Temperatur als sensitiv. Gemäß phylogenetischen Analysen handelt es sich bei den wirksamen Mikroorganismen um β-Proteobakterien (Xu et al. 2015).

Eine mikrobielle Reduktion sowie Präzipitation von V durch mesophile, d. h. *Methanosarcina mazei*, sowie thermophile Methanogene, d. h. *Methanothermobacter thermautotrophicus*, zeichnen [1]Zhang et al. (2014) auf. In Experimenten vermag der o. a. Mikroorganismus, inokuliert in entsprechend präparierte Kulturmedien, bis zu

10 mM V^{5+} vollständig zu reduzieren. Zusammensetzung des Substrats sowie V^{5+}-Konzentration bestimmen die Reduktionsrate. Hierbei erweist sich der Gebrauch von Methanol (CH_4O) als eine hocheffiziente Komponente im Substrat. Die infolge der Bioreduktion entstehende Feststoffphase, das Motiv ist eine Sequestrierung des V^{5+}, lässt sich durch 2 M H_2SO_4 wiederum in Lösung überführen. Als Analysetechnik setzen die o. a. Autoren ICP-OES ein.

In Verbindung mit einer Reduktion von V^{5+} durch *Shewanella oneidensis MR-1* scheint der Rückgriff auf Menaquinone sowie Cytochrome des Cytoplasmas und der äußeren Membran unerlässlich zu sein (Myers et al. 2004). Beide Biokomponenten scheinen den für die V^{5+}-Reduktion erforderlichen Elektronentransport zu übernehmen. Unter anaeroben Konditionen kann $NaVO_3$ als alleiniger Elektronenakzeptor verwendet werden.

Mittels *Acidithiobacillus ferrooxidans* und *Acidithiobacillus thiooxidans* lässt sich über eine biologische Laugung die Reduktion von V^{5+} zu dem weniger toxischen und besser löslichen V^{4+} durch-führen (Bredberg et al. 2004). Bei diesem Prozess reduziert *Acidithiobacillus ferrooxidans* VO_5 zu Vanadylionen $[VO]^{2+}$, wobei es hohe Konzentrationen an V^{4+} und V^{+5} toleriert. Im Zusammenhang mit einem Austrag, d. h. Laugung, von V aus z. B. gebrauchten Katalysatoren behandeln Bredberg et al. (2004) die Reduktion von V^{5+} durch *Acidithiobacillus ferrooxidans* und *Acidithiobacillus thiooxidans*, Abschn. 2.5.2 (p)/Bd. 2. Die biotechnologische Laugung von V aus gebrauchten Katalysatoren und Ölaschen scheint eine brauchbare Methode zur Rückgewinnung dieses Metalls darzustellen (Pratte & Thiel 2006). Ortiz-Bernard et al. (2004) wiederum wollen zum Entzug von V aus Grundwasser den Vorgang einer V-Respiration durch *Geobacter metallireducens* technisch verwerten. Zur Umsetzung setzen die Autoren Acetat ($CH_3CO_2^-$) als Elektronendonator und als alleinigen Elektronenakzeptor V^{5+} ein.

(j) Wolfram (W)

Für W sind bislang 2 ppm in der Kruste ermittelt (Taylor & McLennan 1985). Als wichtige W-führende Minerale treten Wolframit als Mischkristallreihe (($Mn, Fe)WO_4$), Scheelit ($CaWO_4$) sowie Stolzit ($PbWO_4$) auf. Gediegenes W ist bislang nicht angetroffen. In geringer Konzentration ist Wolfram (W) in biologische Prozesse involviert. In Oxidoreduktasen (Abschn. 3.3.1) übernimmt W eine dem Mo zugedachte Rolle, d. h. in einer W-haltigen Oxidoreduktase (engl. *tungstoenzyme aldehyde ferredoxin oxidoreductase*).

Ursprünglich als inert gegenüber biologischen Prozessen erachtet, gelingt zunehmend der Nachweis einer Verwicklung von W in biologische Abläufe. W zeigt im chemischen Verhalten Ähnlichkeiten mit Mo. Aufgereinigt entstammt bislang die Mehrheit W-führender Enzyme sowohl von anaeroben *Archaea* als auch Bakterien (Bevers et al. 2009, Bevers et al. 2006 u. a.). Aktuell wurde W ausschließlich in Prokaryoten entdeckt. Zur Rolle von Mo sowie W in der Biologie liegt eine Reihe von Veröffentlichungen vor. Statt Mo setzen einige Mikroorganismen W ein, das im Periodensystem dem Mo folgt, d. h. sechste Gruppe. Beide Metalle zeichnen sich durch eine hohe Bioverfügbarkeit aus und sind in die aktiven Sites von Enzymen inkorporiert.

W als aktives Metall für Prokaryoten ist in eine Vielzahl von Prozessen einbezogen, z. B. als gegenüber FeMoCo-führenden Nitrogenasen inhibitorisch auftretendes Anion oder Berücksichtigung durch Metalle bindendes Pterin (Andreesen & Makdessi 2008). Es ist weiterhin ein essenzielles Element nahezu aller Enzyme der Aldehyd-Oxidoreduktasen-Familie. Wolframat (WO_4^{2-}) findet sich in Dimethyl-Sulfoxid-Reduktasen, bestimmten Vertretern von Hydrogenasen und Hydratasen. Entsprechend den chemischen und physikalischen Ähnlichkeiten zwischen Molybdat (MO_4^{2-}) sowie WO_4^{2-} wird angenommen, dass letztere Komponente unselektiv (Abschn. 2.3.8 (e)) transportiert oder zusammen mit anderen tetraedrischen Anionen in stoffwechselbezogene Prozesse integriert wird, z. B. neben WO_4^{2-} auch Sulfat (SO_4^{2-}). Die Aufnahme durch die Zelle geschieht als WO_4^{2-}, um nach anschließender Rekoordination durch S als Tungsopterin mit Äquivalenz zu Molybdopterin (das aktive Zentrum) diverser Mo-führender Enzyme, d. h. in der Funktion als Cofaktor, aufzutreten.

Gut studierte Organismen mit Indizien einer Einbeziehung von W in metabolische Prozesse sind z. B. *Pyrococcus furiosus*, *Thermococcus litoralis* (hyperthermophile *Archaea*), *Methanobacterium thermoautotrophicum*, *Mb. wolfei* (Methanogene), *Clostridium thermoaceticum*, *C. formicoaceticum*, *Eubacterium acidaminophilum* (grampositive Bakterien), *Desulfovibrio gigas*, *Pelobacter acetylenicus* (gramnegativ anaerob) sowie *Methylobacterium sp. RXM* als Vertreter gramnegativer, aerober Bakterien (Kletzin & Adams 1996). Insgesamt sind bislang vier unterschiedliche Typen von W-Enzymen aufgereinigt: (1) Format-Dehydrogenase, (2) Formylmethanufuran-Dehydrogenase, (3) Acetylen-Hydratase sowie (4) eine Klasse von phylogenetisch verwandten Oxidoreduktasen. Im Aufbau ähneln W-Enzyme (engl. *tungstoenzyme*) Molybdoenzymen, und Kristallstrukturen von W- oder Pterin-führenden Enzymen zeigen die Koordination von W durch Pterin (Kletzin & Adams 1996).

Unter den Bedingungen eines Gleichgewichts sowie dessen vorausgehender Prozesse unterzogen Bol et al. (2008) zwecks Einsichten zur Enzymkinetik eine Formaldehyd-Ferredoxin-Oxidoreductase aus *Pyrococcus furiosus* Studien. Als experimentelle Bedingungen lagen u. a. die Temperaturvorgaben zwischen 50 °C, d. h. Prägleichgewicht, bis 80 °C, d. h. Gleichgewichtszustand, vor. Auf diese Weise generierten die o. a. Autoren für unterschiedliche Elektronenakzeptoren die zugeordneten K_m-Werte und konnten so dem Gleichgewicht vorausgehende Prozesse, im Sinne einer Aktivierungsroute, identifizieren, z. B. Rearrangement der Sites nach vorausgegangener Oxidation des Substrats bzw. dessen Bindung gefolgt durch eine Aufoxidation.

Zur Redoxchemie von W- und Fe-S-führenden prosthetischen Gruppen in einer Formaldehyd-Ferredoxin-Oxidoreduktase von *P. furiosus* führten Bol et al. (2006) experimentelle Arbeiten durch. Die Formaldehyd-Ferredoxin-Oxidoreduktase (FOR) zählt als Mitglied von Aldehyd-Oxidoreduktasen zu den W-Pterin-Fe-S-Enzymen, entwickelt im hyperthermophilen *Archeae*-Vertreter *Pyrococcus furiosus*. Gemäß den

Analysen verhält sich W in den aktiven FOR als zweifacher Elektronenakzeptor, d. h. $W^{6+/4+}$.

Ein intermediär, paramagnetisch auftretendes W^{5+} lässt sich nur über die Reduktion mit dem Substrat fixieren. Im Anschluss kommt es zum Transfer eines Elektrons innerhalb des Proteins, d. h. zu geeigneten Fe-S-haltigen Clustern. In Abwesenheit eines externen Elektronenakzeptors stellt sich dann ein stabiler Zustand ein. Aber auch bei erhöhten Temperaturen und einem Überschuss an Substrat gegenüber dem Enzym erfolgt die Entwicklung des *In-vitro*-Intermediärs nur sehr langsam. Überlegungen von Bol et al. (2006) zufolge könnten eventuell ungünstige, spezielle Gleichgewichtseinstellungen, z. B. Hydration, hierfür verantwortlich sein. Als für Enzyme geeignete Substrate für Enzyme unterziehen Bol et al. (2006) in den o. a. Versuchen freies Formaldehyd (CH_2O) und Methylenglycol ($CH_2(OH)_2$) vergleichenden Untersuchungen.

In *P. furiosis* ersetzen weder Mo noch V das W in katalytisch aktiven Formen dreier W-Enzyme (Mukund & Adams 1996). Es lassen sich aktuell drei unterschiedliche W-haltige Enzyme aus *Pyrococcus furiosis* aufreinigen: (1) Aldehyd–Ferredoxin-Oxidoreduktase (AOR), (2) Formaldehyd-Ferredoxin-Oxidoreduktase (FOR) sowie (3) Glyceraldehyd-3-Phosphat-Oxidoreduktase (GAPOR). In ihren Versuchen versetzten Mukund & Adams (1996) die den Mikroorganismen angebotenen Medien entweder mit Mo ohne W oder V bzw. V unter Verzicht auf Mo bzw. W. In beiden Fällen kommt es, verglichen mit dem Zellmaterial, das ausschließlich mit W versehen war, zu keinerlei Veränderungen im Zellwachstum, in den spezifischen Aktivitäten der Hydrogenase, bei der Ferredoxin : NADP-Oxidoreduktase u. a.

Unter Bezugnahme auf mit Wolfram kultivierten Zellen belaufen sich, bei dem Angebot von Molybdän die spezifischen Aktivitäten von AOR auf 40 %, die von FOR auf 74 %, die von GAPOR auf 1 %. Erfolgt eine Aufzucht mit V, erreicht AOR eine Aktivität von 7 %, FOR sowie GAPOR jeweils 0 % (Mukund & Adams 1996). AOR, aufgereinigt aus mit V-aufgezogenem Zellmaterial, zeigt keine Indikation von V. Und der Gehalt von W sowie die Werte für die spezifische Aktivität belaufen sich auf nur ca. 10 % des Wertes, der aus den mit W versehenen Zellen ermittelt wurde. In aufgereinigtem AOR sowie FOR aus Mo-führenden Kulturen bzw. dessen Zellmaterial ist kein Mo erkennbar. Hier erreichen, im Vergleich mit aufgereinigtem und in einem W-führenden Medium aufgezogenem Zellmaterial, die W-Konzentrationen und spezifischen Aktivitäten Werte um > 70 % (Mukund & Adams 1996).

Für Mukund & Adams (1996) ist ersichtlich, dass *P. furiosis* ausschließlich W zur Synthese der katalytisch aktiven Formen von AOR, FOR sowie GABOR einsetzt. Und im Fall einer Aufzucht mit anderen Metallen, d. h. nicht Mo und V, sind aktive Mo oder V führende Isoenzyme nicht exprimierbar.

Zur bioanorganischen Chemie von W äußern sich Bevers et al. (2009). Den analytischen Ergebnissen zufolge, z. B. durch Spektroskopie, erfolgt der Einbau von W in die in Frage kommenden Enzyme über Koordinationskomplexe. Zunächst wird W in

Form eines Wolframats, d. h. im einfachsten Fall liegt es als WO_4^{2-} (= Orthowolframat) vor, in die Zelle eingeführt.

Anschließend erfolgt, als Bestandteil eines metallorganischen Cofaktors, d. h. Wolframpterin, die Umwandlung in einen S-reichen, Koordinationskomplex. Dieser verhält sich äquivalent mit einem Molypdopterin-Komplex, der wiederum aus einer Reihe aktiver Zentren in zahlreichen Mo-haltigen Enzymen beschrieben ist (Bevers et al. 2009). Allerdings kann, nach bislang vorliegenden Daten und bezogen auf biologische Prozesse, W das Metall Mo nicht substituieren. Modelle für Mo- und W-Oxidoreduktasen hinsichtlich der Aspekte der Evolution sowie Strukturen oder Funktionen von distinktiven Merkmalen bezogen auf aktive Sites diskutiert Schulzke (2011). Aufgrund der Beobachtung eines übereinstimmenden Reaktionsablaufs, aber unter Einsatz unterschiedlicher Metalle in distinktiven Habitaten, werden die katalytischen Eigenschaften, geprägt durch Ligandensphäre und die Enzymspektren von Mo- und W-Oxidoreduktasen, anhand von Fallbeispielen evaluiert. Zu den Reaktionsmechanismen und der Korrelation zwischen der Elektronenstruktur der aktiven Seite mit der katalytischen Funktion bietet Hille (2002) im Sinne einer Metallbiochemie vertiefende Einsichten an.

Eine Reihe templatbezogener, individueller Nukleationen, bestehend aus Metalloxid-Clustern, finden sich in Hohlräume auskleidenden Hüllschichten eines Mo-/W-speichernden Proteins, das gegenüber zahlreichen Polyoxowolframaten als polytoper Wirt (engl. *host*) auftritt. Die metallischen Cluster sind überwiegend durch nichtkovalente Bindungen gekennzeichnet und bilden diskrete Gebilde. Zu ihrer Entstehung tragen die funktionalisierten Proteinhohlräume bei (Schemberg et al. 2007). Generell liegen Daten über den unterschiedlichen zellulären Gebrauch von M und W vor, d. h. den aktiven Transport, die Cofaktorsynthese und ihre spezifische Funktion als katalytisch aktive Site, z. B. Wolfram-Enzyme (Johnson et al. 1996). Zum Einfluss der Redoxbedingungen auf die Löslichkeit von Mo und W präsentieren Takahashi et al. (2011) ihre Überlegungen. Ihre Aussagen stützen sich auf experimentelle Arbeiten, die die Affinität der o. a. Metalle gegenüber Sulfiden beleuchten.

(k) Zink (Zn)

Zn ist unter geogenen Bedingungen in Sulfide, Oxide, Karbonate, Silikate eingebunden. Zn-Minerale sind Sphalerit (ZnS), Wurtzit ((Zn,Fe)S)), Renierite ((Cu, Zn)$_{11}$ (Ge, As)$_2$Fe$_4$S$_{16}$), Gahnit (ZnAl$_2$O$_4$), Zinkit ((Zn,Mn)O), Smithsonit (ZnCO$_3$), Hemimorphit (Zn$_4$Si$_2$O$_7$(OH)$_2 \cdot$ H$_2$O) u. a. Ergänzend kann Zn in u. a. Vanadaten, wie z. B. Descloizit ((Pb, Zn)$_2$VO$_4$OH), akzessorisch eingebunden sein. Mit 71 ppm ist Zn in der Kruste anzutreffen (Taylor & McLennan 1985). Zn ist für viele Enzyme ein unentbehrlicher Bestandteil. Bei einem Zn-Defizit treten diverse Probleme bei Prozessen der Reproduktion auf.

Im Zusammenhang mit Biofilmen, dominiert von aerotoleranten SRB, wie z. B. *Desulfobacteriaceae*, sind ZnS-Mineralisationen mit einem Durchmesser von 2–5 nm beschrieben (Labrenz et al. 2000), Abschn. 5.3.3 (j). Die im Biofilm gemessene Zn-Konzentration übertrifft bei weitem, d. h. um 10^6 höher, den im umgebenden Grundwasser, d. h. als Medium, ermittelten Gehalt. Mittels EDX (Abschn. 1.3.2/Bd. 2) und PEEM lassen sich im Biofilm Nanokristallisate identifizieren, die sich wiederum zu größeren kugelförmigen Agglomerationen im µ–Bereich organisieren können und aus fein-kristallinem ZnS bestehen. Vom technischen Standpunkt aus gesehen sind zwei Aspekte interessant. Die ZnS-Ausfällung erfolgt unter niedrigen Temperaturen und aus untersättigten Lösungen, d. h. als Präkursor. Darüber hinaus konzentriert die beschriebene ZnS, gemäß TEM (Abschn. 1.3.4 (a)/Bd. 2), deutlich erkennbar As und Se. Die Ergebnisse gestatten neue Sichtweisen und Hinweise bei der genetischen Interpretation von stratiformen ZnS-Anreicherungen in Sedimentgesteinen. Zu der Feinstruktur, dem Aggregatzustand sowie Kristallwachstum biogenen ZnS sowie (Zn, Fe)S äußern sich Moreau et al. (2004).

2.4.3 Hochtechnologiemetalle: As, Bi, Ga, Ge, In, Li, Nb, Se, Ta, Te, Zr

Infolge neuer Technologieentwicklungen auf Gebieten wie z. B. Elektronik, hybride Speichermedien etc. mit wachsenden Ansprüchen an Miniaturisierung und Funktionalität bietet sich eine Vielzahl innovativer Ansätze aus der Biotechnologie und den Materialwissenschaften an. Die aktuelle Entwicklung der Technologiemärkte erfordert eine Vielzahl von Hochtechnologiemetallen wie z. B. As, Bi, Cd, Ga, Ge, In, Nb, Se, Ta und Te. Seitens der Mikroorganismen gibt es gegenüber den genannten Metallen sehr unterschiedliche Verhaltensweisen.

(a) Arsen (As)

As kann gediegen angetroffen werden, d. h. Scherbenkobalt. Wichtige As-Minerale sind u. a. Arsenopyrit (FeAsS), Auripigment (As_4S_6), Realgar (As_4S_4), Löllingit ($FeAs_2$). Es tritt untergeordnet in Enargit (Cu_2CuAsS_4), Proustit ($Ag_3[AsS_3]$) sowie Gersdorffit (NiAsS) auf. Als Krustenwert sind 1,5 ppm angegeben (Taylor & McLennan 1985).

Gegenüber mehrzelligen Organismen verhält sich As toxisch. Einige Bakterien verwenden As in ihrer Respirationskette. Hoeft et al. (2010) sprechen von einer gekoppelten Arsenotrophie. Relativ häufig sind Organoarsenkomponenten anzutreffen, z. B. Arsenobetain ($C_5H_{11}AsO_2$), Trimethylarsin (C_3HgAs). Über Biomethylierung und reduktiv-oxidative Prozesse, d. h. Reduktion von 5-wertigem in trivalentes As, ist eine Metabolisierung und somit Detoxifikation erzielbar, Abschn. 4.5.6. Über die Wechselwirkungen von As mit Mikroorganismen liegt eine Fülle von Arbeiten vor. Sie stehen oftmals im Zusammenhang mit der Sanierung As-kontaminierter Geosphären.

Im Bedarfsfall greift die anaerobe Respiration von Mikroorganismen auf das Oxyanion von As als terminalen Elektronenakzeptor zurück. Beim hydrothermal-marinen Bakterium *Marinobacter santoriniensis NKSG1(T)* wird ein Redoxkreislauf von As angenommen (Handley et al. 2009). Es zählt zu den mesophilen, dissimilatorisch aktiven Bakterien, d. h., es reduziert Arsenat (AsO_4^{3-}) und oxidiert Arsenit (AsO_3^{3-}), d. h. anaerobe As^{5+}-Atmung oder aerobe As^{3+}-Oxidation, und vermag aus einer AsO_4^{3-}-reduzierenden angereicherten Kultur isoliert werden. Das Inokulum entstammte einem As-angereicherten, flach-marinen hydrothermalen Sediment, z. B. *Santorini/Griechenland*, mit Indizien auf As-Redoxkreisläufe. Wachstumsstudien zeigen, dass die Energiekonservierung durch die Reduktion von As^{5+} unter dem Einsatz von Acetat ($CH_3CO_2^-$) oder Lactat ($C_3H_5O_3$) als Elektronendonator und der heterotrophen Oxidation von As^{3+} mit O_2 als Elektronenakzeptor erfolgt. As^{3+} treibt die anoxygene Photosynthese von mit *hot springs* assoziierten Biofilmen an, wie am Beispiel *Mono Lake/California* erläutert (Kulp et al. 2008).

In Verbindung mit Gesteinsoberflächen, anstehend in anoxischen *Brinepools*, eingespeist durch *hot springs* mit hohen Gehalten an Arseniten (AsO_3^3) und Sulfiden (S^{2-}), sind mikrobielle Biofilme beschrieben, deren Stoffwechsel eine lichtabhängige Oxidation von As^{3+} zu As^{5+} unter anoxischen Bedingungen gestattet. Die Gemeinschaften setzen sich aus *Ectothiorhodospira*-ähnlichen Purpur- oder *Oscillatoria*-ähnlichen Cyanobakterien zusammen (Kulp et al. 2008). Bei Verwendung von As^{3+} als einzigen photosynthetisch aktiven Elektronendonator gedeiht eine Reinkultur eines vormals photosynthetischen Bakteriums photoautotroph. Der Stamm enthält Gene zur Codierung einer vermuteten As^{5+}-Reduktase. Homologe von Genen einer As^{3+}-Oxidase aerober Chemolithotrophen sind dahingegen nicht nachweisbar. Möglicherweise übernimmt die genannte Reduktase eine entgegengesetzte Funktionalität.

Die Erzeugung von As^{5+} durch eine anoxygene Photosynthese bot, nach Meinung von Kulp et al. (2008), in der Anfangsphase der Erde eine Nische für erste As^{5+}-respirierende Prokaryoten an.

Auf eine Freisetzung von As infolge einer mikrobiellen Mineralverwitterung zur Akquise von Nährstoffen weisen Mailloux et al. (2009) hin. In Laborexperimenten machten die oben genannten Autoren die Beobachtung, dass bei einem Mangel an Phosphaten Zellmaterial von *Burkholderia fungorum* As ergänzend aus Apatit ($Ca_5(PO_4)_3(F, Cl, OH)$) herauslöst und das freigesetzte As nach einem Bericht von Mailloux et al. (2009) keinerlei Redoxtransformationen unterliegt.

Über den Beitrag mikrobieller Matten an der Geochemie von As am Beispiel einer ehemaligen Au-Mine berichten Drewniak et al. (2012). Aus einer ehemaligen Au-Mine (SW Polen) sind diverse mikrobielle Gemeinschaften mit der Eigenschaft beschrieben, die anorganischen As^{3+}- sowie As^{5+}-Spezifikationen zu verwerten. Die Anwesenheit von sowohl AsO_3^{3-}-oxidierenden als auch dissimilatorisch AsO_4^{3-}-reduzierenden Bakterien ist durch das Auftreten der entsprechenden Gene, Arsenit-Oxidase sowie Arsenat-Reduktase angezeigt.

Aufgrund experimenteller Arbeiten zur Oxidation/Reduktion vermuten Drewniak et al. (2012) einen wesentlichen Beitrag mikrobieller Matten an der As-Kontamination von Grundwässern und letztendlich an der Geochemie des As innerhalb der Umwelt.

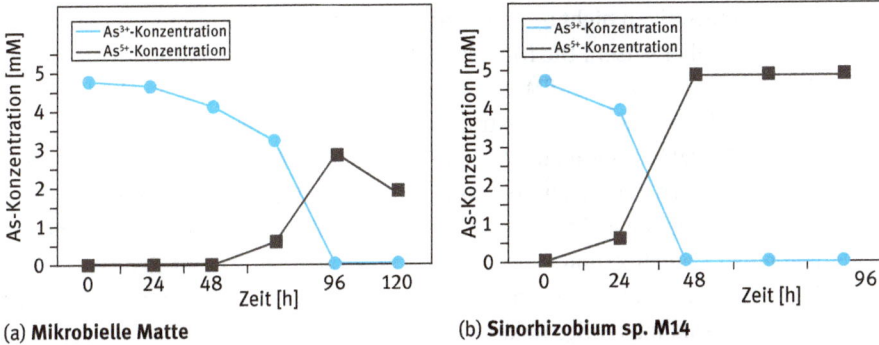

(a) **Mikrobielle Matte**   (b) **Sinorhizobium sp. M14**

Abb. 2.30: (a) Oxidation von Arsenit, unterstützt zum einen durch eine mikrobielle Matte und zum anderen durch (b) *Sinorhizobium sp. M14*, isoliert aus einer Au-Mine (nach Drewniak et al. 2012).

Eine Oxidation von AsO_3^{3-}, unterstützt zum einen durch eine mikrobielle Matte und zum anderen durch *Sinorhizobium sp. M14*, offenbart bezogen auf die Zeit erhebliche Unterschiede (Drewniak et al. 2012), Abb. 2.30. Die eigentliche AsO_3^{3-}-Oxidation wurde unter aeroben Bedingungen sowie Zugabe von 5 mM Na-Arsenit ($NaAsO_2$) durchgeführt.

Sowohl die Spezifikation als auch Mobilität von As unterliegen im biogeochemischen Kreislauf Beeinflussungen durch den mikrobiellen Metabolismus. So übernimmt hinsichtlich einer Resistenz gegenüber As der *ars*-Operon eine wichtige Rolle. Er tritt z. B. innerhalb von Bakterien ubiquitär auf und unterstützt die Extrusion von AsO_3^{3-} aus den Zellen, über u. a. Biomethylierung (Páez-Espino et al. 2009), Abschn. 4.5.6.

Einige Stämme oxidieren AsO_3^{3-} oder reduzieren AsO_4^{3-} infolge respirativer Prozesse. Infolgedessen benötigen die betroffenen Mikroorganismen mit der Membran assoziierte Proteine, die den erforderlichen Elektronentransfer von oder zum As übernehmen, sowie den Austausch von anorganischem As und organischen Formen, verwickelt in die komplexen umweltbezogenen Umsätze (Páez-Espino et al. 2009).

Auf eine biogene Synthese von Mineralen durch ein auf dem As-Stoffwechsel beruhendes thermophiles Bakterium (= YeAS) machen Ledbetter et al. (2007) aufmerksam. In einem durch Isolation aus einem geologischen Milieu, versehen mit den Parametern $T = 61\,°C$ und $pH = 7,1$, gewonnenen Mikroorganismus, d. h. YeAS, ist das Auftreten von offensichtlich biogenem β-Realgar (As_4S_4) beschrieben. Sein Stoffwechsel ist auf einen As-Metabolismus ausgerichtet und er gedeiht ausschließlich unter anaeroben Bedingungen. Er ist in einem Süßwassermedium mit organischen Substraten kultivierbar, z. B. Carbohydraten und organischen Säuren. Für das Wachstum eignen sich eine Temperaturspanne von 37–75 °C und ein pH-Bereich von 6,0–8,0. Unter aeroben Bedingungen findet für YeAS kein Wachstum statt. Die Verdoppelungszeit für den angesprochenen Organismus, aufgezogen in einem mit Hefe sowie As^{5+} versetzten Kulturmedium, beträgt ca. 0,7 h. Mikroskopische Arbeiten offenbaren Zellen, die durch Färbetechniken nicht bestimmbar sind und u. a. keine Sporen bilden sowie sich als nicht motil erweisen. Die Dimension beläuft sich auf 0,1–0,2 µm in der Breite und 3–10 µm in der Länge. Via EM und Elementanalyse beobachten Ledbetter et al. (2007) auf den Zellwänden sowie extrazellulär Mineralisationen von insbesondere As-Sulfiden. *16S-rRNS*-Analysen deuten auf eine Verwandtschaft des neu entdeckten Mikroorganismus, d. h. YeAS, zur Spezies *Caloramator* und *Thermobrachium* hin. Gegenüber AsO_4^{3-} bestehen auf der respirativen Ebene keine Affinitäten, jedoch verfügt YeAS über einen Detoxifikationsmechanismus in Form einer Arsenat-Reduktase. Der durch Ledbetter et al. (2007) entdeckte Mikroorganismus tritt als anaerobes, moderat thermophiles, As-reduzierendes Bakterium auf.

Marinobacter santoriniensis sp. nov., (*NKSG1(T)*) ein gramnegatives, AsO_4^{3-}-respirierendes und AsO_3^{3-}-oxidierendes marines Bakterium, isoliert aus einem hydrothermalen Sediment, stellen [1,2]Handley et al. (2009) vor. Es handelt sich hierbei um ein stäbchenförmiges, motiles, nicht Sporen bildendes, fakultativ anaerobes Bakterium, dessen ideale Wachstumsbedingungen durch einen Temperaturbereich von 35–40 °C, einen pH-Wert von 5,5–9 sowie einen Gehalt an NaCl von 0,5–16 % definiert sind. Über die aerobe Oxidation einer Reihe von komplexen Substraten, Carbohydraten und organischen Säuren oder die anaerobe Reduktion von Arsenat (AsO_4^{3-}) bzw. die gekoppelte Reduktion von NO_3^- mit der Oxidation von organischem C oder der Lactat-($C_3H_5O_3^-$)Fermentation erfolgt eine Konservierung der Energie. Durch Anwesenheit einer Quelle aus organischem C lassen sich die Oxidation von Arsenit (AsO_3^{3-}) sowie die anaerobe, N-abhängige Oxidation von Fe^{2+} fördern. Der Gehalt an *DNS-G+C* beläuft sich auf ca. 58,1 mol %, als wichtigstes Respirationschinon tritt *Q-9* auf. Studien zur Verwertbarkeit des Bakteriums hinsichtlich der Reduktion bzw. Oxidation von As liegen bislang nicht vor ([1,2]Handley et al. 2009).

Zu den Wechselwirkungen zwischen dem Fe^{3+}-reduzierenden Bakterium *Geobacter sulfurreducens* und Arsenat sowie der Fixierung von As durch biogenes Fe^{2+} stehen Informationen zur Verfügung (Islam et al. 2005). Aus As-mobilisierenden Sedimenten ist innerhalb mikrobieller Gemeinschaften als vorherrschende Spezies *Geobacter* beschrieben. Dieser Mikroorganismus mobilisiert As über eine direkte enzymatisch gesteuerte Reduktion. In diesem Zusammenhang scheint als indirekter Mechanismus eine Reduktion von Fe^{3+} einbezogen zu sein.

In Versuchen zeigt sich, dass *G. sulfurreducens* nicht befähigt ist, die für das Wachstum erforderliche Energie über eine dissimilatorische Reduktion von As^{5+} zu konservieren, obgleich dieser Mikroorganismus in einem Medium mit Fumarat als terminalen Elektronenakzeptor und in Anwesenheit von As^{5+}, d. h. 500 µM, aufwächst (Islam et al. 2005). Auch liegt nach Beobachtung der o. a. Autoren kein Hinweis auf As^{3+} in der Kulturausgangslösung vor. Sie vermuten für die Resistenz gegenüber bis zu 500 µM As^{5+} keine Unterstützung durch ein As-resistentes Operon, das auf der intrazellulären Reduktion von As^{5+} und der Exkretion von As^{3+} beruht. Werden Zellen unter Verwendung von löslichen Fe^{3+} als Elektronenakzeptor (Abschn. 4.6.2) in Anwesenheit von As^{5+} aufgezogen, kommt es zur Bildung von Fe-haltigem Vivianit

($Fe_3^{2+}[PO_4]_2 \cdot 8\,H_2O$), flankiert durch eine Entnahme von As, d. h. hauptsächlich As^{5+}, aus der Lösung. Beim Angebot von unlöslichem Ferrihydrit als Elektronenakzeptor bildet sich infolge der Fe^{3+}-Reduktion Magnetit, ebenfalls begleitet durch eine Sorption von As^{5+} (Islam et al. 2005). Die o. a. Autoren deuten die Ergebnisse dahingehend, dass *G. sulfurreducens* als Fe^{3+}-reduzierender Modellorganismus ungeachtet seines genetischen Potentials eine entsprechende Transformation As^{5+} nicht enzymatisch reduziert. Zusammenfassend führt die Reduktion von Fe^{3+} zur Entstehung von Fe^{2+}-haltigen Phasen, die As-Spezifikationen aufnehmen. So ist z. B. biogen synthetisierter Siderit ($FeCO_3$) fähig, As aus einer Lösung zu entfernen. Möglicherweise erfüllt dieser Vorgang innerhalb von Sedimenten die Kriterien einer geochemischen Senke für As (Islam et al. 2005).

So führten z. B. Connon et al. (2008) Untersuchungen zur Ökophysiologie und Geochemie einer mikrobiellen Oxidation von As, beschrieben aus einem an As angereicherten, nahezu neutralen Milieu eines *Hot-spring*-Systems, d. h. *Alvord Hot Spring/USA*, durch. Hydrochemische Analysen zeigen für die in das Geothermalsystem einmündenden Entwässerungskanäle eine durchschnittliche As-Konzentration von $4,5\,mg\,l^{-1}$, d. h. $60\,\mu M$, einen pH-Wert von 6,7–7,0 und Temperaturen von 69,5–78,2 °C. Aus Proben von Biofilmen ist eine *In-situ*-Oxidation von As^{3+} beschrieben. Studien des innerhalb des Biofilms vertretenden Gens *16S* rRNS verweisen auf die Vorherrschaft von *Sulfurihydrogenibium sp.*, *Thermus sp.* sowie *Thermocrinis sp.* Ergänzend gelang Connon et al. (2008) unter Zuführung eines künstlichen *Hot-Spring*-Mediums die Isolation eines As-oxidierenden Mikroorganismus, d. h. *Isolat A03C*. Eine Genanalyse offenbarte die Verwandtschaft mit *Thermus aquaticus*.

Bezüglich Temperatur, pH-Wert sowie des Verhältnisses As^{3+} zu As^{5+} ist entlang einem geochemischen Gradienten neben den genannten Mikroorganismen eine Zunahme der Diversität an unkultivierten Formen zu verzeichnen (Connon et al. 2008). Allgemein lässt sich eine Oxidoreduktion von As in diversen terrestrischen sowie hydrothermalen Habitaten als auch in Grundwässern beobachten. In hydrothermalen Wässern und einem pH-Wert von 7 tritt As häufig in Form von Arsenat ($HAsO_4^{2-}$) sowie Arsenit (H_3AsO_3) auf. Die Gehalte an As in geothermalen Wässern/Feldern bewegen sich zwischen $1–10\,mg\,l^{-1}$, über $50\,mg\,l^{-1}$ bis hin zu Werten von $150\,mg\,l^{-1}$ (Connon et al. 2008). H_3AsO_3 als primäre As-Spezifikation in heißen, anaeroben Wässern unterliegt, in Gegenwart mikrobieller Oxidation, einer Umwandlung in $HAsO_4^{2-}$. Nicht immer ist mit der Oxidation von H_3AsO_3 durch heterotrophe Bakterienstämme eine Produktion von Energie verbunden. Möglicherweise zeichnen sich Detoxifikationsmechanismen der Zelle gegenüber H_3AsO_3 hierfür verantwortlich, d. h., H_3AsO_3 verhält sich bei weitem toxischer als $HAsO_4^{2-}$ ([1]Rosen 2002, Liao et al. 2011), Abschn. 2.3.2 (f). H_3AsO_3-oxidierende Bakterienstämme zur Erzeugung von Energie und AsO_4^{3-} schließen u. a. an- und aerobe chemoautotrophe Isolate sowie aerobe heterotrophe Formen ein. Es wurden sowohl Enzyme als auch ihre damit verbundenen Gene in den As-oxidierenden Mikroorganismen identifiziert, was zu einem wesentlichen Verständnis der o. a. Vorgänge auch in Reinkulturen führt.

Insgesamt stehen Untersuchungen zur Evolution der Gene und Enzyme zur Verfügung und es wird vermutet, dass As-Transformationen zur Generierung von Energie und Detoxifikation bereits über einen langen Zeitraum von Mikroorganismen erfolgreich eingesetzt wurden. Zu dieser Thematik führten Connon et al. (2008) experimentelle Arbeiten durch. Unter Berücksichtigung von pH-Wert, Temperatur und in Lösung befindlichem As, Ökophysiologie und Biogeochemie der As-Oxidation in sehr unterschiedlichen, bislang nicht untersuchten Habitaten setzten sie vergleichende Betrachtungen mit Daten, gewonnen aus zuvor publizierten Studien über an As angereicherten Milieus, um.

Alkalilimnicola ehrlichii sp. nov., ein AsO_3^{3-}-oxidierendes haloalkaliphiles γ-Proteobakterium mit der Fähigkeit eines chemoautotrophen oder heterotrophen Wachstums mit NO_3^- oder O_2 als Elektronenakzeptor, präsentieren Hoeft et al. (2007). Aus einem hypersalinen Sodasee (*Mono Lake*/USA) ist ein fakultativ chemoautotrophes Bakterium, d. h. *MLHE-1(T)*, beschrieben. Das Zellmaterial zeigt gramnegative Eigenschaften und nutzt zum Wachstum anorganische Elektronendonatoren wie z. B. AsO_3^{3-}, H_2, S^{2-}, verbunden mit der Reduktion von NO_3^- zu NO_2^-. Bei Verwendung von AsO_3^{3-} oder S^{2-} kommt es zu keinem aeroben Wachstum. Dahingegen unterstützt H_2 sowohl ein aerobes als auch anaerobes Wachstum. Bei der Substitution von NO_3^- durch NO_2^- bzw. N_2O ist kein Wachstum zu beobachten. Ein heterotrophes Wachstum ist unter aeroben sowie anaeroben (NO_3^-) Bedingungen möglich. Das Zellmaterial von *MLHE-1(T)* vermag CO zu oxidieren, ist aber nicht fähig, unter diesen Bedingungen zu wachsen. CH_4 wiederum gestattet kein Wachstum und lässt sich nicht aufoxidieren. Unter chemoaurotrophen Bedingungen aufgezogen, assimiliert *MLHE-1(T)* unter der Mitwirkung einer Ribulose-1,5-Biphosphat-Carboxylase mit einer optimalen Funktionstüchtigkeit bei einem pH-Wert von 7,3 sowie 0,1 M NaCl den anorganischen C über den reduktiven *Calvin-Benson-Bassham*-Phosphatpfad (Hoeft et al. 2007). Der Stamm gedeiht optimal bei einem pH-Wert von 9,3 (7,3–10,0), einer Salinität von 30 g l^{-1} (15–190 g l^{-1}) sowie einer Temperatur von 30 °C (13–40 °C). Phylogenetische Analysen der 16S-rRNA-Gensequenzen platzieren den Stamm *MLHE-1(T)* zur Klasse der γ-Proteobakterien. Er ist eng verwandt mit *Alkalispirillummobile* sowie *Alkalilimnicola halodurans*. Beide Mikroorganismen stammen aus der Familie der *Ectothiorhodospiraceae*. Ungeachtet dessen verfügen die aufgeführten haloalkaliphilen Mikroorganismen im Gegensatz zum Stamm *MLHE-1(T)* nicht über die Fähigkeit zu einem photoautotrophen Wachstum. Einzig der Stamm *MLHE-1(T)* kann As^{3+} reduzieren (Hoeft et al. 2007).

Eine dissimilatorische AsO_4^{3-}- und SO_4^{2-}-Reduktion in Sedimenten hypersaliner, As-reicher Na-Seen, d. h. 90 g l^{-1} und 340 g l^{-1}, schildern Kulp et al. (2006). Mittels einer auf Radioisotopen beruhenden Methode ist die Reduktion von in Sedimenten eingelagerten Arsenaten via mikrobielle Respiration erfassbar. Eine Bestimmung pylogenetischer Marker, unerlässlich zur Klärung des o. a. Sachverhaltes, erfolgt über die Extraktion von Sediment-DNS mittels einer Erhöhung via PCR und anschließender Separation durch eine spezielle Form der Elektrophorese. Auch lässt sich mit dieser

Methode ein partiell funktionelles Gen, einbezogen in die dissimilatorische AsO_4^{3-}-Reduktion, gewinnen (Kulp et al. 2006). Über die mikrobielle Respiration von AsO_4^{3-} am Beispiel von *Chrysiogenes arsenatis BAL-1T*, *Desulfotomaculum auripigmentum* Stamm *OREX-4*, *Sulfurospirillum arsenophilus MIT-13* sowie *S. barnesii* Stamm *SES-3* berichten Newman et al. (1997). Sie betonen betreffs des Wachstums auf Arsenat u. a. die Rolle einer Arsenat-Reduktase in *S. barnesii* Stamm *SES-3*. Zur biogenen Bildung von photoaktivem As-Sulfid in Form von Nanotobes durch einen Stamm von *Shewanella sp.* Stamm *HN-41* äußern sich [3]Lee et al. (2007). Die As-Tubes bilden ausgedehnte extrazelluläre Netzwerke mit einem Durchmesser von 20–100 nm sowie einer Länge von ca. 30 µm. Beginnend als amorphes As_2S_3 kommt es im Verlauf der Inkubation zur Entwicklung einer polykristallinen Phase von u. a. Realgar (As_4S_4).

Lösungen von As^{5+} und $S_2O_3^{2-}$ zeigen nach Inkubation mit *Shewanella sp. HN-41* innerhalb einiger Tage einen deutlichen Farbwechsel Abb. 2.31 (a). Chemische Analysen, aufgetragen in Graphen, spiegeln bei Anwesenheit von *HN-41* die Abnahme As^{5+} in der Lösung wider ([3]Lee et al. 2007), Abb. 2.31 (b).

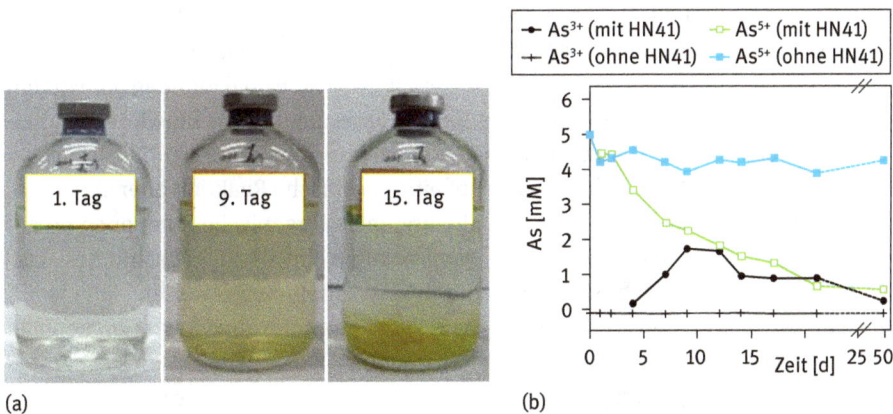

Abb. 2.31: (a) Konzentration von As^{5+} und $S_2O_3^{2-}$ nach Inkubation mit *Shewanella sp. HN-41* in Lösung und (b) graphisch aufgetragen (nach [3]Lee et al. 2007).

(b) Gallium (Ga)

Als Element ist Ga bislang nicht aufgezeichnet, eigenständige Ga-Minerale sind selten, z. B. Gallit ($CuGaS_2$). Wirtschaftlich interessante Konzentrationen finden sich bei Al- und Zn-Anreicherungen in Form ihrer Mineralisationen, Bauxit kann u. U. bis zur Bauwürdigkeit an Ga angereichert sein. Relativ häufig tritt Ga in der Kruste auf: 17 ppm (Taylor & McLennan 1985). Es geht u. a. Verbindungen mit $C_6H_8O_7$ sowie NO_3^- ein.

Ga scheint über keine biologischen Funktionen zu verfügen. Da aber Ga^{3+} insbesondere Fe^{3+} ersetzen kann, findet das Metall im medizinischen Bereich Anwendung. Der Fe-Stoffwechsel stellt eine der entscheidenden Schwachstellen von infektiösen

Bakterien dar, da diese zum Wachstum Fe benötigen, d. h., es handelt sich hier um ein für die Pathogenese entscheidendes Kriterium. Um akute Infektionen in einem Wirt, z. B. Menschen, zu verhindern oder einzudämmen, entwickelte die Evolution bestimmte Mechanismen, die eine Freigabe von Fe verhindern und somit die Wirkung von pathogenen Organismen unterbinden (sie „verhungern"). In der medizinischen Forschung wird nach dem Vorbild eines „Trojanischen Pferdes" das (Übergangs-) Metall Ga genutzt, um den Fe-bezogenen Stoffwechsel zu unterbrechen und den hieraus abgeleiteten Stress in einem *In-vivo*-Umfeld auszunutzen (Kaneko et al. 2007). Aufgrund seiner chemischen Ähnlichkeit mit Fe vermag Ga in zahlreichen biologischen Systemen Fe zu substituieren und verhindert Prozesse, die von der Präsenz von Fe abhängen. So beobachten z. B. Kaneko et al. (2007) bei *In-vitro*-Versuchen Einschränkungen sowohl beim Wachstum von *Pseudomonas aeruginosa* als auch in der Entwicklung von Biofilmen, d. h. planktonische und bakterielle Formen. Ga führt partiell zu einer Verminderung der Aufnahme von Fe seitens der Bakterien und es kommt durch einen transkriptionalen Regulator (*pvdS*) zu Interferenzen bei der Signalübertragung betreffs Fe. Im Zusammenhang mit ihren Beobachtungen deuten Kaneko et al. (2007) die Option eines möglichen Einsatzes innerhalb medizinischer Therapien an, z. B. als Mittel gegen Infektionen durch *P. aeruginosa*.

Die Widerstandskraft pathogener Bakterien gegenüber bakteriellen Aktivitäten stellt ein erhebliches Problem und eine Herausforderung bei der Entwicklung alternativer antibakterieller Medikamente dar (Rzhepishevska et al. 2011). Im Gegensatz zu den klassischen Antibiotika, die nur auf eine spezifische Reaktion oder einen spezifischen Prozess abzielen, können Metalle und metallorganische Komponenten auf mehrere unterschiedliche Gruppen von Biomolekülen einwirken und somit Resistenzen entgegenwirken. Auch bei der Behandlung von Biofilmen erweisen sich Metallionen als effizienter. Sowohl grampositive als auch gramnegative Bakterien nehmen Ga auf. Es wird vermutet, dass Bakterien Ga über ihre Fe-aufnehmenden Systeme sequestrieren, denn Fe-Siderophore sind in der Lage, Ga zu binden. Wie vorab angedeutet weisen Ga-Ionen antibakterielle und -biofilmbezogene Eigenschaften auf, wobei die antibakterielle Aktivität von Ga^{3+} sowohl dem Einfluss der Ligandenkomplexierung als auch der bakteriellen C-Quelle unterliegt.

Bezogen auf die o. a. Problematik stehen Arbeiten von Rzhepishevska et al. (2011) zur Einsicht. Sie untersuchen die Wirkung von zwei Ga-Komplexen, z. B. Ga-Desferrioxamin B (Ga-DFOB) und Ga-Citrat (Ga-*Cit*). Eine Modellierung der Ga-Spezifikation innerhalb des Kulturmediums zeigt, dass sowohl DFOB als auch Citrat eine Ausfällung von $Ga(OH)_3$ verhindern. Bei einem pH-Wert von < 7 kann es allerdings bei Anwesenheit von Citrat zu geringfügigen Präzipitationen von $Ga(OH)_3$ kommen. Ungeachtet dessen verbleibt die inhibitorisch wirkende Konzentration von Ga-*Cit* 90 % (*IC90*) bei z. B. Isolaten von *Pseudomonas aeruginosa* unter jener von Ga-DFOB. Ga in Form von Ga-Cit kann z. B. durch *P. aeruginosa* einfacher aufgenommen werden, als dies für Ga-DFOB der Fall ist (Rzhepishevska et al. 2011). Ga selbst scheint in der bakteriellen Zelle von z. B. *P. aeruginosa* zu einer Erniedrigung der Glutamat-Konzentrationen zu führen.

Als Schlüsselmetabolit des genannten Mikroorganismus und in Abhängigkeit der C-Quelle verhält sich Ga toxisch. So lassen sich planktonische Zellen von *P. aeruginosa* durch Zugabe von Ga in mikromolarer Konzentration abtöten und das Metall hilft offensichtlich beim Abbau von Biofilmen.

Die antibakterielle Wirkung von Ga beruht auf seiner Fähigkeit, Fe^{3+} im bakteriellen Metabolismus zu substituieren. Abweichend vom Verhalten des Fe kann Ga nicht an Redoxzyklen teilnehmen und blockiert Prozesse, die wiederum von der Konvertierung des Fe^{2+} in Fe^{3+} abhängen. Als Grund für dieses Verhalten werden am Beispiel von *P. aeruginosa* Unterbrechungen in der Signalübertragung betreffs Fe vermutet, die als Reaktion wiederum die Aufnahme von Fe drosseln (Rzhepishevska et al. 2011). Weiterhin hemmen Ga, aber auch z. B. Al, Fe. Beide Metalle ersetzen Fe, die Funktionalität der Elektronentransportkette sowie die Aktivitäten von Enyzmen mit Fe-S-Clustern. Allerdings scheint *P. aeruginosa* durch Reorganisation der metabolischen Pfade der Präsenz von Ga oder Al begegnen zu können. Als Hinweis zu Überlegungen einer biogenen Synthese von Ga verweisen Rzhepishevska et al. (2011) auf den Einfluss der Lösungschemie und der Vielseitigkeit bakterieller, auf den Stoffwechsel bezogener Netzwerke. Von der Ga-Spezifikation hängen die Aufnahme und Verarbeitung durch das betroffene Bakterium ab.

Einen Einblick über Ga in Bakterien und die daraus ableitbaren Überlegungen zu metabolischen Auswirkungen und medizinischer Anwendung vermitteln Auger et al. (2013). Von mittels einer durch Siderophore unterstützten Aufnahme von Ga durch den Mikroorganismus *Ustilago sphaerogena* berichten (Emery & Hoffer 1980), Abschn. 4.5.2 (d). Das Übergangs-/Halbleitermetall Ga unterbricht den Fe-Metabolismus von *Pseudomonas aeruginosa* und verfügt so über eine antimikrobielle Wirkung gegenüber isolierten Mikroorganismen sowie Biofilmen (Kaneko et al. 2007). Im Rahmen neuer anti-infektiöser Vorgehensweisen ist ein Ansatz von Interesse, der in einem *In-vivo*-Umfeld Stress auf ein-dringende Organismen ausübt und verwertet.

(c) Germanium (Ge)

Ein weiteres Hochtechnologiemetall ist Germanium (Ge). Unter geologischen Bedingungen wurde bislang kein metallisches Ge angetroffen. Neben einigen wenigen Ge-Mineralisationen und in Zn-Erzen sind in Kohlegesteinen signifikante Akkumulationen aufgezeichnet. Mit 1,6 ppm ist der Krustenwert von Ge kalkuliert (Taylor & McLennan 1985). Ge tritt gegenüber prokaryotischen Organismen und nach bislang vorliegenden Erkenntnissen als inertes Metall mit nicht bekannter biologischer Aktivität auf. Im Vergleich mit Ag verhält es sich weniger toxisch. Aufgrund einer entweder von der Energie unabhängigen passiven Bindung oder anderer in Abhängigkeit von der Energie stehender Mechanismen akkumuliert Ge in bestimmten bakteriellen Stämmen. Möglicherweise ist dieses Verhalten durch u. a. Mechanismen einer Resistenz bedingt (Slawson et al. 1992). Ge bildet u. a. organometallische Verbindungen, zum Beispiel in Form von Tetraethyl-germanium $[Ge(C_2H_5)_4]$. Ge ist häufig in Abfallprodukten der Kohle/Koks verarbeitenden Industrie anzutreffen. So können z. B. die Aschen aus der Kohleverbrennung Gehalte von 20 mg bis 280 mg Ge pro 1 kg enthalten.

Zu den Wechselwirkungen von Mikroorganismen mit Ge liegt eine Reihe von Untersuchungen vor, z. B. Lee et al. (1990). So wurden z. B. durch van Dyke et al. (1989) 23 bakterielle Stämme auf die Akkumulation von Ge hin untersucht. Hierbei zeigt sich, dass Stämme von *Bacillus* die höchsten Gehalte an Ge aufnehmen. Erhöht sich der ursprüngliche pH-Wert von 7 auf 8,5 und wird Glucose durch Brenzcatechin substituiert (engl. *catechol* = $C_6H_6O_2$), drückt sich das in einer erhöhten Akkumukation von Ge aus. So ergeben sich für *Bacillus cereus NRC 3045* Werte für K_s von 4,0 g l^{-1} und V_{max} von 2,2 mg g^{-1} Trockengewicht h^{-1}. Eine Eingabe von 2,4-Dinitrophenol oder Toluol (C_7H_8) unterdrückt dahingegen vollständig die Anreicherung von Ge. Bei einer Temperatur von 6 °C zeigen zwei von drei *Bacillus*-Stämmen eine erheblich verminderte Aufkonzentration an Ge. Nach Abtötung der *Bacillus*-Zellen durch z. B. UV-Strahlung ist ebenfalls keine Ge-Anreicherung messbar. Die Autoren, d. h. van Dyke et al. (1989), vermuten als Ursache der Ge-Akkumulation durch einige *Bacillus*-Stämme energieabhängige Prozesse. Auch zur Akkumulation von Germanium durch Bakterien äußern sich van Dyke et al. (1989). Generell tolerieren Bakterien höhere Gehalte an Ge als Hefen. Die gegenüber Ge tolerantesten Bakterienstämme sind *Arthrobacter sp. NRC 32005*, *Klebsiella aerogenes NCTC 418* und *Pseudomonas putida NRC 5019*, d. h., es handelt sich um bis zu 1 g GeO$_2$ l^{-1}. Noch höhere Konzentrationen sind aus *Bacillus sp. RC 607* beschrieben, d. h. 2 g GeO$_2$ l^{-1}. Als pH der Liquidphase ist von van Dyke et al. (1989) ein Wert von 10 angegeben. Inwieweit die Toleranz gegenüber Ge auf Akkumulation oder Exklusion des Metalls beruht, ist bis dato nicht bekannt. Ihrer Deutung gemäß scheint die Akkumulation von Ge einem von der Energie abhängigen Prozess unterworfen zu sein. Eine Anbindung von Ge an Zellen von *Pseudomonas putida* lässt sich offensichtlich durch die Anwesenheit von Brenzcatechin ($C_6H_6O_2$) erhöhen (Kłapcińska & Chmielowski 1986).

Im Zusammenhang mit Arbeiten in miozänen Sedimenten stellen Murnane & Stallard (1988) die Ergebnisse von der Modellierung sowie empirisch ermittelten Daten vor. Sie verweisen auf eine Fraktionierung von Ge/Si während der biogenen Bildung von Opal. In einem auf das marine Milieu bezogenen 2-Boxen-Modell gehen sie speziell auf das Verhältnis von Ge/Si und die Funktion von Opal bei der Fraktionierung von Ge/Si ein. Interessant sind diese Vorgänge im Fall einer Substitution von Si durch Ge innerhalb biologischer Prozesse wie z. B. der Biomineralisation von Kieselsäure (H_4O_4Si). Eine Studie von Blayda et al. (2011) unterzieht die Ergebnisse einer Extraktion von Ge aus Abfällen der Pb-Zn-Produktion. Zum Zweck vergleichender Betrachtungen wurden diese Vorgänge zum einen mittels Laugung (engl. *leaching*) durch Säuren und zum anderen durch Thiobakterien implementiert.

Hierbei fanden Blayda et al. (2011), dass im Verlauf einer chemischen Behandlung mittels Laugung die Phasenzusammensetzung der Ausgangsmaterialien den Austrag an Ge beeinflusst, z. B. das Auftreten von Ge als isomorphem Zusatz in schwer zugänglichen Phasen. Beim Gebrauch von Thiobakterien für die Laugung von Ge kommt es unabhängig von der Komposition der Ausgangsmaterialien innerhalb von ein bis zwei Tagen zur Überführung von 80–100 % des Metalls und seiner begleitenden Komponenten in Lösung. Als Resultat ihrer Arbeit verweisen Blayda et al. (2011) auf das wirtschaftliche Potential dieses hydrometallurgischen Ansatzes, d. h. die Verwendung in Laugungsmedien charakterisiert durch moderate pH-Werte. Im Zusammenhang mit dem gemeinsamen Auftreten von anorganischem Ge und Si in marinen Wässern berichten Froelich et al. (1989) von der biologischen Fraktionierung während der Bildung von Ge/Si-Opal. Hydrographische Profile von anorganischem Ge sowie Si aus marinen Habitaten bestätigen offensichtlich das dem Si ähnliche Verhalten von anorganischem Ge. Es besteht in allen ozeanischen Habitaten ein bestimmtes Verhältnis von Ge zu Si und ist in Mikroorganismen wie Diatomeen sowie Radiolarien einsehbar. Innerhalb der Geowissenschaften wird dieses Verhalten bislang zur Klärung bzw. Rekonstruktion von Paläoenvironments ausgenutzt (Froelich et al. 1989).

In Anwesenheit von Acetat ($CH_3CO_2^-$) bzw. Brenzcatechin ($C_6H_6O_2$ = Catechol) als repräsentative Substrate, befähigt zur Komplexbildung von Ge, wurden die Aufnahme und Bioakkumukation von Ge durch *Pseudomonas putida ATCC 33015* untersucht (Chmielowski & Kłapcińska 1986). Das Zellmaterial entstammte einer unter Einsatz von $CH_3CO_2^-$ aufgezogenen Batchkultur. Bei Eingabe von Zellen in ein Ge-haltiges Medium mit Brenzcatechin oder einer Mischung aus $CH_3CO_2^-$ und Brenzcatechin reichert sich Ge in einem zweiphasigen Vorgang an. Nach einem anfänglich geringen Grad an Akkumulation, der wiederum mit jenem Wert übereinstimmt, der sich bei Gegenwart von $CH_3CO_2^-$ einstellt, kommt es in Folge zu einer Erhöhung der Ge-Konzentration, gekoppelt mit einem gleichzeitigen linearen Abbau von Brenzcatechin. Das Auftreten der zweiten Stufe der Akkumulation, die mit einem linearen Abbau von Brenzcatechin einhergeht, belegt eine Unterstützung des Ge-Transports in die Zellen durch Brenzcatechin. Über ein induzierbares Brenzcatechin-Transportsystem erfolgt eine Aufnahme des Ge-$C_6H_6O_2$-Komplexes (Chmielowski & Kłapcińska 1986). Gemäß Analysen via EM (Abschn. 1.3.4 (f)/Bd. 2) tritt das Ge innerhalb der Zellumhüllung auf. Im Zellmaterial, das in Anwesenheit von GeO_2 und Brenzcatechin ($C_6H_6O_2$) aufgezogen wird, zeigen sich im Cytoplasma kleine Ablgerungen mit hoher Elektronendichte. Anhand der Ergebnisse der von Kłapcińska & Chmielowski (1986) ausgearbeiteten Studie über die Ge-Verteilung innerhalb der zellularen Bausteine ist zu vermuten, dass Brenzcatechin die intrazelluläre Akkumulation dieses Elements unterstützt. In Verbindung mit der Entstehung von Ge-NP scheinen u. a. zum einen Peptide und Aminosäuren einbezogen zu sein. Über den Einsatz u. a. einer Peptiddisplay-Bibliothek lassen sich Peptide identifizieren, die eine zeitlich rasche Ausfällung von Netzwerken aus Ge-NP bewirken (Dickerson et al. 2004). Eine durch Aminosäuren katalysierte, auf bionischen Prinzipien beruhende Präparation sowie deren Charakterisierung von Sn-Ge-Oxiden Nanokompositen beschreiben Fabijanic et al. (2007). Hierbei erweist sich Arginin im Vergleich mit Histidin sowie Lysin bei der Synthese der o. a. Nanokomposite als die am effektivsten Aminosäure, d. h., es besteht die höchste Ausbeute betreffs der o. a. Ge-haltigen Materialien. Die Synthese erfolgt unter Raumtemperatur. Hinsichtlich der

Morphologie und Kristallinität der hybriden Ge-NP wählen die o. a. Autoren als Analysetechniken TEM (Abschn. 1.3.4 (a)/Bd. 2) und AFM (Abschn. 1.3.4 (c)/Bd. 2). Auch Avanzato et al. (2009) stützen sich bei ihrer biogenen Synthese von Nanokompositen aus Mg-Oxid : Ge-Dioxid auf Aminosäuren, z. B. Asparaginsäure, L-Lysin sowie Histidin. Hierbei erwies sich für eine NP-Synthese Histidin als die wirkungsvollste Aminosäure.

(d) Indium (In)

Betreffs Indium (In) ist, nach aktuellem Stand der Wissenschaft, keine biologische Rolle identifiziert. Es soll stoffwechselbezogene Prozesse unterstützen. Metallisches In konnte bislang in geologischen Bereichen nicht angetroffen werden. Kommerziell interessante Gehalte können in Zn-Erzen auftreten. Ihr Krustenwert erreicht ca. 50 ppb (Taylor & McLennan 1985). Chemisch ist In u. a. mit Ga verwandt.

Bei Raumtemperatur und einem pH-Bereich von 2,4–3,9 lässt sich durch das gramnegative Bakterium *Shewanella algae* eine umweltverträgliche mikrobielle Ausbringung von löslichem In^{3+} aus wässrigen Lösungen erreichen (Ogi et al. 2012). Das vollständige mikrobielle Ausbringen von In^{3+}-Ionen mit einer Konzentration von $0,1\,mol\,m^{-3}$ oder 11,4 ppm in wässriger Lösung durch ruhendes Zellmaterial erfordert einen Zeitaufwand von ca. 10 min. Sowohl der pH-Wert als auch die Anteile der bakteriellen Zellen in den wässrigen, In^{3+}-haltigen Lösungen beeinflussen erheblich die ausgebrachte Fraktion an löslichem In^{3+}. Nach Trocknung, d. h. 50 °C auf 12 h, der In-führenden Bakterien betrug der In-Gehalt im Zellmaterial ca. 5,4 % (w/w), d. h., es bestand eine gegenüber der Ausgangslösung ($0,94\,mol\,m^{-3}$) Steigerung der In^{3+}-Konzentration um das mehr 470-Fache (Ogi et al. 2012). Nach einer zweistündigen thermischen Behandlung bei ca. 800 °C kommt es zur Kondensation einer In-haltigen Feststoffphase mit einem Gehalt von ungefähr 40 %. Dies bedeutet gegenüber der In^{3+}-führenden Ausgangslösung eine Steigerung um das 4300-Fache (Ogi et al. 2012). Es scheint sich somit die Möglichkeit einer wirksamen und kostengünstigen Wiedergewinnung von In^{3+} aus den entsprechenden wässrigen Abfallströmen anzudeuten.

Für Studien zur Erwiderung der Zellwände von *Bacillus subtilis* gegenüber Metallen und einer Behandlung durch Färbetechniken für die EM im Sinne von Kontrastmitteln unterzieht Beveridge (1978) aufgereinigte Zellwände zahlreichen Me-haltigen Lösungen und beobachtet die Metallaufnahme. Im Metallinventar befinden sich u. a. In^{3+} sowie Hf^{4+}, die Mehrheit der La-Vertreter, Sc^{3+}, Zr^{4+}, u. a. mit unterschiedlichen, aber deutlich ausgeprägten Affinitäten für eine Anbindung an die in Betracht kommende Zellwandstruktur. Damit eignen sich die genannten Metalle als Kontrastmittel u. a. für den Einsatz in der EM (Beveridge 1978).

Um Untersuchungen einer bakteriellen Adhäsion zu erleichtern, setzen Ardehali & Mohammad (1993) ein ^{111}In-Labeling von Mikroorganismen ein. Zur Quantifizierung einer bakteriellen Adhäsion an Biopolymere eignet sich ein stoffwechselbezogenes Labeling der Mikroorganismen mit β-Emittenten wie z. B. ^{35}S-Methionin. Als

Kandidat für ein Labeling im Sinne der o. a. Thematik erscheint ^{111}In als γ-Emittent vielversprechend. In Versuchen wurden *Staphylococcus aureus, Staphylococcus epidermidis* sowie *Pseudomonas aeruginosa* erfolgreich mit ^{111}In-Oxin behandelt. Im Vergleich mit ^{35}S-Methionin, ebenfalls zu Zwecken eines Labeling eingesetzten Substanz, erweist sich der Gebrauch von ^{111}In-Oxin als bedeutend wirkungsvoller.

Die inkorporierten Isotope werden graduell durch die wachsenden Zellen in das umgebende, sich in Suspension befindliche Medium abgegeben, z. B. alle 24 h ca. 20 % [111]In. Bei Fixierung der Zellen durch gepuffertes Glutaraldehyd kommt es hingegen zu keinerlei Freisetzung von [111]In. Diverse Analysen, z. B. TEM, offenbaren keinerlei Unterschiede zwischen den Kontrollorganismen und jenen, die mit ^{111}In oder ^{35}S behandelt wurden. Ein Labelling der Bakterien mit [111]In führt zu keinerlei Interferenzen mit einer bakteriellen Anhaftung. Technisch lässt sich das Verhalten zur Quantifizierung von Anbindungen durch Mikroorganismen an entsprechende Schnittstellen/Grenzflächen verwerten (Ardehali & Mohammad 1993).

Die Wechselwirkungen zwischen In und *Pseudomonas fluorescens* untersuchten Anderson & Appanna (1993). Ungeachtet der Anwesenheit eines 0,5-mM-In-Citrat-Komplexes ($C_{18}H_{21}InO_{21}$), der als einzige C-Quelle einen hemmenden Einfluss auf Wachstumsrate und Zellausbeute ausübt, mindert *Pseudomonas fluorescens* die Toxizität des trivalenten Metalls durch Absenken seiner Löslichkeit in Form eines P-führenden Residuums. Eine Inklusion von Fe^{3+} unterbindet die negativen Effekte von In und es kommt zu keiner Minderung des zellulären Ertrags. Auch über extrazellulär angebrachte P-haltige Ablagerungen stellt sich eine Form von In-Homöostase ein (Anderson & Appanna 1993). Aufgrund ihrer Analysenergebnisse von entsprechenden cytoplasmatischen Extrakten werden beim Einsetzen eines externen, durch Metalle bedingten Stresses zwei Polypeptide aktiviert. In Verbindung mit den o. a. Vorgängen beobachten Anderson & Appanna (1993) weiterhin einen Anstieg extrazellulärer Carbohydrate.

(e) Lithium (Li)

Bislang gibt es keine Daten über die Verwicklung von Lithium (Li) in biologische Prozesse, allerdings ist das Metall in nahezu allen Organismen in Spuren nachgewiesen. Aufgrund seiner hohen Reaktivität tritt Li nicht elementar auf. Es ist überwiegend in die Minerale Spodumen ($LiAlSi_2O_6$), Lepidolit ($K_2Li_3Al_4Si_7O_{21}(OH, F)_3$), Petalit ($LiAlSi_4O_{10}$) sowie untergeordnet in Amblygonit ($(Li, Na)Al[(F, OH)|PO_4]$) eingebunden. Li erreicht innerhalb der Kruste eine geschätzte Häufigkeit von ca. 17 ppm (Taylor & McLennan 1985).

Die Entnahme und Wiedergewinnung von Lithium durch den Einsatz diverser Mikroorganismen wurden durch [2]Tsuruta (2005) untersucht, Abschn. 2.5.2 (m)/Bd. 2. Entsprechend den Experimenten zeigen von 70 Stämmen aus 63 Arten, d. h. 20 Bakterien, 18 Actinomyceten, 18 Fungi und 14 Hefen, die grampositiven Stämme von *Athrobacter nicotianae IAM1637* und *Brevibacterium helovolum IAM1637* eine hohe

Akkumulation an Li. Für *A. nicotianae* ergab sich für die Li-Anreicherung eine Abhängigkeit vom pH-Wert der angebotenen Lösung, der bei ca. 6 lag. Diesem Stamm gelingt es, innerhalb von 1 h 126 µmol Li g^{-1} Trockengewicht der Zellen zu akkumulieren. Mittels eines Gels aus Polyacrylamid immobilisiertem Zellmaterial ist er ebenfalls in der Lage, Li zu akkumulieren. Li lässt sich wiederholt einsetzen, kann akkumulieren und bis zu 548 µmol Li g^{-1} Trockengewicht der Zellen erreichen. Mit einer 1 M HCl, eingebettet in ein Trennsäulen-System, ist eine quantitative und einfache Desorption von Li durchführbar ([2]Tsuruta 2005). Die biogene Synthese von monometallischen NP, u. a. Li-haltig durch *Pseudomonas aeruginosa SM1* unter Raumbedingungen, ohne Zusatz von einem Kulturmedium, Elektronendonatoren, stabilisierenden Reagenzien/Additiva, Präparation von zellfreien Extrakten sowie ohne spezielle Maßnahmen zur pH-Justierung beschreiben Srivastava et al. (2012). Über RDA sowie TEM sind die auf diese Art synthetisierten NP exakt ansprechbar, Abschn. 1.3.3 und 1.3.4 (a)/Bd. 2. Das durch *P. aeruginosa SM1* intrazelluläre Li liegt sowohl als kristalline als auch amorphe, nanoskalige Aggregate vor. Ein Auftreten von primären und sekundären Aminen könnte, nach Einschätzung von Srivastava et al. (2012), mit zur Reduktion und nachfolgenden Stabilisierung der extrazellulär gebildeten NP in dem einstufigen Prozess beitragen. Details zu den Selektionsmechanismen gegenüber der angebotenen Vielfalt an Metallen bleiben allerdings noch ungeklärt. Weiterhin lässt sich durch Biolaugung Li aus Spodumen (LiAl[Si$_2$O$_6$]) extrahieren (Rezza et al. 1997). Bei diesem Vorgang wurden unter u. a. Citronensäure (C$_6$H$_8$O$_7$) sowie Exopolymere beobachtet. Durch den Gebrauch von Mikroorganismen ließ sich eine Bioseparation von Li-Isotopen erzielen (Sakaguchi & Tomita 2000). Und in *Saccharomyces cerevisiae* kam es zur Akkumulation sowie intrazellulären Kompartimentierung von Li-Ionen (Perkins & Gadd 1993).

(f) Selen (Se)

Gelegentlich wird in den oberen terrestrischen Krustenabschnitten metallisches Selen (Se) angetroffen. Hauptquellen für Se sind jedoch u. a. Cu-, Pb-, Zn-, Au-Erze. Kalkulationen zufolge beläuft sich der Krustenwert von Se auf ungefähr 50 ppb (Taylor & McLennan 1985). Se fällt in die Kategorie der Mikronährstoffe.

Es ist Bestandteil des Selenocysteins sowie Selenomethionin. Hauptquelle für Se-führende Proteine ist anorganisches Se, abgeleitet aus Intermediaten des Selenophosphats (SePO$_3^{3-}$). Se tritt in der Umwelt in diversen Spezifikationen auf, z. B. Oxyanionen wie Selenat (SeO$_4^{2-}$), Selenit (SeO$_3^{2-}$), elementarem Se, volatilen Methyl-Seleniden und organischen Formen (z. B. Ranjard et al. 2003), Abschn. 4.5.6. Oxyanionen von Se dienen in der mikrobiellen anaeroben Respiration als terminale Elektronenakzeptoren, Abschn. 4.6.2 (b).

SeO$_4^{2-}$ als toxischste Form weist eine hohe Reaktivität auf. Methylselenide (C$_2$H$_6$Se) und elementares Se sind im Wesentlichen unlöslich, mit der Konsequenz einer eingeschränkten Bioverfügbarkeit. Organisch auftretende Formen von Se können im

natürlichen Ambiente, bezogen auf den Se-Gesamtgehalt, einen Beitrag von bis zu
40 % annehmen. Die mikrobielle Assimilation in Aminosäuren und Proteinen immobilisiert Se(-spezifikationen). Eine Mobilisierung in die Atmosphäre geschieht über
eine biologische Methylierung. Die atmosphärische Konzentration an Se übertrifft den
anthropogenen Eintrag dieses Metalls und könnte als Hinweis auf die Bedeutung natürlich auftretender biologischer Methylierung dienen und die Einbeziehung dieser
Prozesse in den Stoffeintrag von Se in die Atmosphäre (z. B. Ranjard et al. 2003).

Proteine, assoziiert mit Se-Bionanomineralen, fanden Lenz et al. (2011). Se-
reduzierende Mikroorganismen erzeugen NP, bestehend aus elementarem Se mit
besonderen physikochemischen Eigenschaften, unterstützt durch eine hiermit verbundene organische Fraktion. In *Sulfurospirillum barnesii*, einem Se-respirierenden
Mikroorganismus, fanden Lenz et al. (2011) eine „metalloide" Reduktase, die unmittelbar mit den NP verbunden war und ihrer Einschätzung nach in die Reduktion von
Se einbezogen ist.

Das Bodenbakterium *Cupriavidus metallidurans* ist ein typischer Bewohner von
mit Metallen kontaminierten Biotopen (Avoscan et al. 2009). Es ist für seine Resistenz gegenüber SeO_4^{2-} sowie SeO_3^{2-} bekannt. Eine SeO_3^{2-}-bezogene Resistenz bezieht
die Aufnahme von SeO_3^{2-} in das Cytoplasma mit anschließender Reduktion zu rotem
Se durch den betreffenden Stamm ein. In *C. metallidurans CH34* scheint die Transformation von SeO_3^{2-} nach zwei konkurrierenden Schemata zu verlaufen. Es stehen
ein assimilatorischer Pfad zur Entwicklung von Selenomethionin ($C_5H_{11}NO_2Se$) und
ein Pfad zur Detoxifikation zur Verfügung, initialisiert nach einigen Stunden der Einwirkung von Se, die wiederum zu einer massiven Aufnahme von SeO_3^{2-} und einer
quantitativen Reduktion zu unlöslichem elementarem Se^0 führt.

Gegenüber SeO_4^{2-} verhält sich *C. metallidurans CH34* resistent und nimmt es nur
in sehr geringen Mengen auf (Avoscan et al. 2009). In diesem Fall tritt Se^0 innerhalb
der bakteriellen Zelle untergeordnet auf. Dahingegen überwiegt als vorherrschendes
Reduktionsprodukt der Anteil an Seleno-L-Methionin. Insgesamt löst eine erhöhte
SeO_4^{2-}-Akkumulation keine Maßnahmen zur Detoxifikation aus (Avoscan et al. 2009).
Zellmaterial von *C. metallidurans CH34* akkumulierte unter SO_4^{2-}-limitierenden Bedingungen bis zum 6-Fachen mehr an SeO_4^{2-}, als dies bei Zellen, aufgezogen in einem
SO_4^{2-}-reichen Medium, der Fall war.

Um das Schicksal von SeO_4^{2-} nach Inkorporation durch die Bakterien zu klären, führten Avoscan et al. (2009) Untersuchungen zur Ermittlung der Spezifikation
durch. Zu Versuchszwecken wurde *C. metallidurans CH34* aerob bei $T = 29\,°C$ in einem
Tris-Salzmineral-Medium *(engl. tris-salt mineral medium* = TSM), d. h. 3 mM Na_2SO_4
(TSM-3), mit 2 % Gluconat als C-Quelle kultiviert (Avoscan et al. 2009).

Zum Zweck von Experimenten einer SO_4^{2-}-Deprivation wird das Zellmaterial in
TSM-3 bis zu seiner mittleren Exponentialphase vorkultiviert und im Anschluss in *TSM*
mit 0,3 mM Na_2SO_4 *(TSM-0,3)* beimpft. Daraufhin wächst die Kultur bis zum Beginn
der stationären Phase und wird zum Beimpfen von frischem *TSM-0,3* benutzt. Dieser Vorgang wird zweimal wiederholt. In ein Medium aus ultrareinem H_2O, sterilisiert

durch Filtration, wird im Anschluss Natriumselenat (Na_2SeO_4) gegeben. Parallel ist eine Se-freie Kontrollkultur anzulegen. Während des Wachstums erfolgt eine Beprobung von 5 ml Suspension. Daraufhin wird das Probenmaterial zentrifugiert, zweimal unter Gebrauch von 10 mM Tris-HCl gereinigt, in ultrareinem H_2O resuspendiert und, für den späteren Einsatz, im Anschluss bei $-20\ °C$ eingefroren. Als Analysetechnik setzen Avoscan et al. (2009) eine ICP ein.

Der Se-Gehalt von Bakterien, aufgezogen in *TSM-0,3*, wurde einem Vergleich mit in *TSM-3* kultiviertem Material unterzogen. Nach einer Exposition von Selenat (SeO_4^{2-}) von ca. 5 h hatten die im Medium *TSM-0,3* kultivierten Bakterien einen sechsmal höheren Gehalt an Se aufgenommen als jene, die im Kulturmedium *TSM-3* aufgezogen wurden. Gemäß der Einschätzung von Avoscan et al. (2009) unterstützen ihre Resultate die Hypothese einer Mitwirkung einer Sulfat-Permease beim Eintritt des SeO_3^{2-} in das Zellinnere. Allerdings deuten Analysen für die Erzeugnisse der SeO_4^{2-}-Reduktion, erstellt durch Röntgenabsorptionsspektroskopie, EM und EDX, die geringe Verwertbarkeit dieses Stamms bei der Sanierung von durch SeO_4^{2-}-kontaminierten Geosphären an.

Aus dem metallresistenten Bakterium *Ralstonia metallidurans CH34*, das SeO_3^{2-} und SeO_4^{2-} ausgesetzt ist, sind diverse chemische Formen von Se erfasst (Sarret et al. 2005). Das Bodenbakterium erweist sich gegenüber einer Reihe von Metallen als resistent. Es vermag SeO_3^{2-} in intrazelluläre Granula aus Se^0 zu reduzieren. Während der *lag*-Phase, d. h. Verzögerungsphase, zugeführt, steigt zunächst der Gehalt an SeO_3^{2-}. Nach dem Eintrag von SeO_3^{2-} folgt eine Zeitspanne einer verlangsamten Aufnahme, wobei im Bakterium gleiche Anteile an Se^0 und Alkylselenide vorliegen. Diese Beobachtung legt die Schlussfolgerung nahe, dass zwei gleichzeitig ablaufende Reaktionssequenzen mit ähnlicher Kinetik stattfinden. Es sind zum einen Vorgänge der Assimilation, die zur Bildung von Alkyl-Selenid führen, und zum anderen Prozesse der Detoxifikation, die als Ergebnis Se^0 produzieren. Danach steigt deutlich die Aufnahme von SeO_3^{2-}, d. h. bis zu 340 mg Se auf 1 g Proteine, und als vorherrschendes Transformationsprodukt tritt Se^0 auf.

Eine Erklärung liegt darin, dass nach mehreren Stunden Kontakt ein verstärkter Transport und eine Reduktion von SeO_3^{2-} eintreten. Dahingegen bewirkt ein Kontakt mit SeO_3^{2-} keine nennenswerte Änderung der Ruhephase und die Se-Synthese liegt ca. um das 25-Fache unter dem Wert, der durch die Anwesenheit von SeO_3^{2-} entsteht. Als Übergangsspezies ist nach Eingabe von SeO_4^{2-} innerhalb der ersten zwölf Stunden Se^{4+} beschrieben. Weiterhin tritt untergeordnet Se^0 auf. Akkumuliertes Alklyselenid bildet die Hauptphase. Entsprechend den vorliegenden Resultaten unterliegt SeO_4^{2-} überwiegend der Assimilation und der Reduktionspfad ist nicht abhängig von einer SeO_4^{2-}-Exposition. Die Kinetik der Akkumulation der Oxyanionen von Se^{4-} und S^{6-} sowie deren intermediäre Zustände sind über die Röntgenabsorptionsspektroskopie erfassbar. Sarret et al. (2005) schließen daraus, dass sich *R. metallidurans CH34* zur Sanierung von SeO_3^{2-}-, aber nicht SeO_4^{2-}-führenden Stoffgemischen eignet.

Zum Einfluss von Temperatur und gelöstem O_2 auf die Entnahme von Se^{4+} und anschließender Präzipitation von Se^0 durch *Shewanella sp. HN-41* liegen erste Datenerhebungen vor ([2]Lee et al. 2007). Der fakultativ anaerobe *Shewanella sp. HN-41* ist unter anaeroben Bedingungen fähig, als einzigen Elektronenakzeptor SeO_3^{2-} zur Respiration einzusetzen. Entsprechenden Analysen durch energiedisperse Röntgenspektroskopie und Röntgenabsorptionskantenstrukturspektroskopie zufolge, bewirkt dieser Vorgang, über die Reduktion von Se^{4+}, eine Ausfällung von nanoskaligen kugelförmigen Partikeln aus elementarem Se. Durch geeignete Veränderungen im experimentellen Umfeld, z. B. Inkubationstemperatur und gelöste O_2-Konzentration, lassen sich die Geschwindigkeit für die Entnahme von Se^{4+} aus einer wässrigen Lösung sowie die sukzessive Präzipitation von Se^0 beeinflussen.

Gut ausgebildete Se^0-NP mit einem durchschnittlichen Durchmesser von 181 ± 40 nm und 164 ± 24 nm ließen sich bei 30 °C und unter einer 100%-N_2- bzw. 80%-N_2 : 20%-O_2-Atmosphäre synthetisieren. Bei Anwesenheit von 100 % O_2 erfolgen die Bildung von unregelmäßig geformten Se^0-NP und die Reduktion von Se^{4+} in weitaus geringerem Umfang. In Hinsicht auf die Größenverteilung der Se-Partikel deuten Messungen mit der SEM auf eine geringere Partikelgröße bei steigendem O_2-Anteil hin. Dahingegen scheint die Inkubationstemperatur keinen Einfluss auf die Partikelgröße auszuüben. Anhand der beschriebenen Beobachtungen liegt der Rückschluss nahe, dass zur Herstellung von größenkontrollierten, biologischen Se^0-NP Veränderungen der Kulturbedingungen ausschlaggebend sind ([2]Lee et al. 2007).

Pearce et al. (2009) führten Untersuchungen zu den unterschiedlichen Mechanismen, verantwortlich für eine biogene SeO_3^{2-}-Transformation durch *Geobacter sulfurreducens*, *Shewanella oneidensis* und *Veillonella atypica*, durch. Die metallreduzierenden Bakterien *G. sulfurreducens*, *S. oneidensis* und *V. atypica* setzen zur Transformation von toxischem, bioverfügbarem Na_2SeO_3 zu weniger toxischem, nicht mobilem elementaren Se, bzw. im Anschluss unter anaeroben Bedingungen zu Selenid (Se^{2-}), unterschiedliche Techniken ein.

Diese Vorgänge verfügen über das Potential einer *In-* und *Ex-situ*-Sanierung von diversen kontaminierten Böden, Sedimenten, Industrieabwässern und Drainagen aus der Agrarwirtschaft. Die hierbei durch die reduktive Transformation erzeugten Produkte hängen sowohl von den beteiligten Organismen als auch den eingesetzten Redoxbedingungen ab, d. h. Elektronendonator und exogenen extrazellulären Redoxmediatoren, Abschn. 2.3.5/Bd. 2. Die Zwischenstufen beziehen die Ausfällung von elementarem Se-Nanokügelchen ein, wobei hinsichtlich der erwähnten Formation der genannten Strukturen eine mögliche Rolle der Proteine die aktuelle Diskussion beherrscht (Pearce et al. 2009).

Sowohl elementares Se in Form von Nanokügelchen als auch Metall-Se^{2-}-NP, erzeugt während der o. a. Transformationen, verfügen über katalytische und lichtemitierende Eigenschaften sowie Merkmale von Halbleitern. Somit bieten sich Einsatzbereiche auf dem Gebiet der Nanophotonik an. Auch scheint die Möglichkeit einer Kombination mit Sanierung und Produktion von Präkursorn zur Synthese von metallischen Nanoclustern und anderen Nanomaterialien zu bestehen. Die Fähigkeit von metallreduzierenden Bakterien, NP und deren Präkursor zu generieren, kann für die biologische Erzeugung von fluoreszierenden Halbleitermaterialien ausgenutzt werden. Das anaerobe Bakterium *V. atypica* ist in der Lage, SeO_4^{2-} bzw. SeO_3^{2-} zu Se^0-Nanokügelchen zu reduzieren. Im Anschluss können diese seitens des Bakteriums weiter zu reaktivem Selenid (Se^{2-}) reduziert werden. Bei Anwesenheit von verwendungsfähigen Metallkationen sind nanoskalige Chalkogenid-Präzipitate, wie z. B. Zinkselenid (ZnSe), mit entsprechenden optischen Merkmalen und Halbleitereigenschaften ausgestattet denkbar (Pearce et al. 2009).

Die Zellen nutzen für die Reduktion von SeO_3^{2+} als Elektronendonator H_2. Durch die Zugabe eines Redoxmediators, z. B. Anthrachinondisulfonische Säure, kann eine Beschleunigung der Reduktionsrate erreicht werden. Eine Kombination von EXAFS (Abschn. 1.3.5 (e)/Bd. 2), Ionen-Chromatographie und ICP-AES gestattet das Studium der beschriebenen Vorgänge, d. h. der Kinetik der mikrobiellen Reduktion von SeO_3^{2+} zu Se^{2-}. Die Produkte der o. a. Biotransformation sind via EM, EDX, RDA und FS einer Analyse zugänglich. Insgesamt bietet das vorgestellte Verfahren zur Erzeugung von auf Chalkogenid basierenden NP, geeignet für die Anwendung in optoelektronischen Bauelementen und biologischer Markierung, d. h. Labeling, und im Vergleich mit jenen, die für den konventionellen, organo-metallischen Syntheseweg erforderlich sind, umweltfreundlichere Ausgangsstoffe an (Pearce et al. 2008). In Lösung eingegebene intrazelluläre Se- und Te-NP, synthetisiert durch *Stenotrophomonas maltophilia*, ergeben spezifische Färbungen. Durch Se^0 ensteht eine typische Rotfärbung. Eine dunkle Farbgebung der Lösung verweist auf elemenares Te (Pages et al. 2008), Abb. 2.32, Abschn. 1.3.2/Bd. 2.

Zum Se-Metabolismus in *E. coli* publizieren Turner et al. (1998) ihre Arbeiten. *E. coli* reduziert SeO_3^{2-} und SeO_4^{2-} zu elementarem Se^0. Weiterhin erfolgt der Einbau von Se über Aminosäuren, d. h. Selenocystein und Selenomethionin, in die entsprechenden Proteine. Die Reaktion von SeO_3^{2-} mit Glutathion ergibt Selenodiglutathion. Letztgenannte Verbindung lässt bei einer nachfolgenden Reduktion Glutathioselenol

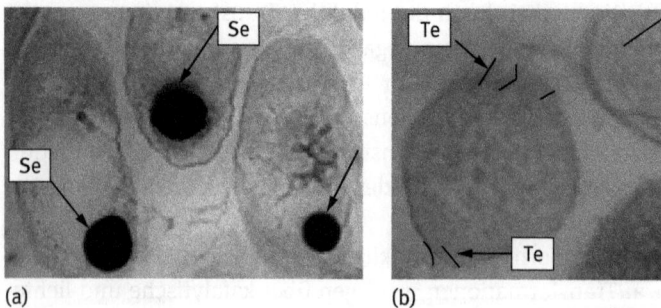

(a) (b)

Abb. 2.32: Intrazelluläre Se- (a) und Te-NP (b) in *Stenotrophomonas maltophilia*, keine Angabe zum Maßstab (Pages et al. 2008).

entstehen, das wiederum von z. B. Turner et al. (1998) als mögliches Intermediär innerhalb eines auf Se ausgerichteten Stoffwechsels diskutiert wird. Süßwasserbakterien sind der Lage, über einen Thiopurinmethyltransferasepfad Se zu methylieren (Ranjard et al. 2003), Abschn. 4.5.6. Bakterien übernehmen über Reduktion, Volatilisierung einen wesentlichen Anteil im biologischen Kreislauf von Se. So existiert z. B. in *Thaurea selenatis* ein dissimilatorisch wirkender, im Periplasma auftretender Selenat-Reduktaseenzymkomplex mit der Eigenschaft, SeO_4^{2-} zu SeO_3^{2-} zu reduzieren. Gegenüber SeO_4^{2-} verfügt die o. a. Selenat-Reduktase im Vergleich mit bakteriellen periplasmatischen Nitrat-Reduktasen über eine hohe Affinität und Umsatzrate. Weiterhin reduziert *T. selenatis* in Gegenwart von NO_3^- mithilfe eines NO_2^--respirierenden Systems SeO_3^{2-} zu elementarem Se (Schröder et al. 1997). Bislang bedienen sich Techniken einer Bioremediation der SeO_4^{2-}-reduzierenden Fähigkeit von *T. selenatis*, z. B. Behandlung von Se-kontaminierten Drainagen aus der Landwirtschaft, Abschn. 2.5.2 (n)/Bd. 2.

Der Verbleib von SeO_4^{2-} und SeO_3^{2-}, einbezogen in den Metabolismus von *Rhodobacter sphaeroides*, lässt sich über einen Versuchsaufbau durchführen, der sich auf Kulturen des purpurfarbigen, nicht auf S bezogenen Bakteriums stützt. Versehen mit ca. 1 oder 100 ppm SeO_4^{2-} oder SeO_3^{2-} beruht er auf einem phototrophischen Wachstum in der stationären Phase (Fleet-Stalder et al. 2000). Zur Analyse des Kulturheadspace, separierten Zellmaterials und der gefilterten Kulturlösungen bieten sich Gaschromatographie, Röntgenabsorptionsspektroskopie sowie ICP-MS an, Abschn. 1.3.5 (i)/Bd. 2.

Während mit an Se angereicherte Kulturen höhere Anteile einer Biotransformation von SeO_3^{2-}, d. h. ca. 94 % aus einer 100-ppm-haltigen Lösung, zeigen, als dies bei analogen, nicht biogen gesteuerten SeO_4^{2-}-bezogenen Experimenten zu beobachten ist, d. h. 9,6 % für SeO_4^{2-}, unterscheiden sich hingegen die chemischen Spezifikationen von in mikrobiellen Zellen auftretendem Se nicht von jenen, die durch nichtbiologische Versuche synthetisiert wurden. Volatilisierung scheint nach Einschätzung durch Fleet-Stalder et al. (2000) nur einen geringen Anteil an der Akkumulation von Se beizusteuern. Vielmehr liegt Se in organischer Form oder elementar vor.

Zur Bestimmung der Se-Spezifikation und Partionierung innerhalb eines aerob orientierten Biofilms aus *Burkholdia cepacia*, aufgewachsen auf Oberflächen aus α-Al_2O_3, vermitteln [2]Templeton et al. (2003) Informationen. Es kommt infolge einer mikrobiellen Reduktion von Se^{6+} sowie Se^{4+} zur Bildung von Se^0. Als Ergebnis steht die Partionierung von SeO_4^{2-} sowie SeO_3^{2-} innerhalb des Biofilms und der unterlagernden Al-haltigen Oberfläche. SeO_3^{2-} bindet sich, speziell bei niedrigen Gehalten, bevorzugt an den Al-reichen Oberflächen. Bei steigenden Gehalten erfolgt innerhalb der Biofilme eine Partionierung.

Während metabolischer Aktivitäten seitens *B. cepacia* kommt es zu einer raschen Reduktion von SeO_3^{2-} zu rotem Se^0. Aufgrund einer geringeren Affinität gegenüber der Al-haltigen Oberfläche geschieht die Partionierung vorzugsweise innerhalb des Biofilms ([2]Templeton et al. 2003). Eine Reduktion von SeO_4^{2-} zu Se^{4+} sowie von Se^0

durch den o. a. Mikroorganismus resultiert in einer vertikalen Segregation der betroffenen Se-Spezifikation an der Grenzfläche zwischen *B. cepacia* und dem α-Al_2O_3. Elementares Se^0 akkumuliert zusammen mit Se^{6+} verstärkt im Biofilm, wohingegen der Se^{4+}-Intermediär bevorzugt an die Al-haltige Oberfläche sorbiert. Während der aktiven metabolischen Phasen, mit SeO_4^{2-} sowie SeO_3^{2-} inkubiert, kommt es im o. a. Probenmaterial zu einer erheblichen Verminderung der Mobilität des Se ([2]Templeton et al. 2003).

Experimente zur Remobilisierung zeigen, dass ein erheblicher Anteil des unlöslichen Se^0 im Verlauf des Austauschs mit in Lösung befindlichem Se^0 innerhalb des Biofilms verbleibt. Ergänzend haftet die überwiegende Fraktion des im Verlauf der Se^{6+}-Reduktion erzeugten Se^{4+}-Intermediärs an der Al-führenden Oberfläche und löst sich nur zu einem geringen Teil ab. Dahingegen unterliegt Se^{6+} einer raschen und ausgedehnten Immobilisierung. Gemäß [2]Templeton et al. (2003) kommen zur Ermittlung der o. a. Größen spektroskopische Methoden in Betracht.

Eine Reihe von aus Böden isolierten Mikroorganismen-Vertretern, z. B. *Clostrium*, *Citrobacter, Pseudomonas* etc., ist in der Lage, via enzymatisch unterstützte Reduktion SeO_4^{2-} zu elementarem Se umzuwandeln (Lovley 1993):

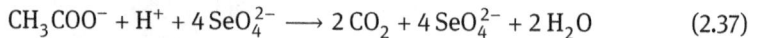

$$4\,CH_3COO^- + 3\,SeO_4^{2-} \longrightarrow 3\,Se^0 + 8\,CO_2 + 4\,H_2O + 4\,H^+ \tag{2.36}$$

und (Lovley 1993):

$$CH_3COO^- + H^+ + 4\,SeO_4^{2-} \longrightarrow 2\,CO_2 + 4\,SeO_4^{2-} + 2\,H_2O \tag{2.37}$$

Ein Motiv für die o. a. Vorgänge ist die Generierung von Energie aus Gründen eines u. a. mikrobiellen Wachstums. Bevorzugte Elektronenakzeptoren sind NO_3^- sowie Mn^{4+} (Lovley 1993), Abschn. 4.6.2 (b).

Das fakultativ tätige Bakterium *Enterobacter cloacae SLD1a-1* ist in der Lage, aus SeO_4^{2-}- sowie SeO_3^{2-}-haltigen Lösungen mittels Reduktin elementare Se^0-Partikel zu generieren (Losi & Frankenberger 1997), Abschn. 5.3.3 (h). Über Arbeiten mit Selenomethionein berichtet Walden (2010). Die Funktion von As und Se im mikrobiellen Metabolismus erörtern (Stolz et al. 2006, Stolz et al. 2002).

(g) Tantal (Ta)

Ta ist in die Minerale Tantalit $((Fe, Mn)Ta_2O_6)$ und Euxinit $((Y, Ca, Ce, U, Th)(Nb, Ta, Ti)_2O_6)$ eingebaut. Auch kann es als Beiprodukt bei der Extraktion von Sn anfallen. Es ist mit einem Krustenwert von 1,7 ppm charakterisiert (Taylor & McLennan 1985). Nach bislang vorliegenden Daten ist für Tantal (Ta) keine biologische Funktion identifiziert. Toxische Wirkungen sind bis dato nicht beschrieben. Ungeachtet dessen, kann sich Ta gegenüber biologischen Materialien sowohl *in vivo* als auch *in vitro* zunächst inert verhalten. Das Metall zeichnet sich durch eine sehr geringe Löslichkeit und Toxizität aus. Allerdings scheinen Halide von Ta über ein biologisches Leistungspotential zu verfügen (Black 1994).

Von Ta sind organo-metallische Komplexe beschrieben (Lopez 2006). Speziell Datenbestände aus der medizinischen Forschung bieten erste Einblicke in die Wechselwirkungen zwischen Ta und biologischen Materialien. Allerdings verbleiben ungeachtet eines seit mehreren Jahrzehnten währenden Einsatzes in der Radiographie und als Implantat die interaktiven Beziehungen im Dunklen. Über die Separation von ^{182}Ta aus biologischen Materialien, charakterisiert durch ein mehrphasiges Stoffgemenge, bestehend aus u. a. ^{45}Ca, ^{152}Eu, ^{60}Co, ^{95}Zr, ^{95}Nb etc., mit abschließender Präzipitation als Ta-Phosphat berichten Hölgye & Křivánek (1976). Im Zusammenhang mit medizinischen Imlantaten äußert sich Harling (2002) zur Biokompatibilität von Ta. Radioaktives ^{182}Ta kann bei Arbeiten mit einem Cyclotron freigesetzt und in die Biomasse inkorporiert werden.

(h) Tellur (Te)

In seltenen Fällen ist elementares Te aus dem geologischen Umfeld beschrieben. Häufiger tritt es als Au-Tellerid auf. Te ist ein extrem seltenes Metall und mit nur 1 ppb in der Kruste vertreten (Taylor & McLennan 1985). Te-haltige Minerale sind TeO_2, Bi_2Te_3. Gediegenes Te ist ebenfalls beschrieben. Ungeachtet dessen, dass bislang der Nachweis einer biologischen Funktion von Te fehlt, bauen einige Fungi statt Se das Metall Te in Aminosäuren ein, d. h. Tellurocystein und Telluromethionin. Das Oxyanion Tellurit (TeO_3^{2-}) tritt gegenüber lebenden Organismen toxisch auf. Um die Wirkung von HLR auf K_2TeO_3 zu ermöglichen, verweisen Untersuchungen an einer Reihe von *R. sphaeroides* Mutanten auf obligate Bedingungen, die sich als unabdingbar für einen reibungslosen Pfad der CO_2-Fixierung erweisen. Als weiteres Kriterium ist die Anwesenheit einer funktionellen Elektronentransportkette unter photosynthetisch definierten Wachstumsbedingungen erforderlich. Unter aeroben Konditionen sind zur Wirksamkeit von HLR die funktionellen Cytochrome *bc1* und *c2* unverzichtbar (Moore & Kaplan 1992).

Die Thioldisulfid-Oxidoreduktase *DsbB* unterstützt die oxidierenden Effekte des toxischen TeO_3^{2-} auf das in die Plasmamembran integrierte Redoxsystem des fakultativ phototrophen Bakteriums *Rhodobacter capsulatus* (Borsetti et al. 2007). Auf bakterielles Zellmaterial wirkt das toxische Oxyanion Tellurit (TeO_3^{2-}) als Prooxidant. Untersuchungen zu dieser Thematik konzentrierten sich auf die Einwirkungen von TeO_3^{2-} auf die Elektronentransportkette des fakultativ phototrophen Bakteriums *R. capsulatus* im Zusammenhang mit der Funktion der Thioldisulfidoxidoreduktase *DsbB* (Borsetti et al. 2007).

Unter den Bedingungen einer *Steady-state*-Respiration führt eine Zufuhr von 2,5 mM TeO_3^{2-} zu den Membranfragmenten zu einer zuätzlichen Reduktion vom Cytochrompool, d. h. c- und b-Typ-Häme. Weiterhin verstärkt sich die Rate der Aktivität der QH2:CytochromC-(Cyt c-)Oxidoreduktase, wenn die Plasmamembranen einer TeO_3^{2-}-Konzentration von 0,25–2,5 mM sowie einer Serie von Lichtquanten ausgesetzt sind. Durch Einsatz von Antibiotika wie Antimycin A und/oder Myxothiazol, speziellen Inhibitoren der QH2 : Cyt c Oxidoreduktase lässt sich der Effekt von TeO_3^{2-} unterdrücken. Daneben ist eine an die Membran angebundene Thioldisulfidoxido-Reduktase *DsbB* zum Ausgleich des durch das Oxyanion verursachten Redoxungleichgewichts erforderlich. Bestätigt durch Ergebnisse von einem Mutanten vermuten Borsetti et al. (2007) für die an die Membran gebundene Thioldisulfidoxido-Reduktase (Abschn. 3.3.1) eine Funktion in Form eines Elektronenleiters zwischen dem hydrophilen Metall und dem in Lipiden eingebetteten Q-Pool. Möglicherweise fungiert Te^{4+} als Abfallstoff für fakultative phototrophe Bakterien (Borsetti et al. 2007).

Die Isolation von TeO_3^{2-} und Selenit (SeO_3^{2-})-resistenten Bakterien von hydrothermalen (Vent-)Systemen aus dem *Juan-de-Fuca*-Rücken im Pazifik beschreiben Rathgeber et al. (2002). Hydrothermale (Vent-)Systeme im Tiefseemilieu weisen i. d. R. hohe Konzentrationen an (Schwer-)Metallen auf und bieten ausgezeichnete Lokalitäten zur Isolation von metallresistenten Mikroorganismen. Es treten sowohl metallresistente und -oxidierende als auch reduzierende Formen auf. Aus diesem Habitat, d. h. den hydrothermalen Wässern, bakteriellen Biofilmen und S^2-führenden Mineralisationen/Gesteinen, lassen sich in großer Anzahl sowohl Te- als auch Se-reduzierende Stämme isolieren. Ein Wachstum dieser Isolate in Kulturmedien, die K_2TeO_3 oder Na_2SeO_3 ergibt die Akkumulation von metallischem Te oder Se. Für zehn Stämme schwankt die mikrobielle Korrosion von K_2TeO_3 zwischen 1500 und 2500 µg ml^{-1} und für Na_2SeO_3 bewegte sich die Spannweite von 6000–7000 µg ml^{-1}. Eine phylogenetische Analyse von vier Stämmen ergab eine nahe Verwandtschaft zum Genus *Pseudoalteromonas*, angesiedelt innerhalb der γ-3-Unterklasse der Proteobakterien. Alle zehn Stämme erweisen sich gegenüber Salzen, pH-Wert und Temperatur als tolerant (Rathgeber et al. 2002).

Eine Assimilation mit SO_4^{2-} unterstützt in *Saccharomyces cerevisiae* die Reduktion sowie Toxizität von TeO_3^2 (Ottosson et al. 2010). Im Vergleich mit Mutanten zeigt sich, dass eine Reduktion von Te^{4+} und intrazelluläre Akkumuation als metallisches Te zu einem Verlust der zellulären Fitness führt, d. h. Reduktion und Toxizität offensichtlich gekoppelt sind. Für beide Phänomene zeichnen sich eine Sulfit-Reduktase und der assoziierte Cofaktor, d. h. Sirohäm, verantwortlich. Kontrollmutanten bestätigen nicht nur diese Beobachtung, sondern sehen zugleich Abweichungen im Toleranzverhalten gegenüber SeO_3^{2-} bzw. Selenomethionin seitens des *S. cerevisiae* Mutanten (Ottosson et al. 2010).

Zur Volatilisierung und Präzipitation von Te durch aerobe, Te-resistente, marine Mikroorganismen führten Ollivier et al. (2008) Untersuchungen durch. Die mikrobielle Resistenz gegenüber TeO_3^{2-}, einem Oyxanion von Te, ist innerhalb der Biosphäre weit verbreitet. Jedoch liegen bis dato keine Hinweise auf dessen geochemische Bedeutung vor.

Da Hinweise auf einige Te-resistente Marker vorliegen, die die Synthese von volatilen TeO_3^{2-} unterstützen, evaluierten Ollivier et al. (2008) den potenziellen Beitrag von gegenüber TeO_3^{2-}-resistenten mikrobiellen Stämmen bei der Volatilisierung von Spurenelementen in aus Salze führenden Sedimenten. Hierzu isolierten sie, auf der Basis einer TeO_3^{2-}-Resistenz, unter aeroben Bedingungen Mikroorganismenstämme und untersuchten deren Fähigkeit, Te in Reinkulturen zu volatilisieren. Gemäß auf rRNA-Gensequenzen beruhenden Vergleichen handelt es sich bei den eingeholten gegenüber TeO_3^{2-} resistenten Stämmen um marine Isolate von *Rhodotorula sp.* oder gramnegative Bakterien von den marinen Stämmen der Familie *Bacillaceae*. Die Mehrzahl der Stämme generierte volatiles TeO_3^{2-} weitgehend in Form von Dimethyltellurid $((CH_3)_2Te)$. Untergeordnet tritt zudem ein weites Spektrum an Typen und Anteilen von Te-Spezifikationen auf. So produziert nach Ollivier et al. 2008 z. B. *Rhodotorula sp.* die größten Mengen und die höchste Diversität an Te-haltigen Komponenten. Alle Stämme synthetisieren zudem methylierte S-Komponenten, z. B. hauptsächlich Dimethylsulfid $(C_2H_6S_2)$. Als Ergebnis eines auf Te ausgerichteten Metabolismus synthetisieren alle getesteten Stämme intrazelluläre Te-Präzipitate. Hierbei wird nahezu das gesamte, ursprünglich in die Kultur als Präzipitat eingetragene TeO_3^{2-} seitens der Mikroorganismen verwertet. Allem Anschein nach synthetisieren unterschiedliche Stämme verschiedene Formen und Größen von Te-führenden Nanostrukturen. Ungeachtet dessen, dass vertiefende Arbeiten erforderlich sind, diskutieren Ollivier et al. (2008) aufgrund ihrer Ergebnisse, inwieweit und in welchem Umfang *Rhodotorula sp.* und *Bacillus sp.* in die biogeochemischen Kreisläufe von Spurenelementen einbezogen sind.

Shewanella oneidensis MR-1 reduziert SeO_3^{2-} und TeO_3^{2-} vorzugsweise unter anaeroben Bedingungen (Klonowska et al. 2005). Eine Ablagerung von Se^0 und Te^0 geschieht sowohl extra- als auch intrazellulär, und die Autoren vermuten aufgrund der lokalen Differenzen und der unterschiedlichen Effekte einiger Inhibitoren sowie Elektronenakzeptoren auf die Reduktionsvorgänge zwei unabhängige Pfade.

(i) Wismut (Bi)

Bi kann gediegen, als Bismuthinit $[Bi_2S_3]$ sowie Bismit $[Bi_2O_3]$ auftreten. Der Krustenwert beläuft sich auf ca. 127 ppb (Taylor & McLennan 1985). Zur Charakterisierung einer Bi-regulierenden Site, beschrieben aus einem in *Staphylococcus aureus pI258* anzutreffenden *CadC*-Repressor, äußern sich Busenlehner et al. (2002). Es handelt sich bei dem o. a. Repressor um ein gegenüber Metallen sensibles Protein, das die Exprimierung des *cad*-Operons reguliert, das wiederum zur Codierung von Proteinen, verantwortlich für den Ausstoß von u. a. Cd^{2+}-, Pb^{2+}-, Zn^{2+}- sowie Bi^{3+}-Ionen, zuständig ist. Im Fall einer Anbindung von Bi^{3+} an den Operator koordinieren Cysteine Bi^{3+} zu einem Tetrathiolat-Koordinationskomplex (Busenlehner et al. 2002). Somit steht ein Responsemechanismus zur Regulation von Bi^{3+} zur Verfügung.

(j) Zirkonium (Zr)

Für Zr ist ein Krustenwert von 190 ppm angegeben (Taylor & McLennan 1985), typische Zr-haltige Minerale sind Zirkon ($ZrSiO_4$), Baddeleyit (ZrO_2), Eudialyt ($Na_4(CaCeFeMn)_2$ $ZrSi_6O_{17}(OHCl)_2$). Eine organometallische Verbindung von Zr stellt u. a. die *Schwartz-Reagenz* (($C_5H_5)_2ZrHCl$) dar. In Anwesenheit von u. a. Zr lässt sich aus Molasse die Produktion von Milchsäure ($C_3H_6O_3$) durch *Lactobacillus bulgaricus AU* erzielen (Tiwari et al. 1980). *Citrobacter sp.* scheint in der Lage zu sein, Zr in gelförmigen Phasen zu akkumulieren (Basnakova & Macaskie 1999). Die Biomineralisation besteht u. a. aus einer Mixtur von Zr (HPO_4) und ZrO_2 (Gadd 2004). Über die biologische Behandlung von Zr zur Ausbringung von SEE berichten Glombitza et al. (1987).

(k) Exploitation

Entsprechend seinem zunehmenden Einsatz in Hochtechnologieprodukten wächst der wirtschaftliche Wert von Te mit einer hohen Nachfrage auf den Märkten. Jedoch verhindert eine bislang geringe Ausbeute die Entwicklung dieser Methode. Mittels einer neu entwickelten Technologie zur Modifikation der Oberfläche in Verbindung mit den magnetischen Eigenschaften von MTB lässt sich an die Zelloberfläche adsorbiertes Cd^{2+} magnetisch gewinnen. Eine Bioakkumulation innerhalb einer Zelle übertrifft die extrazelluläre um das ca. 70-Fache und ist einer Entnahme durch magnetische Felder zugänglich (Tanaka et al. 2010). Somit steht ein technischer Ansatz zur Verfügung, der die gleichzeitige Kristallisation von Magnetit (Fe_3O_4) und Te durch magnetotakte Bakterien zur Bioremediation und magnetischen Gewinnung von Telluriten einsetzen kann.

Es gibt Hinweise auf die gleichzeitige diskrete Biomineralisation von Magnetit (Fe_3O_4) und Te-Nanokristallen in MTB (Tanaka et al. 2010). Wie bereits erwähnt, synthetisieren MTB intrazelluläre Magnetosome, die von Membranen umhüllte/ überzogene Magnetitkristalle enthalten und sich durch das magnetische Feld beeinflussen lassen. In diesem Zusammenhang erfolgten Experimente zur Aufnahme und Kristallisation von Te in einem magnetotakten bakteriellen Stamm, *Magnetospirillum magneticum AMB-1*. Er mineralisiert unabhängig voneinander Te und Fe_3O_4 innerhalb der Zelle. Dies ist insofern interessant, da Tellurit (TeO_3^{2-}), als Oxyanion von Te, sowohl für Pro- als auch Eukaryoten unverträglich bzw. schädlich ist. Insofern scheint die Verwendung von Mikroorganismen zur Rückgewinnung dieser Art von Molekülen aus verunreinigten Wässern eine vielversprechende Sanierungstechnik darzustellen.

2.4.4 Edelmetalle: Au, Ag, PGE

Für die Edelmetalle Ag, Au und PGE (Platingruppenelemente = PGE), speziell Pt und Pd, sind im Zusammenhang mit dem Auftreten von Mikroorganismen vielschichtige Wechselwirkungen beschrieben und mit entsprechenden Endprodukten verbunden.

(a) Gold (Au)

Ungeachtet dessen, dass bis dato keine unmittelbare Einbeziehung von Gold (Au) in mikrobielle Tätigkeiten aufgenommen wurde, wirkt es zum einen in metallischer Form nicht toxisch und kann sich in einigen Florenvertretern signifikant anreichern. Innerhalb medizinischer Anwendungen kommen bestimmte Organo-Au-Komplexe, z. B. Auranofin, als Therapeutikum zum Einsatz. Au tritt im geologischen Umfeld als Metall auf, der Krustenwert beläuft sich auf ungefähr 1,8 ppb (Taylor & McLennan 1985). Das Edelmetall verfügt über fünf Oxidationszustände mit den Werten −1, 0, +1, +2, +3 sowie +5.

Zur Geomikrobiologie des Goldes existieren zunehmend Daten. Aktuelle Forschungsergebnisse verweisen auf die mikrobielle Einbeziehung, speziell von Bakterien sowie Archaea, in nahezu jede Phase des biogeochemischen Kreislaufs von Au, z. B. Bildung von primären Mineralisationen in einem hydrothermalen Milieu bis hin zu seiner Lösung, Dispersion und Rekonzentration als Sekundärmineral unter oberflächennahen Bedingungen ([1]Reith et al. 2007).

Enzymatisch katalysiertes Au ist aus thermophilen bis hyperthermophilen Bakterien aufgezeichnet, z. B. *Thermotoga maritima*, *Pyrobaculum islandicum*, und ihre Aktivitäten führen zu Au-haltigen Sintern ([1]Reith et al. 2007).

Wichtige Mechanismen zur Lösung von Au bestehen, in Anwesenheit von z. B. *Acidithiobacillus thioparus* und *Acidithiobacillus ferrooxidans*, aus sekretiertem Thiosulfat ($S_2O_3^{2-}$) und einer mit dem Auftreten von O_2 erfolgenden Komplexierung von Au ([1]Reith et al. 2007):

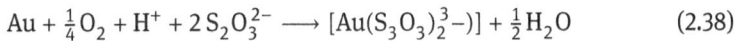

$$Au + \tfrac{1}{4}O_2 + H^+ + 2\,S_2O_3^{2-} \longrightarrow [Au(S_3O_3)_2^{3-})] + \tfrac{1}{2}H_2O \qquad (2.38)$$

Eine weitere Möglichkeit zur Lösung von Au durch Mikroorganismen in Au-führendem Medium, wie z. B. Boden, besteht in der Oxidation sowie Komplexierung von Au durch Exkretion von Cyaniden, die zu einer Bildung von Dicyanoaurat ($[Au(CN)_2]^-$) führen ([1]Reith et al. 2007):

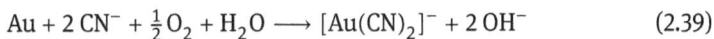

$$Au + 2\,CN^- + \tfrac{1}{2}O_2 + H_2O \longrightarrow [Au(CN)_2]^- + 2\,OH^- \qquad (2.39)$$

Unter natürlichen Bedingungen beruhen Vorgänge zur Freisetzung von elementarem Au u. a. auf der Oxidation von Sulfiden ([1]Reith et al. 2007):

$$2\,FeAsS[Au] + 7\,O_2 + 2\,H_2O + H_2SO_4 \longrightarrow Fe(SO_4)_3 + 2\,H_3AsO_4 + [Au] \qquad (2.40)$$

Insbesondere Biofilme ermöglichen Reaktionsräume zur Sulfid-Oxidation, stellen Schwefelsäure zur Hydrolyse seitens Protonen bereit und halten Fe^{3+} im oxidierten, d. h. reaktiven Zustand. Mithilfe hoher Konzentrationen an Fe^{3+} sowie Protonen lassen sich die Valenzbänder der Sulfide aufbrechen und via Thiosulfat in Form eines Intermediärs abbauen. Mit der Oxidation von Sulfiden kommt es im Anschluss zur Freisetzung assoziierter Metalle in die Umwelt ([1]Reith et al. 2007), Gleichung (2.37).

Ähnlich wie freie Metallionen scheinen sich Au-Komplexe intrazellulär toxisch zu verhalten, z. B. Generierung von oxidativem Stress und Unterdrückung von Enzymfunktionen. So reguliert z. B. ein Au-spezifisches Abflusssystem, z. B. transkritionaler Faktor (*GoIS*), Metallohaperone (*GoIB*), u. a. im Enterobakterium *Salmonella enterica* cytoplasmatische Au-Konzentrationen. In *Cupriavidus metallidurans* führt eine Zufuhr von Au^{3+}-Hydroxychloridkomplexen zu einer Anreicherung von Au in diskreten Arealen innerhalb der Zelle (Reith et al. 2009). Im Kontext mit Au-Indikationen sind als mikrobielle Vertreter *Cupriavidus metallidurans*, *Delftia acidovorans* sowie *Salmonella typhimurium* aufgeführt (Reith et al. 2013).

Eine mikrobielle Präzipitation von Au lässt sich einer Studie zufolge mittels *Escherichia coli* und *Desulfovibrio desulfuricans* sowie H_2 als Elektronendonator durchführen ([1]Deplanche & Macaskie 2008). Beim alleinigen Gebrauch von H_2 oder durch Wärme abgetötetem Zellmaterial ist keine Ausfällung von Au zu beobachten. Beide Stämme sind fähig, bei einem pH-Wert von 7 und Zugabe einer 2mM-$HAuCl_4$-Lösung die Au^{3+}-Ionen zu reduzieren. Es lässt sich mit dieser Methode das Au, das ursprünglich aus der Schmuckindustrie stammt, aus dem sauren Auszug zu 100 % wiedergewinnen. Die bioreduktive Extraktion von Au aus einer wässrigen Lösung verläuft innerhalb von 2 h und liefert Au-NP mit einer Größe von 20–50 nm, die sowohl im Periplasma und an der Zelloberfläche auskristallisieren als auch als kleinere intrazelluläre Bildungen auftreten ([1]Deplanche & Macaskie 2008). In diesem Zusammenhang deutet sich eine Abhängigkeit vom pH-Wert an. Die NP-Größe ist bei einem pH-Wert von 2 kleiner, d. h. angedeutet durch die rote Farbe, als bei einem pH-Wert von 6–7 (purpurfarben) bzw. bei pH = 9 (dunkelblau). Vergleichbare NP lassen sich sowohl aus einer Au-haltigen Testlösung als auch einem aus Au-Schmuck generierten Laugungsprodukt synthetisieren ([1]Deplanche & Macaskie 2008).

Eine biologische Verbindung von Au- und Ag-führenden Präzipitaten in Si-reichen Sintern aus einem anaeroben Milieu Heißer Quellen postulieren Jones et al. (2001). Aus dem *Champagne Pool*, d. h. einer Heißen Quelle, sind Flocken, angereichert in As, Hg, Sb u. a., beschrieben. Daneben treten Au mit > 100 ppm sowie Ag > 330 ppm auf. Die genannten Metall(-e)(-spezifikationen) sind in amorphe, disseminierte Sulfide integriert. Ein pH-Wert von 5,5 sowie eine Temperatur von ca. 75 °C definieren das betreffende Habitat. Den Analysen zufolge, d. h. SEM, offenbaren die Sinterbildungen zahlreicher Laminae, aufgebaut durch diverse filamentöse Mikroorganismen. Auch die o. a. Flocken führen kleine silifizierte Filamente. Die Silifizierung erfasste die Zellwände und es kam zu einer ausgedehnten Inkrustation durch Opal. Unter Berücksichtigung von Größe sowie Morphologie vermuten Jones et al. (2001) entweder anaerobe Bakterien oder *Archaea* und bei Zugabe von geeigneten Substraten, erforderlich zur Nukleation des SiO_2, beteiligen sich die Mikroorganismen indirekt an der Bildung von Au-führenden Sintern.

Unter Verwendung von *Phanerochaete chrysosporium* ist eine enzymatische Bildung von Au-NP beschrieben (Sanghi et al. 2011). Wird der Pilz *P. chrysosporium* Au-Ionen unter Raumbedingungen ausgesetzt, erfolgt innerhalb von 90 min die Bildung von Au-NP. Kontrollgrößen der experimentellen Bedingungen wie z. B. Alter des Mikroorganismus, Inkubationstemperatur sowie unterschiedliche Konzentrationen der $AuCl_3$-Lösung nehmen einen entscheidenden Einfluss auf die synthetisierten NP. In den Fungi führenden Medien zeichnet sich Laccase als wichtigstes Enzym bei der Synthese von extrazellulären sowie Ligninase für intrazellulär auftretende Au-NP aus. Die Größe schwankt zwischen 10 nm und 100 nm ([2]Sanghi et al. 2011).

Eine Biofabrikation von diskreten sphärischen Au-NPn unter Verwendung des metallreduzierenden Bakteriums *Shewanella oneidensis* sprechen [2]Suresh et al. (2011) an. Das γ-Proteobakterium *S. oneidensis* reduziert Ionen von Tetrachloroaurat ($AuCl_4^-$) zu diskreten, extrazellulären, sphärischen Au-Nanokristalliten. Unter Raumbedingungen und mit einem Austrag von nahezu 80 % entstehen Partikel mit homogener Form und mehrfacher Größenverteilung. Die Größe schwankt zwischen 2 nm und 50 nm mit einer Durchschnittsgröße von 12 ± 5 nm, sie verhalten sich hydrophil und es kommt auch nach mehreren Monaten Lagerung zu keiner Aggregation ([2]Suresh et al. 2011). Basierend auf den entsprechenden Experimenten äußern die o. a. Autoren die Vermutung, dass die Partikel aller Wahrscheinlichkeit nach mithilfe von in der bakteriellen Zellmembran auftretenden reduzierenden Reagenzien gebildet werden und durch abtrennbare Proteine/Peptide bedeckt sind. Über eine Kombination diverser Messtechniken, z. B. TEM, RDA, EDX etc. (Abschn. 1.3/Bd. 2), ist eine messtechnische Ansprache der o. a. NP qualitativ und quantitativ möglich, z. B. kristalline Natur der NP, Beschaffenheit der Oberflächen etc.

Auf die extrazelluläre Biosynthese von monodispers auftretendem Au-NP durch den extremophilen Actinomyceten, d. h. *Thermomonospora sp.*, weisen Ahmad et al. (2003) hin. Über eine Biosynthese von zumeist sphärisch auftretenden Au-NP durch *Escherichia coli DH5α* und seine Verwendung in elektrochemischen Prozessen berichten Dua et al. (2007). *Delftia acidophorans* generiert Au, aus Gründen einer Resistenz, als Sekundärmetabolit (Johnston et al. 2013).

(b) Silber (Ag)

Ag ist im geochemischen Inventar der Kruste mit einem Wert von 80 ppb berechnet (Taylor & McLennan 1985). Betreffs des Oxidationszustands weist Ag die Werte +1, +2 sowie +3 auf. Häufig auftretende Ag-Minerale sind Akanthit [Ag_2S], Chlorargyrit [AgCl]. Ag kommt zudem elementar vor. Gegenüber lebender Biomasse verhält sich Ag generell toxisch.

Bereits bei einer Dosierung von ca. > 1 ppm verhalten sich Ag-Ionen bzw. > 10 ppm für Ag-NP gegenüber niedrigen Lebensformen hochtoxisch (Greulich et al. 2012). Ansonsten ist zum aktuellen Zeitpunkt keine Funktion in biologischen Prozessen identifiziert.

Eine Biofabrikation von Ag-Nanokristalliten via *Shewanella oneidensis* sowie Evaluation ihrer relativen Toxizität auf grampositive und -negative Bakterien nehmen Suresh et al. (2010) vor. Mithilfe des Gammaproteobakteriums *Shewanella oneidensis MR-1* sind einzelne extrazelluläre Nanokristallite mit definierter Zusammensetzung und homogener Morphologie synthetisierbar. Die Beimpfung geschieht über eine wässrige $AgNO_3$-Lösung. Eine weitere Charakterisierung dieser Partikel offenbart, dass die Kristalle aus kleinen, monodispersen Kugeln (engl. *sphere*) bestehen. Als Größe sind 2–11 nm (Durchschnitt ca. $4 \pm 1,5$ nm) angegeben. Um den bakteriziden (engl. *bactericidal*) Effekt der biogen synthetisierten Ag-NP abzuschätzen, vergleichen Suresh et al. (2010) diese mit chemisch synthetisierten Ag-NP, d. h. kolloidalem Ag und mit Oleat beschichteten Ag-NP (= Oleat-Ag). Darüber hinaus ziehen sie zur Einschätzung sowohl gramnegative, d. h. *E. coli* sowie *S. oneidensis*, als auch grampositive Bakterien, d. h. *B. subtilis*, hinzu. Über diverse Bewertungskriterien, z. B. lebende/tote Assays, Vorgehensweise in der Synthese u. a., bzw. Analysetools, z. B. AFM, gelangen Suresh et al. (2010) zu dem Ergebnis, dass biogen synthetisierte Ag-NP im Vergleich mit kolloidalem Ag eine höhere Toxizität gegenüber den o. a. Bakterienstämmen aufweisen. Allerdings zeigen *E. coli* und *S. oneidensis* eine höhere Resistenz gegen beide Arten von Ag-NP als jene, die aus *B. subtilis* beschrieben ist. Dahingegen geht vom Oleat-Ag im Fall der von Suresh et al. (2010) eingesetzten Mikroorganismen keine toxische Wirkung aus. Es deuten sich somit Konsequenzen für potenzielle Einsätze von Ag-Nanomaterialien und ihrem Schicksal im biologischen/umweltbezogenen Kontext ab.

Zur Optimierung der Bildung von Ag-NP via Fusarium oxysporum PTCC 5115 mittels einer innovativen Methode, d. h. *response surface methodology* = RSM, unterbreiten Karbasian et al. (2008) ihre Arbeiten. Die durch das Wachstum von *Fusarium oxysporum PTCC 5115* bereitgestellte Biomasse ist fähig, $AgNO_3$ unter Verwendung einer Nitrat-Reduktase zu nanoskaligem Ag zu konvertieren. Das Kulturmedium besteht aus Malz, Hefeextrakt sowie Glucose. Als Wachstumbedingungen geben Karbasian et al. (2008) eine Temperatur von 25 ± 1 °C, 180 rpm und 96 h an. Der Ablauf einer Biomineralisation und Assemblierung von nanostrukturierten anorganischen Komponenten in hierarchisch aufgebauten Strukturen führt zur Entwicklung einer Fülle von Vorgehensweisen und kann zum Zwecke einer anorganischen Materialsynthese die in Biomolekülen anzutreffenden Fähigkeiten einer Erkennung/-fassung und Nukleation nachahmen. So sind z. B. die *In-vitro*-Biosynthese und Strukturierung von Ag-NP, als Teil nanoskaliger Materialien, unter Verwendung von Ag-bindenden Peptiden identifiziert und mittels der Peptid-Bibliothek eines rekombinanten Phagendisplays durchführbar (Naik et al. 2002). Dahingegen ist wenig über die molekularen Aspekte der Ag-Resistenz, Toxizität und Akkumulation in bakteriellen Stämmen bekannt. Dies ist umso überraschender, da Ag auf dem Gebiet der Medizin seit Jahrhunderten als antibakterielles Mittel eingesetzt wird (Slawson et al. 1992). Zur Verhinderung der toxischen Auswirkungen kann als mögliche Ursache eine Exklusion von Ag-Ionen, verbunden mit einer gleichzeitigen Abnahme der Ag-Akkumulation oder einer intrazellulären Immobilisierung seitens der bakteriellen Stämme, angenommen werden.

(c) Palladium (Pd)

Sein Krustenwert beträgt ca. 0,5 ppb (Taylor & McLennan 1985). Das Edelmetall ist im geologischen Bereich häufig als Element oder Legierung vertreten oder mit Ni-/Cu-Erzen assoziiert. Verbreitet sind die Oxidationsstufen +2 sowie +4. Ähnlich wie Pt verfügt Palladium (Pd), nach aktuellen Daten, über keine Funktion in biologischen Prozessen.

Sowohl der Wildtyp von *Desulfovibrio fructosivorans* als auch mehrere Mutanten mit einem Hydrogenase-Defizit reduzieren Pd^{2+} zu Pd^0. Und es kommt infolge der Reduktion zu einer Akkumulation von Pd (Mikheenko et al. 2008). Als Lage der Pd-NP ist die Cytoplasma-Membran des Mutanten angegeben und wird als Hinweis für die Einbeziehung der Hydrogenase bei der Ablagerung von Pd^0 angesehen, da sie als einziges Enzym in der Cytoplasmamembran des Mutanten auftritt. Auch unter den Bedingungen eines sauren pH-Werts behält die betroffene Hydrogenase ihre Aktivität (Mikheenko et al. 2008).

Zur Gewinnung von Pd durch immobilisierte Zellen von *Desulfovibrio desulfuricans* unter Zuhilfenahme von Wasserstoff als Elektronendonator (Abschn. 4.6.2 (b)), eingesetzt in einem neuartigen Bioreaktor, legen Yong et al. (2002) Daten vor. *D. desulfuricans* reduziert auf Kosten von Wasserstoff Pd^{2+} zu Pd^0. In einem neuartigen Ansatz zum Transport von H_2 in die Biomasse kommt ein Biofilm, aufgetragen auf eine Oberfläche einer Pd-Ag-Membran, zum Einsatz, der atomaren H_2 einfängt und transportiert. Auf der Rückseite (*back-side*) elektrochemisch erzeugt, wird der fixierte H_2 im Anschluss an den immobilisierten Biofilm weitergereicht.

Es entsteht auf diese Weise eine biokatalytisch aktive Oberfläche zu der Reduktion von Pd^{2+} und der Präzipitation von Pd^0 (Yong et al. 2002). Die Abtrennung der primären Elektrolysekammer von der biokatalytisch wirksamen Kammer gestattet den Gebrauch von jeweils unterschiedlichen Lösungen und pH-Werten in den beiden Kammern. Hinzu kommt eine zur Generierung von H_2 geringe Spannung. Es entstehen mit der vorgestellten Technik keine sekundären Abfallstoffe (Yong et al. 2002). Aus Edelmetall führenden Reststoffen entzog das getestete System 88 % Pd, 99 % Pt sowie 75 % Rh. Als pH-Wert sind 2,5 angegeben, die Gesamtmetallkonzentration beträgt ca. 5 mM und die Durchflusszeit beläuft sich auf 10–20 min, Abschn. 2.2.3 (a)/Bd. 2. In entsprechenden Versuchen, d. h. Freisetzung von H_2 aus Hydrophosphit, zeigt biologisch zurückgewonnenes Pd^0 ein besseres katalytisches Verhalten als sein chemisch synthetisiertes Gegenstück (Yong et al. 2002).

Die Einbeziehung von Hydrogenasen in die Bildung von katalytisch aktiven Pd-NP durch eine Bioreduktion von Pd^{2+} unter Verwendung von *E.-coli*-Mutanten skizzieren Deplanche et al. (2010). *E. coli* produziert mindestens drei NiFe-Hydrogenasen, d. h. Hyd-1, Hyd-2, Hyd3, wovon Hyd-1 sowie Hyd-2 zur Respiration befähigen und in der Membran angebunden sind und Hyd-3 als Teil in den cytoplasmatisch ausgerichteten Formathydrogenlyasekomplex integriert ist.

Den Einfluss von Parametern wie pH sowie konkurrierender Anionen auf das Gleichgewicht und die Kinetiken einer Biosorption von Pd und Pt durch SRB, d. h. *Desulfovibrio desulfuricans*, *Desulfovibrio fructosivorans* und *Desulfovibrio vulgaris*, bewerteten de Vargas et al. (2004). Hierbei stoßen sie betreffs optimaler Biosorptionsparameter für sowohl Pd als Pt auf Unterschiede zwischen den drei Stämmen und äußern die Vermutung von Differenzen in den von der Spezifikation abhängigen Sorptionsmechanismen. Die besten Resultate für eine Biosorption von Pd sowie Pt erzielten de Vargas et al. (2004) für *D. desulfuricans*. Es kommt bei einem pH-Wert von 3 zu einer raschen Einstellung des Gleichgewichts, d. h., nach 5–15 min waren 90 % sorbiert mit Maximalwerten für Pd von 190 mg g^{-1} und für Pt von 90 mg g^{-1} bezogen auf die Trocken-(Bio-)Masse. Werden zu ruhendem Zellmaterial des Metallionen reduzierenden Bakteriums *Shewanella algae* in wässriger Lösung befindliche PtCl$_6^{2-}$-Ionen hinzugefügt, kommt es unter Raumbedingungen, neutralem pH sowie Lactat (C$_3$H$_5$O$_3$) als Elektronendonator (Abschn. 4.6.2 (b)) innerhalb von 60 min durch Bioreduktion zur Synthese von metallischem Pt. Die im Periplasma abgeschiedenen Pt-NP verfügen über eine Größe von ca. 5 nm und sind durch ihre Lokation im Oberflächenbereich der Zelle einfach zu extrahieren (Konishi et al. 2007).

(d) Platin (Pt)

Häufig mit anderen Metallen vergesellschaftet, z. B. Au, Pd, Os, Rh u. a., tritt dieser Vertreter der Edelmetalle in gediegener Form auf. Auch sind selten vorkommende Arsenide, d. h. PtAs$_2$, sowie Sulfide, d. h. PtS, bekannt. Pt ist mit einem Krustenwert von 37 ppb angezeigt, es sind vier Oxidationszustände identifiziert: 0, +2, +4, +6. Innerhalb biologischer Prozesse übernimmt Platin (Pt) keine Aufgaben.

Über die enzymatische Bildung von Pt-NP berichten Govender et al. (2010). Die Autoren isolierten über Aufreinigung mit einer Ausbringung von nahezu 40 % aus *Fusarium oxysporum* dimerische Hydrogenasen (44,5 sowie 39,4 kDa). Unter optimalen Bedingungen, d. h. einem pH-Wert von 7,5 sowie einer Temperatur von 38 °C, ergibt sich für die Stabilität eine Halbwertszeit von 36 min, für V_{max} ein Wert von 3,57 nmol min^{-1} ml^{-1} sowie für K_m ein Wert von 2,25 mM (Govender et al. 2010). Durch 1 oder 2 mM H$_2$PtCl$_6$ (engl. *hydrogen hexachloroplatinic acid*) lässt sich das Enzym auf nichtkompetitive Weise inhibieren, für den K_i-Wert sind 118 µM ermittelt (Govender et al. 2010), Abschn. 3.2.3 (a).

Eine Inkubation der Pt-Salze mit dem aufgereinigten Enzym erbringt gemäß Govender et al. (2010) nach 8 h einen Ertrag von < 10 %. Optimale Kulturbedingungen für das Enzym erfordern eine Atmosphäre von H_2, einen pH-Wert von 7,5 sowie $T = 38\,°C$. Herrschen hingegen für die Pt-NP optimale Bedingungen, d. h. pH-Wert 9 sowie 65 °C, kommt es im gleichen Zeitraum zu einer Reduktion von 90 %. Ein zellfreier Extrakt von Fungi-Isolaten führt unter beiden o. a. Reaktionsbedingungen, d. h. pH-Wert sowie Temperatur, zu einer Bioreduktion der Pt-Salze von nahezu 90 %. Allerdings scheint nach Bewertung von Govender et al. (2010) die Bioreduktion seitens der Hydrogenase einem passiven Prozess zu unterliegen und nicht wie bislang angenommen als aktiv ablaufender Vorgang.

In diesem Zusammenhang unterziehen Govender et al. (2009) die Bioreduktion von Pt-Salzen in NP einer mechanistischen Bertachtungsweise. Die o. a. Autoren schlagen für die Bioreduktion von H_2PtCl_6 sowie $PtCl_2$ in Pt-NP durch eine Hydrogenase von *F. oxysporum* einen doppelt wirksamen Mechanismus vor. Da oktaedrisches H_2PtCl_6 für eine Einpassung in die aktive Region des Enzyms unter den optimalen Synthesebedingungen, d. h. 65 °C sowie pH = 9, zu groß ist, wird es einer 2-Elektronenreduktion unterworfen. Hierbei entsteht auf der molekularen Oberfläche des Enzyms $PtCl_2$. Innerhalb des Enzyms kommt es über hydrophobe Kanäle, unter für Hydrogenase optimalen Bedingungen, zunächst zum Transport des kleineren Moleküls zur aktiven Site. Dort bildet sich im Anschluss mithilfe einer 2-Elektronenreduktion Pt^0 (Govender et al. 2009). Bei einem pH-Wert von 7,5 und einer Temperatur von 38 °C reagiert H_2PtCl_6 nicht. $PtCl_2$ wiederum verhält sich bei einem pH-Wert von 9 und einer Temperatur von 65 °C passiv, d. h., es findet keine Reaktion statt (Govender et al. 2009).

Durch die Reaktion von filamentösen Cyanobakterien mit Pt^{4+}-Chlorid-Komplexen kann es zur Synthese von Pt-NP kommen. Die Wechselwirkungen von *Plectonema boryanum UTEX 485* (Cyanobakterium) mit in wässriger Lösung befindlichem $PtCl_4$ studierten Lengke et al. (2006). Als Versuchsbedingungen führen die o. a. Autoren 25–100 °C bei einer Zeitdauer von 28 d bzw. 180 °C für 1 d an. Eine Zugabe von $PtCl_4$ in eine Kultur von Cyanobakterien fördert anfänglich die Präzipitation von Pt^{2+}-führenden organischen Materialien, ausgebildet als amorphsphärische, in Lösung befindlichen NP mit intrazellulär disperser Verteilung. Mittels eines beständigen Beschichtens des durch die Zellen der Cyanobakterien bereitgestellten organischen Materials lässt es sich zu einer perlenschnurähnlichen Kette verbinden bzw. räumlich anordnen. Im Verlauf der Reaktionszeit und mit ansteigender Temperatur setzt die Ausbildung von kristallinem Pt ein (Lengke et al. 2006).

Unter der Anwesenheit von Cyanobakterien kommt es möglicherweise über eine stufenweise Reduktion zur Bildung der Pt-NP: $Pt^{4+} \rightarrow Pt^{2+} \rightarrow Pt^0$. Auch scheinen, ungeachtet identischer Bedingungen der experimentellen Rahmenbedingungen, bestimmte morphologische Merkmale, z. B. sphärisch, nur bei der biogenen Synthese zu erfolgen (Lengke et al. 2006).

Der Effekt der ursprünglichen Metallkonzentration scheint die biologische Synthese von Pt-NP zu beeinflussen (Riddin et al. 2010). Bislang eingesetzte chemische Methoden zur Synthese von Nanopartikeln bewirken nur einen begrenzten Erfolg.

Der Gebrauch biologischer Ansätze hingegen scheint die Hindernisse zu überwinden. Zwei unterschiedliche Hydrogenasen aus sulfatreduzierenden Bakterien (SRB) zeichnen sich für einen bioreduktiven Mechanimus von Pt in NP verantwortlich. Ein gemischtes Konsortium von SRB ist in der Lage, Pt^{4+} über ein intermediär auftretendes Pt^{2+}-Kation in Pt^0 zu reduzieren. Der Ablauf bezieht zwei unterschiedliche Hydrogenasen ein und gestaltet sich zweistufig (Riddin et al. 2009). In einem ersten Schritt produziert eine cytoplasmatische Hydrogenase durch die metabolische Oxidation und/ oder Reduktion von Pt^{4+}, verbunden mit einem Überschuss an Elektronen, Wasserstoff (H_2). Danach bildet eine periplasmatische Hydrogenase unter Einbeziehung der endogen bereitgestellten H_2-Donatoren NP aus Pt^0 (Riddin et al. 2009).

Eine Schlüsselrolle für das Multihäm c-Typ-Cytochrom kommt der Respiration von Metall(Hydr)oxiden durch *Shewanella sp.* und *Geobacter sp.* zu (Shi et al. 2007). Die dissimilatorische Reduktion von Metall(Hydr)oxiden, z. B. Fe, Mn, stellt für Mikroorganismen eine besondere Herausforderung dar, denn gegenüber schwer löslichen Metall(hydr)oxiden erweisen sich die Zellwände als nicht durchlässig. Um diese physikalische Barriere zu umgehen, stützen sich *Shewanella oneidensis MR-1* sowie *Geobacter sulfurreducens* auf die Multihäm-Cytochrome vom C-Typ (engl. *c-type cytochromes* = *c-Cyts*), die den Elektronentransfer von der inneren zur äußeren Membran übernehmen. Es handelt sich bei den *c-Cyts* um *CymA* sowie *MtrA*. Sie bilden nach dem Passieren der äußeren auf der Oberfläche der bakteriellen Zelle befindlichen Membran einen Proteinkomplex. Dieser ist mit der Fähigkeit versehen, Metall(hydr)oxide direkt zu reduzieren (Shi et al. 2007).

Generell finden sich in nahezu allen Organismen *c-Cyts*. Eingebunden in die Biomasse unterstützen sie, im Zusammenhang mit der Respiration, Reaktionen zum Elektronentransfer. Ungeachtet dessen, dass sie z. T. beträchtliche Unterschiede in den Aminosäuresequenzen aufweisen, enthalten sie alle mindestens ein Häm, das kovalent durch Seitenverzweigungen der Aminosäuren angebunden ist und durch seine Lage Reaktionsabläufe unterstützt.

2.4.5 Lanthaniden: Ce, La und Y

Zunehmend berichten Studien aus der Geomikrobiologie und verwandter Disziplinen über die Wechselwirkungen der Lanthaniden-Vertreter wie z. B. Ce, La sowie Nd mit Mikroorganismen. Vom wissenschaftlichen als auch wirtschaftlichen Standpunkt aus gesehen, stellen die Lanthaniden eine Gruppe von aktuell relevanten Metallen dar. Zur SEE-Entnahme durch mikrobielle Biosorption liegt eine Vielzahl von Veröffentlichungen vor, z. B. Takahashi et al. (2005), Kazy et al. (2006), Philip et al. (2000) sowie Abschn. 2.5.3 (q)/Bd. 2, Abb. 2.41 und 2.42/Bd. 2. Sie behandeln u. a. Themen wie Biosorptionskapazität inkl. Beschreibung und Vergleich der diversen experimentellen Bedingungen, durchgeführt in Batchreaktoren. Weiterhin sind Publikationen zur Modellierung der Biosorption verfügbar sowie Arbeiten, die sich mit den Merkmalen bakterieller Zellwände bzw. zur Bindung von metallischen Ionen befähigten Abschnitten befassen.

(a) Cer (Ce)

Unter geologischen Konditionen tritt Ce als Element nicht auf, sondern eingebunden in z. B. Monazit (Mischkristallreihe: z. B. (Sm, Gd, Ce, Th)[PO$_4$], (Ce, La, Nd, Th)[PO$_4$]), Bastnäsit (allgemein: (Ce, La, Nd, Y)[(F, OH)|CO$_3$]). Seine Krustenhäufigkeit beträgt ca. 60 ppm (Taylor & McLennan 1985). Betreffs einer biologischen Funktion ist für Cer (Ce) kein konkreter Hinweis überliefert. Studien zufolge scheint es zu Wechselwirkungen von Mikroorganismen mit Ce zu kommen und es soll stoffwechselbezogene Prozesse unterstützen (Cervini-Silva et al. 2005). Die Feinfraktionen des Metalls und eine überhöhte Dosierung bergen ein erhebliches Gefährdungspotential.

(b) Lanthan (La)

Das Auftreten von La im geologischen Kontext ähnelt den unter Ce aufgeführten Merkmalen. Es ist mit 34 ppm in der Kruste vertreten (Taylor & McLennan 1985). Typische La-führende Mineralisationen sind u. a. die unter Ce angeführten Minerale. Biologische Aufgaben sind für La bislang nicht nachgewiesen. Die Biosorption von La durch eine *Pseudomonas sp.* wurde von Kazy et al. (2006) in Form eines Gleichgewichts in der Metallbeladung, Modellanpassung (engl. *model fitting*), Kinetiken, Auswirkungen des pH-Werts der Lösung, den Mechanismen der Wechselwirkungen zwischen La und Bakterium und der Rückgewinnung des sorbierten Metalls charakterisiert. Eine Sorption von La erreicht bei einem pH-Wert von 5,0 und unter Gleichgewichtsbedingungen in der Metallbeladung ein Optimum von ca. 950 mg g^{-1} getrockneter Biomasse. Mittels u. a. einer potenziometrischen Titration deutet sich die Anwesenheit von mindestens zwei metallbindenden Sites an, wobei gemäß Kazy et al. (2006) die eine Site mit einer intensiven und die andere mit einer weniger ausgeprägten Affinität ausgestattet sein soll.

Durch den Einsatz von FTIR-Spektroskopie, EDX (Abschn. 1.3.2/Bd. 2) und RDA (Abschn. 1.3.3/Bd. 2) ist der chemische Charakter der Wechselwirkung zwischen Metall mit Mikroorganismus erkennbar, Abschn. 2.4. Sowohl FTIR-Spektroskopie als auch RDA verweisen bei der Bindung von La seitens der Biomasse auf die Einbeziehung zellulärer Carboxyl- und Phosphorylgruppen. Daneben bestätigen Messungen mittels der EDX und Elementanalysen der Sorptionslösung die Bindung von La durch die Biomasse über Umlagerung des zellulären K und Ca (Kazy et al. 2006). Eine Visualisierung mittels der TEM (Abschn. 1.3.4 (a)/Bd. 2) zeigt eine Akkumulation durch die bakterielle Zelle mit untergeordneten granularen Ablagerungen in der Zellperipherie und im Cytoplasma. Diese Beobachtung wird durch die RDA unterstützt. Nach einer Akkumulation von La und einem entsprechend langen Zeitraum entstehen auf der bakteriellen Biomasse Kristalle aus LaPO$_4$. Als Mechanismus für die Anreicherung durch die Biomasse äußern Kazy et al. (2006) die Vermutung einer Kombination von Ionenaustausch + Komplexierung + Mikropräzipitation. Nahezu 98 % des an die Biomasse angebundenem La lässt sich durch den Gebrauch von $CaCO_3$ zurückgewinnen.

(c) Yttrium (Y)

Seine Präsenz im geologischen Geschehen weist Übereinstimmungen mit Ce, La sowie Nd auf. Der Krustenwert beträgt ca. 22 ppm (Taylor & McLennan 1985). Für Yttrium (Y) ist bis dato keine biologische Einbeziehung identifizierbar. Eine Akkumulation von Y durch *Variovorax paradoxus* schildern Kamijo et al. (1998).

In einem geeigneten Kulturmedium erfolgt das Screening von oligotrophen Mikroorganismen, die befähigt sind, eine in Lösung befindliche Y-Konzentration zu vermindern. Von 465 oligotrophen Mikroorganismen, d. h. kultiviert in einer verdünnten Agar führenden Lösung, aus sowohl Boden als auch Flusswasser isoliert, wurden sieben Stämme, die in der Lage sind, die Konzentration von Y aus einer verdünnten, 5ppm-haltigen Y-Brühe zu reduzieren, ausgewählt. Drei Stämme zeichnen sich durch eine erhebliche Reduzierung der Y-Gehalte aus: ein Stamm von *Variovorax paradoxus* (*Y-1*) und zwei Stämme von *Comamonas acidovorans* (*Y-2*, *Y-3*). Eine Analyse unter Verwendung von EDX weist im Fall von *V. paradoxus* auf die Inkorporation von Y in sowohl das Zellinnere als auch an ausgeschiedenen Materialien hin. Alle drei genannten Stämme neigen dazu, die relativ leichten SEE wie La, Ce, Pr und Nd in dem Extrakt erkennbar zu reduzieren (Kamijo et al. 1998).

Für die mittleren SEE wie Tb, Dy, Ho und Er ist ebenfalls eine – wenn auch geringere – Abnahme zu beobachten. Dahingegen verbleiben die Konzentrationen für Tm, Yb und Lu, als Vertreter der schweren SEE in der entsprechenden präparierten Nährlösung konstant. Obwohl *V. paradoxus Y-1* die in die verdünnte Kultur-/Nährlösung nachträglich eingetragenen Konzentrationen (5 ppm) an trivalenten Metallionen wie Fe^{3+} sowie Cr^{3+} nicht zu reduzieren vermag, kommt es, bei Eingabe von Y, sowohl zu einer Reduktion und Fe^{3+} und Y bzw. Cr^{3+} sowie Y, d. h. Abnahme der Konzentration der genannten Metallionen. Im Fall der divalenten Metallionen von Mn^{2+}, Cu^{2+} und Fe^{2+} kann diese Beobachtung nicht gemacht werden. Y selbst leitet die Produktion von extrazellulären Materialien seitens *V. paradoxus Y-1* ein und scheint die physiologischen Aktivitäten dieses Stamms zu beeinflussen (Kamijo et al. 1998).

(d) SEE-Verteilungsmuster

Mittels der EXAFS (Abschn. 1.3.5 (e)/Bd. 2) durchgeführte Studien zur Klärung der Ursache der Anreicherung von schweren SEE auf bakteriellen Oberflächen publizieren Takahashi et al. (2010). Die SEE-Verteilungsmuster bieten geochemische Indikatoren (engl. *tracer*) und sind aus einer Vielzahl verschiedener natürlicher Materialien beschrieben. So zeigen z. B. die SEE-Häufigkeitsverteilungen im Vergleich zwischen Bakterien und Wässern eine anomale Anreicherung der schweren SEE (engl. *heavy rare earth elements* = HREE) und werden von diversen Autoren (z. B. Takahashi et al. 2010) als Signatur für bakteriell bezogene Materialien im natürlichen Umfeld diskutiert.

Im Versuch ist die zur SEE-Fixierung befähigte Site (= Stelle) auf der Oberfläche eines grampositiven Bakteriums, z. B. *Bacillus subtilis*, verantwortlich für die Anreicherung von schweren SEE. Als Analysetechnik eignen sich in Kombination die EXAFS und das Studium von SEE-Verteilungsmustern. Das auf diese Weise generierte Datenmaterial zeigt HREE-Komplexe mit mehreren gegenüber Phosphat (PO_4^{3-}) sensiblen Sites inkl. Phosphoester mit größerer Koordinationsnummer (KN) bei niedrigen SEE-Bakterien-Quotienten (SEE/Bakterium). Leichte und mittelschwere SEE bilden Komplexe mit den für PO_4^{3-} zuständigen Abschnitten, die eine niedrigere K_N aufweisen. Mit anwachsendem SEE-Bakterium-Verhältnis steigt für alle SEE der Anteil, der über Carboxylat koordiniert wird.

Auf der anderen Seite ist zunächst keine Korrelation zwischen der Anreicherung der HREE innerhalb der SEE-Häufigkeitsverteilungen der Bakterien und einem ansteigenden SEE-Bakterium-Quotienten erkennbar (Takahashi et al. 2010).

Bestätigt wird diese Beobachtung durch EXAFS-Analysen, da die SEE-Muster der Oberflächenkomplexe mit Phosphaten eines Referenzmaterials einen monoton anwachsenden Anstieg für die schweren SEE darstellen. Auf Phosphat bezogene Oberflächenkomplexe mit einer niedrigen Koordinationszahl sowie die Carboxylat-Site erreichen dahingegen ein Maximum um Sm und Eu (Takahashi et al. 2010). Aufgrund der o. a. Ergebnisse ist ersichtlich, dass die SEE in erster Linie an die Phosphatsite und erst im Anschluss an die Carboxylatsite der bakteriellen Zelloberfläche anbinden. Hinsichtlich der Abhängigkeit vom pH-Wert, d. h. 3 < pH < 7 weisen Analysen durch sowohl EXAFS als auch die SEE-Verteilungsmuster übereinstimmend darauf hin, dass mit zunehmendem pH-Wert der Anteil der SEE-Carboxylate ebenso ansteigt.

Die für *B. subtilis* beobachteten Ergebnisse treffen gleichfalls für *E. coli* bzw. andere gramnegative Bakterien zu. Sie verfügen offensichtlich über ähnliche zur Verfügung stehende Phosphat- als auch Carboxylatsites. In allen Arbeiten bzw. Resultaten von Takahashi et al. (2010) korrelieren gemäß EXAFS-Analysen die Variationen in den SEE-Verteilungsmustern mit den Bindungssites. Es spiegeln somit die SEE-Muster die Bindungssites für die SEE auf der bakteriellen Oberfläche für diverse Parameter, z. B. pH-Wert, wider. Im Fall eines Versagens spektrokopischer Methoden sind via SEE-Muster die Bindungssites für niedrige SEE-Bakterium-Verhältnisse abschätzbar. Durch Extrapolation lassen sich die durchschnittlichen Bindungslängen zwischen diversen SEE und O_2, sorbiert durch Mikroorganismen, kalkulieren. Auf diese Weise gelingt Takahashi et al. (2010) der Hinweis, dass die Bindungslänge zwischen den schweren SEE, d. h. Er bis Lu, kürzer ist als die durch Extrapolation erhaltenen Trendwerte für La und Dy. Sie begründen diese Beobachtung mit der selektiven Bindung der schweren SEE als multiple, aus Phosphat (PO_4^{3-}) bestehende Oberflächenkomplexierungen.

Die von den o. a. Autoren präsentierten Beobachtungen stimmen mit Beschreibungen einer selektiven Anreicherung von schweren SEE seitens der bakteriellen Zelloberfläche überein. Es kann davon ausgegangen werden, dass sich eine kürzere Bindungslänge einer chemischen Spezifikation stabiler verhält. Zusammenfassend sehen Takahashi et al. (2010) als Ursache für die Anreicherung von schweren SEE die Bildung von multiplen, $PO_4{}^3$ führenden Komplexierungen an der Oberfläche der bakteriellen Zelle an. Sie erachten das Auftreten von mit PO_4^{3-} bestückten Sites von Bakterien als mögliche Ursache für die Anreicherung von SEE in natürlichen, d. h. geogenen Habitaten. Eine Adsorption von SEE durch bakterielle Zellwände gestattet Rückschlüsse auf die SEE-Sorption durch mikrobielle Matten (Takahashi et al. 2005). Zu Versuchszwecken kommen als Vertreter eines grampositiven Bakteriums *Bacillus subtilis* und als Repräsentant gramnegativer Bakterien *E. coli* mit unterschiedlichen Konzentrationen und einem pH-Wert von 2,5–4,5 zum Einsatz. Der Verteilungskoeffizient für die SEE zwischen der bakteriellen Zellwandoberfläche und dem Wasser zeigt eine auffallende Anreicherung der schweren SEE (*heavy rare earth elements* = HREE) mit Maxima für Sm und Eu. Eine Zunahme an Pr ist mit einer Abnahme für Nd verbunden, wobei als Grund der sog. TetraD-Effekt angenommen wird (Takahashi et al. 2005). Das Auftreten eines TetraD-Effekts in Form eines *M*-Typ gestattet die Vermutung, dass die SEE-Komplexe aus inneren Anordnungen kugelförmige Gebilde während ihrer Absorption auf den Bakterien generieren.

Die Anreicherung der Verteilungskoeffizienten im Abschnitt mit den schweren SEE steigt mit erhöhter Bakterien-Konzentration, die sich nicht durch einen Typ bakterieller Bindungs*site* erklären lässt. Vielmehr müssen zur Sorption der SEE mindestens zwei Typen an Liganden existieren. Für die erhaltenen Verteilungsmuster der SEE in den Bakterien kommen die Stabilitätskonstanten der SEE mit den Carboxyl- und Phosphatgruppen in Betracht (Abschn. 2.3.7 (c, e)), die mit großer Wahrscheinlichkeit für die Adsorption der SEE auf den bakteriellen Oberflächen zuständig sind.

In diesem Zusammenhang zeigen mikrobielle Matten und Thermalwässer ähnliche Verteilungskoeffizienten, wie sie in experimentellen Arbeiten an bakteriellen Reinkulturen im Labor ermittelt werden. Gemäß Takahashi et al. (2005) sind, speziell in chemischen Sedimenten, über diese Daten Hinweise auf die Anwesenheit von Bakterien ableitbar bzw. ihr Beitrag innerhalb der geologischen Aufzeichnung der genannten Gesteine ist möglicherweise rekonstruierbar. Ergänzend zu vorausgegangenen Arbeiten im Zusammenhang mit *B. subtilis* und *E. coli* (Takahashi et al. 2005) ähneln sich die o. a. SEE-Verteilungsmuster, beschrieben aus diversen bakteriellen Stämmen. Diese stimmen weiterhin mit jenen SEE-Verteilungsmustern überein, die in Biofilmen ermittelt wurden, wobei sich diese aus neutrophilen Fe-oxidierenden und anderen Bakterien zusammensetzen. Als Habitat dienen Grundwässer. Laborbezogene Experimente und natürliches Habitat weisen demnach auf ähnliche Vorgänge hin, d. h. eine mikrobiell beeinflusste Verteilung der SEE.

In den die Biofilme unterlagernden Fe-Oxyhydroxid führenden Ausfällungen mit Resten an bakteriellen Komponenten kommt es zum Maximum an mittelschweren SEE und einem Anstieg der schweren SEE. Allem Anschein reflektieren die SEE-Verteilungsmuster den Einfluss mikrobieller Aktivitäten im Zusammenhang mit den

o. a. natürlich vorkommenden Fe-Oxyhydroliden. Ungeachtet dessen, dass in Bezug auf eine Extrapolation der o. a. Ergebnisse im Zusammenhang mit Fe-Oxyhydroxiden in natürlichen Wässern bzw. deren Relation zu BIF eine Reihe von Problemen noch ungeklärt verbleiben, wie z. B. nichtbiologische Vorgänge und Veränderungen der SEE-Muster nach der Ablagerung, bietet sich eine weitere Möglichkeit, um die Funktion von Bakterien während der Mineralbildung in natürlichen Wässern aufzuhellen. Ergänzend können gebänderte Fe-Erze im Sinne der o. a. Fragestellung untersucht sowie genetische Aspekte bei der Bildung anderer Mineralisationen, wie z. B. von Metallsulfiden etc., berücksichtigt werden (Takahashi et al. 2005), Abschn. 2.2.1 (a)/ Bd. 2. Eine SEE-Signatur von Bakterien in natürlichen Wässern skizzieren Takahashi et al. (2007). In fünf verschiedenen Bakterienstämmen, d. h. *Bacillus subtilis*, *Escherichia coli*, *Alcaligenes faecalis*, *Shewanella putrefaciens* und *Pseudomonas fluorescens*, zeigen die Verteilungsmuster der SEE im Vergleich zwischen Bakterien und umgebenden Wässern einen steilen Anstieg bei den schweren SEE und einen schwachen Peak bei den mittelschweren SEE (Takahashi et al. 2007).

Ungeachtet mikrobieller Aktivitäten kommt es infolge geologischer Prozesse zu Umverteilungen und Anreicherungen der SEE. Um die Fraktionierung, Spezifikation und Kontrolle von SEE-/Y-Verteilungsmustern zu ermitteln, unterziehen Leybourne & Johannesson (2008) mehrere 100 Proben aus Flusswässern sowie die hiermit räumlich assoziierten Flusssedimente und Fe-Mn-Oxyhydroxide entsprechenden Versuchen. Nach Behandlung des Probematerials durch geeignete Techniken (diverse Aufschlussverfahren) gelingt es Leybourne & Johannesson (2008), für das Gesamtinventar an SEE betreffs Evaluation drei Partitionierungen vorzunehmen, d. h. gelöste und labile Phase sowie auf den Detritus bezogen. In ihrem Report weisen sie auf die für dieses Milieu charakteristische SEE- Verteilungsmuster hin: an leichten SEE (LSEE) abgereicherte Oberflächenwässer mit deutlichen negativen Ce-Anomalien und häufig auftretenden positiven Eu-Anomalien. Davon abweichend präsentieren sich die Muster innerhalb der beprobten Sedimente, d. h. weitgehend negative Ce und Eu-Anomalien und leichte Anreicherungen für Vertreter wie z. B. Gd. Partiell extrahierte Sedimente sind gewöhnlich weniger an leichten SEE (LSEE) abgereichert – d. h., das Verhältnis [La/Sm]NASC bewegt sich von 0,24 bis zu 3,31 und der Durchschnittswert beträgt 0,901 – als die Gesamtheit der Sedimente. Weiterhin sind sie an den mittleren SEE (MSEE) angereichert, d. h., [Gd/Yb] *NASC* bewegt sich von 0,765 bis zu 6,28, der Durchschnittswert beträgt 1,97 und die Ce- sowie Eu-Anomalien erscheinen ausgeprägter. Durchschnittlich werden ca. 20 % an Fe, 80 % des Mn sowie 20–30 % an SEE durch partielle Extraktion erfasst (Leybourne & Johannesson 2008).

Vergleiche zwischen SEE-Gehalten aus Wässern, partieller Extraktion und Gesamtsediment, ermittelt durch entsprechende Analysen, lassen als Quellen, innerhalb von z. B. Flusssedimenten, für die SEE inkl. Y sowohl geeignete Ausgangsgesteine als auch hydromorphologischen Transport vermuten. Eu scheint im Vergleich mit den übrigen SEE über eine höhere Mobilität zu verfügen, wohingegen Ce vorzugsweise aus der Lösung entfernt wird und sich im Gegensatz zu den anderen SEE inkl. Y in Sedimenten in einer weniger labilen Form anreichert. Ungeachtet ungenügender statistischer Korrelationen zwischen den SEE inkl. Y und dem Mn, vermuten Leybourne & Johannesson (2008), aufgrund von Verteilungskoeffizienten und dem pH-Wert von Flusswässern, dass als Senken für Ce zum einen organische Materie und/oder δ-MnO_2/FeOOH in Betracht kommen. Die übrigen SEE unterliegen diesen Prozessen in geringerem Ausmaß. Eine Aufzeichnung der Separation von fünf SEE-Vertretern, d. h. Y, La, Sm, Er sowie Lu, durch Mikroorganismen publiziert [1]Tsurata (2005). Im Vergleich zwischen einer Reihe von Mikroorganismen zeigen die grampositiven Bakterien sowie Actinomyceten, wie z. B. *Athrobacter nicotianae IAM12342*, *B. subtilis IAM11054*, *S. levoris HUT6156*, *Streptomyces albus HUT6047*, einen höheren Gesamtbetrag der Akkumulation. Ansonsten ist eine selektive Anreicherung zu beobachten, Tab. 2.19.

Tab. 2.19: Akkumulation von SEE-Vertretern unter Verwendung diverser Mikroorganismen ([1]Tsuruta 2005).

Mikroorganismus	Akkumulierte SEE (μmol g^{-1} Trockenmasse Zellmaterial)					
	Y	La	Sm	Er	Lu	Total
Bakterien						
Athrobacter nicotianae IAM12342	82	72	142	90	139	524
Bacillus megaterium IAM1166	46	50	106	65	73	342
B. subtilis IAM1026	51	40	91	60	94	335
B. subtilis IAM1633	38	23	71	53	89	275
B. subtilis IAM11054	68	65	104	78	107	422
B. licheniformis IAM11054	45	40	81	59	83	308
Brevibacterium helovolum IAM1637	35	29	78	53	83	279
Actinomyceten						
Streptomyces albus HUT6047	53	37	92	65	153	401
S. levoris HUT6156	63	42	95	77	151	427
S. phaechromogenus HUT6013	68	64	100	73	87	392
S. viridochromogenes HUT6031	49	39	83	56	66	294

(e) Carboxyl-/Phosphatgruppen

Ein im Zusammenhang mit der Akquise von SEE auftretendes und wirkungsvolles Instrument stellen funktionelle Gruppen dar. Aufgrund des vorliegenden Datenmaterials vermuten Andrès et al. (2003) die Anbindung von Metallionen durch funktionelle Gruppen wie Carboxyl und Phosphat. Innerhalb der Biomasse von *Pseudomonas aeruginosa* enthüllt nach Texier et al. 2000 die Analyse, d. h. zeitauflösende laserinduzierte Fluoreszenzspektroskopie, eine Fixierung von Eu durch überwiegend Carboxyl- und Phosphatgruppen, Abschn. 2.3.7 (c, e).

(f) Phosphate

Die Produktivität vieler terrestrischer Ökosysteme unterliegt der Kontrolle oder Begrenzung durch die Bioverfügbarkeit von Phosphor (P). Unter natürlichen Umweltbedingungen stammt der bioverfügbare P letztendlich aus der Verwitterung von Apatit ($Ca_5(PO_4)_3(OH, F, Cl)$). Im Verlauf der Verwitterung des $Ca_5(PO_4)_3(OH, F, Cl)$ entstehen als wichtige sekundäre P-Träger in Böden hoch unlösliche La-haltige Phosphatminerale. Ungeachtet und auf Grund vorausgegangener Arbeiten, die die Einbeziehung biologischer Aktivitäten bei der Verwitterung von $Ca_5(PO_4)_3(OH, F, Cl)$ annehmen, gibt es Unsicherheiten beim mechanistischen Verständnis der biologisch und abiotisch unterstützten Losungsmechanismen.

Eine biogene Zersetzung eines Ce-haltigen Phosphatminerals schildern Cervini-Silva et al. (2005). Der Einfluss von diversen biogenen Substanzen ubiquitär in Böden, d. h. Oxalat, Ascorbat, Citrat und Huminsäuren sowie EDTA, auf die Lösung von Rhabdophan ($CePO_4 \cdot H_2O$), als einem Vertreter einer umfangreichen Klasse von phosphathaltigen Mineralen in Böden, studierten Cervini-Silva et al. (2005). Alle genannten Komponenten unterstützen, bei einem pH-Wert zwischen 3–8, die Lösung von Rhapdophan und führen zu einer nichtstöchiometrischen Freisetzung von $Ce^{3+}{}_{(aq)}$ und $PO_4^{3-}{}_{(aq)}$. Mit Ausnahme von EDTA, das sich gegenüber Schwankungen im pH unempfindlich verhält, hängt die Freisetzung von Ce^{3+} sowie PO_4^{3-} vom Typ des Liganden sowie dem jeweilig vorherrschenden pH-Wert ab. Mit Ausnahme der Reaktion von Oxalat bei einem pH von 3 übertrifft bei der Freisetzung von $Ce^{3+}{}_{(aq)}$ aus der Oberfläche des $CePO_4 \cdot H_2O$ die Wirksamkeit von EDTA alle anderen Liganden. Berechnungen zur Spezifikation bestätigen die Überlegung einer Mineralzersetzung durch Entstehung von wässrigen Ce^{3+}-EDTA-Komplexen. Eine Mineralauflösung in Gegenwart von Oxalat und niedrigem pH-Wert bezieht aller Wahrscheinlichkeit nach eine gleichzeitige Attacke von Protonen- und Liganden auf die Mineraloberfläche mit ein.

In einem geeigneten Versuchsumfeld folgt einer raschen Freisetzung von $Ce^{3+}{}_{(aq)}$ eine signifikante Abnahme der Konzentration an $Ce^{3+}{}_{(aq)}$. Diese Beobachtung wird wiederum von der Ausfällung einer Ce-haltigen Phase begleitet. Beim Gebrauch von anderen Liganden, d. h. kein EDTA bzw. Oxalat, ist entsprechend der Präzipitation von $CeO_{2(s)}$ auf den Oberflächen von $CePO_4 \cdot H_2O$ keine Akkumulation von Ce^{3+} in der Lösung nachweisbar. Ce^{3+} scheint für die zu beobachtende Oxidation von Ascorbat als Brenzcatechin verantwortlich zu sein. Entsprechend der Auswertung durch Cervini-Silva et al. (2005) unterliegt die Auflösung von $CePO_4 \cdot H_2O$ entweder der Kontrolle durch eine intensive Liganden-Komplexierung von $Ce^{3+}{}_{(aq)}$ oder durch die Sequestration von Ce^{4+}-Ionen in Form von $CeO_{2(s)}$. Beide Prozesse erhöhen die Löslichkeit des Minerals.

Arbeiten der o. a. Autoren verdeutlichen die Wechselwirkungen zwischen organischen Komponenten, $CePO_4 \cdot H_2O$ sowie $CeO_{2(s)}$ und gestatten die Annahme potenzieller Verlinkungen zwischen Ce, P und dem Kreislauf von organischem Kohlenstoff in Böden. Im oberflächennahen Milieu, niedrigtemperierten geologischen Ambiente verteilt sich P auf diverse Medien, d. h. wässrige Phasen, organische Materie, Mineraloberflächen, Primärphosphate, wie z. B. Apatit ($Ca_5[(F, Cl, OH)|(PO_4)_3]$), sowie weitere Sekundärphosphate, d. h. meist trivalente metallhaltige Phosphatminerale. Die Genese von Sekundärphosphaten unterliegt häufig der Kontrolle des zur Verfügung stehenden P-Budgets, d. h. in Form eines Stoffflusses von Phosphationen. So sind z. B. bei der Verwitterung von Granit im Profil auf den sich zersetzenden Oberflächen von $Ca_5(PO_4)_3(OH, F, Cl)$ die sich neu bildenden Lanthaniden-, Aluminium-, Phosphat-haltigen Minerale Rhabdophan (($La, Ce)PO_4 \cdot H_2O$) sowie Florencit (($La, Ce)Al_3(PO_4)_2(OH)_6$) beschrieben (Cervini-Silva et al. 2005). In einigen Böden stellen sie die mineralische Primärquelle für Phosphate dar.

Zu Studien eignen sich insbesondere Ce-Phosphate, z. B. Rhapdophan ($CePO_4 \cdot H_2O$), da Ce der am häufigsten auftretende Lanthanidenvertreter und der einzige ist, der unter den Bedingungen an der Erdoberfläche vorherrschenden Redoxreaktionen unterliegt. Der Zerfall von $CePO_4 \cdot H_2O$ ist insofern von Interesse, da dieses Mineral einen bedeutenden Ce-Speicher darstellt bzw. eine Quelle für den Stoffkreislauf von Ce repräsentiert. Oftmals begleitet eine Oxidation von $Ce^{3+}_{(aq)}$ sowie Präzipitation von nanokristallinem $CeO_{2(s)}$ die Verwitterung von PO_4^{3-}-Mineralen. Die genannten Autoren verweisen auf Daten, die z. B. in lateritischen Profilen im Saprolith, unterhalb der vorherrschenden Fe-Oxide, d. h. überwiegend als Goethit ausgebildet und als Ergebnis einer Aufoxidation von $Ce^{3+}_{(aq)}$ zu $Ce^{4+}_{(aq)}$, eine systematische Akkumulation von bis zu 2000 ppm Ce aufweisen. Eine Oxidation geschieht vorzugweise in Rissen/Bruchstellen und zeigt vermutlich Abhängigkeiten von dem O_2-Zugang oder der Abnahme des pH-Wertes sowie vom Anstieg der Ionenstärke bzw. Abnahme des CO_2-Partialdrucks auf. Sie folgt der Ausfällung von Goethit. SEE-Orthophosphate wie $CePO_4 \cdot H_2O$ verhalten sich in oberflächennahen Bereichen verhältnismäßig verwitterungsresistent, d. h. Löslichkeitsprodukt $K_{sp} = 10^{-25}$, (Cervini-Silva et al. 2005).

(g) Organische Säuren

Im Zusammenhang mit der Aufnahme von Phosphaten (PO_4^{3-}) durch Pflanzen können organische Säuren mit an Oberflächen gebundenen PO_4^{3-} Wechselwirken und eine Freisetzung bewirken sowie als Elektronenakzeptoren auftreten, Abschn. 4.6.2 (a). So berichten Cervini-Silva et al. (2005) über ausgedehnte an PO_4^{3-} abgereicherten Zonen in Verbindung mit der Rhizosphäre von Pflanzen, die bislang über Messungen in Böden nicht erfasst wurden. Sie vermuten die Einbeziehung von Polysacchariden bei der Erhöhung des Lösungsverhaltens von Apatit ($Ca_5[(F, Cl, OH)|(PO_4)_3]$) durch eine Komplexierung von Ionen aus der Lösung unter gleichzeitiger Absenkung des Sättigungszustandes der betroffenen Lösung. Weiterhin reagieren – innerhalb von Böden sowie anderen Sedimenten – Stoffflüsse von $PO_4^{3-}{}_{aq}$ sensibel auf Änderungen des Redoxzustandes. PO_4^{3-} selbst wird von einer Reihe von Fe- und Mn-Mineralisationen aufgenommen, so z. B. Vivianit ($Fe_3(PO_4)_2 \cdot 8 H_2O$), Strengit ($FePO_4 \cdot 2 H_2O$), Reddingit ($Mn_3(PO_4)_2 \cdot 3 H_2O$), Hureaulit ($Mn_5H_2(PO_4)_4 \cdot 4 H_2O$) u. a. Bei Änderung der pH-Bedingungen kann durch Oxidation oder Reduktion von Fe oder Mn u. U. $PO_4^{3-}{}_{aq}$

freigesetzt werden. Wenn die auf diese Weise entstehenden Sekundärphosphate die einzige Quelle für $PO_4^{3-}{}_{aq}$ darstellen, besiedeln Mikroorganismen die Mineraloberflächen (Cervini-Silva et al. 2005). Zusammen mit thermodynamisch ausgerichteten Überlegungen lassen die o. a. Beobachtungen die Vermutung aufkommen, dass Mikroorganismen unlösliche sekundäre PO_4^{3-} mithilfe eigens hierzu bereitgestellter organischer Liganden lösen und Lanthanidenionen komplexieren, d. h. Mineralauflösung gekoppelt mit Phosphataufnahme. Cervini-Silva et al. (2005) evaluieren die vorgestellte Hypothese über eine Studie zur (Batch-)Lösung von $CePO_4 \cdot H_2O$ durch Ascorbat ($C_6H_7O_6^-$), Citrat ($C_6H_8O_7$), Huminsäure, Oxalat ($C_2O_4^{2-}$) und kommerziell erhältlichem EDTA ($C_{10}H_{16}N_2O_8$) bei pH-Werten von 3, 5 und 8.

(h) Siderophore

Eine Aufnahme von Spurenmetallen und SEE aus Hornblende (generalisierte Formel $A_{0-1}B_2C_5T_8O_{22}(OH)_2$) durch ein Bodenbakterium stellen Brantley et al. (2001) dar. Analysen von Spurenelementen, freigesetzt aus einer Hornblende bei einem pH-Wert von 6,5–7,5 und der Anwesenheit von *Arthrobacter sp.*, zeigen im Vergleich mit bakterienfreien Versuchsbedingungen, dass höhere Anteile an Fe, Mn, Ni, V und, weniger ausgeprägt, Co in Lösung gehen.

Möglicherweise bewirken ein leicht verringerter pH-Wert, die Anwesenheit von niedrigmolekularen organischen Säuren (engl. *low molecular weight organic acids* = LMWOAs) oder das Auftreten eines Siderophors in Form von Brenzcatechin ($C_6H_6O_2$) die erhöhte Freisetzung der o. a. Elemente. Sehr wahrscheinlich verursacht eine Komplexierung durch Siderophore an der Mineraloberfläche mit anschließender Freigabe in die Lösung den erhöhten Gehalt an Metallen (Brantley et al. 2001). Jedoch stimmen die Raten der Metallfreisetzung in die Lösung nicht mit dem vorhergesagten Trend überein, der sich für die Metallhydrolyse bei einer durch Siderophore unterstützten Lösung ergeben müsste.

Zunächst kommt es in dem biogen determinierten Versuchsablauf zu einer raschen Abgabe einiger Metalle in die Lösung, um sich im Anschluss bei einem Wert einzupendeln bzw. in einen Gleichgewichtszustand überzugehen oder bei der exponentiellen Anstieg der Anzahl der Zellen wieder abzunehmen. Da einige Metalle kaum oder nicht in Lösung gehen sowie eine Abnahme der Freisetzung im Verlauf der Zeit zu beobachten ist, liegt die Vermutung nahe, dass eine Aufnahme der betroffenen Metalle durch die Mikroorganismen erfolgt. Eine Vielzahl der Metalle, so z. B. Al, Cu, Fe und Ti, scheint Komplexierungen mit Siderophoren einzugehen, ein Transport in das Zellmaterial jedoch nicht stattzufinden. Möglicherweise kommt als ein Motiv eine relative Reihenfolge bei der Ligand-Element-Komplexierung in Frage, die u. a. eine rangartige Aufnahme der Spurenelemente und SEE in das Zellinnere bewirkt. Es ist insgesamt eine Aufteilung der durch die Zelle aufgenommenen schweren SEE zu beobachten, wobei ein Anstieg speziell ab dem Ho zum Lu beschrieben ist. Die intensive Fraktionierung einiger Elemente im Verlauf der Aufnahme durch Mikroorganismen erzeugt biologische Signaturen, entweder im mineralischen Substrat oder in jedem anderen mit zellularem Material verbundenen Mineralpräzipitat (Brantley et al. 2001).

Eine Akkumulation von SEE durch von *Arthrobacter luteolus* bereitgestellten Siderophoren, d. h. Catechol-Typ (Abschn. 4.5.2), isoliert aus einem SEE-führenden Milieu, beschreiben Emmanuel et al. (2012). Der genannte Stamm akkumuliert die SEE-Vertreter Sm und Sc. In diesem Zusammenhang identfizierten Emmanuel et al. (2012) Catecholat-Siderophore sowie niedrigmolekulare, organische Säuren. Neben dem wirtschaftlichen Wert können SEE im entsprechenden geochemischen Environment die Eigenschaften von Böden verbessern.

Zur Abschätzung der Bioakkumulation von Ce und Nd innerhalb an SEE angereicherten Böden untersuchten Challaraj Emmanuel et al. (2011) von 37 bakteriellen Isolaten ihre morphologischen und biochemischen Charakteristika und führten molekulare Untersuchungen mittels einer 16S-rRNS-Sequenzierung durch. Zur Ermittlung der Gehalte von SEE in den Mikroorganismen eignet sich u. a. eine ICP-OES, Abschn. 1.3.5 (i)/Bd. 2. Hierbei entdeckten Challaraj Emmanuel et al. (2011) in *Bacillus cereus*, isoliert aus einem SEE-führendem Habitat, eine deutliche Akkumulation von insbesondere Ce und Nd. Ähnliche Anreicherungen für die beiden genannten SEE-Vertreter sind aus den entsprechenden Bodenproben beschrieben.

(i) Biofilme

Ein *In-situ*-Wachstum von *Gallionella*-Biofilmen sowie die Partitionierung von Lanthaniden und Actiniden zwischen der biologischen Matrix und Fe-haltigen Oxyhydroxiden protokollieren Anderson & Pedersen (2003). *Gallionella ferruginea* ist ein Fe-oxidierender, chemolithotropher Mikroorganismus, der unter Bedingungen mit geringer O_2-Konzentration (0,1–1,5 mg l^{-1} Sättigung) lebt.

Es produziert eine von der konkaven Seite der Zelle ausgehende stengelförmige Struktur, die von den jeweilig herrschenden pH- und Redoxbedingungen sowie von der Entwicklung der Population abhängig ist. Nach der Oxidation von Fe^{2+} präzipitieren die bakteriogenen Fe-Oxide (*bacteriogenic iron oxides* = BIOS) auf den stengelförmigen Gebilden und im Verlauf der Zeit entzieht das BIOS dem umgebenden Grundwasser bestimmte Spurenmetalle. Ein Versuchsaufbau bedient sich eines Versuchskanals von 2 m Länge, 30 cm Höhe und 25 cm Breite, in dem Biofilme von *Gallionella ferruginea* unter Zugabe von O_2-armem Grundwasser kultiviert wurden (Anderson & Pedersen 2003). Der pH-Wert pendelt zwischen 7,4 und 7,7 mit einer O_2-Sättigung unter 1,5 mg l^{-1} und einem Eh-Wert von 100–200 mV. Der O_2-Gehalt verringert sich möglicherweise unter 0,3 mg l^{-1} und beendet das Wachstum des Biofilms.

Die Bildung des Biofilms erforderte ca. zwei Wochen und wurde drei Monate lang alle 14 Tage beprobt. Für jede Probe wurden Zellanzahl, Länge des Kanals und Fe^{3+}-Ionen-Konzentration sowie die Spuremetallgehalte durch ICP-MS ermittelt. Die Ergebnisse aus entwickelten *In-situ*-Biofilmen lassen Vermutungen aufkommen, dass *Gallionella sp.*, verglichen mit dem Wirtsgestein, in der Lage ist, Metalle um das ca. 100-

Fache aufzukonzentrieren. Verglichen mit den Gehalten im Grundwasser kann der Mikroorganismus Metalle ebenfalls um das 100-Fache erhöhen (Anderson & Pedersen 2003). Nach einem Zeitraum von drei Monaten zeigen SEE-Plotmuster eine deutliche Fraktionierung zwischen leichten und schweren SEE, so dass das BIOS erhebliche Konzentrationen an diesen Metallen akkumulieren (bis ca. das 100-Fache) kann und somit signikante Unterschiede zu den Metallgehalten in umgebenden Grundwässern zeigt. Generell fördert die Anwesenheit einer organischen Phase die Adsorption aller nicht an anorganische Medien gebundenen Lanthaniden und Aktiniden. Den experimentellen Beobachtungen zufolge korrelieren die Adsorption der SEE und Aktiniden mit einer Anbindung der Fe-Oxide an die biogenen Auswüchse/Bildungen (s. o.) bzw. der Länge dieser Gebilde. Offensichtlich ermöglicht erst diese Kombination einer biologischen Struktur mit den genannten Fe-Oxid-Phasen die messtechnisch gut erkennbare SEE-/Aktiniden-Akkumulation (Anderson & Pedersen 2003).

Metallkomplexierungen von *Schiff*-Basen übernehmen für analytische, physikalische sowie biochemische Zwecke eine zentrale Rolle in der Koordinationschemie und es sind in diesem Zusammenhang Lanthanidenkomplexe substituierter *Diketon* Hydrazonderivate sowie deren Synthese, Charakterisierung und biologische Aktivitäten beschrieben (Hegazy & Al-Motawaa 2011).

(j) Liganden

Zu Wechselwirkungen von SEE mit Bakterien und organischen Liganden gibt es Untersuchungen (Ozaki et al. 2006). Hierzu stehen Arbeiten zu den Interaktionen von Eu^{3+}, Ce^{3+} sowie Ce^{4+} mit dem Bodenbakterium *Pseudomonas fluorescens* sowie mit organischen Liganden, z. B. Äpfelsäure ($C_4H_6O_5$), Citronensäure ($C_6H_8O_7$), ein Siderophor, d. h. Desferrioxamin (DFO), u. a. zur Verfügung. Äpfelsäure ($C_4H_6O_5$) bildet Komplexe mit Eu^{3+}. Sie zerfällt allerdings, wenn das Verhältnis dieser Säure zu Eu^{3+} mehr als 100 beträgt. Citronensäure geht mit Eu^{3+} einen stöchiometrischen Komplex ein, der nicht durch *P. fluorescens* zersetzbar ist. Die Adsorption von Eu^{3+} durch den DFO-Komplex tritt als freies, vom DFO dissoziiertes Ion und nicht als Eu^{3+}-DFO-Komplex auf. Während der Komplexierung zu einem Ce^{4+}-DFO-Komplex unterliegt Ce^{3+} der Oxidation zu Ce^{4+}. Eine Analyse mittels Fluoreszenzspektroskopie (d. h. engl. *time-resolved laser induced fluorescence spectroscopy* = TRLFS) zeigt für diverse biogene Materialien wie Cellulose, Chitin und Chitosan diverse Komplexierungen mit Eu^{3+}, z. B. inner- und außersphärisch.

Auch veranschaulicht die von Ozaki et al. (2006) angewandte Methode, dass das Koordinationsenvironment von Eu^{3+}, multidental auf *P. fluorescens* adsorbiert, Ähnlichkeiten mit jenem von Chitin aufweist.

(k) Geomikrobiologische Kontrolle

[1,2]Taunton et al. (2000) veröffentlichen Untersuchungen zur geomikrobiologischen Kontrolle auf die im Verlauf der chemischen Verwitterung von Granit und der Bodenbildung sich neu einstellenden Verteilungen der tri-/tetravalenten SEE, Y sowie Ba. In den überwiegend abiotischen Bereichen des unteren Verwitterungsprofils kommt es hauptsächlich zur Lösung von Allanit ((CaSEE)(Al$_2$Fe^{2+})(Si$_3$O$_{11}$)O(OH)). Phosphat (PO$_4^{3-}$) unterliegt der Verdrängung durch sekundäre SEE (d. h. leichte SEE = LSEE), PO$_4^{3-}$ wie z. B. Florencit (CeAl$_3$(PO$_4$)$_2$(OH)$_6$) und Rhapdophan (Mischkristallreihe: (Ce, La, Nd)[PO$_4$]·H$_2$O). Hohe PO$_4^{3-}$-Konzentrationen in den Oberflächen der sich zersetzenden Apatite (Ca$_5$[(F, Cl, OH)|(PO$_4$)$_3$]) und niedrige Löslichkeitsprodukte für die lanthanidenführenden PO$_4^{3-}$ bedingen das Auftreten dieser beiden Mineralisationen.

Daten zur Gesamtchemie, gewonnen aus dem unteren Profil, weisen auf erhebliche Anreicherungen von La, Nd und Y hin. Im Gegensatz hierzu zeigen verwitterte Granite innerhalb der Bodenzone kaum sekundäre lanthanidenhaltige PO$_4^{3-}$. Die PO$_4^{3-}$-Oberflächen sind häufig durch Bakterien und Hyphen von Fungihyphen besiedelt. Weiterhin deutet sich ein Zusammenhang zwischen einer Abnahme der Häufigkeit von La, Nd und Y mit zunehmender Verwitterung an. Eine niedrige PO$_4^{3-}$-Konzentration, bedingt durch mikrobielle Aufnahme von P, unterdrückt die Ausfällung von sekundären Präzipitaten und führt zur Auflösung von sekundären, vormals durch die Kolonisierung generierten lanthanidenhaltigen PO$_4^{3-}$ ([1,2]Taunton et al. 2000).

In hochverwitterten Gesteinen und Böden sind sekundäre PO$_4^{3-}$ sehr selten anzutreffen und es verbleiben nur Ce-Oxide. Daten zur Gesamtchemie zeigen in einigen Böden einen Überschuss an Ce von ca. 1200 ppm. Die unter oxidierenden Bedingungen geringe Mobilität von tetravalentem Ce äußert sich in der Rückhaltung von Ce in Form von Ce-Oxiden. Nach [1,2]Taunton et al. (2000) können die o. a. Beobachtungen die Heterogenität der LSEE-Gehalte in den entsprechenden Verwitterungsprofilen erklären, d. h. Entstehung von extremen Ce-Anomalien sowie die in einigen Gebieten zu beobachtenden erhöhten Konzentrationen an trivalenten LSEE.

(l) Nutrient

Für das Wachstum des extrem acidophilen, methanotrophen *Methylacidiphilum fumariolicum SoIV* scheint das Auftreten von Lanthaniden von essenzieller Bedeutung zu sein bzw. in Abhängigkeit von der Präsenz von Lanthanidenvertretern, z. B. La, Ce, Nd, zu stehen. Der Mikroorganismus wurde aus vulkanischen Schlammlöchern isoliert (Pol et al. 2014). Eine sukzessive Fraktionierung der bakteriellen Zellen und Auskristallisation einer bestimmten Form von Dehydrogenase zeigt, dass Lanthaniden als Cofaktor des genannten Enzyms auftreten.

Ein Wachstum von *M. fumariolicum SoIV* findet ausschließlich unter den Bedingungen statt, wie sie durch das ursprüngliche Habitat gekennzeichnet sind, d. h. an Lanthaniden angereicherten vulkanischen Schlammlöchern (Pol et al. 2014). Nach

einem exponentiellen Wachstum in einem Medium, das 2 % der o. a. an La angereicherten Wässern führt, kommt es durch das Zellmaterial von *M. fumariolicum SoIV* zu
einer vollständigen Entfernung der SEE.

Nachträglich zugeführte Salze von SEE (d. h. 66 nM) ersetzen die La-führenden
Wässer und *M. fumariolicum SoIV* verbraucht nach der exponentiellen Wachstumsphase z. B. das zugesetzte La^{3+} sowie Ce^{3+} aus dem o. a. Medium. Anhand von Labor-
studien verzeichnen Pol et al. (2014) bei Abwesenheit der SEE nur ein eingeschränktes
Wachstum für *M. fumariolicum SoIV*.

(m) Oberflächen-Komplexierungsmodell

Zur Identifizierung der Stellen auf der bakteriellen Oberfläche, geeignet für eine Sorption von Lanthaniden, setzen Ngwenya et al. (2009) eine Kombination ein, die auf
einer Modellierung der Oberflächenkomplexierung von makroskopisch generierten
Informationen mit durch Röntgen-Absorptions-Spektroskopie (engl. *X-ray absorption
spectroscopy* = XAS) gewonnenem Datenmaterial beruht. Die Adsorption von ausgewählten Repräsentanten für leichte, d. h. La und Nd, und schwere, d. h. Er und Yb,
Lanthaniden wurde als Funktion des pH-Wertes gemessen. Proben aus der Biomasse
unterzogen Ngwenya et al. (2009) einer Behandlung mit $4\,mg\,l^{-1}$ Lanthaniden. Der
pH-Wert pendelte zwischen 3,5 und 6. Die anschließende Analyse geschah durch die
XAS. Das auf die Oberfläche bezogene vorgeschlagene Oberflächenkomplexierungs-
modell stimmt mit einer Adsorption der leichten Lanthaniden durch mit Phosphat
versehene Stellen (sites) überein.

Eine Adsorption der mittleren und schweren Lanthaniden scheinen dahingegen
Carboxyl- und Phosphatsites zu übernehmen. Das Auftreten der verschiedenen Ko-
ordinationsmodi wurde durch EXAFS (engl. *extended X-ray absorption fine structure*)
bestätigt (Ngwenya et al. 2009), Abschn. 1.3.5 (e)/Bd. 2. Bei niedrigem pH zeigen die
Analysedaten eine Adsorption durch Phosphatsites unter sekundärer Einbindung
von Carboxylsites bei höheren pH-Werten, d. h. höhere Adsorptionsdichte. Beide
von Ngwenya et al. (2009) angesprochenen Vorgehensweisen bieten Informationen
zur Identität der oberflächenbezogenen Sites sowie zum Koordinationsumfeld der
Lanthaniden. Weiterhin lassen die Resultate geeigneter Analysen (Spektroskopie)
eine monodentate Koordination mit den Phosphatsites vermuten. Aufgrund ihrer
Datenauswertung („best fitting pK_a-site") schließen die o. a. Autoren auf eine Lokalisierung der Phosphatsites auf N-Acetylglucosamin-Phosphat, einen für gramnegative
Zellen typischen Polymer, versehen mit der Eigenschaft einer Deprotonierung der
Phosphatsites bei neutralem pH-Wert.

(n) Explotation

Thermoanaerobacter sp. TOR-39 ist offensichtlich in der Lage, eine Synthese von Lan-
thaniden-substituierten Magnetiten (Fe_3O_4) durchzuführen (Moon et al. 2007). Unge-

achtet dessen, dass eine mikrobiell ausgelöste Mineralisierung die Genese von lenkbaren Materialien ermöglicht, verhindern die toxischen Auswirkungen von löslichen Lanthanidenionen (= L) deren Einsatz innerhalb der Biotechnologie. In diesem Zusammenhang stellen Moon et al. (2007) einen neuartigen gemischten L-Präkursor vor und unterziehen diesen einem Vergleich mit der traditionellen Direkt-Additions-Technik. Mit L-(Nd-, Gd-, Tb-, Ho-, Er-)substituierten Fe_3O_4, d. h. $L_{(y)}Fe_{(3-y)}O_{(4)}$, lassen sich unter Verwendung eines geeigneten Prekursos $L_{(x)}Fe_{(1-x)}OOH$ ($x = 0,01$–$0,2$) mikrobiell erzeugen. Über eine Kombination von Lanthaniden in die Präkursorphase eines Akaganeits (β-$Fe^{3+}O(OH, Cl)$) lässt sich die Toxizität abschwächen und ermöglicht auf diese Weise eine mikrobielle Bildung von L-substituiertem Fe_3O_4 durch *Thermoanaerobacter sp. TOR-39*, ein metallreduzierendes Bakterium. Der Gebrauch von L-haltigen Ausgangsstoffen (engl. *precursor*) ermöglicht die mikrobielle Bildung von L-substituiertem Fe_3O_4. Als nominale Zusammensetzung sind $L_{0,06}Fe_{2,94}O_4$ ermittelt (Moon et al. 2007).

Gegenüber der Verwendung löslicher Salze ist nach der Technik von Moon et al. (2007) eine zehnfach höhere L-Konzentration zu beobachten. Nach Einschätzung der o. a. Autoren lässt sich über den Einsatz gemischer Präkursor die Bandbreite an Anwendungsmöglichkeiten zur Synthese von L-substituiertem Fe_3O_4 erweitern. Hinzu kommt eine Abschwächung in ihrer Toxizität. Lanthaniden verfügen über antibakterielle Wirkungen. Insbesondere die schweren SEE können wirkungsvoll die Aktivitäten von Bakterien und Fungi verhindern und gestatten daher Überlegungen für den Einsatz im medizinischen Bereich. Weiterhin bieten sich als Grundstoffe/ Ausgangsmaterialien zur Herstellung von magnetischen Speichermedien andere metallsubsituierte Fe_3O_4 (Ferrit) an (Moon et al. 2007), Abschn. 2.4.4 (r)/Bd. 2.

Vergleichende Experimente untersuchen unter unterschiedlichen operativen Bedingungen die Biosorptionseigenschaften diverser Bakterienstämme und natürlicher Nebenprodukte gegenüber SEE. Sie erfassen die Mechanismen zur Sorption und überprüfen Möglichkeiten einer industriellen Nutzung zur Entnahme von Metallionen (Andrès & Gérente 2011).

2.4.6 Radionuklide: U, Th

Hinsichtlich der Wechselwirkungen von Radionukliden, d. h. U und Th, mit der Biosphäre stehen, insbesondere in Verbindung mit Sanierungskonzepten für die Geosphären Pedo- und Hydrosphäre, eine Vielzahl wissenschaftlicher Arbeiten zur Verfügung, Abschn. 2.5.3/Bd. 2.

(a) Uran (U)

In den diversen Geosphären ist U in gediegener Form unbekannt. Wichtigste U-haltige Minerale sind Uraninit (UO_2), Brannerit (UTi_2O_6), Tobernit ($Cu[UO_2|PO_4]_2 \cdot 10$–$12\,H_2O$),

Carnotit ($K_2[UO_2|VO_4]_2 \cdot 3\,H_2O$) u. a. Uran ist mit einem Krustenwert von 2,8 ppm ausgewiesen (Taylor & McLennan 1985). Diverse Reaktionen kontrollieren die auf die Oberfläche bezogene Mobilität von U. Es sind hierbei Vorgänge wie Adsorption von U^{6+} an mineralischen Phasen, Präzipitation von U^{6+}-haltigen Phosphaten, Silikaten sowie Karbonaten, Transformationen im Valenzzustand sowie eine Präzipitation von unlöslichen U-Oxiden, wie z. B. UO_2, einbezogen ([1]Liu et al. 2005). Hexavalentes U verhält sich unter oxischen Bedingungen stabil und tritt häufig in oxischen Grundwässern, mit nahezu neutralem pH-Wert, als karbonatische Mineralisation auf. Vorliegenden Daten zufolge ist dem U keine biologische Funktion zugewiesen. Anreicherungen in der Biosphäre sind nahezu ausschließlich anthropogenen Ursprungs. Das Metall tritt als Karzinogen auf. Im Gegensatz hierzu ist unter anoxischen Konditionen auftretendes, durch u. a. biogen produziertes tetravalentes U als nahezu unlöslicher UO_2 anzutreffen (Veeramani et al. 2011).

Innerhalb der Mutantenbibliothek von *Desulfovibrio desulfuricans G20* identifizierten Li & Krumholz (2009) einen (Transposoninsertions-)Mutanten, der nicht in der Lage ist, in einem mit 2 mM U^{6+} versehenen Laktat-Sulfatmedium aufzuwachsen. Der erwähnte Mutant lässt sich ebenfalls nicht in Gegenwart von 100 µM Cr^{6+} sowie 20 mM As^{5+} kultivieren. Gewaschenes Zellmaterial des Mutanten war nicht fähig, U^{6+} bzw. Cr^{6+} zu reduzieren, womit die niedrigere Toleranz gegenüber den genannten Metallen erklärbar ist. An der Stelle der Transposoninsertion wurde ein Gen zur Kodierung eines zyklischen AMP-Rezeptor-Proteins (engl. *cAMP receptor protein* = CRP) entdeckt. Der Rest (engl. *remainder*) des *mre*-Operons kodiert Thioredoxin, Thioredoxin-Reduktase und eine ergänzende Oxidoreduktase, deren Substrat noch nicht hervorgesagt werden konnte.

Studien zur Expression zeigen, dass im Mutanten das komplette Operon einer Herabregulation unterzogen wurde. Eventuell ist das CRP in die regulative Expression des gesamten Operons involviert (Li & Krumholz 2009). Die Einwirkung von U^{6+} auf das Zellmaterial bewirkt eine Up-Regulation (engl. *upregulation*) des gesamten Operons (Li & Krumholz 2009). $CdCl_2$, ein spezieller Inhibitor der Thioredoxin-Aktivität, verhindert eine Reduktion von U^{6+} durch gereinigte Zellen und unterdrückt bei Anwesenheit von U^{6+} das Zellwachstum. Somit scheint Thioredoxin eine für die Reduktion von U^{6+} wichtige Funktion zu übernehmen. Infolge dieser Beobachtung klonen Li & Krumholz (2009) das vollständige *mre*-Operon in *E. coli*. Der resultierende Transformant zeigte eine erhöhte Resistenz gegenüber U^{6+} und ist fähig, U^{6+} zu U^{4+} zu reduzieren. Wird das im o. a. Operon befindliche Oxidoreduktase-Protein MreG exprimiert, aufgereinigt und die Anwesenheit von Thioredoxin, Thioredoxin-Reduktase sowie von NADPH gewährleistet, lassen sich sowohl U^{6+} als auch Cr^{6+} cytoplasmatisch reduzieren (Li & Krumholz 2009).

Über eine Anreicherung von U durch Mitglieder der Familie *Geobacteraceae*, verbunden mit einer Anregung der dissimilatorischen Metallreduktion in U-kontaminierten, aquifereführenden Sedimenten, existieren Daten (Holmes et al. 2002). Die Stimulation einer mikrobiellen Reduktion von löslichem U^{6+} zu unlöslichem

U^{4+} scheint eine mögliche Option zur Immobilisierung von U aus mit diesem Radionuklid kontaminierten, nahe der Oberfläche befindlichen sedimentären Milieus zu sein. Um die Einbeziehung von Mikroorganismen in einer *in situ* ablaufenden Reduktion von U^{6+} zu klären, untersuchen Holmes et al. (2002) die Veränderungen innerhalb einer mikrobiellen Gemeinschaft, die durch eine mittels Acetat ($CH_3CO_2^-$) angeregte Reduktion von U^{6+} zu beobachten ist. Als geogenes Umfeld wählen die Autoren Sedimente aus unterschiedlichen U-kontaminierten Lokalitäten. In allen untersuchten Sedimenten wird die U^{6+}-Reduktion durch eine gleichzeitig verlaufende Fe^{3+}-Reduktion sowie eine erhebliche Zunahme von Mikroorganismen der Familie *Geobacteraceae* begleitet. Vertreter der genannten Familie treten als U^{6+}- sowie Fe^{3+}-reduzierende Mikroorganismen auf. Nach nahezu vollständiger Reduktion von U^{6+} sowie Fe^{3+} entstammen nahezu 40 % der in den Sedimentkörpern anzutreffenden *16S*-ribosomalen-DNS-Sequenzen (*rDNS*) von *Geobacteraceae*, aus den o. a. lithologischen Einheiten mithilfe von bakteriellen PCR-Primern extrahiert. In den nicht mit $CH_3CO_2^-$ versehenen entsprechenden Kontrollsedimenten, ohne Stimulation einer U^{6+}- sowie Fe^{3+}-Reduktion, finden sich hingegen weniger als 5 % der *16S-rDNS*-Sequenzen (Holmes et al. 2002).

Zwischen 55 % und 65 % der *Geobacteraceae*-Sequenzen ähneln weitgehend den Sequenzen der Spezies *Desulfuromonas*. Der Rest scheint eng mit der Spezies *Geobacter* verwandt zu sein. Im Vergleich mit an $CH_3CO_2^-$ versehenen Abschnitten deuten quantitative Analysen der *Geobacteraceae*-Sequenzen einen Anstieg derselbigen um das Zwei- bis Vierfache an, in den neutralen Kontrollsedimenten kommt es zu keinerlei Anstieg der *Geobacteraceae*-Sequenzen (Holmes et al. 2002). Im Gegensatz zur Vorherrschaft der *Geobacteraceae*-Sequenzen sind in den o. a. Sedimenten keine weiteren Sequenzen bekannter Fe^{3+}-reduzierender Mikroorganismen zu erkennen. Insgesamt akzentuieren die Arbeiten die Rolle und das Auftreten von *Geobacteraceae* innerhalb im Untergrund lebender mikrobieller Gemeinschaften. Zudem betonen sie das gemeinsame Auftreten dieses Mikroorganismus bei den in die Reduktion von Fe^{3+} einbezogenen Vorgängen (Holmes et al. 2002). Zwecks technischer Überlegungen ist es interessant, dass mit der Reduktion des Fe^{3+} eine U^{6+}-Reduktion einhergeht und daher zu Zwecken einer Bioremediation der Einsatz von *Geobacteraceae* als Option weiterverfolgt werden sollte.

Durch in Biofilmen organisierten Mikroorganismen kommt es im Zusammenhang mit Grundwasseraustritten innerhalb von granitischen Gesteinen zur Immobilisierung von U (Krawczyk-Bärsch et al. 2012). An den Wandungen einer Tunnelanlage sind Biofilme mit einer Mächtigkeit von 5–10 mm beschrieben. In Klüften granitischer Festgesteine zirkulierende Grundwässer (engl. *circulating groundwater* = CGW) benetzen die Biofilme. In Laborexperimenten, ausgeführt in Flusszellen mit frei beweglichen Biofilmen, sollte der Effekt von U auf die Biofilme untersucht werden. Aus diesem Anlass wurde dem o. a. Grundwasser Probenmaterial entnommen sowie U zugegeben. Die endgültige U-Konzentration im untersuchten Wasser betrug nach Krawczyk-Bärsch et al. (2012) ca. $4{,}25 \cdot 10^{-5}$ M und entspricht dem Gehalt von in

Behältern aufbewahrten Nuklearbrennstoffen, vorgesehen für eine zukünftige sub-terrestrische Lagerung. Über die Kombination diverser messanalytischer Techniken, d. h. von Mikroelektroden über EF-TEM, EELS bis hin zu thermodynamischen Berech-nungen, lassen sich die o. a. Effekte untersuchen.

Entsprechend den Ergebnissen bilden die untersuchten Biofilme ihre eigenen spe-zifischen Mikro-Environments, die sich erheblich von den CGW unterscheiden. In-nerhalb des Biofilms ist ein pH-Wert von 5,37 aufgezeichnet, d. h. ca. 3,5 Einheiten kleiner als der pH-Wert in den CGW und der, der durch die Oxidation der Sulfide (S^{2-}) zu Schwefelsäure (H_2SO_4) hervorgerufen wird. Auch der Eh-Wert von +73 mV lag mit ca. 420 mV unter jenem, der im CGW gemessen wurde. Bei Zuführung von U steigt der pH-Wert auf 7,27 und vermindert den Eh-Wert auf −164 mV. Mit dem Wechsel von Eh- als auch pH-Wert kommt es ebenfalls zur Veränderung in der Bioverfügbarkeit von U, da auf den Stoffwechsel bezogene Prozesse auf Metalle und ihre Spezifikation hochsensitiv reagieren. Untersuchungen mittels der EF-TEM ergeben, dass das U in-nerhalb der Biofilme durch Mikroorganismen intrazellulär immobilisiert wird. Hierbei scheint die Bildung von durch den Metabolismus unterstütztem nadelförmigen Au-tunit ($Ca[UO_2]_2[PO_4]_2 \cdot 2\text{–}6\,H_2O$) bzw. Meta-Autunit ($Ca[UO_2]_2[PO_4]_2 \cdot 10\text{–}12\,H_2O$) eine wichtige Rolle zu übernehmen (Krawczyk-Bärsch et al. 2012). Im Gegensatz hierzu ent-hüllen TRLFS-Analysen (engl. *time resolved laserinduced fluorescence spectroscopy* = TRLFS) von den kontaminierten CGW eine U-Carbonat-Spezifikation. Die Autoren ver-muten, dass $Ca_2UO_2[CO_3]_3$, möglicherweise aufgrund der hohen Carbonatgehalte in den CGW entsteht. Unter den Bedingungen der messtechnisch ermittelten geochemi-schen Parameter, wie sie in den CGW vorherrschen, stimmen gemäß Krawczyk-Bärsch et al. (2012) die analytisch gewonnenen Daten mit den thermodynamischen Berech-nungen des für die o. a. U-Spezifikation theoretisch vorherrschenden Feldes überein. Nach Einschätzung von Krawczyk-Bärsch et al. (2012) zeigt ihre Studie, dass biologi-sche Systeme das Verhalten von Radionukliden erheblich beeinflussen, und vertiefen ein Verständnis für die Erwiderung von Biofilmen gegenüber dieser Elementgruppe.

Im Fokus der Sanierung U^{6+}-führender Kontaminationen steht die reduktive Immobilisierung, ausgelöst durch dissimilatorisch metallreduzierende Bakterien (DMRB). Unter Verwendung von Fe^{3+} als Elektronenakzeptor führen DRMB zur Bil-dung von reaktiven biogenen Fe^{2+}-Phasen, die wiederum einen Beitrag zur Reduktion von U^{6+} nicht biogener Herkunft leisten können. Am Beispiel des DRMB-Vertreters *Shewanella putrefaciens* Stamm *CN32* demonstrieren Veeramani et al. (2011) die Syn-these 2 Fe^{2+}-führender Mineralisationen, d. h. Fe_3O_4 sowie Vivianit ($Fe_3^{2+}[PO_4]_2 \cdot H_2O$), Abb. 2.33 (a). Analysedaten zeigen eine vollständige Reduktion von U^{6+}. In die ge-nannten Vorgänge können Phosphate (PO_4^{3-}) einwirken, z. B. Behinderung einer Synthese von UO_2. Übergreifend liegen somit Hinweise kontrollierbarer Eingriffe auf die infolge der o. a. Prozesse entstehenden Reduktionsprodukte durch das umgebende Milieu vor, ermöglicht durch ihre jeweils vorherrschende mineralogisch-geochemi-sche Zusammensetzung sowie die Chemie an der Grenzfläche zwischen der Liquid- und Feststoffphase, d. h. Reduktanten (Veeramani et al. 2011).

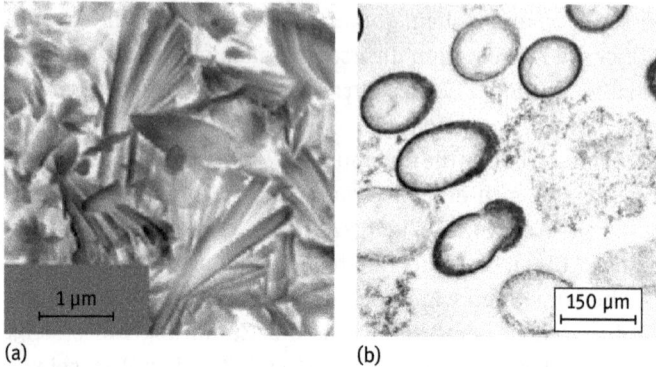

Abb. 2.33: (a) Vivianit ($Fe_3^{2+}[PO_4]_2 \cdot H_2O$) in *Geobacter sulfurreducens* (Veeramani et al. 2011) und (b) U-Präzipitate im Periplasma von *Geobacter metallidurans* (Gadd 2010).

Unter einem anaeroben Umfeld kann durch *Deinococcus radiodurans R1* eine Reduktion von Fe^{3+}, Vr^{6+}, Tc^{7+} erfolgen, Abschn. 2.2.2 (g). Eine Reduktion von Fe^{3+} geschieht unter gleichzeitiger Oxidation von Lactat ($C_3H_5O_3$) und anderen organischen Komponenten. In Verbindung mit z. B. Huminsäuren ist auch eine Reduktion von U- sowie Tc-haltigen Komponenten durch den o. a. Radioduranten-Vertreter machbar (Fredrickson et al. 2000). Im Fall von *Desulfovibrio desulfuricans G20* vermuten Li & Krumholz (2009) eine Einbeziehung von Thioredoxin in die Reduktion von U^{6+} sowie Cr^{6+}. Bei der Reduktion von U durch *Desulfovibrio vulgaris* ist das Cytochrom c3 involviert (Lovley et al. 1993), Abschn. 3.1.1 (m). In U-kontaminierten Sedimenten konnte eine Erhöhung der Diversität innerhalb eines Phylum beobachtet werden (Barns et al. 2007).

Zur Bestimmung der mikrobiellen Diversität in durch U kontaminierten Böden eignen sich u. a. Klon-Bibliotheken und *16S* Mikroarrays, d. h. Phylochip (Rastogi et al. 2010). Über U-Präzipitationen im periplasmatischen Raum von *Geobacter metallidurans*, generiert im Verlauf einer dissimilatorischen U^{6+}-Reduktion, berichtet Gadd (2010), Abb. 2.33 (b). Biogene NP, gebildet durch eine mikrobielle Reduktion von Uranyl (UO_2^{2+}) und Chromat (CrO_4^{2-}), scheinen sich als biotechnologische Strategie zum Entwurf von Sanierungsmaßnahmen im Zusammenhang mit durch U^{6+} sowie Cr^{6+} kontaminierten Grundwässern zu eignen (Suvorova et al. 2008), Abschn. 5.3.4 (b), Abschn. 2.5.3 (r)/Bd. 2. Mit der Reduktion von U-Komplexierungen setzen sich u. a. Wall & Krumholz (2006) sowie Lovley et al. (1993) auseinander.

(b) Thorium (Th)

In biogene Prozesse ist Thorium (Th) nicht eingebunden. Sein Auftreten in der Biosphäre stellt eine kaum messbare Größe dar. In größeren Dosierungen wirkt es als Karzinogen. Th akkumuliert überwiegend in Monazit, d. h. Mischkristallreihe, z. B.

(Sm, Gd, Ce, Th)[PO$_4$], (Ce, La, Nd, Th)[PO$_4$], und einigen Oxiden, z. B. Thorianit (ThO$_2$). Bezogen auf die Häufigkeit innerhalb der Kruste ist ein Wert von 10,7 ppm aktuell (Taylor & McLennan 1985).

Unter Einsatz von TEM, AFM, EDX, RDA, u. a. (Abschn. 1.3/Bd. 2) beobachten Kazy et al. (2009) eine intrazelluläre Sequestrierung, d. h. Cytoplasma, von U sowie Th in Form akkumulierter Mikropräzipitate durch *Pseudomonas sp.* Auf diese Weise gelangen die o. a. Autoren zu Aussagen über die zugrunde liegenden Mechanismen und chemische Charakterisierung. Gemäß den Analysen der Biomasse durch u. a. EDX zeigt sich eine Verdrängung von K sowie Ca durch U sowie Th, unterstützt via zelluläres Phosphat, Carboxyl- sowie Amidgruppen, Abschn. 2.3.7. Wie durch RDA angezeigt, sind sowohl sequestriertes U als auch Th in kristallinem Phosphat (PO$_4^{3-}$) integriert. Als Mechanismus vermuten Kazy et al. (2009) eine Kombination von Ionenaustausch : Komplexierung : Mikropräzipitation. Wie anhand von Analysen mittels AFM ersichtlich, sind keinerlei Beschädigungen der Zelloberfläche zu registrieren. Infolge der Radionuklid-Akkumulation sind eine Vergrößerung der Zelllänge, -weite und -breite sowie eine Zunahme des Rauheitsgrades der Oberfläche zu bemerken (Kazy et al. 2009).

2.5 Geomikrobiologische Verwitterung und Stoffkreisläufe

Seitens der Geowissenschaften unterliegt der Einfluss der geomikrobiologischen Verwitterung auf die globalen geochemischen Stoffkreisläufe zahlreichen praxis-bezogenen Arbeiten und theoretischen Überlegungen (z. B. Ehrlich 2002, Gadd 2010, Konhauser 2007 u. a.). Grundsätzlich geschieht die geomikrobiologische Verwitterung durch biomechanische sowie -chemische Prozesse, erstreckt sich auf die Erosion von Festgesteinen und Mineralen und lässt sich bereits in der nm-Dimension aufzeichnen (Dorn et al. 2004). Die Vorgänge definieren das jeweils vorherrschende Angebot an bioverfügbaren Präkursorn mit den entsprechenden Konsequenzen für eine mögliche sukzessive Synthese von Biomineralisationen. Kenntnisse über das Leistungspoten-tial des mikrobiell regulierten Umgangs mit metallführenden Komponenten, Medien, Matrizen können Aufschlüsse zu technisch-industriell verwertbaren Verfahrenslösun-gen anbieten. Wesentliche Prozesse sind hierbei Hydro- sowie Protolyse. Mikrobielle Einflüsse berücksichtigend, reflektiert z. B. Viles (2012) unter dem Begriff der mikro-biellen Geomorphologie die Wirkung von Mikroorganismen durch z. B. Verwitterung, Neubildung von Mineralen, deren Protektion gegenüber erosiven Kräften und den sich hieraus entwickelnden Böden, die als lagig angelegte Gebilde das geomor-phologische Erscheinungsbild mitgestalten. Die Vorgänge können sich gleichzeitig auf mehrere geologische Prozesse beziehen, wobei der individuelle Mikroorganis-menvertreter oder Biofilmkonsortien einbezogen sind. Bezogen auf eine Zeitskala können Mikroorganismen in kurzen Zeitspannen zur Stabilisierung, bei längeren Zeitabschnitten zur Abtragung mineralischer Feststoffphasen beitragen (Viles 2012).

Die Verwitterung repräsentiert einen ökologischen Schlüsselprozess, der die Stoffbilanzen terrestrischer Ökosysteme determiniert und benötigte, vormals gebundene Nährstoffe in geeignete Quellen zurückführt (Sanderman & Amundson 2003). Eine Verwitterung besteht im Wesentlichen aus drei Ereignissen: (1) Zerkleinerung und Fragmentierung, (2) Laugung der wasserlöslichen Komponenten, (3) mikrobiellem Katabolismus. Die Anbindung von biogeochemischen Kreisläufen im Stoffwechsel geht nach Auffassung von Schlesinger et al. (2011) über die Basis der in die Biomasse eingebundenen biochemischen Bestandteile hinaus.

Die gekoppelte Biogeochemie im Stoffwechsel beruht auf einem Fluss von Elektronen, hervorgerufen durch Redoxprozesse. Im Wesentlichen unterliegt ein Großteil der chemischen Bedingungen, als Determinanten für die Atmosphäre, Ozeane sowie die Erdkruste, zum Teil den durch die Anwesenheit von Leben hervorgerufenen Einflüssen (Schlesinger et al. 2011).

Organismen benötigen zur Erhaltung ihrer biologischen Funktionen ca. 30 essenzielle Elemente, die wiederum in ihren Stoffkreisläufen durch spezifische physiologische Bedürfnisse seitens der Organismen miteinander verbunden sind. Hierzu stellt Rastetter (2011) mehrere Ansätze zur Modellierung gekoppelter biogeochemischer Kreisläufe vor. Über die Erfassung und Differentiation bakterieller Sporen in einer Mineralmatrix berichten z. B. Ammann & Brandl (2011). Die mikrobielle Auflösung von Mineralen hat u. a. die Reaktivität ihrer Oberflächen, definiert u. a. durch *Coulomb*-Kräfte sowie Hydrationsenergien, zu berücksichtigen. Diese Vorgänge übernehmen u. a. auf den Gebieten der Biomineralisation metallischer NP sowie des *biomining* (Abschn. 2.5.1 (a)/Bd. 2) erheblichen Einfluss. Insgesamt modulieren Mikroorganismen die terrestrischen und marinen Kreisläufe von z. B. C, N, P, und S und sie üben Einfluss auf die Zusammensetzung der Atmosphäre, d. h. O_2, CO_2, CH_4, aus. Einige unterscheiden zwischen den stabilen Isotopen von H, C, N, O sowie S (Ehrlich 1998). Die geomikrobiologische Verwitterung, z. B. die Form von Redoxtransformationen, erfasst auch eine Vielzahl Metalle und trägt erheblich zu derem Stoffkreislauf bei, z. B. Al, Co, Cu, Mn, Fe, Ni, Zn (Gadd 2007).

(a) (Geo)physikalische/-chemische Rahmenbedingungen

Die (geo)physikalischen/-chemischen Rahmenbedingungen/Einflussgrößen, wie z. B. Temperatur, pH-Wert, üben einen wesentlichen Einfluss auf die biologischen Aktivitäten aus. Als eine der wichtigsten Konsequenzen, die sich aus der Entstehung des Lebens ergaben, entstand ein an O_2 reiches Atmosphären-/Hydrosphären-Milieu in einem ansonsten reduzierenden Umfeld. Seit der kambrischen Radiation (oder Explosion) unterlagen die mineralisierten Bestandteile der Erde durch biologische Aktivitäten im erheblichen Ausmaß einer Zerlegung/Zersetzung. Da Ca-Karbonat, Si und Ca-Phosphat die Hauptmineralphasen der Hartteile erstellen, übernimmt die Biomineralisation einen wichtigen Anteil am globalen biogeochemischen Kreislauf von C, Ca, P und Si (van Cappellen 2003). Biologische Evolution und das Funktionieren von Ökosystemen wiederum erfahren eine Überprägung durch geologische und geophysikalische Prozesse. Um die Interaktionen zwischen Organismen und ihrem abiotischen Umfeld zu verstehen, behandelt die Biogeologie die gekoppelte Evolution von Bio- und Geosphäre (van Cappellen 2003). Insgesamt bieten bio-geochemische Kreisläufe den übergreifenden Rahmen zum Verständnis und zur Interpretation entsprechender Daten durch Geochemiker. In einem vereinfachten Schema der geobiochemischen Kreisläufe erfolgen eine Trennung biotisch initiier-ter Kreisläufe von integrierten biogeochemischen Zyklen sowie eine Aufnahme der anthropogenen Einflussnahme (*Anthropozän*) (url: The Birchall Centre), Abb. 2.34. Kenntnisse über den Verlauf und die Intensität des Kreislaufs eines Elements oder einer Substanz verhelfen dazu, die Transformationsrate innerhalb und den quan-titativen Transportfluss zwischen angrenzenden, umweltbezogenen Reservoiren zu entschlüsseln. Die zeitlichen und räumlichen Dimensionen bestimmen die Wahl der in die Kreisläufe involvierten Reservoire und Prozesse. Bei Zunahme der räumlichen und zeitlichen Skalierung nimmt der Bedarf an einer detaillierten Darstellung der biologischen Prozessraten und Struktur des Ökosystems ab. Insgesamt ist ein erheb-licher Fortschritt in der Entwicklung von Modellen biogeochemischer Kreisläufe zu verzeichnen. Ungeachtet dessen, dass diese Modelle auf vereinfachten Darstellungen von Bio- und Hydrosphäre beruhen, berücksichtigen sie großräumige Änderungen in der Zusammensetzung, dem Redoxzustand und der biologischen Produktivität an der Oberfläche der Erde, die sich über geologische Zeiträume ereigneten. Oftmals wirken auf Gesteine Biofilme in Kombination mit Bakterien, wobei hocheffiziente Mittel zur Akquise von Metallen via Verwitterung entstehen und verwendbar sind (Gorbushina & Broughton 2009), Abb. 2.35.

Über diverse seitens der Mikroorganismen praktizierte Techniken werden zahl-reiche Metalle erfasst (Gadd 2010). An Mechanismen stehen den Mikroorganismen Biosorption, Akkumulation, Biopräzipitation sowie Biomethylierung zur Verfügung. Auch können funktionelle Gruppen miteinbezogen sein (Andrade 2008), Abschn. 2.3.7. Betroffen ist eine große Vielfalt sehr unterschiedlicher Metalle, Fe und Stahlver-edler, NE- sowie Edelmetalle, d. h. Au, Ag, Co, Cu etc., Hochtechologiemetalle, z. B. Sb, Se, Te, sowie radiogener Metalle, wie z. B. U, Th. So können Ag und Au über z. B. Reduktion aus Au-führenden wässrigen Medien entzogen werden, für Ag kommen auch Biosorption sowie Akkummulation in Betracht. Toxisch wirkende Metalle wie z. B. As, Hg, Pb und Sn unterliegen einer Behandlung via Biomethylierung, Tab. 2.20. Andere Metalle wie z. B. Co gelangen zunächst über u. a. eine biologische Verwitte-rung Co-haltiger Gesteine bzw. Minerale in Lösungen, wo sie im Anschluss z. B. in Form diverser Biomineralisationen wie Karbonaten wiederum ausfallen. Aber auch Reduktion von Co^{3+}, Biosorption sowie Akkumulation können zur Repräzipitation von Co führen (Gadd 2010). Zusammenfassend unterliegen nahezu alle Metalle einer Verarbeitung durch Mikroorganismen, wobei diese sich sehr unterschiedlicher Vor-gehensweisen bedienen.

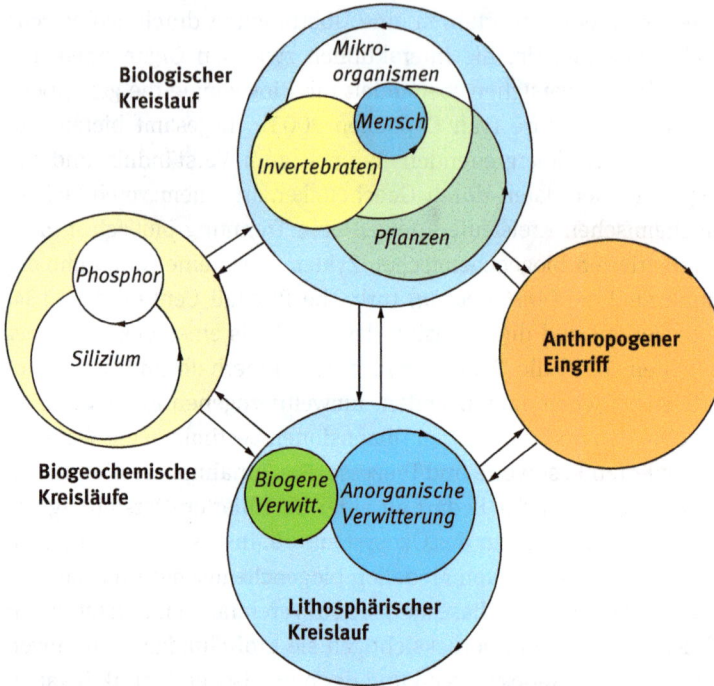

Abb. 2.34: Vereinfachtes Schema geobiochemischer Kreisläufe. Bei diesem Modell erfolgen eine Trennung der biotisch initiierten Kreisläufe von integrierten biogeochemischen Zyklen sowie die Aufnahme der anthropogenen Einflussnahme (url: The Birchall Centre).

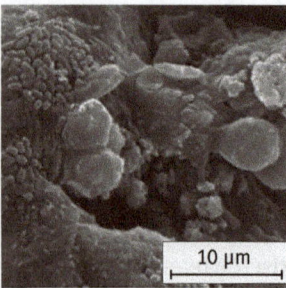

(a)　　　　　　　　(b)

Abb. 2.35: (a) Bakterien auf einem Biofilm sowie (b) Sandstein, besiedelt von Mikroorganismen in Form von Biofilmen, mit Auswirkungen auf die lithochemische Zusammensetzung der besiedelten Matrix (Gorbushina & Broughton 2009).

Tab. 2.20: Rolle von Mikroorganismen bei biogeochemischen Elementkreisläufen und Bildung von u. a. Metall(en)(-spezifikationen) (Gadd 2010).

Metall	Mikrobielle Rolle bei Elementkreisläufen und Bildung von (Bio-)Mineralen
Ag	Reduktion von Ag^{1+} zu Ag^0, Biosorption, Akkumulation: Ag
Al	Mobilisierung von Al aus Al-führenden Mineralen, Böden und Gesteinen, Auflösung von Alumosilikaten, Biosorption: Al-Oxide (frühe Bauxitphase)
As	Biomethylierung von As-Spezifikationen, z. B. Arsenit zu Trimethylarsin, Reduktion und Oxidation von As-Oxyanionen, z. B. Arsenat zu Arsenit bzw. Arsenit zu Arsenat, Arsenit, Arsenat
Au	Reduktion löslicher Au-Spezies zu Au^0, Dispersion und Lösung von Au-Mineralen: Au
Br	Dehalorespiration, Biomethylierung, Akkumulation in der Biomasse
Ca	Biologische Verwitterung entsprechender Minerale in Gesteinen und Böden, Biosorption, Aufnahme und Akkumulation, Biopräzipitation in Form von Oxalaten, Sulfiden, Phosphaten, Karbonaten
Cd	Biologische Verwitterung entsprechender Minerale in Gesteinen und Böden, Biosorption, Aufnahme und Akkumulation, Biopräzipitation in Form von Oxalaten, Sulfiden, Phosphaten, Karbonaten
Cl	Dehalorespiration, Biomethylation, Akkumulation in der Biomasse
Co	Biologische Verwitterung entsprechender Minerale in Gesteinen und Böden, Biosorption, Aufnahme und Akkumulation, Biopräzipitation in Form von Oxalaten, Sulfiden, Phosphaten, Karbonaten, Reduktion von Co^{3+}
Cr	Reduktion von Cr^{6+} zu Cr^{3+}, Oxidation von Cr^{3+}, Akkumulation von Cr-Oxyanionen
Cs	Aufnahme und Akkumulation, Translokation durch das Mycelium und Konzentration in Fruchtkörpern (Fungi), Mobilisierung aus Bodenmineralen
Cu	Mobilisierung von Cu-haltigen Mineralen in Gesteinen und Böden, Biosorption, Aufnahme und Akkumulation, Biopräzipitation, z. B. Oxalate: CuS
Fe	Biologische Verwitterung von Fe-haltigen Mineralen in Gesteinen und Böden, Lösung von Fe durch Siderophore, organische Säuren, Metabolite etc., Reduktion von Fe^{3+} zu Fe^{2+}, Oxidation von Fe^{2+} zu Fe^{3+}, Metall-Sorption an Fe-Oxide: Fe-Oxide, Fe-Hydroxide, Fe-Karbonate, Fe-Sulfide
Hg	Biomethylierung von Hg, Reduktion von Hg^{2+} nach Hg^0, Oxidation von Hg^0 zu Hg^{2+}, Volatilisierung von Hg als Hg^0, Abbau von organischen Hg-Verbindungen, Biosorption, Akkumulation: Hg
I	Dehalorespiration, Biomethylierung, Akkumulation in der Biomasse
K	Aufnahme und Akkumulation, Translokation durch das Mycelium und Konzentration in Fruchtkörpern (Fungi), Mobilisierung aus Bodenmineralen
Mg	Biologische Verwitterung entsprechender Minerale in Gesteinen und Böden, Biosorption, Aufnahme und Akkumulation, Biopräzipitation in Form von Oxalaten, Sulfiden, Phosphaten, Karbonaten

Tab. 2.20: (fortgesetzt)

Metall	Mikrobielle Rolle bei Elementkreisläufen und Bildung von (Bio-)Mineralen
Mn	Oxidation von Mn^{2+} und Immobilisierung als Mn^{4+}-Oxid, Reduktion von Mn^{4+}, indirekte Reduktion von $Mn^{4+}O_2$ durch Metabolite, z. B. Oxalate, Bioakkumulation von Mn-Oxiden an Oberflächen und Exopolymere, Beiträge zu Wüstenlack-Bildungen, Biosorption, Akkumulation, intrazelluläre Präzipitation, Mn-Biomineralisation, Metall-Sorption an Mn-Oxide: Mn^{4+}-Oxide, -Karbonate, -Sulfide
Mo	Mikrobielle Oxidation und Reduktion von Mo^{5+} und Mo^{6+}
Na	Aufnahme und Akkumulation, Translokation durch das Mycelium und Konzentration in Fruchtkörpern (Fungi), Mobilisierung aus Bodenmineralen
Ni	Biologische Verwitterung entsprechender Minerale in Gesteinen und Böden, Biosorption, Aufnahme und Akkumulation, Biopräzipitation in Form von Oxalaten, Sulfiden, Phosphaten, Karbonaten
Pb	Biosorption, Biomethylierung: Pb-Oxalate
Sb	Oxidation bzw. Reduktion von Sb^{3+} und Sb^{5+}
Se	Reduktive Transformation von Se-Oxyanionen, z. B. Se^{6+} zu Se^{4+} zu Se^{0}, Oxidation von Se^{0}, Biomethylierung und Demethylierung von Se-Komponenten, Assimilation von organischen und anorganischen Se-Komponenten
Si	Aufnahme von löslichen Si-Spezies, Bildung von organischen Si-Komplexen aus anorganischen Silikaten, Synthese von organischen Siloxan, Abbau von Silikaten und Alumosilikaten, Mobilisierung von Si durch die Produktion von Chelatoren, Säuren, Basen, Exopolymeren, Silifizierung, strukturierte Biomineralisationen
Sn	Abbau von organisch gebundenem Sn, Sorption und Akkumulation von löslichen Sn-Spezies, Biomethylierung
Sr	Biologische Verwitterung entsprechender Minerale in Gesteinen und Böden, Biosorption, Aufnahme und Akkumulation, Biopräzipitation in Form von Oxalaten, Sulfiden, Phosphaten, Karbonaten
Tc	Akkumulation von Pertechnetat (TcO_4^-), Bildung von Oxiden
Te	Reduktive Transformation von Te-Oxyanionen, z. B. von Te^{6+} über Te^{4+} zu Te^{0}, Biomethylierung, Assimilation von organischen und anorganischen Te-Komponenten
Th	Biosorption, Ablagerung von Hydrolyse-Produkten, intrazelluläre Präzipitation
U	Biosorption, Ablagerung von Hydrolyse-Produkten, intrazelluläre Präzipitation, Reduktion von U^{6+} zu U^{4+}, Oxidation von U^{4+} zu U^{6+}, U-haltige Biomineralisationen: U-Phosphate, Bildung von UO_2
V	Akkumulation von Vanadat, Reduktion von V^{5+} zu V^{4+}
Zn	Biologische Verwitterung entsprechender Minerale in Gesteinen und Böden, Biosorption, Aufnahme und Akkumulation, Biopräzipitation in Form von Oxalaten, Sulfiden, Phosphaten, Karbonaten

Der Einfluss von Mikroorganismen erstreckt sich aber auch auf texturelle Eigenschaften eines Gesteins, d. h. (geo)physikalisch. So erwähnen z. B. Noffke et al. (2001) und Noffke (2000) mikrobiell hervorgerufene sedimentäre Strukturen, eine neue Kategorie innerhalb der Klassifikation von primären Sedimentstrukturen. Eine quantitative Annäherung zwischen der Wechselwirkung von mikrobieller Besiedelung und physikalischen Dynamiken auf Sedimentstrukturen beleuchten Noffke & Krumbein (1999). In den kalten und trockenen Ökosystemen finden sich in Verbindung mit bestimmten Gesteinen, z. B. Sandstein, zahlreiche Spuren mikrobiell erzeugter cryptoendolithischer Aktivitäten, d. h. geophysikalische und geochemische Muster biologischer Verwitterung (Konhauser 1997). Aufgrund seines häufigen Auftretens in wässrigen Lösungen kommt es zu einer bevorzugten Bindung von Fe an den organischen Sites. Da die nachfolgenden Schritte der Mineralisation anorganisch gesteuert werden hängt der Typ des Fe-Minerals von den zur Verfügung stehenden Fe-Ionen ab und letztendlich von der chemischen Zusammensetzung der sie umgebenden Wässer (Konhauser 1997).

(b) Endolithische mikrobielle Ökosysteme

Interessant sind auch endolithische mikrobielle Ökosysteme (Walker & Pace 2007). Der Porenraum in Gesteinen, als endolithisches Umfeld, stellt ein ubiquitäres, mikrobielles Habitat sowie eine Schnittstelle zwischen Biologie und Geologie dar. Die auf der Photosynthese basierenden endolithischen Gemeinschaften besiedeln die oberen Zentimeter von der Verwitterung ausgesetzten Gesteinen und bieten Modellsysteme für z. B. mikrobielle Ökologie. Endolithische Gemeinschaften sind, soweit bekannt, die einfachsten mikrobiellen Ökosysteme und bieten nachvollziehbare Modelle zum Test ökologischer Hypothesen an. Denn letztere lassen sich aufgrund der außerordentlichen Vielfalt mikrobieller Ökosysteme nur erschwert einem Test unterziehen (Walker & Pace 2007).

(c) Fe-Kreislauf

Der Fe^{2+}-Fe^{3+}-Redox-Kreislauf repräsentiert einen der wichtigsten Energieflüsse im terrestrischen Oberflächenmilieu. Hierbei tritt in diesem System als kritische Komponente die Reduktion von Fe-haltigen Mineralen durch biologische Prozesse auf (Lower et al. 2001). Allerdings steht in zahlreichen natürlichen Milieus nur ein eingeschränktes Angebot an Sauerstoff zur Verfügung, wohingegen Fe^{3+} eine wichtige chemische Komponente innerhalb der Kristallstruktur von Mineralen darstellt. Daher oxidieren dissimilatorisch metallreduzierende Bakterien (Abschn. 2.2 (a)) diverse C-haltige Substrate durch reduktives Lösen von Fe^{3+}-führenden Mineralen auf. Als wichtigste Vertreter von im oberflächennahen Milieu stabilen Fe-Mineralen sind Fe-Oxyhydroxide beschrieben, d. h. Ferrihydrit ($Fe_2^{3+}O_3 \cdot \frac{1}{2}H_2O$), Goethit (FeO(OH)) und Hämatit (Fe_2O_3) (Lower et al. 2001). Generell ist eine erhebliche Bandbreite von Prozessen betroffen und schließt den biogeochemischen Kreislauf von Fe und P, die Oxidation von natürlichen und anthropogenen Kohlenstoffquellen, Biokorrosion und die Freisetzung von (Schwer-)Metallen, verbunden mit Fe-Oxyhydroxiden, ein. Eine dissimilatorische Reduktion von Fe-führenden Mineralen stellt insofern eine besondere Situation dar, da Fe^{3+} nicht in der Lage ist, in fester Form durch die Zellwand in die Plasmamembran zu diffundieren.

Diese wiederum beherbergt jene Proteine, die in den Elektronentransfer, in die Verlagerung von Protonen und die anschließende Generierung von ATP einbezogen werden (Lower et al. 2001). *Shewanella*, ein gramnegatives, dissimilatorisches, metallreduzierendes Bakterien, ist in vielerlei Habitaten anzutreffen, z. B. Böden, Sedimenten, Oberflächen- sowie Grundwässern. Es speichert die für das Wachstum erforderliche Energie durch den Gebrauch von O_2 oder Fe^{3+} als terminalen Elektronenakzeptor (Lower et al. 2001), Abschn. 4.6.2 (b).

Betreffs der Stoffkreisläufe von Fe bieten Kappler & Straub (2005) einen Überblick zur Einbeziehung geomikrobiologischer Prozesse an und listen z. B. Mikroorganismen auf, die zur katalytisch implementierten Transformation von Fe via Redoxprozesse befähigt sind.

Die biologisch beeinflusste Verwitterung/Zersetzung von Mineralen/Gesteinen übernimmt einen wesentlichen Anteil bei der global-terrestrischen Umverteilung von Stoffströmen, z. B. C, Metallen usw. Die Vorgänge, auch als Biodegradation beschrieben, initialisieren und fördern u. a. Abläufe wie z. B. Biofouling/Biokorrosion, Abschn. 2.6.3/Bd. 2. Zunehmend liegen Daten vor, die auf den Einfluss von oberflächennahen mikrobiellen Aktivitäten bei der Kontrolle der biogeochemischen Reaktionen und den damit verbundenen Reaktionsgeschwindigkeiten verweisen. Da Minerale als Energiequellen für Mikroorganismen (Shock 2009) in Betracht kommen, kann eine Vielzahl von Metallen/Spezifikationen mikrobiell bearbeitet werden und sie bedienen sich hierzu sehr effektiver Strategien. So stützt sich die biologische Verwitterung von Fe-haltigen Mineralen in Gesteinen und Böden auf diverse Materialien und Methoden: Lösung von Fe durch Siderophore, organische Säuren, Metabolite etc., Reduktion von Fe^{3+} zu Fe^{2+}, Oxidation von Fe^{2+} zu Fe^{3+}, Metallsorption an Fe-Oxiden, Bildung von Fe-Oxiden, Fe-Hydroxiden, Fe-Karbonaten, Fe-Sulfiden etc. Bei der Entstehung von Gleye, einem Grundwasserboden, charakterisiert durch den Übergangsbereich zwischen oxischen und anoxischen Bedingungen (Oxidations-/Reduktionshorizont), kommt es unter Einbeziehung von Mikroorganismen infolge einer anaeroben bakteriellen Respiration mittels u. a. Dehydrogenasen (Abschn. 3.3.1) zur Reduktion von Fe^{3+} zu Fe^{2+}, (Ehrlich 2002):

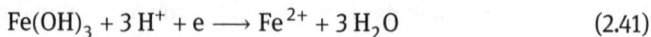

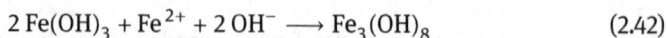

$$Fe(OH)_3 + 3\,H^+ + e \longrightarrow Fe^{2+} + 3\,H_2O \tag{2.41}$$

$$2\,Fe(OH)_3 + Fe^{2+} + 2\,OH^- \longrightarrow Fe_3(OH)_8 \tag{2.42}$$

Zur mikrobiellen SO_4^{2-}-Reduktion innerhalb von sulfidischen Minenabgängen sowie der diagenetischen Bildung von Fe-Sulfiden stellen Fortin & Beveridge (1997) ihre Überlegungen vor. Innerhalb ihrer Studien betonen die Autoren die Relevanz von SRB bei den Stoffkreisläufen von Fe sowie S, Abschn. 2.2 (b). In den oxischen Bereichen von

Abgängen dominieren chemolithotrophe Bakterien mit ihrer Fähigkeit der Produktion der von ihnen benötigten toxischen Laugungsmittel, in den anoxischen Abschnitten kommt es zu einem vermehrten Auftreten von SRB. S-Metabolismus und nachfolgende H_2S-Produktion durch SRB im Verbund mit der hochreaktiven Zelloberfläche fördern die Entwicklung einer Vielzahl von S^{2-}-Mineralen (Fortin & Beveridge 1997). So werden z. B. innerhalb der Abgänge (z. B. *tailings*) mit hoher Populationsdichte seitens SRB diagenetische, amorphe FeS-, FeS_{1-x}- sowie FeS_2-Bildungen entdeckt. Gleichzeitig dienen diese Produkte als Sorptionssubstrate für andere gelöste Spezifikationen wie z. B. von Cu und Zn (Fortin & Beveridge 1997).

Ein anaerober Fe-Redoxkreislauf in Sedimenten hat die Beeinträchtigung von NO_3^- bei der Oxidation von Fe^{2+} zu berücksichtigen. Er kann sich im Sinne technischer Exploitation allerdings nitratreduzierender Mikroorganismen bedienen (Weber et al. 2006). So führt z. B. *Geobacter metallireducens* eine von Nitrat (NO_3^-) abhängige Oxidation von Fe^{2+} durch. Potenzielle Redoxpfade für Fe-N in anoxischen Sedimenten starten mit einer organotrophen NO_2-Reduktion zu N_2 oder NH_4^+. Daran gekoppelt ist eine organotrophe dissmilatorische Fe^{3+}-Reduktion bzw. lithotroph, Fe^{2+}-gesteuerte Reduktion von NO_3^- zu N_2 oder NH_4^- (Weber et al. 2006), Abb. 2.36 (a). Mikroorganismen wie z. B. *Shewanella* sind fähig, unter Verwendung eines Sets an Proteinen energetisierte Membranen bereitzustellen und die Elektronen von einer Energiequelle im Cytoplasma durch die Plasmamembran sowie den periplasmatischen Raum zur äußeren Membran hindurchzutransferieren.

In der äußeren Membran angelangt, scheinen Fe-Reduktasen den Transfer von Elektronen direkt zum Fe^{3+} innerhalb der Kristallstruktur zu übernehmen. Aufgrund dieses Vorgangs kommt es zur Schwächung der Fe-O-Bindung und zu einer reduktiv verursachten Auflösung/Verwitterung des Minerals (Lower et al. 2001).

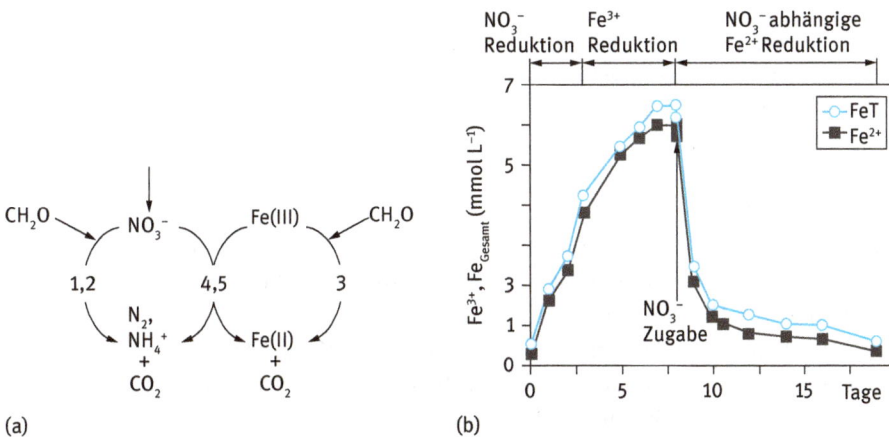

Abb. 2.36: (a) potenzielle Redoxpfade für Fe-N in anoxischen Sedimenten und (b) Wechsel im Gehalt von extrahierbaren Fe^{2+} in Abhängigkeit von der Zeit (Weber et al. 2006).

Alle genannten biogenen Vorgänge werden unter Einbeziehung von Enzymen ausgeführt. Zudem besteht eine Abhängigkeit betreffs einer Fe^{2+}-Extraktion von der Zeit, es erfolgen in einem definierten Zeitrahmen NO_3^--Reduktion, Fe^{3+}-Reduktion sowie eine NO_3^--abhängige Fe^{2+}-Oxidation, letztgenanntes Stadium ist durch einen deutlich verringerten Austrag an Fe^{2+} gekennzeichnet (Weber et al. 2006), Abb. 2.36 (b). In einer Übersicht repräsentieren die Redoxreaktionen Mineralisationen mit strukturgebundenem Fe in Tonmineralen (Pentráková et al. 2013). Strukturgebundenes Fe in Ton-Mineralen ist in ein oktaedrisches Bindungsumfeld integriert und lässt sich mittels Elektronendonatoren, wie z. B. Hydrazin (N_2H_4), u. a. reduzieren. Das auf diese Art generierte Fe^{2+} wiederum reduziert u. a. oxidierte Metallspezifikationen, wie. z. B. Tc^{7+}, und ist somit Bestandteil eines Redoxkreislaufs (Pentráková et al. 2013), Abb. 2.37. Über die Größenverteilung und Mikrostrukturen für Magnetit (Fe_3O_4) und Greigit (Fe_3S_4) aus magnetotakten Bakterien und sedimen-tären Gesteinen berichten Arato et al. (2000).

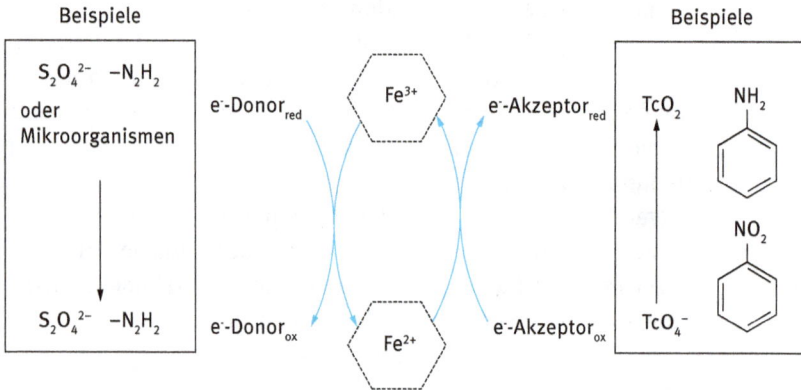

Abb. 2.37: Schematische Darstellung des Redoxkreislaufs von strukturgebundenem Fe in Tonmineralen. Das Metall ist in ein oktaedrisches Bindungsumfeld eingebunden und lässt sich mittels Elektronendonatoren wie z. B. Hydrazin u. a. reduzieren (Pentráková et al. 2013).

(d) Mn-Kreislauf

Für Mangan stehen zur Disposition eine Oxidation von Mn^{2+} und Immobilisierung als Mn^{4+}-Oxid, die Reduktion von Mn^{4+}, eine indirekte Reduktion von $Mn^{4+}O_2$ durch Metabolite, z. B. Oxalate, Bioakkumulation von Mn-Oxiden an Oberflächen und Exopolymere, Beiträge zu Wüstenlack-Bildungen, Biosorption, Akkumulation, intrazelluläre Präzipitation, Mn-Biomineralisation, Metall-Sorption an Mn-Oxide : Mn^{4+}-Oxide, -Karbonate, -Sulfide, -Oxalate zur Verfügung. Von großer Bedeutung ist z. B. das geomikrobiologische Redoxrecycling von Mn und Fe in Stoffkreisläufen. Im oxidierten Zustand nahezu unlöslich fallen sie in der oxischen Zone einer Wassersäule nach biogener Aufoxidation als Feststoffphase aus und sinken entsprechend der Gravitation nach unten. Hierbei gelangen die Mn-Fe-Präzipitate in anoxische Bereiche. Hier können sie durch auf den Metabolismus bezogene Aktivitäten von Mikroorganismen wieder in Lösung gehen (Shock 2009).

(e) Transporter

Zu den molekularen Mechanismen der Aufnahme, Detoxifizierung und Akkumulation von Metallen leistet Clemens (2003) einen Beitrag. Die Weiterleitung von Metallionen geschieht über in der Plasmamembran befindliche Transporter und deren hierfür benötigte Energien, die durch Potentialgefälle an der Membran bereitgestellt werden. Sowohl Fe^{2+}- als auch Zn^{2+}-Transporter sind beschrieben, Abschn. 4.5.5. Ursprünglich bei Pflanzen dargelegt, sind Transporter über Mutanten von *S. cerevisiae* klonierbar.

2.5.1 Ultra-/mafische Gesteine

Ultra-/mafische Gesteine als Sammelbezeichnung umfassen eine Vielzahl Fe-/Mg-reicher Gesteine. Komatiite, Kimberlite, Peridotite u. a. fallen in die Menge ultramafischer Gesteine. Basalte, Diabase, Gabbros u. a. sind als Repräsentanten mafischer Gesteine zu nennen. Gemäß dem Klassifizierungsmerkmal beläuft sich der SiO_2-Gehalt für mafische Gesteine auf 45–52%, für ultramafische Gesteine auf < 45% (Le Bas & Streckeisen 1991). Sie führen mit wechselnden Anteilen, und entsprechend ihren genetisch-geochemischen Ausgangsparametern, Amphibole, Biotit, Diopsid, Pyroxene, Olivin, Serpentin u. a. auf. Es handelt sich hierbei i. d. R. um Mischkristallreihen. Akzessorisch können Titanit, Zirkon u. a. auftreten. Je nach Lokalität und genetischem Hintergrund sind Indikationen/Anomalien auf Cr, Cu, Fe, Ni, PGE, Ti, V charakteristisch. Die Metalle sind häufig in Sulfiden oder Oxiden eingebunden. Großräumige Metallindikationen organisieren sich in vielfältiger Weise, d. h. von disseminierten bis zu gangförmigen Strukturen. Aufgrund ihres geochemischen Inventars, z. B. Fe, stellen ultra-/mafische Gesteine die im Sinne katabolischer Prozesse energiereichsten Gesteine dar. Flankiert durch Laborarbeiten, wie z. B. experimentelle Kolonisierung von Orthopyroxen durch das pleomorphe Bakterium *Ramlibacter sp.* (Benzerara et al. 2004) oder bakteriell eingeleitete Verwitterung von ultramafischen Gesteinen (Becerra-Castro et al. 2013), bietet sich eine Fülle von Informationen an, die zum einen das metabolische Potential von Mikroorganismen betonen und zum anderen als Modell für z. B. eine Biolaugung dienen können.

(a) Fayalith (Fe_2SiO_4)

Vorliegenden TEM-Untersuchungen (Abschn. 1.3.4/Bd. 2) zufolge weist Olivin, bedingt durch eine im terrestrischen Oberflächenmilieu erfolgende chemische Verwitterung, eine signifikante Veränderung der Oberflächentopographie auf. Bei einer unter Laborbedingungen durchgeführten Lösung von Olivin stellt sich die erwähnte Modifikation allerdings nicht ein. Um die Modifikation der Olivin-Oberflächenmorphologie und Reaktivität durch mikrobielle Aktivität während der chemischen Verwitterung zu untersuchen, wurde Fayalith (Fe_2SiO_4) unter Laborbedingungen (pH-Wert 2) für Experimente zum Lösungsverhalten sowohl abiotischen als auch biogenen (*Acidithiobacillus ferrooxidans*) Bedingungen ausgesetzt (Welch & Banfield 2002).

Das Material enthielt geringe Spuren an Laihunit ($Fe^{2+}Fe_2^{3+}(SiO_4)_2$). Unter dem Einsatz von SEM zeigte das Probenmaterial die für die bei der natürlichen Olivinverwitterung auftretenden typischen Ätzmuster. Mittels HRTEM konnten parallel (001) Kanäle mit einer Öffnungsweite von < 10 nm beobachtet werden. Als Erklärung für die Entstehung solcher Kanäle wird ein bevorzugter Entzug der Kationen beim Olivin-Strukturtyp-M1 angenommen. Mit der Anlage der Kanäle kommt es gleichzeitig zu einer Erhöhung der Oberfläche. Die verbliebenen Streifen von Olivin zwischen den Kanälen führen Laihunit mit einer Orientierung parallel zu den Kanalgrenzen (Welch & Banfield 2002).

Analysen mittels Röntgendiffraktometrie belegen, dass die relative Häufigkeit von Laihunit in Proben, die einer Reaktion unterzogen wurden, höher ausfallen als in jenen, die keinerlei Reaktionen ausgesetzt waren (Welch & Banfield 2002). Diese Beobachtungen der Autoren decken sich mit vorausgegangenen Studien von natürlich verwittertem Olivin, die bereits auf das geringere Löslichkeitsverhalten von Laihunit gegenüber Olivin hinweisen.

In Anwesenheit von *A.-ferrooxidans*-Zellen, die enzymatisch Fe oxidieren, bzw. in Fe^{3+}-führenden Lösungen, die die biologischen Aktivitäten simulieren, reagiert das o. a. Probenmaterial gegenüber den abiotisch behandelten Proben mit einer geringeren Rate. Welch & Banfield (2002) vermuten als Motiv für die unterdrückte Olivin-Auflösung eine Oberflächenadsorption von Fe^{3+}, wobei die Kontrolle der Fe^{3+}-Adsorption durch M2-Stellen in der unterlagernden Olivin-Struktur erfolgen könnte. Nanoskalige Environments, assoziiert mit der biogen gesteuerten Verwitterung von Mg-Fe-Pyroxen, weichen häufig bezüglich Reaktionsprodukten von den Vorhersagen, gestützt auf thermodynamisch regulierte Gleichgewichtszustände, ab (Benzerara et al. 2005).

(b) Forsterit ($Mg_2[SiO_4]$)

Einen experimentellen Modell-Ansatz zur biologisch assistierten Verwitterung von Silikaten via Olivin sowie *E.-coli*-Einfluss auf chemische Verwitterung mafischer Gesteine präsentieren [1]Garcia et al. (2013). Forsterit ($Mg_2[SiO_4]$, Fo90) wurde für eine Woche bei neutralem pH-Wert und einer Betriebstemperatur von 37 °C in einem Batchreaktor einer *E.-coli*-Population in wässriger Lösung ausgesetzt. An Referenzmaterialien standen Suspensionen an pulverisiertem Olivin und in Wasser befindlichen *E.-coli*-Zellen zur Verfügung. Die olivinhaltige Probe reproduziert in Übereinstimmung mit vorliegenden Daten zur Ratenumsetzung eine vorhersagbare Freisetzung von Fe,

Mg und Si. Nach einer Woche unter abiotischen Bedingungen waren die verwitterten Oberflächen gegenüber der Ausgangszusammensetzung des Minerals an Fe sowie Fe^{3+} angereichert. Kontrollen, bezogen auf die bakterielle Situation, zeigen bei abnehmendem Eh-Wert eine ansteigende Konzentration an Zellen, d. h. $-50\,mV$ mit $1 \cdot 10^7$ Zellen ml^{-1} und $-160\,mV$ mit $8 \cdot 10^8$ Zellen ml^{-1} ([1]Garcia et al. 2013).

Die Mg-Gehalte in den bakteriellen Kontrolllösungen lagen im $(\mu g\,l^{-1})$-Bereich und dürften nach Einschätzung von [1]Garcia et al. (2013) durch Freisetzung des Mg aus abgestorbenem Zellmaterial herrühren. Mehr als 80 % der Zellen waren nach einer Woche noch aktiv. Die durch die Versuche gewonnenen Lösungen, d. h. Olivin reagiert in Anwesenheit von Zellmaterial, zeigen nahezu gegenüber den mineralischen Kontrollproben deutlich geringere Mg- und Si-Gehalte (in 10er-%). Dahingegen weisen die Mineraloberflächen eine signifikante Abreicherung an Fe auf und auf Mg bezogene Stoffbilanzierungen sehen keine Konsequenzen bei dem Wechseln der pH- sowie Eh-Werte auf die bakterielle Entnahme als auch der Unterbindung der Mg-Lösungsrate. Auch ist die Beschichtung durch bakterielle Zelllagen vernachlässigbar und *E. coli* scheint die chemische Verwitterung des Olivins zu reduzieren. Daher glauben [1]Garcia et al. (2013), dass die Anwesenheit von Proteobakterien, einer verbreiteten Gruppe von oberflächennahen Bakterien, den Anteil freibeweglichen Mg, bereitgestellt durch die chemische Verwitterung von mafischen Gesteinen, reduzieren sollte.

(c) Serpentin $((Mg, Fe, Ni)_6Si_4O_{10}(OH)_8)$

Mithilfe der RDA, 3-D-Röntgenmikroskopie sowie Analysen zur Lösungschemie untersuchten Yao et al. (2013) in Anwesenheit des Bodenbakteriums *Bacillus mucilaginosus* eine Zersetzung von Serpentin $[(Mg, Fe, Ni)_6Si_4O_{10}(OH)_8]$ (Abschn. 1.3.3/Bd. 2). Um Wechselwirkungen zwischen Mikroorganismus und Mineral auszulösen, muss ein Serpentin in Pulverform für 30 Tage mit einem Bakterium inkubiert werden. Gegenüber Kontrollexperimenten weisen die Mg-Gehalte im Kulturmedium zu jeder Zeit im Ablauf der Versuche deutlich höhere Werte auf. Insgesamt zeigt das Verhältnis von Mg:Si ein ähnliches Verhalten, wie es typischerweise bei der anorganischen Verwitterung von Silikatmineralen beobachtet wird. Mithilfe der RDA entdeckten Yao et al. (2013) amorphe Komponenten in den mineralischen Proben, und Aufnahmen zur Tomographie offenbaren eine sehr poröse Beschaffenheit der in Lösung befindlichen Körner aus Serpentinit. Nach Einschätzung der o. a. Autoren gibt es während der Wechselwirkungen zwischen Bakterium und Mineral keine genetische Kontrolle seitens der Mikroorganismen. Im Gegenteil vermuten Yao et al. (2013) als Ursache für eine Beschleunigung der Verwitterung biologisch erzeugte Prozesse. Letztendlich zeichnen sich gemäß den Überlegungen o. a. Autoren für die Absenkung des pH-Wertes, das Auftreten von Phenolen, Ketonen u. a. Verbindungen innerhalb der Metabiolite diverse von Bakterien sekretierte organische Säuren und Liganden für eine beschleunigte Mineralverwitterung verantwortlich.

(d) Diopsid (CaMg[Si$_2$O$_6$])

Experimentelle Studien über die Effekte organischer Liganden auf die Kinetik der Diopsid(auf)lösung führten Golubev & Pokrovsky (2006) durch. Hierzu wurde zur Ermittlung/Bestimmung der (Auf)lösungsrate von Diopsid (CaMg[Si$_2$O$_6$]) dieses in einem gemischten (Mixed) Durchfluss/Strömungsreaktor bei einer Temperatur von 25 °C und mit den pH-Bereichen 5,3–7,0 und 10,4–10,9 einer Konzentration von neun organischen Liganden ausgesetzt. Bei neutralem pH führen EDTA, Citrat, Acetat (CH$_3$CO$_2^-$), Glukonat und 2,4-DHBA zu einer Erhöhung der Diopsidlösungsrate. Dahingegen zeigen Alginsäure und Glucosamin keine erkennbare Wirkung auf die Lösungsrate, wohingegen Glucuronsäure die Lösungsrate von Diopsid etwas verringert. Bei basischem pH beeinflussen weder Citrat noch CH$_3$CO$_2^-$ die Lösung, wohingegen EDTA zwar einen leichten Anstieg in der Lösungsrate anzeigt, die allerdings geringer ausfällt als bei neutralem pH-Wert. Diese Daten stimmen mit der Beobachtung überein, dass Diopsid in basischer Lösung eine negative Oberflächenladung aufweist.

Durch Liganden beeinflusste Raten sind über eine phänomenologische Gleichung einer Rationalisierung erfassbar, wobei diese eine *Langmuir*-Adsorption von negativ geladenen oder neutralen Liganden auf Raten kontrollierter Oberflächenseiten annimmt, z. B. wahrscheinlich > Mg(Ca)OH^{2+}. In Anwesenheit organischer Liganden bestätigen Messungen mittels Elektrophorese qualitativ das angewandte Modell: Eine Abnahme des pH$_{IEP}$- und Zeta-Potentials geschieht über eine Adsorption von Liganden auf der Oberfläche von Diopsid. Nach Auffassung von Golubev & Pokrovsky 2006 unterstützen die Ergebnisse ihre Arbeit, dass erst eine sehr hohe Konzentration von Liganden, ungeachtet ihrer Herkunft, z. B. durch den Abbau von organischer Materie durch Enzyme oder bakterielle stoffwechselbezogene Aktivitäten, einen nachweisbaren Effekt auf die Auflösung von Diopsid bewirkt. Eine einfache Präsenz von natürlichen organischen Liganden erscheint zu schwach, um den Abbau dieses Minerals zu bewirken.

(e) Orthopyroxen (Mischkristallreihe Enstatit-Ferrosilit-Reihe)

Eine experimentelle Kolonisation und Alteration von Orthopyroxen durch das Bakterium *Ramlibacter tataouinensis* schildern Benzerara et al. (2004). Bei dem angesprochenen Mikroorganimus handelt es sich um ein aerobes, chemoorganotrophes Bakterium, das aus ariden Gebieten beschrieben ist und offensichtlich Orthopyroxen besiedelt und verändert. An der Kontaktfläche zwischen einem Bakterium und Mineral kommt es zu chemischen Veränderungen des betroffenen Minerals und die Physiologie der Bakterien variiert insofern, dass zwischen dem auf einer Oberfläche fixierten und einem nicht angebundenen Zustand unterschieden wird, Abschn. 1.2. Die Wechselwirkung zwischen Fe^{2+}-Silikaten und Bakterien offenbart beide Aspekte. Während Fe sowohl als Elektronendonator als auch als Komponente in zahlreichen

Enzymen auftreten kann, wirken wiederum stoffwechselbezogene Aktivitäten seitens des Bakteriums auf die Lösungsraten Fe^{2+}-reicher Silikate (Benzerara et al. 2004).

Zur bakteriell eingeleiteten Verwitterung von ultramafischen Gesteinen, speziell zur Mobilisierung von Ni und der Verwitterungskapazität bakterieller Stämme, führten Becerra-Castro et al. (2013) diverse evaluierende Studien durch. Hierfür impften sie Proben aus ultramafischen Gesteinen mit zwei *Athrobacter*-Stämmen an, d. h. *LA44* sowie *SBA82*. Erstgenannter Stamm synthetisiert Indol-3-Essigsäure, bzw. *SBA82* produziert Siderophore, löst PO_4 und stellt ebenfalls Indol-3-Essigsäure bereit. Hinsichtlich der angebotenen Mineralphasen reagieren die Stämme sehr unterschiedlich. Gegenüber einer Mobilisierung von Ni erweist sich *LA44* als effizienter, wobei eine Lösung von Ni mit dem Auftreten von Mn-Oxiden verbunden zu sein scheint. Hiermit ist offensichtlich eine Erzeugung von Oxalat verbunden (Becerra-Castro et al. 2013). *SBA82* führt hingegen zu einem wesentlich niedrigeren Austrag an Ni und Mn. Eine gleichzeitig verlaufende Mobilisierung von Fe sowie Si deutet auf eine vorzugsweise Verwitterung von Fe-Oxiden und serpentinitführende Mineralisationen hin (Becerra-Castro et al. 2013).

Bei *Ramlibacter tataouinensis TTB310* handelt es sich um ein aerobes, chemoorganotrophes Bakterium, isoliert aus ariden Sanden. Es gibt Vermutungen, dass dieses β-Proteobakterium in die Kolonisierung und Veränderung von Orthopyroxenen, d. h. Fe^{2+}- und Mg^{2+}-führende Silikate, einbezogen ist. Arbeiten von Benzerara et al. (2004) deuten auf Indizien für die Wahrscheinlichkeit einer Wechselwirkung zwischen dem o. a. Mikroorganismus und den Kristallen hin.

Die Veränderungen des Orthopyroxens sind unter Einsatz einer HRTEM an der Schnittstelle zwischen den Zysten des o. a. Mikroorganismus und dem Pyroxenkristall erfass- und somit beschreibbar, Abschn. 1.3.4 (b)/Bd. 2. Die Oberfläche des Pyroxens weist eine amorphe Schicht auf, die gegenüber Kontrollproben, d. h. nicht biogenen, aber ansonsten identischen Konditionen unterworfen, ausgeprägter ist. Darüber hinaus zeigen chemische Analysen, dass sich in Gegenwart von *Ramlibacter tataouinensis TTB310* die Zersetzung von Pyroxen vermindert. In der o. a. Lage ist eine amorphe Al-Anreicherung unterhalb der Mikroorganismen anzutreffen. Weiterhin treten in unmittelbarar Nähe der Mikroorganismen Vergesellschaftungen von Ca-Carbonaten und Polysacchariden sowie Fe in verschiedenen Oxidationsstufen auf. Sowohl Bulk- als auch STXM-Messungen (engl. *scanning transmission X-ray microscopy*) ergeben eine Aufoxidation des Fe^{2+} innerhalb von drei Tagen. Im Anschluss präzipitieren Fe-haltige Mineralisationen in unmittelbarer Nähe der Zellen, die zunächst im zwischen den Zellmembranen befindlichen Periplasma auskristallisieren. Der messtechnische Nachweis dieses Vorgangs erfolgt über eine TEM (Benzerara et al. 2008), Abschn. 1.3.4 (b)/Bd. 2. Die Reaktionsumgebung weist innerhalb der Fe-reichen Schicht im Periplasma hohe Anteile von organischem Kohlenstoff auf und das Periplasma selbst offenbart, durch eine NEXAFS-Analyse (engl. *near edge X-ray absorption fine structure*) ermittelt, hohe Ähnlichkeiten mit dem Spektrum des gesamten Bakteriums. Beide Medien unterliegen der für Proteine typischen Vorherrschaft von Amiden als funktionelle Gruppen, Abschn. 2.3.7. Die Aufoxidation von Fe^{2+}, als treibende Kraft treten die Fe-oxidierenden, NO^{3-}-reduzierenden Bakterien auf, führt zu einer Bildung von Fe^{3+}-Präzipitaten in unmittelbarer Nähe der mikrobiellen Zellen. Rezente Studien belegen für die diskreten Stämme unterschiedliche Mechanismen der Biomineralisation, Abschn. 2.3.4. So unterliegt zum Beispiel der β-proteobakterielle Stamm *BoFeN1* im Verlauf der Fe-Oxidation einer Inkrustation durch Fe^{3+}, wohingegen dieses Phänomen beim photosynthetischen Purpurbakterium *Rhodobacter ferrooxidans SW2* nicht zu beobachten ist (Benzerara et al. 2008).

Benzerara et al. (2004) veröffentlichen TEM-Aufnahmen eines aus filamentösen Mikroorganismen bestehenden Biofilms auf u. a. Fe-Mg-Pyroxen, Abb. 2.38 (a). Den Analysen zufolge kommt es unterhalb des Biofilms zu einer amorphen an Al angereicherten Schicht, Ca-Carbonaten zusammen mit Polysacchariden. Weiterhin sind die Mikroorganismen von Regionen umgeben, die durch Fe mit unterschiedlichen Oxidationszuständen gekennzeichnet sind, und bestätigen auf diese Weise das enge räumliche Nebeneinander verschiedenartiger Mikroumgebungen (Benzerara et al. 2004). Eine in diesem Zusammenhang durchgeführte Fe-Redoxkartierung zeigt nach 3, 6, 24, 72 und 144 h eine progressive Oxidation von Fe, assoziiert mit Bakterien und extrazellulären Präzipitaten im gewählten nanoskaligen Umfeld (Benzerara et al. 2008), Abb. 2.38 (b).

(f) Hornblende ($Ca_2(Mg, Fe, Al)_5(Al, Si)_8O_{22}(OH)_2$)

[1,2]Kalinowski et al. (2000) isolierten aus Böden eine *Arthrobacter*-Spezies, die Fe aus Hornblende entnimmt. Hierzu produziert der Mikroorganismus niedrigmolekulare organische Säuren und eine spezielle Form von Siderophor, Abschn. 4.5.4. Eine Freisetzung von Al ist seitens der o. a. Autoren nicht erkennbar. Als Bindungsmechanismus schlagen [1,2]Kalinowski et al. (2000) eine auf die Oberfläche bezogene Komplexierung vor. Eine Freisetzung diverser Metalle aus Hornblenden, wie z. B. Fe, Mn, Ni, V, führen Brantley et al. (2001) auf den kombinierten Gebrauch von organischen Säuren unter den Bedingungen eines niedrigen pH-Werts oder mikrobieller Siderophoren zurück. Bemerkenswert ist die mikrobielle Bearbeitung von SEE. Als Mikroorganismus wählten die o. a. Autoren *Arthrobacter sp.* aus.

2.5.2 Felsische/intermediäre Gesteine

Unter felsische Gesteine (Felsite) fallen Gesteine mit einem SiO_2-Gehalt >69 % (Le Bas & Streckeisen 1991). Intermediäre Gesteine (52–63 % SiO_2) vermitteln zwischen felsischen und mafischen Gesteinen. Sie sind als In- sowie Extrusiva ausgebildet. Als wichtigste Vertreter felsischer Gesteine treten Granite, Rhyolithe sowie Pegmatite auf. In felsischen Gesteinen domineren Quarz, Ortho- und Plagioklas das Mineralspektrum, mit unterschiedlichen Anteilen ist Muskovit beschrieben. Intermediäre Gesteine

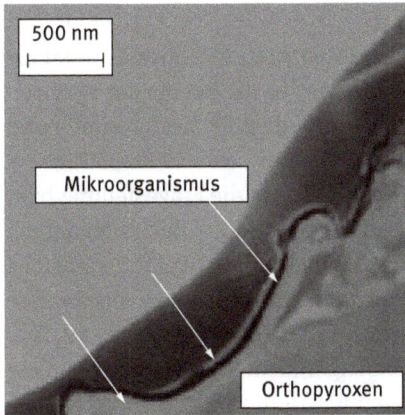

(a)

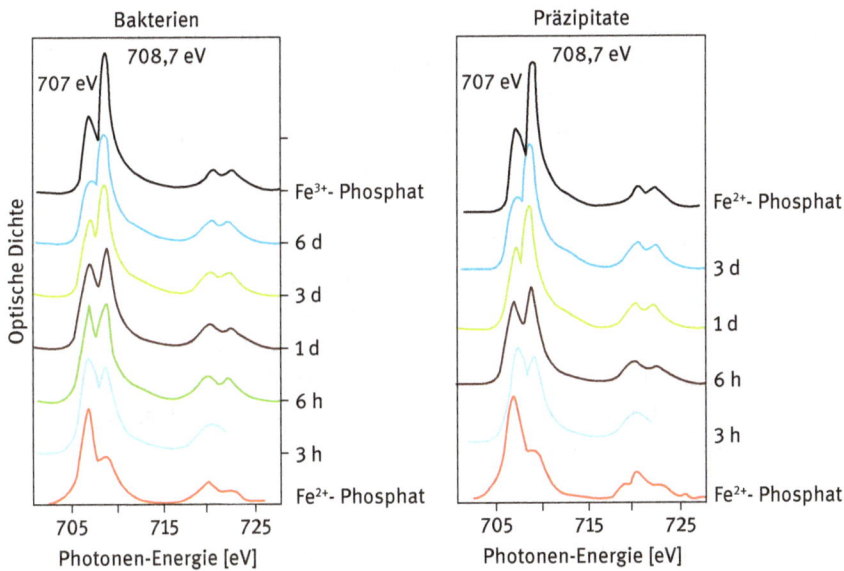

(b)

Abb. 2.38: (a) Schnittstelle Mikroorganismus–Mineral, d. h. TEM-Aufnahme eines Biofilms auf u. a. Orthopyroxen sowie (b) Fe-Redoxkartierung nach 3, 6, 24, 72 und 144 h. Es ist eine progressive Oxidation von Fe assoziiert mit Bakterien und extrazellulären Präzipitaten zu beobachten (Benzerara et al. 2008).

sind durch Andesite sowie Diorite repräsentiert. Andesite als Extrusivgestein führen Plagioklas, Pyroxen und/oder Hornblende sowie untergeordnet Magnetit, Zirkon, Ilmenit, Biotit u. a. Diorite sind durch eine ähnliche Mineralparagenese gekennzeichnet. Über Wechselwirkungen zwischen Intermediärgesteinen mit Mikroorganismen liegen bislang keine Daten vor.

(a) Granit

Zur biogen unterstützten Verwitterug von Granit liegt eine Vielzahl laborbezogener Experimente vor (Song et al. 2007). In Batch-Reaktoren wurden die infolge der Wechselwirkungen zwischen Mikroorganismus und Granit stattfindenden Mechanismen und Raten der Elementfreisetzung von Al, Ca, F, Fe, K, Mg, Na, P, Si sowie Sr für 35 Tage bei Temperatur von 28 °C untersucht (Wu et al. 2008). Es geht um die Fragestellung bzw. Bewertung, inwieweit aktiv Stoffwechsel betreibende heterotrophe Bakterien auf die Verwitterung von Graniten Einfluss nehmen. Bei dem betroffenen Mikroorganismus handelt es sich um *Burkholdia fungorum*. Das Kulturmedium stützt sich auf Glucose als C-Quelle, NH_4 oder NO_3 als N_2-Lieferant sowie gelöstes PO_4 oder Spuren an Apatit in Granit als Lieferant für P. Es fand unter allen experimentellen Bedingungen ein Zellwachstum statt. In den mit NH_4 ausgestatteten Reaktoren sinkt der anfängliche pH-Wert der Lösung von ca. 7 auf ungefähr 4, wohingegen er im NO_3 führenden Reaktor nahezu neutral verbleibt.

Messungen zum Gehalt von gelöstem CO_2 und Gluconat in Verbindung mit einer Massenbilanzierung zum Zellwachstum gestatten die Vermutung, dass die Herabsetzung des pH-Wertes in den NH_4-führenden Reaktoren durch eine Freisetzung von Gluconsäure ($C_6H_{12}O_7$) und die Extrusion von H^+ während der NH_4-Aufnahme ausgelöst wird (Wu et al. 2008). In NO_3-haltigen Reaktoren produziert *B. fungorum* wahrscheinlich und gleichzeitig während des Gebrauchs von NO_3 zum einen Gluconsäure und konsumiert zum anderen H^+. Über den gesamten Zeitraum von 35 Tagen liefern die NH_4-führenden Reaktoren für alle erwähnten Elemente die höchsten Freisetzungsraten. Allerdings zeigen chemische Analysen der Biomasse, dass die Bakterien einzig Na, P und Sr im Verlauf des Wachstums verbrauchen bzw. aufnehmen. Im Gegensatz hierzu unterliegen abiotisch kontrollierte Reaktoren abweichenden Reaktionspfaden und liefern im Vergleich mit biologischen Reaktoren eine geringere Freisetzung von Elementen. Da die Freisetzungsraten umgekehrt mit den jeweiligen pH-Werten korrelieren, vermuten Wu et al. (2008) als hauptsächlichen Reaktionsmechanismus eine durch Protonen unterstützte Lösung.

Eine Modellierung der Spezifikation der gelösten Substanzen innerhalb biotischer Reaktoren deutet eine durch Al-F(-fungorum) und Fe-F-Komplexe erhöhte Löslichkeit der betroffenen Minerale bzw. Freisetzungssraten durch Verminderung der Aktivitäten von Al und Fe an. Massenbilanzierungen zeigen weiterhin, dass untergeordnete Ca-führende Minerale, wie z. B. Calcit ($CaCO_3$), Fluorit (CaF_2), Fluorapatit ($Ca_5[F|(PO_4)_3]$), den größten Anteil an gelöstem Ca beisteuern und weniger die häufiger auftretenden Ca-Minerale wie z. B. der Plagioklas, dessen Beitrag an Ca vernachlässigbar verbleibt (Wu et al. 2008). Am Beispiel eines Granits beschrieben, setzen heterotrophe Bakterien in der Anfangsphase offenbar Glucose und NH_4 ein. Hierbei erhöhen sie, unter gleichzeitigem CO_2-Verbrauch, die Verwitterungsreaktionen nur moderat. Durch Erhöhung der Lösung untergeordneter Ca-führender Minerale könnte es zu den erhöhten Ca/Na-Verhältnissen kommen, wie sie häufig in wasserführenden Systemen innerhalb granitischer Gesteine ermittelt werden (Wu et al. 2008).

In Verbindung mit in die Verwitterung granitischer Gesteine assoziierten Bakterien führten Frey et al. (2010) Untersuchungen durch. Ohne zusätzliche Makro- oder Mikronährstoffe wachsen zahlreiche aus Gesteinen granitischer Komposition isolierte bakterielle Stämme in der Anwesenheit eines Pulvers aus Granit sowie einem Glucose-NH_4Cl-Medium. Weiterhin werden keine mit der Verwitterung assoziierten Reagenzien seitens der Bakterien produziert. Mit der Verwitterung sind speziell vier Isolate, d. h. *Arthrobacter sp.*, *Janthinobacterium sp.*, *Leifsonia sp.* sowie *Polaromonas sp.*, verbunden (Frey et al. 2010). Im Vergleich zu Beobachtungen aus nichtbiotischen Experimenten verursacht die Präsenz dieser Stämme einen deutlichen Anstieg in der Verwitterung eines Granits, ermittelt durch die Gehalte an u. a. Fe, Mg sowie Mn. Die mit der Verwitterung assoziierten Bakterienvertreter zeichnen sich durch vier Merkmale aus, die sie gegenüber anderen untersuchten Isolaten bei der Zersetzung von Mineralen effizienter auftreten lassen:

(1) Der größte Anteil der bakteriellen Zellen verhaftet an den Granitoberflächen und suspendiert nicht in der Lösung.
(2) Sie sekretieren den größten Anteil an Oxalsäuren (oder Ethandisäure = $C_2H_2O_4$).
(3) Sie erniedrigen den pH-Wert der Lösung.
(4) Sie bilden signifikante Beträge an Cyanwasserstoff (oder Blausäure = HCN).

Eine Element-Freisetzung, z. B. Fe, aus Granit könnte durch die Kombination von $C_2H_2O_4$ und HCN erfolgen. Bezogen auf geologische Vorgänge, d. h. Habitat im postglazialen Milieu, scheint eine aus-gedehnte mikrobielle Besiedelung von Granitoberflächen in die Anfänge einer Pedogenese einbezogen zu sein (Frey et al. 2010).

Vier Isolate, d. h. *Arthrobacter sp.*, *Janthinobacterium sp.*, *Leifsonia sp.* sowie *Polaromonas sp.*, zeigen die höchsten Lösungsraten für Fe, d. h. $1,4 \cdot 10^{-12}$ mol^{-2} s^{-1}, Tab. 2.21. Für fünf Isolate, d. h. *Arthrobacter sp.*, *Janthinobacterium sp.*, *Leifsonia sp.*, *Paucibacter sp.* sowie *Polaromonas sp.*, ist eine hohe Ausbringung für Ca und Mg zu verzeichnen (Frey et al. 2010). Die angezeigten Werte liegen signifikant über jenen, die aus nichtinokulierten Kulturmedien entstammen. Betreffs der Lösung von P zeichnen sich *Pedobacter sp.* sowie *Oxalobacter sp.* aus, auch hier liegen die Werte über jenen Lösungen, die kein Zellmaterial führen. Experimente mit Isolaten von *Arthrobacter sp.*, *Janthinobacterium sp.*, *Leifsonia sp.*, *Paucibacter sp.* sowie *Polaromonas sp.* überführen sechsmal mehr an Mn in Lösung, als dies bei Präparaten ohne Zellmaterial zu ermitteln ist. Um die in eine Verwitterung granitischer Gesteine einbezogenen organischen Säuren festzustellen, eignet sich eine Ionenchromatographie. Als organische Säure tritt überwiegend Oxalsäure auf (Frey et al. 2010).

2.5.3 Silikate, Phosphate und Karbonate

Silikate sowie Phosphate stellen ein vielfältiges Inventar an Elementen bzw. metallführenden Komponeten für Mikroorganismen bereit. Mit ca. 30 % sind Silikate am

Tab. 2.21: Mobilisierung von speziellen Elementen innerhalb von acht Tagen, ausgedrückt durch die Lösungsrate diverser Mikroorganismen (Frey et al. 2010).

Isolat	Lösungsrate (10^{-12} mol^{-2} s^{-1})					
	Al	Ca	Fe	Mg	Mn	P
Athrobacter sp.	$0{,}34 \pm 0{,}06$	$0{,}46 \pm 0{,}01$	$0{,}34 \pm 0{,}01$	$0{,}62 \pm 0{,}00$	$0{,}05 \pm 0{,}01$	$0{,}00 \pm 0{,}00$
Chlorella sp.	$0{,}04 \pm 0{,}01$	$0{,}32 \pm 0{,}00$	$0{,}02 \pm 0{,}00$	$0{,}40 \pm 0{,}01$	$0{,}01 \pm 0{,}00$	$0{,}00 \pm 0{,}00$
Frigoribacter sp.	$0{,}17 \pm 0{,}01$	$0{,}17 \pm 0{,}01$	$0{,}05 \pm 0{,}01$	$0{,}29 \pm 0{,}02$	$0{,}00 \pm 0{,}00$	$0{,}01 \pm 0{,}01$
Janthinobacterium sp.	$0{,}29 \pm 0{,}06$	$0{,}61 \pm 0{,}01$	$1{,}43 \pm 0{,}06$	$0{,}61 \pm 0{,}01$	$0{,}05 \pm 0{,}00$	$0{,}00 \pm 0{,}00$
Leifsonia sp.	$0{,}19 \pm 0{,}05$	$0{,}45 \pm 0{,}03$	$0{,}80 \pm 0{,}16$	$0{,}52 \pm 0{,}03$	$0{,}04 \pm 0{,}00$	$0{,}00 \pm 0{,}00$
Oxalobacter sp.	$0{,}07 \pm 0{,}00$	$0{,}18 \pm 0{,}03$	$0{,}02 \pm 0{,}00$	$0{,}21 \pm 0{,}02$	$0{,}00 \pm 0{,}00$	$0{,}03 \pm 0{,}00$
Paenibacillus sp.	$0{,}06 \pm 0{,}00$	$0{,}14 \pm 0{,}01$	$0{,}02 \pm 0{,}00$	$0{,}25 \pm 0{,}01$	$0{,}00 \pm 0{,}00$	$0{,}00 \pm 0{,}00$
Paucibacter sp.	$0{,}09 \pm 0{,}00$	$0{,}44 \pm 0{,}01$	$0{,}04 \pm 0{,}01$	$0{,}50 \pm 0{,}01$	$0{,}03 \pm 0{,}00$	$0{,}00 \pm 0{,}00$
Pedobacter steynii	$0{,}02 \pm 0{,}01$	$0{,}34 \pm 0{,}04$	$0{,}01 \pm 0{,}01$	$0{,}38 \pm 0{,}01$	$0{,}02 \pm 0{,}00$	$0{,}03 \pm 0{,}00$
Polaromonas sp.	$0{,}26 \pm 0{,}01$	$0{,}46 \pm 0{,}01$	$0{,}96 \pm 0{,}07$	$0{,}55 \pm 0{,}02$	$0{,}04 \pm 0{,}00$	$0{,}00 \pm 0{,}00$
Pseudomonas sp.	$0{,}04 \pm 0{,}00$	$0{,}32 \pm 0{,}01$	$0{,}06 \pm 0{,}00$	$0{,}41 \pm 0{,}00$	$0{,}02 \pm 0{,}00$	$0{,}01 \pm 0{,}01$
Variovorax sp.	$0{,}06 \pm 0{,}00$	$0{,}22 \pm 0{,}02$	$0{,}01 \pm 0{,}00$	$0{,}29 \pm 0{,}02$	$0{,}00 \pm 0{,}00$	$0{,}00 \pm 0{,}00$

mineralischen Bestand beteiligt und ihr Anteil beläuft sich innerhalb der Erdkruste auf nahezu 90 %. Phosphate sind mit ca. 25 % am Aufbau von Biomineralen (Weiner & Dove 2003) beteiligt. Karbonate verhalten sich, im Vergleich mit Silikaten sowie Phosphaten, am reaktivsten.

(a) Chemie

Eine Verwitterung von Kalifeldspat ($KAlSi_3O_6$), einem der häufigsten auftretenden silikatischen Minerale, kann neben der Bildung von Kaolin und, je nach Zusammensetzung der unmittelbaren Mikroumgebung, auch zu einem Metalloxid führen (Konhauser 2007):

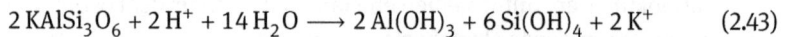

$$2\,KAlSi_3O_6 + 2\,H^+ + 14\,H_2O \longrightarrow 2\,Al(OH)_3 + 6\,Si(OH)_4 + 2\,K^+ \qquad (2.43)$$

oder:

$$KAlSi_3O_6 + 2\,H_2SO_4 + 4\,H_2O \longrightarrow Al^{3+} + 3\,Si(OH)_4 + 2\,K^+ + 2\,SO_4^{2-} \qquad (2.44)$$

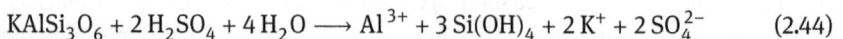

Der in z. B. in mafischen Gesteinen auftretende Olivin (Fe_2SiO_4) zersetzt sich in über mindestens zwei Reaktionsschritten in u. a. Fe^{3+}-Hydrooxid (Konhauser 2007):

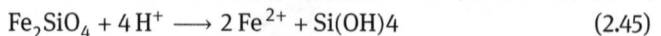

$$Fe_2SiO_4 + 4\,H^+ \longrightarrow 2\,Fe^{2+} + Si(OH)4 \qquad (2.45)$$

folgend:

$$2\,Fe^{2+} + \tfrac{1}{2}O_2 + 5\,H_2O \longrightarrow 2\,Fe(OH)_3 + 4\,H^+ \qquad (2.46)$$

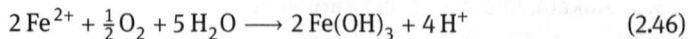

Phosphor (P) repräsentiert für alle Lebensformen einen unverzichtbaren Makronährstoff. Als wichtigste P-Quelle tritt Apatit ($Ca_5(PO_4)_3(F, Cl, OH)$) auf. Ca-Phosphate sind neben Ca-Oxalaten die am häufigsten beschriebenen Biomineralisationen. Phosphate gelangen u. a. durch mikrobielle Exkretion oder den Eintrag diverser Biomoleküle aufgrund absterbender Biomasse in die Umwelt.

Anorganischer P tritt sowohl löslich als auch in unlöslicher Form auf. Mikrobielle Aktivitäten sind fähig, mit beiden Phasen zu reagieren und sie in die jeweils andere Form zu überführen. Durch die Bereitstellung von H_2S konvertieren Mikroorganismen, wie z. B. *E. coli*, zunächst unlösliche Fe-Phosphate zu löslichen Fe-Sulfiden (Ehrlich 2002):

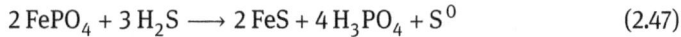

$$2\,FePO_4 + 3\,H_2S \longrightarrow 2\,FeS + 4\,H_3PO_4 + S^0 \qquad (2.47)$$

Ein weiteres Hilfsmittel mikrobieller Lösung von Phosphaten stellt die durch *Thiobacillus* bereitgestellte H_2SO_4 dar. *Pseudomonas sp.* und *Arthrobacter sp.* setzen Chelatkomplexe wie Oxalate ($C_2O_4^{2-}$), Citrate ($C_6H_5O_7$) u. a. ein. Auf die Produktion organischer Säuren wie z. B. Citronensäure ($C_6H_8O_7$) stützt sich *Fusarium oxysporum*.

Im Fall einer Immobilisierung von Phosphaten kommen authigene sowie diagenetische Prozesse in Betracht. Als eine der wichtigsten Mineralisationen ist der Phosphorit zu nennen. In unmittelbarer Nähe sind i. d. R. mikrobielle Aktivitäten nachgewiesen. Bezüglich der Stabilität der o. a. P-Mineralisation erörtert Ehrlich (2002) aufgrund vorliegender Datenbestände eine mikrobielle Kontrolle von pH-Wert und Eh-Konditionen.

Karbonatische Minerale erstellen bis zu 20 % phanerozoischer Gesteine (Konhauser 2007).

Betreffs einer Verwitterung kommen im Wesentlichen zwei Gesteine in Betracht, d. h. Ca-Karbonat (Konhauser 2007):

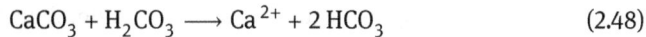

$$CaCO_3 + H_2CO_3 \longrightarrow Ca^{2+} + 2\,HCO_3 \qquad (2.48)$$

sowie Dolomit:

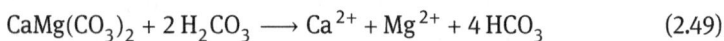

$$CaMg(CO_3)_2 + 2\,H_2CO_3 \longrightarrow Ca^{2+} + Mg^{2+} + 4\,HCO_3 \qquad (2.49)$$

Karbonate biogenen Ursprungs, aber auch Silikate sind das Produkt/Ausdruck von geochemischen Senken.

Eine Stimulation von Mineralen im Einzugsbereich von Mikroorganismen und die limitierte Freisetzung von begrenzt verfügbaren Nährstoffen aus Silikaten erläutern Rogers & Bennett (2004). Durch Störung des Gleichgewichts zwischen Mineral und wässriger Umgebung sowie der Reaktionsdynamik, ausgelöst durch die Interaktion zwischen mikrobieller Aktivität und Mineral, kommt es zur Verwitterung von u. a. Silikaten. Als Einflussgrößen treten u. a. Protonen, hydroxyl- oder metallbindende, auf den Metabolismus bezogene Nebenprodukte auf. An der Schnittstelle Mikroorganismus : Mineral herrschen infolge der o. a. Vorgänge vom weiteren Umfeld abweichende chemische Bedingungen vor, oftmals durch differierende pH-Werte und chemische Gradienten zum Ausdruck gebracht (Rogers & Bennett 2004).

Die Fähigkeit des grampositiven Bakteriums *Bacillus subtilis*, Präzipitate von Silikatanionen zu binden und eine Nukleation zu veranlassen, war Motiv einer Untersuchung von feinkörnigen Metallausfällungen und silikatischen Präzipitaten auf der Oberfläche von *B. subtilis* (Urrutia & Beveridge 1994). In Anwesenheit einer Konzentration von Fe und Al, die Gehalten von Böden entspricht, bei einem pH-Wert von sowohl 5,5 als auch 8,0, umfasste die gesamte Versuchszeit 24 Wochen. In allen Fällen kam es auf den bakteriellen Oberflächen zur Ausfällung von silikatischen Feststoffphasen. Im Unterschied zu den abiotisch erzeugten Mineralen erweisen sich die bakteriell synthetisierten Phasen, betreffs Komposition und Morphologie, als mannigfaltiger, als weniger kristallin, kleiner und gelegentlich in größerer Anzahl auftretend.

Eine Vorbehandlung der bakteriellen Zellwände mit Fe erhöhte – bei einem pH-Wert von 8 – die Bindung der Silikate. Zellwände, die nicht mit Fe behandelt wurden, zeigten bei mehr sauren pH-Werten eine höhere Affinität für Silikate. Bei Zugabe von Schwermetallen wie Cd, Cr, Cu, Ni, Pb und Zn sowie einem pH-Wert von 4,5 lässt sich das Rückhaltevermögen von Silikaten bzw. Metallen im Vergleich mit den abiotischen Versuchsabläufen erheblich erhöhen. Das auf diese Weise gewonnene Datenmaterial zeigt, auch unter sehr niedrigen Temperaturen, d. h. 4 °C, gegenüber Metallen eine hohe Affinität seitens der bakteriellen Zellwand. Für die Bindung der Silikatanionen durch die Zellwand wird ein sog. kationischer Brückenmechanismus vermutet (Urrutia & Beveridge 1994).

Zur Verbindung von Silikaten, Silikatverwitterung und mikrobieller Ökologie äußern sich Bennett et al. (2001). Mineralogie, mikrobielle Ökologie sowie die Verwitterung von Mineralen im oberflächennahen, subterranen Milieu sind eng mit dem biogeochemischen System verbunden. An Motiven zur biogenen Verwitterung von Mineralen stehen zwei Überlegungen zur Diskussion. Zum einen scheinen auf den Metabolismus bezogene Bedürfnisse ein Beweggrund für Mikroorganismen zu sein, um mit Mineralen in Wechselbeziehungen zu treten, zum anderen könnte als Motiv eine strategische Nischenbesetzung seitens eines Mikroorganismus in Frage kommen.

Arbeiten auf dem Gebiet Silikatverwitterung unter Einbeziehung von Mikroorganismen scheinen die These zu unterstützen, dass der Bedarf an Nährstoffen oftmals ein wichtiges Motiv seitens der in Frage kommenden Mikrorganismen darstellt und vom Nährstoffangebot des Minerals abhängt.

Beobachtungen im reduzierenden Milieu von Grundwässern, gekennzeichnet durch einen Überschuss an Kohlenstoff, gleichzeitigen Mangel an Phosphor sowie raschen Abbau von Feldspat, scheinen die o. a. Annahme einer Inanspruchnahme eines Inventars an Nährstoffen in Mineralen durch Mikroorganismen zu unterstützen (Bennett et al. 2001). Allem Anschein nach trägt das spezifische, für Mikroorganismen relevante Nährstoffpotential eines Minerals zu der Geschwindigkeit und dem Ausmaß seiner verwitterungsbedingten Zersetzung bei. Umgekehrt scheint die Verteilung bestimmter Mikroorganismen von dem Auftreten geeigneter Minerale abzuhängen und dem Vermögen von Lebensformen, spezifische Vorteile aus dieser Form von nährstoffbezogenen Grenzbeziehungen zu ziehen.

Darüber hinaus erwägen Bennett et al. (2001) die Einbeziehung von Mikrororganismen im Sinne genetisch-paläontologischer Aspekte, d. h., das Fehlen oder Auftreten bestimmter Minerale liefert Hinweise auf die vormalige Existenz von Lebensformen. Ihrer Auffassung nach beeinflusst das Angebot an Nährstoffen seitens des Minerals den Progress der Verwitterung und es kommt zu einer bevorzugten Zersetzung bestimmter Minerale. Zurück bleibt eine Mineralvergesellschaftung, die durch den Wegfall von für Mikroorganismen „interessanten" Mineralen charakterisiert ist. Inwieweit ein Mineral durch einen Mikroorganismus attackiert wird, hängt von den metabolischen Ansprüchen eines Mikroorganismus und dem diagenetischen Umfeld ab. Umgekehrt könnte nach Bennett et al. (2001) das Auftreten und die Verteilung bestimmter Mikroorganismen zu Teilen einer Kontrolle durch die Mineralogie unterliegen.

(b) Quarz (SiO$_2$)

Die Rolle von Mikroorganismen und Biofilmen bei der Zerstörung und Lösung von Quarz und Glas untersuchten Brehm et al. (2005). Drei verschiedene Typen an SiO$_2$, d. h. Quarzsand, Szepterquarz und kommerziell erhältliches Glas, wurden biologischen Aktivitäten in Form von Wachstum ausgesetzt. Ziel war es, Hinweise für mögliche biologische Einflüsse bei der Verwitterung der o. a. Mineralphasen zu erhalten. Das auf diese Weise erhaltene Datenmaterial, d. h. Biofilmbildungen auf quarzhaltigen Materialien, wurde mit Proben aus dem Gelände verglichen. Die Biofilme setzen sich, gemäß der Publikation von Brehm et al. (2005), aus Cyanobakterien, Diatomeen und heterotrophen Bakterien zusammen. Mikroskopische Techniken bestätigen den entsprechenden Datenbestand.

Quarzsand zeigt nach einer *In-vitro*-Behandlung durch den o. a. Biofilm eine Verkleinerung der Sandfraktion. In der Nähe der lebenden Zellen, als Bestandteil eines Biofilms, kommt es in Form von Depressionen und anderen Aushöhlungen zu einer Veränderung der ursprünglichen Oberfläche der Minerale. Das nachfolgende mikrobielle Wachstum auf der Oberfläche bedingte eine generelle Abnahme in der Korngröße innerhalb der den Biofilm unmittelbar unterlagernden Schicht. Abdrücke von Diatomeen auf der Glasoberfläche, besiedelt von heterotrophen Bakterien und Diatomeen, scheinen nach Brehm et al. (2005) die zur Ätzung befähigten Aktivitäten seitens der o. a. Organismen zu bestätigen. Mischkulturen von Diatomeen und Bakterien erzeugen Einbuchtungen, die mit der Form der individuellen Zellen übereinstimmen.

Anhand der experimentellen Daten gehen die Autoren davon aus, dass zu Biofilmen organisierte Diatomeen, heterotrophe Bakterien und Cyanobakterien fähig sind, aktiv sowohl Quarz als auch Glas zu bearbeiten.

Mikroskopische Analysen eines idiomorphen Zepterquarzes aus einem Umfeld mit Verwitterung deuten an, dass die mit ihm verbundenen Biofilme eine Anhebung des pH-Werts von 3,4 auf nachweislich ca. 9 bewirken, der zur Lösung von Quarz erforderlich ist. Es kommt in diesem Zusammenhang zu einer partiellen Perforation des mit dem Biofilm versehenen Quarzkristalls. Brehm et al. (2005) ziehen den Schluss, dass das Wachstum von Biofilmen unter marin-/subaquatischen sowie terrestrisch-/ subaerischen Bedingungen die Zersetzung von SiO$_2$ in amorpher (Glas), subkristalliner (Chert) sowie kristalliner Form fördert. Ihrer Einschätzung nach kann es somit zu einer entscheidenden Veränderung bzw. Modifikation in der Transformation eines wichtigen gesteinsbildenden Minerals, versehen mit hoher chemischer und physikalischer Resistenz, kommen.

Die Rolle von Mikroorganismen und Biofilmen bei der Zerstörung und Lösung von Quarz und Glas beschreiben Brehm et al. (2005). Drei verschiedene Typen an SiO$_2$, d. h. Quarzsand, Szepter-Quarz und kommerziell erhältliches Glas, wurden biologischen Aktivitäten in Form von Wachstum ausgesetzt. Ziel war es, Nachweise für mögliche biologische Einflüsse bei der Verwitterung der o. a. Mineralphasen zu identifizieren.

(c) Wollastonit (CaSiO$_3$)

Über den Effekt von organischen Liganden und heterotrophen Bakterien auf die Lösungskinetik von Wollastonit liegen erste Untersuchungsergebnisse vor (Pokrovsky et al. 2009). Das experimentelle Umfeld zur Ermittlung der Lösungsraten von Wollastonit (CaSiO$_3$) bestand aus einem Durchflussreaktor mit T = 25 °C, einer 0,01M-NaCl-Lösung, einem pH-Bereich von 5–12 und der Konzentration von 40 organischen Liganden. Mehrheitlich lässt sich unter diesen Konditionen eine stöchiometrische Lösung beobachten. Sieben Liganden, d. h. Acetat (CH$_3$CO$_2^-$), Citrat, EDTA, Catechol, Glutaminsäure, 2.4-Dihydroxybenzoe-Säure, Glucuronsäuresäure, durchgeführt mittels Batch-Adsorptions-Experimenten und in Verbindung mit elektrokinetischen Messungen sowie in Funktion von pH und Ligandenkonzentration, bestätigen die Wechselwirkungen der Liganden mit CaOH^{2+} und gestatten die Quantifizierung ihrer Adsorptionskonstanten.

Der Effekt der untersuchten Liganden auf die Lösung von Wollastonit wurde über den Ansatz der Oberflächenkoordination dahingehend modelliert, dass die Adsorption an lösungsaktiven Seiten und die molekulare Struktur der Oberflächenkomplexe, die sie bilden, berücksichtigt wurde. Als Resultat war in homogener Lösung eine positive Korrelation zwischen der Oberflächenadsorptions- und Stabilitätskonstanten der betroffenen Reaktion zu beobachten. Die Ergebnisse dieser Studien liefern somit Hinweise, dass erst relativ hohe Konzentrationen, d. h. 0,001–0,01 M, an organischen Liganden, unterschiedslos, ob sie organischer Materie, einem Enzymabbau oder metabolischer Prozesse seitens von Mikroorganismen entstammen, einen Anstieg der Löslichkeit von Wollastonit ermöglichen (Pokrovsky et al. 2009).

Diese Beobachtung lässt sich durch Batchexperimente an sowohl lebenden als auch toten Kulturen des Bodenbakteriums *Pseudomonas aureofaciens*, die in Wechselwirkung mit Wollastonit stehen, bekräftigen. In inerten elektrolytischen Lösungen und entsprechenden Nährmedien werden die Freisetzungsraten von sowohl Ca als auch Si kaum durch die Anwesenheit von lebenden oder toten bakteriellen Zellen beeinflusst. Unter experimentellen Bedingungen und in Anwesenheit lebender Kulturen beträgt der Unterschied der Lösungsrate gegenüber totem Zellmaterial nur ca. 20 %. Bei einem pH-Wert von 7–8 erzielt – in ligandenfreien Lösungen – die Reproduzierbarkeit der Ratenmessungen ±30 %. Als Ergebnis ihrer Untersuchungen ziehen Pokrovsky et al. (2009) die Schlussfolgerung, dass extrazelluläre organische Komponenten bei der Verwitterung von Ca-haltigen Mineralen im natürlichen Ambiente keine wesentliche Rolle spielen. Anwesende Bodenbakterien scheinen die Zersetzung von Gesteinen mit basischen Silikaten nicht zu beschleunigen. Die Autoren vermuten als Auslöser der genannten Zersetzung eine Abnahme des pH-Wertes.

(d) Kalifeldspat (KAlSi$_3$O$_8$)

Über die Rolle von heterotrophen Bakterien bei der Auflösung von Kalifeldspat (KAlSi$_3$O$_8$) liegt eine Studie vor (Hutchens et al. 2003). Die Untersuchung stellt die Ergebnisse einer Laborstudie über den Einfluss von heterotrophen Bakterien bei der Zersetzung KAlSi$_3$O$_8$ unter verschiedenen Wachstumsbedingungen dar. 27 Stämme eines heterotrophen Bakteriums wurden aus einem an KAlSi$_3$O$_8$ reichen Boden isoliert. Bei 26 °C wurden zur Isolierung der Bakterien Liquid- und Feststoffphasen als aerobe Medien in minimaler Dosis, d. h. C/N ausreichend, K eingeschränkt, an Fe und N begrenzt, Glucose, NHCl$_4$, angeboten. Die für diese Medien ausgewählten bakteriellen Isolate benutzten als schnell wachsende aerobe Heterotrophe Glucose (C$_6$H$_{12}$O$_6$) als die einzige Quelle für C und Energie. 48 h nach der Inkubation wurde mithilfe der ICP-AES (Abschn. 1.3.5 (i)/Bd. 2) durch Messungen des freigesetzten Al der Umfang der Auflösung des KAlSi$_3$O$_8$ ermittelt. Nach mehreren detaillierten Lösungsexperimenten erwies sich der Stamm *Serratia marcescens* als besonders effektiv bei der Lösung von Feldspat. Die Hauptschlussfolgerungen dieser Studie lauten (Hutchens et al. 2003):

(1) Der Grad der Beschleunigung der Auflösung von KAlSi$_3$O$_8$ hängt von dem bakteriellen Isolat und den Wachstumsbedingungen ab.
(2) Die Intensivierung der Auflösung beginnt während der sationären Wachstumsphase.
(3) Eine erhöhte Bereitstellung von Chelatkomplexen, d. h. Exopolymeren, Pigmenten, Siderophoren u. a., während der stationären Phase bietet möglicherweise einen wichtigen Mechanismus für eine erhöhte Auflösung von Kalifeldspat.
(4) Die häufige Subkultivierung von Isolaten vermag einen erheblichen Einfluss auf die physiologischen Merkmale mit einer hiermit gekoppelten, optimierten Fähigkeit der erhöhten Mineralzersetzung auszuüben.

Auf Lebensspuren in verwitterten Oberflächen von Feldspat weisen Parsons et al. (1998) hin, Abb. 2.39.

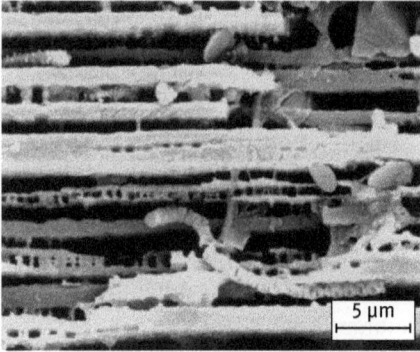

Abb. 2.39: Lebensspuren in verwitterten Oberflächen von Feldspat (Parsons et al. 1998).

(e) Biotit (K(Mg, Fe²⁺Mn²⁺)₃[(OH, F)₂|(Al, Fe³⁺, Ti³⁺)Si₃O₁₀])

Über den Effekt von cyanobakteriellem Wachstum auf Biotitoberflächen unter Laborbedingungen mit eingeschränktem Nährstoffangebot berichten Kapitulĉinová et al. (2008). Laborexperimente mit zwei cyanobakteriellen Stämmen, aufgezogen in einem Medium aus Agar mit niedrigem Nährstoffangebot und in Anwesenheit von Biotit, wurden ausgeführt, um mögliche Mechanismen und Raten einer cyanobakteriellen Bioverwitterung aufzudecken. Beide Cyanobakterien kolonisierten die Biotitpartikel.

Leptolynbya wuchs überwiegend in den Zwischenschichten des Biotits, wohingegen *Hassallia* bevorzugt die Seiten und die oberste Oberfläche des Glimmers besiedelte. Nach drei Monaten der Inkubation konnten nach Entfernen des organischen Materials abgerundete Kanten und durch das Cyanobakterium geformte Vertiefungen auf der Biotitoberfläche registriert werden. Diese Beobachtung ließ sich nicht nach einer Inkubationszeit von einem Monat aufzeichnen (Kapitulĉinová et al. 2008).

(f) Phospate

Als chemische Bestandteile von Gesteinen treten je nach Art des Gesteins u. a. die für Ökosystme relevanten Makro- und Mikronährstoffe Fe, Mn, P sowie Mg auf. Wichtigstes P-Mineral in der Lithosphäre ist hierbei Apatit ($Ca_5[(F, Cl, OH)|(PO_4)_3]$). In Böden kann es unter geeigneten Rahmenbedingungen zur Genese von Vivianit ($Fe_3^{2+}[PO_4]_2 \cdot 8\,H_2O$), Variscit ($AlPO_4 \cdot 2\,H_2O$) sowie Florencit ($CeAl_3(PO_4)_2(OH)_6$) kommen. Im Zusammenhang mit der Exploitation von P-führenden Feststoffphasen sind als Mikroorganismen u. a. *Thiobacillus sp.*, *Pseudomonas sp.*, *Athrobacter sp.* sowie diverse Fungi zu nennen. Mikroorganismen oxidieren reduzierte Formen und/oder reduzieren oxidierte Phasenzustände des P. Übergreifend beeinflussen Mikroorganismen durch ihre metabolisch bedingten Wechselbeziehungen mit P die globalen Stoffkreisläufe dieses Elementes.

Mittels pysikalischer, chemischer und biologischer Verwitterung kommt es zu einer Freisetzung des P aus dem chemischen Gesamtinventar eines Minerals bzw. einer -paragenese. Aus Motiven einer Nährstoffakquise greifen Mikroorganismen flankierend ein und bedienen sich aus diesem Anlass unterschiedlichster Strategien. So lassen sich bei den Wechselbeziehungen Mikroorganismus : Mineral durch u. a. Redoxreaktionen, chemische Transformationen sowie Synthese von Chelatoren, anwesende P-haltige Feststoffphasen in Lösung überführen (Gadd 2010, Ragot et al. 2013). Zur Aufnahme von P aus organischen Komponenten stützt sich eine Vielzahl von Mikroorganismen auf die Bildung von P-Biomineralisationen.

Die Auswirkung von Mikroorganismen und ihrer mikrobiellen Metabolite auf die Lösung von $Ca_5[(F, Cl, OH)|(PO_4)_3]$, d. h. Apatit als Sammelbegriff einer Mischkristallreihe, wurden einer Überprüfung unterzogen (Welch et al. 2002). Um die Lösungsrate von $Ca_5[(F, Cl, OH)|(PO_4)_3]$ zu ermitteln, wurden in Batchreaktoren, die organische Säuren und mikrobielle Kulturen enthielten, ent-sprechende Versuche durchgeführt. Das Inokulum, d. h. Kulturmedium, für die Kulturen setzte sich aus Biotit- und Apatitkristallen, extrahiert aus einem Verwitterungsprofil eines Granits, zusammen. Sowohl in biogen als auch abiotisch gesteuerten Experimenten führte das Anätzen der Oberflächen zur Bildung von parallel zur C-Achse orientierten länglichen Spitzen. In anorganischem Acetat ($CH_3CO_2^-$) sowie Oxalat ($C_2O_4^{2-}$) führenden Lösungen erhöht sich mit abnehmendem pH-Wert die Zersetzung von $Ca_5[(F, Cl, OH)|(PO_4)_3]$. Ursprünglich $1 \cdot 10^{-11}$ mol m^{-2} s^{-1} bei einem pH-Wert von 5,5 ermittelt, nimmt bei einem pH-Wert von 2 der Betrag der Zersetzung einen Wert von $1 \cdot 10^{-7}$ mol m^{-2} s^{-1} an (Welch et al. 2002).

Verglichen mit anorganischen Bedingungen erhöht sich unter leicht sauren bis nahezu neutralen pH-Bedingungen bei Gebrauch von sowohl $C_2O_4^{2-}$ als auch CH_3COO^- die Löslichkeit von $Ca_5[(F, Cl, OH)|(PO_4)_3]$ um eine Größenordnung. CH_3COO^- katalysiert die Reaktion durch Bildung von Komplexen mit Ca, entweder in Lösung oder an der Mineraloberfläche (Welch et al. 2002).

Ein ähnliches Verhalten zeigt $C_2O_4^{2-}$. Es kann die Reaktionsrate beeinflussen und die Stöchiometrie durch Bildung von CaC_2O_4-Präzipitaten ändern, wobei beide Vorgänge die Löslichkeit beeinflussen. In allen abiotischen Versuchen erreichte die Freigabe des Nettogesamtgehaltes von P an die Lösung nahezu den Wert „Null", auch wenn die Lösung um mehrere Größenordnungen, gemessen an der Löslichkeit eines idealen Fluorapatitminerals, untersättigt war (Welch et al. 2002). Dahingegen lässt sich in den mikrobiellen Experimenten erkennen, dass zwei angereicherte Kulturen sowohl die Auflösung von $Ca_5[(F, Cl, OH)|(PO_4)_3]$ als auch $K(Mg, Fe^{2+}, Mn^{2+})_3[(OH, F)_2|(Al, Fe^{3+}, Ti^{3+})Si_3O_{10}]$ durch das Produzieren von organischen Säuren, Pyruvat ($C_3H_4O_3$), Fermentationsprodukten, $C_2O_4^{2-}$ und eine Absenkung des pH auf Werte zwischen 3 und 5 erhöhen. Durch u. a. die Bereitstellung von CH_3COCOO^- sind die Mikroorganismen fähig, die Freisetzung von PO_4^{3-} aus $Ca_5[(F, Cl, OH)|(PO_4)_3]$ um das 2-Fache anzuheben, ohne hierbei den pH-Wert der Gesamtlösung zu erniedrigen. In Anwesenheit von K_2HPO_4 und Bor erfolgt bei der Reduktion von Fe^{3+}-Citrat und Fe^{3+}-EDTA die Präzipitation von $Fe_3[PO_4]_2 \cdot 8 H_2O$ ([1]Welch et al. 2002).

Aber auch mit anderen P-führenden Phasen interagieren Mikroorganismen. So initialisiert *Alkaliphilus metalliredigens* (*QYMF*) die Bildung von Vivianit ($Fe_3[PO_4]_2 \cdot 8\,H_2O$). Als Elektronendonator eignen sich, bei einem pH-Wert von 9,5, CH_3COO^-, H_2 und Lactat ($C_3H_5O_3$) sowie Chromat (CrO_4^{2-}), Fe^{3+}-Citrat ($FeC_6H_6O_7$), Fe^{3+}-EDTA ($C_{10}H_{16}N_2O_8$), Co^{3+}-$C_{10}H_{16}N_2O_8$ und Selenat (SeO_4^{2-}) als Elektronenakzeptor (Roh et al. 2007). In Verbindung mit dem mikrobiellen Umgang von Phosphaten ist aus *Bacillus caldolyticus* eine Hypophosphit-Oxidase aufgezeichnet (Heinen & Lauwers 1974). Der genannte Mikroorganismus verarbeitet zur Gewinnung von Phosphaten Phosphonat ($C-PO(OH)_2$ oder $C-PO(OR)_2$, R = Alkyl-, Arylgruppe) sowie Hydrophosphonate.

Strukturen einer bakteriellen Gemeinschaft verbunden mit Anreicherungen an $Ca_5[(F, Cl, OH)|(PO_4)_3]$ verzeichnen Ragot et al. (2013). Aufgrund ihrer Untersuchungen in Verbindung einer Alpinen Akkumulation an $Ca_5[(F, Cl, OH)|(PO_4)_3]$ vermuten Ragot et al. (2013), dass in der Anwesenheit von gesteinsgebundenem PO_4^{3-} unter natürlichen Konditionen keine wesentliche Antriebskraft zur Strukturierung bakterieller Gemeinschaften innewohnt.

Von wirtschaftlicher Bedeutung kann die biogene Verarbeitung von Florencit ($CeAl_3(PO_4)_2(OH)_6$) sein. Das genannte Mineral führt neben Ce u. a. La, Nd und kann als Präkursor zur Synthese von SEE-haltigen Feinchemikalien eingesetzt werden. Im Sinne biogener Vorgehensweisen zur Herstellung von u. a. metallischen NP repräsentieren metallhaltige Phosphorite ebenfalls bedeutende Quellen.

(g) Fraktionierte Separation

Vorausgegangene experimentelle Arbeiten liefern Hinweise, dass komplexierende organische Komponenten, im Vergleich mit anorganischen Konditionen, erheblich die Freisetzung von Al aus Al-Silikaten steigern können. Von besonderem Interesse ist es, inwieweit sich über diese Form der Verwitterung bzw. Lösungsreaktionen durch Mikroorganismen bzw. mikrobiell gesteuerte Prozesse eine ähnlich gelagerte fraktionierte Separation des Ge von Si, bzw. Ga von Al erreichen lässt (Welch & McPhail 2003). Bezogen auf anorganische Bedingungen kann davon ausgegangen werden, dass sich in und während der Frühphase der Verwitterungs-, d. h. essenziellen Lösungsreaktionen, vom geochemischen Gesichtspunkt aus gesehen, Ge ähnlich dem Si und Ga ähnlich dem Al verhält.

Allerdings gehen Vermutungen für biologisch oder organisch herbeigeführte Reaktionssequenzen in der Anwesenheit komplexierender organischer Liganden von einer bevorzugten Laugung des Ge gegenüber dem Si aus der Feststoffphase aus, da Ge organische Ge-Komplexe bilden kann (Welch & McPhail 2003). Ähnliche Fraktionierungvorgänge lassen sich im Falle von Al und Ga vermuten, denn Al wird in entsprechende Al-führende Komplexe eingebunden. Somit führt die Mobilität von Haupt- und Spurenelementen während der biologisch vermittelten/unterstützten Verwitterung von Granit zu einer signifikanten Umverteilung der erwähnten Elemente in sowohl den primären als auch sekundären Mineralphasen und in der Lösung (Welch & McPhail 2003).

(h) Exploitation

Aus der Lösung von Silikatmineralisationen in Anwesenheit von acidophilen Mikroorganismen zeichnen Dopson et al. (2009) Schlussfolgerungen für die Haufwerkslaugung auf. Häufig sind im Zusammenhang mit Sulfiden silikatische Minerale anzutreffen und somit u. U. bei der Biolaugung von Haufwerken zur Metallextraktion präsent. Die chemische und biologische Verwitterung von silikatischen Mineralen variiert mit den Umweltbedingungen und den Mikroorganismen, denen sie ausgesetzt sind. In einem Milieu mit hohen Metallkonzentrationen bei niedrigem pH kommt es bei der Lösung zu Einflüssen in der Lösungschemie durch z. B. ansteigenden pH-Wert, freiwerdende toxische Spurenelemente und die Verdickung des Laugungsfluidums/ -mediums.

Zum Verhalten von silikatischen Mineralen, z. B. Hornblende und Olivin, gegenüber einer chemischen und biologischen Auflösung in Anwesenheit von entweder *Ferroplasma acidarmanus Fer1* oder *Acidithiobacillus ferrooxidans* stellen Dopson et al. (2009) Ergebnisse vor. Eine Reihe von Silikaten, z. B. Augit ($(Ca, Fe)(Mg, Fe)[Si_2O_6]$), Biotit ($K(Mg, Fe^{2+}, Mn^{2+})_3[(OH), F)_2|(Al, Fe^{3+}Ti^{3+})Si_3O_{10}]$), Hornblende ($(Ca, Na)_{2-3}$ $(Mg, Fe, Al)_5(Al, Si)_8O_{22}(OH, F)_2$) und Olivin ($(Mg, Mn, Fe)_2[SiO_4]$) bewirken einen Anstieg des pH-Wertes.

Für das Silikatmineral Olivin ist bei Zugabe von Mikroorganismen und Fe^{2+} eine Lösung von Mg(-Komplexierungen) zu beobachten. Entsprechenden RDA-Daten zufolge kommt es bei zahl-reichen Experimenten von Dopson et al. 2009 zur Bildung von Sekundärmineralen wie z. B. Jarosit ($KFe_3^{3+}[(OH)_6|(SO_4)_2]$) aus Augit und Hornblende, wenn das Medium Fe^{2+} enthält. Ungeachtet dessen, dass Acidophile verzugsweise an Sulfidminerale anhaften, scheint der Anstieg an Fe, verbunden mit sehr niedrigen Konzentrationen an Fe^{2+} am Ende der Biolaugung von Biotit, Hornblende, Mikroklin und Olivin, auf eine Unterstützung des Wachstums durch die erwähnten Minerale zu verweisen.

Eine Verwitterung der überprüften Minerale könnte die Haufenlaugung (engl. *heap-leaching*) beeinflussen, d. h. ansteigender pH-Wert mit Olivin, Freisetzung von Fluor aus Biotit und die Genese von Jarosit ($KFe_3^{3+}[(OH)_6|(SO_4)_2]$) durch die Verwitterung von Augit und Hornblende, wobei letztgenannte Minerale zu einer Passivierung führen können. Dopson et al. (2009) offerieren Daten, die zu einem vertieften Verständnis der silikatischen Verwitterung unter den Bedingungen einer Biolaugung führen und zu Einblicken in die während der biologischen Haufenlaugung (engl. *heap-bioleaching*) entstehende Lösungschemie verhelfen, Abschn. 2.5.1/Bd. 2.

Zusammenfassend

sind Silikate und Phosphate seitens Mikroorganismen mit unterschiedlicher Intensität angreifbar und erfüllen unterschiedliche Funktionen. Andererseits unterliegen sie in entsprechenden Senken diagenetischen Modifikationen und bilden ausgedehnte lithologische Einheiten.

2.5.4 Sulfide, Sulfate, Arsenate & Oxide

Sulfide, Sulfate und Oxide bieten Mikroorganismen zwei wichtige Makronährstoffe an, d. h. S und O_2. Ergänzend führen sie nahezu oftmals Fe sowie Mn. Beide Metalle sind für eine große Anzahl von Mikroorganismen für den Katabolismus unentbehrlich, Abschn. 2.3.1. Alle genannten Stoffgruppen sind wichtige Träger von Metallen in Form von Erzmineralen. Sulfidische und oxidische Erze zählen zu den Hauptlieferanten aller wirtschaftlich relevanten Metalle. Im Bereich der Verwitterungszone unterliegen speziell die Sulfide (S^{2-}) intensiven Alterationen mit Freisetzung einer Vielzahl an z. T. hochmobilen Metallspezifikationen, Abschn. 2.5.1/Bd. 2. Aus den o. a. Gründen einer Nährstoffakquise bzw. Energiequellen stehen die genannten Stoffgruppen im Fokus mikrobieller Aktivitäten. Ein Beispiel für mikrobielle Lösungskavernen in sulfidischem Erzkörper durch Mikroorganismen (url: Wiki 2013) sowie (b) Stofftransport durch saure Wässer am Beispiel des Rio Tinto u. a. als Ergebnis mikrobieller Aktivitäten (url: Stoker 2013) zeigt Abb. 2.40. Metallsulfide bilden große Lagerstätten, z. B. *SEDEX*, *MVT*. Sulfate (SO_4^{2-}) können sich, teilweise unter Einbeziehung von Mikroorganismen, aus der Oxidation von S^{2-}, ergeben und bilden im Zusammenhang mit dem S-Kreislauf einen Teilschritt. Bakterielle Sulfatreduktion (= BSR) ist wiederum ein häufig zu beobachtendes Phänomen. Die Verwitterung von S^{2-} übernimmt eine Art Vorbildfunktion für Vorgänge wie z. B. *biomining*. Eine Bearbeitung von Arsenat (AsO_4^{3-}) durch Mikroorganismen ergibt die Grundlage für Techniken, die für eine geobiotechnologische Sanierung As-kontaminierter Geosphären erforderlich sind.

(a)   (b)

Abb. 2.40: (a) Beispiel für mikrobielle Lösungskavernen in sulfidischem Erzkörper durch Mikroorganismen (url: Wiki 2013) sowie (b) Stofftransport durch saure Wässer am Beispiel des Rio Tinto, u. a. als Ergebnis mikrobieller Aktivitäten (url: Stoker 2013).

(a) Sulfide

Neben einer Metallspezifikation führen Sulfide den für bestimmte Mikroorganismen wichtigen Makronährstoff S (Pósfai & Dunin-Borkowski 2006). Grundlegende Reaktion ist (Hoque & Philip 2011) z. B. die Oxidation von Pyrit:

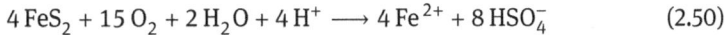

$$4\,FeS_2 + 15\,O_2 + 2\,H_2O + 4\,H^+ \longrightarrow 4\,Fe^{2+} + 8\,HSO_4^- \tag{2.50}$$

Die mikrobielle Oxidation von FeS_2 kann über vier diskrete Reaktionsschritte zur Bildung von H_2SO_4 führen, wobei die Reaktionssequenz mit Ausnahme von Gleichung (2.53) durch Enzyme katalysiert wird:

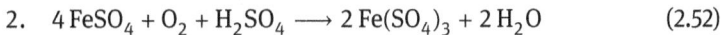

$$1. \quad 2\,FeS_2 + 7\,O_2 + 2\,H_2O \longrightarrow 2\,FeSO_4 + 2\,H_2SO_4 \tag{2.51}$$

$$2. \quad 4\,FeSO_4 + O_2 + H_2SO_4 \longrightarrow 2\,Fe(SO_4)_3 + 2\,H_2O \tag{2.52}$$

$$3. \quad FeS_2 + 2\,Fe^{3+} \longrightarrow 3\,Fe^{2+} + 2\,S \tag{2.53}$$

$$4. \quad 2\,S + 3\,O_2 + H_2O \longrightarrow 2\,H_2SO_4 \tag{2.54}$$

Eine Oxidation von Arsenopyrit (FeAsS) geschieht entsprechend:

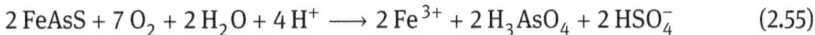

$$2\,FeAsS + 7\,O_2 + 2\,H_2O + 4\,H^+ \longrightarrow 2\,Fe^{3+} + 2\,H_3AsO_4 + 2\,HSO_4^- \tag{2.55}$$

Die o. a. Reaktionssequenz beruht auf zwei Schritten. In einem ersten Schritt erfolgt eine bakteriell katalysierte Oxidation:

$$4\,FeAsS + 11\,O_2 + 6\,H_2O \longrightarrow 4\,FeSO_4 + 4\,H_3AsO_3 \tag{2.56}$$

Danach folgt:

$$2\,H_3AsO_3 + 2\,Fe^{3+} + 2\,H_2O \longrightarrow 2\,H_3AsO_4 + 2\,Fe^{2+} + 4\,H^+ \tag{2.57}$$

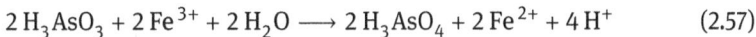

Nach einem analogen Schema verläuft die Oxidation von Covellin (CuS):

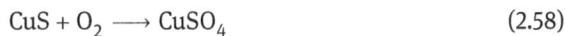

$$CuS + O_2 \longrightarrow CuSO_4 \tag{2.58}$$

Eine Oxidation von Sphalerit (ZnS) führt zu $ZnSO_4$:

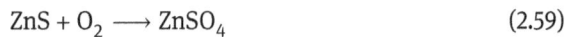

$$ZnS + O_2 \longrightarrow ZnSO_4 \tag{2.59}$$

Eine Photozersetzung von CdS führt zu Cd^0 (Gilbert & Banfield 2005):

$$CdS(s) + SO_3^{2-} + H_2O \longrightarrow Cd^0 + SO_4^{2-} + SH^- + H^+ \tag{2.60}$$

Neben dem Mechanismus eines Efflux lassen sich, um der Toxizität von Metallen zu begegnen, zwei Mechanismen in Erwägung ziehen: die Reduktion von Oxianionen und die Bildung von Me-Sulfiden.

Die Auflösung von Sulfiden lässt sich durch biologische Prozesse beschleunigen, da einige Mikroorganismen ihre Energie durch Oxidation von Schwefel oder der in Sulfiden eingebundenen Metalle beziehen. Dadurch wandeln sie die Sulfide in gelöste Spezies oder Oxide um (Konhauser 1997). Die Vorgänge werden industriell/ wirtschaftlich auf den Gebieten der Biohydrometallurgie verwertet, Abschn. 2.5.1/ Bd. 2.

Eine selektive mineralspezifische Adhäsion von *Acidithiobacillus ferrooxidans*, *Acidithiobacillus thiooxidans* und *Leptospirillum ferrooxidans* auf Oberflächen von Metallsulfiden, d. h. Pyrit, Chalcopyrit, Galenit, Sphalerit, sowie Quarz beobachten Harneit et al. (2006). Unterstützend treten hierbei extrazelluläre Polymersubstanzen (= EPS) auf, Abschn. 2.3.67/Bd. 2. Aus sauren Heißen Quellen im *Yellowstone National Park* ist *Mycobacterium parascrofulaceum* beschrieben (Santos et al. 2007). Mittels geochemischer Modellierung sind Ablagerungen durch erzbildende Prozesse von z. B. Sphalerit (ZnS) in Biofilmen darstellbar (Druschel et al. 2002).

(b) Sulfate

Über mikrobielle Einbeziehungen zwischen der Reduktion von Sulfat (SO_4^{2-}) und Metallrückhaltung in mit (Schwer-)Metallen kontaminierten Böden berichten Sitte et al. (2010), Abschn. 1.3.5 (b)/Bd. 2, Abschn. 2.5.3/Bd. 2. Sulfatreduzierende Bakterien (engl. *sulfate reducing bacteria* = SRB) können entweder direkt durch reduktive Transformation von Metallionen in ihre unlöslichen Formen oder indirekt über die Bildung von Metallsulfiden die Mobilität von Metallen beeinflussen. Eine Messung der *In-situ*-Aktivität von SRB ist über Radiotracing unter Verwendung von $^{35}SO_4^{2-}$ möglich. Ihre Aktivitäten finden unter reduzierenden Bedingungen statt, z. B. in entsprechenden Bodenprofilen, und z. B. Sitte et al. (2010) beschreiben Raten von $\leq 142 \pm 20\,nmol\,cm^{-3}\,d^{-1}$. SRB setzen offensichtlich bei der Reduktion von SO_4^{2-} spezielle Proteine ein (Pereira et al. 2011), Abschn. 2.2 (b).

Die Chemie der „leichten" stabilen Isotope aus Baryt ($BaSO_4$) und Akanthit (Ag_2S) einer Au-Ag-Lagerstätte in Peru (Pierina Au-Ag) liefert Hinweise auf die mikrobielle Einbeziehung im wirtschaftlich kritischen, supergenen Oxidationsstadium (Rainbow et al. 2006). Frühhypogener $BaSO_4$ liefert für ^{34}S Werte zwischen 23,6 und 28,5 und für ^{18}O Werte zwischen 5,8 und 10,9. Er präzipitierte zeitgleich mit den an Edelmetallen angereicherten S^{2-}-Mineralisationen. Im Gegensatz hierzu zeigt „spät" gebildeter $BaSO_4$, mit gleichzeitig entstandenem Goethit (α-$Fe^{3+}O(OH)$) und Hämatit (Fe_2O_3) als Wirtsgesteine, für ^{34}S Werte zwischen 1,4 und 14,2 und für ^{18}O einen Wertebereich von $-2,8$ bis 4,7. Gleichzeitig präzipitierter Ag_2S liefert für ^{34}S einen Wertebereich von 0,4 bis 3,9. Die niedrigen ^{34}S-Werte von $BaSO_4$ und Ag_2S verweisen auf die Oxidation von S^{2-}-Mineralen durch meteorische Wässer. Ansteigende ^{34}S- und ^{18}O-Werte für den $BaSO_4$ und ^{34}S-Werte für Ag_2S lassen eine Anreicherung von ^{34}S- und ^{18}O im Sulfatreservoir erkennen. Die offensichtlich bevorzugte Verwendung von „leichten" Isotopen durch Mikroorganismen während der Reduktion wässriger SO_4^{2-} führender Lösungen wird als Isotopenbeweis für die mikrobielle Aktivität während der supergenen Oxidation der hochsulfidisierten Au-Ag-Lagerstätte interpretiert. Eine kontinuierliche Reduktion von SO_4^{2-} überprägte lokale supergene Fluidphasen, wobei sie Fe remobilisierte und lokal die α-$Fe^{3+}O(OH)$:Fe_2O_3-Vergesellschaftung zerstörte. In den reduzierten Wässern reagierten im Anschluss freigesetzte Edelmetalle mit S^{2-} unter sukzessiver Bildung von Au-reichem Akanthit (AgS_2) (Rainbow et al. 2006).

Über Biomineralisationen, gebildet aus Sr- und Ba-SO_4^{2-}, sowie zur Morphologie und Kristallographie von Sr-Sulfat aus dem koloniebildenden Radiolarium *Sphaerozoum punctatum* sind Daten einsehbar (Hughes et al. 1989). *S. punctatum* ist ein koloniebildender, mit einem H_4O_4Si-haltigen Skelett versehener Vertreter der Radiolaria, i. d. R. im marinen Oberflächenbereich anzutreffen. Während der Reproduktion entlässt die Spezies Coelestin ($SrSO_4$), der flagellatenähnliche Schwärmer führt. Diese $SrSO_4$-Ablagerungen wurden einer Analyse durch Elektronenmikroskopie (Abschn. 1.3.4 (f)/Bd. 2) und Elektronenbeugung unterzogen.

Mittels HRTEM ließ sich die Einkristallnatur von jeder Ablagerung nachweisen. Die Kristallmorphologie basiert auf langgestreckten rechteckigen Prismen {011} und Oberflächen {023}, bedeckt mit {210} dreieckigen Endoberflächen. Analysen von Partikeln mit unterschiedlichen Größen lassen die Vermutung aufkommen, dass das Kristallwachstum nicht als einfaches Gleichgewichtswachstum zu betrachten ist. Ein entlang der kristallographischen Achse bevorzugtes Richtungswachstum führt zu einer Ausdehnung des Kristalls. Die Bedingungen der selektiven Inhibierung des Wachstums entlang bestimmten kristallographischen Achsen durch räumliche oder chemische Effekte, hervorgerufen durch das lokale, zelluläre Umfeld, sind in Diskussion (Hughes et al. 1989).

Eine mikrobielle Reduktion von SO_4^{2-} innerhalb von sauren, sulfidischen Abfallströmen aus dem Bergbau, verbunden mit einer diagenetischen Bildung von Fe-Sulfiden, verfolgen z. B. Fortin & Beveridge (1997), Abschn. 2.5.1 (m)/Bd. 2.

(c) Arsenate

In Untersuchungen von Planer-Friedrich et al. (2009) wurde die abiotische mit der mikrobiell gesteuerten oxidativen Transformation von Trithioarsenaten ($AsOS_3^{3-}$), gewonnen aus sieben alkalinen geothermalen Drainagen, verglichen. $AsOS_3^{3-}$ ist die vorherrschende As-Spezies in bestimmten alkalinen, sulfidischen Geothermalquellen (z. B. *Yellowstone National Park*). Bei Zugabe von O_2 und einem starken Oxidationsmittel dissoziieren 10–20 % einer $AsOS_3^{3-}$-Lösung abiotisch und unter Laborbedingungen, ohne Erreichen des Gleichgewichtszustands, zu Arsenit (AsO_3^{3-}) und Thioarsenat (AsS_4^{3-}).

Im Geothermalsystem hingegen verläuft die Dissoziation komplett mit einer Geschwindigkeit, die um das 40- bis 500-Fache über dem Wert liegt, der unter abiotischen Laborbedingungen erreicht wird. Diese Beobachtung deuten die Autoren als Hinweis auf einen enzymatischen Einfluss. Abweichend hiervon scheint die simultan verlaufende Erhöhung der AsO_3^{3-}- und Arsenat-(AsO_4^{3-}-)Gehalte gegenüber der beobachteten Dissoziation von $AsOS_3^{3-}$, beschrieben aus anderen *hot springs*, zu bestätigen, dass die Hauptreaktion, die Umwandlung von AsS_4^{3-} zu AsO_3^{3-}, ohne biokatalytischen Einfluss abläuft. Ungeachtet dessen ist in nahezu neutralen bis alkalinen *hot spot environments* kein unmittelbarer Einfluss von gleichzeitig anwesenden Sulfiden auf den o. a. biologisch gesteuerten Reaktionsablauf erkennbar (Planer-Friedrich et al. 2009).

Entsprechenden phylogenetischen Analysen zufolge, gibt es Hinweise darauf, dass die AsO_4^{3-}-Produktion mit dem temperaturabhängigen Auftreten von Mikroorganismen, eng verwandt mit dem S-oxidierendem Bakterium *Thermocrinis ruber*, koinzidiert. Vergleichende Studien von As-hypertoleranten *Pseudomonaden* zeigen ein übereinstimmendes Verhalten gegenüber erhöhten As-Konzentrationen. Gehalte von 500 mM an AsO_4^{3-} und 15 mM AsO_3^{3-} verursachten keinerlei Auswirkungen auf das Wachstum von neun ausgewählten Stämmen (Matlakowska et al. 2008).

Ihre evolutionsoptimierte Toleranz beruht auf der Reduktion von AsO_4^{3-}. Bemerkenswert ist die Entwicklung von Siderophoren im an Fe untersättigten Medium seitens der *Pseudomonaden*. Nach Bewertung der o. a. Autoren könnte das Auftreten der Siderophore die Auflösung/Zersetzung der Mineralphasen und die Mobilisierung von toxischen As^{3+}-Spezies aus dem betroffenen Mikroenvironment erheblich fördern, Abschn. 4.5.2. Bei Anwesenheit von As^{5+} und $S_2O_3^{2-}$ reduziert *Shewanella HN-41* und unter anaeroben Bedingungen As^{5+} zu As^{3+} und $S_2O_3^{2-}$ zu S^{2-}. Anschließend lassen sich mithilfe von *Desulfosporosinus auripigmenti* monodisperse, mit gerundeter Morphologie versehene sowohl inter- als auch extrazelluläre As_2S_3-NP (Auripigment) bilden.

Darüber hinaus berichten [3]Lee et al. (2007) von der Generierung eines durch *Shewanella sp. HN-41* extrazellulären Netzwerks, angelegt aus filamentösen As-S-Nanotubes. Diese weisen einen Durchmesser von 20–100 nm und eine Länge von 30 μm auf. Nach einem amorphen Anfangsstadium folgt eine Auskristallisation zu Realgar (AsS) und Duranosit (As_4S).

Agrobacterium tumefaciens ist in der Lage, sowohl Sb^{3+} als auch As^{3+} zu oxidieren. Im Gegensatz zum Wildtyp können entsprechende Mutanten nur Sb^{3+} oxidieren, As^{3+} verbleibt unverändert. Diese Beobachtung scheint der gängigen Lehrmeinung zu widersprechen, dass es sich bei As und Sb um biochemische Analogien handelt. Lehr et al. (2007) interpretieren das o. a. abweichende Verhalten zwischen Wildtyp und Mutant dahingehend, dass für die Oxidation unterschiedliche katalytisch gesteuerte Prozesse verantwortlich sind. Oberflächennahe Mikroorganismen nehmen an der Zersetzung von Sulfiden und anschließenden Umverteilung von S teil. Die biologisch gesteuerte Bildung von Mineralen bedient sich hierbei diverser Mediatoren sowie Mechanismen. In Verbindung mit diesen Beobachtungen steht die Diskussion nach der wirtschaftlich-technischen Einsatzfähigkeit dieser Ansätze auf dem Gebiet der Biolaugung und Sanierung (Pósfai & Dunin-Borkowski 2006), Abschn. 2.5.1/Bd. 2, Abschn. 2.5.3/Bd. 2.

(d) Oxide

Zur dissimilatorischen bakteriellen Reduktion von durch Al-substituiertem Goethit (α-Fe^{3+}O(OH)) in oberflächennahen Sedimenten führen Kukkadapu et al. (2001) Untersuchungen durch. Die mikrobielle Reduktion von marinen Küstensedimenten mit einer Korngröße von 0,2–2,0 μm durch ein dissimilatorisches, Fe^{3+}-reduzierendes Bakterium, d. h. *Shewanella putrefaciens CN32*, unterziehen die o. a. Autoren Studien. Es sollte hierbei die mineralogische Kontrolle auf Rate und Menge der Fe^{3+}-Reduktion sowie der nachfolgenden Verteilung des biogenen Fe^{2+} bewertet werden.

Zum Nachweis einer Substitution von sedimentären Fe^{3+}-Oxiden im α-Fe^{3+}O(OH) durch Al, d. h. 13–17 % Al, setzen Kukkadapu et al. (2001) als messtechnische Apparate die Mössbauer Spektroskopie sowie RDA ein. Für den betroffenen α-Fe^{3+}O(OH) sind ein Korngrößenbereich von 1–5 μm sowie eine undeutliche Morphologie charakteristisch. Experimente zur Bioreduktion bedienen sich als Elektronentransporter zweier Puffer, z. B. HCO$_3^-$, 1,4-Piperazindiethasulfonsäure (PIPES) sowie 2,6-Anthrachinondisulfonat (AQDS). In Abhängigkeit von der Zeit wurde die Produktion von biogenem Fe^{2+} und die Verteilung von in wässriger Phase befindlichem sowie sorbiertem Al beobachtet, d. h. die Genese von Fe^{2+}-führenden Biomineralisationen und physikalisch-chemischen Veränderungen am α-Fe^{3+}O(OH). Anschließend lässt sich der Umfang der Reduktion in beiden Puffersystemen vergleichen. Durch Einsatz von AQDS erhöht sich die Reduzierbarkeit der Daten, d. h. Rate und Quantität. Ohne AQDS werden 9 % an Dithionitcitratbikarbonat (engl. *dithionite-citrate-bicarbonate* = DCB) gebundenem Fe^{3+} extrahiert wohingegen in Anwesenheit von AQDS der Wert auf 15 % ansteigt.

Über RDA und MS lassen sich die Ablagerung von biogenem Fe^{2+} und die Veränderungen gegenüber dem Al-Goethit (α-Fe^{3+}O(OH)) messtechnisch erfassen, die Fe^{2+}-Biomineralisation selbst ist durch RDA nicht nachweisbar. Erst bei Überschreiten eines bestimmten Grenzwerts (engl. *threshold values*) der sorbierten Fe^{2+}-Konzentration ist die Biomineralisation über die MS beobachtbar. *Mössbauer*-Spektren zufolge handelt es bei der Biomineralisation um Siderit (FeCO$_3$) und ein weiteres grünliches, wasserhaltiges Fe^{2+}/Fe^{3+}-Mineral (Kukkadapu et al. 2001). Eine Adsorption von biogenem Fe^{2+} durch Akzessorien wie z. B. Kaolinit (Al$_4$(Si$_4$O$_{10}$(OH)$_4$)) und bakterielle Oberflächen scheint eine Biomineralisation zu begrenzen.

Das im Verlauf der Reduktion entstandene Al wird sorbiert und das extrahierbare Al steigt im Verlauf der Reduktion. RDA-Analysen verdeutlichen, dass weder die Kristallgröße noch der Al-Gehalt des α-Fe^{3+}O(OH) durch die bakterielle Reduktion beeinflusst wird, d. h., eine Al-Freisetzung verhält sich kongruent mit Fe^{2+} (Kukkadapu et al. (2001).

Unter Verwendung von Batchkulturen, bestehend aus *Shewanella putrefaciens CN32*, einem im Grundwasser lebenden Bakterium und einem Dikarbonatpuffer mit einem pH-Wert von 7, führten Liu et al. (2001) Analysen zur Kinetik einer dissimilatorischen Reduktion von α-Fe^{3+}O(OH) durch. Die Rate und das Ausmaß der Reduktion von α-Fe^{3+}O(OH) ist als Funktion der Konzentration von Elektronenakzeptor, d. h. α-Fe^{3+}O(OH), und -donator, d. h. Lactat (C$_3$H$_5$O$_3$), messtechnisch beschreibbar. Ansteigende α-Fe^{3+}O(OH)-Gehalte bei gleichbleibenden Anteilen an Zellen und C$_3$H$_5$O$_3$ steigern die Rate und den Umfang der Fe^{3+}-Reduktion. Nach Normalisierung der Fe^{2+}-Sorptionskapazität von α-Fe^{3+}O(OH) stellen sich konstante anfängliche Reduktionsraten ein. Nach Liu et al. (2001) liegt hinsichtlich der Konzentration der Oberflächensites eine bakterielle Reduktionsrate erster Ordnung vor. Ein ansteigender Gehalt an C$_3$H$_5$O$_3$ vergrößert die Rate und die Menge der α-Fe^{3+}O(OH)-Reduktion, wobei für das kinetische Verhalten ein *Monod*-Typ beobachtbar ist. Hierbei lässt sich die Fe^{2+}-Sorption an α-Fe^{3+}O(OH) über einen *Langmuir*-Isotherm darstellen bzw. beschreiben. Infolgedessen ist in der graphischen Darstellung ein hyperbolisch abnehmendes Fe^{2+}-Sorptionsvermögen bei gleichzeitig anwachsenden α-Fe^{3+}O(OH)-Gehalten, d. h. 10–100 mM, zu beobachten. Als Ursache für diese Entwicklung vermuten Liu et al. (2001) eine Form der Aggregation. Allerdings verbleibt die Affinitätskonstante zwischen Fe^{2+} und α-Fe^{3+}O(OH) mit einem Wert von log $K \approx 3$ konstant. Eine Evaluation der Endzustände der Variable α-Fe^{3+}O(OH) sowie C$_3$H$_5$O$_3$ einbeziehende Experimente zeigen nach Verringerung der Fe-Reduktion einen gleichbleibenden Überschuss der mit der Reaktion verbundenen Freien Energie von $-22,7$ kJ mol^{-1} an. Der auf diese Weise erhaltene Wert bewegt sich im Bereich des aus Bakterien beschriebenen Minimalwertes, der eine gegebene Reaktion fördert, d. h. -20 kJ mol^{-1} (Liu et al. 2001). Messtechnisch verweisen sowohl RDA als auch SEM auf Siderit (FeCO$_3$), als die einzige biogene, Fe^{2+}-haltige Feststoffphase, gebildet nach der Bioreduktion von α-Fe^{3+}O(OH).

(e) Interdisziplinär

Stellvertretend für das Potential biogener Produktion sei beispielhaft auf die Ein-/Mitwirkung von Mikroorganismen bei der Verarbeitung von Mg und Ca verwiesen. Die Rolle von sulfatreduzierenden Bakterien (SRB) und Cyanobakterien bei der Bildung von Dolomit (CaMg(CO$_3$)$_2$) in distalen ephemeralen Seen untersucht Wright (1999). Übertrifft die Rate der Evaporation den Input an Wasser, steigt in distalen ephemeralen Seen, z. B. *Coorong*/S Australien, die Konzentration der gelösten Stoffe und es kommt zur Entwicklung eines für Makrophyten lebensfeindlichen Habitats.

In diesem Milieu erfolgt unter den Bedingungen steigender Salinität und H$_2$S-Konzentration in den obersten Schichten anoxischer Seesedimente eine bakterielle Reduktion von Sulfat (SO$_4^{2-}$). Die auflagernden hypersalinen Seewässer sind durch hohe pH-Werte und Anreicherungen von Karbonat- und SO$_4^{2-}$-Ionen gekennzeichnet. Das in den Zellen der Cyanobakterien aufkonzentrierte Mg wird während des Austrockens der Stromatolithe in die stark elektrolytischen, alkalinen Sole (engl. *brines*) abgegeben und liefert eine mögliche Erklärung für den signifikanten Anstieg der Mg-Gehalte. Eine fortgesetzte Evaporation im Seewasser produziert eine Kruste aus den CaMg(CO$_3$)$_2$ bedeckenden Halit (NaCl). SO$_4^{2-}$-freie Ansammlungen kleinerer Restbestände von Lösungen sowie das Fehlen von Gips (CaSO$_4 \cdot 2$H$_2$O) deuten auf einen Entzug des SO$_4^{2-}$ durch SO$_4^{2-}$-reduzierende Bakterien hin.

Es kommt *in situ* zu einer primären Präzipitation von $CaMg(CO_3)_2$ aus den mikrobiell beeinflussten Porenwässern. Sowohl Morphologie als auch Größenverteilung der $CaMg(CO_3)_2$-Kristallite sind identisch mit bakteriellen Zellen (Wright 1999). Der genaue Zeitpunkt der Präzipitation von $CaMg(CO_3)_2$ bleibt jedoch noch unbekannt. Ungeachtet dessen ist anhand von mehrfachen Defekten in ungeordneten Gittern die Annahme einer raschen Präzipitation nicht unbegründet. Darüber hinaus folgt sie dem bakteriellen Entzug von SO_4^{2-}, der ansonsten die Bildung von $CaMg(CO_3)_2$ verhindert. Eine bakterielle Reduktion von SO_4^{2-} sowie der cyanobakterielle Abbau führen möglicherweise zu einer Entnahme aller kinetischen Inhibitoren betreffs der $CaMg(CO_3)_2$-Genese und bieten nach einer Einschätzung von Wright (1999) die geeigneten Mechanismen für eine Präzipitation von $CaMg(CO_3)_2$ um bakterielle Zellen. Unter anderen hydrochemischen Bedingungen bleibt SO_4^{2-} während der Evaporation präsent und es formieren sich andere Minerale, z. B. Aragonit ($CaCO_3$) und Hydromagnesit ($Mg_5(CO_3)_4(OH)_2 \cdot 4\,H_2O$) (Wright 1999).

Um die Si-Präzipitation durch das Cyanobakterium *Calothrix sp.* zu untersuchen, wurden entsprechende Versuche zur Beschreibung der hierfür verantwortlichen, mikrobiell gesteuerten Mechanismen durchgeführt (Yee et al. 2003). Unter den Konditionen eines neutralen pH-Werts als Funktion von Zeit, Si-Saturatierung, Temperatur und Gehalte an Ferrihydrit erfolgte in Batchreaktoren die Si-Ausfällung. Gemäß dem erarbeiteten Datenmaterial erzeugen an amorphem Si untersättigte Lösungen geringe Wechselwirkungen zwischen auf der Zelloberfläche befindlichen funktionellen Gruppen und dem Si, mit der Konsequenz einer minimalen Si-Sorption (Yee et al. 2003). Dahingegen kam es in Lösungen mit annähernder Si-Sättigung zu einer spontan ablaufenden abiotischen Si-Polymerisation.

Während der gesamten Versuchszeit (1–50 h) übte die Anwesenheit von Cyanobakterien keinen nennenswerten Einfluss auf die Si-Präzipitationskinetik aus. In weniger konzentrierten Lösungen verlangsamte sich die Rate der Si-Polymerisation. Auch hier hatten Cyanobakterien keine Auswirkung auf die Nukleation von Si-Feststoffphasen. Wurden allerdings die Cyanobakterien mit Ferrihydrit ($Fe_{10}^{3+}O_{14}(OH)_2$) beschichtet, kam es zu einem deutlichen Anstieg der Entzugsgeschwindigkeit von Si, die sich durch höhere Konzentrationen an $Fe_{10}^{3+}O_{14}(OH)_2$ beschleunigen ließ. In Anschlussexperimenten trat auch bei Abwesenheit von Cyanobakterien und der Eingabe von anorganischen Kolloiden aus $Fe_{10}^{3+}O_{14}(OH)_2$ eine Abnahme von gelöstem Si auf (Yee et al. 2003). Es kann also davon ausgegangen werden, dass die Einwirkung von Cyanobakterien auf die Kinetik der Si-Präzipitation bei neutralem pH-Wert keine nennenswerte Rolle spielt. Somit deutet sich im Zusammenhang mit gesättigten hydro-/geothermalen Wässern (*hot springs*) eine weitgehend nichtbiogen kontrollierte Silifizierung an (Yee et al. 2003). Eine CO_2-Aufnahme und Fixierung durch eine thermoacidophile mikrobielle Gemeinsachaft, fixiert an präzipitierten S in einer geothermalen Quelle, untersuchten Boyd et al. (2009).

2.5.5 Vulkanische Gläser

Infolge rascher Abkühlung von Magmen bilden sich zunächst amorphe Phasen in Form von Gläsern, d. h. hyalin. Vulkanische Gläser sind insbesondere im MORB-Bereich anzutreffen, z. B. Pillows. Beispiele sind u. a. Obsidian, Perlit, Tachylit, Palagonit. Je nach Herkunft reicht der Chemismus von felsisch bis mafisch. Zum Mikroenvironment von Biofilmen auf silikatischen Oberflächen legen Liermann et al. (2000) aus experimentellen Arbeiten gewonnenes Datenmaterial vor.

Schwerpunkt ihrer Arbeiten bilden die Differenzen des pH-Wertes zwischen der Schnittstelle von Silikat mit einem Biofilm sowie den Bedingungen des umliegenden Gesamtverbands (engl. *bulk*):

$$\Delta pH = pH_{interface} - pH_{bulk} \tag{2.61}$$

Für eine Spezies von *Arthrobacter* wird von den o. a. Autoren in einem ungepufferten Medium ein pH-Wertebereich von $|\Delta pH| = 0{,}27-1{,}08$ angegeben, für eine *Streptomyceten*-Spezies liegt $|\Delta pH|$ unter der Nachweisgrenze, d. h. $< 0{,}04$. Im Versuch wurde im Gelände kollektioniertes Probenmaterial aus Hornblende ($Ca_2(Mg, Fe, Al)_5$ $(Al, Si)_8 O_{22}(OH)_2$), synthetisches Hornblendeglas sowie mit wechselnden Fe-Gehalten versehenes Flachglas eingesetzt. Ihren Ergebnissen zufolge weichen die in unmittelbarer Nähe zum Hornblendeglas detektierten pH-Werte erheblich von jenen ab, die in größerer Entfernung gemessen wurden. Dahingegen entwickelt sich keine Form von pH-Gradienten, wenn die Mikroorganismen auf Flachglas siedeln. Alle Analysen erfolgen mittels Mikroelektroden. Im Zusammenhang mit der Besiedlung von vulkanischen Gläsern durch Mikroorganismen visualisieren Templeton & Knowles (2009) über diverse Techniken der Spektroskopie mikrobielle Transformationen von Mineralen sowie Metallen und deren räumlicher sukzessiver Ausbreitung. Eine Kartierung, angefertigt mittels Röntgenmikroprobe in Kombination mit Röntgenabsorptionsspektroskopie, zeigt an der Oberfläche eines vulkanischen Glases, das von mikrobiellen Organismen im submarinen Milieu besiedelt wird, einen signifikant herausragenden Fe-Peak sowie Gehalte von u. a. Ti an, Abb. 2.41 (Templeton & Knowles 2009). Sie kartieren auf diese Weise die Verteilung von u. a. Ti, Mn sowie Fe, wobei sie beim letztgenannten Element zusätzlich zwischen Fe^{2+} und Fe^{3+} unterscheiden können, Abb. 2.42.

2.5.6 Metamorphite und Sedimentite

Bei Metamorphiten sowie Sedimentiten handelt es sich um durch gegenüber den ursprünglichen genetischen Konditionen veränderte Druck-/Temperaturbedingungen überprägte Gesteine. Sie gehen u. a. aus den vorab angesprochenen felsischen bis mafischen Gesteinen hervor und spiegeln nahezu oder teilweise den Chemismus der Ausgangsgesteine wider. Sie unterliegen u. a. ebenfalls einer Verwitterung durch mikrobi-

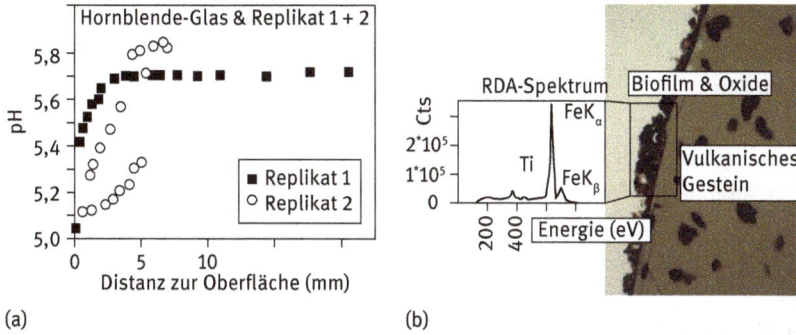

(a)　　　　　　　　　　　　　　(b)

Abb. 2.41: Beziehung von Distanz und pH-Wert im Zusammenhang mit der Besiedlung von einem Glas aus Hornblende durch eine *Athrobacter sp.* (Liermann et al. 2000). Besiedlung eines vulkanischen Glases im submarinen Milieu durch Mikroorganismen mit chemischer Analyse dieses Spots. Deutlich ist ein signifikant herausragender Peak für Fe zu beobachten (Templeton & Knowles 2009).

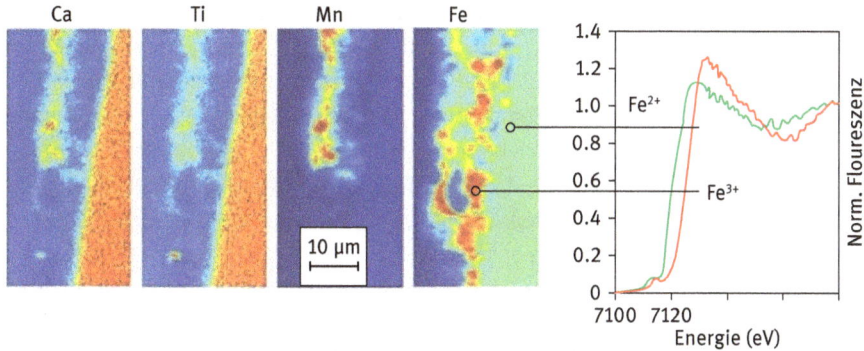

Abb. 2.42: Verteilung diverser Metalle im Zusammenhang einer Besiedlung vulkanischer Gläser durch Mikroorganismen und Differenzierung von Fe^{2+}/Fe^{3+} (Templeton & Knowles 2009).

elle Aktivitäten. Vertreter von Metamorphiten sind u. a. Gneis, Schiefer, Marmor, entwickelt in den diversen Krustenabschnitten mit ihren spezifischen p/T-Bedingungen. In Abhängigkeit von den Ausgangsgesteinen finden sich an Mineralen u. a. Quarz (SiO_2), Feldspat ((Ba, Ca, Na, K, NH_4)(Al, B, Si)$_4O_8$), Sericit ($KAl_2[(OH, F)_2|AlSi_3O_{10}]$), Epidot ($Ca_2(Fe^{3+}, Al)Al_{12}(O|OH|SiO_4|Si_2O_7)$), Chlorit (($Fe, Mg, Al, Zn$)$_6(Si, Al)_4O_{10}$ $(OH)_6$), Granat ($x_2^{2+}y_2^{3+}(SiO_4)_3$; x^{2+} = Ca, Mg, Fe^{2+}; y^{3+} = Al, Fe^{3+}, Ti, V, Cr) etc. Typische Sedimentite repräsentieren Klastika wie z. B. alluviale Kiese. Unterliegen Sedimentite diagenetischen Prozessen, kann eine Lithifizierung eintreten. Je nach Quelle der Sedimentgesteine umfasst das petrographische Inventar u. a. Tonminerale, Karbonate, verwitterungsresistente Oxide wie Rutil (TiO_2) etc., Abschn. 2.5.7. Eine im Verlauf einer mikrobiellen Verwitterung von Fe-Phyllosilikaten erfolgende Bildung von Pyrit (FeS_2), in einem Dolomit ($CaMg(CO_3)_2$) ausfällenden miozänen lakustrinen Habitat entstanden, schildern Sanz-Montero et al. (2009). Analysen zeigen an der Schnittstelle von FeS_2 und Phyllosilikat eine partielle Verdrängung der silikatischen Phase unter partieller Beibehaltung der ursprünglichen Struktur. Zur mikrobiellen Reduktion von an Phyllosilikaten gebundenem Fe^{3+} und U^{6+} stellen [1]Lee et al. (2012) Daten zur Verfügung.

Das Probenmaterial entnahmen sie oberflächennahen fluviatilen Sedimenten bzw. Aquiferen. Sie beschreiben für die beimpften Sedimente einen Anstieg von durch 0,5 N HCl extrahierbarem Fe^{2+}. Zusätzlich verweist eine auf ^{57}Fe bezogene Mössbauerspektroskopie auf eine Reduzierung des mit Phyllosilikaten und Pyroxenen verbundenen Fe^{3+} zu Fe^{2+}. In beimpftem, sulfatführendem, synthetischem Grundwasser nimmt die in wässriger Phase befindliche U^{6+}-Konzentration in größerem Umfang ab, wie sie in Verbindung bei der Zugabe von organischem C in den o. a. Sedimenten auftritt. Eine Röntgenadsorptionsspektroskopie von bioreduzierten Sedimenten zeigt an, dass zwischen 67 % und 77 % des U-Signals auf U^{6+} hinweisen. [1]Lee et al. (2012) vermuten eine adsorbierte U-Spezifikation assoziiert mit einer neuen oder veränderten Mineralphase. Phylotypen innerhalb der Δ-Proteobakterien halten sich bevorzugt in gegenüber an U armen statt in mit U^{6+} inkubierten Sedimenten auf. *Clostridiales* dahingegen sind in U^{6+}-freien Inkubatationen dominant und in den mit Sulfat (SO_4^{2-}) versetzten Sedimenten treten überwiegend SO_4^{2-}-reduzierende Phylotypen auf. Es scheinen demnach durch die anaerobe Reduktion von Fe^{3+} in/aus Phyllosilikaten und Sulfaten sowie Vorgänge der Adsorption in bestimmten Sedimenten (d. h. *unconfined aquifer sediments*) bedingt, die Gehalte von in wässrigen Medien befindlichem U abzunehmen ([1]Lee et al. 2012).

Bei der biogenen Verwitterung von an organischem C reichen Sedimenten, z. B. Kupferschiefer, kommt es zur Freisetzung zahlreicher Metalle, wie z. B. Co, Cu, Ni u. a. (Matlakowska et al. 2012, Matlakowska et al. 2013). Hierbei setzen die Mikroorganismen u. a. diverse Enzyme, wie z. B. Dioxygenasen, ein, produzieren Siderophore, organische Säuren sowie weitere extrazelluläre Metabolite.

2.5.7 Geo(bio-)chemische Senken und Metallakkumulation

Nach Lösung, Transport, dem Absterben des Mikroorganismus, der Inaktivierung reaktiver Biomoleküle sowie Störungen in der thermodynamischen Equilibrierung erfolgt über diverse Zwischenschritte u. a. zunächst eine Sedimentation sowohl der organischen als auch anorganischen Komponenten. Als Senken kommen organische sowie anorganische Systeme in Betracht.

Eine Akkumulation von z. B. Metallen, z. B. Fe, U. etc., durch Mikroorganismen, im Sinne einer biogeochemischen Senke, einer nachfolgenden Synthese von Biomineralisation und Erzeugung von Nanoclustern zur Verfügung stehend, hängt entscheidend von der Struktur der Zellwand von Bakterien und *Archaea* ab (Selenska-Pobell & Merroun 2010), Abschn. 2.3.6. Prokaryoten sequestrieren intrazellulär Metalle und andere

Ionen, entweder als Minerale/Kristallite irregulär im Raum verteilt oder zu hochgeometrischen Strukturen arrangiert, Abschn. 5.4. Zur Extraktion von bioessenziellen Metallen sekretieren Prokaryoten metallspezifische Liganden, Abschn. 4.5.2. Eine Vielzahl unterschiedlicher Messtechniken, d. h. wie z. B. hochauflösende Ionenmikrosondenspektrometrie, Polyacrylamidgelanalysen u. v. a., offenbart die enge Verbindung zwischen Proteinen und biogen synthetisierten metallischen NP, d. h. ZnS als Beispiel für eine extrazelluläre Biomineralisation. Zwecks Studien zum räumlichen/zeitlichen Nebeneinander/Interaktionen zwischen organischen und metallischen Komponenten eignen sich C-reiche Sedimente z. B. in Form von Sapropelen (Quednau et al. 1997) sowie Schwarzschiefern (Meyers et al. 1992). Schwarzschiefer (engl. *black shales*) sind aus diversen geologischen Zeitabschnitten beschrieben, z. B. Devon, und werden als wirtschaftlich potente Rohstoffquellen gehandelt (z. B. Grauch & Huyck 1989). In Kombination mit Vorgängen wie z. B. Ionensorption an Fe-/Mn-Oxiden, Tonmineralen, ergeben sich effiziente Systeme zur Fixierung sowie Akkumulation von mobilen Phasen. Southam & Beveridge (1992) stellen im Zusammenhang mit dem gemeinsamen Auftreten von sauren Minendrainagen und Mikroorganismen den Begriff sekundär gebildeter Mineralböden vor.

(a) Biomineralisation

Einer der wichtigsten Vorgänge, angeboten seitens einer Senke, sind z. B. die diversen Formen von Biomineralisationen. Speziell Sedimente bieten günstige Voraussetzungen zur Anreicherung bestimmter Biomineralisationen. Unter Berücksichtigung der Zeit, als maßgebliche Einflussgröße, können Biominerale, wenn große Mengen erzeugt werden, oftmals lithologische Einheiten mit enormer Mächtigkeit und Ausdehnung generieren, z. B. *Südliches* und *Nördliches Kalkalpin*. Weiterhin kommt es z. B. zur Bildung vielfältiger lithologischer Einheiten, z. B. Radiolariten, von Energie- und mineralischen Rohstoffen. Zu intrazellulären Mineralbildungen und Metallablagerungen (engl. *metal deposits*) in Prokaryoten liegen zahlreiche Publikationen vor (Edwards & Bazylinski 2008, Ehrlich 2002, Gadd 2010, Konhauser 2007 u. a.). An geologisch/mineralogisch, aber auch wirtschaftlich relevanten Produkten, unter Einbeziehung diagenetischer Folgeprozesse, sind zu nennen:
- Karbonate,
- Radiolarite,
- Kohlenwasserstoffe,
- Akkumulationen von Fe-, Au-, Cu-, U-, Zn-Mineralisationen.

In allen genannten Produkten sind unverkennbar biologische Indikationen erfassbar, z. B. Struktur/Textur. Einen Katalog mikrobieller struktureller Signaturen auf der Basis einer Kombination von fundamentalen biogeochemischen mikrobiellen Prozessen und lokalen morphogenetischen Determinanten, d. h. peritidalen siliziklastischen Sedimenten aus unterschiedlichen klimatischen Zonen, bieten Gerdes et al. (2000) an. Texturbezogene Geometrien enthüllen eine hohe strukturelle Diversität, beruhen aber letztendlich auf sechs Parametern:

(1) intrinsische Biofaktoren, d. h. strukturelle Diversifikation von sedimentären mikrobiellen Filmen/Matten, bedingt durch Morphologie, Wachstum, Taxis, Verhalten, lokales Auftreten sowie spezifische Morpholotypen, z. B. *Microcoleus chthonoplastes*, *Oscillatoria limosa*,

(2) biologische Reaktion auf physikalische Einflüsse. z. B. Sedimentzufuhr, Erosion, Trockenrisse u. a., verursachen während des Wachstums Reaktionen seitens der Biofilme,

(3) Bindungseffekte seitens der Biofilme in Form von physikobiologischen Prozessen wie Einregelung von Mineralen, Bildung von Laminae und deren Rolle bei der Orientierung von diskreten Mineralaggregaten, Akkumulation von $CaCO_3$ u. a.,

(4) sekundäre physische Deformation von biogenen Gebilden durch z. B. mechanischen Stress auf unterlagernde Sedimente in Form von Erosion und durch biostabilisierte mikrobielle Matten ausgelöste Verwerfungen der ursprünglichen Sedimentationsstrukturen,

(5) typische Vorgänge nach der Ablagerung bzw. Versenkung stellt der Abbau mikrobieller Matten mit gekoppelter Entgasung dar, hierbei kommt es zur Bildung charakteristischer Strukturen,

(6) Bioturbation.

Zusammenfassend entstehen je nach Fazies und mikrobiellen Gemeinschaften charakteristische Gefügemerkmale und betonen den Einfluss von Mikroorganismen bei der Gestaltung des Gefüges, das wiederum, fossil konserviert, Hinweise auf Typ und Menge der ehemaligen mikrobiellen Konsortien liefert, auf Tidenabschnitte, hydrodynamisches System, Klimabedingungen etc. Weitere Indizien für interaktive, in gegenseitiger Abhängigkeit stehende Prozesse ist eine sedimentäre Kontrolle bei der Bildung und Erhaltung von mikrobiellen Matten in siliziklastischen Ablagerungen am Beispiel der jungneoproterozoischen *Nama*-Gruppe/Namibia (Noffke et al. 2002).

Ein weiteres Beispiel für die Entstehung senkenbezogener Mineralisationen deutet sich in Form biogenen Forsterits und Opal als das Produkt von biogener Einwirkung und Formation von Stromatolithen an. Am Beispiel von quarzitdominierten lithologischen Sequenzen verweisen Gorbushina et al. (2001) auf deren zeitlich langsame, aber biologisch hochwirksame Verwitterung. Das o. a. Gestein besteht zu mehr als 98 % aus SiO_2 und in die Erosion sind biogeomorphogenetische Prozesse einbezogen, d. h., sie sind den Aktivitäten von in nährstoffarmen Habitaten auftretenden Mikrobiota unterworfen. Poikilotrophe, subaerische Biofilme (z. B. Cyanobakterien) perforieren Quarzkörner, idiomorphe Quarzkristalle sowie den subkristallinen Zement (Gorbushina et al. 2001). Als Mineralneubildungen sind Opal sowie Forsterit ($Mg_2[SiO_4]$) beschrieben, teilweise bilden sich mikrostromatolithische Texturen auf den korrodierten Gesteinsoberflächen.

Das Auftreten von $Mg_2[SiO_4]$ als Vetreter der Olivinmischkristallreihe ist insofern interessant, da dieses Mineral ansonsten in vulkanischen Mantelgesteinen,
hochmetamorphen dolomitischen Marmoren sowie Meteoriten auftritt. Daher ist
das Auftreten von biogenetischem $Mg_2[SiO_4]$, entwickelt unter Oberflächenbedin-
gungen, bemerkenswert (Gorbushina et al. 2001). Aber auch in der nanoskaligen
Dimension kommt es infolge diverser Prozesse zur Präzipitation von u. a. metallischen Partikeln. In geeigneten Senken kann es sukzessive, u. a. bedingt ebenfalls
durch geomikrobiologische Prozesse, zur Akkumulation von Metallen kommen. Chemisch spiegeln sich diese Abläufe z. B. in Umlagerungmustern in Sapropel führenden
Sedimenten des Östlichen Mittelmeeres, aufgezeichnet aus unterschiedlichen diagenetischen Milieus, wider, gewonnen mittels vergleichender geochemischer Studien
(Quednau et al. 1997). Über die Biomineralisation von Cd-, Co-, Cu-, Ni-, Pb- sowie Zn-
führenden Aggregaten durch gegenüber Metallen resistente (Abschn. 2.3.2) Formen
berichten [2]Li et al. (2013). Ausgestattet durch das Bakterium mit dem Enzym Urease
kommt es infolge enzymatischer Reaktionen zu dem Anstieg des pH-Werts und der
Produktion von Karbonaten. Daraufhin setzen Prozesse einer Biomineralisation ein,
die zur Fixierung von in geogenen Medien wie z. B. Bodenwässern löslichen Metallionen führen, z. B. metallführenden Karbonaten. Die von den ausgewählten Bakterien
ermittelten Entzugsraten belaufen sich für die o. a. Metalle nach 48 h Inkubation auf
ca. 88–99 %. Analysen durch RDA sowie SEM (Abschn. 1.3.3 und 1.3.4/Bd. 2), ergeben,
dass sich die bei einem pH-Wert von 8–9 durch Bioakkumulation kollektionierten
Metallionen als kristalline Karbonate um die Zellumhüllung mit unterschiedlichen
Morphologien abscheiden ([2]Li et al. 2013). Authigene bakterielle Fe-Mineralisation,
synthetisiert in unterschiedlichen Habitaten durch eine Vielzahl von Mikrorganismen, treten zum einen biologisch kontrolliert und zum anderen biologisch ausgelöst
auf (Konhauser 1997), Abschn. 5.3.1.

(b) Immobilisierung

Eine Immobilisierung durch den Mikroorganismus geschieht über die Sorption an
Komponenten der Zellwand oder Exopolymere, den Transport in das Zellinnere,
Sequestrierung oder Präzipitation als unlösliche Komponenten, wie z. B. Oxalate,
Sulfide oder Phosphate (Gadd 2001). Über die Immobilisierung von Ni durch bakterielle Isolate vom *Carlsberg*-Rücken (*Indian Ridge System*) und die chemische Natur
des akkumulierten Metalls berichten Sujith et al. (2010). Bakterielle Isolate vom *Carlsberg*-Rücken wurden auf ihre Fähigkeit der Immobilisierung von Ni hin getestet. Aus
diesem Anlass heraus erfolgte die Suspension von Testkulturen in Seewasser mit und
ohne Ni-Gehalte (10–10 000 µM) innerhalb eines Zeitabschnitts von 60 Tagen. Bei
einer anfänglichen Konzentration von 100 µM verursachten die beiden Isolate *CR35*
und *CR48* bei einer Temperatur von 28 ± 2 °C eine Abnahme der Ni-Konzentration
um 89,8 µM bzw. 6,95 µM, und bei einer Temperatur von 3 ± 1 °C ließ sich eine Ver-

ringerung von 14,75 μM für *CR35* und 6,38 μM für *CR48* beobachten. Entsprechenden Analysen zufolge beteiligen sich Hydroxyl-, Carboxy-, Phosphoryl- und Sulfidgruppen an der Bindung des Ni (Sujith et al. 2010).

(c) Sequestrierung

Geobiotechnolgische Sanierungsstrategien beruhen u. a. auf der spezifischen Reaktivität von Metallen gegenüber Sulfiden, Oxiden oder anderen Phasen. Eine Quantifizierung einer Metall-Sequestrierung durch SRB in durch saure Minenabwässer kontaminierte Feuchtgebiete präsentieren Moreau et al. (2013). Die durch Biomineralisation (Abschn. 2.3.4) bedingte Entnahme von Metallen durch eine Urease, bereitgestellt von einem aus dem Boden isolierten Bakterium, schildern [2]Li et al. (2013).

Mikroorganismen unterstützen die Bildung von Mineralen durch einen Prozess der Biomineralisation. Sie bieten durch dieses Verhalten Möglichkeiten zur Sequestrierung von Pollutanten inkl. Metalle mittels der Bildung verhältnismäßig stabiler Feststoffphasen an. Als Konsequenz der o. a. Beobachtungen diskutieren [2]Li et al. (2013) die Option bzw. das Potential zur Bioremediation von durch Metalle kontaminierten Geosphären.

(d) Akkumulation

Über Bioakkumulationseigenschaften(-kapazitäten) von Ni-, Cd- und Cr-resistenten Mutanten von *Pseudomonas aeruginosa NBRI 4014* bei alkalinem pH äußern sich Gupta et al. (2004). Die genannten mikrobiellen Vertreter repräsentieren im Sinne eines Wachstumpromotoriums hochpotente Stämme.

(e) Molybdophor

Zur Extraktion von bioessenziellen Metallen sekretieren Prokaryoten metallspezifische Liganden. Ungeachtet dessen, dass eine Fülle bioessenzieller Metalle in natürlichen Wässern und Gesteinen untergeordnet auftritt, wurde bislang eine mikrobielle Sekretion von Liganden mit hoher Affinität zur Extraktion von Metallen aus Feststoffphasen nur für Fe dokumentiert. Eine Produktion eines Molybdophors während der Lösung von Silikaten durch Bodenbakterien zur Extraktion von Metallen schildern Liermann et al. (2005), Abschn. 4.5.2 (e). Mo kann durch Liganden, ausgestattet mit entsprechender Affinität und sekretiert durch ein N-fixierendes Bodenbakterium, gezielt aus Silikaten extrahiert werden. Das vermutete Molybdophor, d. h. Aminochelin, wird als Siderophor sowohl unter Fe-defizitären Bedingungen als auch ausreichendem Fe-Angebot sowie unter an Mo abgereicherten Konditionen ausgeschieden. Eventuell unterstützt die Bereitstellung von Molydophor die Aufnahme von Mo für dessen Gebrauch in Mo-führenden Enzymen. Im Gegensatz hierzu erhöht ein Bakterium mit Bedarf an Fe, jedoch nicht speziell an Mo, nur die Freisetzung von Fe aus den Silikaten. Die Fraktionierung stabiler Mo-Isotope im Verlauf der Aufnahme zu den Zellen könnte entsprechend Liermann et al. (2005) einen Hinweis auf die Wichtigkeit von chelatierenden Liganden in den o. a. Systemen darstellen, Abschn. 2.6.1/Bd. 2.

(f) Cystein

Experimente unter Einbeziehung von synthetisch erzeugten ZnS-NP und Aminosäuren, d. h. Alanin, Aspartat, Cystein, Lysin, Serin u. a., verweisen bei der raschen Aggregation von NP auf eine essenzielle Einflussnahme von Cystein, Abschn. 1.3.1/Bd. 2. Nach Einschätzung von Moreau et al. (2007) könnten mikrobiell bereitgestellte extrazelluläre Proteine die Dispersion von metallführenden, nanoskaligen Phasen begrenzen.

(g) Eisen (Fe)

Betreffs der Gruppe bioverfügbarer Metalle nimmt Fe eine herausragende Rolle ein. Biogene Mineralisationen als Senke für mobile Fe-Spezifikationen sind vielfältiger Art und entspringen sowohl aktiver Einwirkung als auch passiver Verwicklung. Aktive Formen sind Fe-reduzierende Bakterien wie z. B. *Geobacter metallireducens*, *Shewanella putrefaciens* etc., Abschn. 2.2 (a). Als Fe-haltige Präzipitate entstehen Sulfide, Oxide, aber auch untergeordnet Karbonate sowie Phosphate. Aufgrund der Fülle der Environments und Mechanismen werden im Rahmen der vorliegenden Ausarbeitung nur jene Vorgänge behandelt, die im Zusammenhang mit mikrobiellen Tätigkeiten in Verbindung stehen.

Eine Bildung von Fe-Silikaten und Fe-Oxiden auf bakteriellen Oberflächen schildern Fortrin et al. (1998). Das Probenmaterial entstammt hydrothermalen Schlöten aus dem NE Pazifik mit Wassertemperaturen zwischen 2–50 °C. Es führt Partikel aus Fe-Mn-, Fe-Oxiden sowie Fe-Silikaten. Die Korngröße beläuft sich auf < 500 nm. Nach Vermutungen der o. a. Autoren könnte es sich bei den angeführten Präzipitationen um Ferrihydrit oder Nontronit $((CaO_{0,5}, Na)_{0,3}Fe_2^{3+}(Si, Al)_4O_{10}(OH)_2 \cdot n\,H_2O)$ handeln. Die Formenvielfalt in enger Korrelation mit der Größe tritt granular (2–20 nm), längsgestreckt-nadelförmig (20–100 nm) sowie als Filamentstruktur (200–500 nm) auf, letztgenannte Ausfällung steht in enger Beziehung zu EPS. Als Ursachen für die Entstehung der angesprochenen schwach geordneten Fe-Mn-Si-Ausfällungen vermuten die o. a. Autoren eine Bereitstellung geeigneter reaktiver Sites, in Form von z. B. von Carboxylgruppen, durch die mikrobielle Zellwand sowie EPS gegenüber Kationen/ Spezifikationen von z. B. Fe und Mn (Fortrin et al. 1998), Abb. 2.43. Eine Adsorption von abiotisch gebildetem Goethit (α-Fe^{3+}O(OH)) stellt Gadd (2010) vor, Abb. 2.44. Auch Hämatit kann sich infolge der negativen Ladung an der Zellwand von *Shewanella putrefaciens* ablagern ([2]Gilbert et al. 2005). Über extrazelluäre Fe-Mineralisationen berichten [1,2]Miot et al. (2009).

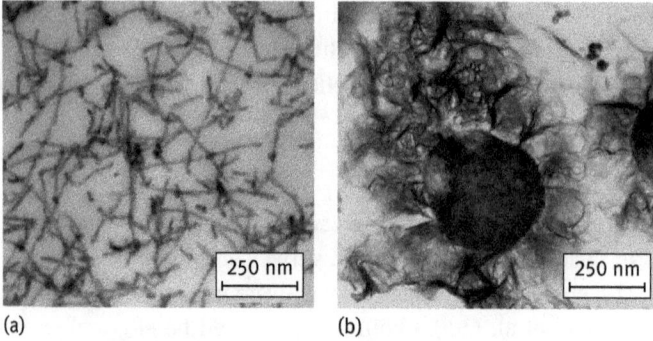

(a)   (b)

Abb. 2.43: (a) Fe-Mn-Oxid sowie (b) Fe-Silikat in räumlicher Nähe mit Mikroorganismen (Fortrin et al. 1998).

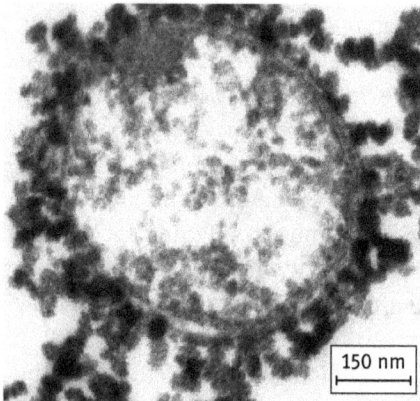

Abb. 2.44: TEM-Aufnahme von abiotisch ausgefälltem Goethit im nm-Bereich, adsorbiert durch *Shewanella putrefaciens* (Gadd 2010).

(h) Gold (Au)

Mit NP aus Edelmetallen in der supergenen Zone befassen sich Zhmodik et al. (2012). Die Entstehung von NP in diesem Abschnitt ist mit diversen geologischen Prozessen verbunden. Während der Verwitterung von Gesteinen treten dispers verteilte Mineralphasen in Verbindung mit der aktiven Beteiligung von Mikroorganismen, Bildung von Böden, in wässrigen Medien und der Atmosphäre auf. Nicht sichtbares Gold und andere Edelmetalle können zum einen in Oxiden, Hydroxiden sowie Sulfiden als auch dispergiert in organischen und anorganischen C-haltigen Materialien eingebaut sein. Im Wirtsgestein auftretende Sulfidmineralisationen in durch exogene Prozesse unveränderten Erzen sowie Zementationszonen bilden hauptsächlich Konzentratoren von NP aus Edelmetallen. Die Eigenschaft einer Auflösung von Au, aber auch Pt, erweist sich in der technischen und analytischen Praxis als Problem, das noch durch das ungewöhnliche physikochemische Verhalten und Reaktionen von Au-/Pt-Nanoclustern verstärkt wird.

Zhmodik et al. (2012) untersuchten mikrosphärolithische Au-Mineralisationen sowie Tonminerale in der Zementationszone bzw. supergenen Abschnitten von Lateriten. Es sind in diesem Zusammenhang neu gebildete Segregationen von Sekundär- auf Primärgold beschrieben. Zahlreiche Autoren sehen darin einen Hinweis für die Umverteilung von ultrafein dispersem Gold während der Verwitterung und verweisen auf eine Verwicklung von Mikroorganismen (Reith et al. 2009, Zhmodik et al. 2012, u. a.). Allerdings muss eine Reihe von Voraussetzungen erfüllt sein, damit Mikroorganismen auf die Morphologie von Au-Partikeln in der supergenen Zone eine Kontrolle ausüben bzw. einwirken können. In den Experimenten von Zhmodik et al. (2012) scheint sich eine aktive Au-Absorption durch *Ralstonia metallidurans* anzudeuten. Als Indiz wird von den Autoren die Bildung besonderer Formen an Korrosion auf den Au-Körnern angenommen. Mittels Raman-Spektroskopie fanden die Autoren organische Komponenten wie Serin, Alanin und Glycin, mit der SEM sind Anreicherungen an N_2 und C angezeigt. Sowohl Morphologie als auch Zusammensetzung der Au-Minerale sind über SEM (Abschn. 1.3.4 (d)/Bd. 2) als auch Mikroprobe bestimmbar (Zhmodik et al. 2012).

Eine Bioakkumulation von Au durch Mikroorganismen kann zu einer Biomineralisation von sekundärem Au führen. Reith et al. (2007) publizierten SEM-Aufnahmen eines sekundären Au-Korns, angetroffen im Einzugsbereich eines bergmännischen Abbaus von Au. Darüber hinaus präsentieren sie SEM-Aufnahmen von oktaedrischen Au-Plättchen, gewonnen in Experimenten, die Cyanobakterien bei 25 °C $AuCl_4^-$-haltigen Lösungen mit einer Konzentration von 500 ppm mit einer Inkubationzeit von 28 Tagen anboten, oder z. B. von Biofilmen in Verbindung mit Au-Aggregaten und einer Inkubation von 70 Tagen bzw. nachträglich aufgefüllte bzw. beschichtete Aushöhlungen von Au-Körnern durch ein dreidimensionales Netzwerk von bakterioformem Au u. a.

Ein schematisches Modell kann die vermuteten chemischen Abläufe innerhalb der äußeren Membran zur Verwendung und Präzipitation von Au durch *Acidithiobacillus thiooxidans* veranschaulichen. Steht als alleinige Energiequelle nur $Au(S_2O_3)_2^{3-}$ zur Verfügung, gestattet ein Porenraum in der äußeren Membran den Austausch von S-Spezifikationen und Au. Im periplasmatischen Raum kommt es dann zu Reaktionen mit dem S, wohingegen die Reduktion von Au innerhalb des Cytoplasmas stattfinden kann. Der aufoxidierte S und das reduzierte Au werden im Anschluss als Abfallprodukte über eine Pore, eingebunden in die äußere Membran, freigesetzt. Die angesprochene Pore kommt Reith et al. (2007) zufolge als mögliche Herkunft für das beobachtete Au innerhalb und auf der bakteriellen Zelle in Betracht.

Zum geobiologischen Kreislauf von Au und zum Verständnis fundamentaler Prozesse bis zu Lösungen zur Exploration äußern sich Reith et al. (2013). In nahezu allen terrestrischen Habitaten, d. h. (sub)tropisch, (semi)arid, moderat und subarktisch, sind in Böden mikrobielle Konsortien in Form von Biofilmen in den Stoffkreislauf von Au involviert. An Mikroorganismen beteiligen sich u. a. *Cupriavidus metallidurans*, *Delftia acidovorans* u. a.

Im Umgang mit der toxisch auftretenden Au-Komplexierung stehen den Mikro-organismen Mechanismen wie z. B. Effluxpumpen und/oder spezielle Au-reduzie-rende, zuvor exkretierte Siderophore zur Verfügung. Letztgenannter Mechanismus katalysiert die Au-Komplexierungen zu elementarem Gold. Gleichzeitig verhilft die Toxizität der Au-Komplexierungen zur Entwicklung spezialisierter Biofilme auf Au-Aggregaten und somit den Stoffkreislauf von Au in oberflächennahen Habitaten. Insgesamt sind diverse Bioakkumulationen von Sekundär-Au durch Mikroorganis-men, z. B. Hyphen von Fungi, Biofilm und Inkrustation auf Bakterium aufgezeichnet (Reith et al. 2002, Reith et al. 2007), Abb. 2.45.

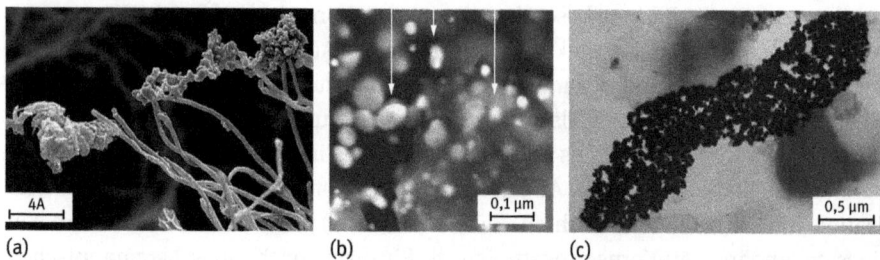

(a)   (b)   (c)

Abb. 2.45: Diverse Bioakkumulationen von Sekundär-Au durch Mikroorganismen, z. B. (a) Hyphen von Fungi, (b) Biofilm und Inkrustation auf Bakterium (Reith et al. 2002, Reith et al. 2007).

Zur Biogeochemie von Au publizieren Southam et al. (2009) ihre Überlegungen. Die Biosphäre katalysiert eine Vielzahl von biogeochemischen Reaktionen mit dem Ergeb-nis einer Synthese von Au. Mikrobielle Verwitterung trägt durch Freisetzung von in entsprechenden Mineralen eingebautem elementarem Au zur Mobilisierung dieses Edelmetalls bei. In die Vorgänge ist über oxidative Prozesse das in Lösung gehende komplexierte Au einbezogen. Als weitere Prozesse biogener sowie anorganischer Art verweisen die o. a. Autoren auf Bioreduktion sowie elektrochemische Metallakkretion unter Verwendung organischer Template.

(i) Mangan (Mn)

Innerhalb von Mn-Knollen liefern frei lebende und Biofilme bildende Bakterien die Matrix zur Ablagerung von Mn. *Coccolithophoren* bilden den vorherrschenden Orga-nismentyp in den Co-reichen Krusten und stellen die erforderlichen (Bio-)/Kristal-lisationskeime zur Mn-Ausfällung bereit. Im Zusammenhang mit durch *Pseudomonas putida* synthetisierten Mn-Oxiden präsentieren Villalobos et al. (2006) ein Struktur-modell. Als Analysetechniken setzen sie RDA (Abschn. 1.3.3/Bd. 2) sowie EXAFS (Ab-schn. 1.3.5 (e)/Bd.1) ein.

Via TEM, SEM, EDAX sowie RDA (Abschn. 1.3/Bd. 2) demonstrieren Hossein-khani & Emtiazi (2011) die Synthese und Charakterisierung extrazellulärer Mn-Oxid-NP durch eine gramnegative *Acinetobacter sp.* Der Synthesepfad unterliegt einer enzymatischen Einwirkung, Abb. 2.46. Gemäß den Vermutungen der o. a. Autoren handelt es sich um eine Bixbyit ($Mn_2^{3+}O_3$) ähnliche Mn-Mineralisation (Mn_2O_3), hervorgegangen nach Zugabe von $MnCl_2$. Mittels eines Enzyminhibitors, d. h. Natriumazid (NaN_3), lässt sich die Oxidation von Mn^{2+} unterdrücken. In Experimenten zeigen Schütze et al. (2013), d. h. unter Verwendung von $AlCl_3$, $MnCl_2$ sowie $CuSO_4$, die Leistungsfähigkeit von *Streptomyceten*. Die genannten Mikroorganismen bilden aus den o. a. Präkursorn das Mn-Mineral Struvit ($MgNH_4PO_4 \cdot 6\,H_2O$), Abb. 2.47 (a). Einige *Streptomyceten*-Stämme generieren aus $MnCl_2$ zudem Switzerit ($Mn_3(PO_4)_2 \cdot 7\,H_2O$), Abb. 2.47 (b). Furuta et al. (2015) berichten über filamentöse Mn-Präzipitate in *Bosea sp.* Stamm *BIWAKO-01*, kontrolliert durch pH and O_2.

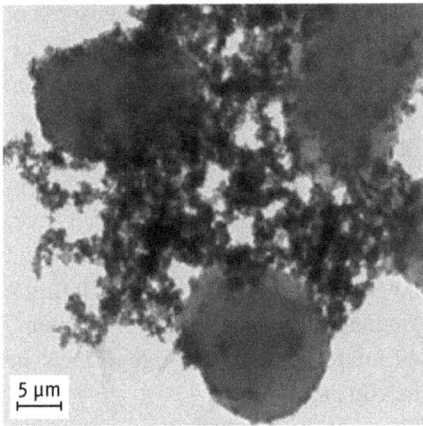

5 µm

Abb. 2.46: Extrazelluläre Bildung von Mn-Oxid in isolierten *Acinetobacter sp.* (Hosseinkhani & Emtiazi 2011).

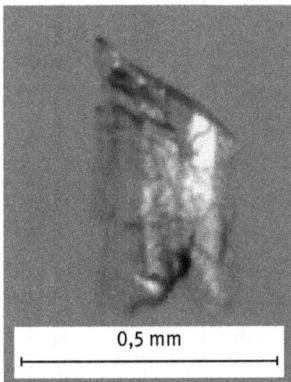

0,5 mm

(a)

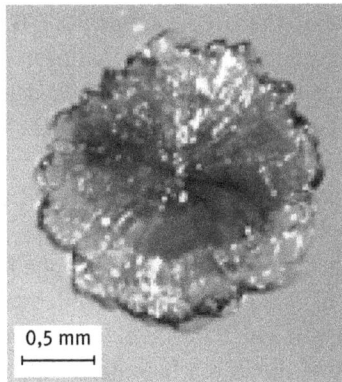

0,5 mm

(b)

Abb. 2.47: (a) Struvit ($MgNH_4PO_4 \cdot 6\,H_2O$) sowie (b) Switzerit ($Mn_3(PO_4)_2 \cdot 7\,H_2O$), synthetisiert durch Streptomyceten (Schütze et al. 2013).

(j) SEE und Phosphate

Der Effekt/Einfluss von *Rhodopseudomonas pallustris* auf die Sorption von Lanthaniden (*Lantd*) durch Quarz (SiO_2) und Goethit (α-$Fe^{3+}O(OH)$) unter verschiedenen pH-Werten wurde von Perelomov & Yoshida (2008) untersucht. Als wichtigste Parameter bei den Wechselwirkungen zwischen Metallionen und den Oberflächen von biologischen und mineralischen Sorptionsmitteln scheinen der pH-Wert einer Lösung sowie die Affinität der Elemente gegenüber Oberflächen aufzutreten. Unter sauren, d. h. pH 4, bis neutralen, d. h. pH 7, Bedingungen unterliegen diese Wechselwirkungen den Einflüssen von elektrostatischen Kräften, bei alkalinen, d. h. pH 9, ist die Präzipitation von *Lantd* vorherrschend. Bei sauren bis neutralen Konditionen beeinflussen die Mikroorganismen ausreichend die Sorption der *Lantd* durch SiO_2, wobei der höchste Wert bei pH 7 erzielt wird. Sie erhöhen die Sorption aller Elemente durch α-$Fe^{3+}O(OH)$ und einen pH-Wert von 4. Allerdings ist die Auswirkung von Bakterien hinsichtlich der Sorption von *Lantd* bei pH-Werten von 7 und 9 durch α-$Fe^{3+}O(OH)$ vernachlässigbar. Das kann als Hinweis verstanden werden, dass die Affinität gegenüber der α-$Fe^{3+}O(OH)$-Oberfläche größer ist. Gegenüber einem alleinigen Auftreten der erwähnten Mineralphasen erhöhen Mikroorganismen in Form von nichtaustauschbaren Zuständen die Konzentrationen der *Lantd* auf den Oberflächen von SiO_2 bei pH-Werten von 7 und 9 und auf α-$Fe^{3+}O(OH)$ bei einem pH-Wert von 7. Möglicherweise sind gering lösliche Komplexierungen zwischen *Lantd* und organischen Substanzen, bereitgestellt durch das Bakterium, beteiligt (Perelomov & Yoshida 2008).

Die mikrobielle Kontrolle auf die Verteilung von Phosphaten und *Lantd* während der Verwitterung von Granit und im Verlauf der Bodenbildung beleuchten [2]Taunton et al. (2000). Während der Verwitterung und Bodenbildung, aufgezeichnet in einem Profil eines Granodiorits, kontrollieren sowohl mikrobielle als auch geochemische Faktoren die Form, Verteilung und Häufigkeiten von Lanthaniden.

Während des Anfangsstadiums der Verwitterung kristallisieren an angeätzten Apatitoberflächen und durchgängig über das gesamte Profil wasserhaltige *Lantd* und *Lantd*-Al-PO_4^{3-} inkl. Rhabdophan (($Ce, La, Nd)[PO_4] \cdot H_2O$) und Florencit ($CeAl_3(PO_4)_2$ $(OH)_6$). Ihre Entwicklung und ihr Verbleib unterliegen größtenteils ihrer Lage im Profil. In einem Verwitterungsprofil von ca. 5–6 m Tiefe, d. h. unteres Profil, verbleiben sekundäre La-PO_4^{3-} auch lange Zeit nach Auflösung des Apatit ($Ca_5[(F, Cl, OH)|(PO_4)_3]$) fortbestehen. Dahingegen lösen sich in einer Tiefe von ca. 2 m der Bodenzone, d. h. oberes Profil, die sekundären PO_4^{3-} und *Lantd* und unterliegen bis auf Ce einem Abtransport ([2]Taunton et al. 2000).

Da auf den Oberflächen der Sekundärphosphate ($Ce, La, Nd)[PO_4] \cdot H_2O$ und $CeAl_3(PO_4)_2(OH)_6$ sowohl Bakterien als auch Pilzhyphen anzutreffen sind, gehen [2]Taunton et al. (2000) von einer im oberen Profil stattfindenden Auflösung der o. a. Minerale aus, bedingt durch die Komplexierung von gelösten *Lantd* und/oder Aufnahme von PO_4^{3-} durch das Zellmaterial. In den von den o. a. Autoren untersuchten Böden unterlagen die sekundären PO_4^{3-} einer Verdrängung durch Ce-Oxide. Abgesehen vom Ce präzipitieren, als Ergebnis einer Überschreitung des Löslichkeitsprodukts infolge der unmittelbaren Nachbarschaft zum $Ca_5[(F, Cl, OH)|(PO_4)_3]$, die aus dem oberen Profil befindlichen *Lantd* im unteren Abschnitt des Profils als Ce-arme PO_4^{3-}. Demnach scheint das obere Profil als Quelle für die im unteren Profil angereicherten *Lantd* zu dienen. Es kann somit, gemäß [2]Taunton et al. (2000), ein Zusammenhang zwischen dem erhöhten Auftreten von Ce mit der zunehmenden Verwitterung des Ausgangsgesteins, d. h. Granit, vermutet werden, wobei eine hohe Immobilität des Ce einhergeht. Als Ergebnis der Umwandlung des Festgesteins in Boden kommt es gegenüber dem unverwitterten Gestein möglicherweise infolge einer Laugung und anschließenden Kompaktion zu einer Ce-Anreicherung um das Zwölf-fache ([2]Taunton et al. 2000).

Zur Diagenese von metallführenden Mineralisationen, chemisch komplexiert an Bakterien, führen Beveridge et al. (1983) eine laborbezogene Erzeugung von Metall-Phosphaten, -sulfiden und organischen Kondensaten in artifiziellen Sedimenten durch. Zellen von *B. subtilis* binden, suspendiert in einer 5 mM metallführenden Lösung, Metalle auf ihren Zellwänden. Die metallbeladenen Zellen, wenn mit einem synthetischem Sediment gemischt und unter Laborbedingungen, die eine niedrig-gradige Sedimentdiagenese simulieren, ermöglichen/initialisieren die Bildung einer gemischten Vergesellschaftung von kristallinen Metallphosphaten, -sulfiden und als Polymer organisierte, metallkomplexierende organische Reste. Die sequentielle Serie an diagenetischen Ereignissen, inkl. der Synthese von authigenen Mineralpha-sen, wurde TEM- und EDX-Analysen unterzogen. Im synthetischen Sediment befanden sich Quarz (SiO_2) und Calcit ($CaCO_3$). Durch Eingabe von kristallinem Magnetit (Fe_3O_4) und elementarem Schwefel (S) stand, betreffs der Aufrechterhaltung von anoxischen Bedingungen, ein Redoxpuffer zur Verfügung. Während des gesamten Versuchsab-laufs bzw. der -bedingungen verblieben SiO_2 und Fe_3O_4 unverändert. Dahingegen trat der S mit den metallbeladenen Zellen in Wechselwirkung, wobei er Chemie und Kristallhabitus der Metallphosphate ($Me-PO_4^{3-}$) beeinträchtigte und eine Reihe von kristallinen Metallsulfiden ($Me-S^{2-}$) erzeugte. $CaCO_3$ hob den pH-Wert der Fluidphase des Sediments, der wiederum die PO_4^{3-}-Mineralisation förderte und die S^{2-}-Genese behinderte (Beveridge et al. 1983).

(k) Sulfide

Durch biogene Ein-/Mitwirkung kommt es zur Bildung zahlreicher Sulfide (S^{2-}), z. B. Pyrit (FeS_2), Hydrotroilit ($FeS \cdot H_2O$), Greigit ($Fe^{2+}(Fe^{3+})_2S_4$), Sphalerit (ZnS), Wurtzit (β-ZnS), Pyrrhotin (FeS, amorph), Akanthit (AgS_2), Mackinawit (($Fe, Ni)_{1+x}S$) etc. (Wei-ner & Dove 2003). Als Senken stehen vielerlei Arten von Sedimentationsmilieus zur Verfügung. Auch im marinen Milieu kommt es bei der Genese von Biomineralen zur mikrobiellen Mitwirkung. Tiefseeminerale in polysulfidischen Knollen, Krusten und hydrothermalen Schlöten unterliegen, neben anorganischen Parametern, auch der Einbeziehung biologischer Aktivitäten unter besonderer Berücksichtigung von Mikro-organismen, d. h. Biomineralisation (Wang & Müller 2009).

So verbleiben z. B. häufig auftretende, ungeordnete Abfolgen in der Stapelung und facetierte, poröse Kristallmorphologien auch während des durch Aggregation angetriebenen Wachstums von Sphalerit-(ZnS-)Nanokristallen vor und/oder während der sphärolithischen Bildung beständig. Die Sphäroide sind typischerweise von organischen Polymeren umhüllt oder mit mikrobiellen Zelloberflächen assoziiert und näherungsweise in Lagen innerhalb des Biofilms konzentriert (Moreau et al. 2004). Größe, Form, Struktur, Grad der Kristallinität und Polymerassoziationen beeinflussen von ZnS dessen Löslichkeit, Aggregation, Vergrößerung, Transport im Grundwasser und das Potential zur Ablagerung durch Sedimentation (Moreau et al. 2004).

Es stehen somit Ergebnisse zur Verfügung, die Einblicke in die biologisch eingeleitete ZnS-Synthese auf μm- und nm-Ebene gewähren. Darüber hinaus könnte, entsprechenden Daten und Überlegungen zufolge, die bakterielle Sulfat-(SO_4^{2-}-)Reduktion (BSR) auch für die Sequestrierung bzw. Überführung von metallischen Kontaminanten wie Pb^{2+}-, Cd^{2+}-, As^{3+}- und Hg^{2+}-Komplexierungen in weniger toxische Metallsulfide (Me-S^{2-}) geeignet sein. Moreau et al. (2004) erörtern die Überlegung, inwiefern die Phasenstabilität von Biomineralisationen größenabhängig ist. Weiterhin verweisen sie auf sub-μm- bis mm-große petrographische Merkmale, die insbesondere aus sedimentären Sulfiderzlagerstätten, entwickelt unter niedrigen Temperaturbedingungen, beschrieben und möglicherweise biogenen Ursprungs sind.

Als Beispiel einer extrazellulären Biomineralisation lässt sich über die Kombination einer komplexen messtechnischen Ausstattung bzw. Umgebung, d. h. Ionenmikroprobenspektrometrie mit hoher Ortsauflösung, eine spezielle Art der Infrarotspektroskopie (*synchroton radiation-based Fourier transformation infrared spectroscopy*) und Polyacrylamidgel-Analyse, die enge Assoziation von Proteinen mit kugelförmigen Aggregaten aus biogenem Zinksulfid (ZnS)-NP nachweisen. Unter Einbeziehung von synthetischen ZnS-NP und repräsentativen Aminosäuren verweisen Experimente auf die Rolle von Cystein in der raschen NP-Aggregation. Diese Beobachtungen deuten an, dass mikrobiell abgeleitete, extrazelluläre Proteine die räumliche Ausbreitung von biogenen, metallführenden NP einschränken (Moreau et al. 2007). Für die mineralischen Produkte einer Bioremediation hat dies erhebliche Konsequenzen. Offensichtlich lässt sich die ansonsten ungehinderte Ausbreitung durch oberflächennahen Fluidfluss unterbinden bzw. der Abtransport von der ursprünglichen Quelle verhindern, Abschn. 2.5.3/Bd. 2. Über die mikrobielle Sulfat-(S^{2-}-)Reduktion innerhalb von sulfidisch betonten Abgängen des Bergbaus und die Bildung von diagenetischen Fe-S^{2-} referieren Fortin & Beveridge (1997). Als Ursachen zur Präzipitation von Fe-Spezifikationen werden der S-betonte Metabolismus von SRB (Abschn. 2.2 (b)) mit daran gekoppelter, sukzessiver Produktion von H_2S sowie die hochreaktiven Oberflächen der Zellwand vermutet. Betreffs des Fe führen in diesem Habitat durch mikrobielle Einwirkungen auf die Sulfide (S^{2-}) nachfolgende diagenetische Prozesse zur Entstehung von amorphem Pyrit (FeS_2) sowie Mackinawit (α-Cu_2S). Anschließend können die auf diese Weise entstandenen Fe-S^{2-}-Minerale gegenüber anderen gelösten Spezifikationen von z. B. Cu und Zn als Sorptionssubstrate dienen (Fortin & Beveridge 1997).

Als Mediatoren für Cu-S^{2-}-Anreicherungen während der Verwitterung können, gemäß Sillitoe et al. (1996), Bakterien in Erwägung gezogen werden. Die infolge von Verwitterungsvorgängen ablaufende supergene Anreicherung von Chalkosin (α-Cu$_2$S) stellt einen natürlichen Prozess dar, der zu einer mehrfachen Anreicherung der Cu-Gehalte in S^{2-}-Lagerstätten führen kann. SEM-Analysen von α-Cu$_2$S zufolge, kollektioniert aus an Cu-angereicherten Lagerstätten in N-Chile, befinden sich zahllose bakterioforme Gebilde, beschrieben an/aus Schnittstellen mit den Resten hypergener S^{2-}-Bildungen bzw. Verdrängungsmerkmalen, allem Anschein nach in ihren ursprünglichen Wachstumspositionen. Die im μm-Bereichen liegenden α-Cu$_2$S-Partikel interpretieren Sillitoe et al. (1996) als fossilisierte und metallisierte Nanobakterien, die wiederum die Fixierung von mobilen Cu-Ionen fördern. Weiterhin erörtern die o. a. Autoren die Verwicklung bakterieller Aktivitäten bei der angesprochenen supergenen Anreicherung von Cu-Lagerstätten. Gramp et al. (2006) sowie Karnachuk et al. (2008) berichten über die Formation von Covellin (CuS) durch *Desulfovibrio sp.*

Neben den vermuteten biologischen Funktionen von Magnetosomen und anderen Fe-Mineralisationen stellen Mann et al. (1990) die Überlegung an, inwieweit die zeitlich bedingte Akkumulation von diskreten Einzelkristallen in Form von ferrimagnetischem Greigit (Fe$_3$S$_4$) als intrazelluläre Biomineralisation und synthetisiert durch in sulfidischem Milieu angesiedelte magnetotakte Bakterien zu einer remanenten Magnetisierung von Sedimenten führen kann.

(l) Cytochrome

Auf spezielle Bindungen zwischen den Oberflächen eines Fe-Oxids und den in der äußeren Membran befindlichen Cytochromen *MtrC* und *OmcA* von *Shewanella oneidensis MR-1* weisen Lower et al. (2007) hin. Von *Shewanella oneidensis MR-1* wird angenommen, dass es die auf die äußere Membran bezogenen Cytochrome exprimiert, z. B. *MtrC* und *OmcA*. Sie dienen während der anaeroben Respiration für den direkten Elektronentransport zum in einem Mineral gebundenen Fe^{3+}.

Eine der wesentlichen Voraussetzungen für den genannten Typ von Reaktion ist die Bildung stabiler Bindungen zwischen dem Cytochrom und der Oberfläche des Fe-Oxids. Über AFM lässt sich diese Art von Bindungen messtechnisch erfassen, z. B. über einen Dünnschichtfilm aus Hämatit (Fe$_2$O$_3$) und rekombinanten *MtrC*- oder *OmcA*-Molekülen, assoziiert mit Substraten aus Gold (Au). Anhand bestimmter Signaturen erweist sich die Stärke der *OmcA*-Fe$_2$O$_3$-Bindung gegenüber dem *MtrC*-Fe$_2$O$_3$ als zweimal intensiver, eine direkte Koppelung an den Fe$_2$O$_3$ für *MtrC* als vorteilhafter. Bei mechanisch denaturierten *MtrC*-Molekülen sind reversible Faltungs-/Aufklappungsvorgänge beobachtbar (Lower et al. 2007). Die AFM-Messungen für die Fe$_2$O$_3$-Cytochromepaare werden von Lower et al. (2007) mit Spektren vergli-

Tab. 2.22: Zusammenfassende Darstellung der wichtigsten Mechanismen mikrobieller Transformationen von Metallen zwischen löslichen und unlöslichen Metall-Spezifikationen mit entsprechenden Konsequenzen für die Lösung und Immobilisierung von Metallen (Gadd 2010).

Lösung	⇔ Immobilisierung
Chemolithotrophe Laugung, z. B.: H^+, Fe^{3+}, SO_4^{2-}	**Biosorption,** z. B.: Metallbindende Peptide, EPS, Zellwand und andere strukturelle Biomoleküle, Metabolite
Chemoorganotrophe Laugung, z. B.: H^+, Sideorphore, organische Säuren, Metabolite	**Intrazelluläre Akkumulation,** z. B.: Transport, Permeation, intrazelluläre Präzipitation und Sequestrierung
(Bio-)Verwitterung Gestein & Mineral	**Synthese Biomineralisation,** z. B.: organische Präzipitation: Oxalate, anorganische Präzipitate: Hydroxide, Karbonate, Oxide, Phosphate, Sulfide, Biomineralisation
Biofouling/-korrosion	
Redox-Mobilisierung	**Redox-Immobilisierung,** z. B.: $Ag^{1+} \rightarrow Ag^{0}$ $Au^{3+} \rightarrow Au^{0}$ $Cr^{6+} \rightarrow Cr^{3+}$ $Fe^{2+} \rightarrow Fe^{3+}$ $Mn^{2+} \rightarrow Mn^{4+}$ $Pd^{2+} \rightarrow Pd^{0}$ $Se^{6+} \rightarrow Se^{4+} \rightarrow Se^{0}$ $Te^{6+} \rightarrow Te^{4+} \rightarrow Te^{0}$ $U^{6+} \rightarrow U^{4+}$
(Bio-)Methylierung, z. B.: As, Hg, Pb, Se, Sn, Te; $(CH_3)nAsH_{3-n}$–CH_3Hg^+–$(CH_3)_2Se$–$(CH_3)_2Te$	**Sorption von Metallen an biogene Minerale,** z. B.: Mn, Fe an Oxide, Sulfide Metallische Nanopartikel, z. B.: Ag^0, Au^0, Pd^0, Se^0, UO_2

chen, die unter anaeroben Konditionen von Fe-Oxid und *S. oneidensis* gewonnen wurden. Hierbei weisen die Spektren von der Gesamtzelle und dem isolierten Protein korrelative Muster auf. Allem Anschein nach übernehmen *MtrC* sowie *OmcA* eine herausragende Rolle beim Transfer der Elektronen zum Fe^{3+} in dem betroffenen Mineralaggregat. Nach Kalkulationen von Lower et al. (2007) exprimiert ein einzelnes Exemplar des Bakteriums *S. oneidensis* ca. 10^4 Cytochrome auf seiner äußeren Oberfläche.

Zusammenfassend

sind in nahezu alle Vorgänge des mikrobiellen Wachstums, Metabolismus und Differentierung Metalle mit einbezogen. Es kommt zu einer Vielzahl kausaler Wechselwirkungen zwischen den verschiedenen Metallspezifikationen, Organismen sowie der Umwelt. Organismen wiederum wirken einzeln und/oder in Kombination auf die Metalle durch Änderungen in ihrer Spezifikation mit der Konsequenz von Neueinstellungen in Löslichkeit, Mobilität, Bioverfügbarkeit sowie Toxizität der betroffenen Metalle (Gadd 2010). In die Aufrechterhaltung einer ausgewogenen Balance zwischen den o. a. Prozessen sind eine Vielzahl vernetzter, teilweise in gegenseitiger Abhängigkeit stehender Vorgänge verwickelt, Abb. 2.34. Darüber hinaus unterliegen die genannten Vorgänge reziproken Interaktionen (Gadd 2010). Speziell das chemische Gleichgewicht zwischen löslichen und unlöslichen Phasen ist neben pH- und Eh-Wert, Temperatur, hydrologischen Parametern usw. einer nahezu unübersehbaren Fülle an Beeinflussungen ausgesetzt. Als Einflussgrößen treten u. a. organische Zersetzungsprodukte, anorganische Umweltmatrix, Kolloide sowie ionisierte Spezifikationen auf, mit den entsprechenden Auswirkungen auf Kontrollmöglichkeiten.

Die Mechanismen mikrobieller Transformationen von Metallen zwischen löslichen und unlöslichen Metallspezifikationen mit Konsequenzen für Lösung und Immobilisierung von Metallen durch mikrobielle Aktivitäten beruhen auf einer Fülle von Abläufen (Gadd 2001). So können Lösungs- bzw. Laugungsvorgänge durch chemolithotrophe (autotrophe) sowie chemoorganotrophe (heterotrophe) Mikroorganismen, Siderophore und andere chelatierende Komplexe, Redoxreaktionen, Methylierung sowie Demethylierung und den Abbau von organisch-/radionukliden Komplexen ausgelöst werden (Gadd 2010), Tab. 2.22.

Alle vorgestellten Prozesse unterliegen überwiegend redoxgesteuerten Vorgängen, ermöglicht und umgesetzt durch Enzyme in Form einer Biokatalyse. Der Oxidationszustand entscheidet über Mobilität bzw. Immobilität und somit über Bioverfügbarkeit und Toxizität, z. B. Cr^{3+} und Cr^{6+}. Die hierbei entstehenden Präzipitate können das Ergebnis einer Freisetzung von Sulfiden, Oxalaten sein. Enzyme bilden neben der Bereitstellung der Präkursor in Form bioverfügbarer Metallspezifikationen die wichtigste Voraussetzung bei der Synthese mikro- und nanoskaliger metallhaltiger Biomineralisationen, Kapitel 3.

Vorgänge der Immobilisierung erstrecken sich u. a. auf die Biosorption an Zellwänden, Exopolymere sowie andere exkretierte Biomoleküle. Infolge von Reduktion, Transport, interzellulärer Ablagerung, Sequestrierung, Adsorption von Kolloiden und anderer partikularer Phasen stehen weitere Mechanismen der Immobilisierung zur Verfügung. Aufgrund der Schwankungen in der Verteilung sowie physiko-chemischer Eigenschaften enthält die Mehrzahl an Mineralen Metalle diverser Häufigkeiten.

3 Biokatalysator Enzym

Eingebettet in das entsprechende Habitat bzw. den Mikroorganismus übernehmen Enzyme in Form der Biokatalyse den entscheidenden Anteil bei der Durchführung der
Synthese metallischer Nanopartikel/-cluster. Ohne ihre Mitwirkung als Biokatalysator
sind die erforderlichen Prozesse zur Biotransformation sowie -mineralisation in einem
zeitlich vertretbaren Rahmen nahezu ausgeschlossen. Sie bieten durch ihren seitens
der DNS mitgelieferten Datenbestand eine Vielzahl von Einflussmöglichkeiten auf die
Kontrollgrößen, die ihrerseits Ansprüchen an Menge, Qualität und Modifikation gerecht werden, z. B. Steuerung der Geschwindigkeit der Reaktion. Als Informationsträger ausgezeichnet, soll kurz auf die Grundlagen der Enzymkinetik und ihrer Einflussgrößen, d. h. Aktivität sowie Substrat, eingegangen werden. Unter Berücksichtigung
möglicher industrieller Verwertung sind Strategien der Enzymhemmung, Vorstellung
der relevanten Enzymklassen sowie Extremozyme von besonderem Interesse. Weiterhin sind in die einführenden Anmerkungen Metalloproteine/-enzyme, Extremozyme und Bodenenzyme einbezogen. Um Möglichkeiten von Veränderungen im genetischen Dateninventar anzudeuten, sind Hinweise auf spezielle Datenträger, wie
z. B. *magnetosome island*, und Techniken zur Veränderung, d. h. Gerichtete Evolution,
hilfreich. Unterstützend können die Zielsetzungen/Möglichkeiten des rechnergestützten Proteindesigns wirken, d. h. *De-novo*-Enzym-Design sowie Theozyme. Zunehmend
halten theoretische Ansätze wie die Quantenmechanik Einzug in die o. a. Überlegungen. Insgesamt bieten Enzyme als Datenträger, mit der Möglichkeit, über gentechnische Arbeiten Informationen zu verändern und zu speichern, ein akkurates Mittel zur
Kontrolle der Produkte und stellen daher einen wichtigen Aspekt in einer Reihe von
Maßnahmen für anwenderorientierte *Bottom-up*-Strategien dar. Hier besteht für den
Geowissenschaftler eine entscheidende interdisziplinäre Schnittstelle zu den Biowissenschaften. Ausgestattet mit den geeigneten Hintergrundinformationen vermag der
auf dem Gebiet der Geobiotechnologie Tätige im Bedarfsfall wichtige Hinweise für gezielte gentechnische Arbeiten zu erhalten, z. B. artfremde Biomineralisationen. Stellt
die Geomikrobiologie das Vorbild dar, so repräsentiert das Enzym das Mittel, dessen
sich biogene Prozesse zur Erzeugung metallischer Nanopartikel/-cluster bedienen.

3.1 Enzym: Funktion und Aufbau

Da ohne die Mitwirkung von Biokatalysatoren in Form von Enzymen eine Synthese
metallischer Nanomaterialien wirtschaftlich nicht in einem verwertbaren Zeitrahmen
durchführbar ist, wird in den folgenden Abschnitten eingehender auf diese spezielle
Form von Biomolekül eingegangen. Bezogen auf die chemische Zusammensetzung sowie den Aufbau gehen Enzyme als informationstragende Biomoleküle prinzipiell aus
Proteinen hervor. Allerdings sind sie nur für eine einzige Funktion vorgesehen, d. h.

DOI 10.1515/9783110426779-004

die Katalyse. Hahn & Gianneschi (2011) bezeichnen Enzyme als die primären Protagonisten in der Chemie lebender Organismen. Denn sie sind, ausgestattet mit dem Vermögen zur präzisen Detektion, einer kaskadierenden Signalverstärkung, präziser Selektivität und einem hohen Organisationsgrad in die Replikation, Reparatur und Übertragung von Informationen einbezogen. Gemäß den Analysen via Enzymassay (Abschn. 2.4.2/Bd. 2) übernehmen Enzyme Funktionen bei der Reduktion sowie morphologischen Formgebung, d. h., sie bilden aus Gründen der Stabilisierung der NP durch AFM (Abschn. 1.3.4 (a)/Bd. 2) nachweisbare Enzymschichten. Bislang wurden ca. 2100 Enzyme identifiziert, wobei eine Zelle bis zu 4000 Enzyme enthalten kann (Pandey et al. 2006). Sie treten sowohl intra- als auch extrazellulär auf. Extrazelluläre, immobilisierte Enzyme können über einen Zeitraum von > 100 Jahren ihre katalytische Aktivität beibehalten, z. B. Phosphatase (Fulan & Pant 2007). Die Stabilität von Enzymen hängt u. a. von Temperatur und Lösungsmittel ab. Unter Raumbedingungen bilden sie kristalline Feststoffphasen, Abb. 3.14, 3.16, 3.17.

(a) Funktion

Das Katalysieren von Stoffumsetzungen unter moderaten physikalischen Parametern, d. h. Temperatur und Druck, definiert die Funktion von Enzymen. Nahezu alle bislang beschriebenen intra- und extrazellulären biochemischen Reaktionsabläufe/ Stoffumsetzungen setzen Enzyme ein. So katalysieren sie aufgrund diverser Motive, z. B. Respiration etc., z. B. Redoxreaktionen im Zusammenhang mit Metallen, z. B. Fe, Mn, Abschn. 2.2.1 (b). Zur Umsetzung der ihm zugedachten Katalyse bedient sich ein Enzym eines aktiven Zentrums (Alberts et al. 2007). Hier unterliegt das ihm zugedachte Substrat einer aktiven Transformation. Die innere Struktur eines aktiven Zentrums verhält sich gegenüber der Struktur eines Substrats komplementär („Schlüssel-Schloss-Prinzip"), Abb. 3.1 (a). Es erfüllt im Sinne der Supramolekularen Chemie die Konzeption des *Host-Guest*-Prinzips, Abschn. 4.2.

Vom energetisch-thermodynamischen Standpunkt aus gesehen, bewirkt der Einsatz eines enzymatischen Biokatalysators eine Erniedrigung der Aktivierungsenergie (Illanes et al. 2008). Speziell die energiereichen Übergangsstadien bewegen sich gegenüber nichtkatalysierten Reaktionen auf einem niedrigeren Niveau, mit teilweise beträchtlichen Energieunterschieden, Abb. 3.1 (b). Die biokatalytische Wirkung von Enzymen zeichnet sich durch eine präzise Selektivität aus und bewirkt eine hohe Ausbeute, wobei die zur Verfügung stehenden Lösungen untersättigt sein können. Die Reaktionsbedingungen sind durch Normaldruck und einen Temperaturbereich zwischen 20–70 °C charakterisiert. Unter natürlichen Bedingungen sind die drei (= B3) wichtigsten Anwendungsgebiete einer Enzymkatalyse mit entsprechenden Wechselbeziehungen bzw. kausalen Abhängigkeiten:
(1) Biokatalyse,
(2) Biotransformation,
(3) Biodegradation.

(a)   S1 = Substrat 1, S2 = Substrat 2

(b)   Fortschritt der Reaktion

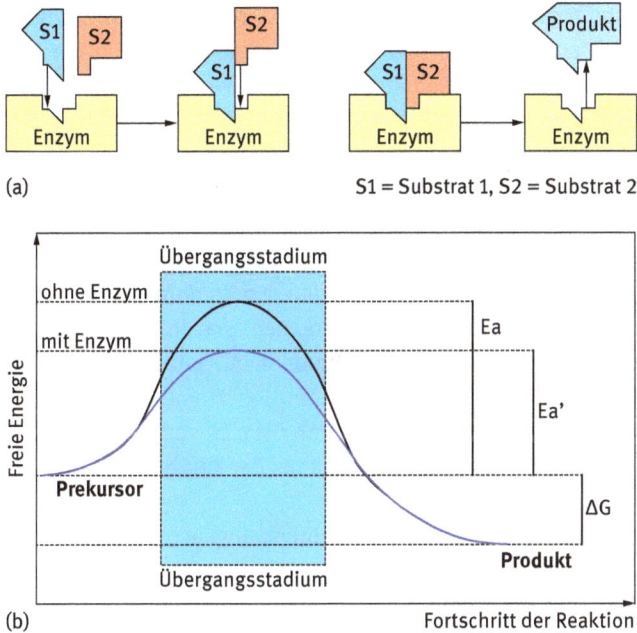

Abb. 3.1: (a) Funktionsweise eines Enzyms und (b) Erniedrigung der Aktivierungsenergie durch enzymatische Biokatalysen (nach Alberts et al. 2007, Illanes 2008).

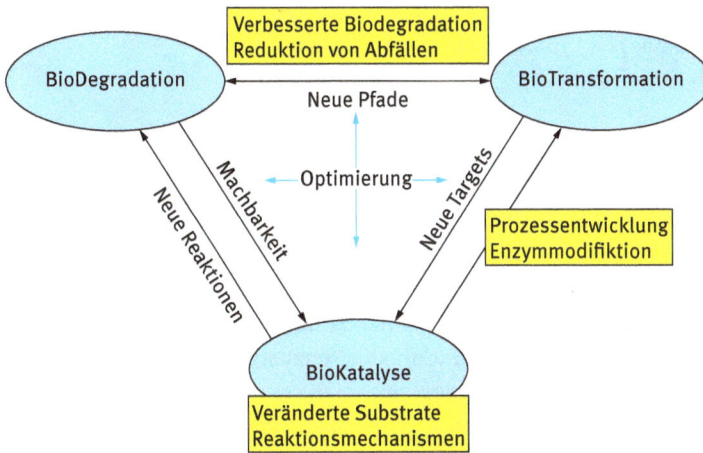

Abb. 3.2: Die drei wichtigsten Anwendungsgebiete einer Enzymkatalyse, d. h. Biodegradation, Biotransformation sowie Biokatalyse, und deren wechselseitige Abhängigkeiten (nach Parales et al. 2002).

Generell sind für B3 diverse Möglichkeiten zur Modifikation/Optimierung gegeben, wie z. B. neuartige Reaktionsabläufe, veränderte Substrate etc. (Parales et al. 2002), Abb. 3.2.

Enzyme besitzen ein umfangreiches Instrumentarium zur Kontrolle ihrer Funktion/Aktivität. Sie lassen sich auf vielfältige Weise beeinflussen, wie z. B. durch Anbindung an kleine Moleküle oder Protein-Cofaktoren. Enzyme verfügen über die für technische Zwecke unverzichtbare Eigenschaft zur Regulation der Biosynthese. Sie sind mit in der DNS gespeicherten Daten ausgestattet, die über Transkription und andere Vorgänge an die Enzyme bzw. Proteine zwecks Funktion und Leistung weitergeleitet werden.

Um technisch interessante Synthesen zu leisten, nutzt eine auf die gesamte Zelle bezogene Biokatalyse zum einen native und zum anderen rekombinante Enzyme, Letztere bereitgestellt durch zelluläre Stoffwechselvorgänge. Als informationsführende Makromoleküle repräsentieren Enzyme i. d. R. Proteine mit katalytischer Funktion. Ausnahmen bilden (Horton et al. 2008):

(1) Ribozyme [Acronym von Ribonukleinsäure + Enzym], die sich von RNA ableiten, z. B. rRNA. Ribozyme besitzen wie Enzyme das Merkmal der katalytischen Aktivität,

(2) Abzyme als katalytisch wirkende Antikörper, allerdings, ungeachtet ihrer hohen Substratspezifität, bislang ohne technische Bedeutung,

(3) Extremozyme als Enzyme von sog. extremophilen Formen, Abschn. 2.2.2,

(4) Cytochrome, Abschn. 3.3.1 (m).

Ungeachtet dessen, dass alle Enzyme letztendlich Proteine sind, enthalten viele von ihnen Metallionen, Lipide, Phosphate. Je nach der chemischen Zusammensetzung/Aufbau werden

(1) reine Proteinenyzme,

(2) Holoenzyme,

(3) Metalloenzyme

unterschieden.

Der erstgenannte Enzymtyp (1) besteht aus einem Protein. Das für die Substratbehandlung/Katalyse relevante aktive Zentrum setzt sich aus einem Peptid und Aminosäurerest zusammen. Ein Vertreter dieses Enzymtyps ist z. B. Triosephosphatisomerase. Dahingegen setzen sich Holoenzyme (2) aus einem Protein(fragment) (Apoenzym) und einem Nichtproteinanteil (Cofaktor/-enzym) zusammen, wobei erst die Kombination von Apoenzym und Cofaktor/-enzym die enzymatische Wirksamkeit ermöglicht: Apoenzym + Cofaktor/-enzym = Holoenzym. Metalloenzyme führen in ihrem chemischen Aufbau Metalle. Der Begriff Coenzym wird gebraucht, wenn es sich bei dem Cofaktor um eine organische Verbindung handelt, Abschn. 3.1.1.

Die Rolle von Enzymen im Prozess der Biomineralisation unter Berücksichtigung der Lösungschemie (Weiss & Martin 2008) erstreckt sich auf diverse regulative Mechanismen:

- Kontrolle der Diffusion von Ionen und Biomolekülen, implementiert durch diverse Membranen, Transporter, Ionenpumpen. Eine passive Diffusion ist extrazellulär über z. B. unlösliche Biopolymere kontrollierbar,
- lokales Angebot an Ionen im aktivierten oder metastabilen Zustand durch z. B. chemische Koordination, Elektrostatik oder die räumliche Kontrolle von Ionenpumpen,
- Kontrolle der Wasserstruktur sowohl an den Schnittflächen als auch in der Masse über hydrophobe Effekte, *van-der-Waals*-Kräfte und H_2-Brücken, die wiederum durch Wechselwirkungen zwischen Protein : Lösungsmittel, Protein : Ligand sowie Protein : Protein geprägt sind,
- Kontrolle des energetischen Potentials der an der Oberfläche und in Masse auftretenden Moleküle über z. B. Elektrostatik, *van-der-Waals*-Kräfte, H_2-Brücken sowie eine für kolloidales Verhalten sowie Selbstassemblierung zuständige Hydrophobizität,
- dynamische Kontrolle der Phasenübergänge oder -separation, z. B. Lösung, Suspension, Sol, Gel, Kolloide sowie Feststoffphasen.

Als optimale Temperatur ist ein Bereich von 35–40 °C und für den pH-Wert eine Spannweite von 7–8 ermittelt (url: BRENDA), Abb. 3.3. Bei Bedarf kann die Temperaturbeständigkeit eines Enzyms erhöht werden (Zhang et al. 2013). Übergreifend tritt die enzymatisch gesteuerte Synthese von Mineralen sowie metallischen Nanoclustern als ein Teil des geologischen Stoffkreislaufs auf. Zahlreiche Enzyme und Proteine führen Metalle wie z. B. Cu, Mn, Mo, Ni, Zn u. a. (Andreini et al. 2008), Tab. 3.5.

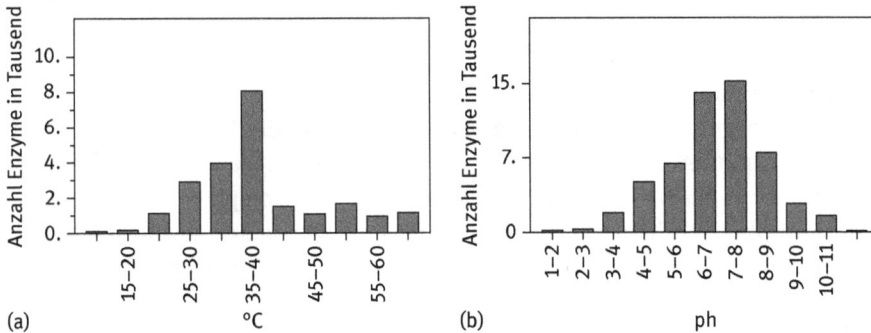

Abb. 3.3: Optimale Temperatur und pH-Werte betreffs Enzyme, d. h. als Temperatur ein Bereich mit 35–40 °C, für den pH-Wert wurde der Bereich 7–8 ermittelt (url: BRENDA).

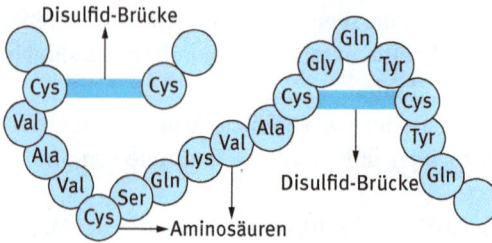

Abb. 3.4: Schematische Darstellung des Aufbaus eines Enzyms bzw. Proteins, d. h. definierte Sequenz von Aminosäuren (z. B. Cys = Cystein) und via Disulfidbrücken räumlich strukturiert (gefaltet).

(b) Aufbau

Enzyme sind nm-große Moleküle mit dreidimensionalen Strukturen, die sich via supramolekulare Wechselwirkungen über Selbstassemblierung von polymerischen, kettenähnlichen Komponenten entwickeln. Ein Enzym baut sich aus einer Sequenz von nacheinander geschalteten Aminosäuren auf, Abb. 3.4. Je nach Art und Funktion eines Enzyms ist die jeweilige Sequenz angeordnet. Für spezifische Faltungsvorgänge, unerlässlich für die einwandfreie Funktionalität eines Proteins sowie Enzyms, dienen Disulfidbrücken.

Hinsichtlich einer Optimierung, d. h. eines „Engineering", gibt es drei Ansätze:

(1) Enzym (Konstruktion eines neuen Enzyms),
(2) Substrat (Modifizierung des Substrats),
(3) Medium, Änderung des Reaktionsablaufs.

Enzyme setzen sich aus den 20 natürlich vorkommenden Aminosäuren zusammen und katalysieren unter physiologischen Bedingungen sowie mit Regio- und Stereospezifität ausgestattet zahlreiche chemische Reaktionen (z. B. Holliday et al. 2011).

(c) Rechnergestützte Arbeiten

Zur Charakterisierung der Komplexität von Enzymen auf der Basis ihrer Mechanismen und Strukturen stehen diverse biorechnergestützte Analysen zur Verfügung (z. B. Holliday et al. 2011). In ihrer Charakterisierung zur Komplexität von Enzymen auf der Basis ihrer Mechanismen und Strukturen durch biorechnergestützte Analysen skizzieren Holliday et al. (2011) den *balloon plot*, Abb. 3.5. Es stehen Informationen zum Verständnis der chemischen Vielfalt der katalytischen Bausätze inkl. der Verwendung von Metallionen sowie organischer Moleküle zur Einsicht bereit. Weiterhin liegen zahlreiche Überlegungen zu komplexen Darstellungen der Reaktionen mit den Proteinen, die für gewöhnlich nicht aus einer 1 : 1-Reaktion bestehen, vor. Betreffs der strukturellen Komplexität der Enzyme sowie ihrer aktiven Sites verweisen z. B. Holliday et al. (2011) auf die Fülle von Domänen sowie Gruppierungen aus multiplen Untereinheiten. Enzyme spiegeln nicht nur ihren evolutionären Hintergrund wider, sondern bieten bezüglich der Regulation und Modifikation auch Möglichkeiten eines *De-novo*-Designs.

	Arg	Asn	Asp	Cys	Gln	Glu	His	Lys	Phe	Ser	Thr	Trp	Tyr
EC1				●			●						∘
EC2	∘		∘	●			●						∘
EC3			∘				●						
EC4			∘	∘		∘	●	∘				∘	∘
EC5				∘			●					∘	∘
EC6							●	●				∘	

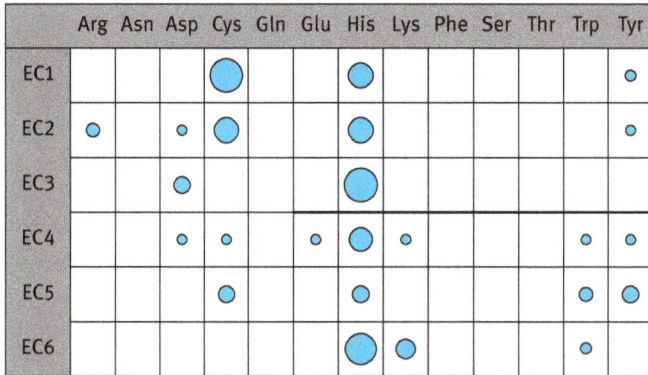

Abb. 3.5: Neigung eines Residuums zur Katalyse in den diversen Enzymklassen, dargestellt als *balloon plot*, wobei die Größe des Symbols die Höhe des Werts widerspiegelt (umgezeichnet nach Holliday et al. 2011).

(d) Organische Lösungsmittel

Zunehmend gelingt der Nachweis, dass konventionelle Enzyme auch in nichtwässrigen Lösungsmitteln Reaktionen katalysieren können (Gupta & Khare 2009, Saleh et al. 2002). Die biologische Funktion macht diese Technik für neue Anwendungsfelder interessant, Abschn. 2.1 (h)/Bd. 2, denn durch den Gebrauch von organischen Lösungsmitteln oder bestimmten Mischungsverhältnissen zwischen Wasser und Lösungsmitteln lässt sich die Selektivität von Extremozymen anpassen, z. B. Enantio-, Regio- und Chemoselektivität.

(e) Beispiel

Über die Lokalität der Mn-Oxidation in einer Peroxidase von *Pleurotus eryngii* liegen erste Untersuchungen zur site-spezifischen Mutagenese, Kinetik und Kristallographie vor (Ruiz-Dueñas et al. 2007). Die molekulare Architektur der o. a. Peroxidase weist exponiertes Tryptophan auf, verantwortlich für die Oxidation von aromatischen KW-Verbindungen sowie vermutlich von Mn^{2+}. Sowohl beim Wildtyp als auch bei der rekombinanten Form von *Pleurotus eryngii VP* weisen die an der Rekoordination von Mn^{2+} beteiligten Seitenketten *Glu36* und *Glu40*, zusammen mit *Asp175* der entsprechenden Kristallstruktur, vor und nach der Aufnahme von Mn^{2+} eine unterschiedliche Orientierung auf. Um die Einbeziehung dieser Restkomponenten zu evaluieren, wurde eine seitenbezogene Mutagenese durchgeführt. Den Ergebnissen zufolge verursachen die Mutationen vom Typ *E36A*, *E40A* und *D175A* in Kombination eine signifikante, d. h. 60- bis 85-fache Abnahme der Mn^{2+}-Affinität und somit eine Minderung der Mn^{2+}-Oxidationsaktivität (Ruiz-Dueñas et al. 2007). Die in diesem Zusammenhang durchgeführten thermodynamischen Berechnungen (engl. *transient-state kinetic constant*) unterstützen diesen Trend, d. h. für *k2app* 80- bis 325-fach, für *k3app* 103-

bis 104-fach niedriger. Der einfache Mutant weist eine partiell verminderte Mn^{2+}-Oxidationsaktivität auf, wohingegen eine dreifache Mutation, d. h. *E36A*, *E40A* und *D175A*, jede Aktivität unterdrückt d. h. < 1 % K_{cat}. Ebenso nimmt die Affinität für Mn^{2+} in den Varianten *E36D* und *E40D* mit einer kurzen Carboxylat-Seitenkette um das ca. 25-Fache ab, wobei allerdings ungefähr 30–50 % der maximalen Aktivität verbleiben. Im Fall der Mn-Peroxidase (*MnP*) von *Phanerochaete chrysosporium* kommt es bezüglich K_{cat} zu einer Abschwächung um das 50- bis 100-Fache. Weitere Mutationen zeigen, dass mit der Einführung eines basischen Rests nahe *Asp175* keine Verbesserung der Mn^{2+}-Oxidation, wie sie z. B. in Verbindung mit MnP auftritt, verbunden ist. Im Vergleich mit dem MnP von *P. chrysosporium* weisen die Daten, bezüglich Struktur und Kinetik des neu beschriebenen Enzyms, auf deutlich erkennbare Unterschiede hin (Ruiz-Dueñas et al. 2007).

Zusammenfassend

zählen Enzyme zu den „wirksamsten Substanzen dieser Erde" (Bisswanger 2015) und es liegt über sie, ihre biokatalytischen Fähigkeiten sowie Enzymtechnologie, eine Vielzahl an Publikationen vor (z. B. Buchholz et al. 2005, Pandey et al. 2006). Eine Einführung in die Chemie von Enzymen und Coenzymen bietet u. a. Bugg (2012). Die chemische Basis für die Enzymkatalyse beleuchten Bruice & Benkovic (2000), die elektrostatische Basis für die Enzymkatalyse behandeln z. B. Warshel et al. (2006), Sharma et al. (2007), u. a.

Den Zusammenhang zwischen Metallen und Enzymen erforschten Vielle & Zeikus (2001). Trenor et al. (1994) berichten über bakterielle P-Typ ATPasen mit an Histidin reichen, an (Schwer-)Metallen assoziierten Sequenzen. Und Enzyme scheinen über eine Art pH-Gedächtnis zu verfügen (Adamczak & Krishna 2004). Ein ausführliches, kontinuierlich aktualisiertes Online-Informationssystem zu Enzymen, ihrer Klassifikation, Funktionalität, ihren molekularbiologischen Merkmale u. a. steht mit BRENDA, d. h. BRaunschweig ENzyme DAtabase, zur Verfügung.

3.1.1 Cofaktor

Zwecks Umsetzung der Biokatalyse sind Cofaktoren oder auch Coenzyme für eine Vielzahl von Enzymen unerlässliche Bestandteile. Sie zwingen den Mikroorganismus zur Akquise und Verarbeitung bestimmter Metalle. Der Unterschied zwischen einem Cofaktor und Coenzym ergibt sich aus deren Position und Anbindung an das Enzym. Ein Coenzym ist als kleines Molekül mit geringer molekularer Masse reversibel mit einem Enzym verbunden und nicht in die Struktur des Enzyms integriert. Es kann neben seiner Einbeziehung in Reaktionssequenzen in einigen Fällen als intermediär auftretender Transporter von Elektronen, Atomen oder funktionellen Gruppen dienen, Abschn. 2.3.7.

Dahingegen sind Cofaktoren als Metallionen mit reversibler Bindung in die Struktur eines Proteins eingebaut und verbleiben während chemischer Prozesse chemisch unverändert (Illanes 2008). Eine starke Bindung des Cofaktors mit dem Protein verhindert eine im Verlauf einer Reaktion mögliche Dissoziation, d. h. Abtrennung vom Holoenzym (Illanes 2008). Bei Metalloenzymen enthält das Enzym als Cofaktor/-enzym ausgewählte Metallionen. Generell sind eine Reihe von Metallen bzw. deren Spezifikationen erforderlich und umfassen Cu, Fe, Mo, Ni, Se, V sowie Zn. So finden sich z. B. Cu sowie Cu^{2+} in diversen Oxidasen, Ni ist in eine Hydrogenase integriert, Ni^{2+} in Ureasen identifiziert, Se in der Gluathion-Peroxidase, Tab. 3.1.

Tab. 3.1: (Spuren-)Metalle als Cofaktor in Enzymen.

Metall	Beschreibung	Quelle/Literatur
Co	Ethanolamin Oxidase	Jones & Turner (1984)
Cu	Dismutase	Bannister & Parker (1985)
Cu^{2+}	Cytochrom-Oxidase	Berg et al. (2015)
Fe	Oxygenase	Ryle & Hausinger (2002)
Mo	Dinitrogenase, Oxidase (Sulfit-), Reduktase (Nitrat-)	Berg et al. (2015)
Ni	M Reduktase	Cheesman et al. (1989)
Ni^{2+}	Urease	Berg et al. (2015)
Se	[NiFe]-Hydrogenase	Pfeiffer et al. (1998)
V	Nitrogenase(Vanadium-)	Sigel & Sigel (1995)
Zn	Zinkfinger	Caballero et al. (2011)

Nitrogenasen übernehmen die Reduktion von Isocyaniden, Cyaniden und Alkinen, d. h. ungesättigten KW. Ihre Wechselwirkung mit CO etabliert/begründet die organometallische Beschaffenheit dieses Enzyms. Neben der Oxidation von Cyaniden reagiert es speziell mit Selenolen (R–Se–H: Monosubstitutionsprodukt von H_2Se) und Thiolen (R–S–H: Derivate von H_2S). Daher ist es aus den o. a. Gründen für einen Mikrorganismus unerlässlich, eine Reihe von Metallen zu aquirieren und erforderliche Instrumente wie Rekognition, Selektivität, Transport, Biotransformation, Biokatalyse, Biomineralisation u. a. bereitzustellen. Banci et al. (2007) umreißen die Bedeutung von speziellen Cofaktoren und Metallclustern.

Zusammenfassend

erfordert die Bereitstellung von Cofaktoren die Akquise und Integration von Metallen. Dies hat zur Folge, dass seitens des Mikroorganismus die Notwendigkeit besteht, geeignete Biomoleküle, ausgestattet z. B. zu der Rekognition, dem Transport und der Biotransformation sowie Biokatalyse, zur Verfügung zu stellen. Eine wesentliche Herausforderung besteht für den Organismus darin, Lösungen zur gezielten Identifizierung/Akquise in einem i. d. R. inhomogenen Stoffgemisch bereitzustellen. Eine Technik zeigt sich in der Selektivität gegenüber einem gewünschten Element, einer Komponente, einem Substrat sowie Bestandteil eines Mehrstoffsystems.

3.1.2 Selektivität

Eines der herausragendsten Merkmale von Enzymen, in ihrer Funktion als biologische Katalysatoren, ist der hohe Grad an Selektivität/Spezifität gegenüber dem Substrat, mit entscheidender Determination des beabsichtigten chemischen Reaktionsablaufs. Unter den Sammelbegriff Selektivität fallen eine Reihe spezieller Arten, d. h. Chemo-, Enantio-, Regio- und Stereoselektivität. Unter Chemoselektivität wird das Merkmal der Auswahl einer von mehreren möglichen chemischen Reaktionen verstanden. Enantiomere (Stereoisomere: gleiche Summenformel, aber abweichende Konfiguration) können unterschiedliche Reaktionsgeschwindigkeiten aufweisen. Der sich hieraus ergebende Verhältniswert definiert die Enantioselektivität. Regioselektiviät zeichnet sich durch eine Präferenz gegenüber ausgesuchten Regionen eines Moleküls aus. Eine Stereoselektivität liegt vor, wenn im Verlauf einer Reaktionssequenz eine deutliche Präferenz gegenüber einem von mehreren stereoisomeren Produkten eintritt bzw. zu erwarten ist. Als Term fällt der Ausdruck in die Kategorie stereochemische Dynamik. Das Merkmal, nur ein spezielles Substrat zu binden, zeichnet die Substratspezifität aus, denn diese ist zur Akquise geeigneter Metallspezifikationen seitens eines Mikroorganismus unerlässlich.

Ein Verfahren zur Sichtung der Aktivität und Enantioselektivität von Esterasen unter Verwendung von Modellsubstraten skizzieren Böttcher & Bornscheuer (2006). Mittels der vorgestellten Methode lassen sich nach Aussagen der o. a. Autoren mehrere Tausend Mutanten sichten und das Protokoll kann u. a. Esterasen, Lipasen etc. aufnehmen. Über die Veränderung der Substratspezifität und Enantioselektivität einer Monogenase durch strukturinspiriertes Redesign eines Enzyms publizieren Pazmino et al. (2007). Die Anzahl der in der Industrie eingesetzten, auf Biokatalysatoren beruhenden Prozesse unterliegt einem kontinuierlichen Wachstum. Speziell wegen ihrer herausragenden Regio- oder Enantioselektiviät sind sie begehrte Komponenten in diversen verfahrenstechnischen Strategien, z. B. der Synthese von Chemikalien.

Eine biokatalytische enantioselektive Sulfoxidation, ausgeführt durch diverse Mikroorganismen wie z. B. *Arthrobacter aurescens* in Ganzzellverfahren, untersucht deren industrielle Lauffähigkeit (Heckel 2004). Das in experimentellen Reihen gewonnene Datenmaterial offenbart vielversprechende Perspektiven für Syntheseprozesse innerhalb der Organischen Chemie. Eine Alkoholdehydrogenase aus *Lactobacillus brevis*, verwendbar als Katalysator für enantioselektive Transformationen, stellen Leuchs & Greiner (2011) vor. Das genannte Enzym leistet u. a. einen Beitrag zur Regeneration von Cofaktoren, Abschn. 2.4.1/Bd. 2. Über Techniken wie z. B. Gerichtete Evolution ist eine Veränderung der Enantioselektivität von Enzymen möglich, wie z. B. auf dem Gebiet der organischen Synthese oder am Beispiel einer Epoxidhydrolase (Hibbert et al. 2005, Reetz 2006, Reetz 2000, Reetz et al. 2004), Abschn. 3.4.2 (c).

Selektivität als Konzeption sieht eine Quantifizierung jenes Betrages vor, der sich aus der Bindung eines angebotenen Substrats S1 mit den zwei unterschiedlichen Liganden, z. B. *L1* und *L2*, ergibt. Im einfachsten Fall, d. h. die Stöchiometrie beträgt 1 : 1, sind im Fall der Wechselwirkungen die Gleichgewichtskonstanten wie folgt formulierbar:

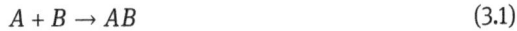

$$A + B \rightarrow AB \tag{3.1}$$

$$K_{AB} = \frac{[AB]}{[A][B]} \tag{3.2}$$

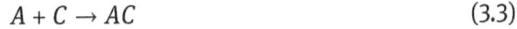

$$A + C \rightarrow AC \tag{3.3}$$

$$K_{AB} = \frac{[AC]}{[A][C]} \tag{3.4}$$

Die aufgrund ihrer hohen Selektivität (Arten) angebotenen Vorteile, die der organischen Synthese durch den Gebrauch von Biokatalysatoren zur Verfügung stehen, sollten insbesondere bei bislang fehlenden/unbekannten, komplexen oder untragbaren Kostenaufwändungen sowie chemischen Reaktionssequenzen berücksichtigt werden. Für enantiomerenreine Intermediärprodukte bietet sich im Bereich der Fein- und Spezialchemie, Pharmazie u. a. ein durch stetig wachsende Nachfragen entsprechend potenter Markt. Techniken einer Biokatalyse entwickeln sich zunehmend zu einer profitablen Alternative gegenüber der konventionellen chemischen Katalyse bzw. Synthese (Hibbert et al. 2005). Für die Synthese von Feinchemikalien verfügen Enzyme über verwendbare Merkmale wie Chemo-, Regio- sowie Stereoselektivität unter technisch einfach zu handhabenden Konditionen. So ist unter Raumbedingungen und umweltverträglichen Ausgangsstoffen eine Vielzahl komplexer Reaktionsabläufe machbar. Eine weitere Kontrollmöglichkeit zur Beeinflussung von Reaktionen bietet sich über das Konzept der Enzymkinetik an.

3.2 Enzymkinetik

Generell befasst sich die Kinetik mit der Untersuchung von Reaktionsgeschwindigkeiten. Als Teildisziplin der Physikalischen Chemie beschreibt die Enzymkinetik den Zeitfaktor/-ablauf einer enzymatisch gesteuerten Katalyse (Bisswanger 2008, Bisswanger 2015, Marangoni 2002).

Über die einzelnen Schritte einer katalytischen Reaktion liefern Arbeiten im Zusammenhang mit dem Hämprotein Cytochrom *P450* erste Informationen (Guengerich & Isin 2008). Dieses Protein, d. h., es handelt sich um eine Monooxygenase, bedient sich bei seiner katalytischen Aktivität einer Art chemischen Blaupause.

Im Ablauf der Reaktionskette können folgende individuelle Reaktionsschritte angesprochen werden:
(1) Substratbindung,
(2) erste 1-Elektron-Reduktion,
(3) O_2-Bindung,
(4) zweite 1-Elektron-Reduktion,

(5) Protonierung,
(6) hämolytische Spaltung der O–O-Bindung und Bereitstellung einer aktiven Per-
    ferryl-FeO-Spezies,
(7) Reaktion mit dem Substrat,
(8) Freigabe des Produkts.

Ungeachtet dessen, dass Enzyme sehr unterschiedliche Aufgaben bewältigen müssen, setzen sie in der Regel folgende katalytische Prozeduren/Reaktionsschritte/
Mechanismen, einzeln oder in Kombination, ein:
(1) Bevorzugung der Bindung des Übergangszustandes durch das betroffene Enzym:
    Sowohl die Bindungen mit dem Substrat als auch dem Produkt sind zu diesem
    Zeitpunkt schwächer,
(2) Substratorientierung und -annäherung: räumliche Orientierung und Konforma-
    tion der reaktiven Molekülgruppen,
(3) generelle Säure-Basen-Katalyse: Durch Abgabe bzw. Aufnahme von Protonen
    während einer chemischen Reaktion treten Aminosäurereste entweder als Säure
    oder Base auf,
(4) kovalente Katalyse: Über Koenzyme oder nukleophile Aminosäure-Seitenketten
    kommt es zu kovalenter Bindung mit dem Substrat. Allerdings ist das Zwischen-
    produkt nur für eine sehr kurze Zeitspanne stabil,
(5) Metallionen-Katalyse: In einem Katalysevorgang bieten sich Metallionen für den
    Ablauf von Redoxreaktionen und zur Strukturstabilisierung des Koordinations-
    zentrums an. Weitere Merkmale sind ihre Möglichkeit, als *Lewis*-Säure aufzutreten
    und negative Ladungen abzuschirmen bzw. zu neutralisieren.

Der enzymatische Reaktionsverlauf wird in zwei Abschnitte/Reaktions-/Abläufe unterteilt:
(1) Enzym-Substrat(-bindung)/-komplex,
(2) Umwandlung in Produkt unter Erhaltung des Enzyms.

Daraus ergeben sich folgende Terme:

$$E + S \rightarrow ES \rightarrow E + P \tag{3.5}$$

sowie

$$E + S \xrightarrow{k_1} ES \xrightarrow{k_2} E + P \tag{3.6}$$

Die o. a. Reaktionsabläufe lassen sich nach den Regeln des Massenwirkungsgesetzes
numerisch erfassen/quantifizieren.

Die entsprechende Größe ist hierbei die Dissoziationskonstante K_d:

$$K_d = \frac{k_{-1}}{k_{+1}} \tag{3.7}$$

wobei K_d den Zustand angibt, bei dem die Hälfte des Substrats an das entsprechende Enzym gebunden ist.

Innerhalb der Enzymkinetik stehen zur quantitativen Beschreibung drei wichtige Größen, d. h. Maßeinheiten, zur Verfügung. d. h. (1) Reaktionsgeschwindigkeit, (2) Enzymaktivität sowie (3) spezifische Aktivität.

(a) Enzymaktivität

Die Enzymaktivität ist ein Maß für die Konzentration eines aktiven Enzyms in einem Präparat und steht in enger Beziehung mit der Reaktionsgeschwindigkeit/-zeit, Abschn. 3.2.1. Als Einheit zur Ermittlung der Enzymaktivität stehen sowohl kat (= Katal) als auch U (= Unit) zur Verfügung:

$$1\,\text{kat} = 1\,\text{mol}\,\text{s}^{-1} \qquad [\text{SI-Einheit}] \quad \rightarrow \quad 1\,\text{Mol Substrat pro Sekunde}$$
$$1\,\text{U} = 1\,\mu\text{mol}\,\text{min}^{-1} \qquad\qquad \rightarrow \quad 1\,\text{Mikromol Substrat pro Minute}$$

Messtechnisch sind Aktivitätsdaten für Enzyme via SERRS erfassbar, Abschn. 1.3.5 (r)/ Bd. 2. So weist z. B. eine Lipase von *Candida cylindricea* für die Aktivität einen Wert von 400 000 aus, für eine Esterase von *Candida rugosa* ist ein Wert von 239 000 angegeben (Moore et al. 2004), Tab. 3.2. Zur Messung der Aktivität eignen sich Enzymassays (Scopes 2002), Abschn. 2.4.2/Bd. 2.

Tab. 3.2: Aktivitätsdaten für Enzyme (Moore et al. 2004).

Organismus	Enzym-Typ	Aktivität
Achromobacter spp.	Lipase	20 000
Alcaligenese spp.	Lipase	100 000
Aspergillus niger	Lipase	124 000
Candida cylindricea	Lipase	400 000
Candida rugosa	Esterase	239 000
Pseudomonas cepacia	Lipase	40 000
Pseudomonas stutzeri	Lipase	35 000

Messungen der katalytischen Aktivität von in Suspension befindlichen *E.-coli*-Zellen veröffentlichten Iswantini et al. (2000). *E.-coli*-Zellen werden in einem *MOPS*-Puffer mit einem pH-Wert von 6,5 und einer Ionenstärke von 1,0 suspendiert und in Anwesenheit von 1 µM PQQ sowie Mg^{2+} bei Raumtemperatur 15 min lang inkubiert. Im Anschluss wird eine mit einer Dialysemembran beschichtete Glaskohlenstoffelektrode in die *E.-coli*-Suspension eingetaucht, danach ein Elektronenakzeptor mit sukzessiverer Zugabe von D-Glucose zugeführt. Die Elektrode misst dann die Konzentration des Elektronenakzeptors als Reduktionsstrom. Somit kann der Verbrauch des Elektronenakzeptors durch die mittels *E. coli* katalysierte Oxidation von D-Glucose über die von der Zeit abhängigen Abnahme des Stroms messtechnisch ermittelt werden (Iswantini et al. 2000).

(b) Spezifische Aktivität

Darüber hinaus steht die spezifische Aktivität als Messgröße zur Verfügung. Sie dient der Ermittlung des Anteils eines aktiven Enzyms in einer proteinhaltigen Lösung und wird angegeben als:

$$U\,mg^{-1} \rightarrow \text{Aktivität pro Masse}$$

Zwischen Enzymaktivität und Reaktionsgeschwindigkeit besteht eine direkte Proportionalität. So kann z. B. durch eine geringe Temperaturerhöhung (5–10 °C) nahezu eine Verdoppelung der Reaktionsgeschwindigkeit und somit der Enzymaktivität erreicht werden. Allerdings gilt dies nur für einen sehr eng begrenzten Temperaturbereich, da bei Überschreiten einer kritischen Temperatur eine Denaturierung der Enzyme und somit ein signifikanter Abfall der Enzymaktivität entstehen. Auch Parameter wie Ionenstärke und pH-Wert beeinflussen bei Überschreiten eines optimalen Wertes die Aktivität und somit Reaktionsgeschwindigkeit. Zusammenfassend bietet Bisswanger (2008) über die Prinzipien und Methoden der Enzymkinetik einen umfassenden Überblick.

(c) Reaktionsgeschwindigkeit

Als quantifizierbare Größe (Maß) drückt sie die pro Zeiteinheit und definiertem Reaktionsvolumen verbrauchte Konzentration an Substrat $[mol\,(1\,s)^{-1}]$ aus. Abhängigkeiten ergeben sich aus den Konzentrationen an Substrat $[S]$, Produkt $[P]$, Enzym $[E]$, Effektoren (d. h. Inhibitor $[I]$ und Aktivator $[A]$), pH-Wert $[pH]$ und Temperatur $[T]$. Vereinfacht ausgedrückt ergibt sich:

$$v = K_{cat} \cdot [ES] \tag{3.8}$$

Die Aktivierungsenthalpie für enzymkatalysierte (K_{cat}) und nicht mittels Enzyme katalysierte Reaktionen (K_{non}) unterziehen Bruice & Benkovic (2000) einem Vergleich. So nimmt z. B. eine Hefe, OMP-Decarboxylase, für K_{cat} einen Wert von 11 und für K_{non} einen Wert von 44,4 an, Tab. 3.3.

(d) Beispiele

Zur Kinetik und Thermodynamik der *In-vivo*-Aktivierung einer speziellen Dehydrogenase sowie deren katalytischer Aktivität in Zellen von *Escherichia coli* äußern sich Is-

Tab. 3.3: Aktivierungsenthalpie für enzymkatalysierte (K_{cat}) und nicht mittels Enzyme katalysierte Reaktionen (K_{non}) (Bruice & Benkovic 2000).

Reaktion	$\Delta H(K_{cat})$	$\Delta H(K_{non})$
Hefe OMP Decarboxylase	11	44,4
Urease	9,9	32,4
Bakterielle α-Glucosidase	10,5	29,7
Staphylococcale Nuklease	10,8	25,9
Chymotrypsin	8,6	24,4
Chorismatische Mutase	12,7	20,7

wantini et al. (2000). Eine in *E. coli* auftretende membrangebundene Apo-Glucose-Dehydrogenase (= *mGDH*) kann mit einer exogenen speziellen Form des Chinons (engl. *pyrroloquinoline quinone* = PQQ) sowie Mg^{2+} zu einem Holoenzym konvertiert werden (Iswantini et al. 2000).

Das katalytische Verhalten von mit dem Holoenzym versehenen *E. coli* lässt sich über die *Michaelis-Menten*-Gleichung (Abschn. 3.2.4) ansprechen. In die Kalkulation gehen die katalytische Konstante der Zelle, die *Michaelis*-Konstanten für D-Glucose sowie ein artifizieller, der *E.-coli*-Suspension zugeführter Elektronenakzeptor ein.

Die katalytische Konstante wird ausgedrückt als das Produkt aus der Anzahl der Enzymmoleküle pro *E.-coli*-Zelle (= z) und der katalytischen Konstante des jeweiligen Enzyms (= K_{cat}), d. h. $2,2 \cdot 10^3$ bis $6,8 \pm 0,8 \cdot 10^3$ s^{-1}. Für das Apoenzym betragen die ermittelten Ratenkonstanten für PQQ (= $K_{f,PQQ}$) $3,8 \pm 0,4 \cdot 10^4$ M^{-1} s^{-1} und Mg^{2+} (= $K_{f,PQQ}$) $4,1 \pm 0,9 \cdot 10^4$ M^{-1} s^{-1}. Für die Anbindung des Apoenzyms an PQQ sowie Mg^{2+} sind die Gleichgewichtskonstanten über die Dissoziationskonstanten $K_{d,PQQ(Mg)}$ (= $1,0 \pm 0,1$ nM) sowie $K_{d,Mg}$ (= $0,14 \pm 0,01$ nM) ableitbar (Iswantini et al. 2000). Das vormals in *E. coli* gebildete Holoenzym wandelt sich, bei Abwesenheit von PQQ und/oder in Lösung befindlichem Mg^{2+}, allmählich wieder in ein Apoenzym um. Mithilfe von EDTA lässt sich das Mg^{2+} aus dem Enzym entfernen, mit dem Resultat einer vollständigen Deaktivierung des Enzyms, wohingegen PQQ in den *E.-coli*-Zellen verbleibt (Iswantini et al. 2000).

Daten aus der elektrochemischen Messung der katalytischen Aktivität von *E. coli* zum Zwecke einer Oxidation von Glucose unter Anwesenheit eines Elektronenakzeptors, des Effekts von EDTA auf die Deaktivierung von *E.-coli*-Zellen sowie der Reaktivierung von deaktiviertem Zellmaterial lassen sich entsprechend graphisch darstellen (Iswantini et al. 2000), Abb. 3.6.

Auf den linearen Zusammenhang zwischen Geschwindigkeit und thermodynamischer Kraft in enzymatisch katalysierten Reaktionen machen van der Meer et al. (1980) aufmerksam. Beginnend von Enzymkinetiken kann gezeigt werden, dass zwischen Umsatzrate und freier Energie im Verlauf eines biochemischen Prozesses eine überwiegend lineare und weniger eine proportionale Beziehung existiert. Durch Ableitung der Grenzbedingungen lässt sich die in zahlreichen zellulären Systemen auftretende

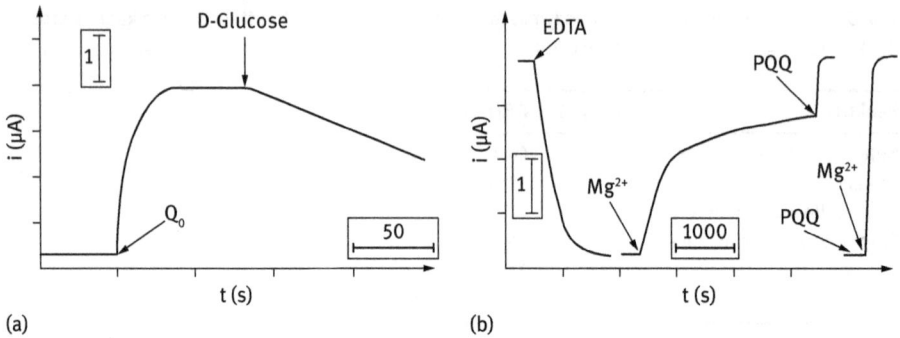

Abb. 3.6: (a) Elektrochemische Messung der katalytischen Aktivität von *E. coli* zum Zwecke einer Oxidation von Glucose unter Anwesenheit eines Elektronenakzeptors (b) Effekt von EDTA auf die Deaktivierung von *E.-coli*-Zellen sowie Reaktivierung von deaktiviertem Zellmaterial (Iswantini et al. 2000).

Substratkonstante zuzüglich zum Produkt einsetzen. Als Beispiel verweisen van der Meer et al. (1980) auf die infolge einer oxidativen Phosphorylierung in den Mitochondrien beeinflusste Konzentration von ADP und ATP.

Die Übergangskinetiken, die bei der Bildung und dem Zerfall der Zwischenprodukte des entsprechenden Reaktionszyklus einer Methanmonooxygenase (MMO) von *Methylosinus trichosporium OB3b* auftreten, wurden in Funktion von Temperatur, Deuterierungsgrad (engl. *deuterium labeling*) und Substrattyp einer Studie unterzogen (Brazeau & Lipscomb 2000). Für drei Zwischenprodukte, als O, P^* und P bezeichnet, liegt nach den veröffentlichten Daten ein kinetischer Nachweis vor. Die genannten intermediären Produkte entstanden nach Zugabe von O_2 zu einer Di-Fe^{2+}-MMO-Hydroxylase und im Vorfeld einer Bildung der reaktiven Zwischenkomponente Q.

Die Arrheniusdarstellung dieser Reaktionssequenzen weist einen linearen Verlauf auf und scheint unabhängig von Substratkonzentration und -typ zu sein. Entsprechend dieser Datenlage scheint nach Beurteilung von Brazeau & Lipscomb (2000) das Substrat nicht an der O_2-Aktivierungsphase des katalytischen Kreislaufs teilzunehmen. Bezüglich der Übergangskinetik zeigen die entsprechenden Analysen der Daten für die intermediären Zustände nur ein sehr schwaches optisches Spektrum, womit geringe Wechsel angedeutet sind.

Dahingegen tritt bei der Bildung von Q innerhalb des elektromagnetischen Spektrums ein Spitzenwert bei ca. 430 nm auf (Brazeau & Lipscomb 2000). Die Zerfallsreaktion von Q belegt für alle getesteten Substrate eine offensichtliche Abhängigkeit von der Konzentration erster Ordnung. Die ermittelte Ratenkonstante scheint an den Substrattyp gekoppelt zu sein.

Wenn Methan als Substrat zur Verfügung steht, ergeben die Kinetiken der Zerfallsreaktion von Q einen nichtlinearen *Arrhenius*-Plot. Hierbei steigen die Raten in beiden Segmenten des Plots mit den Methankonzentrationen linear an. Zusammen mit diesen Beobachtungen vermuten Brazeau & Lipscomb (2000), dass mindestens zwei Reaktionen, in Abhängigkeit von der Konzentration an Methan, und möglicherweise zwei CH_4-Moleküle in den Zerfallsprozess einbezogen sind.

Bei Verwendung von *CD4* als Substrat sind ein erheblicher Isotopeneffekt und linearer *Arrhenius-Plot* zu beobachten. Für alle getesteten MMO-Substrate, z. B. Ethan, verhalten sich die analogen Plotmuster linear. Ein Isotopeneffekt für deuterisierte Analoga ist nicht zu ermitteln. Nach Bewertung von Brazeau & Lipscomb (2000) zeichnet sich das Auseinanderbrechen einer C–H-Bindung nicht für die Einschränkung der Rate alternativer MMO-Substrate verantwortlich.

Zum einen ist das Fehlen eines Isotopeneffekts für die alternativen MMO-Substrate erklärbar und zum anderen liegt die Beobachtung vor, dass die Rate der Oxidation von Methan durch Q jene überschreitet, wie sie für andere KW mit schwächeren Bindungen bestimmt ist (Brazeau & Lipscomb 2000).

Einen direkten Vergleich des Bindungsgleichgewichts, der Thermodynamik und Konstanten der Geschwindigkeitsrate, bestimmt mittels auf Oberflächen sowie Lösung bezogene biophysikalische Methoden, führen Day et al. (2002) durch. Zum Zwecke einer vergleichenden Betrachtung der verschiedenen Reaktionskonstanten, ermittelt durch oberflächen- und lösungsbezogene biophysikalische Methoden, wurden die Wechselwirkungen zwischen der Bindung von kleinen Molekülen mit einer Carboanhydrase, d. h. Enzym katalysierte Hydratisierung von CO_2, als Modellsystem benutzt. Für zwei Arylsulfonamid-Komponenten (*4-carboxybenzensulfonamid* = CBS, *5-dimethyl-amino-1-naphtalensulfonamid* = DNSA) liegen Daten zu den Interaktionen vor. Über Techniken wie Oberflächenplasmonresonanz, isothermale Titrationskalometrie und eine spezielle Form der Fluoresenz ist eine Anbindung der genannten Komponenten an Enzyme möglich.

Am Beispiel von CBS und DNSA gelang den o. a. Autoren der Nachweis, dass bei akurater Anwendung der Oberflächenplasmonresonanz die Konstanten für die Equilibrium-Thermodynamik und -Kinetik mit jenen übereinstimmen, die für die Lösung benötigt werden (Day et al. 2002). Die Empfehlungen des NC IUBMB (NC IUBMB 2009) betreffs Symbolik sowie Terminologie in Enzymkinetiken erläutert Cornish-Bowden (2006).

Als eine weitere wichtige Größe bei der enzymatisch gesteuerten Synthese, von z. B. u. a. metallischen Partikeln, tritt die Aktivität auf. Über das Gleichgewicht der enzymatischen Übergangsphase und deren Analoga berichtet Schramm (2003).

Bedingt durch eine Substitution von Isotopen kommt es zu einem Wechsel der Reaktionsrate, ausgedrückt als kinetischer Isotopeneffekt (engl. *kinetic isotope effects* = KIEs). KIEs stellen während des Verlaufs enzymatischer Reaktionen, d. h. Auf- oder Abbau von kovalenten Bindungen, Informationen zum Übergangsstadium bereit. Durch einen Wechsel des pH-Werts, der Temperatur, suboptimale Substrate, mutierte Enzyme, Experimente zum Einfangen von Substraten u. v. a. Techniken im experimentellen Ablauf von KIEs sind erste Daten zum Übergangsstadium erhältlich (Schramm 2003).

3.2.1 Übergangsstadien

Übergangsstadien stellen einen besonderen Abschnitt im Verlauf einer Katalyse dar (Schramm 2005). Es kommt zur teilweisen Unterbrechung als auch partiellen Neubildung von Bindungen. Die Energie des erweiterten Systems liefert eine nahezu im Gleichgewicht befindliche Wahrscheinlichkeit, so dass das System in der Lage ist, neue Produkte zu bilden oder in Reaktionsmittel zurückzuführen. Enzymatisch wirksame katalytische Sites bieten ein dynamisches elektronisches Environment an und schaffen so die Voraussetzung zur Schaffung eines Übergangsstadiums. Zur Erlangung eines Übergangsstadiums sind eine Orientierung der Reaktionspartner entlang dem *Michaelis*-Komplex sowie Bewegungen der katalytisch aktiven Sitearchitektur nötig. Aufgrund der kurzen Lebensspanne des Übergangsstadiums, sie beträgt nur Bruchteile weniger Picosekunden (= 10^{-12} s), kann sich kein chemisches Gleichgewicht einstellen (Schramm 2005).

3.2.2 Reaktionszeit

Ohne die Mitwirkung von biokatalytisch aktiven Enzymen würden sich in wässrigen Lösungen die Reaktionszeit/-konstante und Halbwertszeit von spontan ablaufenden biologischen Reaktionen erheblich verzögern (Wolfenden 2003). Denn bei Verzicht auf den Einsatz geeigneter Enzyme ist eine Vielzahl von Abläufen aufgrund der Lebensspanne eines Mikroorganismus nicht verwertbar, da die Halbwertszeit der betroffenen Reaktion, d. h. Produkte, zu lang ist. Ein Enzym, vormals Ferment genannt, verringert signifikant die Aktivierungsenergie und erhöht erheblich die Reaktionsgeschwindigkeit um das 10^6- bis 10^{18}-Fache (Solomons & Fryhle 2013, Berg et al. 2007, Purich 2010, Wolfenden 2003).

Eine Auflistung der Reaktionsgeschwindigkeit und Halbwertszeit von spontan ablaufenden biologischen Reaktionen in wässrigen Lösungen ohne Einsatz von Enzymen offenbart für eine ganze Reihe von essenziellen Reaktionen Beträge, die biologische Zeitspannen u. a. von Mikroorganismen deutlich überschreiten. So benötigt z. B. die Hydrolyse von Triosephosphat ca. 2 d, eine Hydrolyse ohne den Gebrauch von Enyzmen erfordert ca. 450 a (Wolfenden 2003), Abb. 3.7.

Zusammenfassend

erscheint als eines der wichtigsten Kriterien betreffs der Eigenschaften von Enzymen die erheblich verkürzte Reaktionszeit. Neben der Aktivität eines Enzyms tritt als weitere steuerbare Größe das Substrat auf.

Ratenkonstante   **Halbwertszeit**

$k = 10^{-16}$ s^{-1}

10^{-6} - fach

$k = 10^{-12}$ s^{-1}

$k = 10^{-8}$ s^{-1}

10^{-6} - fach

$k = 10^{-4}$ s^{-1}

10^{-6} - fach

$k = 1$ s^{-1}

1.1 Ga Decarboxilierung Glycin
78 Ma Decarboxilierung OMP (Form von Decarboxylase)

700.000 a Hydration Fumarat
130.000 a Hydration Phosphodiester

6.000 a Racemisierung Aminosäure
450 a Hydrolyse (Peptide, Purin-Ribonucleoside)
50 a Hydrolyse Deoxyribonucleosid
4 a Hydrolyse Ribose-Phosphodiester

2 d Hydrolyse Triosephosphat
7 h Mutation Chorismat

5 s CO$_2$-Hydration

20 ms Lebenszeit Enzym-Substrat-Komplex

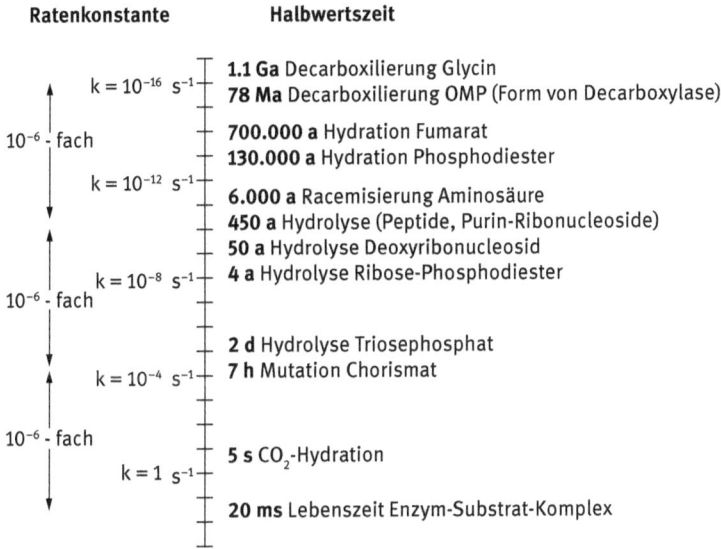

Abb. 3.7: Reaktionsgeschwindigkeit und Halbwertszeit von spontan ablaufenden biologischen Reaktionen in wässrigen Lösungen ohne Einsatz von Enzymen (umgezeichnet nach Wolfenden 2003).

3.2.3 Substrat

Im Rahmen der Biochemie repräsentiert das Substrat, bezogen auf das Enzym, den für den Ablauf einer biokatalisierten Stoffumsetzung unerlässlichen Präkursor, z. B. metallhaltige Komponenten in Form von z. B. Metallsalzen, Metallkationen und andere Metallspezifikationen. Die biochemische Definiton unterscheidet sich von dem Gebrauch dieses Begriffs innerhalb der Mikrobiologie. Hier werden unter dem Terminus Substrat die Beigaben zu einem Nährmedium verstanden.

Bei einem Substrat handelt es sich um ein Molekül, das die Reaktion eines geeigneten Enzyms auslöst, wobei es in chemische Reaktionen involviert ist. Es geht, über ausgewählte Sites des Enzyms, gezielt eine Bindung ein. Ermöglicht wird dieser Prozess durch die hohe Affinität des Substrats zum aktiven Zentrum des in Frage kommenden Enzyms. Als Edukte eingehende Stoffströme werden entsprechend der formalen „Formel" über einen Enzym-Substrat-Komplex zum gewünschten Produkt katalysiert:

Enzyme + Substrat $\longleftrightarrow$ [Enzym-Substrat-Komplex] $\longleftrightarrow$ Enzyme + Produkt   (3.9)

Ein vereinfachtes Schema für eine Enzymreaktion lässt sich wie folgt darstellen:

$$v = K_{cat}[E]_t \frac{[S]}{K_m + [S]} = v_{max} \frac{[S]}{K_m + [S]}$$ (3.10)

Die Substratbindungsstelle kann auch als *key-and-lock principle* veranschaulicht werden (Steed et al. 2007).

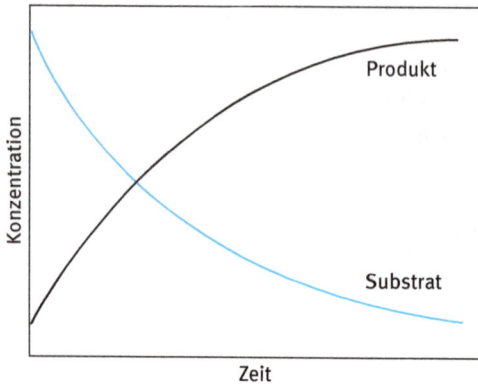

Abb. 3.8: Vereinfachte schematische Darstellung der Konzentration von Substrat (*S*) bzw. Produkt (*P*) gegen den Zeitfaktor als Einflussgröße (url: Cliffs-Notes 2013).

Ein Einsatz der Biokatalyse im Bereich der chemischen Synthese verfügt über eine Reihe von Vorteilen, so erreicht sie z. B. eine bessere Produktselektivität unter Raumbedingungen. Als Nachteile erweisen sich oftmals ein inhibitorischer toxischer Effekt der beim Start einbezogenen Substrate sowie, in zahlreichen Fällen, die begrenzte Löslichkeit in wässrigen Lösungen. Zu dieser Problematik bzw. zum Beitrag von Substrat zur Biokonvertierung stellen [1]Kim et al. (2007) Überlegungen an.

Sie beschreiben u. a. Methoden zur kontrollierten Abgabe von Substrat durch Hilfsmittel, wie z. B. diverse wasser- und wasserunlösliche organische Lösungsmittel, und skizzieren Richtlinien für experimentelle Planungen sowie Gedanken zum Prozessablauf ([1]Kim et al. 2007).

Wenn ein Enzym zu einer substrathaltigen Lösung hinzugefügt wird, unterliegt das betroffene Substrat einer Umwandlung zu einem Produkt. Erfolgt dieser Vorgang zunächst mit hoher Geschwindigkeit, so verlangsamt er sich bei Abnahme des Substrats, womit wiederum eine Zunahme des Produkts einhergeht. Graphisch als Progresskurve dargestellt, d. h. Substrat (*S*) oder Produkt (*P*) gegen die Zeit, zeigen die Kurven einen inversen Verlauf, Abb. 3.8. Am Ende des Reaktionsablaufs kommt es zur Einstellung eines Gleichgewichts, d. h., es findet keine Umsetzung von Substrat in ein Produkt mehr statt. Die beiden Kurven nähern sich einem annähernd horizontalen Verlauf an.

Über einen Graphen zur Visualisierung der Anfangsgeschwindigkeit liegt ein weiterer Ansatz zur Betrachtungsweise von Enzymen vor. Eine im Frühstadium ermittelte Reaktionsrate innerhalb der Progresskurve stellt hierbei das Ausgangskriterium dar, d. h., es liegt eine geringe Menge am gewünschten Produkt vor, wobei das betroffene Enzym bereits eine begrenzte Anzahl von katalytischen Zyklen hinter sich hat.

Im Gleichgewichtszustand durchläuft das Enzym eine Abfolge wie Produktbindung, chemische Katalyse sowie kontinuierliche Produktfreisetzung. So repräsentieren z. B. die in Abb. 3.9 (a). dargestellten drei Kurven den Progress eines einzigen Enzyms, sind allerdings drei unterschiedlichen Reaktionsbedingungen ausgesetzt, d. h. S_2 = Kurve *a*, S_4 = Kurve *c*.

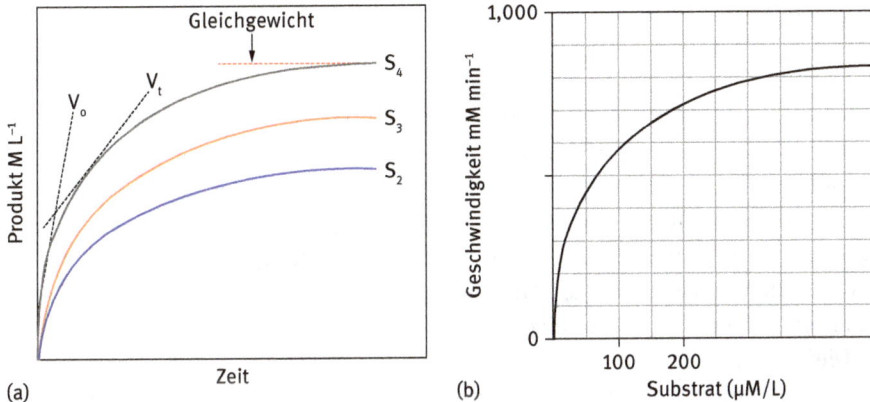

Abb. 3.9: (a) Produkt gegen die Zeit für ein Enzym, unterschiedlichen Reaktionsbedingungen ausgesetzt, d. h., die Anfangsgeschwindigkeit (v_0 bis v_t) hängt vom Gehalt des Substrats (S_2 bis S_4) ab, sowie (b) Graph der Anfangsgeschwindigkeit gegen die Substratkonzentration (url: CliffsNotes 2013).

Bei allen drei Kurvenverläufen liegt ein identischer Gehalt an Enzymen vor, wohingegen die Konzentration des Substrats abweicht (url: CliffsNotes 2013). Kurve *a* führt den geringsten Anteil an Substrat, Kurve *c* weist die höchste Konzentration auf. Der Anstieg des Progresses zeigt zu Beginn einen ähnlichen Kurvenverlauf, d. h., die Rate der Produktbildung erhöht sich mit zunehmendem Gehalt des Substrats. Die genannten Kurvenanstiege, d. h. Anfangsraten oder -geschwindigkeiten, der Reaktion steigen ebenfalls, da mehr Substrat vorhanden ist:

$$^v\text{Kurve } a \, ^{<v}\text{Kurve } b \, ^{<v}\text{Kurve } c \tag{3.11}$$

Je mehr Substrat vorhanden ist, umso größer ist die Anfangsgeschwindigkeit (z. B. v_0 bis v_t), da die in Frage kommenden Enzyme an ihre entsprechenden Substrate anbinden. Wie jede andere chemische Reaktion durch die Erhöhung eines Reaktanten begünstigt wird, so fördert eine höhere Konzentrationen an Substrat (z. B. S_2 bis S_4) die Bildung eines Enzym-Substrat-Komplexes.

Ein Graph, der die Anfangsgeschwindigkeit gegen die Konzentration des Substrats darstellt, zeigt eine hyperbolisch verlaufende Kurve mit allmählicher Abflachung. Sie entsteht, wenn bei ausreichend hoher Konzentration des Substrats das betroffene Enzym dahingehend in eine Katalyse involviert ist, dass es über keine Zeit zur Substratbindung verfügt. Wenn demnach der Gehalt des Substrats hoch genug ist, so dass es zur Sättigung des Enzyms kommt, erreicht die Reaktionsrate ihre maximale Geschwindigkeit (d. h. V_{max}).

Ungeachtet dessen, dass der Graph eine Geschwindigkeits- und keine Bindungskurve darstellt, verhält sich der Verlauf wie eine Hyperbel, Abb. 3.9 (b). Generell lautet das generaliserte Schema:

$$v = V_{max} \cdot \frac{[S]}{K_m} + [S] \tag{3.12}$$

K_m entspricht der *Michaelis*-Konstante für das ein Enzym bindende Substrat, wobei sie analog, aber nicht identisch mit der Bindungskonstante des Substrats an das Enzym auftritt. V_{max} ist die maximale Geschwindigkeit, durch den Anteil des Enzyms im Reaktionsgemisch determiniert. Bei zusätzlicher Zufuhr des Enzyms zu einem vorgegebenen Betrag an Substrat, erhöht sich die Geschwindigkeit der Reaktion, d. h. gemessen in Mol des Substrats konvertiert durch die Zeit, da der gestiegene Gehalt des Enzyms einen höheren Anteil des Substrats verbraucht.

Dieser Prozess lässt sich unter Berücksichtigung dessen, dass V_{max} von der Gesamtkonzentration des Enzyms abhängig ist, wie folgt zum Ausdruck bringen:

$$V_{max} = K_{cat} \cdot E_t \tag{3.13}$$

wobei E_t die Gesamtkonzentration eines Enzyms und K_{cat} die Ratenkonstante des langsamsten Schritts innerhalb der Reaktionssequenz darstellen.

Andere Strategien stützen sich auf die *Michaelis-Menten*-Gleichung, d. h. wenn die Geschwindigkeit der enzymatischen Reaktion genau der Hälfte der maximalen Rate entspricht:

$$v = \frac{V_{max}}{2} \tag{3.14}$$

Daraus ergibt sich

$$[S] = K_m \tag{3.15}$$

da

$$v = V_{max} \cdot \frac{[S]}{[S] + [S]} = V_{max} \cdot \frac{[S]}{2[S]} = \frac{V_{max}}{2} \tag{3.16}$$

Somit verhält sich der Wert für K_m numerisch gleich dem Betrag des erforderlichen Substrats mit dem Ergebnis, dass sich die Geschwindigkeit der Reaktion auf den halben Betrag der Maximalgeschwindigkeit beläuft.

Liegt hingegen eine sehr hohe Konzentration des Substrats, d. h. V_{max}, vor, dann verhält sich $[S] \gg K_m$. In diesem Fall kann der K_m-Term im Zähler vernachlässigt werden und es ist folgender Ausdruck darstellbar:

$$v = V_{max} \cdot \frac{[S]}{[S]} = V_{max} \tag{3.17}$$

Wenn $[S] \ll K_m$ kann der Nenner in der *Michaelis-Menten*-Gleichung ignoriert werden, d. h., die Gleichung reduziert sich zu:

$$v = V_{max} \cdot \frac{[S]}{K_m} \tag{3.18}$$

Hängt die Geschwindigkeit direkt von der Konzentration des Substrats ab, unterliegt das Enzym im letztgenannten Fall den Bedingungen einer ersten Ordnung (engl. *first order*). Mittels des *Cornish-Bowden*-Diagramms lässt sich die enzymatische Umsatzgeschwindigkeit in Abhängigkeit der Substratkonzentration darstellen.

Eine direkte lineare Auftragung gestattet die Konstruktion einer sog. Sättigungshyperbel, die für die jeweilige Substratkonzentration die Reaktionsgeschwindigkeit angibt, Abb. 3.10. Unter Gleichgewichtsbedingungen (Fließgleichgewicht) lässt sich die Reaktionsgeschwindigkeit wie folgt beschreiben:

$$v = k_2 [ES] + k_5 [ESI] \tag{3.19}$$

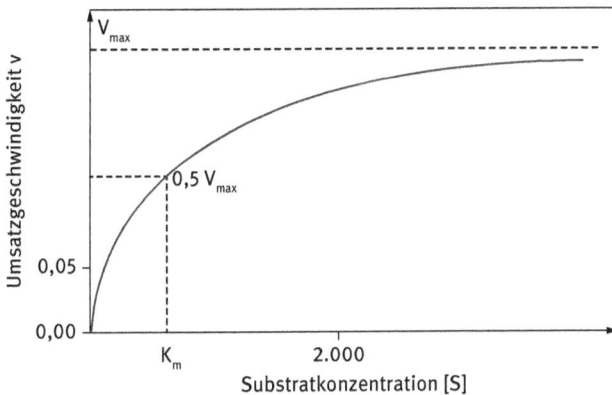

Abb. 3.10: *Cornish-Bowden*-Diagramm (direkt lineare Auftragung) zur Anzeige der enzymatischen Umsatzgeschwindigkeit [v] in Abhängigkeit der Substratkonzentration (Sättigungshyperbel), (url: CliffNotes 2013).

Der Algorithmus für die Reaktionsgeschwindigkeit v lautet nach entsprechender Umformulierung:

$$v = \frac{\left(V_1 + \frac{V_2 [I]}{K_{iu}}\right) [S]}{K_m \left(1 + \frac{[I]}{K_{ic}}\right) + \left(1 + \frac{[I]}{K_{iu}}\right) [S]} \tag{3.20}$$

wobei gilt: $V_1 = k_2$, $V_2 = k_5$, $K_{ic} = k - \frac{3}{k_3}$, $K_{iu} = k - \frac{4}{k_4}$.

Die unbeeinflusste Reaktionsgeschwindigkeit lässt sich über die Konstante k_2, Gleichung (3.20), zum Ausdruck bringen. Bei Andocken von I an ES stellt sich die Geschwindigkeit k_5 neu ein, wobei $k_2 > k5$ gilt.

$$E + I \underset{k_{-3}}{\overset{k_3}{\rightleftarrows}} EI + S \underset{k_{-4}}{\overset{k_4}{\rightleftarrows}} ESI \overset{k_5}{\rightarrow} EI + P \tag{3.21}$$

Zusammenfassend

gehen zahlreiche Autoren der Frage nach einer Erweiterung der Eigenschaften von Enzymen, wie z. B. Substratspezifität, nach, z. B. Jestin & Vichier-Guerre (2005). Generell lässt sich ein Substrat mit Isotopen labeln und so der Ablauf kinetischer Isotopeneffekte mitverfolgen (Schramm 2003).

3.2.4 Enzyminhibition

Ein wichtiger Steuerungsmechanismus wird durch Inhibitoren zur Verfügung gestellt. Hemmstoffe, d. h. Inhibitoren, steuern enzymatische Reaktionsabläufe Sowohl die Enzymaktivität als auch -synthese sind, wie alle Biosynthesen, seitens des Organismus/der Zelle mittels geeigneter Regulationsmechanismen kontrollierbar (Bisswanger 2008). Im Sinne der *Michaelis-Menten*-Gleichung (Abschn. 3.2.5) sind Inhibitoren in der Lage, innerhalb enzymkatalysierter Reaktionen K_m zu erhöhen, V_{max} zu erniedrigen oder beide Vorgänge auszulösen. Innerhalb der Medizin finden Inhibitoren als Basismaterialien für diverse Medikamente eine entsprechende Verwendung, z. B. die kovalente Modifizierung und somit Deaktivierung eines Signalmoleküls durch Acetylsalicylsäure.

Am Beispiel einer alkalinen Phosphatase, befähigt zur Katalyse einer einfachen Hydrolysereaktion, sei eine Enzyminhibition erläutert:

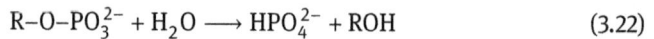

$$R\text{--}O\text{--}PO_3^{2-} + H_2O \longrightarrow HPO_4^{2-} + ROH \tag{3.22}$$

Durch Bindung an die Phosphatsite, die für die Anbindung des Substrats vorgesehen ist, verhindert das Phosphation, als Produkt der Reaktion, eine weitere Anbindung von Substrat. Es kann somit durch die Bindung von Phosphat kein Substrat mehr aufgenommen werden. In diesem Fall tritt das Phosphation als Inhibitor auf. Um die genannte Inhibition aufzuheben, bedarf es der Zugabe von weiterem Substrat, d. h. $R\text{--}O\text{--}PO_3^{2-}$. Da sowohl Substrat als auch der Inhibitor an die gleiche Site anbinden, wird der Inhibitor bei einem Überangebot an Substrat zurückgedrängt.

Der höchste Anteil an angebundenem Substrat wird unter V_{max}-Bedingungen erhalten und die o. a. Phosphationen reduzieren die Geschwindigkeit der alkalinen Phosphatreaktion, ohne dabei V_{max} zu verringern. Da es bei Abnahme der Geschwindigkeit zu keiner Änderung von V_{max} kommt, kann nur ein Wechsel von K_m erfolgen, d. h., K_m entspricht der Konzentration bei $v = V_{max}/2$. Da zur Aufrechterhaltung von V_{max} weiteres Substrat erforderlich ist, steigt notwendigerweise K_m an. Im Fall des Anstiegs von K_m und einer Konstanz von V_{max} wird von einer kompetitiven Inhibition gesprochen, d. h., Inhibitor und Substrat stehen bei der Besetzung der aktiven Site in Konkurrenz.

Andere Arten von Inhibition beziehen die Bindung eines Inhibitors ein, der nicht die substratbindende Site besetzt. So kann sich z. B. der Inibitor außerhalb des Enzyms anlagern und hierdurch die tertiäre Struktur dahingehend modifizieren, dass die substratbindende Site deaktiviert wird. Ausgehend vom *Lineweaver-Burk*-Diagramm, das die reziproken Werte von Konzentration und Geschwindigkeit einsetzt, sind die Auswirkungen der Inhibitoren in einem *Lineweaver-Burk*-Plot graphisch darstellbar (url: CliffsNotes 2013), Abb. 3.11 (a). Da bei diesem Vorgang ein Teil des Enzyms defunktionalisiert wird, lässt sich auch bei Zugabe von weiterem Substrat die Inhibitierung nicht wieder rückgängig machen. V_{max}, der kinetische Parameter, der den Term

E_t einschließt, wird reduziert. Auch der Fall, dass der Enzym-Inhibitor-Komplex nur teilweise aktiv ist, kann eine Bindung des Inhibitors K_m beeinflussen.

(a) Inhibitor

Das Andocken eines Inhibitors [I] an ein Enzym [E] reduziert die Enzymaktivität und somit die Reaktionsgeschwindigkeit, d. h. Synthese des Produktes [P] aus dem angebotenen Substrat [S] $S \rightarrow P$. Die Anbindung eines Inhibitors [I] kann reversibel erfolgen, wobei I durch S ersetzt wird. Inhibitoren, die sowohl V_{max} als auch K_m verändern, werden als nichtkompetitiv bezeichnet. Beeinträchtigt ein Inhibitor nur V_{max}, fällt er unter die Bezeichnung unkompetitiv. Bei Verwendung reziproker Plots und bei Inversion der *Michaelis-Menten*-Gleichung lassen sich die Auswirkungen der Inhibitoren visualisieren:

$$v = V_{max} \cdot \frac{[S]}{K_m} + [S] \tag{3.23}$$

$$\frac{1}{v} = \frac{K_m + [S]}{V_{max}[S]} = \frac{K_m}{V_{max}} \frac{1}{[S]} + \frac{1}{V_{max}} \tag{3.24}$$

Die Gleichung verhält sich linear und verfügt über eine analoge Form wie:

$$y = ax + b \tag{3.25}$$

so dass eine graphische Darstellung von $1/v$ gegen $1/[S]$, d. h. *Lineweaver-Burk*-Plot, eine Steigung gleich K_m/V_{max}, einen Schnittpunkt für y gleich $1/V_{max}$ ergibt und der Schnittpunkt mit der x-Achse bei $-1/K_m$ liegt, Abb. 3.11. Nichtkompetitive Inhibitoren tragen innerhalb einer enzymkatalysierten Reaktion zu der Erhöhung von K_m und der Verminderung von V_{max} bei. Im *Lineweaver-Burk Plot* kommt es zu entsprechenden Änderungen im Anstieg und Schnittpunkt von y, Abb. 3.12. Da nichtkompetitive Inhibitoren nur V_{max} reduzieren, steigt der reziproke Wert von V_{max}, in diesem Fall verlaufen die Linien in einer reziproken Darstellung parallel. Kovalente Inhibition dahingegen modifiziert das Enzym, so dass es seine ursprüngliche Aktivität einbüßt, z. B. Anbindung einer Phosphatgruppe an die Serinhydroxylgruppe innerhalb der aktiven Site eines Enzyms. Dieses Verhalten einer kovalenten Modifikation wird in zahleichen pharmazeutischen Komponenten ausgenutzt, z. B. Aspirin, Penicillin u. a. (url: Cliffs-Notes 2013).

Die Katalyse erfolgt über die Bildung von individuellen/diskreten Übergangszuständen. Die Kontrollmechanismen umfassen die Endprodukthemmung und Verringerung der Enzymaktivität, wobei es zu einer kurz- oder langfristigen Anpassung kommen kann. Es gibt zwei Möglichkeiten der Steuerung, d. h. (1) kurzfristige Anpassung und (2) allosterische Regulation.

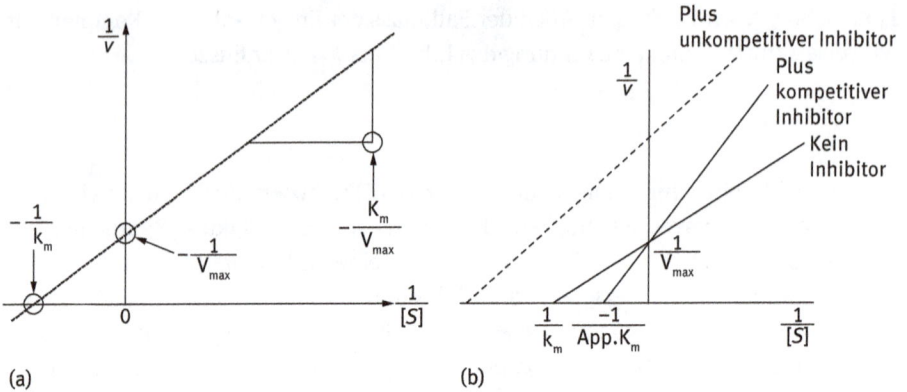

Abb. 3.11: (a) *Lineweaver-Burk*-Diagramm setzt die reziproken Werte von Konzentration und Geschwindigkeit ein, (b) Auswirkungen der Inhibitoren, dargestellt als *Lineweaver-Burk*-Plot (url: CliffsNotes 2013).

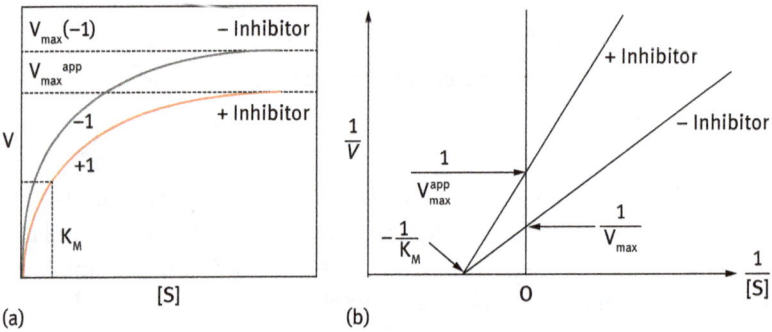

Abb. 3.12: (a) Darstellung des Einflusses eines Inhibitors auf die Geschwindigkeit sowie (b) reziproke Darstellung (url: CliffsNotes 2013).

(b) Kurzfristige Anpassung

Bei sich ändernden Konzentrationen von Substrat, Effektoren, d. h. Inhibitor/Aktivator, und/oder Produkt kann eine kurzfristige Anpassung der Enzymaktivität erfolgen. Hierzu stehen diverse Mechanismen zur Verfügung (bei entsprechender Indikation entweder von Produkt- oder Substratkonzentration):

- Bei Aufkonzentration des Substrats erfolgt eine Beschleunigung der Hinreaktion.
- Bei Aufkonzentration des Produkts setzt entweder eine Verlangsamung oder gar Einstellung der Hinreaktion bzw. Rückreaktion zum Substrat (reversible Enzymreaktion) ein.

(c) Allosterische Regulation

Die katalytische Aktivität eines Enzyms lässt sich mittels einer allosterischen Regulation kontrolliert beeinflussen. Ein allosterisches Enzym besteht aus einer Reihe identischer oder verschiedener Untereinheiten, d. h. Protein, u. a. einem sog. allosterischen Zentrum. Durch die Fixierung eines Effektors oder Substrats, aufgrund z. B. metabolischer Prozesse, an das allosterische Zentrum kann es zu einer Modifikation der ursprünglichen Konformation des Enzyms kommen, die wiederum die anderen Bindungsstellen beeinflusst, d. h. u. a. die Aufnahmekapzität der Substratbindungsstelle. Eine allosterische Hemmung lässt sich nur durch Entfernung des betroffenen Effektors aufheben.

(d) Endprodukthemmung

Die Endprodukthemmung (*Feedback*-Hemmung), als weitere Form der Steuerung mittels einer allosterischen Regulation, kann durch das Endprodukt einer Reaktionskette ausgelöst werden, das Einfluss auf das „Anfangsenzym" nimmt. Die Reaktionsgeschwindigkeit lässt sich durch Inhibitoren verlangsamen oder vollständig hemmen bzw. durch Aktivatoren initialisieren. Somit steht ein Kontrollmechanismus zur Verfügung.

Durch das Andocken eines sog. Hemmstoffs (Inhibitor) an das betroffene Enzym, Substrat, an das aktive Zentrum oder an eine andere für den Ablauf einer enzymatischen Reaktion entscheidende Lokalität lässt sich die Geschwindigkeit der Biokatalyse vermindern. Um eine unkontrollierte Synthese von Produkten durch enzymatische Reaktionen zu verhindern, bedienen sich auf den Metabolismus bezogene Vorgänge der Enzymhemmung als „Kontrollinstanz"/Regulans.

(e) Reversible Enzymhemmung

Bei einer reversiblen Enzymhemmung ist eine an ein Enzym erfolgte Anbindung des Inhibitors wieder umkehrbar. Die verschiedenen Möglichkeiten der reversiblen Enzymhemmung, d. h. vollständige sowie partielle Hemmung, unterscheiden sich in der Reaktionsgeschwindigkeit v_2, Abb. 3.13.

(f) Irreversible Enzymhemmung

Eine irreversible Enzymhemmung kommt durch das Andocken eines Inhibitors zustande, allerdings ist eine sukzessive Trennung nicht mehr möglich und das betreffende Enzym verbleibt dauerhaft inaktiv.

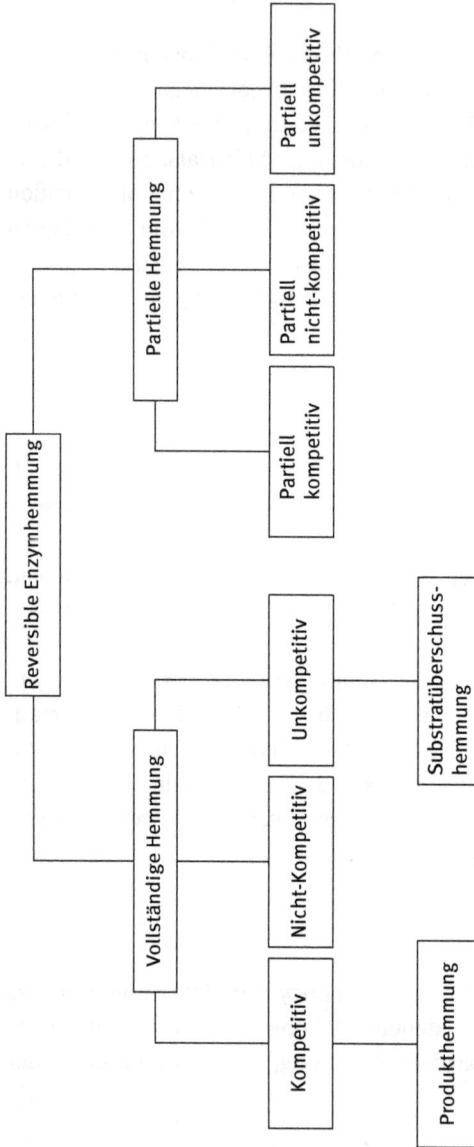

Abb. 3.13: Verschiedene Möglichkeiten der reversiblen Enzymhemmung, vollständige als auch partielle Hemmung unterscheiden sich in der Reaktionsgeschwindigkeit v_2.

(g) Partielle Enzymhemmung

Bei einer partiellen Hemmung erfolgt keine Deaktivierung der enzymatischen Katalyse, die Reaktion wird in ihrem Ablauf beeinflusst/verlangsamt, wobei v_2 ungleich 0 ist. Im Gegensatz hierzu gilt für die vollständige Hemmung v_2 gleich 0, d. h., der *ESI*-Komplex ist vollständig deaktiviert.

(h) Produkthemmung

Bei dieser entspricht der Inhibitor dem Produkt der katalysierten Reaktion bzw. es wird bei einer Substratüberschusshemmung bei einer bestimmten Konzentration eine Hemmung verursacht.

(i) Substratüberschusshemmung

Bindet ein Enzym aufgrund einer hohen Konzentration des Substrats ein zweites Substratmolekül, so ändert sich die Reaktionsgeschwindigkeit dahingehend, dass es zu einer Hemmung kommt, da der *ESS*-Komplex nicht zerfällt:

$$v = \frac{V_{max}}{1 + \frac{K_m}{[S_0]} + \frac{[S_0]}{K_i}} \tag{3.26}$$

wobei K_i als Dissoziationskonstante auftritt.

(j) Partiell kompetitive Hemmung

Wird durch den Inhibitor $[I]$ lediglich die Reaktivität/Affinität eines Enzyms gegenüber dem Substrat $[S]$ herabgesetzt, ohne dass es jedoch zu einer Änderung der Reaktionsgeschwindigkeit kommt, liegt eine partiell kompetitive Hemmung vor. Eine Produktbildung findet weiterhin statt. In der medizinischen Praxis dienen Metallkomplexe u. a. als Inhibitoren (Louie & Meade 1999). Das konzeptionelle Rahmenwerk zur Enzymkinetik bedient sich zu u. a. Zwecken der Vorhersagbarkeit einer Enzymreaktion eines mächtigen Algorithmus: *Michaelis-Menten*-Gleichung.

Zu dem Aufbau-/Anordnungstadium, der Thermodynamik und kinetischen Analyse einer Enzym-Inhibitor-Wechselwirkung liegen experimentelle Daten vor (Myszka et al. 2003). Genutzte analytische Techniken zur Messung von Wechselwirkungen setzen Ultrazentrifugation (engl. *analytical ultra-centrifugation* = AUC), isothermale Titrationskalometrie (engl. *isothermal titration calometry* = ITC) und oberflächenbezogene Plasmonenresonanz (engl. *surface plasmon resonance* = SPR) ein (Myszka et al. 2003). Das gewählte Modellsystem besteht aus einem Paar von Inhibitoren, d. h. Bovincarbo-Anhydrase II (CA II) und 4-Carboxybenzensulfonamid (CBS). Daten zur Messung der katalytischen Aktivität sind mittels SERRS generierbar, z. B. Abschn. 1.3.5 (q)/Bd. 2, und es stehen geeignete präparative Techniken zur Verfügung Abschn. 1.2/Bd. 2.

3.2.5 *Michaelis-Menten*-Theorie

Ein hilfreiches mathematisches Modell zur Enzymkinetik bietet das Formelwerk der *Michaelis-Menten*-Theorie an. Sie ist in mehrere Themenkreise untergliedert und beinhaltet u. a. Algorithmen zur *Michaelis-Menten*-Kinetik, -konstante, -gleichung.

So dient die *Michaelis-Menten*-Gleichung, unter Berücksichtigung der Geschwindigkeit v und Einbeziehung der *Michaelis-Menten*-Konstante K_m, der Beschreibung kinetischer Merkmale von enymatischen Reaktionsabläufen:

$$v_0 = \frac{v_{max} \cdot [S]}{K_m + [S]} \tag{3.27}$$

Die in der o. a. *Michaelis-Menten*-Gleichung angezeigte *Michaelis-Menten*-Konstante lässt sich wie folgt ausdrücken:

$$K_m = \frac{K_1' + K_2}{K_1} \tag{3.28}$$

Mittels der durch die *Michaelis-Menten*-Theorie angebotenen Algorithmen sind auf diese Weise approximativ quantitative Beschreibungen sowie Vorhersagen von u. a. dem Grad der Saturation, Inhibitierung möglich.

Die *Michaelis-Menten*-Beziehungen für komplex strukturierte enzymatische Netzwerke erörtert Kolomeisky (2011). Durch experimentelle Arbeiten unterstützt, folgen die Umsatzraten enzymatisch kontrollierter Reaktionen und ungeachtet komplexer Strukturen einem *Michaelis-Menten*-Mechanismus mit einer hyperbolischen Abhängigkeit von der jeweils spezifischen Konzentration des Substrats. Ursprünglich leitet sich der *Michaelis-Menten*-Mechanismus von der Approximation des Gleichgewichtszustandes, bezogen auf eine einfache enzymatisch gesteuerte Reaktionskette, ab (Kolomeisky 2011).

In Verbindung mit der Regeneration von Coenzymen (Abschn. 2.4.1/Bd. 2), katalysiert durch eine NADH-Oxidase aus *Lactobacillus brevis*, stellen Findrik et al. (2008) ein mathematisches Modell und dessen Datenverarbeitung vor. Ihnen gelang es, auf diese Weise über eine bestimmte Form der *Michaelis-Menten*-Gleichung, unter Berücksichtigung einer konkurrierenden Produktinhibition, die Rate einer Gesamtreaktion zu beschreiben. Im Hinblick einer thermodynamischen Analyse der *Michaelis-Menten*-Gleichung (*Michaelis-Menten equation* = MME) bedient sich ein verhältnismäßig einfacher Algorithmus des chemischen Potentials:

$$dU = T\,dS - p\,dV + \sum \mu_i\,dn_i \tag{3.29}$$

wobei gilt:
T absolute Temperatur,
S Entropie,
p Druck,
V Volumen,
n_i Stoffmenge,

um den Verlauf des Wechsels der *Gibbs*'schen Freien Energie während der Bildung des Enzym-Substrat-Komplexes und seiner Umwandlung in das Endprodukt nachzuvollziehen. Als herausragende Schlussfolgerung, und in Abweichung von der herrschenden Lehrmeinung, ergibt sich aus der o. a. Analyse, dass niedrige Werte für die

Michaelis-Menten-Konstante K_m und hohe Werte für die Umwandlung K_{cat} für den Prozess der Biokatalyse vorteilhaft sind. Darüber hinaus unterstützt die Konklusion die algebraische Analyse der MME in ihrem Ergebnis. Entsprechend der o. a. Analyse scheint die Stabilisierung des Übergangszustandes anstatt die Substratdeformation oder deren Nähe für die Enzymkatalyse von entscheidender Bedeutung zu sein (Chandrasekhar 2002).

Im Verlauf von Arbeiten zur Aufreinigung sowie Charakterisierung einer Dimethylsulfoniopropionate-Lyase eines aus einem marinen Habitat stammenden Isolats, d. h. eines *Alcaligenes* ähnlichen Dimethylsulfids, hat sich gezeigt, dass sich dieses für die Ansprache der *Michaelis-Menten*-Konstante K_m zu eignen scheint (Souza & Yoch (1995). Eine rechnergestützte mikroacicimetrische Bestimmung der *Michaelis-Menten*-Konstanten für eine β-Lactamase schildern Labia et al. (1973). Min et al. (2006) gehen der Frage nach, inwieweit der Gebrauch der *Michaelis-Menten*-Gleichung auch bei flukturierenden Enzymen von Nutzen ist. Eine lebende Zelle als eine Art Rührkesselreaktor unter Berücksichtigung der *Michaelis-Menten*-Kinetik erörtert van Oudenaarden (2009). In Studien zur in vitro enzymatischen Reduktionskinetik von Mineraloxiden durch eine Membranfraktion von *Shewanella oneidensis MR-1* geht u. a. die *Michaelis-Menten*-Konstante K_m ein (Ruebush et al. 2006). Hartshorne et al. (2007) veröffentlichen eine Charakterisierung von *Shewanella oneidensis MtrC*. Es handelt sich hierbei um ein auf die Oberfläche bezogenes Dekahemcytochrom, einbezogen in den respiratorisch angetriebenen Elektronentransfer zu extrazellulären Elektronenakzeptoren. In ihrer Datenauswertung kommt u. a. die *Michaelis-Menten*-Gleichung zum Einsatz.

3.3 Enzymklassen/-typen

Ungeachtet dessen, dass eine sehr große Anzahl an Reaktionen in lebenden Systemen stattfindet, sind nach bislang vorliegenden Information nur sechs Klassen/Typen an Enzymkatalysatoren beschrieben. Die Nomenklatur/Klassifizierung [IUPAC, IUBMB] der Enzyme sieht als Endung eines Enzymnamens das Kürzel „ase" vor, z. B. Lipase. Die vollständige und beschreibende Bezeichnung eines Enzyms ergibt sich aus der Art der katalysierten chemischen Reaktion, z. B. Oxidoreduktase: ein Enzym, das Redoxprozesse katalysiert. Enzyme werden gemäß der Art der von ihnen katalytisch gesteuerten chemischen Reaktion in sechs Klassen aufgeteilt, d. h. (1) Oxidoreduktasen, (2) Transferasen, (3) Hydrolasen, (4) Lyasen, (5) Isomerasen sowie (6) Ligasen (Berg et al. 2015), Tab. 3.4.

Schlussfolgerungen für die Klassifizierung einer Enzymfunktion ziehen Almonacid et al. (2010) aus einem quantitativen Vergleich der katalytischen Mechanismen und Gesamtreaktionen (engl. *overall reaction*) in konvergent entwickelten Enzymen. Funktional analoge Enzyme katalysieren zum einen ähnliche Reaktionen mit übereinstimmenden Substraten, zum anderen entstammen sie verschiedenen Vorläufern. Sie

Tab. 3.4: Die sechs Enzymklassen nach IUPAC und IUBMB und deren katalytische Funktion (Berg et al. 2015).

Nr.	Enzymklasse	Funktion
1.	Oxidoreduktase	für Redoxreaktionen
2.	Transferase	Übertragung funktioneller Gruppen zwischen unterschiedlichen Substraten
3.	Hydrolase	Spaltung von chemischen Verbindungen mithilfe/Einsatz von Wasser
4.	Lyase (Synthase)	Umwandlung/Aufbau von „einfachen" zu komplexeren Verbindungen ohne Einsatz von ATP
5.	Isomerase	Umwandlung von Isomeren
6.	Ligase (Synthetase)	Umwandlung/Aufbau von „einfachen" zu komplexeren Verbindungen unter Einsatz von ATP

bieten auf diese Weise Informationen über unterschiedliche strukturelle Strategien, von der Natur für erforderliche Katalysen entwickelt.

Die Identifizierung und der Gebrauch dieser Informationen zur Verbesserung der Klassifikation der Reaktion und die rechnergestützte Annotation der Enzyme, unlängst in den entsprechenden Genomprojekten entdeckt, profitieren nach Almonacid et al. (2010) von einer systematischen Determinierung der Ähnlichkeiten von Reaktionen. Aus den o. a. Überlegungen quantifizieren die Autoren die Ähnlichkeit im Bandwechsel (engl. *bond changes*) bezogen auf die Gesamtreaktionen und katalytischen Mechanismen für 95 Paare von funktional analogen Enzymen, d. h. nicht homologe Enzyme, wobei die Datensätze der *MACiE*-Datenbank entstammen. Zur Ermittlung der Ähnlichkeit von Gesamtreaktionen wurden Sets an Bandwechseln bezogen auf die einzelnen mechanistischen Schritte vergleichenden Betrachtungen unterzogen.

Die auf diese Weise erfassten Ähnlichkeiten dienen im Anschluss als Maß bei der Betrachtung der globalen und lokalen Anordnungen der mechanistischen Stufen (Almonacid et al. 2010). Aufgrund dieser metrischen Vorgabe weisen innerhalb der untersuchten Datensätze nur ca. 44 % der Paare von funktionell analogen Enzymen ähnliche Gesamtreaktionen auf. Für diese Enzyme können in 33 % der Fälle Konvergenzen gegenüber dem gleichen Mechanismus nachgewiesen werden und für die Mehrheit der betrachteten Paare ist mindestens ein mechanistischer Schritt identisch.

Insgesamt dient, bei Anwendung des o. a. metrischen Ansatzes von Almonacid et al. (2010), die Ähnlichkeit der Gesamtreaktion als obere Begrenzung für die mechanistische Ähnlichkeit in funktionalen Analoga. Anhand von Beispielen erläutern die o. a. Autoren ihr Modell, machen auf die Häufigkeit einer mechanistischen Konvergenz der Reaktionsschritte aufmerksam und äußern die Vermutung, dass bei quantitativer Messung der mechanistischen Ähnlichkeit die Suche nach funktionaler Annotation unterstützt werden kann.

(a) Redoxreaktion

Enzyme, die eine Oxidation und Reduktion, d. h. Redoxreaktion, durchführen, werden als Oxidoreduktasen bezeichnet. Typische Oxidoreduktasen sind Oxidasen, Oxygenasen, Dehydrogenasen, Abschn. 3.1.1. So wandelt z. B. eine Dehydrogenase einen primären Alkohol in Aldehyd um. Im Reaktionsablauf wird Ethanol zu Acetaldehyd (C_2H_4O), einem Zwischenprodukt, sowie der Cofaktor NAD zu NADH umgewandelt:

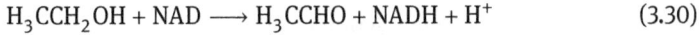

$$H_3CCH_2OH + NAD \longrightarrow H_3CCHO + NADH + H^+ \qquad (3.30)$$

Somit wird Ethanol oxidiert und NAD reduziert, d. h., es findet eine Redoxreaktion statt.

(b) Gruppen-Transfer-Reaktionen

Enzyme, die funktionelle Gruppen von einem Molekül zu einem anderen transportieren, werden als Transferasen bezeichnet. Sie sind in neun Untergruppen aufgeteilt. So befördert z. B. Alaninamino-Transferase (engl. *alanine aminotransferase*) die α-Aminogruppe zwischen Alanin und Aspartat, d. h., Alanin und Oxaloacetat ergeben als Endprodukte Pyruvat und Aspartat.

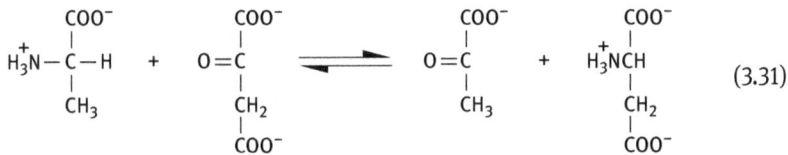

$$(3.31)$$

Andere Transferasen bewegen Phosphatgruppen zwischen ATP sowie anderen Komponenten und benutzen Zuckerresiduen, um Disaccharide zu bilden.

(c) Hydrolyse

Enzyme, die Bindungen durch den Einbau von Elementen des Wassers unterbrechen können, fallen unter die Bezeichnung Hydrolase.

Bei der Hydrolyse durch Enzyme kommt es durch das Hinzufügen von H_2O zur Unterbrechung einfacher Bindungen. Diese Form der Enzyme fällt in die Kategorie Hydrolase. Repräsentanten von Hydrolasen sind z. B. Phosphatasen, Peptidasen. So unterbricht z. B. eine Phosphotase die O–P-Bindung eines Phosphatesters:

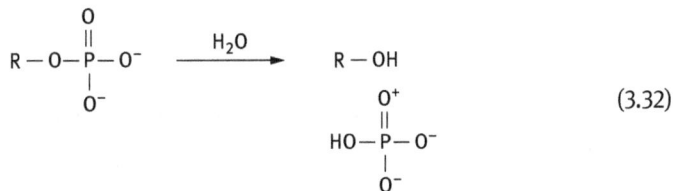

$$(3.32)$$

Andere Hydrolasen wiederum treten als Verdauungsenzyme auf, z. B. durch Auseinanderbrechen der Peptidbindungen in Proteinen.

(d) Einfachbindung

Ligasen führen den umgekehrten Vorgang aus, sie entfernen die Elemente des H_2O
zweier funktionaler Gruppen und formen daraufhin eine Einfachbindung. Als Untergruppe der Ligasen treten Synthetasen auf. Sie bedienen sich zur Umsetzung des
o. a. Vorgangs einer Hydrolyse von ATP. Als Beispiel lässt sich eine RNS-Synthetase
anführen, die Aminosäuren mit ihren entsprechenden tRNS zur Vorbereitung der Proteinsynthese verbindet.

$$
tRNA^{Gly} - OH \quad + \quad ATP \quad + \quad \overset{\overset{+}{H_3N}}{\underset{}{H_2C}} \; C \overset{O}{\underset{O^-}{\diagup}}
$$

$$
(3.33)
$$

$$
tRNA^{Gly} - O - \overset{O}{\overset{\|}{C}} - CH_2 {}^{NH_3{}^+} \quad + \quad AMP \quad +
$$

$$
{}^-O - \overset{O}{\overset{\|}{P}} - O - \overset{O}{\overset{\|}{P}} - O^-
$$
$$
\;\;\; \underset{O^-}{|} \qquad \underset{O^-}{|}
$$

(e) Mehrfachbindungen

Lyasen übertragen funktionale Gruppen und schaffen hierdurch unter Einsatz von
ATP durch Umwandlung/Aufbau von „einfachen" Verbindungen Mehrfachbindun-
gen. Sie erstrecken sich auf Aminogruppen, H_2O sowie Ammonium. So erfolgt z. B.
eine Umverteilung von CO_2 über eine Decarbooxylase. Dyhydratasen entziehen einem
System H_2O, d. h. Fumarathydratase.

$$
\begin{array}{ccc}
CO_2{}^- & & CO_2{}^- \\
| & & | \\
CH & & HO-C-H \\
\| & \rightleftharpoons & | \\
HC & & HO-C-H \\
| & & | \\
CO_2{}^- & & CO_2{}^-
\end{array}
\qquad (3.34)
$$

Deaminasen entfernen Ammonium, so z. B. Aminogruppen von Aminosäuren. Als
Ausgangsstoffe stehen Serine zur Verfügung wobei als Endprodukte Pyruvat und NH_3
vorhanden sind:

$$\begin{array}{ccc} \overset{CO_2^-}{\underset{|}{H_3^+N-C-H}} & \longrightarrow & \overset{CO_2^-}{\underset{|}{C=O}} \ + \ NH_3 \\ \underset{CH_2OH}{|} & & \underset{CH_2OH}{|} \end{array} \qquad (3.35)$$

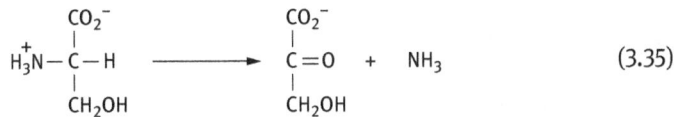

(f) Isomerisation

In zahlreichen biochemischen Reaktionen unterliegt die Position einer funktionalen Gruppe innerhalb eines Moleküls einem Wechsel, wobei das betroffene Molekül sowohl die ursprüngliche Anzahl als auch die Art der Atome beibehält, d. h., Substrat und Produkt der Reaktion treten als Isomere auf. Diese Art der Reaktion/Neuanordnung führen Isomerasen durch, so z. B. die Katalyse von Glyceraldehyd-3-Phosphat in Dihydroxyacetonphosphat:

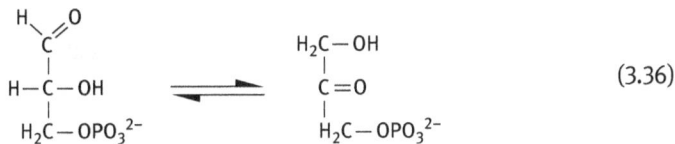

$$\begin{array}{ccc} \overset{H\searrow\nearrow O}{C} & & H_2C-OH \\ \underset{|}{H-C-OH} & \rightleftharpoons & \underset{|}{C=O} \\ \underset{H_2C-OPO_3^{2-}}{|} & & \underset{H_2C-OPO_3^{2-}}{|} \end{array} \qquad (3.36)$$

3.3.1 Oxidoreduktasen

Entsprechend der Klassifikation nach IUPAC und IUBMB zählen die Oxidoreduktasen – von sechs Enzymklassen – zur ersten Gruppe. Gemäß IUPAC sind Oxidoreduktasen „[...] Enzyme, die den Elektronentransfer in Redox-Reaktionen katalysieren. Es erfolgt eine weitere Unterteilung gemäß ihren zugehörigen Donatoren bzw. Akzeptoren [...]" (IUAPC 1994). Oxidoreduktasen umfassen eine umfangreiche Klasse an Enzymen, die biologische Redoxreaktionen katalysieren. Da eine Vielzahl von chemischen und biochemischen Transformationen auf Redoxprozessen beruhen, stellt die Entwicklung praktischer biokatalytischer Anwendungen ein wichtiges Ziel innerhalb der Biotechnologie dar (May 1999). Oxidoreduktasen als Ober-/Sammelbegriff umfassen Oxidasen, Oxygenasen, Dehydrogenasen etc. Eine weiterführende/systematische Unterteilung orientiert sich an der Art der funktionellen Gruppe, die als Elektronendonator in Betracht kommt: Donator- Akzeptor-Oxidoreduktase, Sulfid-Chinon-Oxidoreduktase, Abb. 3.14. Am Beispiel anaerober und aerober Dehydrogenasen sind Bezeichnungen wie z. B. NAD-/NADP-abhängige Dehydrogenasen, FAD-abhängige Dehydrogenasen, von Cytochrom abhängige Dehydrogenasen etc. eingeführt. Über ein Protein-Engineering lässt sich offensichtlich eine Format-Dehydrogenase herstellen (Tishkov & Popov 2006) und durch eine Mutagenese wurde die Stabilität einer Phosphit-Dehydrogenase verbessert (McLachlan et al. 2008). Ein Einblick in die Struktur einer Oxidoreduktase trägt zum Verständnis einer Detoxifikation bei (Marcia et al. 2009). Oxidoreduktasen sind in allen Lebensformen vorhanden bzw. in den Metabolismus einbezogen und als metallregulative Proteine für den Trans-

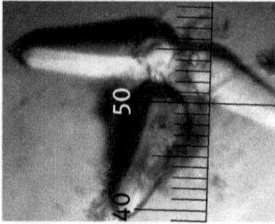

Abb. 3.14: (a) Röntgen-kristallographische Analyse einer Sulfid-Chinon-Oxidoreduktase aus *Acidithiobacillus ferrooxidans* ([1]Zhang et al. 2009).

port von Elektronen verantwortlich. Der Nachteil von Oxidoreduktasen besteht im Bedarf an Cofaktoren wie z. B. ADP/ATP und NAD$^+$/NADH. Eine aktuelle technische Verwertung von Oxidorektasen geschieht in Form diagnostischer Testverfahren, von Biosensoren und beim Entwurf von innovativen Systemen zur Regeneration essenzieller Coenzyme. Weiterhin sind Einsätze von Oxidoreduktasen bei der Konstruktion von Bioreaktoren, geeignet zur Biodegradation von Schadstoffen, angedacht. Ebenso eignen sie sich zur Herstellung von Biomasse, zur Entwicklung von Polymersynthesen und oxyfunktionalisierter Substrate, die auf dem Einsatz von Oxidoreduktasen beruhen (May 1999). Zum Abbau von z. B. p-Toluolulfonat scheinen sich Dioxygenasen zu eignen (Cook et al. 2008).

(a) Reaktionsschema

Bei der Oxidase kommt es zu einem Übertrag von H$_2$ von einem Substrat auf O$_2$, wobei H$_2$O$_2$ ensteht. Als Beispiel hierfür sei auf die Laccase verwiesen. Hydroperoxygenase, Katalase und Peroxidase benötigen für die Reaktion Hämeisen. Eine vereinfachte Reaktionsgleichung für Monogenasen lautet:

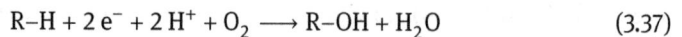

$$R\text{–}H + 2\,e^- + 2\,H^+ + O_2 \longrightarrow R\text{–}OH + H_2O \tag{3.37}$$

Oxidoreduktasen katalysieren Redoxreaktionen nach dem Reaktionsschema:

$$A + B^- \longrightarrow A^- + B \tag{3.38}$$

(b) Cofaktor-freie Oxygenasen und Oxidasen

An Cofaktoren freie Oxygenasen unterliegen dem vom mechanistischen Standpunkt aus gesehenen Problem, wie O$_2$ für die Katalyse aktiviert wird (Fetzner 2002). Bezogen auf den mechanistischen Aspekt liegen die durch diese Enzyme katalysierten Reaktionssequenzen bislang im Dunklen. So verbleiben Überlegungen betreffs der Bildung von Proteinradikalen und eines vom Substrat abgeleiteten Radikals oder hinsichtlich des direkten Elektronentransfers von einem deprotonierten Substrat zum molekularen O$_2$, ein „eingesperrtes" Paar bildend, bislang hypothetischer Natur. Letztgenannte Reaktionsroute wird für Substrate erwartet, die problemlos als Elektronendonator gegenüber dem O$_2$ auftreten können. Ergänzend ist seitens des Enzyms die Fähigkeit erforderlich, das anionische Intermediär zu stabilisieren.

Katalytisch relevante Histidinreste, beschrieben in beiden Cofaktor-freien Oxygenasen, könnten in die Deprotonierung und/oder elektrostatische Stabilisierung einbezogen sein. Ausnahmen bilden zwei Vertreter von Oxygenasen ohne Bedarf an Cofaktoren oder Metallionen (Fetzner 2002). Es handelt sich hierbei um Chinon bildende Monooxygenasen sowie bakterielle Dioxygenasen. Chinone (engl. *quinone*) übernehmen während der Biosynthese diverser Typen von aromatischen Polyketid-Antibiotika die „Maßschneiderung" von Enzymen. Bakterielle Dioxygenasen, einbezogen in den Abbau verschiedener Chinolin-Derivate, katalysieren die 2,4-Dioxygenolytische Spaltung/Teilung von 3-Hydroxy-4-Chinolin unter gleichzeitiger Freisetzung von CO. Die das Chinon bildende Monooxygenase könnte sich für die Modifizierung von Polyketidstrukturen als nützlich erweisen, entweder zum Gebrauch als Biokatalysatoren oder durch die Kombination mit anderen biosynthetischen Ansätzen (Fetzner 2002).

Weiterhin ist eine Dioxygenase, d. h. *DpgC*, fähig, eine Erkennung von Substraten sowie eine Katalyse ohne Cofaktoren durchzuführen (Fielding et al. 2007). Ohne Cofaktor führt eine 1H-3-Hydroxy-4-Oxoquinaldine 2,4-Dioxygenase Biokatalysen durch (Frerichs-Deeken et al. 2004). Auch einige Oxidasen sind in der Lage, ihre Funktionen ohne den Einsatz von Cofaktoren zu bewerkstelligen (Fetzner & Steiner 2010). Sie katalysieren, ohne auf Cofaktoren angewiesen zu sein, die Zerlegung von stabilen molekularen O_2 zu hochreaktiven atomaren O. Histidin ist in die Vorgänge einbezogen. Die in Frage kommenden Oxidasen können u. a. in *Aspergillus flavus* als auch *Athrobacter globiformis* angetroffen werden. Im Zusammenhang mit der o. a. Oxidase steht in Verbindung mit der Katalyse eine chemische Modellreaktion zur Verfügung (Fetzner & Steiner 2010). Neben der Regenerierung von Cofaktoren (Abschn. 2.4.1/Bd. 2) bieten sich somit verfahrenstechnische Lösungen für die Biosynthese von metallischen NP in Form von Cofaktor-freien Enzymen an.

(c) Genetische Aspekte

Das abgeleitete Proteinprodukt eines offenen Leserahmens, d. h. *slr0946* von *Synechocystis PCC 6803*, SynArsC enthält die konservierten Sequenzmerkmale einer Enzymsuperfamilie, die sowohl eine Tyrosin-Phosphatase mit niedrigem Molekulargewicht als auch eine Arsenat-Reduktase, d. h. *pI258 ArsC*, von *Staphylococcus aureus* beinhaltet (Li et al. 2003). Das rekombinante Proteinprodukt von *slr0946*, d. h. *rSynArsC*, ist in der Lage, mit einer Aktivität von $v_{max} = 3,1 \, \mu mol \, min^{-1}$ mg sowohl als Arsenat-Reduktase zu wirken als auch, wenn auch in abgeschwächter Form ($v_{max} = 0,08 \, \mu mol \, min^{-1}$ mg), als Phosphatase aufzutreten, wobei eine phosphohydrolytische Abstammung angenommen wird.

pI258 ArsC von *S. aureus* stellt einen Prototyp dreier unterschiedlicher Familien von Arsenat-Reduktasen dar. Zwei weitere Prototypen sind *Acr2p* von *Saccharomyces cerevisiae* und R773 ArsC von *Escherichia coli* (Li et al. 2003). Alle drei Enzyme nähern sich, unter Einbezug eines Zwischenprodukts aus Arsenocystein, katalytischen Prozeduren an. Der katalytische Mechanismus von *SynArsC*, homolog mit *pI258*, verfügt über eine einzigartige Kombination von Merkmalen. *rSynArsC* gebraucht Glutathionin und Glutaredoxin als Quelle für reduzierende Äquivalente, ähnlich wie Acr2p und R772 statt Thioredoxin bei dem Enzym von *S. aureus*. Wie betreffs *Acr2p* sowie *R773 ArsC* angenommen, bildet *rSynArsC* einen kovalenten Komplex mit Glutathion in einer vom Arsenat (AsO_4^{3-}) abhängigen Weise.

rSynArsC enthält drei essenzielle Cystein-Reste wie z. B. *pl258 ArsC*, wohingegen Hefe- und *E.-coli*-Enzyme lediglich ein Cystein für die Katalyse benötigen. Ähnlich wie im Enzym von *S. aureus*, scheinen diese zusätzlichen Cysteine offensichtlich Disulfidbindungen zur Oberfläche des Enzyms zu bewegen, um sie somit einer Reduktion zugänglich zu machen. *rSynArsC* und *pl258 ArsC* repräsentieren letztendlich alternative Verzweigungen in der Evolution, d. h. von ihren geteilten phosphohydrolytischen Vorgängern zu einem Mittel der As-Detoxifikation (Li et al. 2003).

Über die Diversität der Oxygenasegene von Methan-(CH_4-) und Ammoniak-(NH_3-) oxidierenden Bakterien berichten Erwin et al. (2005). Hierzu stützen sie sich auf diverse gentechnische Arbeiten wie z. B. PCR-Amplifikation oder Analysen zur Phylogenie. Bei den sessil und motil auftretenden Mikroorganismen handelt es um *Methylocystis sp.*, *Methylobacter sp.* sowie *Methylomonas sp.* Das Probenmaterial entstammt von Süßwasseraquiferen.

(d) Thermodynamik

Thermodynamische Daten bieten ein erhebliches Informationsangebot. So gilt es als nachgewiesen, dass sie eine wichtige Funktion bei der Bewertung der Bindungsmechanismen übernehmen. In Verbindung mit strukturbezogenen Daten ist auf diese Weise ein Design für diverse Anwendungen möglich, z. B. der Entwurf neuer Biomoleküle. So erörtern z. B. Honeychurch et al. (1999) den katalytischen Kreislauf des Cytochroms $P450_{cam}$ bzw. die Thermodynamik und Kinetik des Elektronentransfers im Enzymsystem Cytochrom $P450_{cam}$. Das erwähnte Enzym zählt zur Familie der Monooxygenasen und unterlag in den letzten Dekaden ausführlichen Untersuchungen. Es katalysiert die Hydroxylation, d. h., es führt in sein Substrat ein O-Atom ein. Das in *Pseudomonas putida* anzutreffende Cytochrom $P450_{cam}$ erhält zwei Elektronen von seinem Redoxpartner, d. h. Putidaredoxin. In zwei separaten Stufen erfolgt dann der katalytische Kreislauf, Abb. 3.15. Zur Thermodynamik von durch Oxidoreduktasen katalysierten Reaktionen bieten Goldberg et al. (1993) Angaben zu u. a. Gleichgewichtskonstanten sowie Wechseln in der Enthalpie.

Wesentlichen Einfluss auf die Geschwindigkeit des Gesamtablaufs nimmt die Rate des Elektronentransfers. Als der langsamste Schritt, d. h. dimolekulare Reaktion, verzögert er den zeitlichen Ablauf des katalytischen Kreislaufs. Für die Geschwindigkeit zeichnet sich offensichtlich das Verhältnis $P450_{cam}$: Putidaredoxin verantwortlich (Honeychurch et al. 1999). Insgesamt kann das Verständnis über die Aktivitäten des Enzyms zu Anwendungen auf dem Gebiet der Aufoxidation von synthetischen Substanzen führen.

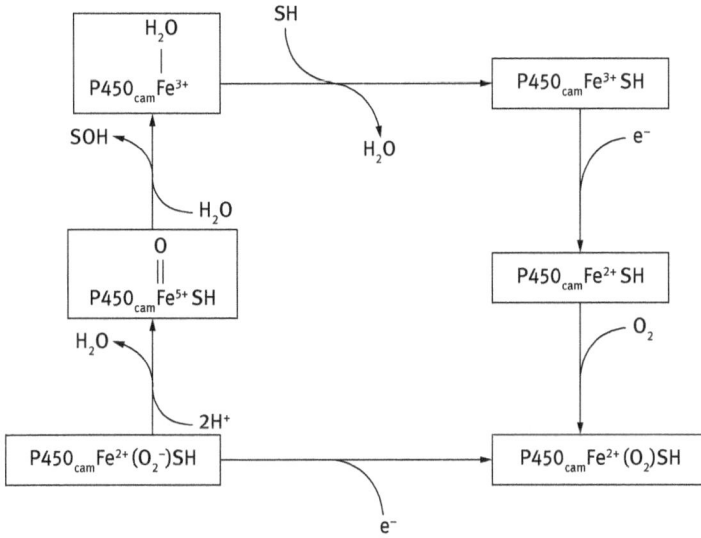

Abb. 3.15: Der katalytische Ablauf des Cytochroms $P450_{cam}$. Die Darstellung der Intermediärzustände dient nur der formal-rechnerischen Berücksichtigung der Elektronen und repräsentiert keine elektronischen Strukturen der betreffenden Spezies (nach Honeychurch et al. 1999).

Von Interesse sind in diesem Zusammenhang Beobachtungen von Honeychurch et al. (1999) über die Beeinflussung des Reduktionspotentials durch eine Di-O_2-Bindung. Ihrer Bewertung zufolge werden einige Faktoren innerhalb der Thermodynamik und der Kinetik im ersten Schritt des Elektronentransfers, die sich für die Initialisierung des katalytischen Ablaufs sowie ihre Bestimmung der Umsatzraten der Gesamtreaktion verantwortlich zeichnen, übersehen. Bislang wurde die auslösende Reaktion für den ersten Elektronentransfer vom Putidaredoxin zum $P450_{cam}$ ohne Berücksichtigung der nachfolgenden Schritte im katalytischen Ablauf des $P450_{cam}$ bewertet und beruht auf den Werten des formalen Potentials. Nach Auffassung von Honeychurch et al. (1999) ist dieses Vorgehen nicht angemessen, da sich die molekulare Betrachtung der Elektronentransferreaktionen auf Eigenschaften, z. B. formale Potentiale, und Messungen der *bulkware* stützt.

Nach ihrer Einschätzung gibt es auch in Abwesenheit von gekoppelten Reaktionen keine Rechtfertigung dafür, dass eine thermodynamisch günstige Reaktion einzig auf dem formalen Potential beruhen sollte. Die Konzentrationen bzw. Aktivitäten der Reaktanten und Produkte müssen gemäß Honeychurch et al. (1999) die *Nernst*'sche Gleichung berücksichtigen. Ein Elektronentransfer von Putidaredoxin, realisiert durch eine Übergangsbindung von Putidaredoxin mit dem Protein, lässt sich wie folgt ausdrücken:

$$P450_{cam}\text{Fe}^3 + +\text{Pd}^{\text{Red}} \underset{k_{-1}}{\overset{k_1}{\rightleftharpoons}} P450_{cam}\text{Fe}^2 + +\text{Pd}^{\text{Ox}} \tag{3.39}$$

mit

$$E = E^{0'} + \frac{RT}{F} \ln \left(\frac{[P450_{cam}\text{Fe}^{3+}]}{[P450_{cam}\text{Fe}^{2+}]} \frac{[\text{Pd}^{\text{Red}}]}{[\text{Pd}^{\text{Ox}}]} \right) \tag{3.40}$$

(e) Fe-Reduktase

Fe^{3+}-Reduktasen katalysieren die Reduktion von Fe^{3+} zu Fe^{2+}. Assimilativ tätige Fe^{3+}-Reduktasen treten als Schlüsselenzyme im Fe-Assimilationspfad auf. Vor Eintritt in die Zelle unterliegt das zuvor chelatierte Fe^{3+} einer Reduktion durch eine Fe^{3+}-Reduktase. Fe^{3+}-Reduktasen reduzieren u. a. Fe^{3+}-Pyrophosphat ($\text{Fe}_4(\text{P}_2\text{O}_7)_3 \cdot x\,\text{H}_2\text{O}$), Fe^{3+}-Citrat ($\text{FeC}_6\text{H}_6\text{O}_7$), Fe^{3+}-EDTA ($\text{C}_{10}\text{H}_{13}\text{FeN}_2\text{O}_8$) u. a. (Schröder et al. 2003). Die Reaktion bezieht einen Flavin-Cofaktor oder wie bei Hefen ein Cytochrom vom Typ *b* mit ein. Mehrheitlich setzen sie als Elektronendonator NADH oder NADPH ein. Das Spektrum an Mikroorganismen, ausgestattet mit einer Fe^{3+}-Reduktase, erfasst *Bacillus subtilis*, *Magnetospirillum magnetotacticum*, *Pseudomonas fluorescens* u. a. (Schröder et al. 2003). Sie sind innerhalb der Zelle in dem Cytoplasma, Periplasma und der cytoplasmatischen Membran anzutreffen. Zusätzlich sind pathogen auftretende Formen in der Lage, extrazellulär angesiedelte Fe^{3+}-Reduktasen in das Kulturmedium abzugeben. Ihre Funktionstüchtigkeit bewahren sie auch außerhalb des betroffenen Mikroorganismus (Schröder et al. 2003).

Die dissimilatorische Reduktion von Fe^{3+} sowie Mn^{4+} durch sowohl *Geobacter sp.* als auch *Shewanella sp.* scheint mit in der äußeren Membran exprimierten terminalen Reduktasen verbunden zu sein, unter Anschluss zu adäquaten Elektronen transportierenden Systemen. Sie sind in der Transmembran sowie im intrazellulären Raum anzutreffen (Roberts et al. 2006). Generell scheint sich der Trend abzuzeichnen, dass die Aktivität der Fe^{3+}-Reduktase vorwiegend in der äußeren Membranfraktion von lysiertem *Geobacter sulfurreducens* exprimiert wird. Im Detail sind bislang 80 % der Fe^{3+}-Reduktase-Aktivität aus der äußeren Membran sowie 20 % im periplasmatischen Raum beschrieben. Aus dem Bereich des Cytoplasmas liegen keine Indikationen vor. Ähnliche Beobachtungen wurden im Zusammenhang mit aus *Shewanella putrefaciens* gewonnenen Ergebnissen aufgezeichnet. Über eine Sekretion in das extrazelluläre Umfeld der Zellmembran gelangte periphere Proteine zeigen mehrheitlich Aktivitäten von Fe^{3+}-Reduktasen (Roberts et al. 2006). Über den Einsatz einer Fe-Reduktase zur Synthese von Magnetit in dem magnetotakten Bakterium *Magnetospirillum magnetotacticum* legen Noguchi et al. (1999) Daten vor.

(f) Sulfit-Oxidase

Sulfit-Oxidasen sind für zahlreiche Organismen essenziell. Generell katalysieren Sulfit-Oxidasen, unter Verwendung von Ferricytochrom c ($(\text{cyt c})_{\text{ox}}$) als physiologischen Elektronenakzeptor, die Oxidation von Sulfit zu Sulfat (Feng et al. 2007):

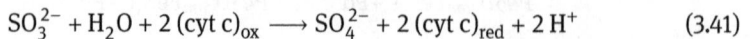

$$\text{SO}_3^{2-} + \text{H}_2\text{O} + 2\,(\text{cyt c})_{\text{ox}} \longrightarrow \text{SO}_4^{2-} + 2\,(\text{cyt c})_{\text{red}} + 2\,\text{H}^+ \tag{3.41}$$

Bakterielle sulfitoxidierende Enzme zählen nach aktuellem Kenntnisstand zu Mo-führenden Enzymen (Kappler 2011). Pacheco et al. (1999) machen auf die pH-Abhängigkeit der individuellen Ratenkonstanten des intramolekularen Elektronentransfers, implementiert durch Sulfit-Oxidasen bei hohen und niedrigen Anionenkonzentrationen, aufmerksam.

Sulfit-Oxidasen sind in diversen Mikroorganismen ausgebildet. So führen z. B. di Salle et al. (2006) eine Genklonierung und Überexprimierung einer thermostabilen Sulfit-Oxidase in *E. coli* durch. Sie beschreiben hierbei die molekularen Merkmale einer Sulfit-Oxidase aus *Thermus thermophilus AT62* sowie die Besonderheiten des Co-substrats. Die aus dem o. a. Mikroorganismus beschriebene Sulfit-Oxidase stützt sich nicht auf den Gebrauch von Cytochrom C, sondern verwendet Ferricyanid $[C_6N_6Fe]$ als Elektronenakzeptor.

Aus *Deinococcus radiodurans* ist ebenfalls eine sich auf C_6N_6Fe stützende Sulfit-Oxdase beschrieben (D'Errico et al. 2006). Aufgrund dieser Eigenschaften sollten bei Überlegungen im Sinne einer Anwendung innerhalb der Biohydrometallurgie, *urban mining* sowie biotechnologischer Sanierungsstrategien Sulfit-Oxidasen einbezogen werden, Abschn. 2.5.3/Bd. 2. McEwan et al. (2002) schlagen zur dissimilatorischen Reduktion toxischer Elemente die Verwendung von Sulfit-Oxidasen vor.

(g) Sulfit-Dehydrogenase

innerhalb organotropher Bakterien ist Sulfit (SO_3^{2-}) das Ergebnis einer Desulfonation. Aufgrund der hohen Reaktivität mit Biomolekülen, z. B. Proteinen, muss es zu Sulfat (SO_4^{2-}) oxidiert werden. Dieser Vorgang geschieht in Prokaryoten über Sulfit-Dehydrogenasen (Lehmann 2013). Durch Zugabe von SO_4^{2-} sowie PO_4^{3-} lässt sich die Aktivität der Sulfit-Dehydrogenase verhindern. Sulfit-Dehydrogenasen sind i. d. R mit einem lithotrophen Wachstum unter Einbeziehung einer Konservierung von Energie verbunden. Sie sind über eine anoxisch-phototrophe Oxidation von anorganischen S-Spezifikationen gewinnbar. Denger et al. (2008) führten hierzu eine Separation sowie Identifikation von Sulfit-Dehydrogenasen, einbezogen in einen organotrophen Stoffwechsel von *Cupriavidus necator H16* und in *Delftia acidovorans SPH-1*, durch. Quentmeier et al. (2000) reinigten, nach einer lithoautotrophen Kultivierung mittels $S_2O_3^{2-}$ eine periplasmatische Sulfit-Dehydrogenase aus *Paracoccus pantrophus GB17* in einem mehrstufigen Verfahren, auf. Die Strukturen der aktiven Site einer Sulfit-Dehydrogenase aus *Starkeva novella* unterzogen Doonan et al. (2006) Untersuchungen. Eine Arbeit von (Lehmann 2013) behandelt die im Zusammenhang mit Sulfit-Dehydrogenasen organotropher Bakterien stehenden genetischen/gentechnischen Aspekte wie z. B. Regulation. Zum Klonen und zur Charakterisierung einer Sulfit-Dehydrogenase aus *Paracoccus denitrificans GB17*, zuständig für eine lithotrophe Oxidation von S, informieren Wodara et al. (1997).

(h) Sulfit-Reduktase

Eine Sulfit-Reduktase (Abschn. 2.5.1 (i)/Bd. 2) katalysiert die Reaktion:

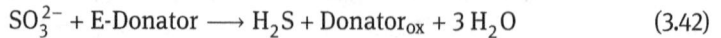

$$SO_3^{2-} + \text{E-Donator} \longrightarrow H_2S + \text{Donator}_{ox} + 3\,H_2O \qquad (3.42)$$

Es gilt:

E-Donator   Elektronendonator,

Donator$_{ox}$ Donator aufoxidiert

Sulfat dient in diesem Fall als terminaler Elektronenakzeptor und infolge einer dissimilatorischen Sulfat-Reduktion entwickelt sich als Endprodukt H_2S. Dissimilatorische Sulfit-Reduktasen übernehmen eine wichtige Funktion im Sulfatmetabolismus zahlreicher SRB, z. B. *Desulfovibrio vulgaris*, Abb. 3.16, Abschn. 2.2 (b). In *Magnetospirillum magnetotacticum AMB-1, Magnetospirillum gryphiswaldense* u. a. ist eine Sulfit-Reduktase zu Zwecken einer Oxidation beschrieben (url: BRENDA). Aufreinigung, Kristallisation und vorläufige Röntgenanalyse einer dissimilatorischen Sulfit-Reduktase aus *D. vulgaris Miyazaki F* verfolgen Ogata et al. (2010).

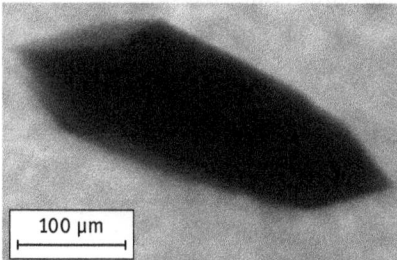

Abb. 3.16: Kristall einer *DsrABC* aus *D. vulgaris MF* (Ogata et al. 2010).

(i) Sulfid-Dehydrogenase

Eine Sulfid-Dehydrogenase, auch als Flavocytochrom c Sulfid-Dehydrogenase aufgeführt, katalysiert die Reaktion eines Polysulfids in H_2S, Abb. 3.17. Sie tritt u. a. in phototrophen Bakterien auf, z. B. *Chromatium vinosum*.

Aus dem Cytoplasma des hyperthermophilen *Archaea*-Vertreters *Pyrococcus furiosus* isolierten Ma & Adams (1994) eine multifunktionale Sulfid-Dehydrogenase, einbezogen in die Reduktion von elementarem S. Als Elektronendonator ist NADPH erforderlich. Bei den Vorgängen entsteht H_2S. Eine aus einem alkaliphilen, S-oxidierenden, autotrophen, chemolithotrophen Mikroorganismus Stamm *AL3* aufgereinigte Sulfid-Dehydrogenase entfaltet ihre optimale Aktivität bei einem pH-Wert von 8–9 (Sorokin et al. 1998). Mit einer Halbwertszeit von 12 h sowie einer Temperatur von mehr als 80 °C weist das Enzym eine spezifische Aktivität von 7 μmol H_2S min^{-1} mg^{-1} Protein auf. Weiterhin sind 1,2 mM Polysulfid sowie 0,4 mM an NADPH erforderlich.

Abb. 3.17: Sulfid-Dehydrogenase, Aufnahme ohne Maß-
stabsangaben (url: IUCr).

(j) Disulfid-Oxidoreduktase

Thermostabile Disulfid-Oxidoreduktasen katalysieren Austauschreaktionen zwischen Dithiol und Disulfid. Sie sind u. a. in extremophilen Formen, wie z. B. *Pyrococcus furiosus*, anzutreffen (Petone et al. 2004). Zur Umsetzung der Redoxprozesse stehen dem o. a. Enzym zwei aktive Redoxsites zur Verfügung (Ladenstein & Ren 2006). Über die Rolle der Thioldisulfid-Oxidoreduktasen *DsbA* und *DsbC* bei der Proteinsekretion in *Pseudomonas aeruginosa* gibt eine Arbeit von Urban (2000) Auskunft. Ein Resultat seiner Ausarbeitung verweist auf strukturelle Ähnlichkeiten mit Proteinen in *E. coli*.

(k) Arsenat-Reduktase

Über Arsenat-Reduktasen in Pro- und Eukaryoten berichten Mukhopadhyay & Rosen (2002). Das ubiquitäre Auftreten von As in der Umwelt führte im Verlauf der Evolution zur Bildung von Enzymen zur Detoxifikation von As, d. h. zur enzymatisch gesteuerten Reduktion von Arsenat (As^{5+}) zu Arsenit (As^{3+}). Durch offensichtlich konvergente Evolution entstanden mindestens drei Familien an Arsenat-Reduktasen (Mukhopadhyay & Rosen 2002). Aus *Bacillus selenitireducens MLS10* ist eine auch unter den Bedingungen eines hohen pH-Werts sowie einer Salinität optimal funktionstüchtige Arsenat-Reduktase beschrieben (Afkar et al. 2003).

(l) Arsenit-Oxidase

Zur heterodimeren Arsenit-Oxidase und -reduktase von *Alcaligenes faecalis* liegen Arbeiten zur Modellierung vor ([1]Silver & Phung 2005). In einer darstellenden Illustration befinden sich an der Spitze der Arsenit-Oxidase die trichterförmigen aktiven Sites. Zusätzlich sind Mo-Pterin sowie Fe-S-Cofaktoren die vermuteten Pfade für den 2-Elektronentransfer sowie die Aminosäuren Cys oder His, die die Fe-S-Cofaktoren mit den Polypeptiden verbinden, Abschn. 2.1 (g)/Bd. 2.

[1]Silver & Phung (2005) erörtern die Rolle der auf As bezogenen Gene von *Alcaligenes sp.*, d. h. *arsenic gene island*. Die Gene *asoA* und *asoB* codieren die Subeinheiten der Arsenit-Oxidase von *A. faecalis*, d. h. ausgedehnte Cluster wie ein Molybdorin oder

die kleindimensionierten *Rieske*-Cluster. Bezogen auf *asoB* werden *upstream*-mäßig ca. 15 Gene für die As-Resistenz (Abschn. 2.3.2 (i)) und Metabolismus (Abschn. 2.3.1) angenommen. Für *asoA* sind bislang sechs in die o. a. Resistenz und Stoffwechsel involvierte Gene erkannt, Abb. 3.18. Die vorgestellten Gene codieren drei angenommene periplasmatische Proteine mit der Fähigkeit der Bindung von Oxyanionen, die aller Wahrscheinlichkeit nach Komponenten von zwei ABC-Oxyanionen, auf ATPase beruhenden Membrantransportsysteme sowie eines AsO_3^{3-} chemiosmatischen Effluxsystems ([1]Silver & Phung 2005). Es scheint in diesem Zusammenhang ein Genabschnitt mit ca. 20 funktional angekoppelten Genen für die Codierung der Arsenit-Oxidase verantwortlich zu sein und nicht, wie bislang vermutet, einzig ein kleineres Operon.

Aufgrund genetischer Informationen gelingt es [1]Silver & Phung (2005), den anorganischen As-Stoffwechsel in *A. faecalis* zu entschlüsseln. Eine heterodimere Arsenit-Oxidase ist mit der aeroben Respirationskette durch ein kleines Peptid, möglicherweise ein Azurin, d. h. Arsenatreduktase, oder Cytochrome, verbunden, dessen Gene nicht im Gencluster anzutreffen sind. Es sind zwei prognostizierte Oxyanionen, d. h. ABC-ATPasen, mit im Periplasma befindlichen Oxyanionen fixierenden Proteinen anzutreffen, Abb. 3.18. Sie übernehmen zwei Funktionen, zum einen als intrazelluläre Arsenat-Reduktase, d. h. mit Glutathion verbundene *ArsC*-Klasse, und zum anderen fungieren sie als AsO_3^{3-}-Effluxkomplex (*ArsAB*). Im Zusammenhang mit den Vorgängen der As-Respiration tritt eine Reihe von As-Spezifikationen auf, d. h. AsO_4^{3-} und $As(OH)_3$ (Silver & Phung 2005), Abb. 3.18. Diverse Modelle für die heterodimere Arsenit-Oxidase und -reduktase von *Alcaligenes faecalis* diskutieren [1]Silver & Phung (2005).

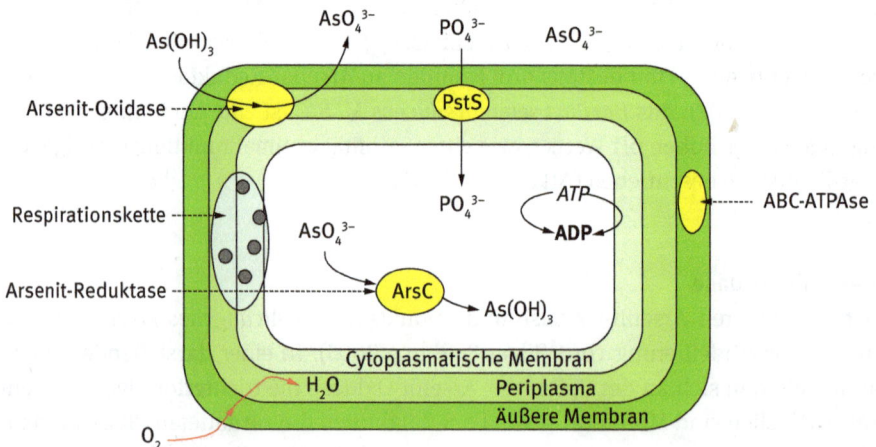

Abb. 3.18: Schematische Darstellung des anorganischen As-Stoffwechsels in *Alcaligenes faecalis* (nach [1]Silver & Phung 2005).

(m) Cytochrom

Cytochrome nehmen innerhalb der Klasse von Enzymen eine Sonderstellung ein. Sie katalysieren wie alle Enzyme die ihnen zugeordneten Reaktionen, z. B. Bildung von H_2O durch Cytochrom *P450*, übernehmen aber zugleich den Transport von Elektronen. Ein periplasmatisches und extrazelluläres C-Typ-Cytochrom von *Geobacter sulfurreducens* tritt sowohl als Fe^{2+}-Reduktase als auch Elektronen-Shuttle zu anderen Akzeptoren oder Partner-Bakterien auf (Seeliger et al. 1998).

Das in das Kulturmedium seitens des Mikroorganismus ausscheidbare Cytochrom tritt in allen Phasen des Wachstums sowie in Anwesenheit von Acetat ($CH_3COO^-M^+$) und Fumarat ($C_4H_4O_4$) zu gleichen Anteilen in der Membranfraktion, im periplasmatischen Raum sowie im umgebenden Medium auf. Über diverse Techniken, z. B. Kationenaustauschchromatographie, Gelfiltration u. a. Verfahren, lässt es sich aus Präparaten des Periplasmas isolieren und mittels Aufreinigung homogenisieren (Seeliger et al. 1998). Aufgrund seiner Redoxeigenschaften sowie molekularen Eigenschaften reduziert das Cytochrom von *G. sulfurreducens* mit hoher Rate u. a. Ferrihydrid ($Fe(OH)_3$), Fe-Citrat ($C_6H_6FeO_7$) u. a. sowie Mn-Dioxid (MnO_2). Für elementaren S, Huminsäuren u. a. verläuft die Reduktion deutlich langsamer. Das Cytochrom selbst wird durch *G. sulfurreducens* mittels Acetat (CH_3COO) als Elektronendonator reduziert und mithilfe von Fumarat ($C_4H_4O_4$) oxidiert. Unter Einsatz von molekularem H_2 oder Format (HCO_2^-) als Elektronendonator (Abschn. 4.6.2 (a)) vermag *Wolinella succinogenes* externes durch *G. sulfurreducens* geliefertes Cytochrom C zu reduzieren und mit dem Elektronenakzeptor Fumarat $C_4H_4O_4$ oder Nitrat (NO_3^-) zu oxidieren. Aufgrund dieser Beobachtungen beurteilen Seeliger et al. (1998) die Möglichkeiten von Co-Kultivierungen, d. h. die Reduktion von Cytochrom mittels CH_3COO durch *G. sulfurreducens*, mit in Anwesenheit von NO_3^- anschließender Wiederaufoxidierung des reduzierten Cytochroms durch *W. succinogenes*. Seeliger et al. (1998) stellen in diesem Zusammenhang Überlegungen an, inwieweit Cytochrom als Fe^{3+}-Reduktase zum Transport von Elektronen zu unlöslichen Fe-Hydroxiden, S, MnO_2 oder anderen oxidierten Komponenten wirken kann oder auch den Elektronentransfer zu anderen Partnerbakterien ermöglicht. Aufgrund ihrer Lage an der Zelloberfläche wird angenommen, dass die in der Außenmembran befindlichen Cytochrome *MtrC* und *OmcA* von *Shewanella oneidensis MR-1* als terminale Reduktasen für eine Reihe redoxreaktiver Metalle, die entweder als schwerlösliche Feststoffphase vorliegen oder nur erschwert die äußere Membran passieren, auftreten. Über Fortschritte bei der Elektrochemie des Cytochroms *P450* berichten Fleming et al. (2006). Die katalytischen Reaktionen eines Enzyms hängen vom Elektronentransfer ab. Durch das Angebot biokompatibler Elektrodenoberflächen in Verbindung mit neuartigen Messtechniken stehen ungeachtet weiterer Herausforderungen innovative Möglichkeiten eines artifiziellen Bioprozesses zur Verfügung.

Um die Kinetik der Reduktion einer Reihe von Fe^{3+}-Komplexen durch z. B. Citrat ($C_6H_5O_7^{3-}$), NTA (engl. *nitrilotriacedic*), EDTA u. a. mittels der Cytochrome *MtrC* und *OmcA* zu untersuchen, wurde eine Strömungsmethode (engl *stopp-flow*) in Kombination mit rechnergestützten Methoden implementiert ([2]Wang et al. 2008). Das hierdurch erhaltene Datenmaterial verweist auf eine zweistufige Reaktionsabfolge, wobei der erste Reaktionsschritt innerhalb 1 s, der zweite wesentlich langsamer erfolgte. Für einen definierten Komplex unterlag der Elektronentransfer durch *MtrC*, verglichen mit *OmcA*, einer höheren Geschwindigkeitsrate. Bezüglich eines vorgegebenen Cytochroms ließ sich für die Reaktionsgeschwindigkeit folgende Reihenfolge beschreiben: Fe-EDTA > Fe-NTA > Fe-Citrat. Über zwei parallele, biomolekulare Redoxreaktionen zweiter Ordnung mit einer Geschwindigkeitsrate zweiter Ordnung und Werten von $0{,}872\,\mu\mathrm{M}^{-1}\,\mathrm{s}^{-1}$ für die Reaktion zwischen *MtrC* und dem Fe-EDTA-Komplex und von $0{,}012\,\mu\mathrm{M}^{-1}\,\mathrm{s}^{-1}$ für die Reaktion zwischen *OmcA* und Fe-Citrat lässt sich eine Modellierung der kinetischen Daten durchführen. Die zweiphasige Reaktionskinetik wurde zur Redoxpotentialdifferenz zwischen der Hämgruppe oder der Heterogenität der redoxaktiven Seite innerhalb der Cytochrome hinzugefügt. Entsprechend den durch die Berechnungen des Redoxpotentials und der Reorganisationsenergie gewonnenen Resultaten, deutet sich an, dass eine Beeinflussung der Reaktionsgeschwindigkeit weitgehend durch die verhältnismäßig große Reorganisationsenergie geschieht. Aufgrund der vorliegenden Ergebnisse wird darüber diskutiert, inwieweit eine Ligandenkomplexierung eine maßgebliche Rolle bei der dissimilatorischen Reduktion und Mineraltransformation von Fe und anderen redoxsensitiven Metallspezifikationen übernimmt ([2]Wang et al. 2008).

Bei der Respiration von Metall-(Hydr-)Oxiden durch *Shewanella sp.* und *Geobacter sp.* übernehmen multihäme C-Typ-Cytochrome eine Schlüsselfunktion (Shi et al. 2007). Eine dissimilatorische Reduktion von Metallen, z. B. Fe, Mn etc., stellt Mikroorganismen vor erhebliche Herausforderungen, da sich die Zellumhüllung gegenüber den schwer in Wasser löslichen Metall-(Hydr-)Oxiden als nahezu impermeabel verhält. Um diese physikalische Barriere zu umgehen, entwickelten sowohl *Shewanella oneidensis MR-1* als auch *Geobacter sulfureducens* eine spezielle Art des Elektronentransfers (= ET). Dieser setzt multihäme C-Typ-Cytochrome ein, und in *Shewanella oneidensis MR-1* transportieren sie, nach aktuellem Kenntnisstand, die Elektronen aus dem intrazellulären Bestand an Chinon durch das Periplasma hindurch zur äußeren Membran. Die diversen C-Typ-Cytochrome sind für die anaerobe Respiration unerlässlich, denn Mutanten ohne Ausstattung jener Komponenten sind nicht in Lage, ihre Respiration ordnungsgemäß durchzuführen (Shi et al. 2007).

Zur Isolation, Charakterisierung und Analyse der Gensequenz eines mit der Membran verbundenen Fe^{3+} reduzierenden Cytochrom C aus *Geobacter sulfurreducens* existieren Daten (Magnuson et al. 2001). Die mikrobielle dissimilatorische Reduktion von Metallen erfährt allem Anschein nach Unterstützung durch an die Membran gebundene Cytochrome. So wird z. B. für die mit der äußeren Membran in Verbindung stehenden Cytochrome vom C-Typ eine Einbeziehung in den Elektronentransport zum Fe^{3+} bzw. Mn^{4+} vermutet. So führt z. B. ein aus *G. sulfurreducens* aufgereinigter Proteinkomplex für die Fe^{3+}-Reduktase ein einzelnes C-Typ-Cytochrom. Das periplasmatische Cytochrom c3 von *Desulfovibrio vulgaris* ist unmittelbar in die H$_2$ geförderte Metall-, aber nicht in die SO$_4^{2-}$-Reduktion einbezogen (Elias et al. 2004).

(n) Multikupfer-Oxidase

Der Reaktionsmechanismus der Multikupfer-Oxidase *CueO* von *Escherichia coli* unterstützt seine Funktion als Cu-Oxidase (Djoko et al. 2010). *CueO* von *E. coli* ist eine Multikupfer-Oxidase (MCO), die in die Cu-Toleranz unter aeroben Bedingungen einbezogen ist.

Insgesamt treten vier Cu-Atome auf, die für den Elektronentransfer (*T1*) und die für die O$_2$-Reduktion zuständigen Seiten (*T2, T3*) verantwortlich sind. Weiterhin zeigt sie einen Methionin-reichen Einsatz, der eine Helix aufweist, die den physikalischen Zugang zur *T1*-Site verhindert und eine unmittelbar an das *T1*-Zentrum angrenzende, labile *T4*-Site anbietet, wobei die *T4*-Site für die Funktion von *CueO* benötigt wird. Ähnlich zahlreicher MCOs zeigt *CueO* eine Phenol-Oxidase-Aktivität mit einer auftretenden Substratspezifität (Djoko et al. 2010).

Eine maximale Aktivität mit dem Modellsubstrat 2,6-Dimethoxyphenol erfordert die stöchiometrische Besetzung von *T4* durch Cu^{2+} [Cu^{2+}-*CueO*]. Dies lässt sich über einen Mops-Puffer (3-(*N*-Morpholino)propansulfonsäure) erreichen, der nur eine geringe Affinität für Cu^{2+} zeigt. pH-Puffer die entweder Cu^{2+}, d. h. *Tris*, *BisTris* und *Kpi*, binden oder ausfällen, sind fähig, Enzyme mit einer freien *T4*-Site zu erzeugen, die keine Phenol-Oxidase-Aktivität aufweist. Die Zugabe eines Überschusses an Cu^{2+} generiert einen Cu^{2+}-Puffer, der je nach dem spezifischen pH-Puffer die Aktivität teilweise oder gänzlich zurückgewinnt.

Daraus lässt sich die Affinität von *T4* gegenüber Cu^{2+} berechnen: $K_d = 5,5 \cdot 10^{-9}$ M. *CueO* selbst ist in die Cu-Toleranz einbezogen und scheint als Cu-Oxidase aufzutreten. Das Anion [Cu$^+$(*Bca*)$_2$]$^{3-}$ (*Bca* = Bicinchoninat) tritt als neuartiges chromophorisches Substrat auf. Es erweist sich als widerstandsfähiges Reagenz, verhält sich unter aeroben Bedingungen stabil und weist eine mit peri-plasmatischen Cu$^+$-bindenden Proteinen vergleichbare Cu$^+$-Affinität auf. Der Einfluss der Zusammensetzung des pH-Puffers und der Überschuss an Cu^{2+} verhalten sich auf die Oxidation des Cu umgekehrt, wie es für die Oxidation von Phenol zu beobachten ist. Als Ruheform der Cu-Oxidase wird eine rechteckige *CueO* und nicht eine Cu^{2+}-*CueO* vermutet (Djoko et al. 2010).

Kinetiken von Fließgleichgewichten (engl. *steady-state kinetics*) zeigen, dass das intakte Anion [Cu$^+$(*Bca*)$_2$]$^{3-}$ direkt an *T4* übergibt. Das freie Cu$^+$ als Substrat-Cu$^+$ spielt hierbei keine Rolle. Die Daten folgen nicht den Kinetiken der klassischen *Michaelis-Menten*-Gleichung. Sie lassen sich allerdings durch eine Ergänzung, die den Effekt des freien Liganden *Bca* einbezieht, zufriedenstellend einpassen. Der Term K_m besteht aus zwei Komponenten und gestattet eine Abschätzung der Übergangsaffinität von *T4* für Cu$^+$, d. h. $1,3 \cdot 10^{-13}$ M. Djoko et al. (2010) folgern, dass die durch [Cu$^+$(*Bca*)$_2$]$^{3-}$ ausgeführte Oxidation von Cu$^+$ über einen vollständigen Transfer von

Cu$^+$ nach *T4* erfolgt. Um eine negative Verschiebung im Reduktionspotential des Cu zu erreichen und somit die Oxidation sowie den Elektronentransfer zu gestatten, ist der o. a. Transportmechanismus erforderlich. Nach Einschätzung der o. a. Autoren handelt es sich bei *CueO* um eine Cu-haltige Oxidase. Sie verweisen auf die entsprechenden Konsequenzen beim Studium von Enzymen vom Typ Metalloxidase (Djoko et al. 2010).

(o) Cu-Reduktase

Gemäß Andreazza et al. (2011) führt eine zellfreie Cu-Reduktase aus dem Cu-resistenten Mikroorganismus *Pseudomonas sp. NA* eine Reduktion von Cu^{2+} durch. Nach 24 h einer Inkubation reduziert der Ganzzellverband aus einem anfänglich 200 mg l^{-1} Cu-führenden Medium ca. 80 mg l^{-1} an Cu^{2+}, d. h. ca. 40 %. Für den gleichen Zeitraum erreicht der prozentuale Anteil für den zellfreien Extrakt einen Wert von ca. 65 %, d. h. 130 mg l^{-1}. Bei 100 mg l^{-1} konnte seitens des Enzyms eine Aktivität von ca. 72 h aufgezeichnet werden. Kommt es zu einer Erhöhung der Cu-Konzentration, sind sowohl die intakten Gesamtzellen als auch das zellfreie Extrakt mit einer intensiveren Cu-Reduktion verbunden. Andreazza et al. (2011) vermuten eine Cu-Reduktase als die treibende Kraft hinter der Biotransformation von Cu durch *Pseudomonas sp. NA*, Abschn. 2.3.3.

(p) Dismutase

Sarkar (1987) beschreibt aus einer dimerisch auftretenden Superoxid-Dismutase, deren Subeinheiten durch nichtkovalente Wechselwirkungen gekennzeichnet sind, die Bedeutung von Cu für ihre optimale enzymatische Aktivität. Der Abstand zu dem ebenfalls auftretenden Zn beträgt seinen Angaben bzw. RDA zufolge 6 Å. Das Cu ist an aus Imidazol bestehenden Seitenketten des Histidins angebunden. Es tritt möglicherweise deprotoniert auf und dient somit als Brücke zwischen Cu^{2+} und Zn^{2+} (Sarkar 1987). In Verbindung mit Überlegungen hinsichtlich der Behandlung von durch die Verbrennung fossiler Kohlenwasserstoffe entstehenden S-haltigen Kontaminanten, z. B. SO$_3^-$, legen Ranguelova et al. (2010) Forschungsergebnisse zu einer (Bi-)Sulfitxxidation durch eine Cu-Zn-Superoxid-Dismutase vor.

(q) Experimentelle Arbeiten

Experimentellen Arbeiten gelang es, zwei unterschiedliche Hydrogenasen aus sulfatreduzierenden Bakterien (SRB) zu identifizieren (Riddin et al. 2009), Abschn. 2.2 (b). Sie zeichnen sich für die Reduktion von gelösten Pt-Komplexierungen und deren anschließender Kristallisation zu NP verantwortlich. Unter Einsatz eines gemischten Konsortiums von SRB lässt sich der enzymatische Mechanismus für die gesamte Bioreduktion von Pt^{4+} in Pt^0-NP untersuchen. Dem aktuell vorliegenden Datenmaterial zufolge sind zwei verschiedene Hydrogenasen einbezogen. In einem ersten Schritt wird das Pt^{4+} durch eine 2-Elektronen-Bioreduktion unter Verwendung einer O_2-sensitiven cytoplasmatischen Hydrogenase zu Pt^{2+} reduziert. Anschließend reduziert in einem zweiten Schritt eine O_2-tolerante und durch das Periplasma geschützte Hydrogenase mittels einer Bioreduktion durch 2-Elektronen Pt^{2+} zu einem Pt^0-NP.

Über die Reaktion mit Cu^{2+}, einem aktiven Inhibitor von im Periplasma auftretenden Hydrogenasen, lässt sich das in Frage kommende Enzym identifizieren. Es sind keine exogenen Elektronendonatoren erforderlich, da eine endogene Erzeugung von H_2 bzw. Elektronen in situ durch eine cytoplasmatische Hydrogenase über die Oxidation von Metaboliten geschieht. Daraufhin dispergiert H_2 durch die Zelle zum Periplasma, worauf er im Anschluss für den Einsatz durch eine periplasmatische Hydrogenase zur Verfügung steht. Die endogen generierten Elektronen werden bei Abwesenheit von SO_4^{2-} durch die o. a. periplasmatische Hydrogenase zur Reduktion von Pt^{2+} verwendet. Es scheint erwiesen, dass vor dem Beginn einer Reduktion von Pt^{2+} zunächst sämtliche Anteile an Pt^{4+} vollständig reduziert werden müssen. Zum Nachweis der präzipitierten Pt-NP innerhalb des Periplasma nutzten Riddin et al. (2009) als apparative Messtechniken die TEM (Abschn. 1.3.4 (a)/Bd. 2) und EDX (Abschn. 1.3.2/ Bd. 2).

Eine Synthese von mit Phytochelatinen bedeckten Au-NP durch eine Sulfit-Reduktase schildern Kumar et al. (2007). Sie beschreiben die *In-vitro*-Synthese von Au-NP durch den Gebrauch einer α-NADPH-abhängigen Sulfit-Reduktase sowie Phytochelatine, Abschn. 4.5.4. $HAuCl_4$, Na_2SO_3, Phytochelatin, α-NADPH führen nach Inkubation mit einer Sulfit-Reduktase durch Reduktion der Au-Ionen unter anaeroben Bedingungen bei 25 °C sowie 4 h zur Bildung von Au-NP. Als Ergebnis beschreiben Kumar et al. (2007) die Entwicklung eines stabilen Au-Hydrosols in der Größenordnung von 7–20 nm. Durch Beschichten von Peptiden sind sie stabilisierbar. Zur Analyse eignen sich RDA (Abschn. 1.3.3/Bd. 2), TEM u. a. Techniken. Via spektroskopische Methoden lässt sich die Synthese von Au durch das o. a. Enzym mitverfolgen (Kumar et al. 2007). Zu den Aktivitäten von Fe-, SO_3^{2-} sowie S-Oxidasen diverser *Acidithiobacillus-ferrooxidans*-Stämme legen Sugio et al. (2008) Ergebnisse vor. Es sind deutliche Differenzen zwischen den unterschiedlichen Stämmen zu erkennen.

So weist die Fe-Oxidase von *ATCC 23270* den höchsten Wert auf. Bezüglich der S-Oxidase-Aktivität offenbart dahingegen *D3-6* den maximalen und *ATCC 23270* den minimalsten Wert, intermediär ist in beiden Fällen *D3-6*. Für die SO_3^{2-}-Oxidase-Aktivität der unterschiedlichen MIkroorganismen ähnelt der Graph jenem, wie er für die o. a. S-Oxidase-Aktivität anzutreffen ist, Abb. 3.19. Für messtechnische Arbeiten verwenden Sugio et al. (2008) gewaschenes, intaktes Zellmaterial. Hierzu werden die ausgewählten Mikroorganismen in einem adäquaten Kulturmedium für eine Woche bei einer Temperatur von 30 °C und einem pH-Wert von 2,5 aufgezogen. Eine Kollektion des Zellmaterials erfolgt über Zentrifugieren (10 000 g auf 15 min) und ein mehrmaliges Waschen, d. h. dreimal mit einem 0,1 M β-Alanin-SO_4^{2-} Puffer und pH = 3.

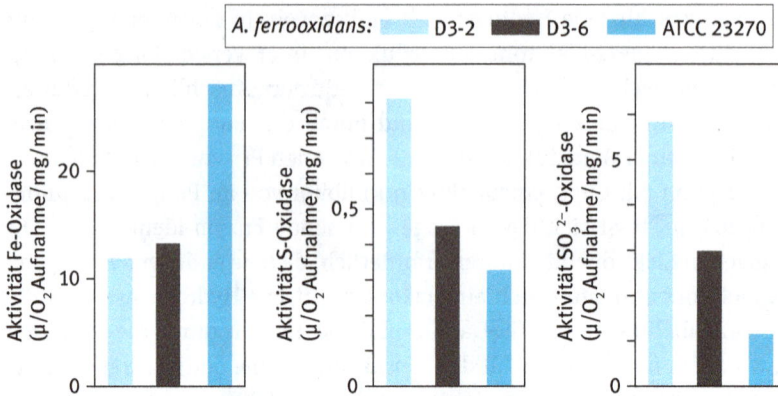

Abb. 3.19: Unterschiedlich ausgeprägte Aktivitäten von Fe-, SO_3^{2-} - sowie S-Oxidasen diverser *A.-ferrooxidans*-Stämme (Sugio et al. 2008).

(r) Exploitation

Neben Hydrolasen stellen Oxidoreduktasen die in der Industrie am häufigsten gebrauchten Enzyme mit hohem Zukunftspotential dar. Die von ihnen erfassten Redoxreaktionen sind durch diverse Stufen eines Elektronentransfers gekennzeichnet, die wiederum von Cofaktoren oder weiteren Additiva abhängen. Ihre Regeneration erfolgt über den Stoffwechsel mittels auf die Gesamtzelle bezogener Katalysatoren. Studien einer produktiven Redoxbiokatalyse orientieren sich in Hinsicht biokatalytisch aktiver Enzyme auf deren Aktivität sowie Spezifität. Aber auch in der Berücksichtigung einer Regeneration von Redoxcofaktoren durch den Wirtsmetabolismus bietet sich eine Option zur Optimierung der biokatalytischen Rate oder Ausbringung. Blank et al. (2010) sichteten molekulare Mechanismen von Oxidoreduktasen mit synthetischem Potential. Sie bezogen weiterhin den Redoxmetabolismus des Wirtsorganismus, der die biokatalytischen Reaktionen mit den geeigneten Redoxäquivalenten versorgt, mit ein. Zielsetzung ihrer Arbeit war eine Beschreibung der Wechselwirkungen zwischen synthetisch aktiven Enzymen und metabolischen Netzwerken. Sukzessive unterbreiten die o. a. Autoren Vorschläge zur Konstruktion von auf die Gesamtzelle bezogenen Biokatalysatoren zum Einsatz in der Produktion von Fein- und Spezialchemikalien. Über den aktuellen anwenderorientierten Fortschritt betreffs der Erforschung und Entwicklung von für Industrie und Medizin verwertbaren Oxidoreduktasen liegen Einschätzungen durch z. B. Xu (2005) vor.

Bislang beschränkt sich der kommerziell verwertbare Einsatzbereich dieser Enzymklasse auf die Lebensmittel- und Waschmittelindustrie sowie Umwelttechniken und bewegt sich, im Vergleich zu anderen hydrolytischen Industrieenzymen, auf kommerziell relativ niedrigem Niveau. Allerdings gestatten weitere innovative verfahrenstechnische Ansätze unter Einsatz von Oxidoreduktasen nicht nur eine erhebliche Steigerung von Anwendungsmöglichkeiten, sondern auch eine bessere Wettbewerbsfähigkeit ihrer Produkte. *Sulfolobales sp.*, als Vertreter der Domäne *Crenarchaeota*, enthält mindestens fünf bedeutende terminale Oxidasekomplexe. Entsprechend den bislang vorliegenden Informationen, zu gewinnen aus der entsprechenden Genomsequenz, enthalten als einzige Vertreter von Sulfobales die Formen *Metallosphaera sedula* und *Sulfolobus tokodaii* die zur Fe-Oxidation erforderlichen Enzyme. Während bislang spezifische für die Respiration verantwortliche Komplexe in bestimmten *Sulfolobales sp.* vormals als Protonenpumpen zur Aufrechterhaltung des intrazellulären pH-Wertes und zur Erzeugung der protonenmotorischen Kraft angesehen wurden, liegen bisher keine Überlegungen betreffs S- und Fe-Biooxidation vor (Xu 2005). Zur Konstruktion von Protease-Varianten, charakterisiert durch hohe katalytische Aktivität und Selektivität gegenüber dem Substrat, emulieren Varadarajan et al. (2005) in vitro einen selektiv positiven sowie negativen Stress. Absicht war eine Isolation von Enzymvarianten, die sich gegenüber neuartigen Substraten durch Reaktivität auszeichnen und gegenüber unerwünschten Substraten passiv verhalten.

Die Konstruktion und Verwertung von Proteinassemblierungen in der Synthetischen Biologie besprechen Papapostolou & Howorka (2009). Eine Analyse von 134 industriell eingesetzten Biotransformationen ergab für Hydrolasen einen Anteil von 44 % und für Redox-Biokatalysatoren einen Wert von 30 %. Nahezu 89 % der Produkte weisen chirale Eigenschaften auf und eignen sich für den Einsatz als Feinchemikalie (Straathof et al. 2002). Gemäß der aktuellen Produktentwicklung, zugeschnitten für den technischen Einsatz in der chemischen Industrie, lässt sich bislang ein Austrag von max. 78 % erzielen. Die volumetrische Produktivität beläuft sich mit einer finalen Produktionskonzentration von 108 g l^{-1} auf 15,5 g l^{-1} h^{-1}. Die vorgestellten Aspekte stoßen auch bei der Pharmazie, insbesondere bei der Umsetzung des *Time-to-Market*-Konzepts, auf Interesse.

Zusammenfassend

bietet das bislang erstellte Datenangebot Hinweise über zahlreiche industriell einsatzfähige Enzyme. Ein Kompendium offeriert eine Auflistung der Enzyme (NC-IUBMB 2009), es stehen diverse Handbücher speziell zu den Oxidoreduktasen, z. B. Chang et al. (2004), zur Verfügung und spezielle Datenbanken, wie z. B. *BRENDA* (url: BRENDA), bieten kontinuierlich aktualisiertes Datenmaterial. Eine wichtige Gruppe innerhalb des Themenkomplexes Enzyme sind in Form von Metalloproteinen/-enzymen vertreten.

3.3.2 Metalloproteine/-enzyme

Proteine, die Metall(ionen) als metallischen Cofaktor enthalten, fallen unter die Bezeichnung Metalloenzym/-protein. Sie übernehmen u. a. als Metalloenzym z. B. Transport- und Speicherfunktionen. Schätzungsweise mindestens 30–40 % aller bekannten Proteine benötigen zur Ausführung ihrer Funktion die Integration metallischer Komponenten, wobei die Koordination über an Polypeptide gebundene

H_2/O_2-Atome und S und andere makrozyklische Liganden erfolgt. Der räumliche Einbau der Metallionen findet unmittelbar an der Substratbindungsstelle statt und ermöglicht so die selektive Aufnahme und katalytische Aktivität.

So sind z. B. Metalloenzyme erst mithilfe dieser Metall(ionen) in der Lage, Redoxreaktionen durchzuführen. Seitens der Grundlagenforschung und Angewandten Forschung ergibt sich die Ambition, die Kenntnis betreffs Ursache und Aufrechterhaltung der Metall-Protein-Verbindung zu vertiefen. Nahezu die Hälfte aller Proteine sind Metalloproteine. Bedingt durch die Einbindung von Metallionen, wie z. B. Cu, oder metallführenden Cofaktoren zählen Metalloproteine zu den hochwirksamen und vielsetigen Biokatalysatoren (Lu et al. 2009). Von besonderem Interesse ist die Frage, mithilfe welcher Mechanismen ein einer Zelle zugeordnetes Metalloprotein das für seine Funktion erforderliche Metall innerhalb eines Mehrstoffsystems (inkl. weiterer Metalle) eindeutig identifiziert. Neben der Metallverfügbarkeit werden die Existenz und Einbeziehung bestimmter Metallsensoren diskutiert ([2]Waldron et al. 2009). Die Diversität von Metalloproteinen begründet sich durch ihren jeweiligen Aufgabenbereich. Metalloproteine, die in den Elektronentransport und O_2-Metabolismus einbezogen sind, führen überwiegend Fe in Form eines Häm oder Fe-S-Cluster ([2]Waldron & Robinson 2009).

Fe-S-Cluster-führende Proteine partizipieren an einer Vielzahl zellulärer Prozesse, inkl. an entscheidenden Maßnahmen zu der DNS-Synthese und Verarbeitung von O_2. Bei der überwiegenden Anzahl der Fe-S-Proteine dienen die Cluster als Elektronentransfergruppen zur Mediation von Redoxprozessen durch ein Elektron. Sie treten in dieser Funktion als integrale Bestandteile der Elektronentransportgruppen, erforderlich für Respiration und Photosynthese, auf, wobei zahlreiche Redoxenzyme in den C-, H_2-, S- und N_2-Metabolismus einbezogen sind (Brzóska et al. 2006). In diesem Zusammenhang nimmt die Weiterentwicklung von innovativen Regulationsmechanismen und enzymatischer Funktionalität stetig zu. Fe-S-Cluster führende Metalloproteine/-enzyme nehmen an der Kontrolle der Genexpression, an der Erfassung von O_2/N_2, an der Steuerung des labilen Fe-Bestandes, an der Erkennung von Beschädigungen der DNS-und deren Reparatur teil. Darüber hinaus wird ihre Rolle bei der Erwiderung von oxidativem Stress und ihre Funktion als Ursprung für freie Fe-Ionen diskutiert (Brzóska et al. 2006).

Auf vielfältige Weise sind zahlreiche Metalle in Biomolekülen integriert. Hierzu listen Andreini et al. (2008) relative Häufigkeiten von in (Bio-)Katalysatoren auftretenden Metallionen(-Komplexen) in den sechs EC-Enzymklassen auf, d. h. Oxidoreduktasen, Transferasen, Hydrolasen, Lyasen, Isomerasen sowie Ligasen, Abb. 3.20. Metallionen(-Komplexe) spielen offensichtlich bei einer Vielzahl von Enzymen eine Rolle bei der elektrostatischen Stabilisierung von intermediären Phasen und Übergangszuständen. Ein verbleibender Rest positiv geladener Energie im Metallionen (-Komplex) gleicht eine lokal auftretende, bei der Reaktionsabfolge entstehende negative Energie an der aktiven Seite aus (Andreini et al. 2008). Neben dieser Aufgabe

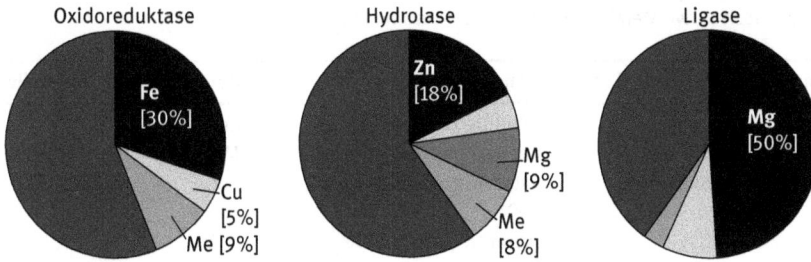

Abb. 3.20: Metallgehalte für unterschiedliche Enzymklassen, d. h. Oxidoreduktasen, Hydrolasen sowie Ligasen (nach Andreini et al. 2008).

kann ein Metallionen(-Komplex) in die Aktivierung von einem Substratcofaktor einbezogen sein.

Andreini et al. (2008) äußern die Vermutung, dass Metalle bei der für die Enzymreaktion erforderlichen Absenkung der Aktivierungstemperatur mitwirken, d. h. Aktivierung der reaktiven Spezies sowie Stabilisierung des Übergangsstadiums. Erstgenannter Vorgang bedingt eine Erhöhung, der zweite Ablauf eine Verringerung der Energie. Wenn ein Metallionen(-Komplex) an einer Redoxkatalyse mitwirkt, dann zum einen durch direkte Einwirkung in die katalytische Reaktion, z. B. Cu in der Superoxid-Dismutase, oder er tritt indirekt unterstützend auf. So wird z. B. ein Elektronentransfer von oder zu der aktiven Site angenommen, z. B. Fe_4S_4-Cluster einer Trimethylamind-Hydrogenase. Im Fall einer direkten Einbeziehung der redoxaktiven Metallionen(-Komplexe) in eine oder mehrere Stufen der enzymatisch kontrollierten Reaktionssequenz kommt es seitens dieses Typs von Biomolekül zu einer Elektronenabgabe bzw. -aufnahme, d. h. Metallionen(-Komplexe) übernehmen die Funktion eines Elektronendonators oder -akzeptors zu oder von einer anderen reagierenden Spezifikation (Andreini et al. 2008), Abschn. 4.5.2.

Von großer Bedeutung für die Substrataktivierung sowie eine elektrostatische Stabilisierung sind Ca, Mg, Mn und Zn. Als verbreitestes Metall in Enzymen tritt Mg auf. Ein Grund liegt in der Partnerschaft Phosphat-führender Biomoleküle wie z. B. ATP, dass als Mg^{2+}-Komplex ausgebildet ist. Aber auch in anderen Biomolekülen, wie z. B. in der DNS sowie RNS, ist das häufig auftretende und hochlösliche Mg^{2+} eingebunden. Es liegt innerhalb der Zelle in einer nahezu gleichbleibenden Konzentration im mM-Bereich vor und repräsentiert eine frei verfügbare Spezifikation mit der höchsten Ladungsdichte. Daher herrscht Mg^{2+} bei der Bindung mit anionischen Resten, versehen mit ähnlich hoher Dichte (allerdings an negativer Ladung) vor und geht bevorzugt mit Sauerstoff-Atomen geeignete Koordinierungen ein (Andreini et al. 2008). Über ein oder mehrere Carboxylate-Site-Ketten unterliegt Mg^{2+} einer Koordinierung und nach Komplexierung mit dem Substrat tritt Mg übergangsweise mit dem betreffenden Enzym in Wechselwirkung, z. B. in ATP-abhängigen Kinasen. Für die Metallgehalte in den verschiedenen Enzymklassen liegen ausführliche Datenbestände vor. So enthalten

Tab. 3.5: Katalytisch aktive Metallionen in diversen Enzymen (url: MACiE).

EC-Bezeichnung	Metal MACiE Id	Enzym	Katalytisch aktive Metalle
1.1.1.1	M0256	Alkohol-Dehydrogenase	Zn, Zn
1.1.1.38	M0021	Malat-Dehydrogenase	Mn
1.1.1.42	M0007	Isocitrat-Dehydrogenase (NADP⁺)	Mg
1.1.1.6	M0312	Glycerin-Dehydrogenase	K, Zn
1.1.2.3	M0102	L-Lactat-Dehydrogenase (Cytochrom)	Fe
1.1.3.9	M0322	Galactose-Oxidase	Cu
1.8.3.1	M0121	Sulfit-Oxidase	Mo, Fe
1.8.99.2	M0123	Adenylyl-Sulfat-Reduktase	Fe, Fe
1.20.98.1	M0144	Arsenit-Oxidase	Mo, Fe, Fe
1.11.1.10	M0014	Chlorid-Peroxidase	V
1.12.2.1	M0126	Cytochrom-c3-Hydrogenase	Fe, Fe, Fe, Fe, Ni, Fe
1.16.1.1	M0277	Quecksilber(II)-Reduktase	Hg
1.17.4.2	M0139	Ribonukleotid-(Triphosphat-) Reduktase	Co
1.18.6.1	M0212	Nitrogenase	Mg, Fe, Mo, Fe, Fe
1.7.99.4	M0276	Nitrat-Reduktasen	Fe, Mo, Fe, Fe

z. B. Oxidoreduktasen hohe Fe-Anteile, d. h. ca. 30 % (Andreini et al. 2008). Weiterhin sind Im Zusammenhang mit katalytisch aktiven Metallen Mg und Zn in den unterschiedlichen Enzymen integriert, z. B. Cytochrom-c3-Hydrogenase, Abb. 3.20, Tab. 3.6. In Ligasen dominiert als Metall das Mg, das mit knapp 50 % gegenüber anderen Metallen dominiert. Insgesamt überwiegt in Ligasen der Anteil an Metallen, der sich auf knapp 60 % beläuft. Verhältnismäßig hoch sind die Anteile an Zn in den Hydrolasen, mit mehr als 15 % sind sie im Zusammenhang mit dieser Enzymklasse anzutreffen. Weiterhin sind Cu in Oxidoreduktasen, Ca in Hydrolasen sowie Mn in diversen Enzymklassen vertreten. Die geringsten Metallkonzentrationen sind aus Lyasen sowie Isomerasen beschrieben, hier beträgt der Metall-Gehalt weniger als 40 % (Andreini et al. 2008). Darüber hinaus sind eine Reihe weiterer Metalle nachgewiesen. In die Katalyse einbezogen sind z. B. V in Chloridperoxidasen, Mo in Sulfit-Oxidasen sowie Nitratreduktasen, Co in bestimmten Reduktasen, Ni u. a., Tab. 3.5.

Mit der Katalyse durch metallaktiviertes Hydroxid in Zn- und Mn-haltigen Metalloenzymen befassen sich Christianson & Cox (1999). Innerhalb von Metallenzymen vertritt das metallaktivierte Hydroxid-Ion ein kritisches Nucleophil, befähigt zur Katalyse von z. B. Hydrationsprozessen. Betreffs des Metalls handelt es sich überwiegend um Zn, gelegentlich treten auch Mn u. a. Metalle auf. Vergleichbare Struktur-Funktionen zwischen den o. a. zwei Metalloenzymen betonen die Parallelen in der Chemie der metallaktivierten Hydroxide, z. B. das Umfeld des Proteins moduliert die Reaktivität des an Metall gebundenen Hydroxids, die H_2-Brückenbindung richtet es in die für die Katalyse erforderliche Richtung etc. (Christianson & Cox 1999). Als mitursächlich für die Unterschiede der o. a. Enzyme hinsichtlich der Chemie, der metallbindenden Sites sowie der Metallspezifität ist gemäß Christianson & Cox (1999) die Elektrostatik der Katalyse in Erwägung zu ziehen, die für beide Enzyme verschieden ausfällt.

Betreffs einer effizienten Bearbeitung von Metallen stehen dem Mikroorganismus, je nach Art des Vertreters und Zielsetzung, sehr unterschiedliche Enzyme/Proteine zur Verfügung bzw. sind in diese einbezogen. Sehr ausführlich sind Metalloproteine hyperthermophiler Lebensformen beschrieben (Jenney Jr. & Adams 2011). Zum Umgang mit Ag tritt z. B. *Enterococcus hirae*, eine P-type ATPase, in Erscheinung (Solioz & Odermatt 1995), Pd steht in Wechselwirkung mit einer Hydrogenase in *Escherichia coli* (Deplanche et al. 2010), Tab. 3.6. Aus dem hyperthermophilen Mikroorganismus *Pyrococcus furiosis* sind sechs verschiedene Metalle, z. B. Fe aus einer Sulfidhydrogenase, NiFe aus einer Hydrogenase, Zn aus Ferretin, W aus einer Oxidoreduktase, beschrieben (Jenney Jr. & Adams 2011).

Tab. 3.6: Metalle und involvierte Enzyme/Proteine.

Element	Enzym/Protein	Wirt	Referenz
Ag	P-type ATPase	*Enterococcus hirae*	Solioz & Odermatt (1995)
As	Arsenat-Reduktase	*Saccharomyces cereviseae*	Mukhopadhyay & Rosen (2002)
	Aquaglyceroporin	*Escherichia coli*	[1]Rosen (2002)
Au	NADH-Oxidase	k. A.	Kulikova (2005)
Bi	Cystein	k. A.	Hippler et al. (2009)
	Metallothionein	k. A.	Sun et al. (1999)
Hf	nFbp	k. A	Alexeev et al. (2003)
Mo	MoFe-Cofaktor-Nitrogenase	k. A.	Kisker et al. (1997)
Ni	Hydrogenase	*Desulfovibrio fructosovorans*	Volbeda et al. (2002)
Pd	Hydrogenase	*Escherichia coli*	Deplanche et al. (2010)
Se	Nitratreduktase	k. A.	Sabaty et al. (2001)
Te	Nitratreduktase	k. A.	Sabaty et al. (2001)
	Oxidase	*Pseudomonas aeruginosa PAO ML4262*	Trutko et al. (2000)
Ti	nFbp	k. A.	Alexeev et al. (2003)
W	WtpA	*Pyrococcus furiosus*	Bevers et al. (2006) Kletzin & Adams (1996)
Zn	P-type ATPase	k. A.	Robinson et al. (2001)
Zr	nFbp	k. A.	Alexeev et al. (2003)

k. A.: keine Angaben

Die Fusionierung homogener und enzymtisch gesteuerter Katalyse kann zu neuartigen Aktivitäten und hoher Selektivität führen. Insbesondere die Inkorporation von Metallkatalysatoren in Proteine verbindet die beiden o. a. Strategien. Zu dieser Thematik stehen Arbeiten über artifizielle Metalloenzyme als selektive Katalysatoren in wässrigen Medien zur Verfügung (Steinreiber & Ward 2008). Als Designstrategien zur Konstruktion von artifiziellen Metalloenzymen verweisen Heinisch & Ward (2010) auf Ansätze wie z. B. katalytisch wirksame Antikörper, rechnergestütztes Enzymdesign, Gerichtete Evolution, künstliche Cofaktoren. Über das Design und die Konstruktion von Metalloproteinen mit ungewöhnlichen Aminosäuren sowie nichtnativen metallführenden Cofaktoren versehen erläutern (Lu 2005) ihre Ergebnisse. Neben Metalloproteinen sind – im Zusammenhang durch die Besiedelung von extremen Habitaten – Enzyme mit hoher Belastbarkeit entdeckt. Eine der essenziellen Anforderungen an extremophile Formen liegt in der Funktionstüchtigkeit u. a. ihrer Enzyme. Für diese Gruppe von Enzymen hat sich der Term Extremozyme etabliert.

3.3.3 Extremozyme

Zunehmend rücken sog. Extremozyme und deren biokatalytisches Potential in den Mittelpunkt wissenschaftlich-technischer Untersuchungen (Gomes & Steiner 2004, Schiraldi & de Rosa 2002, Turner et al. 2007, van den Burg 2003). Der Begriff Extremozym umschreibt ein Enzym, das unter sog. extremen Bedingungen, wie z. B. niedrigem pH-Wert, erhöhten Temperaturen u. a., seine Funktionstüchtigkeit behält bzw. überhaupt erst wirksam wird. Sie gewähren somit dem betroffenen Organismus, d. h. der extremophilen Form, seine Überlebensfähigkeit. Enzyme, isoliert von unterschiedlichen lebenden Organismen aus extremen Ökosystemen, z. B. betreffs pH-Wert, Temperatur, Druck und Lösungsmittel, unterliegen nicht den ansonsten üblichen Bedingungen bzw. Beschränkungen, z. B. Raumtemperatur, wie sie für die Mehrheit der Enzyme erforderlich sind. Enzyme bewahren noch bei Temperaturen von bis zu 140 °C, unter dem Gefrierpunkt des Wassers sowie einem pH-Wert von < 2 ihre Funktionstüchtigkeit. Organismen, die unter diesen Milieubedingungen leben, fallen unter die Kategorie extremophile Formen, Abschn. 2.2.2, wobei die entsprechenden funktionstüchtigen Enzyme dem Begriff Extremozyme zugeordnet sind.

Die Mehrheit der extremophilen Formen gehört den *Archaea* an. Extremozyme werden generell wie folgt klassifiziert:

(1) Extrem psychrophile Enzyme: Sie arbeiten bei Temperaturen nahe bzw. um den Gefrierpunkt des Wassers. Als Beispiel sei auf das *Subtilisin S41* vom psychrophilen *Bacillus S41* verwiesen. Es differiert in vielerlei Hinsicht von den anderen Subtilisins, wobei strukturelle Differenzen zwischen psychrophilen und solchen aus mesophilen Enzymen isoliert vermutet werden.

(2) Extrem halophile Enzyme: Diese Art von Enzym benötigt zur optimalen Leistungsfähigkeit salzführende Lösungen. So lässt sich eine Aspartat-Aminotransferase

aus *Haloferax mediterranei* bei Raumtemperatur und Lösungen mit geringen Salz-
gehalten inaktivieren. Allerdings denaturiert sie nicht bei einer Salzkonzentration
von 3,3 M KCl und 78,5 °C. Dieses Verhalten scheint auf eine geeignete Stabilität
gegenüber erhöhten Salzkonzentrationen hinzudeuten. Eine Protease eines *Halo-
bacterium halobium* wird ähnlich beeinflusst.

(3) Extrem thermophile Enzyme: Verhältnismäßig hohe Temperaturen (< 50 °C) sind
zur Funktionstüchtigkeit dieser Art von Enzymen unerlässlich, Beispiel hierfür ist
eine DNS-Polymerase von *Thermus aquaticus* und *Pyrococcus furiosus*.

(4) Extrem barophile Enzyme: Sie lassen sich aus barophilen und psychrophilen
Mikroorganismen, die die Tiefsee besiedeln, isolieren.

Eine Reihe Genen, die eine Codierung von Extremozymen wie z. B. Amylase, Dehydrogenase, DNS-Polymerase, Ferredoxin u. a. ermöglichen, lassen sich aus diversen
Archaea wie z. B. *P. furiosis*, *Pyrococcus woesii* und *Thermococcus littoralis* isolieren,
klonen und in *E. coli* exprimieren. Kenntnisse von 3-D-Strukturen aus einigen Extremophilen bieten die Möglichkeit, stabilere Versionen von Enzymen zu entwerfen, die
u. a. in einem Umfeld mit höherer Salinität, höheren pH-Werten, Temperaturen und
in nicht wässrigen Lösungen stabil verbleiben. Weiterhin lässt sich durch den Gebrauch von organischen Lösungsmitteln oder bestimmten Mischungsverhältnissen
zwischen Wasser und Lösungsmitteln die Selektivität von Extremozymen anpassen,
z. B. Enantio-, Regio- und Chemoselektivität.

Enzyme, isoliert von Organismen, die unkonventionelle Ökosysteme besiedeln,
führen zu der Erkenntnis, dass Biokatalyse nicht nur unbedingt unter „sanften" Bedingungen stattfindet, sondern auch unter „extremen" Parametern, die bislang als
eher destruktiv für Biomoleküle angesehen wurden, z. B. stark variierendem pH-Wert,
hohen Temperaturen und Drücken, ionenführenden Substanzen sowie Lösungsmitteln. Gleichzeitig gelang der Nachweis, dass konventionelle Enzyme auch in nichtwässrigen Lösungsmitteln Reaktionen katalysieren können. Die biologische Funktion
unter extremen Bedingungen macht diese Technik für neue Anwendungsfelder interessant. Die industrielle Anwendung von Enzymen, die „harschen" Bedingungen
widerstehen, ist in der letzten Dekade erheblich gestiegen, wobei diese Entwicklung
durch die Entdeckung neuer Enzyme aus extremophilen Mikroorganismen bedingt
und durch Studien an Extremophilen beschleunigt wird.

Aufgrund ihrer übergreifenden, anlagebedingten Stabilität erweisen sich insbesondere Enzyme von thermophilen Organismen von großem praktisch-kommerziellen
Nutzen. Dies führte zu einem vertiefenden Verständnis betreffs der Stabilitätsfakto-
ren, einbezogen in die Adaptation dieser Enzyme in ihrem unüblichen Milieu (Demirjian et al. 2001). *Archaea* entwickelten in der Evolution eine Reihe molekularer
Strategien, um auch unter extremen Umweltbedingungen zu überleben, d. h. hoher
Temperatur, extremem Druck, Salinität. Ungeachtet dessen, dass noch nicht alle katalytischen Mechanismen archaeaischer Enzyme vollständig verstanden sind, bietet

diese Art von Extremozym, aufgrund seiner Toleranz, diverse Möglichkeiten biotechnologischer Anwendungen an (Eichler 2001).

(a) Strategien

Stabilität und enzymatische Katalyse nahe dem Siedepunkt von Wasser erfordern von den Proteinen hyperthermophiler Mikroorganismen besondere Strategien. Hinweise ergeben sich aus dem Vergleich von homologen Proteinen mesophiler sowie hyperthermophiler Formen (Ladenstein & Antranikian 1998). Eine wichtige Rolle zur Thermostabilität von Proteinen scheinen Chaperone zu übernehmen. Aber auch Maßnahmen wie die Minimierung der Oberflächenenergie, die Hydration der apolaren Oberflächengruppen, die Wechselwirkungen von Protein mit dem Lösungsmittel u. a. auf den unterschiedlichen Ebenen der strukturellen Organisation unterstützen die Thermophilie von Mikroorganismen. Infolge experimenteller Schwierigkeiten bei der Messung von Stabilisierungsenergien großer Proteine oder Proteinoligomere ergeben sich Probleme bei der Korrelation von passenden Optimierungskriterien mit Messungen der real auftretenden thermodynamischen Stabilität.

Daher erwägen Ladenstein & Antranikian (1998) das Auftreten von Proteinen mit einer einzigen Domäne, als Bestandteil größerer Proteine auftretend. Sie erörten daher ein Modellsystem für Proteine mit mehreren untergeordneten Proteinen. Diese Vorgehensweise scheint sich zu bewähren, wenn aufgrund ihrer Komplexität ein thermodynamischer Gleichgewichtszustand via Analytik nicht zugänglich ist. So liefern z. B. Messdaten im Zusammenhang mit *Sulfolobus sp.* zur Ermittlung energetischer Zustände eines kleinen, hyperthermostabilen Proteins keinen Hinweis auf eine Korrelation zwischen hoher Schmelztemperatur und größerer thermodynamischer Stabiltät. Vielmehr ist das Auftreten einer statistisch höheren Anzahl an Salzbrücken und deren Netzwerke auffällig (Ladenstein & Antranikian 1998).

(b) Thermostabilität

Mit hyperthermophilen Enzymen, deren Ursprüngen, Gebrauch und molekularen Mechanismen zur Thermostabilität beschäftigen sich Vieille & Zeikus (2001). Enzyme, durch hyperthermophile Organismen, d. h. Bakterien und *Archaea* mit optimalen Wachstumstemperaturen von mehr als 60–80 °C produziert, werden auch als hyperthermophile Enzyme oder Thermozyme bezeichnet (Vieille et al. 1996). Sie verhalten sich typischerweise thermostabil, d. h. gegenüber einer irreversiblen Deaktivierung durch erhöhte Temperaturen resistent, und entwickeln als thermophile Enzyme ihre optimalen Aktivitäten bei Überschreiten von 60 °C. Diese Enzyme weisen hinsichtlich der katalytischen Mechanismen analoge Fähigkeiten mit ihren mesophilen Pendants auf. Bei Klonierung und Exprimierung in mesophilen Wirten bewahren die hyperthermophilen Enzyme gewöhnlich ihre thermischen Eigenschaften und verweisen somit auf ihre genetische Codierung. Die Anordnungen der Sequenz, ein Vergleich der

Aminosäuren sowie Kristallstruktur und Experimente zur Mutagenese zeigen seitens hyperthermophiler Enzyme große Ähnlichkeiten zu ihren mesophilen Homologen. Allerdings zeichnet sich kein einfacher molekularer Mechanismus für die Stabilität der hyperthermophilen Enzyme verantwortlich. Vielmehr ist, hinsichtlich erhöhter Thermostabilität, eine kleine Anzahl von hoch spezifischen Alterationen, die keinen bekannten Modellen zuzuordnen sind, anzunehmen.

Die Thermostabilität und ihre zugrunde liegenden thermophilen, molekularen Mechanismen variieren von Enzym zu Enzym und sind das Ergebnis einer Akkumulation von geringfügigen Unterschieden in den betroffenen Sequenzen, wobei von besonderem Interesse die Rigidität sowie Flexibilität des Proteins sind sowie die Faltung und Auffaltung. Im Sinne stabilisierender Kräfte sind, bezogen auf die intrinsische Ebene, z. B. Salzbrücken, hydrophobe Wechselwirkungen u. a., zu nennen (Vieille et al. 1996). Eine enzymatische Thermostabilität erstreckt sich demnach auch auf eine thermodynamische und kinetische Stabilität, wobei die thermodynamische Stabilität durch Schmelztemperatur (T_m) und die freie Energie der Stabilisierung (G_{stab}) des Enzyms bestimmt wird.

Die kinetische Stabilität eines Enzyms wird häufig, bei einer definierten Temperatur als Halbwertszeit, d. h. $t_{1/2}$, ausgedrückt. ΔG_{stab} thermophiler Proteine liegt mit 5–20 kcal mol^{-1} über dem Wert, der aus mesophilen Proteinen bekannt ist (Li et al. 2005). Ungeachtet dessen, dass die Mechanismen zur Thermostabilität von Thermozymen vielfältiger Natur sind und von der Art des Enzyms abhängen, sind einige gemeinsame Merkmale, die zur Stabilität beitragen, identifiziert. Hierzu zählen z. B. intensivere Wechselwirkungen als in weniger robusten Enzymen. Zu den genannten Wechselwirkungen rechnen H_2-Brücken-Bindungen, elektrostatische sowie hydrophobe Interaktionen, Disulfid-Bindungen sowie metallische Bindungen, aber auch die konformationalen Strukturen wie z. B. höhere Packungsdichte, reduzierte Entropie für die Entfaltung, Stabilität der α-Helix etc. Aus den o. a. Gründen erörtern Li et al. (2005) die Möglichkeiten der Veränderung/Erweiterung der Eigenschaften von Mesozymen mit den für Thermozyme charakteristischen, o. a. Merkmalen.

(c) Hyperthermophile Enzyme

Die zugrunde liegenden Parameter für die biochemischen und molekularen Eigenschaften der hyperthermophilen Enzyme, einbezogen in die Mechanismen der Deaktivierung und Thermostabilisierung, z. B. Ionenpaare, hydrophobe Wechselwirkungen, Disulfidbrücken, Abnahme in der Entropie der Entfaltung, interaktive Vorgänge von Untereinheiten u. a., beschreiben Vieille & Zeikus (2001). In ihren Ausführungen gehen sie zudem auf den aktuellen Gebrauch von thermophilen und hyperthermophilen Enzymen als Reagenzien für Forschung und Katalysatoren für industrielle Prozesse ein, auf hyperthermophile Enzymstabilität, Aktivität sowie Strategien zur Implementation für Hochtemperaturanwendungen (Unsworth et al. 2007). Aktuelle Theorien besagen, dass keine besonderen Merkmale für die gegenüber Hitze stabilen Eigenschaften hyperthermostabiler Proteine verantwortlich sind.

Vielmehr sind sie das Resultat eines Arrangements diverse Parameter wie Struktur, Dynamik und anderer physikochemischer Attribute, um die fragile Balance zwischen Stabilität und Funktionalität auch bei hohen Temperaturen aufrechtzuerhalten (Unsworth et al. 2007). Mit dem zunehmenden Verständnis hinsichtlich der strukturellen, thermodynamischen sowie kinetischen Basis sowie Stabilität von Proteinen/Enzymen, extremer Bedingungen, z. B. niedrigem pH-Wert, hohen Temperaturen, entstehen Datenbestände, die Einblicke in Mutationen zum Zwecke der Adaption, in die Optimierung von schwachen Wechselwirkungen innerhalb des Proteins, die Grenze zwischen dem Proteinlösungsmittel, den Einfluss von extrinischen Faktoren wie Metaboliten, Cofaktoren, kompatiblen gelösten Substanzen etc. gewähren.

(d) Thermozym

Von Thermo- und Hyperthermophilen bereitgestellte Enzyme fallen unter die Bezeichnung Thermozyme (Li et al. 2005, Vieille et al. 1996). Sie verhalten sich thermostabil, d. h. resistent, gegenüber einer irreversiblen Inaktivierung durch hohe Temperaturen sowie thermophil, d. h., sie entfalten ihre optimale Aktivität in einem Temperaturbereich von 60–125 °C. Einen Rück-/Überblick über neue Literatur und Patente zur Thematik Thermozyme und ihre Anwendungen bieten Bruins et al. (2001). Enzyme von thermophilen Mikroorganismen, d. h. Thermozyme, verfügen betreffs Temperatur, Chemie und Stabilität gegenüber dem pH-Wert über einzigartige/besondere Eigenschaften. Diese lassen sich in diversen industriellen Prozessen verwerten und können mesophile Enzyme sowie Chemikalien ersetzen.

Ein Einsatz von Thermozymen ist dann sinnvoll, wenn der durch ein Enzym kontrollierte Vorgang mit erhöhten Prozessbedingungen kompatibel ist. Wesentliche Vorteile bei der Implementation von chemischen Prozessen unter höheren Temperaturen bestehen im reduzierten Risiko einer mikrobiellen Kontamination, in geringerer Viskosität, erhöhten Transferraten und der besseren Löslichkeit der Substrate. Einschränkend können u. U. Cofaktoren, Substrate oder Produkte ihre Stabilität verlieren oder andere Site-bezogene Reaktionsabläufe eintreten. Neuere Entwicklungen hingegen betonen Möglichkeiten eines industriellen Einsatzes aufgrund der Aussicht, neuartige Katalysatoren zu entwerfen. Thermostabile Enzyme zum Abbau von Polymeren, wie z. B. Amylasen, Pullulanasen, Xylanasen, Proteasen sowie Cellulasen, werden nach Beurteilung von Bruins et al. (2001) wichtige Funktionen bei der Behandlung von Abfallstoffen übernehmen, z. B. Pharmazie, Chemie, Lebensmittel u. a. Aus diesem Anlass wurden bislang beträchtliche Anstrengungen zum besseren Verständnis der Stabilität von Thermozymen unternommen. Im Wesentlichen bestehen keine entscheidenden konformationalen Unterschiede zwischen thermo- und mesopilen Formen. Eine kleine Anzahl von zusätzlichen Salzbrücken, hydrophoben Wechselwirkungen oder H_2-Brückenbindungen scheinen den besonderen Grad an

Stabilisierung zu bestätigen. Aktuell erlaubt die Überexprimierung von Thermozymen in *E. coli* die Herstellung größerer Mengen an Enzymen, die sich durch Erhitzung aufreinigen lassen. Bei erhöher Verfügbarkeit und geringeren Kostenaufwändungen dürften sich die Anwendungsbereiche innerhalb der Industrie deutlich erhöhen (Bruins et al. 2001).

(e) Psychrophile Enzyme

Mehr als 75 % der Erdoberfläche werden von sog. „kalten" Ökosystemen eingenommen, z. B. polare und alpine Regionen, Tiefsee (Feller & Gerday 2003). Psychrophile Formen, als eine Klasse von extremophilen Mikroorganismen, besiedeln trotz der um oder unter dem Gefrierpunkt des Wassers liegenden Temperaturbereiche dieses teilweise weiträumige Umfeld. Um Geschwindigkeit und Wachstum zu gewährleisten, war eine Vielzahl von evolutionsoptimierten Anpassungsmechanismen (engl. *cold-adaptation*) seitens der betroffenen Mikroorganismen erforderlich. Psychrophile Organismen, z. B. ectothermische Spezies, besiedeln Habitate in polaren Regionen und die Tiefsee. Evolutionär entwickelt, verfügen sie über eine ebenfalls bei niedrigen Temperaturen funktionstüchtige Enzymausstattung (Huston et al. 2000). Diese psychrophilen Enzyme zeichnen sich durch eine hohe katalytische Effizienz auch bei niedrigen und gemäßigten Temperaturen aus, verhalten sich allerdings thermolabil (Feller et al. 1996). Aufgrund ihrer hohen spezifischen Aktivität und ihrer raschen Inaktivierung bei Temperaturen unter 30 °C bieten sie zusammen mit den sie produzierenden Mikroorganismen ein großes Potential innerhalb der Biotechnologie. Zur Aufhellung der molekularen Basis, verbunden mit der Adaption, unterzogen Feller et al. (1996) u. a. α-Amylase, Subtilisin (Serinendopeptidase), Triosephosphatisomerase u. a. geeigneten Versuchen. In einer vergleichenden Betrachtung der 3-D-Strukturen, bereitgestellt entweder durch die Modellierung eines Proteins oder durch die RDA, der o. a. Enzyme mit den Strukturen ihrer mesophilen Gegenparts wird ersichtlich, dass die molekularen Wechsel die Flexibilität der Strukturen durch Schwächung der intramolekularen Interaktionen und durch Steigerung der Wechselwirkungen mit dem Lösungsmittel erhöhen. Für jedes Enzym wurde von Feller et al. (1996) eine Strategie zur Aufnahme eines Substrats unter geringem Energieverbrauch ausgewählt. Besonderes Augenmerk gilt hierbei der Thermosensibilität, denn der selektive Druck richtet sich in erster Linie nach der Harmonisierung der spezifischen Aktivität unter raumbezogenen thermischen Bedingungen aus. Nach Experimenten mit einer Site-orientierten Mutagenese, d. h. Subtilisin/Antarktis, verbleibt eine Herausforderung, die Struktur der Enzyme ohne Beeinträchtigung der katalytischen Wirksamkeit zu stabilisieren (Feller et al. 1996).

Zum molekularen Verständnis der „kalten" Aktivität von Enzymen psychrophiler Formen unterbreitet Russell (2000) seine Studien. Ungeachtet dessen, dass der größte Anteil des terrestrischen Environments „kalten" und nicht „heißen" Bedingungen unterliegt, ist im Gegensatz zu den Thermophilen wenig über psychrophile Formen bekannt. Erst in jüngster Zeit begann sich ein entsprechendes Interesse für diese Lebensform zu entwickeln und es setzten Forschungen zu den molekularen Grundlagen von sog. „kaltaktiven" Enzymen aus psychrophilen Formen ein, z. B. *COLDZYME* (url: Cordis). Als erstes „kaltaktives" Enzym konnte eine α-Amylase zur Kristallisation gebracht werden, und infolge weiterer Studien erheben sich innerhalb der Biotechnologie Überlegungen einer Exploitation von „kaltaktiven" Enzymen. Diese Überlegungen ermöglichen einen direkten Ansatz zur Lösung der 3-D-Struktur von „kaltaktiven" Enzymen, um als Komplementär zu einer vormals durchgeführten Modellierung der Genhomologie zu dienen. Jüngste Studien betonen, inwieweit die verschiedenen Adaptionen durch die diversen Enzyme genutzt werden, um eine der Konformation gerecht werdende Flexibilität auch bei niedrigen Temperaturen zu gewährleisten. Diese Adaptionen unterscheiden sich nicht von jenen, die eine Thermostabilität von Proteinen in den thermophilen Gegenparts gewährleisten. Nach aktuellem Stand der Datenbasis bieten sich nach genetischen Arbeiten zur Verbesserung der thermischen Stabilität von „kaltaktiven" Enzymen im Bereich der Niedrigtemperatur-Biotechnologie Möglichkeiten einer Verwendung von verbesserten Katalysatoren an (Russell 2000).

Psychrophile Mikroorganismen und ihre „kaltaktiven" Enzyme sind bei Brenchley (1996) aufgeführt. Es sind Angaben zu Wachstumsbedingungen, zu den biochemischen Bedingungen hinsichtlich ihrer Bearbeitung, vergleichende Betrachtungen mit thermophilen Formen u. a. einzusehen. Einen Überblick über aktuelle biotechnologische Anwendungsbereiche, die sich auf metabolische Vorgänge von psychrophilen Organismen stützen, bieten Margesin & Schinner (1999). Sie betonen die Exploitation ihrer Eigenschaften zu Zwecken der Sanierung kontaminierter Wässer und anderer Medien im Sinne geobiotechnologischer Strategien, Abschn. 2.5.3/Bd. 2.

(f) ColAP

Die Aufreinigung, Charakterisierung und Sequenzierung einer extrazellulären „kaltaktiven" Aminopeptidase, erzeugt durch den marinen psychrophilen Mikroorganismus *Colwellia psychrerythraea 34 H*, schildern Huston et al. (2004). Durch Purifikation und biochemischer sowie struktureller Charakterisierung einer durch den marinen psychrophilen *C. psychrerythraea 34 H* erzeugten M1-Aminopeptidase (*ColAP*) konnte die bislang wenig umfangreiche Datenbasis von „kaltaktiven", extrazellulären Proteasen mariner Bakterien erweitert werden. Das mit 71 kDa auftretende Enzym zeigt für seine Aktivität ein Temperaturoptimum von 19 °C und einen pH-Bereich von 6–8,5. Generell weist es gegenüber anderen extrazelluläen Proteasen eine größere Thermolabilität auf (Huston et al. 2004). Eine Sequenzierung des die *ColAP* kodierenden Gens zeigt eine vorhergesagte Aminosäuresequenz mit einer partiellen Übereinstimmung von Aminopeptidasen mesophiler Mitglieder aus einer Unterklasse von Proteobakterien. Verglichen mit den mesophilen Homologen und in Abweichung von diesen verfügt *ColAP* über strukturelle Merkmale zur Erhöhung der Flexibilität für Aktivitäten im kalten Ambiente, so sind z. B. weniger Residuen aus Prolin, Ionenpaare und ein geringerer Gehalt an hydrophoben Residuen nachgewiesen. Neben den intrinsischen Merkmalen zur Determinierung der Enzymaktivität enthüllen Studien, dass es in Anwesenheit und infolge von Effekten, ausgehend von durch Stamm *34 H* bereitgestellten extrazellulären polymeren Substanzen (EPS), bei umweltrelevanten Temperaturen zwischen 0 °C und 45 °C (maximale Temperatur der Aktivität) zu einer deutlich erkennbaren Steigerung der Stabilität von *ColAP* kommt (Huston et al. 2004).

(g) Protease

Eine der Schlüsselfunktionen von Enzymen extremophiler Mikroorganismen, ausgestattet mit einer belastbaren Hyperstabilität, ist der Struktur zugedacht. Zur Aufhellung der o. a. Überlegung führten van den Burg et al. (1998) Versuche mit einer moderat stabilen Protease (Thermolysin-ähnliche Protease) aus *Bacillus stearothermophilus* durch. Ihnen gelingt es, durch eine Reihe gentechnischer Arbeiten das o. a. Protein in einen hyperstabilen Zustand zu überführen. Die Mutation erfasst die Deplatzierung bestimmter Residuen und bezieht rational entworfene Mutationen mit ein. Auf diese Weise erhalten die o. a. Autoren ein von einem Mutanten gebildetes Enzym, dass noch bei einer Temperatur von ca. 100 °C und in Anwesenheit von denaturierenden Reagenzien stabil verbleibt Abb. 3.23. Als Erklärung für das beobachtete Verhalten äußern van den Burg et al. (1998) die Vermutung, dass die stabilisierenden Effekte durch die Verminderung der Entropie des ungefalteten Zustands erzielt werden. Im Gegensatz zu aus natürlichen Quellen isolierten Enzymen, mit eingeschränkter Aktivität bei niedrigen Temperaturen, erweist sich der von Burg et al. (1998) vorgestellte Mutant auch bei einer Temperatiur von 37 °C als funktionstüchtig.

(h) Dihydrofolate-Reduktase (DHFR)

Überlegungen über mögliche Beziehungen zwischen thermischer Stabilität und katalytischem Potential von Enzymen sind aktuell von großem Interesse (Roca et al. 2007, Roca et al. 2009). Unter der Annahme einer direkten Verbindung zwischen Flexibilität und Katalyse wird, im Vergleich mit mesophilen Enzymen (*Ms*), für thermophile bzw. hyperthermophile Enzyme (*Tm*) eine geringere katalytische Leistung infolge ihrer eingeschränkten Flexibilität vermutet. Über einen simulationstechnischen Ansatz sollte am Beispiel einer Dihydrofolate-Reduktase (DHFR) überprüft werden, inwieweit eine verminderte Dynamik der thermophilen Enzyme den Grund für ihr reduziertes katalytisches Potential darstellt (Roca et al. 2007). Ungeachtet dessen, dass die *Tm*-Enzyme nur über eingeschränkte Bewegungen in Richtung der Faltungskoordinaten verfügen, hat dies keine Konsequenzen für die chemischen Prozesse, da die Reaktionskoordinate senkrecht zu den Faltungsbewegungen steht. Es gilt als nachgewiesen, dass *Tm*-Enzyme entlang der Faltungskoordinate nur eingeschränkt Bewegungen durchführen, wobei allerdings dieses Verhalten offensichtlich keine Auswirkungen auf die chemischen Prozesse hat. Weiterhin unterliegt die Rate der chemischen Reaktion weniger der Dynamik oder Flexibilität des Grundzustandes als vielmehr der Aktivierungsbarriere und der sie begleitenden Reorganisationsenergie (Roca et al. 2007). Bezogen auf die Flexibilität schlussfolgern Roca et al. (2007) für die Verlagerung entlang der Reaktionskoordinate für das *Tm*-Enzym im Vergleich mit dem *Ms*-Enzym einen größeren Betrag, und dass der beste Katalysator im Verlauf einer Reaktion weniger Bewegung miteinbezieht, als dies für weniger optimale Katalysatoren der Fall ist. Die Beziehung zwischen thermischer Stabilität und Katalyse scheint nach Roca et al. (2007) den Umstand widerzuspiegeln, dass zur Gewinnung eines kleinen Betrages an Reorganisationsenergie zuvor in die zur Faltung benötigte Energie investiert werden muss, ansonsten verläuft eine Katalyse weniger stabil.

(i) Cytochrom C7

Ein ursprünglich aus *Desulfuromonas acetoxidans* stammendes und in *Desulfovibrio desulfuricans* produziertes Cytochrom C7 bewahrt seine Aktivität als Metallreduktase (Aubert et al. 1998). In Arbeiten zur Beziehung von Aktivität und Stabilität in extremophilen Enzymen, z. B. thermophil, mesophil, psychrophil, entwickeln D'Amico et al. (2003), unter Einbeziehung diverser Parameter und Berücksichtigung thermodynamischer Parameter wie z. B. konformationale Energie, eine für extremophile Enzyme kennzeichnende Energie-/Fitness-Landschaft.

Sie charakterisiert die Stabilität des ursprünglichen Zustands, die zur Aktivierung unerlässlichen thermodynamischen Parameter und liefert die gedankliche Grundlage für die Wechselbeziehungen zwischen Stabilität und Aktivität bei der Adaption des Proteins an extreme Temperaturen (D'Amico et al. 2003).

(j) Marine Habitate

Bedingt durch Forschungsarbeiten auf dem Gebiet der Marinen Geologie werden zunehmend die Vielfalt und das Leistungsspektrum von marinen Biokatalysatoren beschrieben, d. h. enzymatische Merkmale und mögliche Anwendungen (Trincone 2011). Sie verfügen über eine ausgeprägte Toleranz gegenüber erhöhter Salinität, sind durch Hyperthermostabilität sowie Barophilizität charakterisiert und mit der Adaption gegenüber einem kalten Milieu ausgestattet.

Extremophile besetzen zahlreiche ökologische Nischen, z. B. charakterisiert durch ein Temperaturintervall von ca. 100–110 °C oder niedrige Temperaturen, d. h. 0 °C. Speziell aus dem marinen Bereich ist bislang ein enormer Bestand an chemischer Biodiversität beschrieben. Es ist daher ein erhebliches Reservoir an Biokatalysatoren zu erwarten (Trincone 2011). Marine Mikroorganismen als Träger mariner Biokatalysatoren treten häufig als intra- oder extrazelluläre Symbionten auf. Die in Symbiose lebenden Mikroorganismen müssen zusätzlich über ein Arsenal an Enzymen verfügen, die den Aufgaben des Wirtsorganismus gerecht werden (Trincone 2011). Die Stabilität metabolischer Kreisläufe auch unter extremen Bedingungen findet großes

Interesse innerhalb der Biotechnologie und sich daraus ergebender Ambitionen zur Inventarisierung dieses natürlichen Reservoirs.

Aus biotechnologischer Perspektive bietet das Potential mariner Biokatalysatoren interessante Aspekte für diverse Applikationen, z. B. in der Pharmazie oder Lebensmittelindustrie. Allerdings sind hierzu noch eine Vielzahl von Forschungen unerlässlich. Ein Verständnis optimaler Aktivitäten unter unterschiedlichen Umweltbedingungen, wie z. B. Halinität, Temperatur, pH-Wert ihrer wechselseitigen Beziehungen und der hiermit verbundenen Auswirkungen, bildet eine unverzichtbare Basis für Überlegungen hinsichtlich einer wirtschaftlich profitablen Exploitation des zur Verfügung stehenden Potentials des Enzymbestandes. Es ergeben sich betreffs der Forschung von biokatalisierten Prozessen eine Reihe von Zielsetzungen wie z. B. brauchbare Substrate, geeignete Reaktionsbedingungen, ein stereochemischer Satz an Katalysen u. a. (Trincone 2011).

Zu der Enyzmaktivierung, den Redoxintermediären und der O_2-Toleranz einer membrangebundenen Hydrogenase aus dem hyperthermophilen Bakterium *Aquifex aeolicus* äußern sich Pandelia et al. (2010). Sie verfügt über eine erhöhte Thermostabilität und größere Toleranz gegenüber O_2.

(k) Enthalpie-Entropie-Equilibrium

Im Kontext einer sog. *cold-adaptation* erläutern Lonhienne et al. (2000) die grundlegenden theoretischen und praktischen Aspekte der Aktivierungsparameter einer enzymatisch gesteuerten Katalyse im Sinne der Thermodynamik. Um den Einfluss, dem in der Theorie des Übergangszustandes (*Eyring*-Theorie) innewohnenden Fehlers auf die Absolutwerte der Freien Energie ($\Delta G^{\#}$), Enthalpie ($\Delta H^{\#}$) und Entropie zu ($\Delta S^{\#}$) zu reduzieren, sollte ein Vergleich zwischen psychrophilen und mesophilen Enzymen die Variabilität der o. a. Parameter verdeutlichen. Es handelt hierbei sich namentlich um $\Delta(\Delta G^{\#})_{p-m}$, $\Delta(\Delta H^{\#})_{p-m}$ und $\Delta(\Delta S^{\#})_{p-m}$.

Eine Kalkulation mit den oben und in der Literatur aufgeführten Parametern gestattet den Rückschluss, dass das Adaptationsvermögen eines psychrophilen Enzyms auf einer signifikanten Abnahme von $\Delta H^{\#}$, gekoppelt mit einer höheren K_{cat} (Reaktionsgeschwindigkeit der Enzymkatalyse) speziell unter niedrigen Temperaturen, beruht. Darüber hinaus übt $\Delta S^{\#}$ einen gegenteiligen und negativen Effekt auf die Ausbeute von K_{cat} aus. Es wird argumentiert, dass sich dieser Einfluss durch den Erhalt einiger stabiler Domänen reduzieren und durch die Erhöhung der Strukturflexibilität die Katalyse bei niedrigen Temperaturen verbessern lässt, so nachgewiesen in etlichen „kaltaktiven" Enzymen. Dieses Enthalpie-Entropie-Equilibrium bietet einen neuen Ansatz zur Erklärung von zwei Typen konformationaler Stabilität, wie durch neuere mikrokalometrische Experimente an psychrophilen Enzymen entdeckt, an (Lonhienne et al. 2008).

(l) Genetische Aspekte

Die Konstruktion eines gegenüber dem Sieden widerstandsfähigen Enzyms beschreiben van den Burg et al. (1998). In der Hoffnung, die strukturellen Grundlagen einer Hyperstabilität zwecks Gewinnung hyperstabiler Katalysatoren zu entschlüsseln, werden zahlreiche Anstrengungen unternommen, um Enzyme aus extremophilen Organismen zu isolieren. Über eine begrenzte Anzahl von Mutationen gelang es van den Burg et al. (1998) aus einer dem Thermolysin ähnelnden Protease aus *Bacillus stearothermophilus* (*TLP-ste*) ein hyperstabiles Enzym herzustellen. Die Vorgehensweise zur o. a. Mutation beinhaltet die Verdrängung von Resten in *TLP-ste* durch sowohl Residuen, angetroffen in äquivalenten Positionen in natürlich vorkommenden, mehr thermostabilen Varianten als auch rational entworfenen Mutationen.

Somit kann ein sehr stabiles, achtfach gefaltetes Enzym von einem Mutanten gewonnen werden, das seine Funktion bis zu einer Temperatur von ca. 100 °C und bei Anwesenheit denaturierender Reagenzien beibehält (van den Burg et al. 1998). Der genannte Mutant führt eine verhältnismäßig hohe Anzahl von Mutationen, deren stabilisierender Effekt in der Reduktion der Entropie des ungefalteten Zustands besteht. Darüber hinaus behält der Mutant im Gegensatz zum Wildtyp seine Aktivität bis zu 37 °C, ein Temperaturbereich, der von natürlichen Formen, d. h. hyperstabilen Enzymen, zur Reduzierung der Aktivität führt (van den Burg et al. 1998).

(m) Enzym-Design

Ein aufkommendes Arbeitsgebiet auf dem Gebiet des Designs und der Konstruktion von Metalloproteinen setzt auf den Einsatz von nicht natürlich auftretenden Aminosäuren oder nichtnativen metallführenden Cofaktoren (Lu 2005). Diese Bestrebungen erweisen sich bislang als sehr effektiv, insbesondere bei der Ausarbeitung der exakten Beschreibung der Funktionen von Hauptrestelementen innerhalb der Proteinstrukturen, im Angebot von Leitrichtlinien für das Proteindesign, in der Feinabstimmung von Proteineigenschaften in einem bisher nicht praktizierten Niveau, in der Erweiterung des Repertoires an Proteinfunktionalitäten und somit in der Ausweitung von Anwendungsmöglichkeiten.

Die Verfügbarkeit von maßgeschneiderten Enzymen ist ausschlaggebend bei der Anwendung einer Biokatalyse in der Organischen Chemie. So ist z. B. Enantioselektivität eine entscheidende Einflussgröße für den Einsatz und dessen Wettbewerbsfähigkeit in einem industriellen Prozess. Eine Umsetzung dieser Forderung, d. h. Konstruktion eines Enzyms zum Zwecke der Enantioselektivität, erstreckt sich vom „Versuch-und-Irrtum"-Ansatz bis hin zum rationalen Design (Otten et al. 2010).

(n) Exploitation

Bezüglich thermischer Stabilität erweisen sich thermophile Enzyme gegenüber diversen chemischen Reagenzien, im Vergleich mit ihren mesophilen Homologen, als wesentlich resistenter. Aufgrund dieses Merkmals ergibt sich ein industriell/wirtschaftlich hochwertiges biotechnologisches Potential (Lasa & Berenguer 1993).

Eine Bewertung der Entwicklungen von industriell wichtigen thermostabilen Enzymen unternehmen Haki & Rakshit (2003). Alle zellulären Komponenten thermophiler Organismen, d. h. Enzyme, Proteine, Nukleinsäuren, verhalten sich thermophil. Zudem widerstehen sie extremen Umweltparametern wie z. B. sauren bzw. basischen Konditionen. Daher finden sie sich in diversen industriellen Applikationen wie u. a. in der Erdöl-, Waschmittel-, Papierindustrie. Durch Fermentation der adäquaten Mikroorganismen oder Klonen rasch wachsender mesophiler Formen durch rekombinante DNS-Technologien lassen sich die gewünschten Enzyme produzieren (Haki & Rakshit 2003).

Eine erhebliche Erweiterung der technisch-wirtschaftlich rentablen Exploitation von Enzymen bieten, nach vorliegenden Informationen, Extremozyme an (Gomes & Steiner 2004). Bis auf wenige Ausnahmen, z. B. *Taq*-Polymerase, fanden sie bislang kaum Zugang in industriellen Verwertungsprozessen. Sie liefern Informationen, um die Stabilität, Aktivität und Spezifität von Enzymen zu verbessern, die in der industriellen Biokatalyse Verwendung finden. Denn in chemischen Reaktionen lässt sich der Einsatz von Biokatalysatoren, bezogen auf pH-Wert, Temperatur sowie Druck, nur unter moderaten/gemäßigten Bedingungen und teilweise einem wässrigen Medium durchführen.

Beispiele für thermostabile Enzyme im industriellen Großeinsatz, kommerziell verwertbare Enzyme von Thermophilen sowie von mesophilen Wirten geklonte thermophile Gene benennt Illanes (1999). So ist aktuell im industriellen Einsatz z. B. eine α-Amylase von *Bacillus sp.* anzutreffen. Enzyme von Thermophilen lassen sich wie z. B. Dehydrogenasen von *Pyrococcus furiosis* kommerziell verwerten. Thermophile Gene lassen sich in mesophilen Wirten klonen, z. B. Dehydrogenase in *Talaromyces flavus*, Tab. 3.7. Eine Gewinnung von Enzymen, ursprünglich in einem thermoalka-

Tab. 3.7: Beispiele für thermostabile Enzyme im industriellen Großeinsatz, kommerziell verwertbare Enzyme von Thermophilen sowie von mesophilen Wirten geklonte thermophile Gene (Illanes 1999).

Industrielle, thermostabile Enzyme von Mesophilen			Kommerziell verwertbare Enzyme von Thermophilen		Thermophile Gene geklont in mesophilem Wirt	
Thermost. Enzyme	Mesophile Produzenten	O. T.* (°C)	Thermost. Enzyme	Thermophile Produzenten	Geklonte Enzyme	Thermophiler Donator
α-Amylase	*Bacillus sp.*	95	Dehydrogenase	*P. furiosis*	Dehydrogenase	*B. stearoterm*
Pullulanase	*Aerobacter sp.*	60	Dehydrogenase	*T. termophilus*	Dehydrogenase	*T. flavus*
Isomerase	*Actinoplanes sp.*	60	α-Amylase	*P. furiosis*	Lipase	*B. thermocat.*

* O. T.: optimale Temperatur,   *B. thermocat.*: *Bacillus thermocatenulatus* liphilen Mikroorganismus synthetisiert, aus einem mesophilen Wirt beschreibt Vollstedt (2004). Bei dem Empfänger handelt es sich um *Staphylococcus carnosus*, als Spender ist *Anaerobranca gottschalkii* angegeben. Strukturelle Einblicke in spezielle Enzyme von *Sulfolobus acidocaldarius*, *Moritella profunda* sowie *Pseudoalteromonas haloplanktis*, d. h. Extremophile, gewährt eine Studie von de Vos (2006).

Aufgrund ihrer Stabilität bieten Extremozyme auf den Gebieten Biokatalyse und Biotransformation Möglichkeiten einer technischen Verwertung. Über Fortschritte zur Applikation von hyperthermophilen Formen und deren Enzyme berichtet Atomi (2005). Sowohl die Entdeckung und Beschreibung neuer extremophiler Formen als auch die Bestimmung der entsprechenden Genomsequenzen sowie in Kombination mit einem Protein-/Enzym-Engineering und der Gerichteten Evolution gestatten die Annahme, dass die Entwicklung neuer, auch bislang in der Natur nicht auftretender Enzyme hinsichtlich einer erweiterten Stabiltät und modifizierten Spezifität erheblich gefördert wird bzw. wahrscheinlich ist (Hough & Danson 1999). Zu ähnlichen Schlussfolgerungen gelangen vorausgegangene Arbeiten von Adams et al. (1995). Sie erörtern das Potential von Extremozymen, die bislang gültigen Grenzen der Biokatalyse nachhaltig zu erweitern.

Zusammenfassend
bieten die seitens extremophiler Enzyme angebotenen Merkmale auch unter von Raumbedingungen abweichenden Konditionen, wie z. B. Temperatur, funktionstüchtig zu bleiben, Überlegungen einer technisch-wirtschaftlichen Verwertung an.

3.3.4 Exoenzyme

Exoenzyme oder extrazelluläre Enzyme verfügen über ein erhebliches technisches Potential. Durch u. a. Mikroorganismen exkretiert, sind sie in Böden, d. h. als Bodenenzyme (Shukla & Varma 2011), sowie in marinen Sedimenten anzutreffen (Bélanger et al. 1994, Coolen & Overmann 2000). Darüber hinaus finden sich auf den Zelloberflächen grampositiver Bakterien Cytochrome und Fe^{3+}-Reduktasen (Park et al. 2001). Aktivitäten von marinen Exoenzymen ergeben u. a. katalysierte Remineralisationen zwecks metabolischer Verwertung. Sie verbleiben offensichtlich auch unter polaren Bedingungen funktionstüchtig (Arnosti 1998). Bodenenzyme übernehmen bei der Zersetzung von organischer Materie im Einzugsbereich von Böden eine entscheidende Schlüsselrolle und beteiligen sich beim Stoffkreislauf von Nährstoffen. Bodenenzyme katalysieren eine Vielzahl von Reaktionen, die wiederum für eine Fülle von Lebensprozessen seitens bodenbezogener Mikroorganismen und im Kreislauf von Nährstoffen unabdingbar sind. Ihre Aktivitäten unterliegen komplexen biochemischen Prozessen bestehend u. a. aus in das unmittelbare Umfeld bezogenen Synthesen. Alle Bodenenzyme erfahren Vorgänge wie konstante Neubildung, Akkumulation, Inaktivierung und Degradation. Nahezu alle bekannten Typen von Böden enthalten extrazelluläre Enzyme. Da jeder Bodentyp unterschiedliche Gehalte an organischen Materialien, Zusammensetzungen, Aktivitäten seitens Lebewesen sowie Intensitäten der biologischen Prozesse aufweist, schwanken die Enzymgehalte in den verschiedenen Böden in ihrem mengenmäßigen Auftreten. Ihre Herkunft umfasst Vertreter aus Fauna und Flora, u. a. von Mikroorganismen (Makoi & Ndakidemi 2008). Für die Bindung an insbesondere Huminstoffen und Tonen kommen H_2-Brücken-, ionare und kovalente Bindungen in Betracht. In Böden sind Exoenzyme mit unterschiedlichen Umgebungsvariablen assoziiert (Shukla & Varma 2011):

(1) in Verbindung mit metabolisch aktiven Zellen,
(2) in sich nicht vermehrenden Zellen, z. B. Sporen,
(3) im Zusammenhang mit abgestorbenem Zellmaterial,
(4) durch Tonminerale und huminartige Kolloide immobilisierte Enyzme.

Sie können, wenn wie unter (4) aufgeführt, ihre Aktivität über einen längeren Zeitraum bewahren.

An bodenbezogenen Exoenzymen sind beschrieben: Amylase, Acrylsulfatase, β-Glukosidase, Brenzcatechinoxidase, Catalase, Chitinase, Dehydrogenase, Peroxidase, Phenoloxidase, Phosphatase, Protease, Urease u. a. (Balota et al. 2004, Dick 2011, Makoi & Ndakidemi 2008). Bodenenzyme regulieren die Funktionstüchtigkeit von Ökosystemen und spielen eine wichtige Rolle im Kreislauf von Nährstoffen (Dick 2011, Makoi & Ndakidemi 2008). Sie sind in die Kreisläufe von C, N, P, S sowie von nahezu allen Metallen, z. B. Au, Cr, Fe, Mn, Mo, Ni, U, V, Zn etc., einbezogen. Zur Umsetzung der o. a. Funktionen verfügen Exoenzyme über ein Instrumentarium zur Lokalisierung gewünschter Komponenten (Burns 2010).

(a) Arid

Extrazelluläre Enzyme sind auch aus extremen terrestrischen Habitaten aufgezeichnet, z. B. aride Konditionen. So liegen z. B. Studien über enzymatische Aktivitäten innerhalb semiarider Pedogenesen vor (Acosta-Martinez et al. 2003). Je nach Art der Landnutzung, z. B. konservierende oder landwirtschaftliche Nutzfläche, unterscheiden sich die Werte für die Konzentration von C und N, wohingegen der pH-Wert, d. h. 6,7–8,4, unbeeinflusst bleibt. Als Enzyme treten, je nach Landnutzung, mit unterschiedlichen Anteilen auf: β-Glukosidase, β-Glukosaminidase, Arylaminidase, saure und basische Phosphatase, Phosphodiesterase und Arylsulfatase. Insgesamt und ungeachtet ihrer Häufigkeit, die durch die Landnutzung definiert wird, weisen Böden im semiariden Milieu geringere Enzymaktivitäten auf als jene aus z. B. humiden Regionen. Generell korreliert eine erhöhte Enzymaktivität mit einem erhöhten C- und N-Gehalt, wohingegen sich eine negative Korrelation mit dem pH-Wert andeutet. Gegenüber Mischkulturen mindern Monokulturen offensichtlich die Enzymtätigkeit (Acosta-Martinez et al. 2003).

(b) Enzym-Ton-Komplexe

Enzyme, die extrazellulär auftreten, dienen i. d. R. zur Akquise von Nährstoffen und zum Abbau von organischen Materialien. Tonminerale, häufig in Oberflächenwässern anzutreffen, sind in der Lage, die Enzymaktivität zu beeinflussen. Als Trägerminerale eignen sich nach geeigneter Vorbehandlung wie z. B. Protonierung, Montmorillonit ($\sim(Al_{1,67}Mg_{0,33})[(OH)_2|Si_4O_{10}] \cdot Na_{0,33}(H_2O)_4$), Kaolinit ($Al_4[(OH)_8|Si_4O_{10}]$) sowie Bentonit. An Enzymen sind u. a. Phosphatase, Urease u. a. beschrieben (Theng 2012). Arbeiten zu extrazellulären Enzym-Ton-Komplexen, die sich u. a. mit der Enzymadsorption, der Veränderung der Enzymaktivität und dem Schutz vor Photodegradation beschäftigen, setzen eine alkaline Phophatase aus *E. coli* sowie Protease aus *Streptomyces gryseus* ein (Tietjen & Wetzel 2003). Die Präsenz von Montmorillonitpräparaten verringerte hierbei die Aktivität der anwesenden Enzyme, d. h., es tritt ein partiell inhibitorischer Effekt auf. Enzym-Ton-Komplexe bieten Techniken zur Immobilisierung von aktiven Biokatalysatoren an und scheinen sich daher für den Einsatz in z. B. Membranbioreaktoren zu eignen.

(c) Optimierung

Nach vorliegenden Informationen lässt sich offensichtlich das Leistungspotential von Enzymen optimieren, d. h. steigern. Enzymaktivitäten und Metallkonzentrationen in durch Abwasserschlämme verbesserten Böden unterzog Antonious (2009) Untersuchungen. Hierbei fand er eine erhöhte Enzymaktivität im Zusammenhang mit der Eingabe metallischer Phasen durch Abwässer. Damit koinizidierte eine Veränderung in Mobilität und Konzentration bestimmter Metalle wie z. B. Cu, Ni und Zn. Durch den Eintrag von C-führenden Materialien lässt sich das Leistungspotential von Oxidoreduktasen, wie z. B. Dehydrogenase, beträchtlich erhöhen (Garcia-Gil et al. 2000). In ihren Studien über extrazelluläre Enzyme gelangen [2]Allison & Vitousek (2005) zu ähnlichen Beobachtungen.

(d) Inhibitierung

Zu den Auswirkungen von Sb in Form einer Inhibitierung auf das mikrobielle Wachstum und der Aktivitäten von Bodenenzymen publizierten An & Kim (2009) entsprechendes Datenmaterial. Für die Versuchsreihen standen *Escherichia coli*, *Bacillus subtilis* und *Streptococcus aureus* zur Verfügung. Hierbei erwies sich unter den getesteten Mikroorganismen *S. aureus* als das sensitivste in den Experimenten. Um eine 50-fache Wachstumsbehinderung (in %) für die o. a. Mikroorganismen zu erzielen, müssen für *E. coli* 555 mg Sb l^{-1} eingegeben werden sowie für *B. subtilis* eine Zufuhr von 18,4 mg Sb l^{-1} und für *S. aureus* von 15,8 mg Sb l^{-1} erfolgen. Hierzu wird ein Siltführender Boden mit Sb versetzt, unter kontrollierten Bedingungen inkubiert, und im Anschluss werden die mikrobiellen Aktivitäten von diversen Enyzmen, wie z. B. Dehydrogenasen, Aryl-Sulfatase u. a., messtechnisch aufgezeichnet (An & Kim 2009).

Es kommt nach dem Sb-Eintrag zu einer Erhöhung der Aktivitäten von u. a. Dehydrogenasen, eine nach An & Kim (2009) frühe Indikation für eine Sb-Kontamination. Für eine im Verlauf der Versuche ebenfalls eingesetzte Urease war im Anschluss einer Sb-Zufuhr gegenüber der Ausgangssituation nach drei Tagen eine maximale Steigerung um mehr als 150 % messbar. Dahingegen unterlag die Leistung anderer Enzyme, wie z. B. Arylsulfatase, einer weniger ausgeprägten Abnahme. Indirekt könnte somit unter neutralen pH-Bedingungen die Gegenwart von Sb und seines Einflusses auf das Leistungsvermögen der Urease zu einer Veränderung im N_2-Kreislauf führen (An & Kim 2009).

Auf das System „Pflanze–Boden" wirken bestimmte Metalle, wie z. B. Cd, Pb und Zn, i. d. R. toxisch. Zur Aufhellung der genannten Probleme führten Yang et al. (2006) Versuche an vier Bodenenzymen in Böden durch. Sie beschreiben die kombinierten Effekte, die sich aus der Einwirkung von Cd, Zn sowie Pb auf die Aktivität von vier unterschiedlichen Enzymen aus Böden, d. h. Calatase, Urease, Invertase und Alkalinphosphotase, ergeben. Zwei Monate nach der Metallzugabe erfolgte eine Analyse der Aktivitäten der o. a. Enzyme. Pb behindert nicht intensiver die Aktivitäten der vier Enzyme als die anderen (Schwer-)Metalle und unterstützt in Anwesenheit der Kombination von Cd, Pb und Zn die Katalaseaktivität, wohingegen Cd entscheidend die Katalyse aller vier Enzyme unterdrückt. Abweichend hemmt Zn die Aktivitäten von Katalase und Urease und bei Zugabe von Cd und Zn lässt sich der hemmende Effekt auf die Katalase und Urease wesentlich intensivieren. Hinsichtlich der Inhibition der Enzymaktivitäten kommt es in Gegenwart und Kombination von Cd, Pb und Zn zu negativen Synergieeffekten (Yang et al. 2006). Die Aktivität der Urease lässt sich überwiegend durch die Kombination der genannten Metalle um einen Betrag von 20–40 % unterdrücken, die Einwirkung eines einzelnen Metalls fällt hingegen geringer aus. Dahingegen nehmen die Aktivitäten der Intertase und der alkalinen Phosphatase nur bei Zunahme der Cd-Gehalte in den Böden deutlich ab. Urease verhält sich gegenüber den o. a. ionar auftretenden Metallen am sensitivsten, d. h. darstellbar mit negativer Korrelation (Yang et al. (2006).

Über die Aktivitäten von Bodenenzymen und mikrobieller Biomasse in einem metallhaltigen Grünland legen Kuperman & Carreiro (1997) Untersuchungsergebnisse vor. Sie erfassten As, Cd, Cr, Cu, Ni, Pb und Zn mit Konzentrationen zwischen ca. 7–48 mmol kg^{-1}. Sie beziehen die Biomasse von Bakterien und Fungi mit der Eigenschaft, FDA-aktiv (*fluorescein-diacetate-active* = FDA) aufzutreten, eine Substrat eingeleitete Respiration (*substrate-induced respiration* = SIR) sowie die Aktivitäten diverser Enzyme, wie z. B. saure und alkaline Phosphatase, N-Acetylgluco-saminidase u. a., ein. Messungen ergeben nach Kuperman & Carreiro (1997) in den kontaminierten Böden geringere Anteile mikrobieller Biomasse. Mit ansteigenden Metallgehalten kommt es zu einer Reduktion in den Aktivitäten der Enzyme, d. h. um das 10- bis 50-Fache. Anhand ihrer Arbeiten betonen Kuperman & Carreiro (1997) den Zusammenhang zwischen Metallkonzentration und deren nachteiliger Wirkung auf die

Häufigkeit und Aktivitäten von Mikroorganismen, einbezogen in den Abbau von organischer Materie und den Nährstoffkreislauf der betroffenen Lokalität (engl. *site*).

In Verbindung mit der Ablagerung von kommunalem Abfall und dessen Auswirkungen auf die Aktivität von Enyzmen sowie mikrobielle Biomasse wurden für Phosphatase sowie Urease inhibtorische Effekte aufgezeichnet (Garcia-Gil et al. 2000). Dahingegen kommt es im Rahmen der o. a. Studie zu einer Steigerung in der Leistung von Oxidoredukatasen. Weiterhin kann Salinität zur Inhibitierung von Enzymaktivitäten beitragen (Frankenberger & Bingham 1981).

(e) Synthetische Bodenenzyme

Einige Bodenenzyme lassen sich unter Laborbedingungen synthetisieren. So setzt z. B. ein Versuchsaufbau Invertase, Phosphatase, Urease, reines Montmorillonit, einen mit OH-Al-Spezifikationen versehenen Montmorillonit und Tanninsäure ein (Gianfreda et al. 2002). Der Versuchsablauf bezog die Spezifikationen von Al, Fe sowie Mn ein. Im Ergebnis steht die Beobachtung, dass die katalytischen Eigenschaften sowie die Stabilität von synthetischen Enzymen von der eingesetzten Matrix sowie den jeweiligen vorherrschenden Bindungsmechanismen abhängen. Generell wurde auf der einen Seite eine verminderte Aktivität aufgezeichnet. Zum anderen stimmte das kinetische Verhalten mit den Kinetiken im Sinne der *Michaelis-Menten*-Terme überein. Daneck et al. (2002) generieren mithilfe diverser Vorgehensweisen eine Reihe synthetischer Phosphatasen. Zum Entwurf von funktionstüchtigen synthetischen Bodenenzymen stehen diverse Ansätze für eine vorausgehende Modellierung zur Verfügung. Als Terme des Modells gehen u. a. enzymatische Moleküle, Angaben zur Komposition der Bodenkomponenten sowie Adsorption ein.

Zusammenfassend

bieten sich in Form von Bodenenzymen, als Vertreter extrazellulär funktionierender Biokatalysatoren, technisch verwertbare Optionen an, da sie isoliert, d. h. ohne intakten Zellverband, funktionstüchtig und exprimierbar sind. Allen vorgestellten Enzymklassen/-typen gemeinsam ist die im genetischen Dateninventar codierte, vorprogrammierte Funktionalität, mit Eingriffsmöglichkeiten zum Zweck einer Veränderung.

3.4 Genetisches Dateninventar

Hinsichtlich einer enzymatisch kontrollierten Biosynthese metallischer Partikel steht mit der Desoxyribonukleinsäure (= DNS), eingebaut in Genomsequenzen, die wichtigste Datenbank zur Verfügung. Als Träger der Informationen verfügt die DNS über ein sehr gut untersuchtes und gegenüber Manipulationen zugängliches Dateninventar. In Organismen dienen als physikalisches Trägermaterial zur Datenaufnahme/ -speicherung sowie Unterstützung der Informationsverarbeitung organische Makromoleküle. Zwei Charakteristika, d. h. (1) konformationale Dynamik und (2) Selbstorganisation, machen sie in diesem Kontext einzigartig und für Untersuchungen zwecks technischer Anwendungen interessant. In Kombination übernehmen beide Merkmale, in Form einer Art (ab)schaltbaren Konformationsänderung, d. h. Schaltelement zur Generierung von „Binärcode", bei der „natürlichen" Informationsverarbeitung eine wichtige Funktion, wobei die Implementation durch entsprechende Proteine erfolgt. Entsprechend dem aktuellen, wissenschaftlich-technischem Stand in der Biotechnologie kommen als aussichtsreichste Anwärter zur Ausführung von artifizieller, molekularer Informationsverarbeitung DNS-Enzyme in Betracht. So wurde z. B. die durch Proteine kontrollierte Morphologie im Verlauf des Kristallwachstums in die genetischen Datenbanken aufgenommen (Brown et al. 2000).

Im Zusammenhang mit der o. a. Informationsverarbeitung sei auf die Einführung eines neuen rechnergestützten Ablaufplans, geeignet zum Entwurf neuer funktionaler Nukleinsäuren, durch Ramlan & Zauner (2009) verwiesen. Wichtige Schlüsselbegriffe hierbei sind:
- Rekombination, d. h. Enzyme werden in gentechnisch veränderten Organismen synthetisiert,
- Klonierung, d. h. Übertrag von einem Genfragment mittels eines geeigneten Vektors (Plasmid) in eine geeignete Wirtszelle,
- Überexprimierung, d. h., die betroffene Wirtszelle liest die genetische Information und produziert das gewünschte Fremdprotein,
- Gerichtete Evolution (engl. *directed evolution*) beruht auf *in vitro* durchgeführter zufallsbasierter Mutagenese von u. a. Enzymen und dient einer Modifikation einer/mehrerer Eigenschaften. Sie stellt eine wichtige Technik im Bereich einer optimierten industriellen Einsatzfähigkeit von Enzymen dar.

Künstlich, d. h. durch den Menschen hergestellte Enzyme, das zugeordnete Design bis hin zu einer *In-vitro*-Kompartimentierung erörtern Griffiths & Tawfik (2000). Zur Generierung von neuartigen Enzymen, Proteinen und/oder Nukleinsäuren mit veränderten biologischen Merkmalen bzw. maßgeschneiderten Eigenschaften lassen sich im Laboratorium die Gesetze der Evolution von Darwin anwenden. Es sind hierzu allerdings drei Voraussetzungen zu erfüllen (Griffiths & Tawfik 2000):
(1) Methode zur Erzeugung einer genetischen Diversität,
(2) Technik zur Verlinkung von Geno- mit Phänotyp,
(3) Auswahl der gewünschten biologischen Aktivität.

Für den Umgang mit einer Fülle von Metallen liegen Informationen in der DNS vor. In einer Vielzahl von Veröffentlichungen werden die Genomsequenzierung und Optimierungsstrategien mittels gentechnischer Eingriffe in aktuellen Publikationen vorgestellt (Rawlings & Johnson 2007, [1,2]Silver & Phung 2005, Valdés et al. 2008, Wackett et al. 2004 u. a.). Kaplan & DeGrado (2004) gelang es, Struktur, Sequenz und Aktivität von Enzymen zu entwerfen und zu testen.

Geobacter silfurreducens PCA Chromosome 1: GSU1469

| 0 | 500,000 | 1,000,000 | 1,500,000 | 2,000,000 | 2,500,000 | 3,000,000 | 3,500,000 |

genome [4] Zoom ▲ Out
operons [3] Left ◄◄ ◄ ▲ ► ►► Right
genes [17]
sites [1] Zoom ▼ In

[?] Start (bp): 1591578   End (bp): 1631855   [Go] Gene name [   ] [Show Tracks] [?]
Legend: ⊃ Protein gene ►Transcription Start   Gene color indicates operon membership.
⊐ RNA gene ℓ Terminator   Mouse over genes and operons for more information.
To center gene in display, click on tick mark under it.

GSU1453 GSU1454 GSU1456 : orf GSU1457 GSU1458 ispG
| 1,592,000 | 1,593,000 | 1,594,000 | 1,595,000 | 1,596,000 | 1,597,000 | 1,598,000 | 1,599,000 |

ispG
ProS Pyrf GSU1462 aspS GSU1464 icd
| 1,600,000 | 1,601,000 | 1,602,000 | 1,603,000 | 1,604,000 | 1,605,000 | 1,606,000 | 1,607,000 |

GSU1470
icd mdh GSU1468 GSU1469 GSU1471 GSU1472 GSU1473
| 1,608,000 | 1,609,000 | 1,610,000 | 1,611,000 | 1,612,000 | 1,613,000 | 1,614,000 | 1,615,000 |

GSU1477
GSU1474 GSU1475 GSU1478 GSU1479 GSU1480 GSU1481 GSU1482
| 1,616,000 | 1,617,000 | 1,618,000 | 1,619,000 | 1,620,000 | 1,621,000 | 1,622,000 | 1,623,000 |

GSU1483
GSU1484 GSU1485 : ribonuclease R GSU1486 ribF GSU1488
| 1,624,000 | 1,625,000 | 1,626,000 | 1,627,000 | 1,628,000 | 1,629,000 | 1,630,000 | 1,631,000 |

Report Errors or Provide Feedback
Page generated by SRI International Pathway Tools version 17.5 on Fri Dec 6, 2013 BIOCYC14B

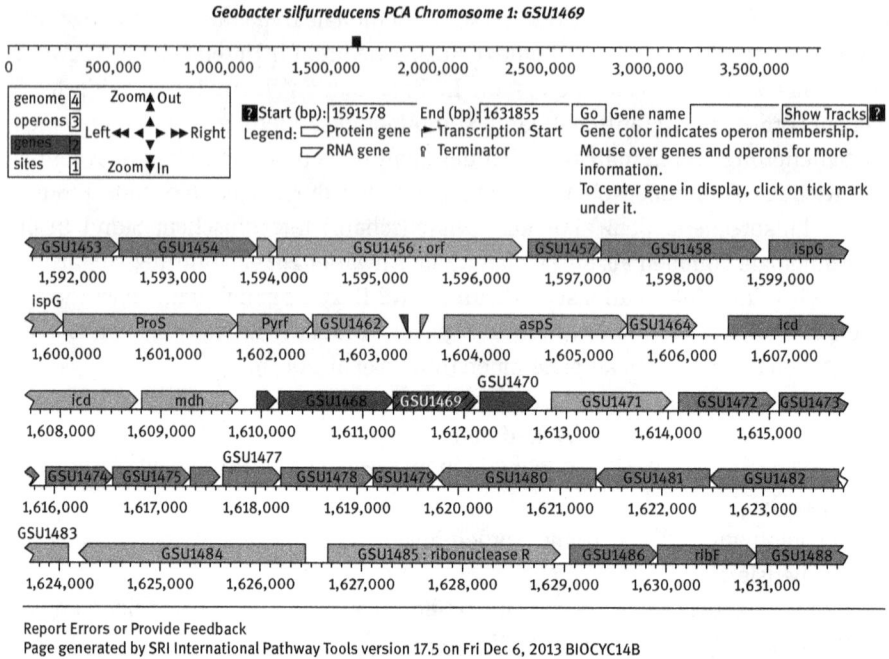

Abb. 3.21: Graphische Darstellung des Chromosomensatzes von *Geobacter sulfurreducens PCA* (url: BIOCYC 2014)

Vergleichende Analysen des Proteoms von psychrophilen mit mesophilen bakteriellen Spezies mit Einblicken in die molekulare Basis der Kaltadaptation von Proteinen sind bei Metpally & Reddy (2009) einsehbar. Chromosomensätze zahlreicher Mikroorganismen von z. B. *Geobacter sulfurreducens* stehen in entsprechenden Datenbanken online, z. B. *BIOCYC* u. a. (BIOCYC 2014), Abb. 3.21. Insgesamt beurteilen Griffiths & Tawfik (2000) die Chancen zu einer *In-vitro*-Evolution neuartiger Biomoleküle, z. B. Enzyme aufgrund der aktuellen Techniken, Denkansätze etc., als ausgezeichnet. Die Genomsequenz eines Metalle mobilisierenden, extrem thermoacidophilen *Archaea*-Vertreters, d. h. *Metallosphaera sedula*, erlaubt Einsichten in einen mit Biolaugung assoziierten Metabolismus (Auernik et al. 2008). Zu den genetischen Aspekten des metabolischen Potentials von Mikroorganismen vermitteln eine Reihe von Veröffentlichungen geeignete Informationen (Diaz 2004), [2]Garcia et al. 2013, Niewerth et al. 2012, Simon et al. 2009), Abschn. 2.3.1. So gestatten z. B. genetische Datenbestände den Entwurf und die Konstruktion mikrobieller metabolischer Flüsse (Kohlstedt et al. 2010).

Generell ermöglicht neben Verbesserungen in Analysetechniken zur Messung molekularer Architekturen, Isotopenverhältnisse und Chemie von Mineraloberflächen der Zugang zu kompletten mikrobiellen Genomsequenzen neue Methoden zum Monitoring von Genaktivitäten innerhalb eines Organismus sowie die Genregulation vertiefende Einblicke in biogeochemische Reaktionsabläufe.

(a) Thermodynamik

Eine Vielzahl von Strategien zum rationalen Proteindesign setzt u. a. auf Maßnahmen zur Stabilität der Entropie durch den Einsatz von Prolin oder Disulfid-Brücken (Eijsink et al. 2004). Ergänzend bietet eine Reihe von vergleichenden Studien und Anstrengungen auf dem Gebiet der Gerichteten Evolution brauchbare Techniken zur Erzeugung von Mutationen an. Gleichzeitig verweisen Daten auf die Wichtigkeit der Proteinoberfläche zur Erhaltung der Stabilität und dass eine sehr begrenzte Anzahl von Mutationen eine deutliche Erhöhung dieser Eigenschaft bewirken kann. Eine weitere Entwicklung berücksichtigt die Beobachtung, dass die grundsätzlichen Unterschiede zwischen einer *In-vitro*-Stabilität von kleinen und gereinigten Proteinen mit reversibler Entfaltung und temperaturbeständiger Funktionsstabilität unter Laborbedingungen von den industriell geprägten Konditionen von den vorab genannten Beobachtungen abweichen, z. B. partielle Entfaltung gefolgt von irreversiblen Inaktivierungsprozessen, z. B. Aggregation. Ausgestattet mit ausreichender Kenntnis von thermaler Passivierung kann eine erfolgreiche und effiziente Stabilisierung von Enzymen erreicht werden (Eijsink et al. 2004). Beginnend mit der Einführung von Mutationen über eine Periode, die mit dem Entwurf von sog. „kleinen" Enzymen beginnt, z. B. *T4*-Lysozym, stehen aktuell Techniken zum Design komplexer Proteinstrukturen bis hin zur gezielten Evolution zur Verfügung (Eijsink et al. 2004). Gleichzeitig verhelfen Arbeiten zur Reinigung und Charakterisierung von hyperstabilen Proteinen zu einem vertiefenden Verständnis der Proteinstabilität.

(b) Genom

Die Genomsequenz eines metallmobilisierenden, extrem thermoacidophilen Mikroorganismus, d. h. *Metallosphaera sedula*, erlaubt Einsichten in einen mit Biolaugung assoziierten Metabolismus (Auernik et al. 2008). Ungeachtet ihrer taxonomischen Bezeichnung sind nicht alle Vertreter der Ordnung *Sulfolobales sp.* in der Lage, reduzierte S-Spezifikationen zu oxidieren, die neben der Fe-Oxidation eine wünschenswerte Eigenschaft von Mikroorganismen, geeignet für das *biomining*, darstellen. Die komplette Genomsequenz eines metallmobilisierenden, extrem thermoacidophilen Vertreters der *Archaea*, d. h. *Metallosphaera sedula DSM 5348*, gestattet Einblicke in die biologisch katalysierte Oxidation von Metallsulfid.

Zur Ansprache der Pfade und Proteine, direkt oder indirekt einbezogen in die Biolaugung, wurden vergleichende Genomforschungen durchgeführt (Auernik et al. 2008). Wie erwartet enthält das Genom von *M. sedula* Gene für die autotrophe C-Fixierung, Metalltoleranz und die Fähigkeit zur Adhäsion. Daneben verweist die terminale Organisation der Oxidasecluster auf die Anwesenheit eines hybriden Quinol-Cytochrom-Oxidase-Komplexes. Vergleiche mit dem mesophilen *Acidithiobacillus ferrooxidans ATCC 23270* besagen, dass das Genom von *M. sedula* mindestens ein vermutetes Rusticyanin, einbezogen in die Fe-Oxidation, sowie eine mutmaßliche in die S-Oxidation verwickelte Tetrathionat-Hydrolase kodiert. Ebenso konnte der *fox*-Gencluster, der für die Fe-Oxidation des thermoacidophilen *Archaea Sulfolobus metallicus* verantwortlich ist, identifiziert werden. Diese in die Fe- und S-Oxidation involvierten Komponenten fehlen in den Genomen der nicht zur Biolaugung fähigen Vertreter der *Sulfolobales sp.*, so z. B. *Sulfolobus solfataricus P2* und *Sulfolobus acidocaldarius DSM 639*. Eine in diesem Kontext durchgeführte und auf das gesamte Genom bezogene *Transcriptional-response*-Analyse deutet, nach Zugabe von Fe^{2+}-Sulfat in ein Medium aus Hefe-Extrakt, für 88 ORFs auf eine mehrfache Veränderung hin. Die angesprochene Variante/Mutation betrifft Gene für jene Komponenten der terminalen Oxidasecluster, die sowohl an der Aufoxidierung des Fe als auch am S-Metabolismus beteiligt sind. Allerdings bleiben nach Transkription zahlreicher hypothetischer Proteine hinsichtlich des Fe- und S-Stoffwechsels von *M. sedula* noch zahlreiche weitere Aspekte unbekannt (Auernik et al. 2008). Aufgrund der bislang angelegten Datenbasis ist die Sequenzanordnung von bekannten und vermuteten an der Oxidation von Fe beteiligen Proteinen/Enzymen sowie von Proteinen/Enzymen, die zur Bindung von Cu benötigt werden, ansprechbar (Auernik 2008), Abb. 3.22.

```
sso2488_soxE     NNKTVFIYLAVTATGP--AFNYNG-------     TSNGQMKIYVP-------- 144
sac2096_soxE     ----MFIYLVVQGS----SLNYNG-------     TSNGQMRIYVP-------- 27
sac2972_soxE     TNKTVFLIISVLTTG--PTFNFNG-------     TSNGQLKIYIP-------- 91
sac2262_soxE     SNKTVFLTIVVESSSNVNQFNFNG-------     TSSGSLVIYIP-------- 93
sto0104_soxE     SNKTVFITLVTLSSG--PTFNFNG-------     TDFGAMVIYVP-------- 91
msed0323_soxE    SNKTVVISLVALSSA--STFNLNG-------     TSFGQMTIYIP-------- 90
sto2393_soxE     SNHTVFLYLAALSTG--NVFNFNG-------     TSFGKMHVYIP-------- 120
sto2394_soxE     SNHTVFLYLAALSTG--NVFNFNG-------     TSFGKMHVYIP-------- 112
msed0826_soxE    QNYTVFIYLYASPTAP --NFLDYNG-------    TTNGEMKIYIP-------- 96
```

Abb. 3.22: Ausgewählte Abschnitte der Sequenz-Anordnung von bekannten und vermuteten Proteinen/Enzymen, die an der Oxidation von Fe beteiligt sind. Daneben sind Proteine/Enzyme ausgewiesen, die zur Bindung von Cu benötigt werden (Auernik 2008).

In Studien zur Evolution des Elektronentransfers außerhalb der Zelle unterziehen Butler et al. (2010) die Genome von sechs *Geobacter*-Arten in puncto Genom vergleichenden Studien. Hierbei erwähnen sie diverse Gene für z. B. Protein zur Bindung von Fe-S-Clustern (GSU1467), eine Untereinheit einer Heterosulfid-Reduktase (GSU0090), Protein zur As-Resistenz (GSU2954) etc.

Über das Klonieren, die Expression in *Escherichia coli* und die enzymatischen Eigenschaften von Laccase aus *Aeromonas hydrophilia WL-11* liegen Daten vor (Wu et al. 2010). Ein mit hoher Laccase-Aktivität ausgestatteter Stamm *WL-11* wurde aus aktivierten Schlämmen einer Kläranlage isoliert. Physiologische Testverfahren und eine 16S-rDNS-Sequenz-Analyse identifizierten diesen Stamm als *Aeromonas hydrophila*. Vom neu isolierten *A. hydrophila WL-11* wurde ein Laccase-codierendes Gen geklont und charakterisiert. Eine Analyse der Nukleotidsequenz ergab einen offenen Leserahmen von *1605 bp*, der ein Polypeptid von 534 Aminosäuren codiert. Die Primärstruktur des Enzyms prognostiziert die charakteristischen Strukturmerkmale von anderen Laccasen inklusive der konservierten Abschnitte von vier an Histidin reichen, Cu-bindenden Sites (Wu et al. 2010).

Die prognostizierte Sequenz der Aminosäuren zeigt im Genom und in der entsprechenden Protein-Datenbasis eine hohe Homologie mit einer bakteriellen Laccase, d. h. ca. 60 %. Die höchste Übereinstimmung betreffs Ähnlichkeit, d. h. > 61 %, lässt sich in einer Multikupfer-Oxidase von *Klebsiella sp. 601* beobachten. Nach Expression in *E. coli* wird das rekombinante Enzym im Cytoplasma als lösliche und aktive Form überproduziert. Das aufgereinigte Enzym entwickelt für 2,2'-Azino-di-3-ethylbenzthiazolin-6-Sulfonsäure (= ABTS) und 2,6-dimethoxyphenol (= DMP) seine optimale Leistungsfähigkeit bei einem pH-Wert von 2,6–8,0. Die beschriebene Untersuchung zur Kinetik des Wirkungsmechanismus von ABTS offenbart seitens des Enzyms offensichtlich eine höhere Affinität für dieses Substrat als gegenüber DMB (Wu et al. 2010).

Die vollständige Genomsequenz von *Desulfovibrio magneticus RS-1* zeigt für magnetotakte Bakterien allgemeingültige Gencluster (Nakazawa et al. 2009). So ist z. B. der *mamAB*-ähnliche Gen-Cluster, verantwortlich für die Codierung von Fe-Transport und Ausrichtung der Magnetosome im Rahmen der Magnetosombildung, ausschließlich im Genom magnetotakter Bakterien in Form einer inselartigen Struktur (engl. *island-like structure*) anzutreffen. Nakazawa et al. (2009) vermuten daher in Bezug auf eine Biosynthese genetische Schlüsselkomponenten im Genom von MTB, möglicherweise im Verlauf der protobakteriellen Evolution durch multiplen Gentransfer akquiriert.

Für das obligat chemolithotrophe, fakultativ anaerobe, S-führende Komponenten aufoxidierende β-Proteobakterium, d. h. *Thiobacillus denitrificans ATCC 25259*, steht die komplette Genomsequenz zur Verfügung (Beller et al. 2006). Es koppelt eine Denitrifikation mit der Oxidation S-haltiger Verbindungen, katalysiert anaerob die Nitrat-abhängige Oxidation von Fe^{2+} sowie U^{4+} und oxidiert die mineralischen Elektronendonatoren. Besonderes Merkmal des Genoms ist u. a. der gegenüber anderen Vertretern von Bakterien und Archeae verhältnismäßig hohe prozentuale Anteil von Genen zur Codierung, und dies beinhaltet, gegenüber anderen Vertretern von Bakterien und Archeae, eine Reihe genomischer Merkmale, wie z. B. die Gene, bestimmt zur Codierung von C-Typ-Cytochromen.

Weiterhin treten Gene auf wie z. B. zur Codierung von Hydrogenasen, ein Satz an Genen, assoziiert mit der Oxidation S-haltiger Komponenten, z. B. Sulfit zu Sulfat, eine Vielzahl von Genen, verantwortlich für einen anorganischen Transport von Fe, eine Resistenz gegenüber unerwünschten Metallen sowie ein Mangel an Genen ohne die Möglichkeit einer Codierung von entspechenden mit obligater Chemolithoautotrophie assoziierten Transportern für organische Komponenten. Letztendlich kann die Genomsequenz von *T. denitrificans* zur Aufklärung der unter aeroben sowie anaeroben Bedingungen ablaufenden Oxidation von S-haltigen Komponenten einbezogenen, Mechanismen beitragen sowie zu deren Anteil auf molekularer Ebene an biogeochemischen Kreisläufen (Abschn. 2.5) von z. B. S, N und C (Beller et al. 2006).

(c) Genetische Algorithmen

Genetische Algorithmen (engl. *genetic algorithms* = GA) als Unterklasse evolutionärer Algorithmen (= EA) und Teilgebiet der Künstlichen Intelligenz unternehmen den Versuch, wichtige Abläufe der natürlichen Evolution zu imitieren, z. B. Mutationsregel, Selektionsregel. Sie stellen eine Klasse von Optimierungsmethoden dar, die u. a. mehrfach wechselwirkende Variablen sowie experimentelle Störsignale behandeln. Als zusätzlicher Vorteil erweist sich, dass sie für das in Frage kommende Ökosystem keinerlei profundes Verständnis oder auch keine aufwendige Modellierung erfordern (Vandecasteele et al. 2007, Vandecasteele et al. 2004).

Die vorab zitierten Autoren schlagen daher genetische Algorithmen vor, um undefinierte mikrobielle Ökosysteme durch eine kombinatorisch optimierte Umwelt in die gewünschte Richtung zu lenken. Sie testeten diesen Ansatz über ein eigens hierfür konzipiertes Modellsystem. Ihre Resultate deuten darauf hin, dass ein genetischer Algorithmus in der Lage ist, Funktionen eines Ökosystems bzw. Habitats durch Manipulation der An- bzw. Abwesenheit eines Sets von zehn unterstützenden Chemikalien zu optimieren. Nach Vandecasteele et al. (2007) lassen sich innerhalb einer auf die Umwelt bezogenen Mikrobiologie, als wirkungsvolles Instrumentarium zur Kontrolle im Sinne einer Funktionstüchtigkeit von natürlich vorkommenden sowie nicht definierten mikrobiellen Ökosystemen, genetische Algorithmen anwenden.

(d) Quorum Sensing

Im Zusammenhang mit der Verarbeitung genetischer Informationen ist insbesondere aus Biofilmen das Phänomen eines Quorum Sensing beschrieben. Unter Quorum Sensing wird eine Form mikrobieller Kommunikation verstanden, die auf chemischer Signalübertragung und Empfang beruht und Informationen über die Populationsdichte vermittelt. Dieses evolutionär angelegte Phänomen des Genoms beinhaltet einen lateralen Gentransfer (engl. *lateral gene transfer* = LGT), d. h. Datenaustausch, zwischen der Gendatenbank eines Mikroorganismus und seinem Habitat, z. B. inkl. anderer Formen lebender Organismen, z. B. MAI in MTB (Lefèvre et al. 2011), Abschn. 5.4.1. So ist z. B. ein Gentransfer zwischen Radioduranten sowie Pflanzen berichtet und ca. bis zu 24 % der Gene des thermophilen Bakteriums *Thermotoga maritima* entstammen einer Akquise mittels LGT. Vorsichtigen Schätzungen zufolge schwankt der Anteil der durch LGT zugeführten Gene zwischen 0 % und 17 % (Macalady & Banfield 2003). Eine durch Quorum Sensing regulierte Adhäsion von *Serratia marcescens MG1* hängt von der besetzten Oberfläche ab (Labbate et al. 2007). Vorgänge eines Quorum Sensing sind am Beispiel von *Acidithiobacillus ferrooxidans* durch Algorithmen aus der Bioinformatik vorhersagbar (Banderas & Guiliani 2013). Die o. a. Aufzeichnungen sind bei Überlegungen zur industriellen Synthese metallischer Partikel zu berücksichtigen. Auch könnten, aus Gründen einer Optimierung des mikrobiellen Leistungsspektrums, im Sinne eines *reinforcement learning* (Abschn. 1.4 (l)) wichtige Impulse aus diesem Arbeitsgebiet kommen.

(e) Mutanten

Zu dem Entwurf und der Entwicklung des Enzym-Engineerings stellt die Auswahl von Enzymmutanten mit neuartigen Eigenschaften aus entsprechenden Bibliotheken/ Genbanken eine wirkungsvolle Methode dar. Hierfür stehen neu entwickelte und verbesserte Techniken zu dem Aufbau von Bibliotheken, dem Screening und den Selektionstechniken zur Verfügung (Soumillon & Fastrez 2001). Auf die Diversität von Promoterelementen in einem Mutanten von *Geobacter sulfurreducens* (*omcB deletion mutant*), angeglichen zur Störung des Elektronentransfers, verweisen Krushkal et al. (2009). Das Δ-Proteobakterium *G. sulfurreducens* vermag durch Koppelung der Oxidation von organischer Materie mit der Reduktion von unlöslichem Fe^{3+} oder Anschließen an die Anode einer mikrobiellen Brennstoffzelle Energie zu gewinnen. Da im Gegensatz zu O_2, NO_3^- oder SO_4^{2-} weder Fe^{3+}-Oxid noch die Oberfläche der Anode löslich und einfach zu reduzieren ist, entwickelte die *Geobacter*-Spezies Mechanismen, die den Elektronen gestatten, durch die äußere Membran hindurch zur Zelloberfläche zu migrieren. Ein in der äußeren Membran befindliches C-Typ-Cytochrom, d. h. *OmcB*, ist unerlässlich für die Fe^{3+}-Respiration. Fehlt das angesprochene Cytochrom, verlieren die Zellen die Fähigkeit, lösliches oder unlösliches Fe^{3+} zu reduzieren (Krushkal et al. 2009). Ungeachtet dessen ist der Mutant in der Lage, nach ausgedehnter Inkubation in einem Medium mit Acetat ($CH_3CO_2^-$) als Elektronendonator langsam auf löslichem Fe^{3+} zu wachsen.

Zu den genetisch molekularen Aspekten bieten Krushkal et al. (2009) Überlegungen und Diskussionsgrundlagen, Hinweise zu Promotern sowie Regulatoren zur Transkription sowie zum Upstream der Operone etc. an. Eine Konstruktion von hyperstabilen Enzymen, üblicherweise aus thermophilen Mikroorganismen beschrieben und mit einer gegenüber dem Sieden des Wassers stabil verbleibender Konfiguration versehen, ist gemäß van den Burg et al. (1998) über eine begrenzte Anzahl Mutationen von moderat stabilen Enzymen durchführbar. Über den Austausch von Residuen einer bestimmten Form von Protease, in Kombination mit einem rationalem Design, gelingt es den o. a. Autoren, einen Mutanten, im Vergleich mit dem Wildtyp, d. h. *Bacillus stearothermophilus*, mit wesentlich erhöhter Thermostabilität zu erzeugen, Abb. 3.23. Auch behält der Mutant, im Gegensatz zu Extremozymen, die Fähigkeit, bei den Temperaturen des ursprünglichen Wildtyps, d. h. ca. 37 °C, aktiv zu sein, wohingegen Enyzme thermomophiler Formen bei den o. a. Temperaturwerten lediglich reduzierte Aktivitäten offenbaren (van den Burg et al. 1998).

(f) Adaption

Über die Analyse des Genoms des piezo- sowie psychrotoleranten Fe-reduzierenden Bakteriums *Shewanella piezotolerans WP3*, anzutreffen in Tiefseehabitaten, berichten [1]Wang et al. (2008). Die vollständige Genomsequenz des die Tiefsee besiedelnden Bakteriums *S. piezotolerans WP3* spiegelt das Vermögen wider, mit verschiedenen Energiequellen und variablen physikalischen Bedingungen hantieren zu können. Das Genom

Bacillus stearothermophilus

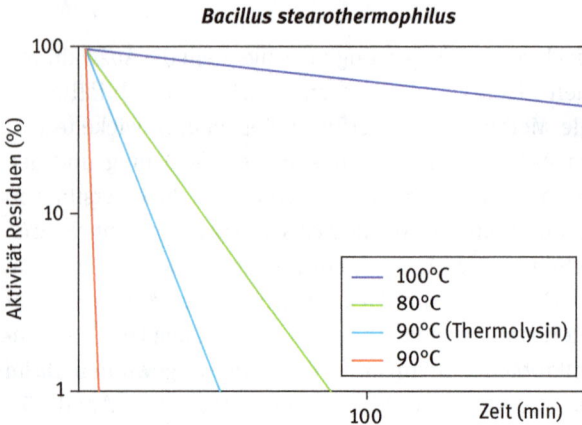

Abb. 3.23: Inaktivierung erster Ordnung für eine Protease (Aktivität der Residuen gegen Zeit) zeigt eine signifikante Erhöhung der Thermostabilität eines Mutanten hervorgegangen aus *Bacillus stearothermophilus* gegenüber dem Wildtyp (van den Burg et al. 1998).

führt Gene oder Gencluster, die *WP3* in die Lage versetzen, eine Akquise von Nährstoffen, Energieproduktion, Synthese von Makromolekülen sowie die Funktionalität der Proteine den Bedingungen der Tiefsee anzupassen ([1]Wang et al. 2008). Eingeschlossen in die Prozesse der Adaption sind u. a. eine Modifikation der RNS, die Synthese des Osmolyten, der Transport etc. Auch die Vielzahl der auf Cytochrom C bezogenen Gene verweist auf die hohe Flexibiltät bei der Respiration, dem Elektronenfluss u. a. Hier liegen nach Einschätzung von [1]Wang et al. (2008) Chancen und Perspektiven für ein breites Spektrum an biotechnologischen Anwendungen.

(g) Thermostabilisierung

Salazar et al. 2003 berichten über eine Thermostabilisierung einer Cytochrom-P450-Peroxygenase, versehen mit einer Halbwertszeit, die bei 57,5 °C um ein Vielfaches (250-mal) über dem Wildtyp liegt. Als Methoden setzten sie u. a. Restriktionsenzyme, Exprimierung sowie Aufreinigung von Enzymen, Mutantenbibliotheken, Aktivitätsassays ein.

(h) Elektronentransfer

Am Beispiel des extrem thermoacidophilen Crenarchaeon *Metallosphaera sedula* gelang es, durch Transkriptome die für die Oxidation von Fe- und S-Verbindungen verantwortlichen diskreten Komponenten der Elektronentransferkette anzusprechen (Auernik & Kelly 2008). Hierzu kam eine globaltranskriptionale Analyse unter Verwendung von Fe^{2+} und reduzierten, anorganischen S-Komponenten (*reduced inorganic sulfur compounds* = RISCs) zum Einsatz, um sowohl die Antwort von spezifischen

Genen verbunden mit den erwähnten Komplexen als auch bekannte und vermutete Elemente von respirativen Elektronentransferketten verfolgen zu können. Die offenen Leserahmen/-raster aller fünf terminalen Oxidasen oder ähnlicher bc_1-Komplexe wurden einer Stimulation unter einer oder mehreren Konditionen unterzogen.

Die Komponenten von *fox*, d. h. von *Msed0467* bis *Msed0489*, sowie *soxNL-cbsABA*, d. h. von *Msed0500* bis *Msed0505*, der terminalen/chinonalen Oxidase-Cluster wurden durch ein Fe^{2+}-Ion erzeugt, wohingegen im Falle des terminalen Oxidase-Cluster von *soxABCDD*, d. h. von *Msed0285* bis *Msed0291*, eine Anregung durch Tetrathionat ($S_4O_6^{2-}$) und S^0 stattfand. Chemolithotrophe Elemente des Elektronentransports, inklusive einer vermuteten Tetrathionate-Hydrolase, d. h. *Msed0804*, ein neuer der Polysulfid/S/Dimethyl-Sulfoxid-Reduktase ähnlicher Komplex, d. h. von *Msed0812* bis *Msed0818*, und eine ebenso neue der Heterodisulfid-Reduktase ähnelnde Komponente, d. h. von *Msed1542* bis *Msed1550*, wurden gleichfalls mit *RISC* behandelt/angeregt (Auernik & Kelly 2008). Weiterhin gelang es, mehrere bislang hypothetisch angenommene Proteine mit starker Resonanz zu Fe^{2+} oder RISCs zu identifizieren. Dies könnte ein möglicher Hinweis auf zusätzliche Kandidaten hinsichtlich auf Fe- oder S-Oxidation beruhender Pfade sein. Entsprechend der vorliegenden Analyse kann, geeignet für die Untersuchung von spezifischen Details der Fe- und S-Oxidation im Zusammenhang mit zur Biolaugung befähigten *Archaea*, als Ausgangsbasis ein detailliertes Modell für den Elektronentransport in *M. sedula* vorgeschlagen werden (Auernik & Kelly 2008).

(i) Arsen (As)

Infolge von Studien zum mikrobiellen As verknüpfen Mukhopadhyay et al. (2002) Georecycling mit Genen und Enzymen. As-haltige Komponenten treten in der Umwelt seit der Entstehung von Lebensformen in toxisch wirkenden Konzentrationen auf. In Erwiderung dieser Vorgänge entwickelten insbesondere Mikroorganismen wirkungsvolle Resistenzen gegenüber As mit entsprechender Ausstattung an Enzymen. Sie sind zur Oxidation von As^{3+} zu As^{5+} bzw. Reduktion von As^{5+} zu As^{3+}, z. B. Bildung und Abbau von organischen As-Verbindungen wie z. B. Methylarsen befähigt (Mukhopadhyay et al. 2002). Übergreifend sind in den Geozyklus von As u. a. ein mikrobieller Metabolismus sowie eine hiermit assoziierte Mobilisierung/Immobilisierung einbezogen, und hinsichtlich des jeweiligen Mikroorganismus sind insbesondere die in respiratorische Prozesse einbezogenen *ars*-Operone für die Resistenz gegenüber As^{3+} sowie As^{5+} verantwortlich. DNS-Sequenzierung sowie Protein-Kristallstrukturen verhalfen zu einer Etablierung einer konvergierenden Evolution dreier Klassen von Arsenat-Reduktasen, d. h., es besteht keine herkömmliche evolutionäre Herkunft. Vorgeschlagene Reaktionsmechanismen beziehen drei mit Cystein assoziierte Thiolgruppen sowie intermediäre S-As-Bindungen ein (Mukhopadhyay et al. 2002). Auf die Transformation von As sowie in die As-Resistenz einbezogene Gene, verbunden mit unterschiedlichen Stufen As-kontaminierter Böden, gehen Cai et al. (2009) ein.

In Verbindung mit der Verteilung und Diversität identifizierten Cai et al. (2009) in Böden 58 gegenüber As resistente Bakterien, den Grad an Resistenz und die hiermit assoziierten Genen. Zu den angesprochenen Mikroorganismen zählen *Acinetobacter sp.*, *Agrobacterium sp.*, *Athrobacter sp.*, *Rhodococcus sp.*, *Pseudomonas sp.*, *Stenotrophomonas sp.* u. a. Speziell fünf Vertreter AsO_3^{3-}-oxiderender Mikroorganismen, d. h. *Achromobacter sp.*, *Agrobacterium sp.* und *Pseudomonas sp.*, weisen im Vergleich mit nicht As oxidierenden Bakterien eine höhere Resistenz gegenüber Arsenit (AsO_3^{3-}) auf. Mithilfe einer PCR gelang es Cai et al. (2009), die entsprechenden Gene für die Arsenit-Oxidase sowie den AsO_3^{3-}-Transporter zu identifizieren, z. B. *aoxB*. So sind z. B. insbesondere für AsO_3^{3-} oxidierende Bakterien die *aoxB*-Gene charakteristisch. Besitzen Stämme *aoxB*- als auch *arsB*-Gene, d. h. Transporter-Gene, offenbaren sie im Vergleich mit jenen Stämmen, die nur über Transporter-Gene verfügen, einen höheren Grad an Resistenz. Cai et al. (2009) ziehen hinsichtlich z. B. *arsB* die Möglichkeit eines horizontalen Gentransfers, d. h. *quorum sensing*, Abschn. 3.4 (d), für von mit As kontaminierten Böden isolierten Stämmen in Betracht.

Ungeachtet dessen, dass As für den Großteil der Organismen toxisch ist, nutzen bestimmte Prokaryoten zur Respiration As-Verbindungen, z. B. Arsenate (AsO_4^{3-}) und Arsenit (AsO_3^{3-}). So sind zwei Enyzme bekannt, die für einen auf As basierenden Metabolismus erforderlich sind (Zargar et al. 2010):

(1) eine auf AsO_4^{3-} beruhende respiratorische Reduktase, d. h. *ArrA*, und
(2) eine Arsenit-Oxidase, d. h. *AoxB*.

Beide katalytisch wirksamen Enzyme enthalten Molybdorin als Cofaktoren und bilden unterscheidbare phylogenetische Stämme (clades), d. h. *ArrA* und *AoxB*, innerhalb der Dimethyl-Sulfoxid-(DMSO-)Reduktasen. Im Rahmen entsprechender Studien gelang im haloalkaliphilen, AsO_3^{3-} oxidierendem Bakterium *Alkalilimnicola ehrlichii MLHE-1*, das eine phylogenetische Lücke zwischen den *ArrA*- und *AoxB*-Kladen von As-Stoffwechsel bezogenen Enzymen ausfüllt, die Identifizierung eines „neuen" Arsenit-Oxidase-Gens, d. h. *arxA* (Zargar et al. 2010). Diese „neue" Arsenit-Oxidase wurde mit *ArxA* in Verbindung gebracht sowie in der Genomsequenz des o. a. Bakteriums entdeckt. Das chemolithoautotrophe Bakterium *A. ehrlichii MLHE-1* verbindet die Oxidation von Arsenit (AsO_3^{3-}) mit einer Reduktion von Nitrat. Ein genetisches System wurde für *MLHE-1* entwickelt und dahingehend eingesetzt, um den Nachweis zu erbringen, dass *arxA* (gene locus ID mlg_ 0216) zur chemoautotrophen Oxidation von AsO_3^{3-} erforderlich ist. Wie durch eine Analyse der Transkription angezeigt, lässt sich *mlg_0216* nur in Anwesenheit von AsO_3^{3-} und unter anaeroben Bedingungen exprimieren. Aufgrund seiner größeren Homologie zu *arrA* und im Vergleich mit *aoxb* wird das *mlg_0216*-Gen dem *arxA* zugeordnet und vorausgegangene Arbeiten implizieren die Einbeziehung von Mlg_0216 (*ArxA*) des *MLHE-1* in die *In-vitro*-Oxidation von AsO_3^{3-} und die Reduktion von Arsenat. Beobachtungen zufolge repräsentiert *ArxA* einen eigenen Stamm innerhalb der *DMSO*-Reduktasen (Zargar et al. 2010). Diese Ergebnisse leiten zu Fragen über die evolutionären Beziehungen zwischen

Arsenit-Oxidasen (*AoxB*) und respiratorischen Reduktasen (*ArrA*) über. Die Kopplung mikrobieller As-Oxidation mit dem Nachweis und der phylogenetischen Analyse von für die Arsenit-Oxidase zuständigen Genen aus diversen geothermalen Habitaten beleuchten Hamamura et al. (2009). Ungeachtet des weitverbreiteten Auftretens von aeroben Arsenit-Oxidase-Genen, d. h. ähnlich dem *aroA*, in bakteriellen Reinkulturisolaten, Böden, Sedimenten und geothermalen Matten lassen sich diese Gene nicht in allen Geothermalsystemen, in denen eine mikrobielle AsO_3^{3-}-Oxidation stattfindet, identifizieren.

Bezüglich einer Klärung dieser Beobachtung wurden die Oxidationsraten für AsO_3^{3-} in geochemisch verschiedenen thermalen Habitaten mit einem weiten pH-Wertebereich von 2,6–8 gemessen und die mit dem, AsO_3^{3-} oxidierenden und mit dem Umfeld verbundenen 16S rRNA und *aroA*-Genotypen beschrieben (*Yellowstone National Park*). Zur Aufnahme einer vormals nicht beschriebenen Gendiversität einer *aroA*-ähnlichen Arsenit-Oxidase nutzten Hamamura et al. (2009) die Kombination aus einer geochemischen Analyse inkl. der Ermittlung der Oxidationsrate von AsO_3^{3-} innerhalb geothermischer Ausflusskanäle. Weiterhin gingen in die o. a. Messungen unter Einsatz eines neu entworfenen Primers die Analysen von 16S-rRNA-Genen und *aroA*-funktionaler Gene ein.

Entsprechend Hamamura et al. (2009) ist im sauren Milieu, d. h. bei einem pH-Wert von 2,6–3,6, innerhalb der Fe-Oxyhydroxid führenden mikrobiellen Matten die Mehrheit der bakteriellen 16S rRNS-Gensequenzen mit *Hydrogenobaculum sp.* (*Aquificales*) verbunden. Dahingegen treten in nahezu neutralen Wässern (pH = 6,2–9) andere Mitglieder von Aquificales auf, z. B. *Sulfurihydrogenibium sp.*, *Thermocrinis sp.* und *Hydrogenobacter sp.* Weiterhin sind Vertreter von *Deinococci sp.*, *Thermodesulfobacteria sp.* u. a. beschrieben. Modifizierte Primer, entworfen in Verbindung mit bereits aufgenommenen und neu identifizierten *aroA*-ähnlichen Genen, erweitern erfolgreich die Abstammungen der *aroA*-ähnlichen Gene von *Aquificales* aller von Hamamura et al. (2009) untersuchten Geothermalsysteme.

Die durch den erhöhten As-Eintrag verursachten Trinkwasserprobleme im südlichen und südöstlichen Asien sind Anlass zu zahlreichen Untersuchungen über die mikrobiellen Einflüsse/Kontrolle auf das Redoxcycling von As in Böden und Grundwasser (Inskeep et al. 2007). Einen im globalen Stoffkreislauf von As kritischen Aspekt stellt die mikrobielle Oxidation von AsO_3^{3-} dar, wobei eine Vielzahl phylogenetisch unterschiedlicher Mikroorganismen aus diversen aquatischen und bodenbezogenen Milieus isoliert und beschrieben ist (Inskeep et al. 2007). Ungeachtet dessen, dass ein erheblicher Fortschritt bei der Charakterisierung des As-Stoffwechsels von verschiedenen Kulturen vorliegt, fehlen Entwicklungen zur funktionalen Genansteuerung, um die Wichtigkeit und Verbreitung von AsO_3^{3-}-oxidierenden Genen in Boden-, Wasser- sowie Sedimentsystemen zu bestimmen. Einen Beitrag hierzu leisten Arbeiten von Inskeep et al. (2007). Sie berichten über die Vervielfältigung von Arsenit-Oxidase-ähnlichen Genen, d. h. *aroA/asoA/aoxB*, angetroffen in einer Reihe von Bodensedimenten und geothermalen Habitaten mit nachgewiesener Oxidation des

AsO_3^{3-}. Bislang stehen nur 16 *araA-/aoxB*-ähnliche Gensequenzen in der Genbank zur Verfügung. Die überwiegende Anzahl sind vermutete Zuordnungen, zur Verfügung gestellt von einer auf Homologie spezialisierten Suche des kompletten Genoms (Inskeep et al. 2007). Ungeachtet dessen, dass sich *aroA-/asoA-/aoxB*-Sequenzen nur schwer erhalten lassen, gelingt es den o. a. Autoren, mittels degenerierter Primer mehr als 160 *aroA*-ähnliche Sequenzen von geographisch zehn isolierten Lokalitäten aus 13 AsO_3^{3-} oxidierenden Organismen anzusprechen. Die Bestände an Primern erweisen sich zur Bestätigung von *aroA*-ähnlichen Genen in einem AsO_3^{3-} oxidierenden Organismus sowie in geothermalen Habitaten, mit u. a. der Oxidation von AsO_3^{3-} zu Arsenat, von Nutzen. Als Ergebnis ihrer Arbeiten vermuten Inskeep et al. (2007) eine weitaus größere Verbreitung von Genen zur aeroben Oxidation von AsO_3^{3-} innerhalb der bakteriellen Domäne als bislang angenommen. Auch bei den biogeochemischen Kreisläufen von As scheinen sie entscheidend miteinbezogen zu sein.

Für *Ralstonia metallidurans*, ein speziell an toxische Metalle angepasstes Bakterium, präsentieren Mergeay et al. (2003) einen Katalog von auf Metalle reagierenden Genen. Das Proterobakterium *R. metallidurans* bewohnt als Habitat industrielle Abfallströme in Form von Sedimenten, Böden und anderen Akkumulationen, ausgezeichnet durch hohe Gehalte an Metallen. So führt z. B. der Stamm *CH34* von *R. metallidurans* ausgedehnte Plasmide, inventarisiert mit Genen und ist verantwortlich für eine Resistenz gegenüber Metallen, Abschn. 2.3.2.

Durch Vergleiche des Genoms mit einem nicht im anthropogen überprägten Umfeld auftretenden Repräsentanten des o. a. Mikroorganismus, d. h. *Ralstonia solanacearum*, scheint gemäß vorliegenden Daten die Adaption an extreme, durch anthropogene Einflüsse hervorgerufene Umweltbedingungen evolutionär erfolgt zu sein (Mergeay et al. 2003), Abschn. 2.6.5/Bd. 2. Die mikrobielle Oxidation von Arsen wird mit der Detektion und phylogenetischen Analyse von Arsenit-Oxidasegenen aus diversen geothermalen Milieus verknüpft (Hamamura et al. 2009). Eine Identifizierung und Charakterisierung von in die mikrobielle Oxidation von AsO_3^{3-} einbezogenen Genen trägt zum Verständnis jener Faktoren bei, die den Stoffkreislauf von Arsen im natürlichen Umfeld kontrollieren. Aerobe, auf AsO_3^{3-} bezogene Gene, d. h. *aroA*-ähnlich, sowie bakterielle, in Kulturen aufgezogene Isolate sind aus Böden, Sedimenten und geothermalen Matten entdeckt.

Ergänzend liefern Studien, ausgeführt durch Hamamura et al. (2009), Angaben zu den Raten einer Oxidation von AsO_3^{3-} innerhalb geothermaler Systeme. Geochemische Messungen ergeben für die ausgewählten Habitate, d. h. Geothermalfelder, für den pH-Wert eine Spannweite von ca. 2,6–8. Liegt ein pH-Bereich von 2,6–3,6 vor, sind anhand der identifizierten Gen-Sequenzen (16S rRNA) in den mikrobiellen, Fe-Oxyhydroxid führenden Matten überwiegend Beziehungen zu *Hydrogenobaculum sp.* erkennbar. Pendelt der pH-Wert zwischen ca. 6 und 8, sind eine Fülle abweichender Mikroorganismen beschrieben, z. B. *Sulfurihydrogenibium sp.*, *Thermocrinis sp.*, *Hydrogenobacter sp.*, *Deinococci sp.*, *Thermodesulfobacteria sp.* u. a. Es stehen somit eine Reihe weiterer Gene zur Arsenit-Oxidase zur Verfügung, anzutreffen in geochemisch unterscheidbaren geothermischen Habitaten (Hamamura et al. 2009).

(j) Gold (Au)

Mechanismen einer Au-Biomineralisation im metallophilen Bakterium *Cupriavidus metallidurans CH34* repräsentieren das Ergebnis einer Au-regulierten Genexprimierung mit dem Resultat einer von Energie abhängigen reduktiven Präzipitation toxischer Au^{3+}-Komplexe (Reith et al. 2009). In Biofilmen organisiert, akkumuliert *C. metallidurans CH34* Au^{3+}-Komplexe aus entsprechend vorbereiteten Lösungen. Analysen enthüllen eine enge Verbindung zwischen der Bildung von Au^{1+}-S-Komplexierungen sowie der zellulären Anreicherung von Au. Da diese Vorgänge die Toxizität der Au fördern, reagiert *C. metallidurans CH34* zur Erhöhung eines zellulären Widerstands unter Initialisierung eines oxidativen Stresses sowie Gencluster betreffs Metallresistenz, d. h. Au-spezifischer Operone, Abschn. 2.3.2 (k). Eine Kombination von Efflux, Reduktion und eventuell Methylierung von Au-Komplexen mit dem Ergebnis einer Erzeugung von Au^{1+}-C-Komponenten sowie nanopartikularem Au^0 definiert diese Abwehrstrategie (Reith et al. 2009). Hinsichtlich der Exprimierung psychrophiler Gene in mesophilen Wirtsorganismen am Beispiel einer rekombinanten Amylase veröffentlichen Feller et al. (1998) Studien. Für *Geobacter sulfurreducens* schildern Rollefson et al. (2009) die Identifikation von Genen, die sowohl in die Bildung von Biofilmen als auch in die Atmung einbezogen sind.

(k) Multikupfer-Oxidase

Über die Eigenschaften, die Möglichkeiten zum Klonen von Genen und Aufreinigung von Proteinen einer Multikupfer-Oxidase, gewonnen aus *Klebsiella sp. 601*, berichten Li et al. (2008). Hierzu wurde eine mutmaßliche Multikupfer-Oxidase (MCO) vom Bodenbakterium *Klebsiella sp. 601* geklont und seine korrespondierenden Enzyme wurden in einem *E.-coli*-Stamm überexprimiert. Die MCO von *Klebsiella sp. 601* setzt sich aus 536 Aminosäuren mit einer molekularen Masse von 58,2 kDa zusammen, eine theoretische Kalkulation liefert einen pH-Wert von 6,11.

Die Aminosäuresequenz von *Klebsiella sp. 601* MCO ist mit einer Ähnlichkeit von 90 % und Identität von 78 % streng homolog mit der *CueO* von *E. coli*. Abweichend von der *E. coli CueO* führt die *Klebsiella sp. 601* MCO ca. 20 Aminosäuren mehr an ihrem C-Terminal (Li et al. 2008). Mittels einer Ni-Affinitäts-Chromatographie lässt sich das Enzym bis zur Homogenität aufreinigen. Als Substrat können dem aufgereinigten Enzym 2,6-Dimethoxyphenol (= DMP), 2,2′-Azino-Bis(3-Ethylbenz-thiazolin-Sulfonsäure (= ABTS) und Sy-Ringaldazin (= SGZ) angeboten werden. Für DMB liegt der optimale pH-Wert bei 8,0, für ABTS bei 3,0 und für SGZ bei 7,0. Die MCO von *Klebsiella sp 601* erweist sich bei einem pH-Wert von 7 als stabil und die Aktivität verblieb ohne erkenn-

Tab. 3.8: Kinetische Studien (Li et al. 2008).

Spezies	K_m (mmol l^{-1})	K_{cat} (s^{-1})	K_{cat}/K_m (s^{-1} mmol^{-1} l)
DMB	0,49	$1,08 \cdot 10^3$	$2,23 \cdot 10^3$
ABTS	5,63	$6,64 \cdot 10^3$	$1,18 \cdot 10^3$
SGZ	0,023	11	$4,68 \cdot 10^2$

baren Wechsel ca. 25 h konstant. Kinetische Studien ergaben für DMB, ABTS und SGZ sehr unterschiedliche Werte (Li et al. 2008), Tab. 3.8.

Zu dem molekularen Klonen und der Charakterisierung einer neuen Multikupfer-Oxidase, abgeleitet aus einer Metagenombibliothek, mit Laccaseaktivität und hoch-löslicher Expression, äußern sich Ye et al. (2010). *CueO* ist eine Multikupfer-Oxidase (MCO), einbezogen in die Homöostase von Cu in *Escherichia coli*, und stellt bislang die einzige nachgewiesene Cu-Oxidase dar. Abweichend von anderen MCOs verbirgt sich die das Substrat bindende Site von *CueO* unter einer an Methionin reichen helikalen Region mit Alpha-Helices von 5, 6 und 7, die mit dem Zugriff auf organische Substrate interferieren. Nach Löschung des Pro357- bis His406-Abschnitts und Austausch durch einen Gly-Gly-Linker kommt es u. a. zur Veränderung in der Kristallstruktur des beschränkten Mutanten (Ye et al. 2010).

Mit der Struktur und Funktion einer konstruierten Multikupfer-Oxidase *CueO* aus *E. coli* sowie einer hiermit durchgeführten Löschung des helikalen, an Methionin reichen Abschnitts, der die substratbindende Stelle bedeckt beschäftigten sich Kataoka et al. (2007). Hierzu ersetzt ein Gly-Gly-Linker die vorab gelöschte Region *Pro357-His406*. In An- und Abwesenheit bei einem Überschuss an Cu^{2+} offenbart sich im Vergleich mit *CueO*, dass die Gerüststruktur des *CueO*-Moleküls und die metallbindenden Seiten des gekürzten Mutanten erhalten bleiben. Ebenso zeigen sich, entsprechend seinen vier Cu-Zentren, die Thermostabilität des Proteinmoleküls, seine spektroskopischen und magnetischen Eigenschaften nach Kürzung unverändert (Kataoka et al. 2007).

Betreffs der Funktionen verringert sich die Aktivität der Cu-Oxidase des in Frage kommenden Mutanten gegenüber dem rekombinanten *CueO* um ca. 10 %. Bedingt wird diese Entwicklung durch die Abnahme in der Affinität der labilen Cu-Sites gegenüber Cu$^+$-Ionen. Dies geschieht ungeachtet dessen, dass die Aktivitäten für Laccase-führende Substrate, in Verbindung mit den Wechseln, in ihrer Verfügbarkeit für eine bestimmte Cu-Site ansteigen. Zusammenfassend liegen Hinweise über den Einfluss bestimmter Faltungsarten auf das Verhalten von Enzymen gegenüber Substraten vor. Im o. a. Beispiel statten diese Phänomene *CueO* mit für eine Cu-Oxidase typischen Merkmalen aus (Kataoka et al. 2007).

(l) MTB

Zur Transposonmutagenese und zum Klonen von auf das Genom bezogenen zur Synthese von Magnetosomen erforderlichen DNS-Fragmenten sowie zum Gentransfer in magnetotakten Bakterien (MTB) unterbreiten Matsunaga et al. (1992) ihre Arbeiten. Eine Anwendung rekombinanter DNS-Techniken zur kontrollierten Kristallisation von Magnetit sieht sich mit einer Reihe von Schwierigkeiten konfrontiert. Darunter fallen die Probleme bei der Aufzucht unter Laborbedingungen, die Aufreinigung sowie Bildung von Kolonien. Über die vollständige Genomsequenz des fakultativ anaeroben, magnetotakten Bakteriums *Magnetospirillum sp. AMB-1* berichten Matsunaga et al. (2005). Aufgrund genetisch ausgerichteter Arbeiten vermuten die o. a. Autoren für den Vorgang der Magnetosomgenese einen vierstufigen Ablauf:

(1) Invagination der cytoplasmatischen Membran und Bildung der Vesikel als Präkursor für die Magnetosom-Membran,

(2) Akkumulation von Fe^{2+}-/Fe^{3+}-Ionen in der Zelle und den Vesikeln,

(3) kontrollierte Reduktion-Oxidation von Fe,

(4) Kristall-Nukleation und Regulierung der Morphologie.

(m) Neue Materialien

Mit den jüngsten Enwicklungen des nanoskaligen Engineerings auf dem Gebiet der physikalischen und chemischen Wissenschaften und den Fortschritten in der molekularen Biologie ausgestattet, kombiniert die molekulare Bionik genetische Werkzeuge und evolutionäre Ansätze mit synthetischen Konstrukten in der Nanodimension, um eine innovative Methodologie zu kreieren. Genetisch entworfene peptidbasierte molekulare Materialien stellen [1,2]Tamerler & Sarikaya (2009) vor. Den fundamentalen Prinzipien eines genombasierten Designs, molekularer Erkennung und Selbstorganisation in der Natur folgend, lassen sich rekombinante DNS-Techniken zum Design von einfach- oder multifunktionalen Peptiden und peptidbasierten molekularen Konstrukten einsetzen, die fähig sind, mit Feststoffphasen und anderen sythetischen Systemen in Wechselwirkung zu treten. Unter Beachtung der grundlegenden Prinzipien eines genombasierten Designs, der molekularen Erkennung und Gesetze einer Selbstorganisation in der Natur eignen sich rekombinante Techniken, um einfache oder multifunktionale Peptide und peptidbasierte molelulare Konstrukte zu entwerfen, die in Wechselwirkung mit Feststoffphasen und anderen synthetischen Systemen treten. Diese an Feststoffphasen anhaftenden Peptide dienen in vielfältiger Weise neuen Technologien, d. h. Materialwissenschaften, als anorganische Synthesewerkzeuge, NP-Linker, molekulare Bausteine u. a. ([1,2]Tamerler & Sarikaya 2009) Eine Exprimierung von hypothetischen Genen in *Desulfovibrio vulgaris* führt zur verbesserten funktionalen Notierung (Elias et al. 2009).

(n) Sanierung

Aber auch für die Sanierung von Grundwässern sind die Kenntnisse des genetischen Dateninventars von *Thiobacillus denitrificans* eine große Hilfestellung (Beller et al. 2006), Abschn. 2.5.3/Bd. 2. *Geobacter sp.* übernimmt eine wichtige Funktion bei der biologischen Sanierung kontaminierter Geosphären und der Generierung von Elektrizität aus organischen Abfallstoffen in einer mikrobiellen Brennstoffzelle. Hierfür stehen Informationen über eine genomweite Genregulation der Biosynthese und Energieerzeugung durch einen neuartigen Transkriptionsrepressor in *Geobacter sp.* durch Ueki & Lovley (2010) zur Einsicht. Kenntnisse in Metallresistenzen, aufgenommen im genetischen Datenbestand, helfen u. a. bei Maßnahmen zur Sanierung kontaminierter Böden (Roosa et al. 2014).

(o) Interdisziplinär

Interdisziplinär gesehen, ergeben sich Schnittstellen zu benachbarten Arbeitsgebieten. So berichten z. B. Moreau et al. (2010) über die hohe Diversität von Genen einer dissimilatorischen Sulfit-Reduktase (*dsrAB*) in einem Brackwassergebiet, überprägt durch eine langfristige Beeinträchtigung saurer Drainagen aus dem Bergbau. Macalady & Banfield (2003) stellen einen Bezug zwischen Genen und geochemischen Kreisläufen her. Der genetische Aspekt der Erde ist auf das Engste mit der Evolution neuer mikrobieller Stämme und Kapazitäten verbunden.

Fossile Aufzeichnungen bilden die Grundlage zur Entwicklung der geologischen Zeitskala und stratigraphischer Korrelationen. Basierend auf dem fossilen Inventar, verhilft dieses zu einer zeitlichen Zuordnung von Perioden mit biologischer Innovation sowie Auslöschung (Macalady & Banfield 2003). Mikrobielle Genome liefern Informationen über die metabolische Leistungsfähigkeit und Genregulation in noch vorhandenen Organismen. Ergänzend bieten sie Hinweise, die zur Entwicklung dieser Gene in der geologischen Vergangenheit führten. In diesem Kontext können neuzeitliche/rezente prokaryotische Genome eine Verbindung zwischen Geo- und Biosphäre durch ihre im Verlauf der Evolution entwickelten Signaturen anbieten (Macalady & Banfield 2003).

Zunehmend stehen bei der Entwicklung leistungsoptimierter Enzyme neuartige Vorgehensweisen zur Verfügung. Auf diese Weise lassen sich verhältnismäßig rasch auch selten auftretende Katalysen in Genbibliotheken suchen. In der Regel. nutzen Studien in diesem Zusammenhang auxotrophe Stämme (Neuenschwander et al. 2007).

Zusammenfassend
bezüglich einer biogenen Synthese metallischer Partikel erlaubt das genetische Dateninventar gezielte Eingriffe zur Veränderung des ursprünglichen Datenbestandes. Insgesamt sind alle Vorgänge
sowie Synthesen, die seitens eines Mikroorganismus an der Schnittstelle Biomasse : Mineral durchgeführt werden und zur Synthese metallischer NP erforderlich sind, in genetischen Datenbanken hinterlegt. Bei entsprechendem Bedarf sowie Kenntnis bieten sich gezielte gentechnische Engriffe an.

3.4.1 *Magnetosome island*

Als eine wichtige Datenbank bezüglich der biogenen Synthese metallischer Nano-
partikel/-cluster, in Form von Magnetitkristalliten innerhalb der Magnetosomen von
MTB, erweist sich nach aktuellem Stand der Erkenntnis das *magnetosome island*
(MAI). Im Deutschen unter dem Begriff der Magnetosomen-Insel geführt (Schüler
2005), berichten übereinstimmend zahlreiche Studien über das Auftreten innerhalb
der Genomsequenz lokalisierter, spezieller Regionen, organisiert in Genclustern,
ausgestattet mit diversen ORF (Murat et al. 2010, Schüler 2005).

Es sind nach bislang vorliegenden Daten durch vollständige Sequenzierung in
den Genomen von u. a. *Magnetospirillum magneticum AMB-1*, *M. magnetotacticum
MS-1*, *M. gryphiswaldense MSR-1*, *Magnetococcus sp. MC-1* sowie *Desulfovibrio magneticus RS-1* entsprechende MAI identifiziert (Rioux et al. 2010). Übereinstimmend weist
ein MAI eine Größe von ca. 100 kb auf, verhält sich instabil und unterliegt häufigen
Rearrangements. Geht das MAI verloren oder wird es ausgelöscht, ist das betreffende
Bakterium nicht mehr in der Lage, Magnetosome zu synthetisieren (Rioux et al. 2010).

Innerhalb des MAI treten zahlreiche vertauschbare Elemente, direkte Wiederholung sowie tRNS auf und der niedrige Guanin-Cytosin-Gehalt könnte nach Meinung
von Rioux et al. (2010) einen Hinweis für einen horizontalen Gentransfer, verantwortlich für die Ausbreitung der Magnetotaxis innerhalb von Mikroorganismen, darstellen. Eine hochvariable 130-kb-Genomregion von *Magnetospirillum gryphiswaldense*
enthält ein MAI, das während des stationären Wachstums einer häufigen Reorganisation unterzogen ist (Ullrich et al. 2005). Im Genom von *M. gryphiswaldese* treten
Gencluster auf, die geeignete Datensätze zur Biomineralisation von Magnetit (Fe_3O_4)
enthalten. In einem 482 kb umfassenden Genomfragment ist eine 130 kb große Region anzutreffen, die über einen speziellen Bestand an Informationen zur Synthese
magnetischer Fe-Minerale verfügt, vermutlich ein in das Genom integriertes MAI. Zusätzlich zu den bekannten mit dem Magnetosom assoziierten Genen führt das MAI
Gene mit vermuteter Einbeziehung in die Biomineralisation von Magnetit, zahlreiche
Gene mit unbekannter Funktion sowie Pseudogene und verfügt über zahlreiche In-
sertionselemente. Wie durch substantiellen Sequenzpolymorphismus von Klonen aus
verschiedenen Subkulturen angezeigt, unterliegt diese Region während ihrer laufenden Subkultivierung im Laboratorium häufigen Rearrangements (Ullrich et al. 2005).

Nach Aussetzen des Zellmaterials unter oxidativen Stress oder einer längeren Lagerung bei 4 °C entwickeln sich spontan Mutanten mit beeinträchtigter Magnetosombildung. Alle nicht magnetischen Mutanten zeigen ausgedehnte und multiple Deletionen innerhalb des MAI und verlieren entweder Teile oder alle mit der Fähigkeit zur Kodierung von Magnetosom-Proteinen ausgestatteten *mms*- oder *mam*-Gencluster. Bezüglich der Sites und des Ausmaßes an Gendeletionen verhalten sich die Mutationen, entsprechenden Analysen zufolge, polymorph und es geht offensichtlich ein Verlust an diversen Kopien von Insertionselementen einher. Jedoch treten, bezogen auf MAI, Gendeletion sowie Insertion ebenfalls in verschiedenartigen Magnetosome produzierenden Klone auf, d. h., Teile dieser Region sind möglicherweise für den magnetischen Phänotyp nicht wesentlich. Nach einem Vorschlag von Ullrich et al. (2005) unterliegt des genomische MAI häufigen Transpositionsereignissen, die zu einer nachfolgenden Gendeletion durch homologe Rekombination unter den Bedingungen eines physiologischen Stresses führen können. Ihrer Bewertung zufolge könnten die beschriebenen Phänomene als Adaption gegenüber physiologischem Stress angesehen werden und einen Beitrag zur genetischen Plastizität und Mobilisierung des MAI leisten.

Häufig sind durch RecA (auf DNS bezogenes Protein) geförderte Mutationen innerhalb des genomischen *magnetosome island* (MAI) aus *M. gryphiswaldense* (Kolinko et al. 2011). Gene, verantwortlich für die Erzeugung von Magnetosomen, liegen als Cluster in ausgedehnten genomischen MAI vor. Immer wieder kommt es aufgrund eines metabolischen Stresses innerhalb der MAI zu spontanen Gendeletionen und Rearrangements. Eine bislang vermutete Ursache, d. h. Vorgänge einer von *RecA* abhängigen homologen Rekombination zwischen den zahlreichen Sequenzwiederholungen, scheint sich infolge der Untersuchungen von Kolinko et al. (2011) zu bestätigen. Denn in einem durch die o. a. Autoren publizierten Versuch zeigt sich, dass ein an *RecA* defizitärer Stamm von *M. gryphiswaldense* (*IK-1*) keine genetischen Instabilitäten hinsichtlich einer Magnetosombildung aufweist. Hingegen erweist sich dieser Stamm mit einer höheren Sensitivität gegenüber O_2 sowie UV-Bestrahlung versehen. Zusätzlich baut der Mangel an *RecA* den allelisch geprägten Austausch im Mutanten ab. Ungeachtet dessen, dass Zellen vom Stamm *IK-1* eine leicht veränderte Morphologie aufweisen, verbleibt jedoch, auch bei Abwesenheit von *RecA*, die Fähigkeit einer Synthese von dem Wildtyp ähnlichen Magnetosomen unbeeinträchtigt. Den Studien von Kolinko et al. (2011) zufolge kommt es betreffs der Magnetosomformation vorwiegend durch die *RecA*-unterstützte Rekombination zur beobachteten genetischen Instabilität im Wildtyp.

Darüber hinaus scheint sich die erhöhte genetische Stabilität des Stamms *IK-1* zur Exprimierung von Genen, weiterführenden gentechnischen Arbeiten sowie zur biotechnologisch determinierten Produktion von bakteriellen Magnetosomen zu eignen (Kolinko et al. 2011). Ein weiteres Beispiel für die aktive Rolle von Enzymen/Proteinen im Verlauf der Bildung metallischer Nanocluster/-arrays bieten Arbeiten zur Magnetosommatrix/-membran (Matsunaga et al. 2005). Eine partielle Proteomanalyse der Magnetosommembran von *Magnetospirillum sp. AMB-1* (Wildtyp) eines gramnegativen, fakultativ anaeroben, magnetotakten α-Proteobakteriums weist zahlreiche zur Oxidation und Reduktion befähigte Proteine auf, daneben kann ein *Signal-Response-Protein* identifiziert werden. Das Datenmaterial stützt sich auf die Beschreibung der gesamten Genomsequenz und bedient sich zwecks der Identifizierung der für die Magnetosombildung verantwortlichen Gene u. a. der Transposonmutagenese (Matsunaga et al. 2005). Insgesamt bieten diese Arbeiten verwertbare Ansätze zu gezielten gentechnischen Eingriffen, d. h. Optimierungsstrategien.

Eine umfangreiche genetische Dissektion eines *Magnetosom-Gen-Island* (= MAI) offenbart die stufenweise Assemblierung einer prokaryotischen Organelle, d. h. Biogenese einer Magnetosommembran (Murat et al. 2010). Mehr als ein Dutzend Faktoren beteiligen sich an der Bildung von Magnetosomen, die wiederum in einem mehrstufigen Verfahren entstehen. In diesem Zusammenhang durchgeführte vergleichende Genomanalysen von vier sequenzierten, magnetotakten α-Proteobakterien sollten helfen, die in Frage kommenden, speziell mit dem magnetotakten Phänotyp verbundenen Gene zu ermitteln (Richter et al. 2007). Im Detail handelte es sich um das nahezu komplette Genom von *Magnetospirillum gryphiswaldense MSR-1*, *Magnetospirillum magneticum AMB-1*, den magnetischen *Coccus MC-1* sowie, zum Vergleich, die vorläufige Genomaufstellung/-anordnung von *Magnetospirillum magnetotacticum MS-1*. Dem vorgestellten Konsortium wurde die Datenbasis von 426 kompletten Genomsequenzen von Bakterien und *Archaea* gegenübergestellt.

Ein magnetobakterielles (Core-)Genom mit ungefähr 891 Genen ist in allen vier o. a. MTB vorhanden. In Ergänzung zu einem Satz von 152 gattungsspezifischen Genen, der von allen drei *Magnetospirillum*-Stämmen geteilt wird, lassen sich 28 auf Gruppen bezogene Gene identifizieren, die in allen vier o. a. MTB auftreten, und keine Ähnlichkeiten mit Genen aus nicht magnetotakten Bakterien zeigen. Die betrifft sowohl spezifische MTB als auch auf MTB bezogene Gene (Richter et al. 2007). Sie beinhalten neben neubeschriebenen Genen sowohl *mam*- als auch *mms*-Gene, die die Bildung von Magnetosomen kontrollieren. Die MTB-spezifischen und MTB-bezogenen Gene zeigen ein erhebliches Maß an Synteine und weisen einen bislang unbekannten Code von Magnetosommembranproteinen auf, die entweder inner- oder außerhalb der MAI (*magnetosome island*) von *M. gryphiswaldense* liegen. Diese Gene, die weniger als 1 % der mehr als 4200 offenen Leserahmen des *MSR-1*-Genoms darstellen und deren Funktion bislang unbekannt ist, dürften nach Richter et al. (2007) speziell in die Magnetotaxis einbezogen und somit Ziel für zukünftige experimentelle Analysen sein. Die Gesamtgenom-Sequenz von *Desulfovibrio magneticus RS-1* offenbart für magnetotakte Bakterien allgemeingültige Gencluster (Nakazawa et al. 2009). So ist z. B. der *mamAB*-ähnliche Gencluster, verantwortlich für die Codierung von Fe-Transport und Ausrichtung der Magnetosome im Rahmen der Magnetosombildung, ausschließlich im Genom magnetotakter Bakterien in Form einer inselartigen Struktur (engl. *island-like structure*) anzutreffen. Nakazawa et al. (2009) vermuten daher in Bezug auf eine Biosynthese genetische Schlüsselkomponenten im Genom von MTB, möglicherweise im Verlauf der protobakteriellen Evolution durch multiplen Gentransfer

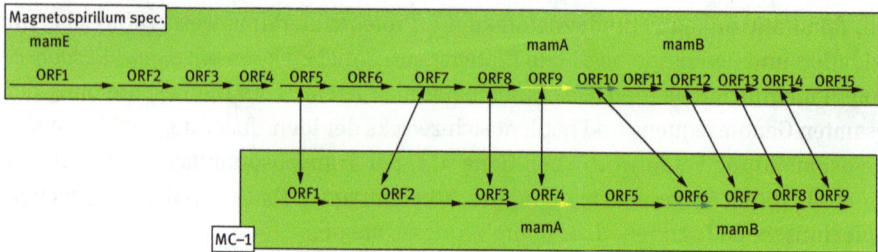

Abb. 3.24: Datenträger *magnetosome island*, der Eingriffe in das Informationsangebot gestattet (nach Grünberg et al. 2004, Schüler 2005).

akquiriert. Zur molekularen Organisation des *mamAB*-Genclusters in *M. gryphiswaldense* und *M. magnetotacticum* liegen Angaben vor (Schüler 2004), Abb. 3.24.

Die molekulare Analyse eines subzellularen Kompartiments, d. h. die Magnetosommembran in *Magnetospirillum gryphiswaldense*, bietet Hinweise auf die Steuerungsmechanismen während der Synthese metallischer NP (Schüler 2004). Eine durch das Magnetosom gesteuerte Biomineralisation wird über eine komplexe Reaktionssequenz ausgeführt, die mit der Akkumulation von Fe beginnt und mit der Ablagerung von magnetischen Partikeln mit einer spezifischen Morphologie innerhalb einer Vesikel, durch eine Magnetosommembran erstellt, endet. Die erwähnte Magnetosommembran von *M. gryphiswaldense* weist eine individuelle biochemische Komposition auf und beinhaltet eine spezifische von Magnetosommembranproteinen (MMP). Diverse Klassen von MMPs umfassen jene mit der vermuteten Funktion einer Magnetosom-kontrollierten Aufnahme von Fe, Nukleation für das Kristallwachstum und der Aufstellung von Magnetosommembran-Multiproteinkomplexen. Andere MMP führen Proteinfamilien mit bislang unbekannter Funktion, offenbar erhalten zwischen anderen MTB. Zur Codierung von MMP treten als hauptverantwortliche Gene *mam* und *mms* auf, wobei diese, als Cluster organisiert, innerhalb mehrerer Operone auftreten, die Teil eines umfangreichen, instabilen Genomabschnitts sind und eine mutmaßliche Magnetosominsel (engl. *island*) erzeugen. Die z. Zt. laufende Forschung richtet sich auf die biochemische und genetische Analyse von MMP-Funktionen, einbezogen sowohl in die Biomineralisation von Magnetit als auch auf ihre Expression und Lokalisierung während des Wachstums. Ungeachtet dessen, dass in jüngster Zeit eine Reihe von mutmaßlichen magnetotakten Genen innerhalb eines konservierten Genom-MAI (*magnetosome island*) mehrerer MTB identifiziert wurde, liegen bislang keine Kenntnisse über deren Funktionsweise vor. Hinsichtlich der Bildung von Magnetosomen und der Magnetotaxis wird über die Einbeziehung weiterer Gene außerhalb des MAI nachgedacht (Schüler 2004).

Eine funktionale Analyse des *magnetosome island* in *M. gryphiswaldense* offenbart, dass das *mamAB*-Operon ausreichend zur Biomineralisation von Magnetit ist (Lohße et al. 2011). Zur Ermittlung der o. a. Aussage wurden Techniken aus der Bioinformatik, Proteomik sowie Genetik eingesetzt. Eine Methode sah die Erzeugung geeigneter Mutanten vor. Als Ergebnis steht die Beobachtung einer Beschränkung des Anteils der für die Bildung der Magnetosome zuständigen und im MAI integrierten Gene auf ca. 25 % bzw. vier Operone. Einzig die Löschung von *mamAB* verursachte den vollständigen Verlust einer Magnetosombildung. Ein Defizit an *mms6-*, *mamGFDC-* sowie *mamXY*-Operonen bewirkte Störungen in Morphologie, Größe sowie Anordnung der Partikel. Ansonsten erweist sich die Mehrheit der im MAI inventarisierten Gene als nicht relevant für die Bildung von Magnetosomen (Lohße et al. 2011).

Zusammenfassend

Einer genetischen Kontrolle unterliegen die Biogenese der Membran, die Lokalisierung der Magnetosomproteine sowie die eigentlichen Biomineralisationen. Sie stehen somit gentechnischen und regulativen Eingriffen zur Verfügung. Als ein Abschnitt im genetischen Datenbestand sind *magnetosome islands* diversen Methoden zur genetisch orientierten Datenbearbeitug zugänglich.

3.4.2 Gerichtete Evolution

Als Methode zur Modifizierung von z. B. Enzymen und Proteinen, oftmals für industrielle Zwecke mit der Zielsetzung veränderter Produktbildung verbunden, bietet sich die Gerichtete Evolution (engl. *directed evolution*) an. Häufig auf dem Gebiet der Weißen Biotechnologie anzutreffen, erfasst sie u. a. die diversen Typen von Selektivitäten, d. h. Enantio-, Substrat-, Chemo- sowie Enantioselektivität. Gentechnisch beruht die Gerichtete Evolution auf der Vorgehensweise einer ungerichteten Mutagenese mit der Isolation jener Mutanten, die die gewünschte Aufgabe erfüllen. Inwieweit eine Gerichtete Evolution erfolgreiche Resultate ergibt, hängt u. a. von der vorausgehenden Wahl der Fitnessfunktion ab. Es ist z. B. mithilfe dieser Form der Aufbau einer Enzymbibliothek möglich.

Zur Thematik stehen eine Vielzahl an Daten zur Einsicht, mit einem entsprechenden Portfolio an Fragestellungen und weiterführenden Informationen. Zur Entwicklung neuer Konzepte für das Protein-Engineering am Beispiel von Enzymen mit α-/β-Hydrolasefaltung liegen von Jochens (2009) Überlegungen vor. Über den Einsatz einer Gerichteten Evolution zur Entwicklung und Beschreibung modifizierter Enzymeigenschaften berichtet Sauter (2007). Verbesserte Biokatalysatoren durch Gerichtete Evolution sowie rationales Proteindesign diskutieren Bornscheuer & Pohl (2001). Alternierende Substratspezifitäten und Reaktionsselektivitäten sind in Enzymen aus Familien mit hoher Diversität der Funktionalität zugänglich (Tracewell & Arnold 2009). In Hinsicht eines rationalen Designs verbesserter Enzyme im Sinne einer Biokatalyse zeigt sich die Gerichtete Evolution im Vergleich mit anderen Ansätzen als wesentlich schneller, effektiver und weniger kostenaufwändig. Im Verbund mit funktionaler Genomik, Proteomik sowie Bioinformatik ergibt sich ein mächtiges Instrumentarium für die Entwicklung leistungsfähiger Biokatalysatoren (Woodyer

et al. 2004). Jackson et al. (2010) zählen die diversen Motive bei der Gerichteten
Evolution von Enzymen auf:
- kinetische Parameter,
- Enzym-Stabilität,
- Substrat-Spezifität,
- Enzym-Regulation.

Ergänzend diskutieren sie eine abgewandelte Form der PCR, des DNS-Shufflings u. a.
Techniken. Mittels einer Gerichteten Evolution lassen sich u. a. eine bestehende Aktivität variieren, die Bandbreite an Substraten erhöhen u. a. (Lutz & Patrick 2004).
Bezüglich einer verbesserten Biokatalyse schlagen z. B. Bornscheuer & Pohl (2001)
zwei gegensätzliche Methoden zur Modifikation von Enzymen aus einem Wildtyp, z. B.
Substratspezifität, Aktivität u. a., vor: Gerichtete Evolution sowie Rationales Proteindesign. Eine Kombination der Vorzüge von Gerichteter Evolution und Rationalem Design als semirationale Ansätze zur Konstruktion der Enzymaktivität erörtern Chica
et al. (2005). Eine Gerichtete Evolution eignet sich als wirkungsvolles Instrumentarium für die Entwicklung von Enzymen und Biokatalysen im Sinne eines Ganzzellver-
fahrens.

In Kombination mit einem rationalen Design unterstützt nach Einschätzung von
Zhao et al. (2002) die Gerichtete Evolution die Entwicklung von Biokatalysatoren für
Anwendungen auf den Gebieten der Chemie, Pharmazie u. a. Via Gerichtete Evolution lassen sich nach Einschätzung von Johannes & Zhao (2006) die Einschränkungen
von Katalysen natürlich vorkommender Enzyme überwinden. So wurde eine Vielzahl
an Enzymen aus Gründen der Optimierung von Aktivität, Selektivität, Stabilität sowie Löslichkeit einer Gerichteten Evolution unterzogen. Gleichzeitig ist das Interesse
auf die Manipulation von biosynthetischen Pfaden, zuständig für die Produktion von
sowohl natürlich synthetisierten als auch nicht natürlichen Komponenten, gerichtet.
Ausgestattet mit den Daten aus der Genomik, bietet die Kombination von Gerichteter
Evolution mit dem Ansatz eines rechnergestützten Designs eine wichtige Unterstützung bei der Exploration, Exploitation sowie geplanten Erweiterung, insbesondere
wenn industrielle Lösungen vorgesehen sind, an (Johannes & Zhao 2006). Die Gerichtete Evolution für industrielle Enzyme erörtern Cherry & Fidantsef (2003). Auch
Hibbert et al. (2005) berichten von einem erfolgreichen Einsatz der Gerichteten Evolution zum Zwecke optimierter biokatalytischer Prozesse.

(a) Protein-Design
Zum Proteindesign durch Gerichtete Evolution äußern sich Jäckel et al. (2008). Während die Natur Polypeptide über Millionen von Jahren entwickelte, verläuft eine evolutionäre Mimikry in weitaus kürzeren Zeitabständen. Stufen des evolutionären Ablaufs
wie Mutation, Selektion und Amplifikation sind im Laboratorium unter Verwendung
von bereits existierenden Proteinen oder entsprechenden *De-novo*-Molekülen als Aus-

gangstemplate kopierbar. Dem steht eine kaum übersehbare Fülle an möglichen Polypeptidsequenzen gegenüber, was die Identifikation und Isolation funktional interessanter Varianten erheblich erschwert. Demnach sind entsprechend aufgebaute Bibliotheken und verbesserte Suchtechniken unerlässliche Forderungen für zukünftige Fortschritte auf diesem Gebiet. Zur Kreation von massgeschneiderten Proteinrezeptoren sowie -katalysatoren ist, zur Her- und Bereitstellung von bislang nicht in der Natur auftretenden Reaktionssequenzen bzw. Synthesen, eine Kombination experimenteller mit rechnergestützten Methoden eine nahezu unverzichtbare Anforderung (Jäckel et al. 2008). Betreffs Enantioselektivität verdeutlicht eine schematische Darstellung für eine Gerichtete Evolution den Ansatz (Bornscheuer 2011), Abb. 3.25.

Um kommerziell relevante Enzyme zu modifizieren und zu verbessern, wird die Gerichtete Evolution zunehmend in akademischen Laboratorien und der Industrie eingesetzt. Eine auf das Labor bezogene Evolution leistet, nach aktuellem Stand der Forschung, den weitaus umfangreichsten Beitrag in der Exploration von nicht „natürlichen" Funktionen und erlaubt die Unterscheidung von Eigenschaften, entwickelt durch die Evolution. Insgesamt umfassen die Anwendung und das Spektrum der Gerichteten Evolution, als Ansatz zum Enzym-Engineering, Proteinlöslichkeit, Stabilität

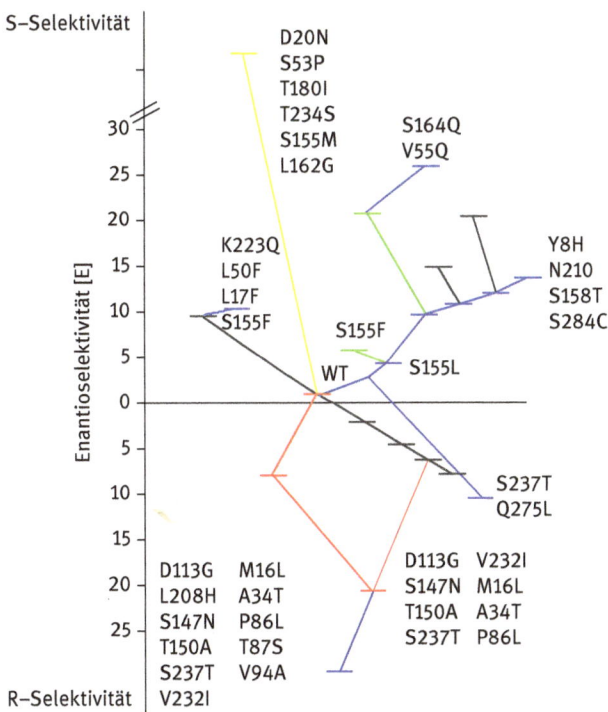

Abb. 3.25: Schematische Darstellung für eine Gerichtete Evolution betreffs Enantioselektivität (Bornscheuer 2011).

und katalytische Effizienz. Ebenso scheint sich diese Methode zum Einsatz bei der Veränderung der enantioselektiven Katalyse zu eignen. Zusammenfassend hat sich die Gerichtete Evolution zu einer wirkungsvollen Schlüsseltechnologie entwickelt (Kaur & Sharma 2006). Die moderne Entwicklung von Enzymen stützt sich in zunehmendem Maße auf Strategien, die auf der Erzeugung von Diversität, gefolgt vom Screening möglicher Varianten mit optimierten Eigenschaften, beruhen. Jüngste Fortschritte im Entwurf von Genbibliotheken und der zufälligen Mutagenese in Kombination mit neueren Methoden im Screening und in der Selektion erhöhen das Potential der Gerichteten Evolution. Allerdings betonen Lutz & Patrick (2004) angesichts der zahlreichen neuartigen Methoden für eine Gerichtete Evolution, dass die Forschung auf Qualität und Umfang der aufzubauenden Bibliotheken und weniger auf Quantität achten sollte.

(b) Optimierung Enzym

Prinzipiell lassen sich die Methoden der Gerichteten Evolution zur Verbesserung jeder Enzymeigenschaft einsetzen und das Screeening ist in wirtschaftlich annehmbarer Weise implementierbar, auch wenn die molekulare Basis einer Eigenschaft bislang nicht geklärt ist. Seitens eines angestrebten technisch-wirtschaftlichen Einsatzes stellt die Stabilität eines Enzyms eine unerlässliche Forderung dar.

Weiterhin ist ein stabiles Enzym gut screenbar, liefert mögliche Hinweise betreffs Faltung/Faltungsprobleme und stellt somit im Sinne wissenschaftlicher Betrachtungen ebenfalls eine wichtige Eigenschaft dar. Unter Berücksichtigung der o. a. Kriterien bietet die Gerichtete Evolution einen wichtigen Beitrag zur Entwicklung und Konstruktion der Enzymstabilität (Eijsink et al. 2005). Zur Optimierung von biokatalytisch gesteuerten Reaktionen, z. B. Chemo,- Regio- und Enantiospezifität und Selektivität (Abschn. 3.1.2), und um mit herkömmlichen chemischen Synthesen konkurrieren zu können, bietet sich u. a. die Gerichtete Evolution an (Hibbert et al. 2005).

Ungeachtet dessen, dass diese Technik über ein großes Potential verfügt, Eigenschaften von Enzymen zu verbessern, verbleiben einige Aspekte des katalytischen Prozesses im Dunklen. Auch bei erfolgreicher Umsetzung der Gerichteten Evolution sind dessen Ressourcen, die zum erfolgreichen Einsatz erforderlich sind, auf dessen Lauffähigkeit und hinsichtlich jener Anteile zu berücksichtigen, die sich zur Entwicklung einer chemischen Synthese eignen. Bevorzugte Ziele einer Gerichteten Evolution zum Zwecke neuartiger Biokatalysatoren sind Synthesen von hochkomplexen Molekülen, insbesondere wenn Teillösungen seitens z. B. der Chemie oder Rekombination zur Verfügung stehen (Hibbert et al. 2005).

Auch Hibbert & Dalby (2005) betonen, dass neue Strategien in der Gerichteten Evolution Möglichkeiten einer Optimierung der enzymatischen Leistungsfähigkeit andeuten. Das Enzym-/Protein-Engineering zur Veränderung von Aktivität, Spezifität und Stabilität zählt mittlerweile zu den etablierten Standardtechniken. Allerdings, und insbesondere im Hinblick zukünftiger Anforderungen, bedarf eine Vielzahl von

Methoden einer zusätzlichen Verbesserung sowie Erweiterung in ihren biokatalytischen Möglichkeiten und ihrer technischen Handhabung (Hibbert & Dalby 2005).

Aufbauend auf den Resultaten rezenter Proteinstrukturforschung und -funktion sowie im Vergleich mit den Techniken der bislang favorisierten Zufallsmutagenese mit anschließender Rekombination des gesamten Gensatzes, erweist sich die Methode der Gerichteten Evolution als sehr vielversprechend (Hibbert & Dalby 2005). In Verbindung mit rechnergestützten Designtechniken, die mittels spezieller Algorithmen den Vorgang des Screenings von Bibliotheken simulieren, sind somit größere Bereiche des Folgenraums, d. h. Vektorraum, dessen Elemente aus Folgen realer oder komplexer Zahlen bestehen, für bislang nachvollziehbare katalytische Reaktionsabläufe unter Reduzierung des zeitlichen Aufwands annähernd erfass- und modellierbar. Biokatalysen machen in der Regel für die organische Synthese von entweder individuellen Reaktionen oder kompletten metabolischen Reaktionssequenzen, oftmals in Verbindung mit isolierten Enzymen, Gebrauch von kompletten Zellen (Hibbert & Dalby 2005). Für ein angestrebtes metabolisches Engineering scheint daher die Gerichtete Evolution eine geeignete Option.

Das (Re-)Design von Enzymen, um neue Reaktionsabläufe zu katalysieren ist ein Themengebiet von beträchtlichem wissen- und wirtschaftlichen Interesse (Gerlt & Babbitt 2009). Zur Identifizierung neuer Biokatalysatoren scheint sich die Gerichtete Evolution, d. h. zufällige Mutagenese gefolgt durch Screening/Selektion, zu eignen. Allerdings erweisen sich „rationale" Ansätze, die sich entweder auf die natürliche divergente Evolution oder rechnergestützte Vorhersagen chemischer Gesetzmäßigkeiten stützen, als wenig erfolgreich.

Das Verständnis von Biomineralisation und Umsetzung biologisch inspirierter Materialien hängt von der Einsicht in die chemischen und physikalischen Wechselwirkungen zwischen Proteinen und Biomineralen bzw. synthetisch produzierten anorganischen Materialien ab. Kombinatorische genetische Techniken gestatten die Isolation von Peptiden für die Erkennung spezifischer anorganischer Materialien, die als molekulare Bauelemente für innovative Applikationen einsatzfähig sind. Allerdings ist wenig über die molekulare Struktur dieser Peptide und deren spezifisches Vermögen zur Rekognition (Abschn. 4.4) gegenüber ihrem Gegenpart, d. h. der anorganischen Oberfläche, bekannt.

Für eine Analyse zu löslichen bakteriellen 2-Elektronen-Reduktasen und der Generierung verbesserter Enzyme für z. B. Sanierungsmaßnahmen auf Chromat- und Uranylkontaminationen durch Gerichtete Evolution legen Barak et al. (2006) Datenmaterial vor. Betreffs einer Reduktion der beiden o. a. Metallspezifikationen führte das gewählte Enzym, d. h. *ChrR6*, bei *Escherichia coli* sowie *Pseudomonas putida* zu einer deutlichen Verbesserung ihrer Leistung. Über die Anwendung einer Gerichteten Evolution mesophiler Enzyme in ihren thermophilen Äquivalenten finden sich bei Arnold et al. (1999) nähere Angaben.

Über Entwicklungen in der Gerichteten Evolution zur Verbesserung der Enzymfunktionen berichten Sen et al. (2007). Die Konstruktion von Enzymen mit veränderter

Aktivität, Spezifität sowie Stabilität mittels Techniken einer Gerichteten Evolution zur Nachahmung der Evolution im Labormaßstab, d. h. zeitlich, stellt eine mittlerweile etablierte Technik dar. Hierfür, d. h. für die Veränderung in Qualität und Potential von Enzymbibliotheken, stehen diverse *In-vitro*-Rekombinationstechniken wie z. B. DNS-„Verschachtelung" (engl. *DNA shuffling*), zufällige Chimeragenese auf transienten Templaten u. a. Techniken zur Verfügung (Sen et al. 2007).

(c) Enantioselektive Enzyme

Einen neuen von strukturellen oder mechanistischen Aspekten unabhängigen Ansatz der Gerichteten Evolution zur Entwicklung enantioselektiver Enzyme zum Gebrauch in der Organischen Chemie erörtert Reetz (2000).

Die diesem Ansatz zugrunde liegende Überlegung besteht darin, geeignete Methoden der zufälligen Mutagenese, Genexpression mit einem speziellen Verfahren zum Screening (engl. *high-throughput screening*) der Enantioselektivität zu kombinieren. Bei Wiederholung dieser Vorgehensweise kommt es zu einer evolutionären Stresssituation, die zu einer allmählichen Verbesserung der Enantioselektivität einer gegebenen enzymkatalysierten Reaktion führt. Am Beispiel einer Lipase-katalysierten Reaktion konnte Reetz (2000) eine signifikante Erhöhung der Enantioselektivität nachweisen, d. h. *ee* = 2 % ($E = 1,1$) für das Enzym des Wildtyps sowie *ee* = 90–93 % ($E = 25$) für den produktivsten Mutanten. Eine Gerichtete Evolution enantioselektiver Enzyme als Katalysatoren auf dem Gebiet der organischen Synthese evaluiert ebenfalls Reetz (2006). Die Grundlage dieses Ansatzes ergibt sich aus der Kombination molekularer biologischer Methoden, wie z. B. Gen-Mutagenese und Exprimierung, gefolgt durch entsprechendes Screening zur Bewertung der Enantioselektivität, Abschn. 3.1.2. Als Beispiele führt Reetz (2006) u. a. diverse Oxidasen, Hydrolasen u. a. an. Zur Erhöhung der Enantioselektivität einer Epoxidhydrolase, versehen mit einem geringen Selektivitätsfaktor ($E = 4,6$), gelingt es Reetz et al. (2004), durch Techniken der Gerichteten Evolution einen nahezu verdoppelten Wert ($E = 10,8$) zu erzielen.

Zusammenfassend

existiert eine Fülle von Informationen über die Gerichtete Evolution zu Zwecken einer Optimierungsstrategie von Enzymen als Biokatalysatoren sowie die sich hieraus ergebenden Richtlinien für mögliche Konstruktionen von neuartigen Enzymeigenschaften (Dalby 2003, Dalby 2007, Schmidt et al. 2004, Sen et al. 2007). Sie bietet sich auf dem Gebiet der Geobiotechnologie als eine der herausragendsten Techniken zur Optimierung und/oder Modifizierung von Enzymaktivitäten an. Neben den gentechnischen Eingriffsmöglichkeiten zur Optimierung bieten die Methoden einer rechnergestützten Enzymologie zur gezielten Änderung von Enzymen wichtige Voraussetzungen.

3.5 Rechnergestützte Enzymologie

Die Herstellung neuartiger Enzyme ist eine zukunftsorientierte Wertschöpfung mit hohem wirtschaftlichem Potential. Besonderes Interesse gilt der Bildung von Nanoclustern und -dots aus Halbleitermetallen, z. B. As, Ga, Ge, Se, Te etc.

Unter Enzymologie werden zunächst Prozesse der Gärung verstanden und sie ist der Biochemie zugeordnet. Da es betreffs einer Gärung zu einer Erweiterung des ursprünglichen Begriffs kam (= Generierung von Energie aus organischen Komponenten), soll im Rahmen der vorliegenden Arbeit der Term übergreifend auch die Vorgänge im Zusammenhang mit einer biogenen Synthese metallischer Nanopartikel/-cluster einbeziehen. Es sind Berechnungen und Vorhersagen zu der Kinetik, dem Substrat, der Spezifität, dem Ablauf, Beginn und Ablauf einer Katalyse inkl. Übergangsstadien, Art der chemischen Reaktion und Thermostabilität möglich. Ein wichtiges Kriterium stellt die Qualität der durch rechnergestützte Methoden generierten Daten dar. Hierzu sind vergleichende Betrachtungen mit experimentell ermittelten Daten hilfreich. Die Fähigkeit, leistungsfähige Enzyme zu entwerfen, ist eine der wichtigsten Herausforderungen innerhalb der Biotechnologie und zu Teilen in der Biochemie. Ein lauffähiges Design stellt am eindrucksvollsten das Verständnis betreffs Enzymkatalyse unter Beweis (Nosrati 2012).

Eine Übersicht zur Beschreibung der Komplexität von Enzymen auf der Basis ihrer Mechanismen und Strukturen mittels rechnergestützter Analysen ist bei (Holliday et al. 2011) einsehbar. Das rechnergestützte Enzymdesign stellt ein sich rasch entwickelndes Arbeitsgebiet dar, überprüft Theorien über Katalysen und identifiziert neue katalytische Mechanismen (Lonsdale et al. 2010). Zunehmend trägt die Modellierung direkt zu experimentellen Studien von enzymkatalysierten Reaktionen bei. Als potenzielle Einsatzgebiete bietet sich u. a. das Katalysedesign an (Lonsdale et al. 2010). Im Sinne einer Weiterentwicklung unterziehen molekulare Simulation und Modellierung die Enzymologie einem kontinuierlichen Wandel. Entsprechende Kalkulationen bieten detaillierte, bis in die atomare Dimension reichende Einsichten über die fundamentalen Mechanismen biologischer Katalysen an (Lonsdale et al. 2010). Ein typisches Programm zum Enzymdesign sollte drei Elemente/Einheiten berücksichtigen, d. h. (1) Modellierungseinheit zur Generierung der atomaren Details eines Proteinmodells, (2) Einheit zur Evaluation der Qualität eines Modells via Energiefunktion sowie (3) eine den Designprozess bestimmende Optimierungseinheit unter Berücksichtigung der niedrigsten Energiekonfiguration (Fischer et al. 2009). Eine der wesentlichen Herausforderungen im rechnergestützten Design von biomolekularen Funktionen umfasst die Wechselwirkungen zwischen einem Protein und Liganden (1), einer existierenden enzymatischen Funktion (2), einer *De-novo*-Enzymfunktion (3) sowie allosterischer Proteine (4). Im Detail erläutern Suárez & Jaramillo (2009) hierzu:

(1) Beim Design der Wechselwirkungen kann es unter Umständen sehr hilfreich sein, über die Perspektive eines sog. „Negativdesigns" vorzugehen, d. h., was tritt z. B. als konkurrierende Struktur oder Ligand auf. Auch auf diese wenn auch indirekte Vorgehensweise ist ein optimierter Entwurf eines Protein erreichbar, z. B. Spezifität. So ist z. B. die Affinität mit der Spezifität verbunden und bei erfolgreicher Neujustierung der Affinität kommt es zu einer gekoppelten Modifikation der Spezifität. Erfolgreich konnte z. B. ein Ribose bindendes Protein in *E. coli* dahingehend verändert werden, dass es nach einem Redesign eine Spezifität gegenüber Trinitrotoluol (TNT) aufwies.

(2) Beim Entwurf einer existierenden enzymatischen Funktion ist die Zielsetzung bzw. gewünschte Funktion möglichst exakt zu beschreiben, da i. d. R. mehrere Aufgabenstellungen zu erfüllen sind: Aufnahme des Substrats, Bindung des Übergangsstadiums, Freisetzung des Produkts, Orientierung der katalytischen Rückstände, Protein-/Enzymstabilität bzw. Flexibiltät, Wechsel in der Konformität u. a. Zu den diversen angestrebten Zielfunktionen (*scoring function*) zählen z. B. die Energien der Enzym-Substrat-Bindung oder des Übergangsstadiums zusammen mit geo-metrischen Einschränkungen seitens des Arrangements der aktiven Stellen und der Orientierung der katalytischen Rückstände.

(3) Das Design einer *De-novo*-Enzymfunktion mit maßgeschneiderten Funktionalitäten, die zur Katalyse von nicht natürlich vorkommenden Reaktionssequenzen befähigt sind, eröffnet eine Vielzahl von Möglichkeiten für u. a. (Geo-)Biotechnologie. Allerdings birgt der Entwurf einige Schwierigkeiten. So muss auch bei Kenntnis der exakten Lokalität einer aktiven Stelle ihre Umgebung so entworfen werden, dass für die aktive Stelle genügend Raum verbleibt und Möglichkeiten einer Optimierung des Übergangsbindungsstadiums bestehen. Auch benötigt die Platzierung kleinerer Moleküle in Hinsicht auf ihre möglichen Freiheitsgrade eine besondere Aufmerksamkeit. Beim Einfügen neuer aktiver Seiten ist darauf zu achten, dass die ursprüngliche Funktion nicht verloren geht. Infolge ihrer hohen Plastizität kommen die um die native aktive Seite gelagerten Restbestände zur Einfügung neuer aktiver Stellen in Frage, da sie weder zum eigentlichen Proteingerüst gehören noch in die katalytischen Aktivitäten einbezogen sind. Ohne Details anzutreffen, ist auf diese Weise z. B. die Aktivität oder das Spektrum einer Oxidoreduktase erheblich erweiterbar.

(4) Das Design von allosterischen Proteinen (Modifikation der Konfiguration) stützt sich u. a. auf durch Liganden ausgelöste konformative Wechsel. Da sich eine Signalübertragung über größere Distanzen allosterischer Mechanismen bedient, liegen hier Möglichkeiten biotechnologischer Anwendungen.

Für eine Reihe biotechnologischer Zielsetzungen ist es wünschenswert, Proteine mit struktureller und funktionaler Stabilität gegenüber erhöhten Temperaturen zu entwerfen. So verlaufen chemische Reaktionen i. d. R. unter höheren Temperaturen rascher und der Gebrauch thermostabiler Enzyme könnte zur Erhöhung bei der Effizienz

industrieller Fertigungsprozesse führen. Der Elektronentransport redoxaktiver Enzyme gestaltet sich nicht nur aufgrund seiner Vielseitigkeit, sondern auch wegen der aufwändigen und empfindlichen Steuerung, die durch das Proteingerüst auf die redoxaktiven Zentren (*sites*) ausgeübt wird, als sehr komplex. Jedoch liegen ausreichend Informationen über die katalytischen Mechanismen redoxaktiver Proteine vor, um die Entwicklung von Projekten zum „Protein-/Enzyme-Engineering" redoxaktiver Enzyme zu vertiefen. In ihrer Veröffentlichung stellen Saab-Rincón & Valderrama (2009) eine Reihe genetischer und chemischer Optionen zum „Protein-/Enzym-Engineering" vor: metallische Redox-Cofaktoren, Quinoproteine, Aminosäure-Reste, Ribozyme u. a., wobei der Schwerpunkt auf zwei aufkommenden Themen-/Arbeitsgebieten liegt:
(1) auf der Konstruktion von Nukleinsäure-basierenden Katalysatoren und der
(2) Modellierung intramolekularer Netzwerke zum Elektronentransport.

Das „Enzym-Engineering" bietet Möglichkeiten der Optimierung an. Diese kann sich auf Substratspezifität, Produktionsausstoß, Toleranz gegenüber chemischen/physikalischem Stress u. a. beziehen. Es liegen zahlreiche Veröffentlichungen vor, die sich mit Optimierungsstategien katalytisch aktiver Enzyme beschäftigen und Einblicke in das Design, Engineering und Screening der Enzymfunktionalität ermöglichen (Adamczak & Krishna 2004, Bloom et al. 2005, Rollefson et al. 2009, Salazar et al. 2003, Sen et al. 2007, Svendson 2004 u. v. a.). Grundlegende Überlegungen zum Enzym-Engineering wurden bereits von Wingard (1972) veröffentlicht. Zu der Evaluation und dem Ranking von Enzymdesigns erörtern Kiss et al. (2010) neuartige rechnergestützte Vorgehensweisen. Einen theoretischen Entwurf neuer Systeme mit Methoden zu der Fehlerkorrektur und Digitalisierungskonzepten innerhalb der rechnergestützten Biochemie, als eines der rechnergestützten Enzymologie übergeordneten Arbeitsgebiete, erörtern Fedichkin et al. (2008). Prozesse wie Dimerisation, Wechselwirkungen zwischen den verschiedenen Proteinen oder enzymatische Aktivitäten lassen sich vom Standpunkt des Proteindesigns aus studieren, auch wenn Stabilität nicht das einzige Ziel des Entwurfs darstellt (Suárez & Jaramillo 2009). Über die Aussichten und Herausforderungen der rechnergestützten Enzymologie reflektiert Lamoureux (2008), denn aufgrund der Weiterentwicklung auf dem Gebiet der Rechnertechnik sind Konzeptionen zur Erhellung der Funktionstüchtigkeit von Enzymen auf molekularer Ebene, d. h. Struktur, zugänglich. Um dieses Ziel zu erreichen, bieten sich zwei Entwicklungen an: zum einen durch den Gebrauch molekularer Modelle und zum anderen aufgrund der durch den Rechner erzielten Geschwindigkeit im Verlauf der Modellierung. Beispielhaft führt dies Lamoureux (2008) am Beispiel von Zn-führenden Enzymen durch. Durch die Fortschritte in rechnergestützten Methoden und die Verfügbarkeit von leistungsfähigen Rechnerarchitekturen lassen sich enzymatische Reaktionsabläufe praktisch durchführen. Die Herausforderungen an diese neue Disziplin/dieses Arbeitsgebiet, d. h. rechnergestützte Enzymologie, bestehen darin, möglichst präzise quantitative Voraussagen zu thermodynamischen Parametern, kinetischen Konstanten für unterschiedliche Substrate, Mutanten-Enzymen und/oder zur Anwesenheit von allosterischen Effektoren anbieten bzw. durchführen zu können (Bruice & Kahn 2000).

Im Zusammenhang mit der Spezifität eines rechnergestützten Proteindesigns verweist Havranek (2010) auf die Zielsetzung des rechnergestützten Proteindesigns: Proteine zu entwerfen, die unter natürlichen Konditionen anzutreffen sind. Darüber hinaus wird/ist ein Einsatz der funktionalen Kapazitäten von Proteinen für eigene Zielsetzungen angestrebt/erstrebenswert. Das Ausmaß der Ähnlichkeit zwischen entworfenen und natürlichen Proteinen gibt an, wie zuverlässig die eingesetzten Modelle arbeiten, z. B. hinsichtlich des selektiven Drucks, der die Proteinsequenzen bestimmt (Havranek 2010). Die o. a. Vorgehensweisen/Techniken gestatten quantitative Vergleiche mit Experimenten und zuverlässige Mechanismen zur Vorhersage (Mulholland 2008). Hiermit verbundene Berechnungen bieten detaillierte, auf das atomare Level bezogene Einsichten in die fundamentalen Prozesse biologischer Katalysen. So setzt z. B. Mulholland (2008) zur Modellierung der Mechanismen biologischer Katalysatoren die rechnergestützte Enzymologie ein. Für Untersuchungen enzymkatalysierter Reaktionsmechanismen gewinnen die Techniken wie Simulation und Modellierung in Form kombinierter QM und MM zunehmend an Bedeutung, Abschn. 3.6.

Insgesamt kann sich somit eine rechnergestützte Enzymologie auf diverse Modelle stützen und es liegen eine Reihe verschiedener Ansätze zum rechnergestützten Design von Enzymen vor. Und zunehmend ermöglichen es immer hochleistungsfähigere Rechnersysteme, in kurzer Zeit hochkomplexe Strukturen zu berechnen, darzustellen und bei Bedarf Maßnahmen zur Optimierung vorzubereiten. Beim rechnergestützten Design von Proteinen ist die präzise Zielsetzung festzulegen, z. B. Spezifität versus Stabilität (Bolon et al. 2005). Der Entwurf zweier Merkmale erweist sich bislang als ungenau.

(a) Datenqualität

Die Genauigkeit der Daten, erhalten für eine gegebene mechanistische Hypothese, hängt wesentlich von drei sich gegenseitig ausschließenden Faktoren ab (Ramos & Fernandes 2008):

(1) der Genauigkeit der *Hamilton*-Funktion für den betroffenen Reaktionsmechanismus,

(2) der Berücksichtigung der angepassten Enzym-Struktur betreffs der Energetik des aktiven Zentrums

(3) und dem Hinweis auf die konformationalen Fluktuationen und Dynamiken.

Obwohl es bis dato nicht möglich ist, diese kritischen Faktoren gleichzeitig zu optimieren, hängt der Erfolg einer enzymatisch-mechanistischen Studie von dem Gleichgewicht ab, das zwischen ihnen erreichbar ist. Ein weiterer wichtiger Aspekt hinsichtlich der Datenqualität in der rechnergestützten Enzymkatalyse ist das für Kalkulationen gewählte Modell (Ramos & Fernandes 2008).

(b) Fehleranalyse

Betreffs der Fehleranalyse stützt sich der Ansatz auf Redundanzen und eine Korrektur (engl. *rectification*) der Signale. Bei diesem Ansatz der Informationsverarbeitung sind codierte DNS-Sequenzen, DNS-Zym-(engl. *DNAzyme-*)katalysierte Reaktionen sowie der Gebrauch von mit DNS-funktionalisierten magnetischen NP einbezogen. Technisch digital ausgerichtete XOR- und NAND-logische Gates sowie Kopiervorgänge (*fanout*) stützen sich auf das analoge Repertoire an Komponenten (Fedichkin et al. 2008).

(c) Designablauf

Bolon & Mayo (2001) schildern die Entwicklung und anfängliche experimentelle Validierung eines rechnergestützten Designablaufs, vorgesehen zur Erzeugung von enzymähnlichen Proteinen, d. h. Protozymen. Ihre Vorgehensweise beruht auf Strategien, die auf den für die Protein-Stabilität und katalytischen Mechanismen unerlässlichen physikalischen sowie chemischen Prinzipien basieren. Durch Verwendung eines katalytisch inerten 108-Residuums des *E.-coli*-Thioredoxin als Gerüst, einer Histidin geförderten nucleophilen Hydrolyse von Acetat als Modellreaktion sowie einer speziellen Software zum Design von Proteinen lassen sich über einen Scan der aktiven Sites (Stellen) zwei vielversprechende katalytische Positionen ansprechen. Darüber hinaus sind Mutationen von aktiven Stellen, erforderlich zur Substratbindung, in unmittelbarer Nachbarschaft identifizierbar.

Im Experiment zeigen beide Protozyme eine erhebliche, über dem Background liegende katalytische Aktivität. Eines der Proteine (*PZD2*) weist bei hohen Substratkonzentrationen eine hohe Phasenkinetik auf, die wiederum in Übereinstimmung mit der Genese von stabilen Enzymintermediären steht. Schlussfolgernd betonen Bolon & Mayo (2001) die Unabhängigkeit ihrer Designtechnik von der Faltung. Sie sehen zudem einen möglichen Mechanismus, der die Beziehung zwischen einer Proteinfaltung und der Entwicklungsfähigkeit einer Proteinfunktion andeutet und eingehender untersucht werden sollte.

(d) Modell

Ziel von Bearbeitern ist es, ein möglichst einfaches Modell zu entwerfen, das das Wesen des katalytischen Potentials eines Enzyms erfasst und die Anwendung der höchstmöglichen theoretischen Ebene sowie die Minimierung von zufälligen Fehlern gestattet (Ramos & Fernandes 2008). Die Wahl muss zum einen einfache Modelle anbieten, die einige 10er-Atome berücksichtigen bis hin zu komplexen Modellen, die die gesamte Anzahl an Enzymen inklusive Lösungsmittel umfassen. Zusammenfassend beeinflusst eine Vielzahl von Faktoren die Wahl eines geeigneten Modells.

An einem Fallbeispiel lässt sich mit einer Ribonukleoid-Reduktase (RNR), einem Enzym, das die Reduktion von Ribonukleoiden zu Desoxyribonukleoiden katalysiert, zeigen, dass eine sukzessive Erweiterung der Systemgröße die Thermodynamik und Kinetik der Reaktion nicht wesentlich verändert. Nur sehr verkleinerte Modelle, die auf Aminosäuren verzichten, d. h., sie sind am Aufbau von Wasserstoffbrückenbindungen mit dem reaktiven Teil des Substrats beteiligt, erzeugen bei der Berechnung erkennbare Abweichungen von den erhaltenen Werten. Als Beispiel liegen rechnergestützte Analysen eines heterodimeren Zn-Metalloenzyme, d. h. Farnesyltransferase, vor (Ramos & Fernandes 2008).

(e) ICE

In Verbindung mit Überlegungen zum optimalen Design von thermisch stabilen Proteinen, d. h. gegenüber erhöhten Temperaturen, stellen Bannen et al. (2008) eine innovative und effiziente rechnergestützte Methode, d. h. *improved configurational entropy* (= ICE), vor. Durch eine systematische Veränderung der Aminosäurensequenz über eine Reduzierung der lokalen strukturellen Entropie lässt sich diese Zielsetzung erreichen. Das Problem einer Minimierung ist via *Dijkstra*-Algorithmus lösbar (Bannen et al. 2008).

(f) *TransCent*

Die Komplexität des Aufbaus eines Enzyms, unzureichende Detailkenntnisse betreffs der biokatalytischen Reaktionskette erfordern individuelle Vorgehensweisen und eignen sich nach aktuellem Stand der Entwicklung zu einem übergreifenden, generalisierten Einsatz (Fischer et al. 2009).

Je nach Algorithmus und Art der gewünschten Veränderung stehen diverse Techniken, wie z. B. *TransCent*, zur Verfügung (Fischer et al. 2009). Es lässt sich mittels dieses Modells der Transfer von aktiven Sites eines Enzyms auf alternative Gerüststrukturen unterstützen. Es berücksichtigt Protein-Stabilität, Bindung durch Liganden, pK_a-Werte der aktiven Site-Residuen sowie die strukturellen Merkmale einer aktiven Site.

(g) *Convenience kinetics*, *Rosetta*-Design, *PROPKA*

Um bekannte metabolische Netzwerke in ein dynamisches Modell zu übertragen, sind alle chemischen Reaktionen zu berücksichtigen. Der mathematische Ansatz hängt von den zugrunde liegenden enzymatischen Mechanismen ab, teilweise mit zahlreichen Parametern versehen. Allerdings stehen für eine Vielzahl von Enzymparametern und Ratengesetzen keine Informationen zur Verfügung. In diesem Zusammenhang stellen Liebermeister & Klipp (2006) neuartige Ansätze bereit, d. h. *convenience kinetics*, mit der Eigenschaft von der Thermodynamik unabhängig auftretender Parameter. Weitere Ansätze mit ähnlich gelagerter Zielsetzung sind z. B. das *Rosetta*-Design (Liu & Kuhlman 2006) sowie *PROPKA* (Rostkowski et al. 2011). Im Zusammenhang mit rechnergestützten Studien zu den Wechselbeziehungen zwischen Protein und Mineral-oberfläche erweist sich offensichtlich ein spezieller *Rosetta*-Algorithmus als brauchbar (Masica 2009).

(h) Beginn und Ablauf einer Katalyse inkl. Übergangsstadien

Rechnergestützte Methoden übernehmen zunehmend eine gewichtige Rolle bei der Bewertung und der weitgehend vollständigen und detaillierten Beschreibung jener Mechanismen, die eine enzymatische Reaktion auslösen und steuern (Ramos & Fernandes 2008). Sie sind, nach aktuellem Stand der Forschung, in der Lage, Intermediär- und Übergangszustände ungeachtet ihrer extrem kurzen „Lebensdauer" zu determinieren und zu charakterisieren, berücksichtigen sowohl strukturelle als auch energetische Gesichtspunkte und interferieren nicht mit dem natürlichen Reaktionsablauf. Die o. a. Merkmale leiten zu einem neuartigen und komplexen Forschungsgebiet über, das Möglichkeiten für ein Verständnis der Funktionsweise von Enzymen behandelt und Voraussagen zu einem Verhalten unter veränderten Bedingungen treffen kann (Ramos & Fernandes 2008).

Die Ursprünge einer Katalyse durch rechnergestütztes Design von Retroaldolase-Enzymen untersuchten Lassila et al. (2010). Ein direkter Vergleich von Designer-Enyzmen mit in Lösung befindlichen primären Aminkatalysen zeigt für die im Rechner entworfenen und aktivsten Retroaldolasen eine mehr als 100-fache Erhöhung der Umsatz-/Reaktionsgeschwindigkeit. Durch pH-Studien an den Designer-Retroaldolasen und eine Bewertung der *Brønstedt*-Korrelation (Beziehung zwischen Säurestärke und katalytischer Reaktion bzw. generelle Säurekatalyse = $\log K$) konnte für eine Reihe von Amin-Katalysen nachgewiesen werden, dass sich die pK_a-Werte für Lysin in den Enzymen um ca. drei bis vier Einheiten änderten. Allerdings bewegt sich gemäß Abschätzung der katalytische Anteil der o. a. veränderten pK_a-Werte nur auf mittlerem Niveau, d. h. zehnfach. Für die im o. a. Versuch vorgestellten aktivsten Enzyme wurden zwei weitere Designelemente auf ihren katalytischen Anteil hin bewertet: zum einen ein Motiv, das zur Stabilisierung eines gebundenen Wassermoleküls angedacht ist, und zum anderen für hydrophobe substratbindende Wechselwirkungen (Lassila et al. 2010). Entsprechenden mutationsbezogenen Analysen zufolge beteiligt sich das wasserbindende Motiv nicht an einer Geschwindigkeitsbeschleunigung. Dahingegen deuten vergleichende Studien mit unverändertem Substrat für das Designsubstrat, verantwortlich für die Wechselwirkungen hinsichtlich einer hydrophoben Substratanbindung, eine Steigerung der enzymatischen Aktivität von mehr als das 100-Fache an (Lassila et al. 2010).

Zusammenfassend verweisen die von den o. a. Autoren publizierten Forschungsergebnisse darauf, dass die substratbindenden Wechselwirkungen und die Veränderung des pK_a des katalytisch aktiven Lysins entscheidend auf die Beschleunigung der Enzymrate einwirken. Darüber hinaus deutet sich an, dass offensichtlich die Interaktionen insbesondere durch die Platzierung des Substrats und der katalytischen

Gruppen der aktiven Seiten beeinflusst werden, mit allen Konsequenzen für zukünftige Entwürfe von Enzymen, d. h. für die Platzierung von katalytischen Gruppen bzw. Präzisierung der Wechselwirkungen zwischen den Bindungen (Lassila et al. 2010).

(i) Übergangsstadium

Theoretische Einblicke in die Enzymkatalyse gewährt u. a. ein Beitrag von Martí et al. (2004). Die Techniken der rechnergestützten Chemie liefern einen Beitrag zum Verständnis der physikalischen Grundlage für die Steigerung der Rate chemischer Reaktionen, katalysiert durch Enzyme. So erhebt sich z. B. die Frage, warum der Betrag für die Freie Energie der Aktivierung in Enzymen katalysierten Reaktionen kleiner ist als jener, der bei der Aktivierung der Freien Energie in Lösung auftritt. Hinsichtlich dieser Fragestellung können die Theorie des Übergangsstadiums (engl. *transition state* = TS) sowie die Theorie des *Michaelis*-Komplexes (engl. *Michaelis complex* = MC) einen Beitrag leisten. Zur Klärung unterziehen Martí et al. 2004 zwei spezielle enzymatische Reaktionen, z. B. die Umwandlung von Chorismat zu Prephanat, katalysiert durch eine Chorismatmutase von *Bacillus subtilis*, einer Analyse sowie eines Transfers von Methyl und vergleichen sie mit den Schlussfolgerungen anderer Autoren. Zielsetzung ihrer Überlegungen ist es, eine übergreifende, d. h. vereinigende Betrachtungsweise zu erzielen.

(j) Molekül-Platzierung

Kombinatorische Techniken für die Platzierung kleiner Moleküle innerhalb des rechnergestützten Enzymdesigns erörtern Lassila et al. (2006). Per Definition sollte ein Katalysator die Energiebarriere verbunden mit der Bildung des Übergangsstadiums herabsetzen. Um Wechselbeziehungen zum Zwecke der Stabilisierung von Übergangszuständen zu entwerfen, muss ein rechnergestütztes Proteindesign Übergangszustände oder hochenergetische Intermediär-Strukturen in die Kalkulationen zum Design mit einbeziehen. Auf diese Weise sind experimentell verifizierte neuartige katalytisch aktive Proteine machbar (Lassila et al. 2006). Wesentliches Element in der Vorgehensweise von Lassila et al. (2006) ist die Aufnahme kleiner Moleküle in die rechnergestützten Berechnungen zum Proteindesign.

Die Technik zeichnet sich durch Allgemeingültigkeit aus und erlaubt die Platzierung von Liganden im Grundzustand oder in Strukturen von Übergangsstadien. Sie soll sich auch, eingesetzt in Designmethoden zur Beschreibung von Mehrfachzuständen, zur Klärung von Energiedifferenzen zwischen Reagenz und Übergangsstadien oder alternativer Liganden eignen. Fortschritte in der Theorie von Übergangszuständen sowie rechnergestützten Simulationen erlauben zunehmend Einblicke in die Ursachen der Enzymkatalyse. Sowohl die Absenkung der freien Aktivierungsenergie als auch Veränderungen im generalisierten Transmissionskoeffizienten, Tunneling sowie nicht im Equilibrium befindliche Einflüsse gestalten die Tätigkeiten von Enzymen.

Via eine Analyse durch Ratentheorie sowie Quantifizierung mittels rechnergestützter Simulationen illustrieren Garcia-Viloca et al. (2004) die Arbeitsweise von
Enzymen.

Chen et al. (2009) legen ein durch Veränderung einer bestimmten Domäne (Phe-
nylalanin-Adenylation) erzieltes – geeignet für einen Satz nicht artverwandter (engl.
noncognate) Substrate – rechnergestütztes, strukturorientiertes Redesign der enzymatischen Aktivität einer nichtribosomalen Peptid-Synthetase (*GrsA-PheA*) vor, für die
Enzyme von Wildtypen eine nur sehr geringe oder keine Spezifität entwickelten.

(k) Spezifität

Enzyme katalysieren unter physiologischen Konditionen eine Vielzahl von Reaktionen unter den Aspekten einer Regio- als auch Stereospezifität. Strategien, Konsequenzen und Anwendungen durch die gezielte Erweiterung der Enzym-Substrat-Spezifität
diskutieren Jestin & Vichier-Guerre (2005). Zur Identifikation von Mutationen mit der
Fähigkeit zur Erweiterung einer enzymatischen Spezifität gegenüber Substraten kommen nach Beurteilung der o. a. Autoren diverse Strategien in Betracht, z. B. Gerichtete
Evolution, Abschn. 3.4.2. Aus Übersichtsgründen schlagen die Autoren mehrdimen-
sionale Karten zur Erfassung der Enzymaktivitäten sowie Verbesserung der Genom-
Annotationen vor. Die experimentelle Validierung eines Satzes über den Einsatz von
Rechnern prognostizierbarer Enzym-Mutanten offenbart eine deutliche Verbesserung
der Spezifität gegenüber den gewünschten Zielsubstraten. Der Mutant mit der effi-
zientesten Aktivität gegenüber einem nicht artverwandten Substrat lag nach Chen
et al. (2009) ca. 15 % von jener entfernt, die Enzyme/Substrat vom Wildtyp offenbart,
und bestätigt ihrer Beurteilung nach die Lauffähigkeit ihrer rechnergestützten Vorgehensweise. Weiterhin lassen sich über ein strukturbasiertes Protein-Design nach
Auffassung der o. a. Autoren aktive Mutanten erkennen, die nicht durch evolutionäre
Selektion entstanden sind.

(l) Thermostabilität

Ein rechnergestütztes Design einer vollständigen Sequenz und Lösungsstruktur einer
thermostabilen Proteinvariante stellen Shah et al. (2007) vor. Prozeduren zum rechnergestützten Entwurf, d. h. diverse Sequenz-Optimierungs-Algorithmen, sehen die
Wiederherstellung einer vollständigen Sequenz von Aminosäurenmolekülen vor. Die
auf diese Art kalkulierte Sequenz zeigt bis zu über 20 % Übereinstimmungen mit der
Sequenz des Wildtyps. In einigen Mutationen hingegen treten Unterschiede auf. Weiterhin offenbaren die rechnergestützten Designentwürfe der Proteine eine höhere Stabilität als natürlich vorkommende Proteine. Die Lösungsstruktur nähert sich dem Ori-
ginaltemplat, d. h. Struktur, an (Shah et al. 2007).

Der Entwurf für Proteine mit einer höheren thermischen Stabilität bleibt bislang eine wichtige und schwierige Herausforderung. Zu dieser Problematik erläutern Bae et al. (2008) im Rahmen ihrer Studien eine Methode aus der Bioinformatik. Diese bezieht eine Sequenzausrichtung zur Erhöhung der thermischen Stabilisierung eines Proteins durch die Optimierung der lokalen, auf die Struktur bezogenen Entropie ein. Bei Gebrauch dieser Vorgehensweise, d. h. verbesserter konfigurationaler Entropie (engl. *improved configurational entropy* = ICE), ist es möglich, mehrere stabile Varianten einer mesophilen Adenylat-Kinase, basierend auf der Sequenzinformation von nur einem psychrophilen Homolog, zu entwerfen. Die mit dieser Technik entwickelten Proteine zeigen eine deutliche Erhöhung ihrer Stabilität bei gleichbleibender katalytischer Aktivität. Für die ICE ist weder eine dreidimensionale Struktur noch eine große Anzahl homologer Sequenzen erforderlich. Insgesamt deutet sich ein weites Spektrum von Anwendingsmöglichkeiten für diesen Ansatz an. Als Ergebnis ihrer Arbeiten verweisen Bae et al. (2008) auf die Bedeutung der Entropie hinsichtlich der Stabilität der Proteinstrukturen.

(m) *Kemp*-Eliminierung

Bei der *Kemp*-Eliminierung handelt es sich um eine Modellreaktion und sie hat den vom Kohlenstoff (C) ausgehenden Protonentransfer zum Inhalt. Der Entwurf neuer Enzyme für Reaktionsabläufe von bislang nicht durch natürlich vorkommende Biokatalysatoren umgesetzte Katalysen stellt eine Herausforderung bei der Konstruktion von Proteinen dar. Gleichzeitig gibt es das Verständnis einer Enzymaktivität wieder. Anhand von am Rechner entworfener Enzyme lässt sich die sog. *Kemp*-Eliminierung mittels zweier katalytischer Motive durchführen, wobei die gemessene Rate eine Steigerung von um bis zu das 105-Fache und erhöhte Umsätze aufweist (Röthlisberger et al. 2008).

Eine Mutationsanalyse bestätigt, dass die Katalyse vom rechnergestützten Design der aktiven Site abhängt und eine hochauflösende Kristallstruktur die Vermutung unterstützt, dass das gewählte Design nahezu eine Genauigkeit bis auf die atomare Ebene zeigt. Die Anwendung einer *In-vitro*-Evolution zur Aufwertung eines rechnergestützten Designs erzeugte einen mehr als 200-fachen Anstieg von K_{cat}/K_m, wobei für K_{cat}/K_m ein Wert von 2600 $M^{-1} s^{-1}$ sowie für K_{cat}/K_{uncat} ein Betrag von > 106 erzeugt wurde. Für die Entwicklung neuer Enzyme betonen Röthlisberger et al. (2008) aufgrund der Ergebnisse ihrer Arbeiten die Potenz der Kombination von rechnergestütztem Protein-Design mit Gerichteter Evolution. Gleichzeitig prognostizieren die o. a. Autoren für die Zukunft die Herstellung eines breiten Spektrums an neuartigen Katalysatoren.

Bei Abweichungen von natürlich vorkommenden Prozessen erweist sich ein rechnergestütztes Protein-/Enzymdesign als eine Möglichkeit, hierzu erste Hinweise zu erhalten. Daher ist ein genereller Ansatz zur Katalyse synthetischer/künstlicher Reaktionen eine der wichtigsten Zielsetzungen auf dem Gebiet des Proteindesigns (Privett et al. 2012). So konnten z. B. über die Synthese und Sichtung einer Reihe geeigneter Varianten durch rechnergestützte Designenzyme u. a. chemische Reaktionen erzeugt werden.

Bezüglich der genannten Aspekte präsentieren Privett et al. (2012) einen iterativen Ansatz, der unter Berücksichtigung der *Kemp*-Eliminierung zu einer Entwicklung von bislang katalytisch wirksamsten rechnergestützten Designerenzymen führt. Bislang eingesetzte rechnergestützte Techniken erzeugten ein katalytisch inaktives Anfangsdesign, d. h. *HG-1*. Eine Analyse via molekulardynamische Simulation (engl. *molecular dynamics simulation* = MD) sowie RDA lässt den Schluss zu, dass die Inaktivität durch gebundenes Wasser und hohe Flexibilität der Residuen innerhalb der aktiven Site verursacht sein könnte.

Dieser Herangehensweise stellen Privett et al. (2012) eine modifizierte Konzeption gegenüber, die den Designer tiefer in das Innere eines Proteins und zu einer aktiven *Kemp*-Eliminase, d. h. *HG-2*, führt. Die hierbei entstehende Cokristallstruktur dieses Enzyms, mit einem Analog im Übergangsstadium (engl. *transition state analog* = TSA), zeigt eine Bindung des TSA an die aktive Site, mit der vorgesehenen katalytischen Basis in Wechselwirkungen stehend. Das TSA verhält sich in einer katalytisch relevanten Weise, fügt sich aber nicht in das entworfene Modell ein. Daher führt die Analyse von *HG-2* zu einer weiteren folgenden punktuellen Mutation (d. h. *HG-3*), die eine weitere Verbesserung der Aktivität nach sich zieht. Aufgrund der vorgeschlagenen iterativ ausgerichteten Vorgehensweise im rechnergestützten Enzymdesign unter Einbeziehung detaillierter MD und Strukturanalysen von sowohl aktiven als auch inaktiven Entwürfen scheinen weiterführende Einblicke in die Prinzipien einer enzymatisch durchgeführten Katalyse möglich zu sein (Privett et al. 2012). Eine Konstruktion einer auf ein Protein bezogenen modellhaften Aushöhlung zur Katalyse der *Kemp*-Eliminierung erläutern Merski & Shoichet (2012), Abb. 3.26.

Zur Thermodynamik von enzymkatalysierten Reaktionen erörtet Alberty (2006) Besonderheiten. Da die durch Enzyme katalysierten Reaktionen zu der Produktion oder dem Konsum von H-Ionen führen, kommt es zu einer neuen thermodynamischen Eigenschaft. Diese drückt sich durch den Wechsel bei der Bindung von H-Ionen im Verlauf der Reaktion aus, d. h. $\Delta_r N_H$. Unter der Annahme, dass die Reaktionspartner einen bestimmten gewünschten pH-Wert annehmen, d. h. pH 5–9, hängt $\Delta_r N_H$ vom jeweilig vorherrschenden pH-Wert ab. Mathematisch ist diese Annahme wie folgt darstellbar (Alberty 2006):

$$\Delta_r N_H = \sum v'_i \bar{N}_{Hi} \qquad (3.43)$$

(n) Datenbanken

Zur Modellierung steht eine Vielzahl verschiedenartiger Datenbanken zur Verfügung. Eine Übersicht vermittelt *Metacyc* (url: Metacyc), d. h. eine Datenbank mit auf den Metabolismus bezogenen Pfaden und Enzymen für eine Reihe von Mikroorganismen (Krieger et al. 2004), Tab. 3.9. Eine wichtige Informationsquelle bietet sich mit

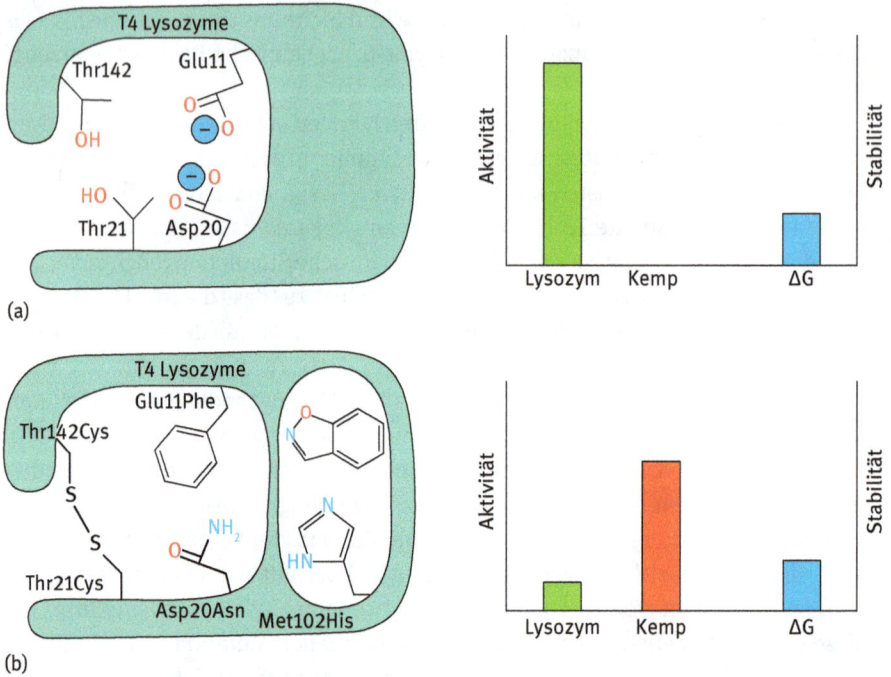

(a)

(b)

Abb. 3.26: Konstruktion einer proteinbezogenen modellhaften Aushöhlung zur Katalyse der *Kemp*-Eliminierung (Merski & Shoichet 2012).

BRENDA (*BRaunschweig ENzyme DAtabase*) an. Es handelt sich hierbei um eine Datenbank für Enzyme und Informationen zum Metabolismus (z. B. Schomburg et al. 2004). So waren bis zum Zeitpunkt der vorliegenden Veröffentlichung 6338 verschiedene Enzyme aufgenommen (url: BRENDA 2014). Das Datenmaterial entstammt aktuell aus der Sichtung von mehr als 130 000 Publikationen und bietet neben Angaben zur Klassifikation und Nomenklatur weiterführende Informationen zu Reaktion, Spezifität, Anwendung, funktionalen Parametern, Isolation, Präparation u. a.

Fischer et al. (2009) publizieren eine Methode zum rechnergestützten Enzymdesign, d. h. *TransCent*. Sie sieht den Transfer der aktiven Sites vor und berücksichtigt am Beispiel einer Oxidoreduktase die für eine Katalyse relevanten Bedingungen. *MACiE* stellt eine Datenbank dar, deren Inhalte die Diversität biochemischer Reaktionen zu erkunden verhilft (Holliday et al. 2012). Rechnergestützte Methoden zur Analyse und zum Redesign von auf Enzymen befindlichen aktiven Seiten können bei Nosrati (2012) nachgelesen werden. Ein aktuelles Beispiel steht in Form von SABER (= *selection of active/binding sites for enzmye redesign*) zur Verfügung. Es handelt sich hierbei um ein Softwareprogramm, das zu Zwecken einer Veränderung bestimmte atomare geometrische Proteinstrukturen ausfindig macht. Das Programm bedient sich neben einem Hashingalgorithmus der Daten aus Proteinbanken. Es sind mittels dieser Applikation die vielversprechensten Sites in puncto Modifikation identifizierbar (Nosrati 2012).

Tab. 3.9: Datenbanken und Informationsquellen für rechnergestütztes Enzymdesign, Stand März 2014.

Bezeichnung	Funktion (engl. Bezeichnung)
BIOCYC	Sammlung von Datenbanken
BRENDA	Datenbank zu Enzymen
EBI	European Bioinformatics Institute
ExPASy	Bioinformatik-Informations-Portal
ExplorEnz	Datenbank zu Enzymem
EzCatDB	Datenbank zu den katalytischen Mechanismen von Enzymen
MACiE	Datenbank zu den Mechanismen, der Annotation und Klassifikation von Enzymen
METACYC	Datenbank
SFLD	Datenbank zur Verbindung von Struktur und Funktion
TECRdb	Thermodynamische Rahmenbedingungen zu enzymkatalysierten Reaktionen
TransCent	Methode zum rechnergestützten Enzymdesign

Ein theoretisches Design von Enzymen unter Verwendung einer Software des *Kepler-Projekts*, d. h. „Kepler scientific workflows on the Grid" erläutern Wang et al. (2010). Zur Erforschung der Vielfalt von biochemischen Reaktionen bietet die Datenbank *MACiE* (= *mechanism annotation and classification in enzymes*) eine Fülle von Informationen zu den Mechanismen von Enzymreaktionen (url: EMBL-EBI).

Ausgestattet mit Informationen zu chemischen und strukturellen Details ging das Projekt aus der Zusammenarbeit diverser Forschungsinstitute in Europa, z. B. *Thornton Group* am *European Bioinformatics Institute*, *Mitchell Group* an der *University of St. Andrews* etc., hervor. Es kommt zu einer kontinuierlichen Erweiterung der Datenbestände. Optimierungen sowie Anwendungen anhand von Beispielen diskutieren Holliday et al. (2012). Eine Erweiterung stellt *MetalMACiE* dar (url: Metal_MACiE). So betont z. B. Linder (2012) die aktuelle Entwicklung der für das rechnergestützte Enzymdesign erforderlichen Voraussetzungen wie Hardware und die exponentiell anwachsenden Datenbestände experimenteller Arbeiten.

(o) Apoenzyme

Die Kinetik und Thermodynamik einer Aktivierung von Apoenzymen einer Quinoprotein-Glucose-Dehydrogenase *in vivo* und die katalytische Leistung eines aktivierten Enzyms in *E.-coli*-Zellen evaluieren Iswantini et al. (2000). Eine in *E. coli* auftretende Apo-Glucose-Dehydrogenase kann mithilfe einer exogenen Chinon (engl. *pyrroloquinoline quinone* = PQQ) zu einem Holoenzym umgewandelt werden.

Die hierbei entstehende katalytische Aktivität der Zellen von *E. coli* lässt sich über einen Algorithmus vom Typ *Michaelis-Menten*-Gleichung berechnen, wobei als Katalysekonstante die Zelle auftritt, versehen mit *Michaelis*-Konstanten in Form einer D-Glucose und eines nachträglich zugeführten Elektronenakzeptors in die Suspension aus *E. coli*. Die katalytische Konstante wird über das Produkt, bestehend aus der

Anzahl der in einer *E.-coli*-Zelle vorhandenen Moleküle des Enzyms (z) und der katalytischen Konstante des Enzyms (K_{cat}), d. h. $2,2 \cdot 10^3 \text{ s}^{-1}$ sowie $6,8 \pm 0,8 \cdot 10^3 \text{ s}^{-1}$, zum Ausdruck gebracht (Iswantini et al. 2000). Verknüpft mit den o. a. Überlegungen sind Iswantini et al. (2000) in der Lage, mittels einer durch ein Enzym gesteuerten elektrochemischen Methode die Kinetik der *In-vivo*-Bildung des Holoenzyms nachzuverfolgen. Auf diese Weise gelingt ihnen die Bestimmung der Ratenkonstante für die Reaktionen des Apoenzyms mit PQQ ($K_{f,\text{PQQ}} = 3,8 \pm 0,4 \cdot 10^4 \text{ M}^{-1} \text{ s}^{-1}$) sowie Mg^{2+} ($K_{f,\text{Mg}} = 4,1 \pm 0,9 \text{ M}^{-1} \text{ s}^{-1}$). Auch ist die Gleichgewichtskonstante für die Bindung des Apoenzyms an PQQ und Mg^{2+} über die Dissoziationskonstanten von PQQ ($K_{d,\text{PQQ(Mg)}} = 1,0 \pm 0,1 \text{ nM}$) sowie Mg^{2+} ($K_{d,\text{Mg}} = 0,14 \pm 0,01 \text{ nM}$) bestimmbar (Iswantini et al. 2000). Nach Erzeugung des Holoenzyms durch *E. coli* kommt es, bei Abwesenheit von PQQ sowie Mg^{2+} in der Lösung, allmählich zur Zurückverwandlung in das vormals entsprechende Apoenzym. Mittels EDTA lässt sich das Mg^{2+} aus dem Enzym der *E.-coli*-Zelle entfernen und somit das gesamte Enzym auch unter Beibehaltung von PQQ deaktivieren (Iswantini et al. 2000). Elektrochemische Messungen werden bei einem fixierten Potential unter Zuhilfenahme eines 3-Elektroden-Systems, d. h. einer voltametrischen Analyse, sowie einer Temperatur von 25 °C bei anaeroben Bedingungen ausgeführt. Weiterhin werden eine gesättigte Ag-/AgCl-Elektrode, eine Pt-Scheibe als Referenz sowie Zählelektroden benötigt. Die im Verlauf der Messungen verwendete Lösung mit dem MOPS-Puffer wird via NaOH auf einen pH-Wert von 6,5 justiert sowie durch Zugabe von NaCl mit einer Ionenstärke von 0,1 versehen (Iswantini et al. 2000). Kinetische Parameter für die katalytische Oxidation am Beispiel einer D-Glucose durch *E. coli* mit aktiviertem *mGDH* listen Iswantini et al. (2000) auf, Tab. 3.10.

(p) *Lowe-Thorneley*-Schema

Zur Darstellung des MoFe-Proteinkreislaufs einer Nitrogenase setzt Durrant (2001) das *Lowe-Thorneley*-Schema ein. Es visualisiert den Transfer von Elektronen eines Fe-Proteins über die Assoziation/Dissoziation des Fe sowie der MoFe-Proteine und verhilft auf diese Weise zu einem vertiefenden Verständnis betreffs der Anbindung

Tab. 3.10: Kinetische Parameter für die katalytische Oxidation am Beispiel einer D-Glucose durch *E. coli* mit aktiviertem *mGDH* (Iswantini et al. 2000).

Elektronenakzeptor	K'_{Glc} (mM)	K'_{m} (mM)	$10^{-6} \cdot zK_{cat}$ (s^{-1})
PMS	$0,90 \pm 0,06$	$0,80 \pm 0,07$	$15 \quad \pm 1,7$
Q_0	$0,64 \pm 0,10$	$1,1 \pm 0,1$	$6,7 \pm 1,1$
DCIP	$4,2 \pm 0,5$	$0,80 \pm 0,09$	$7,1 \pm 1,2$
$Fe(CN)_6^{3-}$	$0,19 \pm 0,02$	$3,5 \pm 0,4$	$1,6 \pm 0,3$
O_2	$0,14 \pm 0,01$	$<0,05$	$0,45 \pm 0,03$

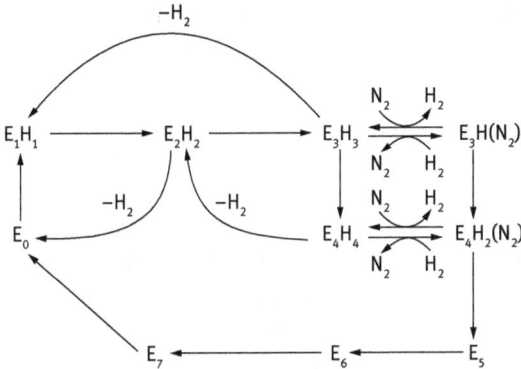

Abb. 3.27: *Lowe-Thorneley*-Schema für den MoFe-Proteinkreislauf einer Nitrogenase. Jeder Pfeil zwischen den nachgeschalteten reduzierten Zuständen E_nH_n repräsentiert den Transfer eines Elektrons von Fe-Protein über die Assoziation/Dissoziation der Fe- und MoFe-Proteine (nach Durrant 2001).

eines Substrats an hierfür vorgesehene metallische Nanocluster und kann als Vorbild für enzymatisch ablaufende Katalysen dienen, Abb. 3.27.

(q) QM/MM

Einsichten in die biologische Katalyse durch Modellierung via rechnergestützte Enzymologie können bei van der Kamp & Mulholland (2008) nachgelesen werden. Bezüglich der möglichen Mechanismen einer Enzymreaktion, zur Analyse der katalytischen Wechselwirkungen sowie zur Ansprache der Determinanten für Reaktivität und Spezifität verhelfen die molekulare Modellierung und Simulation auf atomarer Basis zu Einsichten. Eine Kombination von Quantenmechanik mit Molekularer Mechanik (QM/MM) bietet ein sehr wirkungsvolles Mittel innerhalb der rechnergestützten Enzymologie.

Durch eine Verknüpfung quantenchemischer (Elektronenstruktur-)Kalkulationen bezogen auf die aktive Stelle mit einem auf der empirischen molekularen Mechanik beruhenden Verfahren für den Rest des Proteins ist eine Modellierung von Reaktionen innerhalb eines Enzyms machbar. Mittels dieses Ansatzes, d. h. rechnergestützter Enzymologie, versprechen sich van der Kamp & Mulholland (2008) ein erhebliches Potential für die praktische Entwicklung von u. a. Biokatalysatoren durch begleitende Interpretation und Unterstützung bei den Experimenten.

(r) Genetische Aspekte

Seit geraumer Zeit und ca. zeitgleich mit der Entwicklung der Gentechnik stehen Techniken zum Protein-Engineering zur Verfügung. Gleichzeitig gelang es, infolge von Verbesserungen in der Spannweite und Effizienz neuer Technologien zu dem

Entwurf und der Entwicklung von Proteinen im Laboratorium die Konstruktion von Enzymen wesentlich zu beschleunigen (Dalby 2007). So sind, z. B. durch Fortschritte in Sichtungstechniken, umfangreichere Enzymbibliotheken rascher erfassbar (d. h. *high-throughput screening*).

Weiterhin gestattet die Kombination von neuen genetischen Werkzeugen und rechnergestützten Methoden eine erfolgreiche Anwendung einer Zufallsmutagenese (engl. *random*) betreffs bestimmter Enzymstrukturen, die in der Lage sein könnten, die gewünschten biokatalytischen Reaktionen durchzuführen. Ergänzend verfügt das rechnergestützte rationale Design von Enzym-Eigenschaften über ein großes Potential. Hierzu, d. h. die Konstruktion/Engineering von Enzymen für die Biokatalyse, sowie zur Patentlage stellt Dalby (2007) eine Übersicht bereit.

Zusammenfassend

hilft die rechnergestützte Simulation, das Verständnis von enzymatisch beinflussten Reaktionsabläufen zu vertiefen und über die Identifikation von Kenngrößen hinaus Optimierungsstrategien zu entwickeln. Das rechnergestützte Enzymdesign erfordert möglichst genaue Kenntnisse der Reaktionsmechanismen und -partner und trägt somit entscheidend zum Verständnis enzymgesteuerter Katalysen bei. Zudem stellt es ein unerlässliches Instrumentarium im industriell-technischen Prozess zur Festlegung von bestimmten Kennzahlen/Einflussgrößen und letztendlich zur Optimierung einer Vielzahl wirtschaftlicher Zielgrößen dar. Da sich das Arbeitsgebiet des Proteindesigns von der Reproduktion einer nativen Proteinstruktur zu Gunsten der Funktionalität verschiebt, ist die Beachtung der Spezifität während der molekularen Wechselwirkungen von großer Bedeutung. Und ungeachtet dessen, dass die Spezifität in einigen Fällen durch die Optimierung eines gewünschten Proteins in Isolation erreichbar ist, richten sich aktuell die Entwicklungsarbeiten direkt auf mit spezifischen Funktionen und Wechselwirkungen versehene Proteine.

3.5.1 *De-novo*-Enzymdesign

Unter einem *De-novo*-Enzymdesign wird die Erstellung eines neuartigen, von bekannten Strukturen abweichenden Enzyms verstanden. Das rationale Design von Enzymen bietet zahlreiche Anwendungsmöglichkeiten, setzt jedoch ein tiefgreifendes Verständnis betreffs der Proteinchemie voraus. So stellen Dwyer et al. (2004) in ihrer Arbeit biologisch aktive Enzyme vor, die mittels eines rechnergestützten Designs entwickelt worden sind. Die Autoren berichten von der erfolgreichen Prognose und Beschreibung eines Mutanten, der in der Lage ist, in ein die Ribose bindendes Protein eine Triosephosphat-Isomerase und deren enzymatische Aktivität zu übertragen. Es lässt sich eine Erhöhung der chemischen Umsetzungsgeschwindigkeit um das 100-Fache erreichen. Die von den Autoren vorgeschlagene Methode des rechnergestützten Enzymdesigns eignet sich, ihrer Meinung nach, für die Entwicklung weiterer synthetischer Enzyme. Durch ein rechnergestütztes Design erzeugte *De-novo*-Enzyme präsentieren Kries et al. (2013). Der rechnergestützte Entwurf von Enzymen entwickelt(e) sich zu einem vielversprechenden Instrumentarium zur Generierung von kontrollierbaren Biokatalysatoren. Neben einer Verbesserung der Lauffähigkeit steht die Erweiterung des Repertoires an katalaytisch implementierten Reaktionen und Untersuchungen zur Struktur sowie der Mechanismen individueller Entwürfe im Fokus des Interesses. Ungeachtet dessen, dass die Aktivitäten von *De-novo*-Enzymen typischerweise gering sind, lassen sie sich über die Gerichtete Evolution erheblich erhöhen, Abschn. 3.4.2. Analysen ihrer evolutionären Laufbahn bieten wichtige Hintergrundinformationen für passende Designalgorithmen (Kries et al. 2013).

Zunehmend gestattet die Kombination von rechnergestützten Vorgehensweisen mit der Gerichteten Evolution ein *De-novo*-Design von Enzymen, das die bislang dokumentierten Biotransformationen durch Enzyme übertreffen kann (Bolon et al. 2002). Jedoch benötigt der Entwurf/die Konstruktion von neuartigen katalytischen Aktivitäten eine Durchquerung inaktiver Sequenzierungsräume in einer Fitnesslandschaft (engl. *fitness landscape*), eine Leistung, die durch rechnergestütztes Design umsetzbar ist. Für eine Optimierung der Aktivität unter Berücksichtigung von Veränderungen in der Konformation und Bewegung des Proteins eignet sich die Gerichtete Evolution, da sich diese Technik bei der Skalierung von Fitnesslandschaften mit der Zielsetzung eines Maximums als am wirkungsvollsten erweist und in Kombination mit einem rechnergestützten Vorgehen zu einer deutlichen Verbesserung beim Entwurf von *De-novo*-Enzymen führt (Bolon et al. 2002).

Eine Strukturbestimmung und einen Entwurf von mit Biomineralisationen verknüpften Proteinen führen Masica (2009) durch. Im Vergleich stehen durch experimentelle Daten generierte mit durch rechnergestützte Vorgehensweisen erzielte Informationen. Zielsetzung ist die Kreation neuartiger Materialien mittels entsprechend präparierter Proteine. Als Schlüsselkunktion erweist sich hierbei das Adsorptionsverhalten der Proteine gegenüber den Oberflächen an Feststoffphasen. Realisiert wird dieses Verhalten durch molekulare Rekognition (Masica 2009). Zum Design von funktionalen Metalloproteinen liegen unterschiedliche methodische Ansätze vor, z. B. Einbau von nicht natürlich auftretenden Aminosäuren oder nicht nativen Cofaktoren ([2]Lu et al. 2009, Lu 2005).

(a) Enzym-Bionik

Eine Enzym-Bionik, beruhend auf der Supramolekularen Koordinationschemie, diskutieren Wiester et al. (2011). Fortschritte in der Koordinationschemie gestatten Chemikern, makromolekulare Komplexe mit diversen einem Enzym ähnlichen Eigenschaften zu synthetisieren. Hierbei spielen weniger die aktiven Sites als vielmehr die Strukturen eine Rolle, die im Zusammenhang mit bestimmten Merkmalen und Funktionen innerhalb von Enzymen auftreten. Über auf der Koordinationschemie beruhenden Methoden, z. B. Konvergenz und Modularität, sind Größe, Form und Eigenschaften der auf diese Art gewonnenen Komplexe individuell herstellbar, die betreffs Reaktivität sowie Spezifität Ähnlichkeiten mit natürlichen Systemen aufweisen bzw. diese übertreffen könnten (Wiester et al. 2011).

(b) Oxidase

Zu Zwecken des Testlaufs einer Enzymfunktion und des Entwurfs eines neuartigen Katalysators hat sich ein *De-novo*-Design von katalytisch aktiven Proteinen scheinbar bewährt. So schildern z. B. Kaplan & DeGrado (2004) den Entwurf der Struktur, Sequenz und Aktivität einer Oxidase. In ihrem Design verhält sich die katalytische Effizienz gegenüber Wechseln in der Größe der Methylgruppe innerhalb des Proteins sensitiv und demonstriert somit die Spezifität des Designs. So soll z. B. ein beabsichtigter Reaktionsmechanismus, unter Einbeziehung von O_2, das Di-Fe^{3+}-führende-Protein in eine Di-Fe^{2+}-Spezies überführen. Hierbei gilt es, diverse Zwischenschritte, wie z. B. die Wechselwirkungen mit dem Substrat u. a., exakt zu berücksichtigen. Zielsetzung ist es, über ein geeignetes Formelwerk die Schnittstelle der den Raum einnehmenden Abfolge einer Katalyse zu ermitteln, versehen mit der Möglichkeit, die in den kalkulierten Gleichungen dargestellten Reaktionssequenzen zu katalysieren.

Beginnend mit

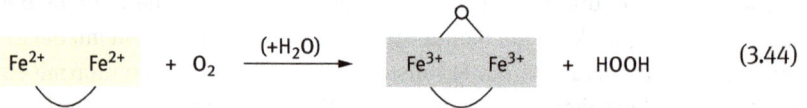

$$(3.44)$$

gefolgt von

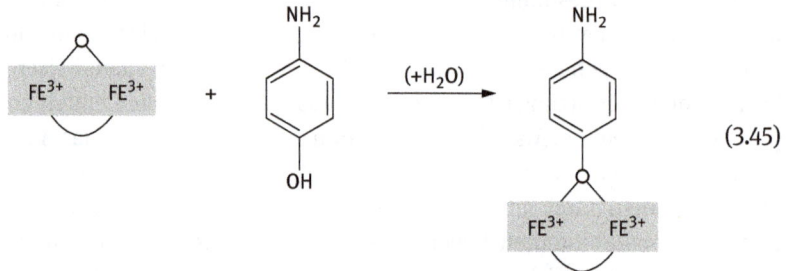

$$(3.45)$$

über

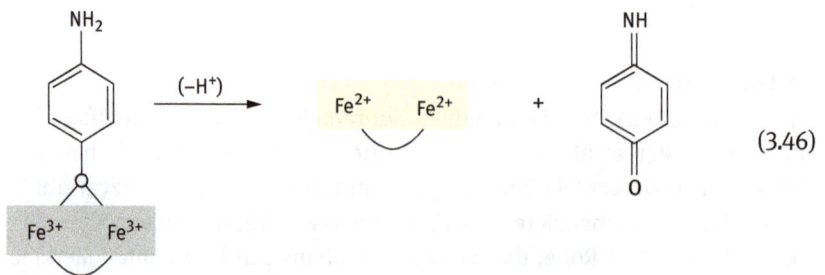

$$(3.46)$$

abschließend

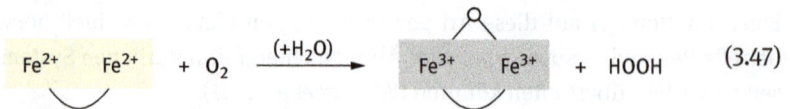

$$(3.47)$$

Letztendlich beabsichtigt ein *De-novo*-Design eines katalytisch wirksamen Enzyms die Vermeidung eines stabilen Energieminimums oder das Auftreten hemmender Energiebarrieren entlang dem Reaktionspfad (Kaplan & DeGrado 2004).

(c) Metalloenzyme

Im Sinne der Entwicklung von funktionalen Metalloenzymen beschäftigen sich Yu et al. (2014) u. a. mit einem Design von Proteinen unter Berücksichtigung ihrer Funktionen, mit artifiziellen Metalloenzymen für eine regio- und enantioselektive Katalyse, den Wechselbeziehungen zwischen *De-novo*-Peptiden und Metallionen, toxischen Effekten seitens Metallen, katalytischen Zentren etc. Den Intentionen einer *Bottom-up*-Strategie folgend, entwerfen Zastrow & Pecoraro (2014) hydrolytisch wirkende, Zn-führende Metalloenzyme. Aus diesem Anlass richten sie ihr Augenmerk auf die Präparation von Zn^{2+}-bindende Sites in Assoziation mit unterschiedlichen Gerüststrukturen aus *De-novo*-Proteinen sowie die Erzeugung veränderter katalytischer Aktivitäten.

(d) Metallopeptide

Zur Modulation u. a. des Reduktionspotentials durch Metallopeptide, entwickelt durch ein *De-novo*-Design, bieten Yu et al. (2013) Daten und verweisen auf die Sensitivität der Redoxprozesse gegenüber dem lokalen elektrostatischen Umfeld. Ihre Studie demonstriert das Potential eines *De-novo*-Proteins bei der Darstellung von ionisierbaren Residuen, die auf Redoxsysteme einwirken. Hierin könnte nach Einschätzung der o. a. Autoren eine Option mit der Zielsetzung liegen, eine katalytische Aktivität zu erhöhen. Im Zusammenhang mit der Vorstellung künstlicher Metalloenzyme erörtert Lewis (2015) durch Metallopeptide durchgeführte Katalysen. In Verbindung mit Metallopeptiden ist die Anbindung von hydrolytisch aktiven La^{3+}-Komplexen an Ca-führende Abschnitte der Peptide aufgezeichnet (Welch et al. 2003).

(e) Algorithmen-Platzierung

In der Diskussion eines rechnergestützten Enzymdesign betonen Dwyer et al. (2004) u. a. die Integration von für die Platzierung von Seitenketten und Liganden geeigneten Algorithmen, sowie die geometrische Definition zur Erzeugung einer Platzierung der aktiven Siteresiduen.

Die o. a. Autoren berücksichtigen bei der Vorgabe des Designs einer vollständigen Site u. a. das Proteingerüst, die geometrischen Anforderungen an die aktive Site, Kraftfelder, Designrezeptor etc., Abb. 3.28.

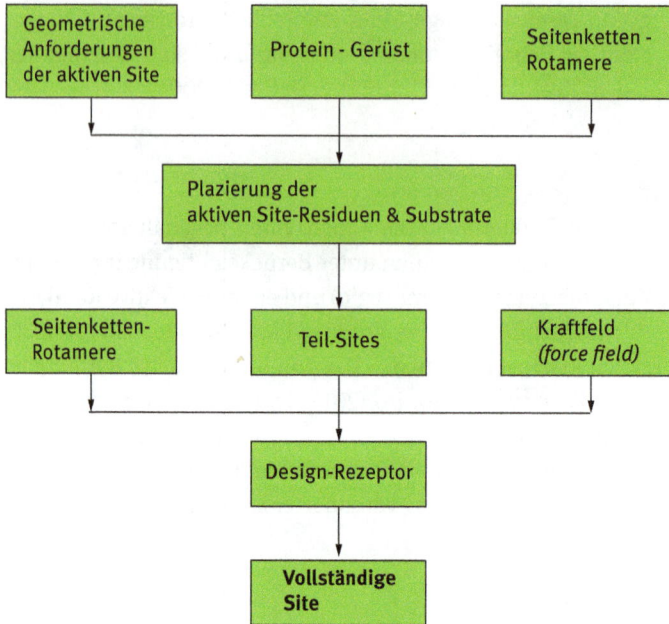

Abb. 3.28: Geometrische Definition zur Erzeugung einer Platzierung der aktiven Site-Residuen (nach Dwyer et al. 2004).

(f) *Rosetta3*-Technik

Ein *De-novo*-Enzymdesign unter Verwendung der *Rosetta3*-Technik veröffentlichten Richter et al. (2011). Zum Entwurf von Enzymkatalysatoren für eine Vielzahl chemischer Reaktionen geeignet scheint u. a. ein auf *Rosetta3*-Techniken beruhendes *De-novo*-Enzymdesignprotokoll. *Rosetta* repräsentiert eine Applikation zur Modellierung makromolekularer Strukturen. Zusammenfassend setzt sich die o. a. Vorgehensweise aus vier Phasen zusammen:

(1) Wahl des katalytischen Mechanismus und der hiermit verbundenen aktiven Modellsite,
(2) Identifizierung der in Frage kommenden Sites,
(3) Optimierung der Identitäten der die aktive Site umgebenden Residuen zwecks Stabilisierung der Wechselwirkungen mit dem Übergangsstadium und primären katalytischen Residuen,
(4) Evaluation und die Rangfolge der entworfenen Sequenzen.

Der prinzipielle Ablauf, dargestellt in Form eines Fließschemas, beginnt mit der Vereinigung von einer Strukturbibliothek mit der Definition des Theozyms (Richter et al. 2011), Abb. 3.29. Über mehrere Zwischenschritte, wie z. B. die Optimierung katalytischer Wechselwirkungen, das Design der mit und ohne katalytische Limitierung versehenen aktiven Site etc., steht als abschließende Maßnahme die experimentelle Charakterisierung.

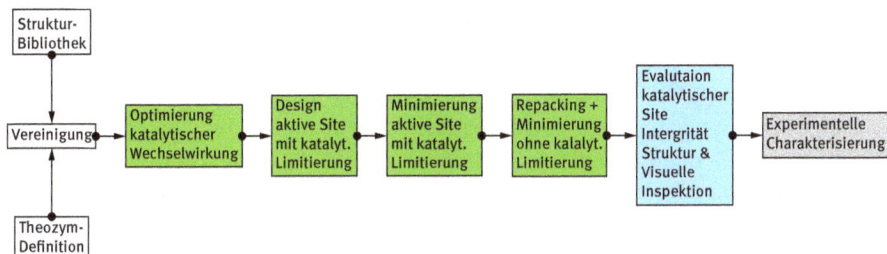

Abb. 3.29: Fließschema eines Protokolls für ein Enzymdesign, die Farben repräsentieren unterschiedliche Stadien innerhalb des Entwurfs (nach Richter et al. 2011).

(g) Hashing-Techniken

Die Bereitstellung von Enzymen mit der Eigenschaft, jede gewünschte chemische Reaktion zu katalysieren, stellt eine erhebliche Herausforderung für das rechnergestützte Proteindesign dar, (Abschn. 3.6) und Jiang et al. (2008) präsentieren ein *de-novo*-rechnergestütztes Design von Retro-Aldol-Enzymen.

Hierzu stützen sie sich auf neue Algorithmen, die auf Hashing-Techniken beruhen und die Konstruktion von aktiven Sites für mehrstufige Reaktionen zulassen. Als Fallbeispiel entwarfen Jiang et al. (2008) eine Retro-Aldolase, ausgestattet mit unterschiedlichen Katalysemotiven, um den Bruch einer C–C-Bindung in einem nicht natürlichen Substrat zu katalysieren. Sie unterzogen 72 Entwürfe experimentellen Arbeiten und wiesen für 32 Designs/Entwürfe die Tätigkeit einer Retroaldolase nach. Im Fall einer Verwendung eines H_2O-Moleküls zur Promotion des Protonentransfers kommt es, im Vergleich mit der Methode eines Gebrauchs geladener Netzwerke (engl. *side-chain networks*), zu einer deutlichen Beschleunigung der Rate mit einer Größenordnung des vierfachen Wertes sowie mehrfachen Umsätzen. Über den Gebrauch von Röntgenmessungen zur Kristallstruktur gelang es Jiang et al. (2008), die bis in den atomaren Bereich reichende Präzision ihres vorgestellten Designprozesses, d. h. Einbettung in zwei Proteingerüststrukturen, zu bestätigen

(h) Biotin-Avidin-Technologie

Mit artifiziellen Metalloenzymen, auf einer Biotin-Avidin-Technologie beruhenden Basis zur enantioselektiven Reduktion von Ketonen beschäftigen sich Letondor et al. (2005). Der weitaus größte Anteil an physiologischen und biotechnologischen Prozessen basiert auf einer molekularen Rekognition zwischen chiral organisierten Molekülen, Abschn. 4.4. Künstliche homogene Katalysatoren und Enzyme bieten komplementäre Mittel zur Herstellung von enantiopuren Komponenten. Da die Details, die die chirale Unterscheidung regulieren, im Voraus schwer zu berechnen sind, beruhen viele Aktivitäten zur Leistungssteigerung/Verbesserung solcher Katalysatoren auf dem Prinzip von „Versuch und Irrtum". Homogene Katalysatoren lassen sich i. d. R. durch chemische Modifikation der chiralen Umgebung in unmittelbarer

Umgebung des Metallzentrums optimieren. Daneben können Enzyme mittels Modifikation der Genkodierung verbessert werden. Die Inkorporation von biotinylierten organometallischen Katalysatoren in ein Wirtsprotein, z. B. Avidin oder Streptavidin, ermöglicht die Bereitstellung von vielseitigen künstlichen Metalloenzymen für die Reduktion von Ketonen durch Transferhydrierung. Als H_2-Lieferant dient u. a. eine Mischung aus Borsäure (H_3BO_3) und Format ($CHOO^-$), kompatibel mit artifiziellen Metalloenzymen. Eine kombinierte chemogenetische Prozedur erlaubt, die Aktivität und Selektivität dieser hybriden Katalysatoren zu optimieren, d. h. bei der Reduktion von p-Methylacetophenon einen enantiomeren Überschuss von bis 94 %. Diese Form der artifiziellen Metalloenzyme offenbart Merkmale sowohl von homogenen Katalysatoren als auch Enzymen (Letondor et al. 2005).

Metalloproteine katalysieren einige der schwierigsten und wichtigsten Prozesse in der Natur, wie z. B. die Photosynthese und die Oxidation von H_2O. Als eine der wichtigsten Herausforderungen an das Verständnis über ihre Funktionsweise kann das *De-novo*-Design von neuen Metalloproteinen angesehen werden, das insbesondere im Sinne einer anwenungsorientierten Zielsetzung, wie z. B. für (Geo-)Biotechnologie und Pharmazie, innovative, maßgeschneiderte Lösungen anbietet.

(i) Kombinatorische Bibliothek

Zu enzymähnlichen Proteinen aus einer deselektierten Bibliothek von entworfenen Aminosäure-Sequenzen stellen Wei & Hecht (2004) ihre Überlegungen und Arbeiten vor. Kombinatorische Bibliotheken von De-novo-Aminosäuresequenzen können eine vielfältige Ausgangsbasis zur Entdeckung neuartiger Proteine zur Verfügung stellen. Da sich allerdings willkürlich ausgewählte Sequenzen selten zu wohlgeordneten, proteinähnlichen Strukturen organisieren, d. h. Faltung, entstehen nur in Ausnahmen funktionale Proteine. Zur Erhöhung der Wahrscheinlichkeit, funktional ausgestattete *De-novo*-Proteine zu entdecken, und zum Entwurf von Sequenzbibliotheken mit vermuteter Eigenschaft zur Bildung geordneter Strukturen setzen Wei & Hecht (2004) bestimmte binär orientierte Muster von polaren und nicht polaren Aminosäuren ein.

Zuvor konnte demonstriert werden, dass sich aus dem o. a. Typus von Bibliotheken isolierte Proteine in hochgeordnete und den ursprünglichen 3-D-Strukturen ähnelnde Muster falten. Um das Potential solcher Bibliotheken zur Bereitstellung von Proteinen mit enzymähnlichen Eigenschaften zu testen, ermittelten Wei & Hecht (2004) die Aktivität von *S-824*, einer *de novo*, binär strukturierten Esterase. Dieses Protein führt zu einer signifkanten Erhöhung der Rate um das mehr als 8000-Fache. Gegenüber zuvor über rationales Design oder rechnergestützte Methoden entworfene Esterasen ist eine ähnliche oder bessere Leistungsbilanz zu beobachten. Aufgrund ihrer Arbeiten sind Wei & Hecht (2004) davon überzeugt, dass neue Proteine mit enzymähnlichen Eigenschaften in durch binäres Strukturieren entworfenen Bibliotheken anzutreffen sind und sich als Referenzmaterialien für den Grad an Aktivität eignen, der durch Selektion und/oder rechnergestütztes Design entstanden ist.

(j) Genetische Aspekte

Über eine Erweiterung des genetischen Codes sind nach Einschätzung von Davis & Chin (2012) Designerproteine machbar, z. B. Änderungen in der Konformation, Wechselwirkungen zwischen den Proteinen, elementare Abläufe in der Übertragung von Signalen sowie die Rolle posttranslationaler Proteinmodifikationen. Über spezielle Vorgehensweisen sind *In-vitro-* sowie *In-vivo*-Untersuchungen bis auf die molekulare Ebene möglich.

Zusammenfassend

kann grundsätzlich ein Design von neuen Metalloproteinen als ultimativer Test dahingehend angesehen werden, inwieweit die Funktionsweise von Metalloproteinen verstanden worden ist. Mit einem geeigneten Entwurf lassen sich u. U. nicht nur verborgene Strukturmerkmale erkennen – bislang durch an nativen Metalloproteinen durchgeführten Studien und deren Varianten nicht ermittelt –, sondern auch neue Metalloenzyme zwecks u. a. biotechnologischer Verwendung ausarbeiten. Insgesamt stellt ein Design von Metalloproteinen eine größere Herausforderung dar, als dies bei Nichtmetalloproteinen der Fall ist, wobei auf Daten aus den Bereichen rechnergestützter und Struktureller Biologie zurückgegriffen werden kann.

3.5.2 Theozyme

Unter den Begriff Theozym fallen theoretisch konstruierte Enzyme, deren optimale Geometrie unter Berücksichtigung der Stabilisierung des Übergangsstadiums durch funktionelle Gruppen mittels rechnergestützter Arbeiten ausgeführt wird. Sie dienen der quantitativen Bewertung einer katalytischen Funktion (Tantillo et al. 1998). Ähnlich umschreibt Zhao (2013) den Begriff und betont, für die gewünschte katalysierte Reaktion unabdingbar, das 3-D-Modell, d. h. Geometrie unter besonderer Berücksichtigung einer minimalisierten aktiven Site. Idealerweise handelt es sich um ein Modell mit dem energetisch höchsten Übergangszustand innerhalb des Reaktionspfades, umrahmt mit zur Stabilisierung dieses Zustandes oder Unterstützung einer chemischen Transformation abgetrennten Aminosäuren. Zwecks Anbindung/Integration des Theozyms an/in ein Protein stehen eine Reihe von Algorithmen bzw. Techniken wie quantenmechanische Modellierung insbesondere für z. B. die Position von Liganden zur Verfügung, z. B. enumerativer Algorithmus (Zhao 2013). Übergreifend erörtern Taylor et al. (2015) die katalytische Funktionstüchtigkeit von synthetisch hergestellten, genetischen Polymeren.

(a) Modulare Enzyme

Modulare makromolekulare Baueinheiten sind in eine Vielzahl biologischer Prozesse einbezogen, so u. a. in katalytische Vorgänge, und bislang sind drei Klassen modularer Biokatalysatoren, d. h. modulare Enzyme, identifiziert (Khosla & Harbury 2001):

(1) Enzyme mit der Möglichkeit, Spezifität und Substrat zu trennen,
(2) Enzyme mit der Fähigkeit, gegenüber mehreren Substraten reagieren zu können (Multisubstratsysteme), und mit modular auftretenden Bindungssites ausgestattet
(3) sowie Multienzym-Systeme, die fähig sind, programmierfähige, auf den Metabolismus bezogene Pfade zu katalysieren.

In einer „Postgenomära", wie es Khosla & Harbury (2001) nennen, kann die Entdeckung der angesprochenen Modularität einen erheblichen Part der Enzyme in der synthetischen Chemie übernehmen.

(b) Genetische Aspekte

Die Synthese von Enzymen mittels gentechnisch veränderter Mikroorganismen ist eine industriell etablierte Methode. Zur Steigerung der Enzymproduktion eines Mikroorganismus bieten sich als Optimierungsstrategien gentechnische Eingriffe, d. h. Genom-Engineering, an. Über eine Genomsequenzierung ist bei Mikroorganismen, die das gewünschte Enzym produzieren, allerdings in geringer Menge, eine erhebliche Leistungssteigerung bei der Produktion des betroffenen Enzyms möglich. Als Techniken bieten sich die Vervielfältigung des entsprechenden Gens, Abschalten der regulativen Mechanismen sowie modifizierte Startsignale an. Diese Art des Protein-Engineerings kann als homologer Gentransfer, d. h. Übertrag innerhalb einer Art, z. B. Xylanase, oder als heterologer Gentransfer, d. h. Transfer zwischen verschiedenen Arten, erfolgen. Im letztgenannten Fall werden isolierte Enzymgene auf Mikroorganismen übertragen, die das gewünschte Enzym aufgrund ihrer genetischen Information nicht synthetisieren können, z. B. Chymosin. Dies geschieht, wenn der veränderte Mikroorganismus unter einfacheren Bedingungen als der eigentliche mikrobielle Enzymproduzent in den entsprechenden Anlagen, d. h. in Fermentern, kulturfähig zu handhaben bzw. weniger problematisch oder gar unbedenklich ist.

(c) Compuzyme

Theozyme sowie Compuzyme als theoretische Modelle für die biologische Katalyse erörtern Tantillo et al. (1998). Ein Theozym ist ein theoretisch-abstraktes Enzym, das über eine rechnergestützte Kalkulation die optimale Geometrie, erforderlich zur Stabilisierung des Übergangsstadiums durch funktionale Gruppen, anbietet. Die auf diese Art gewonnene Darstellung eines Theozyms dient der quantitativen Bewertung seiner katalytischen Funktion. Theozyme dienen u. a. dazu, die Rolle stabilisierender Maßnahmen der den Übergangsstadien zugrunde liegenden Mechanismen zu erläutern, z. B. Reduktase, Protease u. a. (Tantillo et al. 1998). Auf die via Deprotonierung eines Zn-führenden Komplexes erzielte Fähigkeit einer Imitation von Enzymen ma-

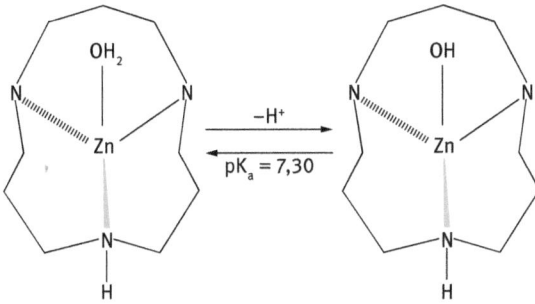

Abb. 3.30: Deprotonierung eines Zn-führenden Komplexes mit der Fähigkeit, Enzyme zu imitieren (Steed et al. 2007).

Tab. 3.11: Synthetische Enzyme – Beispiele für Merkmale wie Halbwertszeit, Umsatz etc. (Griffiths & Tawfik 2000).

Enyzm	Halbwertszeit uncat [$t_{1/2}^{uncat}$]	Umsatzrate [K_{cat} (s^{-1})]	Halbwertszeit cat [$t_{1/2}^{cat}$ (ms)]	Ratenbeschleunigung [K_{cat}/K_{uncat}]
OMP Decarboxylase	$7,8 \cdot 10^7$ a	39	18	$1,4 \cdot 10^{17}$
Acetylcholin-Esterase	≈ 3 a	$> 10^4$	$< 0,07$	$\approx 10^{13}$
Trisephosphat-Isomerase	1,9 d	4300	0,16	$1,0 \cdot 10^9$
Chorismat Mutase	7,4 h	50	13,8	$1,9 \cdot 10^6$
Tetrahymena Grp. I Ribozym	≈ 430 a	$\approx 5,8$	120	$\approx 10^{11}$

uncat: im nicht katalysierenden Zustand
cat: im katalysierenden Zustand
a: Jahr,   d: Tag,   h: Stunde

chen Steed et al. (2007) aufmerksam, Abb. 3.30, Abschn. 2.3.4/Bd. 2. In Verbindung mit dem Design und der *In-vitro*-Kompartimentierung synthetischer Enyzme liegen Angaben zu Qualitätseigenschaften wie z. B. Halbwertszeit, Umsatzraten sowie Ratenbeschleunigung vor (Griffiths & Tawfik 2000), Tab. 3.11.

Zusammenfassend
bieten sich gedankliche Konstrukte wie z. B. modulare Enzyme, Compuzyme u. a. als Orientierungshilfen bei der Entwicklung neuartiger Enzymfunktionen wie z. B. der Synthese von bislang biogen nicht beschriebenen binären Metalloxiden wie z. B. Sb-Tantalat (SbTaO$_4$) an, Abschn. 2.7 (f)/Bd. 2.

3.6 Quantenmechanische Aspekte

Im Zusammenhang mit dem *De-novo*-Design von Enzymen bietet die Einbeziehung quantenmechanischer Aspekte häufig eine unerlässliche theoretische Grundlage zur Simulation und Hilfsmittel für rechnergestützte Arbeiten. Für die Modellierung von Enzymreaktionen und anderen biomolekularen Prozessen, die Änderungen in der Elektronenkonfiguration, wie z. B. in dem Ladungstransfer oder der Elektronenanregung, verursachen, sind quanten-/molekularmechanische (QM/MM) Grundzustands-rechnungen von vorrangiger Bedeutung. Grundlegende Idee ist es, eine Methode der QM für die chemisch aktiven Bereiche, z. B. Substrat und Cofaktoren, anzuwen-den, um diese mit der MM der unmittelbaren Umgebung, d. h. komplettes Protein und Lösungsmittel, zu kombinieren. Da aber die betroffenen Regionen untereinan-der in enger Wechselwirkung stehen, ist es nicht möglich, die gesamte Energie des Systems als einfache Summe der diskreten Energien der individuellen Subsysteme auszudrücken. Es gilt, gekoppelte Terme unter Beachtung der Grenzen zwischen den einzelnen Subsystemen und deren kovalente Bindungen zu berücksichtigen. Erst die präzise Form der Verbindungsterme und Details der Behandlung (engl. *treatment*) der Grenzen bestimmen das spezifische QM-/MM-Schema.

Ansätze, die auf der Kombination von Quanten- und Molekularmechanik (QM/MM) beruhen, erfahren, sowohl in Hinsicht auf Methodologie als auch Anwendung, rasch wachsende Fortschritte. Das Hauptziel besteht darin, mechanistische Studien von Enzymen inkl. Beiträge zum Verständnis der Enzym-Katalyse anzubieten. Sie erfassen Berechnungen zu dem pK_a-Wert, den Redox-Eigenschaften, den Grund- und Anregungszuständen, den spektroskopischen Parametern und der Dynamik des Anregungszustandes. Methodologische Fortschritte schließen verbesserte QM-/MM-Schemata ein, speziell zur effektiven Behandlung der elektrostatischen Wech-selwirkungen seitens der QM/MM und der Eingliederung von neuen effektiven und genauen QM-Methoden in die QM-/MM-Schemata (Senn & Thiel 2007). Methologische Fortschritte beinhalten verbesserte QM-/MM-Modelle, insbesondere neue Vorgehens-weisen für eine effektive Behandlung der elektrostatischen Wechselwirkungen im Bereich QM-MM und die Eingliederung von neuen und präzisen QM-Techniken in die o. a. QM-/MM-Modelle. Die atomistisch-biomolekulare Simulation und Modellierung offenbaren zunehmend ihren praktischen Wert bei Untersuchungen biologischer Systeme. Zu dem Status, Progress und den Perspektiven dieses Ansatzes nehmen z. B. van der Kamp et al. (2008) Stellung. Sie betonen die Effizienz dieser Techniken auf dem Gebiet der strukturellen Biologie und ihrer Schnittstellen zu Physik, Chemie und Biologie.

Bei Gebrauch eines für eine bestimmte Reaktion optimalen Katalysators sind Mutanten fähig, die Ratenkonstante eines chemischen Schrittes zu erhöhen. Die Verbesserungen und Entwicklungen der Techniken und Methoden theoretischer und rechnergestützter Chemie bieten eine zuverlässige Grundlage zur Modellierung der physikalisch-chemischen Merkmale biologischer Systeme. Darüber hinaus ergibt sich aus der Kombination einer rechnergestützten Vorgehensweise mit molekularer Kon-struktion ein weiteres Hifsmittel zur Entwicklung neuartiger Enzyme mit veränderten katalytischen Wirkungsweisen. In Verbindung mit der enzymatisch katalysierten Reaktionssequenz von Chorismat zu Prephenat unternehmen Martí et al. (2010) den Versuch, durch diverse Ansätze. d. h. theoretische QM-/MM-Studien, die im Hinter-grund verlaufenden molekularen Mechanismen von enzymatischen, perizyklischen Reaktionen zu veranschaulichen. Aufgrund des Auftretens einer chorismatischen

Mutase-Aktivität besteht die Möglichkeit einer Verallgemeinerung, d. h. Übertragung auf andere proteinbezogene Gerüststrukturen. Diese perizyklische Reaktion hat den Vorteil, dass andere Proteingerüststrukturen, wie z. B. katalytische Antikörper u. a., übereinstimmende Aktivitäten mit dem o. a. Enzym aufweisen.

Alle bezüglich dieses Protein-Umfelds erhaltenen Ergebnisse, auf einem Vergleich mit der nichtkatalysierten Reaktion in Lösung beruhend und als allgemeine Schlussfolgerung vorgeschlagen, weisen darauf hin, dass die Herkunft der Enzymkatalyse auf der relativen elektrostatischen Stabilisierung des Übergangsstadiums, unter Berücksichtigung eines *Michaelis*-Komplexes, beruhen könnte (Martí et al. 2010). Als Schlussfolgerung erörten die o. a. Autoren die Überlegung, dass die Reaktanten einer katalysierten Reaktion näher am Übergangsstadium stehen, als dies bei einer nichtkatalysierten Reaktion der Fall ist. Für das rechnergestützte Design von neuartigen Enzymkatalysen und Untersuchungen zur Biokatalyse und Bindung diskutiert De-Chancie (2008) die Modelle der Quantenmechanik (QM) und der Kombination von quantenmechanischer/molekular-mechanischer Methoden (QM/MM).

Zusammenfassend stehen zwecks Berücksichtigung quantenmechanischer Aspekte diverse Theorien/Modelle zur Verfügung, z. B. *Force-Field*-Theorien, Hybrid-(Dichte-)Funktional, empirische Valenz-Band-Theorie.

(a) Empirische Valenz-Band-Theorie

Die empirische Valenz-Band-Theorie (engl. *empirical valence bond* = EVB) repräsentiert eine wirkungsvolle Vorgehensweise für ein rechnergestütztes Design von Enzymen (Vardi-Kilshtain et al. 2009). Mithilfe dieses Konzepts steht in der Endphase eines rechnergestützten Enzymdesigns ein Instrumentarium für eine Evaluation der katalytisch definierten Beiträge der diversen Residuen zur Verfügung. Eine Korrelation zwischen kalkulierter sowie beobachteter, auf die Freie Energie bezogener Aktivierungsbarrieren scheint den erzeugten Daten zufolge den o. a. Ansatz zu bestätigen und somit zu quantitativ betonten Prognosen tauglich (Vardi-Kilshtain et al. 2009), Abb. 3.31.

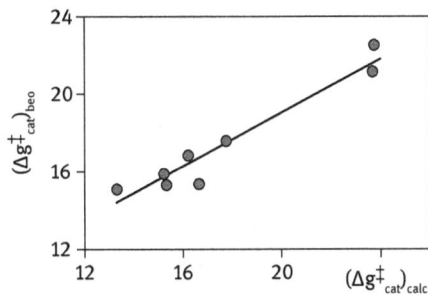

Abb. 3.31: Korrelation zwischen kalkulierter sowie beobachteter Aktivierung der Freien Energie (Vardi-Kilshtain et al. 2009).

Mithilfe geeigneter Simulationstechniken bewerten und erörtern Roca et al. (2009) am Beispiel einer Chorismat-Mutase diverse Herangehensweisen, die zur Klärung des katalytischen Anteils der unterschiedlich aktiven Restgruppen des o. a. Enzyms beitragen können. Es deutet sich an, dass sich das empirische Valenzstruktur-Modell (*empirical valence bond model* = EVB), insbesondere im finalen Stadium eines rechnergestützten Enzym-Designs (*computer aided enzym design* = CAED), als brauchbar erweist. Andere Methoden zum raschen, qualitativen Screening der ionisierten Restgruppen scheinen weniger geeignet.

Generell muss jeder Ansatz zum Enzymdesign den elektrostatischen Präorganisationseffekt berücksichtigen. Dieser Ansatz scheint insbesondere bei Berechnungen im Falle von gasförmigen Phasen oder Clustern von geringer Dimension mit anschließender Abschätzung der Interaktion zwischen Enzym und dem Übergangsphasen-Modell (engl. *transition state* = TS) zuzutreffen.

Zur Modellierung enzymatischer Reaktionen unter Einbeziehung von Übergangsmetallen veröffentlichen Siegbahn & Borowski (2006) ihre Überlegungen. Seit mehr als zehn Jahren hilft die hochauflösende Quantenchemie u. a. bei der Lösung biologischer Fragestellungen, z. B. betreffs Substratbindungsstelle bzw. aktiver Seite bei Enzymen. Ein bedeutender theoretischer Ansatz stellt die hybride Dichte-Funktional-Theorie (engl. *density functional theory* = DFT) dar, gewöhnlich mit dem *B3LYP*-Funktional versehen. Die chemischen Modelle variieren im Umfang, meist lassen sich 30–100 Atome vollständig durch die QM behandeln. Nach aktuellem Stand der Forschung stehen sich zwei verfahrenstechnische Ansätze gegenüber: (1) ein möglichst kleines Modell und (2) ein Verfahren, das auf einem größtmöglichen Modellentwurf, teilweise unter Einbeziehung des gesamten Enzyms durch Kombination von QM und MM, beruht. Somit stehen verschiedene Methoden/Algorithmen zur Modellierung von enzymatischen Reaktionen unter Einbeziehung von (Übergangs-)Metallen zur Diskussion sowie Überlegungen eines möglichen Einsatzes (Siegbahn & Borowski 2006).

Die rechnergestützte Simulation einer Enzymkatalyse, ihre Methoden, Fortentwicklung und Einblicke erörtert Warshel (2003). Zu einer der wichtigsten Zielsetzungen der modernen Biophysik zählt seiner Einschätzung nach das Verständnis von Enzymaktivitäten auf atomarer Ebene, d. h. die Herausforderung, enzymatische Reaktionsabläufe durch rechnergestützte Simulation zu erfassen. Zur Modellierung bieten sich diverse Methoden an, z. B. empirische Valenzstrukturtheorie (engl. *empirical valence bond* = EVB) sowie eine auf die Molekularorbitaltheorie bezogene Quanten-/Molekularmechanik (QM/MM).

Warshel (2003) betont die Wichtigkeit einer angemessenen Konfiguration bei der Ermittlung der auf die QM/MM bezogenen durchschnittlichen Energien und verweist auf die EVB-Technik, die sich aufgrund seiner Studien bislang als die effektivste Vorgehensweise zur Kalkulation der erforderlichen Durchschnittswerte erwies. So verweisen alle ordnungsgemäß ausgeführten Simulationsstudien auf die Auswirkungen einer elektrostatischen Präorganisation als Ausgangspunkt für eine Enzymkatalyse. Zusätzlich bieten simulierte Enzymreaktionen Informationen zu nichtelektrostatischen Mitwirkungen und die Gültigkeit hiermit einhergehender Vorschläge. So offenbaren gemäß Warshel (2003) Simulationsstudien, dass z. B. Vorgänge wie Desolvation, sterische Beanspruchung, stressbedingte Konformation, Entropiefallen sowie kohärente Dynamiken bei der katalytischen Kapazität von Enzymen keinen entscheidenden Part übernehmen.

Ungeachtet dessen, dass viele Fragen im Zusammenhang mit der Enzymkatalyse unbeantwortet bleiben, steht zum Verständnis einer enzymatisch gesteuerten Katalyse mit der rechnergestützten Modellierung ein sehr mächtiges Werkzeug zur Verfügung. Neuere Modellierungstechniken gewähren Einblicke in enzymkatalysierte Reaktionen, inklusive einer Analyse der Mechanismen und der Identifizierung der Determinanten von Spezifität und katalytischer Effizienz (Mulholland 2005). Als ständig wachsendes Arbeitsgebiet innerhalb der rechnergestützten Enzymologie verfügen nach Mulholland (2005) Überlegungen, die sich auf quantenchemische Modellstudien und die Kombination von Quanten- und Molekularmechanik (QM, MM) stützen, wie z. B. das Design von Enzymstrukturen, die Entwicklung von Modellen zur Vorhersage bestimmter stoffwechselbezogener Vorgänge sowie die Effekte eines genetischen Polymorphismus, über ein erhebliches Potential.

Eine Vielzahl von Arbeiten verweist auf die Notwendigkeit einer eingehenden Betrachtung der enzymatischen Katalysen auf der molekularen und atomistischen Ebene (Mulholland 2005, van der Kamp & Mulholland 2008, Warshel 2003). Den vorliegenden Überlegungen und Schlussfolgerungen zufolge, die u. a. die Einbeziehung der Modelle der *empirical valence bond* (EVB), der Quanten- und Molekularmechanik (QM und MM) berücksichtigen, tragen diese Theorien aus der Biophysik erheblich zum Verständnis der Abläufe bei und gestalten somit gezielte Optimierungsmaßnahmen wesentlich effizienter. Mithilfe dieser Konzeption gelang eine erweiterte Kenntnis der elektrostatischen Einflüsse im Vorfeld der eigentlichen enzymatischen Katalyse (Mulholland 2005, van der Kamp & Mulholland 2008, Warshel 2003). Der im modernen Produktionsprozess unerlässlichen Forderung zur Definition von z. B. Zielgrößen via rechnergestützte Simulation/Modellierung kann hiermit entsprochen werden und die enzymatisch gesteuerte Synthese von metallischen Nanoclustern lässt sich letztendlich durch die Zunahme von Kontrollmechanismen verlässlicher implementieren. In diesem Zusammenhang sei die geeignete Konfiguration der Durchschnittswerte der QM/MM betont, wobei hervorgehoben muss, dass sich diese, nach aktuellem Stand, durch die EVB-Methode am wirkungsvollsten durchführen lassen. Entsprechend dieser Vorgehensweise scheint es, dass alle korrekt durchgeführten Simulationsstudien eine elektrostatische Präorganisation als den Auslöser für die Enzymkatalyse vermuten lassen. Die Fähigkeit, enzymatische Reaktionsabläufe zu simulieren, bietet zudem die Chance, die Relevanz nichtelektrostatischer Beiträge zu untersuchen sowie die Gültigkeit der in diesem Zusammenhang aufgestellten Modellvorstellungen zu überprüfen. So deuten Simulationsstudien an, dass z. B. eine Desolvation, Entropie-Falle, sterische Deformation, kohärente Dynamiken u. a. am eigentlichen katalytischen

Potential von Enzymen nicht oder nur unwesentlich beteiligt sind. Zum Verständnis der Vorgänge einer biogen ausgelösten und kontrollierten Katalyse tragen die mathematischen Modelle aus der Computer-Enzymologie (CE oder Rechnergestützte Enzymologie) bei. Molekulare Modellierung und die Simulation auf atomarer Ebene verhelfen zu einem besseren Verständnis der zu Grunde liegenden Katalysemechanismen. So lässt sich der wahr-scheinliche Wirkungsmechanismus einer Enzymreaktion identifizieren, katalytische Wechselwirkungen lassen sich bewerten und die Determinanten von Reaktivität und Spezifität erkennen (Mulholland 2008, Mulholland 2005, van der Kamp & Mulholland 2008). Die zu diesem Anlass eingesetzte Computer-Enzymologie kombiniert Quanten- mit Molekularmechanik und erlaubt die Modellierung von Enzymreaktionen. Hierbei stützt sich die Modellierung auf eine Verbindung von quantenchemischen auf die Elektronenkonfiguration bezogenen Kalkulationen, zugewiesen der aktiven Seite, mit Berechnungen mittels der Methoden der empirischen MM für den Rest des Proteins.

(b) Ratengleichungen

Eine weitere Option stellen Ratengleichungen dar, wobei unter einer Ratengleichung eine Differentialgleichung erster Ordnung verstanden wird, die eine erste Zeitableitung der Konzentration eines Stoffes in Funktion aller anderen zeitabhängigen Konzentrationen zum Ausdruck bringt:

$$r_i = \frac{\mathrm{d}c_i}{\mathrm{d}t} = \sum_{j=1}^{N_R} v_{ij} k_j \prod_{k=1}^{N_j} c_k^{|v_{kj}|} \tag{3.48}$$

i die in die Reaktion einbezogenen Spezies,
c_i Konzentration Spezies i,
r_i Reaktionsgeschwindkeit Spezies i,
v_{ij} stöchiometrische Koeffizienten der Spezies i in Reaktion j,
k_j Ratenkoeffizient,
N_R Anzahl Reaktionen,
N_j Produkte j aus Edukten mit $-v_{ij}$.

Standard-Ratengleichungen stellen eine grundlegende Voraussetzung bei der systematischen Überführung von metabolischen Netzwerken in kinetische Modelle dar. Sie sollten ein einfach zu handhabendes, generell und biochemisch plausibles Formelwerk, geeignet für Reaktionsgeschwindigkeiten und -elastizität, anbieten. Gleichzeitig sollten sie thermodynamische Beziehungen zwischen kinetischen Konstanten, metabolisch bezogenen Stoffflüssen und -konzentrationen berücksichtigen. In diesem Kontext liegen Überlegungen zu modularen Ratengleichungen für enzymatische Reaktionen – Thermodynamik, Elastizität und Anwendung – vor (Liebermeister et al. 2010). Es steht ein Cluster an reversiblen Ratengleichungen zur Diskussion, geeignet für Reaktionen mit willkürlichen Stöchiometrien und diversen Typen an regulativen Mechanismen, inklusive einer Massen-Aktion/Einwirkung, der *Michaelis-Menten*-Gleichung und unireversiblen *Hill*-Kinetik als Spezialfälle.

Durch eine thermodynamisch stabile Parametrierung der Ratengesetze lassen sich durch Modellanpassung, Probenahme oder Optimierung konsistente chemische Gleichgewichtszustände erreichen. Eine Reformulierung der Sättigungswerte liefert ein einfaches Formelwerk für die Raten und Elastizitäten, die sich im Anschluss leicht den gegebenen stationären Flussverteilungen anpassen lassen (Liebermeister et al. 2010). Darüber hinaus betont die vorgestellte Formulierung die tragende Rolle der chemischen Potentialdifferenzen als thermodynamisch gesteuerte Antriebskräfte. In diesem Zusammenhang vergleichen Liebermeister et al. (2010) die modularen Raten mit einem thermodynamisch-kinetischen Modellierungsformalismus und diskutieren ein vereinfachtes Ratengesetz, dessen Reaktionsrate direkt von der Reaktionsaffinität abhängt. Zur automatisierten Handhabung der modularen Ratengesetze schlagen, im Sinne einer Informationsverarbeitung, Liebermeister et al. (2010) eine Standardsyntax sowie semantische Annotationen für eine neue Auszeichnungssprache vor, d. h. Systems *biology markup language*.

(c) LUMO und HOMO

Aufgrund der Überlegungen, hybride Materialien, zusammengesetzt aus biologischen und anorganischen Komponenten, als Bauteile im Bereich Nanoelektronik und Supramolekularer Chemie, z. B. molekulare Schalter, Speicher- oder Transportmedium, einzusetzen, besteht ein wachsendes Interesse an Kenntnissen über ihre elektronischen Eigenschaften (Vyalikh et al. 2009). In Verbindung mit selbstassemblierenden Systemen, wie z. B. S-Layern, bieten sich Möglichkeiten einer gezielten Anlage von metallischen NP-Arrays und -clustern, wobei als Metalle sowohl Edel- als auch Übergangsmetalle sowie Legierungen oder dotierte Komponenten in Betracht kommen, Co, Pd, Pt, $Fe_{50}Co_{50}$, $Co_{43}Ni_{57}$ etc. Allerdings müssen Überlegungen dieser Art genaue Kenntnisse im elektronischen Verhalten nativer biologischer Materialien vorausgehen. Speziell sind Informationen betreffs Energie und zur Lokalisierung von elektronischen Zuständen (*lowest unoccupied molecular orbitals* = LUMO, *highest occupied molecular orbitals* = HOMO) innerhalb der biomolekularen Strukturen unabdingbar (Vyalikh et al. 2009).

Zur Beschreibung der orts(punkt)bezogenen Valenzelektronenstruktur sowie der elektronischen Strukturen der zweidimensionalen bakteriellen oberflächenbezogenen Proteinschicht von *Bacillus sphaericus NCTC 9602* kommen Analysetechniken wie Resonanzphotoemission und Röntgenabsorptionsspektroskopie in Frage. Das Probenmaterial, d. h. Lagen aus S-Layer, isoliert aus Zellwänden von *Bacillus sphaericus NCTC 9602*, wird *ex situ* auf mit Plasma behandelten und unter natürlichen Bedingungen oxidierten Si-Substraten (SiO_x/Si) aufgetragen. Im Anschluss ist es messtechnisch in einer mit Vakuum ausgestatteten Spektrometerkammer analysierbar.

Auf diese Weise ist die Emission von Valenzelektronen an ausgewählten Punkten erfassbar. So beteiligen sich z. B. Elektronen vom π-Orbital aromatischer Systeme am energetischen HOMO-Niveau. In diesem Zusammenhang erfolgt von Vyalikh et al. (2009) der Hinweis, dass bei aromatischen Verbindungen ein Großteil der Elektronen aus der π-Wolke erheblich an der Besetzung der höchstbesetzen Molekularorbitale teilhat.

(d) Hybrid-(Dichte-)Funktional

Ein Vorteil der Vorgehensweise besteht u. a. in der Geschwindigkeit bei der Behandlung der molekularen Mechanik betreffs der Proteinstruktur und u. a. der Flexibilität durch den quantenchemischen Ansatz. Allerdings beschränken sich Untersuchungen zu QM-/MM-Aspekten auf verhältnismäßig niedrige Niveaus der QM-Theorie, z. B. semiempirische Methoden oder Dichte-Funktional-Theorie (= DFT). Ungeachtet ihrer Vorteile, z. B. der raschen Datenerzeugung, liefern sie mit zu großen Fehlern belastete Ergebnisse, z. B. bei Reaktionsenergie und -barrieren. Mittels einer speziellen Form der DFT (*B3LYP* Hybrid-Funktional) lässt sich die o. a. Problematik umgehen. Sie erhöht die Genauigkeit und unterstützt den Entwurf von Enzymen mit dem Schwerpunkt auf Metalloenzymen, z. B. Cytochrom *P450* (Mulholland 2007), Abschn. 3.3.2. Allerdings weisen die Techniken einen erheblichen Mangel auf, sie berücksichtigen nicht physikalische Wechselwirkungen, so z. B. Dispersion, die zur Bindung von Liganden an Proteine unerlässlich sind. Weiterhin sind Einflussgrößen, d. h. Höhe der Barriere, als zu gering angesetzt und die Ergebnisse betreffs ihrer Genauigkeit oftmals nur sehr erschwert nachvollziehbar. Modelle wie z. B. die empirische Valenzband-Technik liefern für z. B. Energie einer Enzymaktivierung verwertbare Ergebnisse, erfordern jedoch u. a. hohe Aufwendungen bei der Anpassung an experimentelle Daten (Mulholland 2007).

In Verbindung mit quantenchemischen Studien zu redoxaktiven Enzymen diskutiert Siegbahn (2003) eine abgewandelte Form der Dichte-Funktionsmethode. Für Anwendungen auf dem Gebiet der hinter den Metalloenzymen stehenden Mechanismen scheint sich eine hybride Dichte-Funktionsmethode (engl. *hybrid density functional method*) zu bewähren, d. h. *B3LYP*. Im Vergleich zu den *Ab-initio*-Techniken wie *CASPT2* und *CCSD(T)* erbringt die *B3LYP*-Methode hinsichtlich des Einsatzes insbesondere für Komplexierungen der Übergangsmetalle generell eine hervorragende Leistung. Es gibt allerdings auch eine Ausnahme, wobei es sich um einen Cu-Dimer handelt, der mit Enzymen wie Hemocyanin, Catechol-Oxidase und Tyrosinase verbunden ist. Große Abweichungen fanden sich zum einen zwischen *CASPT2* und *B3LYP* und zum anderen zwischen *B3LYP* und Experimenten an Modellkomplexen.

In Versuchen lässt sich die Genauigkeit einer O_2-Aktivierung innerhalb von Enzymen überprüfen. Danach scheint für die Spaltung der O–O-Bindung *B3LYP* ausreichend, wohingegen die Bindung von O_2 an das Metall von den Experimenten abweicht. Als Ursache hierfür kann sowohl die vorgeschlagene *B3LYP*-Methode als auch das chemische Modell in Betracht kommen. Bis auf Ausnahmen deutet sich betreffs der Genauigkeit in der Ansprache eine Überlegenheit der o. a. Vorgehensweise gegenüber *Ab-initio*-Methoden wie z. B. *CASPT2* sowie *CCSD(T)* an (Siegbahn 2003). Die Reaktionsmechanismen von redoxaktiven Enzymen/Metalloenzmyen bilden eine der großen Zielsetzungen und Herausforderungen innerhalb der theoretisch ausgerichteten Forschung. Zu dieser Thematik bieten Blomberg & Siegbahn (2001) eine quantenchemische Herangehensweise, z. B. hybride Dichte-Funktional-Theorie (engl. *hybrid density functional theory*), unter Berücksichtigung der Gesamt-Geometrie-Optimierung sowie der Evaluation finaler Energien. Die Modelle, bestehend aus 40–50 Atomen, enthalten die mit einem Metallkomplex ausgestatteten aktiven Sites unter Berücksichtigung der auf die erste Schale bezogenen Liganden von Aminosäuren.

Die Umgebung des Proteins wird als homogenes dielektrisch auftretendes Medium behandelt. Anhand von Beispielen wie der oxidativen Phosphorylierung belegen Blomberg & Siegbahn (2001) die Präzision ihres andiskutierten Modells. Mechanistische Studien an Enzymen inklusive Arbeiten, die zum Verständnis der Enzymkatalyse beitragen, verbleiben weiterhin ein Hauptanliegen in der grundlagenorientierten und angewandten Forschung. Sie sind durch Berechnungen der pK_a-Werte, der Redoxeigenschaften, spektroskopischen Parametern des Grund- und angeregten Zustands und der Dynamik des angeregten Zustands verbunden (Senn & Thiel 2007).

(e) *Force-Field*-Theorien

Die Kombination von QM- mit MM-Methoden gestattet die Modellierung von Enzymreaktionen. Es besteht eine chemische Genauigkeit bei QM-/MM-bezogenen Kalkulationen hinsichtlich via Enzyme katalysierte Reaktionen (Mulholland 2007). So wird eine kleiner Bereich der aktiven Site, d. h. Ort der Reaktion, über die QM unter Einbeziehung der elektronischen Struktur erfasst, und die Region, die mit sowohl dem Protein als auch dem Umfeld des Lösungsmittels in Wechselwirkungen steht, ist für Techniken empirischer molekular mechanischer *Force-Field*-Theorien zugänglich (Mulholland 2007).

(f) Molekulare Dynamik

Zur Beschreibung der Funktion von Enzym-Vibrationen zur Unterstützung von Transferleistungen setzten Boekelheide et al. (2011) Simulationstechniken ein, die auf quantifizierten molekularen Dynamiken beruhen. Durch Aufnahme des kompletten Ensembles an reaktiven Bewegungsabläufen gelingt es den o. a. Verfassern, die statistischen und dynamischen Korrelationen in der Enzymbewegung zu quantifizieren und voneinander zu unterscheiden. Ihren Beobachtungen zufolge scheint eine durch Bedingungen eines Nichtequilibiriums definierte dynamische Bindung zwischen den Residuen des betroffenen Proteins und den Reaktionen eines *hydrid-tunneling* zu bestehen und sie beschreiben das räumliche und zeitliche Ausmaß dieser dynamischen Effekte.

Abweichend von statistischen Korrelationen, die auf der Nanometer-Skala eine Verbindung zwischen distalen Protein-Residuen und einer intrinsischen Reaktion herstellen, verschwinden unter bestimmten Voraussetzungen die vom übertragenden Hydrid ausgehenden dynamischen Korrelationen. In ihren Überlegungen postulieren Boekelheide et al. (2011) eine unwesentliche Rolle nichtlokaler Vibrationsdynamiken. Sie unterstützen ein Modell, das auf der Annahme von auf der nm-Skala stattfindenden Protein-Fluktuationen – mit einer statistisch wirkenden Modulation oder Überbrückung der Barriere intrinsischer Reaktion – beruht.

(g) Netzwerke

Die über einen langen Zeitraum gültigen Hypothesen zur enzymatischen Katalyse wurden auf Richtigkeit hin überprüft, eine Perspektive, basierend auf der Enzym-katalyse, präsentieren Benkovic & Hammes-Schiffer (2003). Besonderes Augenmerk gilt der Einwirkung molekularer Bewegungen innerhalb des Proteins auf die katalytischen Merkmale des Enzyms. Eine entsprechende Fallstudie unter Einbeziehung des Enzyms Dihydrofolat-Reduktase liefert den Hinweis der Einwirkung verbundener Netzwerke von überwiegend konservierten Residuen auf die Struktur und Bewegung von Proteinen. Die genannten vernetzten Biomoleküle bieten Rückschlüsse zum einen für die Herkunft und Evolution der Enzyme als auch für das Protein-Engineering (Benkovic & Hammes-Schiffer 2003).

(h) Grundzustand und Übergangsstadium

Eine Biokatalyse erfolgt über diverse Zwischenschritte, z. B. Grundzustand und Übergangsstadium, Abschn. 3.5 (i). Im Zusammenhang mit thermodynamischen Voraussetzungen einer Enzymkatalyse wird in einer verdünnten Lösung nach einer Einstellung des Gleichgewichts zwischen Grundzustand und Übergangsstadium für das alterierte Substrat im Übergangsstadium K_{tx} gegenüber dem Grundzustand K_m eine geringere formale Dissoziationskonstante vermutet (Wolfenden 2003), Abb. 3.32. Weiterhin kommt es Vermutungen zufolge bei diesen Vorgängen zu einer Stabilisierung der Übergangsstadien u. a. durch engere Anbindung mittels H-Bindungen, Abschn. 4.3. Durch räumliche Veränderung des Enzyms ist dieses offensichtlich in der Lage, die Anzahl der Substratbindungen zu maximieren.

(i) Au-NP

Zur Assemblierung, Supramolekularen Chemie, quantenbezogenen Eigenschaften und Anwendungen von Au-NP für die Biologie, Katalyse und Nanotechnologie veröffentlichen Daniel & Astruc (2004) Datenmaterial. NP mit einem Durchmesser von 1 nm bis 10 nm, d. h. Übergang von molekularen in den *Bulk*-Bereich, zeigen elektronische Strukturen, die gemäß den Regeln der Quantenmechanik die elektronischen Band-

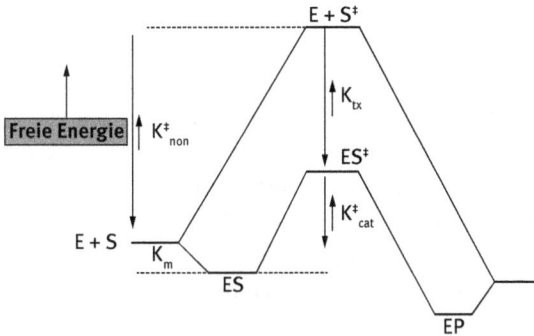

Abb. 3.32: Nach Einstellung des Gleichgewichts zwischen Grundzustand und Übergangsstadium in einer verdünnten Lösung wird für das alterierte Substrat im Übergangsstadium K_{tx} gegenüber dem Grundzustand K_m eine geringere formale Dissoziationskonstante vermutet (Wolfenden 2003).

strukturen widerspiegeln. Die sich hieraus ergebenen physikalischen Eigenschaften ähneln weder jenen, die auf der molekularen Ebene dargelegt werden, noch denen aus dem Bulk beschriebenen (Daniel & Astruc 2004). Hierbei unterliegen wiederum die genannten Attribute der Partikelgröße, dem Abstand zwischen den Partikeln, der Herkunft der beschützenden organischen Hülle sowie der Morphologie der NP. In diesem Zusammenhang sind quantenmechanische Phänomene wie z. B. Tunneleffekte, *de-Broglie*-Wellenlänge, Plasmon Resonanzband u. a. zu erwähnen. Bewegungen des Proteins sind von zentraler Bedeutung für eine Enzymkatalyse. Durch rasche Wechsel in der Konformation, d. h. $t = \mu s$ bis ms, kommt es zum kontrollierten Ablauf des katalytischen Kreislaufs. Aber auch die auf der atomaren Ebene ablaufenden schnelleren Fluktuationen an aktiven Sites des jeweiligen Proteinumfeldes sind in die katalytisch ablaufenden Reaktionssequenzen einbezogen (Daniel & Astruc 2004).

Zusammenfassend

Ungeachtet dessen, dass einige Fragen wahrscheinlich noch für eine geraume Zeit kontrovers verbleiben, bietet die rechnergestützte Modellierung ein Instrumentarium zum Verständnis der Enzymkatalyse an.

3.7 Produktion/Synthese, Aufreinigung und Extraktion von Enzymen

Enzyme, als kristalline Festkörper, lassen sich einfach lagern und operativ einsetzen. Sie sind in biologischen Systemen sowie in wässrigen Lösungen löslich und biologisch abbaubar. Im Sinne umweltverträglicher Kriterien eignen sich Enzyme daher für den großtechnischen Einsatz.

(a) Enzymproduktion

Eine Produktion von Enzymen ist mittels einfacher Techniken durchführbar, Abb. 3.33. Sie beginnt mit dem entsprechenden Stamm, d. h. Stammkultur, Bakterienstamm, Stamm, ausgewählter, in Frage kommender Mikroorganismen unter Zugabe geeigneter Nährmedien. Nach erfolgter Vermehrung kann das gewünschte Endprodukt der Fermentationslösung entnommen und als standardisiertes Endprodukt auf den Markt gebracht werden. Da eine wirtschaftlich vertretbare Ausbeute durch das einzelne Individuum zu gering ist, muss, unter Zuhilfenahme eines Produktionsstamms, d. h. gefroren oder getrocknet, mittels einer unter sterilen Bedingungen ablaufenden Fermentation eine ausreichend hohe Populationsdichte erzielt werden. Beginnend mit der Aufzucht im Kolben, erfolgt nach abgeschlossener Reproduktion die Weiterzucht im großräumigen Fermenter. Durch sukzessives Filtern und Aufreinigung in Form eines *Down-streaming*-Prozesses sind die gewünschten Enzyme von den Zellen und Nährstoffen zu trennen. Hierbei werden die Enzyme mittels chemischer Behandlung von den Reststoffen (wasserführendes *broth*) extrahiert und mittels Evaporation ausgefällt. Die auf diese Art gewonnenen, standardisierten Enzyme können als Granulat, Pulver oder in flüssiger Form gelagert werden. Der Aspekt der Sterilisation ist insofern wichtig, da durch „Verunreinigungen" mittels anderer Organismen der eigentliche Produktionsstamm in seiner Wirkung z. T. erheblich beeinflusst werden kann, Abschn. 1.2/Bd. 2.

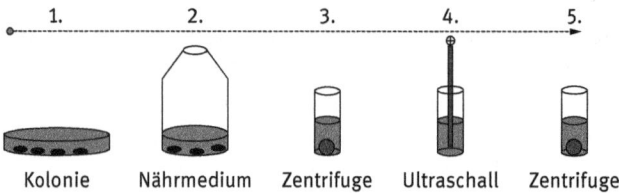

(a)

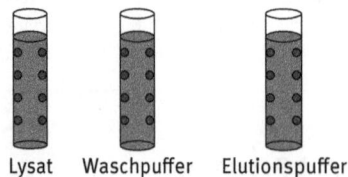

(b)

Abb. 3.33: Gewinnung von Enzymen mittels einfacher Techniken.

(b) Aufreinigung und Extraktion

Am Beispiel einer Sulfit-Reduktase erläutern Kumar et al. (2007) die Aufreinigung mittels Chromatographie. Hierzu ist eine Säule mit aufkonzentriertem dialysiertem Probenmaterial zu beladen, zur Preequilibrierung mit 20 mM Phosphatpuffer, d. h. pH 7,2, zu versehen und einer Flussrate von 30 ml h^{-1} zu unterziehen. Anschließend ist die Säule zweimal mit dem o. a. Puffer zu reinigen. Das gebundene Protein ist durch einen stufenweisen NaCl-Gradienten, d. h. 100–500 mM, unter Verwendung des o. a. Puffers und einer Flussrate von ebenfalls 30 ml h^{-1} zu eluieren. Fraktionen von 3 ml werden entnommen und auf Aktivitäten einer Sulfit-Reduktase hin untersucht (Kumar et al. 2007).

Das die Sulfit-Reduktase führende 100-mM-Eluat wird sukzessive gefriergetrocknet, in ultrareinem Wasser aufgelöst, wiederum einer Dialyse unterworfen und mit 20 mM Phosphat, d. h. pH von 7,2, mit 150 mM NaCl versehen.

(c) Organische Lösungsmittel

Das Spektrum der technischen Anwendungen von Enzymen lässt sich durch den Gebrauch organischer Lösungsmittel erheblich erweitern, denn neben der o. a. Löslichkeit in wässrigen Lösungen sind auch zunehmend organische Lösungsmittel beschrieben (Klibanov 2001). Zur Auswahl stehen organische, nichtpolare Lösungsmittel, gasförmige Phasen und superkritische Fluide.

Zunehmend werden deshalb wasserfreie, unverdünnte nichtpolare/organische Lösungsmittel eingesetzt, wie z. B. Ethanol, Chloroform, Ethylacetat u. a., allerdings liegen dann die Enzyme in suspendierter Form vor. Sie verbleiben ungeachtet des organischen Lösungsmittels aktiv, agieren jedoch als heterogene Katalysatoren. Der Wechsel des enzymatischen Reaktionsmediums, d. h. von wässrig zu nichtwässrig, ermöglicht es u. U., dass bislang problematische Prozesse machbar werden, z. B. durch eine erhöhte Substratlöslichkeit oder verminderte Reaktionen der entsprechenden Sites (*site reactions*). Zusätzlich können eine höhere Stabilität und ein verbessertes „molekulares Gedächtnis" erreicht werden. Die Stereo-, Regio- und Chemoselektivität lassen sich durch die Wahl des Lösungsmittels beeinflussen bzw. umkehren.

Somit ergeben sich neue synthetische und biotechnologische Möglichkeiten, u. a. auf enzymatischen Oxidoreduktionen beruhend, wie z. B. die asymmetrische via Peroxidase katalysierte S-Oxidation von organischen Sulfiden (Klibanov 2003). Offensichtlich kann es hierbei zu einer Verlängerung in der Halbwertszeit des betroffenen Enzyms kommen. So z. B. beträgt die Aktivität des Chymotripsin in Oktan als Lösungsmittel bei 20 °C > 6 Monate, in Wasser beläuft sie sich auf wenige Tage (url: Jakubowski 2013), Tab. 3.12. Hinsichtlich einer technischen Verwertung ergeben sich generell zunehmend erweiterte Optionen (Gupta & Khare 2009, Saleh et al. 2002), Abschn. 2.1 (h)/Bd. 2. Darüber hinaus mehren sich Hinweise einer Lösung von Enzymen in ionaren Fluidphasen bei Raumtemperatur als Vorgehensweise im Sinne „Grüner Technik" (Moniruzzaman et al. 2010).

Tab. 3.12: Halbwertszeit der Chymotrypsin-Aktivität in Wasser und Oktan als Lösungsmittel (url: Jakubowski 2013).

Medium	Temperatur		
	20 °C	60 °C	100 °C
Wasser	Einige Tage	Minuten	—
Oktan	> 6 Monate	—	Stunden

(d) Exploitation

Die enzymatisch gesteuerte Katalyse in nicht oder gering wässrigen Medien gewinnt zunehmend an Bedeutung bei der Herstellung von wirtschaftlich/industriell wichtigen Produkten, wie z. B. Peptiden, Estern und anderen Produkten aus Transveresterungsreaktionen. Die Stabilität von Lösungsmitteln bleibt eine Grundvoraussetzung bei der Anwendung von Enzymen in nichtwässrigen Systemen, da sie generell in einem nichtwässrigen Medium inaktiviert werden oder sich die Reaktionsgeschwindigkeit erheblich reduziert.

Versuche zur Stabilisierung von Enzymen in organischen Lösungsmitteln umfassen Maßnahmen zur Immobilisierung, Modifizierung der Oberfläche, Mutagenese und zum Protein-Engineering. Daher scheinen gegenüber Lösungsmitteln tolerante Mikroorganismen geeignet, die in Anwesenheit organischer Lösungsmittel überleben, um geeignete bzw. in Frage kommende Enzyme zu untersuchen. Sie umgehen die toxischen Effekte durch diverse Mechanismen zur Adaptation, z. B. im Bereich der cytoplasmischen Membran, durch den Abbau bzw. die Umwandlung und durch aktive Exkretion der betroffenen Lösungsmittel. Jüngstes Screening dieser „exotischen" Mikroorganismen generierte einige natürlich vorkommende Proteasen, Lipasen, Cholesterol-Oxidasen, Cholesterol-Esterasen, Cyclodextringlucano-Transferasen und andere wichtige Enzyme. Somit bieten gegenüber Lösungsmitteln tolerante Mikroorganismen ein nicht unerhebliches Potential für neuartige Biokatalysatoren im Bereich nichtwässriger Enzymologie an, einsatzfähig für ein breites Spektrum an industriellen Anwendungen (Gupta & Khare 2009). Die Akquise von Enzymen aus extremen Environments stellt eine technische Herausforderung dar und eröffnet gleichzeitig eine Fülle von innovativen Optionen auf dem Gebiet der industriellen Biotransformation, z. B. Ferrer et al. (2007). Aktuelle Forschungsarbeiten und Ergebnisse auf dem Gebiet der Metagenomik ermöglichen Einblicke in die mikrobielle Ökologie speziell extremer Milieus, biogeochemischen Kreisläufe und die Entdeckung neuer Enzyme. Unterstützt werden die o. a. Aktivitäten durch geologisch-geobiochemisch orientierte Studien, implementiert in graduell sehr unterschiedlichen Habitaten und ihrer hiermit assoziierten genetisch-enzymatischen Unterschiede, z. B. ursprünglich, extrem, kontaminiert (Ferrer et al. 2007). Ein Studium und Verständnis der Diversität des metabolischen Potentials extremophiler Formen gestalten sich aufgrund der bei der Isolation von Reinkulturen auftretenden Probleme als schwierig.

Zur Gewinnung von Enzymen stehen etablierte und einfache Techniken zur Verfügung. Beginnend mit der Aufzucht in den entsprechenden Kulturgefäßen, versehen mit dem geeigneten Kulturmedium, erfolgt nach Beendigung der Aufzucht und Ultraschallbehandlung ein Zentrifugieren zur Klärung des Lysats. Nach Einsatz einer Affinitätschromatographie, der Verwendung von Lysat, Waschpulver sowie Elutionspuffer und Maßnahmen wie Beladen der Säule, Waschen und Elution des Enzyms liegt ein zur Weiterverwendung einsatzfähiges Enzym vor, Abb. 3.33. Denn im Fall extremophiler Formen versagen zum einen die traditionellen Kultivierungstechniken und zum anderen ist in einigen Habitaten die Dichte der Biomasse und somit die Ausbeute an DNS zum Zwecke des Klonens zu gering (Ferrer et al. 2007). Eine Möglichkeit, die Eigenschaften eines Enzyms zu modifizieren, bietet das Enzym-Engineering an. Es setzt z. B. DANN-Polymerasen ein (Schiraldi & de Rosa 2002) und konvertiert mittels geeigneter Techniken z. B. eine Serin-Protease in eine Peroxidase (Hilvert 2001).

Zusammenfassend

treten Enzyme als mit Informationen ausgestattete Biomoleküle auf, deren Datenbestand vielfältigen Eingriffen zugänglich ist, z. B. MAI, Gerichtete Evolution. Gemäß aktuellem Kenntnisstand und technischen Voraussetzungen erstrecken sich, neben gentechnischen Arbeiten, regulative Eingriffe auf z. B. Enzyminhibition, Selektivität. Zwecks der Produktion von Metallen kommen in erster Oxidoreduktasen in Betracht, z. B. Sulfid-Dehydrogenase, Sulfit-Reduktase, Cu-Reduktase. Als besondere Formen sind u. a. Bodenenzyme von Interesse, da sie auch isoliert von einem Organismus funktionstüchtig sind und sich synthetisch erzeugen lassen. Ihr genetisches Dateninventar erlaubt Veränderungen in den Datenbanken für u. a. Adaption der Umweltbedingungen, Thermostabilisierung. Via De-novo-Enzymdesign lassen sich u. a. Oxidasen entwerfen. Theozyme erlauben den Entwurf modularer Enzyme. Übergreifend beruhen alle Vorgänge und Ergebnisse der Biokatalyse auf Mechanismen, die durch die Konzeptionen der Supramolekularen Chemie vertiefend verständlich sind und somit gezielte Kontrollen erleichtern.

4 (Supra-)Molekulare Geobiochemie

Zum Verständnis der biokatalytisch kontrollierten Synthese von metallischen Nano-partikeln/-clustern sowie zur theoretischen und praktischen Handhabung einer tech-nisch umsetzbaren *Bottom-up*-Strategie ist eine Vorstellung der (Supra-)Molekularen Geobiochemie von Vorteil. Sie bietet die erforderlichen theoretischen Grundlagen, mit deren Hilfe die Ursachen und Steuerung, aber auch die gezielte räumliche An-ordnung von Biomineralisationen auf den „unteren" Ebenen nachvollziehbar sind. Entsprechend ihren Ambitionen, Konzeptionen und Techniken stützt sich die supra-molekulare Chemie auf eine Unterteilung in zwei Denkansätze: *Host-Guest*-Konzept und Selbstassemblierung unter Einbeziehung der molekularen Rekognition. Aus Gründen einer technischen Verwertbarkeit im Sinne der Akquise der erforderlichen Präkursor sind unterstützende Techniken wie Komplexierungen durch Biomoleküle, wie z. B. Biomethylierung, Chelatkomplexe, Metallothioneine, Sidero-/Metallophore sowie Phytochelatine aufgeführt. Ein weiterer Aspekt ist die den Verlauf von auf den Metabolismus bezogenen Prozessen unterstützende Generierung von Energie seitens der Mikroorganismen. Aus diesem Anlass wird kurz auf die zugrundeliegen-den Mechanismen eingegangen bzw. auf exoelektrogene Mikroorganismen sowie primäre Elektronendonatoren und terminale Elektronenakzeptoren verwiesen. Alle genannten Themen bilden das theoretische Ausgangsmaterial für rechnergestützte Arbeiten, wie z. B. die Modellierung oder das Design neuartiger Enzyme, und dienen dem Verständnis der zur Biomineralisation erforderlichen Parameter, bezogen auf die Nanodimension.

4.1 Prinzipien supramolekulare Chemie

Die supramolekulare Chemie befasst sich mit Systemen, die aus Molekül- oder Ionen-verbänden bestehen und deren Zusammenhalt auf molekularer Ebene durch nichtko-valente Bindungen erfolgt (Steed et al. 2007), Abschn. 4.3. Als interdisziplinär posi-tioniertes Arbeitsgebiet gehen u. a. Prinzipien der Anorganischen sowie Organischen Chemie, Physikalischen Chemie und rechnergestützten Modellierung ein. Die Synthe-tische Chemie befindet sich heute in einem Stadium, in welchem durch die traditio-nellen Methoden nahezu jedes Molekül mit moderater Größe und Komplexität syn-thetisierbar ist, und die für gewöhnlich die Bildung kinetisch stabiler Bindungen in einer vorbestimmten Abfolge einbezieht. Als Vorbilder für die Zielsetzungen und Vor-gehensweisen der supramolekularen Chemie dienen die Vorgehensweisen der Natur. Das Konzept der supramolekularen Chemie beruht auf zwei theoretischen Ansätzen: (1) *Host-Guest*-Konzept und (2) Selbstorganisation (*self-assembly*), beide unerlässlich zum Aufbau sowie zur Stabilisierung von 3-D-Biomolekülen. Übergreifend erörtern Uhlenheuer et al. (2010) die Kombination von supramolekularer Chemie mit der Bio-

DOI 10.1515/9783110426779-005

logie. Auf die Assemblierung, supramolekulare Chemie, quantenbezogenen Eigenschaften sowie Anwendungen innerhalb der Biologie, Katalyse und Nanotechnologie
von Au-NP gehen Daniel & Astruc (2004) ein, Abschn. 5.3.2. Über supramolekulare
Komplexe in photosynthetischen Bakterien berichtet Loach (2000). Hinsichtlich der
supramolekularen Organisation innerhalb der Photosynthesekette anoxischer Bakterien legen Verméglio & Joliot (2002) Daten vor.

(a) Genetische Aspekte

Die Verwertung von genomischen Mustern zur Entdeckung neuer supramoleku-
larer Bausätze bzw. Fertigungstechniken erörtern Beeby et al. (2009). Bakterielle
Mikrokompartimente stellen supramolekulare Proteinbausätze dar, versehen mit der
Funktion, als bakterielle Organelle aufzutreten, d. h., es erfolgt eine Bereitstellung von
Kompartimenten für Enzyme sowie metabolische Intermediäre. Die äußeren Wände
dieser Mikrokompartimente bestehen aus multiplen paralogen Strukturproteinen.

Da die Paraloge zusammengefügt werden müssen, unterliegen ihre entsprechenden Gene einer gemeinsamen Transkription vom gleichen Operon. Daher äußern
Beeby et al. (2009) die Vermutung einer distinktiven genombezogenen Anordnung,
kodiert in enger Nachbarschaft mit dem bakteriellen Chromosom. Um übergreifende
Muster innerhalb supramolekularer Assemblierungen zu erforschen, eignen sich
mehrere vergleichende, auf das Genom bezogene Ansätze mit der Zielsetzung, Proteinfamilien zu identifizieren, die analoge Muster mit jenen aufweisen, wie sie in
bakteriellen Mikrokompartimenten nachgewiesen sind. Die von Beeby et al. (2009)
veröffentlichten Überlegungen dokumentieren eine Vielzahl supramolekularer Bausätze, die den o. a. Mustern entsprechen, und erfassen Gasvesikel, bakterielle Pili u. a.
Ihren Schlussfolgerungen zufolge scheinen durch Cotranskription gebildete Paraloge
ein verbreitetes Phänomen diverser supramolekularer Assemblierung darzustellen
und sich als genomische Signatur zur Entdeckung neuer Arten von größeren Protein-
komplexen/-einheiten aus genombezogenen Datensätzen zu eignen.

(b) Exploitation

Im Zustand der Feststoffphase erstreckt sich eine supramolekulare Kontrolle der
Reaktivität von Templaten über Ladderane zu metallorganischen Rahmen-/Gerüst-
strukturen (MacGillivray et al. 2008). Unter Zuhilfenahme von Molekülen und selbstassemblierenden Metall-Organik-Komplexen als Template bestehen Möglichkeiten
zur Regulierung der Reaktivität im Phasenzustand eines Feststoffs. Bei Beherrschung
dieser Form der Reaktivität sind Auswirkungen für die Synthetische Chemie und Materialwissenschaften zu erwarten. Im Sinne u. a. „Grüner Technologien" bietet sich unter
Durchführung von stereokontrollierten Reaktionen eine lösungsfreie Materialsynthese an bzw. stehen Methoden zur Herstellung von Molekülen zur Verfügung, die sich
nicht über den Einsatz von Liquidphasen verwirklichen lassen. Es sind MacGillivray

et al. (2008) zufolge über Reaktionen, die im Stadium einer Feststoffphase ablaufen, Veränderungen auf molekularer Ebene auch innerhalb von *Bulk*-Feststoffphasen realisierbar, mit allen Auswirkungen auf die physikalischen Eigenschaften, d. h. optischen Eigenschaften. Allerdings verweisen die Autoren auf Probleme bei der technischen Umsetzung/Kontrolle, ausgelöst durch die Effekte einer z. B. molekular dichtesten Packung. Der in Feststoffphasen übliche hohe Grad an Ordnung erlaubt die Entwicklung von Templaten, die wiederum Möglichkeiten anbieten, die Prinzipien der supramolekularen Chemie zur Bildung kovalenter Bindungen zu verwerten.

Denn das Paradigma der durch natürliche Prozesse praktizierten Synthetischen Chemie basiert auf dem Nebeneinander von kovalenten und nichtkovalenten Bindungen. Sehr gut sind diese Vorgänge auf dem Gebiet der Organischen Chemie beschrieben. So erlauben, Template wie z. B. Olefine über eine H_2-Brückenbindung oder durch Koordinationsvorgänge ausgelöste Selbstassemblierungen zu behandeln. Es kommt im Anschluss zur Bildung diskreter oder finiter selbstorganisierter Komplexe, die wiederum die chemische Reaktivität von den Auswirkungen der Kristallpackung abkoppeln können. Die Kontrolle über die Assemblierung ermöglicht die supramolekulare Konstruktion diverser Cyclophane sowie Ladderane. Das Zielprodukt verhält sich stereospezifisch und die Ausbeute erfolgt quantitativ und im g-Bereich (MacGillivray et al. 2008). Die organischen Template treten für die H_2-Brückenbindung entweder als Donator oder Akzeptor auf und die metallorganischen Vorlagen basieren auf Zn^{2+}- und Ag^+-Ionen. So verändert z. B. die Reaktivität der einbezogenen Zn^{2+}-Ionen die optischen Eigenschaften und äußert sich in Form einer Fluoreszenz der Feststoffphase. Weiterhin ermöglichen metallorganische Template selten auftretende Reaktionen zwischen individuellen Kristallen. Aufgrund ihrer Überlegungen sehen (MacGillivray et al. 2008) Möglichkeiten einer Integration in Verfahren der Synthetischen Chemie und der Entwicklung funktionaler, kristalliner Feststoffphasen u. a. durch den Einsatz von organischen Templaten, Abschn. 5.4.

Die Erfassung von kolometrischen Bakterien mittels eines supramolekularen Enzym-NP-Sensors schildern Miranda et al. (2011).

4.2 *Host-Guest*-Konzept

Unter einem *Host-Guest*-Konzept ist ein Konstrukt zu verstehen, bestehend aus großräumigen Molekülen mit der Eigenschaft versehen, kleinere Moleküle zu umschließen. Als Host („Wirt") kann eine Vielzahl von Komponenten auftreten, z. B. Zeolithe, Porphyrine, Crown-Äther-Komplexe etc., (Steed et al. 2007). Das *Host-Guest*-Konzept aus dem Bereich der supramolekularen Chemie ist vergleichbar mit dem Modell eines „Enzym-Substrat-Komplexes" (Steed et al. 2007). Das bereits von Emil Fischer im Jahre 1894 (Fischer 1894) vorgestellte Konzept eines „Schlüssel-Schloss-Prinzips", d. h. elektronische sowie sterische Komplementäre, zusammengehalten durch nichtkovalente Kräfte, leitete den Beginn der supramolekularen Chemie ein.

Eine Konstruktion jeder dieser Bindungen gestattet den Einsatz unterschiedlicher synthetischer Methoden, die wiederum als Alternativen innerhalb der diversen synthetischen Prozessabläufe dienen. Ungeachtet ihrer Stärken weisen die vorgestellten Techniken Grenzen bei der Konstruktion komplexer biomolekularer Strukturen auf, wie sie innerhalb der Biologie vorherrschen und zur Entwicklung innerhalb der Materialwissenschaften, d. h. speziell auf dem Gebiet der Nanotechnologie, unerlässlich sind. Die Dimension liegt auf molekularer Ebene, d. h. im Angström-Bereich ($1 Å = 0,1 nm = 10^{-7} mm = 10^{-10} m$), vor und geht in die Nanochemie ein, den chemischen Ansatz für Nanomaterialien vermittelnd (Ozin et al. 2008).

Hinsichtlich der Selektivität in supramolekularen *Host-Guest*-Komplexen legen Schneider & Yatsimirsky (2008) Ergebnisse ihrer Arbeiten vor. Zum Hintergrund möglicher Korrelationen betreffs Selektivität mit Affinität und ihrer Grenzen auf dem Gebiet technischer Anwendungen wie z. B. Diskriminatoren für Separationsprozesse berücksichtigen Schneider & Yatsimirsky (2008) in ihrer Publikation typische Crown-Ether- sowie Cryptandenkomplexe, Ionenassoziationen, H_2-Brückenbindungen, *van-der-Waals*-Kräfte, hydrophobe Wechselwirkungen, Metallkoordination als ergänzende Materialien etc. Eine theoretische Analyse der Selektivität durch supramolekulare *Host-Guest*-Komplexe, definiert als die Differenz der Freien Bindungsenergie, bezogen auf strukturell verwandte *guests*, zeigt als Funktion der gesamten Freien Bindungsenergie für bestimmte Typen intermolekularer Wechselwirkungen eine scheinbare Korrelation zwischen Selektivität und Affinität. Diese Art von Korrelation versagt, wenn die Selektivität durch zusätzliche Wechselwirkungen an einer zweiten Bindungssite entsteht, die wiederum, aktuellen Vermutungen zufolge, in Komplexierungen mit anisotropen *Guest*-Molekülen anzutreffen ist. Schneider & Yatsimirsky (2008) verweisen auf zahlreiche Beispiele von theoretisch zu erwartenden Korrelationen zwischen Selektivität und Affinität. Weiterhin akzentuieren sie den Einfluss der Reaktionsbedingungen auf die experimentell beobachtete Selektivität, definiert als Differenz im Grad der Komplexierung mit unterschiedlichen *Guests* in Anwesenheit eines zugefügten Rezeptors. Darüber hinaus betonen sie exemplarisch anhand von Ionenphoren und H_2-Brückenbindungen den Einfluss der Lösungseffekte auf die Selektivität. In technisch-praxisbezogener Hinsicht ist das Auftreten von alkalinen Erdmetallionen in Crown-Äther-Komplexen von Interesse (van Leeuwen 2008).

Zusammenfassend

bieten sich in Bezug auf eine anorganische Materialchemie für biomimetische Ansätze eine Vielzahl von Vorgehensweisen an. Sie umfassen Strategien wie Host-Guest zur Synthese nanoskaliger Metallcluster wie z. B. Pt, Co, Fe_3O_4, Ta/W u. a., Tab. 4.1.

Auch sind mittels dieses Ansatzes und unter Verwendung unterschiedlicher Systeme wie Vesikel, Ferritin etc. diverse metallische NP generierbar, z. B. Ag_2O, CdS, FeOOH, MnOOH, UO_3, ZnS u. a. (Mann 1993).

Tab. 4.1: Diverse technische Verfahren und Strategien zur Synthese metallführender Materialien (Mann 1993).

Ansatz	Strategie	Produkt	System	Material
Nanoskalige Synthese	*Host-Guest*	Cluster	Reverse Micellen	CdS
			Mikroemulsion	Pt, Co, Fe_3O_4, Metallboride
		Nanopartikel	Vesikel	Pt, Co, CdS, ZnS, Ag_2O, FeOOH, Fe_3O_4, Al_2O_3
			Ferritin	MnOOH, UO_3, FeS, Fe_3O_4
			LB-Filme	CdS
			Polystyrol	γ-Fe_2O_3
	Liganden-Capping		(γ-EC),G-Peptide	CdS
Kristall-Engineering	Templating	Geformte Komposite	S-Layer-Proteine	Ta/W
			Bakterielle Fibern	Fe_2O_3, CuCl
			Tubuli	Cu, Ni, Al_2O_3

4.3 Intermolekulare Wechselwirkungen

Intermolekulare Wechselwirkungen beruhen auf nichtkovalenten Bindungsarten. Speziell in biologischen Materialien überwiegen generell nichtkovalente Bindungen, Abb. 4.1:

(1) *van-der-Waals*-Kräfte,
(2) Wasserstoffbrückenbindung,
(3) solvophobe Effekte,
(4) Wechselwirkungen aufgrund von Dispersion.

Nichtkovalente Bindungen lassen sich verhältnismäßig einfach reversibel trennen (Steed et al. 2007). Nichtkovalente Wechselwirkungen bilden u. a. den Ausgangspunkt zum Informationstransfer zwischen den Molekülen in lebenden Systemen (Schneider 1991). Eine Metallanbindung durch die äußeren Zellwände geschieht über elektrostatische Kräfte und hängt u. a. von der Oberflächenladung sowie Säure-Basen-Chemie der mikrobiellen Zellwand und elektrophoretischen Mobilität ab (Konhauser 2007). Zwecks der Bildung von bakteriellen Oberflächenkomplexen treten in wässriger Lösung befindliche Metallkationen über sowohl elektrostatische als auch kovalente Bindungen mit deprotonierten funktionellen Gruppen in Wechselwirkung (Borrok et al. 2005), Abschn. 2.3.7 (a).

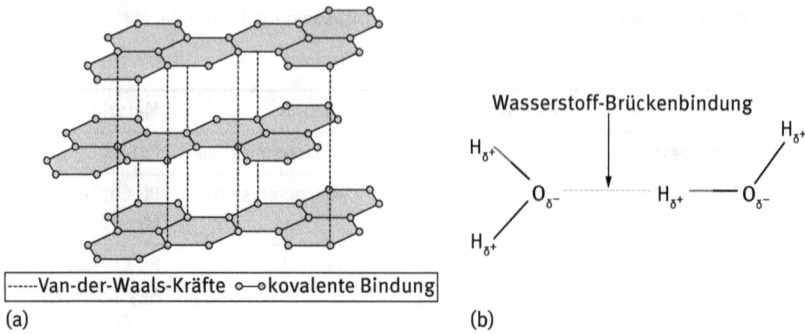

Abb. 4.1: Bindungsarten, d. h. (a) *van-der-Waals*-Kräfte sowie kovalente Bindung in einem Biomolekül (url: University Arizona Geosciences 2012) und (b) H_2-Brückenbindung (url: Chemieonline 2012).

Heinz et al. (2009) untersuchten die Natur der molekularen Wechselwirkungen, einbezogen in die selektive Bindung von verschiedenen „kurzen" Peptiden an die Oberflächen von Au, Pd und Pd-Au-Legierungen in wässrigen Lösungen. Die Peptide selbst wurden durch Phagen-Display-Techniken, d. h. 8–12 Aminosäuren unter Weglassung von Cystein, gewonnen. Eine quantitative Analyse der Änderungen in Energie und Konformation betreffs der Adsorption auf ebenen Oberflächen mit den Indizes {111} sowie {100} beruht auf der Simulation von molekularen Dynamiken unter Verwendung rechnergestützter Screeningtechniken. Als Ausgangsstoffe stehen Wassermoleküle sowie eine ausreichende Konzentration an Peptiden bei einem pH-Wert von 7 zur Verfügung. Veränderungen innerhalb der Konformation der Ketten, beschrieben während des Verlaufs aus der Lösung zum adsorbierten Zustand innerhalb mehrerer Nanosekunden, lassen die Vermutung aufkommen, dass die Peptide bevorzugt mit vakanten Stellen (sites), lokalisiert auf dem kubisch-flächenzentrierten Gitter (engl. *face-centered cubic lattice*) an der Metalloberfläche, in Wechselwirkung treten (Heinz et al. 2009). Residuen, unmittelbar in die Bindung einbezogen, stehen in direktem Kontakt mit den Oberflächen der Metalle. Weniger gut gebundene Residuen sind durch ein oder zwei Lagen an Wasser von der Oberfläche getrennt. Die Stärke der Adsorption reicht von 0 bis -100 kcal mol^{-1} Peptid und bestimmt zusammen mit der Oberflächenenergie des betroffenen Metalls (Oberflächen von Pd verhalten sich anziehender als jene von Au) die Affinität der individuellen Residuen gegen jener von H_2O, Aspekte der Konformation sowie die Polarisation und den Ladungstransfer auf der Oberfläche des Metalls (Heinz et al. 2009).

Zur Adsorption von aromatischen Seiten-Gruppen und diversen anderen Resten, z. B. Arginin, Histidin, Tyrosin u. a., tragen offensichtlich hexagonale Abstände von ca. 1,6 Å zwischen verfügbaren Gitterstellen auf den {111}-Oberflächen bei. Dahingegen zeigen quadratisch arrangierte Architekturen mit Abständen von ca. 2,8 Å und zugunsten von mobilen Wassermolekülen eine deutlich niedrigere Affinität gegenüber allen Peptiden (Heinz et al. 2009). Diese Kombination des unterschiedlichen Verhaltens gestattet die Vermutung einer Form von epitaktischem Bindungsmechanismus. So kommt es auf bimetallischen Pd-Au-{111}-Oberflächen zur Ausbildung ähnlicher Bindungsmuster und die beobachtete Polarität an den bimetallisch auftretenden Kontaktstellen kann eine Veränderung der Bindungsenergie von ungefähr $10\,kcal\,mol^{-1}$ bewirken.

Die von Heinz et al. (2009) präsentierten Ergebnisse werden semiquantitativ sowohl durch experimentelle Messungen zur Affinität von Peptiden und kleineren Molekülen auf metallischen Oberflächen als auch durch entsprechende quantenmechanische Berechnungen, bezogen auf kleine Peptide und Fragmenten aus Oberflächen, gestützt (Heinz et al. 2009). Auf elektrostatische Wechselwirkungen zwischen Metallionen mit der Biomasse deuten Quintelas et al. (2009) hin, Abschn. 2.5.3 (l)/ Bd. 2. Im Zusammenhang mit der Partitionierung der Metallkationen betonen Tottey et al. (2007) die Wichtigkeit dieser Bindungsart, Abschn. 2.3.8 (c).

4.4 Selbstassemblierung und Rekognition

Innerhalb der supramolekularen Chemie treten die Fähigkeiten einer Selbstassemblierung (Selbstorganisation) von einfachen Bausteinen zu Verbundkomplexen höherer Ordnung sowie Rekognition als charakteristische Merkmale auf.

(a) Selbstassemblierung

Die Selbstassemblierung ist als eine der treibenden Kräfte hinter einer *Bottom-up*-Konstruktion geordneter Strukturen in der Nanometerdimension anzusehen. Eine Selbstorganisation stützt sich u. a. auf sekundäre Wechselwirkungen zwischen einzelnen Komponenten, z. B. biogene Monomere. Sie beruht, durch nichtkovalente Interaktionen, wie z. B. *van-der-Waals*-Kräfte, elektrostatische Kräfte, H_2-Bindung sowie durch π-π-Stacking flankiert, auf der molekularen Rekognition von entsprechenden Bausteinen, um auf diese Weise die thermodynamischen Antriebskräfte zur Synthese und Architektur von hochgeordneten Nanostrukturen bereitzustellen. Es sind mit dieser *Bottom-up*-Methode einer koordinierten Selbstassemblierung eine Vielzahl von supramolekularen 2-D- und 3-D-Nanostrukturen mit definierter Morphologie konstruierbar, z. B. Röhrchen, Kügelchen etc. Mithilfe dieses Ansatzes sind funktionalisierte Nanomaterialien erzeugbar. Als großer Nachteil erweist sich beim Einsatz dieser *Bottom-up*-Technik der bislang geringe technische Einfluss auf den Faktor Zeit. Hier besteht z. Zt. noch erheblicher Forschungsbedarf. Selbstassemblierung erfolgt typischerweise über reversible Wechselwirkungen und arrangiert molekulare Bausteine zu thermodynamisch günstigen Anordnungen. Unter Einbeziehung von enzymatisch bewirkten Katalysen ist die Konstruktion einer Fülle von Architekturen mit geringen Defekten realisierbar, d. h. bioinspirierte Chemie unter Ausnutzung einer hohen Diversität bei der Selbstassemblierung (Gazit 2010). Ein gut studiertes Beispiel für Selbstassemblierung stellt die DNS dar, d. h. die Protein-Nanomaschine (Strong 2004). Innerhalb der Biologie sind Vorgänge einer Selbstassemblierung wie z. B. der äußeren Hüllschichten von Bakterien beschrieben, d. h. selbstassemblierende Monolagen (engl. *self-assembled monolayers* = SAM), Abschn. 5.4.4. Als Beispiel für Selbstassemblierung verweist Stetter (2011) auf bakterielle S-Layer, Abb. 4.2, Abschn. 5.4.2. Von bakteriellen S-Layern lassen sich Lagen von mehreren m² großen Flächen erstellen. Über hochgeordnete Organisationen, realisiert durch mesoskalige Selbstassemblierung und Transformation, hybrider Nanostrukturen berichten Cölfen & Mann (2003). Sie betonen hierbei die kinetische Kontrolle von Nukleation und Wachstum unter besonderer Berücksichtigung der physikalischen Rahmenbedingungen wie z. B. Raumtemperatur, pH-Wert. Entsprechend ihren Studien über die Rolle von zwischen den Partikeln herrschenden und externen Kräften bei der Anordnung von NP ziehen Min et al. (2008) die Schlussfolgerung, dass die Mehrheit von NP nicht zu ihrem thermodynamisch niedrigsten Energiezustand assemblieren, sondern bei dem Aufbau spezieller Strukturen oder ihrer Herstellung auf die Zufuhr von Energie oder externe Kräfte angewiesen sind.

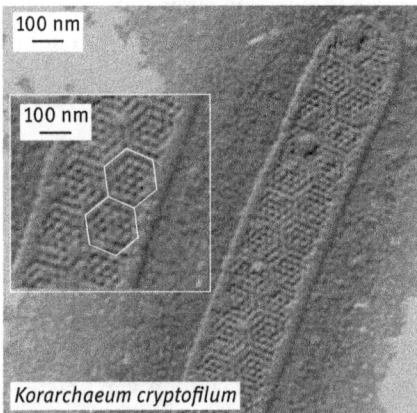

Abb. 4.2: Bakterielle S-Layer als Beispiel für Selbstassemblierung mit hoher geometrischer Symmetrie (Stetter 2011).

(b) Rekognition

Innerhalb der mikro- und makromolekularen Biochemie beeinflusst bezüglich synthetischer Transformationen die molekulare Rekognition zahlreiche Vorgänge, wie z. B. biokatalytisch kontrollierte Reaktionssequenzen. Detailliert berichten Kahn & Playxo (2010) über die Prinzipien biomolekularer Rekognition, definiert durch hohe Spezifität, Affinität sowie Reversibilität.

Im Zuge von Untersuchungen zu organischen *Host-Guest*-Komplexen untersucht Schneider (1991) Mechanismen zur molekularen Rekognition, um eine Exploitation von Inkrementierung und Grad an Addition in analytischer Hinsicht zu bewerten. Ungeachtet der Gleichzeitigkeit diverser Prozeduren, bedingt durch Enthalpie und Entropie auch bei relativ einfachen Ionenpaaren, ist es nach Einschätzung des o. a. Autors möglich, individuelle Wechselwirkungen zu erkennen und sie praktisch einzusetzen. Auf Basis der klassischen physikalisch-chemischen Prinzipien erlauben die Beiträge solvophobe Effekte zu den Wechselbeziehungen mit permanenten und induzierten Dipolen und H_2-Brücken empirisch zu quantifizieren. H_2O genießt eine Sonderstellung, da es sich nur geringfügig polarisieren lässt. Dieses Merkmal muss daher beim Entwurf neuartiger *Host-Guest*-Komplexe berücksichtigt werden (Schneider 1991).

Im Zusammenhang mit einer supramolekularen Rekognition gegenüber planaren Molekülen berichten Goshe et al. (2002) über die kinetische Labilität thermodynamisch stabiler *Host-Guest*-Assoziationskomplexe (engl. *stable host-guest association complex*). Denn ungeachtet dessen, dass ein Rezeptor stabile Komplexe im Sinne des *Host-Guest*-Prinzips erstellt, unterliegt der Guest einem raschen Austausch mit den Sites innerhalb des Rezeptors. Durch den Einsatz von hochauflösender AFM, molekularer Simulation (MS) und geometrischen *Docking*-Studien gelang es, die supramolekulare Selbstorganisation eines gentechnisch präparierten Au-bindenden Peptids, d. h. *3rGBP1*, das mit der Symmetrie der Oberfläche des Au {111} übereinstimmt, im Detail zu beschreiben (So et al. 2009). Über Studien durch den Einsatz einer Simulation von Annealing molekularer Dynamik, basierend auf einer Nuklear-Magnet-Resonanz-Analytik (engl. *nuclear magnetic resonance* = NMR), konnte die intrinsische Fehlordnung von *3rGBP1* bestätigt sowie eine mutmaßliche Au-bindende Site identifiziert werden, deren an der Oberfläche freiliegenden Site-Ketten sich entlang den *Miller*'schen Indizes ⟨110⟩ sowie ⟨211⟩ des Kristallgitters von Au angleichen (So et al. 2009). Analog zur technisch atomar-kontrollierten Erzeugung von Dünnschicht-Strukturen auf Halbleiter-Substraten als die Ausgangsbasis aktueller Mikroelektronik, könnten die Resultate im Zusammenhang mit den Interaktionen zwischen Peptiden und Feststoffphasen Einzug in zukünftige, auf Peptiden beruhende, hybrid-molekulare Technologien halten (So et al. 2009). Bezogen auf die Synthese von metallischen NP durch Mikroorganismen sowie die hiermit assoziierten Aktivitäten sind u. a. Vorgänge der molekularen Rekognition mittels bakterieller Zellwände zwecks Akquise benötigter Edukte via AFM visualisierbar (Gaboriaud et al. 2005), Abschn. 1.3.4 (c)/Bd. 2.

Die Diskriminanzsalienz als *Bottom-up*-Ansatz zur Visualisierung einer selektiven Wahrnehmung durch biologische Systeme stammt aus den Biowissenschaften (Gao & Vasconcelos 2007) und kann als Hilfsmittel zur Veranschaulichung molekularer Rekognition behilflich sein, Abb. 4.3.

Am Beispiel von *In-situ*-Wechselwirkungen zwischen wachsenden biogenen Kristallen aus u. a. Ca-Phosphaten mit löslichen, oberflächenaktiven Molekülen unter Einbeziehung von hochgeladenen organischen Molekülen, natürlichen und synthetischen Polymeren sowie synthetischen Surfaktanten (engl. *surfactant*) schildern Sikirić & Füredi-Milhofer (2006) den Einfluss von oberflächenaktiven Molekülen auf die Kristallisation von in Lösung befindlichen Biomineralen. Diese Variante der Wechselwirkungen tritt als Ausgangsbasis für Kristallisationsprozesse unter natürlichen

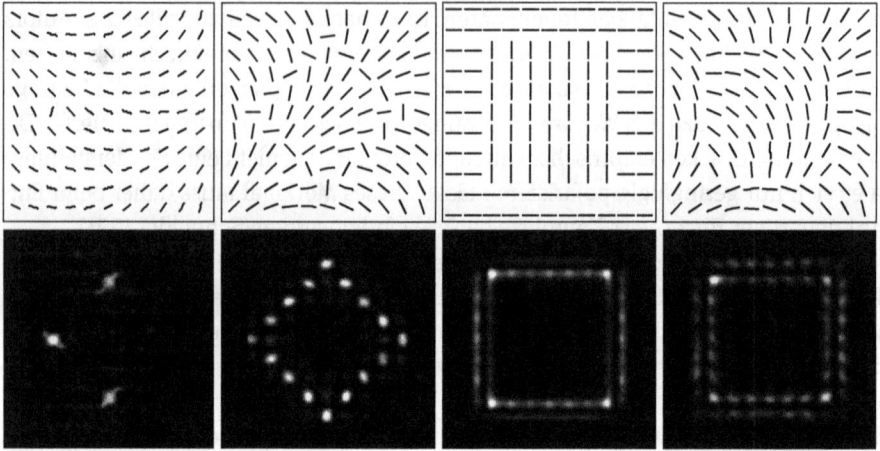

Abb. 4.3: Diskriminanzsalienz als Option für *Bottom-up*-Ansätze (Gao & Vasconcelos 2007).

Konditionen (d. h. Biomineralisation, Abschn. 2.3.4) auf und in der Folge kommt es zur kontrollierten Produktion von Materialien mit präzis definierter Kristallstruktur, Morphologie sowie Zusammensetzung der Phase. In ihrer Veröffentlichung verweisen Sikirić & Füredi-Milhofer (2006) auf die Bedeckung der wichtigsten Kristallflächen der Modellkristalle, die als Kristallhydrate auftreten, mit einer durchgängigen Schicht aus H_2O-Molekülen (hydratisiert).

Anhand von ausgewertetem Datenmaterial experimentell-kinetischer Studien zur z. B. Induktionszeit die die Raten kontrollierenden Mechanismen, Charakterisierung der nascenten Feststoffphasen u. a., erachten die o. a. Autoren eine selektive Adsorption der Additiva am Kontakt zwischen Kristall und Lösung als den vorherrschenden Mechanismus für eine erfolgreiche Wechselbeziehung zwischen Wirtskristall und Additiv.

Antriebskräfte bei den o. a. Abläufen sind entweder rein elektrostatische Kräfte oder eine hochspezifische Rekognition der Kristallflächen seitens der Zusatzstoffe (Sikirić & Füredi-Milhofer 2006). Aufgrund abweichender Ionenstrukturen und Ladungen der Kristallflächen, teilweise mit hydratisierten Lagen versehen, kommt es zu selektiven elektrostatischen Wechselwirkungen zwischen wachsenden Kristallen und flexiblen, hochgeladenen, kleineren Makromolekülen und/oder Surfaktanten (Abschn. 2.3.6/Bd. 2). Ähnlich in Lösungen, kommt es bei hohen Konzentrationen an der Grenzfläche Kristall/Lösung zu einer Selbstassemblierung von Surfaktant-Molekülen zu diversen Superstrukturen, z. B. Hemimicellen etc. (Sikirić & Füredi-Milhofer 2006).

Eine durch kleinere Moleküle sowie Makromoleküle implementierte Rekognition von Kristallflächen und Makromolekülen mit speziellen Konformationen, wie sie z. B. in Proteinen sowie Polyelektrolyten auftreten können, verhält sich hochspezifisch (Sikirić & Füredi-Milhofer 2006). Ermöglicht werden diese Vorgänge durch eine Verbindung des Raums zwischen den infolge der Beeinträchtigung der Kristallflächen generierten hervorstehenden Ionen und den funktionellen Gruppen, als Bestandteile molekularer Additiva.

Aus den Wechselwirkungen der Additiva mit den Kristallen ergeben sich eine Vielzahl von Veränderungsmöglichkeiten in z. B. der Morphologie während des Wachstums sowie der chemischen Zusammensetzung der auskristallisierenden Phase, und Sikirić & Füredi-Milhofer (2006) heben die zentrale Rolle der erwähnten Makromoleküle in sowohl fördernder als auch unterbindender Hinsicht hervor.

Die bakterielle Rekognition von Oberflächen bei nanoskaligen Wechselwirkungen zwischen *Shewanella* und α-FeOOH beleuchten Lower et al. (2001), Abschn. 2.5 (c). Über eine FM-bezogene Analytik zur quantitativen Messung der Infinitesimalkräfte lassen sich die Wechselwirkungen zwischen in den oberflächennahen Milieus auftretenden *Shewanella oneidensis* (dissimilatorisch metallreduzierendes Bakterium) und Goethit (α-FeOOH) charakterisieren. Lower et al. (2001) führten zahlreiche Messungen an lebenden Zellen in Realzeit durch, mit einer Auflösung im Subnanonewton-Bereich, eingebettet in aerobe und anaerobe Lösungen, definiert als Funktion der Distanz (in nm) zwischen Zelle und Mineraloberfläche. Die mit der o. a. Messtechnik erhaltenen Energiewerte (in Attojoule, 1 Attojoule = 10^{-18} Joule) deuten unter anaeroben Bedingungen auf einen Anstieg der Affinität zwischen *S. oneidensis* und α-FeOOH um das 2- bis 5-Fache hin. Lower et al. (2001) interpretieren diesen Vorgang dahingehend, dass allem Anschein nach ein Elektronentransfer vom Bakterium zum Mineral stattfindet.

Spezielle Signaturen in den Kurven der Graphen lassen die Mobilisierung einer bislang vermuteten Fe-Reduktase innerhalb der äußeren Membran von *S. oneidensis* annehmen, die zur Unterstützung des Elektronenflusses zwischen dem Mikroorganismus mit der Oberfläche des betroffenen Minerals entsprechende Wechselwirkungen eingeht (Lower et al. 2001). Bezüglich der Affinität zwischen *S. oneidensis* und Goethit offenbaren die unter anaeroben Bedingungen und mithilfe der o. a. Messungen erhaltenen Energiewerte (in Attojoule, s. o.) eine rasche Zunahme, d. h. um das Zwei- bis Fünffache. Bestimmte Signaturen innerhalb von *Force*-Kurven gestatten die Annahme einer Mobilisierung einer bislang nur vermuteten Fe-Reduktase innerhalb der äußeren Membran von *S. oneidensis*, die wiederum durch entsprechende Wechselwirkungen mit der Oberfläche des Goethits den Transfer von Elektronen unterstützt (Lower et al. 2001).

Hinsichtlich einer effektiv kontrollierbaren Einflussnahme auf die biomolekulare Rekognition, Biokompatibilität, Toxizität, Transduktion sowie Intervention beinhaltet das Maßschneidern von Größe, Zusammensetzung, Oberfläche und magnetischen Eigenschaften eine der großen technischen und wirtschaftlichen Herausforderungen. Diesen Anforderungen werden Au- bzw. Ag-NP gerecht. Sie ermöglichen die biomolekulare Erkennung, Biokompatibiltät sowie durch die Inkorporation einer magnetischen Komponente in den Kern eine Transduktion, die die Einsatzfähigkeit und eine verminderte Toxizität vermitteln (Crew et al. 2012).

So erlauben die o. a. NP die Überprüfung des DNS-Bausatzes auf z. B. Anbindung bestimmter Proteine, die Freisetzung bestimmter Biomoleküle, Mitwirkung bei der Detektion von Thiol-führenden Aminosäuren mit daran gekoppelter chiraler Rekognition. Weiterhin sind eine Bioseparation bei der Rekognition von Proteinen sowie eine bakterielle Inaktivierung möglich. Die genannten Beispiele verdeutlichen die entscheidende Rolle der Funktionalität von Nanoproben innerhalb der Nano-Transduktion und -Intervention biomolekularer Rekognition (Crew et al. 2012). In Verbindung mit nanoskaligen Wechselwirkungen zwischen *Shewanella* und α-FeOOH betonen Lower et al. (2001) die Funktion von bakteriellen Oberflächen zur Rekognition. Eine hierarchische Selbstassemblierung von Amelogenin sowie die Regulierung einer Biomineralisation auf der Nanoskala schildern Fang et al. (2011), Abschn. 5.2 (g). Über die bioanorganische Chemie von Fe in Cofaktoren von Oxygenasen und die erforderliche supramolekulare Assemblierung (Abschn. 4.4) berichtet Groves (2003). Auf Vorgänge einer Kristallisation an der Grenzfläche Organik-Anorganik-Biominerale und deren biomimetischer Synthese machen Mann et al. (1993) aufmerksam, Abschn. 5.2 (e).

Das Verständnis von Vorgängen des molekularen Erkennungsvermögens, d. h. Rekognition, kleiner Liganden und biologischer Makromoleküle erfordert die vollständige Beschreibung von Bindungsenergien und die Korrelation von thermodynamischen Daten mit den in die Vorgänge einbezogenen interaktiven Strukturen (Perozzo et al. 2004). Auf Au oder Ag basierende NP, versehen mit einer magnetischen Komponente im Kern, bieten sich als Mittel einer biomolekularen Rekognition an (Crew et al. 2012). In Hinsicht einer molekularen Rekognition für Applikationen innerhalb der Angewandten Enzymchemie bezieht sich Suckling (1991), unter spezieller Berücksichtigung von Enzyminhibitoren, u. a. auf Reduktasen sowie Dehydrogenasen. Über diverse gentechnische Arbeiten erzielen Pollithy et al. (2011) eine intrazelluläre Rekognition sowie Zusammenstellung von Magnetosomen innerhalb lebender Bakterien, Abschn. 5.4.1 (l). Im Zusammenhang mit dem Einsatz genetisch konstruierter Proteine zur Herstellung anorganischer Materialien verweisen z. B. Sarikaya et al. (2003) auf Vorgänge wie molekulare Rekognition sowie Selbstassemblierung. Ulrich & Dumy (2014) sehen in der artifiziellen multivalenten Rekognition ein großes technisches Potential, z. B. in Form von Komponenten, ausgestattet mit hoher selektiver Effizienz.

4.5 Komplexbildner

Als unterstützende Funktion/Maßnahme zur selektiven, gezielten Akquise und, wenn nötig, zur Fixierung metallischer Komponenten eignen sich eine Reihe von Biomolekülen in Form von Komplexbildnern. Unter Komplexbildnern (oder Chelatbildner) werden chemische Verbindungen verstanden, die u. a. aus Gründen der Maskierung mit Metallionen Chelatkomplexe eingehen. Als Komplexbildner im weiteren Sinne treten eine Reihe von Möglichkeiten und Konstrukte auf: Biomethylierung, Chelat-komplexe, Metallthioneine, Siderophore sowie Phytochelatine. Chemotaktische Li-ganden übernehmen die Konzepte der Chemotaxis, d. h. die Bewegungsabläufe sei-tens eines Organismus, ausgelöst durch Gradienten in der Konzentration eines Stoffes. Es handelt sich bei dieser Form eines Biomoleküls um ein spezielles Peptid. Die Rolle der Komplexierung von Kationen in Verbindung mit den Wechselbeziehungen Bak-terium – Metall bei der Ankoppelung an ein Mineral unterziehen Fowle & Kulczycki (2004) Studien, Abschn. 2.3.8 (f).

Mikroorganismen sind fähig, per autotrophe und heterotrophe Laugung, mittels Chelatierung durch mikrobielle Metabolite, Siderophore und Methylierung mit suk-zessiver Volatilisierung sowohl Metall als auch Radionuklide zu mobilisieren. Auch ergibt sich im Zusammenspiel von Metallsensor, -chaperon, -transportern und me-tallspeichernden Kompartimenten nicht nur eine erfolgreiche Akquise der benötig-ten Metalle, sondern es werden auch nicht erforderliche sowie toxische Metalle zu-rückgehalten (Tottey et al. 2007). Jedes Metalloprotein muss auf bestimmte Weise das korrekte Metall akquirieren. Mithilfe von DNS-Anbindungstechniken, transkriptiona-len Repressoren sowie bakteriellen Cu-Chaperonen steht eine Reihe von Werkzeugen zur präzisen Zuweisung von Metallen an Zellen zur Verfügung (Tottey et al. 2007). So benötigen z. B. Cyanobakterien für enzymatische Aktivitäten den Import von Cu. Um Plastocyanin und Cytochrom dahingehend versorgen zu können, setzen sie Cu-Chaperone und ATPasen ein. Und Proteine leisten bei den Wechselwirkungen zwi-schen Mikroorganismus mit Mineralen bzw. Metallen einen essenziellen Beitrag zur Generierung geeigneter Metallspezifikationen (Tottey et al. 2007), Abschn. 2.4.

Des Weiteren erweist sich die Fe^{3+}-Hydroxamat-Reduktase für die Respiration von Fe^{3+}-Citrat bzw. Fe^{3+}-Nitrilotriacetic Säure (*nitrilotriacetic acid* = NTA) als anaerober Elektronenakzeptor als nicht wesentlich. Nitrilotriessigsäure (*nitrilotriacetic acid*, $C_6H_9NO_6$ = NTA) und Iminodiessigsäure (*iminodiacetic acid*, $HN(CH_2CO_2H)_2$ = IDA) sind Komplexbildner. In wässriger Lösung bildet NTA stabile Komplexverbindungen mit Metallionen (Fennessey et al. 2010).

Als anwenderbezogenes Beispiel bieten sich, z. B. für die Sanierung von mit Me-tallen belasteten Böden biologisch abbaubare komplexierende Reagenzien an (Tandy et al. 2004). Als Komplexbildner setzen die o. a. Autoren u. a. Ethylendiamindibern-steinsäure (engl. *ethylenediaminedisuccinic acid* = EDDS), IDSA (engl. *iminodisuccinic acid*), MGDA (engl. *methylglycine diacetic acid*) sowie Nitrilotriessigsäure (engl. *ni-trilotriacetic acid* = NTA) ein. Anhand von Experimenten zur Kinetik ist ersichtlich, dass sich die optimale Zeit für eine Extraktion von Metallen aus z. B. einem Boden auf 24 h beläuft. Für z. B. Cu ergibt sich bei einem pH-Wert von 7 hinsichtlich der Extrak-tionseffizienz die Reihenfolge EDDS > NTA > IDSA > MGDA. Das zu Vergleichszwecken ebenfalls eingesetzte EDTA rangiert in der oberen Reihenfolge nach dem MGDA. Für Zn ergibt sich ein Ranking von NTA > EDDS > EDTA > MGDA > IDSA. Diese Beobachtung lässt sich zur Trennung von gleichzeitig auftretendem Cu^{2+} von Zn^{2+} in den entspre-chenden Medien einsetzen, d. h. Partitionierung von Metallkationen, Abschn. 2.3.8.

Hinsichtlich der rechnergestützten Modellierung erhebt sich die Frage, inwieweit Algorithmen, eingesetzt bei der molekularen Simulation und auf Oberflächen bezogene Komplexierungsmodelle betreffs der bakteriellen Adsorption, Funktionalität und des Potentials von Komplexbildern verwendbar sind (Johnson 2006). Insgesamt tritt eine Vielzahl natürlich chelatierender Reagenzien auf, z. B. Fulvinsäuren, H_2O, Huminsäuren, Ionophore, Lipide, Peptide, Phosphate, Steroide, Tetrapyrrole etc., und sie sind möglicherweise in Kombination mit den seitens der Mikroorganismen angebotenen Komplexbildern kombinierbar.

Zusammenfassend
übernehmen Komplexbildner wichtige Funktionen bei der Fixierung von u. a. Metallen und können somit ihre Bioverfügbarkeit erhöhen. Allerdings bedarf es hinsichtlich einer industriellen Verwertung weiterführender Studien.

4.5.1 Chelatkomplexe

Unter den Term Chelatkomplex fallen Biomoleküle, versehen mit der Eigenschaft, polydentale, stabile Bindungen mit Metallen einzugehen. Vertreter dieser Variante von Biomolekül sind z. B. Citrat, EDTA, Oxalat, Tartrat u. v. a. Da Metalle zu ihrer Funktionalität unerlässlich sind, fallen in diese Biomolekülmenge u. a. auch Proteine, Huminsäuren, Phytochelatine (Abschn. 4.5.4). Generell stellt Chelatierung eine spezielle Form der Bindung von Ionen sowie Molekülen mit Metallen dar (IUPAC 2014). Die chemische Verwitterung beruht zu Teilen/überwiegend auf der Interaktion von Gesteinen/Mineralen mit u. a. Peptiden, d. h. von organischen Chelatkomplexierungen. Hierbei werden u. a. Metallionen/-verbindungen aus den o. a. Feststoffphasen extrahiert, d. h. die Bioverfügbarkeit erhöht. Die selektive Chelatierung eignet sich zur Aufnahme von Schwermetallen aus kontaminierten Böden und radioaktiven Abfallstoffen, z. B. ^{137}Cs. So erweist sich Pyridin-2,6-bis (*thiocarboxylatic acid*), auch unter der Bezeichnung Pyridin-2,6-Diothiocarboxyl Säure (*pyridine-2,6-dithio-carboxylic acid* = Pdtc) bekannt, als effektiver Chelator für Metalle, erzeugt von *Pseudomonas stutzeri* und *Pseudomonas putida*. Da bislang kein Datenmaterial vorliegt verbleibt die physiologische Rolle des Pdtc-Komplexes ungewiss. Es wird angenommen, dass er als Siderophor oder Antibiotikum fungiert. In Arbeiten wurde die Stabilitätskonstante des $Fe^{3+}(Pdtc)_2^{2-}$ mit $10^{33,36}$ bestimmt. Aktuelle Publikationen weisen einen Wert von 10^{12} auf (Brandon et al. 2003). Sie ist unter Einsatz potenziometrischer und spektrophotometrischer Messungen über vergleichende Ligand:Ligand-Studien bestimmbar. Als Mitbewerber für Fe tritt eine 2,6-Pyridin-Dicarbonsäure (Dipicolinsäure) auf. Ein Vergleich der Stabilitätskonstanten von $Fe^{2+}(Pdtc)_2^{2-}$ mit $Fe^{3+}(Pdtc)_2^{2-}$ zeigt für erstgenannte Verbindung eine Erniedrigung der Stabiltätskonstante, die im Vergleich mit $Fe^{3+}(Pdtc)_2^{2-}$ um mehrere Größenordnungen kleiner ist. Dies offenbart eine deutliche Abnahme der Bindungsstärke von Pdtc gegenüber Fe.

Als Ergebnis dieser Beobachtungen wird bei Bildung von Pdtc als Siderphor zur Sequestration von Fe^{3+} durch die Wirtszelle als wahrscheinlich angenommen, dass ein zweiter Metabolit oder ein Membranprotein der Wirtszelle bei der Reduktion des chelatierten Fe an oder unmittelbar an der Zellmembran beteiligt ist, um seine Freigabe vom Pdtc zum Einsatz in der Zelle zu ermöglichen (Brandon et al. 2003).

4.5.2 Siderophore und andere Metallophore

Siderophore repräsentieren durch Mikroorganismen erzeugte niedrigmolekulare Fe-Chelatoren mit enger Bindung an harte Lewis-Säuren. Sie treten als kleine, durch Sekretion ausgeschiedene Fe-bindende Moleküle auf (Abb. 4.4). Zusammen mit einem Rezeptorprotein für Siderophore stellen sie einen Teil eines Systems zur Aufnahme von Fe seitens eines Mikroorganismus dar (Rzhepishevska et al. 2011). Jeder Siderophor verfügt über seinen eigenen Rezeptor und häufig sind Bakterien in der Lage, Siderophore von anderen Stämmen zu exprimieren. Siderophore sowie andere Metallophore, z. B. Molybdophore, repräsentieren eine wichtige Gruppe von Biomolekülen. Sie bieten Mikroorganismen effiziente Instrumente bei der Akquise von für biologische Vorgänge unerlässlichen Metallen an. Siderophore repräsentieren Oligopeptide, die in der Lage sind, mithilfe geeigneter Komplexbildner auch geringste Spuren an in Lösung befindlichen Fe^{3+}-Ionen zu binden. Somit kann auch bei geringen Konzentrationen eine Fe-Aufnahme erfolgen.

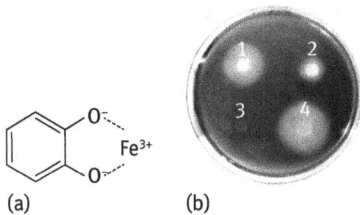

Abb. 4.4: Schematische Darstellung eines Siderophors sowie Produktion von Siderophoren via *Pseudomonas syringae 22d/93* und Mutanten, angedeutet durch die ringförmigen Strukturen (Wensing et al. 2010).

Die Aufnahme/Komplexierung der Fe^{3+}-Ionen durch exkretierte Siderophore geschieht extrazellulär. Nach Aufnahme des Fe durch die entsprechenden Siderophore werden diese durch spezielle Transportsysteme der Zelle zurückgeführt. d. h. *shuttle-mechanism* (Budzikiewicz 2010). Im Anschluss steht Fe steht dann dem zellspezifischen Stoffwechsel zur Verfügung. Somit kann ungeachtet der Krustenhäufigkeit von Fe die äußerst geringe Bioverfügbarkeit kompensiert werden, dies geschieht in Form von Fe^{3+}. Zwecks Verwertung in der Zelle kommt es zur Reduktion von Fe^{3+} zu Fe^{2+}. Innerhalb der Zelle verfügen Siderophore, neben der Aufnahme und dem Transport von Fe, über eine Art Speicherfunktion von Fe.

Generell sind zahlreiche Siderophore diverser Bakterienstämme beschrieben und untersucht. Sie lassen z. B. durch *Pseudomonas syringae pv. syringae 22d/93* produzieren (Wensing et al. 2010), Abb. 4.4. So sichert sich z. B. *Pseudomonas aeruginosa* seine Fe-Akquise durch die endogenen Siderophore Pyroverdin und Pyochelin in Kombination mit der Fähigkeit, exogene Fe-Chelatoren zu benutzen, wie z. B. Citrat und Desferrioxamin B (DFOB), wobei Letzteres einen auf Hydroxamat basierenden Siderophor repräsentiert (Rzhepishevska et al. 2011). Weitere gut untersuchte Beispiele von Siderophoren sind z. B. Enterobactin aus *Escherichia coli* (Bazylinski & Frankel 2004), Bacillibactin aus *Bacillus subtilis* etc., und es sind bislang ca. 200 Arten beschrieben (Bazylinski & Frankel 2004). Im Fall magnetotakter Bakterien kann eine Aufnahme von Fe^{3+} sowohl ohne als auch mit Siderophoren erfolgen (Bazylinski & Frankel 2004).

Es lassen sich zwei bislang unbekannte neue Typen von Siderophoren, bereitgestellt von *Pseudomonas stutzeri*, beschreiben ([2]Zawadzka et al. 2006). Zwölf Stämme von *Pseudomonas stutzeri*, die zu den Genomvaren 1, 2, 3, 4, 5 und 9 zählen, produzieren Proferrioxamin, ein Siderophor vom Typ Hydroxamat. Weiterhin stellen *P. stutzeri JM 300* (Genomovar 7), *P. stutzeri DSM 50238* (Genomovar 8) und *Pseudomonas balearica DSM 6082* einen Catecholat-Typ-Siderophor, d. h. Amonobactin, bereit. Die wichtigsten beschriebenen Proferrioxamine sind das zyklisch auftretende E und D_2. Darüber hinaus synthetisiert *P. stutzeri KC* zyklisches X_1 und X_2 sowie lineares G_1- und G_{2a-c}-Proferrioxamin. Eine Akkumulation von SEE durch Siderophore vom Typ Catechol, bereitgestellt von *Arthrobacter luteolus*, isoliert aus einem SEE-führenden Milieu, beschreiben Emmanuel et al. (2012), Abschn. 2.2.5 (h).

Als Vertreter der Catecholat-Typ-Siderophore treten die Amonabactine P 750, P 693, T 789 und T 732 auf. Ein Mutant von *P. stutzeri KC* (Stamm *CTN1*), dessen Fähigkeit zur Produktion des sekundären Siderophors Pyridin-2,6-Dithiocarboxylsäure unterbunden wird, ist ungeachtet dessen in der Lage, alle anderen Siderophore in ihrem normalen Spektrum bereitzustellen ([2]Zawadzka et al. 2006). Die Aufgabe von Siderophoren bei der aeroben mikrobiellen Akquise von Fe aus natürlich vorkommender organischer Materie durch den Gebrauch des Siderophoren produzierenden Wildtyps von *P. mendocina* und eines konstruierten Mutanten ohne die Fähigkeit zur Erzeugung von Siderophoren untersuchten Kuhn et al. (2012). Natürlich auftretende organische Materialien üben unter eingeschränktem Fe-Angebot komplexe Einwirkungen auf das mikrobielle Wachstum aus.

Hinsichtlich dieser Problematik untersuchten Kuhn et al. (2012) die potenzielle Rolle von Siderophoren bezüglich einer aeroben mikrobiellen Akquise von Fe aus organischer Materie. Hierzu vergleichen sie den Wildtyp von *P. mendocina* mit einem Mutanten, nicht fähig zur Erzeugung von Siderophoren. Nach Verabreichung eines entsprechenden Präparats zeigt sich, dass zur Akquise von Fe aus den o. a. organischen Komponenten anwesende Siderophore nützlich, aber nicht unentbehrlich sind, d. h. im Fall des o. a. Mikroorganismus der Vorgang auch ohne Siderophore abläuft (Kuhn et al. 2012).

Es sind Beobachtungen veröffentlicht, die Wechselwirkungen von Siderophoren mit anderen Metallen wie z. B. Cr, Ga, Mo, V, Zn beschreiben. Über metallchelatierende Eigenschaften von Pyridin-2,6-bis(Thiocarboxyl-Säure)(engl. *pyridine-2,6-bis(thiocarboxylic acid)* = Pdtc), bereitgestellt von *Pseudomonas sp.*, und die biologischen Aktivitäten dieser Komplexe liegen Daten vor (Cortese et al. 2002). Bei Zugabe von 22 Metall(-komplexierungen) bildete Pdtc mit 14 von ihnen stabile Komplexe. Zwei dieser Metall-Pdtc-Komplexe, es handelt sich hierbei um Co:$(Pdtc)_2$ und Cu:Pdtc, verfügen über die Eigenschaft, zwischen den Redoxzuständen zu pendeln. Auf diese Weise schaffen sie die Voraussetzung zur Generierung von vier Redoxzuständen.

Bei Zugabe von Pdtc in As-, Cd-, Hg-, Mn-, Pb- und Se-haltige Lösungen entstehen Präzipitate. Weiterhin verhielten sich bei Anwesenheit von Pdtc 14 von 16 Stämmen gegen die Toxizität von Hg resistent sowie, wenn auch nur für wenige Stämme beobachtet, gegen das toxische Verhalten von Cd und Te. Pdtc selbst fördert nicht die Aufnahme von Fe, erhöht aber den allgemeinen Grad der Fe-Aufnahme durch *Pseudomonas stutzeri KC* sowie *P. putida DSM301*. Beide *Pseudomonaden* reduzieren unter Kulturbedingungen amorphes Fe^{3+}-Oxyhydroxid. Für die genannten Aktivitäten demonstrieren *In-vitro*-Experimente den Bedarf an Cu und Pdtc. Möglicherweise stammt die Reduktionskraft aus der Hydrolyse der Thiocarboxylgruppen des Pdtc (Cortese et al. 2002).

Kalinowski et al. (2000) isolierten aus Böden eine *Arthrobacter*-Spezies, die Fe aus Hornblende entnimmt und hierzu Siderophore produziert, Abschn. 2.5.1 (f). Für die Synthese von Au-NPn als Sekundärmetabolit nehmen Johnston et al. (2013) die Einbeziehung von Metallophoren an. Anderen Publikationen zufolge sind Siderophore während der anaerobischen Fe^{3+}-Respiration von *Shewanella oneidensis MR-1* nicht in die Lösung von Fe^{3+} einbezogen (Fennessey et al. 2010). *S. oneidensis MR-1* setzt zur Respiration ein weites Spektrum an Elektronenakzeptoren ein, u. a. spärlich auftretende, lösliche Fe Fe^{3+}-Oxide. Es gelang der Nachweis, dass *S. oneidensis* während der Respiration von anaeroben Fe^{3+}-Oxiden organische Liganden zur Fe^{3+}-Lösung bildet, um es nach Destabilisierung im Anschluss in organisches Fe^{3+} zu konvertieren, das sich leichter reduzieren lässt. Durch eine Kombination von einer *In-Frame*-Gen-Auslöschungs-Mutagenese, einer Messung der Siderophore und voltammetrischen Techniken lassen sich zwei Fragestellungen beleuchten (Fennessey et al. 2010):

(1) Inwieweit erfolgen die durch *S. oneidensis* während der anaerobischen Fe^{3+}-Oxid-Respiration erzeugten Fe^{3+}-lösenden Liganden über die biosynthetische Leistung?

(2) Und setzt *S. oneidensis* zur Respiration des löslichen organischen Fe^{3+} eine Fe^{3+}-Siderophor-Reduktase als anaerobischen Elektronenakzeptor ein?

Gene, mit vermuteter Kodierung für das Siderophor(Hydroxamat)-Biosynthese-System (*SO3030* bis *SO3032*), der Fe^{3+}-Hydroxamat-Rezeptor SO3033 und die Fe^{3+}-Hydoxamat-Reduktase *SO3034* lassen sich im Genom von *S. oneidensis* beschreiben und via *In-Frame*-Gen-Auslöschung Mutanten herstellen (Fennessey et al. 2010). Entsprechend den Versuchsergebnissen war Δ*SO3032* während der aeroben Respiration weder in der Lage, Siderophore zu synthetisieren, noch lösliches organisches Fe^{3+}

zu erzeugen, behielt jedoch während der anaeroben Respiration die Eigenschaft, Fe^{3+} zu lösen und Fe^{3+}-Oxid mit einer dem Wildtyp entsprechenden Rate einer Respiration zur Verfügung zu stellen. Währenddessen behielt $\Delta SO3034$ die Fähigkeit, im Verlauf der aeroben Atmung von Fe^{3+}-Oxiden Siderophore zu produzieren und, gemäß der Rate des Wildtyps, während der anaeroben Fe^{3+}-Oxid-Respiration Fe^{3+} zu lösen und zu verbrauchen. Die Ergebnisse von Fennessey et al. (2010) gestatten die Schlussfolgerung, dass die das Fe^{3+} lösenden organischen Liganden, bereitgestellt von *S. oneidensis*, im Verlauf der anaeroben Respiration von Fe^{3+}-Oxid nicht über das Hydroxamat-Biosynthese-System produziert werden.

Das kommerziell erhältliche Siderophor Desferrioxamin B (engl. *desferrioxamine* = DFO) besitzt funktionelle Gruppen aus Hydoxamat mit Ähnlichkeiten zur Acetohydroxamic-Säure (engl. *acetohydroxamic acid* = AHA), einem Liganden mit der Fähigkeit einer Komplexierung von Actiniden in Prozessen zur Separation.

(a) Arsen (As)

Zur Auflösung von Arsenopyrit (FeAsS) und Galenit (PbS) in Anwesenheit von Desferrioxamine (DFO-B), einem Siderophorliganden, und einem pH-Wert von 5 liegen experimentell ermittelte Resultate vor. In Anwesenheit von *Desferrioxamin* (DFO-B), einem häufigen Siderophorliganden, wurde die Stabilität von Arsenopyrit (FeAsS), als häufigste natürlich auftretende As-Quelle im terrestrischen Milieu, und Galenit (PbS) bei einem pH-Wert von 5 untersucht (Cornejo-Garrido et al. 2008). Das aus Arsenopyrit bestehende Proben-/Untersuchungsmaterial wies, gemäß den Analysen (SEM-EDX), Inkrustationen von elementarem Pb auf. In diesem Zusammenhang wurden auf 110 h Batch-Auflösungsexperimente mit Arsenopyrit ($1\,g\,l^{-1}$), in der Anwesenheit von 200 μm DFO-B und einem anfänglichen pH-Wert von 5 durchgeführt. In Anwesenheit von DFO-B ließ sich eine tendenzielle Freisetzung von Fe, As und Pb in Funktion mit der Zeit erkennen.

Dahingegen kann unter einem analogen experimentellen Umfeld und bei Präsenz von Wasser kaum eine Wirkung auf die genannten Elemente festgestellt werden. In einer wasserführenden Suspension liegt, gemäß Analysen, die Konzentration an gelöstem As bei $0,15 \pm 0,003$ ppm, für Fe bei $0,09 \pm 0,004$ ppm und für Pb bei $0,01 \pm 0,01$ ppm. Im Gegensatz hierzu weisen Lösungen, die DFO-B enthalten, für As Werte von $0,27 \pm 0,009$ ppm, für Fe von $0,4 \pm 0,006$ ppm und für Pb von $0,14 \pm 0,005$ ppm auf. Die Freisetzung von Pb durch DFO-B war zehnmal größer als die für Fe ermittelten Gehalte. Allerdings sind die Resultate für thermodynamische Überlegungen nicht verwertbar, insbesondere für Betrachtungen zum Größen-Ladungs-Verhältnis der Metallkomplexierung durch DFO-B. Wie durch SEM-EDX Analysen angedeutet, steht die Energie der Fe–S-Bindungen der Untereinheiten nur begrenzt zur Freisetzung von Fe zur Verfügung.

Möglicherweise treten nach Auffassung von Cornejo-Garrido et al. (2008) die Mechanismen, die zur Auflösung der Pb-Inkrustationen beitragen, unabhängig auf und geschehen gleichzeitig mit der Auflösung von As und Fe. Durch die Auflösung von Arsenopyrit entsteht elementarer Schwefel, wobei die Mineralauflösung des FeAsS aller Wahrscheinlichkeit nach nicht auf der Einwirkung von Enzymen beruht. Zusätzlich zeigt, unabhängig von der Anwesenheit von DFO-B oder Wasser sowie in Funktion zur Zeit, eine Analyse der As-Spezifikation eine Variabilität im Verhältnis von As^{3+} : As^{5+}. Bei einer Reaktionszeit < 30 h liegen die As^{5+}-Konzentrationen bei ca. 50–70 %. Auch hier spielt die Präsenz von DFO-B keine Rolle. Die Ergebnisse lassen sich dahingehend interpretieren, dass die Transformationen von As nicht durch die Unterstützung von Liganden angewiesen sind. Entsprechende Versuche zeigen (Konzentration = 200 µm, pH-Wert = 5) im Gegensatz zum Verhalten von Arsenopyrit (FeAsS) eine enge Korrelation zwischen dem Löslichkeitsverhalten von Galenit (PbS) und dem Anstieg des pH-Wertes bei einer gleichzeitigen Abnahme der Metalllöslichkeit und einer Zeitspanne t > 80 h (Cornejo-Garrido et al. 2008). Oxidative Lösungsmechanismen, die eine S-Oxidation fördern, veranlassen die Produktion von H$^+$, wobei wiederum die Daten hinsichtlich einer Lösung von FeAsS und PbS den Verbrauch von H$^+$ andeuten. Überlegungen von Cornejo-Garrido et al. (2008) zufolge könnte die Bildung der Pb-Spezifikation, speziell in Form eines Hydroxyl-Komplexes, vom Auftreten von sowohl H$^+$ als auch OH$^-$ abhängen.

(b) Cadmium (Cd) und Blei (Pb)

Die Auswirkungen des trihydroxamaten mikrobiellen Siderophors Desferrioxamin-B (DFO-B) auf die Spezifikation von Cd und Pb in wässrigen Lösungen als Funktion des pH-Wertes untersuchten Mishra et al. (2009). Über eine Kalkulation der Gleichgewichtseinstellung betreffs Spezifikation ist die Komplexierung von in wässriger Lösung befindlichen Cd und Pb mit DFO-B vorhersagbar. Mittels der Verwendung einer auf Synchroton basierenden Röntgenadsorptionsfeinstrukturspektroskopie und unter Berücksichtigung optimaler Bedingungen ist eine Beschreibung der Pb- und Cd-DFO-B Komplexe möglich. Unter den Bedingungen eines pH-Wertes von 3 kommt es zu keiner messbaren Komplexierung von Pb durch DFO-B.

Dahingegen unterliegt bei einem pH-Bereich zwischen 7,5 und 9,0 das Pb einer Komplexierung in Form hexadentater Strukturen durch alle drei Hydroxamat-Gruppen. Liegt ein pH-Wert von 4,8 vor, ist eine Mischung von Pb-DFOB-Komplexen unter Einbeziehung einer Metall-Bindung durch eine (oder zwei) Hydroxamat-Gruppe(n) beschreibbar (Mishra et al. 2009). Cd wiederum verbleibt bei einem pH-Wert von 5 als hydratisierte Cd^{2+}-Spezifikation. Bei einem pH-Wert von 8 kommt es zu einer Kombination von Cd-DFOB und einer anorganischen Spezifikation. Steigt der pH-Wert auf 9, erfolgt seitens DFO-B eine Bindung durch Hydroxamat-Gruppen. Eine durch EXAFS durchgeführte Analyse zeigt eine Übereinstimmung mit thermodynamisch ermittelten Vorhersagen (Mishra et al. 2009). Bei ansteigenden pH-Werten weicht die Pb-Spezifikation allerdings von den vorab prognostizierten Beträgen ab.

Daher sind hinsichtlich der Bindungskonstanten für die Komplexierung von Pb durch die Hydroxamat-Gruppen des DFO-B-Liganden bei der Vorgabe der bislang vorgeschlagenen Konstanten Effekte einer Unterbewertung zu berücksichtigen. Insgesamt gewähren die Studien von Mishra et al. (2009) sowohl Einblicke in die Koordination von Pb und Cd mit einem in Lösung befindlichen Siderophor auf molekularer Ebene als auch in Vorgänge, die sich an der Schnittstelle zwischen Mikroorganismus mit einem Mineral und/oder Wasser in Anwesenheit von Siderophoren ereignen.

(c) Chrom (Cr)

Weiterhin ist Pdtc von *Pseudomonas stutzeri KC* in der Lage, Cr^{6+} zu Cr^{3+} zu reduzieren sowie As, Cd, Hg und Pb auszufällen (Zawadzka et al. 2007). In entsprechenden Versuchsreihen erfolgte die Reduktion durch chemisch synthetisiertes Pdtc von Cr^{6+} und Cr^{3+} in sowohl bakteriellen Kulturen mit *P. stutzeri KC* als auch durch abiotisch gesteuerte Reaktionsabläufe. Daneben liegt Datenmaterial zu den Wechselwirkungen des Siderophors Pyridin-2,6-bis (Thiocarboxylsäure) (Pdtc) von *P. stutzeri KC* mit As^{3+}, Cd^{2+}, Hg^{2+}, Pb^{2+} vor. Hierbei lässt sich eine Reduktion von Cr^{6+} zu Cr^{3+} durch chemisch synthetisiertes Pdtc sowohl in bakteriellen Kulturen als auch abiotisch ablaufenden Reaktionen beschreiben (Zawadzka et al. 2007). Unter Einsatz einer Elektrospray-Ionisierungs-Massenspektrometrie (ESI-MS) sind Cr^{3+}-Komplexe mit Pdtc bzw. dessen Hydrolyseprodukte ansprechbar. Hierbei setzen die Cr^{3+}-Pdtc-Komplexe Cr^{3+} als Cr-Sulfid und eventuell als Cr^{3+}-Oxide frei. Darüber bildet Pdtc nur gering lösliche Komplexe mit As, Cd, Hg und Pb. Wie die Analyse mittels energiedisperser Röntgenspektroskopie zeigt, entwickeln sich aus der Hydrolyse dieser Komplexe entsprechende Metallsulfide (Zawadzka et al. 2007). Im Vergleich mit Mutanten ohne Pdtc weisen Stämme, die Pdtc produzieren, gegenüber einer Vielzahl der o. a. Metalle eine höhere Toleranz auf. Aufgrund dieser Beobachtung nehmen Zawadzka et al. (2007) für Pdtc eine bislang nicht beschriebene Funktion an, d. h. die Einbeziehung in einen extrazellulären Bestand an Thiolen, zuständig für Redoxprozesse zur Detoxifikation des außerzellulären Umfelds, wobei die Redoxprozesse durch Metall-Pdtc-Komplexierungen herbeigeführt werden.

(d) Gallium (Ga) und Aluminium (Al)

Von besonderem Interesse ist es, das Aufnahmevermögen und die Leistungsfähigkeit von Siderophore produzierenden alkaliphilen Bakterien aus Kulturmedien Al, Fe und Ga zu extrahieren und anzureichern. Von sechs Bakterienstämmen, die in Anwesenheit von Fe, Ga oder Al aufgezogen wurden, waren fünf in der Lage, Fe oder Ga zu akkumulieren, aber nur zwei minderten das Budget an Al (Gascoyne et al. 1991). Ein Vergleich des Ga-Entzugs unter geringen ($< 1\,\mu M$) oder hohen ($10\,\mu M$) Fe-Gehalten zeigt, dass zwei Isolate Ga nur unter niedrigen Fe-Konzentrationen akkumulieren. So wächst ein Isolat, d. h. coryneformes Bakterium, in Anwesenheit von $1\,mg\,Ga\,l^{-1}$, $10\,mg\,Ga\,l^{-1}$

sowie 100 mg Ga l^{-1}. Bei höheren Ga-Konzentrationen kommt es allerdings zur Beeinträchtigung von sowohl Wachstum als auch Produktion von Siderophoren (Gascoyne et al. 1991).

Ein mittels Siderophore unterstützter Mechanismus zur Aufnahme von Gallium (Ga) konnte beim Mikroorganismus *Ustilago sphaerogena* ermittelt werden (Emery & Hoffer 1980). Radioaktives Gallium, d. h. Ga-67 Deferriferrichrom, mit der Eigenschaft, als Analog für Ferrichrom aufzutreten, wurde einem spezifischen Transportsystem für Siderophore von *U. sphaerogena* angeboten. Das Ga-Analog wurde von Zellen in einem aktiven Transportprozess aufgenommen, der sich nicht von der Art wie im Fall von Ferrichrom unterschied. Ga^{2+} scheint sowohl *in vitro* als *in vivo* erfolgreich mit Fe^{3+} um die Liganden von Siderophoren zu konkurrieren, wobei die Rate von der chemischen Natur des Liganden bestimmt ist (Emery & Hoffer 1980), Abschn. 2.4.3 (b).

Ungeachtet dessen, dass Ga als Deferriferrichromat-Chelatkomplex über ein Ferrichrom-Transportsystem in die Zelle übertragen wird, ist trivalentes Ga in der Lage, einen raschen intrazellulären Austausch zwischen den Liganden der Siderophore zu bewerkstelligen. Bislang findet dieses Verhalten seitens des Ga^{2+} im klinischen Bereich Anwendung. In einem Experiment kombinieren Banin et al. (2008) einen Siderophor (engl. *desferrioxamine* = DFO) mit Ga, einem ansonsten redoxinaktiven Metallion. Auf diese Weise beabsichtigen die Autoren das chemische Verhalten von Ga^{3+}-Liganden auszunutzen, die sehr ähnliche Merkmale wie Fe^{3+} zeigen und störend in den Fe-Metabolismus eingreifen, da sie in Konkurrenz mit Fe-Ionen bei der Besetzung der Bindungssites stehen. So interferieren z. B. die mit Fe bzw. Ga versehenen Siderophore mit einer Fe-Homöostase von *Pseudomonas aeruginosa*, und dieses Verhalten wird in der Medizin verwertet. Ähnliche Versuche beschreiben Olakanmi et al. (2010) und Kelson et al. (2013), Abschn. 2.4.4 (v)/Bd. 2.

(e) Molybdän (Mo) und Vanadium (V)

Bellenger et al. (2008) beschreiben die Aufnahme von Mo und V durch ein N$_2$-fixierendes Bodenbakterium, d. h. *Azozobacter vinelandii*, das unter Einsatz von Siderophoren, und während der N$_2$-Fixierung bei gleichzeitigem Mangel an Mo und V, die Entstehung stabiler Komplexe mit Molybdat und Vanadat unterstützt, die im Anschluss einer Aufnahme durch den Mikroorganismus zugänglich sind, Abschn. 2.4.2 (g). Zusätzlich mindert die Zufuhr an Siderophoren die Auswirkungen anderer natürlich vorkommender Komponenten, deren Funktion darin besteht, die Aufnahme von Mo und V zu verhindern.

Als Ergebnis ihrer Studien postulieren Bellenger et al. (2008) sowie Bellenger et al. (2007) die Existenz von bakteriellen Molybdophoren und Vanadophoren. Die genannten Autoren vermuten für die Erzeugung von Komponenten mit der Fähigkeit der stabilen Bindungen eine weitverbreitete Strategie seitens Bakterien zur Metallakquise. Weiterhin deutet die Verfügbarkeit von Mo sowie V eine mögliche Bedeutung als kritische Größe in dem Kreislauf von Stickstoff terrestrischer Ökosysteme an (Bellenger et al. 2008, Bellenger et al. 2007). Da eine Fülle essenzieller Metalle in den Geosphären Wasser und Gestein zumeist nur in geringen Konzentrationen vorliegen, bedienen sich Mikroorganismen diverser Metallophore. So werden durch mikrobielle Sekretion hochaffine Liganden zum Entzug von Metallen bereitgestellt.

Sowohl unter mit Fe angereicherten (sowie an Mo armem Angebot) als auch an Fe armen Bedingungen ist eine Sekretion von Aminochelin, einem Siderophor und vermuteten Molybdophor möglich. Eventuell fördert eine Molybdophor-Produktion die Aufnahme von Mo für den Gebrauch in Mo-Enzymen. Im Gegensatz hierzu erhöht ein Bodenbakterium ohne spezielle Bedürfnisse an Mo nur die Freisetzung von Fe aus den Silikaten (Bellenger et al. 2007). Eine während der Aufnahme durch die Zelle zu beobachtende Fraktionierung stabiler Mo-Isotope könnte gemäß den o. a. Autoren als Hinweis für die Bedeutung chelatierender Liganden erörtert werden. Allerdings besteht aktuell zu z. B. Fragen einer Extraktion von (bio-)essenziellen Metallen mittels durch Prokaryoten sekretierter, metallspezifischer Liganden, ihrer Auswirkungen auf terrestrische Stoffkreisläufe, ihrer Verwertung bei der Gewinnung von Metallen z. T. noch erheblicher Forschungsbedarf (Bellenger et al. 2007).

Unter Kulturbedingungen produziert *Azotobacter vinelandii* diverse Typen an Siderophoren, z. B. Mono-Brenzcatechin-2,3-Dihydro-Benzeosäure (engl. *monocatechol 2,3-dihydrobenzoic acid* = DHBA) und die Konzentration von Siderophoren bleibt auch bei erheblichen Fe-Konzentrationen deutlich erkennbar und steigt bei abnehmenden Fe-Gehalten. Auch kommt es bei niedrigen Mo- und V-Konzentrationen zu einer ansteigenden Produktion von Protochelin sowie Azotochelin. Während die Metall-Affinität von DHBA gering ausgebildet ist, treten Protochelin sowie Azotochelin gegenüber Fe^{3+}, Molybdat (MoO_4^{2-}) sowie Vanadat (VO_4^{3-}) als stark komplexierende Reagenzien in Erscheinung.

So geht z. B. Azotochelin (LH_5) mit MoO_4^{2-} einen Komplex im Verhältnis 1 : 1 ein:

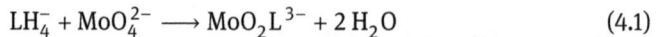

$$LH_4^- + MoO_4^{2-} \longrightarrow MoO_2L^{3-} + 2\,H_2O \tag{4.1}$$

Wie durch Analysen (d. h. Massenspektrometrie) ersichtlich, erbringt die Reaktion von Molybdat mit Protochelin ebenfalls einen 1 : 1-Komplex (Mo-Protochelin), dessen Struktur möglicherweise jener von Mo-Azotochelin ähnelt (Bellenger et al. 2007). Zur Produktion eines Molybdophors während der Lösung von Silikaten durch ein Bodenbakterium zur Extraktion von Metallen bieten Liermann et al. (2005) Daten, Abschn. 2.5.7 (e). Das vermutete Molybdophor, d. h. Aminochelin, wird als Siderophor sowohl unter Fe-defizitären Bedingungen als auch ausreichendem Fe-Angebot sowie unter an Mo abgereicherten Konditionen exkretiert.

(f) Uran (U)

Mittels des Siderophoren-Vertreters Desferrioxamin B ist eine Komplexierung von U^{6+} machbar (Mullen et al. 2007). In Experimenten mit Uranyl und einem pH-Werte-Bereich von 3,5 bis 10 entwickeln sich mit DFO drei U-haltige Komplexe: UO_2DFOH_2

(log β = 22,93 ± 0,04), UO$_2$DFOH (log β = 17,12 ± 0,35) und UO$_2$OHDFOH (log β = 22,76 ± 0,34), wobei log β die jeweilige Stabilitätskonstante bezeichnet (Mullen et al. 2007). Infolge der o. a. Vorgänge kommt es zu keiner Reduktion von UO$_2$ durch DFO, wobei Letztgenanntes in den aufgeführten Komplexen in protonierter Form vorliegt, d. h. DFOH$_4$, Abschn. 2.3.4/Bd. 2. Zur messtechnischen Bestimmung von β eignen sich spektrophotometrische Titrationen und die o. a. Ergebnisse gewähren Überlegungen einer Komplexierung von Uran und anderen Actiniden mithilfe von Hydroxamat-Liganden, (Mullen et al. 2007). Im Zusammenhang mit der Mobilisierung von U aus Abfallstoffen eines Schieferbergbaus berücksichtigen Kalinowski et al. (2006) die Rolle von Siderophoren. In ihren Versuchen setzen sie *Pseudomonas fluorescens* ein. Eine Anreicherung von u. a. U führen sie auf das Auftreten von Siderophoren zurück. Bei Versuchen zur Sequestrierung von U ist eine Ausbeute an Siderophoren von 58 µg mg^{-1} Trockengewicht, produziert durch *Synechococcus elongatus BDU 130911*, beschrieben (Rashmi et al. 2013)

(g) Zink (Zn)

Die Rolle des Siderophors Pyridine-2,6-bis(Thiocarboxylic-Säure) beim Einsatz von Zink in *Pseudomonas putida DSM 3601* untersuchten Leach et al. (2007). Es liegen Hinweise vor, dass Pyridin-2,6-bis als Siderophor den produzierenden Organismen ermöglicht, andersartige divalente Übergangsmetalle zu assimilieren. Zur Überprüfung einer Regulation der Produktion von Siderophoren, Expression der *pdt*-Gene und einem Wachstum als Antwort auf zugefügtes Zink stehen entsprechende Daten zur Verfügung (Leach et al. 2007).

In Medien mit einer Konzentration von 10–50 µM ZnCl$_2$ kommt es im Vergleich zur Produktion von Pyoverdin zu einer unterschiedlich ausgeprägten Unterdrückung bei der Erzeugung von PDTC. Als Reaktion auf die Zugabe von Zink reduziert sich die Exprimierung von PdtK, dem äußeren, in den PDTC-Transfer einbezogenen Membranrezeptor. Andere Fe-regulierende ebenfalls auf die äußere Membran bezogene Proteine sind hiervon nicht betroffen.

Als Response/Erwiderung auf Fe bzw. Zn unterliegt die Exprimierung einer chromosomalen pdtI:xylE-Fusion in ähnlichem Ausmaße einer Repression. Mutanten ohne die Fähigkeit, PDTC zu produzieren, zeigen im Gegensatz zum Wildtyp keine Wachstumsvergrößerung bei mikromolaren Konzentrationen an Zn. Der Phänotyp des Mutantenstamms ist durch Zugabe von PDTC unterdrückbar.

Der Gebrauch eines Rezeptors der äußeren Membran sowie die Komponenten der auf die innere Membran bezogenen Permease sind zur Aufhebung der durch den Chelator bedingten Unterdrückung des Wachstums erforderlich. Die Aufnahme von Fe wird hierdurch nicht beeinträchtigt (Leach et al. 2007).

(h) Mikrobielle Verwitterung

Die Freisetzung von Metallen durch mikrobielle Verwitterung von z. B. Festgesteinen bezieht u. a. Siderophore ein, Abschn. 2.5. Bei der Zersetzung von Hornblende $(Ca_2(Mg, Fe, Al)_5(Al, Si)_8O_{22}(OH)_2)$ übernehmen Siderophore, z. B. Catecholamid der Spezies *Streptomyceten* und *Athrobacter*, die Freisetzung von Fe ([2]Kalinowski et al. 2000). Weiterhin können Co, Cu, Mo, Mn, Mo, Ni, V und Zn verwertet, d. h. aufgenommen, werden (Brantley et al. 2001, Buss et al. 2007, Liermann et al. 2000). Im Zusammenhang mit der Zersetzung von Fe-Silikaten lässt sich der Einfluss von Siderophoren beschreiben (Buss et al. 2007).

Mit der Messung und Interpretation der auf molekularer Ebene beruhenden Wechselwirkungskräfte zwischen dem Siderophor *Azotobactin* und Mineral-Oberflächen beschäftigen sich Kendall & Hochella Jr. (2003). Unter dem Einsatz von FM (= *force microscopy*) wurden die Wechselwirkungskräfte zwischen dem Siderophor Azotobactin und den Mineralen Goethit (α-FeOOH) und Diaspor' (α-AlOOH) in wässriger Lösung ermittelt. Azotobactin, ein Siderophor vom Typ Pyoverdin, wurde unter Verwendung einer standardisierten, aktiv verbindenden Ester-Protein-Technik kovalent mit einer Hydrazid-terminierten AFM verbunden.

Beim Kontakt mit der entsprechenden Mineraloberfläche erweist sich die Adhäsionskraft von Azotobactin und Goethit wesentlich ausgeprägter als jene zwischen Azotobactin und dem isostrukturalen Al-Äquivalent, d. h. Diaspor. Die beschriebene Beobachtung, d. h. die Affinität des Azotobactin mit dem festen Fe-Oxid, korreliert mit seiner Spezifität gegenüber Fe^{3+}-Ionen in wässriger Lösung. Bei Zugabe geringer Mengen von löslichem Fe ($0{,}1\,\mu M$ $FeCl_3 \cdot 6\,H_2O$) und bei einem pH von 3,5 verringert sich in erheblicher Weise die Adhäsionskraft zwischen Azotobactin und dem Goethit (4–2 nN).

Daraus lässt sich die Vermutung ableiten, dass es eine spezifische Wechselwirkung zwischen dem chelatbildenden reaktiven Center des Azotobactin und der Mineraloberfläche gibt. Wechsel in der Kräftesignatur, beeinflusst durch den pH und die Ionenstärke, sind insbesondere bei Berücksichtigung der Löslichkeit der Minerale, der Ladung der Mineraloberflächen, der molekularen Struktur des Azotobactins und der intervenierenden Lösung schwer zu prognostizieren. So sind z. B. die Werte für die Adhäsionskräfte zwischen Azotobactin : Goethit (α-Fe^{3+}O(OH)) bei einem pH-Wert von 3,5 durchgängig kleiner, als sie für den pH-Wert von 7 gemessen werden. Bei einem niedrigen pH-Wert liefern die große Anzahl von Protonen und der Anstieg der Löslichkeit des Minerals zusätzlich Elektronenakzeptoren, z. B. H^+ und Fe^{3+}(aq), die mit den O_2-chelatierenden Stellen innerhalb der Azotobactin-Strukturen konkurrieren. Möglicherweise kommt es bei dem beschriebenen Konkurrenzverhalten seitens der betroffenen Siderophore zur Unterbrechung oder Einschränkung der Affinität für Oberflächen und hierdurch zu einer Abnahme der Adhäsionswerte (Kendall & Hochella Jr. 2003).

Bei einem pH-Wert von 3–7 und einer Temperatur von 22 °C wurde eine Adsorption von Siderophoren an und die Auflösung von Kaolinit beobachtet (Rosenberg & Maurice 2003). Siderophore sind Fe^{3+}-spezifische Liganden, produziert durch eine Fülle aerober Mikroorganismen unter den Bedingungen eines Fe-Stresses. Im Zusammenhang mit Untersuchungen zur Zersetzung von Kaolinit und begleitenden Freisetzung von Fe gelang Rosenberg & Maurice (2003) die Anbindung des kommerziell erhältlichen Trihydroxamat-Siderophors, d. h. Desferrioxamin B (DFO-B), an Fe-führendem Kaolinit ($Al_4(Si_4O_{10}(OH)_4)$), d. h. Fe = 0,1 wt %.

Als experimentelles Umfeld zur Adsorption wurde eine Lösung in 0,01 M $NaClO_4$ mit einem pH-Bereich von 3 bis 8 ausgewählt, wobei die Adsorption als Funktion vom pH auftritt. Weitere Bedingungen waren Lichtausschluss, eine Temperatur von 22 °C und Zeitspanne von 96 h. Der Bereich der Adsorption von DFO-B auf dem $Al_4(Si_4O_{10}(OH)_4)$ entsprach einem kationenähnlichen Verhalten mit einer ansteigenden Adsorption über dem $Al_4(Si_4O_{10}(OH)_4)$ spezifischen pH-Wert von 4,9. Unter den Bedingungen eines pH-Werte-Bereichs von 3–7 und relativ zu HNO_3 kommt es bei der Präsenz von DFO-B zu einer erhöhten Freisetzung von Aluminium.

Rosenberg & Maurice (2003) erklären diese Beobachtung mit der hohen Bindungsaffinität der Liganden gegenüber Al. Für die Korrelation zwischen DFO-B und der Freisetzung von Al werden von Rosenberg & Maurice (2003) via Oberflächen kontrollierte, durch Liganden unterstützte Lösungsmechanismen vermutet. DFO-B selbst übt keine Wirkung auf HNO_3 sowie, bei einer Spanne des pH-Werts von 3–5, auf die Freigabe von Si aus. Überschreitet der pH den Wert 7, tritt eine Freisetzung von Si auf. Innerhalb eines Zeitraums von 96 h kommt es infolge der Anwesenheit von DFO-B zu einer leichten Anreicherung von Fe. Daher könnte nach Überlegungen durch Rosenberg & Maurice (2003) $Al_4(Si_4O_{10}(OH)_4)$ unter Fe-armen Bedingungen als Fe-Quelle für aerobe Mikroorganismen dienen und Siderophore könnten die Auflösung von $Al_4(Si_4O_{10}(OH)_4)$ und Fe-Gehalt steuern.

Über die Temperatur-Abhängigkeit der Goethit-Auflösungskinetik, unterstützt durch zwei Trihydroxamat-Siderophore, d. h. Desferrioxamin B (DFO-B) und seines Actyl-Derivats Desferrioxamin D1 (DFO-D1), berichten Cocozza et al. (2002). Im Vergleich mit DFO-B löst DFO-D1 bei Temperaturen von 25 °C sowie 40 °C α-$Fe^{3+}O(OH)$ mit 2-fach höherer Geschwindigkeit. Bei 55 °C hingegen scheinen sich beide Liganden nicht zu unterscheiden. Eine Erhöhung der Temperatur von 25 °C auf 55 °C verursacht keinen nennenswerten Wechsel im Adsorptionsverhalten seitens von α-$Fe^{3+}O(OH)$ gegenüber den beiden Liganden.

Der Ratenkoeffizient der Pseudo-Ersten-Ordnung für das Lösungsverhalten, d. h. kalkuliert aus dem Verhältnis des auf die Masse normierten Lösungsratenkoeffizienten zum Überschuss an Siderophor-Oberfläche, verhält sich bei Temperaturen von 25 °C sowie 40 °C für beide Siderophore ähnlich. Bei 55 °C allerdings beläuft sich der Ratenkoeffizient für DFO-D1 nur auf den halben Betrag von DFO-B (Cocozza et al. 2002). Analysen zur Temperaturabhängigkeit des Koeffizienten der Lösungsrate mittels der *Arrhenius*-Gleichung führen im Vergleich mit DFO-D1 zu einer höheren Aktivierungsenergie für DFO-B, liegen jedoch gegenüber einer protonenunterstützen Zersetzung von Goethit darunter. Aufgrund thermodynamischer Kalkulationen (d. h. Kompensationsgesetz in Verbindung mit der *Arrhenius*-Gleichung) vermuten Cocozza et al. (2002), dass die Siderophore mit nur einer einfachen Hydraxamat-Gruppe in bidendater Ligation, ausgestattet mit einem Fe^{3+}-Zentrum, auf Goethit adsorbieren.

Die Lösungsverwitterung von Mineralen kann einer erheblichen Beeinflussung durch die Anwesenheit von Siderophoren und ihrer Adsorption in Böden unterliegen. Aus dieser Fragestellung heraus, erfolgte eine Studie zum Adsorptionsgleichgewicht und zur Kinetik eines Desferrioxamine-B (DFO-B) Siderophors an Palygorskit $((Mg, Al)_4[OH|(Si, Al)_4O_{10}]_2 \cdot (4+4)H_2O)$ und Sepiolith $(Mg_4Si_6O_{15}(OH)_2 \cdot 6H_2O)$, beides Minerale aus ariden bis semiariden Böden, sowie das Schema der Fe-Freisetzung in Anwesenheit einer steigenden Konzentration von DFO-B (Shirvani & Nourbakhsh 2010). Verglichen mit Sepiolith weist $(Mg, Al)_4[OH|(Si, Al)_4O_{10}]_2 \cdot (4+4)H_2O$ eine höhere Kapazität, aber geringere Affinität für die DFO-B-Adsorption auf. Das Rückhaltevermögen von DFO-B durch die Minerale steigt zunächst an und verlangsamt sich mit zunehmender Zeit. Zur Erklärung der zeitabhängigen Adsorption von DFO-B an $(Mg, Al)_4[OH|(Si, Al)_4O_{10}]_2 \cdot (4+4)H_2O$ und $Mg_4Si_6O_{15}(OH)_2 \cdot 6H_2O$ bieten sich zweckmäßigerweise die Modelle der Pseudo-Zweiten-Ordnung sowie parabolischen Diffusion an.

Die Anwesenheit von DFO-B erhöht den Anteil an aus den Tonmineralen freigesetztem Fe. Daraus ziehen Shirvani & Nourbakhsh (2010) den Schluss, dass eine durch Siderophore unterstützte Lösung gegenüber den Tonmineralen als eine Form der Verwitterung auftritt. Den ermittelten Fe-Konzentrationen zufolge, weisen die im Gleichgewicht mit $(Mg, Al)_4[OH|(Si, Al)_4O_{10}]_2 \cdot (4+4)H_2O$ und $Mg_4Si_6O_{15}(OH)_2 \cdot 6H_2O$ stehenden Lösungen u. a. die für eine mikrobielle Ernährung erforderlichen Fe-Gehalte auf. Über die Entstehung von Ausbuchtungen durch Ätzung der Oberflächen von Fe-Silikaten infolge des Verlaufs einer durch Siderophoren geförderten Zersetzung berichten Buss et al. (2007). Als Mikroorganismus setzen sie *Bacillus subtilis* ein und es kommt in experimentellen Zeitreihenanalysen im Vergleich mit an siderophorfreien Kontrollmedien zu einer deutlichen Anreicherung von Fe.

(i) Technische Aspekte

Siderophore lassen sich getrocknet oder gelöst transportieren. Beim Transport ist allerdings auf eine Kühlung des Materials zu achten, die z. B. für Enterobactin aus *Escherichia coli* mit $-20\ °C$ angegeben ist (url: SIGMA-ALDRICH). Ungeachtet der Leistungen dieser Art von Biomolekülen verhindern die auf den Märkten aktuellen Preise für Siderophoren bislang deren großtechnischen und somit wirtschaftlich rentablen Einsatz. So beläuft sich im Einkauf der Preis für z. B. Enterobactin aus *E. coli* auf ca. 210 Euro (Stand April 2014).

Zusammenfassend

können neben Fe auch andere Metalle, z. B. Ga, In, V u. a., mittels Chelatkomplexe an Siderophore gebunden werden. Ein weiterer, zunächst in Mikroorganismen nicht vorhandener Chelator für Metalle bietet sich Form von Phytochelatinen an.

4.5.3 Metallthioneine

Bei den Metallothioneinen (MT) handelt es sich um metallbindende, cysteinreiche Proteine, die im Cytoplasma auftreten. Ihre Funktion besteht in der Bindung von physiologisch benötigten, z. B. Cu, Se, Zn, aber auch xenobiotischen Metallen, z. B. As, Ag. Hierbei kommt den Thiolgruppen der Cysteinresiduen eine spezielle Bedeutung zu. MT lassen sich in nahezu allen Lebensformen nachweisen, sowohl in eukaryotischen, oftmals in multiplen Kopien, als auch in einigen prokaryotischen Formen. MT führen ungewöhnlich hohe Gehalte an Cysteinresten, d. h. bis zu 30 % Cystein, die die multiplen Cu- und Fe-Atome unter physiologischen Bedingungen koordinieren. Sie können bei hoher Konzentration auskristallisieren und sich in biologischen Materialien anreichern. Als Beispiel ist auf *CopZ*, ein Cu-führendes Chaperons, aus *B. subtilis* verwiesen (Kihlken et al. 2002), Abb. 4.5.

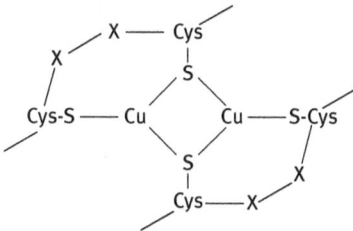

Abb. 4.5: Schematische Darstellung eines Chaperons, d. h. Metallothionein (Khilken et al. 2002).

Die Genome „höherer" Lebensformen enthalten multiple Metallothioneingene, die diverse isoforme MT codieren. Alle Mammalia exprimieren mindestens vier Typen an MT, bezeichnet als Metallothionein-1 (M1), Metallothionein-2 (M2), Metallothionein-3 (M3) und Metallothionein-4 (M4) (Palmiter 1998). Die beiden Metallothioneinvertreter M1 und M2 werden in nahezu allen Geweben exprimiert, während M3 und M4 nur gewebespezifisch auftreten. Gut beschrieben sind MT aus Mammalia. So produzieren Leber und Nieren große Mengen an MT. Ihre Synthese hängt von der Verfügbarkeit von bestimmten essenziellen Spurenelementen wie z. B. Zn, Cu, Se und den Aminosäuren Histidin und Cystein ab.

   MT binden die o. a. Metalle und nehmen an der Regulation dieser Metalle im zellulären Metabolismus teil. Diverse Metallkomplexierungen lassen sich durch MT fixieren: As, Cd, Cu, Hg, Zn u. a. Die Bindung erfolgt über die Thiolgruppen des Cysteins. Die Anteile an Cystein von Metallothioneinen können hochreaktive O_2-Radikale binden (Palmiter 1998). Unter Freigabe des Metallions wird hierbei Cystein zu Cystin oxidiert, wobei das betroffene Metallion in das umgebende Medium abwandert. Eine besondere Funktion übernimmt das Zn. Es aktiviert die Bildung neuer MT. Im Detail sind die Funktionen der MT nicht völlig verstanden, jedoch verweisen experimentelle Daten auf die Partizipation von MT bei der Regulation von Zn und Cu, der Detoxifikation von toxischen Metallen wie Cd, Cu und Hg und in der Protektion der Zellen gegen reaktive O_2-Spezies und *alkylating* Agentien (Palmiter 1998).

Der Nematodenvertreter *Caenorhabditis elegans* exprimiert 2 MT, d. h. *CeMT-1* und *CeMT-2*. Es wird vermutet, dass sie eine entscheidende Funktion bei der Protektion gegen Metalltoxizität übernehmen (Zeitoun-Ghandour et al. 2010). Beide Isoformen lassen sich in Anwesenheit entweder von Zn^{2+} oder Cd^{2+} *in vitro* exprimieren. Metallbindende Stöchiometrien und Affinitäten sind Messungen mit einer ESI-MS und NMR zugänglich. Beide Isoformen weisen eine identische Zn-bindende Fähigkeit auf, unterscheiden sich aber im Bindungsverhalten gegenüber Cd. Eine höhere Affinität gegenüber dem o. a. Metall ließ sich für *CeMT-2* nachweisen.

Darüber hinaus erfolgte, zu Zwecken einer *In-vivo*-Untersuchung, die Exposition von einfach und zweifach inaktivierten MT-Allelen vom Wildtyp *C. elegans* gegenüber Zn (340 μm) oder Cd (25 μm). Von sämtlichen inaktivierten Stämmen, die alle erheblich gestiegene Zn-Gehalte enthielten, wies der inaktivierte *CeMT-1* Typ *mtl-1 (tm1770)* die höchsten Zn-Konzentrationen auf. Dahingegen war eine erhöhte Cd-Akkumulation im *CeMT-2* Typ *mtl-2 (gk125)* und *mtl-1;mtl-2 (zs1)* messbar. Mithilfe einer speziellen Technik der Spektroskopie, d. h. Röntgen-Absorption-Feinstruktur, ist die Metallspezifikation bestimmbar (Zeitoun-Ghandour et al. 2010).

Im Fall der beschriebenen experimentellen Studie zeigt sich, dass möglicherweise die O_2-spendenden, an Phosphat reichen Liganden eine führende Funktion – und ohne Berücksichtigung des Zustandes des MT – bei der Aufrechterhaltung der physiologischen Konzentration von Zn übernehmen. Im Gegensatz hierzu liegen Hinweise über eine Koordination des Cd mit Thiolgruppen vor, wobei sich die Cd-Spezifikation des Wildtyps und des *CeMT-2*-Stamms erheblich vom *CeMT-1*-Typs unterscheidet. Unter Einbeziehung einfacher Modellkalkulation steht als Fazit die Annahme, dass sich die zwei isoformen MT *CeMT-1* und *CeMT-2* von *Caenorhabditis elegans* auf zellularer Ebene und Proteinniveau zwischen essenziellem Zn^{2+} und toxischem Cd^{2+} unterscheiden und *in vivo* unterschiedliche Funktionen übernehmen können (Zeitoun-Ghandour et al. 2010).

Einen Überblick über mikrobielle Metallothioneine bieten z. B. Robinson et al. 2001) an. MT sind ebenso wie die im folgenden Abschnitt angesprochenen Siderophore als unterstützende Maßnahme bei der enzymatisch kontrollierten Synthese von metallischen Nanoclustern angedacht.

4.5.4 Phytochelatine

Unter Phytochelatinen werden Oligomere aus Glutathion, produziert durch eine Phytochelatin-Synthase, verstanden (Alberts et al. 2007). Dieses Enzym ist aus höheren Pflanzen, Algen inkl. Cyanobakterien sowie Pilzen beschrieben. Phytochelatine (PC2–PC11) treten als Chelator auf und übernehmen, unter Bildung eines Metall-Phytochelatin-Komplexes einen wichtigen Part bei der Metalldetoxifikation. Eine Schlüsselrolle spielen hierbei Thiole (Slocik et al. 2004). Die Beobachtung, dass ein Mutant von *Arabidopsis thaliana* ohne das sonst übliche Inventar an Phytochelatinen hochsensitiv gegenüber Cd auftritt, und ungeachtet dessen bei Anwesenheit der essenziellen Cu- und Zn-Metallionen ein im Vergleich mit dem Wildtyp identisches Wachstumsverhalten zeigt, gestattet die Schlussfolgerung, dass Phytochelatine offensichtlich als spezifische Funktion die Resistenz gegenüber Metallen erhöhen. Da die Phytochelatinsynthase bei der Synthese von Phytochelatin, Glutathion mit einer blockierten Thiolgruppe einsetzt, bedingt die Anwesenheit von Metallionen, die sich an das Glutathion binden, eine Beschleunigung der Enzymaktivität. Aus diesem Grund steigt bei Anwesenheit von hohen Konzentrationen an Metallionen im unmittelbaren Umfeld der Zelle und aus Gründen der Überlebensfähigkeit der Anteil an Phytochelatinen. Offensichtlich werden Phytochelatine in die Vakuole von Pflanzen transportiert, so dass die Metalle, die sie transportieren, sicher gelagert werden und die Proteine des Cytosols nicht beeinflussen (Alberts et al. 2007).

Synthetische Phytochelatine (ECs) stellen eine neue Klasse an metallbindenden Peptiden dar. Sie bestehen aus einem sich wiederholenden, die gewünschten Metalle anbindendem Motiv, d. h. (Glu-Csy)nGly, deren Bindungskapazität gegenüber Metallen im Vergleich mit Metallothioneinen effizienter auftritt. Jedoch stellt die begrenzte Aufnahme durch die Zellmembran für eine intrazelluläre Bioakkumulation von Metallen durch genetisch veränderte Organismen, die die erforderlichen Peptide exprimieren, ein wesentliches Hindernis dar. Dieses Problem bearbeiten z. B. Bae et al. (2001).

Zur Überwindung der erwähnten Barriere präsentieren sie zwei verfahrenstechnische Ansätze. Zum einen handelt es sich um eine Koexprimierung des Hg^{2+}-Transportsystems und zum anderen um eine unmittelbare Exprimierung auf der Zelloberfläche. Beide Vorgehensweisen führen zu einer deutlichen Steigerung der Bioakkumulation von Hg^{2+}. Anhand ihrer Resultate gelangen Bae et al. (2001) zu der Überlegung einer Sanierung von mit Metallen kontaminierten geologischen Körpern via Bioakkumulation durch bakterielle Bindemittel in Form von auf der Oberfläche exprimierten Metalle bindenden Peptiden. In Verbindung mit der mikrobiellen Sensitivität auf As diskutieren Páez-Espino et al. (2009) Beispiele für ein genetisches Engineering zur erhöhten As-Akkumulation durch Phytochelatine oder Methionein ähnliche Proteine, Abschn. 2.4.3 (a). Bei *E. coli* führt, betreffs synthetischer Phytochelatine, ein genetisches Engineering zur erhöhten Aufnahme und Bioakkumulation von Hg (Bae et al. 2001).

4.5.5 Sensoren, Transporter und andere regulative Proteine/Enzyme

Übergreifend beruht die Interaktion von Biomolekül und Metall auf vielschichtigen Wechselwirkungen und schließt als lebenswichtige Techniken Wahrnehmung als auch zielgerichteten Transfer ein. Einem Mikroorganismus stehen zur gezielten Ansprache, Aufnahme sowie zum Transport der von ihm benötigten Nährstoffe sowie Ausgangsstoffe für u. a. den Stoffwechsel spezielle Biomoleküle zur Verfügung. Es handelt sich hierbei um Instrumente in Form von Sensoren, Transportern sowie anderen regulativen Proteinen, erforderlich im Umgang mit Metallspezifikationen. Unter einem Sensor ist ein Biomolekül zur Identifizierung von u. a. Metallen und deren Spezifikationen zu verstehen. Es kann sich u. a. um ein Enzym handeln. Technisch ist dieses Merkmal in Form von Biosensoren verwertbar.

Transporter sind durch ihre Fähigkeit gekennzeichnet, gelöste Substanzen zu transportieren, und in Membranen anzutreffen (Iwig et al. 2008), Abschn. 2.4.2 (e). So übernehmen z. B. Transportproteine zwecks Verarbeitung den Transfer von u. a. Metallspezifikationen zu intra-/extrazellulären Lokalitäten. Hierzu empfangen enzymatisch gesteuerte Biokatalysen und Sensoren in Form von Peptiden die erforderlichen Signale. Ein wichtiges Biomolekül im Zusammenhang mit der Verarbeitung (engl. *processing*) bietet sich in Form des Cytochroms an. Hierbei handelt es sich um ein Chromoprotein, das neben der eigentlichen Funktion des Austauschs des Oxidationszustandes von Fe u. a. bei Redoxreaktionen zum Transport von Elektronen eingesetzt wird, Abschn. 3.3.1 (m).

Als Beispiel sei auf den Transport von Cu und Ag durch eine *CopB*-ATPase innerhalb von Membran-Vesikeln von *Enterococcus hirae* verwiesen (Solioz & Odermatt 1995). Eine ATPase vom Typ P des Mikroorganismus *E. hirae* ist für die Resistenz gegenüber Cu erforderlich, Abschn. 2.3.2 (l). Unter Verwendung von Cu^+- und Ag^+-Isotopen lässt sich eine ATP-angetriebene, durch *CopB* katalysierte Akkumulation in inneren sowie äußeren Membranvesikeln beschreiben. Eine Zugabe von Vanadat (VO_4^{3-}) verursacht bei niedriger Konzentration eine Unterbindung der o. a. Transportvorgänge von Cu sowie Ag, ein höherer Anteil hebt die Unterdrückung auf. Für Solioz & Odermatt (1995) ergibt sich demnach die Schlussfolgerung einer Pumpenfunktion für monovalente Cu- und Ag-Ionen.

(a) Arsen (As)

Um die genetischen Determinanten zu identifizieren, die zu einer Oxidation von Arsenit(AsO_3^{3-}) durch ein Isolat von *Agrobacterium tumefaciens 5A* notwendig sind, wurde eine Transposon-Tn5-B22-Mutagenese durchgeführt. In einem Mutanten unterbrach die Transposoninsertion *modB*, das die Permease-Komponente eines hochaffinen Molybdat-(MoO_4^{2-}-)Transporters kodiert (Kashyap et al. 2006). In einem zweiten Mutanten erfolgt eine Transposoninsertion in *mrpB*, die als Teil eines 7-Gen-Operons befähigt ist, einen Na^+:H^+-Antiporterkomplex vom *Mrp*-Typ zu kodieren. Experimente zur Komplementation mit den *mod-* und *mrp*-Operonen PCR, geklont durch einen genomsequenzierten *A. tumefaciens* Stamm *C58*, resultierten in einer Komplementation zurück zu einem As^{3+}-oxidierenden Phänotypus. Diese Beobachtung scheint die Aussage zu stützen, dass diese Gene jene Aktivitäten kodieren, die im o. a. Stamm von *A. tumefaciens* für die Oxidation von As^{3+} unerlässlich sind (Kashyap et al. 2006). Wie erwartet erweist sich der *mrp*-Mutant gegenüber NaCl und LiCl als extrem sensitiv, möglicherweise ein Indiz, dass der *Mrp*-Komplex von *A. tumefaciens* in die Na^+-Zirkulation durch die Membran verwickelt ist.

Studien zur Genexpression, d. h. *lacZ*-Reporter, und reverse Transkriptase-PCR-Experimente scheiterten bei dem Versuch, den Beweis einer transkriptionalen Regulation des *mrp*-Operons als Antwort respektive As^{3+}-Exposition zu erbringen, wohingegen die Expression des *mod*-Operons durch die Anwesenheit von As^{3+} reguliert wird (Kashyap et al. 2006). In jedem Mutanten resultiert der Verlust an As^{3+}-Oxidationskapazität in der Konvertierung zu einem Arsenat-(As^{5+}-)reduzierenden Phänotyp, wobei sich weder der Mutant noch der dazugehörige Stamm, d. h. parental, als sensitiver gegenüber As^{3+} erwiesen. Danach sind in *A. tumefaciens* ein Na^+:H^+-Antiporter und ein Molybdat-Transporter für eine Oxidation von AsO_3^{3-} essenziell (Kashyap et al. 2006).

Ein zur As-Resistenz befähigtes Regulatorprotein aus *Cupriavidus metallidurans CH34*, d. h. *ArsR*, beschreiben Zhang et al. (2009). Die durch As eingeleitete Transkription von *C. metallidurans CH34* zeigt in Anwesenheit von As eine Regulierung der Gene, als Bestandteile eines *Ars*-Operons, ohne dass es zu einer Aktivierung anderer Systeme mit der Funktion einer Metallresistenz kommt. Diese Beobachtung wird durch weitere gentechnische Arbeiten unterstützt, z. B. transkriptionale Fusion von Operon mit Promoter, Überexprimierung etc. Zhang et al. (2009) betonen die Abhängigkeit der Dissoziation von u. a. *ArsR* von den Metallen.

Hinsichtlich der Funktion des Grads der Dissoziation sind unterschiedliche Gruppen von Metallen differenzierbar: As^{3+}, Bi^{3+}, Co^{2+}, Cu^{2+}, Ni^{2+} (erste Gruppe), Cd^{2+}, Pb^{2+}, Zn^{2+} (zweite Gruppe) sowie As^{5+} (dritte Gruppe). Im Fall der letztgenannten Metallspezifikation ist allerdings keine Dissoziation von u. a. *ArsR* zu beobachten (Zhang et al. 2009).

(b) Eisen (Fe)

Eine Identifizierung von Fe-Transportern, exprimiert im MTB *Magnetospirillum magnetotacticum*, gelang Taoka et al. (2009). Das MTB *M. magnetotacticum* mineralisiert Magnetitkristalle und organisiert hochgeordnete interzelluläre Strukturen, d. h. das Magnetosom. Um ein Fe-Transportsystem zu verstehen, das zur Biogenese des Magnetits (Fe_3O_4) erforderlich ist, kann eine 2-D-Elektrophorese eingesetzt werden. Sie ermittelt die Proteinzusammensetzung des Fe^{2+}- und des Fe^{3+}-Transporters, beide Transporter als Expression in *M. magnetotacticum*.

Als Kulturmedium eignen sich Fe^{2+}- als auch Fe^{3+}-reiche Lösungen. Betreffs der Fe^{2+}-Siderophore sind in Übereinstimmung mit Gelmustern die beiden in der äußeren Membran befindlichen Rezeptor-Homologe als Proteine identifiziert, herbeigeführt durch Fe^{3+}- bzw. Fe-haltige Bedingungen. Darüber hinaus gelang Taoka et al. (2009) zum ersten Mal der Nachweis, dass das Fe^{3+}-Transport-Protein, d. h. *FeoB*, in exprimierter Form in der cytoplasmatischen Membran von *M. magnetotacticum* vorliegt.

(c) Kupfer (Cu)

Gentechnisch veränderte, metallebindende Peptide mit der Sequenz Gly-His-His-Pro-His-Gly (= HP) sowie Gly-Cys-Gly-Cys-Pro-Cys-Gly-Cys-Gly (= CP) wurden in ein Protein von *E. coli* exprimiert. Neben der erhöhten Bindung von Cd^{2+} verzeichnen Kotrba et al. (1999) eine Akkumulation von Cu^{2+} an HP. Offensichtlich geht mit auf der Oberfläche bakterieller Zellwände befindlichen Metalle bindenden Peptiden eine verstärkte Bioakkumulation von Metallionen einher (Kotrba et al. 1999). Mit der Verwendung zusätzlicher Peptide, als Liganden für Metalle und auf einer mikrobiellen Oberfläche auftretend, bietet sich, nach Auswertung des vorliegenden Datenmaterials, eine weitere Option zur Verbesserung der Metall-Bindungseigenschaften bezüglich der Kriterien wie Kapazität, Kinetik sowie Selektivität (Kotrba et al. 1999) an, z. B. Abschn. 4.5 und 7.1 (f).

(d) Molybdän (Mo) und Wolfram (W)

Zur zellulären Aufnahme von Mo sowie W müssen beide Metalle als lösliche Oxoanionen, d. h. $Mo^{6+}O_4^{2-}$ bzw. $W^{6+}O_4^{2-}$, vorliegen. Durch aktive Transmembranimporter gelangen die o. a. Koordinationskomplexe in das Zellinnere mit anschließender Integration als Cofaktor, d. h. Moco sowie Wco, in die entsprechenden Metalloenzyme, Abschn. 3.3.2. Insgesamt entstand im Verlauf der Evolution eine Fülle von Varianten der o. a. Mo-/W-Transporter (Hagen 2011).

Ein Wolframat-(WO_4^{2-}) und Molybdat-(MoO_4^{2-})bindendes Protein ist aus dem hyperthermophilen *Archaea Pyrococcus furiosus* beschrieben (Bevers et al. 2006). Das (WO_4^{2-})Transport-Protein A (*WtpA*) ist Teil eines ABC-Transporter-Systems (*ATP-binding cassette transporters*) mit selektiven Eigenschaften gegenüber WO_4^{2-} sowie MoO_4^{2-}. *WtpA* weist gegenüber den vorab beschriebenen Transportproteinen ModA (MoO_4^{2-}) und TupA (WO_4^{2-}) eine sehr niedrige Ähnlichkeit in der Sequenz auf. Seine Strukturgene lassen sich im Genom diverser *Archaea* und Bakterien nachweisen. Die Identifikation dieser WO_4^{2-}- und MoO_4^{2-}-bindenden Proteine kann den Transport von WO_4^{2-} und MoO_4^{2-} innerhalb eines Organismus erklären, insbesondere bei Abwesenheit der zur W-Aufnahme befähigten Proteine ModA und TupA, z. B. *Archaea*. Das periplasmatische Protein dieses *ABC*-Transport Systems, d. h. WtpA(*PF0080*), wurde geklont und in *E. coli* exprimiert (Bevers et al. 2006).

Mittels des Einsatzes einer isothermalen Titrationskalometrie und einer Stöchiometrie von 1,0 mol eines Oxoanions per Mol Protein ließ sich bei Einsatz des WtpAs für das [WO_4^{2-}] eine Dissoziationskonstante [K_d] von 17 ± 7 pM und für das (MoO_4^{2-}) eine K_d von 11 ± 5 nM ermitteln. Die verhältnismäßig niedrigen K_d-Werte gestatten die Vermutung, dass das WtpA, gegenüber ModA und TupA, eine höhere Affinität gegenüber [WO_4^{2-}] aufweist. In einem weiteren Versuch (*displacement titration*) ließ sich an der entsprechenden Bindungsstelle des Proteins die Verdrängung von (MoO_4^{2-}) durch (WO_4^{2-}) nachweisen. Somit liegt zwecks technischer Überlegungen ein W-Transportprotein (A(WtpA)) vor, das als erstes Mitglied einer neuen Klasse von [WO_4^{2-}-] und [MoO_4^{2-}-]Transport-Proteinen bei der Extraktion/Bearbeitung W-führender Mineralisationen eingesetzt werden könnte (Bevers et al. 2006).

(e) Nickel (Ni)

Eine Detektion von Ni^{2+} in *Synechocystis PCC 6803*, einem Cyanobakterium, unterliegt einer Ni^{2+}-Affinität seitens vier Familien an Ni-Sensoren (Foster et al. 2012). So erfolgt z. B. der Efflux an einem Überschuss an Ni^{2+} im Bereich der inneren sowie äußeren Membranen unter der Kontrolle eines periplasmatischen Ni^{2+}-Sensors. Aus *E. coli* ist ebenfalls eine Ni^{2+}-Sensor identifiziert. Der betreffende Sensor, d. h. RcnR, zeigt darüber hinaus eine Sensitivität gegenüber Co^{2+} (Iwig et al. 2008).

(f) Titan (Ti)

Aminosäurereste zur spezifischen Bindung von gegenüber Ti sensiblem rekombinantem Ferritin an oxidischen Oberflächen aus Ti und Si beschreiben Hayashi et al. (2009). Über AFM sind Wechselwirkungen von Ferritinen, fusioniert mit einem Peptid zur Erkennung von Ti (RKLPDA), und ihren Mutanten mit TiO_2-Substraten einer Auswertung zugänglich, Abschn. 1.3.4 (c)/Bd. 2. Zur Aufhellung der Gewichtigkeit jedes Aminosäurestes bei spezifischen Interaktionen wurde die Sequenz der Aminosäuren des in Frage kommenden Peptids systematisch verändert (Hayashi et al. 2009).

Analysen verdeutlichen eine Korrelation zwischen bestimmten Sequenzen, Oberflächenpotentialen und großräumigen elektrostatischen Wechselwirkungen. Weitere Messungen zeigen, dass H_2-Bindungen sowie elektrostatische Interaktionen am Aufbau spezifischer Bindungen zwischen geladenen Residuen und den Oberflächenladungen von Ti-Oxiden partizipieren. Allem Anschein nach steht die Stärke der Bindungen in Abhängigkeit u. a. von der lokalen Struktur der Peptide (Hayashi et al. 2009).

(g) Artifizieller Sensor

Über den Einsatz eines supramolekularen Enzym-NP-Sensors zur Beschreibung von kolometrischen Bakterien berichten Miranda et al. (2011). Der Sensor setzt sich aus drei Teilen zusammen: (1) Galactosidase (β-Gal), d. h. einem anionischem Enzym, (2) einem chromogenen Substrat sowie (3) einem Metallkation, das reversibel an β-Gal andockbar ist und das Enzym inhibiert, ohne dass es zur Denaturierung kommt. Au-NP werden zur Erhöhung der Stabilität, der Biokompatibilität mit quartären Ammonium-Liganden funktionalisiert.

Gleichzeitig sind die NP mit Kopfgruppen zur Regelung der Wechselwirkungen mit der Oberfläche ausgestattet. Das Anbinden der anionischen mikrobiellen Oberfläche an die kationische Partikeloberfläche zeigt das β-Gal unter Wiederherstellung der Aktivität, verdeutlicht durch den infolge der Enzymaktivität in Laborexperimenten auftretenden Farbwechsel (engl. *colorimetric readout*) des Substrats von hellem Gelb zu Rot (Miranda et al. 2011).

Zusammenfassend

Hinsichtlich der effizienten Bearbeitung von Metallen stehen dem Mikroorganismus, je nach Art des Vertreters und Zielsetzung, sehr unterschiedliche Enzyme/Proteine zur Verfügung bzw. sind in diese einbezogen. Für industrielle Prozesse im Zusammenhang mit der enzymatisch gesteuerten Synthese von Biomineralisationen ist die Bereitstellung von kostengünstigen Enzymen eine wesentliche wirtschaftliche Voraussetzung. Idealerweise erfolgt die Erzeugung von technisch einsatzfähigen Enzymen als vorausgeschaltetes Modul einer Produktionsschiene. Neben den o. a. Komplexbildnern verfügen biologische Systeme über eine weitere, wenn auch nicht beabsichtigte Option der Fixierung von Metallkationen : bioelektrochemischen Systemen.

4.5.6 Biomethylierung

Innerhalb des Inventars an Hilfsmitteln zur Akquise von Metallen übernimmt die Biomethylierung eine wichtige Funktion. Generell wird unter Methylierung, d. h. in der Organischen Chemie, der Transfer einer Methylgruppe [$-CH_3$] während einer chemischen Reaktion im Sinne des Donator-Akzeptor-Prinzips verstanden:

$$A + B^-$$ (4.2)

Die Methylierung stellt einen speziellen Vorgang auf dem Gebiet der Alkylierung dar. Unter dem Term Biomethylierung verstehen z. B. Bentley & Chasteen (2002) die Bildung von volatilen und nichtvolatilen methylisierten Komponenten von Metallen (-spezifikationen). Die Synthese sowie der Transfer von Methylgruppen ist ein wichtiger und weitverbreiteter Prozess von in den Stoffwechsel einbezogenen Vorgängen. In Verbindung mit primär- und sekundärmetabolischen Prozessen akzeptieren C-, O-, N- sowie S-Atome von organischen Komponenten häufig Methylgruppen (Bentley & Chasteen 2002). Eine Vielzahl an Metallen ist einer Biomethylierung zugänglich, z. B. As, Hg, Pb, Se, Te u. a. (Gadd 2010). So entsteht aus Se Dimethylselenid, Dimethyl-Diselenid:

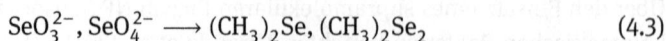

$$SeO_3^{2-}, SeO_4^{2-} \longrightarrow (CH_3)_2Se, (CH_3)_2Se_2$$ (4.3)

Aus Te entwickelt sich z. B. Dimethyltellurid:

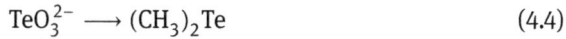

$$TeO_3^{2-} \longrightarrow (CH_3)_2Te \tag{4.4}$$

Im Zusammenhang mit As sind z. B. Mono-, Di- sowie Trimethylarsin beschrieben, d. h. $(CH_3)_n AsH_{3-n}$ (wobei $n = 1, 2, 3$).

Als Reagenzien stehen u. a. Methanol (CH_3OH), Dimethysulfat $(C_2H_6O_4S)$ und Methylhalogenide zur Verfügung. Saure Verbindungen wie z. B. Carbonsäuren müssen mit Diazomethan (CH_2N_2) behandelt werden, wobei u. U. Silicagel zur katalytisch beschleunigten Methylierung erforderlich ist. Sind Metalle bzw. Halb(leiter)metalle involviert, entstehen organometallische Komplexe und es bestehen Übergänge zur Organometallchemie. So tritt eine wichtige, durch Biomethylierung entstandene volatile Komponente in Form von As-Verbindungen auf, z. B. $(CH_3)_n AsH_{3-n}$, d. h. Mono-, Di- und Trimethylarsine. Bei der Biomethylierung erfolgt der Transfer bzw. die Anbindung von Metallen an eine oder mehrere Methylgruppen mithilfe von Mikroorganismen (Bioderivatisierung). So lassen sich z. B. As, Au, Hg, Pb und Sn mittels Biomethylierung fixieren.

Umfangreiches Datenmaterial zur Methylisierung von Metallen liegt im Zusammenhang mit Arsen (As) vor sowie, aufgrund der Ähnlichkeit in den chemischen und toxischen Eigenschaften, in Verbindung mit Sb und Bi. So weisen z. B. Bentley & Chasteen (2002) auf die mikrobielle Methylierung von As, Sb und Bi hin. Die Synthese und der Transfer von Methylgruppen sind wichtige und weit verbreitete Prozesse im Stoffwechsel. Eine Methylisierung erfolgt i. d. R. über C-, O-, N- oder S-Atome, die als Bestandteil organischer Moleküle als Akzeptor gegenüber Methylgruppen innerhalb primärer und sekundärer Stoffwechselprozesse in Erscheinung treten.

Es deutet sich für den Stoffkreislauf von Se zunehmend eine Schlüsselrolle seitens Bakterien an, wobei Reduktion und Volatilisierung von anorganischem Se als Hauptprozesse in Betracht kommen (Ranjard et al. 2003, Ranjard et al. 2002). Innerhalb von Enzymen ist das Element als Selenocystein eingebunden oder auf eine Art fixiert, dass es auf einfache Weise über z. B. reduzierende Reagenzien abgetrennt werden kann. So reduziert z. B. das Respirationssystem von *Thaurea selenatis*, einem aus Sedimenten isolierten Mikroorganismus, in Anwesenheit von Nitrit (NO_2^-), Selenit (SeO_3^{2-}) zu elementarem Se (Schröder et al. 1997). Am Beispiel von *Thaurea selenatis* kann ein trimerisch organisierter, dissimilatorischer Selenat-Reduktase-Komplex im Periplasma angetroffen werden, der Selenat (SeO_4^{2-}) zu SeO_3^{2-} reduziert. Die erwähnte Selenat-Reduktase weist eine hohe Affinität und einen hohen Ratenumsatz für SeO_4^{2-} auf, die die Wirkung von Nitrat-Reduktasen übertreffen (Schröder et al. 1997), Abschn. 2.2.3 (f). Mittels dieser Prozesse lassen sich Se-kontaminierte Wässer im Sinne einer Bioremediation reinigen.

Die Methylierung von anorganischem und organischem Se durch eine bakterielle Thiopurin-Methyltransferase schildern Ranjard et al. (2002), Abschn. 2.4.3 (f). *Escherichia coli* exprimiert das *tpm*-Gen, das eine Thiopurin-Methyltransferase (*bTPMT*) kodiert und SeO_3^{2-} sowie Selenocystein zu Selenid bzw. Diselenid methylisiert. Ebenso sind Süßwasserbakterien in der Lage, über einen Thiopurin-Methyltransferase-Pfad Se zu methylisieren (Ranjard et al. 2003). Ungeachtet dessen, dass Se als essenzielles Spurenelement auftritt, führen zu hohe Konzentrationen zu toxischen Wirkungen mit letalem Ausgang. Eine Biomethylierung von diversen Sn^{3+}-Komponenten in Anwesenheit von *Saccharomyces cerevisiae* schildern Ashby & Craig (1987). Im Zusammenhang mit der mikrobiellen Erwiderung auf Arsen in der Umwelt erläutern Páez-Espino et al. (2009) die enzymatisch gesteuerte Transformation von Methylierung-Demethylierungs-Reaktionen, Abschn. 2.4.3 (a). Eine Methylierung von Hg durch diverse SRB, z. B. *Geobacter sp.*, *Desulforomonas sp.*, *Shewanella sp.*, untersuchten Kerin et al. (2006).

Zusammenfassend
bietet die Biomethylierung z. B. im Bereich *urban mining* (Abschn. 2.5.2/Bd. 2) sowie geobiotechnologischer Sanierungsstrategien (Abschn. 2.5.3/Bd. 2) Optionen einer technisch-wirtschaftlichen Exploitation im Sinne einer *Bottom-up*-Vorgehensweise an.

4.6 Bioelektrochemische Systeme

Ein Arbeitsgebiet mit hohem industriell wirtschaftlichen Potential, insbesondere im Bereich der Metallabscheidung auf Oberflächen, deutet sich, aufgrund der Arbeiten, auf dem Gebiet der bioelektrochemischen Systeme (BES) an, ausgeführt durch mikrobiell gesteuerte Prozesse, zumeist aus Gründen metabolischer Aktivitäten. Hierbei stützen sich bioelektrochemische Systeme auf zwei u. a. wichtige Instrumentarien, d. h. zum einen auf (1) exoelektrogene Formen, d. h. Mikroorganismen, sowie (2) primäre Elektronendonatoren und terminale Elektronenakzeptoren. Grundlagen zur Bioelektrochemie, d. h. Prinzipien, experimentelle Techniken und Anwendungen sind u. a. bei Bartlett (2008) einsehbar.

Generell bilden Redoxreaktionen die Ausgangsbasis für die Generierung der seitens des betroffenen Organismus benötigten Energie. Die hierzu erforderlichen Reaktionssequenzen werden durch i. d. R. intrazelluläre Enzyme katalysiert und sind von Cofaktoren abhängig. Die technische Konstruktion eines Prototypen lehnt sich in diesem Fall an konventionelle galvanische Elemente an. Hierbei ist die Kombination von Redoxenzymen und Elektrode ein geeigneter elektrischer Kontakt zwischen Enzym und Elektrode. Die Immobilisierung von Redoxenzymen erfolgt auf Elektroden zu Enzymelektroden, wobei die Enzyme als Monolagen als auch mehrschichtige Präparate aufgetragen werden, Abschn. 2.3.3/Bd. 2. Hinsichtlich technischer Konstruktionen sind folgende Optionen überlegenswert, z. B. Willner & Katz (2000): (1) Einsatz supramolekularer Affinitätskomplexe, (2) Apo-Redoxenzyme zur räumlichen Strukturierung sowie (3) kovalente Anbindung von Proteinen. Ungeachtet der vielversprechenden Daten bedarf es allerdings zwecks kommerzieller Verwertung in diesem Zusammenhang noch weiterführender Untersuchungen.

4.6.1 Exoelektrogene Formen

Unter exoelektrogenen Bakterien (*exoelectrogen*) werden Organismen verstanden, die in der Lage sind, Elektronen zu extrazellulären unlöslichen Elektronenakzeptoren zu transportieren, und sich daher für einen Einsatz in mikrobiellen Brennstoffzellen eignen (Fedorovich et al. 2009). In die Kategorie exoelektrogene Bakterien fallen u. a. Alpha-, Beta-, Gamma-, Deltaprotobakterien, Firmicutes, Acidobacteria. In diesem Zusammenhang isolieren Fedorovich et al. (2009) ein elektrochemisch aktives Bakterium, phylogenetisch mit *Arcobacter butzleri* verwandt, direkt aus einer mikrobiellen Brennstoffzelle (Fedorovich et al. 2009). Elektrizigene repräsentieren Mikroorganismen, versehen mit der Fähigkeit, Energie aus Gründen des Wachstums, d. h. durch Oxidieren von organischer Materie zu CO_2, mit einem Elektronenfluss zur Anode einer MFC zu speichern (Lovley & Nevin 2008). Hierbei unterliegen organische Komponenten einer Aufoxidierung zu CO_2 mit dem Ergebnis eines Elektronentransfers u. a. zu einer Anode. Es wird die hierbei gewonnene Energie nicht wie üblich in Wärme, sondern in einen Elektronenfluss umgewandelt. Vertreter von Elektrizigenen sind u. a. *Geobacter sulfurreducens*, *Desulfuromonas acetoxidans*, *Desulfobulbus propionieus*, *Geothrix fermentans*, *Rhodoferax ferrireducens* (Lovley & Nevin 2008). Somit ergeben sich Möglichkeiten, die o. a. mikrobiellen Reaktionen technisch in Form von Metallabscheidungen zu verwerten, Abschn. 2.4.4/Bd. 2.

(a) MFC

Exoelektrogene Bakterien eignen sich zum Einsatz in MFC (Logan 2009, Logan 2008). Eine MFC besteht prinzipiell aus zwei Kammern, getrennt durch eine semipermeable Membran. Eine Kammer führt unter anoxischen Konditionen die Anode, die in der zweiten Kammer befindliche Kathode benötigt ein oxisches Umfeld. Die ablaufenden Reaktionen erfordern die Abwesenheit von O_2, da die aerobe Respiration einer Zelle einen Energieträger in ATP, CO_2, H_2O über die Glykolyse bildet, in den Citrat-(Krebs-)Zyklus einfließt und eine oxidative Phosphorylierung bewirkt. Bei Abwesenheit von O_2 kommt es nicht zur H_2O-Bildung, stattdessen entstehen Elektronen und H-Ionen. Eine durch den Gebrauch einer speziellen MFC-Variante ermöglichte Isolation eines exoelektrogenen Bakteriums, d. h. *Ochrobactrum anthropi YZ-1*, stellen Zuo et al. (2008) vor. Ebenfalls aus einer mikrobiellen Zelle isolierten Pham et al. (2003) ein elektrochemisches aktives und Fe^{3+}-reduzierendes Bakterium, phylogenetisch mit *Aeromonas hydrophilia* verwandt. Die Erzeugung von Elektrizität unterscheidet sich erheblich von jener, wie sie aus anderen Mikroorganismen beschrieben ist, z. B. in der *Coulomb*-Effizienz. Ein extrazellulärer Elektronentransfer erfolgt über einen externen Elektronenakzeptor in Form eines starken Oxidationsmittels oder über einen Leiter bzw. Elektronenakzeptor als Feststoffphase. Aller Wahrscheinlichkeit nach geschieht der Elektronentransport entlang von sog. Pili, d. h. externen Zellstrukturen, eingesetzt i. d. R. zur Konjugation und Adhäsion (Pham et al. 2003).

(b) Mikroorganismen

Ein neuartiges elektrochemisch aktives, Fe^{3+}-reduzierendes Bakterium, phylogenetisch verwandt mit *Clostridium butyricum* und isoliert au seiner MFC, stellen Park et al. (2001) vor. Generell verhalten sich bakterielle Zellen, auch bei Führung von elektrochemisch aktiven Proteinen, elektrochemisch inaktiv, da ihre Zellwandstrukturen aus nicht leitenden Materialien bestehen, z. B. Lipiden, Peptidoglycan. Ein Elektronentransfer zwischen bakteriellen Zellen und einer Elektrode lässt sich mittels Mediatoren, d. h. kleinerer, elektrochemisch aktiver Moleküle, bewerkstelligen. Alternativ sind die bakteriellen Zellen mit hydrophoben, leitenden Polymeren zur Implementierung einer elektrochemischen Aktivität modifizierbar (Park et al. 2001).

(c) Graphitelektroden

Eine Produktion von Elektrizität durch an Elektroden befestigte *Geobacter sulfurreducens* schildern Bond & Lovley (2003). Studien zum Elektronentransfer belegen, dass Mitglieder der *Geobacteraceae* Elektroden als Elektronenakzeptoren zur anaeroben Respiration einsetzen können. Zum Verständnis dieser Prozesse beimpften Bond & Lovley (2003) Graphitelektroden mit *G. sulfurreducens*, wobei die zuvor speziell präparierte Elektrode als einziger Elektronenakzeptor und Acetat ($CH_3CO_2^-$) oder H_2 als Elektronendonator fungieren. Bei Zugabe einer geringen Menge des Inokulums, bestehend aus *G. sulfurreducens*, hängt die Erzeugung eines elektrischen Stroms von der Oxidation des ($CH_3CO_2^-$) zu CO_2 ab und steigt im Verlauf exponentiell an. Nach Auffassung von Bond & Lovley (2003) unterstützt die Reduktion der Elektroden das Wachstum des o. a. Mikroorganismus. Bei Deplatzierung des Mediums durch einen an Nährstoffen fehlenden anaeroben Puffer verbleibt die von der ($CH_3CO_2^-$) abhängige Generierung von elektrischem Strom unverändert, die an die Elektroden anlagernden Zellen produzierten über mehrere Wochen hinweg elektrischen Strom (Bond & Lovley 2003). Die an den Elektroden befindlichen Zellen oxidieren ($CH_3CO_2^-$) vollständig auf, d. h. unter die Nachweisgrenze.

Für den Elektronentransfer treten Raten auf, die jenen ähneln, wie sie bei Gebrauch von Fe^{3+}-Citrat als Elektronenakzeptor auftreten, d. h. 0,21–1,2 µmol an Elektronen pro mg des Proteins pro min (Bond & Lovley 2003). Die mithilfe des vorgestellten Typs beobachtete Produktion von Elektrizität übertrifft die Leistung anderer bislang vorgestellter mikrobieller Brennstoffzellen. Bis zur vollständigen Oxidation von ($CH_3CO_2^-$) verbleibt die effiziente Konvertierung des organischen Elektronendonators zu Elektrizität im Vergleich mit anderen mikrobiellen Brennstoffzellen auf einem höheren Niveau. Als ein Ergebnis der o. a. Arbeiten steht die Beobachtung, dass sich die Wirksamkeit von mikrobiellen Brennstoffzellen durch Mikroorganismen wie *G. sulfurreducens* durch Anbringung an Elektroden erhöhen lässt (Bond & Lovley 2003). Sie verbleiben über einen längeren Zeitraum stabil, oxidieren vollständig organische Substrate, verbunden mit einem Transfer der Elektronen an eine Elektrode.

Tab. 4.2: Vergleich von Stromerzeugung, spezifischer Elektronentransfer-Rate (ET) sowie der Stromdichte per geometrischer Flächeneinheit für *G. sulfurreducens* auf arbeitsfähigen Elektroden, zusammengesetzt aus Kohlenstoff (C) oder Gold (Au) (Richter et al. 2008).

Material	Strom (mA)	ET-Rate (μmol min^{-1} g^{-1})	Stromdichte (mA m^{-2})
Blatt-Au [7,8 cm^2]	0,537 (0,124)	202 (32)	688 (159)
C-verkleidet [6,45 cm^2]	2,030 (0,024)	240 (3)	3147 (38)

(d) Goldelektroden

Durch an Goldelektroden fixierte Vertreter von *Geobacter sulfurreducens* lässt sich offensichtlich die Erzeugung von Elektrizität generieren (Richter et al. 2008). Über einen thermalen Evaporator zeigt sich Au mit einer Gesamtmächtigkeit von 100 nm und einer Geschwindigkeit von 0,2 nm min^{-1} und es kann eine funktionstüchtige Au-Elektrode präpariert werden. Durch diese Konstruktion ist offenbar eine ähnliche Stromausbeute möglich, wie sie von Graphitanoden geleistet wird. Bei Auslöschung der für die Ausbildung von leitenden Pili verantwortlichen Gene, d. h. pilA, kommt es zu keiner Generierung von Elektrizität. Mit der Produktion von Elektrizität ist die Bildung von Biofilmen verbunden, Abschn. 2.2.3. Die Erzeugung von Elektrizität durch *G. sulfurreducens*, befestigt an Au- sowie C-Elektroden, unterziehen Richter et al. (2008) einem Vergleich, Tab. 4.2.

(e) Enzymelektroden

Die Verwendung von aus Alkanethiol bestehenden selbstorganisierenden Monolagen an Enzymelektroden schildern Gooding & Hibbert (1999). Zur Konstruktion von Enzymelektroden gewinnt zunehmend die Anbindung von Enzymen an selbstorganisierende Schichten (*self-assembled monolayers* = SAM) aus Alkanthiolen, aufgetragen auf Goldoberflächen, an Interesse, wobei die SAM u. a. zur Immobilisierung von Enzymen dienen, Abschn. 2.3.3/Bd. 2. Auch ist mit den unterschiedlichen Immobilisierungstechniken die molekulare Architektur der gewünschten Sensoren steuerbar. Die Ordnung *Sufolobales sp.* aus dem Stamm der *Crenarchaeota* verfügt über mindestens fünf terminale, einsatzfähige Hauptoxidasen. Eine mit diversen Materialien dotierte Dehydrogenase beschreiben Gai et al. (2015).

(f) Bioanoden

In einer Bioanode oxidieren elektrochemisch aktive Mikroorganismen (engl. *electrochemically active microorganism* = EAM) Elektronendonatoren, angeboten in Form von Substraten, und transportieren diese Elektronen über diverse Mechanismen, wie z. B. Cytochrome, Pili etc., zur Elektrode (Pham et al. 2009). Meist handelt es sich bei den Elektronendonatoren um organische Moleküle. Es sind Rein- als auch Mischkulturen verwendungsfähig. Eine Bioanode kann u. a. in granularer Form auftreten (Deeke et al. 2015) und mit Enzymen ausgestattet werden (Zhang et al. 2015).

(g) ITO

Über Messungen zum Ladungstransfer während einer *In-situ*-Adhäsion von *Staphylococcus epidermitis 3399* auf einer transparenten, durch Halbleitereigenschaften charakterisierten, mit ITO (engl. *indium tin oxide*) beschichteten Glasoberfläche, eingebaut in eine parallel geschaltete Fluss-Kammer, berichten Poortinga et al. (1999). Der eigentliche Vorgang der bakteriellen Adhäsion ist simultan über Messungen des elektrischen Potentials oder der Oberflächenkapazität zu beobachten, d. h., angezeigt wird die anfängliche bakterielle Adhäsion durch einen Wechsel des elektrischen Potentials der Oberfläche. Aufgrund der o. a. Beobachtungen äußern Poortinga et al. (1999) die Überlegung, dass die Änderungen des auf die Oberfläche bezogenen elektrischen Potentials einen entsprechenden Ladungstransfer zwischen dem Bakterium und der Oberfläche widerspiegeln. Interessant ist die Einbeziehung einer In-haltigen Komponente. Eine Weiterverfolgung dieser Experimente könnte Aufschlüsse über Möglichkeiten einer Behandlung In-führender Komponenten aus z. B. Zn-Erzen oder anthropogenen Quellen liefern, Abschn. 2.7 (d)/Bd. 2.

(h) Elektroaktiver Biofilm

Zu Anwendungsmöglichkeiten eines elektroaktiven Biofilms (engl. *electro-active biofilm* = EAB) äußern sich Erable et al. (2010). Auf leitende Materialien aufgetragene EAB können ohne die Unterstützung eines Mediators den direkten elektrochemischen Kontakt mit einer Elektrode aufbauen, wobei ihnen die Elektrode als Elektronenaustauscher dient.

Die genannten elektrokatalytischen Eigenschaften eines Biofilms beruhen auf dem Merkmal einiger Stämme, wie z. B. *Geobacter sulfurreducens* oder *Rhodoferax ferrireducens*, mit festen Substraten Elektronen auszutauschen. EAB lassen sich aus diversen natürlichen oder anthropogen erzeugten Medien gewinnen, z. B. Böden, Meerwasser, Sedimenten in aquatischen Habitaten, Industrieschlämmen, Abwässern aus dem Haushaltsbereich etc. Als Konsequenz aus diesen Eigenschaften ergeben sich technische Anwendungen, wie z. B. Mikrobielle Brennstoffzellen (engl. *microbial fuel cell* = MFC), und sie sind in Arbeitsgebieten wie z. B. Biosyntheseprozesse von zunehmender Bedeutung (Erable et al. 2010). Mittels EAB lassen sich u. a. Nanokomposite aus Au + TiO_2 erzeugen (Kalathil et al. 2012). Die Reaktion findet in wässriger Lösung statt. Es sind keinerlei organische Lösungsmittel oder sonstige chemische Additiva erforderlich. Die Anwesenheit von TiO_2 erhöht durch katalytische Wirkung die Reaktionsrate der Präzipitation von Au-NP. Unter Verwendung von EAB erzielen Motos et al. (2015) eine hohe Ausbeute an Cu sowie Energie. Sie beschichten eine Anionenaustauschmembran mit EAB. Als Kathodenmaterial sind u. a. Cu-Platte, C-Papier sowie Ti-Draht aufgeführt.

(i) Sedimente

In MFC mikrobiellen Brennstoffzellen erzeugen anaerobe Bakterien und anoxische Sedimente aus hypersalinen Sodaseen Elektrizität (Miller & Oremland 2008). Bei Abwesenheit eines bakteriellen Stoffwechsels kommt es hingegen zu keinerlei Erzeugung von Elektrizität. Ein aus moderat hypersalinen Seen isoliertes Arsenat (AsO_4^{3-}) respirierendes Bakterium, d. h. *Bacillus selenireducens*, oxidiert Lactat (CH_3–CHOH–COO^-) unter Verwendung von $[AsO_4]^{3-}$ als Elektronenakzeptor. Bei Entzug von $[AsO_4]^{3-}$ und dem Angebot einer MFC-Anode dient diese dem o. a. Mikroorganismus als Elektronenakzeptor, verbunden mit einer effizienteren Oxidation des CH_3–CHOH–COO^-. Die Abnahme der elektrischen Stromerzeugung durch den Verbrauch von zugeführten alternativen Elektronenakzeptoren wie z. B. $[AsO_4]^{3-}$, das mit der Anode betreffs verfügbarer Elektronen konkurriert, ist als Indikator für eine mikrobielle Aktivität verwertbar (Miller & Oremland 2008). In die Versuchsanordnung zugeführtes oder fehlendes CH_3–CHOH–COO^- hat keinen Einfluss auf die Generierung von Elektrizität, H_2 wird verbraucht, führt aber nicht zur Erzeugung von Strom. Generell kommt es je nach Sedimentzusammensetzung zu unterschiedlich intensiver Stromproduktion und diese liefert somit u. a. Hinweise auf Stoffwechselvorgänge unterschiedlicher Intensität (Miller & Oremland 2008).

(j) Elektrohydrogenese

Die Elektrohydrogenese ist eine neu entwickelte Form der Elektrolyse mit der Zielsetzung, mithilfe mikrobieller Brennstoffzellen biologisch abbaufähiges Material in H_2 zu konvertieren (Call et al. 2009). In einer MFC oxidieren exoelektrogene Mikroorganismen organisches Material und transferieren Elektronen zu einer Anode. Eine wichtige Voraussetzung für die Erzeugung und den gewünschten Fluss von Elektronen wird in Form primärer Elektronendonatoren und terminaler Elektronenakzeptoren angeboten.

Zusammenfassend

bilden bioelektrochemische Systeme die Grundlage für eine technisch machbare Form der biogenen Synthese metallischer Nanocluster. Im Fall von MFC treten häufig organische Moleküle auf, es können jedoch auch anorganische Substanzen wie z. B. Sulfide oder Metallionen verwendet werden. In experimentellen Studien zur elektrochemischen Aktivität Fe^{3+}-reduzierender Bakterien, via zyklische Voltametrie ermittelt, zeigen neu entdeckte Mikroorganismen nahezu reversible Redoxprozesse mit einer Betonung auf der Reduktion (Park et al. 2001). Bioelektrochemische Systeme bieten ein wichtiges Hilfsmittel zur gezielten und kontrollierbaren Biomineralisation an. Sie stützen sich hierbei auf zwei wesentliche Elemente – primäre Elektronendonatoren und terminale Elektronenakzeptoren.

4.6.2 Primäre Elektronendonatoren und terminale Elektronenakzeptoren

Stoffwechselvorgänge stellen u. a. die für die Zellaktivitäten erforderliche Energie zur Verfügung. Im Katabolismus geschieht dies durch Redoxprozesse. Eine entscheidende Rolle übernehmen hierbei primäre Elektronendonatoren sowie terminale Elektronenakzeptoren. Ein Elektronenakzeptor ist eine chemische Verbindung, die die ihm zugeführten Elektronen, bereitgestellt von einem Elektronendonator, aufnimmt. Er verhält sich als Oxidationsmittel und wird hierbei reduziert. Im Gegensatz hierzu gibt ein Elektronendonator (engl. *donor*) Elektronen ab. Ein primärer Elektronendonator und ein terminaler Elektronenakzeptor fungieren bei Redoxreaktionen als die eigentliche Quelle für Elektronenfreigabe und anschließendem -transfer und weisen somit eine gegenseitige Abhängigkeit auf. Ungefähr 220 Arten von ungefähr 60 Gattungen stützen sich bei der Akquise von Elektronendonatoren auf eine Fülle unterschiedlicher Komponenten. Zur Unterstützung des Elektronenflusses verfügen sie über eine Vielzahl an mit speziellen redoxaktiven Metallgruppen ausgestatteten Proteinen. Neben der katabolischen Energie, ausgedrückt durch die *Gibbs*'sche Energie der Reaktion, nehmen die anwesenden Elektronenakzeptoren sowie -donatoren (Abschn. 4.6.2), Einfluss auf die kinetischen Aspekte bei der Ausbreitung von Mikroorganismen (Seto 2014).

(a) Elektronendonator-Typen

Entscheidend für die Wahl eines Elektronendonators ist der energetische Differenzbetrag zwischen ihm und einem Elektronenakzeptor, da dieser den Ablauf einer metabolischen Reaktion gestattet oder bei zu niedrigen Beträgen verhindert. Ein wichtiger Lieferant für Elektronen bietet sich in Form einer Oxidation von Fe^{2+} an. Allerdings steht, im Bedarfsfall, für die in Frage kommenden Mikroorganismen eine Reihe alternativer Elektronendonatoren zur Verfügung. So benutzt *Rhodovulum iodosum* diverse S-Spezifikationen wie $S_2O_3^{2-}$, HS^- und S^0. *Rhodobacter sp. SW2* sowie *Thiodictyon L7* verwenden H_2 sowie organische Komponenten (Hedrich et al. 2011), Tab. 4.3. Organische Säuren dienen *Shewanella sp. HN-41* als Elektronendonator ([4]Lee et al. 2007).

Tab. 4.3: Alternative Elektronendonatoren (Hedrich et al. 2011).

Organismus	Alternative Elektronendonatoren
Rhodovulum iodosum	$S_2O_3^{2-}$, HS^-, S^0
Rhodovulum robiginosum	$S_2O_3^{2-}$, HS^-, S^0
Rhodovulum vannielli	H_2, HS^-, organische Komponenten
Rhodobacter sp. SW2	H_2, organische Komponenten
Rhodopseudomonas palustris TIE-1	H_2, $S_2O_3^{2-}$
Thiodictyon L7	H_2, organische Komponenten

(b) Elektronenakzeptor-Typen

Häufig eingesetzte Elektronenakzeptoren sind O_2, Mn^{4+}, SO_4^{2-}, CO_2, NO_3^-, z. B. Lovley (1993), Abschn. 2.4.3 (b). Ein Beispiel für den Einsatz diverser Elektronenakzeptoren bietet *Shewanella oneidensis MR-1*. Der Mikroorganismus setzt zur Respiration ein weites Spektrum an Elektronenakzeptoren ein, u. a. spärlich auftretende, lösliche Fe^{3+}-Oxide (Fennessey et al. 2010). Der Anteil der zur Verfügung stehenden extrazellulären Elektronenakzeptoren wiederum beeinflusst die Menge sowie chemische Komposition von u. a. kapsularen Exopolymeren (Abschn. 2.3.6/Bd. 2), bereitgestellt durch das anaerobe Bakterium *S. oneidensis MR-1* (Neal et al. 2007). *Shewanella sp. PV-4* benutzt Fe^{3+}, Co^{3+}, Cr^{6+}, Mn^{4+} sowie U^{6+} als Elektronenakzeptoren (Roh et al. 2006), Abschn. 2.2.2 (c). *Pseudomonas isachenkovii* verwendet Vanadat (VO_4^{3-}) als terminalen Elektronenakzeptor (Antipov et al. 2000), Abschn. 2.4.2 (i), ebenso *Shewanella oneidensis* (Carpentier et al. 2005), Abschn. 2.4.2 (i).

(c) Leistungsfähigkeit

Auf die Abhängigkeit von Elektronendonator und Gewinnung von Energie weisen Madigan & Martinko 2009) hin, wobei sie die Leistungsfähigkeit einer Reihe unterschiedlicher Elektronendonatoren HS^-, S, NO_2^-, NH_4^+, eingesetzt von diversen chemolithotrophen Mikroorganismen, vergleichen. Die günstigsten Werte für die Energieausbeute, erzeugt bei der Aufoxidation diverser Materialien, erbringt Schwefel (S), Tab. 4.4. Von S-Bakterien eingesetzt, generiert die Aufoxidation des S zu SO_4^{2-} einen Wert für ΔG^0 von $-587{,}1\,\text{kJ}\,\text{mol}^{-1}$ und setzt insgesamt sechs Elektronen frei. Für andere S-Spezifikationen werden ebenfalls verwertbare Werte betreffs ΔG^0 erzeugt. Auch die Oxidation von Ammonium [NH_4^+] durch Nitrifizierer stellt bei günstigem ΔG^0 sechs Elektronen bereit.

(d) Elektronentransfer

Hinsichtlich *Geobacter sulfurreducens* erfordert der extrazelluläre Elektronentransport auf Fe^{3+}-Oxide Proteine, die auf die äußere Oberfläche der Zellwand exportiert werden müssen. Um diese Frage zu klären, wurde das für Pseudopilin mitverantwortliche und für die Sekretion in gram-negativen Bakterien zuständige bzw. vermutete Gen *OxpG* ausgelöscht (Mehta et al. 2006). Der daraus resultierende Mutant war nicht fähig, mit unlöslichen Fe^{3+}-Oxiden als Elektronenakzeptor aufzuwachsen, wohingegen ein Wachstum mit löslichem Fe^{3+} nicht behindert wurde. Eine Analyse der im Periplasma angereicherten Proteine des *oxpG*-Mutanten führte zur Entdeckung eines ausgeschiedenen Proteins, d. h. *OmpB*, das im Wildtyp nicht anzutreffen ist.

    OmpB weist die höchste Homologie mit der Mangan-Oxidase *MofA* aus *Leptothrix discophora* auf. Es scheint die Funktion eines Multikupfer-Proteins zu übernehmen (Mehta et al. 2006). Allem Anschein nach verfügt es aufgrund einer Fe^{3+}-bindenden Seite und Fibronectin-Typ-III-Domäne über die Möglichkeit, Zugriff auf Fe^{3+}-Oxide zu

Tab. 4.4: Energieausbeute bei der Aufoxidation diverser Elektronendonatoren durch chemolithotrophe Formen (Madigan & Martinko 2009).

Elektronen-donator	Reaktion	Typus	E^0	ΔG^0 (kJ mol^{-1})	Anzahl e$^-$
Ammonium [NH$_4^+$]	$NH_4 + 1\frac{1}{2}O_2$ $\longrightarrow NO_2^- + 2\,H^+ + H_2O$	Nitrifizierer	+0,34	−274,7	6
Fe^{2+}-Ionen [Fe^{2+}]	$Fe^{2+} + H^+ + \frac{1}{4}O_2$ $\longrightarrow Fe^{3+} + \frac{1}{2}H_2O$	Fe-Bakterien	+0,77	−32,9	1
Nitrit [NO$_2^-$]	$NO_2^- + \frac{1}{2}O_2$ $\longrightarrow NO_3^-$	Nitrifizierer	+0,43	−74,1	2
Phosphit [PO$_3^{3-}$]	$4\,HPO_3^{2-} + SO_4^{2-} + H^+$ $\longrightarrow 4\,HPO_4^{2-} + HS^-$	PO$_3^{3-}$-Bakterien	−0,69	−91	2
Schwefel [S]	$S + 1\frac{1}{2}O_2 + H_2O$ $\longrightarrow SO_4^{2-} + 2\,H^+$	S-Bakterien	−0,20	−587,1	6
Sulfid [S$_2^-$]	$HS^- + H^+ + \frac{1}{2}O_2$ $\longrightarrow S + H_2O$	S-Bakterien	0,27	−209,4	2
Wasserstoff [H$_2$]	$H_2 + \frac{1}{2}O_2 \longrightarrow$	H$_2$-Bakterien	−0,42	−237,2	2

haben. *OmpB* lässt sich in der Membran von *G. sulfurreducens* und im Überstand von Wachstumskulturen nachweisen, die mit dem Sekretionssystemtyp II übereinstimmen, der *OmpB* ausscheidet. Ein Mutant, in welchem *ompB* entfernt wurde, weist den gleichen Phänotyp wie der oxpG-Mutant auf. Das lässt die Vermutung zu, dass bei dem Mutanten mit einem *oxpG*-Defizit offensichtlich kein Export von *OmpB* geschieht und er nicht fähig ist, Fe^{3+} zu reduzieren. Die o. a. Beobachtungen scheinen die Bedeutung von Proteinen der äußeren Membran für die Reduktion von Fe^{3+}-Oxiden zu betonen, und dass bei der Geobacter-Spezies vom c-Typ-Cytochrom abweichende Proteine hierfür verantwortlich sind (Mehta et al. 2006).

Und es scheint ein Multikupfer-Protein (einer Oxidase ähnlich), ausgeschieden durch ein atypisches Sekretionssystem vom Typ II, in die Reduktion von unlöslichen Elektronenakzeptoren in *G. sulfurreducens* einbezogen zu sein (Mehta et al. 2006).

(e) Elektronentransfer-Proteine

Lösliche Elektronentransfer-Proteine und in der Transmembran lokalisierte Redoxkomplexe spielen bei der Gattung *Desulfovibrio* im Pfad der Sulfat-Reduktion durch SRB (Abschn. 2.2 (b)) eine substantielle Rolle. Löslich oder membrangebunden treten als Proteine im o. a. Sinne u. a. Hydrogenasen auf. Sie stützen sich hierbei auf diverse Biomoleküle wie z. B. prosthetische Gruppen, d. h. Häme, oder Fe-S-Cluster (Barton & Fauque 2009). Ein wichtiges Elektronentransferprotein steht mit dem Cytochrom zur Verfügung (Meyer & Cusanovich 2003, Seeliger et al. 1998), Abschn. 3.3.1 (m).

Um die physiologische Herausforderung eines Elektronentransfers zu unlöslichen terminalen Elektronen-Akzeptoren zu gewährleisten, scheinen sich neutrophile, zur dissimilatorischen Reduktion von Fe^{3+} und Mn^{4+} befähigte Mikroorganismen exkretierter Elektronenshuttles zu bedienen, diese mit der Funktion versehen, Fe^{3+} extrazellulär zu reduzieren. Am Beispiel *Shewanella putrefaciens* gehen DiChristina et al. (2002) auf die Gene von Proteinen zur Sekretion im o. a. Sinne ein. Sie erwägen die Möglichkeit einer Verlagerung von Fe^{3+}- sowie Mn^{4+}-sensitiven terminalen Reduktasen zur äußeren Membran mit einem direkten Elektronentransfer zu mit den Zelloberflächen in Kontakt stehenden unlöslichen Metallen.

(f) Lactat

Zur Reduktion von Metallen bedient sich *Shewanella oneidensis* u. a. Lactat ($CH_3CH(OH)CO_2^-$) als Elektronendonator, wobei es zahlreiche Varianten des Reaktionsablaufs, Edukte, z. B. Fe^{3+}Citrat, $Co^{3+}EDTA^-$, UO_2^{2+} u. a., und -partner gibt (Lall & Mitchell 2007):

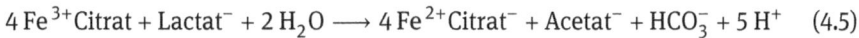

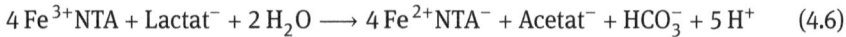

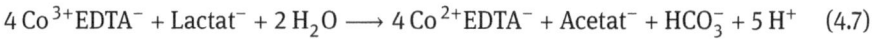

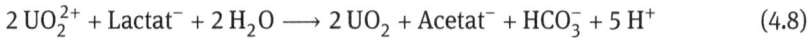

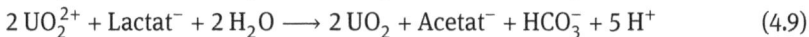

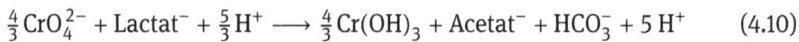

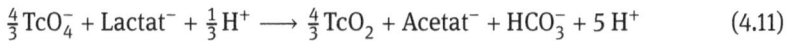

$$4\,Fe^{3+}\text{Citrat} + \text{Lactat}^- + 2\,H_2O \longrightarrow 4\,Fe^{2+}\text{Citrat}^- + \text{Acetat}^- + HCO_3^- + 5\,H^+ \quad (4.5)$$

$$4\,Fe^{3+}\text{NTA} + \text{Lactat}^- + 2\,H_2O \longrightarrow 4\,Fe^{2+}\text{NTA}^- + \text{Acetat}^- + HCO_3^- + 5\,H^+ \quad (4.6)$$

$$4\,Co^{3+}\text{EDTA}^- + \text{Lactat}^- + 2\,H_2O \longrightarrow 4\,Co^{2+}\text{EDTA}^- + \text{Acetat}^- + HCO_3^- + 5\,H^+ \quad (4.7)$$

$$2\,UO_2^{2+} + \text{Lactat}^- + 2\,H_2O \longrightarrow 2\,UO_2 + \text{Acetat}^- + HCO_3^- + 5\,H^+ \quad (4.8)$$

$$2\,UO_2^{2+} + \text{Lactat}^- + 2\,H_2O \longrightarrow 2\,UO_2 + \text{Acetat}^- + HCO_3^- + 5\,H^+ \quad (4.9)$$

$$\tfrac{4}{3}CrO_4^{2-} + \text{Lactat}^- + \tfrac{5}{3}H^+ \longrightarrow \tfrac{4}{3}Cr(OH)_3 + \text{Acetat}^- + HCO_3^- + 5\,H^+ \quad (4.10)$$

$$\tfrac{4}{3}TcO_4^- + \text{Lactat}^- + \tfrac{1}{3}H^+ \longrightarrow \tfrac{4}{3}TcO_2 + \text{Acetat}^- + HCO_3^- + 5\,H^+ \quad (4.11)$$

wobei gilt: Fe^{2+}Citrat/Fe^{3+}Citrat = $FeC_6H_6O_7$, Lactat = CH_3–$CHOH$–COO^-, EDTA = $C_{10}H_{16}N_2O_8$, NTA = $C_6H_9NO_6$.

Auch für eine Reduktion von Mn scheint $CH_3CH(OH)CO_2^-$ teilweise als Elektronendonator in Betracht zu kommen (Vandieken et al. 2014).

(g) Zellextrakt

Shewanella-algae-Zellextrakte gestatten bei der Biosynthese von kugelförmigen Au-NP und Au-Nanoplättchen die Kontrolle des Reduktionablaufs und der Morphologie der Kristallite, wobei die Herstellung Raumtemperatur und einen pH von 2,8 benötigt (Ogi et al. 2010). Das durch ein Ultraschallbad aus einer Suspension von *Shewanella algae* gewonnene Zellmaterial ist imstande, aus $1\,\text{mol\,m}^{-3}$ im wässrigen Auszug von $AuCl_4$-Ionen und unter Zufuhr von H_2-Gas als Elektronendonator innerhalb von 10 min elementares Au zu reduzieren. Als ein essenzieller Faktor bei der Kontrolle der morphologischen Merkmale der biogenen NP erweist sich das nach dem Beginn der eigentlichen Bioreduktion verflossene Zeitintervall. Nach ca. 1 h liegt eine große Population von hochdispersen, sphärischen Au-NP mit einer durchschnittlichen Größe von ca. 9,5 nm vor. Au-Nanoplättchen mit einer Kantenlänge von ca. 100 nm erscheinen nach 6 h. In den Versuchsreihen von Ogi et al. (2010) lagen nach einer Zeitspanne von 24 h ca. 60 % der gesamten NP-Population ebenfalls als Au-Nanoplättchen vor, allerdings mit einer Kantenlänge von 100–200 nm. Die Ausbeute an Au-Nanoplättchen erweist sich im Vergleich mit ruhenden Zellen von *S. algae* bei Verwendung eines Extrakts aus *S. algae* als viermal ergiebiger. Entsprechend der Morphologie der NP zeigen Lösungen mit biogen erzeugten Au-NP ein weites Spektrum an Farben, es reicht von blassrosa bis purpurfarben (Ogi et al. 2010).

(h) Sulfat

Chemolithotrophe Bakterien, die Sulfat (SO_4^{2-}) als terminalen Elektronenakzeptor benutzen, d. h. SRB, repräsentieren eine physiologische Gruppe von Mikroorganismen, deren ATP-Synthese auf der Ankoppelung eines anaeroben Elektronentransfers beruht (Barton & Fauque 2009). Ein Vertreter der SRB ist *Desulfovibrio vulgaris*, Abschn. 2.2 (b), Abb. 2.1. Das SO_4^{2-}-Ion stellt den weitaus wichtigsten Elektronenakzeptor bei der in marinen Sedimenten auftretenden Oxidation von organischen Bestandteilen dar. Bei der Reduktion von SO_4^{2-} entsteht in Folge bei neutralem pH-Wert HS^- sowie H_2S.

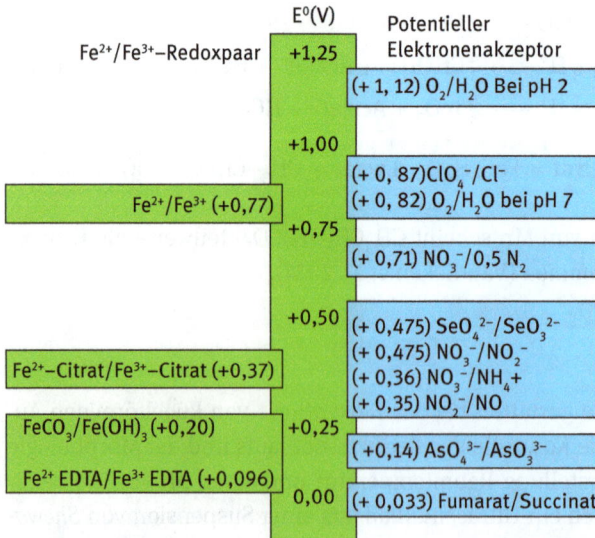

Abb. 4.6: Verschiedene Redoxpotentiale von löslichen und unlöslichen Fe^{2+}-Fe^{3+}-Paaren sowie von Paaren, die Fe-oxidierende Proteobakterien als Elektronenakzeptoren dienen (nach Hedrich et al. 2011).

(i) Fe^{2+}

Die Oxidation von Fe^{2+} als Elektronendonator liefert bei einem pH-Wert von 2 einen verhältnismäßig geringen reaktionsbezogenen Energiebetrag, d.h. ca. 30 kJ mol^{-1} (Hedrich et al. 2011). Schätzungen zufolge benötigt das autotrophe acidophile *Acidithiobacillus ferrooxidans* ca. 71 mol Fe^{2+}, um 1 mol an CO$_2$ zu fixieren. Auf der anderen Seite ist beim Paar Fe^{2+}-Karbonat/Fe^{3+}-Hydroxid und einem pH von 7 das Redoxpotential niedrig genug, um andere Komponenten wie z.B. Nitrate und Nitrite als alternative Elektronenakzeptoren gegenüber O$_2$ auftreten zu lassen (Hedrich et al. 2011), Abb. 4.6. Da sich das Midpoint-Potential vom Photosystem I auf ca. 450 mV beläuft, lässt sich bei neutralem pH-Wert eine Fe-Oxidation an die Photosynthese von Purpurbakterien koppeln.

(j) Fe^{3+}-Citrat

Die Wechselbeziehung zwischen Elektronendonatoren und -akzeptoren am Beispiel und im Zusammenhang mit der säureabhängigen Synthese von Magnetit und Siderit durch ein isoliertes Bakterium untersuchen [4]Lee et al. (2007). In vergleichenden experimentellen Versuchsreihen kommen zur Ermittlung des Wachstums diverse Elektronendonatoren, u.a. Fe^{3+}-Citrat (C$_6$H$_5$O$_7^{3-}$), Lactat (CH$_3$CH(OH)CO$_2^-$), Pyruvat (CH$_3$COCOO$^-$) und Format (HCO$_2^-$), zum Einsatz. Deutlich bildeten sich Abhängigkeiten zwischen der Zeit, dem Typ des Elektronendonators und dem Zellwachstum heraus.

Saturationsindizes (SI) in den diversen Inkubationen unter Verwendung von Fe^{3+}-Citrat als Elektronenakzeptor sowie Lactat, Pyruvat und Format als Elektronendonatoren zeigen für Magnetit und Siderit signifikante Unterschiede, mit den höheren Werten für Magnetit ([4]Lee et al. 2007), Abb. 4.7. Um den Effekt von CO$_2$, das bei der Oxidation von organischen Säuren durch Mikroorganismen bei der Bildung von verschiedenartigen Mineralen wie z.B. Magnetit und Siderit entsteht, zu untersuchen, eignet sich als alleiniger Elektronenakzeptor Fe^{3+}-Citrat mit einer Konzentration von 20 mM. Fe^{3+}-Oxyhydroxid dahingegen ignoriert das aufgrund der o. a. Vorgänge generierte und in die Mineralphasen eingehende CO$_2$ ([4]Lee et al. 2007). Bei Zugabe von Format, Lactat sowie Pyruvat mit einer Konzentration von 10 mM in das entsprechende Medium wird das Fe^{3+} innerhalb von 24 h komplett zu Fe^{2+} reduziert ([4]Lee et al. 2007). Die Konzentrationen von Fe^{2+} verbleiben bis zum Ende der Inkubation mit maximalen Gehalten von 22,4 mM für Format, 23,4 mM für Lactat sowie 21,9 mM für Pyruvat konstant.

Eine Stromerzeugung und Reduktion von Metallen durch einen Wildtyp und Mutanten von *Shewanella oneidensis MR-1* stellen Bretschger et al. (2007) vor. Das gramnegative, fakultativ anaerobe Bakterium *S. oneidensis MR-1* vermag ein breites Spektrum an Elektronenakzeptoren zu verarbeiten, inkl. zahlreicher Feststoffphasen. Durch die Reduktion von Fe^{3+} sowie Mn^{4+} kommt es daraufhin zur Erzeugung

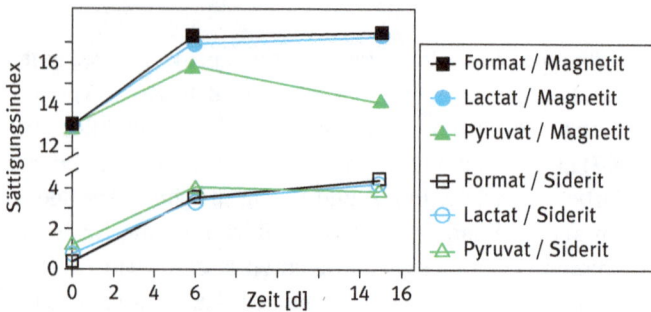

Abb. 4.7: Saturationsindizes für Magnetit sowie Siderit in den diversen Inkubationen unter Verwendung von Fe^{3+}-Citrat als Elektronenakzeptor sowie Lactat, Pyruvat und Format als Elektronendonatoren ([4]Lee et al. 2007).

eines elektrischen Stroms, der wiederum mikrobielle Brennstoffzellen mit der nötigen Energie versorgt.

Arbeiten zu den Mechanismen und Enzymsystemen, einbezogen in die Reduktion von Fumarat und unter Einbeziehung von *Escherichia coli*, *Wolinella succinogenes* und einigen Arten der Gattung *Shewanella*, verweisen auf die Bedeutung von ungesättigten organischen Säuren als terminale Elektronenakzeptoren für Reduktaseketten anaerober Bakterien (Arkhipova & Akumenko 2005). Besondere Aufmerksamkeit gilt der Reduktion einer Doppelbindung der nicht natürlich auftretenden Verbindung Methacrylat durch das γ-Proteobakterium *Geobacter sulfurreducens Am-1*. Lösliche periplasmatische Flavocytochrome, beschrieben aus Vertretern der Gattung *Shewanella* und *Geobacter*, sind bei *Shewanella* in die Hydration von Fumarat und bei *G. sulfurreducens Am-1* in die Hydration von Methacrylat einbezogen. In *E. coli* und *W. succinogenes* geschieht die Reduktion von Fumarat in Cytosol in membrangebundenen Fumaratreduktasen (Arkhipova & Akumenko 2005).

(k) Ferricyanid

Über eine biokatalytisch stimulierte Erzeugung, d. h. enzymatisch kontrolliertes Wachstum von Cu-haltigen Ferrocyanid-NP auf der Oberfläche von mit einer C-Paste versehenen Elektroden, sowie in Anwesenheit einer Glucose-Oxidase und Ferricyanid als Elektronenakzeptoren kommt es zu einer deutlichen Leistungssteigerung bei der elektrochemischen Ansprache von Glucosesubstraten. Es lassen sich mit dieser Methode nach Einschätzung von Wang & Arribas (2006) eine Reihe biokatalytischer Prozesse erfassen, in die Ferricyanid ($[Fe(CN)_6]^{4-}$) als Elektronenakzeptor einbezogen ist. Isolate, verwandt mit dem thermophilen Bakterium *Thermoanaerobacter ethanolicus*, sind in der Lage, im Verlauf einer Reduktion von Co^{3+}, Cr^{6+}, Fe^{3+}, Mn^{4+} sowie U^{6+} und einer Temperatur von 60 °C Acetat ($CH_3CO_2^-$), Lactat (CH_3–CHOH–COO$^-$), Pyruvat, Succinat und Xylase als Elektronendonatoren zu verwerten (Roh et al. 2003).

(l) Thioredoxin

Thioredoxin kann nach geeigneter Vorbehandlung als Elektronenakzeptor auftreten. Es handelt sich hierbei um ein kleineres Redoxprotein, vorgesehen zum Transport von Elektronen. In reduzierter Form übernimmt Thioredoxin die Funktion einer Oxidoreduktase. Hinsichtlich der Kontrolle des Redoxgleichgewichts innerhalb der Zelle und um oxidativem Stress wirkungsvoll zu begegnen, übernimmt das Thioredoxinsystem eine wichtige Funktion. Zur Charakterisierung eines Systems, bestehend aus einer Thioredoxin-Thioredoxin-Reduktase, beschrieben aus dem hyperthermophilen Bakterium *Thermotoga maritima*, liegen Informationen vor (Yang & Ma 2010). Aus einem Zellextrakt von *T. maritima* wurden eine Thioredoxin-Reduktase und ein Thioredoxin bis zur Homogenisierung aufgereinigt. Bei der Thioredoxin-Reduktase handelt es sich um ein homodimerisches Flavinadenindinucleotid (FAD) führendes Protein mit einer als *TM0869* identifizierten Untereinheit von 37 kDa. Die beschriebene Aminosäurensequenz offenbart Ähnlichkeiten und Übereinstimmungen mit typischen bakteriellen Thioredoxin-Reduktasen. Ungeachtet dessen, dass die aufgereinigte Thioredoxin-Reduktase von *T. maritima*, einem hyperthermophilen Bakterium, nicht fähig ist, das Thiodeoxin von *Spirulina* als Elektronenakzeptor zu verwenden, setzt es purifiziertes Thioredoxin aus *T. maritima* zum Monitoring bestimmter Redoxreaktionen ein. Das vorgestellte Enzym katalysiert unter Gebrauch von NADH oder NADPH als Elektronendonator darüber hinaus weitere Redoxreaktionen. Am genannten Beispiel beträgt $V_{max} = 1111 \pm 35$ µmol oxidiertes NADH pro min und mg sowie $115 \pm 2,4$ µmol oxidiertes NADPH pro min und mg; und K_m beläuft sich für NADH auf $73 \pm 1,6$ µM sowie für NADPH auf 780 ± 20 µM (Yang & Ma 2010). Mit einem pH von 9,5 für NADH sowie 6,5 für NADPH sind die optimalen Werte definiert. Die Enzymaktivität erhöht sich mit steigender Temperatur bis 95 °C und nach Inkubation für 28 h bleiben bei 80 °C mehr als 60 % der Enzymaktivität erhalten.

Das aufgereinigte Thioredoxin von *T. maritima*, identifiziert als *TM0868*, weist als Monomer eine molekulare Masse von 31 kDa auf und verfügt über die Aktivitäten von sowohl einem Thioredoxin als auch einer Thioltransferase und reduziert diverse Substanzen unter Verwendung von NAD(P)H als Elektronendonator (Yang & Ma 2010).

(m) Metallpräzipitation

Mittels Säulenexperimenten lässt sich eine Bewertung des Einflusses von Elektronendonatoren auf die Wirksamkeit und Quantität einer *In-situ*-Metall-Präzipitation (= ISMP) von Cd, Co, Ni sowie Zn aus kontaminierten Grundwässern mittels einer biologischen Sulfat (SO_4^{2-})-Technologie durchführen (Geets et al. 2006). Um die Leistungsfähigkeit einer Technik, geeignet zur Sanierung von durch Metalle kontaminierten Grundwässern, zu testen, verwenden Geets et al. (2006) in ihren Batchbezogenen Experimenten als C-Quelle und Elektronendonator Acetat ($CH_3CO_2^-$), Ethanol (C_2H_6O), Lactat (CH_3–CHOH–COO$^-$), Methanol (CH_3OH) und Molasse. Als Zielsetzung steht eine auf einer bakteriellen SO_4^{2-}-Reduktion basierende ISMP. Zur

Klärung von Fragen, wie z. B. nach der Größenordnung der ISMP, die sich zur *On-site*-Sanierung auf endogene Populationen sulfatreduzierender Bakterien (SRB) stützt, liegen Beschreibungen von Säulenexperimenten mit u. a. $CH_3-CHOH-COO^-$ und Molasse vor.

Besonderes Augenmerk gilt der Nachhaltigkeit der Metallpräzipitation unter wechselnden Bedingungen wie u. a. dem Verhältnis von Bedarf an chemisch gebundenem O_2 (*chemical oxygen demand* = COD) zum Sulfat SO_4^{2-} oder unterbrochenem Substratangebot. Um den ISMP-Prozess zu optimieren, sind Kenntnisse hinsichtlich der Zusammensetzung und Aktivität der ursprünglichen, d. h. indigenen SRB-Gemeinschaften unabdingbar. Weiterhin sollten Informationen zur Verfügung stehen, inwieweit die Komposition und Aktivitäten durch die jeweiligen Prozessbedingungen beeinflussbar sind, z. B. zugesetzter Typ der C-Quelle bzw. Elektronendonator oder die Anwesenheit von anderen Prokaryoten wie z. B. fermentierenden Bakterien, CH_4-produzierenden *Archaea*, Acetogenen u. a.

Zusammenfassend bewerten Geets et al. (2006) den Prozess der biologischen Sulfatreduktion in den Säulenexperimenten durch die Kombination von klassischen Analysetechniken, d. h. Messung der Konzentrationen an Schwermetallen und SO_4^{2-}, pH-Wert, Anteile des gelösten organischen C (engl. *dissolved organic carbon* = DOC) mit molekularen Methoden, z. B. phylogenetischer Sequenzanalyse. Die genannte Methode basiert u. a. entweder auf dem 16S-rRNA- oder dsr-Gen (engl. *dissimilatory sulfite reductase* = dsr). Letztgenanntes Gen repräsentiert einen spezifischen Biomarker für SRB, Abschn. 2.2 (b).

Alle getesteten C-Quellen fördern die Aktivitäten von SRB, die innerhalb von acht Wochen zu einer signifikanten Abnahme des SO_4^{2-}- und Metallgehalts in den Säulenabwässern führen. Für alle untersuchten Konditionen ergibt sich jedoch im Experiment eine unerwartete zeitliche Abnahme in der Effizienz des ISMP-Prozesses, begleitet von einer Freisetzung der ausgefällten Metalle (Geets et al. 2006). So zeigt sich, z. B. innerhalb eines Zeitraums von zwölf Wochen, in der mit Molasse ausgestatteten Säule ein deutlich erkennbares Nachlassen des ISMP-Prozesses. Auch ein nachgeschaltetes Herabsetzen in der Verhältniszahl COD/SO_4^{2-} von ursprünglich 1,9 auf 0,4 verändert nicht das Ergebnis der Sulfatreduktion und die Wirksamkeit der Metallpräzipitation. Nach einer Ruhephase von sechs Monaten lässt sich die bakterielle Sulfatreduktion in dem mit Molasse versetzten Setup bei Einstellung des ursprünglichen COD-SO_4^{2-}-Verhältnisses wieder zurückerlangen. Eine beabsichtigte Unterbrechung von Laktase resultiert in einer sofortigen Stagnation der ISMP-Prozesse und einer raschen Freisetzung der präzipitierten Metalle in die Säulenabwässer. Jedoch ist der ISMP-Prozess nach einer Verbesserung des Substrats wiederherstellbar (Geets et al. 2006).

(n) Au-NP

In Anwesenheit von H_2 als Elektronendonator, einer Temperatur von 25 °C, einem pH-Bereich von 2,0–7,0 sowie dem Einsatz des metallreduzierenden Bakteriums *Shewanella algae* sind eine mikrobielle Reduktion und anschließende Ablagerung von Au-NP machbar ([3]Konishi et al. 2007). Eine reduktiv verursachte Präzipitation von Au aus einer 1 mM $AuCl_4^-$-Ionen-haltigen Lösung durch ruhende Zellen von *S. algae* verläuft innerhalb von 30 min. Bei einem pH-Wert von 7 der Lösung geschieht eine Ablagerung der 10–20 nm großen NP im periplasmatischen Raum der Zellen.

Unter den Bedingungen eines pH-Wertes von 2,8 kommt es auf dem bakteriellen Zellmaterial zur Abscheidung von Au-NP mit unterschiedlichen Größen, d. h. 15–200 nm, Morphologie u. a. von nanoskaligen Dreiecksformen mit einer Größenspannweite von 100–200 nm. Sinkt der pH-Wert auf einen Wert < 2 fallen zwei Größen an unterschiedlichen Lokalitäten aus: 20 nm große Partikel treten intrazellulär auf sowie größere Partikel, d. h. ca. 350 nm, im extrazellulären Bereich. Insgesamt erweist sich der pH-Wert der Lösung als wichtiger Faktor zur morphologischen Kontrolle der Au-NP sowie des Ortes der Au-Präzipitation. Dieser Ansatz einer mikrobiellen Synthese von Au-NP bietet eine umweltfreundliche Alternative zu den konventionellen Techniken ([3]Konishi et al. 2007).

(o) Sulfatreduktion

Die biologische Reduktion von Sulfat (SO_4^{2-}) ist eine Technik zur Behandlung von SO_4^{2-}-haltigen Abwässern aus dem Bergbau, der Papier- und Textilindustrie. Bei der biologischen Reduktion wird SO_4^{2-} zu HS_2 als Endprodukt konvertiert. Dieser Vorgang eignet sich zur Behandlung von Minendrainagen, da sich die Schwermetalle durch die gleichzeitige Bildung von Metallsulfiden entfernen lassen. Metallische S_2^--Präzipitate verhalten sich gegenüber Metallhydroxiden, die auf einen pH-Wechsel reagieren, stabiler (Liamleam & Annachhatre 2007). Theoretisch sind zur Umwandlung von 1 mol SO_4^{2-} ca. 0,67 mol an chemisch gebundenem O_2 oder Elektronendonatoren erforderlich.

Gewöhnlich weisen an SO_4^{2-} angereicherte Abwässer ein Defizit an Elektronendonatoren auf und machen, um eine vollständige SO_4^{2-}-Reduktion zu erreichen, eine externe Zugabe an Elektronendonatoren erforderlich. Weit verbreitete Elektronendonatoren sind Wasserstoff (H_2), Methanol (CH_3OH), Ethanol (C_2H_6O), Acetat ($CH_3CO_2^-$), Lactat ($CH_3-CHOH-COO^-$), Propionat ($C_2H_5COO^-$), Butyrat ($C_3H_7COO^-$), Zucker und Molasse. Als Ergebnis ihrer Arbeiten erörtern Liamleam & Annachhatre (2007) die Option einer Anwendung diverser Elektronendonatoren für die biologische SO_4^{2-}-Reduktion, geeignet zur kommerziell vertretbaren Ausbringung von aus SO_4^{2-} in S^{2-} überführten Metallspezifikationen. Aufgrund der Fähigkeit dieser Gruppe, ein breites Spektrum unterschiedlicher Elektronendonatoren verarbeiten zu können, betonen Luptakova & Macingova (2012) das Potential von SRB (Abschn. 2.2(b)) zur Sanierung saurer Minendrainagen, Abschn. 2.5.3/Bd. 2.

(p) Radionuklid-Reduktion

Die vom Elektronendonator abhängige Reduktion von Radionukliden und Synthese von NP durch *Anaeromyxobacter dehalogenans 2CP-C* stehen bei Marshall et al. (2009) im Mittelpunkt ihrer Untersuchungen. Der Mikroorganismus *A. dehalogenans 2CP-C* reduziert U^{6+} zu $U^{4+}O_2$ (Uraninit) sowie Tc^{3+} zu $Tc^{4+}O_2$. Kinetischen Studien zufolge verläuft, im Vergleich mit einer Acetat ($CH_3CO_2^-$) versehenen Inkubation, die Reduktion von sowohl U^{6+} als Tc^{7+} mit H_2 als Elektronendonator mit einer höheren Rate. Als Syntheseprodukt der U^{6+}-Reduktion durch *A. dehalogenans 2CP-C* bildeten sich, in Verbindung mit Lectin bindenden EPS, extrazelluläre $U^{4+}O_2$–NP mit einer durchschnittlichen Größe von ca. 5 nm. Allem Anschein nach beeinflusst H_2 als Elektronendonator weder die Größe der $U^{4+}O_2$–NP noch deren Verbindung mit der EPS.

Dahingegen weist der Durchmesser der NP-Bildungen beim Einsatz von Acetat ($CH_3CO_2^-$) als reduzierendes Äquivalent ca. 50 nm auf. Im Gegensatz zum o. a. Verhalten von $U^{4+}O_2$ erzeugt die Reduktion von Tc(VII) durch *A. dehalogenans* Stamm *2CP-C* dichtgepackte Cluster im Periplasma und an der Außenseite der äußeren Membran der Zelle. In Zellsuspensionen von *A. dehalogenans* Stamm *2CP-C* ist an der eigentlichen Reduktion von Tc^{7+} indirekt ein Fe-Mediator beteiligt bzw. tritt offensichtlich als Mediator auf. Das vom Stamm *2CP-C* aus Ferrihydrit ($Fe_{10}^{3+}O_{14}(OH)_2$) bzw. einem Sediment erzeugte Fe^{2+} entzieht einer Lösung $^{99}Tc^{7+}O_4$. Insgesamt leisten die Arbeiten von Marshall et al. (2009) einen Beitrag zur Erweiterung der Kenntnisse in Bezug auf die Reduktionsprozesse, die, durch den Stamm *Anaeromyxobacter* katalysiert, einen erheblichen Einfluss auf den Verbleib sowie Transport von radionukliden Kontaminanten nehmen können.

(q) MFC

Bezüglich biotechnologischer Anwendung verfügen exoelektrogene Mikroorganismen über ein erhebliches Potential, da sie in der Lage sind, Elektronen vom Zellinneren in den extrazellulären Raum zu unlöslichen Elektronenakzeptoren, wie z. B. Metalloxiden auf Anoden mikrobieller Brennstoffzellen (engl. *microbial fuel cell* = MFC), zu transferieren. Über die Entwicklung neuartiger präparativer Techniken gelang es Zuo et al. (2008), exoelektrogene Formen direkt aus einer MFC zu isolieren, Abschn. 2.6.4/Bd. 2. Auf diese Weise konnten sie Reinkulturen von *Ochrobactum anthropi YZ-1* gewinnen. Der genannte Stamm, d. h. *YZ-1*, ist einerseits nicht fähig, Fe^{3+} zu respirieren, andererseits erzeugt er mithilfe einer Vielzahl von Substraten bzw. Elektronendonatoren, so z. B. Acetat ($CH_3CO_2^-$), Lactat (CH_3–CHOH–COO$^-$), Propionat ($C_2H_5COO^-$), Glucose ($C_6H_{12}O_6$), Glycerol ($C_3H_8O_3$), Ethanol (C_2H_6O) u. v. a., einen elektrischen Strom (Zuo et al. 2008).

Weitere wichtige exoelektrogene Mikroorganismen sind das pathogene Bakterium *Pseudomonas aeruginosa* (Yong et al. 2011), das oftmals in Biofilmen organisierte *Geobacter sulfurreducens* (Nevin et al. 2009, Nevin et al. 2008, Richter et al. 2008), *Shewanella oneidensis* (Watson & Logan 2010), *Geobacter metallireducens*

Ochrobactum antropi YZ-1

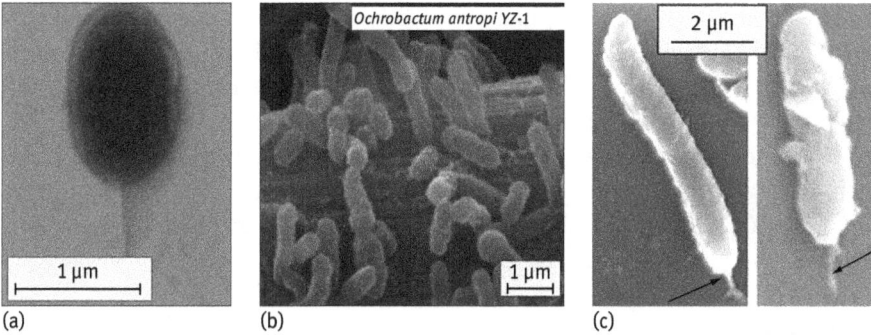

Abb. 4.8: (a, b) TEM-Aufnahme exoelektrogener Mikroorganismen auf mit Kohlenstoff versehenen Anoden (Zuo et al. 2008) und (c) im Zusammenhang mit der Besiedelung von Magnetit durch *Shewanella putrefaciens 200R* entwickelte, durch den Pfeil gekennzeichnete Pili bzw. Kontakte (Roberts et al. 2006).

(Call et al. 2009) u. a. Die Verträglichkeit von Anoden und Mikroorganismen belegen z. B. TEM-Aufnahmen auf mit Kohlenstoff versehenen Anoden, es ist eine dichte Besiedelung durch exoelektrogene Mikroorganismen beschrieben (Zuo et al. 2008), Abb. 4.8 (a, b). Im Zusammenhang mit der Besiedelung von Fe_3O_4 durch *Shewanella putrefaciens 200R* entwickeln diese Pili bzw. entsprechende Kontakte (Roberts et al. 2006), Abb. 4.8 (c).

(r) Genetische Aspekte

Zur Bestimmung der verschiedenen Mikroorganismenvertreter kommen diverse Analysen in Betracht. Eine auf 16S rDNS beruhende DGGE-Analyse (engl. *denaturing gradient gel electrophoresis*) verweist in der o. a. Arbeit auf *Desulfosporonsis* als hauptsächliche Art innerhalb der SRB-Population. Gemeinschaften von *Archaea* sind durch eine Amplicon-Sequenzierung bestimmter PCR (engl. *polymerase chain reaction*) ansprechbar. Zusammen mit den Ergebnissen des ISMP-Prozesses gelang es Geets et al. (2006), auf diese Weise die Zusammensetzung der SRB-Gemeinschaft zu ermitteln. Im Fall einer beabsichtigten Unterbrechung der Zufuhr an Substrat kommt der ISMP-Vorgang zum Erliegen, da durch das Fehlen/den Mangel einer geeigneten C-Quelle und des Elektronendonators das mikrobielle Konsortium sowohl Wachstum als auch Aktivitäten einstellt. Insgesamt glauben Geets et al. (2006), dass die Bildung von Metallsulfiden die SRB-Population hemmt, und verweisen bei den vorgestellten Ergebnissen auf die hohe Abhängigkeit der ISMP-Prozesse von der Stimulation der SRB durch Optimierung der Substrate. Bei Abbruch der genannten ergänzenden Maßnahmen sowie dem Wegfall stringenter umweltbezogener Kontrollen scheint sich dieser Sanierungsansatz für Langzeitanwendungen nicht zu eignen. Dies schließt die

Entnahme von kontaminierten Aquifermaterialien aus dem Präzipitationsbereich von Metallen am Ende der Sanierungsmaßnahme oder Entnahme von metallischen Präzipitaten mit gleichzeitiger Abnahme der mikrobiellen Aktivität mit ein. Hinsichtlich einer wirkungsvollen, wirtschaftlich rentablen Sanierung betonen Geets et al. (2006) in Verbindung mit ihren Arbeiten die Notwendigkeit weiterer Forschung, d. h. von Fragen bei Veränderung der chemischen/physikalischen Rahmenbedingungen reaktiver Zonen, bedingt z. B. durch den Verbrauch von indigenem Kohlenstoff (C), Zunahme von Sulfat (SO_4^{2-}) oder Metallkonzentrationen u. a., nach den zugrundeliegenden Ursachen.

Zusammenfassend

bietet das Studium von MFC ein vertiefendes Verständnis für die bis in die molekulare Dimension reichende Option einer Kontrolle über die Bereitstellung, den Transport und das Senken von Energie, erforderlich z. B. für eine bioelektrochemisch gesteuerte Synthese von metallischen Nanopartikeln/-clustern. In Verbindung mit exoelektrogenen Mikroorganismen gestatten die o. a. Vorgänge Überlegungen einer wirtschaftlichen Exploitation, z. B. Bereitstellung von elektrischer Energie.

4.7 Supramolekulare Katalyse

Die supramolekulare Katalyse, d. h. Assemblierung katalytischer Spezifikationen unter Verwertung multipler, schwacher intramolekularer Wechselwirkungen, wird aktuell weitgehend durch enzym-inspirierte Vorgehensweisen beherrscht. Hierbei geht es um Versuche einer Kreation von enzymähnlichen aktiven Sites mit einem Reaktionsablauf, die sich an den durch die betroffenen Enzyme implementierten Katalysen orientieren. Arbeiten innerhalb der supramolekularen Koordinationschemie gestatten es, makromolekulare Komplexe mit Eigenschaften, die für Enzyme charakteristisch sind, zu synthetisieren. Hinsichtlich Überlegungen zur Enzymbionik, basierend auf der supramolekularen Koordinationschemie, stützen sich Wiester et al. (2011) auf die die Strukturierung berücksichtigenden Eigenschaften/Funktionen. Mit u. a. konvergenten, modularen, auf der Koordinationschemie beruhenden Methoden sind die genannten Strukturen in ihrer Größe, Form und ihren Eigenschaften im Sinne maßgeschneiderter Ansprüche herstellbar. Hinsichtlich Reaktivität und Spezifität erinnert eine Vielzahl der auf diese Art erzeugten Strukturen an natürliche Systeme bzw. einige übertreffen diese in ihrer Wirkungsweise (Wiester et al. (2011). Für den Ablauf einer bioinspirierten supramolekularen Katalyse steht, als Informationsquellen, eine Reihe von Publikationen zur Verfügung.

So geht z. B. van Leeuwen (2008) auf u. a. Vorgänge wie die supramolekulare Konstruktion von chelatierenden, bidentaten Liganden-Bibliotheken, supramolekulare Synthone zur Erzeugung von Cu- und Ag-Netzen, chirale Metallocyclen für den Einsatz in der asymmetrischen Katalyse, bioinspirierte supramolekulare Katalyse, selbstassemblierende Liganden, selektive Stöchiometrie, Chiral-kontrollierte supramolekulare Assemblierung, Immobilisierung von supramolekularen Katalysatoren u. a. ein. Elemans et al. (2008) beschäftigen sich mit der bioinspirierten supramolekularen Katalyse.

(a) Thermostabilität

Die Thermostabilität von Proteinen übernimmt bei über 100 °C möglicherweise eine Schlüsselrolle bei den Wechselwirkungen zwischen Ionen (Vetriani et al. 1998). Die Entdeckung von hyperthermophilen Mikroorganismen und die Analyse von hyperthermostabilen Enzymen haben gezeigt, dass aus mehreren Untereinheiten aufgebaute Enzyme auch bei Temperaturen von 100 °C über einen längeren Zeitraum beständig bleiben. In einer auf Homologie beruhenden Modellierung sowie direkten Gegenüberstellung der Strukturen und zum Zwecke der Bestimmung der stabilisierenden Merkmale unterzogen Vetriani et al. (1998) Dehydrogenasen von *Pyrococcus furiosis* und *Thermococcus litoralis* vergleichenden Betrachtungen. Beide Mikroorganismen weisen optimale Wachstumstemperaturen von ca. 85–100 °C auf, Abschn. 2.3.2. Die ausgewählten Enzyme verhalten sich bis zu 87 % homolog und differieren bei einer Temperatur von 104 °C um das bis zu 16-Fache. In ihren Experimenten beobachten Vetriani et al. (1998), dass in der weniger stabilen Form des Enzyms von *T. litoralis* ein Netzwerk, bestehend aus einem Ionenpaar innerhalb einer Zwischenuntereinheit, erheblich reduziert wurde. Zwei Residuen unterliegen zwecks Wiederherstellung der Wechselwirkungen dahingehend Veränderungen.

Die einzelnen Mutationen selbst üben nachteilige Effekte auf die Thermostabilität des Proteins aus. Treten hingegen die Mutationen zusammen auf, zeigt das betreffende Protein gegenüber dem des Wildtyps eine vierfach erhöhte Stabilität bei 104 °C, wobei die katalytischen Merkmale des Enzyms durch die Mutationen unberührt verbleiben. Möglicherweise bieten, nach Auffassung von Vetriani et al. (1998), ausgedehnte Netzwerke, zusammengesetzt aus mehreren Untereinheiten von Enzymen, eine übergeordnete Strategie zur Beeinflussung der Thermostabilität an. Sie betonen zudem die Wichtigkeit des lokalen Umfelds eines Residuums bei der Abschätzung seiner Effekte auf die Stabilität. Um biomolekulare Prozesse zu identifizieren und/oder in diese einzugreifen, d. h. bei der Inaktivierung von bakteriellen Aktivitäten, ist eine funktionale Probe erforderlich, die nicht nur mit dem vorgesehenen Biomolekül in Wechselwirkung tritt, sondern auch einen externen Stimulus bereitstellt. Metall-NP können diese Anforderung übernehmen.

(b) Entropie

Die supramolekulare Katalyse, d. h. die Anordnung/Assemblierung von katalytisch wirksamen Spezifikationen unter Ausnutzung schwacher, intramolekularer Kräfte, wird durch enzymorientierte Herangehensweisen bestimmt. Innerhalb einer durch Enzyme gesteuerten Katalyse repräsentiert nach bislang vorliegenden Erkenntnissen die Entropie eine der wichtigsten Einflussgrößen (Ballester & Vidal-Ferran 2008). Enzymkontrollierte Reaktionen stützen sich auf Substrate, deren aktive Sites keinerlei Begrenzungen (engl. *nonconfined*) aufweisen und enge Enzym-Substrat-Komplexe eingehen. Da die katalytischen Gruppen Teil des gleichen Moleküls sind, wie sie im Substrat anzutreffen sind, kommt es zu keinerlei Verlusten bei der Übergangs- oder Rotationsentropie (Ballester & Vidal-Ferran 2008). Als Zielsetzung steht hierbei oftmals die Konstruktion einer enzymähnlichen, aktiven Site und sie konzentriert sich auf Reaktionssequenzen, die auf enzymatisch kontrollierten Katalysen beruhen.

Die supramolekulare Katalyse, d. h. die Kollektion/der Aufbau von Katalysator-Spezifikationen durch die Verwendung multipler schwacher intramolekularer Wechselwirkungen wurde bislang durch enzyminspirierte Ansätze dominiert (Ballester & Vidal-Ferran 2008).

(c) Intramolekulare Wechselwirkungen

Über eine Assemblierung von Katalysatorspezifikationen, erzielt durch die Verwertung von schwachen intramolekularen Wechselwirkungen und enzyminspirierten Verfahrensansätzen, erläutern Meeuwissen & Reek (2010) ihre Überlegungen zur supramolekularen Katalyse via Methoden der Enzym-Bionik. Durch Schaffung von enzymähnlichen, aktiven Sites und Reaktionen, nahezu identisch mit jenen, die durch Enzyme katalysiert werden, lassen sich Ansätze im o. a. Sinne durchführen. Meeuwissen & Reek (2010) argumentieren dahingehend, dass die Modularität von selbstorganisierenden, aus mehreren Komponenten bestehenden Katalysatoren einen relativ kleinen Bestand an Katalysatorkomponenten zur Verfügung stellt, der sich für einen schnellen Zugang zu einer großen Anzahl von Katalysatoren anbietet und zur Überprüfung von industriell relevanten Reaktionen eignet. Auch scheinen über die o. a. Vorgehensweise Eingriffe zur Einwirkung auf die Wechselwirkungen zwischen Katalysator und Substrat, zur Lenkung eines Substrats entlang bestimmten Reaktionspfaden und Selektivitäten möglich (Meeuwissen & Reek 2010).

(d) *Host-Guest*-Komplexe

Die Fähigkeit, supramolekularer *Host-Guest*-Komplexe zusammen mit Enzymen organische Reaktionen zu katalysieren, dient u. a. als Leitmotiv bei der Erforschung und Entwicklung einer synthetischen Enzymbionik. Einen Ansatz aus der supramolekularen Chemie zur Kombination enzymatischer (z. B. Dehydrogenase) und auf Metalle (z. B. Au^{1+}, Ru^{2+}) bezogener katalytischer Tandemreaktionen, eingekapselt in einen Ga-führenden tetraedrischen supramolekularen Cluster, erläutern Wang et al. (2013). Seitens der Enzyme kommt es zu einer Toleranz der *Host-Guest*-Komplexe und im Fall eines Au^{1+}-*Host-Guest*-Komplexes ist eine verbesserte Reaktivität gegenüber dem freien kationischen *guest* zu verzeichnen. Wang et al. (2013) vermuten, dass eine Form von supramolekularer Einkapselung der organometallischen Komplexe ihre Diffusion in die Bulklösung verhindert, da diese, in Lösung befindlich, Aminosäurereste der Proteine anbinden und infolgedessen ihre Aktivität einschränken können. Ungeachtet der o. a. Problematik unterstreichen Wang et al. (2013) die Vorteile des supramolekularen Ansatzes. In der Einkapselung reaktiver Komplexe sehen sie Möglichkeiten einer Strategie zur Durchführung von organischen Reaktionen in Anwesenheit von Biokatalysatoren.

(e) Modellierung

Zur Modellierung von Biomineralen, vertreten durch Apatit ($Ca_5[(F, Cl, OH)|(PO_4)_3]$) und DNS, bieten Revilla-López et al. (2013) Informationen. Über eine Kombination diverser molekularer mechanistischer Methoden sind sowohl Struktur als auch Stabilität von Biomineralen, die wiederum in Hydroxylapatit ($Ca_5[OH|(PO_4)_3]$) sowie Fluorapatit ($Ca_5[F|(PO_4)_3]$) eingebettete DNS-Moleküle führen, implementierbar. Frühe Stadien einer Nukleation von $Ca_5[OH|(PO_4)_3]$ sind über die Simulation molekularer Dynamiken zugänglich. Die Einbettung in $Ca_5[OH|(PO_4)_3]$ führt u. a. zu keiner Beeinträchtigung der H-Brückenbindungen und das Vermögen einer Aufnahme seitens $Ca_5[OH|(PO_4)_3]$ ist von der DNS-Sequenz unabhängig. In diesem Zusammenhang werden Wechselwirkungen zwischen den Ca-Atomen des Minerals und den PO_4^{3-}-Gruppen des Biomoleküls angenommen (Revilla-López et al. 2013). Völlig gegensätzlich verhält sich $Ca_5[F|(PO_4)_3]$, die F-Atome führen zu Beschädigungen der DNS, was infolge dieser Beeinträchtigung einen Verlust ihrer Merkmale nach sich zieht.

Für Ca-Phosphat werden dahingegen, entsprechend den Simulationen molekularer Dynamiken, Cluster-Bildungen auf den Oberflächen von DNS-Templaten beobachtet, Abschn. 5.4.4. Als wesentlich führen Revilla-López et al. (2013) elektrostatische Wechselwirkungen zwischen den PO_4^{3-}-Gruppen der DNS und Ca^{2+}-Ionen an, da sie signifikant zur Bildung von stabilen Ionen-Komplexen beitragen und durch Inkorporation von PO_4^{3-} aus der Lösung den Startpunkt für $Ca_3(PO_4)_2$-Cluster bilden.

(f) Selbstassemblierung

Eine supramolekulare Enzymbionik durch Selbstassemblierung erläutern Dong et al. (2011). Die Weiterentwicklung innerhalb der supramolekularen Chemie führte zu einer Verschiebung des bislang angewandten Forschungsschwerpunktes „Struktur-Design von Supramolekülen" zur Erforschung von funktionalen Systemen, wie z. B. supramolekularen Enzymmodellen. Auf verhältnismäßig einfache Art ist eine supramolekulare Enzymbionik durch Prozesse der Selbstassemblierung machbar, d. h. die Erzeugung von hochgeordneten Strukturen mit komplex und hierarchisch angeordneten Architekturen zur Nachahmung von Biopolymeren (Dong et al. 2011).

Hinsichtlich der Beziehung Struktur und Funktion natürlicher Enzyme sowie der im Verlauf einer Katalyse herrschenden thermodynamischen Mechanismen verhilft ein Studium der supramolekularen Enzym-Biomimese zu einem entsprechenden Verständnis. Weiterhin unterstützt der o. a. Ansatz das Angebot industriell-wirtschaftlich lauffähiger Applikationen, z. B. Biokatalysatoren (Dong et al. 2011). Künstliche Enzyme, basierend auf supramolekularen Gerüststrukturen, stellen Dong et al. (2012) vor.

Aufgrund der zur Katalyse erforderlichen erheblichen konformationalen Diversität sowie Komplexität ist die Rekonstruktion enzymatischer Mechanismen unter molekularen Aspekten mit erheblichen Verständnisschwierigkeiten versehen. Das Aufkommen von supramolekularen artifiziellen Enzymen bietet eine alternative Option, sich der strukturbezogenen Komplexität zu nähern und die enzymatische Katalyse eingehender zu identifizieren. Dieser Thematik widmen sich Dong et al. (2012). In ihrer Veröffentlichung erörtern sie das Potential supramolekularer Gerüststrukturen, d. h. von synthetischen Makrozyklen bis hin zu selbstassemblierenden nm-großen Objekten.

(g) Metabolismus

Zu der Redoxbiokatalyse, dem Redoxmetabolismus des Wirtsorganismus, den zugrundeliegenden molekularen Mechanismen und der Analyse metabolisch ausgerichteter Netzwerke äußern sich Blank et al. (2010), Abschn. 1.5.3/Bd. 2. Hierzu stellen die o. a. Autoren die molekularen Mechanismen von Oxidoreduktasen mit synthetischem Potential vor. Sie ziehen eine infolge wechselwirkender Beziehungen von Enzym mit dem Stoffwechsel des Wirtsorganismus (Abschn. 2.3.1) sich ergebende biokatalytische Reaktionen mit entsprechenden Redoxäquivalenten zur Herstellung von Feinchemikalien in Betracht (Abschn. 2.5.3/Bd. 2).

(h) Direkte Elektrochemie

Die durch C-Nanoröhrchen unterstützte direkte Elektrochemie von Redoxproteinen und Enzymen erläutern Yin et al. (2005). Zur direkten Elektrochemie von Redoxenzymen als Mittel zu mechanistisch orientierten Studien äußern sich Léger & Bertrand (2008). Elektrochemische Prozesse spielen bei der einer Vielzahl von Synthesen metallischer Komponenten eine wesentliche Rolle.

(i) Diverses

Zu Themen wie chemo-/regio-/stereoselektiver Reduktion, Hydroxylierung von Arenen, nichtfunktionalisierter Alkane, der Monoaufoxidierung von Alkenen sowie *Baeyer-Villiger*-Oxidationen bieten [1]Carballeira et al. (2009) eine zusammenfassende Übersicht. In ihrer Ausarbeitung setzen sie den Fokus auf den Einsatz von durch Ganzzellen katalysierten Reaktionen. Zur Verbesserung des Leistungspotentials der Stoffumsätze setzen sie u. a. auf die Gerichtete Evolution, Abschn. 3.4.2. Sie betonen die Vorzüge von Ganzzellverfahren und vergleichen diese mit Verfahren, implentiert durch isolierte und aufgereinigte Enzyme, Abschn. 2.2.1 (c)/Bd. 2.

(j) *De-novo*-Design

Bezüglich einer molekularen Modellierung und supramolekularen Chemie befasst sich Ducry (1998) mit dem *De-novo*-Design von Inhibitoren und rationalem Design von Liganden, einsatzfähig für eine asymmetrische Katalyse. Die bearbeiteten Fragestellungen und Lösungen, z. Zt. hauptsächlich innerhalb der Medizin hilfreich, sollten auch in Überlegungen in Bezug von Verfahrenslösungen auf die biogene Synthese einbezogen werden.

Zusammenfassend

gewähren Überlegungen zur supramolekularen Katalyse, als interdisziplinär auftretendes Arbeitsgebiet, Einblicke in die bislang untersten erfassbaren Ebenen, d. h. 10^{-10} m, einer enzymatisch gesteuerten Synthese metallischer Nanopartikel/-cluster und bieten Ansätze zur Kontrolle im Sinne einer *Bottom-up*-Strategie. Hierzu zählen die Theorie des *Host-Guest*-Konzepts unter Einbeziehung einfach zu handhabender, d. h. manipulierbarer, intermolekularer Wechselwirkungen wie z. B. H-Brückenbindung. Es sind nach bislang vorliegenden Veröffentlichungen diverse Materialien generierbar, so z. B.: Cluster oder *LB*-Filme aus CdS, NP aus Co, Pt etc. Weitere wichtige Hilfsmittel umfassen die Zielsetzungen und Techniken der molekularen Rekognition, z. B. durch *Shewanella sp.* praktiziert, und Abläufe der Selbstassemblierung, wie z. B. durch bakterielle S-Layer demonstriert. Sie ermöglichen eine gezieltere Akquise von benötigten oder gewünschten Zielkomponenten, d. h. Präkursor.

Zu Beginn einer Synthese metallischer NP können, im technischen Sinne, Komplexbildner unterstützend auftreten. Insbesondere Sidero- und andere Metallophore dienen Mikroorganismen zum Erwerb von Metallen, z. B. Cr, Mo, V, Zn, auch bei geringen Konzentrationen. Überlegungen zur Manipulation von Sensoren und Transportern können sich auf Beobachtungen stützen, die eine erfolgreiche Behandlung von z. B. As, Cu, Mo, Ti, W u. a. aufzeichnen.

Flankierend liegen Kenntnisse über bioelektrochemische Systeme in Form von z. B. exoelektrogenen Formen, elektroaktiven Biofilmen. Elektronendonatoren/-akzeptoren vor. Sie funktionieren auch bei Zellextrakten und es sind Vorgänge wie z. B. Radionuklidreduktion beschrieben. Einblicke in die supramolekularen Vorgänge gestatten es, die Bedingungen zur Thermostabilität und Entropie eingehender zu verstehen und zu verwerten, z. B. die Biokatalyse von gewünschten Reaktionen.

Somit steht unter Berücksichtigung der vorausgegangenen Kapitel eine interdisziplinär ausgerichtete, theoretische Basis zur Verfügung, verwertbar zum Verständnis der Kristallographie sowie Raumordnung metallischer Nanopartikel/-cluster sowie gezielter Eingriffsmöglichkeiten.

---

5 Kristallographie der Nanopartikel und 3-D-Raumordnung der Nanocluster

Überlegungen hinsichtlich einer technisch-wirtschaftlichen Verwertbarkeit biogen synthetisierter metallischer Nanopartikel/-cluster, z. B. mikrobieller Metabolite, setzen eine möglichst umfassende Kenntnis ihrer mineralogischen Charakteristika, d. h. Kristallchemie/-physik, deren Reaktionsumfeld/-bedingungen sowie ihrer hiermit assoziierten thermodynamischen Kinetiken voraus. Zur Nukleation, Kristallographie der Nanopartikel (NP) und der 3-D-Raumordnung von Nanoclustern bestehen eine Reihe von Untersuchungsergebnissen, wobei magnetotakte Bakterien als eine Art Modellorganismen ausführlichen Forschungsarbeiten unterliegen. Insgesamt ist eine Vielzahl von extra-/intrazellulären metallischen Biomineralisationen beschrieben wie z. B. Elemente, Oxide, Sulfide, Phosphate, Karbonate. Einflussmöglichkeiten ergeben sich über die am Aufbau beteiligten Proteine bzw. deren genetische Informationen. Die Regulation der Kristallmorphologie durch Proteine ist ein in der Biologie weitverbreitetes Merkmal und zur Bildung von funktionstüchtigen und belastbaren Gewebestrukturen wie z. B. Schalen etc. unerlässlich. Mittels der Entwicklung einer genetischen Technik gelang z. B. in *E. coli* das Studium einer proteingesteuerten Kontrolle des Kristallwachstums. Darüber hinaus ist nicht nur die biogene Synthese von individuellen Nanokristalliten, sondern auch deren geometrisches Arrangement im Raum durch gezielte Anordnung der diskreten z. B. Magnetosomketten möglich. Generell zeichnen sich nanoskalige Phasen, unter Einbeziehung von biogenen Mineralisationen, gegenüber dem Bulk durch eine Fülle veränderter physikalischer Eigenschaften aus. Daher sind Überlegungen zur Stabilität gegenüber schwankenden Einflussgrößen wie Temperatur, Druck u. a. essenziell. Zudem gestatten Daten zur Beständigkeit von NP wiederum Rückschlüsse auf das Umweltverhalten der biogen synthetisierten Nanopartikel/-cluster. Denn einige Metalle erweisen sich gegenüber der mikrobiellen Biomasse in Form von NP als toxisch, z. B. Ag, Cu.

5.1 Kristallographie nanoskaliger Biomineralisationen

Die Kristallographie untersucht die Wechselwirkungen zwischen Chemismus, Struktur und Merkmalen kristalliner Feststoffphasen (Kleber et al. 2002). Sie ist dem Fachgebiet der Materialwissenschaften zugeordnet. Elemente der Kristallographie sind die Ansprache der räumlichen Anordnung der dis-kreten Bestandteile innerhalb von Feststoffphasen, d. h. Struktur, ihrer Genese und Eigenschaften. Sie bedient sich zur räumlichen Ansprache individueller Komponenten/Punkte oder Cluster/ Punktgruppen, z. B. der Atome, flächigen Elemente wie z. B. Gitterstrukturen sowie eines speziell an die Kristallstruktur angepassten 3-D-Koordinatensystems, auf dessen Basis sieben Kristallklassen beruhen, z. B. triklin, monoklin etc. Es sind über die

DOI 10.1515/9783110426779-006

Zuweisung einer auf die Symmetrie bezogenen Klassifikation, d. h. eines Kristallsystems, mathematische Operationen zur Matrixdarstellung von Symmetrien möglich. Die Kristallographie von Nanokristalliten zeigt gegenüber Kristallen über 100 nm einige Besonderheiten, z. B. Quantengrößeneffekte. Ungeachtet dessen offenbaren metallführende Biomineralisationen zunächst kristallographische Merkmale, die sich von Kristallen im mm- bis cm-Bereich etc. nicht unterscheiden, und werden durch die kristallographischen Eckdaten der NP bestimmt. Die Eigenschaften von Nanokristallen hängen wesentlich von ihrer äußeren Form ab, wobei für die Kontrolle der Morphologie kinetische Prozesse angenommen werden. Denn energiereiche Facetten wachsen rascher als energiearme Facetten, so dass Nanokristalle von Facetten niedriger Energie umgeben sind (Chiu et al. 2011).

(a) Biogene vs. nichtbiogene Partikel

In einer vergleichenden Studie demonstrieren Oremland et al. (2004) biogen und nichtbiogen, d. h. chemisch synthetisierte Se-NP. So zeichnen sich z. B. durch *Bacillus selenitireducens MLS10* synthetisierte Partikel durch eine nahezu gleichförmige sphärische Morphologie aus.

Nichtbiogene Partikel sind durch eine hohe Irregularität in der äußeren Form gekennzeichnet und technisch nur sehr bedingt einsatzfähig (Oremland et al. 2004), Abb. 5.1 (a, b). Im Fall von Magnetit (Fe_3O_4) wiederum sind Unterschiede erkennbar, allerdings nicht in jenem Ausmaß, wie sie beim Se beobachtet wurden. Till et al. (2014) betonen den höheren Grad an Kristallinität des biogen synthetisierten Lepidokrokits (γ-$Fe^{3+}O(OH)$) gegenüber dem analogen Produkt aus nichtbiogener Produktion sowie deren intensiveren magnetischen Eigenschaften. In vergleichenden Studien von biogen mit nichtbiogen erzeugten magnetischen NP verzeichnen Jung et al. (2007) ebenfalls Unterschiede.

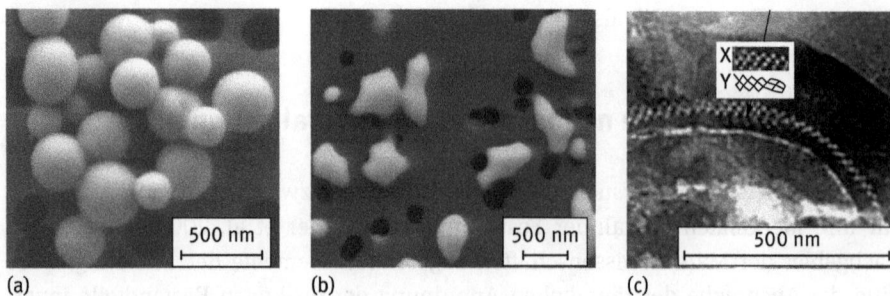

(a)   (b)   (c)

Abb. 5.1: (a) Vergleich von Se-NP, generiert durch biogene, z. B. *B. Selenitireducens MLS10*, (b) nichtbiogene Synthese (Oremland et al. 2004) und (c) nanoskalige As- und Sb-Mineralisationen auf fossilisierter S-Layer-Matrix (Phoenix et al. 2005).

(b) Fossile Metallcluster

Betreffs der Stabilität gegenüber Druck und Temperatur sind nanoskalige As- und Sb-Mineralisationen in Form fossiler Metallcluster auf lithifizierter S-Layer-Matrix beschrieben (Phoenix et al. 2005), Abb. 5.1 (c). Es handelt sich um eine im Zusammenhang mit einer Sinterbildung entwickelte Präservation mikrobieller Zellbestandteile. Durch Immobilisierung und eingebettet in eine an As sowie Sb angereicherte organische Matrix sind die Elemente der Zellmorphologie erhalten, u. a. die Präzipitate einer mineralisierten S-Layer, Abschn. 1.4 (d).

Zusammenfassend

bieten vergleichende Bewertungen biogener vs. nichtbiogener Partikel sowie fossile Aufzeichnungen Eindrücke betreffs der Stabilität und Charakteristika von Biomineralisationen. Für vergleichende Bewertungen biogener NP eignen sich zwei wichtige Konzeptionen innerhalb der Kristallographie: (1) Realstruktur und (2) Gitterfehler.

5.1.1 Realstruktur

Unter dem Term Realstruktur sind von idealisierten geometrischen Modellen, d. h. strikt periodischem 3-D-Arrangement von Atomen, abweichende Kristallgitter zu verstehen. Die Abweichungen äußern sich in vielfältiger Weise wie z. B. als Punktdefekte, Leerstellen, Versetzungen unterschiedlichster Art und Intensität etc. (Kleber et al. 2002). Dies führt zu Konsequenzen betreffs der physikalischen Eigenschaften der Kristalle.

Denn alle Fehler stehen in wechselseitigen Beziehungen zueinander. Es stellen sich instabile energetische Zustände ein, mit der Folge von Störungen thermodynamischer Equilibria. Hierzu erforderliche Relaxationszeiten können allerdings auch so langsam ablaufen, dass sich kaum Veränderungen einstellen (Kleber et al. 2002). Modelle von Idealkristallen, versehen mit Idealstruktur, dienen der Orientierung und Zuordnung und setzen chemisch hochreine Phasenräume voraus, die unter geogenen Bedingungen nicht realisiert sind.

Hinsichtlich chemischer Zusammensetzung, Struktur sowie Entstehung der Mineralphase liefert die elektronenmikroskopische Analyse von Magnetosomen aus MTB verwertbares Datenmaterial (Bazylinski et al. 1994). Je nach Milieubedingungen der MTB, d. h. oxidierend oder reduzierend, erfolgt die Synthese von zwei Typen von Magnetosomclustern: Fe-Oxid oder Fe-Sulfid. Als Fe-Oxid tritt Magnetit (Fe_3O_4) auf. Als Fe-Sulfide entstehen ferrimagnetischer Greigit (Fe_3S_4) und nicht magnetischer Pyrit (FeS_2). Als weiteres Fe-Sulfid wird ferrimagnetischer Pyrrhotin (Fe_7O_8) vermutet. Unabhängig von der Zusammensetzung schwanken die Werte für die Größe der NP zwischen ca. 35–120 nm. Fe_3O_4-Kristalle in dieser Größenordnung weisen eine Einfachdomäne auf und verleihen der Zelle ein permanent aktives magnetisches Dipolmoment.

Für Fe_3S_4 liegen keine Angaben über einen *single-magnetic-domain*-Bereich vor, es dürfte aber aller Wahrscheinlichkeit nach ähnlich dem Fe_3O_4 sein (Bazylinski et al. 1994).

Zur Bestimmung von Kristallhabitus und magnetischen Mikrostrukturen in Magnetosomen coccoider Morphotypen magnetotakter Bakterien eignen sich, entsprechend den bislang vorliegenden Veröffentlichungen, sowohl TEM als auch EH (Lins et al. 2006). Die ausgewählten Coccoiden verfügen über zwei getrennte Ketten von ungewöhnlich großen Magnetosomen. Diese weisen eine nahezu rechteckige Projektion mit einer Länge von 250 nm und parallel [111] eine längliche Streckung (mit einem Verhältnis Weite : Länge von ca. 0,9) auf (*Itaipu-1*). Bei anderem Probenmaterial zeigen die Magnetosomkristalle eine Länge von 120 nm mit einer länglichen Extension [parallel 111], einem Verhältnis von Weite zu Länge von ca. 0,6 und einer markanten Eckenfacettierung (*Itaipu-3*). Ungeachtet der verschiedenartigen Größen in der relativen Größe der Kristallflächen weist der Habitus der Kristalle beider Formen (d. h.) enge Beziehungen auf. In beiden Fällen orientieren sich die Kristalle mit der Längsachse [111] parallel der räumlichen Ausrichtung der Magnetosomkette.

Für *Itaipu-1*, allerdings nicht für *Itaipu-3*, erscheint die kristallographische Positionierung, senkrecht [111] zu den nachfolgenden Kristallen in der Magnetosomkette, einer stringenten biologischen Kontrolle unterworfen zu sein. Im Gegensatz zu den Magnetosomen des Typs *Itaipu-3*, ausgestattet mit einer magnetischen permanent wirkenden Einfachdomäne, erweisen sich die Magnetosome des *Itaipu*-1-Typs in dieser Hinsicht, d. h. Einfachdomäne, als metastabil. Wie durch TEM gezeigt, haben die auf die Magnetosome bezogenen Magnetite (Fe_3O_4) in den verschiedenen Arten bzw. Stämmen zwar unterschiedliche Formen, die dann allerdings für die einzelnen Arten sehr beständig sind. So weist der idealisierten Kristallhabitus von der z. B. magnetotakten *Spirilla sp.* equidimensionale Kubooktaeder (*cuboctahedra*) mit Werten von {100} und {111} auf.

In einer Reihe weiterer MTB, z. B. Cocci und Vibrionen, richten sich die Kristalle entlang [111] aus, d. h. parallel zur Ausrichtung der Magnetosomkette, und die projizierte Form entspricht nahezu einer rechtwinkligen Form. Als idealisierter Habitus für die Kristalle treten {100}, {111} und {110} auf und er bildet sechs, acht und zwölf Seitenflächen (Lins et al. 2006). Kristallhabitus und magnetische Mikrostrukturen von Magnetosomen in coccoidalen MTB weisen in Arbeiten von Lins (2006) eine hohe Übereinstimmung mit idealisierten Magnetosomen auf. HRTEM-Aufnahmen eines Magnetosoms mit Flächenindexierung zeigen eine {111}-Seitenfläche mit [110]-Schnittflächen zwischen den benachbarten Ebenen an der Spitze sowie Ecken des unteren Randes (Lins et al. 2006).

Zur Kristallstruktur von Magnetosomen, synthetisiert durch *Magnetospirillum magneticum AMB-1*, fertigen [2]Li et al. (2009) Aufnahmen mit der HRTEM an (Abschn. 1.3.4 (b)/Bd.1). Die Kristalle zeigen eine hoch geordnete, aus einem Kristall aufgebaute Struktur mit einer kubooktaedrischen Morphologie an sowie einem Gitterabstand von 4,8 für die {111} sowie 4,2 für die {002} Gitterebene, Abb. 5.2 (b).

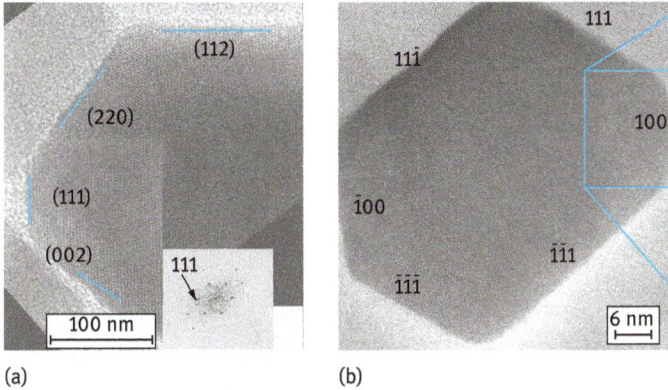

(a)   (b)

Abb. 5.2: (a) HRTEM-Aufnahme eines Magnetosoms mit Flächenindexierung (Lins et al. 2006) sowie (b) Kristallstruktur eines Magnetosoms ([2]Li et al. 2009).

Eine messtechnische Erfassung magnetischer Partikel entlang der [110]-Zonenachse angeordnet, synthetisiert durch partielle Oxidation in Anwesenheit mit und ohne *Mms6*, sowie extrahierte Magnetite (Fe_3O_4) von *M. magneticum AMB-1* zeichneten Arakaki et al. (2008) auf. Zur Analyse setzen die o. a. Autoren TEM sowie HRTEM ein, Abb. 5.3. Als Morphologie zeigen die ohne *Mms6* generierten Partikel eine oktaedrische Morphologie, wohingegen die durch *Mms6* erzeugten Partikel eine mehr kubische Morphologie aufweisen. Die in Anwesenheit von *Mam6* hergestellten Partikel nehmen eine Größe von 20,2 ± 4,0 nm ein, wohingegen die durchschnittliche Größe der ohne anwesendes *Mam6* produzierten Magnetosome eine Größe von 32,4 ± 4,0 nm erreicht. Die Analyse zeigt eindeutig eine Einkristallstruktur (Arakaki et al. 2008).

Zur strukturellen Reinheit von Fe_3O_4-NP in MTB äußern sich Fischer et al. (2011). Um einwandfreie zellulare magnetische Dipole zu synthetisieren, unterliegen in magnetotakten Bakterien sowohl der Prozess der Biomineralisation von Magnetosomen als auch die Bildung der Ketten einer Kontrolle auf zellulärer Ebene. Zur Klärung von Fragen, inwieweit z. B. die Mikrostruktur von Magnetosomen bei der Erzeugung des magnetischen Dipols Einfluss ausübt, untersuchten Fischer et al. (2011) unter Einbeziehung einer hochauflösenden Synchroton-RDA die Mikrostruktur intrazellulärer Magnetosome. Bezogen auf kultivierte und isolierte Formen magnetotakter Bakterien treffen sie hierbei in den Gitterparametern der intrazellulären Magnetosome auf erhebliche Unterschiede.

Durch vergleichende Betrachtungen mit abiotischen Kontrollmaterialien ähnlicher Dimensionierung sind die Differenzen durch unterschiedliche Oxidationszustände erklärbar. Daneben verhält sich der biogene Nano-Fe_3O_4 streng stöchiometrisch, d. h. strukturell unversehrt, wohingegen die isolierten Magnetosome leicht aufoxieren (Fischer et al. 2011). Nach Fischer et al. (2011) beginnt die hierarchische Strukturierung der Magnetosomkette mit der Bildung reiner Fe_3O_4-NP, die wiederum

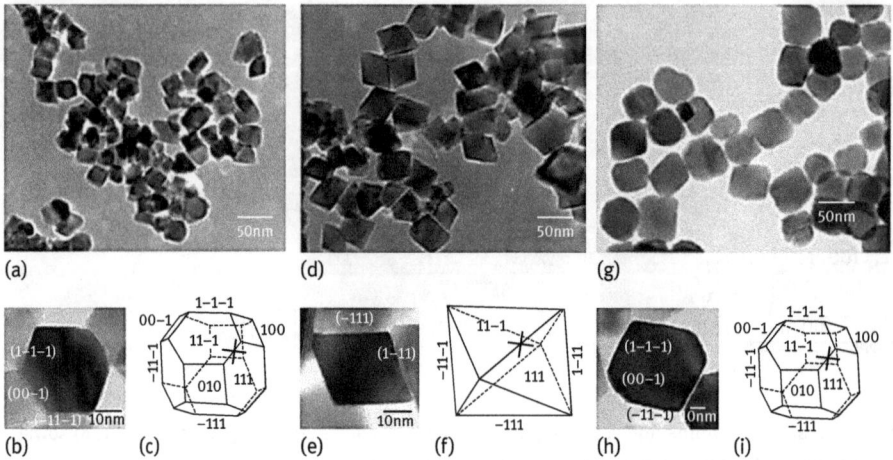

(a)　　　　　　　　　　　(d)　　　　　　　　　　　(g)

(b)　　　(c)　　　　(e)　　　(f)　　　(h)　　　(i)

Abb. 5.3: Magnetische Partikel synthetisiert durch partielle Oxidation in Anwesenheit mit (a–c) und ohne (d–f) *Mms6* sowie extrahierte Fe_3O_4 von *M. magneticum AMB-1*. Messtechnische Erfassung von (a, d, g) durch TEM, (b, e, h) durch HRTEM entlang der [110]-Zonenachse, (c, f, i) idealisierte Morphologie magnetischer Partikel. Die Kristalle sind durch eine Einkristall-Struktur definiert (Arakaki et al. 2008).

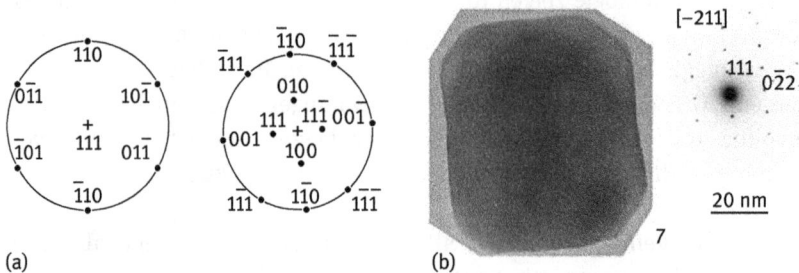

(a)　　　　　　　　　　　(b)

Abb. 5.4: (a) Stereographische Projektionen magnetischer Biomineralisationen (Isambert et al. 2007) und (b) HR-Aufnahme mit SAED-Muster (Simpson et al. 2005).

die magnetischen Merkmale der Magnetosomkette beeinflussen. Hochauflösende TEM von Magnetosomen mit Indexierung parallel den Gitterflächen zeigt eine diagonale Symmtrie mit der gegenüberliegenden Seite (Lins et al. 2005), Abb. 5.4 (a).

Eine Auflistung stereographischer Projektionen magnetischer Biomineralisationen kann bei Isambert et al. (2007) eingesehen werden, Abb. 5.4 (a). Mittels hochauflösender EM- sowie SAED-Aufnahmen ist die innere Struktur diskreter Magnetosomkristalle visualisierbar (Simpson et al. 2005), Abb. 5.4 (b).

Zusammenfassend

liegt über Realstrukturen metallischer Nanokristallite vor allem mit durch MTB synthetisierten Fe_3O_4 verwertbares Datenmaterial vor. *Miller*'sche Indizes, Aufnahmen durch RDA sowie TEM belegen die oftmals idiomorph auftretende Morphologie disketer Fe_3O_4-Kristalle.

5.1.2 Gitterdefekte

Unter Gitterdefekten oder -fehlern (engl. *crystallographic defects*) ist die Abweichung von der Periozidität innerhalb der Struktur eines kristallinen Festkörpers zu verstehen (Kleber et al. 2002). Als Ursache kommen chemisch bedingte Unreinheiten in Betracht, mit entsprechenden Auswirkungen auf das Kristallgitter. Im nanoskaligen Bereich verursachen Gitterdefekte eine Einschränkung der Funktionstüchtigkeit des betroffenen NP und somit des gesamten Clusters. Zum einen unerwünscht, sind sie jedoch für bestimmte technische Anwendungen ein unverzichtbarer Bestandteil, z. B. Dotierung. Daher unterliegen innerhalb der Materialwissenschaften durch Gitterdefekte beeinflusste kristalline Feststoffphasen eingehenden Studien (Espinosa & Bao 2012, Li 2007). Eine schematische Illustration zweier alternativer Modelle zur Lokalisierung von Au-NP, adsorbiert auf S-Layern mit hexagonaler Symmetrie (engl. *hexagonally packed intermediate* = HPI), zeigt ohne Zusatz von 25 mM an NaCl in einem idealisierten Overlay hexagonale Symmetrie, d. h. entspricht einem Modell mit Adsorption durch eine zentrale Porenanordnung, deutliche Fehlbesetzungen (Bergkvist et al. 2004), Abb. 5.5 (a). Gitterfehler in biogenen Pt-Kristallen visualisiert über HRTEM, Gd = Gitterdefekt präsentieren (Chiu et al. 2011), Abb. 5.5 (b).

Zu der Größenverteilung und Verzwilligungen in Magnetiten (Fe_3O_4) aus magnetotakten Bakterien stehen Daten von Devouard et al. (1998) zur Verfügung. Hierzu unterzogen sie introzelluläre magnetische Partikel aus diversen morphologischen Typen von MTB inkl. *Magnetospirillum magnetotacticum* und vier nicht vollständig beschrie-

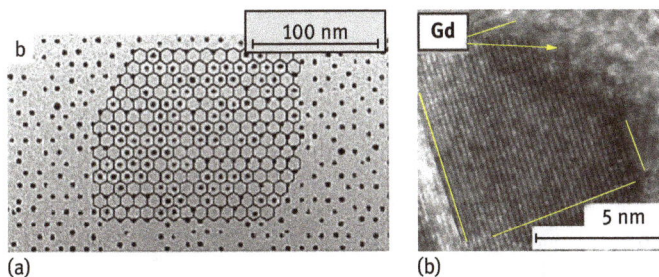

(a) (b)

Abb. 5.5: (a) Eine Illustration metallischer Nanocluster, d. h. Au, in einem idealisierten Overlay mit hexagonaler Symmetrie zeigt Fehlbesetzungen sowie die schematische Darstellung einer S-Layer mit hexagonaler Symmetrie (Bergkvist et al. 2004) und (b) Gitterfehler in biogenen Pt-Kristallen visualisiert über HRTEM, Gd = Gitterdefekt (Chiu et al. 2011).

benen Stämmen, d. h. *MV-1*, *MC-1*, *MC-2* und *MV-4*, geeigneten Untersuchungen. Zur Ansprache der Partikelmorphologie, Größenverteilung und strukturellen Merkmale kommt der Einsatz von TEM in Betracht. Die unterschiedlichen Stämme produzieren Kristalle mit charakteristischen Formen. Als Habitus treten verschiedene Kombinationen der isomerischen Formen {111} {110} {100} auf. In Hinsicht auf Größe und Form sind Vergleiche zwischen biogen und synthetisch erzeugten Fe_3O_4-Körnern interessant. Statistisch sind speziell auf die Größenverteilung bezogen deutliche Unterschiede erkennbar, Abb. 5.43.

Für die biogen erzeugten NP stellt sich gegenüber den NP nichtbiogenen Ursprungs und einer Asymmetrie innerhalb der Verteilungskurve eine engere Spannweite für die Größe dar (Devouard et al. 1998). Als Ursache für die Abweichung von der Idealform kann im Fall des biogen erzeugten Fe_3O_4 das Auftreten von Verzwilligungen nach dem Spinellgesetz in Erwägung gezogen werden. Vereinzelt sind auch mehrfache Zwillingsbildungen beschrieben. Aber auch in den NP nichtbiogenen Ursprungs finden sich Zwillinge, die den bakteriellen NP ähneln. Die Unterscheidungskriterien zwischen biogenen und nichtbiogen synthetisierten Fe_3O_4 beschränken sich demnach auf die Größe und den Habitus (Devouard et al. 1998).

Über Zwillingsbildungen in Magnetosomen liegt eine Reihe von Informationen vor (Alphandery et al. 2009, Devouard et al. 1998), Abb. 5.6 (a). So sind aus *Magnetospirillum magnetotacticum AMB-1* die Zwillingsebene sowie kristallographische Orientierung visualisiert (Alphandery et al. 2009), Abb. 5.6 (b). Ebenfalls in *Magnetospirillum magnetotacticum* auftretend, weisen Devouard et al. (1998) auf Zwillingsbildungen von Magnetosomen innerhalb einer Kette hin. Den geschätzten Anteil (in %) von Fe_3O_4-Kristallen mit Zwillingsbildung aus biogen und synthetisch generierten Magnetiten listen Devouard et al. (1998) auf, Tab. 5.1. Die Neigung zur Zwillingsbildung unterliegt innerhalb diverser Stämme von *M. magnetitacticum* unterschiedlicher Intensität. Im Sinne von Qualitätsansprüchen kommt ein möglicher technischer Einsatz vom Stamm *MV-4* weniger in Betracht, da er zu hoher Bildung von Zwillingen neigt, wohingegen der Stamm *MC-1* die günstigsten Werte aufweist (Devouard et al. 1998), Tab. 5.1.

Tab. 5.1: Geschätzter Anteil in % von Fe_3O_4-Kristallen mit Zwillingsbildung aus biogen und synthetisch generierten Fe_3O_4 (Devouard et al. 1998).

Mikroorganismus	Zwilling (%)	Mehrfach-Zwillingsbildung (%)
M. magnetitacticum	10–20	4
Stamm *MV-1*	6–8	1
Stamm *MV-4*	34–45	18
Stamm *MC-1*	2–7	1
Stamm *MC-2*	11–16	3
Synthetisch	11–17	4

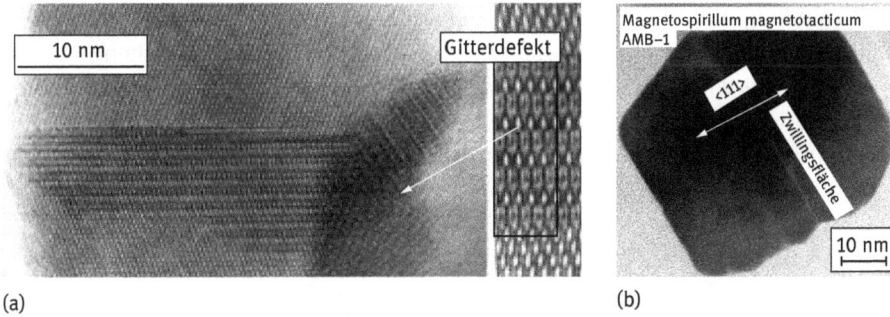

(a)   (b)

Abb. 5.6: (a) Zwillingsbildungen in Magnetosomen von *Magnetospirillum magneticum* (Devouard et al. 1998) und (b) *M. magneticum AMB-1* mit Zwillingsebene sowie kristallographischer Orientierung (Alphandery et al. 2009).

Hinsichtlich der Ursachen, die zu einer Zwillingsbildung führen können, liegen im Moment noch keine weiterführenden Daten vor. Es sind Vorgänge wie z. B. Phasentransformationen, der Einfluss externer Stämme oder bestimmte Wachstumsphasen in der Diskussion (Devouard et al. 1998). So entwickeln sich innerhalb des bakteriell erzeugten Zwillings die individuellen Kristalle nahezu identisch. Devouard et al. (1998) erklären dies mit der Gleichzeitigkeit der Nukleation der nanoskaligen Fe_3O_4-Kristalle.

Einen defekten Fe_3O_4-Kristall in *Magnetospirillum magnetotacticum*, Bestandteil einer Magnetosomkette, visualisieren Dunin-Borkowski et al. (2001), Abb. 5.7. Es kann insofern zu einer erheblichen Beeinträchtigung in der Funktionstüchtigkeit der magnetischen Domänenstruktur kommen. Allerdings bieten sich Lösungsansätze an. Ein erfolgreicher, rationaler Entwurf und die Synthese von Strukturen mit Einfachverzwillingungen, d. h. rechte Bipyramide und {111}-Bipyramide, verbunden mit hohen Ertragsraten von Pt-Nanokristalliten, geschieht über die Stabilisierung der {100}-Fläche (engl. *facet*) und {111}-Fläche.

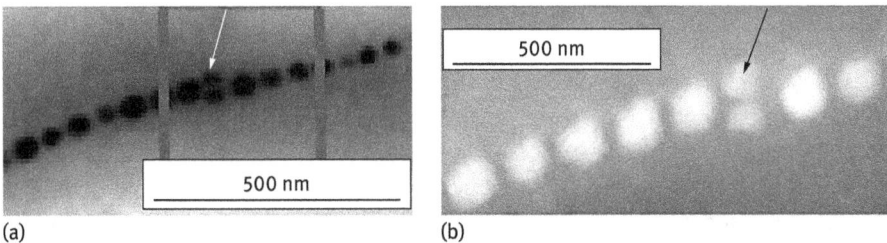

(a)   (b)

Abb. 5.7: (a) Defekter Fe_3O_4-Kristall in *Magnetospirillum magnetotacticum*, angedeutet durch den Pfeil, (b) vergrößerter Ausschnitt (Dunin-Borkowski et al. 2001).

In Verbindung mit ihren Studien betonen Ruan et al. (2011) das Potential von Biomolekülen bei der Identifizierung sowie Unterstützung einer anorganischen Synthese von Nanomaterialien und der Anleitung zur Generierung von Materialstrukturen. Sie sehen hierin einen weiteren wichtigen Schritt in Richtung einer vorherseh- und programmierbaren biomimetischen Synthese von u. a. metallischen NP mit gewünschter Morphologie.

Zusammenfassend

sind Zwillingsbildungen und Fe_3O_4 mit Frakturen ein Phänomen, das in Überlegungen einer industriellen Biosynthese von magnetischen Fe-Partikeln berücksichtigt werden muss.

5.1.3 Polymorphismus binärer Metallphasen

Unter dem Polymorphismus binärer Metallphasen ist innerhalb der Mineralogie und den Materialwissenschaften das Auftreten unterschiedlicher Modifikationen unter Beibehaltung der stöchiometrischen Eigenschaften zu verstehen. In Abhängigkeit von Druck und Temperatur, als die maßgeblichen Einflussgrößen, bildet z. B. SiO_2 eine Reihe polymorpher Formen, z. B. α- und β-Quarz, Tridymit, Christobalit, Coesit, Stishovit. Binäre Metalloxide sind Verbindungen aus zwei Metallen, z. B. FeCo, GaAs etc., wobei einige Phasen wie Kobaltferrit biogen synthetisierbar sind, z. B. Ferrihydrit $((Fe^{3+})_2O_3 \cdot \frac{1}{2}H_2O)$. Eine polymorphe Form von Goethit, d. h. Lepidokrokit, ist in die mikrobielle Reduktion bei der Synthese von Magnetit (Fe_3O_4) einbezogen (Konhauser 2007). Aufgrund der hierdurch intern bedingten Unterschiede der Struktur kommt es zu abweichenden physikalischen Eigenschaften.

Über polymorphe Phasenübergänge in nanokristallinen binären Metalloxiden veröffentlichen Sood & Gouma (2013) das Ergebnis einer vergleichenden Literaturrecherche. Um einen möglichst effizienten Gebrauch polymorpher Metalle zu gewährleisten, sind theoretische Voraussagen zu den polymorphen Übergängen unentbehrlich. Im *Bulk*-Stadium sind die wichtigsten Einflussgrößen betreffs der Transformationen die Temperatur und der Druck. Für Nanomaterialien tritt abweichend als Einflussfaktor statt des Drucks die Größe auf.

Als Beispiele nennen Sood & Gouma (2013) die Transformation von γ-Fe_2O_3 zu α-Fe_2O_3, des monoklinen MoO_3 zur orthorhomischen Modifikation, die Transformation vom metastabilen Anatas (TiO_2) zum stabilen Rutil (TiO_2) etc. Betreffs der Phasenstabilität schlagen die o. a. Autoren die Berücksichtigung weiterer Einflussgrößen vor, z. B. Oberflächenspannung und -energie, Form der Partikel sowie kritische Größe. Ihr hieraus abgeleitetes Modell stimmt mit experimentellen Daten für nanokristallines Al, Ti, Zr sowie Fe_2O_3 überein und erlaubt Vorhersagen zur größenabhängigen Stabilität innerhalb bekannter Temperaturbereiche.

5.2 Nukleation und Phasenübergänge

Als Voraussetzung für die Synthese von metallischen Nanokristalliten sind eine entsprechende Nukleation und der reibungslose Ablauf der Phasenübergänge unerlässlich. Einblicke in diese Vorgänge gestatten es, zwecks regulativer Operationen gegebenenfalls Schnittstellen zu identifizieren. Unter die Nukleation, als einer der beiden wesentlichen Mechanismen eines Übergangs erster Ordnung, fallen Vorgänge, die aus einer energetisch ungünstigen, d. h. höheren Position der Energiebarriere in eine neue Phase auf niedrigerem Energieniveau übergehen (De Yoreo & Vekilov 2003). Betreffs der biogenen Synthese metallischer Nanopartikel/-cluster ergibt sich bereits im Stadium der Nukleation sowie bei den Phasenübergängen nanoskaliger Aggregate eine Vielzahl von Kontrollmöglichkeiten, mit den entsprechenden Konsequenzen für einen möglichen angedachten technischen Einsatz.

(a) Thermodynamik

Generell repräsentiert die Nukleation eine Energiebarriere im Sinne der Aktivierung gegenüber einer spontanen, aus einer übersättigten Lösung hervorgehenden Bildung einer Feststoffphase. Diese kinetische Auflage kann zum Aussetzen der zur Präzipitation erforderlichen thermodynamischen Antriebskräfte beitragen, mit dem Ergebnis einer Erzeugung von metastabilen Lösungen, ohne Tendenz einer Phasenveränderung auch über längere Zeiträume hinweg (Mann 1988). Sowohl für die Nukleation als auch das Wachstum, d. h. die Transformation aus einer Lösung zu einer Feststoffphase, kommen thermodynamische Antriebskräfte in Betracht.

Hierbei beläuft sich die Freie Energie der Ausgangsphase im Vergleich zur Summe der Freien Energien der kristallinen Phase sowie der finalen Lösungsphase auf einen höheren Betrag (de Yoreo & Vekilov 2003). Bezogen auf die Lösungsaktivitäten, die sich näherungsweise durch die Lösungskonzentration zum Ausdruck bringen lassen, steht als Äquivalent, dass das eigentliche Aktivitätsprodukt der Reaktionspartner (= AP) das Gleichgewicht des Aktivitätsproduktes der betroffenen Reaktionsmittel überschreitet, d. h. Gleichgewichtskonstante K_{sp} (de Yoreo & Vekilov 2003). In Fällen, wo es zu der Kristallisation einer einzigen chemischen Komponente kommt, tritt als Antriebskraft für die auskristallisierende Spezies der Wechsel im chemischen Potential, d. h. $\Delta\mu$, auf. Der Term für den mit der Kristallisation assoziierten Wechsel der Freien Energie findet hier keine Anwendung. $\Delta\mu$ misst die Erwiderung der Freien Energie an zwischen den Phasen transferierten Molekülen. Je größer der Betrag für $\Delta\mu$, umso intensiver tritt sie als Antriebskraft für die Kristallisation in Erscheinung. Eine direkte Beziehung existiert im Wechsel der Freien Energie sowie des chemischen Potentials mit den Aktivitätsprodukten. Für die Ausfällung gilt (de Yoreo & Vekilov 2003):

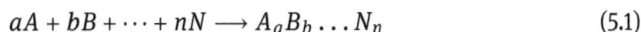

$$aA + bB + \cdots + nN \longrightarrow A_aB_b \ldots N_n \qquad (5.1)$$

Das Aktivitätsprodukt der Reaktionspartner, d. h. AP:

$$AP = [A]^a[B]^b[C]^c \ldots [N]^n \tag{5.2}$$

und des K_{sp}-Wertes lauten:

$$K_{sp} = [A]_e^a[B]_e^b[C]_e^c \ldots [N]_e^n \tag{5.3}$$

wobei sich der Index „e" auf die Aktivität im Gleichgewichtszustand bezieht.

Die Freie Energie der Lösung per Molekül, d. h. Δg_{sol}, und der Wechsel des chemischen Potentials drücken sich wie folgt aus:

$$\Delta g_{sol} = -k_B T \ln K_{sp} \tag{5.4}$$

sowie

$$\Delta\mu = k_B T \ln AP - \Delta g_{sol} = k_B T \ln\left(\frac{AP}{K_{sp}}\right) \tag{5.5}$$

und k_B steht für Boltzmann-Konstante, T ist die absolute Temperatur.

Eine Vielzahl von Analysen zum Kristallwachstum beziehen sich weniger auf den Gebrauch von $\Delta\mu$, vielmehr bevorzugen sie die Supersaturation σ, mit $\Delta\mu$ über folgenden Term verbunden (de Yoreo & Vekilov 2003):

$$\Delta\mu = k_B T \ln \sigma \tag{5.6}$$

bzw.

$$\sigma = \ln\left\{\frac{AP}{K_{sp}}\right\} \tag{5.7}$$

Kristallisationspfade unterliegen sowohl einer thermodynamischen als auch kinetischen Kontrolle. Inwieweit ein System das Ziel einer finalen Mineralphase mittels einer einstufigen Route oder einer sequentiell ausgerichteten Abfolge verfolgt, hängt von der Freien Energie der Aktivierung (ΔG), der Nukleation, dem Wachstum und der Phasentransformation ab, wobei amorphe Phasen häufig unter kinetischen Bedingungen auftreten (Cölfen & Mann 2003), Abb. 5.8.

Energetische Hinweise zu Pfaden der Biomineralisation, insbesondere zu Präkursor, Cluster und NP, liefert Navrotsky (2004). Präkursor, bestehend aus Nanopartikeln/-clustern, übernehmen u. U. eine wichtige Funktion bei der Biomineralisation, Abschn. 2.4.4. Die geringen Unterschiede in der Enthalpie und Freien Energie zwischen den metastabilen nanoskaligen Phasen bieten kontrollierbare thermodynamische und mechanistische Pfade an. Cluster und NP wiederum verfügen über Möglichkeiten, die Konzentration sowie den Transport von Reagenzien zu steuern. Eine Kontrolle des Polymorphismus sowie die Oberflächenenergie und -ladung der NP können wiederum zu einer Kontrolle von Morphologie und entsprechenden Wachstumsraten von Biomineralisationen führen (Navrotsky 2004). Neben herkömmlichen Techniken der Nukleation und des Wachstums bieten sich somit zusätzliche alternative Ansätze zur Entwicklung von Kristallen, wie z. B. über die Assemblierung von NP. Die Stufenregel

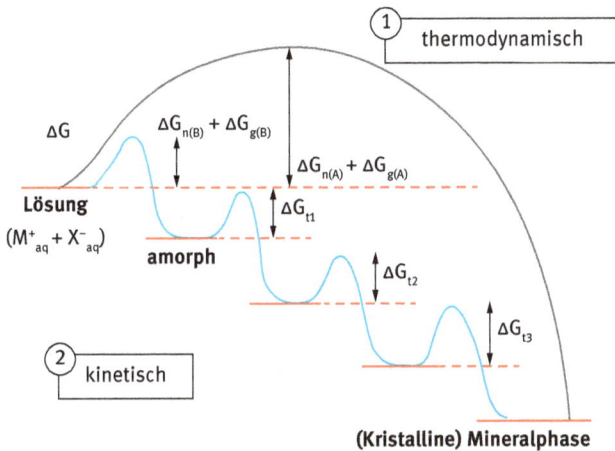

Abb. 5.8: Kristallisationspfade unter sowohl thermodynamischen (1) als auch kinetischen (2) Aspekten bzw. Kontrolle (umgezeichnet nach Cölfen & Mann 2003).

nach *Ostwald* (engl. *Ostwald step rule*), die betreffs Nukleation und Wachstum auf der thermodynamischen Betrachtungsweise beruht, wird durch die Beobachtung unterstützt, dass metastabile Phasen i. d. R. nur über geringe auf die Oberflächen bezogene Energien verfügen. Beispiele aus dem Bereich der nichtbiologischen Systeme, mit Betonung auf die Interaktionen von thermodynamischen und kinetischen Faktoren, illustrieren für Biomineralisationen potenziell wichtige Merkmale (Navrotsky 2004). Bezüglich der Struktur kann eine Fülle von Zusammensetzungen, die Biominerale bilden, in verschiedenen Modifikationen auftreten. So bildet $CaCO_3$ z. B. Aragonit, Calcit sowie Vaterit, für ZnS sind Sphalerit und Wurtzit beschrieben, Fe und Mn formen eine Reihe von Oxiden und Oxyhydroxiden. Obwohl nur stets ein kristallines Polymorph unter gegebenen thermodynamischen Bedingungen, d. h. Temperatur, Druck, O_2-Fugazität u. a., als die stabilste Form auftritt, unterscheiden sich die metastabilen Formen oftmals lediglich geringfügig, d. h. wenige Kilojoule per mol, von dem stabilen Polymorph und stehen für synthetische Zwecke zur Verfügung. Dies wird im Vergleich der Freien Energien und Enthalpien von z. B. Fe-Oxid-/-Oxyhydroxid-Phasen, bezogen auf $\frac{1}{2}\alpha$-$Fe_2O_3[+\frac{1}{2}H_2O_{liq}]$, deutlich, z. B. Lepidokrokit/Maghemit, Goethit/Hämatit (Navrotsky 2004), Abb. 5.9 (a).

Diese bei Raumtemperatur beständige Metastabilität unterliegt weitgehend dem ΔH-Term von 1–10 kJ mol^{-1}, wobei der $T\Delta S$-Term eine Korrektur von 10–20 % anbietet. Von entscheidender Bedeutung ist hierbei, dass die ΔH- und ΔG-Terme klein genug sind, um die Rangfolge der thermodynamischen Stabilität durch eine Reihe von Faktoren, z. B. die Partikelgröße, umzukehren (Navrotsky 2004). Das z. Zt. vorherrschende Verständnis oder der aktuelle Rationale Ansatz geht von der Annahme aus, dass sich eine metastabile Phase strukturell von den Präkursern in der Lösung, Schmelze oder dem Glas kaum unterscheidet und fähig ist, einfache Kristallisationskeime zu bilden.

Generell besteht eine korrelative Beziehung zwischen ansteigender Metastabilität mit abnehmender Oberflächenenergie und es kann, bezogen auf die nanoskalige Dimension, zu Überschneidungen innerhalb der verschiedenen thermodynamischen Stabilitätsfelder kommen (Navrotsky 2004). Prinzipiell weist ein Keim einer metastabilen Phase eine geringere Aktivierungsbarriere und somit kleinere kritische Größe auf. Zusätzlich vermutet Navrotsky (2004) für das Kristallwachstum des metastabilen Polymorphs, verglichen mit der stabilen Phase innerhalb des Bulks, eine geringere Freie Energie und hinsichtlich der Größe ist das für eine verhältnismäßig große Bandbreite gültig.

Nach Beginn des Wachstums eines metastabilen Kristalls dürfte eine Sequenz von Nukleation, Auflösung und Repräzipitation folgen, um letztendlich in einen stabileren Phasenzustand überzugehen. Messtechnisch ist die Enthalpie der Oberflächen über kalometrische Techniken quantifizierbar (Navrotsky 2004). Freie Energien und Enthalpien von Fe-Oxid-/-Oxyhydroxidphasen bezogen auf $\frac{1}{2}$ α-Fe$_2$O$_3$[+ $\frac{1}{2}$ H$_2$O$_{liq}$], und die schematische Darstellung von Freier Energie und Durchmesser unter Weglassung einer numerischen Einteilung der beiden Achsen offenbaren die Differenzen der kritischen Größe des Nukleus, Aktivierungsenergie und Übergänge bzw. Überschneidungen innerhalb der diskreten Phasenstabilitätsfelder der NP (Navrotsky 2004), Abb. 5.9 (b).

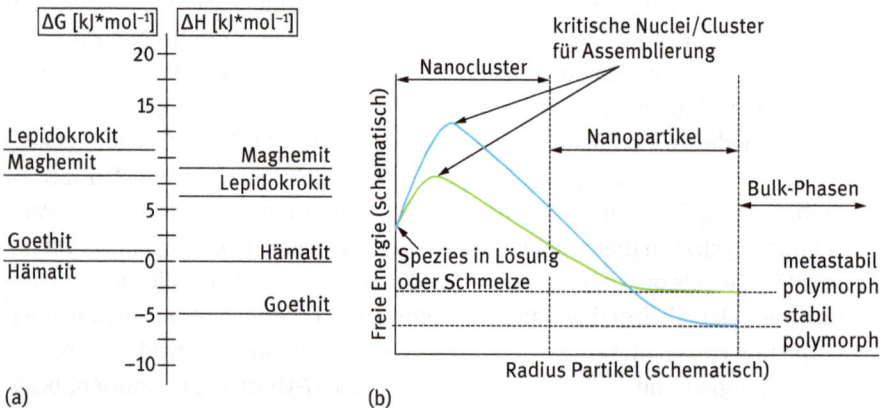

Abb. 5.9: (a) Freie Energien und Enthalpien von Fe-Oxid-/-Oxyhydroxid-Phasen bezogen auf $\frac{1}{2}$ α-Fe$_2$O$_3$[+ $\frac{1}{2}$ H$_2$O$_{liq}$], und (b) schematische Darstellung von Freier Energie und Durchmesser unter Weglassung einer numerischen Einteilung der beiden Achsen. Dies zeigt die Differenzen der kritischen Größe des Nukleus, der Aktivierungsenergie und der Phasenstabilität (Navrotsky 2004).

(b) Cluster-Bildungen

Cluster der Feststoffphase setzen nur dann ihr Wachstum fort, wenn die erforderliche Energie zur Bildung der neuen Schnittstelle, d. h. ΔG_I, jenen Betrag übersteigt, der bei der Freigabe der Bindungsenergie des betroffenen Bulk, d. h. ΔG_B, freigesetzt wird. Eine Nukleation setzt ab einer kritischen Clustergröße ein, die sich wiederum dem Verhältnis $\Delta G_I : \Delta G_B$ proportional verhält. Die Aktivierungsenergie zur Nukleation (ΔG_N) bezieht sich auf ΔG_I und ΔG_B und lässt sich wie folgt formulieren (Mann 1988):

$$G_N = \frac{16(G_I)^3}{3(G_B)^2} \tag{5.8}$$

und

$$G_B = k_B T \log_c S \tag{5.9}$$

wobei gilt:
k_B Boltzmann-Konstante,
T Temperatur,
S relative Übersättigung des Mediums.

Nur nach Überwindung der zur Generierung einer neuen Grenzfläche erforderlichen Energie (ΔG_I), d. h. durch eine höhere, infolge der Bildung von Bindungen innerhalb des Gesamtsystems (engl. *bulk*) generierte/freigesetzte Energie (ΔG_B), setzen die Cluster der Feststoffphasen ihr Wachstum fort.

Generell setzt eine Nukleation nur/erst bei einer kritischen Größe der Cluster ein und die Aktivierungsenergie, bezogen auf ΔG_I sowie ΔG_B, lässt sich wie folgt formulieren (Mann 1988):

$$G_N = \frac{16(G_I)^3}{3(G_B)^2} \tag{5.10}$$

und

$$G_B = k_B T \log_e S \tag{5.11}$$

wobei gilt:
k_B Boltzmann-Konstante,
T Temperatur,
S relative Übersättigung des Mediums.

Bezogen auf biologische Systeme kann die zur Nukleation benötigte Aktivierungsenergie durch Erniedrigung der mit der Grenzfläche verbundenen Energie ΔG_I oder durch Erhöhung der Supersaturation erniedrigt werden. Über die Anwesenheit von organischen Oberflächen an den Stellen der Nukleation ist es möglich, die auf die Grenzfläche bezogene Energie ebenfalls abzusenken. Von Bedeutung für eine Nukleation auf einem organischen Substrat ist die Existenz eines diskreten Energieminimums (Mann 1988).

Die Funktion von Pränukleationsclustern und nicht konventioneller Nukleation beleuchten Gebauer & Cölfen (2011). Bei Pränukleationsclustern handelt es sich um in wässrigen Phasen gelöste Stoffe mit molekularem Charakter. Oftmals kommt es zum Kaschieren von stabilen Clustern durch Konzeptionen einer ionenen Paarung und Aktivitätseffekte. Entsprechend ihrer Publikation betonen Gebauer & Cölfen (2011), dass Theorien zur Nukleation von stabilen Pränukleationsclustern den klassischen Konzeptionen zur Nukleation hinsichtlich einer Erklärung von im Zusammenhang biogener Mineralisationen beobachteten Phänomenen offensichtlich überlegen sind.

Auf die Koaleszenz von Nanoclustern und Entstehung kristalliner Präzipitate im Submicron-Bereich, unterstützt durch *Lactobacillus*-Stämme, machen Nair & Pradeep (2002) aufmerksam. Beim Angebot geeigneter Präkursorionen unterstützen die o. a. Mikroorganismen das Wachstum von Au, Ag sowie Au-Ag-Legierungen im Submicron-Bereich. Es entwickeln sich zahlreiche gut definierte Kristallmorphologien. Durch eine Koaleszenz von Clustern kommt es zum Kristallwachstum, wobei sich diese zahlreich um die Außenlinie des Bakteriums anlagern. Beeinträchtigungen in der Funktionstüchtigkeit des Bakteriums sind gemäß Nair & Pradeep (2002) nicht zu beobachten. Die mit der Genese verbundenen Reaktionsabläufe bzw. Mechanismen bleiben bislang ungeklärt.

(c) Liquidähnliche Zwischenstadien

Liquidähnliche Biomineralisationen dienen nach Überlegungen von Evans (2013) als ein wesentliches Element bei der Regulation einer biogen induzierten Nukleation. In Verbindung mit aktuellen theoretischen Modellen zum Ablauf einer Nukleation, z. B. zu der Bildung von Pränukleationsclustern, amorph auftretenden Assemblierungen von Mineralclustern, Szenarien von Maturisierung und Stabilisierung, offenbaren sich Schnittstellen kontrollierbarer Reaktionsabläufe. In seiner Publikation erörtert Evans (2013) ein übergreifendes Schema, in dem die für die Nukleation zuständigen Proteine zu intrinsisch ungeordneten und für eine Aggregation zugänglichen Sequenzen, organisiert in einer Fluidphase (engl. *polymer-induced liquid phase* = PILP), führen. Sie offerieren allem Anschein nach das geeignete Umfeld zur sukzessiven Stabilisierung und/oder Transformation der mineralischen Phase, hervorgegangen aus einer amorphen Präkursorphase, Abschn. 2.3.3.

(d) Organische Komponenten

Unter natürlichen Bedingungen erfolgt eine Biomineralisation i. d. R. unter Einbeziehung organischer Moleküle, d. h., ein Kristallwachstum auf der Nanoskala geschieht durch Überbrückung der in Frage kommenden Nanokristallite (Oaki et al. 2006). Die bereits seit langem publizierten Beobachtungen eines häufig gemeinsamen Auftretens organischer Strukturen mit biomineralisierten Strukturen legen die Vermutung einer kontrollierenden Funktion seitens der Biomoleküle nahe (Fang et al. 2011).

Über die Identifizierung biologischer Komponenten, verantwortlich für das von der Größe abhängige Wachstum von NP, berichten Winkler et al. (2012). Die Wahrscheinlichkeit einer Entwicklung von NP-Keimen zu Kondensationskeimen (engl. *cloud condensation nuclei*) hängt u. a. von den Wachstumsraten der Partikel ab. Ein Großteil der neu gebildeten, unter moderaten Bedingungen entstandenen NP verdankt seine Entstehung u. a. oxidierten organischen in der Dampfphase befindlichen Komponenten, meist von biogenen gasförmigen Präkursorn abstammend.

Im Verlauf von Untersuchungen zur chemischen Zusammensetzung von biogenen NP, ausgewählt nach größenbezogenen Kriterien und mit einer Größe von 10 nm bis 40 nm versehen, zeigt sich für den Bereich 10–20 nm eine verhältnismäßig einheitliche Komposition der Partikel, währenddessen Partikel mit einer Größe von bis zu 40 nm erhebliche individuelle Unterschiede aufweisen. Die kleineren Partikel, d. h. 10–20 nm, sind durch höhere Anteile an Carboxylsäuren charakterisiert. Größere Partikel, d. h. 40 nm, zeigen höhere Konzentrationen an Carboxyl sowie organische Säuren mit niedrigem Molekulargewicht. Nach Einschätzung von Winkler et al. (2012) spiegelt der Wechsel in der Zusammensetzung von den kleineren zu größeren Partikeln einen Anstieg des Dampfdrucks durch die kondensierende Dampfphase um das bis zu Zweifache wider und verweist auf die entscheidende Funktion des *Kelvin*-Effekts beim Wachstum der biogenen NP.

(e) Trägermatrix

Hinsichtlich der Biominerale und deren biomimetischer Synthese muss der Kristallisation an der Grenzfläche Organik : Anorganik besondere Beachtung geschenkt werden (Mann et al. 1993), Abschn. 4.4 (b). Für eine Biomineralisation sind für die Vorgänge der Nukleation, des Wachstums, der Morphologie sowie Aggregation die regulativen Mechanismen von Anordnungen organischer Makromoleküle im Sinne einer organischen Trägermatrix von zentraler Bedeutung. Eine Ablagerung hochgeordneter Arrays von anorganischen Kristallen innerhalb vieler Organismen erfordert an der Schnittstelle zwischen Kristall und den Makromolekülen des Substrats die kontrollierte Keimbildung (engl. *nucleation*). Eine Präorganisation von extrazellulären makromolekularen Substraten, d. h. Biopolymer oder Matrix, zur regiospezifischen Keimbildung und die nachfolgende Entwicklung von Biomineralen mit einer kontrollierten, d. h. regelmäßigen, Struktur können in vielen biologischen Systemen beobachtet werden.

(f) Molekulare Komplementarität

Im Rahmen einer Biomineralisation gilt es, als weiteren Teilaspekt die molekulare Komplementarität zu beachten (Mann et al. 1993). Das heißt, es stellt sich die Frage nach den möglichen Wechselwirkungen an den Schnittstellen von anorganischen mit organischen Phasen. Molekulare Komplementarität übernimmt an der Schnittstelle zwischen den auf organischen Makromolekülen befindlichen funktionellen Gruppen und Ionen auf der Oberfläche eines Kristallkeims eine Schlüsselrolle bei der Spezifikation der Keimbildung. Als Antriebskräfte können Polarität, Ladung, u. a. der betroffenen Sites in Frage kommen. Hiermit geht eine Erniedrigung der Aktivierungsenergie, erforderlich für die Keimbildung, einher, die als Funktion von Struktur und Orientierung des Keims auftritt. Eine präzise chemische, konfigurationale und topographische Organisation der hydrophilen und hydrophoben Domänen an der Oberfläche der Makromoleküle generiert ähnliche Wechsel in der Konformation von Mehrstoffsystemen (Mann et al. 1993).

(g) Selbstassemblierung

Die Organisation von Keimbildungen an diskreten Stellen, mit einer entlang einer organischen Matrix angeordneten Orientierung, unterliegt der Oberfläche und der Struktur des Substrats und wird ihrerseits durch molekulare Prozesse, die in die Polymerisation und Selbstassemblierung von organischen Makromolekülen einbezogen sind, bestimmt (Mann 1988).

Eine hierarchisch ausgerichtete Selbstassemblierung von Amelogenin und die Regulation der Biomineralisation auf der Nanoskala schildern Fang et al. (2011). Das aus Apatitkristallen zusammengesetzte Enamel bildet hochorganisierte hierarchisch aufgebaute Nanokomposite. Reguliert wird die Formation der dreidimensionalen Mikrostruktur durch ein extrazelluläres Protein des dentalen Enamels, d. h. Amelogenin. Über kooperative Interaktionen begleitet es die Wachstumsphase des Minerals. Unter dem Kryoelektronenmikroskop zeigt sich eine stufenweise hierarische Selbstassemblierung für Amelogenin. Wechselwirkungen zwischen hydrophilen C-Terminals von Telopeptiden bilden offensichtlich eine wesentliche Voraussetzung zu der Bildung von Oligomeren und der nachfolgenden hierarchisch angelegten Selbstassemblierung (Fang et al. 2011), Abb. 5.13. Weiterhin scheint Amelogenin die Pränukleationscluster der Minerale zu stabilisieren und steuert ihr Arrangement in lineare Ketten, organisiert als parallel angeordnete Arrays. Im Anschluss fusionieren die Pränukleationscluster, um nadelförmige mineralische Partikel zu bilden, die wiederum zur Ausbildung bündelartiger Kristallite führen, mit dem Ergebnis einer strukurellen Organisation.

Die Pränukleationscluster fusionieren im Anschluss, bilden nadelförmige Mineralpartikel, die abschließend kristalline Cluster formieren, als Voraussetzung zum Aufbau höherer, hierarchisch aufgebauter Strukturen. Fang et al. (2011) diskutieren im Zusammenhang mit dem Einwurf neuer Materialien, unter Verwendung spezialisierter Makromoleküle und eines regulativen Einflusses auf die Biomineralisation, die Möglichkeit, diesen Ansatz als *Bottom-up*-Strategie in Erwägung zu ziehen, Abschn. 1.3.

(h) Molekulare Rekognition

Mittels molekularer Rekognition der Grenzflächen von Organik : Anorganik ist u. a. eine Kontrolle über die kristallchemischen Merkmale der Biominerale möglich (Mann et al. 1993), Abschn. 4.4. Drei Aspekte der molekularen Rekognition an der Schnittstelle zwischen Anorganik und Organik, d. h. Oberfläche der Matrix, sind von besonderem Interesse: elektrostatische Akkumulation, strukturelle Übereinstimmung und stereochemische Anforderungen, Details können der Arbeit von Mann (1988) entnommen werden. Diese anorganisch-organisch orientierte molekulare Rekognition seitens der Biomineralisation verfügt über ein enormes technologisches Potential (Mann 1988).

(i) Inhibitorische Effekte

In Verbindung mit dem Wachstum von Baryt ($BaSO_4$) beleuchten Becker et al. (2005) die seitens von Biomolekülen ausgeübten inhibitorischen Effekte auf das Kristallwachstum. So unterdrücken z. B. Phosphon- (H_3PO_3) sowie Carbonsäuren (R–COOH) ein Kristallwachstum und gestatten Vorhersagen zu möglichen Modifikationen im Verlauf des Kristallwachstums (Becker et al. 2005). Das Thema Inhibition des Kristallwachstums spielt u. a. in diversen Industrien eine wesentliche Rolle (z. B. Tomson et al. 2002).

(j) Rechnergestützte Arbeiten

Rechnergestützte Techniken an der Schnittstelle Organik : Anorganik einer Biomineralisation schildern Harding et al. (2008). Betreffs einer Auskristallisierung steigt nach den Konzepten der klassischen Nukleationstheorie die Freie Energie G einer Feststoffphase relativ gegenüber ihrem Umfeld und steht im Gleichgewicht zwischen der Energie des Bulks und einer ungünstigen, auf die Schnittstelle bezogenen Oberflächenenergie (Harding et al. 2008):

$$G = A(N)\gamma + N\Delta\gamma \tag{5.12}$$

es gilt:

$A(N)$ Oberflächenabschnitt eines Kristallits mit N Molekülen,

γ Dichte der Freien Energie an der Schnittstelle,

$\Delta\gamma$ Differenz der Freien Energie pro Molekül und der Gesamt-Feststoffphase und Fluidphase.

In unterkühlten Flüssigkeiten (engl. *subcooled liquids*) nimmt $\Delta\gamma$ einen negativen Wert an und begünstigt somit eine Nukleation. Da die relative Bedeutung der Schnittstellen-Gesamtmasse (engl. *bulk*) mit dem Wachstum eines Kristalls entsprechenden Änderungen unterliegt, sind die beiden Terme kombinierbar mit dem Resultat einer Energiebarriere, die eine spontane Kristallisation unterbindet (Harding et al. 2008).

Da sich im Verlauf des kristallinen Wachstums die relative Bedeutung von Grenz-fläche und Gesamtmasse verändert, ergibt sich aus diesen Vorgängen in Kombina-tion eine Barriere der Freien Energie mit dem Ergebnis, dass eine spontane Bildung der Kristallisation verhindert wird. Nach Überschreiten einer bestimmten kritischen Größe, d. h. N_c, erfolgt aufgrund einer Addition weiterer Moleküle eine Erniedrigung der Freien Energie und somit der Erhalt des Wachstums (Harding et al. 2008). Auf mo-lekularer Ebene kommt es aller Wahrscheinlichkeit nach zu wesentlichen Beiträgen seitens der Entropie zur Barriere, dem müssen jedoch nach Einschätzung von Harding et al. (2008) spontane, geeignete Arrangement kleinerer Cluster orientierter Moleküle vorausgehen. Als Voraussetzung ihres Modells postulieren die o. a. Autoren zwei Krite-rien, zum einen die Homogenität des wachsenden Kristalls mit der Annahme der für den Gesamtkristall bestimmenden Struktur, d. h. Struktur mit der geringsten Freien Energie, und zum anderen die einheitliche Verteilung der auf die Grenzfläche bezoge-nen Energie γ auf der betreffenden zur Verfügung stehenden Oberfläche.

Der Nachteil der klassischen Nukleationstheorie besteht in der Forderung nach Kenntnis der Gesamtheit aller Strukturen, die sich ergeben könnten. Insbesondere im Fall der Ausbildung unterschiedlich auftretender Polymorphe bzw. Morphologien sind unerwartete Rekonstruktionen der Oberflächen möglich. Speziell in dem nm-Bereich, der Dimension der Nukleation bzw. Kristallkeime, sind Abweichungen im strukturellen Rearrangement der NP möglich und erschweren somit Voraussagen zu γ (Harding et al. 2008). Generell schwankt die durch Experimente ermittelte Rate zur Nukleation von 10^1–10^6 s^{-1} cm^{-3}, die Anzahl der Moleküle für eine Simulation be-läuft sich auf ca. 10 000 (Harding et al. 2008).

In ihrer Publikation zur geochemischen Modellierung sowie Nukleation von ZnS in Biofilmen verweisen Druschel et al. 2002 auf die Möglichkeit von tetramerischen $Zn_4S_6(H_2O)_4^{4-}$-Clustern mit hoher struktureller Analogie zu Sphalerit, wobei die Clus-ter Ausmaße von ca. 10–16 Å annehmen. Zwischenformen wie Wurtzit mit letztendlich der Formation von Sphalerit diskutieren Druschel et al. (2002).

(k) Kontrollebenen

Innerhalb von Organismen treten diskrete miteinander wechselwirkende Ebenen auf, die die verschiedenen chemisch-physikalischen Eigenschaften einer Mineralisation regulieren, d. h. Löslichkeit, Nukleation und Kristallwachstum, und somit kontrollie-rende Instrumente bereitstellen (Mann 1988), Abb. 5.10. Es handelt sich hierbei um Maßnahmen eines genetischen Programmierens, einer bioenergetischen Optimierung sowie eines biochemischen Konstruierens. Als wesentliche Voraussetzung zur kon-trollierten Mineralisation ist eine räumliche Lokalisierung erforderlich, die sich aus der Bildung von Kompartimenten innerhalb des biologischen Raums ergibt. Dies er-möglicht eine direkte Einflussnahme auf die physiko- und biochemischen Eigenschaf-ten innerhalb der unmittelbaren Umgebung der Mineralisationszone. Über geeignete organisch-polymerische Substrate kann die eigentliche Nukleation an den räumlichen

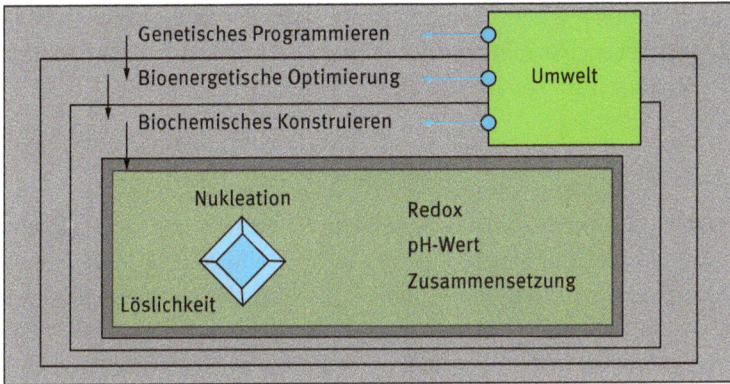

Abb. 5.10: Diverse hierarchisch zugeordnete Regulationsmechanismen und somit Kontrollmöglichkeiten betreffs Biomineralisation (nach Mann 1988).

Grenzen unterstützt werden. Bei einem höheren Grad an Organisation ist die Mineralisation bioenergetischen Bedingungen ausgesetzt, um am Schluss genetischen Einflüssen zu unterliegen (Mann 1988). Ergänzend sind die wechselseitigen Beziehungen der genannten Kontrollmöglichkeiten mit dem äußeren Umfeld von fundamentaler Bedeutung. Da die o. a. Vorgänge in die kontrollierte Kristallisation mündenden Interaktionen speziell auf biologische Funktionen zugeschnitten sind, müssen die zugrundeliegenden Mechanismen Analoga aufweisen, die in Reaktionssequenzen von in wässriger Phase vorliegenden Biomolekülen einbezogen sind (Mann 1988).

Erst die weitgehend exakte Kenntnis der biologischen, auf die zwischen den Feststoffphasen auftretenden Interaktionen ermöglicht Überlegungen einer technisch-kommerziellen Verwertung von Biomineralisationen. Hierzu zählen Prozesse/Teilaspekte wie z. B. Kontrolle der Keimbildung, Präorganisation der Matrix und molekulare Komplementarität. Innerhalb von Mikroorganismen unterliegt eine Biomineralisation mehreren in Wechselwirkungen stehenden Ebenen mit der Fähigkeit einer Kontrolle der physikochemischen Eigenschaften einer Mineralisation, z. B. Löslichkeit, Sättigung, Nukleation, Kristallwachstum. Eine wesentliche Voraussetzung für die Option und Effizienz regulativer Mechanismen beruht auf der Kompartimentalisierung des biologischen Raums einer Zelle. Dieses Phänomen gewährt eine direkte Regulierung der physiko- sowie biochemischen Eigenschaften innerhalb jenes Bereichs, der für eine Biomineralsation vorgesehen ist (Mann 2001). So unterstützen z. B. organische, polymerische Substrate gezielt eine Nukleation. Auf einer höheren Ebene wirken dann u. a. bioenergetische sowie biochemische Kräfte mit Optionen einer Konstruktion und/oder Optimierung. Und letztendlich eignen sich genetische Informationsträger u. a. für Maßnahmen einer genetischen Programmierung regulativer Eingriffe, Abb. 5.10, Abschn. 3.5. Alle genannten Parameter sind einer kontrollierten Einflussnahme zugänglich. Die Einflussgrößen (Abschn. 1.3.1 (c)/Bd. 2), als Kontrollmechanismen, lassen sich mathematisch als entsprechende Terme darstellen

und zueinander in Beziehung setzen. Zusammen mit den das Habitat kontrollierenden Größen, in enger Wechselbeziehung mit den o. a. Parametern stehend, bieten
sich eine Vielzahl von Eingriffsmöglichkeiten (Mann 2001).

(l) Modelle

Über ein Modellsystem, das auf der Kristallisation von Au basiert, konnten Polypeptide beschrieben werden, die die Morphologie der Au-Kristalle kontrollieren (Braun
et al. 2002). Entsprechend den Analysen scheint ein saurer Mechanismus der o. a.
Polypeptide den Kristallisationsprozess zu katalysieren. Insgesamt deutet sich an,
dass die Konzepte und Methoden der mikrobiellen Genetik genereller Natur sind und
sich auf Substanzen übertragen lassen, die nicht in biologischen Systemen anzutreffen sind. Die Bildung von intrazellulären magnetischen NP durch Organelle, d. h.
Magnetosom, fällt in die Kategorie „biologisch kontrollierte Mineralisation", wobei
sowohl Bildung als auch Entwicklung der mineralischen Feststoffphase einer strikten
Kontrolle durch den Mikroorganismus unterliegen. Am Beispiel von *Magnetospirillum
gryphiswaldense* konnte diese Beobachtung durch die Induktion einer Nukleation
und einen Wachstumsstillstand bestätigt werden. Gemäß einer kontinuierlichen Beobachtung des gesamten Bildungsprozesses fehlt bei den neu entwickelten Partikeln
zunächst eine gut ausgebildete Morphologie.

Trotz einer nahezu identischen durchschnittlichen Partikelgröße, verglichen mit
den Magnetosomen von „normal", d. h. bezogen auf den Fe-Gehalt, kultivierten Bakterien, zeigen sich bei den physikalischen Eigenschaften Unterschiede, wie die Verteilung der Kristallgröße, das Seitenverhältnis und in der Morphologie (Braun et al.
2002).

Bezüglich der Biomineralisation von Magnetit (Fe_3O_4) stehen, soweit bislang bekannt, zwei entgegengesetzte Pfade zur Diskussion. Ein Modell, vorgeschlagen für
Magnetospirillum magnetotacticum, geht vor der eigentlichen Bildung des Fe_3O_4 von
der Anwesenheit einer intermediären Phase aus Ferrihydrit (($Fe^{3+})_2O_3 \cdot \frac{1}{2}H_2O$) innerhalb des Magnetosomkompartiments aus. Dem steht ein zweites Modell gegenüber
und für kontrollierbare Induktionsexperimente unter Einsatz von Fermentersystemen
und biochemischen Separation wird aktuell für *M. magnetotacticum* von einem alternativen Pfad ausgegangen (Faivre & Schüler 2008):

- Eine Fe-Aufnahme aus der Umwelt erfolgt entweder als Fe^{2+} oder Fe^{3+}.
- Im Anschluss kommt es innerhalb der Membran und mit der Membran assoziier-
  tem Ferritin zu einer Umwandlung des aufgenommenen Fe in eine intrazellulär
  Fe^{2+}-Hochspinspezifikation.
- Die eigentliche Fe_3O_4-Präzipitation geschieht durch rasche Kopräzipitation von
  Fe^{2+} sowie Fe^{3+}-Ionen innerhalb des Magnetosomkompartiments ohne Identifikation eines mineralischen Präkursors.

Zur Sicherung der thermodynamischen Stabilität des Fe_3O_4 ist aller Wahrscheinlichkeit nach das unmittelbare Milieu der Vesikel alkalisch. Anhand des Datenmaterials postulieren Faivre & Schüler (2008) folgenden Reaktionspfad:

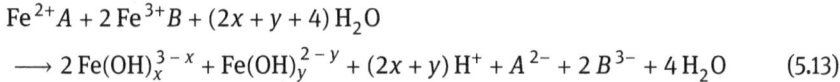

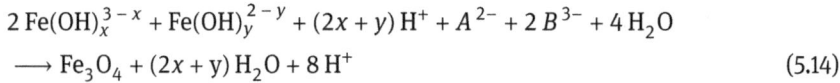

$$Fe^{2+}A + 2\,Fe^{3+}B + (2x + y + 4)\,H_2O$$
$$\longrightarrow 2\,Fe(OH)_x^{3-x} + Fe(OH)_y^{2-y} + (2x + y)\,H^+ + A^{2-} + 2\,B^{3-} + 4\,H_2O \qquad (5.13)$$

$$2\,Fe(OH)_x^{3-x} + Fe(OH)_y^{2-y} + (2x + y)\,H^+ + A^{2-} + 2\,B^{3-} + 4\,H_2O$$
$$\longrightarrow Fe_3O_4 + (2x + y)\,H_2O + 8\,H^+ \qquad (5.14)$$

wobei gilt: Fe^{2+} und Fe^{3+} sind durch Liganden an organische Substrate gebunden, A = unbekannt, B = Ferritin, und als Ort tritt der cytoplasmatische Membran-Level-Bereich auf, mit anschließender Weiterleitung an die Schnittstelle eines Magnetosom-Kompartiments.

Die chemische Stabilität von Fe_3O_4, dargestellt in einem entsprechenden *Pourbaix*-Diagramm für das System Fe–H_2O (Fe_{tot} = 10 µM), beschränkt sich auf einen verhältnismäßig kleinen Bereich, d. h. pH-Wert von 10 und einem Eh-Werte-Bereich von 0,2–0,4 V (Faivre & Schüler 2008), Abb. 5.22. Daher benötigt Fe_3O_4 leicht reduzierende Bedingungen, die Präsenz eines reduzierenden Reagenz und einen leicht basischen pH-Bereich.

(m) Beispiele

Am Beispiel von Baryt ($BaSO_4$) erläutern Becker et al. (2005) die Wechselwirkungen zwischen Mineraloberflächen und gelöster Spezies bzw. den Verlauf von monovalenten Ionen zu komplexen organischen Molekülen, Abb. 5.11 (a, b). Zunächst formen sich aus einer übersättigten Lösung von $BaSO_4$ 2-D-Nuklei. Mit zunehmender Ionenstärke dehnen sie sich aus und nehmen längliche Formen an. Bedingt durch die Anisotropie des Wachstums der nachfolgenden Lagen folgt die laterale Ausdehnung der Wachstumsspirale dem molekularen Progress mit der geringsten Geschwindigkeit.

Im Zusammenhang mit dem Beginn einer Nukleation und dem Ziel einer Kristallisation, unter Berücksichtigung der Beiträge seitens der Freien Energie, konstruieren die o. a. Autoren eine auf die Freie Energie bezogene sog. „Landschaft", die sich im Verlauf eines aus der metastabilen Fluidphase hervorgehenden kritischen Nukleus der kristallinen Phase für sphärische Partikel mit einer kleinräumigen Anziehung herausbildet (Becker et al. 2005). Ähnlich arbeiten Gebauer & Cölfen (2011), Abb. 5.11 (c). Bakterien, ausgestattet mit dem Enzym Urease, hydrolysieren Harnstoff, wobei es infolge dieser Vorgänge zu einer Erhöhung des pH-Wertes und der Bildung von Karbonaten kommt. Simultan integrieren die karbonatischen Phasen anwesende Metallionen. So zeigen z. B. EM-Aufnahmen von gegenüber Metallen resistenten Mikroorganismen synthetisierte metallhaltige Karbonate (= M_{etall}-C), z. B. Ni-C durch *Terrabacter tumescens*, Cu-C durch *UR47*, Pb-C durch *UR47*, Co-C durch *UR31*, Zn-C durch *UR31* and Cd-C

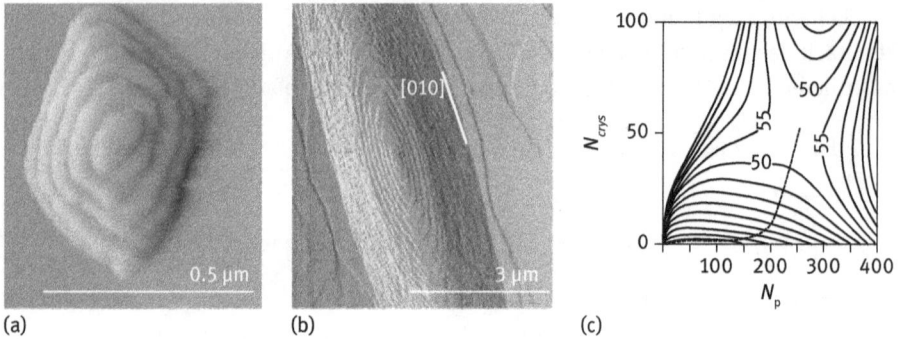

(a)   (b)   (c)

Abb. 5.11: (a, b) Phasen eines Nukleationsprozesses von $BaSO_4$ (Becker 2005) sowie (c) Isolinien, auf die Freie Energie bezogene „Landschaft", die im Verlauf eines aus der metastabilen Fluidphase hervorgehenden kritischen Nukleus der kristallinen Phase hervorgeht (Gebauer & Cölfen 2011).

Abb. 5.12: EM-Aufnahmen von (a) Ni-haltigen Phasen durch *T. tumescens*, (b) Cu-haltigen Phasen durch *UR47*, (c) Pb-haltigen Phasen durch *UR47*, (d) Co-haltigen Phasen durch *UR31*, (e) Zn-haltigen Phasen durch *UR31* und (f) Cd-haltigen karbonatischen Phasen durch *T. tumescens* ([2]Li et al. 2013).

durch *T. tumescens* ([2]Li et al. 2013), Abb. 5.12. Aus entsprechend präparierten, metallführenden Lösungen wurden innerhalb von 48 h nach Inkubation durch Urease produzierende, aus Böden isolierte Bakterien ca. 90 % der anwesenden Metallspezifikationen entzogen. Bei einem pH-Wert von 8–9 lagern sich die Karbonate an der Zellwand ab, hierbei diverse Morphologien ausbildend, z. B. rhomboedrisch, nadelförmig etc. ([2]Li et al. 2013).

Eine hierarchische Selbstassemblierung von Amelogenin sowie die Regulierung einer Biomineralisation auf der Nanoskala schildern Fang et al. (2011), Abschn. 4.4 (b). Über Kyro-EM erzeugen die o. a. Autoren, nach 1 min sowie 10 min der Inkubation bei einem pH-Wert von 8,0 Aufnahmen unterschiedlicher *rM179*-Assemblierungen. Zunächst bilden sich Monomere, anschließend Oligomere diverser Größen. Über eine Paarbildung der Oligomere kommt es nach ca. 10 min zu Nanosphären, Abb. 5.13. Gemäß den Ergebnissen von Chiu et al. (2011) besteht durch die Fähigkeit einer facetten-selektiven Anbindung von Peptiden ein wirkungsvoller Kontrollmechanismus bei der programmierbaren Anlage von Nanostrukturen. Da die Bildung von Fe_3O_4 Protonen in die Lösung entlässt, d. h. $8\,H^+$ pro individuellem Fe_3O_4-Kristall, ist, um den hiermit verbundenen Abfall des pH-Wertes zu vermeiden bzw. entsprechend zu kompensieren, das Vorhandensein eines effektiven Puffers oder einer Protonenpumpe eine essenzielle verfahrenstechnische Anforderung. In Abwesenheit eines solchen Systems kommt es infolge eines absinkenden pH-Werts zu einem für eine Fe_3O_4-Synthese ungünstigen chemischen Umfeld (Faivre & Schüler 2008). Aus Gründen einer gezielten Regulierung der Kristallmorphologie, ausgeführt durch Proteine, unterziehen Brown et al. (2000) das Kristallwachstum einem genetischen Monitoring, Abschn. 3.4.

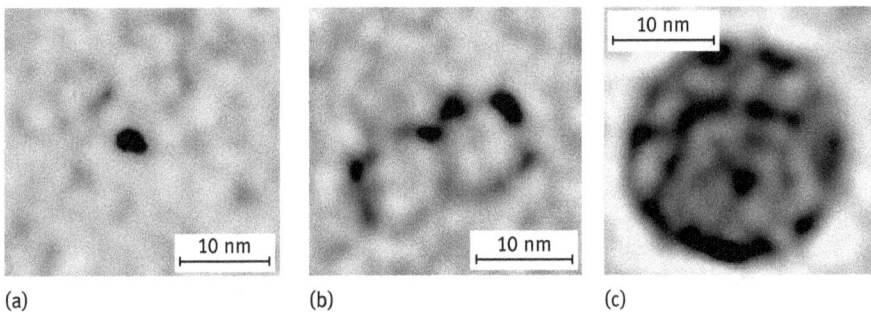

(a)　　　　　　　(b)　　　　　　　(c)

Abb. 5.13: Kyro-EM Aufnahmen unterschiedlicher rM179-Assemblierungen nach 1 min sowie 10 min der Inkubation (pH-Wert 8,0). Zunächst bilden sich Monomere, anschließend Oligomere unterschiedlicher Größe und über die Paarbildung der Oligomere kommt es nach ca. 10 min zu Nanosphären (Fang et al. 2011).

Zusammenfassend
veröffentlichen z. B. Li et al. (2011) ihre Überlegungen zur Biosynthese von NP durch Mikroorganismen und ihren Anwendungen. Betreffs zur Nukleation äußern sich z. B. de Yoreo & Vekilov (2003). Hinsichtlich eines biogen kontrollierten Kristallwachstums zum Zweck einer Produktion von Biomaterialien und deren zugrunde liegenden Wechselwirkungen zwischen Biomolekülen sowie Mineralen publizieren z. B. Sánchez-Navas et al. (2013) ihre Arbeiten. Denn eine für den industriellen Einsatz von biogen synthetisierten Clustern aus Metallen und Legierungen wichtige Voraussetzung sind Einblicke in die Kristallographie der Nanokristallite.

5.3 Biosynthese von Metallen/Legierungen

Seitens von Mikroorganismen kann es neben die Lithologie überprägenden Einflüssen, aus unterschiedlichen Motiven heraus, z. B. Metabolismus (Abschn. 2.3.1), Resistenz (Abschn. 2.3.2), zu einer Vielzahl mikrobieller Stoffwechselprodukte von u. a. Biomineralisationen kommen, die ursprünglich und häufig eine Größenordnung von μm bis nm aufweisen. An biogenen NP treten diverse Mineralisationen auf (Slocik et al. 2004). So erstreckt sich z. B. eine Biosynthese von Metallen/Legierungen auf u. a. Fe-FeCo- sowie Cr-führende Kristallite, auf Edelmetalle inkl. PGE, NE und Halbleitermetalle bzw. deren Legierungen, Seltene Erdmetalle sowie U. Generell sind eine Fülle metallischer NP als natives Metall oder Metallverbindungen, z. B. Sulfide, durch Mikroorganismen inkl. Fungi und Algae, synthetisierbar. Zellmaterial aus *Bacillus sp. MTCC10650* synthetisiert via Bioakkumulation monodispers verteilte, orthorhombische Mn-Oxid-NP, messtechnisch durch HRTEM (Abschn. 1.3.4 (b)/Bd. 2), RDA (Abschn. 1.3.3/Bd. 2) u. a. nachgewiesen (Sinha et al. 2011). Die durchschnittliche Partikelgröße beläuft sich auf $4,62 \pm 0,14$ nm. Die in *ex situ* erzeugten Partikel zeigen ein Absoptionsmaximum von 329 nm. Au ist aus den Mikroorganismen *Escherichia coli DH5α* (Dua et al. 2007), *Pichia jadini UOFS Y-0520* ([2]Gericke & Pinches 2006), *Cupriavidus metallidurans* (Reith et al. 2007) beschrieben. An Edelmetallen sind weiterhin Ag in *Geobacter sp.* (Klaus et al. 1999), Pt in *Shewanella algae* ([1]Konishi et al. 2007) und Pd u. a. in *Geobacter sulfureducens* (Coker et al. 2010), *Desulfovibrio desulfuricans* (Lloyd et al. 1998), *Shewanella oneidensis* (De Windt et al. 2005) beobachtet, Tab. 5.2.

Aber auch Oxide sind im Zusammenhang mit dem Auftreten und Aktivitäten von Mikroorganismen beobachtet und schließen Fe_3O_4 (Arakaki et al. 2008, Pósfai & Dunin-Borkowski 2009), Co-Ferrit in *G. sulfurreducens* (Coker et al. 2009) sowie Ti-Oxid in *Lactobacillus sp.* ([1]Jha et al. 2009) ein. Ferrimagnetische Nanokristalle sind in nahezu allen Organismen, d. h. Prokaryoten bis Vertebraten, nachweisbar (Pósfai & Dunin-Borkowski 2009).

In zahlreichen Mikroorganismen sind an Sulfiden Fe_3S_4 (Greigit), ZnS (Sphalerit) und CdS (Cadmiumsulfid) anzutreffen, Tab. 5.2. Unter entsprechenden Bedingungen des Habitats synthetisiert *Acidianus sulfidivorans* $Fe^{3+}[AsO_4] \cdot 2H_2O$ (Gonzalez-Contreras et al. 2010). Das Verfahren eignet sich daher auch zur Sanierung von mit As kontaminierten Geosphären, Abschn. 2.5.3 (n)/Bd. 2. Von einem SEE-Repräsentanten, d. h. La, sind in *Pseudomonas sp.* Wechselwirkungen bekannt (Kazy et al. 2006). Das Halbleitermetall Te ist aus *Bacillus selenitireducens* beschrieben (Baesman et al. 2007).

Somit treten in Verbindung mit Mikroorganismen nanoskalige (Metall-)Mineralisationen, d. h. Nanomaterie, in sehr vielfältiger Form auf. Ungeachtet der Stabilität biologischer NP verläuft die Synthese langsam und sie liegen nicht in monodisperser Form vor. Um die genannten Probleme angemessen zu behandeln und bestenfalls verringern zu können, müssen diverse Faktoren wie z. B. mikrobielle Kultivierung, Extraktionstechniken, optimierte und kombinatorische Ansätze wie z. B. photobiologische Vorgehensweisen benutzt werden.

Tab. 5.2: Metallische Partikel synthetisiert durch Mikroorganismen, inkl. Fungi und Algae, teilweise im nanoskaligen Bereich mit teilweise technisch verwertbarem Potential.

Nanopartikel	Chemie	Mikroorganismus	Quelle
Arsenate, -ide	H_3AsO_3	*Acidianus sulfidivorans*	Gonzalez-Contreras et al. (2010)
Cadmiumsulfid	CdS	*Rhodopseudomonas palustris*	[1]Bai et al. (2009)
		Schizosaccharomyces pombe	
		Escherichia coli	Sweeney et al. (2004)
Gold	Au	*Escherichia coli DH5α*	Dua et al. (2007)
		Pichia jadini UOFS Y-0520	[2]Gericke & Pinches (2006)
		Rhodopseudomonas capsulata	He et al. (2007)
		Cupriavidus metallidurans	Reith et al. (2007)
Greigit	Fe_3S_4	*Candidatus magnetoglobus*	Abreu et al. (2008)
		multicellularis	
Kobaltferrit	$CoFe_2O_4$	*Geobacter sulfurreducens*	Coker et al. (2009)
			[2]Prozorov et al. (2007)
Lanthan	La	*Pseudomonas sp.*	Kazy et al. (2006)
Magnetit	Fe_3O_4	*Magnetospirillum magneticum*	Arakaki et al. (2008)
		AMB-1	
		Magnetospirillum gryphys-	Pósfai & Dunin-Borkowski (2009)
		waldense	
Manganoxid	MnO_2	*Bacillus subtilis*	Sinha et al. (2011)
Palladium	Pd	*Geobacter sulfureducens*	Coker et al. (2010)
		Desulfovibrio desulfuricans	Lloyd et al. (1998)
		Rhodobacter sphaeroides	Redwood et al. (2007)
		Shewanella oneidensis	De Windt et al. (2005)
Platin	Pt	*Shewanella algae*	[1]Konishi et al. (2007)
Silber	Ag	*Enterococcus hirae*	Law et al. (2008)
		Geobacter sulfurreducens	Klaus et al. (1999)
		Pseudomomas stutzeri	
Tellur	Te	*Bacillus selenitireducens*	Baesman et al. (2007)
Titanoxid	TiO_2	*Lactobacillus sp.*	[1]Jha et al. (2009)
		Saccharomyces cerevisae	
Zinksulfid	ZnS	*Rhodobacter sphaeroides*	Bai et al. (2006)

Zwecks einer Steigerung der Syntheserate und zur Verbesserung der Eigenschaften der NP sind zelluläre, biochemische und molekulare Mechanismen, die eine Synthese von biologischen NP fördern, detaillierteren Studien zu unterziehen. Entsprechend der Biodiversität verfügen Mikroorganismen über ein hohes Potential, um als biologisches Ausgangsmaterial zur Erzeugung von metallischen Nanoclustern aufzutreten (Narayanan & Sakthivel 2010).

Fortschritte in der Nanotechnologie und die kontinuierliche Suche nach neuen Materialien bilden die treibende Kraft zur Entwicklung alternativer Synthesepfade auf dem Gebiet der NP-Produktion. Der auf dem Vorgang einer Biomineralisation beruhende biotechnologische Ansatz verwertet die Leistungsfähigkeit und Flexibilität von biologischen Systemen, reproduzierbare NP mit definierter Größe und Struktur zu synthetisieren.

In Verbindung mit Einblicken betreffs ihrer Physiologie, technologischen Verfügbarkeit und ihres *Scale-up*-Potentials entwickelten Krumov & Posten (2011) eine integrierte Prozesskette zur Herstellung von NP durch Hefen. Dies schließt u. a. die Isolation von kommerziell relevanten Hefestämmen, Kultivierungsstrategien, Höhe des Ertrages, Downstream-Protokollen, die Sicherstellung von Produkten hoher Reinheit und die Charakterisierung der Endprodukte ein.

Generell liegt eine Reihe zusammenfassender Einführungen zum Thema biogene Produktion bzw. Biogenese metallischer NP vor (Popescu et al. 2010, Samuel 2005 u. a.). Enzymatisch gesteuerte Ausfällungen, d. h. Biomineralisationen in Form metallischer Nanocluster, sind sowohl extra- als auch intrazellulär aus zahlreichen Mikroorganismen beschrieben (Benzerara et al. 2008, Jimenez-Lopez et al. 2007, Klaus et al. 1999). Insgesamt kann durch mikrobielle Aktivitäten ein umfangreiches Spektrum an Metallen behandelt werden, z. B. Au, Ag, As, Cu, Mo, Ni, Se, U, V etc. (Law et al. 2008, Nangia et al. 2009, Phoenix et al. 2005).

5.3.1 Fe-/FeCo- und Cr-führende Kristallite

Im Zusammenhang mit mikrobiellen Aktivitäten treten Fe-/FeCo- sowie Cr-führende Kristallite auf. Als Modellbeispiel können magnetotakte Bakterien dienen. Magnetotakte Bakterien (MTB) stellen eine Gruppe von aquatischen Prokaryoten dar, die sich entlang den magnetischen Feldlinien der Erde fortbewegen. Dieses Phänomen fällt unter die Bezeichnung Magnetotaxis. Alle MTB enthalten sog. Magnetosome, d. h. intrazelluläre Fe-Kristalle, mit einer Hülle aus Membranvesikeln ausgestattet. So sind z. B. aus *Magnetospirillum sp.* intrazelluläre chemisch hochreine, nanoskalige, d. h. 35–120 nm, Magnetit-(Fe_3O_4-)/Greigit-(Fe_3S_4-)Kristallite aufgezeichnet (Bazylinski et al. 2007, Frankel & Bazylinski 2006). Beide Minerale weisen magnetische Eigenschaften auf und gehören dem kubischen Kristallsystem an, Tab. 5.3. Aber auch andere extrazelluläre Fe-Minerale sind beschrieben, z. B. Goethit, Siderit sowie Vivianit ($Fe_3^{2+}[PO_4]_2 \cdot 8\,H_2O$).

(a) Magnetit

Die Produktion und extrazelluläre Ablagerung magnetischer Fe-Oxide oder magnetischer Sulfidminerale sind das Ergebnis von Stoffwechselprozessen zur Gewinnung von Energie. Sie erstrecken sich auf eine Vielzahl von Mikroorganismen, so z. B.

Tab. 5.3: Fe-haltige Mineralisation in Verbindung mit MTB.

Mineral	Chemische Formel	Kristallsystem
Magnetit	$Fe^{2+}Fe_2^{3+}O_4$	kubisch
Greigit	$Fe^{2+}Fe_2^{3+}S_4$	kubisch

Fe^{3+}-oxidierende, Fe^{2+}-reduzierende oder sulfatreduzierende nicht magnetisch auftretende Bakterien (Faivre & Schüler 2008). Ungeachtet dessen, dass alle bislang kultivierten MTB für das Wachstum sowie die Synthese der Magnetosome auf extrazelluläres Fe zurückgreifen und den entsprechenden Redoxprozessen, d. h. $Fe^{2+/3+}$ als Elektronendonator bzw. -aktzeptor, unterwerfen, konnten bislang seitens der in Frage kommenden Mikroorganismen keine Maßnahmen zur Konservierung von Energie beobachtet werden, (Faivre & Schüler 2008). Zur kontrollierten Bildung von Magnetitkristallen durch partielle Oxidation von Fe^{2+}-Hydroxiden in Anwesenheit des rekombinanten bakteriellen Proteins *Mms6* publizieren Amemiya et al. (2007) ihre Daten. Bei *Mms6* handelt es sich um ein kleines saures Protein, das eng mit bakteriellem Magnetit (Fe_3O_4) in *Magnetospirillum magneticum AMB-1* verbunden ist. Fe-bindende Aktivitäten gestatten ihm, einheitliche Fe_3O_4-Kristalle durch Kopräzipitation von Fe^{2+}- und Fe^{3+}-Ionen zu erzeugen. Durch partielle Oxidation von Fe^{2+}-Hydroxiden und unter sowohl An- als auch Abwesenheit von *Mms6* bildet sich Fe_3O_4. Mittels der HRTEM-Analyse sind die auf diese Weise synthetisierten Kristalle in ihrer Größe und Morphologie ansprechbar.

Eine durch *Mms6* geförderte Bildung von Fe_3O_4 erzeugt Kristalle mit einheitlicher Größe und einer kuboktaedrischen Morphologie, wobei diese jener ähnelt, die aus *M. magneticum AMB-1* beschrieben ist. Dahingegen weisen die in Abwesenheit von *Mms6* gebildeten Kristalle oktaedrische und größere Formen auf, wobei gleichzeitig eine umfangreichere Streuung in der Größe beobachtet wird (Amemiya et al. 2007). Durch eine Proteinquantifizierungsanalyse von *Mms6* in den synthetisierten Partikeln deutet sich der Nachweis einer engen Verbindung mit den gebildeten Kristallen an. Weiterhin scheint das Protein aufgrund der hohen Affinitäten gegenüber Fe-Ionen und hoch geladenen, elektrostatischen Merkmale als eine Art Template zur Erzeugung von Kristallkeimen und/oder durch Identifizierung der Kristalloberflächen als Wachstumsregulator zu dienen. Die dargelegte Methode stellt eine alternative Route zur Kontrolle von Größe und Form der Fe_3O_4-Kristalle ohne Einsatz von organischen Lösungsmitteln und erhöhten Temperaturen zur Verfügung (Amemiya et al. 2007). In einigen Kulturen kristallisiert neben intrazellulärem Fe_3O_4 als weiteres Fe-Oxid Hämatit (Fe_2O_3) an den Oberflächen der Zellen aus. Eingebettet in extrazelluläre, polymerische Materialien könnten die Anreicherungen an Fe_2O_3 ein Hinweis auf biologisch induzierte Mineralisationen sein. Obwohl die Fe_2O_3-Akkumulation aus diskreten Aggregaten von einer Größe von 5–10 nm besteht, weisen diese eine einheitliche Orientierung auf und verhalten sich in der Diffraktometrie als „Einkristall". Pósfai et al.

(2006) diskutieren die Möglichkeit, dass eine extrazelluläre organische Matrix oder ein anderer selbstorganisierender Prozess auf das lineare Arrangement von Hämatit-NP innerhalb von größeren Clustern einwirkt und als Vorlage für eine geometrisch angeordnete Struktur von individuellen Fe_2O_3-Kristalliten, synthetisiert aus Fe-Gel oder Ferrihydrit ((Fe^{3+})$_2$$O_3 \cdot \frac{1}{2} H_2O$), dient.

Über die Struktur und Leistungsfähigkeit von bakteriellen Fe_3O_4-NP berichten u. a. Han et al. (2008). Zu den untersuchten Eigenschaften zählen neben der Morphologie, Kristallgröße und den magnetischen Eigenschaften die *In-vitro*-Cytotoxizität, Abschn. 5.6 (f). Zusätzlich gelang ihnen, unter dem Einsatz fluoreszierender Analysetechniken, die Quantifizierung primärer Aminogruppen auf der Magnetosommembran. Nach Einschätzung der o. a. Autoren verfügen die Magnetosome in der anwendungsorientierten Praxis, wie z. B. der Medizin, über ein höheres Potential als ein „synthetisch/künstlich" hergestellter Fe_3O_4. Biogen synthetisierte Fe_3O_4-Kristalle unterscheiden sich von im geologischen Ambiente entstandenen Fe_3O_4-Kristallen durch chemische Reinheit, das Fehlen kristallographischer Defekte, geeigneter Größe, um als Einfachdomäne aufzutreten, durch die Integration in kettenförmigen Architekturen, ungewöhnliche Morphologie und [111]-Elongation. Ein kombiniertes Auftreten der genannten Eigenschaften führt zu einer Maximierung des gesamtmagnetischen Moments. Fe_3O_4-Kristallite sind neben dem Auftreten im Zusammenhang mit MTB auch in höher entwickelten Organismen bis hin zum Menschen anzutreffen (Han et al. 2008). Die zur Bildung einer Biomineralisation von Fe_3O_4 vermuteten Reaktionen in kultivierten MTB beginnen im Fall von *Magnetospirillum gryphiswaldense* mit einer aktiven Aufnahme von Fe^{3+} ohne Hinweise auf die Einbeziehung von Siderophore, wohingegen bei anderen Stämmen von *M. magnetitacticum* sowie Stamm *MV-1* die Bildung von Siderophoren angenommen werden kann (Bazylinski & Frankel 2004). Anschließend ist eine Reduktion des an die Siderophore angedockten Fe^{3+} zu Fe^{2+} als wahrscheinlich anzunehmen. Nach Angaben der o. a. Autoren liegen mindestens 70 % des Fe in dem Kulturmedium, versehen mit *M. magnetitacticum*, als Fe^{2+} vor und werden auch seitens des o. a. Stamms in dieser Form aufgenommen. In diesem Zusammenhang verweisen Bazylinski & Frankel (2004) auf die Aufreinigung einer periplasmatischen Cu-führenden Fe^{2+}-Oxidase, nach Einschätzung der Autoren eventuell verantwortlich für den Transport des Fe in das Cytoplasma. Weiterhin wurde ein Protein, befähigt zur Oxidation von Fe^{2+}, aus *M. magnetitacticum* identifiziert und aufgereinigt. Nanoskaliger Fe_3O_4 scheint sich zum Entzug von Metallkationen aus wässrigen Lösungen zu eignen (Iwahori et al. 2014), Abschn. 2.5.3 (i)/Bd. 2.

Im Stamm *MV-1* tritt eine cytoplasmatische Fe^{3+}-Reduktase auf und für *MagA*, ein im Cytoplasma sowie in der Magnetosommembran auftretendes Protein in *Magnetospirillum magnetitacticum*, nehmen Bazylinski & Frankel (2004) die Funktion eines H^+/Fe^{2+}-Antiporters an, Abb. 5.14. Zu den Eigenschaften von intrazellulärem Fe_3O_4-Kristallen, synthetisiert durch *Desulfovibrio magneticus RS-1*, liegen Ergebnisse vor (Pósfai et al. 2006). Bei *D. magneticus RS-1* handelt es sich um ein sulfatreduzierendes Bakterium.

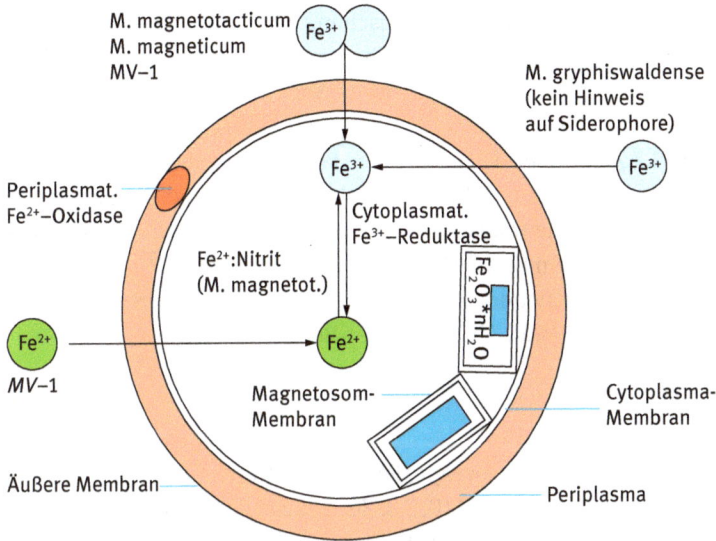

Abb. 5.14: Schematische Darstellung der zur Bildung einer Biomineralisation von Fe_3O_4 vermuteten Reaktionen in kultivierten MTB, am Beispiel von *Magnetospirillum sp.* unter Berücksichtigung von Fe^{2+}-Oxidasen und Fe^{3+}-Reduktasen (nach Bazylinski & Frankel 2004).

Die Zellen bilden intrazelluläre Nanokristalle von Fe_3O_4, die sich allerdings nur schwach magnetotaktisch verhalten. Um diese ungewöhnliche magnetische Reaktion des betroffenen Stammes nachzuvollziehen, wurde nach Verabreichung von Fumarat $C_4H_2O_4^{-2}$) und Sulfat (SO_4^{2-}) das Zellmaterial auf die Synthese von Fe_3O_4 hin untersucht. Während eine Fülle von Zellen keinerlei Bildung von magnetischen Kristallen anzeigte, wiesen andere wiederum nur eine geringe Anzahl, d. h. $n = 1$–18, von kleineren, Fe_3O_4 führenden Magnetosomen auf, d. h. 40 nm. Messungen zum Gesamtmagnetismus intakter Zellen deuteten ein superparagenetisches Verhalten bzw. einen entsprechenden Effekt an. Offensichtlich sind die Kristalle zu klein, um unter Raumtemperatur ein permanentes magnetisches Feld zu entwickeln (Pósfai et al. 2006).

Zu der Herstellung, Charakterisierung und dem Einsatz von bakteriellen Magnetosomen, verwertbar als biogen synthetisierte NP, veröffentlichen Lang & Schüler (2006) Datenmaterial. Durch MTB erzeugte Fe_3O_4-Kristalle weisen i. d. R. gleichförmige, artspezifische Morphologien und Größen auf, die aus anorganischen Systemen weitgehend unbekannt sind. Die ungewöhnlichen Eigenschaften der Magnetosompartikel bewirken ein erhebliches interdisziplinäres Interesse und inspirieren zahlreiche Ideen betreffs biotechnologischer Anwendungen. Es liegen erste Versuche zur Massenproduktion sowie ihrer Funktionalisierung vor, mit dem Ziel, eine neue Klasse von magnetischen NP für biomedizinische und andere technologische Einsätze zu entwickeln (Lang & Schüler 2006).

Im Gegensatz zu mesophilen, dissimilatorischen, Fe^{3+}-reduzierenden Bakterien, deren Fe_3O_4-Kristallite 35 nm nicht überschreiten und superparamagnetisch auftreten, bildet der psychrophile Mikroorganismus *Shewanella sp. PV-4* bei Temperaturen zwischen 18 °C und 37 °C Magnetit (Fe_3O_4) mit einer Größe > 35 nm (Roh et al. 2006), Abschn. 2.2.2 (c). Über TEM-Analysen lassen sich authigene bakterielle Fe-Mineralisationen in diversen Habitaten nachweisen (Konhauser 1997), Abschn. 1.3.4 (a)/Bd. 2. Das durch *Shewanella HN-41* unter anaeroben Bedingungen aus synthetischem, gering kristallinem $Fe^{3+}O(OH,Cl)$ via Reduktion von Fe^{3+} zu Fe^{2+} und mit $CH_3CH(OH)COO^-$ als Elektronendonator sowie C-Quelle gebildete extrazelluläre Fe_3O_4 zeichnen [4]Lee et al. (2008) auf, Abschn. 2.2 (e)/Bd. 2.

(b) Greigit

Hunger & Benning (2007) bezeichnen Greigit (Fe_3S_4) als Intermediär innerhalb der polysulfidischen Reaktionskette zum Pyrit (FeS_2). Zur Feinstruktur der Membran von Greigitmagnetosomen aus dem mehrzelligen Bakterium *Candidatus magnetoglobus multicellularis* liegt erstes Datenmaterial vor (Abreu et al. 2008). Jede Zelle enthält 80 von einer Membran umhüllte Magnetosome aus Fe-Sulfid. Durch geeignete Analysetechniken zur Cytochemie kann gezeigt werden, dass die Umhüllungen der Magnetosome Färbungsmuster und Dimensionen aufweisen, die denen der Cytoplasmamembran ähneln. Daher wird dies als Hinweis auf die Herkunft der Magnetosommembran interpretiert. Über die Zerstörung mittels Gefrieren konnte gezeigt werden, dass intramembrane Partikel innerhalb der Vesikel jedes Magnetosom umhüllen. Beobachtungen von Zellwandeinstülpungen, die triliaminare Membranstruktur der noch nicht kompletten Magnetosome in Verbindung mit leeren Vesikeln lassen die Vermutung aufkommen, dass die Fe_3S_4-Bildung mit der Einstülpung der Zellmembran beginnt, ähnlich jenem Vorgang, wie er für die Entstehung von Fe_3O_4-Magnetosome vorgeschlagen wird (Abreu et al. 2008).

Die Reaktionssequenz von Fe-Sulfidmineralen in Bakterien und ihr Einsatz als Biomarker werden vorgestellt (Pósfai et al. 1998). Einige Bakterien bilden intrazelluläre Kristalle von Fe_3S_4 im Nanometer-Bereich, die es den betroffenen Bakterien ermöglichen, sich im magnetischen Feld zu orientieren. TEM-Analysen zufolge bildet sich der ferrimagnetische Fe_3S_4 im Bakterium aus nichtmagnetischem Mackinawit (($Fe, Ni)_9S_8$) und möglicherweise auch aus kubischem FeS. Diese Präkursor scheinen sich über einen Zeitraum von Tagen bis Wochen durch Rearrangement der Fe-Atome in Fe_3S_4 umzuwandeln. Es konnte weder Pyrrhotin (Fe_7S_8) noch Pyrit (FeS_2) nachgewiesen werden (Pósfai et al. 1998).

Aus luftgetrocknetem Zellmaterial von MTB sind die o. a. Eigenschaften des Fe_3S_4 analytisch erfassbar (Kasama et al. 2006). In die stäbchenförmigen Zellen sind mehrere Ketten aus Fe_3S_4-Magnetosomen mit uneinheitlichen (engl. *random*) Formen und Orientierungen eingebettet. Allerdings erscheint eine Vielzahl der Fe_3S_4-Kristalle nur schwach magnetisch, da sich ihre magnetische Induktion oftmals parallel zum

Elektronenstrahl ausrichtet. Ungeachtet dessen liefert die gesamte Kollektion an Magnetosomen ein zum Zwecke der Magnetotaxis ausreichendes permanentes magnetisches Dipolmoment. Bemerkenswert ist das räumliche Nebeneinander von länglichen, gleichgroßen Fe-Oxid- und Fe-Sulfidkristallen, organisiert in mehreren Ketten, ausgestattet mit den für Fe_3O_4 und Greigit (Fe_3S_4) typischen magnetischen Eigenschaften (Kasama et al. 2006). Somit könnten in Sedimentgesteinen anzutreffende Fe_3S_4-Kristallisationen mit ihren paläomagnetischen Signalen biogenen Ursprungs sein. Zur Bestimmung der magnetischen Mikrostrukturen, der chemischen Zusammensetzung, der 3-D-Morphologie und der Position innerhalb der Zelle eignen sich TEM, Elektronenholographie und -tomographie sowie die hochauflösende Bilderfassung. Zum Beispiel sind aus luftgetrocknetem Zellmaterial von MTB die o. a. Eigenschaften des Greigit analytisch erfassbar (Kasama et al. 2006). Generell offenbaren CSD von Fe_3O_4-Kristallen unterschiedlich ausgeprägte Assymetrien und die Maxima der CSD belaufen sich für *MH-1* auf 55–70 nm und für *MDC* auf 80–90 nm (Kasama et al. 2006).

Zur kontrollierten Biomineralisation von Fe_3O_4 und Fe_3S_4 in einem magnetotakten Bakterium nehmen Bazylinski et al. (1995) Stellung. MTB, die im oxischanoxischen Übergangsbereich (*oxic-anoxic transition zone* = OATZ) auftreten, sind in der Lage, sowohl Fe_3O_4 als auch Greigit Fe_3S_4 zu bilden. So kann ein sich langsam bewegendes stäbchenförmiges magnetotaktes Bakterium, in großen Populationen in/ unter der OATZ eines Ästuars siedelnd, angetroffen werden. Zur kontrollierten Biosynthese von Greigit (Fe_3S_4) in MTB bietet eine Studie ausführliche Forschungsergebnisse (Heywood et al. 1990).

Abweichend von allen anderen bislang beschriebenen magnetotakten Bakterien produzieren die Zellen innerhalb ihrer Magnetosompartikel aus Fe-Oxiden, d. h. (Fe_3O_4), und Fe-Sulfiden, z. B. (Fe_3S_4), Kristalle – beide mit einer magnetischen Einfachdomäne versehen. Die Kristalle weisen unterschiedliche Morphologien auf, d. h. überwiegend pfeil- oder zahnförmig für Fe_3O_4 und annähernd rechtwinklig für Fe_3S_4. Beide Mineralisationen können in der gleichen Zelle mit einer Längsachsenorientierung entlang der Ausrichtung der Magnetosomketten auftreten. Da beide Mineralarten über unterschiedliche kristallchemische Eigenschaften verfügen, gestatten sie die Vermutung, dass die Produktionsprozesse durch separate Biomineralisationsprozesse kontrolliert werden sowie die Anordnung der Magnetosomkette weiteren Vorgängen der Ultrastrukturierung unterliegt. Ergänzend gibt es Vermutungen, dass in einigen MTB äußere Umweltbedingungen, wie z. B. Redoxzustand, O_2- und H_2S–Konzentration u. a., Einfluss auf die Zusammensetzung der nichtmetallischen Anteile der magnetosomatischen Mineralphase ausüben (Heywood et al. 1990). Bei der überwiegenden Anzahl der Stämme liegt ferrimagnetischer Fe_3O_4 vor. Aus einigen marinen Spezies sind Fe_3S_4-Mineralisationen, ebenfalls ferrimagnetisch, beschrieben. Ergänzend lassen sich nichtmagnetischer Pyrit (FeS_2) als auch Pyrrhotin (Fe_7S_8) ansprechen. Neben den Fe-Kristalliten sind kugelförmige Gebilde enthalten, die an S angereichert sind. Darüber hinaus können innerhalb einer magnetosomalen Matrix (also in einem MTB) beide Fe-Mineralisationen auftreten, d. h. als Oxid und Sulfid (Bazylinski et al. 1995). Diese Spezies lebt in großer Anzahl in der Übergangszone des oxischen/anoxischen Bereichs im semianaeroben Milieu von Ästuar ähnlichen Beckenbildungen. Sie unterscheiden sich durch ihre äußere Formgebung, d. h. Fe_3O_4 mit spitzlänglicher und Fe_3S_4 mit annähernd rechtwinkliger Morphologie. Unabhängig von ihrer chemischen Zusammensetzung schwankt die Größe der Fe_3O_4-NP zwischen 35–120 nm (z. B. Frankel & Bazylinski 2006).

Fe_3O_4-Kristalle in dieser Größenordnung stellen magnetische Einfachdomänen und somit ein permanentes magnetisches Dipolmoment dar. Da für Fe_3S_4 bislang keine konkreten Daten vorliegen, wird ein ähnliches Verhalten angenommen. Die Morphologie der in den bakteriellen Magnetosomen befindlichen Partikel scheint artspezifisch zu sein. Sie umfasst kubooktaedrische, parallelepipedale abgestumpfte (engl. *truncated*) hexaedrische oder oktaedrische Prismen, zähnchenförmige und rundliche (anisotroph) Formen. Fe_3S_4 weist kubooktaedrische und rechtwinklige Prismen auf. Die Fe_3S_4-FeS_2-Partikel treten generell pleomorph mit unbeständiger Kristallmorphologie auf (Bazylinski et al. 1994). In einigen Organismen umhüllt eine Membran die Partikel, die die physikalischen Randbedingungen für Größe und Gestalt der Kristalle vorgibt. Auf die Niedrigtemperaturbildung von Fe_3O_4-NP, superparamagnetischen Partikeln bis hin zu stabilen Einfach-Domänepartikeln gehen Baumgartner et al. (2013) ein. Eine Kopräzipitation von Fe^{2+}- sowie Fe^{3+}-Eisen unter alkalinen Bedingungen ergibt superparamagnetische Fe_3O_4-NP mit einer Größe > 20 nm. Bei Einstellung des pH-Wertes auf 9 sind gemäß Baumgartner et al. (2013) größere NP, d. h. > 20–30 nm, generierbar, neben der Ausstattung mit einer Einfachdomäne auch mit einer Mehrfachdomäne versehen, d. h. > 80 nm, RDA-Messungen einiger physikalischer Eigenschaften biogenen Fe_3O_4, z. B. abgeleitete Oxidationsparameter, u. a. (Baumgartner et al. 2013), Tab. 5.4.

Tab. 5.4: RDA-Messungen einiger physikalischer Eigenschaften biogenen Fe_3O_4, z. B. abgeleitete Oxidationsparameter u. a. (Baumgartner et al. 2013).

Wachstums-zeit (min)	Durchschn.* Partikelgröße (nm)	Gitterparameter RDA (nm)	Oxidationsparameter $Fe^{3+}(Fe^{2+}_{1-z} Fe^{3+}_{1+2z/3})$	Durchschn.* Dicke Oxidationsschicht (nm)
1	7,6 ± 0,2	0,8366 ± 0,0005	0,79	1,5
5	14,5 ± 0,3	0,8377 ± 0,0007	0,6	1,9
10	16,0 ± 0,3	0,8383 ± 0,0001	0,46	1,5
30	16,0 ± 0,3	0,8386 ± 0,0002	0,35	1,1
100	19,4 ± 0,4	0,8389 ± 0,0002	0,26	0,9

* durchschn.: durchschnittlich

(c) Nanogoethit [α-FeOOH]

Extrazelluläre Fe-Biomineralisationen, synthetisiert durch photoautotrophe Fe-oxidierende Bakterien, sind ein häufig auftretendes Phänomen (Miot et al. 2009). So führt bei neutralem pH eine Fe-Oxidation durch das anaerobe Fe oxidierende Bakterium *Rhodobacter sp. SW2* zur Bildung von Fe-reichen Mineralen. Sie bestehen aus Nanogoethit [α-FeOOH], der ausschließlich außerhalb der Zelle, zumeist auf aus der Zelle herausragenden Polymerfibern, präzipitiert.

Entsprechend den Analysen (engl. *scanning transmission X-ray microscopy*) deutet sich für diese Fibern eine Zusammensetzung aus einer Mischung von Lipiden und Polysacchariden oder Lipopolysacchariden an. Fe- und C-Gehalte der Fibern korrelieren in einer Größenordnung von 25 nm linear miteinander. In Verbindung mit ihren Texturmerkmalen dienen diese Fibern möglicherweise als Templat zur Mineralpräzipitation, gefolgt durch ein begrenztes Kristallwachstum.

Im Rahmen dieser Studie gelang entlang der mineralisierten Fiber auf der Submikrometer-Skala der Nachweis eines Gradienten betreffs des Oxidationszustandes von Fe. So enthalten Fe-Minerale auf den erwähnten Fibern am Zellkontakt einen höheren Anteil an Fe^{3+}, wobei mit zunehmender Distanz von der Zelle der Gehalt an Fe^{2+} zunimmt. Den geschilderten Beobachtungen zufolge deutet sich eine Einflussnahme von organischen Polymeren bei der Biomineralisation an. Ergänzend liegt nach Auffassung von Miot et al. (2009) ein erster Hinweis für die Existenz eines Redoxgradienten, angelegt um dieses nicht inkrustierende Fe-oxidierende Bakterium, vor.

(d) Siderit und Vivianit

Neben Fe_3O_4 sowie Fe_3S_4 treten als weitere Fe-Minerale biogen synthetisierter Siderit ($FeCO_3$) (Roh et al. 2003) sowie Vivianit ($Fe_3^{2+}[PO_4]_2 \cdot 8\,H_2O$) (Roh et al. 2007) auf, Abb. 5.15. Im Zusammenhang mit der Synthese von $FeCO_3$ durch *Shewanella-sp.*- sowie *Thermoanerobacter-sp.*-Kulturen offenbart sich eine Abhängigkeit von dem pH-Wert, der Salinität, der Inkubationszeit, den Elektronendonatoren, der Zusammensetzung der Atmosphäre, den chemischen Bedingungen des Habitats sowie dem metabolischen Potential.

In Anwesenheit von K_2HPO_4 und Br entwickelt sich aus der Reduktion von Fe^{3+}-Citrat ($C_6H_6FeO_7$) sowie Fe^{3+}-EDTA $Fe_3^{2+}[PO_4]_2 \cdot 8\,H_2O$. Ausführender Mikroorganismus ist u. a. das alkaliphile, metallreduzierende Bakterium *Alkaliphilus metalliredigens*, das neben den o. a. Komponenten eine Vielzahl von Elektronendonatoren, z. B. Selenat (SeO_4^{2-}), Chromat (CrO_4^{2-}), Co^{3+}-EDTA, sowie Elektronenakzeptoren, wie z. B. Lactat ($CH_3-CHOH-COO$), Acetat (CH_3COOR), H_2, verarbeiten kann (Roh et al. 2007), Abschn. 4.6.2 (a, b).

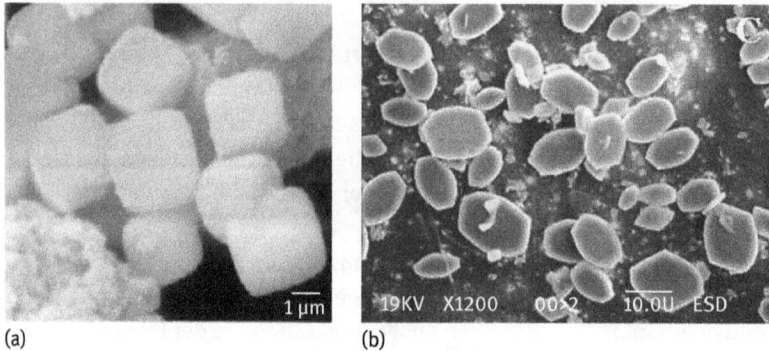

(a)   (b)

Abb. 5.15: Biogen synthetisierte Fe-Minerale in Form von Siderit (Roh et al. 2003) und Vivianit (Roh et al. 2007).

(e) Physikalische Eigenschaft Größe

Zwecks uneingeschränkter Funktionstüchtigkeit ist eine Kontrolle über Größe und Morphologie der Magnetosome für den Mikroorganismus eine unerlässliche Anforderung. Denn nur die präzise, einheitliche Größe der Magnetosome garantiert die Wirkung und den Erhalt der magnetischen Eigenschaften, eine Forderung seitens einer effizienten Magnetotaxis (Faivre & Schüler 2008). Vom Zustand der Domänen hängen die magnetischen Merkmale ab, die wiederum einer Kontrolle durch Korngröße und Seitenverhältnis unterworfen sind. Die mit steigender Größe verbundenen Domänen-Zustände sind wie folgt: (1) superparamagnetisch (SP), (2) Einfachdomäne (engl. *single domain* = SD) sowie (3) Mehrfachdomäne (engl. *multiple domain* = MD). Im Fall eines idealen SD-Partikels sind alle wesentlichen magnetischen Dipole parallel orientiert und bieten somit eine gleichförmige, maximale Magnetisierung für ein gegebenes Volumen an.

Die Größe der SD- Fe_3O_4 überschreitet nicht die Länge von 100 nm. Fällt die Größe der Kristalle > 35 nm aus, treten die Partikel als SP-Variante auf, d. h., sie sind nicht in der Lage, eine zeitlich begrenzte stabile SD-Magnetisierung zu bewahren und somit die Eigenschaften einer SD zu übernehmen. Ursachen hierfür sind u. a. thermische Fluktuationen, die zu häufigen, spontanen Umkehrungen in der Magnetisierung führen und somit die Einsatzfähigkeit im Rahmen der Magnetotaxis einschränken (Faivre & Schüler 2008). Größere Fe_3O_4-Kristalle zeigen mehrere einheitliche magnetische Domänen. Sie sind über in Beziehung stehende, benachbarte Domänen im Inneren mit einer Mehrfachdomänenstruktur versehen. Während die SD-Partikel eine maximale Magnetisierung für Fe_3O_4 aufweisen, tritt in MD-Partikeln eine remanente Magnetisierung nur sehr reduziert auf.

Für Partikel nahe der SD-/MD-Grenze kommt es infolge veränderter Spinkonfigurationen zu einer Magnetisierung zwischen den SD- und MD-Partikeln (Faivre & Schüler 2008). Zum Zweck einer funktionstüchtigen Magnetotaxis muss der betroffene Mikroorganismus SD-Partikel generieren. Diese Forderung wird seitens der Partikel durch die Begrenzung der Größe sowie Ausdehnung der Längsachse erfüllt. In der Regel weisen Magnetosomkristalle in Form von Magnetit (Fe_3O_4) oder Greigit (Fe_3S_4) Größen zwischen 30 nm und 140 nm auf. Innerhalb dieser Größenordnung unterliegt eine weiterführende Kontrolle der Partikelgröße den diversen Mikroorganismenvertretern, so z. B. bilden Repräsentanten von *Magnetospirilla sp.* 30–50 nm große Partikel, Tab. 5.5.

Tab. 5.5: Durchschnittliche Größen diverser Magnetosome aus unterschiedlichen MTB (Faivre & Schüler 2008).

MTB-Vertreter	Durchschn. Größe in nm
Magnetospirilla sp.	30–50
Desulfovibrio magneticus	40
Vibrios MV-1	40–60
MC-1	80–120

Die genannten Größenordnungen für die Fe_3O_4- sowie Fe_3S_4-Kristallite gewährleisten ein Auftreten als SD-Partikel und somit eine uneingeschränkte Funktionstüchtigkeit (Faivre & Schüler 2008). Weiterhin ist seitens des Mikroorganismus eine Kontrolle über die Morphologie der Partikel möglich. Zwecks uneingeschränkter Funktionstüchtigkeit der Magnetosome stellt dies eine unverzichtbare Forderung dar. Die art- und stammspezifische Morphologie der Magnetosomkristallite gestattet Überlegungen einer aktiven Kontrolle seitens der verschiedenen MTB (Faivre & Schüler 2008). Das magnetische Dipolmoment eines einzelnen Fe_3O_4-Kristalls ist nicht groß genug, um eine bakterielle Zelle innerhalb des geomagnetischen Feldes gegenüber thermischen Einflüssen auszurichten bzw. zu stabilisieren. Um erfolgreich als magnetischer Sensor auftreten zu können, erhöht die Zelle den magnetischen Dipol durch ein Arrangement der Fe_3O_4 in Ketten (Faivre & Schüler 2008). Intrazellulär gebildete Fe_3O_4-Kristalle zeichnen sich durch gut definierte und oftmals ungewöhnliche Morphologien, enge Größenabweichungen und hohe chemische Reinheit aus. Für den technischen Einsatz sind insbesondere einheitliches Aussehen und Größe der Kristallite essenzielle Kriterien.

In einem Vergleich der Verteilung für die Kristallgröße (engl. *crystal size distribution* = CSD) unterscheidbarer Magnetosome bieten Arato et al. (2005) umfangreiches Datenmaterial, d. h. statistische Parameter der Verteilung von Kristallgröße und Formfaktor von Magnetosomen aus diversen unkultivierten magnetotakten Bakterien aus diversen Gewässertypen, kultivierten Stämmen und zwei Typen von synthetischem Fe_3O_4 (Arato et al. 2005), Tab. 5.6.

Sie beruhen auf allen sichtbaren Charakteristika von Magnetosomen inkl. Kettenstruktur sowie Zellmorphologie. Für die Gesamtheit der Magnetosomtypen ergeben sich deutlich erkennbare Spitzenwerte bei ca. 60 nm bzw. 85 nm, und sie ent-

Tab. 5.6: Statistische Parameter der Verteilung von Kristallgröße und Formfaktor von Magnetosomen aus diversen unkultivierten magnetotakten Bakterien aus diversen Gewässertypen, kultivierten Stämmen und zwei Typen von synthetischem Fe_3O_4 (Arato et al. 2005).

Lokalität Probeentnahme	Typ des Magnetosoms	Anzahl der Kristallite	Durchschnitt CSD	Durchschnitt SFD
Gyöngyös (Fl.)	klein, dicklich	440	60	0,841
Séd (Fl.)	Doppelkette	443	83	0,897
Malom-tó (Gew.)	verstreut	241	80	0,655
Ihle (Fl.)	länglich	148	100	0,82
	klein	79	72	0,92
Teich, Bremen	dicklich	120	96	0,907
	Zickzackkette	74	93	0,859
Wadden-See	dicklich	100	115	0,809
	verstreut	244	65	0,629
Kultur (marin)	—	175	50	0,733
Kultur (limnisch)	—	225	38	0,888
Synthetisch	—	147	18	0,83
	—	483	60	0,83

Fl.: Fluss, Gew.: Gewässer

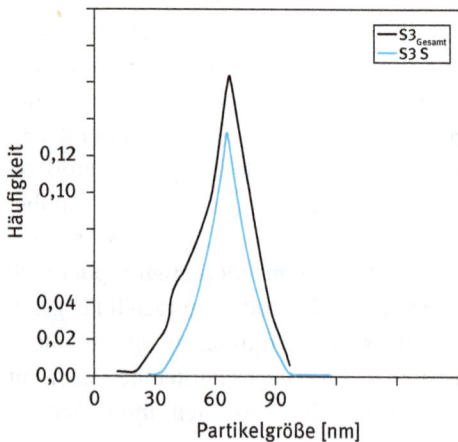

Abb. 5.16: Partikelgrößen von unterschiedlichen Magnetosom-Typen. Die S3-Linie repräsentiert den gesamten Probenumfang (Arato et al. 2005).

sprechen nahezu einer Normalverteilung (Arato et al. 2005), Abb. 5.16. Aufgrund ihrer kristallographischen Eckdaten wie z. B. Kristallhabitus, Größen (engl. *crystal habit, size constraints*), eignet sich biogen generierter Fe_3O_4 als Biomarker für geologisches Probenmaterial (Arato et al. 2005). Neben der o. a. Größenverteilung liegen weitere Auswertungen von Fe_3O_4 aus magnetotakten Bakterien vor.

Unter Zuhilfenahme eines Spektrophotometers ermitteln [4]Lee et al. (2008) die Durchmesser von Magnetosomen, beschrieben aus *Shewanella sp. HN-41*. Sie weisen eine Bandbreite von 26,7–37,7 nm und einen Durchschnittswert von 28,8 ± 3,4 nm auf,

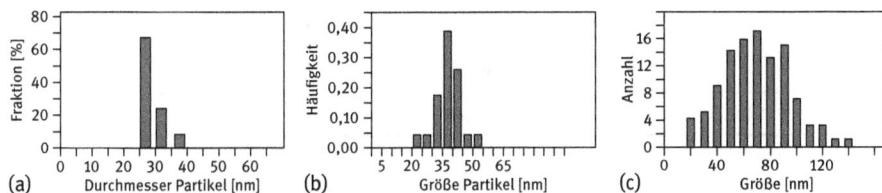

Abb. 5.17: Größenverteilung von Fe_3O_4 aus magnetotakten Bakterien ([4]Lee et al. 2008, Posfai et al. 2006, Moon et al. 2007)

Abb. 5.17. Als relative Standardabweichung für die Verteilung des Durchmessers von den betroffenen Fe_3O_4-NP wurde durch Mehrfachmessungen eine Spannweite von 11,4–20,2 % errechnet. Analysen (d. h. spezielle Form eines Spektrophotometers) zur Ermittlung der Größenverteilung zufolge ist das Material als Ferrofluid zu präparieren ([4]Lee et al. 2008). In vergleichenden Betrachtungen von durch diverse Bakterienstämme angebotenem Fe_3O_4, z. B. MTB, DMRB, zeigen sich via RDA (Abschn. 1.3.3/ Bd. 2) für den Stamm *MV-1* Fe_3O_4 eine hohe Kristallinität und engständige Verteilung.

Abweichend bietet der Stamm *Geobacter metallireducens* irregulär auftretende Formen mit weit streuender Korngröße an. *Shewanella sp. HN-41* wiederum produziert reguläre Morphologien mit weniger ausgeprägter Größenverteilung ([4]Lee et al. 2008).

Statistische Analysen über die Verteilung der Größen zeigen für kultivierte Formen eine enge asymmetrische Verteilung mit einem konsistenten Verhältnis „Weite-zu-Länge" für jeden Stamm. Anorganische Fe_3O_4-Kristalle unterscheiden sich hingegen durch eine lognormale Verteilung mit einem orientierenden Trend zu größeren Kristallen. Die auf das Magnetosom bezogenen Fe_3O_4-Kristallite weisen dahingegen einen scharf begrenzten *cut-off* innerhalb des SD-Bereichs auf (Bazylinski & Frankel 2004, Isambert et al. 2007, [4]Lee et al. 2008, Li & Pan 2012, Moon et al. 2007, Posfai et al. 2006).

Ungeachtet dessen, dass die Partikelmorphologie Schwankungen unterliegt, verbleibt sie innerhalb der Zelle eines magnetotakten Bakterienstamms gleichförmig. Bislang sind aufgrund ihrer 2-D-Projektionen drei Kristallmorphologien aus MTB beschrieben (Bazylinski & Frankel 2004), d. h. (1) nahezu kubisch, (2) längsprismatisch und zähnchenförmig oval sowie (3) pfeilförmig. Hinsichtlich ihrer Länge schwanken Magnetosomkristalle aus Fe_3O_4 und Fe_3S_4 in einem Größenbereich von 35 nm bis 120 nm. Beide Mineralisationen fallen somit in eine für die permanente magnetische Einfachdomäne (*single magnetic domain* = SD) erforderliche Dimension. Kleinere Kristalle verhalten sich dahingegen superparamagnetisch, d. h. bei Raumtemperatur nicht permanent magnetisch (Bazylinski & Frankel 2004).

Zur Kristallklasse, Morphologie, Größe von Nano-Fe_3O_4 sowie zur Art ihrer Präparation aus unterschiedlichen magnetotakten Stämmen bieten Taylor & Barry (2004) Daten an, Tab. 5.7. Aus dehydriertem Zellmaterial diverser magnetotakter Stämme

Tab. 5.7: Zur Kristallklasse/Morphologie und Größe der Nano-Fe_3O_4 diverser magnetotakter Stämme (Taylor & Barry 2004).

Stamm	Kristallklasse/Morphologie	Größe (nm)	Präparat
CRM1	Kubooktaedrisch	30–40	Dehydriertes Zellmaterial
CCB1	Kubooktaedrisch	40–50	Dehydriertes Zellmaterial
CVM1	Kubooktaedrisch	40–50	Dehydriertes Zellmaterial
DVF1	Unregelmäßig	20–30	Dehydriertes Zellmaterial
FVF1	Unregelmäßig	30–40	Dehydriertes Zellmaterial
HRM1	Hexaoktaedrisch	20–30	Dehydriertes Zellmaterial
HRM3	Hexaoktaedrisch	20–30	Dehydriertes Zellmaterial
HCM5	Hexaoktaedrisch	20–30	Dehydriertes Zellmaterial
HCM9	Hexaoktaedrisch	50–70	Angefärbte Ultradünnschliffe
HCM12	Hexaoktaedrisch	30–40	Angefärbte Ultradünnschliffe
HRF1	Hexaoktaedrisch	40–50	Dehydriertes Zellmaterial

sind mehrere Kristallklassen bzw. Morphologien beschrieben. Als häufigste Kristallklasse tritt die hexaoktaedrische auf, gefolgt von einer kubooktaedrischen Variante. Die Größe für die hexaoktaedrische Form schwankt zwischen 20 nm und 70 nm und hängt vom Mikroorganismus ab, z. B. *HRM1* bzw. *HCM9*. Für die kubooktaedrische Kristallklasse sind 30–50 nm angegeben. Die Präparate sind auch über angefärbte Ultradünnschliffe herstellbar.

(f) Physikalische Eigenschaft Struktur

HRTEM- sowie begleitende RDA-Aufnahmen (Abschn. 1.3.3/Bd. 2) distinktiver Magnetosom-Typen, schematische Diagramme eines Kubooktaeders und dessen kristallographischer Rictungen sowie eines typischen Magnetosoms in Form eines Kubooktaeders mit diversen orthogonalen Projektionen, d. h. (110), (112) etc., sind bei Alphandery et al. (2009) einsehbar, Abb. 5.18 (a). HRTEM-Aufnahmen ungestörter Fe_3O_4-Kristalle aus *Magnetospirillum magnetitacticum* sind von Devouard et al. (1998) aufgezeichnet, Abb. 5.18 (b).

(g) Physikalische Eigenschaft Magnetik

Eine eingehende Ansprache der physikalischen, d. h. magnetischen Merkmale der Magnetosome findet sich bei Alphandery et al. (2009). Im Zusammenhang mit der Frage, inwieweit der Extraktionsprozess von Magnetosomen aus den Bakterien die Orientierung der „leichten Richtung/Achse" (engl. *easy axes*) und somit die magnetische Anisotropie verändert, ermittelten Alphandery et al. (2009) durch HRTEM kontrollierte Experimente, ausgeführt an diversen Magnetosom-Typen, die räumliche Orientierung ihrer „leichten Richtung/Achse".

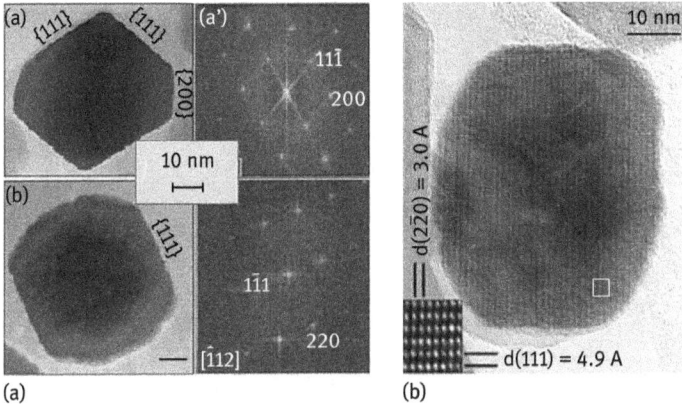

Abb. 5.18: (a) HRTEM- sowie begleitende RDA-Aufnahmen distinktiver Magnetosom-Typen (Alphandery et al. 2009) sowie (b) Aufnahme eines ungestörten Fe_3O_4-Kristalls aus *Magnetospirillum magnetitacticum* (Devouard et al. 1998).

Eine sog. „leichte Richtung/Achse" stellt die energetisch bevorzugte Richtung einer spontanen Magnetisierung dar, die wiederum durch die magnetische Aniostropie definiert ist. Da die „leichten Richtungen" der in Ketten angeordneten Magnetosome den kristallographischen Richtungen {111} folgen und die kristallographischen Flächen der Magnetsome einer messtechnischen Erfassung über die HRTEM (Abschn. 1.3.4 (b)/ Bd. 2) zugänglich sind, eignet sich diese Analysetechnik zur Ansprache der „leichten Richtung" jedes einzelnen Magnetosoms (Alphandery et al. 2009). Eine Charakterisierung der Magnetotaxis von *MO-1* durch einen MSP-Assay führen Lefevre et al. (2009) durch, Abb. 5.19. Sie zeigen die Abhängigkeit der Magnetotaxis von der Anzahl sowie Größe der Magnetosome und verweisen auf deren Abhängigkeit von der Fe-Konzentration, wie sie am Beispiel experimenteller Studien demonstriert ist. In jeder Zelle, in der mehr als eine lineare Kette an Magnetosomen vorliegt, orientieren sich die Magnetisierungsrichtungen der einzelnen Ketten parallel zueinander (Posfai & Dunn-Borkowski 2009). Insgesamt arbeitet eine Doppelkette annähernd wie ein einzelner, d. h. individueller Stabmagnet. Laut Angaben der o. a. Autoren kann die Stabilität der parallel orientierten Magnetisierung mittels einer Verschiebung der Magnetosome entlang der Achse um ihre halbe Länge unterstützt werden. Hinsichtlich einer Magnetotaxis erweist sich dahingegen ein Arrangement ohne räumliche Anordnung der Magnetosome als nicht optimal. Allerdings liegen nach Posfai & Dunn-Borkowski (2009) Hinweise vor, dass das gesamtmagnetische Moment ausreichend ist, um die betroffene Zelle zur wirkungsvollen Navigation entlang dem Erdmagnetfeld zu befähigen. Elektronenholographische Aufnahmen eines Magnetosomdickenprofils, angeordnet zu einer Kette, zeigen die Profillinien elektrostatischer sowie magnetischer Anteile in der holographischen Phase der betroffenen Magnetosome (Lins et al. 2006), Abb. 5.20.

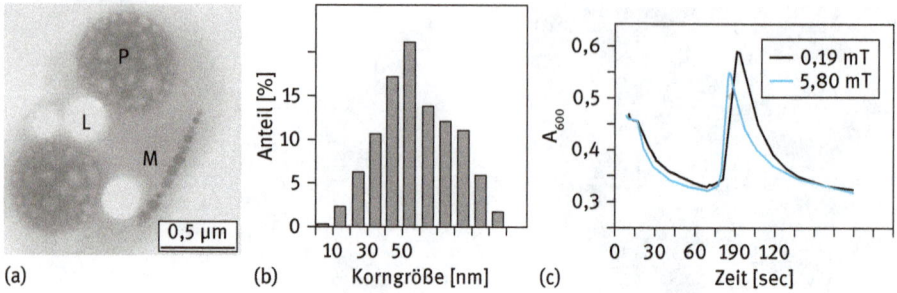

(a) (b) Korngröße [nm] (c) Zeit [sec]

Abb. 5.19: (a) Charakterisierung der Magnetotaxis von *MO-1* durch einen MSP-Assay, „P" steht für P-reiche Einschlüsse, „L" für Granula zur Lipidspeicherung und „M" für Magnetosome. Die Balkendiagramme geben die Größenverteilung der Magnetosome wieder, die Liniendiagramme sind das Ergebnis einer MSP-Assay-Analyse (umgezeichnet nach Lefevre et al. 2009).

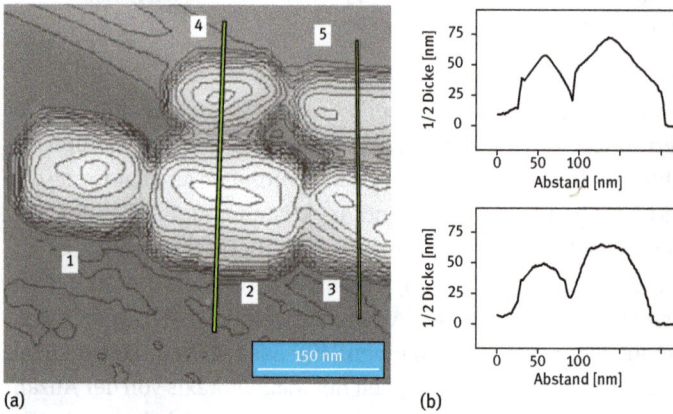

(a) (b)

Abb. 5.20: (a) Elektronenholographische Aufnahme eines (b) Magnetosom-Dickenprofils, arrangiert in einer Kette. Die Profillinien zeigen elektrostatische sowie magnetische Anteile in der holographischen Phase der betroffenen Magnetosome (umgezeichnet nach Lins et al. 2006).

(h) Magnetische Anisotropie

Ein Verständnis zur Herkunft der magnetischen Anisotropie in der räumlichen Anordnung magnetischer NP stellt eine erhebliche Herausforderung innerhalb der Nanotechnologie dar, z. B. Entwurf neuer Strukturen für Speicherelemente.

In Bezug auf die räumliche Orientierung magnetotakter Bakterien und extrahierter Magnetosome gehen Alphandery et al. (2009) der Frage nach, wie der hauptsächliche Faktor, verantwortlich für die magnetische Anisotropie, definiert ist. Zu Linien angeordnete magnetische NP führen zu einer magnetischen Anisotropie, d. h. einer Hysteresiskurve, geeignet für die Anwendung eines magnetischen Feldes parallel zur Richtung des Arrangements. Für eine senkrechte Ausrichtung kommt sie dahingegen nicht in Frage.

Das angesprochene Verhalten ist durch das *Stoner-Wohlfarth*-Modell (Kollektiv-elektronen-Modell) vorhersagbar bzw. durch zahlreiche experimentelle Arbeiten belegt. Dennoch bleibt die Klärung nach der Herkunft der magnetischen Anisotropie bislang offen. Auch ist eine Unterscheidung zwischen dem Einfluss der Anordnung der „leichten Richtung" (engl. *easy axis*) magnetischer NP und der polaren Wechselwirkungen, die sich aufgrund der räumlichen Platzierung der magnetischen Nanokristallite ergeben, bislang nicht durchführbar. Um den Ursprung der magnetischen Anisotropie in einer Zusammenstellung von ausgerichteten Magnetosomen zu klären, extrahierten Alphandery et al. (2009) die Magnetosome von magnetotakten Bakterien vom Typ *AMB-1*.

Zur Klärung des Einflusses dipolarer Wechselwirkungen auf die magnetische Anisotropie vergleichen die o. a. Autoren das Verhalten des gesamten Bakteriums mit jenem von extrahierten Magnetosomen. In die Untersuchungen beziehen Alphandery et al. (2009) das Studium der Einwirkung der eingeregelten „leichten Achse" des Magnetosoms auf die magnetische Anisotropie mit ein. In den Untersuchungen kommen zwei unterschiedliche Typen extrahierter Magnetosome zum Einsatz.

Zum einen handelt es sich um jenen Typ, der mit dem zur Orientierung der Leichten Achse befähigten biologischen Material ausgestattet ist, und zum anderen um denjenigen, dessen Inventar die genannte biogene Substanz nicht aufweist (Alphandery et al. 2009). Im Zusammenhang mit dem Phänomen einer magnetischen Anisotropie diskutieren Gehring et al. (2011) die Option einer Identifizierung von u. a. sog. Magnetofossilien. Ungeachtet dessen, dass es infolge diagentischer Prozesse zum Auseinanderbrechen der Magnetosomketten kommt, bleiben trotz Abschwächung der Anisotropie die magnetischen Eigenschaften erhalten. d. h., die biogenen magnetischen Partikel verfügen über eine hohe Stabilität.

(i) DMRB

Auf eine Biomineralisation von Fe^{3+}-Oxiden mit geringer Kristallinität durch dissimilatorische metallreduzierende Bakterien (DMRB, Abschn. 2.2. (a)) weisen Zachara et al. (2002) hin. In anoxischen Böden, Sedimenten sowie Grundwasser katalysieren DMRB, z. B. *Shewanella putrefaciens*, die Reduktion von Fe^{3+} zu Fe^{2+}, Abschn. 2.2 (b). Als terminalen Elektronenakzeptor verwerten DMRB das Fe^{3+} aus dem als bioverfügbar auftretenden Ferrihydrit $((Fe^{3+})_2O_3 \cdot \frac{1}{2}H_2O)$, Abschn. 4.6.2 (a). In anoxischen, nahezu neutralen Bedingungen bilden sich nach Inkubationen mit SRB, je nach physikochemischer Ausgangssituation/Rahmenbedingungen, eine Reihe von Biomineralisationen, wie z. B. α-$Fe^{3+}O(OH)$, γ-$Fe^{3+}O(OH)$, $FeCO_3$, $Fe_3^{2+}[PO_4]_2 \cdot 8\,H_2O$, Fe_2O_3 sowie Fe_3O_4 (Zachara et al. 2002). Einige der o. a. Produkte sind über thermodynamische Überlegungen beschreibbar. Andere wiederum scheinen das Ergebnis kinetischer Pfade, angetrieben durch Ionen mit hemmender Wirkung auf einen an den Grenzflächen stattfindenden Elektronentransfer oder der Präzipitation ausgewählter Phasen, darzustellen. Im Fall der o. a. Sekundärminerale scheint als primärer

Kontrollfaktor der Anteil der Zufuhr an Fe^{2+} und Menge sowie die auf die Oberfläche bezogene Reaktion mit dem residualen Oxid und anderen sorbierten Ionen in Betracht zu kommen (Zachara et al. 2002). Die herkömmliche Betrachtung von Endprodukten mineralischer Mischungen, die nicht den allgemeinen Gleichgewichtsbedingungen unterliegen, können, nach Überlegungen von Zachara et al. (2002), einen Hinweis für den Einfluss bei der finalen Suite der Biomineralisationen der das respirierende Zellmaterial DMRB umhüllenden Mikroumgebung darstellen. Aber auch der eigentliche Reaktionspfad übt eventuell eine bislang nicht erkannte Einwirkung aus.

(j) Umwelteinflüsse

In Beziehung zu den Aufnahmeraten von Fe gesetzt, erwägen Faivre et al. (2008) einen Einfluss durch umweltbezogene Parameter bei der Ausbildung der physikalischen Eigenschaften von schnellwachsenden Magnetosomen. Das heißt, die Ausprägung der Morphologie scheint nach Auffassung der o. a. Autoren nicht nur der biologischen Kontrolle, sondern auch dem Einfluss der vorherrschenden Umweltbedingungen zu unterliegen. Allem Anschein nach entscheidet auch die Rate der Fe-Aufnahme und nicht nur die molekulare Einwirkung seitens der Magnetosommembran oder die vektorielle Regulation an der Grenzfläche Organik : Anorganik über die Morphologie der Fe_3O_4-Kristalle. Neben dem Verständnis zum Ablauf einer Biomineralisation könnte anhand des vorliegenden Datenmaterials als technische Konsequenz die Entwicklung neuer Biomarker stehen (Faivre et al. 2008), Abschn. 2.6.1 (j)/Bd. 2.

Mittels HRTEM-Aufnahmen von einzelnen Fe_3O_4-Magnetosomen, aufgezeichnet entlang der [011]-Zonenachse mit assoziierten *Fast-Fourier-Transform*-Aufnahmen sowie vergleichenden morphologischen Idealmodellen, betonen Li & Pan (2012) die geringen Auswirkungen der Umwelteinflüsse bei der Partikelbildung: So entwickeln sich unter verschiedenen umweltbezogenen Bedingungen, z. B. aerob statisch, Magnetosome ohne signifikante Unterschiede in ihrer äußeren Form, Abb. 5.21.

(k) Biogene vs. nichtbiogene Partikel

Hinsichtlich einer Synthese von Fe_3O_4-Nanokristallen stützen sich nichtbiogene Techniken auf die Kopräzipitation von Fe^{2+}- sowie Fe^{3+}-Salzen in einer Lösung aus Ammoniumhydroxid, d. h. NH_4OH (Corr et al. 2004). Die Größe muss über Variationen in der Reaktionstemperatur und Modifikation der Oberflächen modifiziert werden. In der Anfangsphase sind die NP mit diversen organischen Säuren zu behandeln.

Als kritische Größen bezüglich der Eigenschaften wie z. B. Größe der Partikel, elektrische Konduktivität sowie magnetische Eigenschaften sind die Reaktionstemperatur sowie Beschichtung zu nennen (Petcharoen & Sirivat 2012). Die Raten einer Fe^{3+}-Reduktion von synthetischen und bakteriogenen Fe-Oxiden durch *Shewanella putrefaciens CN32* unterzogen Langley et al. (2009) vergleichenden Untersuchungen. In entsprechenden Versuchsreihen zeigt sich eine wesentliche höhere Suszeptibilität

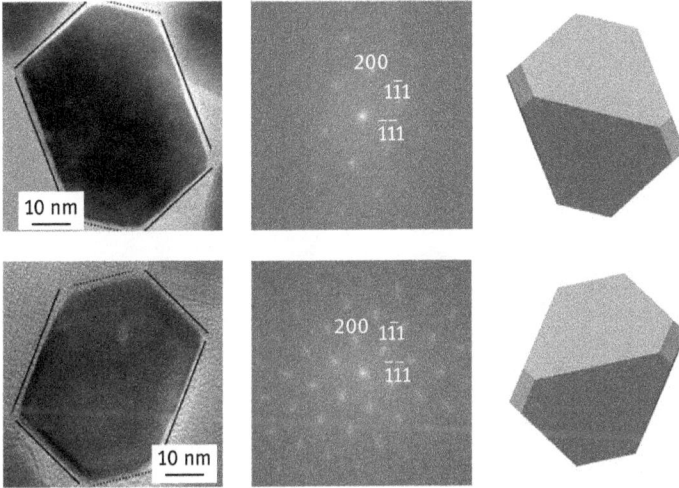

Abb. 5.21: HRTEM-Aufnahmen von einzelnen Fe_3O_4-Magnetosomen, aufgezeichnet entlang der [011]-Zonenachse mit assoziierten *Fast-Fourier-Transform*-Aufnahmen und morphologischen Idealmodellen (Li & Pan 2012). Ungeachtet dessen, dass sich die Magnetosome nicht wesentlich unterscheiden, entstanden sie unter verschiedenen umweltbezogenen Bedingungen, z. B. aerob statisch.

von bakteriogenen Fe-Oxiden (engl. *bacteriogenic iron oxides* = BIOS) gegenüber einer bakteriellen Fe^{3+}-Reduktion, d. h. vollständige Auflösung des Fe-Minerals auf der Oberfläche des Fe-oxidierenden Konsortiums, als sie beim synthetisch hergestellten Ferrihydrit $((Fe^{3+})_2O_3 \cdot \frac{1}{2}H_2O)$ beobachtet werden kann. Mit Werten von $0{,}162\,d^{-1}$ für die Reduktionsrate des synthetischen $((Fe^{3+})_2O_3 \cdot \frac{1}{2}H_2O$ gegenüber einem Betrag von $0{,}269\,d^{-1}$ für das bakteriogene Fe-Oxid zeichnet sich ein erheblicher Unterschied ab. Zusammenfassend scheinen die biogenen Fe-Oxide unterschiedliche Suszeptibilitäten gegenüber einer mikrobiellen Reduktion zu offenbaren (Langley et al. 2009).

In Verbindung mit durch *Geobacter sulfurreducens* gebildetem Fe_3O_4 sind dünne hoch reduzierte Lagen beobachtet, die bei nicht biogen synthetisiertem Fe_3O_4, nach aktuellem Stand des Wissens, fehlen (Byrne et al. 2011).

(l) Modellierung

Zwecks Modellierung erweisen sich zur Darstellung einführender Informationen über die chemischen Rahmenbedingungen *Pourbaix*-Diagramme als hilfreich. Eingetragen in ein *Pourbaix*-Diagramm für das System $Fe-H_2O$, wobei $Fe_{tot} = 10\,\mu M$ gilt, reduziert sich das Stabilitätsfeld für z. B. Fe_3O_4 auf einen kleinen Bereich und wird durch einen pH-Wert von 10 und Eh-Wert von $-0{,}2\,V$ bis $0{,}4\,V$ determiniert (Faivre & Schüler 2008), Abb. 5.22.

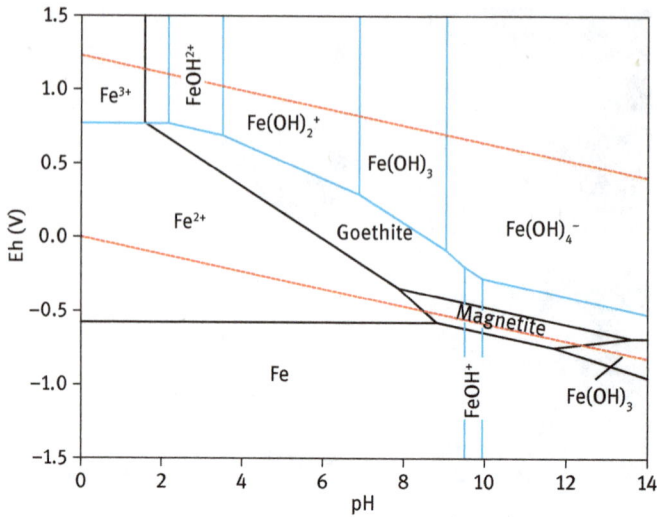

Abb. 5.22: *Pourbaix*-(Eh–pH-)Diagramm für das System Fe–H_2O, wobei Fe_{tot} = 10 µM gilt. Das Stabilitätsfeld reduziert sich auf einen kleinen Bereich und wird durch einen pH-Wert von 10 und den Eh-Wert von −0,2 V bis 0,4 V determiniert (Faivre & Schüler 2008).

Als theoretisch-mathematische Grundlage zur Beschreibung der bakteriellen Reduktion von Goethit (α-Fe^{3+}O(OH)) stützen sich Liu et al. (2001) auf ein kinetisches biochemisches Modell, das u. a. die *Monod*-Kinetik unter Berücksichtigung der Konzentration an Lactat ($C_3H_5O_3$), die Kinetik erster Ordnung bezüglich der Konzentration der Oberflächen des α-Fe^{3+}O(OH), die verfügbare *Gibbs*'sche Freie Energie sowie die Raten der Sorption von Fe^{2+} auf die Präzipitation von α-Fe^{3+}O(OH) sowie Siderit ($FeCO_3$) mit einbezieht.

(m) Chrom (Cr)

In An- und Abwesenheit von Fe^{3+} wurde die Cr^{6+}-Reduktion durch Suvorova et al. (2008) studiert, die wiederum ein nicht kristallines Präzipitat liefert. Sowohl STEM als auch EDS ergaben zwei Beobachtungen, zum einen die Verbindung einer Cr^{3+}-Phase mit der bakteriellen Oberfläche und zum anderen, dass mehrere unterschiedliche Fe- und Cr-Spezifikationen gleichzeitig nebeneinander auftreten können, z. B. $CrPO_4$, Cr_2O_3, $Cr(OH)_3$, $FePO_4$ sowie Fe_2O_3 (Suvorova et al. 2008). Mittels einer kugelförmigen Hefe lassen sich Kügelchen aus Cr_2O_3 synthetisieren ([2]Bai et al. 2009). Durch die Verwendung der Hefe als natürliches Biotemplat, $CrCl_3 \cdot 6\,H_2O$ (Chromchloridhexahydrat) als Präkursor und thermische Dehydration lassen sich anorganische Beschichtungen auf den Hefezellen ablagern. Zur Beschreibung der Zwischen- und Endprodukte stehen analytisch RDA, SEM, *Fourier*-transformierte Infrarotspektroskopie (FT-IR) zur Verfügung ([2]Bai et al. 2009). Die Ergebnisse zeigen, dass die thermisch behandelten Proben aus hohlen Mikrosphären (Cr_2O_3) mit einem Durchmesser von 2,5–2,8 µm bestehen. Es deutet sich generell eine Möglichkeit zur Herstellung von hohlen Mikrosphären an ([2]Bai et al. 2009). Infolge einer Reduktion von Chromat (CrO_4^{2-}) durch einen Vertreter der Pseudomonaden zeichnen McLean & Beveridge (2001) Präzipitate von Cr^{3+}-haltigen amorphen Phasen an den bakteriellen Zellwänden auf. Ihren Analysen zufolge scheint es sich um Cr^{3+}-Hydroxide, d. h. $Cr(OH)_3$ und/oder Fe-Cr^{3+}-Hydroxide, zu handeln. Ihre Größe beläuft sich auf < 100 nm. Nancharaiah et al. (2010) registrieren in granularen Biofilmen Cr-haltige Phosphatbildungen, die nach der Reduktion von Cr^{6+} entstehen.

(n) Analyse

Minerale, gebildet durch Biooxidation von Fe^{2+} unter neutralen pH-Bedingungen, ihre Verbindung mit bakteriellen Ultrastrukturen sowie ihr Einfluss auf den Metabolismus bleiben bislang wenig nachvollziehbar. Um erste Einsichten in die Fe-Biomineralisation zu gewinnen, wurde das anaerobe, von Nitrat abhängige, Fe-oxidierende Bakterium *Acidovorax sp. BoFeN1* in der Gegenwart von Fe^{2+} und unter Einsatz von EM und STXM (= *scanning transmission X-ray microscopy*) untersucht. Alle analysierten Minerale bestanden weitgehend aus amorphen Fe-Phosphaten. Es ließen sich anhand ihrer Morphologie und Lokalisierung drei Typen von Präzipitaten ansprechen: (1) mineralisierte Filamente in Distanz zur Zelle, (2) Kügelchen mit einem Durchmesser von 100 ± 25 nm an der Zelloberfläche und (3) eine im Periplasma befindliche 40 nm mächtige Lage ([1]Miot et al. 2009).

Die Gesamtheit der vorgestellten Phasen ist eng mit organischen Molekülen assoziiert. Die periplasmatische Inkrustation wird von einer Akkumulation von Proteinresten begleitet. In gleicher Weise sind Exopolysaccharide mit extrazellulären mineralisierten Filamenten verbunden. Die Entwicklung der Zellinkrustation lässt sich während der Zellkultivierung mit der TEM verfolgen: über eine rasch ablaufende Ausfällung im Periplasma, d. h. in wenigen 10er-Minuten, gefolgt durch die Bildung von oberflächengebundenen Kügelchen. Weiterhin entstanden an den „Zellpolen" Mineralverdickungen. In Parallelanalysen durch STXM konnte die Evolution der Fe-Oxidation quantifiziert werden. Sowohl das in der Zelle befindliche Fe als auch die extrazellulären Präzipitate erreichten die vollständige Oxidation innerhalb von sechs Tagen. Neben dieser progressiven Oxidation gibt es Hinweise auf räumliche Redoxinhomogenitäten innerhalb eines Tages. Die o. a. Einblicke in die Fe-Biomineralisation, synthetisiert durch anaerobe neutrophile Fe-oxidierende Bakterien, liefern neben geologischen Aspekten Hinweise für den technischen Einsatz ([1]Miot et al. 2009).

(o) Exploitation

Für ferrimagnetische NP deuten sich diverse Anwendungsmöglichkeiten an, wie z. B. magnetische Speichermedien, Umwandler, zur kontrollierten Medikamentenverabreichung in der Krebstherapie, Informations- und Kommunikationstechnolgie sowie Pharmazie. Der technische Einsatz in den genannten Gebieten erfordert jedoch monodispers verteilte NP und somit die präzise Kontrolle über Größe, Zusammensetzung sowie magnetische Eigenschaften (Tanaka et al. 2010). Konventionelle Synthesetechniken erweisen sich in Bezug auf sowohl Umwelt als auch Wirtschaftlichkeit als kostenintensiv. Aufgrund der bislang vorliegenden Arbeiten und deren Resultate bieten metallreduzierende Mikroorganismen eine unerschlossene Ressource zur Herstellung dieser Materialien an. So lassen sich mit dem Fe^{3+}-reduzierenden *Geobacter sulfurreducens* magnetische Fe-Oxid-NP herstellen. Eine Kombination von EM, Röntgenspektroskopie und magnetometrischen Techniken deutet darauf hin, dass mittels dieser biosynthetischen Methode ein hoher Ertrag an kristallinen NP mit geringer Größenverteilung und magnetischen Eigenschaften zu erwarten ist, wobei die auf diese Weise produzierten NP mit jenen, gewonnen durch konventionelle, d. h. chemische Methoden, ohne Einschränkungen vergleichbar sind (Tanaka et al. 2010).

5.3.2 Edelmetalle inkl. PGE

Im Sinne einer technischen und somit kommerziellen Exploitation ist die Erzeugung von industriell verwertbaren Edelmetall-NP von großem Interesse. Die Kinetik zum Kristallwachstum erinnert an die Fe_3O_4-Bildung in magnetotakten Bakterien, wobei die benötigten physikochemischen Parameter in den betroffenen Mikroorganismen unbekannt sind. Zur biogen kontrollierten Synthese von Edelmetallen wie Au, Ag sowie den Pt, Pd und Rh, in Form von individuellen NP, liegen zahlreiche experimentelle Arbeiten und deren Beschreibungen vor. Als Ausgangslösungen eignen sich für die Edelmetalle entsprechende Chloride z. B. $AuCl_4$, für die PGE kommen ebenfalls Chloride als Prekursor in Betracht, z. B. $PtCl_6^{2-}$. Auf die zugrundeliegenden Mechanismen betreffs einer Synthese von Au-NP wie Assemblierung, Aspekten der Supramolekularen Chemie, quantenbezogener Eigenschaften sowie Anwendungen innerhalb der Biologie, Katalyse und Nanotechnologie gehen Daniel & Astruc (2004) in ihrer Arbeit ein, Abschn. 4.1. Neben Ganzzellverfahren scheinen sich auch zellfreie Extrakte zur Synthese von NP aus Edelmetallen zu eignen, s. a. Abschn. 2/Bd. 2.

(a) Gold (Au)

Mikrobiell synthetisiertes nanoskaliges Au ist in Verbindung mit anormalen geochemischen Indikationen ein immer häufiger beschriebenes Phänomen. Für Edelmetall-NP deutet sich ein weites Spektrum an Anwendungsmöglichkeiten an: Katalysator, Optik und Biosensoren. Ungeachtet dessen, dass die chemisch-/physikalisch-synthetischen Routen zur Erzeugung von Edelmetall-NP weit entwickelt sind, bietet sich die Synthese durch mikrobielle Bioreduktion von Edelmetallionen an.

Au-NP eignen sich aufgrund ihrer distinktiven optischen Eigenschaften und hohen chemischen Stabilität zum Einsatz im Bereich biomedizinischer Anwendungen. Berichte über die biogene Synthese von Au-Kolloiden aus Au-Komplexen führten zu einem verstärkten Interesse an der Biomineralisation von Au. Allerdings blieben die für eine biomolekular gelenkte Bildung von Au-NP verantwortlichen Mechanismen unklar. Dies war in dem Mangel an Informationen zur Struktur der biologischen Systeme und rasch ablaufenden Kinetik der in einer Lösung befindlichen biomimetischen/-chemischen Systeme begründet.

Hinsichtlich der genannten Problematik publizieren Wei et al. (2011) die Beobachtung, dass sich intakte einzelne Kristalle von Lysozym zum Studium des von der Zeit abhängigen, proteingesteuerten Wachstums von Au-NP eignen. Durch Verminderung des Wachstums der Au-NP, implementiert durch die Proteinkristalle, ist eine detaillierte Studie zur Kinetik machbar und erlaubt eine dreidimensionale strukturelle Charakterisierung, wie sie in Lösung nur schwer erreichbar ist. In diesem Zusammenhang betonen Wei et al. (2011), dass eine Reihe weiterer chemischer Spezies zur Feineinstellung des Wachstums von Au-NP zur Verfügung steht.

Das mesophil anaerobe und Fe-reduzierende Bakterium *Shewanella algae* wurde erfolgreich zur Synthese von Edelmetall-NP eingesetzt (Konishi et al. 2006). Für die Herstellung von intrazellulärem Au standen als Elektronendonator H_2 und als metallhaltiger Präkursor eine $AuCl_4^-$-haltige Lösung zur Verfügung. Die mikrobielle Reduktion und anschließende intrazelluläre Präzipitation durch *S. algae* gelang bei 25 °C und einem pH-Wert von 7. Eine vollständige reduktive Ausfällung von elementarem, unlöslichem Au aus einer Lösung mit $0,1$–$1\,mol\,m^{-3}$ an gelöstem $AuCl_4^-$ geschah innerhalb von 30 min. Die Größe der auf diese Weise gewonnenen und im periplasmatischen Raum mineralisierten Au-NP schwankt zwischen 10–20 nm. Insgesamt ist die reduzierende Kraft von *S. algae*, bei einer Dichte von $3,2 \cdot 10^{15}$ Zellen m^{-3} und 25 °C, vergleichbar mit einer wässrigen Lösung aus Zitronensäure ($C_6H_8O_7$) als chemischem Reduktant, mit einer Konzentration von $20\,mol\,m^{-3}$ und bei 50 °C. Insofern stellt die intrazelluläre Gewinnung von Au eine attraktive, umweltfreundliche Alternative zu konventionellen Techniken dar.

Wie Dünnschliffpräparate von *S.-algae*-Zellen, analysiert durch TEM-Analysen (Abschn. 1.3.4 (a)/Bd. 2), offenbaren, finden sich die biogenen Au-NP mit einer Größe von 10 nm bis 20 nm im Periplasma. Bei einer Reduzierung des pH-Wertes von 7 auf 1 der Lösung aus Tetrachloridogoldsäure ($HAuCl_4$) kommt es zu einer extrazellulären Synthese von biogenen Au-NP. Bei einem pH-Wert von 1 wurde als Größe eine Spannweite von 50–500 nm ermittelt, teilweise als Einkristall vorliegend und mit rechteckiger Morphologie ausgestattet. Möglicherweise erfolgt bei einem pH-Wert von 1 sowie nach Freigabe eines Au-reduzierenden Enzyms vom periplasmatischen Raum in die wässrige Lösung die sukzessive katalytisch gesteuerte Reduktion der Au-Ionen.

Es liegt die Vermutung nahe, dass der pH-Wert bei der Kontrolle der Morphologie der NP und die Lokalität der Nukleation einen Einfluss ausüben (Konishi et al. 2006).

Über die Synthese von Einzelkristallen aus Au-Nanoplättchen in wässrigen Lösungen durch die Biomineralisation mittels eines Serum-Albumin-Proteins (BSA) stehen erste Ergebnisse einer entsprechenden Studie zur Verfügung (Xie et al. 2007). Hierzu lassen sich in einer wässrigen Lösung von $HAuCl_4$ durch Reaktion mit einem BSA unter physiologischen Temperaturbedingungen Einkristalle von Au-Nanoplättchen produzieren. Hierbei tritt das BSA in dualer Funktion auf: zum einen zur Reduktion von Au^{3+} und zum anderen zur Steuerung des anisotrophen Wachstums von Au^0 mit plättchenförmiger Morphologie. Eine Charakterisierung der Struktur durch FESEM, TEM, HRTEM (Abschn. 1.3.4 (a, b)/Bd. 2) und SAED ergab für die Flächen der Nanoplättchen eine Orientierung von {111}, d. h. eine Ausrichtung, wie für die Basalflächen beschrieben.

Untersuchungen zum Effekt von Umweltfaktoren wie Temperatur und pH-Wert belegen, dass eine niedrige Temperatur und ein niedriger pH-Wert das anisotrope Wachstum von Au-NP begünstigen. Durch Zugabe von geringen Anteilen von Ag^+-Ionen lässt sich in BSA-haltigen Lösungen die Kinetik von $HAuCl_4$ beeinflussen, Als Ergebnis der Vorgänge entstehen Plättchen mit einer Seitenlänge von einigen Mikro- bis zu einigen 10er-nm. Mithilfe der EM (Abschn. 1.3.4 (f)/Bd. 2) lässt sich der Wachstumsprozess in der BSA-führenden Lösung überwachen sowie der Nachweis unterschiedlicher essenzieller intermediärer Strukturen erbringen (Xie et al. 2007).

Direkt mit kugelförmigen Proteinen verbundene Edelmetall-NP beobachten Burt et al. (2004). So lassen sich in wässrigen Lösungen durch chemische Reduktion, und direkt mit einem Bovin-Serum-Albumin-führenden Protein verbunden, Au-NP synthetisieren. Nach erfolgter Reaktion zeigt die TEM-Analyse hochdisperse Au-NP mit einem durchschnittlichen Durchmesser von weniger als 2 nm. Eine begleitende Elementanalyse verifiziert die Komposition der Au-Protein-Konjugate. Die Analyse mit der IR-Spektroskopie bestätigt, dass sich der Hauptstrang des Polypeptids während des Konjugationsprozesses nicht spaltet und die funktionalen Gruppen der Seitenkette intakt bleiben. Die Raman-Spektroskopie (RS) zeigt, dass die Disulfid-Brücken im konjugierten Protein im gebrochenen Zustand vorliegen und somit für Wechselwirkungen mit NP-Oberflächen zugänglich sind. Diese Art der Synthese stellt eine innovative Technik zur Fixierung von Au-NP an makromolekulare Proteine dar (Burt et al. 2004).

In Anwesenheit sulfatreduzierender Bakterien (SRB, Abschn. 2.2 (b)) kann die Mineralisation von elementarem Au aus Au^{1+}-Thiosulfat-Komplexen erfolgen. Säulenexperimente sollten helfen, den Einfluss dieser Mikroorganismen bei der Präzipitation von Au^0 in eine geologische Schicht aufzuhellen ([2]Lengke & Southam 2007). In Versuchen erwies sich, gegenüber begleitenden abiotischen Experimenten, die bakteriell unterstützte Au-Ausfällung aus Au^{1+}-Thiosulfatkomplexen als wesentlich wirkungsvoller. In bakteriellen Systemen lagern SRB, wie z. B. *Desulfovibrio sp.*, intrazellulär Au in Form von kugelförmigen NP ab. Nach einiger Zeit erfolgte eine Freisetzung der

Au-NP aus den Zellen. Diese gingen entweder in Lösung oder lagerten sich an der Zelloberfläche ab. Schließlich bildeten sich aus den Au-NP oktaedrische Au-Kristalle im µm-Bereich. Hinzu kamen gelegentlich framboidähnliche Strukturen, d. h. Durchmesser ca. 1,5 µm, und mm-große Au-Folien, die die silikatischen Körner umschließen.

In Versuchen, die ausschließlich abiotische Methoden einsetzen, gelingt nur die Erzeugung von sphärischen Au-NP, d. h. Durchmesser ca. 1 µm, wohingegen alle anderen o. a. Morphologien nicht beobachtet werden können. Die Reduktion und Anreicherung von Au^0 durch SRB erfolgen mit dem gleichzeitigen/begleitenden Absterben der Bakterien ([2]Lengke & Southam 2007). Diese Beobachtung ist insofern interessant, da möglicherweise das Angebot an entsprechenden Nährstoffen und Au^{1+}-Thiosulfaten ausreicht, um im geologischen Zeitrahmen zu einer signifikanten Anreicherung bestimmter Metalle zu führen, und eine Synthese von metallischen NP offensichtlich nicht an lebende Zellen gebunden ist ([2]Lengke & Southam 2007).

Eine Biosynthese von Au-NP, unterstützt durch bakterielle Enzyme, schildern Bharde et al. (2008). Die Entwicklung synthetischer Methoden zur Herstellung von anisotropen metallischen NP ist aufgrund ihrer optoelektronischen Eigenschaften von beträchtlichem Interesse. Es sind stäbchenförmige, kubische bis prismenartige Ausbildungen beschrieben, die sich infolge chemischer Methoden erzeugen lassen. Weiterhin ist es möglich, mittels des Einsatzes von Mikroorganismen, z. B. des Bakteriums *Actinobacter sp.* in Präsenz von Bovinserumalbumin (BSA) und durch Eingabe von $AuCl_3$, stabile Au-NP herstellen. Auch gelingt in Anwesenheit von BSA bei der gleichzeitigen Eingabe von Protease, ausgeschieden durch das Bakterium, eine Synthese von Au-NP. Durch die Präsenz des BSA beschleunigt sich die Biosynthese für die Au-NP und sie dürfte auch bei der Formbildung beteiligt sein. Eine Kontrolle der experimentellen Bedingungen wie z. B. Inkubationstemperatur, An- oder Abwesenheit von O_2 ist daher für die Reaktionsrate und Morphologie der NP unerlässlich. In diesem Zusammenhang bestätigen diverse Assayexperimente die Funktion der Protease als reduzierendes und formgebendes Reagenz (Bharde et al. 2008).

Erfolgreich lassen sich aus $HAuCl_4$ als Präkursor und mittels *Verticillum luteoalbum* individuelle intrazelluläre Au-NP unterschiedlicher Morphologien synthetisieren, Abb. 5.23. Für eine Produktion mittels Ganzzellverfahren setzen [2]Gericke & Pinches (2006) Hefen sowie diverse Fungi-Kulturen ein. Infolge von Wechselwirkungen zwischen Cyanobakterien und wässrigen Au^{3+}-Chlorid-Lösungen kommt es zunächst auf den Zellwänden zur Ausfällung von amorphen NP aus Au^{1+}-Sulfiden, um schließlich als Au^0 mit dem Habitus von oktaedrischen, d. h. (111), Plättchen mit einer Länge zwischen 10 nm und 6 µm in der Nähe der Zelloberfläche oder innerhalb der Lösungen aufzutreten. In Übereinstimmung mit Analysen durch die XAS geschieht die Reduktion des Au^{3+}-Chlorid zu Au^0 durch Cyanobakterien über die Bildung eines Zwischenstadiums in Form eines Au^{1+}-Sulfids ([2]Lengke et al. 2006), Abschn. 1.3.5 (u)/Bd. 2. Die Auswirkungen unterschiedlicher $AuCl_4^-$-Konzentrationen bei der Bildung von Au-NP in *V. luteoalbum* demonstrieren nach einer Inkubationszeit von 24 h die visualisierten Akkumulationsdichten der Präzipitate ([2]Gericke & Pinches 2006), Abb. 5.24.

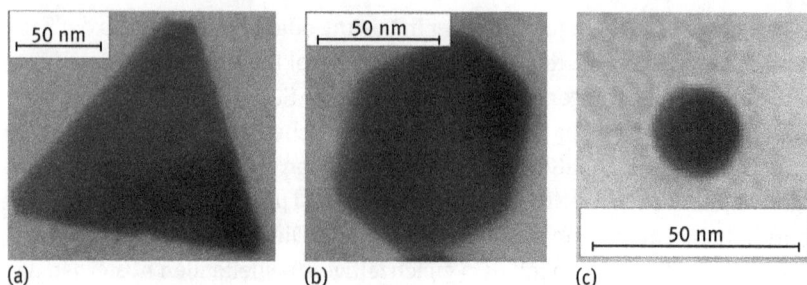

(a) (b) (c)

Abb. 5.23: Diskrete mikrobiell synthetisierte intrazelluläre Au-NP unterschiedlicher Morphologie, als Edukt eignet sich $HAuCl_4$ ([2]Gericke & Pinches 2006).

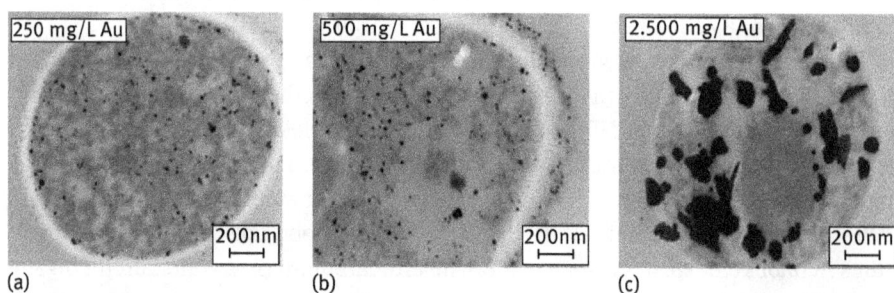

(a) (b) (c)

Abb. 5.24: TEM-Aufnahmen zeigen die Auswirkung unterschiedlicher $AuCl_4^-$-Konzentrationen bei der Bildung von Au-NP in *Vertcillum luteoalbum* nach einer Inkubationszeit von 24 h ([2]Gericke & Pinches 2006).

So et al. (2009) bieten einen Beitrag zur supramolekularen Selbstassemblierung (Abschn. 4.4 (a)) und molekularen Rekognition (Abschn. 4.4 (b)) von genetisch veränderten Au-bindenden Peptiden auf Au {111}.

Über u. a. AFM (Abschn. 1.3.4 (c)/Bd. 2), molekulare Simulation (MS) etc. ermittelte Daten offenbaren Details zur Entstehung einer geordneten supramolekularen Selbstassemblierung von genetisch konstruierten Au bindenden Peptiden (*3rGBP*), die mit der Symmetrie des Oberflächengitters von Au {111} übereinstimmen. Über den Einsatz diverser Techniken, wie z. B. simulierte (*annealing*-)molekulare dynamische Studien in Verbindung mit nuklearer Magnetresonanz, konnten So et al. (2009) die intrinsische Störung von *3rGBP* bestätigen sowie Au anbindende Sites identifizieren, die sich, in Ketten angelegt, entlang den Gitterflächen von Au den *Miller*'schen Indizes ⟨110⟩ sowie ⟨211⟩ angleichen. Entsprechend ihren Ergebnissen ergeben sich Einblicke zu den Wechselbeziehungen zwischen Peptiden und den Oberflächen von Feststoffphasen auf atomarer Ebene sowie den intrinsischen Dislokationen, die innerhalb einiger Peptidsequenzen auftreten. Analog zu etablierten, auf der atomaren Ebene beruhenden kontrollierbaren Vorgehensweisen bei der Erzeugung heterogener Strukturen in Form von Dünnfilmen auf Halbleitermaterialien könnten die Arbeiten von So et al. (2009) dazu beitragen, dass als weitere Technik ein auf Peptiden beruhendes hybridmolekulares Verfahren entsteht.

Unter Raumtemperatur scheint über Zellextrakte des metallreduzierenden Bakteriums *Shewanella algae* eine teilweise regulierbare Biosynthese von Au-NP möglich zu sein (Ogi et al. 2010). Ein Zellextrakt reduziert bei einem pH-Wert von 2,8 und Zugabe von H_2-Gas als Elektronendonator aus $1\,mol\,m^{-3}$ Lösung wässriger $AuCl_4^-$-Ionen innerhalb von 10 min elementares Au. Betreffs regulativer Eingriffe bei sowohl Reduktion als auch Morphologie der nanoskaligen Partikel erweist sich der Zeitfaktor als kritische Größe. Nach ca. 1 h liegen hoch dispers auftretende, sphärische NP mit einer mittleren Größe von ca. 9,5 nm vor. Nach Ablauf von 6 h wachsen die Partikel auf ca. 100 nm und nehmen die Gestalt von Plättchen an. Mit einer Größe von 100–200 nm sind nach 24 h ungefähr 60 % der Au-NP beschrieben. Die Veränderung der Partikelgröße/-morphologie äußert sich in den Wechseln der Farbgebung der betreffenden Lösungen. Die Ausbringung der Au-NP aus den Zellextrakten überwiegt bei weitem jenen Anteil, der aus ruhenden, intakten Zellen stammt, d. h. ca. viermal höher. Der Zellextrakt ist via Ultraschall herstellbar (Ogi et al. 2010), Abschn. 2.1 (i)/Bd. 2.

Über eine reduktive Ausfällung von Au mittels dissimilatorischer Fe^{3+}-reduzierender Bakterien und *Archaea* berichten Kashefi et al. (2001), Abschn. 2.2 (b). Die Vorgänge scheinen unter der Regie einer nahe der Zelloberfläche befindlichen Au^{3+}-Reduktase stattzufinden. Au^0 selbst präzipitiert extrazellulär. Auch ist eventuell eine Hydrogenase einbezogen, da im Fall von *S. algae* als Elektronendonator H_2 eingesetzt wird. Au^{3+} selbst eignet sich gemäß Kashefi et al. (2001) nicht als Elektronenakzeptor. Sie vermuten daher eine enzymatisch kontrollierte Reduktion.

Als Mikroorganismen mit der Fähigkeit zur Reduktion von Au-Spezifikationen kommen u. a. *Pyrobaculum islandicum*, *Pyrococcus furiosis* in Betracht. Auch könnten die o. a. Vorgänge in metallogenetische Überlegungen zur Bildung bestimmter Au-Lagerstätten verwickelt sein. Correa-Llantén et al. (2013) mutmaßen für den Verlauf einer intrazellulären Synthese von Au-NP durch *Geobacillus sp. ID17* die Verwicklung einer Au^{3+}-Reduktase.

Biomasse von *Rhodopseudomonas capsulata* produziert bei einem pH-Bereich von 4–7 aus $HAuCl_4$ Au-NP unterschiedlicher Größe und Morphologie. Als kontrollierende Größe tritt der pH-Wert auf. Als Größenbereich sind 10–20 nm angegeben (He et al. 2007). Zur extrazellulären Biosynthese von monodispersem Au-NP durch den extremophilen *Actinomyceten*vertreter *Thermomonospora sp.* legen Ahmad et al. (2003) ihre Resultate vor. Um sich vor hohem, toxisch wirkendem Au zu schützen, generiert *Delftia acidophorans* als Sekundärmetabolit elementares Au (Johnston et al. 2013), Abschn. 2.3.4.

(b) Palladium (Pd)

Im Zusammenhang mit der Bildung von Pd^0-NP auf mikrobiellen Oberflächen veröffentlichen Bunge et al. (2010) Daten. Offensichtlich gelang den genannten Autoren eine experimentelle Studie über vermutete biochemische Reaktionssequenzen, die eine enzymatische Pd^{2+}-Reduktion und die anschließende Pd^{0}-Ablagerung implementieren. Hierzu erfolgt der Gebrauch von Format (HCO_2^-) als Elektronendonator in Verbindung mit der Anwesenheit dreier gramnegativer Bakterien, d. h. *Cupriavidus necator, Pseudomonas putida* und *Paracoccus denitrificans* (Bunge et al. 2010).

In den zellfreien Pufferlösungen bilden sich nur größere und enggepackte Pd^{0}-Aggregate. Dahingegen ergibt, bei Anwesenheit von Bakterien, eine Pd^{2+}-Reduktion in Verbindung mit den Zellen kleinere, gut suspendierte Pd^{0}-Partikel (*BioPd^{0}*). Nanoskalige Pd^{0}-Partikel mit einer Größe von 3 nm bis 30 nm treten nur in Gegenwart von Bakterien auf, wobei Partikel in dieser Größenordnung im periplasmatischen Raum angetroffen werden.

Daneben lagern sich Pd^{0}-NP auf autoklavierten Zellen von *C. necator* an, die wiederum über keine Aktivität von Hydrogenase verfügen. Diesen Umstand interpretieren Bunge et al. (2010) dahingehend, dass eine von der Hydrogenase unabhängige Pd-Synthese stattfindet. Die katalytischen Merkmale von Pd^{0} und des biogen synthetisierten Pd^{0} sind über die Freisetzung von H_2, generiert und infolgedessen bei der Reaktion mit Hypophosphit bestimmbar. Allgemein offenbart das biologische Pd^{0} gegenüber einer Kontrolle auf Pd^{0} eine geringere Aktivität.

Gemäß Bunge et al. (2010) zeichnet sich möglicherweise eine Nichtverfügbarkeit der innerhalb der Zellumhüllung befindlichen Pd^{0}-Fraktion hierfür verantwortlich. Betreffs der Bildung sowie Immobilisierung von Pd^{0}-NP innerhalb der Zellwand sowie anhand ihres generierten Datenmaterials befürworten Bunge et al. (2010) die Wiedergewinnung von Pd^{0} durch bakterielles Zellmaterial. Um allerdings das periplasmatisch gebildete Pd^{0} im Sinne nanobiotechnologischer Anwendungen als Katalysator einzusetzen, betonen die vorgestellten Autoren die Notwendigkeit einer forcierten Entwicklung entsprechender Entnahmetechniken.

Die Einbeziehung von Hydrogenasen bei der Synthese von katalytisch hochaktiven Pd-NP durch die Bioreduktion von Pd^{2+} mithilfe von *Escherichia-coli*-Mutanten unter sauren Bedingungen (pH 2,4) konnte durch Untersuchungen beschrieben werden (Deplanche et al. 2010).

E. coli produziert mindestens drei Ni-Fe-Hydrogenasen, d. h. *Hyd-1, Hyd-2* und *Hyd-3. Hyd-1* und *Hyd-2* repräsentieren an die Membran gebundene Isoenzyme zur Respiration, wobei sich ihre katalytisch wirksamen Untereinheiten an der zum Periplasma zugewandten Seite der Membran ausrichten. *Hyd-3* tritt als Bestandteil des im Cytoplasma orientierten Formathydrogenlyase-Komplexes auf. Während alle drei Hydrogenasen einen Beitrag zur Reduktion von Pd^{2+} leisten, ist die Anwesenheit einer der beiden periplasmatischen Hydrogenasen, d. h. *Hyd-1* oder *Hyd-2*, unerlässlich, um eine mit dem Elternstamm vergleichbare Rate der Pd^{2+}-Reduktion zu erzielen (Deplanche et al. 2008).

Eine einem *E.-coli*-Mutanten genetisch vorenthaltene Hydrogenaseaktivität zeigt eine vernachlässigbare Reduktion an Pd^{2+}. Analysen mit der EM gestatten die Vermutung, dass die raumbezogene Pd^{0}-Ablagerung wie erwartet von der subzellularen

Lage speziell jener Hydrogenase, die in den Reduktionsprozess einbezogen ist, abhängt. Versuche zur Separation der Membrane bestätigen, dass die Reduktion von Pd^{2+} membranbezogen und die Einbeziehung einer Hydrogenase zur Initialisierung der Pd^{2+}-Reduktion erforderlich ist (Deplanche et al. 2008).

In Abhängigkeit von anfänglich zur Bioreduktion von Pd^{2+} eingesetzten *E.-coli*-Mutanten variiert die katalytische Aktivität der erzielten Pd^0-NP bei der Reduktion von Cr^{6+} zu Cr^{3+}. Eine Optimierung der Cr^{6+}-Reduktion, vergleichbar mit jener von kommerziellen Pd-Katalysatoren, ist machbar, wenn die biologischen, katalytisch wirksamen Pd^0-Partikel durch Einsatz eines Stamms mit einem aktiven *Hyd-1* präpariert werden. In diesem Kontext erörtern Deplanche et al. (2010) die Möglichkeit einer wirtschaftlich rentablen Produktion neuer nanometallischer Katalysatoren. Die Herstellung von stabilen Au- und Pd-NP auf nativen und gentechnisch veränderten Gerüststrukturen von Flagellen, als Templat für die Immobilisierung von Au und Pd, wird vorgestellt (Deplanche et al. 2008).

Durch die H_2-unterstützte Reduktion einer $[Pd(NH_3)_4]Cl_2$-führenden Lösung ließ sich ein vollständiger Überzug der *Desulfovibrio-desulfuricans*-Flagellenfilamente aus Pd^0-NP erzielen. Für die Sorption und Reduktion von Au^0 aus $HAuCl_4$ musste aus dem *E.-coli-FliC*-Protein zusätzlich ein vom Cystein abgeleiteter Thiolrest eingesetzt werden. Die auf Weise erhaltenen und auf den Flagellenfilamenten stabilisierten Au^0-Np wiesen einen Durchmesser von ca. 20 nm bis 50 nm auf. Infolgedessen gestattet der o. a. Ansatz, d. h. molekulares Engineering, verbunden mit der Größe der passivierten Au- und Pd-NP, Überlegungen, diese Methode industriell einzusetzen und die hierdurch produzierten Partikel für den technischen Einsatz als Katalysator in Erwägung zu ziehen (Deplanche et al. 2010).

(c) Platin (Pt)

Betreffs der Bioreduktion von Pt-Salzen in NP repräsentieren Govender et al. (2009) eine mechanistische Betrachtungsweise. Aus *Fusarium oxysporum* ist mit einer Ausbeute von nahezu 40 % eine dimerische Hydrogenase gewinnbar. Über eine Ionenaustauschchromatographie lässt sich das Enzym bis zum vierfachen Wert aufreinigen. Mit einem pH-Wert von 7,5 sowie einer Temperatur von 38 °C sind die optimalen Wachstumsbedingungen umschrieben. Es verfügt über eine Halbwertszeit von 36 min, und für V_{max} ist ein Wert von 3,57 nmol min^{-1} sowie für K_m ein Wert von 2,25 mM ermittelt. Bei einem Gehalt von 1 mM bzw. 2 mM tritt Hydrogenhexachloroplatinsäure (H_2PtCl_6) gegenüber dem Enzym, verbunden mit einem K_i-Wert von 118 µM, als nichtkompetitiver Inhibitor auf, Abschn. 3.2.3. Bei Inkubation des Pt-Salzes mit dem reinen Enzym, ausgeführt unter einer H_2-Atmosphäre und den o. a. optimalen Wachstums-/Kulturbedingungen, kommt es nach ca. 8 h zu einer Bioreduktion von maximal 10 % des Ausgangsmaterials. Werden der pH-Wert auf 9 sowie die Temperatur auf 65 °C erhöht, steigert sich die Reduktion für einen analogen Zeitraum auf 90 % (Govender et al. 2009).

Über selektiv geformte Pt-Nanokristalle unter Gebrauch facettenspezifischer Peptidsequenzen berichten Chiu et al. (2011). Die Eigenschaften eines Nanokristalls unterliegen dem Einfluss seiner Morphologie. Als Ursache für die Kontrolle der Morphologie werden kinetische Prozesse vermutet, d. h., hochenergetische Facetten wachsen rascher als niedrigenergetische Facetten mit der Entwicklung von Nanokristallen, umgeben von Facetten mit niedriger Energie. Eine der großen Herausforderungen besteht in der Identifizierung eines Oberflächenreagenz/Surfaktanten (engl. *surfactant*) mit der Fähigkeit, an eine speziell ausgewählte Kristallfacette anzudocken, Abschn. 2.3.6/Bd. 2. Im Allgemeinen verfügen Biomoleküle über ein nahezu perfektes Erkennungsvermögen, d. h. Rekognition, das sich für die Konstruktion nanoskaliger Strukturen verwerten lässt, Abschn. 4.4. Über den Einsatz von facettenspezifischen Peptidsequenzen als regulative Reagenzien zur vorhersagbaren Synthese von Pt-Nanokristalliten mit selektiv exponierten Kristalloberflächen und speziellen Formen berichten Chiu et al. (2011). Ihre Studien verweisen auf die Fähigkeit von Peptiden, versehen mit einer facettenselektiven Bindung, auf die Gestaltung der äußeren Form der Nanokristalle einzuwirken und somit eine programmierfähige Synthese zu fördern. Chiu et al. (2011) schildern den Einsatz von facettenspezifischen Peptidsequenzen als regulative Reagenzien zur vorhersagbaren, d. h. steuerbaren Synthese von Pt-Nanokristallen mit selektiv exponierten Kristalloberflächen, z. B. Pt-{100}, Pt-{111}, Abb. 5.25.

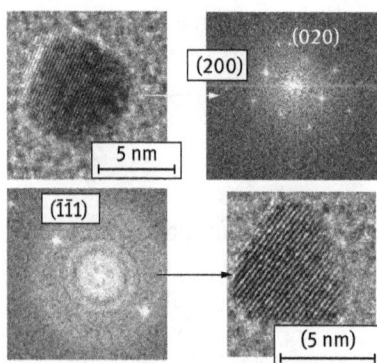

Abb. 5.25: TEM- und RDA-Aufnahmen von Pt-NP, deren Morphologie durch den Einsatz von Peptiden kontrolliert wurde (Chiu et al. 2011).

Über ein mikrobiell unterstütztes Konstruieren heterogener Nanostrukturen als biotechnologische Route zur biologischen Synthese magnetisch rückführbarer heterogener Nanokatalysatoren aus reaktivem Pd, arrangiert auf einem biomagnetischen Trägermedium, berichten Coker et al. (2010). Bei Raumtemperatur ist das magnetisch wirkende Trägermaterial mittels des Fe^{3+}-reduzierenden *Geobacter sulfurreducens* herstellbar. Es zeichnet sich gegenüber den konventionellen Methoden via kolloidal auftretendes Pd durch eine geringere Agglomeration aus. Vom technischen Standpunkt aus gesehen ist das Verhalten einer einfachen Abtrennung der Katalysatoren von der Unterlage interessant. Die Pd-Katalysatoren selbst sind durch ein leistungsfähigeres Auftreten charakterisiert (Coker et al. 2010). Übergreifend erfolgt, nach Schilderung der o. a. Autoren, die Anordnung der Pd-NP auf dem nanomagnetischen Untergrund in einem einstufigen Verfahren, ohne die Notwendigkeit einer Veränderung der Oberfläche der Pd-Biomineralisation. Eventuell bereiten organische Beschichtungen, produziert durch die bakterielle Kultur infolge der Partikelbildung, eine Adsorption von Pd seitens des o. a. Trägermediums vor (Coker et al. 2010).

Unter Einsatz von SRB, insbesondere der Funktion von Hydrogenase bei der *In-vitro*-Reduktion, wurde die Bioreduktion von Pt^{4+} aus wässrigen Lösungen untersucht (Rashamuse & Whiteley 2007). Um die Ausfällung von Pt als Pt-Sulfid zu verhindern, kam eine ruhende, d. h. nichtwachsende Kultur zum Einsatz. Es ließ sich eine pH-abhängige Entzugsrate von Pt aus der wässrigen Lösung beobachten. Dies könnte ein Hinweis darauf sein, dass die Spezifikation des Metalls die Hauptursache für seine Entfernung aus der Lösung darstellt. Die maximale Ausgangskonzentration an Pt^{4+}, die von den Zellen effektiv aus der Lösung entnommen werden kann, beträgt $50 \, mg \, l^{-1}$, obwohl die maximale Kapazität für die ruhende Biomasse nur bei $4 \, mg \, g^{-1}$ Pt liegt. Gemäß der Analytik durch TEM und EDX kristallisiert das Pt in dem Periplasma, dem Hauptverbreitungsgebiet für die Aktivität der Hydrogenase in den Zellen (Rashamuse & Whiteley 2007). Bei *In-vitro*-Studien der Pt-Reduktion mit H_2 als Elektronendonator und Zugabe eines verhältnismäßig reinen Extrakts aus Hydrogenase ließen sich innerhalb 1 h nahezu 50 % an Pt der Lösung entziehen. Im Vergleich hierzu stehen Werte von ca. 30 % für einen zellfreien Extrakt und 70 % durch lebendes Zellmaterial (Rashamuse & Whiteley 2007).

Über den Einsatz zweier isolierter Hydrogenasen ist offensichtlich eine Bioreduktion von Pt^{4+} zu Pt^0 möglich (Riddin et al. 2010). Der eigentliche Reduktionsvorgang scheint über mindestens zwei Stufen zu erfolgen.

Mittels einer 2-Elektronenreduktion kommt es, durch eine gegenüber O_2 sensitiven cytoplasmatischen Hydrogenase umgesetzt, zur Reduzierung des Pt^{4+} zu Pt^{2+}. Eine sukzessive 2-Elektronenreduktion von Pt^{2+}, durchgeführt durch eine im Periplasma befindliche Hydrogenase, liefert NP aus Pt^0. Die eingesetzten Enzyme entstammen einem Konsortium von SRB. Ein in diesem Zusammenhang eingesetztes Ganzzellverfahren liefert im Gegensatz zur o. a. Vorgehensweise nur amorphes Pt^0 (Riddin et al. 2010), Abschn. 2.1 (i)/Bd. 2.

Über die enzymatisch kontrollierte Synthese von Pt-NP berichten Govender et al. (2010). Zur Gewinnung eines Enzyms bieten Govender et al. (2010) eine Vorgehensweise an. Sie isolierten mit einem Ertrag von 40 % eine Hydrogenase von *Fusarium oxysporum* und reinigten sie mittels Ionenaustausch-Chromatographie auf das ca. 4,5-Fache auf. Das Enzym weist eine Halbwertszeit von 38 min, eine optimale Arbeitstemperatur von 38 °C sowie einen optimalen pH-Wert von 7,5 auf und ist durch einen V_{max}-Wert von $3{,}57 \, nmol \, min^{-1} \, ml^{-1}$ sowie einen Betrag für K_m von 2,25 mM gekennzeichnet. 1 mM bzw. 2 mM H_2PtCl_6 (engl. *hydrogen hexachlorplatinic acid*) wirken als nichtkompetitiver Inhibitor. Eine Inkubation eines Pt-Salzes mit dem aufgereinigten Enzym unter einer H_2-Atmosphäre und den o. a. Temperatur- und pH-Bedingungen bewirkt nach 8 h eine Bioreduktion von etwa 10 %. Wird die Temperatur auf 65 °C sowie der pH auf 9 erhöht, beide Parameter bieten das optimale Umfeld zur Synthese von Pt-NP, steigt für die gleiche o. a. Zeitspanne die Bioreduktion auf nahezu 90 %. Ein zellfreier Extrakt des Isolats reduziert unter den beiden o. a. Umgebungsbedingungen nahezu 90 % des Pt-Salzes, wobei der eigentliche Vorgang der Bioreduktion des Pt-Salzes seitens der Hydrogenase auf einem passiven Prozess beruht (Govender et al. 2010). Über die enzymatisch gesteuerte Synthese von Pt-NP liegt eine Vielzahl von experimentellen Studien vor. Aufgrund ihres durch Versuche generierten Datenmaterials gelangen Govender et al. (2010) zu abweichenden Bewertungen. So beginnt z. B. ein Versuchsaufbau/-ablauf mit der Isolation und einer Ausbeute von ca. 40 %, einer dimerischen Hydrogenase, entnommen von *Fusarium oxysporum* (Fungus) mit anschließender Aufreinigung mittels einer Ionenaustauschchromatographie.

Die Versuchsbedingungen waren charakterisiert durch einen pH-Wert von 7,8, eine Temperatur von 38 °C, eine Halbwertszeit von 36 min, eine V_{max} von 3,57 nmol min^{-1} und K_m von 3,57 mM. Im Anschluss wurde das Enzym einer nichtkompetitiven Hemmung durch die Einwirkung von 1 mM bzw. 2 mM H$_2$PtCl$_6$ (Wasserstoffhexachloroplatinsäure) mit einem K_i-Wert von 118 µM unterzogen. Nach einer Laufzeit von 8 h unter den o. a. Versuchsbedingungen, der Inkubation von Pt-Salzen mit dem betroffenen Enzym und einer H$_2$-Atmosphäre lag der Wert der Bioreduktion < 10 %.

Dahingegen betrug der Umsatzrate/Reduktionsrate unter den für die Pt-NP-Bildung optimalen Bedingungen (pH = 9, T = 65 °C) und einer identischen Zeitdauer mehr als 90 %.

Ein zellfreier Extrakt von *F. oxysporum* liefert unter beiden physikalischen/chemischen Zustandsbedingungen für die Bioreduktion von Pt-Salzen eine Umsatzrate von > 90 %. Somit wird als Fazit der Studie eine eher passive und nicht wie bislang angenommen aktive Einbeziehung der Hydrogenasen diskutiert (Govender et al. 2010). Die durch die o. a. Technik hergestellten Pt-NP zeigen u. a. eine hexagonale Morphologie und die Größenverteilung ergibt einen Peak bei 4–6 nm (Govender et al. 2009), Abb. 5.26.

Aus SRB bestehende Biokonsortien besitzen einen aeroben Mechanismus zur Reduktion von Pt^{4+}, dessen Vorzug darin besteht, dass er ohne exogene Elektronendonatoren auskommt. Unter Einbeziehung eines Intermediärs, d. h. Pt^{2+}, verläuft die Reduktion von Pt^{4+}-Ionen zu Pt^0 in zwei Prozessschritten. Untersuchungen von Whiteley et al. (2011) zufolge steuert eine Pt^{4+}-bezogene cytoplasmatische Dehydrogenase die Reduktion von Pt^{4+} zu Pt^{2+}, währenddessen die Reduktion von Pt^{2+} zu Pt^0 unter Einsatz einer periplasmatischen Hydrogenase abläuft. Zellmaterial, das einer Lösung von Pt^{2+} ausgesetzt wird, zeigt einen Farbwechsel von Gelb nach Dunkelbraun, womit eine Bildung von Pt^0-NP angedeutet ist.

Werden, nach Whiteley et al. (2011), SRB-Zellen während einer Inokulation der Gegenwart von 5 mM Cu^{2+} ausgesetzt, einem Inhibitor (Abschn. 3.2.3) gegenüber periplasmatischen, aber nicht cytoplasmatischen Hydrogenasen, kommt es zu keinem sichtbaren Farbumschwung. Als treibende Kraft für die Bioreduktion von H$_2$PtCl$_6$ und

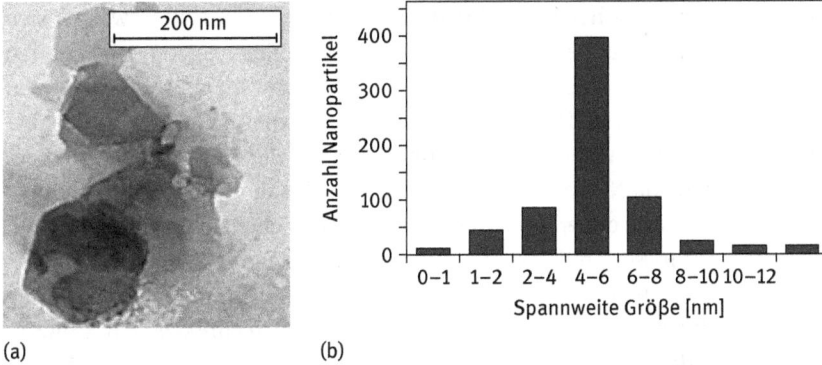

(a) (b)

Abb. 5.26: (a) Pt-Nanopartikel, synthetisiert bei einem pH von 9, einer Temperatur von 65 °C durch Reduktion von H_2PtCl_6 und deren (b) Größenverteilung (Govender et al. 2009).

$PtCl_2$ in Pt-NP nehmen Whiteley et al. (2011) für *Fusarium oxysporum* ebenfalls eine Hydrogenase an. Da das als Oktaeder vorliegende H_2PtCl_6 zu groß ist, um an die aktive Stelle (engl. *site*) andocken zu können, durchläuft es, unter den zur NP-Bildung optimalen Bedingungen mit einem pH-Wert von 9 und 65 °C, eine 2-Elektronenreduktion auf der molekularen Oberfläche des Enzyms. Das kleinere Molekül wird dann durch hydrophobe Kanäle innerhalb des Enzyms in die aktive Region transportiert. Hier herrschen dann mit einem pH-Wert von 7,5 und einer Temperatur von 38 °C die für die Hydrogenase-Aktivität optimalen Konditionen und es kommt zu einer weiteren 2-Elektronenreduktion zu Pt^0. H_2PtCl_6 selbst verhält sich bei einem pH von 7 und einer Temperatur von 38 °C passiv (Whiteley et al. 2011).

Auch $PtCl_2$ zeigt bei einem pH-Wert von 9 sowie T = 65 °C keine Bereitschaft zu einer Reaktion (Whiteley et al. 2011). Nach erfolgter Reaktion zeigen TEM und energiedisperse Röntgenanalytik für Pt eine Präzipitation im Bereich des Periplasmas, einer der wichtigsten Lokalitäten der Hydrogenaseaktivität innerhalb von Zellen. Je nach Ausgangsmaterial kommt es zur Ausbildung unterschiedlicher Kristallformen. Beim Angebot von $PtCl_2$ entstehen unterscheidbare länglich rechteckige sowie dreieckige Formen, wohin bei Zugabe von H_2PtCl_6 überwiegend rundliche, monodisperse in der Größe variierende Morphologien entstehen. NP, produziert mittels einer Hydrogenase, eines pH-Werts von 9 und einer Temperatur von 65 °C, weisen dreieckige, pentagonale und hexagonale Formen, oftmals ausgeprägt als Nanoplättchen, auf. Die Größe unterliegt relativ großen Schwankungen, bewegt sich aber in der Mehrheit zwischen 40 nm und 60 nm.

Aufgrund ihrer Ergebnisse betonen Whiteley et al. (2011), dass unter Einbeziehung von pH-Wert und Temperatur der Oxidationszustand des betreffenden Pt-Salzes eine wichtige Rolle bei dem Mechanismus und der Bildung der NP übernimmt, wenngleich sich Größe und Form der Partikel bislang einer Kontrolle entziehen.

Umweltfreundliche Methoden zur Synthese von metallischen NP erweisen sich durch u. a. Reduzierung oder Vermeidung von toxischen Abfällen mit entsprechenden Kosteneinsparnissen als vorteilhaft, Abschn. 2.5.3/Bd. 2. Auf biologisch gesteuerten Reaktionsabfolgen basierende Techniken können auf die experimentellen Rahmenbedingungen eines Systems zur Generierung von NP eine geeignete Kontrolle ausüben. Da die Eigenschaften von NP entscheidend durch ihre Morphologie geprägt sind, besteht seitens der Industrie ein erhebliches Interesse an Möglichkeiten einer gezielten Einflussnahme auf die Morphologie, um auf diese Weise maßgeschneiderte Eigenschaften der bereitgestellten NP zu erzeugen. Biologische Routen unter Einbeziehung von u. a. Prokaryoten scheinen gegenüber konventionellen Techniken, z. B. Umweltfreundlichkeit, überlegen zu sein und Forderungen nach verwertbarer Qualität und somit wirtschaftlichem Wert effiziente Wege aufzuzeigen (Whiteley et al. 2011).

S. algae ist in der Lage, bei Raumtemperatur aus einer wässrigen Lösung, bei neutralem pH und Lactat ($CH_3CH(OH)COO^-$) als Elektronendonator, $PtCl_6^{2-}$ innerhalb von 60 min zu Pt^0 zu reduzieren ([1]Konishi et al. 2007). Die biogenen Pt-NP, mit einer Größe von ca. 5 nm, bilden sich im Periplasma und sind somit, mit einer an der Zelloberfläche befindlichen Lokalität, einer Gewinnung einfach zugänglich. Der o. a. Ansatz scheint den konventionellen Methoden zur Synthese von PGM-NP überlegen zu sein. Zur vollständigen Reduktion benötigen die herkömmlichen chemischen Verfahren erhöhte Temperaturen, z. B. 100 °C beim K-Bitartratverfahren.

Die elektrochemische Ausfällung erfordert zur effektiven Reduktion trotz des energetisch günstigen Elektrodenpotentials von 0,44–0,73 V in wässriger HCl-Lösung ein räumlich überproportioniert ausgedehntes Oberflächenangebot. So lässt sich einer Untersuchung zufolge die mikrobielle Synthese von Edelmetall-NP unter Einsatz des Fe^{3+}-reduzierenden Bakteriums *Shewanella algae*, das den Elektronentransfer zu Fe^{3+}-Ionen beherrscht, durchführen ([1]Konishi et al. 2006).

Über TEM-Aufnahmen von Dünnschliffen von *S.-algae*-Zellen sowie EDX-Spektren sind die Punkte der Pt-NP-Ablagerung lokalisierbar ([1]Konishi et al. 2006). Die Pt-NP treten im periplasmatischen Raum auf, d. h. zwischen äußerer und innerer Membran, Abb. 5.30 (a). Eine gleichzeitig erfolgende EDX offenbart signifikante Emissionspeaks für Pt-Atome und untergeordnet für C, Cu sowie Pb. Als Ursache für die Indikationen von C und Cu vermuten [1]Konishi et al. (2006) eine Freisetzung bzw. einen Hintergrundwert seitens des für die Analyse erforderlichen Netzes, Pb soll aus dem Färbemittel stammen.

Aufgrund der technischen Nachweisgrenze, d. h. 0,4 wt %, ließen sich im periplasmatischen Raum keine Detektionen an Cl nachweisen. Im intrazellulären Raum hingegen waren keine Pt-Indikationen messbar ([1]Konishi et al.2006), Abb. 5.30 (a).

(d) Rhodium (Rh)

Ungeachtet dessen, dass bislang kaum Aufzeichnungen zur mikrobiellen Synthese von Rh-NP vorliegen, gestatten die vorliegenden Daten zu den Wechselwirkungen zwischen Rh und Mikroorganismen Umkehrschlüsse zu einer möglichen biogenen Bildung und Verwertung von Rh-Partikeln. Mithilfe eines Konsortiums von SRB lässt sich eine Wiedergewinnung von Rh^{3+} aus Lösungen und industriellen Abwässern durchführen (Ngwenya & Whiteley 2006). Eine quantitative Analyse zur Geschwindigkeit der Entnahme von Rh^{3+} durch ein Konsortium SRB (Abschn. 2.2 (b)) mit wechselnden Ausgangskonzentrationen von Rh und Biomasse, Temperatur, pH-Wert und Elektronendonatoren ergab, dass die Rh-Spezifikation der wesentliche Parameter bei der Entnahme dieses Edelmetalls ist. Im Vergleich mit kationischen und neutralen Spezifikationen zeigt das Zellmaterial gegenüber anionischen Rh-Spezifikationen eine höhere Affinität, die nach Erreichen eines Gleichgewichts der Spezifikationen häufiger auftreten. Insgesamt hängt die Rate der Rh-Entnahme aus einer Lösung vom pH-Wert ab. Als maximale Aufnahmekapazität seitens SRB sind 66 mg Rh per Gramm ruhender Biomasse beschrieben. EM-bezogene Studien machen eine zeitabhängige Lokalisation und Verteilung der Rh-Präzipitate, anfänglich intrazellulär und im Anschluss extrazellulär, deutlich. Ngwenya & Whiteley (2006) vermuten eine Einbeziehung von Enzymen in die reduktive ausgelöste Präzipitation. Wenn eine aufgereinigte Hydrogenase unter H_2 mit einer $RhCl_3(H_2O)_n$-Lösung inkubiert wird, werden innerhalb 1 h ca. 88 % des Rh aus der Lösung entfernt. In Gegenwart eines löslichen Extrakts von SRB kommt es in einem Zeitraum von 10 min zu einer Rh-Entnahme von ungefähr 77 %. Aufgrund des niedrigen pH-Werts von Industrieabwässern tritt bei Verwendung einer aufgereinigten Hydrogenase lediglich eine verminderte enzymatisch gesteuerte Reduktion von Rh auf. Daher ist eine Vorbehandlung dieser Art von Abwässern unerlässlich (Ngwenya & Whiteley 2006).

(e) Silber (Ag)

Eine Einsicht in die bakterielle Biogenese von Ag-NP, industrieller Produktion und *Scale-up* offerieren Deepak et al. (2011). Die Synthese von Ag-NP unter Einhaltung einer konstanten NP-Größe lässt sich relativ einfach mittels *Bottom-up*-Strategien durchführen. Als weiterer Vorteil erweist sich neben den üblichen Vorzügen innerhalb der Prozesskette, wie z. B. Verzicht auf toxische Zusatz-/Hilfsstoffe, präzise dimensionierte NP etc., dass sie ohne den Einsatz eines Stabilisators über ein robustes Auftreten verfügen. Andere Vorzüge bestehen in der verhältnismäßig einfachen Manipulation des genetischen Dateninventars, z. B. um die Syntheserate der NP unter maximaler Ausnutzung der Ausgangsstoffe zu erhöhen. Um den genannten Anspruch zu erfüllen, sind Einsichten in die diversen Prozessschritte eine wichtige Forderung. Dies geschieht über das Screening einer konstruierten Genombibliothek von Ag-NP-produzierenden Mikroorganismen (Deepak et al. 2011).

Zur Ag-Sorption durch Biomasse von *Myxococcus xanthus* liegen von Merroun et al. (2001) Untersuchungen vor. In ihrer Veröffentlichung schildern sie die Gewinnung von Ag aus Lösungen mit geringer Konzentration via die getrocknete Biomasse, gewonnen aus der o. a. Spezies. Entsprechenden TEM-Analysen zufolge weist die feuchte Biomasse von *M. xanthus* innerhalb extrazellulärer Polysaccharide, auf der Zellwand und im Cytoplasma Ag-Akkumulationen auf.

Die Anwesenheit von Ag-Ablagerungen im Cytoplasma deutet auf mindestens zwei Mechanismen, involviert in die Ag-Sorption durch die bakterielle Biomasse, hin. Zum einen wurde Ag an die Zelloberfläche bzw. (1) extrazellulären Polysaccharide angelagert und zum anderen fand ein (2) intrazellulärer Ablagerungsprozess statt. Der höhere Ag-Gehalt im Zusammenhang mit extrazellulären Polysacchariden, häufig in Zellen von *M. xanthus* anzutreffen, verweist auf eine effiziente Ag-Bindungskapazität seitens dieses Bakteriums. Für die kristallinen Ag-Partikel innerhalb der Zellen von *M. xanthus* wird als Mineral Chlorargyrit (AgCl) vermutet. Anhand der vorliegenden Beobachtungen wird die Möglichkeit eines technisch und wirtschaflich machbaren Recyclings dieses Edelmetalls aus verdünnten Lösungen diskutiert (Merroun et al. 2001). Eine Biosynthese von Ag-NP lässt sich über das filamentöse Cyanobakterium *Plectomena boyanum UTEX 485* erzielen. In Experimenten setzen Lengke et al. (2007) für 28 Tage *P. boyanum UTEX 485* einer wässrigen, AgNO$_3$-führenden Lösung, d. h. ca. 560 mg l^{-1} Ag, aus. Als Temperatur geben sie eine Spannweite von 25–100 °C an. Wechselwirkungen des o. a. Mikroorganismus mit der o. a. Lösung unterstützen die Präzipitation von u. a. oktaedrischen Ag-Partikeln (111), Abb. 5.27 (b). Nach Überlegungen von [1]Lengke et al. (2007) könnten auf den Metabolismus bezogene Prozesse involviert sein, z. B. durch den in der Lösung befindlichen Gebrauch von Nitrat (NO$_3^-$). Minaeian et al. (2008) unterziehen diverse Bakterien, d. h. *Bacillus subtilis*, *Lactobacillus acidophilus*, *Klebsiella pneumonia*, *Escherichia coli*, *Enterobacter cloacae*, *Staphylococcus aureus* sowie *Candida albicans*, experimentellen Studien zur extrazellulären Biosynthese von Ag-NP.

Eine Biosynthese von Ag-NP unter Verwendung von bakterieller Kulturlösung und Bestrahlung durch Mikrowellen schildern Saifuddin et al. (2009). Die Größe der auf diese Weise erzeugten NP schwankt zwischen 5 nm und 60 nm. Fungi von der Art *Penicillium* erweisen sich als aussichtsreiche Kandidaten für die Synthese von Ag-NP (Sadowski et al. (2008). Die Partikel verfügen über ein negatives Zeta-Potential und verhalten sich infolge der elektrostatischen Abstoßung bei einem pH-Wert über 8 stabil. Aus *Pseudomonas stutzeri AG259* sind Ag-basierte kristalline NP angezeigt (Klaus et al. 1999). Als Motiv zur Biosynthese und Akkumulation vermuten die o. a. Autoren Mechanismen einer Resistenz. Die individuellen Kristallite zeichnen sich durch eine exakt definierte Zusammensetzung sowie Form aus. Trianguläre sowie hexagonale Morphologien dominieren, die Größe beläuft sich auf ca. 200 nm (Klaus et al. 1999). Diverse Stämme von *Fusarium oxysporum* produzieren extrazelluläre Ag-NP mit einer Größenordnung von 20 nm bis 50 nm. Die Bildung geschieht über Reduktion von Ag-Ionen via eine Reduktase. Als Zeitraum der Synthese sind ca. 28 h angegeben (Durán et al. 2005). Zur Synthese von Ag^0-NP über eine durch *Geobacter sulfurreducens* ausgeführte enzymatische Reduktion veröffentlichen Law et al. (2008) Datenmaterial. So reduziert, unter Einbeziehung eines Cytochroms vom Typ C, *G. sulfurreducens* Ag^{1+} entweder als unlösliches AgCl oder Au^{1+} vorliegend, zu extrazellulärem, nanoskaligem Ag^0. Zu der Erzeugung sowie der auf die Umwelt bezogenen Chemie von Ag- sowie Fe-Oxid-NP liefern Cumberland (2010) Angaben. In TEM-Analysen belief sich die Größe der Ag-Partikel auf $13,7 \pm 6,2$ nm ($n = 266$), für gereinigte Ag-Partikel auf $13,6 \pm 5,3$ nm mit $n = 240$. Durch eine extrazelluläre Biosynthese unter Einsatz des γ-Proteobacteriums *Shewanella oneidensis* sind monodispers verteilte, homogen geformte, biokompatible NP aus Ag-Sulfid (AgS$_2$) synthetisierbar ([1]Suresh et al. 2011). Sie entstehen unter Raumbedingungen. Ihre physikalischen Merkmale sind u. a. mittels RDA (Abschn. 1.3.3/Bd. 2) und TEM (Abschn. 1.3.4 (a)/Bd. 2) beschreibbar. Mithilfe von AgNO$_3$ lassen sich primäre Ag-NP auch bei niedrigen Konzentrationen synthetisieren. Einer biogenen Synthese von Ag-NP durch Mikroorganismen steht allerdings ihre Wirkung bei zu hohen Konzentrationen entgegen, sie verhalten sich hochtoxisch auf den betroffenen Organismus, Abschn. 5.6 (h). Daher gelangen z. B. Deepak et al. (2011) zu der Einschätzung, dass sich die Synthese von Ag-NP auf protektionistische Mechanismen reduziert und sich weniger für den Einsatz in Bioprozessen eignet, Abschn. 2.4/Bd. 2.

AgS$_2$ ist als Halbleiterkomponente verwertbar. Entsprechende Studien gehen bei AgS$_2$ von keinen toxischen Effekten aus. Ein Stamm von *Stenotrophamonas* synthetisiert via extrazelluläre Sekretion neben Au auch Ag-NP (Malhotra et al. 2013). Bezogen auf die Gesamtkonzentration an Ag lassen sich aus einer 0,05–2 mM Ag-haltigen Lösung 12–75 % Ag extrahieren.

Zusammenfassend

machen der wachsende Bedarf und die begrenzten natürlichen Ressourcen für die industriell wichtige PGE-Gruppe sowie die Edelmetalle die Bioverfügbarkeit und deren biogene Behandlung wirtschaftlich interessant, z. B. für das Ausbringen von Sekundärrohstoffen aus industriellen Abfällen oder Vorkommen mit geringer Anreicherung und/oder komplex zusammengesetzten mineralogischen Paragenesen, Abschn. 2.5.2/Bd. 2. Generell zählen Ag-NP zu den wirtschaftlich mit am häufigsten eingesetzten Nanomaterialien (Sintubin et al. 2012). Aufgrund ihrer optischen, leitenden, katalytischen und anti-mikrobiellen Eigenschaften bieten sie zahlreiche Einsatzbereiche. Dem steht ihre herkömmliche Synthese gegenüber, die sich insbesondere durch wenig umweltgerechte Herstellungsweisen auszeichnet. Form, Größe sowie Funktionalisierung der NP werden durch das biologische System bestimmt und es müssen daher für jede Applikation spezifische biologische Produktionsprozesse ausgewählt werden.

5.3.3 NE- und Halbleitermetall(e)(-verbindungen)

NE- sowie Halbleitermetalle sind verhältnismäßig häufig als nanoskalige Partikel in diversen Mikroorganismen anzutreffen. Zu den NE-Metallen zählen u. a. Co, Ni etc. Die Menge an Halbleitermetallen umfasst As, Ge u. a. Ihr Auftreten sowie ihre Synthese werden daher im Zusammenhang mit den Aktivitäten von Mikroorganismen eingehender behandelt.

(a) Antimon (Sb)

Mit der Biosynthese von Sb_2O_3-NP durch z. B. reproduzierbare *Lactobacillus sp.* eröffnen sich innovative Ansätze einer preiswerten grünen Technologie ([2]Jha et al. 2009). Die Synthese ist bei Raumtemperatur durchführbar. Als Analysetechniken zur Ansprache der Sb_2O_3-NP eignen sich RDA und EM. Gemäß RDA weisen die auf diese Weise generierten Sb_2O_3-NP eine kubisch flächenzentrierte Einheitszelle auf. Für individuelle sowie agglomerierte NP ist eine Größenspannweite von 3 nm bis 12 nm kennzeichnend.

(b) Arsen (As)

Im Zusammenhang mit As lässt sich die biogene Bildung eines Netzwerks von photoaktiven As-Sulfid- (As-S-)Nanotubes mit einem Durchmesser von 20 nm bis 100 nm und einer Länge von ca. 30 μm durch das dissimilatorisch metallreduzierende Bakterium *Shewanella sp. HN-41* beobachten ([3]Lee et al. 2007). Die über eine Reduktion von As^{5+} und $S_2O_3^{2-}$ synthetisierten As-S-Nanoröhrchen bestehen nach entsprechender Inkubationszeit und über ein ursprünglich amorphes Zwischenstadium aus einem polykristallinen Gemenge von Realgar (AsS) und Duranusit (As_4S). Sie zeigen in Hinsicht auf ihre elektrische Leitfähigkeit und Photokonduktivität sowohl metallische als auch Halbleitereigenschaften. Es wird über die Möglichkeit eines technischen Einsatzes, z. B. als nano- und optoelektronische Geräte, dieser mittels *Shewanella sp. HN-41* erzeugten As-S-Nanoröhrchen diskutiert ([3]Lee et al. 2007).

Über eine biogene Skorodit-Kristallisation durch *Acidianus sulfidivorans*, geeignet zum Entzug von As, berichten Gonzalez-Contreras et al. (2010). Als häufigstes Arsenat im Zusammenhang mit As-haltigen Erzlagerstätten tritt Skorodit ($FeAsO_4 \cdot 2H_2O$) auf. Es liegen Hinweise vor, dass der thermoacidophile, Fe-oxidierende Archaeen-Vertreter *A. sulfidivorans* in Abwesenheit von primären Mineralisationen oder Kristallkeimen $FeAsO_4 \cdot 2H_2O$ ausfällen kann. Als Kulturbedingungen sind von Gonzalez-Contreras et al. (2010) $0,7 \, g \, l^{-1}$ an Fe^{2+} bei 80 °C, einem pH-Wert von 1,0 sowie $1,9 \, g \, l^{-1}$ H_3AsO_4 angegeben.

Die gleichzeitig einsetzende biologisch induzierte Kristallisation von Fe^{3+} und As zu $FeAsO_4 \cdot 2H_2O$ verhindert eine Anreicherung von Fe^{2+}. Infolge dieser Vorgänge kommt es zu einem bevorzugten Kristallwachstum gegenüber einer primären Nukleation mit dem Ergebnis einer Bildung von kristallinem biogenen $FeAsO_4 \cdot 2H_2O$ mit Ähnlichkeiten zum nicht biogen gebildeten Mineral $FeAsO_4 \cdot 2H_2O$. Da $FeAsO_4 \cdot 2H_2O$ durch niedrige Löslichkeit in Wasser und hohe chemische Stabilität charakterisiert ist, könnten nach Einschätzung von Gonzalez-Contreras et al. (2010) die Vorgänge zur Immobilisierung von As aus entsprechend belasteten Wässern ausgenutzt werden.

Der *Shewanella sp. HN-41* ist fähig, unter anaeroben Bedingungen photoaktive As-S-Nanoröhrchen durch die Reduktion von As^{5+} und $S_2O_3^{2-}$ zu synthetisieren. Um zu klären, inwieweit sich dieses Charakteristikum auf den o. a. Stamm bezieht, wurden in einer vergleichenden Studie zehn *Shewanella*-Stämme, d. h. *Shewanella HN-41*,

Shewanella SPV-4, Shewanella alga BrY, Shewanella amazonensis SB2B, Shewanella denitrificans OS217, Shewanella oneidensis MR-1, Shewanella putrefaciens CN-32, Shewanella putrefaciens IR-1, Shewanella putrefaciens SP200, Shewanella putrefaciens W3-6-1, dahingehend untersucht, inwieweit sie unter standardisierten Bedingungen fähig sind, As-S-Nanoröhrchen zu synthetisieren (Jiang et al. 2009).

Von den zehn eingesetzten Stämmen zeigten drei ein von *Shewanella HN-41* analoges Verhalten, allerdings mit unterschiedlicher Geschwindigkeit. *Shewanella HN-41* und *S. putrefaciens CN-32* entwickeln innerhalb von sieben Tagen As-S-Präzipitate, wohingegen *S. alga BrY* und *S. oneidensis MR-1* zur Generierung von gelbem As-S ca. 30 Tage benötigten. Analysen durch EM, EDX-Spektroskopie und Röntgenabsorptionsspektroskopie (*extended X-ray absorption fine structure* = EXAFS) demonstrierten, dass die morphologischen und chemischen Eigenschaften der As-S-Mineralisation von *S. putrefaciens CN-32, S. alga BrY* und *S. oneidensis MR-1* mit jenen übereinstimmen, wie sie vorab für die Bildung durch *Shewanella HN-41* beschrieben wurden. Allem Anschein nach ist die Bildung von As-S-Nanoröhrchen innerhalb der *Shewanella*-Stämme weit verbreitet und mit dem bakteriellen Wachstum und der Reduktion von As^{5+} und Thiosulfat eng verbunden (Jiang et al. 2009).

(c) Blei (Pb)

Erste Versuche zur mikrobiellen Synthese von PbS-Nanokristalliten mit Halbleitereigenschaften verliefen erfolgreich (Kowshik et al. 2002). Wenn *Turolopsis*-Hefe Pb(-Verbindungen) ausgesetzt wird, bildet sie, gemäß Analyse durch HRTEM (Abschn. 1.3.4 (b)/Bd. 2) und RDA (Abschn. 1.3.3/Bd. 2), intrazelluläre kugelförmige Kristalle aus PbS mit einem Durchmesser von 2 nm bis 5 nm. Durch Gefrier- und Auftautechniken lassen sie sich einfach isolieren und zeigen ein genaues Absorptionsmaximum bei 330 nm, das einer Bandbreite von 3,75 eV entspricht.

(d) Cadmium (Cd)

Zur bakteriellen Biosynthese von CdS-Nanokristallen äußern sich Sweeney et al. (2004). Wird *E. coli* einer Inkubation mit Cd-Chlorid und Na-Sulfid unterzogen, synthetisiert es intrazellulär CdS-Nanokristallite.

Diese weisen eine Größe zwischen 2 nm und 5 nm auf und setzen sich aus einer Wurtzit-Kristallphase zusammen. Gegenüber der logarithmischen Phase steigt die Synthese der Nanokristalle der stationären Phase auf den 20-fachen Wert. Aufgrund ihrer Arbeiten verweisen Sweeney et al. (2004) auf die unterschiedlichen genetischen und physiologischen Parameter, die die Erzeugung von Nanokristallen innerhalb bakterieller Zellen beschleunigen.

(e) Germanium (Ge)

[2]Liu et al. (2005) synthetisierten bläulich lumineszierende biogene Nanokomposite, bestehend aus Si-Ge-Oxid. Zur biologischen Synthese von SiO_2-GeO_2-Nanokompositen nutzten sie die Fähigkeit der Biomineralisation via marine Diatomeen, z. B. *Nitzschia frustulum*. Mithilfe eines zweistufigen Kultivierungsprozesses inkorporierten sie Ge in lebende Zellverbände von Diatomeen. Die Mikro- und Nanostrukturen der biogenen Oxid-Nanokomposite ermittelten [2]Liu et al. (2005) durch u. a. RDA und TEM, Abschn. 1.3.4 (a)/Bd. 2. Ergänzend präsentieren sie Ergebnisse aus Messungen zur Photolumineszenz mit der Zielsetzung einer Bewertung ihrer optoelektronischen Eigenschaften. Werden die vorgestellten Nanokomposite mit H_2O_2 und einem Plasma aus O_2 behandelt, kommt es zu einer intensiven blauen Photolumineszenz. Bei Zugabe von Ge ist bei den biogenen Oxiden ein erkennbarer *Blueshift* zu erkennen. Als Erklärung für dieses Phänomen erwägen [2]Liu et al. (2005) Quanteneffekte u. a. auf das Exciton.

(f) Kobalt (Co)

Die Nutzbarmachung der extrazellulären bakteriellen Produktion von nanoskaligem $CoFe_2O_4$ mit verwertbaren magnetischen Eigenschaften für diverse technisch machbare Verfahrensansätze stößt auf großes Interesse (Coker et al. 2009). Es ist möglich, über biotechnologische Ansätze Co-Ferrit ($CoFe_2O_4$) zu erzeugen, das bei niedrigen Temperaturen eine magnetische Koerzitivfeldstärke von annähernd 8 kOe und eine effektive Anisotropiekonstante von ca. 10^6 erg cm^{-3} aufweist.

Die deutlich erkennbare Erhöhung der magnetischen Eigenschaften der NP durch die Inkorporation hoher Anteile an Co in die Spinellstruktur weist einen signifikanten Fortschritt gegenüber vorausgegangenen Untersuchungen zur Biomineralisation MTB auf. Eine Produktion von nanoskaligen Ferriten mit hohen Ausbringraten eröffnet Überlegungen für ein industrielles *Scale-up* unter Einsatz umweltfreundlicher Techniken (Coker et al. 2009). Unter Raumbedingungen synthetisieren *Geobacter sulfurreducens* sowie *Shewanella oneidensis* über eine dissimilatorische Reduktion von Fe^{3+}-Oxyhydroxiden Spinellferrite. Ungeachtet der unterschiedlichen Vorgehensweisen bei der Reduktion unterscheiden sich die Ni- sowie Co-Ferrite der beiden o. a. Mikroorganismen nur unwesentlich. Auch ist die Bildung von Mn-Ferrit beschrieben (Coker et al. 2008).

Zur Synthese von nanokristallinen Ni- und Co-Sulfiden durch eine gegenüber Metallen tolerante sulfatreduzierende Kultur äußern sich Sitte et al. (2013). Betreffs ihres Rückhaltepotentials von Metallen unterziehen die o. a. Autoren eine Kultur aus sulfatreduzierenden *Desulfosporosinus auripigmenti*, *Citrobacter freundii* sowie anderen fermentativen Bakterien aus einem ehemaligen Bergbau auf U mittels Promotion der Präzipitation von Sulfid (S^{2-}) entsprechenden Versuchen. Generell toleriert die Kultur bis zu 30 mM Ni sowie 40 mM Co, und wie durch RDA (Abschn. 1.3.3/Bd. 2) und TEM (Abschn. 1.3.4 (a)/Bd. 2) ermittelt, kommt es zur Formation von amorphem NiS zusammen mit nanokristallinem, metastabilem α-NiS mit einer Korngröße von ca. 5 nm sowie nanokristallinem Co führendem Pentlandit (Sitte et al. 2013).

Bezüglich des α-NiS mit Korngrößen von ca. 5 nm erörtern Sitte et al. (2013) die Möglichkeit, dass sie möglicherweise eine größenabhängige Phasenstabilität und/oder Pfade der Präzipitationspfade einer spezifischen Biomineralisation widerspiegeln, und betonen die Notwendigkeit weiterer detaillierter mineralogischer Beschreibungen u. a. bezüglich der sich daraus ergebenden Bioverfügbarkeit.

(g) Nickel (Ni)

In Ni-haltigen Medien konnte mithilfe biogener/biokatalytischer Aktivität seitens SRB (Abschn. 2.2. (b)) das Nickelsulfid Haezelwoodit (Ni_3S_2) nachgewiesen werden. Die kristalline Qualität der biogen synthetisierten Kristallite übertrifft jene, die durch konventionelle, nichtbiogene Weise gebildet werden (Gramp et al. 2007). Die nicht biogen erzeugten Partikel enthalten neben Ni_3S_2 Anteile von NiS_2 (Vaestit).

(h) Selen (Se)

Die Reduktion von Se-Oxyanionen durch *Enterobacter cloacae SLD1a-1*, dessen Isolation und Wachstum des Bakteriums sowie sein Ausstoß von Se-Partikeln sind Gegenstand der Forschung von Losi & Frankenberger (1997), Abschn. 2.4.3 (f). *E. cloacae SLD1a-1* entfernt aus einem mit 13–1260 µM SeO_4^{2-} versetzten Medium 61–94 % der o. a. Se-Spezifikation. Zur Kontrolle der Größe(nverteilung) und Morphologie von Se-NP gibt es Überlegungen, inwieweit bakterielle Proteine durch Anbindung an biogene Se-NP über das Potential verfügen, diese Funktion auszüüben (Dobias et al. 2011). Durch Studien zur Proteomik und vergleichende Betrachtungen jener Proteine, die in *E. coli* bei der Genese von Se-NP beteiligt sind, und chemisch synthetisierter Se-NP sowie magnetischer NP sind Einsichten in die o. a. Thematik möglich.

Auf diese Weise sind vier Proteine, d. h. *AdhP*, *Idh*, *OmpC* und *AceA*, zu erkennen. Sie treten speziell an die Se-NP gebunden auf. Durch ihre Anwesenheit ermöglichen die o. a. Proteine eine biochemische Herstellung von Se-NP, gekennzeichnet durch geringere Größenverteilungen und eine mehr abgerundete Form. Anhand von Studien mit Alkoholdehydrogenase und Propanolpräferenz (*AdhP*) ist die ausgeprägte Affinität dieses Proteins gegenüber der Oberfläche von Se-NP erkennbar. Gleichzeitig offenbart sich die Rolle von Proteinen zur kontrollierten Größe von Se-NP, die innerhalb der Größenverteilungskurve u. a. durch eine ca. dreifache Abnahme der mittleren Größe zum Ausdruck kommt (Dobias et al. 2011). Durch das beobachtete Verhalten der o. a. Proteine, d. h. einheitliche Größe und Eigenschaften, ergeben sich für die Produktion von Se-NP verfahrenstechnische Perspektiven.

Mikrobiell synthetisierte Se-NP zeichnen [2]Lee et al. (2007) auf. Als Wirt tritt *Shewanella HN-41* auf, Abb. 5.27 (a). Unter anaeroben Konditionen setzt *HN-41* als alleinigen Elektronenakzeptor Se^{4-} ein (Abschn. 4.6.2 (b)). Infolge reduktiver Prozesse kommt es zur Bildung sphärischer Se^0-NP mit durchschnittlichen Größen von 164 bis 181 nm. Als kontrollierende Größe für die NP nehmen die o. a. Autoren die jeweiligen Kulturbedingungen an, d. h., beim Wechsel jener Konditionen kommt es zu unterschiedlichen Größen. Mittels Einflussgrößen (Abschn. 1.4.1 (c)/Bd. 2) wie z. B. Inkubationstemperatur, O_2-Gehalt sind ebenfalls Variationen in der Partikelgröße durchführbar. So bilden sich bei Zufuhr einer O_2-dominierten Atmosphäre unregelmäßig geformte Phasen. Als Auftreten für die sphärischen Se-NP ist die äußere Zellwand von *HN-41* angegeben. Die Vorgänge stehen eventuell im Zusammenhang mit einem respirativ kontrollierten Elektronentransfer ([2]Lee et al. 2007).

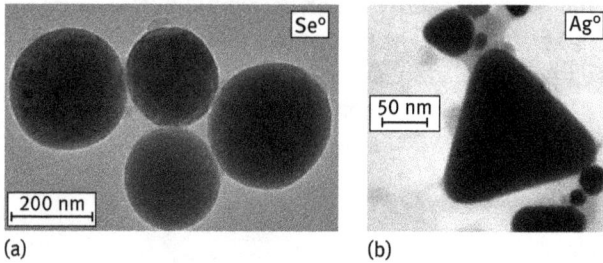

(a)   (b)

Abb. 5.27: Mikrobiell synthetisierte Se-Nanopartikel ([2]Lee et al. 2007) und Ag-Nanopartikel (Lengke et al. 2007).

(i) Tellur (Te)

Zum Resistenzverhalten gegenüber Telluriten präsentieren Yurkov et al. (1996) Daten von sieben obligat aeroben, photosynthetischen Bakterien, d. h. u. a. *Erythromicrobium sp.*, *Erythrobacter sp.* sowie *Roseococcus sp.*, und zur Akkumulation von metallischen Te-Kristalliten, Abschn. 2.3.2 (n). Eine intrazelluläre Te-Akkumulation eines Modellstamms visualisieren Ollivier et al. (2008), Abb. 5.28. Sie benutzen hierzu die Techniken einer Phasenkontrastmikroskopie sowie TEM (Abschn. 1.3.4 (a)/Bd. 2). Es lassen sich auf diese Weise auf die ganze Zelle verteilte Partikel aufzeichnen, ohne eine erkennbare Präferenz an bestimmte Zellsegmente und/oder Anbindung an Biomoleküle, wie z. B. Proteine. Es wurden Cluster von ca. 100 nm Größe angetroffen, als Morphologie waren u. a. nadelförmige Ausbildungen zu beobachten (Ollivier et al. 2008).

Es sind aber auch sphärische Formen sowie amorphe Phasen mit einem Durchmesser von 10–50 nm ausgebildet. Die Versuche von Ollivier et al. (2008) stützen sich auf eine Vielzahl unterschiedlicher terminaler Elektronenakzeptoren, an Mikroorganismen setzen sie *Sulfurospirillum barnesii* sowie *Bacillus selenitireducens* ein. Die o. a. Autoren vermuten eine Einbeziehung metabolischer Prozesse bei der Synthese der Te-NP. Auch für *Rhodobacter sphaeroides* vermuten Fleet-Stalder et al. (2000) eine Einbeziehung von Selenat (SeO_4^{2-}) sowie Selenit (SeO_3^{2-}) in den Metabolismus, Ab-

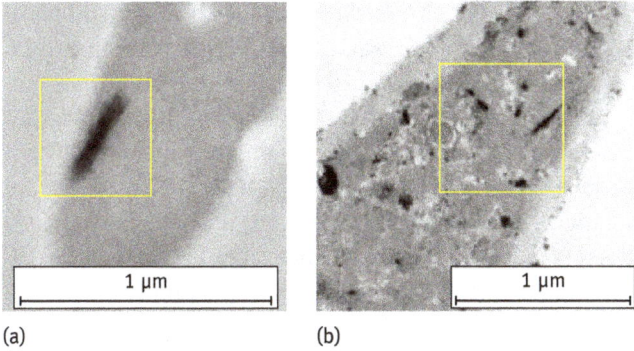

(a)　　　　　　　　　(b)

Abb. 5.28: Intrazelluläre Te-Akkumulation eines Modellstamms (Ollivier et al. 2008).

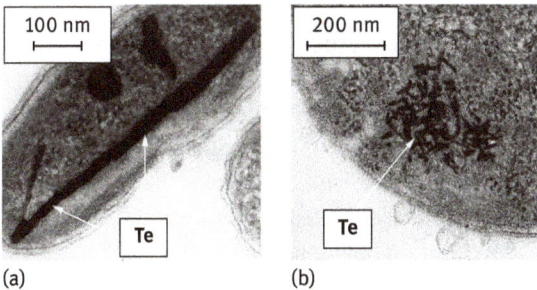

(a)　　　　　　　　　(b)

Abb. 5.29: Akkumulation von elementarem Te infolge der Resistenz gegenüber Tellurit durch diverse obligat aerobe photosynthetische Bakterien, d. h. (a) *Erythromicrobium ursincola*, (b) *Roseococcus thiosulfatophilus* (Yurkov et al. 1996).

schn. 1.3.5 (i)/Bd. 2. Eine Akkumulation von elementarem Te infolge der Resistenz genüber Tellurit (TeO_3^{2-}) durch diverse obligat aerobe photosynthetische Bakterien, d. h. *Erythromicrobium ursincola, Roseococcus thiosulfatophilus*, beobachten Yurkov et al. (1996), Abb. 5.29.

Über die gleichzeitige und diskrete Biomineralisation von Magnetit (Fe_3O_4) und Te-Nanokristallen in MTB liegt ein Report vor (Tanaka et al. 2010). MTB synthetisieren intrazelluläre Magnetosome, die in proteinführende Hüllmembrane eingebettete Fe_3O_4-Kristalle enthalten und durch magnetische Felder beeinflussbar sind. Mithilfe von *Magnetospirillum magneticum AMB-1*, einem MTB, lässt sich Te aufnehmen und innerhalb der Zelle auskristallisieren. Dieses Bakterium kristallisiert unabhängig sowohl Te als auch Fe_3O_4 innerhalb der Zelle. Das ist insofern bemerkenswert, da Tellurit (TeO_3^{2-}) als Oxyanion von Te für Pro- und Eukaryoten toxisch wirkt. Hinzu kommt das kommerzielle Interesse an Te, da es als Hochtechnologiemetall zunehmend an Bedeutung gewinnt. Weiterhin bietet sich zur Fixierung der o. a. Metalle aus kontaminierten Wässern die Option an, Mikroorganismen einzusetzen (Tanaka et al. 2010).

Bislang allerdings verhindert die gezielte Ausbringung der betroffenen Mikroorganismen den wirtschaftlich vertretbaren Einsatz dieser vielversprechenden Sanierungstechnik. Experimentellen Arbeiten zufolge eignen sich aufgrund der magnetischen Eigenschaften von MTB magnetische Technologien in Verbindung mit einer Veränderung der Zelloberfläche zur Gewinnung von an der äußeren Zellwand absorbiertem Cd^{2+}. Eine Auskristallisierung innerhalb der Zelle ermöglicht eine bis zu 70-fach höhere Bioakkumulation gegenüber der Anreicherung auf der Zelloberfläche (Tanaka et al. 2010). Die Mineralausbeute erfolgt im magnetischen Feld, Abschn. 2.3.9/ Bd. 2. Durch die Möglichkeit einer dualen Kristallisation von Fe_3O_4 und Te durch MTB steht eine innovative Methode zu sowohl Bioremediation als auch Produktion von Te-NP im Sinne einer *Bottom-up*-Technik zur Disposition.

(j) Zink (Zn)

Die Halbleiterverbindung ZnS findet in Folge der aktuellen Technologieentwicklung und des Marktbedarfs zunehmend im industriell-technischen Bereich Beachtung. Im Zusammenhang mit der enzymatisch kontrollierten Synthese metallischer Nanocluster sind neben elementaren Metallen auch deren Verbindungen beschrieben, wie z. B. ZnS. Somit stehen diverse Materialien zwecks technischer Verwertung zur Verfügung. Die mikrobielle Diversität von sulfatreduzierenden Biofilmen, die ZnS präzipitieren und in oberflächennahen Minendrainagen mit einem pH-Wert von 5,5–7,4 und einer Temperatur von 8 °C siedeln, wurde molekularen Analysetechniken wie FISH (*fluorescence in situ hybridization*) und geeigneten Kultivierungstechniken unterzogen (Labrenz & Banfield 2004).

In lokal anaeroben Zonen in einer auf den Bergbau bezogenen Drainage übernehmen, als Bestandteil eines SRB-Konsortiums, Vertreter von *Desulfobacteriaceae sp.* eine führende Fraktion (Abschn. 2.2. (b)), d. h. der aktiven Mikrobiota. Weitere mikrobielle Cluster setzen sich aus β-, γ- und ε-Proteobakterien, der Gruppe der *Cytophaga/ Flexibacter* Bacteroiden (*CFB*), *Planctomycetales sp.*, *Spirochaetales sp.*, *Clostridia sp.* und grünen, nicht S-haltigen Bakterien zusammen. Durch die Untersuchungen konnte der Einfluss auf das Wachstum der SRB durch *Clostridia*, das Ferment, Cellulose und organische Säuren produziert, angezeigt werden. In diesem Zusammenhang ließen sich einige wenige Klone mit Bezug zu S-oxidierenden Bakterien beschreiben (Labrenz & Banfield 2004).

Labrenz & Banfield (2004) erörtern die Möglichkeit, dass dies möglicherweise einen Hinweis auf S-Kreisläufe bezogen auf einen Redoxgradienten innerhalb des Biofilms darstellt. Die S-Oxidation verhindert eine Sulfid-Akkumulation, das wiederum führt zur Ausfällung anderer Sulfidphasen. Entsprechend den Analysen, d. h. *FISH*, zählen Populationen von *Desulfobacteriaceae sp.* nicht zu den frühen Besiedlern von frisch entstandenen und an ZnS-armen Biofilmen. Dahingegen sind sie häufig in älteren, etablierten und an ZnS-reichen Biofilmen anzutreffen. Da über einen Zeitraum von sechs Monaten gramnegative SRB *in situ* entdeckt wurden, lauten

Vermutungen dahingehend, dass sie eine wichtige Rolle bei der selektiven Präzipitation von ZnS zu übernehmen scheinen.

Einer Analyse mit der RDA unterzogen, verweisen die d-Werte auf Sphalerit (ZnS) mit und ohne Verzwilligung sowie etwas Wurtzit. Die Dimension der Kristallite bewegt sich im 10er-nm-Bereich. Sie treten offensichtlich polykristallin auf. Die bei der ZnS-Bildung vorherrschende mikrobielle Spezies umfasst sulfatreduzierende Bakterien der Familie *Desulfobacteriaceae* (Labrenz & Banfield 2004, Labrenz et al. 2000). Diese dissimilatorischen Bakterien nutzen Sulfat als Elektronenakzeptor (Abschn. 4.6.2 (b)) zur Oxidation organischer Komponenten. Zusammenfassend betonen die vorgelegten Ergebnisse von Labrenz & Banfield (2004) die Komplexität von Biofilmen, verantwortlich für die Detoxifizierung und Biosanierung oberflächennaher, mit toxischen Metallen belasteter Minendrainagen, Abschn. 2.5.3 (g)/Bd. 2.

Die biologische Synthese der Halbleiterverbindung Zinksulfid (ZnS] als NP mit einem durchschnittlichen Durchmesser von 8 nm lässt sich mithilfe von immobilisierter *Rhodobacter sphaeroides* durchführen, wobei die Größe der Partile von der Länge der Kulturzeit abhängt (Bai et al. 2006). Als Analysetools eignen sich EDX, optische UV-vis-Absorption, Photolumineszenz, RDA (Abschn. 1.3.3/Bd. 2) und TEM Abschn. 1.3.4 (a)/Bd. 2. Ebenfalls über die Visualisierung mittels TEM sind in Dünnschliffpräparaten aus weißlichen Biofilmen, ursprünglich eine Minendrainage besiedelnd, gut ausgebildete dunkle ZnS-Aggregate sichtbar (Druschel et al. 2002), Abb. 5.30 (b). Sie nehmen ca. 20 % am Gesamtvolumen des Biofilms ein. Zu ihrer aktuellen Mächtigkeit benötigten sie ca. 30 Jahre. Das für den Sphalerit (ZnS) benötigte Zn entstammt Lösungen, die lediglich wenige mg l^{-1} Zn^{2+} führen. Eine die Studien begleitende Modellierung vermutet für die Kristalle eine Größe von ca. 1–3 nm (Druschel et al. 2002).

Zu Größe, Ultrastruktur, Aggregationszustand und Kristallwachstum von biogenem nanokristallinen Sphalerit (ZnS) und Wurtzit (β-ZnS) erfolgten eingehende Untersuchungen (Moreau et al. 2004). Die genannten Zn-Sulfide entstammen sulfatreduzierenden Bakterien (Abschn. 2.2. (b)), die zu Biofilmen (Abschn. 2.2.3) organisiert

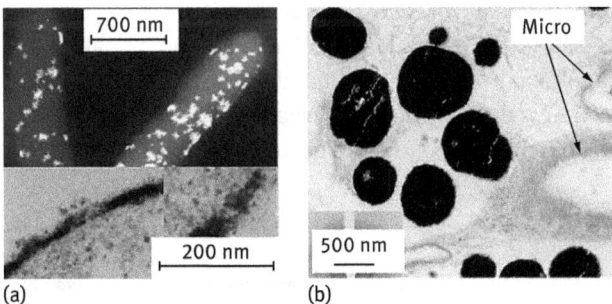

Abb. 5.30: (a) Periplasmatische Pt-Nanopartikel von *Shewanella algae* u. a. im Dunkelfeld einer TEM (Konishi et al. 2006) und enzymatisch katalysierte extrazelluläre Nanopartikel aus Sphalerit/ZnS Micro = Mikroorganismus (Druschel et al. 2002).

auftraten. Sie sind Drainagen einer aufgegebenen karbonatischen Pb-Zn-Mine, mit $T = 8\,°C$ sowie einem pH-Wert von 7,2–8,5 ausgesetzt. Analysen mittels HRTEM (Abschn. 1.3.4 (b)/Bd. 2) zeigen, dass die zuerst biologisch erzeugten Präzipitate aus kristallinen ZnS-NP mit einem Durchmesser von 1–5 nm bestehen. Ungeachtet dessen, dass der Großteil der Nanokristalle die Zn-Struktur aufweist, tritt, entsprechend der prognostizierten Größenabhängigkeit für die Phasenstabilität von ZnS, ebenfalls β-ZnS auf. In Übereinstimmung mit der vorausgesagten Größenabhängigkeit weist die Mehrheit der Nanokristalle eine Sphaleritstruktur auf. Untergeordnet ist Wurtzit vertreten. Nahezu alle Nanokristalle sind in sphärolithischen Aggregaten mit einem Durchmesser von 1–5 µm konzentriert, wobei diese gebänderte Muster aufweisen, die sich als Hinweis auf episodische Präzipitation und Flokkulation deuten lassen (Moreau et al. 2004).

Zur Charakterisierung und Präzipitation von Ni- und Zn-Sulfiden in Kulturen aus sulfatreduzierenden Bakterien stehen Beobachtungen zur Verfügung (Gramp et al. (2007). In Fe-freie Medien, 58 mM SO_4^{2-} enthaltend, kamen Ni und Zn-Chloride, gefolgt durch die Inokulation. Präzipitate wurden nach zwei Wochen der Inkubation bei 22 °C, 45 °C und 60 °C aus den Kulturen entnommen. Abiotische Kontrollen erfolgten über die Reaktion von bakterienfreien liquiden Medien mit NaS_2-Lösungen bei ansonsten identischen Konditionen. Mithilfe der RDA, SEM (Abschn. 1.3.4 (d)/Bd. 2) wurden die Präzipitate, unter anaeroben Bedingungen kollektioniert und anschließend gefriergetrocknet, auf die Gesamtgehalte von Ni, S und Zn hin untersucht. In Ni-haltigen Medien trat als biogene Sulfid-Präzipitation überwiegend Heazelwoodit (Ni_3S_2) auf. Abiotische Ausfällungen bestanden dahingegen aus einem Gemenge von Ni_3S_2 und NiS_2 (Vaesit). Die biogenen Ni-Präzipitate wiesen einen höheren Kristallinitätsgrad auf als die korrespondierenden anorganisch gebildeten Phasen. Durch den Einsatz von RDA konnte in den Zn-haltigen Medien Sphalerit (ZnS) nachgewiesen werden. Betreffs der biogen gebildeten Sulfidphasen ließen sich mittels der SEM gestörte morphologische Bildungen ansprechen. Anorganisch synthetisierte Präzipitate enthielten mehr plättchen- und nadelförmige Strukturen (Gramp et al. (2007).

Moreau et al. (2004) präsentieren HRTEM-Aufnahmen mit unterschiedlicher Auflösung, teilweise durch *Fourier*-Transformation behandelt, von Sphalerit sowie Wurtzit als diskrete Nanokristalle und nebeneinander angeordnet, Abb. 5.31. TEM-Aufnahmen biogener ZnS-Aggregate sowie eine Visualisierung der chemischen Zusammensetzung/Verteilung durch Mikrosonde sind bei url: Krotz (2013) einsehbar, Abb. 5.32.

Zusammenfassend

stehen betreffs der biogenen Synthese von NE und Halbleitermetallen sowie deren Legierungen Einblicke in die einbezogene Biomasse, Präkursor, Reaktionspfade/-bedingungen sowie Produkte zur Verfügung. Alle die genannten Metalle genießen einen hohen Stellenwert in der Mikro- und Nanosystemtechnik bzw. den entsprechenden Verbrauchermärkten. Von erheblichem technischem Interesse sind Komponenten aus insbesondere Seltenen Erdmetallen sowie, zwecks geeigneter Sanierungstechniken, U-führende Mineralisationen.

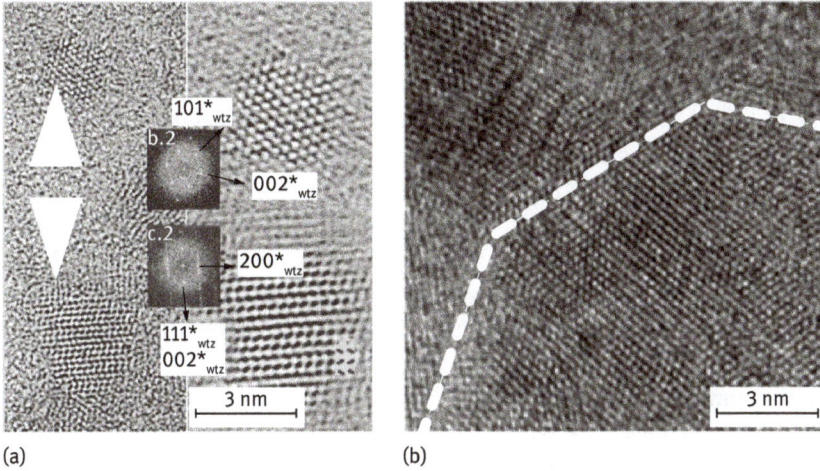

(a)

(b)

Abb. 5.31: HRTEM-Aufnahmen mit unterschiedlicher Auflösung, teilweise durch *Fourier*-Transformation behandelt, von Sphalerit (ZnS) sowie Wurtzit (ZnS) als diskrete Nanokristalle (markiert mit weißen Pfeilen) bzw. miteinander verwachsen (a), sowie das Innere eines Sphäroids (b), angedeutet durch die weißen Linien (Moreau et al. 2004).

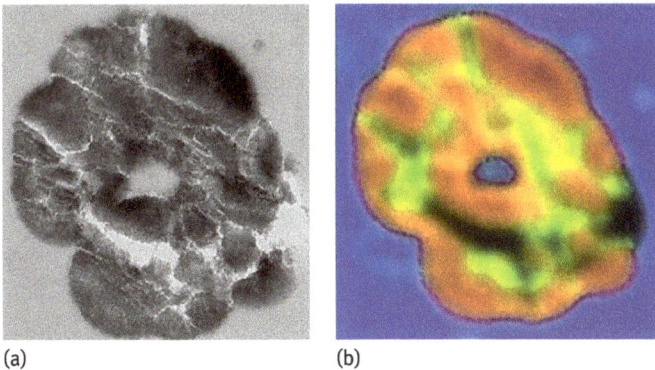

(a)

(b)

Abb. 5.32: TEM-Aufnahme (a) sowie Visualisierung der chemischen Zusammensetzung/Verteilung durch Mikrosonde (b) biogener ZnS-Aggregate, wobei gilt rot = Schwefel, grün = Stickstoff, blau = Kohlenstoff, orange sowie gelb = Schwefel + Stickstoff (url: Krotz), ohne Maßstabsangabe.

5.3.4 La und U

Aufgrund der zunehmenden Miniaturisierung von Bauelementen, die Seltene Erdmetalle führen, sind metallische Nanocluster dieser Gruppe von technischem Interesse. Bezogen auf Uran (U) sind aus Gründen einer wirkungsvollen Sanierung von durch radiogene Elemente kontaminierten Geosphären Kenntnisse zur Mineralogie und Kristallographie U-haltiger Feststoffphasen von großer wirtschaftlicher Bedeutung.

(a) Lanthan (La)

Eine Fixierung von La durch *Myxococcus xanthus*, deren zelluläre Lokalisierung sowie Beobachtung extrazellulärer Polysaccharide beobachteten Merroun et al. (2003), Abschn. 2.3.6 (a)/Bd. 2. In nahezu allen Böden ist das Bodenbakterium *M. xanthus* anzutreffen und allem Anschein nach übernimmt es wichtige Funktionen in der Ökologie von Böden. Neben der Anhaftung diverser Metalle durch die Biomasse von *M. xanthus*, z. B. Ag, (Merroun et al. 2001) ist der Mikroorganismus fähig, Metalle wie z. B. La zu akkumulieren, d. h. 0,6 mmol La auf 1 g feuchter Biomasse und/oder 0,99 mmol auf 1 g trockener Biomasse. EPS des o. a. Mikroorganismus fixieren aus einer Lösung aus 0,4 mM La-Nitrat (NO_3^-) und einem pH-Wert bereits nach Ablauf von 1 h La, Abb. 5.33 (a).

TEM-Aufnahmen zeigen für mit La behandelte *M.-xanthis*-Zellen eine Fixierung von La durch sowohl die Zellwand als auch EPS. Im Cytoplasma sind ebenfalls geringfügige Ansammlungen von La anzutreffen, wobei das gebundene La in allen zellulären Lokalisationen als Phosphat (PO_4^{3-}) in Erscheinung tritt. Als weiteres Ergebnis ihrer Forschung ergibt sich für Merroun et al. (2001) die Option, das Verhalten von *M. xanthis* gegenüber La für Studien über die Wechselwirkungen zwischen Bakterien und Lanthaniden als Modell zu verwerten. In technisch-wirtschaftlicher Hinsicht ist das Auftreten von La-Phosphat, d. h. $LaPO_4$, synthetisiert durch den o. a. Mikroorganismus von Interesse. Die Verbindung findet als grüner Leuchtstoffstoff in diversen Produkten Verwendung und der biogene Ansatz scheint der bislang eingesetzten Technik, d. h. dem hydrothermalen Verfahren, überlegen (Merroun et al. 2001).

(b) Uran (U)

Ungeachtet dessen, dass das Ergebnis einer mikrobiellen U-Reduktion oftmals als „UO_2" gedeutet wird, steht eine ausführliche Charakterisierung inkl. Stöchiometrie und Bestimmung der Einheitszelle nur für die *Shewanella*-Arten zur Verfügung. Entsprechend den Ergebnissen konnte aufgezeigt werden, dass die Bioreduktion durch die genannten Mikroorganismen, unabhängig von ihren phylogenetischen und metabolischen Merkmalen, Uraninit präzipitiert (Sharp et al. 2009).

Gekoppelte Analysen, bestehend aus EM, Röntgenabsorptionsspekroskopie und RDA, zeigen, dass sich strukturell und chemisch analoge Feststoffphasen aus Uraninit (UO_2) entwickeln. Die auf diese Weise (biologisch) entstandenen Uraninite weisen einen Durchmesser von 2–3 nm auf und stimmen in ihren Gitterkonstanten mit nichtbiogenem UO_2 überein. Entsprechend den Ergebnissen scheint die Vielfalt phylogenetischer und metabolischer Vielfalt innerhalb δ- und γ-Proteobakterien, im Rahmen der Versuchsbedingungen, keinen Einfluss auf Struktur und Größe des biogenen UO_2 zu nehmen (Sharp et al. 2009). Für durch *Shewanella oneidensis MR-1* synthetisierten UO_2 ermitteln Bargar et al. (2008) in ihren Studien 2,5 nm, Abb. 5.33 (b). Mittels entsprechender Analytik zeigen die UO_2-Partikel eine hochgeordnete Struktur in ihrem Kern.

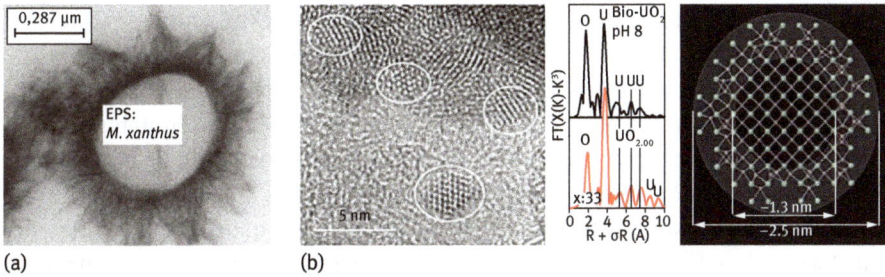

Abb. 5.33: (a) La-Akkumulation durch *Myxococcus xanthus* (Merroun et al. 2003) sowie (b) biogene Uraninit-NP synthetisiert durch *Shewanella oneidensis* (Bargar et al. 2008).

Bargar et al. (2008) visualisieren biogene UO_2-NP, synthetisiert durch *Shewanella onei-densis*, und eine La-Akkumulation durch *Myxococcus xanthus* präsentieren Merroun et al. (2003), Abb. 5.33 (b). Verunreinigungen durch nicht gewünschte Kationen treten nicht auf. Neben *S. oneidensis MR-1* bilden Arten von *Geobacter*, *Anaeromyxobacter* sowie *Desulfovibrio* ebenfalls UO_2. Oxidationsraten für das o. a. Mineral steigen mit abnehmender Partikelgröße und geringerem Grad an Aggregation (Bargar et al. 2008). Eine langfristige Stabilität des biogenen UO_2 innerhalb oberflächennaher Bereiche hängt von seiner Oxidation und Lösungsreaktionen ab. Entsprechenden Laborversuchen und Geländebeobachtungen zufolge verbleibt UO_2 auf der Biomasse in einem Zeitraum von Stunden bis zu mehreren Monaten beständig (Bargar et al. 2008).

Um die Effekte der Bioreduktionskinetik sowie des Hintergrundelektrolyten auf die physikalischen Eigenschaften und Reaktivität der Reoxidation von bioge-nem UO_2 aufzuhellen, wurde die Reduktion von U^{6+} durch *Shewanella oneidensis MR-1* studiert (Burgos et al. 2008). Das experimentelle Umfeld zur Durchführung der Bioreduktion bestand aus einer PIPES-Anlage (*PIPES-buffered artificial ground-water* = PBAGW) mit Uranylacetat ($UO_2(CH_3COO)_2 \cdot 2H_2O$) als Elektronenakzeptor und Na-Lactat ($NaC_3H_5O_3$) als Elektronendonator unter ruhenden Zellbedingun-gen mit einem 30 mM $NaHCO_3$-Puffer. Die Kultivierung von *MR-1* erfolgte in einem Batchmodus u. a. mit einem spezifizierten Luft-zu-Medium-Volumenverhältnis und O_2 als Elektronenakzeptor. Die Rate der U^{6+}-Bioreduktion ließ sich durch Variieren der Zelldichte ($1,0 \cdot 10^8$ Zellen ml^{-1} und $2,0 \cdot 10^8$ Zellen ml^{-1}) und der Inkubati-onstemperatur, d. h. 20 °C und 37 °C, beeinflussen und es konnten zur Bildung von Feststoffphasen aus U^{6+} zwei Geschwindigkeiten, d. h. „langsam" und „schnell", in zwei unterschiedlichen Puffern generiert werden (Burgos et al. 2008).

Durch Anwesenheit von Ca im PBAGW-Puffer kam es zur Änderung der U^{6+}-Spezifikation, Löslichkeit und deutlichen Abnahme in der Kinetik der U^{6+}-Bioreduk-tion (Burgos et al. 2008). Eine Bestimmung der Partikelgröße und deren Verteilung des UO_2, erzeugt unter vier unterschiedlichen Bedingungen, erfolgt durch die TEM, Abschn. 1.3.4 (a)/Bd. 2. Unabhängig von der U^{6+}-Bioreduktionsrate und dem Hinter-grundelektrolyten schwankte die am häufigsten auftretende Partikelgröße zwischen

2,9 nm und 3,0 nm. Diese Beobachtung ließ sich durch eine EXAFS-Analyse (*Extended X-ray absorption fine-structure spectroscopy*) bestätigen, Abschn. 1.3.5 (e)/Bd. 2.

Unter der Präsenz von gelöstem O_2 wurde die Reaktivität der biogenen UO_2-Produkte getestet, wobei weder die U^{6+}-Bioreduktionsrate noch der Hintergrundelektrolyt irgendeinen statistischen Einfluss auf die Oxidationsgeschwindigkeit ausübte. Mit *S. oneidensis MR-1* unterlag die Partikelgröße von Uraninit keinerlei Kontrolle seitens der Bioreduktionsrate von U^{6+} oder des Hintergrundelektrolyten (Burgos et al. 2008). Diese für *MR-1* beschriebenen Ergebnisse stehen im Kontrast zu neueren Studien mit *Shewanella putrefaciens CN32*. Hier beinflusst die U^{6+}-Bioreduktionsrate sowohl die Partikelgröße als auch die Oxidationsrate des UO_2. Beide Studien mit *Shewanella sp.* können unter der Annahme einer Kontrolle der Oxidationsraten durch die Partikelgröße als übereinstimmend angesehen werden, d. h., es ist eine durch *MR-1* synthetisierte ähnliche Partikelgröße des UO_2 möglich, unterschiedslos dahingehend, inwieweit sich die Bioreduktionsrate des U^{6+} der Oxidationsrate angleicht oder wirkungslos verbleibt. Zu den Faktoren, die die Unterschiede der Kontrolle der Partikelgröße durch die U^{6+}-Bioreduktionsrate zwischen *CN32* und *MR-1* skizzieren, finden sich bei Burgos et al. (2008) weiterführende Überlegungen.

Untersuchungen fanden an durch mikrobielle Reduktion biogen synthetisierter NP aus Uranyl sowie Chromat (CrO_4^{2-}) zum Verständnis der Mechanismen und Designstrategien zur Bioremediation von durch Cr^{6+} und U^{6+} kontaminierten Grundwässern statt (Suvorova et al. 2008). Die mikrobielle Reduktion von Uranyl und CrO_4^{2-}, den toxischen und hochlöslichen Formen von Cr^{6+} und U^{6+}, erfolgt zu wenig mobilen, d. h. kaum löslichen Cr^{3+}- sowie U^{3+}-Hydroxiden/Oxiden/Phosphaten. UO_2, ein flächenzentriertes kubisches Mineral, tritt als NP auf, dessen Durchmesser sich auf ca. $4,0 \pm 0,2$ nm beläuft. Werden im Verlauf des reduktionsbezogenen Reaktionsablaufs Mn- oder Mg-Kationen zugefügt, kommt es zu einer Veringerung in der Dimensionierung, d. h., die UO_2-Partikel nehmen nur noch eine Größe von $3,0 \pm 0,2$ nm ein (Suvorova et al. 2008), Abschn. 2.6.6 (a).

5.4 Nanoskalige Metallcluster via Biotemplating

Unter Biotemplating wird die Verwendung von Strukturelementen biologischer Polymere zur Generierung funktionalisierter Architekturen verstanden. Via Biotemplating lassen sich eine Vielzahl nanoskaliger Metallcluster mit räumlich hochgeometrischen Symmetrien erzeugen. Als gestaltende Elemente treten speziell diverse Biomoleküle in Form von z. B. Proteinen auf. In der Regel weisen biologische Materialien eine Fülle von Nanostrukturen auf, deren Herstellung durch konventionelle Techniken erschwert oder nicht realisierbar ist. Hier bieten biologische Template Gerüststrukturen an, die aufgrund ihrer Dimension im nm-Bereich für technische Anwendungen von Interesse sind (Hall 2009, Sotiropoulou et al. 2008 u. a.).

Entscheidend für die Wahl dieser neu aufkommenden Verfahrenstechnik, d. h. den Gebrauch von biologischen Templaten, sind die Möglichkeiten, auf Größe, Kristallinität und Oberflächenchemie der Nanomaterialien Einfluss nehmen zu können. Die 3-D-Raumordnung der Nanocluster bezieht sich auf die geometrische Anordnung der diskreten, d. h. nicht agglomerierten, NP/-cluster im Raum.

Neben der Stabilität bzw. Belastbarkeit gegenüber physikalischen Stresseinwirkungen, wie z. B. Temperatur, ist eine der wesentlichsten Anforderungen an die technische Einsatzfähigkeit von Nanoclustern die räumliche Konsistenz, d. h. Anordnung/Organisation im Raum der diskreten Bausteine/Moleküle. Zur geometrisch hochauflösenden Strukturierung eignen sich als Matrizen/Masken biologische Vorlagen wie z. B. virale Template, DNS und S-Layer. So lassen sich z. B. Metallcluster aus Edelmetallen auftragen. Da, entsprechend aktuellem Stand der Technik, eine nachträgliche Manipulation von NP mittels einer *Top-down*-Strategie kaum möglich ist und Anforderungen an räumlich geordnete Strukturen mit hohen chemischen oder physikalischen Aufwändungen verbunden sind, bieten sich bioinspirierte *Bottom-up*-Techniken in Form von Biotemplaten an, d. h. Magnetosome, DNS, Viren und S-Layer. Der biomimetische Ansatz eignet sich für die Entwicklung und den Einsatz nanoskaliger Materialien.

Zum einen lassen sich kristalline dreidimensionale Strukturierungen und zum anderen Site-bezogene Mutationen des Proteintemplats oder des Displays jener Peptide, die ausgeprägte Eigenschaften zur Rekognition besitzen, aus-/durchführen. Beide Vorgehensweisen bieten Kontrollmöglichkeiten betreffs eines durch Proteine unterstützten Proteintemplatings (Lagziel-Simis et al. 2006).

Neutrophile Fe-oxidierende Bakterien (FeOB) werden i. d. R. anhand ihrer unterschiedlichen Morphologien unterschieden, z. B. extrazelläre Filamente bei *Gallionella ferruginea* sowie *Mariprofundus ferrooxydans*. Bei der Klärung der metabolischen Funktion der Fe-haltigen Filamente in Zwillingsform erkannten Chan et al. (2011), dass lithotrophe Fe-oxidierende Bakterien organische Gebilde in einer Art Form von Filamenten zur Kontrolle des Mineralwachstums produzieren. Ihre Analysen stützen sich auf u. a. auf NEXAFS, Abschn. 1.3.5 (o)/Bd. 2.

Ähnliche Filamente in Si-reichen Gesteinen, z. B. Cherts, erweisen sich als fossile FeOB. Grundsätzlich ist es möglich, via Protein und Peptid unter Laborbedingungen ein Biotemplating von Metallen und Metalloxiden mit geometrischer Anordnung auf Oberflächen zu realisieren (Galloway & Staniland 2012). Via Biotemplate lassen sich, unter Verwendung poröser Materialien, hierarchische Nanostrukturen mit verbesserter photokatalytischer Leistung erzielen, verwertbar für Katalyse, Sorption sowie Separation (Zhao et al. 2009).

Generell verfügt die Natur über ein weites Spektrum an mineralisierten Geweben, mit unterschiedlichen Funktionen ausgestattet, oftmals aus einfachen einfachen anorganischen Salzen. Organismen kontrollieren auf einer molekularen Ebene die physikalisch-chemischen Eigenschaften von anorganischen Feststoffphasen, d. h. Kristallen, die mit konventionellen Techniken nur bedingt, unter hohem Aufwand oder nicht erreichbar sind. Direkt oder indirekt steuern biologische Oberflächen aktiv die Synthese von nanoskaligen Materialien/Biomineralisationen, ausgeführt in einem geeignetem Nano-Environment. In einem komplexen Umfeld erfolgt die Stimulation zur Kristallbildung an bestimmten Stellen dieser Schnittstellen und von anderen Bereichen die relative Verhinderung dieser Prozesse.

(a) Forschungsbedarf

Die vorgelegte Datenbasis gestattet Überlegungen einer technischen Verwertung der Biotemplate. Jedoch gilt es, ungeachtet der Möglichkeiten für den Einsatz von metallischen Nanopartikeln/-clustern, eine Reihe wesentlicher Fragen zu klären:

- Chemismus: Woher kommen die Präkursor?
- Morphologie: Welcher Mikroorganismus bzw. dessen Zellextrakte generieren die gewünschte Morphologie?
- Größe: Inwieweit ist eine weitgehend einheitliche Größe zu gewährleisten?
- Qualität: Sind z. B. eine gleichbleibende Größe und Raumstruktur erzielbar?
- Fertigung: Ist eine ausreichende Menge in einem wirtschaftlich vertretbaren Zeitrahmen erreichbar?

Da die Anforderungen an nanodimensionierte Materialien mit verbesserten Lauffähigkeiten und Eigenschaften stetig steigen, steht insbesondere das Potential biologischer Gerüststrukturen zur Herstellung neuer Nanostrukturen im Fokus der Erforschung.

Zusammenfassend

gestattet ein bioinspiriertes Engineering eine Fülle von Einflussmöglichkeiten. Es erstreckt sich von der Kontrolle über den Ort der Kristallbildung, räumliche Dichte, Größe und Morphologie der Partikel, über die kristallographische Orientierung und Stabilität der Kristallite bis hin zur Architektur der gebildeten Nanostrukturen. Somit bietet der bioinspirierte Ansatz zur kontrollierten Kristallisation von störungsfreien, periodisch angeordneten Mustern auf der Nanoebene technisch ein erhebliches Potential an Möglichkeiten auf dem Gebiet der Materialwissenschaften bzw. Nanotechnologie, z. B. zur Synthese von beschichteten Filmen mit Nanoporositäten (Aizenberg 2005). Insofern genießt das Biotemplating zunehmende Aufmerksamkeit, da sich mithilfe dieses Ansatzes die Synthese und Organisation präzise definierter, hoch geometrisch arrangierter Cluster-Architekturen durchführen lassen, z. B. über Magnetosome, S-Layer, Viren sowie DNS.

5.4.1 Magnetosome

Bakterielle Magnetosome stellen intrazelluläre, das Fe-Mineral Magnetit (Fe_3O_4) führende Kompartimente oder Organellen dar, umhüllt von einer aus Phospholipiden bestehenden Membran (Abreu et al. 2011). Fe_3O_4-Kristallite in Magnetosomen zeichnen sich durch eine hohe chemische und strukturelle Reinheit aus (Fischer et al. 2011,

Towe & Moench 1981). Verunreinigungen durch andere Metallionen sind selten und innerhalb der Fe_3O_4-Mineralisationen sind bislang keine organischen Verunreinigungen, z. B. Proteine, beschrieben (Bazylinski & Frankel 2004). In magnetotakten Bakterien (MTB) treten, je nach Vertreter, ca. 10/15 bis 50 Magnetosome auf. In einem bislang nur im Chiemsee/Bayern anzutreffenden gramnegativen *Cand. Magnetobakterium bavaricum* sind bis zu 1000 Fe_3O_4-Partikel mit Größen zwischen ca. 110 nm und 150 nm beschrieben und zu mehreren Ketten organisiert (Jogler et al. 2010). Die Anzahl der Magnetosome kann, je nach Stamm, erheblich sein. So sind aus stäbchenförmigen MTB mit einer Größe von 1,5–12 µm bis zu 600 Magnetosome beschrieben (Isambert et al. 2007). Diese formieren sich zu parallel oder irregulär angeordneten Ketten/Clustern, Abb. 5.34 (a). Kontinuierlich werden neue mikrobielle Vertreter mit der Anlage einer Fe_3O_4-Synthese beschrieben. So produziert z. B. ein in sulfidreichen Sedimenten von Süßwässern neu entdecktes sulfatreduzierendes Bakterium, d. h. *Desulfovibrio magneticus sp. nov.*, intrazellulär Fe_3O_4-Partikel, versehen mit der Größe einer Einfachdomäne (Sakaguchi et al. 2002).

Schon früh wurde erkannt, dass der Organismus bei der Biomineralisation auf der Nanoebene über das bakterielle Magnetosom eine maßgebliche Kontrollfunktion übernimmt. Nach aktuellem Stand der wissenschaftlichen Arbeiten zeichnen sich mehrere Proteine für die Synthese und das räumliche Arrangement der Magnetosome verantwortlich: *MamAB*, *MamJ* und *MamK*. Die auf das Magnetosom bezogene Membran wiederum enthält ca. 20 Proteine (Lohße et al. 2011).

Die Synthese von intrazellulärem, membrangebundenem Fe_3O_4, fällt in die Kategorie kontrollierter Biomineralisation, Abschn. 2.3.4, da eine Reihe von biologischen Items die Kontrolle auf Zusammensetzung, Größe und Morphologie der kristallinen Partikel ausübt. Alle Informationen zur Regulation sind im genetischen Datenpool gespeichert. Eine Biomineralisation der Magnetosomkristalle geschieht in der Magnetosommembran, ausgestattet mit Proteinen, die nur hier und in keinem anderen Teil der Zelle anzutreffen sind. Bemerkenswerterweise enthalten die zur Codierung der Magnetosomproteine und in Clustern innerhalb des *magnetosome island* organisierten Gene zahlreiche mobile Elemente, die nach Vorstellung von Lefèvre et al. (2011) innerhalb unterschiedlicher Bakterien über Vorgänge eines *Quorum Sensing* (Abschn. 3.4 (d)) ausgetauscht werden können. Zur Synthese von Magnetosomen sind seitens MTB mehrere Aufgaben zu bewältigen. Hierzu zählen die Identifizierung und Aufnahme von Fe aus dem Umfeld, der Transport in das Zellinnere, die Biotransformation in ein bestimmtes Fe-Oxid, die Kontrolle zur präzisen Größe, Form und Anzahl sowie die intrazelluäre räumliche Organisation (Schüler 2005). Es wird davon ausgegangen, dass die Bildung der Magnetosome nach der Aufnahme von sowohl Fe^{2+} als auch Fe^{3+} über mehrere Stufen erfolgt (Arakaki et al. 2008, Lang & Schüler 2006). Am Beispiel des Modellorganismus *Magnetospirillum sp. AMB-1* stellen Komeili et al. (2004) Studien zum zeitlichen und räumlichen Zusammenhang zwischen Magnetosom- und Fe_3O_4-Bildung vor. Als Ergebnis stehen die Beobachtungen, dass (Komeili et al. 2004):

- auch in Abwesenheit von Fe_3O_4 die Magnetosomvesikel existieren,
- eine Biomineralisation von Fe_3O_4 gleichzeitig in den diversen Vesikeln geschieht,
- die Biomineralisation stets von der gleichen Stelle der verschiedenen Vesikel ausgeht,
- Magnetosomvesikel vor der Bildung von Fe_3O_4 anwesend sind,
- *MamA* zur Aktivierung der Bildung von funktionalen Magnetosomvesikel erforderlich ist sowie
- eine dynamische subzelluläre Lokalisierung während des Wachstumszyklus von magnetotakten Bakterien aufweist.

Oftmals in Ketten organisiert, bilden Magnetosome ein permanentes magnetisches Dipolmoment. In die Literatur als Magnetotaxis eingeführt, ist darunter die passive Ausrichtung der Zelle entlang den magnetischen Feldlinien während der Fortbewegung zu verstehen und sie ähnelt im Verhalten einer Kompassnadel. Magnetosome von z. B. magnetotakten Bakterien vom Typ *AMB-1* sind größere NP mit einer mittleren Größe von ca. 30 nm und einem bei Raumtemperatur ferromagnetischen Verhalten. Daher neigen sie zu dipolaren Wechselwirkungen (Alphandery et al. 2009). Aus technischer Perspektive dienen demnach nanokristalline Biomineralisationen von Magnetosomen einer wirksamen Magnetfeldorientierung (Schüler 2005). Möglicherweise existieren nach Lefèvre et al. (2011) seitens der magnetotakten Bakterien Querverbindungen zur Chemotaxis, z. B. Aerotaxis, um sich entsprechend einem vertikalen chemischen und/oder Redoxgradienten innerhalb natürlicher Habitate optimal auszurichten. Die Strukturierung der Nanocluster geschieht mittels Membranen, die die Fe_3O_4-Kristallite umhüllen. Lefèvre et al. (2011) bezeichnen Magnetosome in MTB als eine Art bakterielles Rückgrat. Zusammenfassend gestattet die bislang veröffentlichte Datenlage Vermutungen, dass Magnetosome exakt die Biomineralisation von Fe_3O_4 koordinieren und sie sich als Modellsystem zum Studium der Biosynthese von Organellen in prokaryotischen Zellen eignen. Zur Genetik und Zellbiologie der Magnetosomgenese in MTB äußert sich Schüler (2008). Um die Auswirkungen gentechnischer Arbeiten auf die Qualität von durch *Magnetospirillum gryphiswaldense* synthetisierten superparamagnetischen Fe_3O_4-Magnetosomen zu bewerten, unterziehen Ding et al. (2010) das Probenmaterial einer TEM, Abschn. 1.3.4 (a)/Bd. 2.

Es bieten sich somit *Bottom-up*-Ansätze für die biogene Synthese von metallischen Nanoclustern an, in diesem Fall der nanoskaligen Einfachdomäne-Fe_3O_4 (engl. *single-magnetic-domain*). Als Analysetechnik eignet sich z. B. die HRTEM, Abschn. 1.3.4 (b)/Bd. 2. Aktuelle Techniken zur industriellen Produktion von Fe_3O_4 sind dem o. a. Verfahrensablauf unterlegen, z. B. *ball-milling*.

(a) Mikroorganismen

Seit ihrer Entdeckung, d. h. ca. 1975, sind zahlreiche zur Bildung von Fe_3O_4 befähigte magnetotakte Bakterien (MTB) beschrieben, d. h. diverse vibrose, ovoide und stäbchenförmige Formen, Spirilla, Coccoide und mehrzellige Bakterien. Sie besiedeln sehr unterschiedliche aquatische Habitate (Blakemore 1982). Ihr Verhalten, sich strikt im magnetischen Feld auszurichten, wobei unmittelbar nach Umkehrung der Feldlinien eine Neuorientierung erfolgt, trug zu ihrer Entdeckung bei. Nach Inventarisierung einer umfassenden Kollektion von Mikroorganismen mit ähnlichen Eigenschaften wurde erkannt, dass diese Lebensform in der Lage ist, Fe aus entsprechenden Quellen aufzunehmen und dieses in magnetische Nanokristalle zu konvertieren, wobei diese entweder als Fe_3O_4 oder als Greigit (Fe_3S_4) vorliegen. MTB umfassen mehrere aquatische Arten, die sich entlang von geomagnetischen Feldlinien bewegen und orientieren. Dieses Verhalten basiert auf der Anwesenheit von intrazellulären, ferrimagnetisch reagierenden Partikeln aus Fe_3O_4 sowie Fe_3S_4. Zur Bestimmung der magnetischen Mikrostrukturen, der chemischen Zusammensetzung, der 3-D-Morphologie und der Position innerhalb der Zelle eignen sich TEM, Elektronenholographie (Abschn. 1.3.5 (c)/Bd. 2) sowie die hochauflösende Bilderfassung (Kasama et al. 2006). Die biogene Synthese von Fe_3O_4 und Fe_3S_4 geschieht in magnetotakten Bakterien, wobei diese das ca. 100-Fache mehr an Fe aufnehmen können, als es bei nicht magnetotakten Formen der Fall ist (Arakaki et al. 2008).

MTB weisen eine Reihe gemeinsamer Merkmale auf. Alle beschriebenen MTB zählen zu den gramnegativen Mitgliedern der Domäne Bacteria. Zusätzlich ist ihr Metabolismus auf Respiration ausgerichtet und sie benutzen kurzkettige organische Säuren als C-Quelle. Da MTB eine sehr vielfältige heterogene Gruppe von Prokaryoten darstellen, zusammengesetzt von Mitgliedern diverser phylogenetischer Gruppen, gibt es auf der anderen Seite zwangsläufig beträchtliche Unterschiede. So treten MTB z. B. mit verschiedenen Morphologien auf, d. h. stäbchenförmig, coccoid, vibrioid, spirilloid und mehrzellig. Auch bei den NP finden sich Unterschiede in Größe, Form und Orientierung. Ungeachtet dieser Vielfältigkeit zwischen den verschiedenen Stämmen verhalten sich die NP, synthetisiert durch MTB, sehr stammspezifisch. Allerdings weisen entsprechende Wachstumsbedingungen auf die Möglichkeit von Regulationsmechanismen hin, z. B. auf gewünschte Morphologie und andere Merkmale (Posfai et al. 2005). Innerhalb von MTB sind infolge von Visualisierungen von Magnetosomen oftmals Ummantelungen von Proteinmatrixen zu beobachten (Posfai et al. 2005), Abb. 5.34 (b). Fortschritte in der EM bieten die Möglichkeit, diese eingebetteten Partikel sichtbar zu machen. Eine verhältnismäßig gleichmäßige Verteilung in Größe und Morphologie charakterisiert die auf diese Weise synthetisierten Fe_3O_4/Fe_3S_4, die räumlich in kettenförmigen Gebilden organisiert sind. Hochauflösende Analysen zeigen Umhüllungen der Fe_3O_4 durch eine feine Membran, die sich aufgrund bestimmter Eigenschaften als organisch erweist und für die Synthese und Stabilisierung der Partikel unentbehrlich ist. In Verbindung mit den Fe_3O_4-Präzipitaten wird diese biologische Organelle als Magnetosom bezeichnet. So sind z. B. für magnetotakte Cocci sowohl eine umfangreiche Diversität als auch Verbreitung und Habitate dargelegt worden, z. B. häufig an der Oberfläche aquatischer Sedimente (Arakaki et al. 2008). Neben Magnetosomen in MTB ist eine bislang nicht identifizierte Fe-reiche

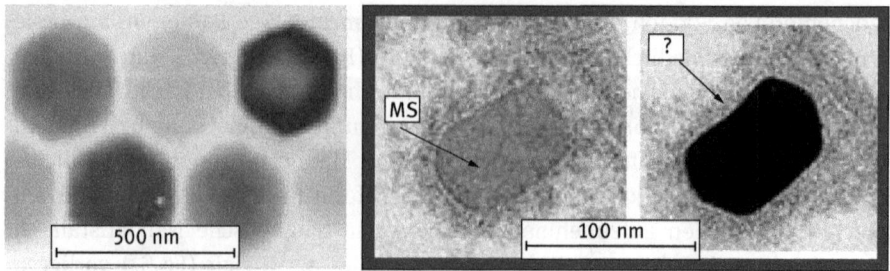

Abb. 5.34: (a) Parallel angeordnete Magnetosome in *Magnetospirillum sp.* (Isambert et al. 2007) sowie (b) von einer Proteinmatrix umhüllte Magnetosome, MS = Magnetosom (Posfai et al. 2005).

Phase innerhalb der Zellen von *Shewanella sp.* beschrieben (Fortin & Langley 2005), Abschn. 2.2.1 (b).

Anhand dieser Daten wird für magnetotakte *Cocci* inkl. des einzigen kultivierten *Cocci*-Stamms *MC-1* ein mikroaerophiles Verhalten angenommen. Im Fall des Vibriobakteriums sind drei fakultativ anaerobe marine Stämme, d. h. *MV-1*, *MV-2* und *MV-4*, isoliert aus salzigen Marschen von Estuaren, beschrieben. Sie zählen zu den α-Proteobakterien, möglicherweise handelt es sich um Vertreter aus der Familie *Rhodospirilliaceae sp.* Sie generieren magnetische Partikel mit abgestumpfter hexaoktaedrischer Morphologie und wachsen sowohl unter chemoorganoheterotrophen als auch -lithoautotrophen Bedingungen (Arakaki et al. 2008).

Über das Auftreten von intrazellulären Einschlüssen in unkultivierten MTB sind Beobachtungen aufgezeichnet (Keim et al. 2005). Neben den in MTB existierenden Fe_3O_4-führenden Organellen, d. h. Magnetosomen, können weitere intrazelluläre Einschlüsse wie P-haltige Körnchen, S-Anreicherungen in Form kleiner kugelförmiger Gebilde und Granula von u. a. Polyhydroxyfettsäuren (PHF) auftreten. Zur Feinstruktur und Elementzusammensetzung der o. a. intrazellulären Inklusionen in unkultivierten magnetotakten Bakterien, gewonnen aus marinen Habitaten, führten Keim et al. (2005) Untersuchungen durch. Betreffs der Magnetosome zeigen individuelle Fe_3O_4-Kristalle eine prismatische Morphologie ohne erkennbare Störungen. In Hinsicht auf die P-führenden Granula sind in magnetotakten Cocci zwei Typen identifiziert. Der am häufigsten auftretende Typ führt in seinem chemischen Inventar weitgehend P, O und Mg. Mit unterschiedlichen und wesentlich geringeren Konzentrationen sind teilweise Al, C, Cl, Ca, Fe, K, Mn, S und Zn nachweisbar. Abweichend hiervon führen P-S-Fe-haltige Granula wechselnde Anteile an Ca, Cl, Fe, K, Mg, Na, O und Zn. Oftmals bevorzugen die Granula bestimmte Positionen innerhalb der Zelle, eventuell als Ausdruck eines hohen Grads an intrazellulärer Organisation. Andere Inklusionen sind Polyhydroxyalkanoat und S-Globula, die jedoch weniger häufig auftreten und Informationen zum Mikrohabitat der jeweiligen Bakterien gestatten (Keim et al. 2005). Mehrzellige MTB können sowohl Fe_3O_4 als auch Fe_3S_4 führen (Lins et al. 2007).

(b) Magnetosomale Matrix

Auf die Rolle der magnetosomalen Matrix, als mögliches Templat zur Biomineralisation von Magnetosomen, gehen Taylor & Barry (2004) ein. Mittels TEM (Abschn. 1.3.4 (a)/Bd. 2) untersuchen die o. a. Autoren jene organische Matrix, die eine Reihe von Magnetosomen mit unterschiedlicher Morphologie, d. h. kubooktaedrisch, hexaoktaedrisch und weitere diverse unregelmäßige Formen, umschließt und verschiedenen, unkultivierten magnetotakten Bakterien entstammt. Um die ursprüngliche räumliche Ausrichtung der Matrix zu erhalten und entsprechend zu dokumentieren, wurde das Zellmaterial dehydriert, mit UV-Strahlung behandelt und als gefärbtes Material in Harz eingebettet.

Die Analyse, d. h. hochauflösende Bilder auf der HRTEM basierend, ergab, dass die Gittersäume (engl. *lattice fringes*) der Matrix, die die Fe_3O_4- und Fe_3S_4-Magnetosome ummantelt, nach den Gittersäumen der eingekapselten Magnetosome ausgerichtet sind. Bis auf eine Ausnahme weisen die Gittersäume Weiten auf, die identisch oder zweimal so groß waren wie die Abstände der Gittersäume der entsprechenden Magnetosome. Die Gittersäume in der Matrix orientieren sich entlang [311], [220], [331], [111] und [391] und stehen in Beziehung zu den Gitterflächen von Fe_3O_4 und Fe_3S_4 [222] (Taylor & Barry 2004).

In noch nicht komplett entwickelten Fe_3O_4 führenden Magnetosomen wurde ein unbekanntes Material, möglicherweise ein Fe-Hydroxid, entdeckt. Bezogen auf die Gitterränder/-säume weist die bislang nicht aufgezeichnete Phase eine Struktur auf, die der umgebenden Matrix, d. h. [311], [220] und [111], entspricht. Somit kann die Möglichkeit erörtert werden, dass die Matrix in Form einer Art Templat die räumliche Kontrolle der unbekannten Biomineralisation übernimmt, die sich im Anschluss zu Fe_3O_4 umwandelt (Taylor & Barry 2004).

(c) Magnetotaxis

Bis dato sind zwei Mechanismen der Magnetotaxis beschrieben. (1) Axialmagnetotakte Zellen bewegen sich längs der magnetischen Feldlinien in beiden Richtungen. Im Gegensatz hierzu orientieren sich (2) polarmagnetotakte Zellen entweder parallel zum geomagnetischen Feld, d. h. Richtung Nordpol, oder antiparallel, d. h. zum Südpol.

MTB konfigurieren einen internen, permanent wirksamen magnetischen Dipol, der auf einfach magnetischen Domänen, generiert durch Fe_3O_4 oder Fe_3S_4 und eingebettet in MTB, beruht (Frankel et al. 1998). Die Organismen üben einen hohen Grad an Kontrolle über Größe und Morphologie der Partikel aus. Dies kann u. a. zur Unterscheidung von biogenen und nichtbiogenen Fe-Mineralen herangezogen werden.

Um der Funktion einer wirkungsvollen Magnetotaxis als Orientierungsmechanismus gerecht zu werden, müssen Magnetosome ein bestimmtes magnetisches Moment aufweisen und die Voraussetzung erfüllen, dass die magnetische Energie den Betrag der thermischen Energie übersteigt, $mB_0 > k_B T$ (wobei gilt: m = magnetisches

Moment, B_0 = magnetische Induktion des geomagnetischen Feldes (25–60 µT), k_B = *Boltzmann* Konstante und T = Temperatur). Entsprechend der Gleichung 5.15 lässt sich das minimale magnetische Moment einer Zelle betreffs einer effektiven Magnetotaxis wie folgt bestimmen (Faivre & Schüler 2008):

$$m_{min} = \frac{k_B T}{B_0} = \frac{1,38 \cdot 10^{-23} \cdot 293}{25 \cdot 10^{-6}} = 0,16 \cdot 10^{-15} \tag{5.15}$$

Gemäß Gleichung (5.15) ist bei einer Temperatur von 20 °C ein minimales magnetisches Moment von $0,16 \cdot 10^{-15}$ erforderlich. Hierüber ist auch die Anzahl der in einer Kette dicht gepackten/angeordneten Magnetosome abschätzbar. Unter Berücksichtigung, dass der Sättigungsgrad für die Magnetisierung des Fe_3O_4 per Volumeneinheit $M_s = 0,48 \cdot 10^6 \, J\,m^{-3}\,T^{-1}$ beträgt und das magnetische Moment einer Zelle die Summe der n individuellen Magnetosome mit dem Volumen V, z. B. für die *Spirilla*-Spezies, ergibt, beläuft sich die Größe der Magnetosome näherungsweise auf 20 nm (Faivre & Schüler 2008).

Für eine effektive Magnetotaxis lässt sich die Mindestanzahl der Magnetosome abschätzen:

$$m_{min} = \frac{m_{min}}{M_s V} = \frac{0,16 \cdot 10^{-15}}{0,48 \cdot 10^6 \cdot \frac{4}{3}\pi(20 \cdot 10^{-9})^3} = 11 \tag{5.16}$$

Betreffs der Fe_3O_4-Biomineralisation stehen zwei hauptsächliche und nach gegenwärtigem Stand der Kenntnis scheinbar gegensätzliche Pfade zur Diskussion (Faivre & Schüler 2008). Ein frühes Modell nimmt für *Magnetospirillum magnetotacticum* die Anwesenheit einer intermediären Ferrihydrit-($(Fe^{3+})_2O_3 \cdot \frac{1}{2}H_2O$-)Phase im Magnetosom-Kompartiment an, die der eigentlichen Bildung von Fe_3O_4 vorausgeht. Versuche unter dem Einsatz von kontrollierten Induktionsfermentern und biochemischer Separation bieten eine weitere alternative Erklärung an.

Zum einen erfolgt eine Aufnahme von Fe aus dem Umfeld als Fe^{2+} oder Fe^{3+}. Daran schließt sich die Überführung des Fe in eine intrazelluläre Fe^{3+}-Hochspinspezies an, die überwiegend in der Membran anzutreffen und mit einer ihr verbundenen Ferritinphase assoziiert ist. Die dann eintretende Ausfällung des Fe_3O_4 erfolgt durch eine rasche Kopräzipitation von Fe^{2+}- oder Fe^{3+}-Ionen innerhalb des Magnetosomkompartiments, wobei kein mineralischer Präkursor nachweisbar ist. Um eine thermodynamische Stabilität zu erreichen, wird ein alkalischer Chemismus für die Magnetosomvesikel angenommen. Somit steht folgender Reaktionspfad zur Diskussion (Faivre & Schüler 2008):

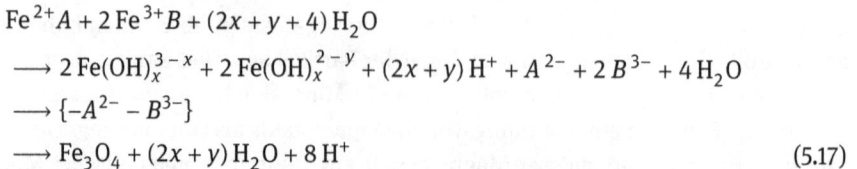

$$Fe^{2+}A + 2\,Fe^{3+}B + (2x + y + 4)\,H_2O$$
$$\longrightarrow 2\,Fe(OH)_x^{3-x} + 2\,Fe(OH)_x^{2-y} + (2x + y)\,H^+ + A^{2-} + 2\,B^{3-} + 4\,H_2O$$
$$\longrightarrow \{-A^{2-} - B^{3-}\}$$
$$\longrightarrow Fe_3O_4 + (2x + y)\,H_2O + 8\,H^+ \tag{5.17}$$

Aufgrund der intrazellulären Kompartimentierung der Fe_3O_4-Biomineralisationen innerhalb eines von einer Membran umschlossenen Kompartiments sind spezielle Mechanismen für die aktive Aufnahme und den Transport des Fe in die Zelle und Magnetosomvesikel sowie die Anreicherung von übersättigten Konzentrationen in den Magnetosomvesikeln unerlässlich. Da nicht fixiertes, intrazelluläres Fe toxisch wirkt, muss der intrazelluläre Transport nach Aufnahme von Fe^{2+} und Fe^{3+} aus mikromolekularen extrazellulären Konzentrationen und Absonderung einer strikten Kontrolle unterliegen.

Die eigentliche Fe-Aufnahme zeigt eine Abhängigkeit von der zur Verfügung stehenden Energie und ist eng an die Fe_3O_4-Synthese von z. B. *Magnetospirillum gryphiswaldense* gekoppelt. Für eine zur Fe_3O_4-Bildung erforderliche Fe-Sättigungskonzentration sind 20 µmol notwendig. Gehalte über diesem Schwellenwert ergeben nur eine geringfügig gesteigerte Zellproduktion und Magnetismus. Bei Überschreitung von Werten von 100 µmol kommt es zu keiner erhöhten Magnetosomsynthese und Konzentrationen von über 200 µmol verhindern ein Zellwachstum (Faivre & Schüler 2008).

(d) Magnetismus

Pan et al. (2005) unterziehen die magnetischen Eigenschaften unter Raumtemperaturbedingungen von unkultivierten MTB, kultivierten MTB sowie synthetisch erzeugten, feinkörnigen Fe_3O_4-Partikeln vergleichenden Studien, Tab. 5.8.

Hinsichtlich der Sättigungsmagnetisierung M_s zeigt sich für zwei von acht Proben ein Wert von $6,7 \cdot 10^{-8}$. Das biogene Probenmaterial setzt sich aus MTB zusammen, mit Nähe zu *Magnetobacterium bavaricum*. Der genannte Mikroorganismus kann bis zu 1000 Fe_3O_4-Partikel führen (Pan et al. 2005).

Tab. 5.8: Vergleich der magnetischen Eigenschaften von unkultivierten MTB, kultivierten MTB sowie synthetisch erzeugten, feinkörnigen Fe_3O_4-Partikeln bei Raumtemperatur (Pan et al. 2005).

Probe	Zustand	M_s (A m^2)	B_c (mT)	B_{cr} (mT)	M_{rs}/M_s	B_{cr}/B_c
M-1	Gefriergetrocknet	—	26,7	27,6	0,53	1,02
M-2	Extrahiert	—	3,7	16,6	0,41	4,49
MV1	Feuchtzellen	—	—	—	0,49	1,1
MS1	Gefriergetrocknet	—	—	—	0,44	1,1
P2	Luftgetrocknet	$6,7 \cdot 10^{-8}$	26,7	40	0,47	1,50
P3	Luftgetrocknet	$6,7 \cdot 10^{-8}$	33,4	45,5	0,51	1,36
Snyth.	Kubisch	—	21,3	30–40	0,28	1–2
Synth.	Avicular	—	38,4	50–60	0,4	1–2

Wobei gilt:
M_s Sättigungsmagnetisierung,
B_{cr} Remanenz-Koerzivität,
{M-1, M-2, MV1, MS1, P2, P2} = un-/kultivierte MTB.

Eine unvollständige Kettenbildung bei *Magnetospirillum magneticum AMB-1* beobachten [1]Li et al. (2009). Von großem Interesse zur Aufhellung eines sedimentären oder einer anderen Form eines umweltbezogenen Magnetismus sind stabile Fe_3O_4 mit einer Einfachdomäne (engl. *single-domain* = SD), intrazellulär erzeugt durch MTB. Zur erwähnten Fragestellung liegen sowohl zu dem zeitlichen Ablauf als auch Magnetosomwachstum und der -kettenbildung innerhalb von *M. magneticum AMB-1* und einem Zeitraum von 0–96 h Beobachtungen via TEM und Gesteinsmagnetismus vor (Li et al. 2009). Über einfache präparative Maßnahmen lässt sich die Entwicklung der magnetischen Stärke mitverfolgen. Mit steigender Kultivierungszeit erhöhen sich die Werte für die Koerzivität, d. h. 4,7–18,1 mT, und die *Verwey*-Übergangstemperatur, d. h. 100–106 K.

Als Erklärung können eine anwachsende Korngröße sowie abnehmende Nichtstöchiometrie des Magnetits angenommen werden ([1]Li et al. 2009). Die Verläufe der Hysteresekurven sowie *FORC* deuten an, dass sich die Subketten als ideale 1-achsige SD-Partikel verhalten und extrem schwache magnetostatische Wechselwirkungsfelder zwischen den Unterketten aufweisen. Eine bei niedriger Temperatur praktizierte thermische Demagnetisierung der Remanenz M_R offenbart die Gültigkeit des *Moskowitz*-Tests, d. h. ein auf Unterschieden in der magnetokristallinen Anisotropie beruhendes Verfahren zum Testen des Gesteinsmagnetismus für die o. a. linear arrangierten Konfiguration der Subketten, z. B. δFC/δ > *ZFC* 2.

[1]Li et al. (2009) erörtern die Möglichkeit, den *Moskowitz*-Test für fossile Sedimente einzusetzen, die möglicherweise Magnetosomketten enthalten und, bedingt durch den Zerfall der organischen Gerüststrukturen nach dem Zelltod, in kürzere Segmente auseinandergebrochen sind. Neben technischen Aspekten sind in diesem Zusammenhang Fragestellungen nach dem Magnetismus von Magnetofossilien in z. B. Sedimentgesteinen interessant, Abschn. 2.6.1 (j)/Bd. 2.

Hinsichtlich der mikrobiellen Produktion und Charakterisierung von superparamagnetischen Fe_3O_4-NP durch *Shewanella sp. HN-41* sind Lee et al. (2008) heranzuziehen. Ein fakultativ dissimilatorisch metallreduzierendes Bakterium, d. h. *Shewanella sp. HN-41*, wurde von Lee et al. (2008) eingesetzt, um Fe_3O_4-NP durch Reduktion von Fe^{3+} aus schwach kristallinem Akaganeit (β-FeOOH) als Präkursor zu generieren. Als Durchmesser für die biogenen Fe_3O_4-NP sind, über Spektrophotometrie ermittelt, 26–38 nm angegeben. Wie aus EM-Analysen hervorgeht, bestehen die Fe_3O_4-NP im Wesentlichen aus einförmig ausgebildeten Sphäroiden. Die Magnetometrie enthüllt die superparamagnetischen Eigenschaften der magnetischen NP. Über den Einsatz der EXAFS zeigt der biogen synthetisierte Fe_3O_4 ähnliche atomare strukturelle Parameter, z. B. Atomabstand und Koordinaten, wie sie typisch für das Fe_3O_4-Mineral sind (Lee et al. 2008).

Magnetische Momente individueller bakterieller Zellen, ermittelt über Elektronenholographie und dargestellt in einer magnetischen Induktionskarte, enthüllen, dass jeder Magnetosompartikel als Einfachdomäne auftritt und parallel der Kette magnetisiert ist (Posfai & Dunin-Borkowski 2009), Abb. 5.35. Organisiert in Einfach- und

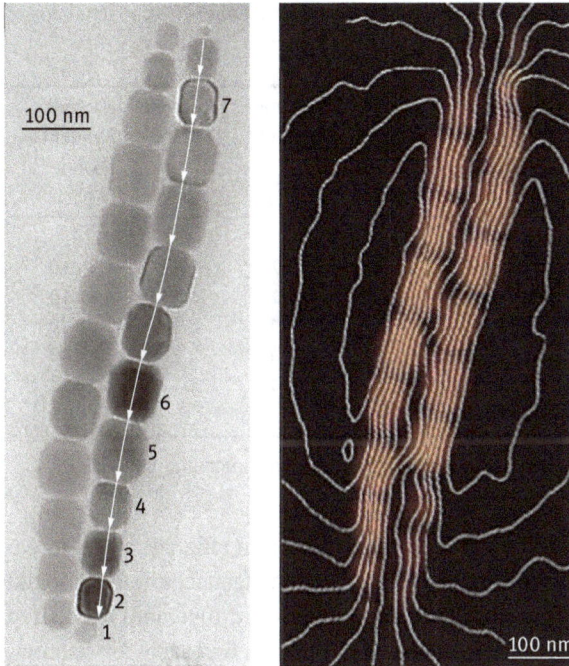

Abb. 5.35: Magnetische Induktionskarte einer Magnetosom-Doppelkette, der Abstand einer Kontur-
linie beläuft sich auf 0,3 rad (Posfai & Dunin-Borkowski 2009).

Doppelketten aus Magnetosomen, treten Letztgenannte stets in Funktion eines Stabmagneten auf, Tab. 5.9. Räumlich nicht geordnete Arrangements von Magnetosomen
führen zu einer erheblichen Beeinträchtigung der magnetischen Wirkung. Messungen zum magnetischen Moment ergeben für die unterschiedlichen Mikroorganismen
Werte von $9,0 \cdot 10^{-16}$ bis $1,7 \cdot 10^{-15}$ A m^2. Auch die Anzahl diskreter Magnetosome in
Kette unterliegt erheblichen Schwankungen, d. h. 15–155, mit Auswirkungen auf die
Länge, d. h. 0,95–2,94 μm. Als Mineralphase sind Fe_3O_4 und Fe_3S_4 ausgewiesen.

(e) Raumordnung
Über HR-Aufnahme und SAED-Muster sind Informationen über die relativen Orientierungen der Magnetosome innerhalb einer einfachen Kette erhältlich (Simpson et al.
2005). Sowohl die Region mit der Achseneinregelung (SAED) als auch individuelle
Kristalle (HR) sind auf diese Weise ansprechbar. So erweist sich [111] des Magnetosoms z. B. parallel zur Kettenachse orientiert, wobei Simpson et al. (2005) diese Beobachtung für alle Magnetosome innerhalb einer ausgewiesenen Kette machen konnten.
Die Orientierung, in ein Stereogramm eingetragen, betont die angesprochene Ausrichtung, zeigt aber auch das abweichende Verhalten von ⟨110⟩ bzw. dessen zufällige
Verteilung bezogen auf die Kettenachse, Abb. 5.36 (a).

Tab. 5.9: Magnetische Momente individueller bakterieller Zellen, ermittelt über Elektronenholographie (Posfai & Dunin-Borkowski 2009).

Bakterieller Stamm	Magnetosom-Mineral	Durch-schnittl. Länge (nm)	Anzahl Magne-tosome in Kette	Magnet. Moment (A m^2)	Länge Kette (µm)	Magnet. Moment E-Länge (A m^2 µm^{-1})
M. magnetotacticum						
MS-1	Fe$_3$O$_4$ (E-Kette)	≈ 45	22	$5 \cdot 10^{-16}$	1,2	$4,2 \cdot 10^{-16}$
MV-1	Fe$_3$O$_4$ (E-Kette)	≈ 60	15	$7 \cdot 10^{-16}$	1,6	$4,4 \cdot 10^{-16}$
Unkult. *Coccus*	Fe$_3$O$_4$ (D-Kette)	≈ 80	25	$1,7 \cdot 10^{-15}$	0,95	$1,8 \cdot 10^{-15}$
Unkult. *Rod-Cell*	Fe$_3$S$_4$ (D-Kette)	≈ 60	57	$9,0 \cdot 10^{-16}$	2,19	$4,1 \cdot 10^{-16}$
Unkult. *Rod-Cell*, Teilungsstadium	Fe$_3$S$_4$ (M-Kette)	≈ 60 (Fe$_3$S$_4$) ≈ 80 (Fe$_3$O$_4$)	≈ 155	$1,8 \cdot 10^{-15}$	2,94	$6,1 \cdot 10^{-16}$

E-Kette: Einfachkette,   D-Kette: Doppelkette,   M-Kette: Mehrfachkette,   unkult.: unkultiviert

Die in den Magnetosomen gebildeten Fe$_3$O$_4$ können nur dann effizient als magnetischer Sensor auftreten, wenn neben den o. a. physikalischen Eigenschaften eine exakt geometrische Konfiguration vorliegt. Erst durch das präzise Arrangement der Ketten kommt es zur vollen Wirksamkeit der magnetischen Momente. Geringste Abweichungen verursachen erhebliche Beeinträchtigungen im magnetotaktischen Verhalten. Aufgrund eingehender TEM-Studien präsentieren Posfai et al. (2013) eine stereographische Projektion diverser Orientierungen von in Ketten organisiertem Fe$_3$O$_4$, Abb. 5.36 (b), Abschn. 1.3.4 (a)/Bd. 2.

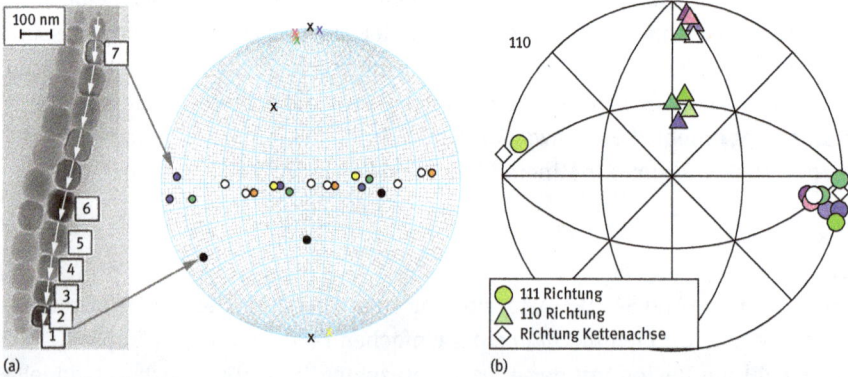

Abb. 5.36: (a) Stereographische Projektion diverser Orientierungen von in Ketten organisiertem Fe$_3$O$_4$ (Posfai et al. 2013) sowie (b) Doppelkette mit Magnetosomen und Stereogramm für die Orientierung der nummerierten Kristalle (Simpson et al. 2005).

(f) Genese

Zur Genese bakterieller Magnetosom- bzw. magnetischer Partikel (engl. *bacterial magnetic particles* = BacMPs) sowie Magnetosombildung in Prokaryoten liegen zahlreiche Veröffentlichungen vor (u. a. Bazylinski & Frankel 2004).

Eine Schlüsselrolle übernehmen offensichtlich *Mam*-Proteine. Am Beispiel *Magnetospirillum sp.* vermuten Arakaki et al. (2008), eigenen experimentellen Arbeiten zufolge, einen dreistufigen Ablauf bei der Biomineralisation der BacMPs:

(1) Im ersten Stadium kommt es zur Invagination der cytoplasmatischen Membran und die hierbei entstandene Vesikel dient als Präkursor für die BacMPs-Membran. Allerdings sind die Vorgänge im Zusammenhang mit der Einstülpung noch nicht geklärt. Möglicherweise unterliegt die Umformung den gleichen Mechanismen, wie sie bei der Bildung von Vesikeln in einer Vielzahl von Eukaryoten zu beobachten ist. Eine spezielle GTPase unterstützt hier die Invagination. Die auf diese Weise entstehenden Vesikel werden entlang von cytoskeletalen Filamenten in lineare Ketten organisiert.

(2) Mit der Akkumulation von Fe^{2+}-Ionen innerhalb der Vesikel, umgesetzt durch transmembrane Fe-Transporter, beginnt die zweite Phase. Extern befindliches Fe wird via Siderophore und anderer Transportproteine in das Zellinnere transportiert. Das intrazelluläre Fe unterliegt einer strikten Kontrolle durch ein Redoxsystem.

(3) In einem dritten Schritt lösen BacMPs-Proteine die Nukleation von Fe_3O_4-Kristallen aus und/oder regulieren die Morphologie. Bezüglich der Bildung von Fe_3O_4 sind insgesamt eine Reihe von Proteinen mit vermuteter Funktionalität mit der BacMPs-Membran verbunden. Darin sind die Aufkonzentrierung von Fe, die Aufrechterhaltung der Redoxbedingungen inkl. der Aufoxidierung von Fe zur Einleitung der Mineralisation eingeschlossen. Hinzu kommen eine teilweise Reduktion sowie Dehydration von Ferrihydrit zu Fe_3O_4.

Arakaki et al. (2008) untersuchen die Rolle diverser *Mam*-Vertreter bei der Synthese magnetischer Partikel und skizzieren ein vereinfachtes Schema zur Fe_3O_4-Bildung in MTB, Abb. 5.37. Hierbei kommen als Repräsentanten ihrer Einschätzung nach *MamK*, *MamJ*, *Mms16*, *MpsA*, *MagA* u. a. infrage. Es tritt eine Assemblierung der genannten funktionalisierten Proteine auf den Oberflächen der Feststoffphasen ein, möglicherweise u. a. auch ausgestattet mit der Möglichkeit einer Rekognition der Zielmoleküle (Arakaki et al. 2008). Die nach außen gerichteten Sites der Phospholipide als wesentlicher Bestandteil der die BacMPs umhüllenden Biomoleküle immobilisieren funktionale Moleküle.

Studien zur Struktur und Funktion von *Mms6*, einem bakteriellen Protein mit der Fähigkeit versehen, die Bildung von magnetischen NP zu unterstützen, unternahm Wang (2011). Aufgrund des vorliegenden Datenmaterials skizziert der o. a. Autor ein Modell zu den Bildungsmechanismen magnetischer NP durch das Protein *Mms6*, Abb. 5.38. Der N-Terminus des Proteins ist an Micellen, d. h. Assoziationskolloide,

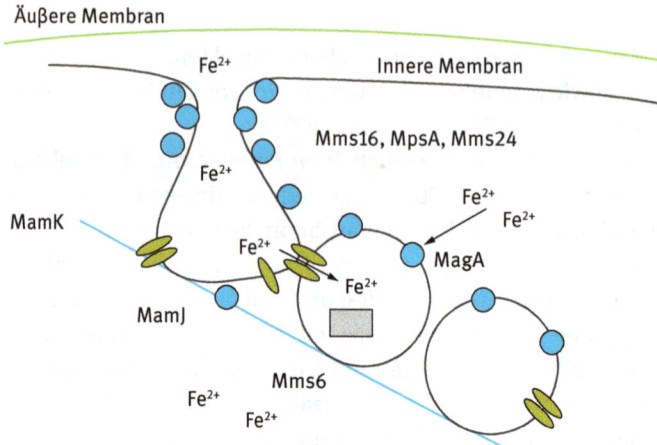

Äußere Membran

Abb. 5.37: Vereinfachtes Schema zur Bildung von Fe_3O_4 in MTB, man beachte die räumliche Anordnung von *MamJ*, *Mam6* und *MamK* (Arakaki et al. 2008).

oder ein hydrophobes Kompartiment wie z. B. der Membran angebunden. Die C-Termini bilden Quartärkomplexe zweier Domänen. Über die Bindung von Fe^{3+} mit einer molaren Ratio von 1 unterliegen die C-Termini in enger Kooperation mit der N-Terminaldomäne konformationalen Veränderungen mit der Wirkung eines verlangsamten Rearrangements des Multiproteinkomplexes. Diese Prozesse schaffen auf diese Weise eine Oberfläche, auf der sich mehrere Fe-Atome organisieren können. Es kommt infolge dieser Vorgänge zur Bildung von Fe-Clustern mit sukzessivem Angebot eines Kristallkeims (Wang 2011).

Nach Einschätzung von Wang (2011) unterstützen mobile *Mms6*-führende Proteine, eingebettet in die Membran oder Micellen, die Fusion der Kristallkeime und es kann zu einem Wachstum der Fe_3O_4-NP kommen. Ein Modell zu den Mechanismen bezogen auf die Erzeugung von magnetischen NP durch das Protein *mms6* schlägt Wang (2011) vor, Abb. 5.38.

Die mineralische Zusammensetzung der Magnetosome scheint einer strikten chemischen Kontrolle unterworfen zu sein. Denn auch in Anwesenheit von Schwefelwasserstoff (H_2S) im Kulturmedium setzen kultivierte MTB die Synthese von Fe_3O_4 fort und es kommt zu keiner Bildung von Fe_3S_4. Bezogen auf unkultivierte MTB identifizieren Arato et al. (2005) anhand der Kriterien Größe, Form, Eigenschaften der Magnetosomketten wie z. B. Länge und Positionierung der Magnetosome innerhalb der Ketten unterschiedliche Typen von Magnetosomen. Aufgrund der entdeckten Differenzen schlagen sie biogene Magnetosome als potenzielle Biomarker vor, Abschn. 2.6.1 (j)/ Bd. 2.

Zur Klärung der molekularen Mechanismen der Bildung von Magnetosomen diskutiert Komeili (2007) diverse Aspekte, z. B. Identifikation der für die Magnetosome zugewiesenen Gene, funktionale Analyse der für die Magnetosomformation zuständi-

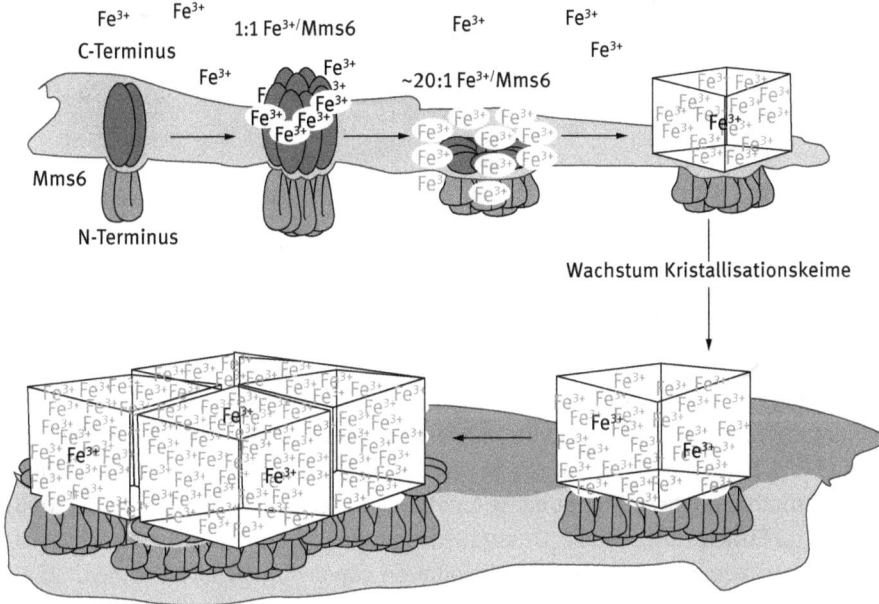

Abb. 5.38: Modell zu den Mechanismen bezogen auf die Erzeugung von magnetischen NP durch das Protein *mms6* (Wang 2011).

gen Gene, Operone etc. In einem ergänzenden Bericht wird darüber hinaus u. a. auf die cytoskeletare Organisation, die Proteinsortierung, den Fe-Transport, die Biomineralisation sowie Remodellierung der Magnetosommembran eingegangen, die zur Bildung einer funktionierenden Magnetosomorganelle führen (Komeili 2012). Generell wird ausführlich auf das MAI Bezug genommen, denn es gewährt Einblicke in die Konservierung sowie Evolution und kann zu Vergleichszwecken zwischen den verschiedenen Vertretern der MTB herangezogen werden, Abschn. 3.4.1.

Ein Modell zur Bildung von Fe_3O_4 in *Magnetospirillum sp.* veröffentlicht Schüler (2002). Zwecks der Synthese einer Biomineralisation durch *Magnetospirillum sp.* wird, in einem vereinfachten Modell dargestellt, zunächst Fe^{3+} aktiv aus dem extrazellulären Raum akquiriert und möglicherweise über einen reduktiven Schritt unterstützt. Nach Eintritt in den intrazellulären Bereich wird eine Reoxidation für das Fe vermutet (Schüler 2002). In einem letzten Schritt unterliegt ungefähr $\frac{1}{3}$ des Fe^{3+} einer Reduktion und es folgt eine Bildung von Fe_3O_4 innerhalb der Magnetosomvesikel, Abb. 5.39. Innerhalb der Magnetosommatrix wiederum sind spezifische *Mam*-Proteine eingebaut, die nach aktueller Einschätzung mit der Aufgabe einer Akkumulation von Fe, Keimbildung der Minerale sowie Kontrolle von Redoxpotential und pH-Wert versehen sind (Schüler 2002). Generell ist *Magnetospirillum sp.* in der Lage, bis zu 60 Magnetosome zu synthetisieren.

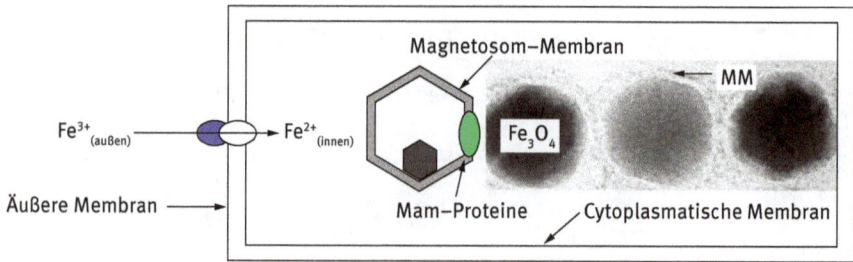

Abb. 5.39: Modell zur Bildung von Fe_3O_4 in *Magnetospirillum*. Eine Schlüsselrolle übernehmen offensichtlich *Mam*-Proteine (nach Schüler 2002).

(g) Präkursor

Als Voraussetzung für eine Magnetosomgenese ist eine uneingeschränkte Verfügbarkeit an Fe, d. h. Angebot und Aufnahme aus dem Umfeld sowie dessen Umwandlung in die hierfür benötigte Fe-Komponente, unabdingbar. Gemäß Faivre & Schüler (2008) wird bei der Entwicklung von Fe_3O_4 auf keine mineralischen Präkursor zurückgegriffen. Vielmehr kommt es zu einer Kopräzipitation von Fe^{2+}- sowie Fe^{3+}-Ionen. Staniland et al. (2007) schließen in ihren Studien die Möglichkeit nicht aus, dass hämatitische Komponenten als Präkursor in Betracht kommen könnten.

(h) Molekularer Hintergrund

Eine molekulare Analyse von MTB und die Entwicklung funktionaler bakterieller magnetischer Partikel für die Nanobiotechnologie publizieren Matsunaga et al. (2007). Eine Fülle von Informationen und Arbeiten auf molekularer Ebene unter Einbeziehung des Genoms, der Transkriptome und Proteom-Analysen vermitteln Einblicke in die Prozesse, die sich für die bakterielle Bildung von Fe_3O_4 verantwortlich zeichnen. Anhand der vorliegenden Gen- und Proteininformationen lassen sich über gentechnische Arbeiten effizient Proteine exprimieren sowie, unter Beibehaltung ihrer Informationen, funktionale Protein-Fe_3O_4-Partikel-Komplexe präparieren und somit das Spektrum an Anwendungsmöglichkeiten auf der Basis der Biotechnologie erhöhen (Matsunaga et al. 2007). Auf die molekularen Mechanismen der Kompartimentalisierung sowie Biomineralisation in MTB geht Komeili (2012) ein. Er bezieht u. a. die Biogenese der Membran, die Proteinsortierung, die Kettenbildung, die Initialisierung sowie Maturation der Biomineralisation ein. In die Ausführungen fließen u. a. Überlegungen zum MAI, d. h. *magnetosome island*, ein, Abschn. 3.4.1. Eine Analyse subzellulärer Kompartimente der Magnetosommembran in *Magnetospirillum gryphiswaldense* auf molekularer Basis bietet Schüler (2004). Einbezogen sind u. a. genetische Aspekte, Abschn. 3.4.

(i) Magnetosom-Membran

Proteine können nicht nur zur Synthese, sondern ebenfalls zur nachfolgenden Stabilität beitragen. Auch die Magnetosommembran (MM) übernimmt, unter physiologischen Bedingungen, als wesentliche Funktion die Stabilisierung der magnetischen Partikel (Xie et al. 2009). Hauptsächlich aus Phospholipiden mit ca. 50 % Phosphatylethanolamin bestehend, ähnelt sie der Zellmembran. Eine weitere Übereinstimmung zeigt sich in der Konstitution der beiden Proteine.

Denn über eine Analyse der kompletten Genomsequenz von *Magnetospirillum magneticum AMB-1* konnten 78 Proteine angesprochen werden, die ebenfalls in der Zellmembran (ZM) anzutreffen sind. Diese Ähnlichkeiten lassen die Vermutung aufkommen, dass die MM von der ZM entstammt und nicht intern durch unabhängige Vesikel erzeugt werden. Unterstützt wird diese Überlegung durch Analysen via Elektronenkryotomographie (*electron cryotomography* = ECT), eine Technik, die auf eine Probenvorbehandlung, z. B. Fixierung verzichtet und 3-D-Abbildungen erzeugt. Hierbei gestatten Beobachtungen von leeren bzw. teilweise „ausgefüllten" MM den Rückschluss, dass die Bildung der MM vor der eigentlichen Synthese der magnetischen Feststoffphasen erfolgt. Aller Wahrscheinlichkeit nach übernehmen sie die Funktion eines „Nanoreaktors", d. h., sie akkumulieren Fe-Ressourcen und konvertieren diese im Anschluss unter kontrollierten Bedingungen zu Fe_3O_4 (Xie et al. 2009).

(j) *Mam*-Vertreter

Wie bereits durch *MamK* nachgewiesen, ist das *MamK*-Analoga in der Lage, initialisiert durch die Zugabe von KCl sowie $MgCl_2$ und in Abwesenheit von ATP, spontan in längliche Filamente zu polymerisieren (Rioux et al. 2010). Sowohl *Mamk* als *Mamk*-Analoga bilden langgestreckte Strukturen von ca. 1 µm Länge und ca. 60 nm in der Weite. Daneben treten auch kleinere Anordnungen mit einer Weite von 20 nm bis 35 nm auf. Kleinere Bündel setzen sich aus individuellen Filamenten mit einem Durchmesser von 6–8 nm zusammen und das mit Streifen versehene Aussehen stimmt mit den elementaren helicalen Filamenten überein.

Kleinere *MamK* und *MamK*-ähnliche Bündel sind unterschiedlich organisiert. *MamK*-Bündel setzen sich aus verzwillingten Filamenten zusammen, die *MamK*-ähnlichen Filamente weisen dahingegen mehr regulär lineare Bündel auf. Die Unterschiede treten auch bei einem größeren Maßstab zu Tage, da die gut entwickelten *MAmK*-Bündel durch mehr gerade Formen und eine gleichmäßigere Anordnung einen höheren Organisationsgrad aufweisen, als dies bei den *MamK*-Bündeln der Fall ist (Rioux et al. 2010). Ein weitere Abweichung zwischen den beiden Proteinen besteht darin, dass die *In-vitro*-Polymerisationskinetik für die *MamK*-ähnlichen Bündel 30 min nach Inkubation eintritt, währenddessen sie betreffs *MamK* bereits innerhalb von 15 min vollzogen ist (Rioux et al. 2010). Vergleichend begleiten Versuche zur *In-vivo*-Polymerisationskinetik von *MamK* sowie *MamK*-Variante mit *E. coli* durch Rioux et al. (2010) die o. a. Beobachtungen.

Aus ihren Untersuchungen ergibt sich für die *MamK*-Variante ein dem Actin ähnliches Protein, das in der Lage ist, zu länglichen Filamenten zu polymerisieren, Abb. 5.40. Neben den o. a. Proteinen liegen gemäß Rioux et al. (2010) Hinweise einer Verwicklung von *MamD* in die Regulation der Größe der Kristalle sowie von *MamA* in die Aktivierung der Magnetosome und der molekularen Information für die beiden Proteine *mms6* und *mamK* vor. Wie in *In-vitro*-Experimenten angedeutet, kommt dem sauren, eng an die magnetischen Partikel angebundenen Protein als Funktion die Einbeziehung in die Keimbildung und Steuerung von Form und Größe der Fe_3O_4-Kristalle zu.

MamK zählt zu den Actin-ähnlichen Proteinen und ungeachtet der phylogenetisch entfernten Stellung weist es Ähnlichkeiten mit dem eukaryotischen Actin in u. a. funktionaler Homologie auf. Es polymerisiert in längliche, die gesamte Zelle von Pol zu Pol reichende Filamente. Entlang diesem räumlichen Arrangement von *MamK* richten sich die Magnetosomvesikel aus (Rioux et al. 2010). Eine Assemblierung der *MamK*-Bündel erweist sich als hoch dynamisch und kinetisch asymmetrisch. Die angesprochene räumliche Anordnung der individuellen Filamente ist via TEM visualisierbar. Über die Funktion gibt es bislang nur Vermutungen, z. B. Verankerung der Magnetosome, Magnetismus-Perzeption. Als weiteres Protein ist *MamJ* beschrieben, dessen Funktion in der Anbindung der Magnetosome an die *MamK*-Filamente vermutet wird. Denn eine Auslöschung von *mamJ* in *M. gryphiswaldense MSR-1* bewirkt eine Aggregation der Magnetosome im Cytoplasma und die für den Wildtyp charakteristische lineare Ausrichtung unterbleibt (Rioux et al. 2010). Die *In-vitro*-Polymerisation von *MamK* tritt als Strukturelement bei der Synthese von Fe_3O_4 auf (Rioux et al. 2010). Entsprechende Aufnahmen durch eine TEM zeigen Strukturen, die um 10 nm schwanken.

Die auf die Magnetosome bezogenen Proteine *MamX*, *MamZ* sowie *MamH* scheinen bei *Magnetospirillum gryphiswaldense* bei der Biomineralisation des Fe_3O_4 in die Redoxkontrolle mit einbezogen zu sein. Hinsichtlich ihrer Funktionen unterzogen Raschdorf et al. (2013) die in *M. gryphiswaldense* in Verbindung mit den Magnetosomen auftretenden Proteine *MamZ* sowie *MamH* (engl. *major facilitator superfamily* =

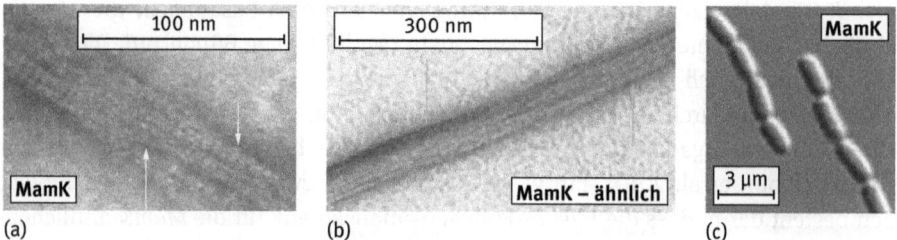

Abb. 5.40: *In-vitro*-Polymerisation von *MamK* (a, b) sowie *MamK*-Analoga (c), die als Strukturelemente bei der Synthese von Magnetit (Fe_3O_4) auftreten. Die Pfeile weisen auf die Größe der Strukturen hin, Aufnahme mittels TEM (Rioux et al. 2010).

MFS) geeigneten Analysen. Eine Auslöschung entweder des vollständigen *mamX*-Gens oder die Eliminierung seiner vermuteten Häm-C-bindenden Magnetochromdomänen sowie die Entfernung entweder von *mamZ* oder einer an das C-Terminal angedockten Fe^{3+}-Reduktase ähnlichen Komponente ergibt identische Phänotypen. Alle Mutanten offenbaren dem Wildtyp ähnliche Fe_3O_4-Kristalle. Sie sind innerhalb der Magnetosomketten durch unvollkommen auskristallierte, schüppchenartige Partikel mit partiell hämatitischer Zusammensetzung flankiert (Raschdorf et al. 2013). Ein Entzug von *ΔmamX*- sowie *ΔmamZ*-Zellen aus dem Nitrat oder ein zusätzlicher Verlust der respiratorisch auftretenden Nitrat-Reduktase *Nap* aus dem *ΔmamX* verstärkt die Defekte der Magnetosome und verhindert letztendlich die Bildung regulärer Kristalle. Daher vermuten Raschdorf et al. (2013), dass bei der Redoxkontrolle einer Biomineralisation *MamXZ* sowie *Nap* eine ähnliche, allerdings unabhängige Rolle ausüben. Sie schlagen daher ein Modell vor, das die funktionalen Wechselbeziehungen von *MamX*, *MamZ* sowie *MamH* zur Einstellung eines Gleichgewichts, d. h. bezogen auf den Fe-Redoxzustand innerhalb des Magnetosomkompartiments, berücksichtigt.

Eingehende Untersuchungen zur Kristallographie veröffentlichten Arakaki et al. (2008). Sie untersuchten magnetische Partikel, synthetisiert durch partielle Oxidation in Anwesenheit mit und ohne *Mms6*. TEM- und HRTEM-Analysen (Abschn. 1.3.4 (a, b)/ Bd. 2) enthüllen abweichende Morphologien. Die Aminosäurensequenz des eng mit der BacMPs-Oberfläche des Bakteriums *M. magneticum AMB-1* verbundenen *Mms6*-Proteins verhält sich amphiphil, enthält im N-Terminal eine LG-reiche hydrophobe Region und ein hydrophiles C-Terminal mit sauren Aminosäuren.

Das Protein zeigt in wässrigen Lösungen einen hohen Grad an Aggregation. Es wird vermutet, dass die hydrophobe Domäne von *Mms6* durch hydrophobe Wechselwirkungen an der Selbstaggregation beteiligt ist (Arakaki et al. 2008). Darüber hinaus verfügt *Mms6* auch unter neutralen Bedingungen über negative Ladungen. Gemäß einer Analyse mit dem Ziel, andere konkurrierende anorganische Kationen zu erfassen, besteht die Vermutung einer Fe-Bindung durch das C-Terminal. Um die Rolle des *Mms6*-Proteins bei der Bildung von Fe_3O_4-Kristallen und ihre Fähigkeit zur Synthese von Fe_3O_4 aufzuhellen, untersuchten Arakaki et al. (2008) zwei synthetische Techniken. Bei der ersten Methode entstehen, bei einer gleichzeitigen Ausfällung von Fe^{2+}- und Fe^{3+}-Ionen in Anwesenheit *Mms6*, einförmige Fe_3O_4-Kristalle mit Größen zwischen 20 nm und 30 nm. Die Kristalle weisen eine Morphologie auf, die jener entspricht, die in *Magnetospirillum sp.* und unter Beisein von *Mms6* angetroffen wird. Fehlt hingegen *Mms6*, formieren sich magnetische Partikel mit unregelmäßiger Gestalt und Größe und geringeren Magnetisierungswerten.

Eine zweite, alternative Technik zur Synthese von insbesondere Fe_3O_4, die eine partielle Oxidation von Fe^{2+}-Hydroxid ausführt, bezieht den Zusatz von *Mms6* ein (Arakaki et al. 2008). Auf diese Weise entstehen größere, einförmige und exakt rechtwinklige Fe_3O_4-Kristalle, d. h. oktaedrisch. Betreffs der Fe_3O_4-Partikel ermöglicht diese Technik, d. h. Beigabe von *Mms6*, zudem die Festlegung eines Wechsels in Morphologie und Größe. Hierzu wird eine Fe^{2+}-haltige, mit *Mms6* versehene Lösung unter

Raumbedingungen beimpft, um im Anschluss die der Bildung von Fe_3O_4-Kristallen vorausgehenden *Mms6*-Fe-Komplexe zu generieren. Im Verlauf dieser Reaktionssequenz kommt es zu einem raschen, deutlich sichtbaren Farbumschwung, d. h. von transparentem Blau zu einem blaugrünen Farbton. Allem Anschein nach beruht der Farbwechsel auf der Bildung von Fe^{2+}-Hydroxid. Arakaki et al. (2008) deuten diesen Vorgang mit Wechselwirkungen zwischen *Mms6* und Fe-Ionen und/oder Fe-Hydroxid-Präkursorn. Die o. a. Autoren sehen hier Möglichkeiten einer Einflussnahme auf Größe und Morphologie der Kristalle aus Fe-Oxid. Fe_3O_4-Präzipitate selbst lassen sich durch Erhitzen der Lösung herstellen, bzw. die thermische Behandlung beschleunigt die Auskristallisation der Fe-Oxide.

Experimentelle Arbeiten von [1]Prozorov et al. (2007) unterstützen diese Beobachtung. Um die Funktion von *Mms6* bei der Stimulation, Unterstützung und Synthese von Fe_3O_4-NP zu untersuchen, liegen vergleichende Studien mit anderen Proteinen vor, die in der Lage sind, über verschiedene Techniken Fe zu binden. Sie untersuchten die durch Proteine geförderte Synthese von einförmigen superparamagnetischen Nanokristallen.

In Anwesenheit des rekombinanten *Mms6*-Proteins in Kombination mit Ferritin, d. h. Fe-speicherndem Protein in Säugetieren, sowie Lipocalin (*Lcn2*) und Bovinserumalbumin (BSA), beide nicht befähigt, Fe zu binden, wurden Fe_3O_4-Nanokristalle synthestisiert. Um die Bedingungen zu imitieren, die bei der Entstehung von Fe_3O_4-Nanokristalliten innerhalb von MTB vorherrschen, führten [1]Prozorov et al. (2007) eine Fe_3O_4-Synthese in einem polymerischen Gel durch. Es kommt infolge dieser Maßnahme zu einer Senkung der Diffusionsrate der beteiligten Reagenzien. Wie Analysen durch TEM und Messungen zum Grad der Magnetisierung ergeben, unterstützt rekombinantes *Mms6*, in der entsprechenden Lösung, die Genese von einförmigen Fe_3O_4-Nanokristallen mit einer Größe von ca. 30 nm, ausgestattet mit einer Einfachdomäne. Dahingegen zeigen in Anwesenheit von Ferritin, *Lcn2* und BSA die Nanokristallite nicht die o. a. Merkmale wie Uniformität hinsichtlich Größe und Form, wie sie beim Auftreten von *Mms6* charakteristisch sind ([1]Prozorov et al. 2007).

Das in MTB befindliche Protein *Mms6* kontrolliert in vitro die Morphologie, Kristallinität und den Magnetismus von Co-dotierten Fe_3O_4-NP. Galloway et al. (2011) vergleichen in ihren Arbeiten Präzipitationstechniken zur Synthese von mit Co dotierten Fe_3O_4-NP. Sie erforschen die Variationen in der magnetischen Koerzivität und Sättigung mit ansteigender Co-Dotierung, d. h. 0–15 % in den Fe_3O_4-NP. Es kommt infolge dieser Vorgänge zu einem Anstieg der Koerzivität von 5–62 mT bei einer gleichzeitigen Abnahme der Sättigung von 91 emu g^{-1} auf 28 emu g^{-1}. Bei einer Dotierung von 6 % tritt der größte Zuwachs in der Koerzitivfeldstärke ein, d. h. 34 mT, mit einer gleichzeitg verhältnismäßig geringen Abnahme der Sättigungsmagnetisierung, d. h. 79 emu g^{-1} (Galloway et al. 2011).

Beide vergleichende Methoden wurden mit dem für die Biomineralisation verantwortlichen rekombinanten Protein *Mms6* eines magnetotakten Bakteriums versehen, da das genannte Protein die Morphologie der Fe_3O_4 von MTB sowie die *In-vitro-*

Verteilung der Korngröße kontrolliert. Ein analoger Effekt ist während der Synthese der durch Co dotierten Fe_3O_4 zu beobachten. *Mms6* erhöht die Größe und verringert die Größenverteilung von bei Raumtemperatur kopräzipitierten Partikeln von 11,7 nm auf 31,7 nm. Gegenüber dem *Mms6* zeigt sich das mit der entsprechenden Affinität markierte (engl. *tagged*) Protein *his6Mms6* hinsichtlich der Kontrolle der Größe als weniger effektiv. Die von Galloway et al. (2011) vorgestellte Technik, d. h. die mittels *Mms6* unterstützte Synthese von Co-dotierten magnetischen NP, verfügt über eine Einfachdomäne, die bei einer Temperatur von 10 °C eine hochpräzise, magnetische Hysterese mit einer Koerzitivfeldstärke von 48 mT aufweist.

Eine Hysterese der kleineren Partikel, d. h. sowohl mit Co dotiert und ohne Protein als auch mit einem his-getaggten Protein, weist ein superparamagnetisches Verhalten, ausgestattet mit einer einfachen magnetischen Domäne, auf. Auch scheint es, aufgrund von RDA-Daten, bei einem Zusatz von *Mms6* und Co zu einer Verbesserung in der kristallinen Qualität magnetischer NP zu kommen. Als Ergebnis ihrer Datenkollektion, d. h. Förderung einer bei Raumbedingungen stattfindenden Kopräzipitation durch das Protein *Mms6*, betonen Galloway et al. (2011) die Möglichkeit, industriell stabile mit Co dotierte, einförmige Fe_3O_4-NP hoher Qualität zu synthetisieren. Ein Biotemplating von Arrays aus Nano-Fe_3O_4 unter Verwendung des zur Biomineralisation befähigten Proteins *mms6*, bereitgestellt von *Magnetospirillum magneticum AMB-1*, stellt Galloway (2012) vor. Er macht u. a. Angaben zur Korngröße der Partikel und zeichnet hochgeometrisch arrangierten Fe_3O_4 auf immobilisierter S-Layer auf, Abb. 5.41. Eine wesentliche Funktion scheint dem *MmaJ*-Protein zuzukommen. Mutanten von *Magnetospirillum gryphiswaldense* ohne Ausstattung mit dem *MmaJ*-Protein bilden zwar Magnetosomkristalle, die jenen aus dem Wildtyp ähneln, z. B. Form, Größe, weisen jedoch nur eine unzureichende Funktion im Bereich Magnetfeldsensor auf, d. h., es kommt lediglich zu einer schwach ausgebildeten Orientierung im Magnetfeld (Scheffel et al. 2006).

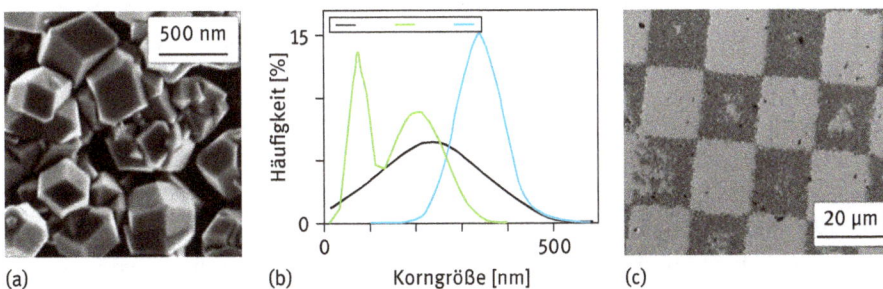

(a)   (b)   Korngröße [nm]   (c)

Abb. 5.41: (a) SEM- sowie TEM-Aufnahmen magnetischer Nanopartikel, (b) Analysen zur Korngröße der Partikel, (c) mikrostrukturierte Oberfläche durch mineralisierten Fe_3O_4 auf immobilisierten *Mms6* (Galloway 2012).

Es kommt gemäß EM-Analyse zu keiner ordnungsgemäßen Anordnung in linearen Ketten, wie sie in den gentechnisch unveränderten *M. gryphiswaldense* beschrieben ist. Die Magnetosomkristallite der Mutanten agglomerieren zu ungeordneten Gebilden, Abb. 5.42. Über eine geeignete Präparation des *MamJ*-Proteins, genetische Markierung mit Reporterprotein, ist ein räumliches Arrangement der *MamJ*-Proteine zu filamentähnlichen Strukturen erkennbar. Diese langgestreckten Bildungen durchziehen das Zellinnere. Entlang diesen filamentösen Strukturen, in der o. a. Publikation auch als Zellskelett bezeichnet, präzipitieren aus den Magnetosomvesikeln die Magnetosomkristallite und formen auf diese Weise die lineare Architektur der Magnetosomketten. Dahingegen verteilen sich die Magnetosomvesikel in den Mutanten, d. h. ohne das *MamJ*-Protein versehen, unregelmäßig innerhalb des Zellinneren. Die nachfolgende Ausfällung der Magnetosomkristallite folgt dieser „Unordnung" und diese liegen dementsprechend unorganisiert innerhalb des betroffenen Bakteriums vor. Hiermit koinzidiert eine verminderte Wirksamkeit des Magnetfeldsensors. Somit verweisen die veröffentlichten Arbeiten auf eine offensichtliche Doppelfunktion des *MamJ*-Proteins (url: MPG).

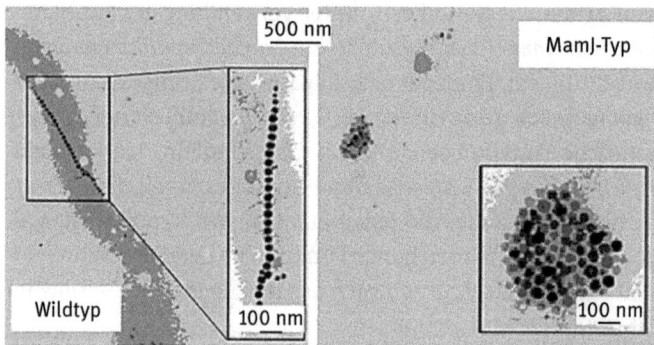

Abb. 5.42: Die Magnetosom-Bildung im Wildtyp und *MamJ*-Typ, d. h., dem Mutanten fehlt das Protein *MamJ*-Typ, wobei es zur irregulären Agglomeration der Magnetsosome kommt (Scheffel et al. 2006).

Ein Mechanismus zur Rekognition (Abschn. 4.4) von *MamA*, einem mit Magnetosomen assoziierten TPR-führenden Protein, fördert die Herstellung der Komplexe (Zeytuni et al. 2011). Magnetosome als biomineralisierende Organelle bzw. als Membran gebundende Kompartimente enthalten magnetische NP, die innerhalb einer Zelle zu Ketten organisiert sind und deren Biomineralisation sowie Anordnung von mit den Magnetosomen gekoppelten Proteinen kontrolliert werden. Aus *Magnetospirillum magneticum AMB-1* sowie *Magnetospirillum gryphiswaldense MSR-1* sind die Kristallstrukturen eines mit dem Magnetosom verbundenen Proteins, d. h. *MamA*, beschrieben (Zeytuni et al. 2011). *MamA* faltet als sequentielles *Tetra-Trico-Peptide-Repeat* (= TPR, d. h. Strukturmotiv) Protein mit einer einzigartigen hakenförmigen Gestalt. Analysen der *MamA*-Strukturen verweisen auf zwei unterscheidbare Domänen, die konformationalen Veränderungen unterliegen.

Weiterhin liefern Strukturanalysen von sieben Kristallformen Hinweise auf keinerlei Einwirkungen auf den *MamA*-Kern seitens der Kristallisationsbedingungen. Die Analyse identifizierte zudem drei Stellen mit Protein-Protein-Wechselwirkungen, d. h. konkav, konvex und ein vermutetes TPR. Durch den Einsatz der TEM und eine besondere Form der Chromatographie (engl. *size exclusion chromatography*) sind hochstabile Komplexe, gebildet auf der *MamA*-Homooligomerisierung, erkennbar (Zeytuni et al. 2011).

Eine Unterbrechung des vermutlich an das *MamS* assoziierten TPR-Motivs oder der Domäne des N-Terminals führt in vivo zu einer Dislokalisierung und verhindert in vitro eine Oligomerisierung von MamA. Zeytuni et al. (2011) äußern die Vermutung, dass es mithilfe des vermuteten TPR-Motivs und seiner konkaven Seite zu einer Selbstassemblierung von *MamA* kommt. Via diesen Vorgang entsteht eine homooligomerische Gerüststruktur mit der Fähigkeit, über die konvexe Seite von *MamA* mit anderen mit den Magnetosomen verbundenen Proteinen in Kontakt bzw. Wechselwirkung zu treten. Offensichtlich gestattet die strukturelle Grundlage, in Verbindung mit der TPR-Homooligomerisierung, das Funktionieren einer prokaryotischen Organelle.

Eine auf das Magnetosom spezialisierte GTPase vom magnetischen Bakterium *Magnetospirillum magneticum AMB-1* untersuchten Okamura et al. (2001). Ungeachtet dessen, dass eine Fülle von Proteinen in der intrazellulären Vesikelmembran von MTB auftreten, beziehen sich jedoch nur fünf spezifisch auf diese die individuellen Fe_3O_4-Kristalle umgebende Membran. Als häufigstes Magnetosom-spezifisches Protein tritt *Mms16* (16 kDa) auf. Zu Forschungszwecken lässt es sich in *Magnetospirillum magneticum AMB-1* klonen und sequenzieren. Als messanalytische Maßnahme eignet sich, über die Bestimmung des N-Terminals der Aminosäurensequenz, d. h. Klonierung, eine zweidimensionale Polyacrylamidgelelektrophorese. Für die Sequenzierung kommt eine verankerte Polymerasekettenreaktion in Betracht. *Mms16* selbst enthält ein vermutetes ATP-/GTP-bindendes Motiv, d. h. *P-loop*. Ein mit einem Hämagglutinin-Tag ausgestattetes rekombinantes *Mms16* wurde von Okamura et al. (2001) in *E. coli* exprimiert und aufgereinigt.

Dieses veränderte *Mms16*-Protein ist in der Lage, GTP (Guanosintriphosphat = $C_{10}H_{16}N_5O_{14}P_3$) zu binden, und zeigt eine GTPase-Aktivität. Für eine seitens *Mms16* katalysierte Hydrolyse stellt GTP das bevorzugte Substrat dar. Aufgrund ihrer Daten vermuten Okamura et al. (2001), dass das in der Membran der magnetischen Partikel lokalisierte, neu anzunehmende Protein als GTPase ausgebildet ist. Das *Mms-16*-Protein offenbart ähnliche Charakteristika wie in die Bildung intrazellulärer Vesikel verwickelte GTPasen. Ihre Überlegungen werden gestützt durch die Beobachtung einer Unterbindung der Partikel-Synthese durch die Zuführung eines GTpase-Inhibitors. In isolierten Magnetosomen von zwei *Magnetospirillum*-Stämmen ist das Protein *Mms16* beschrieben. Als mögliche Funktion von *Mms16* wird u. a. ein Auftreten in Form einer magnetosomspezifischen *GTPase* angenommen, einbezogen in die Bildung intrazellulärer Magnetosommembranvesikel (Okamura et al. 2001). Dem Rückschluss von Okamura et al. (2001) zufolge ist somit die Präsenz einer ATPase zur Synthese magnetischer NP unerlässlich.

Das mutmaßliche Magnetosomprotein *Mms16* stellt ein Poly(3-Hydroxybutyrat), an Körnchen gebundenes Protein, d. h. Phasin (= Lektin), in *Magnetospirillum gryphiswaldense* dar. Zur Klärung der o. a. Frage untersuchten Schultheiss et al. (2005) die Funktion des Proteins *Mms16* aus *M. gryphiswaldense*.

Über eine Insertionsduplikationsmutagenese des *mms16*-Gens konnten die Autoren keine Beeinträchtigung bei der Bildung der Magnetosompartikel registrieren. Sie ermittelten aber bei dem Zellextrakt von *M. gryphiswaldense* den Verlust der Fähigkeit zur Aktivierung einer Depolymerisation von Poly(3-hydroxybuttersäure) (engl. *poly(3-hydroxybuty-rate* = PHB) *in vitro*. Diese Beobachtung stand in Übereinstimmung mit dem Wegfall des häufigsten 16-kDa-Polypeptids in Präparaten, erstellt aus an die PHB-Granulare gebundenen Proteinen. Die *mms16*-Mutation lässt sich funktional durch ein spezielles fluoreszierendes Protein (engl. *enhanced yellow fluorescent protein* = EYFP), abgesichert durch *ApdA*, ergänzen. *ApdA* als an PHB-Granular gebundenes Protein, d. h. Phasin, in *Rhodospirillum rubrum* ist mehr als zu 50 % mit *Mms16* identisch (Schultheiss et al. 2005). Verschmelzungen von *Mms16* und *ApdA* mit EYFP oder EGFB (= *enhanced green fluorescent protein*) wurden *in vivo* mit den PHB-Granula kolokalisiert. Die nach dem konjugativen Transfer auf *Magnetospirillum gryphiswaldense* ebenfalls vorhandenen Magnetosompartikel wurden nicht berücksichtigt. Ungeachtet dessen, dass in allen Zellfraktionen nach deren Zerstörung das *Mms16*-EGFP-Fusionsprotein durch die Westernblotanalyse nachweisbar war, trat es nach Schultheiss et al. (2005) überwiegend im Zusammenhang mit den isolierten PHB-Granula auf. Ihrer Auffassung nach sprechen die Ergebnisse gegen eine wesentliche Funktion von *Mms16* bei der Bildung von Magnetosomen. Sie vermuten, dass eine vormals veröffentlichte Lokalisierung von Magnetosomen artifizieller Natur ist, da sie auf einer unspezifischen Adsorption während der Präparation beruht. Vielmehr ziehen Schultheiss et al. 2005 den Schluss, dass das *Mms16 in vivo* ein an PHB-Granula gebundenes Protein darstellt, d. h. Phasin, und *in vitro* als Aktivator der PHB-Hydrolyse durch die Depolymerase PhaZ1 von *R. rubrum* auftritt.

Mittels *Mms6* erzeugte Fe_3O_4-NP weisen die höchsten Magnetisierungswerte über der Blocking-Temperatur auf. Auch zeigen sie im Vergleich mit Fe_3O_4-NP, die mithilfe anderer Proteine synthetisiert wurden, eine höhere magnetische Suszeptibilität. Letztgenanntes Kriterium ist typisch für ein wesentliches magnetisches Moment pro Partikel, das in Übereinstimmung mit der Anwesenheit von Fe_3O_4, das über eine präzise definierte kristalline Struktur verfügt, steht. Eine analytische Kombination von EM sowie magnetische Messungen bestätigen die Hypothese einer formselektiven (-spezifischen) Bildung von gleichmäßigen, superparamagnetischen Nanokristalliten mithilfe von *Mms6* ([1]Prozorov et al. 2007).

Für magnetische NP gibt es einen erheblichen Bedarf in der Biomedizin und Nanotechnologie. Größe, Form, Material und Qualität des Kristalls definieren dessen Partikeleigenschaften, insbesondere dessen magnetische Eigenschaften. Von besonderem Interesse sind Möglichkeiten einer gezielten Kontrolle. Eine der wichtigsten Herausforderungen bei der Verbesserung synthetischer Methoden zur Produktion maßgeschneiderter *MNP* stellt die Genauigkeit der Einstellungsoptionen unter gleichzeitiger Beachtung der Wirtschaftlichkeit, d. h. kostengünstig, hoher industrieller Belastbarkeit und guter Umweltverträglichkeit, dar (Galloway et al. 2011).

(k) Alternative regulative Mechanismen

Bezüglich der Fe_3O_4-Magnetosome scheinen neben den o. a. *Mam*-Vertretern weitere alternative regulative Mechanismen für Wachstum und Formgebung in Betracht zu kommen. Uebe et al. (2012) gelangen bezüglich der o. a. Kontrolle durch *Mam*-Vertreter zu abweichenden Ergebnissen. Ihrer Einschätzung nach ist z. B. das *MagA*-Protein von *Magnetospirilla* nicht in die bakterielle Fe_3O_4-Biomineralisation einbezogen. Die Synthese dieser Organelle erfolgt grob skizziert in vier übergeordneten Prozessen: (1) Invagination der cytoplasmatischen Membran, (2) Vesikelbildung des Magnetosoms, (3) Akkumulation von Fe in den Vesikeln und abschließend (4) die Kristallisation des Fe_3O_4.

Ungeachtet dessen, dass entsprechende Studien vermuten lassen, dass die *magA*-Gene einen durch Magnetosome gesteuerten Fe^{2+}-Transporter kodieren, der eine grundlegende Funktion bei der Bildung von Magnetosomen durch *Magnetospirillum magneticum AMB-1* übernimmt, verweisen Uebe et al. (2012) auf das Fehlen des *MagA*-Proteins im Bestand von Polypeptiden, die aus der Magnetosommembran beschrieben sind. Auch ist das betroffene Protein bislang nicht im *magnetosome island*, einer speziellen Genomregion, verantwortlich für die Synthese der Magnetosome in MTB, entdeckt worden, Abschn. 3.4.1. Aufgrund ihrer Zweifel unterzogen Uebe et al. (2012) *Magnetospirillum magneticum AMB-1* sowie *Magnetospirillum gryphiswaldense MSR-1* hinsichtlich *MagA* einem gezielten gentechnischen Eingriff, (engl. *targeted deletion*). Beide *magA*-Mutanten sind im Anschluss fähig, Magnetosome ohne Einschränkungen beim Wachstum zu produzieren, die denen des Wildtyps ähneln. Von daher sehen Uebe et al. (2012) keine direkte Einbeziehung von *mag6* in die Synthese von Magnetosomen in MTB.

Die Verteilungen/Abweichungen hinsichtlich Größe und Form von Fe_3O_4-Kristallen für *Magnetospirillum magnetotecticum*, diverser Stämme, z. B. *MV-1*, sowie synthetisch erzeugt, eingetragen in Balkendiagramme, unterziehen Devouard et al. (1998) einer vergleichenden Betrachtung, Abb. 5.43. Als Ergebnis stehen unterscheidbare Verteilungsmuster, teilweise mit eingegrenzter Spannweite. So zeigen z. B. betreffs der Größe *M. magnetotecticum* sowie *MV-1* verhältnismäßig enge Verteilungen (20–60 nm), wohingegen *MC-2* etwas abweichende Größen mit einer breiteren Streuung für die Größe erkennen lassen. Die o. a. Plotmuster verhalten sich für alle drei Vertreter asymmetrisch, mit einem scharfen Abbruch des Kurvenverlaufs in Richtung größerer Kristalle. Abweichend hiervon offenbaren synthetisch produzierte

Fe_3O_4-Kristalle hinsichtlich ihrer Größe eine Bandbreite von 10 nm bis ca. 100 nm (Devouard et al. 1998), Abb. 5.43. Analysen zum Formfaktor für magnetische Kristalle von *M. magnetotacticum* sowie Stamm *MC-2* zeigen eine durch den Wert 1 gebundene Verteilung mit einem Maximum um ca. 0,85. Der für kubische Formen typische Wert von 1 kann nach Devouard et al. (1998) allerdings auch durch eine Reihe anderer Faktoren bedingt sein, z. B. Kombination von Störungen, Messfehlern u. a. Weiterhin machen die o. a. Autoren darauf aufmerksam, dass die Projektion eines regulären Kubooktaeders (engl. *cuboctahedron*) entlang einer zufälligen Richtung einen Formfaktor < 1 ergibt.

Generell ist für die Magnetosome des Stamms *MV-1* ein Formfaktor von ca. 0,65 ermittelt. Die Verteilung verhält sich asymmetrisch mit einer absätzigen Tendenz hin zu kleineren Werten, die wiederum mit der maximalen Ausdehnung der Kristalle übereinstimmen. Die diversen Stämme synthetisieren Kristalle mit charakteristischen Merkmalen, d. h., alle äußeren Formen weisen charakteristische Formen auf und sind von diversen Kombinationen der isomerischen Formen {111}, {110} sowie {100} ableitbar (Devouard et al. 1998). In vergleichenden Betrachtungen betreffs der Verteilungen/Abweichungen in der Größe und Form von Fe_3O_4-Kristallen, generiert von *Magnetospirillum magnetotecticum MV-1* sowie synthetisch hergestellt, sind deutliche Abweichungen ersichtlich. Dargestellt in adäquaten Graphen zeigt sich insbesondere für die Größe der synthetischen Erzeugnisse im Gegensatz zu den biogenen Partikeln eine erhebliche Streuung, d. h., die biogenen Kristallite zeichnen sich durch ein enges Spektrum in der Streuung sowie assymetrische Verteilungsmuster aus (Devouard et al. 1998), Abb. 5.43.

Die Magnetosomproteine *MamGFDC* sind für die Biomineralisation von Fe_3O_4 in *Magnetospirillum gryphiswaldense* nicht essenziell, regulieren allerdings die Größe der Magnetosomkristalle (Scheffel et al. 2008). Ein Verlust von *MamC* hat nur geringe Auswirkungen auf die Bildung von Fe_3O_4-Kristallen. Denn Zellmaterial eines Mutanten, d. h. *ΔmamC*, zeigt ungeachtet des Fehlens des entsprechenden Operons, d. h.

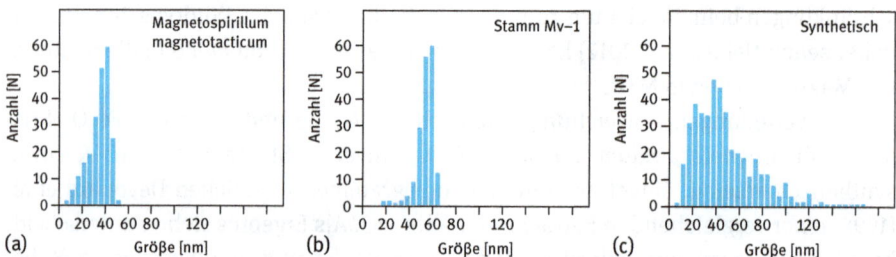

Abb. 5.43: Vergleichende Darstellung der Verteilungen/Abweichungen in der Größe von Fe_3O_4-Kristallen, generiert von *Magnetospirillum magnetotecticum MV-1* sowie synthetisch hergestellt. Deutlich sind die Unterschiede zwischen der biogenen und nichtbiogenen, d. h. synthetischen Erzeugung bezüglich der Streuung zu erkennen (umgezeichnet nach Devouard et al. 1998).

mamC bzw. *mamGFDC*, magnetische Reaktionen unter dem Mikroskop und unterscheidet sich optisch nicht vom Wildtyp.

Weitere Analysen zeigen in Ketten angeordnete Fe_3O_4-Kristalle, und Größe sowie Form der Fe_3O_4-Kristalle ähneln jenen, wie sie aus dem Wildtyp beschrieben sind. Vom Wildtyp abweichend erscheint die Größe der Fe_3O_4-Kristalle im Mutanten geringer. Eine Komplementation des Mutanten zeigt danach eine mit dem Wildtyp identische Größe (Scheffel et al. 2008). Weiterhin macht eine Analyse (u. a. mittels Elektrophorese) gelöster MMP der Mutanten die Abwesenheit des *MamC*-Bands im Polypeptidmuster deutlich.

Isolierte Magnetosompartikel aus den Mutanten zeigen in den Messreihen identische Merkmale, wie sie für den Wildtyp charakteristisch sind: organische Membranschicht, Abstand zwischen den Partikeln sowie ihre Tendenz, sich in Ketten zu organisieren. Daher vermuten Scheffel et al. (2008), dass eine Abwesenheit von *MamC* die Bildung funktionaler Magnetosome nicht signifikant beeinflusst bzw. unabhängig von diesem Protein erfolgt. Die o. a. Einschätzung wird ergänzend durch Analysen von mehr als 200 Kristallen und nach Deletion des gesamten Operons, d. h. *mamGFDC*, seitens der o. a. Autoren unterstützt. Der letztgenannte auf die oben beschriebene Weise entstehende Mutant, d. h. *ΔGFDC*, zeigt eine deutlich erkennbare magnetische Resonanz. Abweichend verhält sich die Farbgebung. Die intrazelluläre Platzierung ergibt eine unregelmäßige Aufreihung in mit größeren Abständen auftretenden Ketten und betreffs der CSD treten insgesamt kleinere Dimensionierungen auf (Scheffel et al. 2008).

Arakaki et al. (2003) hingegen treffen keine Proteine in den Magnetosomen an. MTB synthetisieren Fe_3O_4-Kristalle mit vom Stamm abhängigen Morphologien. Bislang verbleibt die Klärung der Frage nach den molekularen Kontrollmechanismen zur Synthese von nanoskaligem Fe_3O_4 und der Generierung der diversen Morphologien erst zu Teilen gelöst. Allerdings zeigen Analysen von *Magnetospirillum magneticum AMB-1* eine enge Bindung von niedrigmolekularen Proteinen an den Fe_3O_4 (Arakaki et al. 2004). Die Proteine enthalten die für diese Art von Biomolekülen typischen Aminosäuresequenzen mit hydrophobem N-Terminal und Regionen mit einem hydrophilen C-Terminal. Die Regionen der C-Terminale von *MmS5*, *Mms6*, *MmS7* und *MmS13* führen Carboxyl- und Hydroxylgruppen zur Bindung der Fe-Ionen, Abschn. 2.3.7. In Anwesenheit des sauren Proteins *Mms6* lässt sich Fe_3O_4 chemisch synthetisieren, der dem nanoskaligen Äquivalent aus MTB ähnelt. Daher vermuten Arakaki et al. (2003), dass innerhalb MTB die genannten Proteine direkt in die Erzeugung von biologischen Fe_3O_4-Kristallen einbezogen sind.

Fragen nach der Bildung der Magnetosome schließen das Verständnis zu einer Fülle von Faktoren ein, die u. a. den Ablauf der Redoxprozesse, die Größe der nanoskaligen Mineralisationen bestimmen sowie deren anschließende Anordnung in regelmäßigen Ketten steuern, d. h., Magnetosome tendieren physikalisch dazu, zu agglomerieren und somit ein maximales magnetisches Moment zu erreichen (Scheffel et al. 2006). Detaillierte Auskünfte liefern hierzu Studien über Gene, die in Verbindung mit der Magnetosomsynthese gebracht werden. Es handelt sich hierbei um chromosomale „Magnetosom-Inseln", die über die entsprechenden Informationen betreffs Magnetosombildung verfügen, Abschn. 3.4.1.

Scheffel et al. (2006) verweisen in ihrer Arbeit, d. h. bei der Löschung bestimmter Gene, auf eine Ausrichtung der Magnetosome in *Magnetospirillum gryphiswaldense*, die unmittelbar mit der Anwesenheit eines durch das *MamJ*-Gen bereitgestellten Produkts verbunden ist. Bei dem genannten Gen, d. h. *MamJ*, handelt es sich um ein mit einer filamentösen Struktur versehenes saures Protein, d. h. hohe Anteile an Asparagin- und Glutaminsäure. Ein Nachweis geschieht über Fluoreszenzmikroskopie, d. h. eine spezielle Form der Lichtmikroskopie, sowie Kryoelektronentomographie, diese dient der Visualisierung von Zellstrukturen nach deren Einfrieren.

Nach Auffassung der Autoren scheint *MamJ* sowohl mit der Oberfläche der Magnetosome als auch mit einer einem Cytoskelett ähnlichen Struktur zu interagieren. Eine Genauslöschung in *Magnetospirillum gryphiswaldense* erbrachte den Hinweis, dass die lineare Ausrichtung der Magnetosome mit der Anwesenheit des *MamJ*-Genprodukts verbunden ist. Es gibt Vermutungen, dass *MamJ* sowohl mit der Oberfläche des Magnetosoms als auch mit der erwähnten einem Cytoskelett ähnelnden Struktur in Wechselbeziehungen steht und die Architektur der Magnetosomen bislang als eine der höchstentwickelten Strukturebenen innerhalb der prokaryotischen Zelle angesehen wird (Scheffel et al. 2006).

Die wesentlichen auf die Magnetosomen bezogenen Proteine *MamGFDC* sind in *Magnetospirillum gryphiswaldense* nicht entscheidend für die eigentliche Biomineralisation von Fe_3O_4, aber sie regeln die Größe der Magnetosomkristalle (Scheffel et al. 2008). Das Bakterium *M. gryphiswaldense* sowie weitere Vertreter magnetotakter Bakterien bilden membrangeschützte Organellen, die Fe_3O_4 enthalten, mit dem Ziel, dem Organismus die Möglichkeit anzubieten, sich in magnetischen Feldern zu orientieren. Charakteristische Größen, Morphologien und die Geometrie der eingeregelten Fe_3O_4-Kristallite unterliegen der Kontrolle durch Vesikel, gebildet in einer Magnetosommembran (MM).

Diese Membran führt eine Reihe spezifischer Proteine, deren exakte Funktion bei der Bildung von Magnetosomen durch funktionale Analysen von Scheffel et al. (2008) genauer beschrieben wurde. Sie beziehen sich auf das hydrophobe Protein *MamGFDC*, das mit einem Anteil von ungefähr 35 % in der MM anzutreffen ist. Aufgrund des hohen Kontingents bezüglich des Auftretens und der Konservierung innerhalb von MTB wurde bislang für *MamGFDC* eine führende Rolle bei der Synthese von Magnetosomen vermutet.

Scheffel et al. (2008) allerdings erbringen den Hinweis, dass die *MamGFDC*-Proteine nicht wesentlich für die Biomineralisation sind, da weder die Deletion von *mamC*, das das am häufigsten auftretende, mit den Magnetosomen assoziierte Protein codiert, noch des kompletten *mamGFDC*-Operons die Synthese von Fe_3O_4-Kristallen aufhebt. Zellen, die kein *MamGFDC* aufweisen, produzieren Kristalle, die im Vergleich zum Wildtyp nur ca. 75 % der Größe erreichen. Zusätzlich offenbaren sie respektive

Morphologie und Organisation, d. h. in Ketten, ebenfalls Abweichungen gegenüber dem Wildtypen. Die unvollständige Ausbildung der Kristalle lässt sich auch nicht durch erhöhte Zugaben an Fe-Gehalten eliminieren.

Das Wachstum der durch die Mutanten generierten Kristalle wurde räumlich nicht durch die Größe der MM-Vesikel behindert. Das ohne *mamGFDC* versehene Zellmaterial bildete Vesikel mit Größen und Formen, die nahezu identisch mit jenen waren, die aus Zellen vom Wildtyp stammten (Scheffel et al. 2008). Die Bildung eines Fe_3O_4-Kristalls mit der Größe des Wildtyps lässt sich stufenweise, unabhängig von der Kombination, durch eine *In-trans*-Komplementation mit einem, zwei oder drei Genen des *mamGFDC*-Operon wiederherstellen. Bei Exprimierung aller vier Gene entwickeln sich Kristalle, die die Größe des Wildtyps überschreiten. Scheffel et al. (2008) sehen hierin den Hinweis, dass die *MamGFDC*-Proteine teilweise redundante Funktionen aufweisen und in kumulativer Weise eine Kontrolle auf die Größe der Fe_3O_4-Kristalle ausüben, wobei der zugrundeliegende Mechanismus noch unbekannt ist.

Zur Kontrolle der Morphologie und Größe von Fe_3O_4-Partikeln durch Peptide, die das Protein *Mms6* von MTB in seiner Funktion imitieren, legen Arakaki et al. (2010) ihre Untersuchungsergebnisse vor. *Mms6* ist das vorherrschende Protein, das an der Oberfläche von bakteriellen Fe_3O_4 in *Magnetospirillum magneticum AMB-1* angetroffen wird. Das genannte Protein scheint die Bildung einförmiger Fe_3O_4-Kristalle mit kubooktaedrischer Morphologie, bestehend aus Kristallflächen mit den Indizes (111) sowie (100) und einer eng begrenzten Größenverteilung, während der chemischen Fe_3O_4-Synthese zu fördern. Zum Verständnis zur Funktion des Proteins während des Verlaufs der Erzeugung von Fe_3O_4 wurden synthetische Peptide untersucht, die das Protein *Mms6* in seiner Funktion imitieren. In Anwesenheit der kurzen Peptide, die Region des sauren C-Terminals des *Mms6* führend, bilden sich Partikel mit sphärischer Morphologie und einer Zirkularität von 0,7 bis 0,9. Sie gleichen somit den bakteriellen Fe_3O_4, erzeugt in Gegenwart des *mms6*-Proteins. Im Gegensatz hierzu entstehen bei Verwendung anderer Peptide Fe_3O_4 mit rechtwinkliger Morphologie und einer Zirkularität von 0,6 bis 0,85 (Arakaki et al. 2010).

Nach Interpretation der o. a. Autoren deuten die Ergebnisse die Wichtigkeit des mit dem *Mms6*-Protein assoziierten C-Terminals bei der Gestaltung bzw. Einflussnahme auf die Morphologie von Fe_3O_4-Kristallen während des Verlaufs der chemischen Synthese an. Insgesamt sehen Arakaki et al. (2010) daher eine alternative Methode zur gezielten Kontrolle der Größe sowie Gestalt von Fe_3O_4-Kristallen, implementiert unter Raumbedingungen. Arakaki et al. (2008) beschreiben magnetische Partikel (engl. *bacterial magnetic particle* = BacMPs) synthetisiert mit und ohne *Mms6*.

Die Kontrolle über Morphologie und Größe von Fe_3O_4 kann offensichtlich auch durch Peptiden ähnliche *Mms6* erreicht werden (Arakaki et al. 2010). *Mms6* ist das vorherrschende Protein auf der Oberfläche von bakteriell synthetisierten Fe_3O_4, z. B. beschrieben aus *Magnetospirillum magneticum AMB-1*. Bislang vorliegendes Datenmaterial gestattet die Vermutung, dass ihm eine maßgebliche Funktion bei der Synthese von Fe_3O_4 zukommt. Die Kristalle weisen eine kubooktraedische Morphologie mit den Indizes von {111} bzw. {100} auf, wobei die Größenverteilung eine verhältnismäßig geringe Streuung zeigt. Um die Funktion/Rolle jenes Proteins zu verstehen, das in die chemische Synthese von Fe_3O_4 eingebunden ist, wurden modifizierte/synthetische Peptide eingesetzt, die ein dem *Mms6* analoges Verhalten zeigen, d. h. die Synthese von Fe_3O_4. Hierzu wurden ein mit einem sauren C-Terminal versehenes als auch ein ohne dieses Terminal ausgestattetes Peptid eingesetzt. Aufgrund der unterschiedlichen Morphologie und Größe, die sich beim Einsatz der Peptide mit und ohne C-Terminal ergeben, erörtern die Autoren die Möglichkeit, dass der C-Terminalregion von *Mms6* eine entscheidende Schlüsselfunktion bei der Ausbildung der o. a. Eigenschaften zukommt. Für die Peptide mit C-Terminal konnte eine rundliche/kantengerundete Morphologie mit einem Rundheitswert (*circularity*) von 0,70 bis 0,90 und für Peptide ohne C-Terminal eine rechteckige Morphologie mit einem Rundheitswert von 0,60 bis 0,85 beschrieben werden.

Somit ergibt sich ein wichtiger technischer Ansatz zur Kontrolle von Morphologie und Größe metallischer NP unter Raumbedingungen (Arakaki et al. 2010). Übergreifend liegt zur Größe und Form von Magnetosomen umfangreiches, statistisch ausgewertetes Datenmaterial vor (Arato et al. 2005, Isambert et al. 2007, [4]Lee et al. 2008, Moon et al. 2007, Posfai et al. 2006).

(l) Genetische Aspekte

Über die Genetik und Zellbiologie der Magnetosombildung in MTB veröffentlicht Schüler (2008) seine Überlegungen und Arbeiten. Die Fähigkeit zu einer Orientierung in magnetischen Feldern verdanken MTB der Synthese von Magnetosomen, prokaryotischen Organellen, die von einer Membran umhüllte nanoskalige Kristalle von magnetischen Fe-Mineralen, zu geordneten intrazellulären Ketten organisiert, enthalten. Magnetosomkristalle weisen für eine Spezies charakteristische Morphologie, Größe und Anordnung auf. Die eigentliche Magnetosommembran, die sich von der cytoplasmischen Membran durch Invagination ableitet, stellt ein eigenständiges subzelluläres Kompartiment mit einer besonderen biochemischen Zusammensetzung dar. Ungefähr 20 magnetosomspezifische Proteine übernehmen Aufgaben wie die Bildung der Vesikel, den auf die Magnetosome bezogenen Fe-Transport, die Kontrolle der Kristallisation und das intrazelluläre Arrangement der Fe_3O_4-Partikel. Insgesamt sind insbesondere in Verbindung mit dem magnetotakten Phänotyp 28 konservierte Gene (engl. *conserved genes*) in verschiedenartigen MTB identifiziert, wobei der größte Anteil in einem sog. genetischen *magnetosome island* anzutreffen ist. Neben dem wissenschaftlich ausgerichteten Modellcharakter von *MTB*, der Einsichten in die Bildung und Evolution prokaryotischer Organelle vermittelt, ziehen Magnetosome das Interesse eines interdisziplinär orientierten technischen Anwendungsspektrums auf sich.

Die Genese von Magnetosomen, d. h. membranumhüllten Fe_3O_4-Kristallen, in MTB unterliegt einer strikten genetischen Kontrolle. Betreffs der Genese der Magnetosome konnten durch gentechnische Arbeiten erste Einsichten in die genetische Datenspeicherung innerhalb eines Genabschnitts gewonnen werden, d. h. eine *Magnetosomen-Insel* (url: Schüler 2012). Im Zusammenhang mit der Magnetosombildung sind innerhalb der Magnetosomen-Insel bislang bis zu 30 Gene beschrieben. Eine herausragende Rolle scheint ein Gen mit der Bezeichnung *MamJ* zu übernehmen, dessen Informationen ein Protein aufbauen, das zusammen mit anderen Proteinen in jener Membran anzutreffen ist, die die Fe_3O_4 umhüllt. Charakteristisch für *MamJ* ist der hohe Anteil an sauren Aminosäuren. Jedoch deuten gentechnische Arbeiten an, d. h. Deletion des entsprechenden Gens, dass auch bei Abwesenheit von *MamJ* der entsprechende Mutant fähig ist, Magnetosome zu erzeugen, die im Vergleich mit dem Wildtyp keine Unterschiede betreffs Morphologie und Größe aufweisen. Auch in Hinsicht auf die Anzahl der Magnetosome innerhalb eines Mutanten sind keine Abweichungen vom Wildtyp erkennbar (url: Schüler 2012).

Um einen möglichen Einfluss von äußeren Umwelteinflüssen auf die Magnetosombildung zu untersuchen, kultivierten z. B. Li & Pan (2012) den Stamm *Magnetospirillum magneticum AMB-1* unter einem identischen Wachstumsmedium, jedoch unterschiedlichen Wachstumsbedingungen, d. h. anaerob-statisch (ANS), aerob-statisch (AS), aerob-80-rpm sowie aerob-120-rpm rotierend. In integrierten Messungen, d. h. TEM, RDA sowie Gesteinsmagnetismus zeigt sich, dass sich im Bereich von anaerob-statisch bis hin zum aerob-120-rpm die betroffenen Fe_3O_4-Magnetosome als kleiner in der Korngröße und mehr equidimensional erweisen sowie die Kristalle häufig Zwillingsbildungen zeigen. Gleichzeitig nehmen die magnetischen Eigenschaften wie z. B. die Koerzitivfeldstärke, remanente Koerzitivfeldstärke, das Verhältnis der Remanenz u. a. systematisch ab.

So vermindert sich z. B. der Wert für die Koerzitivfeldstärke von 22 mT auf 5,2 mT und der Betrag für die remanente Koerzitivfeldstärke reduziert sich von 31,3 mT auf 9,3 mT (Li & Pan 2012). Zur Beschreibung der Magnetosome bieten Li & Pan (2012) eine Übersicht zu ihrer Anzahl, Größe und ihrem Formfaktor sowie den unterschiedlichen Bedingungen des Umfelds, Abb. 5.44. Unter bestimmten Wachstumsbedingungen vom anaeroben Zustand (= ANS) bis zum aeroben Zustand (= A120 [rpm]) produzieren die Zellen je nach nach Umfeld weniger Magnetosome mit abnehmenden Korngrößen. Für *AMB-1* beläuft sich z. B. die durchschnittliche Anzahl der Magnetosome für ANS-Konditionen auf 12 ± 5, für AS auf 11 ± 5, für A80 auf 8 ± 3 sowie für A120 auf 7 ± 4. Die hiermit assoziierten Korngrößen weisen folgende Beträge auf: ANS = 41,5 ± 15,0 nm, AS = 40,6 ± 14,7 nm, A80 = 35,7 ± 12,3 nm sowie A120 = 33 ± 8,5 nm. Die Korngrößenverteilung der Magnetosome verläuft für ANS sowie AS negativ abgeschrägt und weist eine breite Streuung auf. Dahingegen zeigt die Korngrößenverteilung betreffs A80 sowie A120 eine nahezu Normalverteilung sowie geringere Streuung. Gemäß TEM wurden für den Formfaktor (engl. *shape factor*) der Magnetosome 0,78 (ANS), 0,79 (AS), 0,85 (A80) sowie 0,89 (A120) bestimmt. Es deutet sich

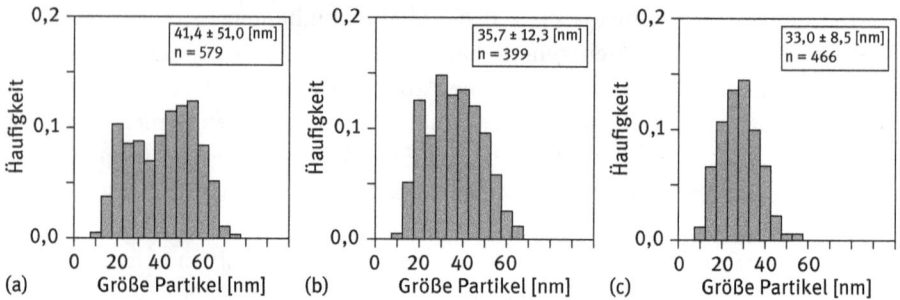

Abb. 5.44: Histogramme für die Korngröße der Magnetosomen, generiert durch diverse MTB, z. B. *AMB-1* und nach 48 h Kultivierung sowie unterschiedlichen Kulturbedingungen (Li & Pan 2012).

somit ein Wechsel in der Kristallform an, d. h. von einer betont länglichen zu einer mehr kubischen Form (Li & Pan 2012).

Zur Genexpression der Magnetosome von bestimmten funktionalen Antikörper-fragmenten (engl. *nanobodies*) in *Magnetospirillum gryphiswaldense* bieten Pollithy et al. (2011) Hinweise. Zahlreiche Applikationen konventioneller sowie biogener magnetischer NP, z. B. für ein magnetisches Zelllabelling, erfordern die Immobilisierung der o. a. Biomoleküle, d. h. Antikörper. Die o. a. Zielsetzung lässt sich durch chemische Konjugation erreichen, allerdings eine Methode mit mehreren Nachteilen, z. B. geringer Effizienz. Neue Strategien erlauben es, ein funktionales Biomolekül auf der Oberfläche eines bakteriellen magnetischen NP abzubilden (engl. *display*). Hierzu ist eine magnetosomspezifische Exprimierung eines rot-fluoreszierenden Proteins (RFP) *in vivo* anbindenden Nanokörpers über eine Fusionierung von RFP mit dem Magnetosomprotein *MamC* innerhalb des Fe_3O_4 produzierenden Bakteriums *Magnetospirillium gryphiswaldense* umzusetzen (Pollithy et al. 2011). Über diverse gentechnische Arbeiten erzielen Pollithy et al. (2011) eine intrazelluläre Rekognition (Abschn. 4.4) sowie Zusammenstellung von Magnetosomen innerhalb lebender Bakterien seitens bestimmter Proteine. Nach Einschätzung der o. a. Autoren ergeben sich durch die intrazelluläre Exprimierung von funktionalen Nanokörpern Möglichkeiten einer *In-vivo*-Synthese von Partikeln.

Analysen zur Biochemie und Proteomik der Magnetosommembran (MM) in *Magnetospirillum gryphiswaldense* präsentieren Grünberg et al. (2004). Isolierte Magnetosome sind mit Phospholipiden und Fettsäuren assoziiert und ähneln jenen, wie sie aus anderen subzellulären Kompartimenten, z. B. cytoplasmatischen Membranen, mit allerdings unterschiedlichen Proportionen beschrieben sind. Über Methoden wie selektive Mobilisierung, limitierte Proteolyse, kapilare Flüssigkeitschromatographie-Spektrometrie sind die Bindungseigenschaften der mit der MM assoziierten Proteine ermittelbar. Aus mindestens 18 Proteinen besteht das Subproteom eines Magnetosoms von *M. gryphiswaldense*. Die Mehrzahl der auf das Magnetosom bezogenen Proteine wird in *mamAB-*, *mamDC-* sowie *mms16-*Clustern innerhalb eines vermuteten *magne-*

tosome island kodiert (Grünberg et al. 2004). Es zeigt sich für eine Reihe von Proteinen keine Homologie in nichtmagnetischen Mikroorganismen, d. h., die erwähnten Proteine repräsentieren spezifische auf MTB bezogene Proteinfamilien. Zahlreiche dieser Proteine weisen repetitive und hochsaure Sequenzierungsmuster auf, wie sie aus anderen Systemen zur Biomineralisation beschrieben und möglicherweise für eine Fe_3O_4-Bildung relevant sind (Grünberg et al. 2004).

Zur Genomik, Genetik und Zellbiologie der Magnetosombildung äußern sich Jogler & Schüler (2009). Während der Magnetosom-Synthese unterliegen intrazelluläre Differentiation, Biomineralisation und Anordnung in hoch geordneten Ketten einer strikten genetischen Kontrolle. Über die Bildung von Kompartimenten innerhalb der Magnetosommembran kommt es zur Umsetzung der physikochemischen Kontrolle. Die Magnetosommembran selbst besteht aus einer Phospholipid-Doppelschicht, d. h. Bilayer, die auf das Engste mit einem Satz Proteine verbunden ist, wobei diese, nach aktuellem Stand der Wissenschaft, Aufgaben übernehmen wie Vesikelbildung, Fe-Transport, Kontrolle der Kristallisation sowie Arrangement der Fe_3O_4-Partikel. Generell erweist sich die Magnetosombildung als sehr komplex. Ein genomisches *magnetosome island* enthält vorwiegend die erforderlichen Gene. Diese sind in einer Reihe von Operonen organisiert und wahrscheinlich während der Evolution über einen horizontalen Transfer mit anschließender Annahme zwischen den diversen MTB gebildet (Jogler & Schüler 2009).

Die Auslöschung von *ftsZ*-ähnlichen Genen resultiert in der Produktion von superparamagnetischen Fe_3O_4-Magnetosomen in *Magnetospirillum gryphiswaldense* (Ding et al. 2010). Innerhalb der Genome der MTB-Gattung *Magnetospirillum* und in Verbindung mit einem Gen, das in die Codierung des FtsZ-Proteins (verantwortlich für Zellteilung) einbezogen ist, befindet sich ein weiteres Gen (*ftsZ-like*), dessen Funktion unbekannt ist. Dieses Gen, anzutreffen in *Magnetospirillum gryphiswaldense*, zählt zu einer 4,9 kb *mamXY* polycistronischen Transkriptonseinheit, wobei sich das rekombinante, *FtsZ* ähnliche Protein zwecks Homogenisierung aufreinigen lässt. Mittels des beschriebenen o. a. Proteins lassen sich ATP und GTP mit Aktivitätslevels der ATPase und GTPase von 2,17 und 5,56 µmol P pro mol Protein pro min hydrolysieren. Das *FtsZ*-ähnliche Protein ist *in vitro* einer GTP-abhängigen Polymerisation in längliche filamentöse Gebilde (engl. *bundle*) ausgesetzt. Um die Rolle des *ftsZ* ähnlichen Gens zu bestimmen, konstruierten Ding et al. (2010) einen *ftsZ* ähnlichen Mutanten (*ΔftsZ*-Mutant) sowie seinen komplementären Stamm (*ΔftsZ-like_C-Stamm*). Das Wachstum von Zellen mit dem *ΔftsZ-like*-Gen ähnelte dem des Wildtyps und das betroffene Gen scheint nicht in die Zellteilung einbezogen zu sein. TEM-Analysen zufolge produzieren die mit dem *ΔftsZ-like*-Gen versehenen Zellen im Gegensatz zum Wildtyp kleinere Magnetosome mit gering definierter Morphologie und unregelmäßiger Anordnung inkl. großer Lücken (Ding et al. 2010), Abschn. 1.3.4 (a)/Bd. 2. Bezogen auf das *ΔftsZ-like*-Gen offenbaren Analysen zur Magnetik überwiegend superparamagnetische Partikel, wohingegen u. a. der Wildtyp mehrheitlich Partikel mit einer Einfachdomäne (engl. *single domain particle* = SD) synthetisiert.

Daher sind, in Verbindung mit *M. gryphiswaldense*, Ding et al. (2010) von einer Einbeziehung der *ΔftsZ-like*-Gene bei der Synthese von SD-Partikeln und Magnetosomen überzeugt.

Die Herkunft von auf Fe-Oxid und Fe-Sulfid beruhenden Biomineralisationen in MTB diskutieren Abreu et al. (2011). Die Biomineralisationen der Fe_3O_4-Präzipitate übernehmen und gestalten Proteine der MTB. Sie sind eingebettet bzw. umgeben von einer Membran der Magnetosome. In den betroffenen Mikroorganismen sind die Gene, die zum einen den Code für die Proteine der Magnetosommembran beinhalten, und zum anderen jene, die über die erforderlichen Informationen zur Anordnung der Fe_3O_4 in den Magnetosomketten verfügen, in einer Genominsel (*genomic island*) organisiert. Bei den angesprochenen Genen handelt es sich hierbei um die Gene *mam* und *mms*. Durch experimentelle Arbeiten, unter Verwendung kulturabhängiger Techniken, lässt sich nachweisen, dass die *mam*-Gene unterschiedslos sowohl bei der Genese von Fe_3O_4 als auch von Greigit (Fe_3S_4) anwesend sind (Abreu et al. 2011). Diese Beobachtung impliziert die Vermutung, dass es bei der Biomineralisation von Magnetit (Fe_3O_4) und Greigit (Fe_3S_4) zu keiner unabhängigen, evolutionsbedingten und eigenständigen Entwicklung gekommen ist. Vielmehr stimmen die Daten mit einem Modell überein, dass die betroffenen Bakterien die Fähigkeit zur Biomineralisation von Magnetosomen und den Besitz von *mam*-Genen von einem gemeinsamen Vorfahren akquirierten, d. h., das magnetotakte Merkmal verhält sich monophyletisch (Abreu et al. 2011).

Eine genetische Strategie zur Erprobung der im Verlauf einer Magnetosom auftretenden funktionalen Diversität stellen Rahn-Lee et al. (2015) vor. Aus diesem Motiv sowie dem o. a. Ansatz heraus vergleichen sie genetische Modellsysteme mit Mutanten von *Desulfovibrio magneticus RS-1*. Via gentechnische Arbeiten gelingen Pollithy et al. (2011) eine intrazelluläre Rekognition sowie Zusammenstellung von Magnetosomen innerhalb lebenden Zellmaterials, Abschn. 4.4 (b).

(m) Analytik

Betreffs hochauflösender Aufnahmen zur relativen Anordnung der Magnetosome in einfachen Ketten stehen Techniken wie selektive Zonenelektronendiffraktion (engl. *selected area electron diffraction* = SAED) oder hochauflösende Aufnahmen (engl. *high resolution* = HR) zur Verfügung (Lins et al. 2005). Bemerkenswert ist die Beobachtung einer nicht ausschließlich entlang der verlängerten [111]-Achse bzw. parallel der [110]-Achse ausgerichteten Anordnung der Kristalle innerhalb der Kette. Hochauflösende TEM-Aufnahmen von Magnetosomen, und mit einer Indexierung parallel der Gitterflächen versehen, zeigen eine Symmetrie mit der diagonal gegenüberliegenden Seite (Lins et al. 2005), Abb. 5.2 (a). Für eine Reihe von Inkubationszeiten, Temperaturen, substituierten Elementen und Gehalten, Bakterienarten und Typen an Präkursorn wurden die durchschnittlichen Kristallgrößen von mikrobiell synthetisierten, unveränderten, metall- und lanthanidensubsituierten Biomagnetiten (B-Fe$_3$O$_4$) bestimmt (Moon et al. 2010).

Gemäß den o. a. Autoren zeigen die RDA-Daten für den B-Fe$_3$O$_4$, und im Gegensatz zum chemisch synthetisierten Fe$_3$O$_4$, etwas kleinere Gitterparameter. Eine Analyse durch eine Ramanspektroskopie ließ hingegen keine Unterschiede in der Fe–O-Bindung erkennen. Moon et al. (2010) schreiben diese Beobachtung einer kompakteren Kristallstruktur zu. Sie vermuten, dass diese Erscheinung durch weniger nicht koordiniertes Fe an der Oberfläche hervorgerufen wird und somit weniger negative Effekte ausübt. Nach Einschätzung der o. a. Autoren verfügt der biogen synthetisierte Fe$_3$O$_4$ über das Potential, den aktuell kommerziellen Techniken, d. h. der chemischen Synthese, überlegen zu sein.

(n) Exploitation

Die Produktion, Modifikation und Bioanwendung von magnetischen NP, erzeugt von magnetotakten Bakterien, bieten im Vergleich zu konventionellen Techniken eine Reihe produktionstechnisch bemerkenswerter Eigenschaften (Xie et al. 2009):

(1) Es lassen sich relativ einheitliche Größen herstellen, d. h., die Spannweite der Größe bewegt sich in relativ engem Rahmen, welches betreffs der industriellen Produktion von verwertbaren NP eine der wichtigsten Anforderungen darstellt. Erst seit geraumer Zeit lassen sich synthetisch NP herstellen, die mit jenen durch MTB bereitgestellten vergleichbar sind.

(2) Gegenüber laborbezogenen Synthesen ermöglichen biogene Techniken eine präzisere Kontrolle über die Morphologie der metallischen NP, die eine unerlässliche Forderung bei der Produktion z. B. von QD oder Edelmetallen darstellt. Die Mehrzahl chemisch synthetisierter NP treten entweder kugelförmig oder polygonal oder als Kombination beider Formen auf. Im Unterschied hierzu hängt die Morphologie, z. B. quaderförmig, d. h. cuboidal, parallel-epipedal etc., bei der biogen kontrollierten Genese von der Gattung ab und variiert zwischen den diversen Stämmen.

Auch Moskowitz (1995) betont die Überlegenheit von biogen erzeugtem Fe$_3$O$_4$. Eine Abtrennung von Magnetosom und Fe$_3$O$_4$ ist aufgrund seiner Eigenschaft einfach umzusetzen, Abschn. 2.3.9/Bd. 2.

Das Protein *Mms6* reguliert während der *In-vivo*-Biomineralisation von nanoskaligem Magnetit (Fe$_3$O$_4$) die Kristallmorphologie (Tanaka et al. 2011). Für eine Materialsynthese nach dem *Bottom-up*-Prinzip stehen Überlegungen zu den Mechanismen und dem Potential von Biomineralisationen im wissenschaftlichen und technischen Fokus. Um die Mechanismen der Kontrolle auf die Morphologie, die während der Biomineralisation erfolgen, zu verstehen, wurden eine Reihe von zur Regulation befähigten Proteinen diverser Biominerale isoliert. Allerdings verbleiben die molekularen Prozesse, für die Morphologie der Biominerale zuständig, aus

Mangel an *In-vivo*-Beweisen unbekannt. Die durch MTB intrazellulär synthetisierten Magnetosome, versehen mit einer Membranhülle, führen nanoskalige kristalline Fe_3O_4 mit einer Größe < 100 nm, wobei Form und Größe vom bakteriellen Stamm abhängen. Mit den Fe_3O_4-Kristallen scheint eng das Protein *Mms6* verbunden zu sein. Durch entsprechende *In-vitro*-Versuche angedeutet, wurde ursprünglich angenommen, dass es während des Biomineralisationsprozesses für nanoskaligen Fe_3O_4 die morphologische Gestaltung übernimmt. Eine Analyse eines Mutanten *(Δmms6)* von *Magnetospirillum magneticum AMB-1*, erzeugt durch seitens Tanaka et al. (2011) ergab, dass der *Δmms6*-Stamm die kleineren Fe_3O_4-Kristalle mit einer ungewöhnlichen Facettierung der Kristalle versah. Der Wildtyp und komplementäre Stämme hingegen synthetisierten hochgeordnete kubooktraedische Kristalle. Weiterhin führt eine Deletion der *mms6*-Gene zu drastischen Veränderungen in den Profilen der eng mit dem Fe_3O_4-Kristall verbundenen Proteine. Hinter einer *In-vivo*-Regulation der Kristallstruktur, d. h. kubooktaedrischen Morphologie, steht während der Biomineralisation seitens magnetotakter Bakterien, z. B. nach Tanaka et al. (2011), im Wesentlichen das Protein *Mms6*. Unter Verwendung entsprechender Biomoleküle ermöglicht das genannte Protein unter Raumbedingungen die Synthese von Fe_3O_4-Kristallen mit exakt definier- und steuerbarer Morphologie.

Zur Kontrolle von Morphologie und Größe magnetischer Partikel mithilfe von Peptiden, die das Protein *Mms6* aus MTB nachahmen, führten Arakaki et al. (2010) Studien durch. Als vorherrschendes Protein tritt *Mms6*, eng verbunden mit der Oberfläche von bakteriellen Fe_3O_4, in *Magnetospirillum magenticum AMB-1* auf. Es unterstützt die Bildung gleichförmiger Fe_3O_4-Kristalle mit kubooktaedrischer Morphologie charakterisiert durch Kristalloberflächen bestehend aus (111) sowie (100).

Bezüglich der Größe treten während der chemischen Synthese nur geringe Abweichungen auf. Durch den Einsatz synthetischer Peptide lässt sich die Funktionsweise des *Mms6*-Proteins bei der Bildung von Fe_3O_4 nachahmen und somit verstehen. Das eingesetzte Peptid verfügt über eine analoge im *Mms6* anzutreffende saure Region im C-Terminal. Die auf diese Weise erzeugten Partikel offenbaren eine kugelförmige Morphologie, die, mit einer Zirkularität von 0,70 bis 0,90 versehen, Ähnlichkeiten mit bakteriellen Fe_3O_4 bzw. mit Partikeln, gebildet in Anwesenheit des *Mms6*-Proteins, aufweisen. Im Gegensatz hierzu kristallisieren die Fe_3O_4 beim Gebrauch anderer Peptide mit rechtwinkliger Morphologie und einer Zirkularität von 0,60 bis 0,85. Die von Arakaki et al. (2010) publizierten Ergebnisse betonen die Funktion des *MmsC*-Terminals des *Mms6*-Proteins. Es übernimmt während der chemischen Synthese in entscheidender Weise die Kontrolle über die Morphologie der Fe_3O_4-Kristalle. Somit steht gemäß den o. a. Autoren für die Synthese von Fe_3O_4 eine alternative Methode zur kontrollierten Größe und Morphologie unter Raumbedingungen zur Verfügung.

Den *In-vivo*-Display eines multiplen aus Untereinheiten bestehenden Enzymkomplexes auf biogenen magnetischen NP veröffentlichen Ohuchi & Schüler (2009). Aufgrund ihrer gewünschten chemischen und physikalischen Eigenschaften stellen Magnetosome ideale Gerüststrukturen dar, um auch komplex aufgebaute biologische

Komplexe zu visualisieren. In einem Modellversuch zur funktionalen Expression eines Komplexes, aufgebaut aus multiplen Subeinheiten auf Magnetosomen, ist die Darstellung eines chimärischen bakteriellen RNase-P-Enzyms machbar. Er setzt sich aus einer Proteinsubeinheit (*C5*) der Rnase P von *E. coli* und einer durch Exprimierung einer Translationsfusion von *C5* mit *MamC* erstellten endogenen RNS-Subeinheit zusammen. Dieser Komplex wird in ähnlicher Form im Magnetosomprotein von *Magnetospirillum gryphiswaldense* angetroffen. Wie beabsichtigt zeigen die aufgereinigten *C5*-Fusionsproteine offensichtlich eine RNase-P-Aktivität sowie die hierzu erforderliche für Bakterien typische RNase-P-RNS. In den Magnetosomen des Wildtyps ist dieses Charakteristikum nicht zu beobachten.

Ohuchi & Schüler (2009) verweisen erstmalig auf die Option, Magnetosome als Gerüstelemente bei der Darstellung von Komplexen, aufgebaut aus multiplen Subeinheiten, einzusetzen. Zahlreiche heterologe Zielproteine wurden auf ihre Verwendungsmöglichkeit zur künstlichen Sichtbarmachung auf Magnetosome hin untersucht. So finden, aufgetragen auf Magnetosome, z. B. Reporterproteine wie grünfluoreszierende Proteine, z. B. Luciferase, Verwendung bei der Visualisierung der Exprimierung, Stabilität u. a. chimerischen Proteinen. Sie bieten sich zum Einfangen von gewünschten Antikörpern und, nach entsprechender Ausweisung, Antikörper bindenden Proteinen, z. B. Protein A und Protein G, an. Die durch Antikörper erfassten Magnetosome sind zum magnetischen Trennen von Zielmolekülen und Zellen verwendbar. Zur Konstruktion von funktionalisierten Magnetosomen stehen aktuell zwei hauptsächlich angewandte Vorgehensweisen zur Verfügung. Zum einen handelt es sich um die chemische Modifizierung der gereinigten Magnetosome sowie eine *In-vivo*-Exprimierung von veränderten Magnetosomproteinen. Der letztgenannte Ansatz beschränkt sich auf Biomoleküle, die innerhalb des MTB über eine genetische Fusion mit einem Magnetosomprotein exprimierbar sind. In Anwesenheit diverser Chaperone und unter physiologischen Konditionen lassen sich jene Magnetosome, die das Ziel (engl. *target*) anzeigen, innerhalb der Zelle zusammenbauen. Unter dem Einfluss eines magnetischen Feldes sind sie unter schonenden Bedingungen wieder gewinnbar. Mittels genetischer Eingriffe stehen Möglichkeiten zur Kontrolle zur Disposition (Ohuchi & Schüler 2009).

Brown (2001) beschreibt ein bifunktionales Protein, das in der Lage ist, unterschiedliche Materialien zu verknüpfen. Ein Bereich des Proteins haftet an Au an, der andere enthält ein Substrat zum Biotintransfer. Diese Konstellation/Aufteilung ermöglicht dem Protein, z. B. Au im μm-Bereich und mit Streptavidin beschichtete Polystyrenkugeln zusammenzufügen.

Beide Bereiche arbeiten unabhängig voneinander, wobei jeder einzelne von ihnen wiederum mit anderen Proteinen fusionieren kann. Die Morphologie zweier unterschiedlicher biogen synthetisierter Fe-Minerale, d. h. Fe_3O_4 und Fe_2O_3, zeigt ähnliche Werte für die Formfaktoren (Isambert et al. 2007, Posfai et al. 2006), Abb. 5.45. BacMP lassen sich durch Massenproduktion in Bioreaktoren synthetisieren und es sind mindestens $2,6\ \mathrm{mg\,l^{-1}}$ Kulturlösung generierbar, gentechnische Arbeiten erhö-

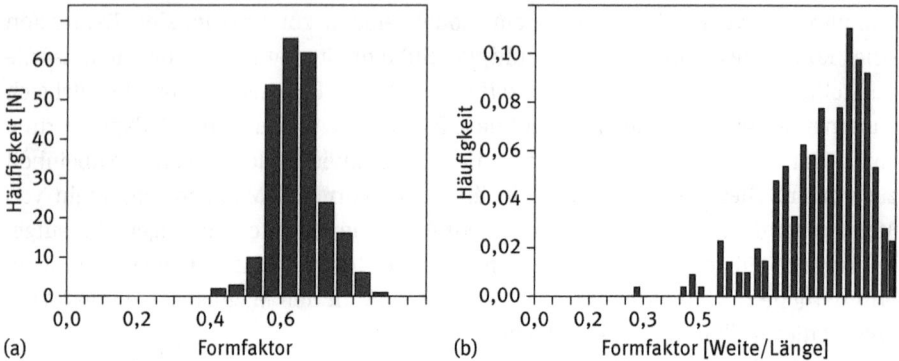

Abb. 5.45: Morphologie zweier biogen synthetisierter Fe-Minerale, d. h. Fe_3O_4 (Isambert et al. 2007) und Fe_2O_3 (Posfai et al. 2006).

hen die Ausbeute auf $6,3\,mg\,l^{-1}\,d^{-1}$. (Arakaki et al. 2008). In Abhängigkeit vom Reaktortyp erreichen Silva et al. (2013) eine Ausbeute an Magnetosomen von $26\,mg\,l^{-1}$ bis ca. $64\,mg\,l^{-1}$, Sun et al. (2008) berichten von einer täglichen Produktionsmenge von ca. $16\,mg\,l^{-1}$ bis $41\,mg\,l^{-1}$.

Zusammenfassend

liegen zu den Mechanismen, die zur Bildung von Fe_3O_4 und deren 3-D-Anordnung im Raum führen, zahlreiche veröffentliche Daten vor. Es eröffnet sich somit eine weitere Möglichkeit der bioinspirierten Synthese von gleichförmigen metallischen, d. h. magnetischen NP. Geringe Schwankungen in der Größe und Morphologie, d. h. gleichbleibende Qualität, sowie eine hohe Biokompatibilität der Magnetosome machen diese Art von biogenem metallischen NP für technische Anwendungen interessant. Im Zusammenhang mit dem Auftreten von biogen gebildeten, kettenförmigen, magnetisch wirkenden nanoskaligen Bausätzen elaborieren [2]Lu et al. (2012) die Option einer technisch-wirtschaftlichen Verwertung als z. B. magnetische Sensoren.

5.4.2 S-Layer

Neben den Magnetosomproteinen steht zur symmetrischen, gezielt kontrollierbaren Anordnung von NP ein weiteres Element in Form von bakteriellen S-Layern zur Verfügung. Unter S-Layern werden Zellhüllenproteine verstanden. Sie repräsentieren extrazelluläre Netzwerke aus Proteinen und bilden monomolekulare, kristalline, die Zelloberfläche bedeckende Schichten/Lagen prokaryoter Organismen, d. h. Bakterien, *Archeae* (Sleytr et al. 2001, Sleytr & Beveridge 1999). In diesem Kontext erörtern die o. a. Autoren die Überlegung, S-Layer als eine im Verlauf der Evolution entwickelte einfachste Form einer biologischen Membran in Betracht zu ziehen.

S-Layer übernehmen Funktionen wie z. B. als molekulares Sieb oder um als Element zur Protektion gegen lebensfeindliche Umweltbedingungen aufzutreten (Scheuring et al. 2002). Sie vertreten eventuell eine der ältesten Zellwandstrukturen und sind aktuell aus ungefähr 400 verschiedenen Spezies beschrieben (Claus et al. 2005). Phylogenetisch betrachtet sind sie in diversen Bakterien anzutreffen, bei den Archeae sind sie nahezu vollständig vertreten (Sára & Sleytr 2000). S-Layer sind durch die Fähigkeit einer spontanen Bildung von SAMs, d. h. selbstassemblierende Systeme, via Adsorption an geeigneten Grenzflächen fähig, 2-D-Monolagen zu entwickeln. Oftmals treten funktionelle Gruppen auf (Mobili et al. 2013), Abschn. 2.3.7 (c). So lässt sich zur Nanostrukturierung von anorganischen Materialien z. B. ein durch Protein unterstütztes Biotemplating einsetzen (Lagziel-Simis et al. 2006).

Generell bietet sich ein gut untersuchtes Biotemplat in Form einer bakteriellen S-Layer an. Sie stellt für die Synthese metallischer Nanocluster, arrangiert zu räumlich hochpräzisen geometrischen Architekturen, technisch verwertbare Optionen bereit. Ungeachtet dessen, dass die ursprüngliche Funktion evolutionär nicht die Adsorption oder sonstige Verarbeitung von Metallen vorsieht, liefern Hinweise insbesondere aus der Paläontologie die Möglichkeit der Fixierung und räumlichen Anordnung metallischer Nanopartikel/-cluster (Phoenix et al. 2005). Speziell *Bottom-up*-Strategien könnten von dieser zunächst *top down* orientierten Methode, d. h. lithographischen Technik, profitieren. Da für Materialien auf nanoskaliger Ebene zunehmend Ansprüche wie z. B. ein verbessertes Leistungsspektrum gestellt werden, gewinnt das Potential an biologischen Gerüstmatrixen zur Herstellung von Nanostrukturierungen an Bedeutung bzw. unterliegt zahlreichen Forschungsaktivitäten.

(a) Nanostrukturierung

S-Layer zeichnen sich durch u. a. eine quadratische sowie hexagonale Gittersymmetrie aus und verfügen über isoporige Strukturen. Sie setzen sich aus einem Protein oder einer Glycoprotein-Spezies zusammen und sind fähig, sich während aller Stadien des Zellwachstums und der Zellteilung über Vorgänge der Selbstassemblierung zu dichtgepackten Gittern zu organisieren. Bakterielle S-Layer wiesen gewöhnlich eine Dicke von 5–20 nm auf. Pum & Sleytr (2009) geben Werte von 5–10 nm an, bei den *Archeae* werden auch 70 nm erreicht. Die proteinhaltigen Untereinheiten orientieren sich zu Gittern mit unterschiedlichen Symmetrien, d. h. schräg/schief (p1, p2), quadratisch (p4) sowie in einer hexagonalen (p3, p6) Symmetrie (Ilk et al. 2008). In Abhängigkeit vom Gittertyp setzt sich eine morphologische Einheit aus einer, zwei, drei, vier oder sechs identischen Untereinheiten zusammen, mit einem Abstand der Zentren von ca. 3–30 nm. Die mit der Oberfläche verbundene Porosität beläuft sich auf Werte zwischen 30 % und 70 %. Die Dimension einer Einheitszelle beläuft sich auf 3–30 nm, die Größe einer Pore schwankt zwischen 2 nm und 8 nm (Ilk et al. 2008). Mittels EM ist eine Visualisierung von S-Layer-Präparaten, z. B. Ätzung durch Gefrieren, machbar. Sie offenbaren z. B. eine hexagonale Symmetrie (Pum et al. 2013, Sara & Sleytr 2000), eine Visualisierung via AFM zeigt die S-Layer von *Corynebacterium glutamicum* (Mobili et al. 2013), Abb. 5.46. Die Struktur und hexagonale Symmetrie einer S-Layer mit hexagonaler Symmetrie, schematisiert dargestellt, zeigen für jede Basiseinheit (engl. *core unit* = CU) sechs Protein-Monomere, die eine zentral gelegene Pore mit einem Durchmesser von ca. 2,2 nm umrunden (Bergkvist et al. 2004). Von je einem Monomer gehen speichenartig arrangierte Vorsprünge aus und verbinden sich mit den benachbarten hexameren Einheiten. Darauf lässt sich auf die Spitzen der HPI-S-Layer als Deckschicht (engl. *overlay*) ein hexagonales Gittermodell auftragen. Es entsteht auf diese Weise eine Symmetrie, die dadurch definiert ist, dass die Ecken des Hexagons mit den Regionen, die den Vertex-Punkt der HPI-Schicht enthalten, übereinstimmen. Darüber hinaus koinzidiert die Lage des geometrischen Zentrums jedes Hexagons mit einer zentralen Pore der S-Layer (Bergkvist et al. 2004), Abb. 5.46 (c).

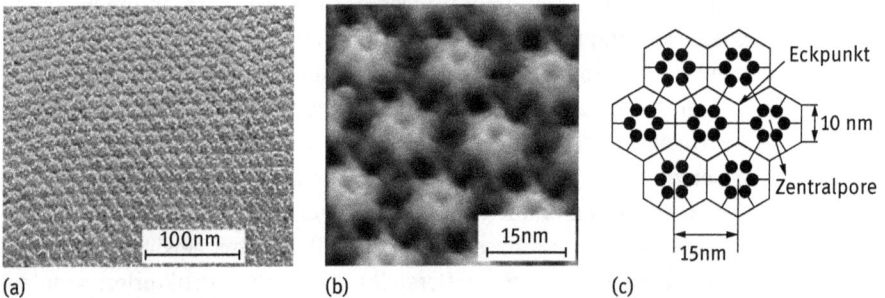

(a) (b) (c)

Abb. 5.46: (a) EM-Aufnahme eines S-Layer-Präparats (Ätzung durch Gefrieren) mit hexagonaler Symmetrie (Pum et al. 2013), (b) AFM der S-Layer von *Corynebacterium glutamicum* (Mobili et al. 2013) und (c) schematische Darstellung einer S-Layer mit hexagonaler Symmetrie (Bergkvist et al. 2004).

Aufgrund der vorliegenden Datenbasis und in Kombination mit zusätzlichen Untersuchungen, unter Verwendung anderer Materialien, wie z. B. ungeladener, durch Hydroxyle terminierter Partikel oder positiv geladener Ferritinmoleküle, vermuten Bergkvist et al. (2004) elektrostatische Kräfte (Abschn. 4.3) sowohl zwischen den diskreten NP als auch in Wechselwirkung mit den S-Layern, die die Bildung von geordneten NP-Arrays ermöglichen. Zur Selbstassemblierung (Abschn. 4.4) von S-Layern legen Pum et al. (2013) weiterführende Forschungsergebnisse vor. Ausführlich beschäftigen sich Claus et al. (2005) mit der molekularen Organisation ausgewählter prokaryotischer S-Layer-Proteine.

(b) Elektronische Strukturen

Über elektronische Strukturen von regelmäßigen S-Layern stehen Datensätze zur Verfügung. Vyalikh et al. (2004) stellen die Photoemission und kantennahe Röntgenabsorption als Analysetechniken zur Ermittlung von Feinststrukturen der besetzten und unbesetzten elektronischen Zustände von *Bacillus sphaericus* vor, das häufig als Proteintemplat zur Fabrikation von metallischen Nanostrukturen genutzt wird.

Die 2-D-Proteinkristalle weisen das Verhalten eines Halbleiters auf, d. h. mit einem Wert für die Bandlücke von ca. 3,0 eV und einer Fermienergie, die nahe am Grund/Boden des untersten unbesetzten molekularen Orbitals liegt. Vyalikh et al. (2004) prognostizieren daher eine Reihe neuer Möglichkeiten in Hinsicht auf eine elektrische Adressierbarkeit von mittels Biotemplaten synthetisierten niedrig dimensionierten Hybridstrukturen.

(c) Selbstassemblierung (SAM)

Mittels Selbstassemblierung (Abschn. 4.4) lassen sich wiederholende geometrische Einheiten erzeugen, die sich wiederum als Vorlage/Template zur Herstellung von Nanostrukturen und -clustern mit metallischen bzw. Halbleitereigenschaften eignen. S-Layer-Template bilden innerhalb einer kurzen Zeitspanne, z. B. innerhalb 20 min, ausgedehnte flächige Lagen. Um eine komplette Zelle zu umhüllen, sind ca. 500 000 S-Layer-Monomere erforderlich (Pum et al. 2013). Nach bislang vorliegenden Daten scheinen diverse Wechselwirkungen zwischen hydrophilen und hydrophoben Endgruppen hierfür verantwortlich zu sein.

Bei einer großen Anzahl prokaryoter Mikroorganismen assemblieren isolierte S-Layer-Untereinheiten sowohl in Suspensionen, an den Grenzflächen von Liquidphasen, auf *Langmuir-Blodgett*-Schichten, auf Liposomen sowie auf Trägern aus Feststoff-Phasen, z. B. Si-Wafern, Metallen, Polymeren etc., zu monomolekularen Arrays, d. h. SAM. Unter langfristigen Laborbedingungen allerdings treten S-Layer zurück. Daher sind zu experimentellen Untersuchungen und letztendlich für Analysen durch EM frische Isolate zu bevorzugen. Maßnahmen zur Präparation des nicht gewaschenen Materials umfassen die Gefrierätzung der Tabletten im kompletten Medium. Für höher auflösende Studien sind Färbetechniken einzusetzen (Sára & Sleytr 2000).

Aufgrund ihres hohen Grades an struktureller Regelmäßigkeit treten zwecks Untersuchungen zu der Struktur, den genetischen Gesichtspunkten, der Funktionalität, Dynamik der Selbstassemblierung supramolekularer Strukturen etc. S-Layer als ideale Modellsysteme auf. Sie können daher für einen Einsatz auf den Gebieten molekularer Nanotechnologie, Nanobiotechnologie sowie Bionik in Erwägung gezogen werden (Sleytr et al. 2001). Insbesondere die S-Layer von *Deinococcus radiodurans* sind Favorit für ein NP-Templating. Als besonderes Merkmal zeigen sie eine hexagonale (p6) Symmetrie, aufgebaut aus einem hexamerischen Proteinkern mit einer zentralen Pore, umgeben von sechs relativ großen Öffnungen, d. h. Vertex-Punkten.

Die Herstellung von supramolekularen Strukturen und Bauteilen/-steinen erfordert Moleküle, die fähig sind, sich im Sinne nanobiotechnologischer Anwendungen in einer präzise vorhersehbaren Weise mit Oberflächen zu verbinden. Daher bieten selbstorganisierende Systeme auf molekularer Basis, die die Präzision biologischer Systeme bei der Herstellung auf der molekularen Skala verwerten, optimale Voraussetzungen zum supramolekularen Engineering an.

(d) Adsorptionsbedingungen

Im Zusammenhang hierzu stehen experimentelle Arbeiten zum Einfluss der Partikel-eigenschaften und Adsorptionsbedingungen auf die Herstellung geordneter Arrays von Au-NP mit einer Größe von ca. 5 nm durch S-Layer. Durch die Beschichtung der NP durch Citrat und unter den Bedingungen geringer Ionenstärke bildeten sich, wie mit der TEM nachgewiesen, hexagonale Arrays mit einem Partikelabstand von ca. 18 nm, der in ungefähr den Porenabständen der S-Layer entspricht. Die eigentliche Anbin-dung an die S-Layer geschieht an den Vertex-Punkten, und zwar entsprechend den Abstoßungskräften an jedem zweiten Vertex-Punkt, wobei eine Steigerung der Ionen-stärke die Packungsordnung nicht beeinträchtigt (Bergkvist et al. 2004). Insgesamt lässt sich somit eine Anordnung erzielen, die einer Bienenwabe ähnlich ist und die Geometrie der monolagigen S-Layer widerspiegelt.

(e) Nukleation

Cyanobakterien der Gruppe *Synechococcus* sind weitverbreitete Bewohner diverser mariner Habitate und Frischwassermilieus. Sie gestalten durch Wechselwirkungen mit den löslichen Komponenten ihrer wässrigen Habitate nachweislich die Chemie der von ihnen besiedelten Wässer. In diesem Zusammenhang isolierten Schultze-Lam et al. (1992) den Stamm *Synechococcus GL24*, der in die Bildung von CaCO$_3$-führenden Mineralisationen einbezogen ist. Um die für die Mineralbildung unerlässlichen Wech-selwirkungen durch Organismen zu verstehen, unterzogen Schultze-Lam et al. 1992 die Zelloberfläche und die Ursprünge detaillierten ultrastrukturellen Studien und messtechnischen Screenings. Nach ihrer Analyse weist der Stamm *Synechococcus GL24* eine hexagonal symmetrische S-Layer als äußere Komponente der Zellober-fläche auf.

Die konstituierenden Proteine dieser Struktur erscheinen gemäß Analytik, d. h. Gelelektrophorese, als Doppelband organisiert. Schultze-Lam et al. (1992) demons-trieren, wie eine S-Layer als Templat für die Bildung von feinkörnigem Gips (CaSO$_4$ · 2 H$_2$O) und Calcit (CaCO$_3$) dient, wobei sie durch Bereitstellung von hochgeordneten Kristallisationskeimen für die nachfolgende Präzipitation vorbereitet wird. Als eines ihrer Ergebnisse ihrer Arbeiten betonen sie die Einbeziehung von bakteriellen Ober-flächen in Prozesse einer natürlich unterstützten Bildung von Biomineralisationen.

(f) Genetische Aspekte

Zwecks der Verwertung von S-Layern kommen im Fall von Optimierungsmaßnahmen hinsichtlich Leistung und Qualitätsausstoß gentechnische Eingriffe sowie eine ge-zielte chemische Modifikation in Betracht. Auf diese Weise sind die Permeabilität, kovalente Anbindung an Makromoleküle etc. bei Bedarf veränderbar. Ungeachtet dessen erfordert ein aktuelles Proteinengineering der S-Layer u. a. die Entwicklung weiterer Exprimierungssysteme, eine Sichtung der zahlreichen Mutanten, der Akquise von strukturbezogenen Informationen auf atomarer Ebene etc. (Sleytr et al. 1997). Zu der Funktionalität, den genetischen Hintergrundinformationen und Untersuchungen zum industriellen Einsatz als organische Matrizen liegt eine umfangreiche Datensammlung vor.

Die Primär-Sequenzen von Spezies hyperthermophiler *Archeae* zeigen einige charakteristische Signaturen. Weiterführende Adaptionen gegenüber speziellen Umwelteinflüssen geschehen über diverse posttranslationale Modifikationen, z. B. Anbindung von Sulfat-/Phosphatgruppen an ein Protein etc. (Claus et al. 2005). Spezielle Domänen dirigieren die Verankerung der S-Layer mit den unterlagernden Zellwandkomponenten sowie des Transports durch die Cytoplasmamembran. Abgesehen von ihrer vermuteten Funktion als Schutzschicht in *Archeae* sowie Bakterien sind im Zusammenhang mit diesem speziellen Protein eine Vielzahl neuer Funktionen entwicklungsfähig, z. B. molekulare Siebe, Matrix zur Anlagerung extrazellulärer Enzyme etc. (Claus et al. 2005).

Eine biophysikalische Charakterisierung des vollständigen S-Layer-Proteins *SbsB* und von zwei individuellen distinktiven funktionalen Domänen gelang Rünzler et al. (2004). Das kristalline S-Layer-Protein *SbsB* von *Geobacillus stearothermophilus PV72/p2* wurde dahingehend präpariert, dass ein Teil aus dem N-Terminal, definiert durch drei aufeinanderfolgende, auf die S-Layer bezogene homologe Motive, und dem verbleibenden C-Terminal bestand.

Beide Teile des auf diese Weise behandelten Proteins lassen sich als separate rekombinante Proteine *rSbsB$_{1-178}$* sowie *rSbsB$_{177-889}$* herstellen und stehen im Anschluss zum Vergleich mit *rSbsB$_{1-889}$*, (*rSbsB*) zur Verfügung. Durch optische Spektroskopie und EM kann die funktionale und strukturelle Integrität der gekürzten/modifizierten Form nachgewiesen werden. Insbesondere die Bindung des sekundären Zellwandpolymers offenbart eine hohe Dissoziationskonstante für die Affinität von 2 nm und kann nur dem löslichen *rSbsB$_{1-178}$* zugeordnet werden, wohingegen sich *rSbsB$_{177-889}$* in der gleichen Weise selbstorganisiert wie das Gesamtprotein (Rünzler et al. 2004). Nachgewiesen durch intrinsische Fluoreszenz, bewirken aufgrund von Equilibrierungsprozessen sowohl thermische Behandlung als auch die Zugabe von Guanidiniumchlorid ($CH_5N_3 \cdot HCl$) Entfaltungsprofile. Der Einsatz einer zirkularen Dichroismusspektroskopie gestattet die Charakterisierung des *rSbsB$_{1-178}$* als α-Helix-Protein mit einem einfachen, kooperativen Übergang in dem Entfaltungsprofil, der einen ΔG-Wert von ca. 26,5 kJ mol^{-1} liefert. Die C-terminale *rSbsB$_{177-889}$* lässt sich als β-Lagenprotein mit einer hierfür typischen Mehrfachdomänenentfaltung charakterisieren, das teilweise weniger stabil als ein *Standalone*-Protein ist.

Generell zeigt die gekürzte Form im Vergleich mit der kompletten *rSbsB* in Hinsicht auf Struktur und Funktion identische Eigenschaften. Daraus ergeben sich zwei sowohl funktionell als auch strukturell abgetrennte Bestandteile. Es handelt sich hierbei um das sekundär an die Zellwand bindende *rSbsB$_{1-178}$* sowie das für die Bildung des kristallinen Verbundsystems zuständige größere *rSbsB$_{177-889}$* (Rünzler et al. 2004). Pollmann & Matys (2007) präsentieren die Konstruktion eines S-Layer-Proteins mit

modifizierten selbstorganisierenden Eigenschaften und verbesserten metallbindenden Kapazitäten. Hierzu klonten sie das funktionale S-Layer-Proteingen *slfB* des in
U-haltigen Bergbauhalden lebenden *Bacillus sphaericus JG-A12* als Reaktionsprodukt
einer Polymerasenkette in den Expressionsfaktor *pET Lic/Ek 30* und exprimierten das
Gen heterogen in *E. coli Bl21(DE3)*. Eine Aufreinigung wird durch Hinzufügen von His-
Tags an die N- und C-Termini und eine Ni-Chelat-Chromatographie erreicht. Anschließend wurde das rekombinante Protein mit jenem des Wildtyps verglichen. Über den
Einsatz einer ICP-MS lässt sich eine deutlich erhöhte Ni-Bindungskapazität des rekombinanten Proteins erkennen. Über Lichtmikroskopie und SEM sind die selbstassemblierenden Eigenschaften der aufgereinigten und modifizierten S-Layer messtechnisch
erfassbar. Während sich die S-Layer-Proteine des Wildtyps in regelmäßig angeordneten, zylindrischen Strukturen reorganisieren, bilden die rekombinanten Proteine, d. h.
S-Layer, gleichmäßige Schichten mit sphärolithisch agglomerierenden Schichten Pollmann & Matys (2007).

(g) Analytik

Zur Ansprache von im Zusammenhang mit S-Layern stehenden Fragestellungen kommen, gemäß dem aktuell ausgewerteten Datenmaterial, sowohl AFM als auch TEM
(Abschn. 1.3.4 (a)/Bd. 2) in Betracht, (Aichmayer et al. 2006), Abb. 5.47. Zur Kartierung
und Öffnung, d. h. durch eine Art Reißverschlusssystem, der Oberflächenschicht von
Corynebacterium glutamicum setzen Scheuring et al. (2002) die AFM ein. Mittels AFM
bewerten z. B. Scheuring et al. (2002) die S-Layer von *C. glutamicum*, gebildet aus
PS2-Proteinen, die sich zu hexamerischen Komplexen mit einem hexagonalem Gitter
organisieren. Es wurden von den o. a. Autoren sowohl native als auch mit Trypsin (Ver-
dauungsenzym) behandelte S-Layer untersucht. Bei Verwendung des AFM-Abtasters

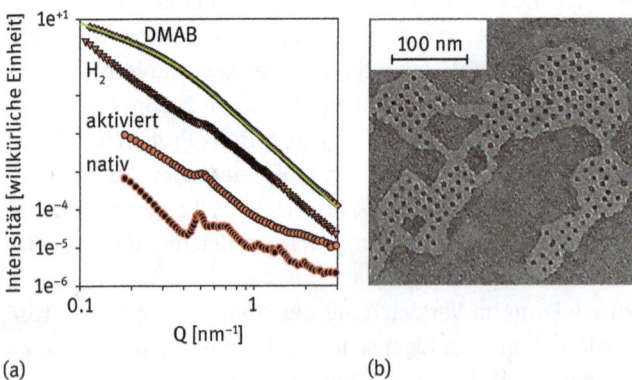

(a)   (b)

Abb. 5.47: Visualisierung S-Layer (Aichmayer et al. 2006) und Pt-Cluster auf S-Layer, erzeugt durch
Elektronenstrahlung (Mertig et al. 2002).

als Nanosezierer lassen sich an Glimmer als Doppelschichten adsorbierte native Arrays abtrennen. Alle Oberflächen von nativen sowie durch Protease aufgeschlossenen S-Layern sind mit einem lateralen Auflösungsvermögen von 1 nm visualisierbar. Unterschiedskarten über die Topographie von nativen und proteolysierten Proben ergeben die Lokation des gespaltenen C-Terminalfragments und die Seitenbildung der S-Layer (Scheuring et al. 2002). Aufgrund der durch die Analyse ermittelten Faltentiefe beider Seiten erfassten Dicke ist eine dreidimensionale Rekonstruktion der S-Layer über eine entsprechende Kalkulation implementierbar. Gitterdefekte, visualisiert mit einer Auflösung von 1 nm, zeigen die molekularen Grenzen der PS2-Proteine. Die Kombination zweier Techniken wie AFM (Abschn. 5.6) und Kraftspektroskopie (engl. *single molecular force spectroscopy*) ermöglicht Untersuchungen zur Ermittlung der mechanischen Eigenschaften bzw. Stabilität (Abschn. 5.6), wie z. B. die durch Arbeiten von Scheuring et al. (2002) untersuchte S-Layer von *C. glutamicum*.

Eine spektroskopische Charakterisierung von Au-NP, synthetisiert durch Zellen und S-Layer-Proteine von *Bacillus sphaericus JG-A12*, bieten Merroun et al. (2007). Der Stamm *B. sphaericus*, aus einem U-haltigen Haldenmaterial isoliert, ist in der Lage, eine selektive und umkehrbare Akkumulation von Al, Cd, Cu,Pb und U aus U-haltigen Wässern durchzuführen. Die Zellen dieses Stamms sind von einer S-Layer umgeben. Die hochgeordnete Struktur der S-Layer weist ein Netz von Poren mit weitgehend identischer Weite/Größe auf und bietet Möglichkeiten zur Bindung für diverse Arten von Molekülen und zur Nukleation von metallischen Nanoclustern oder anderen Mineralen an.

In geeigneten Versuchsanordnungen gelang der Nachweis, dass Zellmaterial von *Bacillus sphaericus JG-A12* und seine aufgereinigten S-Layer-Proteine in der Lage sind, in Anwesenheit von reduzierenden Agentien, wie z. B. molekularem H_2, elementares Au zu metallischen Nanoclustern zu reduzieren. Räumlich gleichmäßig verteilt passte sich die Größe der Au-NP den Poren des Proteingitters an. Eine Reihe von Analysetechniken, z. B. EXAFS (Abschn. 1.3.5 (e)/Bd. 2), XANES (Abschn. 1.3.5 (t)/Bd. 2), RDA (Abschn. 1.3.3/Bd. 2) u. a., bestätigten den metallischen Charakter der Cluster. Die Größe der NP wird auf 1 nm geschätzt. Entsprechend den vorgelegten Daten eignet sich *B. sphaericus JG-A12*, um für industrielle Anwendungszwecke maßgeschneiderte Au-NP zu synthetisieren (Merroun et al. 2007).

Einen Nachweis von metallbindenden Sites auf funktionalen S-Layer-Nanoarrays erbringen Tang et al. (2009) durch die einfache molekulare Kraftspektroskopie (*single molecule force spectroscopy*). Kristalline Zelloberflächenproteine, d. h. S-Layer, verfügen über das Merkmal, auf festen Oberflächen in Form hochgeometrischer Strukturen auszukristallisieren. Mithilfe des genetisch modifizierten S-Layer-Proteins *SbpA* von Lysinibacillus sphaericus CCM 2177, das ein Hexahistidin-Tag am C-Terminal aufweist, ließen sich 2-D-Nanoarrays auf einer Si-Oberfläche generieren. Unter Einsatz der AFM (Abschn. 1.3.4 (c)/Bd. 2) können die Topographie und Funktionalität der fixierten *His6*-Tags erkundet werden. Die Akzessibilität der *His6*-Tags wurde mittels der *In-situ*-Anbindung von Anti-His-Tags an die funktionalisierte S-Layer veranschaulicht.

Die metallbindenden Eigenschaften des *His6*-Tags lassen sich über die (*single molecular*) FM bestimmen. Für diesen Zweck wurde eine neu entwickelte Tris-NTA über einen flexiblen Linker aus Polyethylenglycol an die AFM-Düse (engl. *tip*) angebunden. Die auf diese Weise veränderte AFM-Spitze weist in Anwesenheit von Ni-Ionen spezielle Wechselwirkungen mit dem His6-Tag der S-Layer auf. Aufgrund seiner Lage auf der äußeren Oberfläche von S-Layern eignet sich der His6-Tag zur reversiblen und dennoch stabilen Anbindung von funktionalen Tria-NTA-Derivaten (Tang et al. 2009).

Über den Einsatz von einer S-Layer von *Haloferax sp.* erzeugen Kleps et al. (2009) Proteinschichten auf porösen Si-Substraten (PS). Durch Eintauchen der PS in eine S-Layer-führende Lösung unter sterilen Bedingungen kommt es zur Anhaftung der S-Layer an das o. a. Substrat. Die Bestimmung der Proteinschichtmorphologie auf dem S-Substrat ist über eine EM (Abschn. 1.3.4 (f)/Bd. 2) zugänglich. Via Elektronenstrahlung lassen sich Pt-Cluster mit einer Größe von 5 nm bis 7 nm auf S-Layer von *Bacillus sphaericus NCTC 9602* erzeugen (Mertig et al. 2002), Abb. 5.47 (b). Die Ausfällung beruht auf der Reduktion von Pt-Salzen, der Elektronenstrahl wurde seitens der TEM bereitgestellt, die Dichte der Cluster ist mit $> 6 \cdot 10^{11}$ cm^{-2} angegeben.

(h) Exploitation

2-D-bakterielle S-Layer-Proteinkristalle sind die bislang am häufigsten beschriebene Struktur prokaryotischer Zelloberflächen und für Maßnahmen zur Funktionalisierung von Oberflächen zugänglich (Pum et al. 2004). Zur Assemblierung geordneter NP-Cluster bieten S-Layer-Proteine, insbesondere im Zusammenhang mit der Einführung neuer Materialien auf nanoskaliger Ebene, Produktionstechniken sowie Apparaturen, eine Vielzahl an Perspektiven (Pum & Sleytr 2009). Die hohen Anforderungen an die Synthese molekularer funktioneller Einheiten, speziell unter Berücksichtigung nanoelektronischer Bauelemente, können nur über aktuelle innovative Technologien erfüllt werden. Ein Einsatz von S-Layern kann zwei Ansätze kombinieren, d. h. (1) lithographische *Top-down*-Verfahren mit (2) *Bottom-up*-Strategien (Pum & Sleytr 2009). Betreffs der Anwendungen von S-Layern umfassen z. Zt. die wichtigsten, technisch verwertbaren Merkmale von S-Layern folgende Eigenschaften (Sleytr et al. 1997):

– Die S-Layer sind mit Poren identischer Größe und Morphologie versehen und ähneln Membranen zur Ultrafiltration.
– Die auf der Oberfläche befindlichen funktionellen Gruppen und Poren sind in exakt definierten Positionen und Orientierungen ausgerichtet und stehen einer Anbindung von funktionalen Molekülen in gewünschter Form zur Verfügung.
– Isolierte S-Layer-Untereinheiten verschiedenartiger Organismen rekristallisieren auf diversen Grenzflächen, z. B. Feststoff-Liquid-Phase, als geschlossene Monolayer.

Es sind daher die sich wiederholenden physikochemischen Eigenschaften, die sich bis in den nm-Bereich erstrecken, für bestimmte Anwendungen von Interesse, z. B.

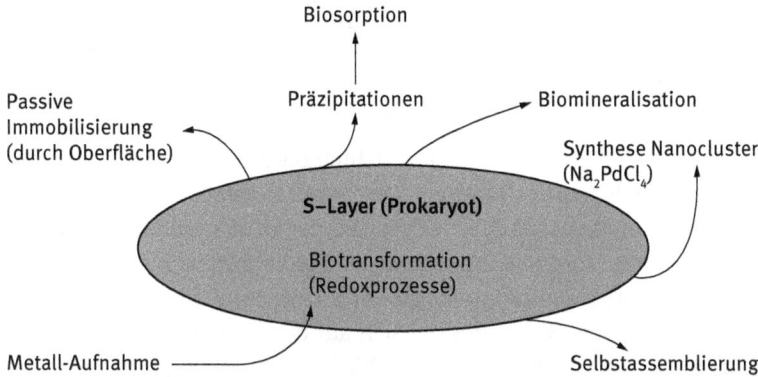

Abb. 5.48: Wechselwirkungen zwischen Mikroorganismen mit Metallen, versehen mit einer S-Layer, und die diversen Prozesse im Umgang mit Metallen seitens des betroffenen Mikroorganismus, z. B. Biosorption, Biotransformation etc, vergleiche auch Abb. 2.1/Bd. 2, Abschn. 2.1 (q)/Bd. 2 (nach Mobili 2013).

Funktionalisierung von Oberflächen mit exakt definierter räumlicher Ordnung, d. h. kristalline Arrays (Sleytr et al. 1997). Die Wechselwirkungen zwischen Metallen mit Mikroorganismen, versehen mit einer S-Layer, und die Prozesse im Umgang mit Metallen seitens des betroffenen Mikroorganismus, z. B. Biosorption, Biotransformation etc., schildert Mobili (2013), Abb. 5.48, Abb. 2.1/Bd. 2, Abschn. 2.1 (q)/Bd. 2.

(i) Nanotechnologie

Über den Einsatz von S-Layer-Proteinen in der Nanotechnologie diskutieren Schuster et al. (2005). Die interdisziplinäre Verbindung zwischen Biologie, Chemie, Materialwissenschaften und der Physik von Feststoffphasen eröffnet eine Fülle neuer Möglichkeiten für Innovationen innerhalb der Nanowissenschaften. In der technischen Verwertung von selbstorganisierenden Systemen, d. h. der spontanen Vereinigung von diskreten Molekülen zu reproduzierfähigen supramolekularen Aggregaten unter Gleichgewichtsbedingungen, liegt eine der großen zeitgenössischen Herausforderungen. Die Attraktivität der o. a. Prozesse besteht in der Fähigkeit, einheitliche, ultrafeine funktionale Einheiten herzustellen, sowie in der Möglichkeit, diese Art von Strukturen auf einer meso- und makroskaligen Ebene für diverse Zwecke in z. B. Lebenswissenschaften zu verwerten (Schuster et al. 2005). Speziell bakterielle zellbezogene Oberflächenproteine, d. h. S-Layer-Proteine, bieten die erforderlichen Voraussetzungen zum Aufbau supramolekularer Strukturen sowie Apparaturen von wenigen nm Größe. Bislang erwiesen sich S-Layer innerhalb molekularer „Bausätze" für alle Hauptklassen biologischer Moleküle als geeignete Konstruktionsbausteine. So können zum Beispiel Biomoleküle in geordneter Weise auf festen Substratoberflächen aufgetragen und in präzise definierten Flächen innerhalb der nm-Dimension platziert werden – eine unerlässliche Forderung für z. B. integrierte Schaltkreise im Sinne einer molekularen Elektronik, Signalverarbeitung/-weiterleitung, biokompatibler Oberflächen, bioanalytischer Sensoren etc. (Schuster et al. 2005).

S-Layer als strukturierende Elemente für Anwendungen in der Nanobiotechnologie evaluieren Sára et al. (2005). Die Autoren sichten die Möglichkeiten, die funktionalen und strukturellen Eigenschaften von S-Layern durch gentechnische Arbeiten zu verändern. Durch die entsprechende Forschung zu der Struktur, den genetischen Informationen, der Chemie, Morphogenese sowie den Funktionen stehen, unter Ausnutzung der Selbstassemblierung funktionalisierter S-Layer, eine Reihe technischer Lösungsansätze zur Verfügung. Sie erstrecken sich auf den Gebrauch als Mittel zur medizinischen Diagnose, auf Vakzine, biokompatible Matrizen, biologisches Templating für Biomineralisationsstrategien auf Oberflächen etc. (Sára et al. 2005).

Zur Funktionalisierung von Oberflächen durch selbstassemblierende S-Layer-Fusionsproteine zu Zwecken von Applikationen innerhalb der Nanobiotechnologie stellen Ilk et al. (2008) ihre Überlegungen vor. Als Beispiele erfolgt der Hinweis auf die Anbindung funktioneller Gruppen wie z. B. Amin-, Carboxyl- und Hydroxylgruppen, Abschn. 2.3.7. Die für die Studien verwendeten S-Layer stammen von *Geobacillus stearothermophilus*. Hinsichtlich der Funktionalisierung übernehmen Fusionsproteine mit ihrem N-Terminal eine Schlüsselrolle. Metallisierte S-Layer-Proteine scheinen sich als molekulare Bausteine zur Funktionalisierung mikroelektronischer Sensorstrukturen zu eignen (Blüher 2008). In diesem Zusammenhang wird eine heterogene Keimbildung von u. a. Edelmetallen angewendet. Badelt-Lichtblau et al. (2009) deuten die Möglichkeit einer Generierung funktionalisierter Nanoarrays mittels eines durch gentechnische Arbeiten modifizierten S-Layer-Proteins von *Lysinibacillus sphaericus CCM 2177* an.

(j) Elektrochemische Nanosynthese

In Kombination mit S-Layer als nanostrukturiertes Biotemplat lassen sich mithilfe elektrochemischer Prozesse geordnete Matrizen von Metallen und -oxiden mit Dichten von $> 10^{12}$ cm^{-2} und Größe von 2–3 nm auf geeignete Oberflächen aufbringen. Als Maske dient ein in der 2-D-Ebene selbstorganisierendes kristallines Proteingitter mit exakter räumlicher Symmetrie und regelmäßiger Anordnung von Poren unter Bildung einer Einheitszelle, d. h. bakterielle Zellhüllenmembran oder S-Layer. Aufgrund dieser Merkmale lassen sich z. B. S-Layer von *Deinococcus radiodurans* und *Sporosarcina ureae* erfolgreich zur elektrochemischen Nanosynthese einsetzen (Allred et al. 2007). Beide Proteine sind durch eine einzigartige Gittergeometrie und interne Strukturelemente gekennzeichnet. Substrate lassen sich in einer verdünnten Lösung von gereinigten, stabilisierten Proteinextrakten durch Adsorption beschichten.

Eine elektrochemische Beschichtung ist via S-Layer, die als „Proteinmaske" fungiert, im Labormaßstab technisch machbar. Die Porenöffnungen dienen als Durchlass zum unterlagernden Substrat, z. B. Elektrode, und sind somit z. B. metallführenden Lösungen zugänglich. Als Ergebnis bildet sich eine Oberflächenstrukturierung im nm-Bereich, die exakt den Vorgaben des geometrischen Arrangements der „Proteinmaske" mit ihren gleichmäßig verteilten Porenräumen entspricht. Im Vergleich erweist sich die Struktur des elektrochemisch abgelagerten, punktgenau platzierten Materials, erzielt durch das eingesetzte Proteintemplat von *D. radiodurans*, präziser als jene, die von *S. ureae* erzeugt wird, d. h., es gibt eine bessere Übereinstimmung zwischen der Topographie der Proteinoberfläche und der geometrischen Anordnung der erzeugten Nanocluster. Somit erweist sich die Perforation, vorgegeben durch die Porenräume der S-Layer von *D. radiodurans*, als verwertungstechnisch hoch attraktiv (Allred et al. 2007).

(k) Metallische Nanocluster

Mithilfe von S-Layern ist die Erzeugung einer Vielzahl metallischer Nanocluster möglich. So sind Cluster aus Au-, Pt-, CdS-NP sowie Quantenpunkte (engl. *quantum dots* = QD) beschrieben (Sotiropoulou et al. 2008). Zur Synthese von CdS sowie Au treten als Spender für die S-Layer *Bacillus sphaericus* sowie *Bacillus stearothermophilus* auf. Pt-NP mit einer Größe von ca. 2 nm wurden mithilfe der S-Layer von *Sporosarcina ureae* zu gleichförmigen Clustern arrangiert. Weiterhin sind funktionalisierte QD aus CdSe/ZnS räumlich arrangierbar. Auch Sotiropoulou et al. (2008) erörtern die Möglichkeit, Legierungen sowie hybride Materialien zu generieren. Als Beispiel für hybride Materialien nennen sie Co-Au-Komponenten bzw. Legierungen aus CoPt sowie FePt.

Als Präkursor zur Herstellung von Au eignen sich Tetrachloridogoldsäure ($HAuCl_4$) oder andere vorbehandelte Kolloide. Bei Verwendung von D-Layern als biologische Gerüstmatrixen sind keinerlei Zusatzstoffe in Form von z. B. interpartikularen Bindemitteln erforderlich. Es sind somit mithilfe von Biotemplaten die Synthese und Organisation anorganischer Nanostrukturen in exakt definierte Architekturen realisierbar. Übergreifend betonen Sotiropoulou et al. (2008) die Vorteile der *Bottom-up*-Technik gegenüber den *Top-down*-Ansätzen, z. B. für die Konstruktion von nanoelektromechanischen Systemen (NEMS).

(l) Proteinmaske

Eine elektrochemische Nanofabrikation unter Einsatz kristalliner Proteinmasken beschreiben Allred et al. (2005). Hierzu benutzen sie das für die Synthese der kristallinen S-Layer zuständige Protein von *Deinococcus radiodurans* als eine Art Maske zur elektrisch angetriebenen Ablagerung. Das Substrat wird mittels der Adsorption der S-Layer beschichtet, die S-Layer entstammt einem speziellen Proteinextrakt in wässriger Lösung. Durch diese Prozedur entsteht eine perforierte Maske mit 2–3 nm weiten Öffnungen, vorgesehen zur Ablagerung des Substrats. Es lässt sich eine vollständige oder partielle Bedeckung der Oberfläche kontrolliert implementieren. Auf diese Weise gelingen Allred et al. (2005) die Erzeugung von geometrisch arrangierten Clustern, bestehend aus Cu_2O, Ni, Pd, Pt sowie Co mit einer hexagonalen Periodizität der Proteinöffnungen von 18 nm. Über die hochaffinen Wechselwirkungen zwischen dem S-Layer-Protein SbsC mit sekundären Zellwand-Polymeren von *Geobacillus stearothermophilus ATCC 12980* berichten Ferner-Ortner et al. (2007) und Avall-Jääskeläinen & Palva (2005) erörtern betreffs der S-Layer von *Lactobacillus sp.* mögliche Anwendungen auf dem Gebiet der Gentechnik.

(m) SlaA-Ghost-Matrix

Von magnetischen Au-NP auf S-Layern von *Archaea* sowie den Unterschieden in der Funktionalität von S-Layern, angetroffen bei unterschiedlichen Mikroorganismen und im Zusammenhang mit der Anlage von magnetischen Au-NP auf S-Layern von *Archaea*, berichten Selenska-Pobell et al. (2011). Bei der Reduktion von Au^{3+} zu Au^0 erweist sich die präparierte S-Layer (*SlaA-Ghost matrix*) von *Sulfolobus acidocaldarius* (*ghost cell*) gegenüber der S-Layer von *Bacillus sphaericus* als effizienter, Abschn. 2.2.1 (b)/Bd. 2. Darüber hinaus, und im Gegensatz zur S-Layer von *B. sphaericus*, offerieren die *SlaA-Ghosts* ein hervorragendes makromolekulares Templat zur Bildung magnetischer Au^0-NP. Die Vorzüge der *SlaA-Ghost*-Matrix scheinen mit der ungewöhnlichen Gestalt und den biochemischen Charakteristika, verantwortlich zur exakten Ablagerung der Au-Kationen, verbunden zu sein. Allem Anschein nach sind die Thiolgruppen (Abschn. 2.3.7 (f)) des einbezogenen *SlaA*-Proteins zur Präzipitation der Au^{3+}-Ionen innerhalb des *SlaA-Ghosts*, ihrer wirkungsvollen Reduktion sowie der Evokation des Magnetismus in den reduzierten Au^0-NP fähig bzw. miteinbezogen (Selenska-Pobell et al. 2011).

(n) Affinitätstags

Eine Rekognitionsbildgebung (engl. *recognition imaging*) und ein hochgeordnetes molekulares Templating von Nanoarrays aus bakteriellen S-Layern, versehen mit Affinitätstags, konstruieren Tang et al. (2008), Abschn. 1.3.4 (c)/Bd. 2. Über den Einsatz des chimerisch auftretenden, auf die bakterielle S-Layer bezogenen Proteins *SbpA* mit dem Affinitätstag *Strep-tagII* fusioniert, ist eine Konstruktion von funktionalen Nanoarrays möglich. Das auf diese Weise hergestellte Konstrukt ist diversen Messtechniken zugänglich, z. B. speziellen Formen der Spektroskopie. Tang et al. (2008) berichten in diesem Zusammenhang von der hohen geometrisch-räumlichen Positionierung der den *Strep-tagII* führenden Sites, d. h. 1,5 nm. Aufgrund dieser Merkmale und der Beobachtung eines ungehinderten Zutritts zu den diskret-individuellen *Strep-tagII* scheinen die o. a. Vorlagen als technisch verwertbare Template geeignet, z. B. zur Konstruktion von u. a. hochgeordneten Mustern auf molekularer Ebene.

(o) Funktionstüchtigkeit

Über einen intensiven Paramagnetismus von Au-NP, angelagert auf einer S-Layer von *Sulfolobus acidocaldarius*, berichten Bartolomé et al. (2012). Ihren Daten zufolge belaufen sich die Werte für das magnetische Moment eines Au-Partikels auf $M_{(part)} = 2,36\,\mu_B$, und das magnetische Moment eines Au-Atoms nimmt, im Vergleich mit Au-Nanopartikeln, aufgrund einer besonderen Konfiguration im Schalenaufbau einen 25-mal höheren Betrag an.

(p) Palladium (Pd) und Platin (Pt)

NP aus (Übergangs-)Metallen besitzen einzigartige, größenabhängige elektronische, optische und katalytische Eigenschaften mit deutlichen Unterschieden gegenüber dem *bulk*. So verfügen NP aus Pd über spezifische physikalische Merkmale, die sie für industrielle Anwendungen, wie z. B. Katalyse und Elektronik, interessant machen. Jedoch gestaltet sich eine vorhersehbare und kontrollierte Synthese von NP als große Herausforderung, da das Reaktionsumfeld ungünstige Stoff- und Energiebilanzen aufweist, unerwünschte Nebenprodukte produziert und sich bislang das Wachstum einer präzisen Kontrolle entzieht.

Hier bieten aufgrund ihrer präzisen Struktur und Größe biologische Supramoleküle geeignete Template zur NP-Synthese an. In einem geeigneten Versuchsumfeld lässt sich über virale Nanotemplate eine einfache kontrollierbare Synthese von Pd-NP durchführen ([2]Manocchi et al. 2010). Speziell exakt platzierte Thiol-Funktionalitäten eines genetisch modifizierten Tabakmosaikvirus (*TMV1cys*) zur einfachen Organisation auf Oberflächen und kontrollierbaren Synthese von Pd-NP über eine außenstromlose Abscheidung eignen sich offensichtlich zur technischen Verwertung.

Eine AFM-Analyse zeigt eine justierbare „Bestückung" der Oberfläche, wobei die Erzeugung der Pd-NP vorzugsweise an den *TMV1cys*-Templaten geschah und via Konzentrationsänderung des Reduktionsmittels steuerbar ist. In diesem Zusammenhang erweist sich die GISAXS (*grazing incidence small-angle X-ray scattering*) als wirkungsvolle Technik, um die Spannweite der Größen und Einheitlichkeit der Pd-NP zu untersuchen. Insgesamt bietet sich ein weiterer Ansatz zur Generierung von Nanostrukturen und der Synthese von Nanokatalysatoren an ([2]Manocchi et al. 2010).

Mithilfe eines neuartigen Verfahrens, das sich der Elektronenstrahl-Technik und des TEM bedient, gelingt es, auf S-Layer-Templaten von Bacillus sphaericus NCTC 9602 räumlich hochgeordnete Strukturen (engl. *arrays*) aus Pd- und Pt-NP zu erzeugen (Wahl et al. 2001). Die Nukleation der Kristallkeime ereignet sich in den Zwischenräumen der S-Layer-Gitter, die auf einem festen Trägermaterial fixiert ist. So ist die Metallisierung durch Pd-NP-Cluster, umgesetzt unter Zuhilfenahme zweier unterschiedlich reduzierender Agentien, d. h. H_2 und Dimethylaminoboran, auf kristallinen bakteriellen S-Layern durch EM und ein *small-angle scattering* von Röntgenstrahlen und Neutronen beschrieben (Aichmayer et al. 2006).

(q) Mesoporige Matrix

Durch die S-Layer.Technologie erzielen Kleps et al. (2009) eine mesoporige Matrix aus Proteinen. Mittels des Einsatzes einer S-Layer des *Haloarchaea*-Stamms *Haloferax sp.* als Untereinheit können poröse Si-(PS-)Substrate hergestellt werden. Eine Anlagerung der S-Layer auf den PS-Substraten lässt sich unter sterilen Bedingungen und einer Inkubationszeit von 24 h bei 4 °C und 24 °C durch Eintauchen von PS-Probenmaterial in eine S-Layer-haltige Lösung durchführen. Zur Bestimmung der S-Layer-Fixierung auf dem porösen Si-Substrat kommt als Analysetechnik die Spektrometrie mit einer Wellenlänge von 280 nm in Betracht. Hierbei erfolgt eine Messung der gelösten Proteinkonzentration vor und nach der Inkubation der PS-Substrate.

(r) Qualitätsmerkmale

Die magnetischen Eigenschaften von Nanoclustern aus (Übergangs-)Metallen, fixiert auf einem biologischen Substrat, publizieren Herrmannsdörfer et al. 2007. Die Korngröße der NP beträgt ca. 1 nm. Als Substrat zur Bindung wurde die aufgereinigte parakristalline, selbstorganisierende S-Layer von *Bacillus sphaericus JG-A12* gewählt. Sie setzt sich aus identischen Proteinmonomeren zusammen und formt eine rechteckige Symmetrie. Ersten Daten zur magnetischen Suszeptibilität zufolge, bereitgestellt durch ein SQUID-Magnetometer ($0 < B < 7\,T$ und $1{,}8 < T < 400\,K$), treten ungewöhnliche magnetische Eigenschaften auf. Im Vergleich mit den entsprechenden *Bulk*-(Übergangs-)Metallen kommt es z. B. betreffs der D-Konduktion-Elektronen-Suszeptibilität zu einer erheblichen Minderung des *Stoner*-Erhöhungsfaktors (*Stoner enhancement factor*) in den Pd- und Pt-Nanoclustern (Herrmannsdörfer et al. 2007).

Der abgeschwächte Magnetismus der 5d-Elektronen übernimmt, bei der Justierung des Gleichgewichts zwischen Elektron und Phonon sowie konkurrierenden magnetischen Wechselwirkungen, möglicherweise eine entscheidende Rolle für das Auftreten einer Supraleitung in mikrogranularem Pt (Herrmannsdörfer et al. 2007).

Zusammenfassend

lassen sich speziell S-Layer, bei der Funktionalisierung von Oberflächen, in abgewandelter Form mit Techniken wie Lithographie vergleichen. S-Layer ermöglichen neben Methoden, die sich der Ganzzellverfahren bedienen, den technischen Einsatz isolierter Biokomponenten. Sie sind einfach zu generieren, zu lagern, zu verarbeiten und bilden problemlos zu entsorgende Reststoffe in Form von nicht toxisch auftretender Biomasse. Neben der planaren, d. h. 2-D-Anordnung von metallischen Nanoclustern gibt es via virale Matrizen die Möglichkeiten, metallische NP im 3-D-Raum mit geometrischer Symmetrie anzulegen.

5.4.3 Virale Matrizen

Ein weiteres wichtiges Hilfsmittel zum räumlichen Arrangement metallischer NP bietet sich in Form viraler Matrizen an. Viren repräsentieren zwecks der Synthese von NPn ein kleinräumiges, präzise begrenztes Umfeld sowie eine durch Proteine bereitgestellte Oberflächentopologie, d. h. Ladung der Residuen, Oberflächenrelief, Polarität etc., geeignet für Eingriffe zur Modifikation auf molekularer Ebene. Virale Matrizen werden durch Strukturproteine erstellt. Ein gut studiertes Matrixprotein ist das M1 Protein des Influenzavirus. Daneben sind im Zusammenhang mit dem Tabakmosaikvirus (*MTV*) Präzipitate metallischer NP beschrieben. Eine vergleichende Analyse viraler Matrixproteine unter Einsatz eines *Disorder*-Prädiktors stellen Goh et al. (2008) an. Als vermutetes Bindungsglied zwischen der Schutzhülle und dem Nukleocapsid tritt ein virales Matrixprotein in Erscheinung. Nach bislang vorliegendem Stand der Kenntnis ist es offensichtlich für mehrere Funktionen zuständig, z. B. für die Einbeziehung in die Assemblierung des Virus und die Stabilisierung der Hülle aus Lipiden (Goh et al. 2008). Generell ähneln sich die Matrix-Proteine diverser Virentypen in struktureller, funktionaler und evolutionärer Hinsicht, ausgedrückt in ähnlicher RNS und membranbindenden Domänen. Als Beispiel für einen Virenvertreter, versehen mit einer Matrixlage, führen Goh et al. (2008) *Lentivirinae* auf.

(a) Gold (Au)

Zur nanoskaligen metallischen Umhüllung einer viralen Gerüststruktur publizieren Radloff et al. (2005) ihre experimentellen Arbeiten. Als Substrat zur Fabrikation von metallodielektrischen, plasmonischen Nanostrukturen scheint sich der Virus *Chilo iridescent* zu eignen. Die o. a. Autoren versehen in ihren Experimenten den viralen Kern eines Wildtyps mit einer Schale aus Au, die aus 2–5 nm großen Au-NP besteht und über eine chemisch, an der Oberfläche des proteinhaltigen viralen Capsids inhärent auftretende Funktionalität ermöglicht wird. Die Dichte der Nukleationsites lässt sich via Abschwächung der abstoßenden Kräfte zwischen den Au-Partikeln durch die Zugabe eines Elektrolyten signifikant erhöhen. Im Anschluss dienen die Au-NP als Nukleationspunkte für eine außenstromlose Abscheidung von Au-Ionen aus der Lösung um das einbezogene Biotemplat (Radloff et al. 2005).

Analysen, d. h. optische Auslöschungsspektren, des metallführenden viralen Komplexes stimmen quantitativ mit dem theoretischen Ansatz, d. h. der *Mie-Scattering*-Theorie, überein. Generell gestatten der Einsatz nativer Viren sowie die dem viralen Capsid innewohnende chemische Funktionalität die Verwendung als biologische Blaupausen für z. B. die Erzeugung metallischer, dielektrisch wirkender Nanoschalen (engl. *nano shells*) in großen Mengen. Im Unterschied zu bislang eingesetzten Si-Präkursorn lassen sich mithilfe des o. a. Technologieansatzes Nanoschalen mit verbesserten Eigenschaften, geringerer Größenverteilung sowie kleinerem Durchmesser, d. h. < 80 nm, herstellen (Radloff et al. 2005).

Mit dem Thema virale Template zur Synthese von Au-NP beschäftigen sich Slocik et al. (2005). Für experimentelle Studien zur Synthese von Au-NP setzen die o. a. Autoren zu einer auf Reduktion und Symmetrie ausgerichteten Synthese virale Template ein. Über einen Elektronentransfer von der Oberfläche zu Residuen von Tyrosin reduziert das virale Capsid $AuCl_4^-$ mit dem Ergebnis einer mit Au versehenen viralen Oberfläche. Nach Einschätzung ihrer Beobachtungen scheint die virale Reduktion selektiv aufzutreten. Wie die o. a. Autoren am Beispiel von Ag^+, Pt^{4+} sowie Pd^{4+} demonstrieren, kommt es zu keiner Reduzierung zu nullvalenten Au-Nanoclustern. Aus Au^{3+}- sowie Pd^{2+}-führenden Prekursern wurde via Biosorption sowie Reduktion eine Art *feste* Lösung bzw. Legierung aus Au-Pd auf einem genetisch veränderten TMV, d. h. *TMV1Csy*, ausgefällt ([1]Lim et al. 2010). Zur Analyse der Morphologie eignet sich u. a. die TEM, Abschn. 1.3.4 (a)/Bd. 2. TEM-Aufnahmen zur Ablagerung von AuPd auf mit Cystein präparierten TMV enthüllen die Aufnahme der AuPd-Legierung durch Cystein des TMV ([1]Lim et al. 2010), Abb. 5.49. Speziell Viren genießen hinsichtlich der Herstellung von nanoskaligen Geräten, wie z. B. Nanoelektronik, Batterien, Katalyse u. a., seit geraumer Zeit zunehmende Aufmerksamkeit (Goh et al. 2008, [1]Lim et al. 2010).

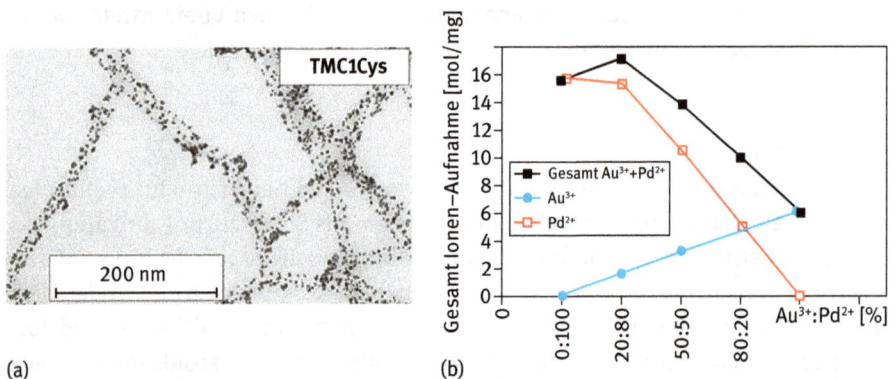

(a)   (b)

Abb. 5.49: (a) TEM-Aufnahme einer Deposition von AuPd auf mit Cystein präpariertem TMV sowie (b) Aufnahme diverser Edelmetalle durch Cystein des TMV ([1]Lim et al. 2010).

(b) Platin (Pt)

Lee et al. (2005) synthetisierten nanoskalige, leitende Pt-Cluster mithilfe viraler Biotemplate, erstellt von gentechnisch veränderten TMV (engl. *tobacco mosaic virus*). Die Ablagerung von Pt-Clustern geschieht in ihren Experimenten auf der äußeren Hülle des TMV.

Über eine *In-situ*-Mineralisation von Hexachloroplatinatanionen ($[PtCl_6]^{2-}$) sind auf einer mit Cystein versehenen Oberfläche des veränderten TMV nanoskalige Pt-Cluster synthetisierbar. Durch eine spezifische Bindung zwischen Thiolen und den Metallclustern kommt es zur Ablagerung. Allem Anschein nach bilden sich in wässrigen Lösungen auf konstruierten TMV entsprechende Pt-Thiolat-Addukte, die wiederum als Sites zur Nukleation für die Bildung von Pt-Clustern wirken (Lee et al. 2005). Zwecks Einsicht in die Art der Bindung zwischen den Pt-Clustern und den konstruierten TMV-Templaten eignen sich bestimmte Formen der UV-Spektrometrie und eine sog. Quarzkristall-Mikrobalanceanalyse. Gemäß ihren Aufzeichnungen von Lee et al. (2005) weisen die mit Pt-Ablagerungen beschichteten TMV gegenüber den unbehandelten Proben eine bessere elektrische Leitfähigkeit auf. Möglicherweise ergibt sich hieraus die Option einer Verwendung in elektrischen Schaltkreisen, z. B. mit der Aufgabe eines rasch reagierenden Sensors. Unter Einsatz eines genetisch modifizierten, röhrchenförmigen Tobamovirus gelang die Synthese von linear angeordneten magnetischen, 3 nm großen NP (Kobayashi et al. 2010). Hierzu wurden, um die Anzahl der Nukleationsites zu erhöhen, die dem Zentralkanal des Virus zugewandten Aminosäurenreste modifiziert. EDX-Analysen sowie *superconducting quantum device analysis* legen die Vermutung nahe, dass die Partikel aus einer Co-Pt-Legierung bestehen.

Zusammenfassend
bieten virale Matrizen, angeboten durch z. B. den TMV, Optionen einer geometrisch strukturierten Anordnung metallischer Nanopartikel/-cluster mittels u. a. auf molekularer Ebene, z. B. Au, Pt.

5.4.4 DNS-Templating

Neben viralen Matrizen steht mit einem DNS-Templating eine weitere Methode zur räumlichen Anordnung von NP zu Clustern zur Verfügung. DNS, als genetischer Informationsspeicher und Ausgangsbasis zur Expremierung, verfügt über die Fähigkeit, als programmierfähiges Molekül sowie selbstassemblierende (Abschn. 4.4 (a)) funktionale Einheit aufzutreten. Molekular zusammengesetzte Systeme erlauben es, unter Verwendung der Nukleobasensequenzierung, die gewünschten Attribute in geeigneter Weise zu codieren. Als Biomolekül zur programmierfähigen Selbstorganisation von funktionalen Einheiten bzw. als bioinspiriertes Templat scheint die DNS zur programmierbaren Annordnung von Metallclustern geeignet zu sein (Tanaka & Shionoya 2007). Über eine durch DNS-Templat unterstützte Metallkatalyse, d. h. Cu^{2+}-Komplex, berichten Brunner et al. (2003). Durch den Einsatz eines DNS-Templats gelingen Dai et al. (2005) strukturierte Anordnungen von Ag-NP.

Die Nukleation und das Wachstum von Metallclustern auf einem DNS-Templat beleuchten Mertig et al. (2002). Aus Anlass einer Herstellung von molekular konstruierten metallischen Nanodrähten über die Ablagerung von Metallen auf der DNS führten Mertig et al. (2002) entsprechende Untersuchungen durch. Bei ihren Arbeiten stützen sie sich auf Eigenschaften der DNS wie Rekognition (Abschn. 4.4), Assoziation und Bindungskapazität. Den o. a. Autoren gelingt es mittels dieser Vorgehensweise, mikroskopisch kleine Au-Elektroden an diskrete DNS-Moleküle in einer sitespezifischen Weise anzukoppeln und durch ein Templat gestütztes Wachstum von Metallpartikeln entlang diesem Biopolymer zu erreichen. Es steht offensichtlich somit ein Verfahren zur Verfügung, das die kinetisch gesteuerte, störende homogene Nukleation von Metall(-spezifikationen) supprimiert und eine hoch reine *In-situ*-Metallisierung der Biomoleküle gewährt. In Übereinstimmung mit ihren Experimenten erörtern Mertig et al. (2002) den Einfluss der Zusammensetzung, angeboten durch die DNS-Sequenz, auf die Kinetik der Metallisierung.

(a) Gold (Au)

DNS als Biotemplat scheint sich zur photochemisch angeregten Generation von Au- und/oder Ag-NP zu eignen (Bunghez et al. 2013). Mittels der Methoden der Nanotechnologie offenbaren sich die Eigenschaften der DNS. Sie erstrecken sich vom biologischen Verhalten bis hin zur Funktion der DNS. Im Sinne einer Vorlage als nanoskaliges Biotemplat synthetisierten Bunghez et al. (2013) mithilfe einer Ausgangslösung aus DNS, $HAuCl_4$ sowie $AgNO_3$ in Anwesenheit von polychromatischem Licht stabile Au- und Ag-NP. Für den Ablauf der Reaktion wurde von den o. a. Autoren ein Zeitraum von ca. 30 min ermittelt.

Zusammenfassend

repräsentiert die DNS eines der ältesten natürlich vorkommenden Polymere und erscheint für die Konstruktion von Materialien innerhalb der Nanotechnologie als aussichtsreiches Hilfsmittel. DNS-Templating erweitert das Inventar an Hilfsmitteln zur räumlichen Anordnung von metallischen NP auf der Nanometerskala und repräsentiert eine Vorgehensweise im Sinne einer *Bottom-up*-Strategie zur Produktion metallischer NP.

5.5 Stabilität der Nanokristallite

Generell sind Nanomaterialien den Einflüssen und Besonderheiten seitens der atomistischen Ebene, wie z. B. der *Brown*'schen Molekularbewegung, ausgesetzt. Eingedenk dessen sehen sich Nanokristallite auf sowohl physikalischer als auch chemischer Ebene mit sehr unterschiedlichen Stresseinflüssen konfrontiert und unterliegen daher theoretischen und experimentellen Studien u. a. seitens der interdiszplinär arbeitenden Materialwissenschaften/Werkstofftechnik. Als physikalische Merkmale einer mineralisierten Phase treten zunächst die vom Chemismus abhängige Struktur, Größe und Morphologie auf, mit entscheidender Bedeutung für andere Eigenschaften, z. B. mechanisches, optisches, magnetisches Verhalten. Einer der Qualitätsansprüche seitens einer industriellen und kommerziellen Verwertbarkeit von biogen erzeugten metallischen Nanopartikeln/-clustern ist ihre Stabilität gegenüber unterschiedlichen Arten von Stress, z. B. Temperatur, Druck etc., wobei sowohl physikalische als auch chemische Stressphänomene einzeln oder in Kombination via z. B. interpartikuläre Wechselbeziehungen auftreten können. Von der Belastbarkeit der biogen erzeugten metallischen Nanopartikel/-cluster unter insbesondere industriellen Bedingungen hängt ihr technisch-wirtschaftlicher Einsatz ab. Denn generell scheinen sich z. B. Biomagnetite zur Speicherung von Daten zu eignen (Bókkon & Sahari 2010).

5.5.1 Physikalische Widerstandsfähigkeit

Temperatur und Atmosphäre nehmen Einfluss auf das Auftreten und die Intensität der physikalischen Eigenschaften, z. B. Veränderungen beim Erhitzen von paramagnetischen Materialien. Ein physikalischer Stress kann sich u. a. aus Druck und Temperatur ergeben, mit entsprechenden Auswirkungen auf die nanoskaligen Partikel und letztendlich, wenn vorhanden, auf den gesamten Clusterverband. Die Qualität, d. h. Widerstandsfähigkeit, der metallischen Nanocluster orientiert sich an diversen physikalischen Parametern/Eigenschaften:

- Masse und Volumen,
- Oberflächenladung,
- Adhäsionsvermögen,
- Schmier- und Fließverhalten,
- Kratzfestigkeit und Unempfindlichkeit gegen Bruch.

Materialeigenschaften sind durch Merkmale wie z. B. innere Strukturierung geprägt, und die wenigsten Materialien liegen in einem Gleichgewicht vor. Materialeigenschaften sind klassifiziert in:

- mechanisch,
- thermisch,
- elektrisch,
- optisch,
- magnetisch.

Den Verfall von biogenem superparamagnetischen Fe_3O_4 schildern [3]Li et al. (2009). Nach einer Inkubationszeit von 265 h und 5-jähriger Lagerung unter anaeroben Bedingungen unterzogen die o. a. Autoren über die Reduktion von Fe^{3+} durch *Shewanella algae BrY* produzierte Fe_3O_4-Kristalle Analysetechniken wie TEM, *Mössbauer* Spektroskopie und RDA. Die Fe_3O_4-Kristalle verhielten sich typischerweise superparamagnetisch mit einer ungefähren Größe von 13 nm, und die Gitterkonstanten der Kristalle beliefen sich auf 8,41 Å auf 265 h bzw. 8,37 Å auf 5 a. Wie durch die *Mössbauer* Spektren angezeigt, weisen die Fe_3O_4 mit der Inkubation von 265 h in der Kristallchemie einen Überschuss von Fe^{2+} auf, d. h. $Fe^{3+}_{1,990}Fe^{2+}_{1,015}O_4$, wohingegen der Fe_3O_4 mit einer Lagerungsdauer von fünf Jahren einen Unterschuss an Fe^{2+} in der Stöchiometrie, d. h. $Fe^{3+}_{2,388}Fe^{2+}_{0,419}O_4$, zeigte.

In der Veränderung der Kristallchemie sehen [3]Li et al. (2009) einen möglichen Hinweis auf den Abbau des superparamagnetischen Fe_3O_4, verursacht durch eine in wässriger Lösung unter anaeroben Bedingungen stattfindende Oxidation von Fe^{2+} und der gleichzeitigen Aufoxidierung von organischen Phasen, z. B. fettsäurehaltige Methylester, die während der anfänglichen Genese von Fe_3O_4 anwesend sind. Mit zunehmendem Zeitablauf bildet sich eine einer Corona ähnelnde Struktur um den Fe_3O_4. Diese Beobachtung scheint eine anaerobe Oxidation von Fe^{2+} in den äußeren Lagen der Fe_3O_4-Kristalle zu bestätigen ([3]Li et al. 2009). Den publizierten Ergebnissen zufolge könnte eine Verbindung zwischen der enzymatischen Aktivität der Bakterien und der Stabilität des an Fe^{2+} angereicherten Fe_3O_4 bestehen. Überlegungen dieser Art bieten eine Erklärung, warum im natürlichen Umfeld stabile Fe_3O_4-NP äußerst selten anzutreffen sind ([3]Li et al. 2009). Am Beispiel von bakteriogenen Fe-Oxiden, bereitgestellt von FeOB wie *Gallionella*, *Leptothrix* sowie *Mariprofundus*, unterziehen Ferris et al. (2015) die Partikel einem hydrodynamischen Stress mit dem Ergebnis einer Fragmentierung der Fe-Oxide.

(a) Greigit

Über die Beständigkeit von magnetischen NP, z. B. in Form von Greigit ($Fe^{2+}(Fe^{3+})_2S_4$), gibt es offensichtlich Hinweise aus paläontologisch ausgerichteten Arbeiten. Greigit-Magnetosome ergeben ein in rezenten Sedimenten weit verbreitetes Phänomen. Allerdings ist die Ansprache von fossilem Greigit nicht unumstritten. So stellen z. B. Vasiliev et al. 2008, Greigit-(Fe_3S_4-)führende Magnetofossilien aus Tongesteinen des Pliozän vor. Um die Herkunft der nm-großen Mineralisationen aus Greigit zu bewerten, generierten sie mithilfe von TEM, Elektronenbeugung und felsmagnetischen Analysen validierfähiges Datenmaterial.

Die untersuchten Kristalle weisen in Übereinstimmung mit rezentem Magnetosomgreigit eine mit wenigen kristallographischen Defekten Einfachdomäne und Morphologie auf, die mit intrazellulär synthetisiertem Greigit übereinstimmt. Vasiliev et al. (2008) vermuten, dass sie magnetosomalen Ursprungs sind und somit die bislang ältesten beschriebenen Greigit-Magnetofossilien darstellen. Bemerkenswert ist in diesem Zusammenhang die Beobachtung, dass das magnetische Signal seit seiner Akquisition über einen Zeitraum von mindestens 2,6 Mio. Jahren stabil verblieb (Vasiliev et al. 2008).

(b) Virale Metall-NP-Komplexe

Hinsichtlich ihrer Leistungsfähigkeit, d. h. thermischen Stabilität, unterzogen [1]Manocchi et al. (2010) virale Metall-NP-Komplexe, bestehend aus TMV und Pd-NP, entsprechenden Untersuchungen. Als Analysetechnik stand eine GISAXS (engl. *grazing incidence small-angle X-ray scattering*) zur Verfügung, Abschn. 1.3.5 (g)/Bd. 2. Die o. a. Autoren berichten von einer erheblich höheren Stabilität der Pd-NP wenn sie, im Gegensatz zu festen Substratoberflächen, auf TMV entstehen. Weiterhin verweisen [1]Manocchi et al. (2010) auf die Gleichzeitigkeit von Pd-NP-Agglomeration sowie den

Abbau von TMV-Templaten. Als ein Ergebnis ihrer Arbeiten verweisen die o. a. Autoren u. a. auf die Möglichkeit von *In-situ*-Analysen, selbst sehr feine Veränderungen in Virus-NP-Komplexen, als Vertreter hybrider Materialien und Bestandteil dynamischer Systeme, zu registrieren. Aufgrund ihrer präzisen Größe und Form bieten biologische Supramoleküle technisch interessante Template für eine NP-Synthese und die Herstellung von Nanogeräten an. Über die thermische Stabilität von auf einer Oberfläche aufgetragenen viralen Metall-NP-Komplexen berichten [1]Manocchi et al. (2010), Abb. 5.50.

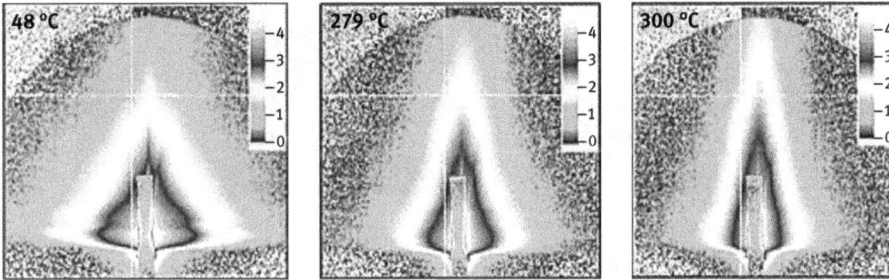

Abb. 5.50: Temperaturbeständigkeit von Pd-Nanoclustern (Manocchi et al. 2010).

(c) Umweltbezogene Einflüsse

Bezüglich *Magnetospirillum magneticum AMB-1* scheinen umweltbezogene Faktoren die Synthese von Fe_3O_4-führenden Magnetosomen zu beeinflussen. In Verbindung mit einer biologisch kontrollierten Mineralisation diskutieren Li & Pan (2012) ihre Schlussfolgerung. Aufgezogen unter verschiedenen Bedingungen, offenbaren sowohl SAED- als auch HRTEM (Abschn. 2.3.4 (b)) für die Magnetosome des Zellmaterials vom *AMB-1* als einzige Fe-haltige Mineralphase Fe_3O_4 (Li & Pan 2012). Ungeachtet dessen, dass sie unter unterschiedlichen Konditionen angelegt wurden, illustrieren gleichzeitig HRTEM-Aufnahmen von einzelnen Fe_3O_4-Magnetosomen, aufgezeichnet entlang der [011]-Zonenachse, mit assoziierten *Fast-Fourier-Transform*-Aufnahmen sowie morphologischen Idealmodellen, ein abgestumpftes Oktaeder, d. h., sie zeigen keine erkennbaren Unterschiede im Kristallhabitus (Li & Pan 2012), Abb. 5.21.

(d) Größe

Die Größe eines NP stellt einen hochsensiblen Parameter dar. Zwecks kommerzieller Verwertung ist die Einheitlichkeit eine unerlässliche Forderung, da es z. B. in der Optik bei geringen Unterschieden in der Größe zu einer veränderten Farbdarstellung kommt, Abb. 5.53. Am Beispiel von Au-NP betont Liz-Marzán (2007) die Abhängigkeit der optischen Eigenschaften von der Größe, visualisierbar über Nahfeldverstärkungsfelder. Denn geringfügige Abweichungen in der Größe führen zu Änderungen im Plasmonenband, d. h. in der Farbdarstellung, Abb. 5.51.

(e) Morphologie

Die Abhängigkeit der optischen Eigenschaften von der Morphologie, veranschaulicht an Dekaedern aus Au, evaluiert Liz-Marzán (2007) in seinem Artikel. Er vergleicht dekaedrische, mit Kanten versehene Partikel mit sphärischen Phasen. Es kommt bei Arbeiten mit Nahfeldverstärkungseffekten trotz identischer Größe, aber abweichenden Morphologien, zu deutlich unterschiedlichen, optischen Auswirkungen, d. h. je nach Oberfläche zu azimutalen bzw. polaren Plasmonenmodi, Abb. 5.51 und 5.52.

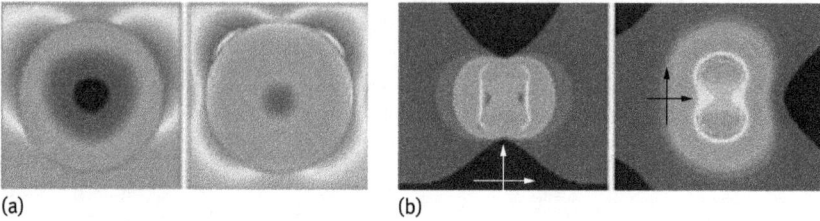

(a)   (b)

Abb. 5.51: Abhängigkeit der optischen Eigenschaften von der Größe, d. h. abweichende Seitenverhältnisse am Beispiel von Au-NP, dargestellt über Nahfeldverstärkungsfelder (Liz-Marzán 2007).

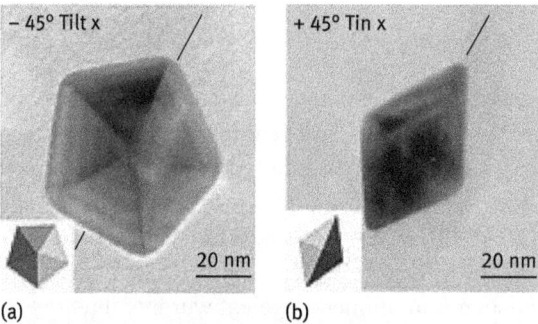

(a)   (b)

Abb. 5.52: Morphologie und unterschiedlich ausgeprägte Plasmonenmoden, veranschaulicht durch Nahfeldverstärkungsfelder (Liz-Marzán 2007).

(f) Magnetismus

Über die Stabilität von Fe_3O_4 berichten Alphandery et al. (2009). Von den in Frage kommenden Bakterien extrahierte Magnetosomketten bilden kompakte Aggregate, die zu einer Erhöhung der dipolaren Interaktionen zwischen ihnen führen. Entsprechende Versuchsanordnungen zeigen, dass die Orientierung der Magnetosomachsen keine erkennbare Auswirkung auf die magnetische Antwort ausübt. Zur Entfernung der die Magnetosom verbindenden biogenen Materialien sind diese in Anwesenheit von 1 % Natriumoddecylsulfat (engl. *sodium dodecyl sulfate* = SDS) 1 h auf 90 °C zu erhitzen (Alphandery et al. 2009). Infolge ihrer Studien ziehen Alphandery et al. (2009) den Schluss, dass die magnetische Anisotropie überwiegend durch dipolare Wechselwirkungen zwischen den aufgereihten Magnetosomen ausgelöst wird und zu einem geringen Anteil durch die Anordnung ihrer Einfachen Achsen. Der hauptsächliche Anteil der dipolaren Wechselwirkungen könnte von der Größe der Magnetosome, d. h. 20–50 nm, verursacht sein, denn die magnetostatische Energie, als Ausdruck der Intensität dieser Interaktion, verhält sich umgekehrt proportional zum Quadrat des Volumens eines Magnetosoms (Alphandery et al. 2009).

(g) Raumordnung

Eine Visualisierung der Raumordnung der Magnetosome kann über TEM erfolgen, z. B. in *M. magneticum AMB-1*. Das Zellmaterial ist in einem Medium von EMSGM (*enriched magnetic spirillum growth medium*) für 48 h zu kultivieren und bis einer Dichte von $OD_{600\,nm}$ zu konzentrieren (Rioux et al. 2010). Anschließend sind Aliquots von 10 µl auf mit Formvar-Kohlenstoff d. h. Harz für die EM, beschichtete Gitter aufzutragen und im Anschluss mit 1 % Uranlyacetat ($UO_2(CH_3COO)_2 \cdot 2H_2O$) ca. 1 min negativ angefärbt. Die auf diese Weise erzeugten Gitter sind einer Bildgebung durch TEM mit 80 kV zugänglich.

Informationen zur Funktionstüchtigkeit bieten Arbeiten von Kobayashi et al. (2006). Zum einwandfreien Funktionieren müssen die Magnetosome stets exakt eingeregelt werden. Da jedoch die lipiden Bilayermembrane als Fluidphase vorliegen, müssen sich die Fe_3O_4-Kristalle frei bewegen können, d. h., eine freie Rotation innerhalb der Vesikel muss bestehen. Zudem sollten sie bei Bedarf gegeneinander verschiebbar sein, um adäquat auf lokale magnetostatische Wechselwirkungen reagieren zu können bzw. wenn nicht andersartig beansprucht. Kobayashi et al. (2006) vermuten, dass die Stabilität der Magnetosomketten durch eine Kombination von Magnetosommorphologie und den elastischen Eigenschaften biologischer Membranen aufrechterhalten bleibt. So verweisen Analysen mittels HRTEM auf eine abgerundete Morphologie der Magnetosome, d. h. {100}, {110} sowie {111}.

Diese Beobachtung steht im Gegensatz zu den 2-D-Aufnahmen von *In-situ*-Magnetosomen durch die TEM, die bislang rechteckige Prismen bzw. zylindrische Formen für die äußere Form annimmt. Aufgrund der beschriebenen Geometrie kommt es zu einer Verminderung stabilisierender Effekte und Kobayashi et al. (2006) stellen die Überlegung auf, dass sich die Magnetosom intrinsisch instabil verhalten. So ist z. B. eine Rotation eines Kristalls möglich. Auch thermische Fluktuationen an der Membranoberfläche scheinen den Zusammenbruch einer Kette auslösen zu können, Abb. 5.53. Übergreifend definiert sich die magnetostatische Energie für in Wechselwirkung stehende Dipole, d. h. μ_1 sowie μ_2, getrennt durch einen Vektor x:

$$E_{1,2} = \frac{\mu_1 \rightarrow \cdot \mu_2 \rightarrow -3(\mu_1 \rightarrow \cdot n \rightarrow)(\mu_2 \rightarrow \cdot n \rightarrow)}{|x|^3} \tag{5.18}$$

Die sich hieraus ergebenden Werte für intakte magnetische Werte halbieren sich beim Bruch der Magnetosomketten (Kobayashi et al. 2006).

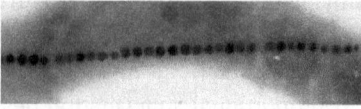

(a)

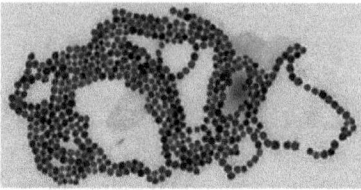

(b)

Abb. 5.53: Experimentelle Beobachtungen vom Auseinanderbrechen der Magnetosomketten in MTB, ohne Maßstabsangabe (Kobayashi et al. 2006).

(h) Nanoindentierung

Unter Nanoindentierung werden Methoden zur Werkstoffprüfung zusammengefasst. Sie dienen der Bestimmung der Härte und stützen sich hierbei auf Techniken der Härteprüfung, wie z. B. die Eindringtiefe. Es wird im nm-Bereich jedoch nicht der Härteeindruck vermessen, sondern aufgrund der Besonderheiten der nm-Dimension die Eindringkraft sowie der -weg des geometrisch konstruierten Messkopfes, d. h. die Indenterspitze.

Eine Erprobung der nanomechanischen Eigenschaften von mit Ni beschichteten Bakterien durch Nanoindentierung studierten [1]Wang et al. (2007). Um Härte und Elastizitätsmodul von durch biologische Matrizen bereitgestellten metallischen Nanomaterialien zu überprüfen, bedienten sich die o. a. Autoren zur Ermittlung mechanischer Eigenschaften der Nanoindentierung, erfolgreich bewährt im Bereich der µm- sowie nm-Skala. Wie durch diverse Analysetechniken, z. B. AFM, TEM (Abschn. 1.3.4 (c)/Bd. 2), bestätigt, zeigen mit Ni beschichtete bakterielle Zellen verbesserte Eigenschaften im Elastizitätsmodul, d. h. 17-fach und Härte, d. h. 50-fach, wobei die Beschichtung über eine außenstromlose chemische Ablagerung geschieht. Allem Anschein nach deutet sich mithilfe der o. a. Methode, dem Biotemplating von metallischen Nanomaterialien, eine deutliche Verbesserung der mechanischen Eigenschaften bakteriellen Zellmaterials an ([1]Wang et al. 2007).

Zu der Oberflächenstruktur und den nanomechanischen Eigenschaften des Bakteriums *Shewanella putrefaciens* unternahmen Gaboriaud et al. (2005) geeignete Untersuchungen. Sie unterzogen bei zwei unterschiedlichen pH-Werten, d. h. 4 und 10, die nanomechanischen Eigenschaften des gramnegativen Bakteriums *S. putre-*

faciens in wässrigen Lösungen *In-situ*-Untersuchungen unter Einsatz der AFM, Abschn. 1.3.4 (c)/Bd. 2. Für beide pH-Werte vermitteln die Kurvenabbildungen, in Beziehung zur progressiven Indentation der AFM-Spitze in die bakterielle Zellwand, nachfolgend sowohl einen nichtlinearen als auch linearen Verlauf, wobei letztgenannter von der Kompression der Plasmamembran herrührt, Abb. 5.54. Nach vorliegendem Datenmaterial demonstrieren die Ergebnisse die Dynamik von in Beziehung mit Oberflächen stehenden Ultrastrukturen als Antwort auf Veränderungen des pH-Werts mit dem Ergebnis von Variationen in den nanomechanischen Eigenschaften wie z. B. das *Young*-Modul.

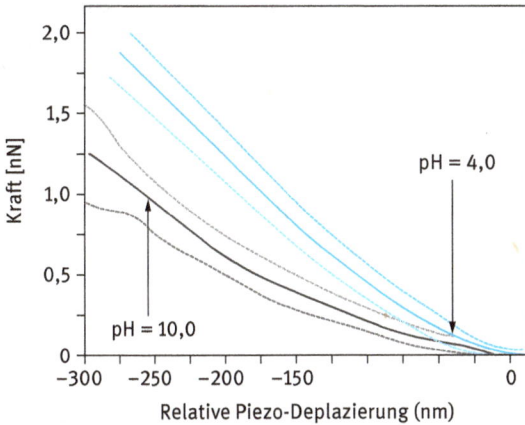

Abb. 5.54: Oberflächenstruktur und nanomechanische Eigenschaften von *Shewanella putrefaciens* bei zwei unterschiedlichen pH-Werten (4 und 10), messtechnisch durch AFM ermittelt (Gaboriaud et al. 2005).

(i) Stabilisierung

Zur Verhinderung einer Veränderung physikalisch-chemischer Merkmale metallischer NP stehen Techniken einer Stabilisierung zur Verfügung, Abschn. 2.2.4 (f)/ Bd. 2. So lassen sich z. B. Au-NP zur Erhöhung der Stabilität sowie Biokompatibilität mit quartären Ammoniumliganden in geeigneter Weise funktionalisieren. Gleichzeitig sind die NP mit Kopfgruppen zur Regelung der Wechselwirkungen mit der Oberfläche ausgestattet (Miranda et al. 2011). Eine Fülle biologischer Systeme hat in Hinsicht auf Edelmetalle hoch entwickelte Mechanismen zur Detoxifikation entwickelt, die zur Bioreduktion und Mineralisation der genannten Metallgruppe führen können. Die genannten Systeme inkorporieren kleine Peptide und Proteine zur Keimbildung (engl. *nucleation site*), d. h. Anbindung von Metallen und Stabilisierung von Nanoclustern. Slocik & Wright (2003) stellen den Gebrauch von biologisch relevanten Liganden im Sinne einer biomimetischen Mineralisation von Nanoclustern aus Edelmetallen dar. Das Spektrum an Liganden reicht von einfachen Aminosäuren, z. B. Hístidin, Cystein, bis hin zu linearen Peptiden, z. B. Glutathion, an Histidin reichen Peptiden. Sie eignen sich zur Stabilisierung einer Reihe von (Edel-)Metalloberflächen, z. B. Au^0, Ag^0, Pt^0 und Cu^0. Insgesamt bieten die verschiedenen Kombinationen an Nanoclustern und Liganden ein breites Spektrum an Größen und Stabilitäten. Zudem offeriert ein Peptidcoating eine funktionale Grundlage zur Bildung größerer Bausätze. Weitere Möglichkeiten zur Fertigung von Nanoclustern bieten sich in Form von Ni-Chelatierung und immunomolekularen Ansätzen an (Slocik & Wright 2003).

Eine Studie von Brown (2001) über eine durch ein Protein vermittelte Partikelassemblierung berichtet von einem bifunktionalen Protein, fähig zur Assoziation mit ähnlichen Materialien. So verhaftet z. B. eine Domäne des Proteins mit metallischem Au, wohingegen eine andere Domäne ein Substrat für einen enzymatischen Transfer von Biotin enthält. Das Protein ist in der Lage, Au im µm-Bereich sowie Kügelchen aus mit Streptavidin beschichteten Polystyren geordnet zu assemblieren. Beide betroffenen Domänen arbeiten unabhängig voneinander. Nach Brown (2001) sind diese mit anderen Proteinen fusionsfähig, die sich daraufhin durch eine Reihe veränderter Eigenschaften in Bindung und Aufbau auszeichnen. Auch können biologische Synthese und eine Stabilisierung von metallischen NP simultan erfolgen. Ein Verfahren beruht auf einer allmählichen Erhitzung einer wässrigen, stärkehaltigen Lösung, die Ag-Nitrat und Glukose enthält. Auf diese Weise lassen sich verhältnismäßig monodisperse Ag-NP synthetisieren. Als Reduktionsmittel dient β-d-Glukose, die Stärke übernimmt einen stabilisierenden Part (z. B. Raveendran et al. 2003).

(j) Datenbanken

Eine hohe Temperaturbeständigkeit von Proteinen bildet die Grundvoraussetzung für ihren Einsatz als Biokatalysator sowie die Evolution neuer Funktionen. Zur Entwicklung einer erhöhten Thermostabilität stehen u. a. Datenbanken zur Ermittlung von Varianten mit ungewöhnlichen Eigenschaften gegenüber der Temperatur zur Verfügung. In diesem Zusammenhang erörtern Bommarius et al. (2006) den Einsatz eines Hochdurchsatzscreenings (engl. *high-throughput screening* = HTS) mit dem Ziel, Informationen zusammen mit anderen Vorgehensweisen, wie z. B. betreffs einer erhöhten Proteinstabilität eine Homologie der Sequenz aus den bestehenden Bibliotheken zu erhalten (Bommarius et al. 2006). Das hierbei entstandene Datenmaterial kann zur Auswertung geeigneten statistischen Techniken unterzogen werden.

Zusammenfassend

verlaufen erste Versuche zur Stabilität biogener NP vielversprechend. Durch fossile Funde belegt, können sich biogen synthetisierte Nanopartikel über längere Zeiträume erhalten (Phoenix et al. 2005). Insgesamt besteht z. B. auf dem Gebiet der Nanotribologie noch ein erheblicher Forschungsbedarf, denn so vermag z. B. physikalischer Stress, z. B. Temperaturerhöhung, eine Störung in der ursprünglichen Architektur der Nanocluster zu bewirken. Jedoch ist beim Arbeiten mit biogen synthetisierten nanoskaligen Materialien auf mögliche umweltbezogene Wechselwirkungen zu achten.

5.5.2 Chemische Resistenz

Zur chemischen Resistenz biogen synthetisierter metallischer NP liegen keine direkten Messungen, Analysen, Studien etc. vor. Es lassen sich allerdings Rückschlüsse aufgrund der mikrobiell-geobiochemischen Attacken auf Minerale ziehen (Gadd 2010), Abschn. 2.4 (a). So stellen z. B. Fe-haltige Mineralisationen hochreaktive Medien dar und es sind daher Kontaminationen aktiver Biomasse zu vermeiden, Abschn. 1.2 (a)/ Bd. 2. Ebenso muss auf die chemische Zusammensetzung der die Herstellungsprozesse begleitenden Atmosphäre bzw. gasförmigen Phasen geachtet werden. Geringste Anteile an S können zu unerwünschten Reaktionen mit metallischen Nanopartikeln/ -clustern und demzufolge zu entsprechenden Beeinträchtigungen führen. Durch CO_2-Zufuhr kommt es zum Verlust der Katalysefähigkeit von Pt. Oxidativer Stress wird z. B. auch im Bereich des *biomining* ausgenutzt, um durch gezielte chemische Eingriffe bestimmte metallische Wertstoffe zu erzeugen, Abschn. 2.5.1 (a)/Bd. 2. Durch die Kombination von Fe^{3+} mit Protonen, beide bereitgestellt durch mikrobielle Aktivitäten, entsteht ein wirkungsvolles Mittel zur Laugung, d. h. Zerstörung metallischer Phasen, z. B. in Form von Sulfiden (Rawlings et al. 2003).

Bei der biogenen Synthese von metallischen NP kann es innerhalb der unterschiedlichen Aggregatzustände, d. h. der Fluidphase, gasförmigen Phase sowie Feststoffphase, zu Wechselwirkungen kommen. Ist in einem Verfahren der Einsatz biologischer Template, z. B. funktionalisierter S-Layer, ausgebildet als reaktives Polymer zur Nukleation von metallischen NP, angedacht, sind biochemische Wechselbeziehungen nicht auszuschließen, eventuell mit der Folge der Entstehung unerwünschter Nebenprodukte. Weiterhin sind NP aus Pyrit durch eine anaerobe, N-abhängige Oxidation via *Thiobacillus denitrificans* angreifbar (Bosch et al. 2012). Mit Nitrat als Elektronenakzeptor (Abschn. 4.6.2) unterliegt Pyrit einer Oxidation zu Fe^{3+} und SO_4^{2-}. Auf die Unterschiede zwischen biogen und nichtbiogen erzeugten metallischen NP verweisen eine Reihe von Veröffentlichungen (z. B. Jung et al. 2007, Oremland et al. 2004).

Zusammenfassend

sind auch, ohne bislang über ausreichende Einblicke hinsichtlich der Resistenz metallischer Nanopartikel/-cluster gegenüber chemischen Einflüssen zu verfügen, über Beobachtungen aus dem geomikrobiologischen Geschehen und rechnergestützte Modellierung geeignete Trends indirekt ableitbar. Im Bedarfsfall können Maßnahmen zur Prävention eingeleitet werden, und wenn erforderlich ist eine Optimierung von Kontrollmechanismen machbar. Aussagen zur Stabilität biogen synthetisierter metallischer Nanopartikel/-cluster wiederum verhelfen zu Aussagen bei Umweltaspekten, z. B. Toxizität. Daher sind bislang vorliegende Kenntnisse zum Verhalten von metallischen NP, gewonnen von nichtbiogen produzierten NP, unbedingt zu berücksichtigen.

5.6 Umweltaspekte

Bei Arbeiten mit biogen synthetisierten metallischen NP ist eine Berücksichtigung der Umweltaspekte eine unerlässliche Forderung. Denn allgemein weist diese Form von Materie einen Größenbereich auf, der mit der Dimension von Mikroorganismen sowie einem Gesamtzellverband übereinstimmt, d. h. nm-Skala. In Verbindung mit Arbeiten in der nanoskaligen Dimension müssen, wenn auch bislang weitgehend unerforscht, zunächst einige Besonderheiten von nanoskaligen Materialien gegenüber ihrem unmittelbaren Umfeld beachtet werden. Flankierende Hinweise auf Einflüsse in Bezug auf die Umwelt ergeben sich aus dem Studium der Stabilität der biogenen Nanopartikel/-cluster.

Ein wesentlicher Vorteil nanoskaliger Materie liegt in der Vergrößerung im Verhältnis der Oberfläche bezogen auf das Volumen. Charakteristisch für NP sind die Verhältnisse von Durchmesser, Größe der Oberfläche, Volumen. So nimmt bei einem Partikel mit einem Radius von 1 mm das Verhältnis Oberfläche zu Volumen einen Wert von $3000 \, m^{-1}$ an. Dahingegen verfügt ein NP mit einem Radius von 10 nm für das Verhältnis von Oberfläche zu Volumen über einen Wert von $3 \cdot 10^8 \, m^{-1}$.

Eine Nanosphäre mit einem Durchmesser von 2 nm weist eine Oberfläche von $13 \, nm^2$, eine Nanosphäre von 100 nm bereits eine Oberflächenerstreckung von ca. $31\,000 \, nm^2$ auf. Bezogen auf das Volumen ergibt eine Nanosphäre von 200 nm ein Volumen von $4\,200\,000 \, nm^3$, d. h. 4,2 mm (url: NanoComposix 2014), Tab. 5.10. Bereits die diversen Größen der NP bewirken ein unterschiedliches Verhalten. Auf die Praxis bezogen, hängt die Wellenlänge von der Größe der NP ab. So sind z. B. von Ag-NP innerhalb eines verhältnismäßig engen Spektrums verschiedenartige optische Effekte erzielbar, z. B. Lösungen mit Ag-NP verschiedenartiger Größe zeigen abweichende Farben, z. B. Rot, Blau, Grün (url: NanoComposix 2014), Abb. 5.55.

Mit dem Aufkommen nanoskaliger Materialien mehren sich kritische Stimmen betreffs der Freisetzung von NP durch z. B. industrielle Fertigungsprozesse, z. B. nanoskalige Fibern etc. Zunächst sind alle gesellschaftspolitischen Bereiche be-

Tab. 5.10: Nanopartikel und die Verhältnisse von Durchmesser, Größe der Oberfläche, Volumen (url: NanoComposix 2012).

Nanosphäre (nm)	Oberfläche (nm²)	Volumen (nm³)	Ratio
2	13	4	3,0
5	79	65	1,2
10	310	520	0,6
20	1 300	4 200	0,3
50	7 900	65 000	0,12
100	31 000	520 000	0,06
200	130 000	4 200 000	0,03

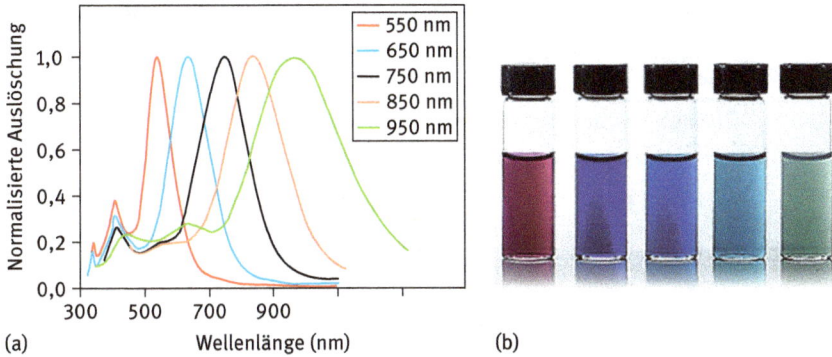

Abb. 5.55: (a) Abhängigkeit der Wellenlänge von der Größe am Beispiel von Ag-Nanopartikeln, (b) Lösungen mit Ag-Nanopartikeln unterschiedlicher Größe (url: NanoComposix 2014).

troffen: Medizin, Umwelt, Gesetzgebung, soziopolitische Akzeptanz. Nanomaterie weist gegenüber der Dimension > 1 µm einige entscheidende physikalische und somit chemische Besonderheiten auf. Obwohl nicht unumstritten, definiert sich gemäß EU-Formulierung Nanomaterial als „ein natürliches, bei Prozessen anfallendes oder hergestelltes Material, das Partikel in ungebundenem Zustand, als Aggregat oder als Agglomerat enthält, und bei dem mindestens 50 % der Partikel in der Anzahlgrößenverteilung ein oder mehrere Außenmaße im Bereich von 1 nm bis 100 nm haben" (url: [1]EU).

Das Auftreten, Verhalten und die Effekte natürlich generierter NP können, innerhalb der Umwelt, aus unterschiedlichen Anlässen erfolgen. Zum einen besteht eine biogen oder geogen initialisierte Bildung (Nowack & Bucheli 2007). Durch anthropogenen Eintrag erhöht sich das Inventar an NP beträchtlich. Neben den unter natürlichen Konditionen in die Umwelt abgegebenen NP kommen, teilweise bislang nicht natürlich auftretende Verbindungen hinzu, z. B. Metallphosphate, PGE, CNT. Eine Form der Klassifikation von natürlich auftretenden NP sieht zunächst C-haltige sowie C-freie Phasen vor (Nowack & Bucheli 2007), Tab. 5.11. C-führende NP treten in z. B. Kolloiden, Ruß, Aerosol, aber auch Mikroorganismen auf. An C-freien Partikeln sind u. a. Metalle, Tone, diverse Oxide vertreten. Als Beispiele für C-führende NP benennen Nowack & Bucheli (2007) Humin-/Fulvinsäuren, Viren, Fullerone. An C-freien NP können z. B. Allophan, Fe-Oxide, elementare Metallen wie z. B. Au, Pt, Se u. a. auftreten.

Grundsätzlich wird die Reaktivität eines Minerals durch eine Reihe von Größen wie z. B. Struktur des Kristallgitters, Orientierung der Kristalloberfläche, Gitterdefekten, adsorbierten Molekülen u. a. determiniert (Konhauser 2007). Der Abbau einer mineralischen Feststoffphase unterliegt, neben der sie umgebenden Geochemie, der chemischen Zusammensetzung, Morphologie und Textur des betreffenden Minerals (Konhauser 2007), Abschn. 2.5. Bei thermodynamisch ausgerichteten Studien zu NP sind die o. a. Merkmale bei z. B. Eintragungen in und Auswertung von Phasendia-

Tab. 5.11: Klassifikation von natürlich auftretenden Nanopartikeln (Nowack & Bucheli 2007).

Bildung	C-Gehalt	Phase	Beispiel
biogen	C-haltig	organische Kolloide	Humin-, Fulvinsäuren
		Organismen	Viren
geogen		Ruß	Fullerene
atmosphärisch		Aerosol	organische Säuren
biogen	kein C	Oxide	Fe_3O_4
		Metalle	Au, Pt, Se
geogen		Oxide	Fe-Oxide
		Tone	Allophan
atmosphärisch		Aerosole	Meersalz

grammen, z. B. *Pourbaix*-Diagrammen, unbedingt zu berücksichtigen (Banfield & Zhang 2001).

Insgesamt üben somit die o. a. Merkmale erheblichen Einfluss u. a. auf die Bioverfügbarkeit aus. Das Interesse an der Klärung umweltrelevanter Fragestellungen spiegelt sich auch in der steigenden Anzahl der Forschungsvorhaben, gesponsert von öffentlicher Hand, z. B. EU, wider, z. B. *NanoCap* (url: [2]EU), *SAFENANO* (*Europe's Centre of Excellence on Nanotechnology Hazard and Risk, based at the Institute of Occupational Medicine (IOM)*), *HENVINET* (*FP6*) etc. Ein wichtiger Aspekt beim Arbeiten mit Nanomaterie betrifft z. B. Fragen nach dem Arbeits- und Sicherheitsschutz bzw. der Beeinflussung des lebenden Zellmaterials durch metallische NP oder Nanocluster. So werden z. B. durch *SAFENANO* Themen zu Substanzen, Produkten, Umwelt und Arbeitsschutz behandelt. Oder Behörden des Bundes, wie z. B. das Umweltbundesamt (UBA), bieten aufgrund ihrer Bilanzierungen Strategien für weiterführende Forschungsarbeiten an (UBA et al. 2012). NIOSH (2013) beleuchtet aktuelle Strategien zur Kontrolle von Nanomaterialien bei der Produktion und anderen Downstreamprozessen mit Hinweisen auf Sicherheitsmaßnahmen sowie Vorschlägen zur Bauweise einer Produktionsstätte, Abb. 5.62.

Generell sind im Umgang mit nanoskaliger Materie besondere Vorsichtsmaßnahmen geboten. Ungeachtet der Herkunft und Synthesepfade zeigen alle Phasen in der Nanodimension elektronische Strukturen, die üblicherweise quantenmechanischen Regeln unterliegen. Daher kommt es zu Abweichungen von den Eigenschaften ihrer Bulkäquivalente sowie molekularer Komponenten (Daniel & Astruc 2004). Besondere Beachtung gilt der Möglichkeit einer erhöhten Bereitschaft zur Reaktion mit dem jeweiligen Umfeld. Konsequenterweise sind daher beim Umgang mit Nanomatarialien, insbesondere Lagerung und Handhabung, spezielle arbeitstechnische Vorgehensweisen erforderlich.

(a) Geosphäre

Unter natürlichen Bedingungen treten Nanomaterialien in allen Geosphären ubiquitär auf, z. B. eingehender untersucht innerhalb der NanoGeoScience (Hochella Jr. 2008), Abschn. 2.6.6/Bd. 2. Sowohl anorganische als auch biologische Prozesse beziehen in ihre Reaktionssequenzen nanoskalige Feststoffphasen ein und vermitteln sie sukzessive in entsprechende Stoffkreisläufe, Abschn. 2.5.

Innerhalb der Angewandten Geowissenschaften wird bezüglich einer Biomineralisation und Metallsanierung zunehmend das Auftreten von natürlichen NP als ein entscheidender Schritt innerhalb oder zu Beginn geochemischer Reaktionen, als kritische Komponente in Verwitterungsprozessen, angesehen. So sind z. B. innerhalb eines reduzierenden Milieus Nanoaggregate aus amorphem Zn-Sulfid sowie in Sandstein auftretender Feldspat, mit einem nanoskaligen amorphen Reaktionssaum ausgestattet, aufgezeichnet (Hochella Jr. 2008), Abb. 5.56.

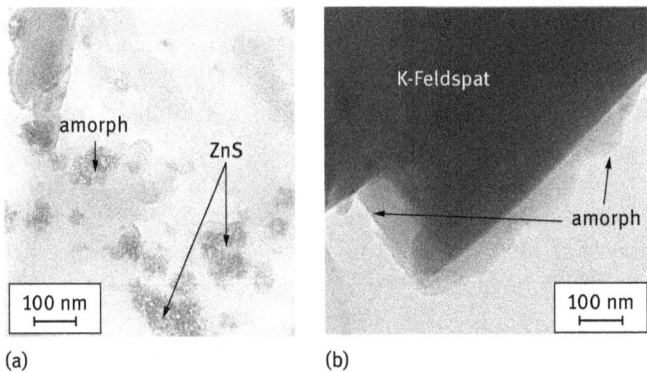

Abb. 5.56: (a) Nanoaggregate aus amorphem Zn-Sulfid aus einem reduzierenden Milieu und (b) Feldspat aus einem Sandstein mit nanoskaligem amorphen Reaktionssaum (Hochella Jr. 2008).

Jedoch kann es durch anthropogene Aktivitäten, d. h. den Beginn der industriellen Produktion und den Vertrieb, zu Veränderungen der ursprünglich, evolutionär abgepufferten Konzentrationen, Art des Auftretens und Funktionalität/Wirkungsweise der bereits vorhandenen NP kommen (Hough et al. 2011). Weiterhin finden NP zunehmend Verwendung in Produkten des täglichen Konsums und treten bezüglich der Umwelt vermehrt als potenzielle Kontaminanten auf. Biologische Synthesen von metallischen NP, beobachtet in sehr unterschiedlichen Habitaten, sind zunehmend Thema zahlreicher Studien, z. B. Song & Kim (2009).

Gegenüber der konventionellen, d. h. chemischen Synthese von Mineralen unterscheidet sich die Synthese von Mineralen seitens der (Mikro-)Organismen aus allen Geosphären dahingehend, dass sie fähig sind, sowohl die Position, die kristallographische Orientierung der Nukleation, die Gestalt/Form der wachsenden Kristallite als auch die Phase der betroffenen Mineralisation, d. h. Calcit oder Aragonit, zu kontrollieren (De Yoreo & Vekilov 2003).

Natürlich auftretende Au-NP und -plättchen beschreiben z. B. Hough et al. (2008). Im Verlauf der Verwitterung von Au-Lagerstätten bilden sich u. a. plattenförmige Au-Minerale mit einer Dicke von 6 nm. Die Partikel zeigen Merkmale eines kontrollierten Wachstums in sowohl Größe als auch Form. Größe sowie Morphologie der o. a. Au-NP stimmen mit Produkten überein, die aus experimentell hergestellten Au-Kolloiden hervorgehen und somit als Indikation kolloidaler NP unter natürlichen Bedingungen erachtet werden (Hough et al. 2008).

Als genetischen Hintergrund für das mit Mineralen assozierte und verwachsene Au vermuten Hough et al. (2008) evaporitische Prozesse infolge rasch aufsteigender salinarer Wässer während Trockenphasen.

(b) Biokompatibilität und Toxizität

Um innerhalb biologischer Systeme anorganische NP einsetzen zu können, ist es unerlässlich, Kenntnisse zu möglichen Wechselwirkungen bzw. zu dem Einfluss auf die Funktionen einer Zelle zu gewinnen, d. h. zu Fragen nach Biokompatibilität sowie Toxizität (Hwang et al. 2012).

Zu dieser Forderung, d. h. Wachstum und Aktivität, führten Williams et al. (2006) an *E. coli* Testversuche mit NP aus SiO_2, SiO_2/Fe-Oxid und Au durch. Mittels TEM sowie DLS gelang es Williams et al. (2006), sowohl die Morphologie anzusprechen als auch die Größenverteilung der NP zu quantifizieren. Weiterhin gelang es ihnen, die Wechselwirkungen zwischen den Fe-führenden nanoskaligen Kompositen mit *E. coli* zu verifizieren, Abschn. 1.3.4 (a)/Bd. 2. Gemäß Analytik bilden sich die anorganischen NP als Aggregate im Nährmedium, und ungeachtet der Anwesenheit der NP mit unterschiedlichen Gehalten, zeigen Studien keinerlei Auswirkungen auf das Wachstum von *E. coli* bzw. keine Anzeichen von Toxizität (Williams et al. 2006). Im Zusammenhang mit der Sanierung U-kontaminierter Geosphären verweisen Bargar et al. (2008) auf die Funktion zur Fixierung durch biogene UO_2-NP.

Vergleichende Studien zur Evaluation der Toxizität von Ag-NP gegenüber gramnegativen sowie gram-positiven Mikroorganismen präsentieren Suresh et al. (2010). Auf die Möglichkeit einer antibakteriellen Aktivität von Au-NP angelegte Untersuchungen zeigen sowohl an den gramnegativen *Escherichia coli* sowie *Shewanella oneidensis* als auch dem grampositiven *Bacillus subtilis*, dass von dem anwesenden Au keinerlei toxische oder sonstige Einwirkungen auf die o. a. Mikroorganismen ausgehen ([2]Suresh et al. 2011). Beobachtungen zufolge steht die Größe der Durchmesser der Partikel in Abhängigkeit von der Zeit sowie den Präkursorn (Moon et al. 2007), Abb. 5.57.

Eine Analyse sowie toxikologische Evaluation organischer Metalle und -spezifikationen in der Umwelt betont u. a. das Potential einer Umweltbeeinträchtigung durch z. B. Vorgänge einer Biomethylierung bzw. Biovolatilisierung von u. a. Sb, Sn (Emons & Hirner 2004), Abschn. 4.5.6, Vorgänge, die sich bei der biogenen Synthese von metalli-

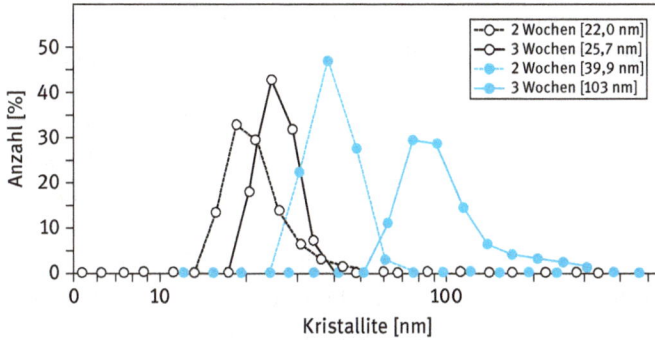

Abb. 5.57: Durchmesser von Fe_3O_4-NP- Partikel in Abhängigkeit von der Zeit und unterschiedlichen Präkursoren (nach Moon et al. 2007).

schen NP infolge ungeeigneter Präkursor ergeben können. Über das Verhalten, Schicksal, die Bioverfügbarkeit und Effekte von Nanomaterialien innerhalb der Umwelt, z. B. marines Milieu, Böden, berichten Klaine et al. (2008) und betonen die Notwendigkeit weiterer Forschungen. Mikroorganismen selbst können einen wesentlichen Beitrag zur Abschätzung der Toxizität leisten (Cooney & Pettibone 2006).

In einem Artikel beleuchten Smita et al. (2012) u. a. die Einwirkungen NP auf die Umwelt in Form einer Akkumulation in biologischen Matrizen, speziell unter besonderer Berücksichtigung auf die menschliche Gesundheit, z. B. Cytotoxizität. Sie listen als natürliche Quellen für die Entstehung von NP vulkanische Eruptionen, durch Wind verfrachtete Partikel aus der Sahara, Bodenerosion, u. a. auf. Anthropogene Einträge sind u. a. Autoabgase, Brennstoffzellen, aber auch Diagnostik, Arzneimittel etc. Singh et al. (1993) führten vergleichende Studien zu Elementen der vierten Gruppe in Form ihrer organometallischen Verbindungen und ihrer Wirksamkeit gegenüber mikrobiellen Tätigkeiten durch, d. h. Ge-, Si-, Ti sowie Zr-organische Verbindungen. Hierbei gehen speziell organische Ti- als auch Zr-Verbindungen keinerlei Wechselwirkungen mit mikrobiellen Vertretern ein. Dahingegen verhalten sich Ge-organometallische Verbindungen gegenüber Mikroorganismen interaktiv.

Greulich et al. (2012) kommen aufgrund ihrer Arbeiten zu dem Ergebnis, dass Ag-Ionen sowie Ag-NP betreffs ihrer Toxizität für sowohl Bakterien als auch menschliche Zellen im identischen Konzentrationsbereich liegen, d. h. 0,5–5 ppm für Ag-Ionen und 12,5–50 ppm für Ag-NP. Unter Einbeziehung von synthetisch erzeugten ZnS-NP und Aminosäuren, d. h. Alanin, Aspartat, Cystein, Lysin, Serin u. a., verweisen Experimente bei der raschen Aggregation von NP auf eine essenzielle Einflussnahme von Cystein. Nach Einschätzung von Moreau et al. (2007) könnten mikrobiell bereitgestellte extrazelluläre Proteine die Dispersion von metallführenden, nanoskaligen Phasen begrenzen, Abschn. 2.5.7 (f).

Hinsichtlich der Biokompatibilität von Magnetosomen, erzeugt durch *Acidithiobacillus ferrooxidans*, studierten Yan et al. (2012) diese bei verschiedenen Konzentrationen, d. h. 0,5, 1,0 sowie 4,0 mg ml^{-1} und analysierten sie über diverse Techniken, z. B. *FTIR*, auf ihre *In-vitro-*, Cyto- und Genotoxizität. Unter den genannten Bedingungen, d. h. bis zu einem Gehalt von 4 mg ml^{-1}, zeigen sie eine problemlose Biokompatibilität, d. h. keinerlei Formen der Cyto- sowie Genotoxizität. Anhand ihrer Daten betonen Yan et al. (2012) das Potential von Magnetosomen für u. a. biotechnologische Applikationen. Im Umgang mit metallischen Nanopartikeln/-clustern sind die Größen Biokompatibilität sowie Korrosionsresistenz der diversen Metalle zu beachten. So zeigt z. B. Ti eine hohe Biokompatibilität, verbunden mit einer großen Korrosionsresistenz, und trifft daher seitens der Biomasse auf eine hohe Akzeptanz. Andere Metalle wie z. B. V, Cu etc. verhalten sich hinsichtlich der o. a. Größen toxisch bzw. korrosiv. Intermediäre Positionen nehmen z. B. Au, Ag, Fe u. a. ein, Abb. 5.58.

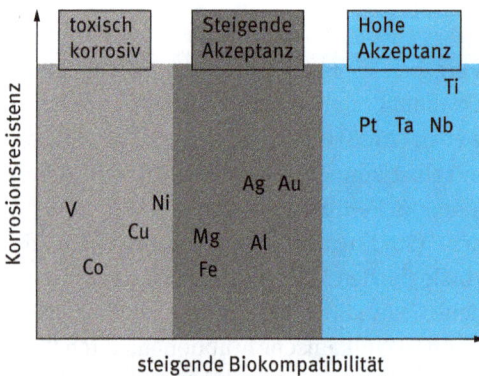

Abb. 5.58: Biokompatibilität sowie Korrosionsresistenz für diverse Metalle. So zeigt z. B. Ti eine hohe Biokompatibilität verbunden mit einer hohen Korrosionsresistenz.

Eine Reaktivität anorganischer NP im biologischen Umfeld sowie deren Mechanismen betreffs einer Nanotoxizität ergeben sich zunächst aus dem Umstand, dass Nanomaterialien präzise in biologische Strukturen integriert sind (Casals et al. 2012). Da sie in z. B. metabolische Prozesse, Vorgänge einer Adaption u. a. eingebunden sind, müssen sie i. d. R. über eine präzise Dimensionierung, Zusammensetzung sowie Morphologie verfügen. Biogene anorganische NP dienen z. B. chemolithotrophen Formen zur Generierung von Energie oder MTB zur Erzeugung von Magnetosomen, Abschn. 5.4.1 (a). Auf der anderen Seite benutzen Mikroorganismen die Synthese von NP als Mechanimus zur Detoxifikation, z. B. über eine Regulierung intrazellulärer Konzentrationen (Casals et al. 2012). Mittels TEM beobachten Casals et al. (2012), in Abhängigkeit von der Zeit, d. h. 100 d, eine Veränderung in der Morphologie von NP aus Ag, Au sowie Fe$_3$O$_4$. Um die biologische Einwirkung von kommerziell erhältlichen Nanomaterialien zu bewerten, muss, vor dem Aussetzen gegenüber der Zelle, die trockene, in Frage kommende Probe in entweder H$_2$O oder biologischen Medien dispergiert werden (Casals et al. 2012). Im Fall eine Nichteinhaltung des Resuspensionsprotokolls kommt es zu einer raschen Aggregation der NP unter Verlust der nanoskaligen Dimensionierung. Daher ist eine strikte Kontrolle der Größenverteilung, des Grads an Aggregation

sowie kolloidaler Stabilität in sowohl Wasser als auch biologischen Medien unerlässlich. Casals et al. (2012) stellen am Beispiel der Resuspension kommerzielle Nanopulver aus Au, Co, Fe_2O_3, TiO_2 sowie CeO_2 in diversen Trägermedien vor. Hierbei zeigen
sich bezüglich Stabilisierungsmethoden zwischen einem anorganischen Salz und H_2O
signifikante Unterschiede, Abb. 5.60. Weiterhin treten die o. a. kommerziell verfügbaren Nanopulver bei den getesteten Konzentrationen, d. h. 10^8–10^{15} NP ml^{-1}, in organischen Medien oder Collagen führenden Wässern hochgradig instabil auf. Dieses
Verhalten führt nach der Resuspension zur Sedimentation. Die käuflich erworbenen
Partikel müssen einer präparativen Nachbehandlung in Form einer Verminderung der
Korngrößenverteilung unterzogen werden, um zu ihrer Ausgangsgröße, bezogen auf
die ursprüngliche trockene, primäre Dimensionierung, zurückzukehren (Casals et al.
2012).

Übergreifend fallen die o. a. Überlegungen in das AG der Nanoökotoxikologie
(Hassellöv et al. 2008). Auch stehen Bewertungen zur Dosis der Toxizität (engl.
dose-response) zur Verfügung (Hristozov & Malsch 2009). Zur Bewertung toxischer
Effekte, verursacht durch künstliche NP und bezogen auf marine Habitate, schlagen
Matranga & Corsi (2012) Modellorganismen und molekulare Vorgehensweisen vor.

(c) Eintragspfade

NP können, anthropogen verursacht, durch diverse Eintragspfade in die Umwelt gelangen, z. B.:
- Agrochemie via Gebrauch von Düngemitteln sowie Pestiziden,
- Abwasser aus Haushalt und Industrie,
- sonstige Abfälle wie Klärschlämme, die u. a. Restbestände der Chipindustrie führen.

Die Eintragspfade von NP sind über drei Phasenzustände möglich, Abb. 5.59 (a):
- Feststoffphasen,
- Fluidphasen,
- gasförmige Phasen

mit, in Abhängigkeit von dem jeweils die Phase beherbergenden Medium, entsprechender Ausbreitung.

Generell ist bereits am Beginn einer industriellen Wertschöpfungskette bei Verwendung von NP deren Freisetzung möglich. So kann es z. B. beim Arbeiten mit reaktiven biologischen Matrizen zu unerwünschten toxischen Nebeneffekten kommen,
z. B. Methylierung Abb. 5.59 (b).

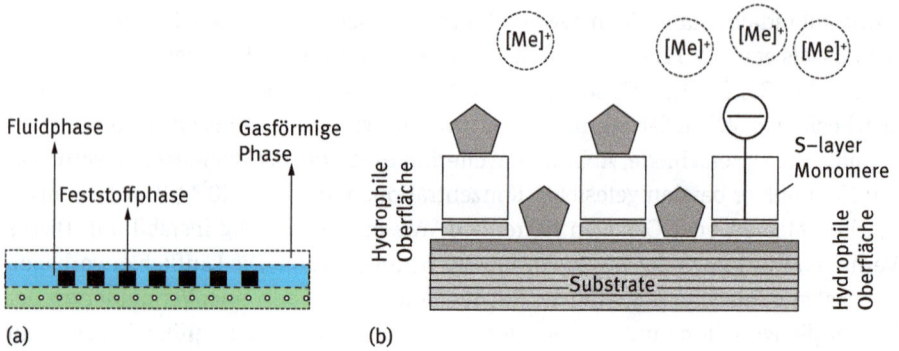

Abb. 5.59: Schematisierte Darstellungen über die bei NP-Herstellung wechselwirkenden Aggregatzustände (a) und funktionalisierten S-Layer, d. h. Nukleation von metallischen Nanopartikeln auf einem reaktiven biologischen Polymer, wobei biochemische Wechselbeziehungen mit der Folge einer Genese unerwünschter Nebenprodukte entstehen können.

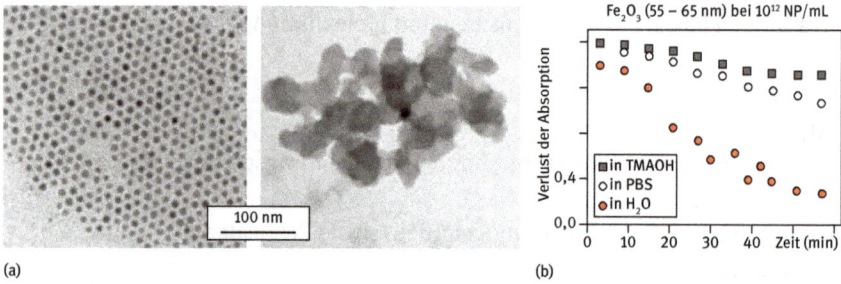

Abb. 5.60: (a) Vergrößerung der Partikel nach Resuspension und (b) Stabilität einer Resuspension von kommerziell erhältlichem Nanopulver in unterschiedlichen Medien, ausgedrückt in Zeit gegen Verlust der Adsorption (nach Casals et al. 2012).

(d) Lagerung

Generell sind beim Umgang mit Nanomatarialien, speziell bei der Lagerung und Handhabung, besondere Maßnahmen erforderlich. Metallische NP sind unter Lichtausschluss bei 4–6 °C in einem versiegelten Behälter aufzubewahren. Ein kurzes Aussetzen unter Raumbedingungen ist akzeptabel. Ein Einfrieren von Nanopartikeln ist unbedingt zu vermeiden, da diese unter Verlust ihrer ursprünglichen Farbe irreversibel agglomerieren. Infolge der Lagerung kann es zum Absatz der Partikel am Grund des Gefäßes kommen. Ein Aufschütteln von mehreren Sekunden ist i. d. R. ausreichend. Unter Einhaltung der o. a. Anforderungen verbleiben die metallischen NP für mehrere Monate stabil (url: NanoComposix 2012). Hilfreich sowie erforderlich sind spezifische Datenblätter zu den unterschiedlichen metallischen NP (engl. *material safety data sheet* = MSDS). Im Rahmen experimenteller Untersuchungen

sind zwecks Verhinderung einer möglicherweise von NP ausgehenden Toxizität u. a. folgende Aspekte zu beachten, Abschn. 1.2/Bd. 2:
- Stabilität der Nanopartikel/-cluster,
- verbleibende NP in den Restlösungen,
- Beachtung möglicher endotoxiner Indikationen.

Zu allen drei genannten Punkten sind regelmäßig Messungen durchzuführen, beginnend von der Herstellung der Präparate bis hin zur Reinigung der einbezogenen Behälter.

(e) Kommerzielle Nanomaterialien

Zunehmend gelangen kommerzielle Nanomaterialien in Form von *engineered nanoparticles* (ENP) in die Stoffkreisläufe. Breite Anwendung finden sie in den Informations- und Kommunikationstechnologien, d. h. Elektronik. Chemische Industrie und Medizin sind Abnehmer von u. a. metallischen NP. So sind Ag-NP in diverse Geräte, wie z. B. Kühlschrank und Waschmaschine, integriert. Die medizinische Diagnostik bedient sich u. a. NP aus Magnetit (Fe_3O_4). In zahlreichen Produkten der Kosmetikindustrie sind NP in Form von TiO_2 sowie ZnO enthalten. Sie unterliegen zunehmend als Beschichtungsmittel in der Textilindustrie einer industriell-technischen Verwertung. Weitere Kunden kommen aus der Wehrtechnik, dem Energiesektor und der Lebensmittelindustrie. Der Bedarf an kommerziellen Nanomaterialien dürfte, nach Stand der aktuellen Technologieentwicklung, steigen.

Insgesamt fördert es letztendlich nur ein Verständnis der Wechselwirkungen zwischen der Nano- mit der Biosphäre, geeignete Maßnahmen zur höchstmöglichen Sicherheit innerhalb der Nanotechnologie zu entwickeln. Dies betrifft u. a. die Reaktion von NP innerhalb von Organismen oder freigesetzt in die Umwelt. NP reagieren in komplexer Weise auf die Vielzahl der auf sie einwirkenden Parameter, z. B. Temperatur, Druck. Sie können sich zu mikroskopisch großen Partikeln organisieren oder finden Aufnahme in andere, ihnen ausgesetzten Materialien und/oder deren Oberflächen, zuständig für ihre Bioaktivität, und unterliegen beständigen Modifikationen. Weiterhin könnnen sie korrodieren, in Lösung gehen oder sind morphologischen Veränderungen ausgesetzt (Casals et al. 2012).

(f) Binärmetalle

Unter Binärmetallen werden Verbindungen zwischen einem Metall mit einem Nichtmetall verstanden, wie z. B. TiO_2, SiO_2, ZnO. Es sind sowohl ionare als auch kovalente Bindungen beschrieben.

In natürlichen Wässern halten schwache elektrostatische oder *van-der-Waals*-Kräfte die Agglomerate von TiO_2-NP zusammen. Grad und Stabilität der Agglomerate hängen von der Chemie der Umwelt ab. So führt eine Divergenz vom isoelektrischen

Punkt der NP zu interpartikulären Abstoßungsreaktionen. Beschichtungen durch organische Säuren sind ebenfalls in der Lage, Agglomerationen zu unterbinden. Ansteigende Ionenstärke und Zugabe von divalenten Kationen fördern hingegen – durch Kompression der Doppellagen auf den NP mit dem Ergebnis einer Abstoßung – eine Agglomeration von NP (Horst et al. 2010).

Zur Dispersion von durch *Pseudomonas aeruginosa* implementierten Agglomeraten aus in wässrigen Lösungen befindlichen TiO_2-NP, legen Horst et al. (2010) ihre Arbeitsergebnisse vor. Ihre Studie untersucht, inwieweit eine bakterielle Alteration von NP unter Einbeziehung ihrer diversen physikalischen Agglomerationszustände, die wiederum Einfluss auf u. a. die Bioverfügbarkeit und Ausbreitung in das Umfeld nehmen, stattfindet. Analysen durch u. a. SEM zeigen ausgedehnte Agglomerationen im Kulturmedium sowie im ursprünglichen Habitat. Die primäre Partikelgröße der im Labor eingesetzten TiO_2-NP betrug $16 \pm 1,5$ nm und zeigte somit eine spezifische Oberfläche von $54 \, m^2 \, g^{-1}$. Wie entsprechende Analysen ergeben, vergrößert sich infolge der Sorption von nanoskaligem TiO_2 die bakterielle Zellgröße von 1,4 µm auf 1,9 µm. Die Deposition der TiO_2-Agglomerate erfolgt vorzugsweise auf den Zelloberflächen (Horst et al. 2010), Abb. 5.61.

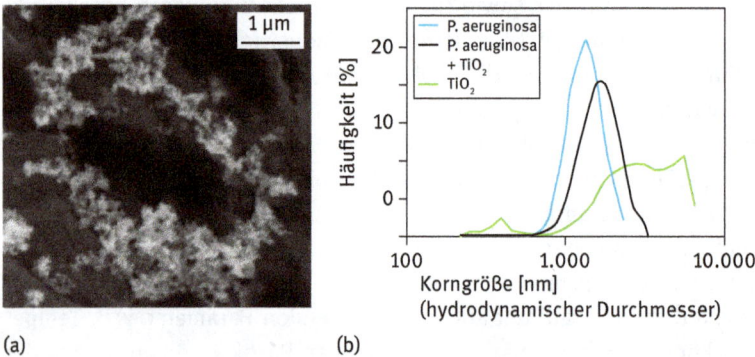

(a)   (b)

Abb. 5.61: (a) TiO_2-NP auf Zellwand agglomeriert (heller Außensaum) und (b) Partikelgröße gegen Filtrat des Gesamt-Partikelvolumens in % (nach Horst et al. 2010).

Die Ergebnisse gestatten Überlegungen einer technischen Exploitation dieser Vorgänge, z. B. eine vom Wachstum unabhängige, bakteriell unterstützte Alteration von Größe und Masse von TiO_2-NP (Horst et al. 2010), Abschn. 2.4.2 (h). Zu einer Studie über eine vergleichende Ökotoxizität von TiO_2, SiO_2 sowie ZnO_2 in wässrigen Lösungen stützen sich Adams et al. (2006) auf das grampositive Bakterium *B. subtilis* sowie gramnegative *E. coli*, beide Mikroorganismen in der Funktion eines Modell-/Testorganismus. Alle o. a. photosensitiven Binärmetalle treten insbesondere in höherer Konzentration toxisch auf, mit steigender Konzentration wirken sie zunehmend antibakteriell. Eine antibakterielle Wirkung steigt in der Reihenfolge SiO2 < TiO2 <

ZnO, wobei sich *B. subtilis* als besonders sensibel gegenüber den genannten Metall-oxiden erweist. Das Auftreten von Lichtquanten intensivierte eine antibakterielle Aktivität, aber auch unter Lichtausschluss bewirken die nanoskaligen Binärmetalle toxische Effekte auf die genannten Mikroorganismenvertreter (Adams et al. 2006).

Zur Cytotoxizität von CeO_2-Nanopartikeln in *Escherichia coli* legen Thill et al. (2006) über die zugrunde liegenden Mechanismen Einblicke vor. Der Versuchsauf-bau nutzt in Wasser dispergierte CeO_2-Partikel mit einer Größe von 7 nm sowie das gramnegative Bakterium *E. coli*. Unter neutralen pH-Bedingungen weisen die CeO_2-NP eine positive Ladung auf und infolgedessen kommt es zu einer elektrostatischen An-ziehung seitens der äußeren Membranen bakterieller Oberflächen. Als Ergebnis ihrer Studie stehen Beobachtungen wie z. B. (1) eine Adsorption von CeO_2 an die Membran von *E. coli*, (2) eine Veränderung der Spezifikation von Ce nach der Adsorption, (3) die Vorgänge der Adsorption sowie Reduktion, die zu einer erhöhten bakteriellen Cyto-toxizität führen, und (4) dass bei Anwesenheit des Kulturmediums die Cytotoxizität angesenkt wird. Es kommt insgesamt, nach bislang vorliegenden Informationen, zu drei Wechselwirkungen zwischen den NP mit *E. coli*: Adsorption, Redoxreaktion sowie Toxizität (Thill et al. 2006). Die Stabilität und Aggregation von Metalloxid-NP, d. h. TiO_2, ZnO sowie CeO_2, in natürlichen wässrigen Matrizen, z. B. Grund- und Seewasser u. a., unterziehen Keller et al. (2010) vergleichenden experimentellen Betrachtungen. Die elektrophoretische Mobilität der o. a. Partikel hängt von der Präsenz organischer Materie, der Ionenstärke sowie dem pH-Wert ab. Insbesondere die Ablagerung orga-nischer Komponenten auf den NP reduziert ihre Aggregation und bewirkt auf diese Weise ihre Stabilisierung.

Die Rolle der Morphologie auf die Kinetik der Aggregation von ZnO-NP studie-ren [1]Zhou et al. (2010). Die Aggregation von nahezu kugelförmiger ZnO steht in enger Abhängigkeit von der Ionenstärke, wohingegen diese Beziehung bei einer unregel-mäßig geformten ZnS nicht beobachtet werden kann. Es wird von den o. a. Autoren angenommen, dass aufgrund der Wechselwirkungen zwischen den Oberflächen die kritische Konzentration für eine Koagulation unter der getesteten Elektrolytkonzen-tration von 1 mM NaCl lag. Die Koagulationskonzentration steht in Abhängigkeit des pH-Werts. Entfernt sich der pH-Wert vom isoelektrischen Punkt, steigt diese an. Natür-lich auftretende organische Phasen unterdrücken bei beiden o. a. ZnS-Morphologien eine Aggregation. In Untersuchungen zur Toxizität von nanoskaligem ZnO, CuO so-wie TiO_2 gegenüber u. a. dem Bakterium *Vibrio fischeri* zeigt sich insbesondere ZnO toxisch. Auch andere Studien verweisen auf die Toxizität von NP von ZnO (Huang et al. 2008). CuO zeigt keine einheitliche Toxizität auf, wohingegen für TiO_2, gemäß der vorgelegten Studie von Heinlaan et al. (2008) keine toxischen Effekte nachweisbar waren. Ebenfalls in vergleichenden Studien ermittelt, d. h. aufgrund der Einwirkung von inhalierten, feinen und ultrafeinen ZnO-Partikeln durch den Menschen, konnten Beckett et al. (2005) keine Symptome einer erhöhten Aufnahme durch z. B. Alveolen und Blut registrieren. Auch waren, gemäß den o. a. Autoren, keine Veränderungen der hämatologischen Werte und Beeinträchtigung des Immunsystems zu ermitteln.

(g) Quantenpunkte

Quantenpunkte (engl. *quantum dots* = QD) stellen Nanokristallite dar, die aufgrund ihrer Größe quantenmechanische Eigenschaften aufweisen. Im Wesentlichen setzen sie sich aus Halbleiterelementen zusammen, z. B. CdSe, ZnO. Eine Produktion ist u. a. über virale Template erzielbar. Aufgrund ihrer Eigenschaften ist ihr Einsatz in Solarzellen, LEDs, medizinischer Diagnostik etc. angedacht. Mechanismen antimikrobieller Aktivität von CdTe-QD gegenüber *E. coli* machen Lu et al. (2008) zum Thema ihrer Untersuchungen. Diverse Analysen offenbaren, in Abhängigkeit von der Konzentration, die Toxizität gegenüber dem o. a. Mikroorganismus. Eine Anbindung an das Zellmaterial führt zu Beeinträchtigungen des antioxidativen Systems inkl. Regulation der hierfür vorgesehenen Gene sowie der Aktivitäten antioxidativ auftretender Enzyme. Daher sehen Lu et al. (2008) für CdTe-NP die Option, ausgestattet mit spezifischen optischen Eigenschaften, als antimikrobielles Mittel eingesetzt zu werden. Auf der anderen Seite berichten Bao et al. (2010) von einer extrazellulären Synthese von biokompatiblen CdTe-QD mit einstellbarer Emission der Fluoreszenz durch *E. coli*. Die biogenen CdTe-QD zeichnen sich durch ein Emissionsspektrum von 488–551 nm sowie gute Kristallinität aus. Spektroskopische Messungen zeigen eine Bedeckung der Proteinoberfläche, die bis zu einer QD-Konzentration von 2 µM die Lauffähigkeit der Zellen aufrechterhält. Anhand ihrer Untersuchungen bezüglich des bakteriellen Wachstums, der Morphologie sowie extrazellulären Biosynthese von CdTe-NP durch exkretierte *E.-coli*-Proteine erörtern Bao et al. (2010), die o. a. Vorgehensweise als umweltfreundliche Produktionstechnik einzuführen. So lassen sich z. B. durch die auf die o. a. Art gewonnenen CdTe-QD nach Funktionalisierung mit Folsäure ($C_{19}H_{19}N_7O_6$) bestimmte medizinisch-diagnostische Arbeiten durchführen.

(h) Silber (Ag)

Nanoskaliges Ag wird aufgrund seiner hohen Toxizität als antibakterielles Mittel eingesetzt. Zu dieser Eigenschaft liegt eine Vielzahl von Publikationen vor. Zu der Thematik unternahmen Sondi & Salopek-Sondi (2004) eine Fallstudie mit *E. coli*, als Modellorganismus für gramnegative Bakterien. Wie durch ihre analytischen Arbeiten bestätigt, führt eine Behandlung von *E. coli* mit Ag-NP zu einer Beschädigung der Zellen. Durch die Einwirkung von Ag-NP kommt es auf der Zellwand zu Einbuchtungen und einer Akkumulation von Ag in der bakteriellen Membran.

Diese Vorgänge führen zu einer erhöhten Permeabilität der Zelle mit dem Ergebnis eines Absterbens der *E.-coli*-Zelle. Die Präparation der Ag-Akkumulation erweist sich, in technischer Hinsicht, als einfach und kosteneffektiv und möglicherweise sind auch andere Metalle auf diese Weise gewinnbar. Über eine Synthese von Ag-NP durch die getrocknete Biomasse eines Stamms von *Lactobacillus acidophilus 01* sowie die Evaluierung ihrer Toxizität gegenüber dem Genom bzw. der DNS aus u. a. *E. coli* berichten Namasivayam et al. (2010).

Abb. 5.62: Mit einem Schutzraum versehener Arbeitsplatz zur Synthese von Nanomaterialien mit dem Ziel einer Vermeidung von NP-Emissionen (NIOSH 2013).

(i) Extrazelluläre Proteine

Extrazelluläre Proteine können via Sequestrierung die Ausbreitung biogener NP begrenzen (Moreau et al. 2007), Tab. 2.15. Aus Experimenten wird Cystein als treibende Kraft bei einer raschen Aggregation von NP aus ZnS vermutet. Infolge von Redoxreaktionen kommt es zu extrazellulären Biomineralisationen der o. a. Verbindung. Hierdurch verringert sich die Löslichkeit der metallischen NP. Eine Vielzahl unterschiedlicher Messtechniken, d. h. wie z. B. hochauflösende Ionen-Mikrosonden-Spektrometrie, Polyacrylamidgelanalysen u. v. a., offenbaren die innige Verbindung zwischen Proteinen und biogen synthetisierten metallischen NP, d. h. ZnS. Als Mikroorganismen sind SRB (Abschn. 2.2 (b)) beschrieben (Moreau et al. 2007).

(j) Phasenstabilität

Die mit NP assoziierten speziellen Phasentransformationen und beobachteten Wachstumspfade unterscheiden sich offensichtlich von jenen Mechanismen, wie sie aus dem Bulk beschrieben sind (Gilbert et al. 2003). Dies hat Auswirkungen auf die Phasenstabilität. Zwecks Aussagen zur Phasenstabilität von ZnS-NP (Sphalerit) setzen Zhang et al. (2003) eine Kombination von Simulation zur molekularen Dynamik, thermodynamischer Analyse und experimenteller Studie ein. Mit $0,86\,\mathrm{J\,m^{-2}}$ für Sphalerit (α-ZnS) und $0,57\,\mathrm{J\,m^{-2}}$ für Wurtzit (β-ZnS) sind die durchschnittlichen Oberflächenenergien bei 300 K angegeben. Eingesetzt in thermodynamische Analysen ergeben die Daten zur Oberflächenenergie für kleine NP, verglichen mit α-ZnS, eine höhere thermodynamische Stabilität für β-ZnS. Beläuft sich die durchschnittliche Partikelgröße auf ≈ 7 nm, beträgt die zur Transformation von α-ZnS zu β-ZnS erforderliche Temperatur 25 °C, die ansonsten für den Bulk, bezogen auf 1 Bar, bei ≈ 1020 °C liegt (Zhang et al. 2003).

Eine Simulation ergibt für die Transformation von 3 nm großen α-ZnS zu β-ZnS einen Wert von ≈ 5 kJ mol^{-1}. Ergebnisse aus Simulationen zur molekularen Dynamik zeigen gegenüber β-ZnS eine wachsende Stabilität von α-ZnS, wenn genügend Wasser sorbiert wird. Beim Erhitzen der 3 nm großen α-ZnS-Partikel auf ein Temperaturspektrum von 350–750 °C im Vakuum erfolgt eine Transformation zu β-ZnS. Bei Temperaturen < 350 °C und unter atmosphärischen Bedingungen ist die o. a. Transformation nicht zu verzeichnen.

Zusammenfassend deuten sich eine Abhängigkeit der ZnS-Phasenstabilität von der Größe und eine Stabilisierung der ZnS-NP durch Adsorption von H_2O an (Zhang et al. 2003). Thermodynamische Analysen zur Phasenstabilität von nanokristallinem Anatas (TiO_2) sowie Rutil (TiO_2) legen Zhang & Banfield (1998) vor. Entsprechend ihren vorgelegten Daten verhält sich Anatas mit abnehmender Partikelgröße, d. h. < 14 nm, gegenüber TiO_2 stabiler. Die kalkulierte Phasengrenze zwischen nanokristallinem Anatas und Rutil stimmt, hinsichtlich des Auftretens von TiO_2 während des Verlaufs des Wachstums von nanokristallinem Anatas, mit den experimentell ermittelten Daten überein. Sowohl die Freie Energie als auch die Belastung der Oberfläche übernehmen einen wichtigen Part in der thermodynamischen Phasenstabilität, die wiederum in Funktion mit der Partikelgröße steht (Zhang & Banfield 1998). Moreau et al. (2004) erörtern die Überlegung, inwiefern die Phasenstabilität von den Biomineralisationen größenabhängig ist.

(k) Risikobewertung

Zunächst geht von natürlich vorkommenden/erzeugten NP keine bislang eindeutig beschriebene Gefährdung aus. Anthropogene Einträge können allerdings aufgrund ihrer Konzentration ein erhebliches Gefahrenpotential darstellen. Im Vorfeld von Arbeiten mit NP sind erste Überlegungen zur Risikobewertung eine unerlässliche Forderung. Hierzu stehen mehrere Ansätze zur Verfügung und schließen z. B. Methoden der Nanometrologie ein (Hasellöv et al. 2008). Jede Form von Risikobewertung beginnt mit der Definition und Abgrenzung des Begriffs „Risiko", „Gefährdung" etc. und erstreckt sich bis hin zu *In-vivo*-Studien. Toxikologische Bewertungsstrategien werden z. B. durch das *Bundesinstitut für Risikobewertung* angeboten (url: BfR). Die DECHEMA & VCI (2011) vermitteln einen Überblick über zehn Jahre Forschung zur Risikobewertung sowie Human- und Ökotoxikologie von Nanomaterialien. Vorgaben zur Risikobewertung können auch den Unterlagen von REACH (= *Registration, Evaluation, Authorisation and Restriction of Chemicals*), d. h. *ECHA (European Chemicals Agency)*, entnommen werden (url: ECHA).

Zusammenfassend

Aufgrund ihrer kristallographischen Merkmale bieten biogen synthetisierte metallische NP technisch nachvollziehbare Perspektiven. So offenbaren entsprechende Visualisierungen, z. B. für die Kristallmorphologie biogen erzeugter NP im Vergleich mit synthetisch generierten NP, einen deutlich optimaleren Habitus. Fossile Nanocluster belegen die Stabilität der nanoskaligen Biomineralisationen. An metallischen NP sind sowohl Edelmetalle, z. B. Au, Pd, als auch Hochtechnologiemetalle, z. B. Te, beschrieben. Aber auch eine Bildung diverser Verbindungen, wie z. B. Fe_3O_4, MnO_2, ZnS, $CoFe_2O_4$ etc., ist nachgewiesen. Für die Umsetzung der erforderlichen Reaktionsabläufe steht eine große Anzahl an Mikroorganismen sowie Biomolekülen, wie z. B. Enzymen, Proteinen etc., zur Verfügung. Darüber hinaus bieten diverse Mechanismen die Option einer Anordnung der nanoskaligen Metallpartikel an. Eine herausragende Rolle übernehmen Magnetosome. Diese Organellen sind im Verbund fähig, lineare funktionstüchtige Elemente aus Fe_3O_4 im Raum zu ordnen. Aber auch andere, ursprünglich zu anderen Zwecken vorgesehene biogene Bauteile können für ein präzises Arrangement von mindestens 2-D-Strukturen genutzt werden, z. B. S-Layer, DNS. Im Sinne einer technischen und somit wirtschaftlichen Verwertung verfügen die biogenen Metall-NP in ihren physikalischen Eigenschaften über eine belastbare Phasenstabilität. Alle Arbeiten mit NP müssen jedoch, im Sinne von Arbeits- und Gesundheitsschutz, mögliche auf die Umwelt einwirkende Einflüsse berücksichtigen und, wenn erforderlich, mit geeigneten Präventivmaßnahmen reagieren.

Literatur

Abou-Shanab R. A. I., van Berkum P. & Angle J. S. (2007): „Heavy metal resistance and genotypic analysis of metalresistance genes in gram-positive and gram-negative bacteria present in Ni-rich serpentine soil and in the rhizosphere of *Alyssum murale*." – Chemosphere 68(2): 360–367.

Abreu F., Cantão M. E., Nicolás M. F., Barcellos F. G., Morillo V., Almeida L. G., do Nascimento F. F., Lefèvre C. T., Bazylinski D. A., R. de Vasconcelos A. T. & Lins U. (2011): „Common ancestry of iron oxide- and iron-sulfide-based biomineralization in magnetotactic bacteria." – ISME Jour. 5(10): 1634–1640.

Abreu F. P., Silva K. T., Farina M., Keim C. N. & Lins U. (2008): „Greigite magnetosome membrane ultrastructure in *'Candidatus Magnetoglobus multicellularis'*." – Int. Microbiol. 11(2): 75–80.

Acharya C., Joseph D. & Apte S. K. (2009): „Uranium sequestration by a marine cyanobacterium, *Synechococcus elongatus strain BDU/75042*." – Bioresour. Technol. 100(7): 2176–2181.

Acosta-Martinez V., Klose S. & Zobeck T. M. (2003): „Enzyme activities in semiarid soils under conservation reserve program, native rangeland, and cropland." – Jour. Plant Nutr. Soil Sci. 166: 699–707.

Adamczak M. & Krishna S. H. (2004): „Strategies for improving enzymes for efficient biocatalysts." – Food Technol. Biotechnol. 42(4): 253–264.

Adams L. K., Lyon D. Y. & Alvarez P. J. J. (2006): „Comparative ecotoxicity of nanoscale TiO_2, SiO_2, and ZnO water suspensions." – Water Res. 40: 3527–3532.

Adams M. W., Perler F. B. & Kelly R. M. (1995): „Extremozymes: expanding the limits of biocatalysis." – Biotechnol. 13(7): 662–668.

Adamski J. C., Roberts J. A. & Goldstein R. H. (2006): „Entrapment of bacteria in fluid inclusions in laboratory-grown halite." – Astrobiol. 6(4): 552–562.

Afkar E., Lisak J., Saltikov C., Basu P. & Oremland R. S. (2003): „The respiratory arsenate reductase from Bacillus selenitireducens strain MLS10." – FEMS Microbiol. Lett. 226: 107–112.

Afkar E., Reguera G., Schiffer M. & Lovley D. R. (2005): „A novel *Geobacteraceae*-specific outer membrane protein J (*OmpJ*) is essential for electron transport to Fe(III) and Mn(IV) oxides in Geobacter sulfurreducens." – BMC Microbiol. 6(5): 41.

Aguiar P., Beveridge T. J. & Reysenbach A.-L. (2004): „*Sulfurihydrogenibium azorense, sp. nov.*, a thermophilic hydrogen-oxidizing microaerophile from terrestrial hot springs in the Azores." – Int. Jour. Syst. Evol. Microbiol. 54: 33–39.

Ahmad A., Senapati S., Khan M. I., Kumar R. & Sastry M. (2003): „Extracellular biosynthesis of monodisperse gold nanoparticles by a novel extremophilic actinomycete, *Thermomonospora sp.*" – Langmuir 19(8): 3550–3553.

Ahonen L. & Tuovinen O. H. (1989): „Microbial oxidation of ferrous iron at low temperature." – Appl. Environ. Microbiol. 55: 312–316.

Aichmayer B., Mertig M., Kirchner A., Paris O. & Fratzl P. (2006): „Small-angle scattering of S-layer metallization." – Adv. Mat. 18(7): 915–919.

Aizenberg J. (2005): „A bio-inspired approach to controlled crystallization at the nanoscale." – Bell Labs Techn. Jour. 10(3): 129–141.

Alberts B., Johnson A., Lewis J., Raff M., Roberts K. & Walter P. (2007): „Molecular biology of the cell." – Garland Science. 5. Aufl.: 1392 Seiten.

Alberty R. A. (2006): „Thermodynamics of enzyme-catalysed reactions." – Beilstein-Institut, ESCEC, March 19th -23rd, 2006, Rüdesheim Rhein, Germany: 10 Seiten.

Alexeev D., Zhu H., Guo M., Zhong W., Hunter D. J., Yang W., Campopiano D. J. & Sadler P. J. (2004): „A novel protein-mineral interface." – Nat. Struct. Biol. 10(4): 297–302.

Allison D. P. Dufrêne Y. F., Doktycz M. J. & Hildebrand M. (2008): „Biomineralization at the nanoscale learning from diatoms." Methods Cell Biol. 90: 61–86.

[1]Allison J. D. & Allison T. L. (2005): „Partition coefficients for metals in surface water, soil, and waste." – EPA Washington D. C.: 93 Seiten.

[2]Allison S. D. & Vitousek P. M. (2005): „Responses of extracellular enzymes to simple and complex nutrient inputs." – Soil Biol. & Biochem. 37: 937–944.

Allred D. B., Sarikaya M., Baneyx F. & Schwartz D. T. (2007): „Bacterial surface-layer proteins for electrochemical nanofabrication." – Electrochim. Acta 53(1): 193–199.

Allred D. B., Sarikaya M., Baneyx F. & Schwartz D. T. (2005): „Electrochemical nanofabrication using crystalline protein masks." – Nano Lett. 5(4): 609–613.

Almonacid D. E., Yera E. R., Mitchell J. B. O. & Babbitt P. C. (2010): „Quantitative comparison of catalytic mechanisms and overall reactions in convergently evolved enzymes: implications for classification of enzyme function." – PloS Comput. Biol. 6(3): e1000700 (18 Seiten).

Alphandery E., Ding Y., Ngo A. T., Wang Z. L., Wu L. F. & Pileni M. P. (2009): „Assemblies of aligned magnetotactic bacteria and extracted magnetosomes: what is the main factor responsible for the magnetic anisotropy?" – ACS Nano: 9 Seiten.

Alves S., Trancoso M. A., Gonçalves M. d. L. S., dos Santos M. M. C. (2011): „A nickel availability study in serpentinised areas of Portugal." – Geoderma 164(3–4): 155–163.

Amemiya Y., Arakaki A., Staniland S. S., Tanaka T. & Matsunaga T. (2007): „Controlled formation of magnetite crystal by partial oxidation of ferrous hydroxide in the presence of recombinant magnetotactic bacterial protein *Mms6*." – Biomaterials 28 (35): 5381–5389.

Amils R. , González-Toril E., Aguilera A., Rodriguez N., Fernández-Remolar D., Gómez F., Garcia-Moyano A., Malki M., Oggerin M., Sánchez-Andrea I. & Sanz J. L. (2011): „From Rio Tinto to Mars: The terrestrial and extraterrestrial ecology of acidiophiles." – Adv. Appl. Microbiol. 77: 41–70.

Ammann A. B. & Brandl H. (2011): „Detection and differentiation of bacterial spores in a mineral matrix by Fourier transform infrared spectroscopy (FTIR) and chemometrical data treatment." – BMC Biophysics 4:14.

An Y.-J. & Kim M. (2009): „Effect of antimony on the microbial growth and the activities of soil enzymes." – Chemosphere 74(5): 654–659.

Anderson C. R. & Pedersen K. (2003): „In situ growth of *Gallionella* biofilms and partitioning of lanthanides and actinides between biological material and ferric oxyhydroxides." – Geobiol. 1(2): 169–178.

Anderson S. & Appanna V. D. (1993): „Indium detoxification in *Pseudomonas fluorescens*." – Environ. Pollut. 82(1): 33–37.

Andrade G. (2008): „Role of functional groups of microorganisms on the rhizosphere microcosm dynamics." – In: Varma A., Abbott L., Werner D. & Hampp R. (Hrsg.): „Plant Surf. Microbiol." – Springer Verl. Berlin, Heidelberg: 51–69.

Andreazza R., Okeke B. C., Pieniz S., Bento F. M., Flávio A. O. & Camargo F. A. O. (2013): „Biosorption and bioreduction of copper from different copper compounds in aqueous solution." – Biol. Trace Element Res. 152(3): 411–416.

Andreesen J. R. & Makdessi K. (2008): „Tungsten, the surprisingly positively acting heavy metal element for prokaryotes." – Ann. New York Academy Sciences 1125: 215–229.

Andreini C., Bertini I., Cavallaro G., Holliday G. L. & Thornton J. M. (2008): „Metal ions in biological catalysis: from enzyme databases to general principles." – Jour. Biol. Inorg. Chem. 13(8): 1205–1218.

Andrès Y. & Gérente C. (2011): „Removal of rare earth elements and precious metal species by biosorption." – In Kotrba P., Mackova M. & Macek T. (Hrsg): „Microbial Biosorp. Metals": 179–196.

Andrès Y., Texier A. C. & Le Cloirec P. (2003): „Rare earth elements removal by microbial biosorption: a review." – Environ. Technol. 24(11): 1367–1375.

Antipov A. N., Lyalikova N. N. & L'vov N. P. (2000): „Vanadium-binding protein excreted by vanadate-reducing bacteria." – IUBMB Life 49(2): 137–141.

Antonious G. F. (2009): „Enzyme activities and heavy metals concentration in soil amended with sewage sludge." – Jour. Environ. Sci. Health, Part A: Tox. Hazard. Subst. Environ. Eng. 44(10): 1019–1024.

Antranikian G., Hrsg. (2005): „Angewandte Mikrobiologie." – Springer/Berlin. 1. Aufl: 536 Seiten.

Arakaki A., Masuda F., Amemiya Y., Tanaka T. & Matsunaga T. (2010): „Control of the morphology and size of magnetite particles with peptides mimicking the *Mms6* protein from magnetotactic bacteria." – Jour. Colloid Interface Sci. 343(1): 65–70.

Arakaki A., Nakazawa H., Nemoto M., Mori T. & Matsunaga T. (2008): „Formation of magnetite by bacteria and its application." – Jour. R. Soc. Interface 5(26): 977–999.

Arakaki A., Webb J. & Matsunaga T. (2003): „A novel protein tightly bound to bacterial magnetite particles in *Magnetospirillum magneticum strain AMB-1*." – Jour. Biol. Chem. 278(10): 8745–8750.

Arato B., Szanyi Z., Flies C., Schüler D., Frankel R. B., Buseck P. R. & Posfai M. (2005): „Crystal-size and shape distributions of magnetite from uncultered magnetotactic bacteria as a potential biomarker." – Am. Min. 90: 1233–1241.

Arato B., Cziner K, Posfai M., Marton E. & Marton P. (2000): „Magnetite and greigite from magnetotactic bacteria and from sedimentary rocks: size distributions and microstructures." – Goldschmidt 2000 Jour. Conference Abstr. 5(2): 152.

Ardehali R. & Mohammad S. F. (1993): „111Indium labeling of microorganisms to facilitate the investigation of bacterial adhesion." – Jour. Biomed. Mater. Res. 27(2): 269–275.

Arkhipova O. V. & Akumenko V. K. (2005): „Unsaturated organic acids as terminal electron acceptors for reductase chains of anaerobic bacteria." – Mikrobiologiia 74(6): 725–737.

Arnold F. H., Giver L., Gershenson A., Zhao H. M. & Miyazaki K.(1999): „Directed evolution of mesophilic enzymes into their thermophilic counterparts." – Proc. Natl. Acad. Sci. USA 870: 400–403.

Arnosti C. (1998): „Rapid potential rates of extracellular enzymatic hydrolysis in Arctic sedments." – Limnol. Oceanogr. 43(): 315–324.

Ashby J. & Craig P. J. (1987): Biomethylation of tin (II) complexes in the presence of pure strains of Saccharomyces cerevisiae." – Appl. Organometal Chem. 1: 275–279.

Atomi H. (2005): „Recent progress towards the application of hyperthermophiles and their enzymes." – Curr. Opin. Chem. Biol. 9(2): 166–173.

Aubert C., Lojou E., Bianco P., Rousset M., Durand M.-C., Bruschi M. & Dolla A. (1998): „The *Desulfuromonas acetoxidans* triheme cytochrome c7 produced in *Desulfovibrio desulfuricans* retains its metal reductase activity." – Appl. Environ. Microbiol. 64(4): 1308–1312.

Auernik K. S. & Kelly R. M. (2008): „Identification of components of electron transport chains in the extremely thermoacidophilic crenarchaeon *Metallosphaera sedula* through iron and sulfur compound oxidation transcriptomes." – Appl. Environ. Microbiol. 74(24): 7723–7732.

Auernik K. S., Maezato Y., Blum P. H. & Kelly R. M. (2008): „The genome sequence of the metal-mobilizing, extremely thermoacidophilic archaeon *Metallosphaera sedula* provides insights into bioleaching-associated metabolism." – Appl. Environ. Microbiol. 74(3): 682–692.

Auger C., Lemire J., Appanna V. & Appanna V. D.(2013): „Gallium in bacteria, metabolic and medical implications." – In Kretsiner R. H., Uversky V. N. & Permyakov E. A. (Hrsg.): „Encyclopedia of metalloproteins" – Springer Reference: 800–807.

Avall-Jääskeläinen S. & Palva A. (2005): „*Lactobacillus* surface layers and their applications." – FEMS Microbiol. Rev. 29(3): 511–529.

Avanzato C. P., Follieri J. M. & Banerjee I. A. (2009): „Biomimetic synthesis and antibacterial characteristics of magnesium oxide-germanium dioxide nanocomposite powders." – Jour Comp. Mat.43(8): 897–910.

Avazéri C., Turner R. J., Pommie J., Weiner J. H., Giordano G. & Verméglio A. (1997): „Tellurite reductase activity of nitrate reductase is responsible for the basal resistance of *Escherichia coli* to tellurite." – Microbiol. 143: 1181–1189.

Avoscan L., Carriere M., Proux O., Sarret G., Degrouard J., Covès J. & Gouget B. (2009): „Enhanced selenate accumulation in *Cupriavidus metallidurans CH34* does not trigger a detoxification pathway." – Appl. Environ. Microbiol. 75(7): 2250–2252.

Ayyasamy P. M. & Lee S. (2012): „Biotransformation of heavy metals from soil in synthetic medium enriched with glucose and *Shewanella sp. HN-41* at various pH." – Geomicrobiol. Jour. 29(9): 843–851.

Badelt-Lichtblau H., Kainz B., Völlenkle C., Egelseer E.-M., Sleytr U. B., Pum D. & Ilk N. (2009): „Genetic engineering of the S-Layer protein SbpA of *Lysinibacillus sphaericus CCM 2177* for the generation of functionalized nanoarrays." – Bioconjugate Chem. 20(5): 895–903.

Bae E., Bannen R. M. & Phillips G. N. Jr. (2008): „Bioinformatic method for protein thermal stabilization by structural entropy optimization." – Proc. Natl. Acad. Sci. U. S. A. 105(28): 9594–9597.

Bae W., Mehra R. K., Mulchandani A. & Chen W. (2001): „Genetic engineering of *Escherichia coli* for enhanced uptake and bioaccumulation of mercury." – Appl. Environ. Microbiol. 67(11): 5335–5338.

Baesman S. M., Stolz J. F., Kulp T. R. & Oremland R. S. (2009): „Enrichment and isolation of *Bacillus beveridgei sp. nov.*, a facultative anaerobic haloalkaliphile from Mono Lake, California, that respires oxyanions of tellurium, selenium, and arsenic." – Extremophiles 13(4): 695–705.

Baesman S. M., Bullen T. D., Dewald J., Zhang D., Curran S., Islam F. S., Beveridge T. J. & Oremland R. S. (2007): „Formation of tellurium nanocrystals during anaerobic growth of bacteria that use Te oxyanions as respiratory electron acceptors." – Appl. Environ. Microbiol. 73(7): 2135–2143.

Bahafid W., Joutey N. T., Sayel H., Iraqui-Houssaini M. & Ghachtouli N. E. (2013): „Chromium adsorption by three yeast strains isolated from sediments in Morocco." – Geomicrobiol. Jour. 30(5): 422–429.

[1]Bai H. J., Zhang Z. M., Guo Y. & Yang G. E. (2009): „Biosynthesis of cadmium sulfide nanoparticles by photosynthetic bacteria *Rhodopseudomonas palustris*." – Colloids Surfaces B: Biointerfaces 70(1): 142–146.

[2]Bai B., Wang P., Wu L., Yang L. & Chen Z. (2009): „A novel yeast bio-template route to synthesize Cr_2O_3 hollow microspheres." – Mat. Chem. Phys. 114(1): 26–29.

Bai H.-J., Zhang Z.-M. & Gong J. (2006): „Biological synthesis of semiconductor zinc sulfide nanoparticles by immobilized *Rhodobacter sphaeroides*." – Biotechn. Lett. 28(14): 1135–1139.

Baker-Austin C. & Dopson M. (2007): Life in acid: ph homeostasis in acdophiles. – Trends Microbiol. 15(4): 165–171.

Balestrino D., Ghigo J. M., Charbonnel N., Haagensen J. A. & Forestier C. (2008): „The characterization of functions involved in the establishment and maturation of *Klebsiella pneumoniae* in vitro biofilm reveals dual roles for surface exopolysaccharides." – Environ Microbiol.10: 685–701.

Ballester P. & Vidal-Ferran A. (2008): „Introduction to supramolecular catalysis." In van Leeuwen Piet W. N. M. (Hrsg.): „Supramolecular catalysis." – Wiley-VCH Weinheim 1. Ausg.: 303 Seiten.

Balota E. L., Kanashiro M., Filho A. C., Andrade D. S. & Dick R. P. (2004): „Soil enzyme activities under long-term tillage and crop rotation systems in subtropical agro-ecosystems." – Brazil. Jour. Microbiol. 35(4): 300–306.

Banci L., Bertini I., Luccinat C. & Turano P. (2007): „Special cofactors and metal clusters." – In Bertini I., Gray H. B., Stiefel E. I. & Valentine J. S. (Hrsg.): „Biological inorganic chemistry." – Uni. Sci. Books: 766 Seiten.

Banderas A. & Guiliani N. (2013): „Bioinformatic prediction of gene functions regulated by Quorum Sensing in the bioleaching bacterium *Acidithiobacillus ferrooxidans*." – Int. Jour. Mol. Sci. 14: 16901–16916.

Banfield J. F., Cervini-Silva J. & Nealson K. M., Hrsg. (2005): „Molecular geomicrobiology." – Rev. Min. & Geochem. 59: 294 Seiten.

Banfield J. F. & Zhang H. (2001): „Nanoparticles in the environment." In Banfield J. F. & Navrotsky A. (Hrsg.): „Nanoparticles and the environment." – Min. Soc. Am. 44: 1–58.

Banin E., Lozinski A., Brady K. M., Berenshtein E., Butterfield P. W., Moshe M., Chevion M., Greenberg E. P. & Banin E. (2008): „The potential of desferrioxamine-gallium as an anti-*Pseudomonas* therapeutic agent." – PNAS 105(43): 16761–16766.

Bannen R. M., Suresh V., Phillips G. N. Jr., Wright S. J. & Mitchell J. C. (2008): „Optimal design of thermally stable proteins." – Bioinformatics 24(20): 2339–3243.

Bannister J. V. & Parker M. W. (1985): „The presence of a copper/zinc superoxide dismutase in the bacterium *Photobacterium leiognathi*: A likely case of gene transfer from eukaryotes to prokaryotes." – Proc. Natl. Acad. Sci USA 82: 149–152.

Bao H., Lu Z., Cui X., Qiao Y., Guo J., Anderson J. M. & Li C. M. (2010): „Extracellular microbial synthesis of biocompatible CdTe quantum dots." – Acta Biomaterialia 6(9): 3535–3541.

Barak Y., Ackerley D. F., Dodge C. J., Banwari L., Alex C., Francis A. J. & Matin A. (2006): „Analysis of novel soluble chromate and uranyl reductases and generation of an improved enzyme by directed evolution." – Appl. Environ. Microbiol. 72(11): 7074–7082.

Bargar J. R., Bernier-Latmani R., Giammar D. E. & Tebo B. M. (2008): „Biogenic uraninite nanoparticles and their importance for uranium remediation." – Elements 4(6): 407–412.

Barker W. W. & Banfield J. F. (1998): „Zones of chemical and physical interaction at interfaces between microbial communities and minerals: a model." – Geomicrobiol. Jour. 15(3): 223–244.

Barns S. M., Cain E. C., Sommerville L. & Kuske C. R. (2007): „Acidobacteria phylum sequences in uranium-contaminated subsurface sediments greatly expand the known diversity within the phylum." – Appl. Environ. Microbiol. 73(9): 3113–3116.

Barns S. M. & Nierzwicki-Bauer S. A. (1997): „Microbial diversity in ocean, surface and subsurface environments." In Banfield J. F. & Nealson K. H. (Hrsg.): „Geomicrobiology: interactions between microbes and minerals." – Rev. Min. 35: 35–79.

Bartlett P. N. (2008): „Bioelectrochemistry: fundamentals, experimental techniques and applications." Wiley 494 Seiten.

Bartolomé J., Bartolomé F., García L. M., Figueroa A. I., Repollés A., Martínez-Pérez M. J., Luis F., Magén C., Selenska-Pobell S., Pobell F., Reitz T., Schönemann R., Herrmannsdörfer T., Merroun M., Geissler A., Wilhelm F. & Rogalev A. (2012): „Strong paramagnetism of gold nanoparticles deposited on a *Sulfolobus acidocaldarius* S-Layer." – Phys.Rev. Lett. 109(24): 5 Seiten.

Barton L. L. & Fauque G. D. (2009): „Biochemistry, physiology and biotechnology of sulfate-reducing bacteria." – Adv. Appl. Microbiol. 68: 41–98.

Barton L. L., Goulhen F., Bruschi M., Woodards N. A., Plunkett R. M. & Rietmeijer F. J. (2007): „The bacterial metallome: composition and stability with specific reference to the anaerobic bacterium *Desulfovibrio desulfuricans*." – Biometals 20(3–4): 291–302.

Basnakova G. & Macaskie L. E. (1999): „Accumulation of zirconium and nickel by *Citrobacter sp.*" – Jour. Chem. Technol. Biotechnol. 74(6): 509–514.

Bäuerlein, Edmund, Hrsg. (2009): „Handbook of biomineralization – Biological Aspects and Structure Formation." – Wiley-VCH Weinheim: 441 Seiten.

Baumgartner J., Bertinetti L., Widdrat M., Hirt A. M. & Faivre D. (2013): „Formation of magnetite nanoparticle at low temperature: from superparamagnetic to stable single domain particles." – PLOS One 8(3): e57070.

Bausch A. R. & Kroy K. (2006): „A bottom-up approach to cell mechanics." – Nature Phys. 2: 231–238.

Bazylinski D. A., Frankel R. B. & Konhauser K. O. (2007): „Modes of biomineralization of magnetite by microbes." Geomicrobiol. Jour. 24(6): 465–475.

Bazylinski D. A. & Frankel R. B. (2004): „Magnetosome formation in prokaryotes." – Nature Rev. Microbiol. 2: 217–230.

Bazylinski D. A. & Frankel R. B. (2003): „Biologically controlled mineralizations in prokaryotes." In Dove P. M., de Yoreo J. J. & Weiner S. (Hrsg.): „Biomineralization." – Rev. Min. Petrol. 54: 217–247.

Bazylinski D. A., Frankel R. B., Heywood B. R., Mann S., King J. W., Donaghay P. L. & Hanson A. K. (1995): „Controlled biomineralization of magnetite (Fe_3O_4) and greigite (Fe_3S_4) in a magnetotactic bacterium." – Appl. Environ. Microbiol. 61(9): 3232–3239.

Bazylinski D. A., Garratt-Reed A. J. & Frankel R. B. (1994): „Electron microscopic studies of magnetosomes in magnetotactic bacteria." – Micros. Res. Techn. 27(5): 389–401.

Becerra-Castro C., Kidd P., Kuffner M., Prieto-Fernández Á., Hann S., Monterroso C., Sessitsch A., Wenzel W. & Puschenreiter M. (2013): „Bacterially induced weathering of ultramafic rock and its implications for phytoextraction." – Appl. Environ. Microbiol. 79(17): 5094–5103.

Becker A. & Epple M. (2005): „A high-throughput crystallisation device to study biomineralisation in vitro." – Mat. Res. Soc. Symp. Proc. 873E, K12.1.1-K12.1.10

Becker U., Biswas S., Kendall T., Risthaus P., Putnis C. V. & Pina C. M. (2005): „Interactions between mineral surfaces and dissolved species: From monovalent ions to complex organic molecules." – American Jour. Sci. 305: 791–825.

Beckett W., Chalupa D., Pauly-Brown A., Speers D., Stewart J., Frampton M., Utell M., Huang L., Cox C., Zareba W. & Oberdorster G. (2005): „Comparing inhaled ultrafine versus fine zinc oxide particles in healthy adults: a human inhalation study." – Am. Jour. Respir. Crit. Care Med. 171: 1129–1135.

Beeby M., Bobik T. A. & Yeates T.O (2009): „Exploiting genomic patterns to discover new supramolecular protein assemblies." – Protein Sci. 18: 69–79.

Beech I. B. & Gaylarde C. C. (1999): „Recent advances in the study of biocorrosion – an overview." – Revista Microbiologia 30: 177–190.

Beech I. B. & Sunner J. (2004): „Biocorrosion: towards understanding interactions between biofilms and metals." – Curr. Opin. Biotechn. 15: 181–186.

Behrens P. & Bäuerlein E. (2007): „Handbook of biomineralization." – Wiley-VCH Verl. Weinheim: 443 Seiten.

Bellenger J. P., Wichard T., Kustka A. B. & Kraepiel A. M. L. (2008): „Uptake of molybdenum and vanadium by a nitrogen-fixing soil bacterium using siderophores." – Nature Geosci. 1: 243–246.

Bellenger J.-P, Wicharf T. & Kraepiel A. M. L. (2007): "A new metallophore for the nitrogen fixing bacteria *Azotobacter vinelandii*." – Goldschmidt Conference Abstracts 2007: 1 Seite.

Bélanger C., Desrosiers B. & Lee K. (1997): „Microbial extracellular enzyme activity in marine sediments: extreme pH to terminate reaction and sample storage." – Aquatic Microbial Ecol. 13: 187–196.

Beller H. R., Chain P. S. G., Letain T. E., Chakicherla A., Larimer F. W., Richardson P. M., Coleman M., Wood A. P. & Kelly D. P. (2006): „The genome sequence of the obligately chemolithoautotrophic, facultatively anaerobic bacterium *Thiobacillus denitrificans*." – Jour. Bacteriol. 188: 1473–1488.

Benjamin M. M. & Leckie J. O. (1981): „Multiple-site adsorption of Cd, Cu, Zn, and Pb on amorphous iron oxyhydroxide." – Jour. Coll. Interface Sci. 79(1): 209–221.

Ben-Jacob E. & Levine H. (2006): „Self-engineering capabilities of bacteria." – Jour. Roy. Soc. Interface 3: 197–214.

Benkovic S. J. & Hammes-Schiffer S. (2003): „A perspective on enzyme catalysis." – Science 301(5637): 1196–1202.

Bennett P. C., Rogers J. R., Hiebert F. K. & Choi W. J. (2001): „Silicates, silicate weathering, and microbial ecology." – Geomicrobiol. Jour. 18: 3–19.

Bentley R. & Chasteen T. G. (2002): „Microbial methylation of metalloids: arsenic, antimony, and bismuth." – Microbiol. Molecul. Biol. Rev. 66(2): 250–271.

[1]Benzerara K, Miot J., Morin G., Kappler A. & Obst M. (2008): „Biomineralization by iron-oxidizing Bacteria." – http://www.lightsource.ca/science/pdf/activity_report_2008/36_benzerara.pdf

[2]Benzerara K., Morin G., Yoon T. H., Miot J., Tyliszczak T., Casiot C., Bruneel O., Farges F. & Brown Jr. G. E. (2008): „Nanoscale study of As biomineralization in an acid mine drainage system." – Geochim. Cosmochim. Acta 72(16): 3949–3963.

Benzerara K., Yoon T. H., Menguy N., Tyliszczak T. & Brown G. E. (2005): „Nanoscale environments associated with bioweathering of a Mg-Fe-pyroxene." – PNAS 102(4): 979–982.

Benzerara K., Barakat M., Menguy N., Guyot F., de Luca G., Audrain C. & Heulin T. (2004): „Experimental colonization and alteration of orthopyroxene by the pleomorphic bacteria *Ramlibacter tataouinensis*." – Geomicrobiol. Jour. 21(5): 341–349.

Berg J. M., Tymoczko J. L. & Stryer L. (2015): „Biochemistry." – Freeman and Co. – New York: 1098 Seiten

Bergkvist M., Mark S. S., Yang X., Angert E. R. & Batt C. A. (2004): „Bionanofabrication of ordered nanoparticle properties and adsorption conditions." – Jour. Phys. Chem. 108: 8241–8248.

Beveridge T. J. (2005): „Bacterial cell wall structure and implications for interactions with metal ions and minerals." – Jour. Nuc. Radiochem. Sci. 6(1): 7–10.

Beveridge T. J. (1978): „The response of cell walls of *Bacillus subtilis* to metals and to electron-microscopic stains." – Can. Jour. Microbiol. 24(2): 89–104.

Beveridge T. J., Hughes M. N., Lee H., Leung K. T., Poole R. K., Savvaidis I., Silver S. & Trevors J. T. (1996): „Metal-microbe interactions: contemporary approaches." – In Poole R. K. (Hrsg.): Adv. Micro. Phys. 38: 177–243.

Beveridge T. J., Meloche J. D., Fyfe W. S. & Murray R. G. E. (1983): „Diagenesis of metals chemically complexed to bacteria: laboratory formation of metals phosphates, sulfides, and organic condensates in artificial sediments." – Appl. Environ. Microbiol. 45(3): 1094–1108.

Beveridge T. J. & Murray R. G. E. (1980): Sites of metal deposition in the cell wall of *Bacillus subtilis*." – Jour. Bacteriol. 141(2): 876–887.

Bevers L. E., Hagedoorn P. L., & Hagen W. R. (2009): „The bioinorganic chemistry of tungsten." – Coord. Chem. Rev., 253: 269–290.

Bevers L. E., Hagedoorn P.-L., Krijger G. C. & Hagen W. R. (2006): „Tungsten transport protein A (WtpA) in *Pyrococcus furiosus*: the first member of a new class of tungstate and molybdate transporters." – Jour. Bacteriol. 188(18): 6498–6505.

Bharde A., Kulkarni A., Rao M., Prabhune A. & Sastry M. (2008): „Bacterial enzyme mediated biosynthesis of gold nanoparticles." – Jour. Nanosci. Nanotechnol. 7(12): 4369–4377.

Billen G., Servais P. & Becquevort S. (1990): „Dynamics of bacterioplankton in oligotrophic and eutrophic aquatic environments: bottom-up or top-down control?" – Hidrobiol. 207(1): 37–42.

Bisswanger H. (2015): „Enzyme. Struktur, Kinetik, Anwendung" – Wiley – VCH Weinheim: 308 Seiten.

Bisswanger H. (2008): „Enzyme kinetics – principles and methods." – Wiley – VCH Weinheim: 320 Seiten.

Black J. (1994): „Biological performance of tantalum." – Clin. Mater. 16(3): 167–173.

Blake R. C., Shute E. A. & Howard G. T. (1994): „Solubilization of minerals by bacteria: elec-
trophoretic mobility of Thiobacillus ferrooxidans in the presence of iron, pyrite, and sulphur." –
Appl. Environ. Microbiol. 60: 3349–3357.

Blakemore R. P. (1982): „Magnetotactic bacteria." – Ann. Rev. Microbiol. 36: 217–238.

Blank L. M., Ebert B. E., Buehler K. & Bühler B. (2010): „Redox biocatalysis and metabolism: molecular mechanisms and metabolic network analysis." – Antioxid. Redox Signal. 13(3): 349–394.

Blayda I. A., Vasylyeva T. V., Slyusarenko L. I., Khytrych V. F., Barba I. M. & Vasylyeva N.Yu. (2011):
„Extraction of germanium from lead-zinc production waste by chemical and microbiological
methods." – Chem. Met. Alloys 4: 206–212.

Blomberg M. R. A. & Siegbahn P. E. M. (2001): „A Quantum chemical approach to the study of reaction mechanisms of redox-active metalloenzymes." – Jour. Phys. Chem. 105(39): 9375–9386.

Bloom J. D., Meyer M. M., Meinhold P., Otey C. R., MacMillan D. & Arnold F. H. (2005): „Evolving
strategies for enzyme engineering." – Curr. Opin. Struct. Biol. 15(4): 447–452.

Blüher A. (2008): S-Schichtproteine als molekulare Bausteine zur Funktionalisierung mikroelektronischer Sensorstrukturen." – Diss. Fak. Maschinenwesen TU Dresden: 129 Seiten.

Blum J. S., Kulp T. R., Han S., Lanoil B., Saltikov C. W., Stolz J. F., Miller L. G. & Oremland R. S. (2012):
Desulfohalophilus alkaliarsenatis gen. nov., sp. nov., an extremely halophilic sulfate- and
arsenate-respiring bacterium from Searles Lake, California." – Extremophiles 16(5): 727–742.

Boekelheide N., Salomòn-Ferrer & Miller III T. F. (2011): „Dynamics and dissipation in enzyme catalysis." – PNAS 108(39): 16159–16163.

Bókkon I. & Sahari V. (2010): „Information storing by biomagnetites." – Jour. Biol. Phys. 36:
109–120.

Bol E., Bevers L. E., Hagedoorn P. L. & Hagen W. R. (2006): „Redox chemistry of tungsten and iron-
sulfur prosthetic groups in *Pyrococcus furiosus* formaldehyde ferredoxin oxidoreductase." –
Jour. Biol. Inorg. Chem. 11(8): 999–1006.

Bol E., Broers N. J. & Hagen W. R. (2008): „A steady-state and pre-steady-state kinetics study of the
tungstoenzyme formaldehyde ferredoxin oxidoreductase from *Pyrococcus furiosus*." – Jour.
Biol. Inorg. Chem. 13(1): 75–84.

Bolon D. N., Grant R. A., Baker T. A. & Sauer R. T. (2005): „Specificity versus stability in computational protein design." – PNAS 102(36): 12724–12729.

Bolon D. N., Voigt C. A. & Mayo S. L. (2002): „De novo design of biocatalysts." – Curr. Opin. Chem.
Biol. 6(2): 125–129.

Bolon D. N. & Mayo S. L. (2001): „Enzyme-like proteins by computational design." – PNAS December
98(25): 14274–14279.

Bommarius A. S., Broering J. M., Chaparro-Riggers J. F. & Polizzi K. M. (2006): „Highthroughput
screening for enhanced protein stability." – Curr. Opin. Biotech. 17: 606–610.

Bond D. R. & Lovley D. R. (2003): „Electricity production by *Geobacter sulfurreducens* attached to
electrodes." – Appl. Environ. Microbiol. 69: 1548–1555.

Bond P. L., Smriga S. P. & F. Banfield J. F. (2000): „Phylogeny of microorganisms populating a thick,
subaerial, predominantly lithotrophic biofilm at an extreme acid mine drainage site." – Appl.
Environ. Microbiol. 66(9): 3842–3849.

Bornscheuer U. T. (2011): „Gerichtete Evolution" – Vorlesung Biotechnologie II, Institut Biochemie,
Abt. Biotechnol. & Enzymkat. Universität Greifswald: 61 Seiten.

Bornscheuer U. T., Huisman G. W., Kazlauskas R. J., Lutz S., Moore J. C. & Robins K. (2012): „Engineering the third wave of biocatalysis." – Nature Rev. 485: 185–194.

Bornscheuer U. T. & Pohl M. (2001): „Improved biocatalysts by directed evolution and rational protein design." Curr. Opin. Chem. Biol. 2: 137–143.

Borrok D. M. (2005): „Predictive modeling of metal adsorption onto bacterial surfaces in geologic
settings." – Diss. University of Notre Dame, Indiana: 175 Seiten.

Borrok D., Turner B. F. & Fein J. B. (2005): „A universal surface complexation framework for modeling proton binding onto bacterial surfaces in geologic settings." – Am. Jour. Sci. 305: 826–853.

[2]Borrok D., Fein J. B., Tischler M., Loughlin E. O., Meyer H., Liss M. & Kemner K. M. (2004): „The effect od acidic solutions and growth conditions on the adsorptive properties of bacterial surfaces." – Chem. Geol. 209: 107–119.

Borsetti F., Francia F., Turner R. J. & Zannoni D. (2007): „The thiol:disulfide oxidoreductase DsbB mediates the oxidizing effects of the toxic metalloid tellurite (TeO_3^{2-}) on the plasma membrane redox system of the facultative phototroph *Rhodobacter capsulatus*." – Jour. Bacteriol. 189(3): 851–859.

Bosch J., Lee K. Y., Jordan G., Kim K. W. & Meckenstock R. U. (2012): „Anaerobic, nitrate-dependent oxidation of pyrite nanoparticles by *Thiobacillus denitrificans*." – Environ. Sci. Technol. 46(4): 2095–2101.

Bose A., Kopf S. & Newman D. K. (2011): „From genomes to geocycles and back." – In Stolz J. F. & Oremland R. S. (Hsrg): „Microbial metal and metalloid metabolism – Advances and Applications." – Am. Soc. Microbiol. : 13–38.

Bose S., Hochella M. F., Gorby Y., Kennedy D., McCready D., Madden A. & Lower B. (2009): „Bioreduction of hematite nanoparticles by the dissimilatory iron reducing bacterium *Shewanella oneidensis MR-1*."

Botes E., van Heerden E. & Litthauer D. (2007): „Hyper-resistance to arsenic in bacteria isolated from an antimony mine in South Africa." – S. Afr. Jour. Sci. 103(7–8): 279–281.

Böttcher D. & Bornscheuer U. T. (2006): „High-throughput screening of activity and enantioselectivity of esterases." – Nature Protocols 1(5): 2340–2343.

Bowers K. J. & Wiegel J. (2011): „Temperature and pH optima of extremely halophilic Archaea. A minireview." – Extremophiles 15: 119–128.

Boyd E. S., Leavitt W. D., Geesey G. G. (2009): „CO(2) uptake and fixation by a thermoacidophilic microbial community attached to precipitated sulfur in a geothermal spring." – Appl. Environ. Microbiol. 75(13): 4289–4296.

Boyd E. S., Cummings D. E. & Geesey G. G. (2007): „Mineralogy influences structure and diversity of bacterial communities associated with geological substrata in a pristine aquifer." Microb. Ecol. 54(1): 170–182.

Brandon M. S., Paszczynski A. J., Korus R. & Crawford R. L. (2003): „The determination of the stability constant for the iron(II) complex of the biochelator pyridine-2,6-bis(thiocarboxylatic acid)." – Biodegradation 14: 73–82.

Brantley S. L. & Liermann L., Bau M. & Wu S. (2001): „Uptake of trace metals and rare earth elements from Hornblende by a soil bacterium." – Geomicrobiol. Jour. 18: 37–61.

Braun M., Teichert O. & Zweck A. (2006): „Biokatalyse in der industriellen Produktion: Fakten und Potentiale zur weißen Biotechnologie." – Zukünftige Technologien Consulting (ZTC): 70 Seiten.

Braun R., Mehmet S. & Schulten K. (2002): „Genetically engineered gold-binding polypeptides: structure prediction and molecular dynamics." – Jour. Biomat. Sci. Polymer Ed. 13(7): 747–757.

Braunschweig J., Bosch J. & Meckenstock R. U. (2013): „Iron oxide nanoparticles in geomicrobiology: from biogeochemistry to bioremediation." – New Biotechnol. 30(6): 793–802.

Brazeau B. J. & Lipscomb J. D. (2000): „Kinetics and activation thermodynamics of methane monooxygenase compound Q formation and reaction with substrates." – Biochem. 39 (44): 13503–13515.

Bredberg K., Karlsson H. T. & Holst O. (2004): „Reduction of vanadium(V) with *Acidithiobacillus ferrooxidans* and *Acidithiobacillus thiooxidans*." – Bioresource Technol. 92(1): 93–96.

Brehm U., Gorbushina A., Mottershead D. (2005): „The role of microorganisms and biofilms in the breakdown and dissolution of quartz and glass." – Palaeogeogr. Palaeoclim. Palaeoecol. 219(1–2): 117–129.

Brenchley J. E. (1996): „Psychrophilic microorganisms and their cold-active enzymes." – Jour. Indus. Microbiol. Biotechnol. 17(5–6): 432–437.

Bretschger O., Obraztsova A., Sturm C. A., Chang I. S., Gorby Y. A., Reed S. B., Culley D. E., Reardon C. L., Barua S., Romine M. F., Zhou J., Beliaev A. S., Bouhenni R., Saffarini D., Mansfeld F., Kim B.-H., Fredrickson J. K. & Nealson K. H. (2007): „Current production and metal oxide reduction by *Shewanella oneidensis MR-1* wild type and mutants." – Appl. Environ. Microbiol. 73(21): 7003–7012.

Brown S. (2001): „Protein-mediated particle assembly." – Nano Lett. 1(7): 391–394.

Brown S., Sarikaya M. & Johnson E. (2000): „A genetic analysis of crystal growth." Jour. Mol. Biol. 299: 725–735.

Bruice T. C. & Benkovic S. J. (2000): „Chemical basis for enzyme catalysis." – Biochemistry 2000, 39(21): 6267–6274.

Bruice T. C. & Kahn K. (2000): „Computational enzymology." – Curr. Opin. Chem. Biol. 4(5): 540–544.

Bruins M. E., Janssen A. E. & Boom R. M. (2001): „Thermozymes and their applications: a review of recent literature and patents." – Appl. Biochem. Biotechnol. 90(2): 155–186.

Bruins M. R., Kapil S. & Oehme F. W. (2000): „Microbial resistance to metals in the environment." – Ecotoxicol. Environ. Safety 45: 198–207.

Brunner J. Mokhir A. & Kraemer R. (2003): „DNA-templated metal catalysis." – Jour. Am. Chem. Soc. 125(41): 12410–12411.

Brzóska K., Meczyńska S. & Kruszewski M. (2006): „Iron-sulfur cluster proteins: electron transfer and beyond." – Acta Biochim. Pol. 53(4): 685–691.

Buchholz K., Kasche V. & Bornscheuer U. T. (2005): „Biocatalysts and enzyme technology." – Wiley-VCH, Weinheim: 448 Seiten.

Budzikiewicz H. (2010): „Microbial siderophores." – in Kinghorn A. D., Falk H. & Kobayashi J. (Hrsg.): „Fortschritte der Chemie organischer Naturstoffe / Progress in the chemistry of organic natural products." – 92: 1–75.

Bugg T. D. H. (2012): „Introduction to enzyme and coenzyme chemistry." – Wiley: 279 Seiten.

Bunge M., Søbjerg L. S., Rotaru A-.E., Gauthier D., Lindhardt A. T., Hause G., Finster K., Kingshott P., Skrydstrupn T. & Meyer R. L. (2010): „Formation of palladium(0) nanoparticles at microbial surfaces." – Biotechnol. Bioeng. 107(2): 206–215.

Bunghez I. R., Pop S.-F. & Ion R.-M. (2013): „DNA as biotemplate for photochemically-induced generation of Au and/or Ag nanoparticles." – Metal. Int. 19(2): 94–97.

Bunnel J. E., Finkelman R. B., Centeno J. A. & Selinus O. (2007): „Medical geology: a globally emerging discipline." – Geol. Acta 5(3): 273–281.

Burgos W. D., McDonough J. T., Senko J. M., Zhang G., Dohnalkova A. C., Kelly S. D., Gorby Y. & Kemner K. M. (2008): „Characterization of uraninite nanoparticles produced by *Shewanella oneidensis MR-1*." – Geochim. Cosmochim. Acta 72(20): 4901–4915.

Burnett P.-G. G., Handley K., Peak D. & Daughney C. J. (2007): „Divalent metal adsorption by the thermophile *Anoxybacillus flavithermus* in single and multi-metal systems." – Chem. Geol. 244 (3–4): 493–506.

[1]Burns R. G. (2010): „How do microbial extracellular enzymes locate and degrade natural and synthetic polymers in soil." In Xu J., Huang P. M. (Hrsg): „Molecular environmental soil sience at the interfaces in the earth's critical zone." – Springer Verl. Berlin Heidelberg: 346 Seiten.

Burt J. L., Gutiérrez-Wing C., Miki-Yoshida M. & José-Yacamán M. (2004): „Noble-metal nanoparticles directly conjugated to globular proteins." – Langmuir 20(26): 11778–11783.

Busenlehner L. S., Apuy J. L. & David P. Giedroc D. P. (2002): „Characterization of a metalloregulatory bismuth(III) site in Staphylococcus aureus pI258 CadC repressor." – Jour. Biol. Inorg. Chem. 7(4–5): 551–559.

Bushnell E. A. C., Huang W. J. & Gauld J. W. (2012): „Applications of potential energy surfaces in the study of enzymatic reactions." – Adv. Phys. Chem.: 15 Seiten.

Buss H. L., Lüttge A. & Brantley S. L. (2007): „Etch pit formation on iron silicate surfaces during siderophore-promoted dissolution." – Chem. Geol. 240(3–4): 326–342.

Buszewski B., Dziubakiewicz E., Pomastowski P., Hrynkiewicz, Pioszaj-Pyrek J., Talik E., Kramer M. & Albert K. (2015): „Assignment of functional groups in Gram.positive bacteria." – Jour. Anal. Bioanal. Techn. 6(1): 8 Seiten.

Butler J. E., Young N. D. & Lovley D. R. (2010): „Evolution of electron transfer out of the cell: comparative genomics of six *Geobacter* genomes." – BMC Genomics 11(40) – http://www.biomedcentral.com/1471-2164/11/40: 12 Seiten.

Byrne-Bailey K. G., Weber K. A., Chair A. H., Bode S., Knox T., Spanbauer T. L., Chertkov O. & Coates J. D. (2010): „Completed genome sequence of the anaerobic iron-oxidizing bacterium *Acidovorax ebreus strain TPSY*." – Jour. Bact. 192(5): 1475–1476.

Byrne J. M., Telling N. D., Coker V. S., Pattrick R. A., van der Laan G., Arenholz E., Tuna F. & Lloyd J. R. (2011): „Control of nanoparticle size, reactivity and magnetic properties during the bioproduction of magnetite by *Geobacter sulfurreducens*." – Nanotechnol. 22(45): 455709.

Caballero H. R., Campanello G. C. & David P. Giedroc D. P. (2011): „Metalloregulatory proteins: metal selectivity and allosteric switching." – Biophys. Chem. 156(2–3): 103–114.

Cabral A. R., Radtke M., Munnik F., Lehmann B., Reinholz U., Riesemeier H., Tupinambá M. & Kwitko-Ribeiro R. (2011): „Iodine in alluvial platinum–palladium nuggets: Evidence for biogenic precious-metal fixation." – Chem. Geol. 281(1–2): 125–132.

Cabral A. R., Reith F., Lehmann B., Brugger J., Meinhold G., Tupinambá M. & Kwitko-Ribeiro R. (2012): „Anatase nanoparticles on supergene platinum-palladium aggregates from Brazil: titanium mobility in natural waters." – Chem. Geol. 334: 182–188.

Cai L., Liu G., Rensing C. & Wang G. 2009): „Genes involved in arsenic transformation and resistance associated with different levels of arsenic-contaminated soils." – BMC Microbiol. 9(4): 11 Seiten.

Call D. F., Wagner R. C. & Logan B. E. (2009): „Hydrogen production by *Geobacter* species and a mixed consortium in a microbial electrolysis cell." – Appl. Environ. Microbiol. 75(24): 7579–7587.

Cameron V., House C. H. & Brantley S. L. (2012): „A first analysis of metallome biosignatures of hyperthermophilic Archaea." – Archaea Vol. 2012, Article ID 789278: 12 Seiten.

Campbell B. J., Summers Engel A., Porter M. L. & Takai K. (2006): „The versatile ε-proteobacteria: key players in sulphidic habitats." – Nature Rev. Microbiol. 4: 458–468.

[1]Carballeira J. D., Fernandez-Lucas J., Quezada M. A., Hernaiz M. J., Alcantara A. R., Simeó Y. & Sinisterra J. V. (2009): „Biotransformations." – Encyclopedia of Microbiology Third Edition: 212–251.

[2]Carballeira J. D., Quezada M. A., Hoyos P., Simeó Y., Hernaiz M. J., Alcantara A. R., Sinisterra J. V. (2009): „Microbial cells as catalysts for stereoselective red-ox reactions." – Biotechnol. Adv. 27(6): 686–714.

Carpentier W., de Smet L., van Beeumen J. & Brigé A. (2005): „Respiration and growth of *Shewanella oneidensis MR-1* using vanadate as the sole electron acceptor." – Jour. Bacteriol. 187(10): 3293–3301.

Carpentier W., Sandra K., de Smet L., Brigé A. de Smet L. & van Beeumen J. (2003): „Microbial reduction and precipitation of vanadium by *Shewanella oneidensis*." – Appl. Environ. Microbiol. 69(6): 3636–3639.

Cary S. C., McDonald I. R., Barrett J. E. & Cowan D. A. (2010): „On the rocks: the microbiology of Antarctic Dry Valley soils." – Nature Rev. Microbiol. 8: 129–138.

Casals E., Gonzales E. & Puntes V. F. (2012): „Reactivity of inorganic nanoparticles in biological environments: insights into nanotoxicity mechanisms." – Jour. Phys. D: Appl. Phys.: 443001.

Cavicchioli R., Siddiqui K. S., Andrews D. & Sowers K. R. (2002): „Low-temperature extremophiles and their applications." – Curr. Opin. Biotechnol. 13(3): 253–261.

Censi P., Darrah T. & Erel Y. (2013): „Medical geochemistry." – Springer: 204 Seiten

Cervantes C., Espino-Saldaña A. E., Acevedo-Aguilar F., León-Rodriguez I. L., Rivera-Cano M. E., Avila-Rodríguez M., Wróbel-Kaczmarczyk K., Wróbel-Zasada K., Gutiérrez-Corona J. F., Rodríguez-Zavala J.S, Moreno-Sánchez R. (2006): „Microbial interactions with heavy metals." – Rev. Latinoam. Microbiol. 48(2): 203–210.

Cervini-Silva J., Fowle D. A. & Banfield J. (2005): „Biogenic dissolution of a soil cerium-phosphate mineral." – Am. Jour. Sci. 305: 711–762.

Challaraj Emmanuel E. S., Vignesh V., Anandkumar B. & Maruthamuthu S. (2011): „Bioaccumulation of cerium and neodymium by *Bacillus cereus* isolated from rare earth environments of Chavara and Manavalakurichi, India." – Indian. Jour. Microbiol. 51(4): 488–495.

Champdoré M. de, Staiano M., Rossi M. & D'Auria S. (2007): „Proteins from extremophiles as stable tools for advanced biotechnological applications of high social interest." – Jour. Royal. Soc. Interface 4(13): 183–191.

Chan C. S., Fakra S. C., Emerson D., Fleming E. J. & Edwards K. J. (2011): „Lithotrophic iron-oxidizing bacteria produce organic stalks to control mineral growth: implications for biosignature formation." – ISME Jour. 5: 717–727.

Chandrasekhar S. (2002): „Thermodynamic analysis of enzyme catalysed reactions: new insights into the Michaelis–Menten equation." – Res. Chem. Intermediates 28(4): 265–275.

Chang A. (Hrsg.), Schomburg D. (Hrsg), Schomburg I. (Hrsg.) (2004): „Class 1 Oxidoreductases V: EC 1.2." – In Springer Handbook of Enzymes Bd. 20, 2 Aufl.: 610 Seiten.

Chang I. S., Moon H., Bretschger O., Jang J. K., Park H. I., Nealson K. H. & Kim B. H. (2006): „Electrochemically active bacteria (EAB) and mediator-less microbial furl cells." – Jour. Microbial. Biotechnol. 16(2): 163–177.

Chapin F. S. & Evinder V. T. (2003): „Biogeochemistry of terrestrial net primary production." – In Holland H. D. & Turekian K. K. (Hrsg.): „Treatise on Geochemistry." – Elsevier Bd. 8.06: 1–35.

Chaudhuri S. K. & Lovley D. R. (2003): „Electricity generation by direct oxidation of glucose in mediatorless microbial fuel cells." – Nat. Biotechnol. 21(10): 1229–1232.

Checa S. K. & Soncini F. C. (2011): „Bacterial gold sensing and resistance." – Biometals 24(3): 419–427.

Cheesman M. R., Ankel-Fuchs D., Thauer R. K. & Thompson A. J. (1989): „The magnetic properties of the nickel cofactor F430 in the enzyme methyl-conenzyme M reductase of *Methanobacterium thermoautotrophicum*." – Biochem. Jour. 260: 613–616.

Chen C.-Y., Georgiev I., Anderson A. C. & Donald B. R. (2009): „Computational structure-based redesign of enzyme activity." – PNAS 106(10): 3764–3769.

Cherry J. R. & Fidantsef A. L. (2003): „Directed evolution of industrial enzymes: an update." – Curr. Opin. Biotechnol. 14(4): 438–443.

Chica R. A., Doucet N. & Pelletier J. N. (2005): „Semi-rational approaches to engineering enzyme activity: combining the benefits of directed evolution and rational design." – Curr. Opin. Biotechnol. 16(4): 378–384.

Chiu C.-Y., Li Y., Ruan L., Ye X., Murray C. B. & Huang Y. (2011): Platinum nanocrystals selectively shaped using facet-specific peptide sequences."- Nature Chemistry 3: 393–399.

Chmielowski J. & Kłapcińska B. (1986): „Bioaccumulation of germanium by *Pseudomonas putida* in the presence of two selected substrates." – Appl. Environ. Microbiol. 51(5): 1099–1103.

Choudhary S. & Sar P. (2009): „Characterization of a metal resistant *Pseudomonas sp.* isolated from uranium mine for its potential in heavy metal (Ni^{2+}, Co^{2+}, Cu^{2+}, and Cd^{2+}) sequestration." – Bioresour. Technol. 100(9): 2482–2492.

Christianson D. W. & Cox J. D. (1999): „Catalysis by metal-activated hydroxide in zinc and manganese metalloenzymes." – Ann. Rev. Biochem. 68: 33–57.

Christl I., Imseng M., Tatti E., Frommer J., Viti C., Giovannetti L. & Kretzschmar R. (2012): „Aerobic reduction of chromium(VI) by *Pseudomonas corrugata 28*: influence of metabolism and fate of reduced chromium." Geomicrobiol.Jour. 29(2): 173–185.

Chung J., Nerenberg R. & Rittmann B. E. (2006): „Bio-reduction of soluble chromate using a hydrogen-based membrane biofilm reactor." – Wat. Res. 40(8): 1634–1642.

Ciaramella M., Pisani F. M. & Rossi M. (2002): „Molecular biology of extremophiles: recent progress on the hyperthermophilic archaeon *Sulfolobus*." – Antonie Van Leeuwenhoek 81(1–4): 85–97.

Clarke T. A., Edwards M. J., Gates A. J., Hall A., White G. F., Bradley J., Reardon C. L., Liang Shi, Beliaev A. S., Marshall M. J., Wang Z., Watmough N. J., Fredrickson J. K., Zachara J. M., Butt J. N. & Richardson D. J. (2011): „Structure of a bacterial cell surface decaheme electron conduit." – PNAS 108(23): 9384–9389.

Claus H., Akça E., Debaerdemaeker T., Evrard C., Declercq J. P., Harris J. R., Schlott B. & König H. (2005): „Molecular organization of selected prokaryotic S-layer proteins." – Can. Jour. Microbiol. 51(9): 731–743.

Clemens S. (2003): „Molekulare Mechanismen der Aufnahme, Detoxifizierung und Akkumulation von Metallen." – Habil. Martin-Luther-Universität Halle-Wittenberg: 50 Seiten.

Cockell C.S (2011): „Life in the lithosphere, kinetics and the prospects for life elsewhere." – Phil. Trans. R. Soc. A, 369: 516–537.

Cocozza C., Tsao C. C. G., Cheah S. F., Kraemer S. M., Raymond K. N., Miano T. M. & Sposito G. (2002): „Temperature dependence of goethite dissolution promoted by trihydroxamate siderophores." – Geochim. Cosmochim. Acta 66(3): 431–438.

Coker V. S., Bennett J. A., Telling N. D., Henkel T., Charnock J. M., van der Laan G., Pattrick R. A. D., Pearce C. I., Cutting R. S., Shannon I. J., Wood J., Arenholz E., Lyon I. C. & Lloyd J. R. (2010): „Microbial engineering of nano-heterostructures; biological synthesis of a magnetically-recoverable palladium nanocatalyst." – ACS Nano 4 (5): 2577–2584.

Coker V. S., Telling N. D., van der Laan G., Pattrick R. A. D., Pearce C. I., Arenholz E., Tuna F., Winpenny R. & Lloyd J. R. (2009): „Harnessing the extracellular bacterial production of nanoscale cobalt ferrite with exploitable magnetic properties." – ACS Nano 3(7): 1922–1928.

Coker V. S., Pearce, C. I., Pattrick, R. A. D. P., van der Laan, G., Telling, N., Charnock, J. M., Arenholz, E. and Lloyd, J. R. (2008): „Probing the site occupancies of Co-, Ni-, and Mn-substituted biogenic magnetite using XAS and XMCD." – American Mineralogist 93: 1119–1132.

Cölfen H. & Mann S. (2003): „High-order organization by mesoscale self-assembly and transformation of hybrid nanostructures." – Angew. Chemie Int. Ed. 42: 2350–2365.

Connon S. A., Koski A. K., Neal A. L., Wood S. A. & Magnuson TlS. (2008): „Ecophysiology and geochemistry of microbial arsenic oxidation within a high arsenic, circumneutral hot spring system of the Alvord Desert." – FEMS Microbiol. Ecol. 64(1): 117–128.

Coolen M. J. L. & Overmann J. (2000): „Functional exoenzymes as indicators of metabolically active bacteria in 124,000-year-old sapropel of the Eastern Mediterranean Sea." – Appl. Environ. Microbiol. 66(6): 2589–2598.

Cook A. M., Smits T. H. M. & Denger K. (2008): „Bacterial sulfite-oxidizing enzymes – enzymes for chemolithotrophs only?" – In Dahl C. & Friedrich C. G. (Hrsg.): „Microbial sulphur metabolism." – Springer Verl.: 170–183.

Cooney J. J. & Pettibone G. W. (2006): „Metals and microbes in toxicity testing." – Environ. Toxicology 1(4): 487–499.

Cooper D. C., Picardal F. W., Schimmelmann A. & Coby A. J. (2003): „Chemical and biological interactions during nitrate and goethite reduction by *Shewanella putrefaciens 200*." – Appl. Environ. Microbiol. 69(6): 3517–3525.

Corbari L., Cambon-Bonavita M.-A., Long G. J., Grandjean F., Zbinden M., Gaill F. & Compère P. (2008): „Iron oxid deposits associated with the ectosymbiotic bacteria in the hydrothermal vent shrimp *Rimicaris exoculata*." – Biogeosciences 5: 1295–1310.

Cornejo-Garrido H., Fernández-Lomelín P., Guzmán J. & Cervini-Silva J. (2008): „Dissolution of arsenopyrite (FeAsS) and galena (PbS) in the presence of desferrioxamine-B at pH 5." – Geochim. Cosmochim. Acta 72(12): 2754–2766.

Cornish-Bowden A. (2006): „The IUBMB recommandations on symbolism and terminology in enzyme kinetics." – Beilstein-Institut ESCEC Rüdesheim/Rhein: 35–50.

Corr S. A., Gun'ko Y. K., Douvalis A. P., Venkatesan M. & Gunning R. D. (2004): „Magnetite nanocrystals from a single source metallorganic precursor: metallorganic chemistry vs. biogeneric bacteria." – Jour. Mater. Chem. 14: 944–946.

Correa-Llantén D. N., Muñoz-Ibacache S. A., Castro M. E., Muñoz P. A. & Blamey J. M. (2013): „Gold nanoparticles synthesized by *Geobacillus sp. strain ID17* a thermophilic bacterium isolated from Deception Island, Antarctica." – Microbial Cell Fact. 12:75, 6 Seiten.

Cortese M. S., Paszczynski A., Lewis T. A., Sebat J. L., Borek V. & Crawford R. L. (2002): „Metal chelating properties of pyridine-2,6-bis(thiocarboxylic acid) produced by *Pseudomonas spp.* and the biological activities of the formed complexes." – Biometals 15(2): 103–120.

Cox J. S., Smith D. S., Warren L. A. & Ferri F. G. (1999): „Characterizing heterogeneous bacterial surface functional groups using discrete affinity spectra for proton binding." – Environ. Sci. Technol. 33 (24): 4514–4521.

Crew E., Lim S., Yan H., Shan S., Jun Yin J., Lin L., Loukrakpam R., Yang L., Luo J. & Zhong C.-J. (2012): „Biomolecular recognition: nanotransduction and nanointervention." – In: „Functional nanoparticles for bioanalysis, nanomedicine, and Bioelectronic devices." – ACS Symposium Series Vol. 1112, Vol. 1 Chapter 5: 119–146.

Cumberland S. A. (2010): „Synthesis and environmental chemistry of silver and iron oxid nanoparticles." Diss. Thesis. School Earth Environ. Sci, University Birmingham: 308 Seiten.

Dai S., Zhang X., Li T., Du Z. Dang H. (2005): „Preparation of silver nanopatterns on DNA templates." – Appl. Surf. Sci. 249(1–4): 346–353.

Dalby P. A. (2007): „Engineering enzymes for biocatalysis." – Recent Pat. Biotechnol. 1(1): 1–9.

Dalby P. A. (2003): „Optimising enzyme function by directed evolution." – Curr. Opin. Struct. Biol. 13: 1–6.

D'Amico S., Marx J.-C., Gerday C. & Feller G. (2003): „Activity-stability relationships in extremophilic enzymes." – Jour. Biol.Chem. 278: 7891–7896.

Daneck S. C., Queffelec J. & Morken J. P. (2002): „Discovery of a novel synthetic phosphatase from a bead-bound combinatorial library." – Chem. Comm. 5: 528–529.

Daniel M.-Ch. & Astruc D. (2004): „Gold nanoparticles: assembly, supramolecular chemistry, quantum-size-related properties, and applications toward biology, catalysis, and nanotechnology." – Chem. Rev. 104: 293–346.

Daughney C. J., Fowle D. A. & Fortin D. (2001): „The effect of growth phase on proton and metal adsorption by *Bacillus subtilis*." – Geochim. Cosmochim. Acta 65: 1025–1035.

Daughney C. J. & Fein J. B. (1998): „The effect of ionic strength on the adsorption of H^+, Cd^{2+}, Pb^{2+}, and Cu^{2+} by *Bacillus subtilis* and *Bacillus licheniformis*: a surface complexation model." – Jour. Colloid Interface Sci. 198: 53–77.

Davis K. J. & Lüttge A. (2005): „Quantifying the relationship between microbial attachment and mineral surface dynamics using vertical scanning interferometry (FSI)." – Am. Jour. Sci. 305: 727–751.

Davis L. & Chin J. W. (2012): „Designer proteins: applications of genetic code expansion in cell biology." – Nature Rev. Mol. Cell Biol. (13): 168–182.

Day Y. S. N., Baird C. L., Rich R. L. & Myszka D. G. (2002): „Direct comparison of binding equilibrium, thermodynamic, and rate constants determined by surface- and solution-based biophysical methods." – Protein Sci. 11(5): 1017–1025.

DeChancie J. M. (2008): „Computational design of new enzyme catalysis and investigations of biological catalysis and binding." – Diss. University of California, Los Angeles: 195 Seiten.

DECHEMA & VCI (2011): 10 Jahre Forschung zu Risikobewertung, Human- und Ökotoxikologie von Nanomaterialien." – DECHEMA/VCI-Arbeitskreis „Responsible Production and Use of Nanomaterials": 54 Seiten.

Deeke A., Sleutels T. H. J. A., Donkers T. F. W., Hamerlers H. V. M., Buisman C. J. N. & Heijne A. T. (2015): „Fluidized capacitive bioanode as a novel reactor concept for the microbial fuel cell." – Environ. Sci. Technol. 49(3): 1929–1935.

Deepak V., Kalishwaralal K., Pandian S. R. K. & Gurunathan S. (2011): „An insight into the bacterial biogenesis of silver nanoparticles, industrial production and scale-up." – In Rai M. & Duran N. (Hrsg.): „Metal nanoparticles in microbiology." – Springer Heidelberg: 17–35.

Demirjian D. C., Morís-Varas F. & Cassidy C. S. (2001): „Enzymes from extremophiles." – Curr. Opin. Chem. Biol. 5(2): 144–151.

Denger K., Weinitschke S., Smits T. H. M., Schleheck D. & Cook A. M. (2008): „Bacterial sulfite dehydrogenases in organotrophic metabolism: separation and identification in *Cupriavidus necator H16* and in *Delftia acidovorans SPH-1*." – Microbiol. 154(1): 256–263.

Denys S., Tack K., Julien Caboche J. & Delalain P. (2009): „Bioaccessibility, solid phase distribution, and speciation of Sb in soils and in digestive fluids." – Chemosphere 74(5): 711–716.

Deplanche K., Caldelari I., Mikheenko I. P., Sargent F. & Macaskie L. E. (2010): „Involvement of hydrogenases in the formation of highly catalytic Pd(0) nanoparticles by bioreduction of Pd(II) using *Escherichia coli* mutant strains." – Microbiol. 156: 2630–2640.

[1]Deplanche K. & Macaskie L. E. (2008): „Biorecovery of gold by *Escherichia coli* and *Desulfovibrio desulfuricans*." – Biotechnol. Bioeng. 99(5): 1055–1064.

[2]Deplanche K., Woods R. D., Mikheenko I. P., Sockett R. E. & Macaskie L. E. (2008): „Manufacture of stable palladium and gold nanoparticles on native and genetically engineered flagella scaffolds." – Biotechnol. Bioeng. 101(5): 873–880.

D'Errico G., Di Salle A., La Cara F., Rossi M. & Cannio R. (2006): „Identification and characterization of a novel bacterial sulphite oxidase with no heme binding domain from *Deinococcus radiodurans*." – Jour. Bacteriol. 188(2): 694–701.

Devasia P., Natarajan K. A., Sathyanarayana D. N. & Rao G. R. (1993): „Surface chemistry of *Thiobacillus ferrooxidans* relevant to adhesion on mineral surfaces." – Appl. Environ. Microbiol. 59(12): 4051–4055.

Devouard B., Posfai M., Hua X., Bazylinski D. A., Frankel R. B. & Buseck P. R. (1998): „Magnetite from magnetotactic bacteria: size distributions and twinning." – Am. Mineral. 83: 1387–1399.

De Vargas, I., Macaskie L. E. & Guibal E. (2004): „Biosorption of palladium and platinum by sulfate-reducing bacteria." – Jour. Chem. Technol. Biotechnol. 79: 49–56.

De Vos D. (2006): „Structural insights into extremozymes: a study of *Sulfolobus acidocaldarius* and *Moritella profunda* aspartate carbamoyltransferase, and of *Pseudoalteromonas haloplanktis* xylanase *pXyl*." – Diss. Faculteit Wetenschappen, Vakgroep Biochemie, Fysiologie en Microbiologie – Universiteit Gent: 157 Seiten.

De Windt W., Aelterman P. & Verstraete W. (2005): „Bioreductive deposition of palladium (0) nanoparticles on Shewanella oneidensis with catalytic activity towards reductive dechlorination of polychlorinated biphenyls." – Environ. Microbiol. 7(3): 314–325.

De Yoreo J. J. & Vekilov P. G. (2003): „Principles of crystal nucleation and growth." – In Dove P. M., De Yoreo J. J. & Weiner S. (Hrsg): „Biomineralization." – Rev. Min. & Geochem. 54: 57–91.

Diaz E. (2004): „Bacterial degradation of aromatic pollutants: a paradigm of metabolic versatility." – Int. Microbiol. 7: 173–180.

Diaz-Bone R. A. & van de WieleT. (2010): „Biotransformation of metal(loid)s by intestinal microorganisms." – Pure Appl. Chem. 82(2): 409–427.

DiChristina T. J., Moore C. M. & Haller C. A. (2002): „Dissimilatory Fe(III) and Mn(IV) reduction by *Shewanella putrefaciens* requires *ferE*, a homolog of the *pulE* (*gspE*) type II protein secretion gene." – Jour. Bact. 184(1): 142–151.

Dick R. P., Hrsg. (2011): „Methods of soil enzymology." – Soil Sci. Am. 9: 395 Seiten.

Dickerson M. B., Naik R. R., Stone M. O., Cai Y. & Sandhage K. H. (2004): „Identification of peptides that promote the rapid precipitation of germania nanoparticle networks via use of a peptide display library." Chem. Comm: 1776–1777.

Ding Y., Li J., Liu J., Yang J., Jiang W., Tian J., Li Y., Pan Y. & Li J. (2010): „Deletion of the ftsZ-like gene results in the production of superparamagnetic magnetite magnetosomes in *Magnetospirillum gryphiswaldense*." – Jour. Bacteriol. 192(4): 1097–1105.

Di Salle A., D'Errico G., La Cara F., Cannio R. & Rossi M. (2006): „A novel thermostable sulphite oxidase from Thermus thermophilis: characterization of the enzyme, gene cloning and expression in *Escherichia coli*." – Extremophiles 10(6): 587–598.

Djoko K. Y., Chong L. X., Wedd A. G. & Xiao Z. (2010): „Reaction mechanisms of the multicopper oxidase CueO from *Escherichia coli* support its functional role as a cuprous oxidase." – Jour. Am. Chem. Soc. 17, 132(6): 2005–2015.

Dobias J., Suvorova E. I. & Bernier-Latmani R. (2011): „Role of proteins in controlling selenium nanoparticle size." – Nanotechnol. 22(19): 195605 (9 Seiten).

[2]Domingos R. F., Tufenkji N. & Wilkinson K. J. (2009): „Aggregation of titanium dioxide nanoparticles: role of fulvic acid." – Environ. Sci. Technol. 43: 1282–1286.

Dominik P. (2002): „Reduzierbarkeit von Fe(III)(Hydr)oxiden durch *Geobacter metallireducens* und *Clostridium butyricum*." – Diss. Fakultät VII TU Berlin: 115 Seiten.

Dong H. (2010): „Mineral-microbe interactions: a review." – Front. Earth Sci. China 4(2): 127–147.

Dong H. (2008): „Microbial life in extreme environments: linking geological and microbiological processes." – Modern Approaches in Solid Earth Sciences Springer Netherlands 4: 237–280.

Dong H., Fredrickson J. K., Kennedy D. W., Zachara J. M., Kukkadapu R. K. & Onstott T. C. (2000): „Mineral transformation associated with the microbial reduction of magnetite." – Chem. Geol. 169: 299–318.

[1]Dong H. & Lu A. (2012): „Geomicrobiology research in China: mineral-microbe interactions." – Geomicrobiol. Jour. 29(3): 197–198.

[2]Dong H. & Lu A. (2012): „Mineral-microbe interactions and implications for remediation." – Min. Soc. Am. 8(2): 95–100.

Dong Z., Luo Q. & Liu J. (2012): „Artificial enzymes based on supramolecular scaffolds." – Chem. Soc. Rev. 23: 7890–7908.

Dong Z., Wang Y., Yin Y. & Liu J. (2011): „Supramolecular enzyme mimics by self-assembly." – Curr. Opin. Coll. Interf. Sci. 16(6): 451–458.

Doonan C. J., Kappler U. & George G. N. (2006): „Structure of the active site of sulfite dehydrogenase from *Starkeva novella*." – Inorg. Chem. 45(18): 7488–7492.

Dopson M. & Holmes D. S. (2014): „Metal resistance in acidophilic microorganisms and its significance for biotechnologies." – Appl. Microbiol. Biotechnol. 98: 8133–8144.

Dopson M., Lövgren L. & Boström D. (2009): Silicate mineral dissolution in the presence of acidophilic microorganisms: Implications for heap bioleaching." – Hydrometall. 96(4): 288–293.

Dopson M., Ossandon F. J., Lövgren L. & Holmes D. S. (2014): „Metal resistance or tolerance? Acidophiles confront high metal loads via both abiotic and biotic mechanismens." – Front. Microbiol, Extrem. Microbiol. 5, Art. 157: 4 Seiten.

Dorn R. I., Gordon S. J., Krinsley D. & K. Langworthy K. (2013): „4.4. Nanoscale : mineral weathering boundary." – Treat. Geomorph. 4: 44–69.

Douglas S. (2005): „Mineralogical footprints of microbial life." – Am. Jour. Sci. 305: 503–525.

Douglas S. & Yang H. (2002): „Mineral biosignatures in evaporites: Presence of rosickyite in an endoevaporitic microbial community from Death Valley, California." – Geology 30(12): 1075–1078.

Douglas S. & Beveridge T. J. (1998): „Mineral formation by bacteria in natural microbial communities." – FEMS Microbiol. Ecol. 26(2): 79–88.

Downs D. M. (2006): „Understanding microbial metabolism." Ann. Rev. Microbiol., 60: 533–559

Drewniak L., Maryan N., Lewandowski W., Kaczanowski S. & Sklodowska A. (2012): „The contribution of microbial mats to the arsenic geochemistry of an ancient gold mine." – Environ. Poll. 162: 190–201.

Druschel G. K., Labrenz M., Thomsen-Ebert T., Fowle D. A. & Banfield J. F. (2002): „Geochemical modeling of ZnS in biofilms: an example of ore depositional processes." – Econ. Geol. 97: 1319–1329.

Dua L., Jianga H., Liua X. & Wang E. (2007): „Biosynthesis of gold nanoparticles assisted by *Escherichia coli DH5α* and its application on direct electrochemistry of hemoglobin." – Electrochem. Comm. 9(5): 1165–1170.

Ducry L. (1998): „Applications of molecular modeling and supramolecular chemistry: de novo design of MHC class II inhibitors and rational design of ligands for asymmetric catalysis." – Diss ETH Zürich Nr. 12977: 242 Seiten.

Dunin-Borkowski R. E., McCartney M. R., Pósfai M., Frankel R. B., Bazylinski D. A. & Buseck P. R. (2001): „Off-axis electron holography of magnetoteactic bacteria: magnetic microstructure of strains MV-1 and MS-1." – Eur. Jour. Mineral. 13: 671–684.

Durrant M. C. (2001): „Controlled protonation of iron–molybdenum cofactor by nitrogenase: a structural and theoretical analysis." – Biochem. Jour. 355: 569–576.

Duval J. F. L. (2013): „Dynamics of metal uptake by charged biointerfaces: bioavailability and bulk depletion." – Phys. Chem. Chem Phys. 15(): 7873–7888.

Duval J. F. L., Paquet N., Lavoie M. & Fortin C. (2015): „Dynamics of metal partitioning at the cell-solution interface: implications for toxicity assessment under growth-inhibiting conditions." – Environ. Sci. Technol. 49: 6625–6636.

Dwyer M. A., Looger L. L. & Hellinga H. W. (2004): „Computational design of a biologically active enzyme." – Science 304(5679): 1967–1971.

Edwards K. J. & Bazylinski D. A. (2008): „Intracellular minerals and metal deposits in prokaryotes." – Geobiol. 6: 309–317.

Edwards K. J., Bach W. & McCollom T. M. (2005): „Geomicrobiology in oceanography: microbe-mineral interactions at and below the seafloor." – Science Trends Microbiol. 13(9): 449–456.

Eggerichs T., Otte T., Opel O. & Ruck W. K. L. (2015): „Direct and Mn-controlled indirect iron oxidation by *Leptothrix discophora SS-1* and *Leptothrix cholodnii*." – Geomicrobiol. Jour. 32(10): 934–943.

Ehrlich H. L. (2002): „Geomicrobiology." – Marcel Dekker Inc. New York, Basel. 4. Aufl.: 748 Seiten.

Ehrlich H. L. (1998): „Geomicrobiology: its significance for geology." – Earth-Sci. Rev. 45(1–2): 45–60.

Ehrlich H. L. (1997): „Microbes and metals." – Appl. Microbiol. Biotechnol. 48(6): 687–692.

Ehrlich H. L. (1996): „How microbes influence mineral growth and dissolution." – Chem. Geol. 132: 5–9.

Ehrlich H. L. & Newman D. K. (2008): „Geomicrobiology." – CRC Press. 5. Aufl.: 628 Seiten.

Ehrlich H. L., Newman D. K. & Kappler A. (2015): „Ehrlich's Geomicrobiology, Sixth Edition." – CRC Press: 635 Seiten.

Eichler J. (2001): „Biotechnological uses of archaeal extremozymes." – Biotechnol. Adv. 19(4): 261–278.

Eijsink V. G., Gåseidnes S., Borchert T. V. & van den Burg B. (2005): „Directed evolution of enzyme stability." – Biomol. 22(1–3): 21–30.

Eijsink V. G., Bjørk A., Gåseidnes S., Sirevåg R., Synstad B., van den Burg B. & Vriend G. (2004): „Rational engineering of enzyme stability." – J. Biotechnol. 113(1–3): 105–120.

Ekici S., Turkarslan S., Pawlik G., Dancis A., Baliga N. S., Koch H.-G. & Daldal F. (2014): „Intracytoplasmic copper homeostasis controls cytochrome c oxidase production." – mBio ASM Org. 5(1): 9 Seiten.

Elemans J. A. A.W, Cornelissen J. J. L. M., Feiters M. C., Rowan A. E. Nolte R. J. M. (2008): „Bio-inspired supramolecular catalysis." – In Leeuwen P. W. N. M. van (Hrsg.): „Supramolecular catalysis." – Wiley-VCH Verlag: 143–164.

Elias D. A., Mukhopadhyay A., Joachimiak M. P., Drury E. C., Redding A. M., Yen H.-C. B., Fields M. W., Hazen T. C., Arkin A. P., Keasling J. D. & Wall J. D. (2009): „Expression profiling of hypothetical genes in *Desulfovibrio vulgaris* leads to improved functional annotation." – Nucleic Acids Research 37(9): 2926–2939.

Elias D. A., Suflita J. M., McInerney M. J. & Krumholz L. R. (2004): „Periplasmic cytochrome c3 of *Desulfovibrio vulgaris* is directly involved in H_2-mediated metal but not sulfate reduction." – Appl. Environ. Microbiol. 70(1): 413–420.

Emmanuel E. S., Ananthi T., Anandkumar B. & Maruthamuthu S. (2012): „Accumulation of rare earth elements by siderophore-forming *Arthrobacter luteolus* isolated from rare earth environment of Chavara." – India. Jour. Biosci. 37(1): 25–31.

Emerson D., Fleming E. J. & McBeth J. M. (2010): „Iron-oxidizing bacteria: an environmental and genomic perspective." – Ann. Rev. Microbiol. 64: 561–583.

Emery T. & Hoffer P. B. (1980): „Siderophor-mediated mechanism of gallium uptake demonstrated in the microorganism Ustilago sphaerogena." – Clinical Science 21(10): 935–939.

Emons H. & Hirner A. V., Hrsg. (2004): „Organic metal and metalloid species in the environment: analysis, distribution, processes and toxicological evaluation." – Springer Berlin. 1. Aufl.: 328 Seiten.

Erable B., Duţeanu N. M., Ghangrekar M. M., Dumas C. & Scott K. (2010): „Application of electroactive biofilms." – Biofouling 26(1): 57–71.

Erwin D. P., Erickson I. K., Delwiche M. E., Colwell F. S., Strap J. L. & Crawford R. L. (2005): „Diversity of oxygenase genes from methane- and ammonia-oxidizing bacteria in the Eastern Snake River Plain Aquifer." – Appl. Environ. Microbiol. 71(4): 2016–2025.

Espinosa H. D. & Bao G., Hrsg. (2012): „Nano and cell mechanics." – Wiley: 520 Seiten.

Evans J. S. (2013): „,Liquid-like' biomineralization protein assemblies: a key to the regulation of non-classical nucleation." – CrystEngComm 42: 8388–8394.

Fabijanic K. I., Regan M. R. & Banerjee I. A. (2007): „Amino acid catalyzed biomimetic preparation of tin oxide-germania nanocomposites and their characterization." – Jour Nanosci. Nanotechn. 7(10): 2674–2682.

Faivre D. & Schüler D. (2008): „Magnetotactic bacteria and magnetosomes." – Chem. Rev. 108: 4875–4898.

Faivre D., Menguy N., Pósfai M. & Schüler D. (2008): „Environmental parameters affect the physical properties of fast-growing magnetosomes." – Am. Min. 93: 463–469.

Falkowski P. G. (2003): „Biogeochemistry of primary production in the sea." – In Holland H. D. & Turekian K. K. (Hrsg.): „Treatise on Geochemistry." – Elsevier Bd. 8.05: 185–213.

Fang P.-A., Conway J. F., Margolis H. C., Simmer J. P. & Beniash E. (2011): „Hierarchical self-assembly of amelogenin and the regulation of biomineralization at the nanoscale." – PNAS 108(34): 14097–14102.

Fang W. (2013): „Microbial biomineralization of iron." – MA Thesis Portland State University: 91 Seiten.

Farooqui A. & Bajpai U. (2003): „Biogenic arsenopyrite in holocene peat sediment, India." – Ecotoxicology Environmental Safety 55(2): 157–161.

Fedichkin L., Katz E. & Privman V. (2008): „Error correction and digitalization concepts in biochemical computing." – Jour. Comput. Theor. Nanosci. 5: 36–43.

Fedorovich V., Knighton M. C., Pagaling E., Ward F. B., Free A. & Goryanin I. (2009): „Novel electrochemically active bacterium phylogenetically related to *Arcobacter butzleri*, isolated from a microbial fuel cell." – Appl. Environ. Microbiol. 75(23): 7326–7334.

Fein J. B., Martin A. M. & Wightman P. G. (2001): „Metal adsorption onto bacterial surfaces: Development of a predictive approach." – Geochim. Cosmochim. Acta 65(23): 4267–4273.

Feller G. & Gerday C. (2003): „Psychrophilic enzymes: hot topics in cold adaptation." – Nature Rev. Microbiol. 1: 200–208.

Feller G., Le Bussy O. & Gerday C. (1998): „Expression of psychrophilic genes in mesophilic hosts: assessment of the folding state of a recombinant α-Amylase." – Appl. Environ. Microbiol. 64(3): 1163–1165.

Feller G., Narinx E., Arpigny J. L., Aittaleb M., Baise E., Genicot S. & Gerday C. (1996): „Enzymes from psychrophilic organisms." – FEMS Microbiol. Rev. 18(2–3): 189–202.

Feng C. J., Tollin G. & Enemark J. H. (2007): „Sulfite oxidizing enzymes." – Biochim. Biophys. Acta 1774(5): 527–539.

Feng X. H., Zhua M., Ginder-Vogela M., Nic C., Parikha S. J. & Sparks D. L. (2010): „Formation of nano-crystalline todorokite from biogenic Mn oxides." Geochim. Cosmochim. Acta 74(11): 3232–3245.

Fennessey C. M., Jones M. E., Taillefert M. & DiChristina T. J. (2010): „Siderophores are not involved in Fe(III) solubilization during anaerobic Fe(III) respiration by *Shewanella oneidensis MR-1*." – Appl. Environ. Microbiol. 76(8): 2425–2432.

Fernández A., Huang S., Seston S., Xing J., Hickey R., Criddle C. & Tiedje J. (1999): „How stable Is stable? Function versus community composition." – Appl. Enciron. Microbiol. 65(8): 3697–3704.

Ferner-Ortner J., Mader C., Ilk N., Sleytr U. B. & Egelseer E. M. (2007): „High-affinity interaction between the S-Layer protein SbsC and the secondary cell wall polymer of *Geobacillus stearothermophilus ATCC 12980* determined by surface plasmon resonance technology." – Jour. Bact. 189(19): 7154–7158.

Ferrer M., Golyshina O., Beloqui A. & Golyshin P. N. (2007): „Mining enzymes from extreme environments." – Curr. Opin. Microbiol. 10(3): 207–214.

Ferris F. G., Fyfe W. S. & Beveridge T. J. (1988): „Metallic ion binding by *Bacillus subtilis*: implications for the fossilization of microorganisms." – Geology 16: 149–152.

Ferris F. G., Hallbeck L., Kennedy C. B. & Pedersen K. (2004): „Geochemistry of acidic Rio Tinto headwaters and role of bacteria in solid phase metal partitioning." – Chem. Geol. 212(3–4): 291–300.

Ferris F. G., James R. E. & Pedersen K. (2015): „Fragmentation of bacteriogenic iron oxides in response to hydrodynamic shear stress." – Geomicrobiol. Jour. 32(7): 564–569.

Fetzner S. (2002): „Oxygenases without requirement for cofactors or metal ions." – Appl. Microbiol. Biotechn. 60(3): 243–257.

Fetzner S. & Steiner R. A. (2010): „Cofactor-independent oxidases and oxygenases." – Appl. Microbiol. Biotechnol. 86: 791–804.

Fielding E. N., Widboom P. F. & Brunder S. D. (2007): „Substrate recognition and catalysis by the cofactor-independent dioxygenase DpgC." – Biochem. 46: 13994–14000.

Findrik Z., Šimunović Đ. & Vasić-Rački (2008): „Coenzyme regeneration catalyzed by NADH oxidase from Lactobacillus brevis in the reaction of L-amino acid oxidation." – Biochem. Eng. Jour.: 319–327.

Fischer A., Enkler N., Neudert G. , Bocola M., Sterner R. & Merkl R. (2009): „TransCent: computational enzyme design by transferring active sites and considering constraints relevant for catalysis." – BMC Bioinformatics: 16 Seiten.

Fischer A, Schmitz M, Aichmayer B, Fratzl P, Faivre D. (2011): „Structural purity of magnetite nanoparticles in magnetotactic bacteria." – Jour. Roy. Soc. Interface 8: 1011–1018.

Fischer E. (1894): „Einfluss der Konfiguration auf die Wirkung der Enzyme."- Ber. Dtsch. Chem. Gesell. 27: 2985–2993.

Fleet-Stalder V. van, Chasteen T. G., Pickering I. J., George G. N. & Prince R. C. (2000): „Fate of selenate and selenite metabolized by *Rhodobacter sphaeroides*." – Appl. Environ. Microbiol. 66(11): 4849–4853.

Fleming B. D., Johnson D. L., Bond A. M. & Martin L. L. (2006): „Recent progress in cytochrome P450 enzyme electrochemistry." – Expert. Opin. Drug Metab. Toxicil. 2(4): 581–589.

Flis J., Manecki M., Merkel B. J. & Latowski D. (2010): „Bacteria mediated dissolution of pyromorphite $Pb_5(PO_4)_3Cl$ in presence of *Pseudomonas putida* bacteria – an effect on Pb remobilization in the environment." – Geophys. Res. Abstr. 12: 2 Seiten.

Flood B. E., Allen C. & Longazo T. (2003): „Microbial fossils detected in desert varnish." – Lunar Planet. Sci XXXIV: 2 Seiten.

[1]Flynn C. E., Mao C., Hayhurst A., Williams J. L., Georgiou G., Iverson B. & Belcher A. M. (2003): „Synthesis and organization of nanoscale II-VI semiconductor materials using evolved peptide specificity and viral capsid assembly." – Jour. Mater. Chem. 13: 2414–2421.

[2]Flynn H. C., Meharg A. A., Bowyer P. K.& Paton G.I (2003): „Antimony bioavailability in mine soils." – Environ. Pol. 124(1): 93–100.

Fortrin D., Ferris F. G. & Scott S. D. (1998): „Formation of Fe-silicates and Fe-oxides on bacterial surfaces in samples collected near hydrothermal vents on the Southern Explorer Ridge in the northeast Pacific Ocean." – Am. Min. 83: 1399–1408.

Fortin D. & Langley S. (2005): „Formation and occurrence of biogenic iron-rich minerals ." – Earth-Sci. Rev. 72(1–2): 1–19.

Fortin D. & Beveridge T. J. (1997): „Microbial sulfate reduction within sulfidic mine tailings, formation of diagentic Fe-sulfides." – Geomicrobiol. Jour. 14: 1–21.

Fortin D., Ferris F. G. & Beveridge T. J. (1997): „Surface-mediated mineral development by bacteria." – In Banfield J. F. & Nealson K. H. (Hrsg.): „Geomicrobiology: Interactions between microbes and minerals." – Rev. Min. 35: 161–180.

Foster A. W., Patterson C. J., Pernil R., Hess C. R. & Robinson N. J. (2012): „Cytosolic Ni(II) sensor in cyanobacterium: nickel detection follows nickel affinity across four families of metal sensors." – Jour. Biol. Chem. 287(15): 12142–12151.

Fowle D. A. & Kulczycki E. (2004): „Linking bacteria-metal interactions to mineral attachment: a role for outer sphere complexations of cations?" – In Wanty R. B. & Seal, R. R. (Hrsg.): „Water-Rock Interaction." Proceedings of the Eleventh International Symposium on Water-Rock Interaction WRI-11, Saratoga Springs, NY, USA 27 June – 2 July, 2: 1113–1117.

Frankel R., Zhang J.-P. & Bazylinski D. (1998): „Single magnetic domains in magnetotactic bacteria." – Jour. Geophys. Res. 103(B12): 30601–30604.

Frankel R. B. & Bazylinski D. A. (2006): „How magnetotactic bacteria make magnetosoms queue up." – Trends Microbiol. Vol 14(8): 229–231.

Frankel R. B. & Bazylinski D. A. (2003): Biologically induced mineralization by bacteria." – In Dove P. M., de Yoreo J. J. & Weiner S. (Hrsg.): „Biomineralization", Rev. Min. Geochem. 54: 96–114.

Frankenberger W. T. & Bingham F. T. (1981): „Influence of salinity on soil enzyme activities." – Am. Soil Agro. 46(6): 1173–1177.

Fredrickson J. K., Kostandarithes H. M., Li S. W., Plymale A. E. & Daly M. J. (2000): „Reduction of Fe(III), Cr(VI), U(VI), and Tc(VII) by *Deinococcus radiodurans R1*." – Appl. Environ. Microbiol. 66(5): 2006–2011.

Fredrickson J. K. & Zachara J. M. (2008): „Electron transfer at the microbe-mineral interface: a grand challenge in biogeochemistry." – Geobiol. 6(3): 245–253.

Frerichs-Deeken U., Ranguelova K., Kappl R., Hüttermann J. & Fetzner S. (2004): „Dioxygenases without requirement for cofactors and their chemical model reaction: compulsory order ternary complex mechanism of 1H-3-hydroxy-4-oxoquinaldine 2,4-dioxygenase involving general base catalysis by histidine 251 and single-electron oxidation of the substrate dianion." – Biochem. 43(45): 14485–14499.

Frey B., Rieder S. R., Brunner I., Plötze M., Koetzsch S., Lapanje A., Brandl H. & Furrer G. (2010): „Weathering-associated bacteria from the Damma glacier forefield." – Appl. Environ. Microbiol. 76(14): 4788–4796.

Froelich P. N., Mortlock R. A. & Shemesh A. (1989): „Inorganic germanium and silica in the Indian Ocean: Biological fractionation during (Ge/Si)opal formation." – Global Biogeochemical Cycles 3(1): 79–88.

Fuchs G. (2014): „Allgemeine Mikrobiologie." – Georg Thieme Verlag: 732 Seiten.

Fulan S. A. & Pant H. K. (2008): „General properties." – In Pandey A., Webb C., Soccol C. R. & Larroche C. (Hrsg.): „Enzyme technology." – Springer Verl.: 11–35.

Furuta S., Ikegaya H., Hashimoto H., Ichise S., Kohno T., Miyata N. & Takada J. (2015): „Formation of filamentous Mn oxide particles by the Alphaproteobacterium *Bosea sp. Strain BIWAKO-01*." – Geomicrobiol. Jour. 32(8): 666–676.

Gaboriaud F., Bailet S., Dague E. & Jorand F. (2005): „Surface structure and nanomechanical properties of *Shewanella putrefaciens* bacteria at two pH values (4 and 10) determined by atomic force microscopy." – Jour. Bacteriol. 187(11): 3864–3868.

Gadd G. M. (2010): „Metals, minerals and microbes: geomicrobiology and bioremediation." – Microbiol. 156(3): 609–643.

Gadd G. M. (2007): „Geomycology: biogeochemical transformations of rocks, minerals, metals and radionuclides by fungi, bioweathering and bioremediation." – Mycol. Res. 111(1): 3–49.

Gadd G. M. (2004): „Microbial influence on metal mobility and application for bioremediation." – Geoderma 122(2–4): 109–119.

Gadd G. M. (2001): „Microbial metal transformations." – Jour. Microbiol. 39(2): 83–88.

Gadd G. M., Rhee Y. J., Stephenson K. & Wei Z. (2012): „Geomycology: metals, actinides and biominerals."

Gagnon A. C. (2010): „Geochemical mechanisms of biomineralization from analysis of deep-sea and laboratory cultured corals." – California Institute of Technology Pasadena, California/USA: 173 Seiten.

Gai P., Ji Y., Chen Y., Zhu C., Zhang J. & Zhu J.-J. (2015): „A nitrogen-doped graphene/gold nanoparticle/formate dehydrogenase bioanode for high power output membrane-less formic acid/O2 biofuel cells." – Analyst 140(6): 1822–1826.

Galloway J. M. (2012): „Biotemplating arrays of nanomagnets using the biomineralisation protein Mms6." – Diss. University of Leeds, School of Physics and Astronomy: 269 Seiten.

Galloway J. M. & Staniland S. S. (2012): „Protein and peptide biotemplated metal and metal oxide nanoparticles and their patterning onto surfaces." – Jour. Mat. Chem. 25: 12423–12434.

Galloway J. M., Arakaki A., Masuda F., Tanaka T., Matsunaga T. & Staniland S. S. (2011): „Magnetic bacterial protein Mms6 controls morphology, crystallinity and magnetism of cobalt-doped magnetite nanoparticles in vitro." – Jour. Mater. Chem. 21: 15244–15254.

Gao D. & Vasconcelos (2007): „Bottom-up saliency is a discriminant process." – Int. Conf. Comp. Vision, Rio de Janeiro, Brazil: 6 Seiten.

Garbisu C., Alkorta I., Llama M. J., Serra J. L. (1998): „Aerobic chromate reduction by Bacillus subtilis." – Biodegradation 9(2): 133–141.

[1]Garcia B., Lemelle L., Rose-Koga E., Perriat P., Basset R., Gillet P. & Albarède F. (2013): „An experimental model approach of biologically-assisted silicate dissolution with olivine and Escherichia coli – Impact on chemical weathering of mafic rocks and atmospheric CO_2 drawdown." – Appl. Geochem. 31: 216–227.

[2]Garcia S. L., McMahon K. D., Martinez-Garcia M., Srivastava K. D., Sczyrba A., Stepanauskas R., Grossart H.-P., Woyke T. & Warnecke F. (2013): „Metabolic potential of a single cell belonging to one of the most abundant lineages in freshwater bacterioplankton." – ISME Jour. 7: 137–147.

Garcia-Gil J. C., Plaza C., Soler-Rovira P. & Polo A. (2000): „Long-term effects of municipal solid waste compost application on soil enzyme activities and microbial biomass." – Soil Biol. & Biochem. 32: 1907–1913.

Garcia-Viloca M., Gao J., Karplus M. & Truhlar D. G. (2004): „How enzymes work: analysis by modern rate theory and computer simulations." – Science 303: 186–195.

Gascoyne D. J., Connor J. A. & Bull A. T. (1991): „Capacity of siderophore — producing alkalophilic bacteria to accumulate iron, gallium and aluminum." – Appl. Microbiol. Biotechnol. 36(1): 136–141.

Gazit E. (2010): „Bioinspired chemistry: Diversity for self-assembly." – Nature Chem. 2: 1010–1011.

Gebauer D. & Cölfen H. (2011): „Prenucleation clusters and non-classical nucleation." Nano Today 6: 564–584.

Geets J., Vanbroekhoven K., Borremans B., Vangronsveld J., Diels L. & van der Lelie D. (2006): „Column experiments to assess the effects of electron donors on the efficiency of in situ precipitation of Zn, Cd, Co and Ni in contaminated groundwater applying the biological sulfate removal technology." – Environ. Sci. Pollut. Res. Int. 13(6): 362–378.

Gehring A. U., Fischer H., Charilaou M. & Gracia-Rubio I. (2011): „Magnetic anisotropy and Verwey transition of magnetosome chains in Magnetospirillum gryphiswaldense." – Geophys. Jour. Int. 187(3): 1215–1221.

Gerdes G., Klenke T. & Noffke N. (2000): „Microbial signatures in peritidal siliciclastic sediments: a catalogue." – Sedimentology 47: 279–308.

[1]Gericke M. & Pinches A. (2006): „Biological synthesis of metal nanoparticles." – Hydrometallurgy 83(1–4): 132–140.

[2]Gericke M. & Pinches A. (2006): „Microbial production of gold nanoparticles." – Gold Bul. 39(1): 22–28.

Gerlt J. A. & Babbitt P. C. (2009): „Enzyme (re)design: lessons from natural evolution and computation." – Curr. Opin. Chem. Biol. 13(1): 10–18.

Gescher J. & Kappler A., Hrsg. (2012): „Microbial metal respiration." – Springer: 236 Seiten.

Gianfreda L., Rao M. A., Sannino F., Saccomandi F. & Violante A. (2002): „Enzymes in soil: properties, behavior and potential applications." – Develop. Soil Sci. 28(2): 301–327.

Gilbert B. & Banfield J. F. (2005): „Molecular-scale processes involving nanoparticulate minerals in biogeochemical systems." – In Banfield J. F., Cervini-Silva J. & Nealson K. M. (Hrsg.):" Molecular Geomicrobiology." – Rev. Mineral. Geochem. 59: 109–155.

Gilbert B., Zhang H., Huang F., Finnegan M. P., Waychunas G. A. & Banfield J. F. (2003): „Special phase transformation and crystal growth pathways oberseverd in nanoparticles." – Geochem. Trans. 4(4): 20–27.

Gilbert P. U. P. A., Abrecht M. & Frazer B. H. (2005): „The organic-mineral interface in biominerals." – In Banfield J. F., Cervini-Silva J. & Nealson K. M. (Hrsg.):" Molecular Geomicrobiology." – Rev. Min. Geochem. 59: 157–185.

Ginn B. R. & Fein J. B. (2008): „The effect of species diversity on metal adsorption onto bacteria." – Geochim. Cosmoch. Acta 72(16): 3939–3948.

Glasauer S., Langley S. & Beveridge T. J. (2004): „Intracellular manganese granules formed by a subsurface bacterium." – Environ. Microbiol. 6(10): 1042–1048.

Glombitza F, Iske U., Bullmann M. & Dietrich B. (1987): „Bacterial leaching of zircon mineral for obtaining trace and rare earth elements." – In Norris P. R. & Kelly D. P. (Hrsg.): „Proceedings of the international symposium, Warwick, Kew Surry, UK, Biohydrometallurgy": 407–420.

Goh G. K. M., Dunker A. K. & Uversky V. N. (2008): „A comparative analysis of viral matrix proteins using disorder predictors." – Virol. Jour. 5: 126.

Goldberg R. N. (2014): „Standards in biothermodynamics." – In Beilstein-Institut (Hrsg.): „Reporting enzymology data – STRENDA recommendations and beyond." – Beilstein Institut: 8 Seiten.

Goldberg R. N., Tewari Y. B., Bell D., Fazio K. & Andersen E. (1993): „Thermodynamics of enzyme-catalyzed reactions: part 1. Oxidoreductases." – Jour. Phys. Ref. Data 22: 515–582.

Golubev S. V. & Pokrovsky O. S. (2006): „Experimental study of the effect of organic ligands on diopside dissolution kinetics." – Chem. Geol. 235(3–4): 377–389.

Gomes J. & Steiner W. (2004): „The biocatalytic potential of extremophiles and extremozymes." – Food Technol. Biotechnol. 42(4): 223–235.

Gong, C., Renninger, N., Keasling, J. D. & Nitsche, H. (2003): „Metabolic engineering of microorganisms for actinide and heavy metal precipitation." – Report Number: LBNL-54316 Poster.

Gonzalez-Contreras P., Weijma J., van der Weijden R. & Buisman C. J. N. (2010): „Biogenic scorodite crystallization by *Acidianus sulfidivorans* for arsenic removal." – Environ. Sci. Technol. 44(2): 675–680.

González-Muñoz M. T., Rodriguez-Navarro C., Martínez-Ruiz F., Arias J. M., Merroun M. L. & Rodriguez-Gallego M. (2010): „Bacterial biomineralization: new insights from *Myxococcus*-induced mineral precipitation." – Geol. Soc. London Spec. Publ. 336: 31–50.

González-Toril E., Aguilera A., Rodriguez N., Fernández-Remolar D., Gómez F., Diaz E., García-Moyano A., Sanz J. L. & Amils R. (2010): „Microbial ecology of Río Tinto, a natural extreme acidic environment of biohydrometallurgical interest." – Hydrometallurgy 104(3–4): 329–333.

Gooding J. J. & Hibbert D. B. (1999): „The application of alkanethiol self-assembled monolayers to enzyme electrodes." – TrAC Trends in Analytical Chemistry 18(8): 525–533.

Gorbushina A. A. (2007): „Life on the rocks." – Environ. Microbiol. 9(7): 1613–1631.

Gorbushina A. A. & Broughton W. J. (2009): „Microbiology of the atmosphere-rock interface: how biological interactions and physical stresses modulate a sophisticated microbial ecosystem." – Ann. Rev. Microbiol. 63: 431–450.

Gorbushina A. A., Boettcher M., Brumsack H. J., Krumbein W. E. & Vendrell-Saz M. (2001): „Biogenic forsterite and opal as a product of biodeterioration and lichen stromatolite formation in table mountain systems (Tepuis) of Venezuela." – Geomicrobiol. Jour. 18: 117–132.

Goshe A. J., Steele I. M., Ceccarelli Ch., Rheingold A. L. & Bosnich B. (2002): „Supramolecular recognition: On the kinetic lability of thermodynamically stable host–guest association complexes." – Proc. Natl. Acad. Sci. U S A. 99(8): 4823–4829.

Govender Y., Riddin T. L., Gericke M. & Whiteley C. G. (2010): „On the enzymatic formation of platinum nanoparticles." – Jour. Nanopart. Res. 12(1): 261–271.

Govender Y., Riddin T., Gericke M. & Whiteley C. G. (2009): „Bioreduction of platinum salts into nanoparticles: a mechanistic perspective." – Biotechnol. Lett. 31(1): 95–100.

Gralnick J. A. & Newman D. K. (2007): „Extracellular respiration." – Mol. Microbiol. 65(1): 1–11.

Gramp J. P., Bigham J. M., Sasaki K. & Tuovinen O. H. (2007): „Formation of Ni- and Zn-sulfides in cultures of sulfate-reducing bacteria." – Geomicrobiol. Jour. 24(7+8): 609–614.

Gramp J. P., Sasaki K., Bigham J. M., Karnachak O. V. & Tuovinen O. H. (2006): „Formation of covellite (CuS) under biological sulphate reducing conditions." – Geomicrobiol. Jour. 23(8): 613–619.

Grande C. J., Torres F. G., Gomez C. M., Troncoso O. P., Canet-Ferrer J. & Martínez-Pastor J. (2008): „Development of self-assembled bacterial cellulose-starch nanocomposites." – Mat. Sci. Eng. C, doi:10.1016/j.msec.2008.09.024.

Grass G. B. (2006): „Biometall-Homöostase in *Escherichia coli*." – Habil. Martin-Luther-Universität Halle-Wittenberg: 60 Seiten.

Grauch R. I. & Huyck H. L. O., Hrsg. (1989): „Metalliferous black shales and related ore deposits – Proceedings, 1989 United States Working Group Meeting, International Geological Correlation Program Project 254." – US Geol. Surv. Circular 1058: 85 Seiten.

Greulich C., Braun D., Peetsch A., Diendorf J., Siebers B., Epple M. & Köller M. (2012): „The toxic effect of silver ions and silver nanoparticles towards bacteria and human cells occurs in the same concentration range." – RSC Advances 17: 6981–6987.

Griffiths A. D. & Tawfik D. S. (2000): „Man-made enzymes – from design to in vitro compartmentalisation." – Curr. Opin. Biotechn. 11: 338–353.

Groves J. T. (2003): „The bioinorganic chemistry of iron in oxygenases and supramolecular assemblies." – PNAS 100(7): 3569–3574.

Grünberg K., Müller E.-Ch., Otto A., Reszka R., Linder D., Kube M., Reinhardt R.& Schüler D. (2004): „Biochemical and proteomic analysis of the magnetosome membrane in *Magnetospirillum gryphiswaldense*." – Appl. Environ. Microbiol. 70(2): 1040–1050.

Guengerich F. P. & Isin E. M. (2008): „Mechanisms of cytrochrome P450 reactions." – Acta Chim. Slov. 55: 7–19.

Gupta A. & Khare S. K. (2009): „Enzymes from solvent-tolerant microbes: useful biocatalysts for non-aqueous enzymology." – Crit. Rev. Biotechnol. 29(1): 44–54.

Gupta A., Kumar M. & Goel R. (2004): „Bioaccumulation properties of nickel-, cadmium-, and chromium-resistant mutants of *Pseudomonas aeruginosa* NBRI 4014 at alkaline ph." – Biol. Trace Element Res. 99: 269–277.

Haferburg G. & Kothe E. (2007): „Microbes and metals: interactions in the environment." – Jour. Bas. Microbiol. 47(6): 453–467.

Hagen W. R. (2011): „Cellular uptake of molybdenum and tungsten." Coord. Chem. Rev. 255(9–10): 1117–1128.

Hahn M. E. & Gianneschi N. C. (2011): „Enzyme-directed assembly and manipulation of organic nanomaterials." – Chem Comm. (Camb.) 47(43): 11814–11821.

Haki G. D. & Rakshit S. K. (2003): „Developments in industrially important thermostable enzymes: a review." – Bioresour. Technol. 89(1): 17–34.

Hall S. R. (2009): „Biotemplating." – World Scientific Pub. Co.: 216 Seiten.

Hamamura N., Fukushima K. Itai T. (2013): „Identification of antimony- and arsenic-oxidizing bacteria associated with antimony mine tailing." – Microb. Environ. 28(2): 257–263.

Hamamura N., Macur R. E., Korf S., Ackerman G., Taylor W. P., Kozubal M., Reysenbach A. L., Inskeep W. P. (2009): „Linking microbial oxidation of arsenic with detection and phylogenetic analysis of arsenite oxidase genes in diverse geothermal environments." – Environ. Microbiol. 11(2): 421–431.

Han L., Li S.-Y, Yang Y., Zhao F.-M., Huang J. & Chang J. (2008): „Research on the structure and performance of bacterial magnetic nanoparticles." – Jour. Biomater. Appl. 22: 433–448.

[1]Handley K. M., Héry M., & Lloyd J. R. (2009): „Redox cycling of arsenic by the hydrothermal marine bacterium *Marinobacter santoriniensis*." – Environ. Microbiol. 11(6): 1601–1611.

[2]Handley K. M., Héry M., & Lloyd J. R. (2009): „*Marinobacter santoriniensis sp. nov.*, an arsenate-respiring and arsenite-oxidizing bacterium isolated from hydrothermal sediment." – Int. Jour. Syst. Evol. Microbiol. 59: 886–892.

Harding J. H. & Duffy D. M. (2006): „The challenge of biominerals to simulations." – Jour. Mater. Chem. 16: 1105–1112.

Harding J. H., Sushko L., Rodger P. M., Quigley D. & Elliott J. A. (2008): „Computational techniques at the organic–inorganic interface in biomineralization." – Chem. Rev. 108 (11): 4823–4854.

Harling R. J. (2002): „Biocompatibility of tantalum." X-medics: http://www.x-medics.com/tantalum_ biocompatibility.htm

Harneit K., Göksel A., Kock D., Klock J.-H., Gehrke T. & Sand W. (2006): „Adhesion to metal sulfide surfaces by cells *of Acidithiobacillus ferrooxidans, Acidithiobacillus thiooxidans and Leptospirillum ferrooxidans*." – Hydrometallurgy 83(1–4): 245–254.

Harrison J. J., Ceri H. & Turner R. J. (2007): „Multimetal resistance and tolerance in microbial biofilms." – Nature Reviews Microbiology 5: 928–938.

Harrison J. J., Turner R. J. & Ceri H. (2005): „High-throughput meatl susceptibility of microbial biofilms." – BMC Microbiology 5(53): 11 Seiten.

Hartshorne R. S., Jepson B. N., Clarke T. A., Field S. J., Fredrickson J., Zachara J., Shi L., Butt J. N. & Richardson D. J. (2007): „Characterization of *Shewanella oneidensis MtrC*: a cell-surface decaheme cytochrome involved in respiratory electron transport to extracellular electron acceptors." – Jour. Biol. Inorg. Chem. 12: 1083–1094.

Haruta S., Yoshida T., Aoi Y., Kaneko K. & Futamata H. (2013): „Challenges for complex microbial ecosystems: combination of experimental approaches with mathematical modelling." – Microb. Environ. 28(3): 285–294.

Hau H. H., Gilbert A., Coursolle D. & Gralnick J. A. (2008): „Mechanism and consequences of anaerobic respiration of cobalt by *Shewanella oneidensis strain MR-1*." – Appl. Environ. Microbiol. 74(22): 6880–6886.

Hausinger R. P. & Zamble D. B. (2007): „Microbial physiology of Ni and Co." – In Nies D. H. & Silver S. (Hrsg.), Mol. Microbiol. Heavy Metals, Micobiol. Monogr 6: 287–320.

Havig J. R. (2009): „Geochemistry of hydrothermal biofilms: composition of biofilms in a siliceous sinter-deposition hot spring." – Diss. Arizona State University: 294 Seiten.

Havranek J. J. (2010): „Specifity of computational protein design." – Jour. Biol. Chem. 285(41): 31095–31099.

Hayashi T., Sano K.-I., Shiba K., Iwahori K., Yamashita I. & Hara M. (2009): „Critical amino acid residues for the specific binding of the Ti-recognizing recombinant ferritin with oxide surfaces of titanium and silicon." – Langmuir 25(18): 10901–10906.

Hassellöv M., Readman J. W., Ranville J. F. & Tiede K. (2008): „Nanoparticle analysis and characterization methodologies in environmental risk assessment of engineered nanoparticles." – Ecotoxicol. 17: 344–361.

Hazen R. M., Papineau D., Bleeker W., Downs R. T., Ferry J. M., McCoy T. J., Sverjensk D. A. & Yang H. (2008): „Mineral evolution." – Am. Mineralogist 93: 1693–1720.

He S., Guo Z., Zhang Y., Zhang S., Wang J. & Gu N. (2007): „Biosynthesis of gold nanoparticles using bacteria *Rhodopseudomonas capsulata*." – Mat. Lett. 61: 3984–3987.

He Z., Yang Y., Zhou S., Zhong H. & Sun W. (2013): „The effect of culture condition and ionic strength on proton adsorption at the surface of the extreme thermophile *Acidianus manzaensis*." – Coll. Sur. B: Biointerfaces 102: 667–673.

Heckel F. (2004): „Biokatalytische enantioselektive Sulfoxidation." – Diss. Julius-Maximilian Universität Würzburg: 151 Seiten.

Hedrich S., Schlömann M. & Johnson D. B. (2011): „The iron-oxidizing proteobacteria." – Microbio. 157(6): 1551–1564.

Hegazy W. H. & Al-Motawaa I. H. (2011): „Lanthanide complexes of substituted –diketone hydrazone derivatives: synthesis, characterization, and biological activities." – Bioinorganic Chem. Appl. Volume 2011: 10 Seiten.

Heidelberg J. F., Seshadri R., Haveman S. A., Hemme C. L., Paulsen I. T., Kolonay J. F., Eisen J. A., Ward N., Methe B., Brinkac L. M., Daugherty S. C., Deboy R. T., Dodson R. J., Durkin A. S., Madupu

R., Nelson W. C., Sullivan S. A., Fouts D., Haft D. H., Selengut J., Peterson J. D., Davidsen T. M., Zafar N., Zhou L., Radune D., Dimitrov G., Hance M., Tran K., Khouri H., Gill J., Utterback T. R., Feldblyum T. V., Wall J. D., Voordouw G., Fraser C. M. (2004): „The genome sequence of the anaerobic, sulfate-reducing bacterium *Desulfovibrio vulgaris Hildenborough.*" – Nature Biotechnol. 22(5): 554–559.

Heinen W. & Lauwers A. M. (1974): „Hypophosphite oxidase from *Bacillus caldolyticus.*" – Arch. Microbiol. 95: 267–274.

Heinisch T. & Ward T. R. (2010): „Design strategies for the creation of artificial metalloenzymes." – Curr. Opin. Chem. Biol. 14(2): 184–199.

Heinlaan M., Ivask A., Blinova I., Dubourguier H.-C. & Anne Kahru A. (2008): „Toxicity of nanosized and bulk ZnO, CuO and TiO_2 to bacteria *Vibrio fischeri* and crustaceans *Daphnia magna* and *Thamnocephalus platyurus.*" – Chemosphere 71(7): 1308–1316.

Heinz H., Farmer B. L., Pandey R. B., Slocik J. M., Patnaik S. S., Pachter R. & Naik R. R. (2009): „Nature of molecular interactions of peptides with gold, palladium, and Pd-Au bimetal surfaces in aqueous solution." – Jour. Am. Chem Soc. 131(28): 9704–9714.

Herrmannsdörfer T., Bianchi A. D., Papageorgiou T. P., Pobell F., Wosnitza J., Pollmann K., Merroun M., Raff J. & Selenska-Pobell S.(2007): „Magnetic properties of transition-metal nanoclusters on a biological substrate." – Jour. Magnetism Magnetic Mat. 310(2/3): 821–823.

Hetzer A., McDonald I. R. & Morgan H. W. (2008): „*Venenivibrio stagnispumantis gen. nov., sp. nov.*, a thermophilic hydrogen-oxidizing bacterium isolated from Champagne Pool, Waiotapu, New Zealand." – Int. Jour. Syst. Evol. Microbiol. 58(2): 398–403.

Hetzer A., Daughney C. J. & Morgan H. W. (2006): „Cadmium ion biosorption by the thermophilic bacteria *Geobacillus stearothermophilus* and G. *thermocatenulatus.*" – Appl Environ Microbiol. 72(6): 4020–4027.

Heywood B. R., Bazylinski D. A., Garratt-Reed A., Mann S. & Frankel R. B. (1990): „Controlled biosynthesis of greigite (Fe_3S_4) in magnetotactic bacteria." – Naturwissenschaften 77(11): 536–538.

Hibbert E. G., Baganz F., Hailes H. C., Ward J. M., Lye G. J., Woodley J. M. & Dalby P. A. (2005): „Directed evolution of biocatalytic processes." – Biomolecul. Engineer. 22(1–3): 11–19.

Hibbert E. G. & Dalby P. A. (2005): „Directed evolution strategies for improved enzymatic performance." – Microbial Cell Fact. 4: 6 Seiten.

Hille R. (2002): „Molybdenum and tungsten in biology." – Trends Biochem. Sci. 27(7): 360–367.

Hilvert D. (2001): „Enzyme Engineering." – Chimia 55: 867–869.

Hippler J., Hollmann M., Juerling H. & Hirner A. V. (2009): „Synthesis and isolation of methyl bismuth cystein and its definitive identification by high resolution mass spectrometry." – Versita Chem. Papers 63(6): 742–744.

Hochella Jr. M. F. (2008): „Nanogeoscience: from origins to cutting-edge applications." – Elements 4(6): 373–379.

Hoeft S. E., Kulp T. R., Han S., Lanoil B. & Oremland R. S. (2010): „Coupled arsenotrophy in a hot spring photosynthetic biofilm at Mono Lake, California." – Appl. Environ. Microbiol. 76 (14): 4633–4639.

Hoeft S. E., Blum J. S., Stolz J. F., Tabita F. R., Witte B., King G. M., J. M. Santini J. M. & Oremland R. S. (2007): „*Alkalilimnicola ehrlichii sp. nov.*, a novel, arsenite-oxidizing haloalkaliphilic gammaproteobacterium capable of chemoautotrophic or heterotrophic growth with nitrate or oxygen as the electron acceptor." – Int. Jour. Syst. Evol. Microbiol. 57: 504–512.

Hofacker A. F., Behrens S., Voegelin A., Kaegi R., Lösekann-Behrens T., Kappler A. & Kretzschmar R. (2015): "*Clostridium* species as metallic copper-forming bacteria in soil under reducing conditions." – Geomicrobiol. Jour. 32(2): 130–139.

Hölgye Z. & Křivánek M. (1976): „Separation of 182Ta from biological material by precipitating it as tantalum phosphate." – Jour. Radioanal. Chem. 34(2): 269–276.

Holliday G. L., Andreini C., Fischer J. D., Rahman S. A., Almonacid D. E., Williams S. T. & Pearson W. R. (2012): „MACiE: exploring the diversity of biochemical reactions." – Nucleic Acids Res. 40: D783–D789.

Holliday G. L., Fischer J. D., Mitchell J. B. O. & Thornton J. M. (2011): „Characterizing the complexity of enzymes on the basis of their mechanisms and structures with a bio-computational analysis." – FEBS Jour. 278: 3835–3845.

Holmes D. E., Bond D. R. & Lovley D. R. (2004): „Electron transfer by *Desulfobulbus propionicus* to Fe(III) and graphite electrodes." – Appl. Environ. Microbiol. 70(2): 1234–1237.

Holmes D. E., Finneran K. T., O'Neil R. A. & Lovley D. R. (2002): „Enrichment of members of the family *Geobacteraceae* associated with stimulation of dissimilatory metal reduction in uranium-contaminated aquifer sediments." – Appl. Environ. Microbiol. 68(5): 2300–2306.

Honeychurch M. J., Hill H. A. O. & Wong L.-L. (1999): „The thermodynamics and kinetics of electron transfer in the cytochrome P450cam enzyme system." FEBS Lett. 451(3): 351–353.

Hong Y. & Brown D. G. (2008): „Electrostatic behavior of the charge-regulated bacterial cell surface." – Langmuir 24(9): 5003–5009.

Hoover R. B. & Pikuta E. V. (2010): „Psychrophilic and psychrotolerant microbial extremophiles in polar environments." – In Bey A. K., Aislabie J. & Atlas R. M. (Hrsg.): „Polar microbiology." – CRC Press: 115–156.

Hoque Md. E. & Philip O. J. (2011): „Biotechnological recovery of heavy metals from secondary sources – An overview." – Mat. Sci. Eng. C 31: 57–66.

Horokoshi K., Antranikian G., Bull A. T., Robb F. T. & Stetter K. O., Hrsg. (2011): „Extremophiles handbook." – Springer Tokyo: 1271 Seiten.

Horikoshi K. (1999): „Alkaliphiles: some applications of their products for biotechnology." – Microbiol. Molecul. Biol. Rev. 63(4): 735–750.

Horst A. M., Neal A. C., Mielke R. E., Sislian P. R., Suh W. H., Mädler L., Stucky G. D. & Holden P. A. (2010): „Dispersion of TiO_2 nanoparticle agglomerates by Pseudomonas aeruginosa." – Appl. Environ. Microbiol. 76(21): 7292–7298.

Horton H. R., Moran L. A., Serimgeour K. G., Perry M. D. & Ravon J. D. (2008): „Biochemie." – Pearson Studium. 4. Aufl.: 1058 Seiten.

Hosseinkhani B. & Emtiazi G. (2011): „Synthesis and characterization of a novel extracellular biogenic manganese oxide (bixbyite-like Mn_2O_3) nanoparticle by isolated *Acinetobacter sp.*" – Curr. Microbiol. 63(3): 300–305.

Hough D. W. & Danson M. J. (1999): "Extremozymes. – Curr. Opin. Chem. Biol. 3(1): 39–46.

Hough R. M., Noble R. R. P., Hitchen G. J., Hart R., Reddy S. M., Saunders M., Clode P., VaughannD., Lowe J., Gray D. J., Anand R. R., Butt C. R. M. & Verrall M. (2008): „Naturally occurring gold nanoparticles and nanoplates." Geology 36(7): 571–574.

Hough R. M., Noble R. R. P. & Reich M. (2011): „Natural gold nanoparticles." – Ore Geol. Rev. 42(1): 55–61.

Hristozov D. & Malsch I. (2009): „Hazards and risks of engineered nanoparticles for the environment and human health." – Sustain. 1: 1161–1194.

Huang Y. F. & Wang Y. F. & Yan X. P. (2010): „Amine-functionalized magnetic nanoparticles for rapid capture and removal of bacterial pathogens." – Environ. Sci.Technol. 44(20): 7908–7913.

Huang Z. B., Zheng X. Yan D. H., Yin G. F., Liao X. M., Kang Y. Q., Yao Y. D., Huang D. & Hao B. Q. (2008): „Toxilogical effect of ZnO nanoparticles based on bacteria." – Langmuir 24: 4140–4144.

Huber R., Sacher M., Vollmann A., Huber H. & Rose D. (2000): „Respiration of arsenate and selenate by hyperthermophilic archaea." – Syst. Appl. Microbiol. 23(3): 305–314.

Hughes N. P., Perry C. C., Anderson O. R. & Williams R. J. P. (1989): „Biological minerals formed from strontium and barium sulphates. III. The morphology and crystallography of strontium sulphate crystals from the colonial Radiolarian, *Sphaerozoum punctatum*." – Proc. R. Soc. Lond. 238 : 223–233.

Hullebusch E. D. van, Zandvoort M. H. & Lens P. N. L. (2004): „Metal immobilisation by biofilms: Mechanisms and analytical tools." – Re/Views Environ. Sci. & Bio/Technol. 1–25.

Hunger S. & Benning L. G. (2007): „Greigite: a true intermediate on the polysulfide pathway to pyrite." – Geochem. Transact. 8(1): 20 Seiten.

Huston A. L., Methe B. & Deming J. W. (2004): „Purification, characterization, and sequencing of an extracellular cold-active aminopeptidase produced by marine psychrophile *Colwellia psychrery-thraea strain 34H*." – Appl. Environ. Microbiol. 70(6): 3321–3328.

Huston A. L., Krieger-Brockett B. B. & Deming J. W. (2000): „Remarkably low temperature optima for extracellular enzyme activity from Artic bacteria and sea ice." – Environ. Microbiol. 2(4): 383–388.

Hutchens E., Valsami-Jones E., McEldowney S., Gaze W. & McLean J. (2003): „The role of heterotrophic bacteria in feldspar dissolution — an experimental approach." – Min. Mag. 67(6): 1157–1170.

Hwang H.-M., Ray P. C., Yu H. & He X. (2012): „Toxicology of designer/engineered metallic nanoparticles." – In Luque R. & Varma R. S. (Hrsg.): „Sustainable preparation of metal nanoparticles: methods and applications." – Roy. Soc. Chem.: 190–212.

Ilk N., Egelseer E. M., Ferner-Ortner J., Küpcü S., Pum D., Schuster B. & Sleytr U. B. (2008): „Surfaces functionalized with self-assembling S-layer fusion proteins for nanobiotechnological applications." – Colloids and Surfaces A: Physicochem. Engineer. Aspects 321(1–3): 163–167.

Illanes A., Hrsg. (2008): „Enzyme biocatalysis." – Springer Sci. Buss.Med. B. V.: 398 Seiten.

Illanes A. (1999): „Stability of biocatalysts." – EJB 2(1): 9 Seiten.

Illanes A., Wilson L. & Vera C. (2014): „Problem solving in enzyme biocatalysis." Wiley: 318 Seiten.

Inskeep W. P., Macur R. E., Hamamura N., Warelow T. P., Ward S. A. & Santini J. M. (2007): „Detection, diversity and expression of aerobic bacterial arsenite oxidase genes." – Environ Microbiol. 9(4): 934–943.

Inskeep W., Macur R., Kocar B., Borch T., Kozubal M., Taylor W., Ackerman G., Korf S. & Fendorf S. (2006): „Biomineralization of Fe^{III}-oxides in geothermal environments: relationsships among aqueous geochemistry, microbial populations and solid-phase composition and structure." – Geophys. Res. Abstr. 8: 2 Seiten.

Isambert A., Menguy N., Larquet E., Guyot F. & Valet J.-P. (2007): „Transmission electron microscopy study of magnetites in a freshwater population of magnetotactic bacteria." – Am. Mineral. 92(4): 621–630.

Ishii S., Suzuki S., Tenney A., Norden-Krichmar T. M., Nealson K. H. & Bretschger O. (2015): „Microbial metabolic networks in a complex electrogenic biofilm recovered from a stimulus-induced metatranscriptomics approach." – Nature Sci. Rep.: 14 Seiten.

Islam F. S., Pederick R. L., Gault A. G., Adams L. K., Polya D. A., Charnock J. M. and J. R. Lloyd (2005): „Interactions between the Fe(III)-reducing bacterium *Geobacter sulfurreducens* and arsenate, and capture of the metalloid by biogenic Fe(II)." – Appl. Environ. Microbiol. (71): 8642–8648.

Iswantini D., Kano K. & Ikeda T. (2000): „Kinetics and thermodynamics of activation of quinoprotein glucose dehydrogenase apoenzyme in vivo and catalytic activity of the activated enzyme in *Escherichia coli* cells." – Biochem. Jour. 350(3): 917–923.

Ivarson M., Kilias S. P., Broman C., Naden J. & Detsi K. (2010): „Fossilized microorganisms preserved as fluid inclusions in epithermal veins, Vani Mn-Ba deposit, Milos Island, Greece." – Proceedings XIX CBGA Congress Thessaloniki 100: 297–307.

Iwahori K., Watanabe J., Tani Y., Seyama H. & Miyata N. (2014): „Removal of heavy metal cations by biogenic magnetite nanoparticles produced in Fe(III)-reducing microbial enrichment cultures." – Jour. Biosci. Bioeng. 117(3): 333–335.

Iwig J. S., Leitch S., Herbst R. W., Maroney M. J., Chivers P. T. (2008): „Ni(II) and Co(II) sensing by Escherichia coli RcnR." – Jour. Am. Chem. Soc. 130(24): 7592–7606.

IUAPC (1994): „Recommendations for nomenclature and tables in biochemical thermodynamics." – Pure & Appl. Chem. 66(8): 1641–1666.

Jacob E. B., Becker I., Shapira Y. & Levine H. (2004): „Bacterial linguistic communication and social intelligence." – Trends Microbiol. Vol 12 (8): 366–372.

Jackson C. J., Gillam E. M. J. & Ollis D. L. (2010): „9.20 – Directed evolution of enzymes." – Comprehensive Natural Products II 9: 723–749.

Jäckel Ch., Kast P & Hilvert D. (2008): „Protein design by directed evolution." – Annu. Rev. Biophys. 37: 153–173.

James R. E., Scott S. D., Fortin D., Clark I. D. & Ferris F. G. (2012): „Regulation of Fe $^{3+}$-oxide formation among Fe $^{2+}$-oxidizing bacteria." – Geomicrobiol. Jour. 29(6): 537–543.

Jenney Jr. F. E. & Adams M. W. W. (2011): „Metalloproteins from hyperthermophiles." – In Horikoshi K., Antranikian G., Bull, A. T., Robb, F. T. & Stetter K. O. (Hrsg.): „Extremophiles handbook": 521–545.

Jestin J.-L. & Vichier-Guerre S. (2005): „How to broaden enzyme substrate specificity: strategies, implications and applications." – Res. Microbiol. 156(10): 961–966.

[1]Jha A. K., Prasad K. & Kulkarni A. R. (2009): „Synthesis of TiO_2 nanoparticles using microorganisms." – Colloids Surfaces B: Biointerfaces 71(2): 226–229.

[2]Jha A. K., Prasad K. & Prasad K. (2009): „A green low-cost biosynthesis of Sb_2O_3 nanoparticles." – Biochem. Eng. Jour. 43: 303–306.

Jiang L., Althoff E. A., Clemente F. R., Doyle L., Röthlisberger D., Zanghellini A., Gallaher J.L, Betker J. L., Tanaka F., Barbas III C. F., Hilvert D., Houk K. N., Stoddard B. L. & Baker D. (2008): „De novo computational design of retro-aldol enzymes." – Science 319(5868): 1387–1391.

Jiang S., Lee J. H., Kim M. G., Myung N. V., Fredrickson J. K., Sadowsky M. J. & Hur H. G. (2009): „Biogenic formation of As-S nanotubes by diverse *Shewanella* strains." – Appl. Environ. Microbiol. 75(21): 6896–6899.

Jiang W., Saxena A., Song B., Ward B. B., Beveridge T. J. & Myneni S. C. B. (2004): „Elucidation of functional groups on gram-positive and gram-negative bacterial surfaces using infrared spectroscopy." – Langmuir 20(26): 11433–11442.

Jiao Y., Cody G. D., Harding A. K., Wilmes P., Schrenk M., Wheeler K. E., Banfield J. F. & Thelen M. P. (2010): „Characterization of extracellular polymeric substances from acidiphilic microbial biofilms." – Appl. Environ. Microbiol.76(9): 2916–2922.

Jimenez-Lopez C., Jroundi F., Rodriguez-Gallego M., Arias J. M. & Gonzalez-Munoz M. T. (2007): „Biomineralization induced by *Myxobacteria*." – Comm. Curr. Res. Edu. Top. Trends Appl. Microbiol.: 143–154.

Jochens H. (2009): „Entwicklung neuer Konzepte für das Protein-Engineering am Beispiel von Enzymen mit α/β-Hydrolasefaltung." – Diss. Math.-Naturwiss. Fakul., Ernst-Moritz-Arndt-Universität Greifswald : 143 Seiten.

Jogler C., Niebler M., Lin W., Kube M., Wanner G., Kolinko S., Stief P., Beck A. J., De Beer D., Petersen N., Pan Y., Amann R., Reinhardt R. & Schüler D. (2010): „Cultivation-independent characterization of 'Candidatus Magnetobacterium bavaricum' via ultrastructural, geochemical, ecological and metagenomic methods." – Environ Microbiol. 12(9): 2466–2478.

Jogler C. & Schüler D. (2009): „Genomics, genetics, and cell biology of magnetosome formation." – Ann. Rev. Microbiol. 63: 501–521.

Johannes T. W. & Zhao H. (2006): „Directed evolution of enzymes and biosynthetic pathways." – Curr. Opin. Microbiol. 9(3): 261–267.

Johnson K. J. (2006): „Bacterial adsorption of aqueous heavy metals: molecular simulations and surface compexation models." – Diss. University of Notre Dame, Indiana: 112 Seiten.

Johnson M. K., Rees D. C. & Adams M. W. (1996): „Tungstoenzymes." – Chem. Rev. 96(7): 2817–2840.

Johnston C. W., Wyatt M. A., Li X., Ibrahim A., Shuster J., Southam G. & Magarvey N. A. (2013): „Gold biomineralization by a metallophore from a gold-associated microbe." – Nature Chem. Biol. 9: 241–243.

Jones B., Renault R. W. & Rosen M. R. (2001): „Biogenicity of gold- and silver-bearing siliceous sinters forming in hot (75 °C) anaerobic spring-waters of Champagne Pool, Waiotapu, North Island, New Zealand." – Jour. Geol. Soc. 158(6): 895–911.

Jones B., Renaut R. W. & Rosen M. R. (1998): „Microbial biofacies in hot spring sinters: a model based on Ohaaki Pool, North Island, New Zealand." – Jour. Sediment. Res. 68: 413–434.

Jones C., Crowe S. A., Sturm A., Leslie K. L., MacLean L. C. W., Katsev S., Henny C., Fowle D. A. & Canfield D. E. (2011): „Biogeochemistry of manganese in ferruginous Lake Matano, Indonesia." – Biogeosciences 8: 2977–2991.

Jones P.W & Turner J. M. (1984): „Interrelationships between the enzymes of ethanolamine metabolism in *Escherichia coli*." – Microbiol. 130(2): 299–308.

Jung H., Park H., Kim J., Lee J.-H., Hur H.-G., Myung N. V. & Choi H. (2007): „Preparation of biotic and abiotic iron oxide nanoparticles (IOnPs) and their properties and applications in heterogeneous catalytic oxidation." – Einviron. Sci. Technol 41: 4741–4747.

Junier P., Junier T., Podell S., Sims D. R., Detter J. C., Lykidis A., Han C. S., Wigginton N. S., Gaasterland T., Bernier-Latmani R. (2010): „The genome of the Gram-positive metal- and sulfate-reducing bacterium *Desulfotomaculum reducens strain MI-1*." – Environ. Microbiol. 12(10): 2738–2754.

Kahn K. & Plaxco K. W. (2010): „Principles of biomolecular recognition." Recogn. Recept. Biosens.: 3–45.

Kalathil S., Khan M. M., Banerjee A. N., Lee J. & Cho M. H. (2012): „A simple biogenic route to rapid synthesis of Au@TiO$_2$ nanocomposites by electrochemically active biofilms." – Jour. Nanopart. Res. 14: 1051–1060.

Kalinowski B. E., Johnsson A., Arlinger J., Pedersen K., Ödegaard-Jensen A. & Edberg F. (2006): „Microbial mobilization of uranium from shale mine waste." – Geomicrobiol. Jour. 23(3–4): 157–164.

[1]Kalinowski B. E., Liermann L. J., Brantley S. L., Barnes A. & Pantano C. G. (2000): „X-ray photoelectron evidence for bacteria-enhanced dissolution of hornblende." – Geochim. Cosmochim. Acta 64(8): 1331–1343.

[2]Kalinowski B. E., Liermann L. J., Givens S. & Brantley S. L. (2000): „Rates of bacteria-promoted solubilization of Fe from minerals: a review of problems and approaches." – Chem. Geol. 169(3–4): 357–370.

Kamijo M., Suzuki T., Kawai K., Murase H. (1998): „Accumulation of yttrium by *Variovorax paradoxus*." – Jour. Ferment. Bioeng. 86(6): 564–568.

Kaneko Y., Thoendel M., Olakanmi O., Britigan B. E. & Singh P. K. (2007): „The transition metal gallium disrupts *Pseudomonas aeruginosa* iron metabolism and has antimicrobial and antibiofilm activity." – Jour. Clin. Invest. 117(4): 877–888.

Kapitulĉinová D., Cockell C. S., Hallam K. R. & Ragnarsdottir K. V. (2008): „Effect of cyanobacterial growth on biotite surfaces under laboratory nutrient-limited conditions." – Mineral. Mag. 72(1): 71–75.

Kaplan J. & DeGrado W. F. (2004): „De novo design of catalytic proteins." – PNAS 101(32): 11566–11570.

Kappler A. & Newman D. K. (2004): „Formation of Fe(III)-minerals by Fe(II)-oxidizing photoautotrophic bacteria." – Geochim. Cosmochim. Acta 68(6): 1217–1226.

Kappler A. & Straub K. L. (2005): „Geomicrobiological cycling of iron." – Rev. Min. Geochem. 59: 85–108.

Kappler U. (2011): „Bacterial sulfite-oxidizing enzymes." – Biochim. Biophys. Acta 1807: 1–10.

Karbasian M., Atyabi S. M., Siadat S. D., Momen S. B. & Norouzian D. (2008): „Optimizing nano-silver formation by Fusarium oxysporum PTCC 5115 employing response surface methodology." – Am. Jour. Agri. Biol. Sci. 3(1): 433–437.

Karnachuk O. V., Sasaki K., Gerasimchuk A. L., Sukhanova O., Ivasenko D. A., Kaksonen A. H., Puhakka J. A. & Olli H. Tuovinen O. H. (2008): „Precipitation of Cu-sulfides by copper-tolerant *Desulfovibrio* isolates." – Geomicrobiol. Jour. 25(5): 219–227.

Kasama T., Pósfai M., Chong R. K. K., Finlayson A. P., Buseck P. R., Frankel R. B. & Dunin-Borkowski R. E. (2006): „Magnetic properties, microstructure, composition, and morphology of greigite nanocrystals in magnetotactic bacteria from electron holography and tomography." – Amer. Mineral. 91(8–9): 1216–1229.

Kashefi K., Tor J. M., Nevin K. P. & Lovley D. R. (2001): „Reductive precipitation of gold by dissimilatory Fe(III)-reducing Bacteria and Archaea." – Appl. Environ. Microbiol 67: 3275–3279.

Kashyap D. R., Botero L. M., Lehr C., Hassett D. J. & McDermott T. R. (2006): „A Na^+ : H^+ antiporter and a molybdate transporter are essential for arsenite oxidation in *Agrobacterium tumefaciens*." – Jour. Bacteriol. 188: 1577–1584.

Kataoka K., Komori H., Ueki Y., Konno Y., Kamitaka Y., Kurose S., Tsujimura S., Higuchi Y., Kano K., Seo D. & Sakurai T. (2007): „Structure and function of the engineered multicopper oxidase CueO from *Escherichia coli* deletion of the methionine-rich helical region covering the substrate-binding site." Jour. Mol. Biol. 373(1): 141–152.

Kaur J. & Sharma R. (2006): „Directed evolution: an approach to engineer enzymes." – Crit. Rev. Biotechnol. 26(3): 165–199.

Kazy S. K., D'Souza S. F. & Sar P. (2009): „Uranium and thorium sequestration by a *Pseudomonas sp.*: mechanism and chemical characterization." – Jour. Hazard. Mater. 163(1): 65–72.

Kazy S. K., Das S. K. & Sar P. (2006): „Lanthanum biosorption by a *Pseudomonas sp.*: equilibrium studies and chemical characterization." – Jour. Indus. Microbiol. Biotechnol. 33(9): 773–783.

Keim C. N., Solórzano G., Farina M. & Lins U. (2005): „Intracellular inclusions of uncultured magnetotactic bacteria." – Int. Microbiol. 8: 111–117.

Keller A. A., Wang H., Zhou D., Lenihan H. S., Cherr G., Cardinale H. S., Miller R. & Ji Z. (2010): Stability and aggregation of metal oxide nanoparticles in natural aqueous matrices." – Environ. Sci. Technol. 44: 1962–1967.

Kelson A. B., Carnevali M. & Truong-Le V. (2013): „Gallium-based anti-infectives: targeting microbial iron-uptake mechanisms." – Curr. Opin. Pharmacol. 13(5): 707–716.

Kemner K. M., O'Loughlin E. J., Kelly S. D. & Boyanov M. I. (2005): „Synchron X-ray investigations of mineral-microbe-metal interactions." – Elements 1: 217–221.

Kendall T. A. & Hochella Jr. M. F. (2003): „Measurement and interpretation of molecular-level forces of interaction between the siderophore azotobactin and mineral surfaces." – Geochim. Cosmochim. Acta 67(19): 3537–3546.

Kerin E. J., Gilmour C. C., Roden E., Suzuki M. T., Coates J. D. & Mason R. P. (2006): „Mercury methylation by dissimilatory iron-reducing bacteria." – Appl. Environ. Microbiol. 22(12): 7919–7921.

Khalifa A. Y. Z. (2013): „Mutagenesis of a copper p-type ATPase encoding gene in Methylococcus capsulatus (bath) results in copper-resistence." – Int. Jour. Biosci., Biochem. Bioinform. 3(1): 37–42.

Khosla C. & Harbury P. B. (2001): „Modular enzymes." – Nature 409(6817): 247–252.

Kihlken M. A., Leech A. P. & le Brun N. E. (2002): „Copper-mediated dimerization of CopZ, a predicted copper chaperone from *Bacillus subtilis*." – Biochem. Jour. 368: 729–739.

[1]Kim P. Y., Pollard D. J. & Woodley J. M. (2007): „Substrate supply for effective biocatalysis." – Biotechnol. Prog. 23(1): 74–82.

[2]Kim S. U., Cheong Y. H., Seo D. C., Hur J. S., Heo J. S., Cho J. S. (2007): „Characterisation of heavy metal tolerance and biosorption capacity of bacterium *strain CPB4 (Bacillus spp.)*." – Water. Sci. Technol. 55(1–2): 105–111.

Kirchman D. L., Morán X. A. G.& Ducklow H. (2009): „Microbial growth in the polar oceans — role of temperature and potential impact of climate change." – Nature Rev. Microbiol. 7: 451–459.

Kirschvink J. L., Kobayashi-Kirschvink A. & Woodford B. J. (1992): „Magnetite biomineralization in the human brain." – Proc. Natl. Acad. Sci. USA 89(16): 7683–7687.

Kirsten A., Herzberg M., Voigt A., Seravalli J., Grass G., Scherer J. & Nies D. H.(2011): „Contributions of five secondary metal uptake systems to metal homeostasis of Cupriavidus metallidurans CH34." – Jour. Bacteriol. 193(18): 4652–4663.

Kisker C., Schindelin H., Rees D. C. (1997): „Molybdenum-cofactor-containing enzymes: structure and mechanism." – Annu. Rev. Biochem. 66: 233–267.

Kiss G., Röthlisberger D., Baker D. & Houk K. N. (2010): „Evaluation and ranking of enzyme designs." – Protein Sci. 19: 1760–1773.

Klaine S. J., Alvarez P. J. J., Batley G. E., Fernandes T. F., Handy R. D., Lyon D. Y., Mahendra S., McLaughlin M. J. & Lead J. R. (2008): „Nanomaterials in the environment: behaviour, fate, bioavailability, and effects." – Environ. Toxicol. Chem. 27: 1825–1851.

Kłapcińska B. & Chmielowski J. (1986): „Binding of germanium to *Pseudomonas putida* cells." – Appl. Environ. Microbiol. 51(5): 1144–1147.

Klapper I. & Dockery J. (2010): „Mathematical description of microbial biofilms." – Soc. Indus. Appl. Math. 52(2): 221–265.

Klaus-Joerger A., Joerger R., Olsson E. & Granqvist C.-G. (2001): „Bacteria as workers in the living factory: metal-accumulating bacteria and their potential for materials science." – Trends Biotechn. 19(1): 15–20.

Klaus T., Joerger R., Olsson E. & Granquist C.-G. (1999): „Silver-based crystalline nanoparticles, microbially fabricated." – PNAS 96(24): 13611–13614.

Kleber W., Bautsch H. J., Bohm J. & Klimm D. (2002): „Einführung in die Kristallographie." – Verl. Oldenbourg. 19. Aufl.: 416 Seiten.

Kleps I., Ignat T., Miu M., Simion M., Popescu G. T., Enache M. & Dumitru L. (2009): „Protein-mesoporous silicon matrix obtained by S-layer technology." – physica status solidi (c) Special Issue: 6th International Conference on Porous Semiconductor Science and Technology (PSST 2008) 6(7): 1605–1609.

Kletzin A. & Adams M. W. (1996): „Tungsten in biological systems." – FEMS Microbiol. Rev. 18(1): 5–63.

Klibanov A. M. (2003): „Asymmetric enzymatic oxidoreductions in organic solvents." – Curr. Opin. Biotechnol. 14(4): 427–431.

Klonowska A., Heulin T. & Vermeglio A. (2005): „Selenite and tellurite reduction by Shewanella oneidensis." – Appl. Environ. Microbiol. 71(9): 5607–5609.

Klueglein N., Lösekann-Behrens T., Obst M., Behrens S., Appel E. & Kappler A. (2013): „Magnetite formation by the novel Fe(III)-reducing *Geothrix fermentans strain HradG1* isolated from a hydrocarbon-contaminated sediment with increased magnetic susceptibility." – Geomicrobiol. Jour. 30(10): 863–873.

Knoll A. H., Canfield D. E. & Konhauser K. O. (2012): „What is geobiology." – In Knoll A. H., Canfield D. E. & Konhauser K. O. (Hrsg): „Fundamentals og geobiology." – Wiley-Blackwell: 1–4.

Kobayashi M., Seki M., Tabata H., Watanabe Y. & Yamashita I. (2010): „Fabrication of aligned magnetic nanoparticles using tobamoviruses." – Nano Lett. 10 (3): 773–776.

Kobayashi A., Kirschvink J. L., Nash C. Z., Kopp R. E., Sauer D. A., Bertani L. E., Voorhout W. F. & Taguchi T. (2006): „Experimental observation of magnetosome chain collapse in magnetotactic bacteria: sedimentological, paleomagnetic, and evolutionary implications." – Earth Planet. Sci. Lett. 245: 538–550.

Kohlstedt M., Becker J. & Wittmann C. (2010): „Metabolic fluxes and beyond – systems biology understanding and engineering of microbial metabolism." – Appl. Microbiol. Biotechnol. 88: 1065–1075.

Kolinko I., Jogler C., Katzmann E. & Schüler D. (2011): „Frequent mutations within the genomic magnetosome island of *Magnetospirillum gryphiswaldense* are mediated by RecA." – Jour. Bact. 193(19): 5328–5334.

Kolomeisky A. B. (2011): „Michaelis-Menten relations for complex enzymatic networks." – Jour. Chem. Phys. 134: 155101.

Komeili A. (2012): „Molecular mechanisms of compartmentalization and biomineralization in magnetotactic bacteria." – FEMS Microbial. Rev. 36: 232–255.

Komeili A. (2007): „Molecular mechanisms of magnetosom formation." – Ann. Rev. Biochem. 76: 351–366.

Komeili A., Vali H., Beveridge T. J. & Newman D. K. (2004): „Magnetosome vesicles are present before magnetite formation, and MamA is required for their activation." – PNAS 101(11): 3839–3844.

Konhauser K. O. (2007): „Introduction to geomicrobiology." Wiley-Blackwell. 1. Aufl.: 440 Seiten.

Konhauser K. O. (1998): „Diversity of bacterial iron mineralization." – Earth Sci. Rev. 43: 91–121.

Konhauser K. O. (1997): „Bacterial iron biomineralisation in nature." FEMS Microbiol. Rev. 20: 315–326.

Konhauser K. O., Fyfe W. S., Ferris F. G. & Beveridge T. J. (1993): „Metal sorption and mineral precipitation by bacteria in two Amazonian river systems: Rio Solimoes and Rio Negro, Brazil." – Geology 21: 1103–1106.

Konhauser K. O., Kappler A. & Roden E. E. (2011): „Iron in microbial metabolisms." – Elements 7: 89–93.

Konhauser K. & Riding R. (2012): „Bacterial biomineralization." – In Knoll H., Canfield D. E. & Konhauser K. O. (Hrsg.):" Fundamentals of geobiology."- Wiley-Blackwell: 105–130.

[1]Konishi Y., Ohno K., Saitoh N., Nomura T., Nagamine S., Hishada H., Takahashi Y. & Uruga T. (2007): „Bioreductive deposition of platinum nanoparticles on the bacterium *Shewanella algae*." – Jour. Biotechn. 128(3): 648–653.

[3]Konishi Y., Tsukiyama T., Tachimi T., Saitoh N., Nomura T. & Nagamine S. (2007): „Microbial deposition of gold nanoparticles by the metal-reducing bacterium Shewanella algae." – Electrochim. Acta 53(1): 186–192.

[1]Konishi, Y., Ohno, K., Saitoh, N., Nomura T. & Nagamine, S. (2006): „Microbial synthesis of noble metal nanoparticles using the Fe(III)-reducing bacterium Shewanella algae." – Bio Micro and Nanosystems Conference, 2006. BMN '06 San Francisco, CA: 1 Seiten.

[2]Konishi Y., Tsukiyama T., Ohno K., Saitoh N., Nomura T. & Nagamine S. (2006): „Intracellular recovery of gold by microbial reduction of $AuCl_4^-$ ions using the anaerobic bacterium Shewanella algae." – Hydrometallurgy 81(1): 24–29.

Kort J. C., Esser D., Pham T. K., Noirel J., Wright P. C. & Siebers B. (2013): „A cool tool for hot and sour Archaea: proteomics of *Sulfolobus solfataricus*." – Proteomics 13(18–19): 2831–2850.

Kostal J., Yang R., Wu C. H., Mulchandani A. & Chen W. (2004): „Enhanced arsenic accumulation in engineered bacterial cells expressing ArsR." – Appl. Environ. Microbiol. 70(8): 4582–4587.

Kotrba P., Dolečková L., de Lorenzo V. & Ruml T. (1999): „Enhanced bioaccumulation of heavy metal ions by bacterial cells due to surface display of short metal binding peptides." – Appl- Environ-Microbiol. 65(3): 1092–1098.

Kotrba P., Mackova M. & Macek T., Hrsg.(2011): „Microbial biosorption of metals." – Springer Netherlands. 1. Aufl.: 390 Seiten.

Kowshik M., Vogel W., Urban J., Kulkarni S. K., Paknikar K. M. (2002): „Microbial synthesis of semi-conductor PbS nanocrystallites." – Adv. Materials 14(11): 815–818.

Krawczyk-Bärsch E., Lünsdorf H., Pedersen K., Arnold T., Bok F., Steudtner R., Lehtinen A., Brendler V. (2012): „Immobilization of uranium in biofilm microorganisms exposed to groundwater seeps over granitic rock tunnel walls in Olkiluoto, Finland." – Geochim. Cosmochim. Acta 96: 94–104.

Krieger C. J., Zhang P., Mueller L. A., Wang A., Paley S., Arnaud M., Pick J., Rhee S. Y. & Karp P. D. (2004): „MetaCyc: a multiorganism database of metabolic pathways and enzymes." – Nucleic Acids Res. 32: 438–442.

Kries H., Blomberg R. & Hilvert D. (2013): „De novo enzymes by computational design." – Curr. Opin. Chem. Biol. 17(2): 221–228.

Krumov N. & Posten C. (2011): Development of a process chain for nanoparticles production by yeasts." – In Rai M. & Duran N. (Hrsg.): „Metal nanoparticles in microbiology", Springer Heidelberg : 197–221.

Krushkal J., Leang C., Barbe J. F., Qu Y., Yan B., Puljic M., Adkins R. M. & Lovley D. R. (2009): „Diversity of promoter elements in a *Geobacter sulfurreducens* mutant adapted to disruption in electron transfer." – Funct. Integr. Genomics (1): 15–25.

Kuhn K. M., Dehner C. A., Dubois J. L. & Maurice P. A. (2012): „Iron acquisition from natural organic matter by an aerobic *Pseudomonas mendocina* bacterium: siderophores and cellular iron status." – Geomicrobiol. Jour. 29(9): 780–791.

Kukkadapu R. K., Zachara J. M., Smith S. C., Fredrickson J. K. & Liu C. (2001): „Dissimilatory bacterial reduction of Al-substituted goethite in subsurface sediments." – Geochim. Cosmochim. Acta 65(17): 2913–2924.

Kulikova V. S. (2005): „NADH oxidase activity of gold nanoparticles in aqueous solution." – Kinetics Catalysis 46(3): 373–375.

Kulp T. R., Hoeft S. E., Asao M., Madigan M. T., Hollibaugh J. T., Fisher J. C., Stolz J. F., Culbertson C. W., Miller L. G. & Oremland R. S. (2008): „Arsenic(III) fuels anoxygenic photosynthesis in hot spring biofilms from Mono Lake, California." – Science 321(5891): 967–970.

Kulp T. R., Hoeft S. E., Miller L. G., Saltikov C., Murphy J. N., Han S., Lanoil B. & Oremland R. S. (2006): „Dissimilatory arsenate and sulfate reduction in sediments of two hypersaline, arsenic-rich soda lakes: Mono and Searles Lakes, California." – Appl. Environ. Microbiol. 72,: 6514–6526.

Kumar S. A., Abyaneh M. K., Gosavi S. W., Kulkarni S. K., Ahmad A. & Khan M. I. (2007): „Sulfite reductase-mediated synthesis of gold nanoparticles capped with phytocelatin." – Biotechnol. Appl. Biochem. 47: 191–195.

Kuperman R. G. & Carreiro M. M. (1997): „Soil heavy metal concentrations, microbial biomass and enzyme activities in a contaminated grassland ecosystem." – Soil Biol. Biochem. 29(2): 179–190.

Kupka D., Rzhepishevska O.I, Dopson M, Lindström B., Karnachuk O. V. & Tuovinen O. H. (2007): „Bacterial oxidation of ferrous iron at low temperatures." – Biotechnol. Bioeng. 97(6): 1470–1478.

Labbate M., Zhu H., Thung L., Bandara R., LarsenM. R., Willcox M. D. P., Givskov M., Rice S. A. & Kjelleberg S. (2007): „Quorum-sensing regulation of adhesion in *Serratia marcescens MG1* is surface dependent." – Jour. Bacteriol. 189(7): 2702–2711.

Labia R., Andrillon J. & le Goffic F. (1973): „Computerized microacicimetric determination of β lactamase *Michaelis-Menten* constants." – FEBS Lett. 33(1): 42–44.

Labrenz M. & Banfield J. F. (2004): „Sulfate-reducing bacteria-dominated biofilms that precipitate ZnS in a subsurface circumneutral-pH mine drainage system." – Microbial. Ecol. 47(3): 205–217.

Labrenz M., Druschel G. K., Thomsen-Ebert T., Gilbert B., Welch S. A., Kemner K. M., Logan G. A., Summons R. E., De Stasio G., Bond P. L., Lai B., Kelly S. D. & Banfield J. F. (2000): „Formation of sphalerite (ZnS) deposits in natural biofilms of sulfate-reducing bacteria." – Science 290(5497): 1744–1747.

Lack J. G., Chaudhuri S. K., Chakraborty R., Achenbach L. A. & Coates J. D. (2002): „Anaerobic biooxidation of Fe(II) by *Dechlorosoma siullum*." – Microb. Ecol. 43: 424–431.

Ladenstein R. & Antranikian G. (1998): „Proteins from hyperthermophiles: stability and enzymatic catalysis close to the boiling point of water." – Adv. Biochem. Eng. Biotechnol. 61: 37–85.

Ladenstein R. & Ren B. (2006): „Protein disulfides and protein disulfide oxidoreductases in hyperthermophiles". – FEBS Jour. 273: 4170–4185.

Lagziel-Simis S., Cohen-Hadar N., Moscovich-Dagan H., Wine Y. & Freeman A. (2006): „Protein-mediated nanoscale biotemplating." – Curr. Opin. Biotechnol. 17 (6): 569–573.

Lall R. & Mitchell J. (2007): „Metal reduction kinetics in *Shewanella*." – Bioinformatics 23(20): 2754–2759.

Lamoureux G. (2008): „Computational enzymology: promises and challenges." – 22nd International Symposium on High Performance Computing Systems and Applications (June 2008): 18 Seiten.

Lang C. & Schüler D. (2006): „Biogenic nanoparticles: production, characterization, and application of bacterial magnetosomes." – Jour. Phys.: Condensed Matt. 18: 2815–2828.

Langley S., Gault A., Ibrahim A., Clark I. D., Fortin D. & Ferris F. G. (2009): „A comparison of the rates of Fe(III) reduction in synthetic and bacteriogenic iron oxides by *Shewanella putrefaciens CN32*." – Geomicrobiol. Jour. 26: 57–70.

Lasa I. & Berenguer J. (1993): „Thermophilic enzymes and their biotechnological potential." – Microbiologia 2: 77–89.

Lassila J. K., Baker D., & Herschlag D. (2010): „Origins of catalysis by computationally designed retroaldolase enzymes." – PNAS 107(11): 4937–4942.

Lassila J. K., Heidi K. Privett H. K., Allen B. D. & Mayo S. L. (2006): „Combinatorial methods for small-molecule placement in computational enzyme design." – PNAS 103(45): 16710–16715.

Law N., Ansari S., Livens F. R., Renshaw J. C. & Lloyd J. R. (2008): „Formation of nanoscale silver particles via enzymatic reduction by *Geobacter sulfurreducens*." – Appl. Environ. Microbiol. 74(22): 7090–7093.

Lay C.-Y., Mykytczuk N. C. S., Yergeau É., Lamarche-Gagnon G., Greer C. W. & Whyte L. G. (2013): „Defining the functional potential and active community members of a sediment microbial community in a high-arctic hypersaline subzero spring." – Appl. Environ. Microbiol. 79(12): 3637–3648.

Leach L. H., Morris J. C. & Lewis T. A. (2007): „The role of the siderophore pyridine-2,6-bis (thiocarboxylic acid) (PDTC) in zinc utilization by *Pseudomonas putida DSM 3601*." – Biometals 20(5): 717–726.

Learman D. R., B. M. Voelker B. M., Vazquez-Rodriguez A. I. & C. M. Hansel C. M. (2011): „Formation of manganese oxides by bacterially generated superoxide." – Nature Geosci.4: 95–98.

Le Bas M. J. & Streckeisen A. L. (1991): „The IUGS systematics of igneous rocks." – Jour. Geol. Soc. 148: 825–833.

Ledbetter R. N., Connon S. A., Neal A. L., Dohnalkova A. & Magnuson T. S. (2007): „Biogenic mineral production by a novel arsenic-metabolizing thermophilic bacterium from the Alvord Basin, Oregon." – Appl. Environ. Microbiol. 73(18): 5928–5936.

[1]Lee C. K., Daniel R. M., Shepherd C., Saul D., Cary S. C., Danson M. J., Eisenthal R. & Peterson M. E. (2007): „Eurythermalism and the temperature dependence of enzyme activity." – The FASEB Journal 21(8): 1934–1941.

Lee H., Trevors J. T. & van Dyke M. I. (1990): „Microbial interactions with germanium." – Biotechnol. Adv. 8(3): 539–546.

[1]Lee J.-H., Fredrickson J. K., Kukkadapu R. K., Boyanov M. I., Kemner K. M., Lin X., Kennedy D. W., Bjornstad B. N., Konopka A. E., Moore D. A., Resch C. T. & Phillips J. L. (2012): „Microbial reductive transformation of phyllosilicate Fe(III) and U(VI) in fluvial subsurface sediments." – Environ. Sci. Technol. 46(7): 3721–3730.

[2]Lee J.-H., Han J., Choi H., Hur H. G. (2007): „Effects of temperature and dissolved oxygen on Se(IV) removal and Se(0) precipitation by *Shewanella sp. HN-41*." – Chemosphere 68(10): 1898–1905

[3]Lee J. H., Kim M. G., Yoo B., Myung N. V., Maeng J., Lee T., Dohnalkova A. C., Fredrickson J. K., Sadowsky M. J. & Hur H. G. (2007): „Biogenic formation of photoactive arsenic-sulfide nanotubes by Shewanella sp. strain HN-41." – Proc. Natl. Acad. Sci. USA. 104(51): 20410–20415.

Lee J. H., Roh Y. & Hur H. G. (2008): „Microbial production and characterization of superparamagnetic magnetite nanoparticles by *Shewanella sp. HN-41*." – Jour. Microbiol. Biotechnol. 18(9): 1572–1577.

[4]Lee J. H., Roh Y., Kim K.-W. & Hur H.-G. (2007): „Organic acid-dependent iron mineral formation by a newly isolated iron-reducing bacterium, *Shewanella sp. HN-41*." – Geomicrobiol. Jour. 24(1): 31–41.

[2]Lee J. W., Na D., Park J. M., Lee J., Choi S. & Lee S.Y: (2012): „Systems metabolic engineering of microorganisms for natural and non-natural chemicals." – Nat. Chem. Biol. 8(6): 536–546.

[5]Lee S. W., Chang W.-J., Bashir R. & Koo Y.-M. (2007): „'Bottom-up' approach for implementing nano/microstructure using biological and chemical interactions." – Biotechn. Bioproc. Engi. 12: 185–199.

Lee S.-Y., Royston E., Choi J., Janes D. B., Culver J. N. & Harris M. T. (2005): „Metal cluster deposition on genetically engineered tobacco mosaic virus biotemplates." – Jour. Nanosci. Nanotechn. 6(4): 974–981.

Lefèvre C. T., Abreu F., Lins U. & Dennis A. Bazylinski D. A. (2011): „A bacterial backbone: magnetosomes in magnetotactic bacteria." – In Rai M. & Duran N. (Hrsg.): „Metal nanoparticles in microbiology", Springer Heidelberg : 75–102.

Lefèvre C. T., Song T., Yonnet J.-P. & Wu L.-F. (2009): „Characterization of bacterial magnetotactic behaviors by using a magnetospectrophotometry assay." – Appl. Environ. Microbiol. 75(12): 3835–3841.

Léger Ch. (2012): „Direct electrochemistry of proteins and enzymes: an introduction." – Vorlesungsskript Laboratoire de Bioénergétique et Ingénierie des Protéines, Institut de Microbiologie de la Méditerranée, CRNS, AMU Marseille : 42 Seiten.

Léger Ch. & Bertrand P. (2008): „Direct electrochemistry of redox enzymes as a tool for mechanistic studies." – Chem. Rev. 108: 2379–2438.

Lehmann S. (2013): „Sulfite dehydrogenases in organotrophic bacteria: enzymes, genes and regulation." – Diss. Uni. Konstanz FB Biologie: 143 Seiten.

Lehr C. R., Kashyap D. R. & McDermott T. R. (2007): „New insights into microbial oxidation of antimony and arsenic." – Appl. Environ. Microbiol. 73: 2386–2389.

[1]Lengke M. F., Fleet M. E. & Southam G. (2007): „Biosynthesis of silver nanoparticles by filamentous cyanobacteria from a silver(I) nitrate complex." – Langmuir 23(5): 2694–2699.

[1]Lengke M. F., Fleet M. E. & Southam G. (2006): „Synthesis of platinum nanoparticles by reaction of filamentous cyanobacteria with platinum(IV)-chloride complex." – Langmuir 22(17): 7318–7323.

[2]Lengke M. F. & Southam G. (2007): „The deposition of elemental gold from gold(I)-thiosulfate complexes mediated by sulfate-reducing bacterial conditions." – Econ. Geol. 102(1): 109–126.

[2]Lengke M., Ravel B, Fleet M. E., Wanger G., Gordon R. A. & Southam G (2006): „Mechanisms of gold bioaccumulation by filamentous cyanobacteria from gold(III)-chloride complex." – Environ. Sci. Technol. 40: 6304–6309.

Lenz M., Kolvenbach B., Gygax B., Moes S. & Corvini P. F. X. (2011): „Shedding light on selenium biomineralization: proteins associated with bionanominerals." – Appl. Environ. Microbiol. 77(13): 4676–4680.

Leone L., Ferri D., Manfredi C., Persson P., Shchukarev A., Sjöberg S. & Loring J. (2007): „Modeling the acid-base properties of bacterial surfaces: A combined spectroscopic and potentiometric study of the gram-positive bacterium Bacillus subtilis." – Environ. Sci. Technol. 41(18): 6465–6471.

Letondor C., Humbert N. & Ward T. R. (2005): „Artificial metalloenzymes based on biotin-avidin technology for the enantioselective reduction of ketones by transfer hydrogenation." – PNAS 102(13): 4683–4687.

Leuchs S. & Greiner L. (2011): „Alcohol dehydrogenase from Lactobacillus brevis: a versatile robust catalyst for enentioselective transformations." – Chem. Biochem. Eng. Q. 25(2): 267–281.

Lewis J. C. (2015): „Metallopeptide catalysts and artificial metalloenzymes containing unnatural amino acids." – Curr. Opin. Chem. Biol. 25: 27–35.

Lewis K. (2001): „Riddle of biofilm resistance." – Antimicro. Agents Chemoth.: 999–1007.

Leybourne M. I. & Johannesson K. H. (2008): „Rare earth elements (REE) and yttrium in stream waters, stream sediments, and Fe–Mn oxyhydroxides: Fractionation, speciation, and controls over REE + Y patterns in the surface environment." – Geochim. Cosmochim. Acta 72(24): 5962–5983.

Li B. & Logan B. E. (2004): „Bacterial adhesion to glass and metal-oxide surfaces." – Coll. & Surfaces B: Biointerfaces 36(2): 81–90.

Li J. (2007): „The mechanics and physics of defect nucleation." – MRS Bull. 32: 151–159.

Li J. & Pan Y. (2012): „Environmental factors affect magnetite magnetosome synthesis in *Magnetospirillum magneticum AMB-1*: implications for biologically controlled mineralization." – Geomicrobiol. Jour. 29: 362–373.

[1]Li J., Pan Y., Chen G., Liu Q., Tian L. & Lin W. (2009): „Magnetite magnetosome and fragmental chain formation of *Magnetospirillum magneticum AMB-1*; transmission electron microscopy and magnetic observations." – Geophys. Jour. Int. 177: 33–42.

[2]Li J. H., Pan Y. X., Liu Q. S., Qin H. F., Deng C. L., Che R. C. & Yang X. A. (2009): „A comparative study of magnetic properties between whole cells and isolated magnetosomes of *Magnetospirillum magneticum AMB-1*." – Chin. Sci. Bull: 7 Seiten.

[1]Li J., Wang Q., Zhang S., Qin D. & Wang G. (2013): „Phylogenetic and genome analyses of antimony-oxidizing bacteria isolated from antimony mined soil." – Geomicrobial Ecotoxicology 76: 76–80.

[2]Li M., Cheng X. & Guo H. (2013): „Heavy metal removal by biomineralization of urease producing bacteria isolated from soil." – Inter. Biodeter. Biodegrad. 76: 81–85.

Li R., Haile J. D., & Kennelly P. J. (2003): „An arsenate reductase from *Synechocystis sp. strain PCC 6803* exhibits a novel combination of catalytic characteristics." – Jour. Bact. 185(23): 6780–6789.

Li W. F., Zhou X. X. & Lu P. (2005): „Structural features of thermozymes." – Biotechnol. Adv. 23(4): 271–281.

Li X. & Krumholz L. R. (2009): „Thioredoxin is involved in U(VI) and Cr(VI) reduction in *Desulfovibrio desulfuricans G20*." – Jour. Bacteriol. 191(15:) 4924–4933.

Li X., Xu H., Chen Z.-S. & Chen G. (2011): „Biosynthesis of nanoparticles by microorganisms and their applications." – Jour. Nanomat. 2011: 16 Seiten

Li Y., Yin J., Qu G., Lv L., Li Y., Yang S., Wang X. G. (2008): „Gene cloning, protein purification, and enzymatic properties of multicopper oxidase, *from Klebsiella sp. 601*." – Can. Jour Microbiol. 54(9): 725–733.

[3]Li Y. L., Pfiffner S. M., Dyar M. D., Vali H., Konhauser K., Cole D. R., Rondinone A. J., Phelps T. J. (2009): „Degeneration of biogenic superparamagnetic magnetite." – Geobiol. 7(1): 25–34.

Liamleam W. & Annachhatre A. P. (2007): „Electron donors for biological sulfate reduction." – Biotechnol. Adv. 25(5): 452–463.

Liao V. H.-C, Chu Y.-J., Su Y.-C., Hsiao S.-Y., Wei C.-C., Liu C.-W., Liao C.-M., Shen W.-C. & Chang F.-J. (2011): „Arsenite-oxidizing and arsenate-reducing bacteria associated with arsenic-rich groundwater in Taiwan." – Jour. Contam. Hydrol. 123(1–2): 20–29.

Liebermeister W., Uhlendorf J. & Klipp E. (2010): „Modular rate laws for enzymatic reactions: thermodynamics, elasticities and implementation." – Bioinformatics 26 (12): 1528–1534.

Liebermeister W. & Klipp E. (2006): „Bringing metabolic networks to life: convenience rate law and thermodynamic constraints." – Theor. Biol. Med. Model.: 33 Seiten.

[1]Liermann L. J., Barnes A. S., Kalinowski B. E., Zhou X. & Brantley S. L. (2000): „Microenvironments of pH in biofilms grown on dissolving silicate surfaces." – Chem. Geol. 171(1–2): 1–16.

Liermann L. J., Guynn R. L., Anbar A. & Brantley S. L. (2005): „Production of a molybdophore during metal-targeted dissolution of silicates by soil bacteria." – Chem. Geol. 220(3–4): 285–302.

[2]Liermann L. J., Kalinowski B. E., Brantley S. L. & Ferry J. G. (2000): „Role of bacterial siderophores in dissolution of hornblende." – Geochim. Cosmochim. Acta 64(4): 587–602.

[1]Lim J.-S., Kim S.-M, Lee S.-Y., Stach E. A., Culver J. N. & Harris M. T. (2010): „Formation of Au/Pd alloy nanoparticles on TMV." – Jour. Nanomat.: 6 Seiten.

Linder M. (2012): „Computational enzyme design: advances, hurdles and possible ways forward." – Comp. Struct. Biotechn. Jour. 2(3): 8 Seiten (e201209009).

Lindgren P., Parnell J., Holm N. G. & Broman C. (2011): „A demonstration of an affinity between between pyrite and organic matter in a hydrothermal setting." Geochem. Transact. 12(3): 7 Seiten.

Lins U., Keim C. N., Evans F. F., Farina M. & Buseck P. R. (2007): „Magnetite (Fe_3O_4) and greigite (Fe_3S_4) crystals in multicellular magnetotactic prokaryotes." – Geomicrobiol. Jour. 24(1): 43–50.

Lins U., McCartney M. R., Parina M., Frankel R. B. & Buseck P. R. (2006): „Crystal habits and magnetic microstructures of magnetosomes in coccoid magnetotactic bacteria." – Anais da Academia Brasileira de Ciencias 78(3): 463–474.

Lins U., McCartney M. R., Farina M., Frankel R. B. & Buseck P. R. (2005): „Habits of magnetosom crystals in coccoid magnetotactic bacteria." – Appl. Environ. Microbiol. 71(8): 4902–4905.

Liu C., Gorby Y. A., Zachara J. M., Fredrickson J. K., Brown C. F. (2002): „Reduction kinetics of Fe(III), Co(III), U(VI), Cr(VI), and Tc(VII) in cultures of dissimilatory metal-reducing bacteria." – Biotechnol Bioeng. 80(6): 637–649.

Liu C., Kota S., Zachara J. M., Fredrickson J. K. & Brinkman C. K. (2001): „Kinetic analysis of the bacterial reduction of goethite." – Environ. Sci. Technol. 35 (12): 2482–2490.

[1]Liu C., Zachara J. M., Zhong L., Kukkadapu R. K., Szecsody J. & Kennedy D (2005): „Influence of sediment bioreduction and reoxidation on uranium sorption." – Environ. Sci. Technol. 39: 4125–4133.

[2]Liu S., Jeffryes C., Rorrer G. L., Chang C.-H., Jiao J. & Gutu T. (2005): „Blue luminescent biogenic silicon-germanium oxide nanocomposites." – MRS Proceedings 873, K1.4.

Liu Y. & Kuhlman B. (2006): „RosettaDesign server for protein design." – Nucleic Acids Res. 34: 4 Seiten.

Liz-Marzán L. M. (2007): „Farbenfroh: Plasmonenschwingungen maßgeschneiderter Metall-Nanopartikel in Kolloiden." – Photonik 2: 58–61.

Lloyd J. R., Pearce C. I., Coker V. S., Pattrick R. A. D., van der Laan G., Cutting R., Vaughan D. V., Paterson-Beedle M., Mikheenko I. P., Yong P. & Macaskie, L. E. (2008): „Biomineralization: linking the fossil record to the production of high value functional materials." – Geobiol. 6: 285–297.

Lloyd J. R. (2006): „Microbial reduction of metals and radionuclides." – FEMS Microbiol. Rev. 27(2–3): 411–425.

Lloyd J. R., Yong P. & Macaskie L. E. (1998): „Enzymatic recovery of elemental palladium by using sulfate-reducing bacteria." – Appl. Environ. Microbiol. 64(11): 4607–4609.

Loach P. A. (2000): „Supramolecular complexes in photosynthetic bacteria." – PNAS 97(10): 5016–5018.

Logan B. E. (2009): „Exoelectrogenic bacteria that power microbial fuel cells." – Nat. Rev. Microbiol. 7(5): 375–381.

Logan B. E. (2008): „Microbial fuel cells." – John Wiley & Sons Inc. Hoboken, New Jersey: 236 Seiten.

Lohße A., Ullrich S., Katzmann E., Borg S., Wanner G., Richter M., Voigt B., Schweder T. & Schüler D. (2011): „Functional analysis of the magnetosome island in *Magnetospirillum gryphiswaldense*: the mamAB operon is sufficient for magnetite biomineralization." – PLoS One 6(10): e25561.

Lonhienne T., Gerday C. & Feller G. (2000): „Psychrophilic enzymes: revisiting the thermodynamic parameters of activation may explain local flexibility." – Biochim. Biophys, Acta (BBA) – Protein Structure and Molecular Enzymology 1543(1): 1–10.

Lonsdale R., Ranaghan K. E. & Mulholland A. J. (2010): „Computational Enzymology." – Chem. Commun. 46(14): 2354–2372.

Lopez L. P. H. (2006): „Organometallic complexes of tungsten and tantalum: synthesis, structure and reactivity." – Diss. Depart. Chem. MIT: 209 Seiten.

Losi M. E. & Frankenberger W. T. (1997): „Reduction of selenium oxyanions by *Enterobacter cloacae SLD1a-1*: Isolation and growth of the bacterium and its expulsion of selenium particles." – Appl. Environ. Microbiol. 63(8): 3079–3084.

Louie A. Y. & Meade T. J. (1999): „Metal complexes as enzyme inhibitors." – Chem. Rev. 99 (9): 2711–2734.

Lovley D. R. (1993): „Dissimilatory metal reduction." – Ann. Rev. Microbial 47: 263–290.

Lovley D. R. (1991): „Dissimilatory Fe(III) and Mn(IV) reduction." – Microbiol. Rev. 55(2): 259–287.

Lovley D. R., Holmes D. E. & Nevin K. P. (2004): „Dissimilatory Fe(III) and Mn(IV) reduction." – Adv. Microb. Physiol. 49: 219–286.

Lovley D. R. & Nevin K. P. (2008): „Chapter 23: Electricity production with electricigens." – In J. Wall et al. (ed.), Bioenergy, ASM Press, Washington, DC.: 295–306.

Lovley D. R., Phillips E. J. P. & Lonergan D. J. (1991): „Enzymatic versus nonenzymatic mechanisms for Fe(III) reduction in aquatic sediments." – Environ. Sci. Technol. 25: 1062–1967.

Lovley D. R., Widman P. K., Woodward J. C. & Phillips E. J. (1993): „Reduction of uranium by cytochrome c3 of *Desulfovibrio vulgaris*." – Appl. Environ. Microbiol. 59(11): 3572–3576.

Lowenstam H. A. (1981): „Minerals formed by organisms." – Nature 211: 1126–1131.

Lowenstein T. K., Schubert B. A. & Timofeeff M. N. (2011): „Microbial communities in fluid inclusions and long-term survival in halite." – GSA Today 21(1): 4–9.

Lower B. H., Shi L., Yongsunthon R., Droubay T. C., McCready D. E. & Lower S. K. (2007): „Specific bonds between an iron oxide surface and outer membrane cytochromes MtrC and OmcA from." – Jour. Bacteriol. 189(13): 4944–4952.

Lower S. K., Hochella M. F. & Beveridge T. J. (2001): „Bacterial recognition surfaces: nanoscale interactions between *Shewanella* and alpha-FeOOH." – Science. 292(5520): 1360–1363.

Lower S. K., Tadanier C. J. & Hochella Jr M. F. (2001): „Dynamics of the mineral-microbe interface: use of biological force microscopy in biogeochemistry and geomicrobiology." – Geomicrobiol. 18(1): 63–76.

[1]Lu A., Li Y. & Jin S. (2012): „Interactions between semiconducting minerals and bacteria under light." – Min. Soc. Am. 8(2): 125–130.

Lu Y. (2005): „Design and engineering of metalloproteins containing unnatural amino acids or non-native metal-containing cofactors." – Curr. Opin. Chem. Biol. 9(2): 118–126.

[2]Lu Y., Dong L., Zhang L.-C., Su Y.-D. & Yu S.-H. (2012): „Biogenic and biomimetic magnetic nano-sized assemblies." – NanoToday 7(4): 297–315.

[2]Lu Y., Yeung N., Nathan Sieracki & Marshall N. M. (2009): „Design of functional metalloproteins." – Nature 460(7257): 855–862.

Lu Z. S., Li C. M., Bao H. F., Qiao Y., Toh Y. H. & Yang X. (2008): „Mechanism of antimicrobial activity of CdTe quantum dots." – Langmuir 24: 5445–5452.

Luptakova A. & Macingova E. (2012): „Alternative substrates of bacterial sulphate reduction suitable for the biological-chemical treatment of mine acid mine drainage." Acta Montan. Slovaca 17(1): 74–80.

Lutz S. & Patrick W. M. (2004): „Novel methods for directed evolution of enzymes: quality, not quantity." – Curr. Opin. Biotechnol. 15(4): 291–297.

Ma K. & Adams M. W. (1994): „Sulfide dehydrogenase from the hyperthermophilic archaeon *Pyrococcus furiosus*: a new multifunctional enzyme involved in the reduction of elemental sulfur." – Jour. Bact. 176(21): 6509–6517.

Macalady J. & Banfield J. F. (2003): „Molecular geomicrobiology: genes and geochemical cycling." – Earth Planet. Sci. Lett. 209: 1–17.

MacGillivray L. R., Papaefstathiou G. S., Friščić T., Hamilton T. D., Bučar D.-K., Chu Q., Varshney D. B. & Georgiev I. G. (2008): „Supramolecular control of reactivity in the solid state: from templates to ladderanes to metal–organic frameworks." – Acc. Chem. Res. 41(2): 280–291.

MacLean L. C. W., Pray T. J., Onstott T. C., Brodie E. L., Hazen T. C. & Southam G. (2007): „Mineralogical, chemical and biological characterization of an anaerobic biofilm collected from a borehole in a deep gold mine in South Africa." – Geomicrobiol. Jour. 24: 491–504.

Madigan M. T. & Martinko J. M. (2009): „Brock Mikrobiologie." – Pearson Studium: 1203 Seiten.

Magnani D. & Solioz M. (2007): „How bacteria handle copper." – In Nies D. H. & Silver S. (Hrsg.), Mol. Microbiol. Heavy Metals, Micobiol. Monogr. 6: 260–285.

Magnuson T. S., Isoyama N., Hodges-Myerson A. L., Davidson G., Maroney M. J., Geesey G. G. & Lovley D. R. (2001): „Isolation, characterization and gene sequence analysis of a membrane-associated 89 kDa Fe(III) reducing cytochrome c from *Geobacter sulfurreducens*." – Biochem. Jour. 359(1): 147–152.

Mailloux B.J, Alexandrova E., Keimowitz A. R., Wovkulich K., Freyer G. A., Herron M., Stolz J. F., Timothy C. Kenna T. C., Pichler T., Polizzotto M. L., Dong H., Bishop M. & Knappett P. S. K. (2009): „Microbial mineral weathering for nutrient acquisition releases arsenic." – Appl. Environ. Microbiol. April 75(8): 2558–2565.

Makoi J. H. J. R. & Ndakidemi P. A. (2008): „Selected soil enzymes: examples of their potential roles in the ecosystem." – African Jour. Biotechnol. 7(3): 181–191.

Malhotra A., Dolma K., Kaur N., Rathore Y. S., Ashish, Mayilraj S. & Choudhury A. R. (2013): „Biosynthesis of gold and silver nanoparticles using a novel marine strain of *Stenotrophomonas*." – Biores. Technol. 142: 727–731.

Mann H, Tazaki T., Fyfe W. S., Beveridge T. J. & Hunphry R. (1987): „Cellular lepidocrocite precipitation and heavy-metal sorption *in Euglena sp.* (unicellular alga): Implications for biomineralization." – Chem. Geol. 63: 39–43.

Mann S. (2001): „Biomineralization: principles and concepts in bioinorganic materials chemistry." – Oxford University Press: 198 Seiten.

Mann S. (1988): „Molecular recognition in biomineralization." – Nature 332: 119–124.

Mann S., Archibald D. D., Didymus J. M., Douglas T., Heywood B. R., Meldrum F. C. & Reeves N. J. (1993): „Crystallization at inorganic-organic interfaces: biominerals and biomimetic synthesis." – Science 261: 1286–1292.

Mann S., Sparks N. H. C., Frankel R. B., Bazylinski D. A. & Jannasch H. W. (1990): „Biomineralization of ferrimagnetic greigite (Fe_3S_4) and iron pyrite (FeS_2) in a magnetotactic bacterium." – Nature 343(6255): 258–261.

[1]Manocchi A. K., Horelik N. E., Lee B. & Yi H. (2010): „Simple, readily controllable palladium nanoparticle formation on surface-assembled viral nanotemplates." – Langmuir 26(5): 3670–3677.

[2]Manocchi A. K., Seifert S., Lee B. & Yi H. (2010): „On the thermal stability of surface-assembled viral-metal nanoparticle complexes." – Langmuir 26(10): 7516–7522.

Mapelli F., Marasco R., Balloi A., Rolli E., Cappitelli F., Daffonchio D. & Borin S. (2012): „Mineral–microbe interactions: Biotechnological potential of bioweathering." – Jour. Biotechn. 157(4): 473–481.

Marangoni A. G. (2002): „Enzyme kinetics: a modern approach." – Crystal Dreams Pub.: 248 Seiten.

Marcia M., Ermler U., Peng G. & Michela H. (2009): „The structure of *Aquifex aeolicus* sulfide:quinone oxidoreductase, a basis to understand sulfide detoxification and respiration." – Proc. Natl. Acad. Sci. U. S. A. 106(24): 9625–9630.

Margesin R. & Schinner F., Hrsg. (1999): „Biotechnological applications of cold adapted organisms." – Springer Verl. Berlin: 338 Seiten.

Marshall M. J., Dohnalkova A. C., Kennedy D. W., Plymale A. E., Thomas S. H., Löffler F. E., Sanford R. A., Zachara J. M., Fredrickson J. K. & Beliaev A. S.(2009): „Electron donor-dependent radionuclide reduction and nanoparticle formation by *Anaeromyxobacter dehalogenans strain 2CP-C*." – Environmental Microbiol. 11(2): 534–543.

Martí S., Andrés J., Moliner V., Silla E., Tuñón I. & Bertrán J. (2010): „Theoretical QM/MM studies of enzymatic pericyclic reactions." – Interdiscip. Sci. 2(1): 115–131.

Martí S., Roca M., Andrés J., Moliner V., Silla E., Tuñón I. & Bertrán J. (2004): „Theoretical insights in enzyme catalysis." – Chem. Soc. Rev. 33(2): 98–107.

Marwijk van J., Opperman D. J., Piater L. A. & Heerden van E. (2009): „Reduction of vanadium(V) by *Enterobacter cloacae EV-SA01* isolated form a South African deep gold mine." – Biotechn. Lett. 31: 845–849.

Masica D. L. (2009): „Structure determination and design of biomineral-associated proteins." – Diss. John Hopkins Uni. Baltimore/Maryland: 177 Seiten.

Mateos L. M., Ordonez E., Letek M. & Gil J. A. (2006): „*Corynebacterium glutamicum* as a model bacterium for the bioremediation of arsenic." – International Michrobiol. 9: 207–215.

Matlakowska R., Drewniak L. & Skiodowska A. (2008): „Arsenic-hypertolerant *Pseudomonads* isolated from ancient gold and copper-bearing black shale deposits." Geomicrobiol. Jour. 25(7–8): 357–362.

Matlakowska R., Narkiewicz W. & Skiodowska A. (2010): „Biotransformation of organic-rich copper-bearing black shale by indigenous microorganisms isolated from *Lubin* copper mine (Poland)." – Environ. Sci. Technol. 44 (7): 2433–2440.

Matlakowska R., Ruszkowski D. & Skiodowska A. (2013): „Microbial transformations of fossil organic matter of Kupferschiefer black shale – elements mobilization from metalloorganic compounds ans metalloporphyrins by a community of indigenous microorganisms." – Physicochem. Probl. Miner. Process. 49: 223–231.

Matlakowska R., Skiodowska A. & Nejbert K. (2012): „Bioweathering of Kupferschiefer black shale (Fore-Sudetic Monocline, SW Poland) by indigenous bacteria: implication for dissolution and precipitation of minerals in deep underground mine." – FEMS Microbiol. Ecol. 81: 99–110.

Matlakowska R., Wlodarczyk A., Slominska B. & Skiodowska A. (2014): „Extracellular elements-mobilizing compounds produces by consortium of indigenous bacteria isolated from Kupferschiefer black shale – Implication for metals biorecovery from neutral and alkaline polymetallic ores." – Physicochem. Probl. Miner. Process 50(1): 87–96.

Matranga V. & Corsi I. (2012): „Toxic effects of engineered nanoparticles in the marine environment: Model organisms and molecular approaches." – Mar. Environ. Res. 76: 32–40.

Matsunaga T., Okamura Y., Fukuda Y., Wahyudi A. T., Murase Y., Takeyama H. (2005): „Complete genome sequence of the facultative anaerobic magnetotactic bacterium *Magnetospirillum sp. strain AMB-1.*" – DNA Res. 12(3): 157–166.

Matsunaga T., Nakamura C., Burgess J. G. & Sode K. (1992): „Gene transfer in magnetic bacteria: transposon mutagenesis and cloning of genomic DNA fragments required for magnetosome synthesis." – Jour. Bacteriol. 174(9): 2748–2753.

Matsunaga T., Suzuki T., Tanaka M. & Arakaki A. (2007): „Molecular analysis of magnetotactic bacteria and development of functional bacterial magnetic particles for nano-biotechnology." – Trends Biotechn. 25(4): 182–188.

May S. W. (1999): „Applications of oxidoreductases." – Curr. Opin. Biotechnol. 10(4): 370–375.

McEwan A. G., Ridge J. P., McDevitt C. A. & Hugenholtz P. (2002): „The DMSO reductase family of microbial molybdenum enzymes; molecular properties and role in the dissimilatory reduction of toxic elements." – Geomicrobiol. Jour. 19(1): 3–21.

McLachlan M. J., Johannes T. W. & Zhao H. (2008): „Further improvement of phosphite dehydrogenase thermostability by saturation mutagenesis." – Biotechn. Bioeng. 99: 268–274.

McLean J. & Beveridge T. J. (2001): „Chromate reduction by a pseudomonad isolated from a site contaminated with chromated copper arsenate." – Appl. Environ. Microbiol. 67(3): 1076–1084.

McNerney M. P., Watstein D. M. & Styczynski M. P. (2015): „Precision metabolic engineering: The design of responsive, selective, and controllable metabolic systems." – Metabolic. Eng. 31: 123–131.

Meeuwissen J. & Reek J. N. H. (2010): „Supramolecular catalysis beyond enzyme mimics." – Nature Chem. 2: 615–621

Mehta T., Childers S. E., Glaven R., Lovley D. R. & Mester T. (2006): „A putative multicopper protein secreted by an atypical type II secretion system involved in the reduction of insoluble electron acceptors in *Geobacter sulfurreducens*." – Microbiology 152(8): 2257–2264.

Melchior A., Cardenas J. & Hughes G. (1996): „A geomicrobiological study of soils collected from auriferous areas of Argentina." – Jour. Geochem. Explor. 56(3): 219–227.

Melchior A., Cardenas J. & Dejonghe L. (1994): „Geomicrobiology applied to mineral exploration in Mexico." – Jour. Geochem. Explor. 51(2): 193–212.

Mendez E. (2008): „Biochemical thermodynamics under near physiological conditions." – Biochem. Molecul. Biol. Edu. 36(2): 116–119.

Mergeay M. (2009): „Metallophiles and acidophiles in meta-rich environments." – In Gerday C. & Glandsdorff N. (Hrsg.): „Extremophiles." – EOLSS Bd. 3: 65–88.

Mergeay M., Monchy S., Vallaeys T., Auquier V., Benotmane A., Bertin P., Taghavi S., Dunn J., van der Lelie D. & Wattiez R. (2003): „*Ralstonia metallidurans*, a bacterium specifically adapted to toxic metals: towards a catalogue of metal-responsive genes." FEMS Microbiol. Rev. 27(2–3): 385–410.

Merroun M. L. (2007): „Interactions between metals and bacteria: fundamental and applied research." – In Mendez-Vilas A. (Hrsg.) „Communicating Current Research and Educational Topics and Trends in Applied Microbiology: 108–111.

Merroun M. L., Rossberg A., Hennig C., Scheinost A. C. & Selenska-Pobell S. (2007): „Spectroscopic characterization of gold nanoparticles formed by cells and S-layer protein of *Bacillus sphaericus JG-A12*." – Materials Sci. Engineer. C 27(1): 188–192.

Merroun M. L., Ben Chekroun K., Arias J. M., González-Muñoz M. T. (2003): „Lanthanum fixation by *Myxococcus xanthus*: cellular location and extracellular polysaccharide observation." – Chemosphere 52(1): 113–120.

Merroun M. L., Ben Omar N., Alonso E., Arias J. M. & Gonzalez-Munoz M. T. (2001): „Silver sorption to *Myxococcus xanthus* biomass." – Geomicrobiol. Jour. 18(2): 183–192.

Merski M. & Shoichet B. K. (2012): „Engineering a model protein cavity to catalyze the Kemp elimination." – Proc. Natl. Acad. Sci USA: 16179–16183.

Mertig M., Seidel R., Ciacchi L. C. & Pompe W. (2002): „Nucleation and growth of metal clusters on a DNA template." – AIP Conf. Proc. 633: 449–453.

Meruane G. & Vargas T. (2003): „Bacterial oxidation of ferrous iron by *Acidithiobacillus ferrooxidans* in the pH range 2.5–7.0." – Hydrometal. 71(1–2): 149–158.

Metpally R. P. R. & Reddy B. V. B. (2009): „Comparative proteome analysis of psychrophilic versus mesophilic bacterial species: Insights into the molecular basis of cold adaptation of proteins." – BMC Genomics – http://www.biomedcentral.com/1471-2164/10/11: 10 Seiten.

Meyer H.-P., Kiener A., Imwinkelries R. & Shaw N. (1997): „Biotransformations for fine chemical production."– Chimia 51: 287–289.

Meyer T. E. & Cusanovich M. A. (2003): „Discovery and characterization of electron transfer proteins in the photosynthetic bacteria." – Photosynth. Res. 76: 111–126.

Meyers P. A., Pratt L. M. & Nagy B. (1992): „Introduction to geochemistry of metalliferous black shales." Chem. 99: 7–11.

Michalopoulosa P. & Alle R. C. (2004): „Early diagenisis of biogenic silica in the Amazon delta: alteration, authigenic clay formation and storage." – Geochim. Cosmochim. Acta 68: 1061–1085.

Michel C., Brugna M., Aubert C., Bernadac A. & Bruschi M. (2001): „Enzymatic reduction of chromate: comparative studies using sulfate-reducing bacteria." – Appl. Microbiol. Biotechn. 55(1): 95–100.

Mikheenko I. P., Rousset M., Dementin S., Macaskie L. E. (2008): „Bioaccumulation of palladium by *Desulfovibrio fructosivorans* wild-type and hydrogenase-deficient strains." – Appl. Environ. Microbiol. 74(19): 6144–6146.

Miller L. G. & Oremland R. S. (2008): „Electricity generation by anaerobic bacteria and anoxic sediments from hypersaline soda lakes." – Extremophiles 12(6): 837–848.

Min W., Gopich I. V., English B. P., Kou S. C., X. Xie X. S. & Szabo A. (2006): „When does the Michaelis-Menten equation hold for fluctuating enzymes?" – Phys. Chem. Lett. B. 110: 20093–20097.

Min Y., Akbulut M., Kristiansen K., Golan Y. & Israelachvili J. (2008): „The role of interparticle and external forces in nanoparticle assembly." – Rev. Nature Materials 7, 527–538.

Minaeian S., Shahverdi A. R., Nobi A. S. & Shahverdi H. R. (2008): „Extracellular biosynthesis of silver nanoparticles by some bacteria." – J.Sci.I. A. U. 17(66): 4 Seiten.

Miranda O. R., Li X., Garcia-Gonzalez L., Zhu Z.-J., Yan B., Bunz U. H. F. & Rotello V. M. (2011): „Colorimetric bacteria sensing using a supramolecular enzyme-nanoparticle biosensor." – Jour. Am. Chem. Soc. 133(25): 9650–9653.

Miot J., Benzerara K. & Kappler A. (2014): „Investigating microbe-mineral interactions: recent advances in X-ray and electron microscopy and redox sensitive methods." – Annu. Rev. Earth Planet. Sci. 42: 271–289.

[1]Miot J., Benzerara K., Morin G., Kappler A., Bernard S., Obst M., Ferard C., Skouri-Panet F., Guigner J.-M., Posth N., Galvez M., Brown Jr. G. E. & Guyoz F. (2009): „Iron biomineralization by anaerobic neutrophilic iron-oxidizing bacteria." – Geochim. Cosmochim. Acta 73: 696–713.

[2]Miot J., Benzerara K., Obst M., Kappler A., Hegler F., Schädler S., Bouchez C., Guyot F. & Morin G. (2009): „Extracellular iron biomineralization by photoautotrophic iron-oxidizing bacteria:" – Appl. Environ. Microbiol. 75(17): 5586–5591.

Mishra B., Haack E. A., Maurice P. A. & Bunke B. A. (2009): „Effects of the microbial siderophore DFO-B on Pb and Cd speciation in aqueous solution." – Environ. Sci. Technol. 43(1): 94–100.

Mobili P., Serradell M.d.l.A., Mayer C., Arluison V. & Gomze-Zavaglia A. (2013): „Biophysical methods for the elucidation of the S-layer proteins/metal interaction." – Int. Jour. Biochem. Red. & Rev. 3(1): 39–62.

Moniruzzaman M., Kamiya N. & Goto M. (2010): „Activation and stabilization of enzymes in ionic lipids." – Org. Biomol. Chem. 8(13): 2887–2899.

Moon J. W., Rawn C. J., Rondinone A. J., Wang W., Vali H., Yeary L. W., Love L. J., Kirkham M. J., Gu B. & Phelps T. J. (2010): „Crystallite sizes and lattice parameters of nano-biomagnetite particles." Jour. Nanosci. Nanotechnol. 10(12): 8298–8306.

Moon J.-W., Roh Y., Yeary L. W., Lauf R. J., Rawn C. J., Love L. J. & Phelps T. J. (2007): „Microbial formation of lanthanide-substituted magnetites by *Thermoanaerobacter sp. TOR-39*." – Extremophiles 11(6): 859–867.

Moore B., Stevenson L., Watt A., Flitsch S., Turner N. J., Cassidy C. & Graham D. (2004): „Rapid and ultra-sensitive determination of enzyme activities using surface-enhanced resonance Raman scattering." – Nature Biotechn. 22(9): 1133–1137.

Moore B. D., Stevenson L., Watt A., Flitsch S., Turner N. J., Cassidy C. & Graham D. (2004): „Rapid and ultra-sensitive determination of enzyme activities using surface-enhanced resonance Raman scattering." – Nature Biotechnol. 22: 1133–1138.

Moore M. D. & Kaplan S. (1992): „Identification of intrinsic high-level resistance to rare-earth oxides and oxyanions in members of the class Proteobacteria: characterization of tellurite, selenite, and rhodium sesquioxide reduction in *Rhodobacter sphaeroides*." – Jour. Bacteriol. 174(5): 1505–1514.

Moreau J. W., Fourmelle J. H. & Banfield J. F. (2013): „Quantifying heavy metals sequestration by sulphate-reducing bacteria in an acid mine drainage-contaminated natural wetland." – Frontiers Microbiol. 4, Article 43: 10 Seiten.

Moreau J. W., Webb R. I. & Banfield J. F. (2004): „Ultrastructure, aggregation-state, and crystal growth of biogenic nanocrystalline sphalerite and wurtzite." – Am. Mineralogist 89(7): 950–960.

Moreau J. W., Weber P. K., Martin M. C., Gilbert B., Hutcheon I. D. & Banfield J. F. (2007): „Extracellular proteins limit the dispersal of biogenic nanoparticles." – Science 316(5831): 1600–1603.

Moreau J. W., Zierenberg R. A. & Banfield J. F. (2010): „Diversity of dissimilatory sulfite reductase genes (dsrAB) in a salt marsh impacted by long-term acid mine drainage." – Appl. Environ. Microbiol. 76(14): 4819–4828.

Morris J. M., Farag A. M., Nimick D. A. & Meyer J. S. (2006): „Light-mediated Zn uptake in photosynthetic biofilm." – Hydrobiologia (571): 361–371.

Moskowitz B. M. (1995): „Biomineralization of magnetic minerals." – Rev. Geophys. 33: 123–128.

Motos P. R., ter Heijne A., van derWeijden R., Saakes M., Buisman C. J. N. & Sleutels T. H. J. A. (2015): „High rate copper and energy recovery in microbial fuel cell." – Front. Microbiol. 6, Article 527: 8 Seiten.

Mueller D. R., Vincdent W. F., Bonilla S. & Laurion I. (2005): „Extremotrophs, extremophiles and broadband pigmentation strategies in a high arctic ice shelf ecosystem." – FEMS Microbiol. Ecol. 53(1): 73–87.

Mukhopadhyay R. & Rosen B. P. (2002): „Arsenate reductases in prokaryotes and eukaryotes." – Environ. Health Perspect. 110(5): 745–748.

Mukhopadhyay R., Rosen B. P., Phung L. T. & Silver S. (2002): „Microbial arsenic: from geocycles to genes and enzymes." – FEMS Microbiol. Rev. 26(3): 311–325.

Mukund S. & Adams M. W. (1996): „Molybdenum and vanadium do not replace tungsten in the catalytically active forms of the three tungstoenzymes in the hyperthermophilic archaeon *Pyrococcus furiosus*." – Jour. Bacteriol. 178(1): 163–167.

Mulholland A. J. (2008): „Computational enzymology: modelling the mechanisms of biological catalysts." – Biochem. Soc. Trans. 36(1): 22–26.

Mulholland A. J. (2007): „Chemical accuracy in QM/MM calculations on enzyme-catalysed reactions." – Chem. Cent. Jour. 1(19): 5 Seiten.

Mulholland A. J. (2005): „Modelling enzyme reaction mechanisms, specificity and catalysis." – Drug Discovery Today 10(20): 1393–1402.

Mullen L., Gong C. & Czerwinski K (2007): „Complexation of uranium(VI) with the siderophore desferrioxamine B." – Jour. Radioanal. und Nuc. Chem. 273 (3): 683–688.

Mullen M. D., Wolf D. C., Ferris F. G., Beveridge T. J., Flemming C. A. & Bailey G. W. (1989): „Bacterial sorption of heavy metals." – Appl. Environ. Microbiol. 55(12): 3143–3149.

Murat D., Quinlan A., Vali H. & Komeili A. (2010): „Comprehensive genetic dissection of the magnetosome gene island reveals the step-wise assembly of a prokaryotic organelle." – PNAS: 6 Seiten.

Murnane R. J. & Stallard R. F. (1988): „Germanium/silicon fractionation during biogenic opal formation." – Paleooceanography 3(4): 461.

Muyzer G. & Stams A. J. M. (2008): „The ecology and biotechnology of sulphate-reducing bacteria." Nature Rev. Microbiol. 6: 441–454.

Myers J. M., Antholine W. E. & Myers C. R. (2004): „Vanadium(V) reduction by Shewanella oneidensis MR-1 requires menaquinone and cytochromes from the cytoplasmic and outer membranes." – Appl. Environ. Microbiol. 70: 1405–1412.

Myszka D. G., Abdiche Y. N., Arisaka F., Byron O., Eisenstein E., Hensley P., Thomson J. A., Lombardo C. R., Schwarz F., Stafford W. & Doyle M. L. (2003): „The ABRF-MIRG'02 Study: assembly state, thermodynamic, and kinetic analysis of an enzyme/inhibitor interaction." – Jour. Biomol. Tech. 14(4): 247–269.

Nagasawa T. & Yamada H. (1995): „Microbial production of commodity chemicals." – IUAPC Technical Report 67: 1241–1256.

Naik R. R., Stringer S. J., Agarwal G., Jones S. E. & Stone M. O. (2002): „Biomimetic synthesis and patterning of silver nanoparticles." – Nature Materials 1: 169–172.

Nair B. & Pradeep T. (2002): „Coalescence of nanoclusters and formation of submicron crystallites assisted by *Lactobacillus* strains." – Crystal Growth Design 2(4): 293–298.

Nakazawa H., Arakaki A., Narita-Yamada S., Yashiro I., Jinno K., Aoki N., Tsuruyama A., Okamura Y., Tanikawa S., Fujita N., Takeyama H. & Matsunaga T.(2009): „Whole genome sequence of *Desulfovibrio magneticus strain RS-1* revealed common gene clusters in magnetotactic bacteria." – Genome Res. 19: 1801–1808.

Namasivayam S. K. R., Kumar E. G. & Reepika R. (2010): „Synthesis of silver nanoparticles by *Lactobacillus acidophilus 01* strain and evaluation of its in vitro genomic DNA toxicity." – Nano-Micro Lett. 2(3): 160–163.

Nancharaiah Y. V., Dodge C., Venugopalan V. P., Narasimhan S. V. & Francis A. J. (2010): „Immobilization of Cr(VI) and its reduction to Cr(III) phosphate by granular biofilms comprising a mixture of microbes." – Appl. Environ. Microbiol. 76(8): 2433–2438.

Nancollas G. H. & Wu W. (2000): „Biomineralization mechanisms: a kinetics and interfacial energy approach." – Jour. Crystal Growth 211(1–4): 137–142.

Nangia Y., Wangoo N., Goyal N., Shekhawat G. & Suri C. R. (2009): „A novel bacterial isolate *Stenotrophomonas maltophilia* as living factory for synthesis of gold nanoparticles." – Microbial Cell Factories 8: 7 Seiten.

NanoComposix (2012): „Guidelines for nanotoxicology researchers using Nanocomposix materials." – San Diego: 14 Seiten.

Narayanan K. B. & Sakthivel N. (2010): „Biological synthesis of metal nanoparticles by microbes." – Adv. Colloid Interface Sci. 156(1–2): 1–13.

Navarro C. A., von Bernath D. & Jerez C. A. (2013): „Heavy metal resistance strategies of acidophilic bacteria and their acquisition: importance for biomining and bioremediation." – Biol. Res. 46(4): 363–371.

Navrotsky A. (2004): „Energetic clues to pathways to biomineralization: Precursors, clusters, and nanoparticles." – PNAS 101(33): 12096–12101.

Neal A. L., Dublin S. N., Taylor J., Bates D. J., Burns L., Apkarian R. & DiChristina T. J. (2007) : „Terminal electron acceptors influence the quantity and chemical composition of capsular exopolymers produced by anaerobically growing *Shewanella spp.*" – Biomacromolecules 8: 166–174.

Nealson K. H. (2006): „The manganese-oxidizing bacteria." – Prokaryotes: 222–231.

Nealson K. H., Belz A., McKee B. (2002): "Breathing metals as a way of life: geobiology in action." – Antonie Van Leeuwenhoek 81(1–4): 215–222.

Nealson K. H. & Rye R. (2003): „Evolution of metabolism." – In Holland H. D. & Turekian K. K. (Hrsg.): „Treatise on Geochemistry." – Elsevier Bd. 8.02: 41–61.

Nehring S. & Albrecht U. (2000): „Biotop, Habitat, Mikrohabitat – Ein Diskussionsbeitrag zur Begriffsdefinition." – Lauterbornia 38: 75–84.

Neuenschwander M., Butz M., Heintz C., Kast P. & Hilvert D. (2007): „A simple selection strategy for evolving highly efficient enzymes." – Nature Biotechn. 25(10): 1145–1147.

Nevin K. P., Kim B.-C., Glaven R. H., Johnson J. P., Woodard T. L., Methé B. A., DiDonato Jr. R. J., Covalla S. F., Franks A. E., Liu A., Lovley D. R. (2009): „Anode biofilm transcriptomics reveals outer surface components essential for high density current production in Geobacter sulfurreducens fuel cells." – *PLoS ONE* 4: e5628-e5628.

Nevin K.P, Richter H., Covalla S. F., Johnson J. P., Woodard T. L., Orloff A. L., Jia H., Zhang M., Lovley D. R. (2008): „Power output and columbic efficiencies from biofilms of *Geobacter sulfurreducens* comparable to mixed community microbial fuel cells." – Environ. Microbiol. 10(10): 2505–2514.

Newman D. K. & Banfield J. F. (2002): „Geomicrobiology: how molecular-scale interactions underpin biogeochemical systems." – Science 296: 1071–1076.

Newman D. K., Ahamnn D. & Morel F. M. M. (1997): „A brief review of microbial arsenate respiration." – Geomicrobiol. Jour. 15: 255–268.

Neybergh H., Moureau Z., Gerard P, Verraes G. & Sulten E. (1991): „Utilisation des concentrations de Bacillus cereus dans les sols comme technique de prospection des gites auriferes." – Chronique de la Recherche Miniere 502: 37–46.

Ngwenya B. T., J. Mosselmans J. F. W., Magennis M., Atkinson K. D., Tourney J., Olive V. & Ellam R. M. (2009): „Macroscopic and spectroscopic analysis of lanthanide adsorption to bacterial cells." – Geochim. Cosmochim. Acta 73(11): 3134–3147.

Ngwenya N. & Whiteley C. G. (2006): „Recovery of rhodium(III) from solutions and industrial wastewaters by a sulfate-reducing bacteria consortium." – Biotechnol. Prog. 22(6): 1604–1611.

Nguyen M. T. (2006): „The effect of temperature on the growth of the bacteria *Escherichia coli DH5α.*" – St. Martin's Univ. Biol. Jour. 1: 87–94.

Nguyen V. K. & Lee J. U. (2014): „Isolation and characterization of antimony-reducing bacteria from sediments collected in the vicinity of an antimony factory." – Geomicrobiol. Jour. 31(10): 855–861.

Niehaus F., Bertoldo C., Kähler M. & Antranikian G. (1999): „Extremophiles as a source of novel enzymes for industrial application." – Appl. Microbiol. Biotechnol. 51(6): 711–729.

Niemeyer C. M. (2001): „Nanoparticles, proteins, and nucleic acids: biotechnology meets materials science." – Angew. Chemie Int. Ed. 40: 4128–4158.

Nies D. H. (2003): „Efflux-mediated heavy metal resistance in prokaryotes." FEMS Microbiol. 27: 313–339.

Nies D.H & Silver S., Hrsg. (2007): „Molecular microbiology of heavy metals." – Steinbüchel A. (Hrsg.) „Microbiol. Monogr.", Springer Verl. GmbH: 460 Seiten.

Niewerth H., Schuldes J., Parschat K., Kiefer P., Vorholt J. A., Daniel R. & Fetzner S. (2012): „Complete genome sequence and metabolic potential oft he quinaldine-degrading bacterium *Arthrobacter sp. Rue61a.*" – BMC Genomics 13: 19 Seiten.

Nikovskaya G. N., Ul'berg Z. R., Koval L. A., Nadel L. G. & Strizhak N. P. (2002): „Some colloidal and chemical aspects of biotransformation of heavy metal citrate complexes." – Colloid Jour. 64(4): 466–471.

NIOSH (2013): „Current strategies for engineering controls in nanomaterial production and down-stream handling processes." – Nat. Inst. Occup. Saftey Health: 79 Seiten.

Nies D. H., Rehbein G., Hoffmann T., Baumann C. & Grosse C. (2006): „Paralogs of genes encoding metal resistance proteins in *Cupriavidus metallidurans strain CH34.*" – Jour. Mole.Microbiol. Biotechn. 11(1–2): 82–93.

Noffke N. (2000): „Extensive microbial mats and their influences on the erosional and deposi-tional dynamics of a siliciclastic cold water environment (Lower Arenigian, Montagne Noire, France)." – Sediment. Geol. 136: 207–215.

Noffke N., Gerdes G., Klenke T. & Krumbein W. E. (2001): „Microbially induced sedimentary struc-tures—a new category within the classification of primary sedimentary structures." – Jour. Sediment. Res. 71: 646–656.

Noffke N., Knoll, A. H. & Grotzinger J. P. (2002) „Sedimentary controls on the formation and preser-vation of microbial mats in siliciclastic deposits: a case study from the Upper Neoproterozoic Nama Group, Namibia." – Palaois 17: 533–544.

Noffke N. & Krumbein W. E. (1999): „A quantitative approach to sedimentary surface structures con-toured by the interplay of microbial colonization and physical dynamics." – Sedimentology 46: 417–426.

Noguchi Y., Fujiwara T., Yoshimatsu K. & Fukumori Y. (1999): „Iron reductase for magnetite synthesis in the magnetotactic bacterium *Magnetospirillum magnetotacticum.*" – Jour. Bacteriol. 181: 2142–2147.

NC-IUBMB – Nomenclature Committee of the International Union of Biochemistry and Molecular Biology (2009): „The enzyme list class1 – oxidoreductases." – IUBMB: 428 Seiten. [http://www.enzyme-database.org/downloads/ec1.pdf].

Nosrati G. R. (2012): „Computational methods for analysis and redesign of enzyme active sites." – Diss. University of California, Los Angeles: 147 Seiten.

Nowack B. & Bucheli T. D. (2007): „Occurrence, behaviour and effects of nanoparticles in the envi-ronment." – Environ. Poll. 150: 5–22.

Nudelman F. & Sommerdijk N. A. J. M. (2012): „Biomineralization as an inspiration for materials chemistry." – Ang. Chem. Int. Ed. 51(27): 6582–6596.

Oaki Y., Kotachi A., Miura T., & Imai H. (2006): Bridged nanocrystals in biominerals and their biomimetics: classical yet modern crystal growth on the nanoscale." – Adv. Funct. Mat. 16: 1633–1639.

Ohuchi S. & Schüler D. (2009): „In vivo display of a multisubunit enzyme complex on biogenic mag-netic nanoparticles." – Appl. Environ. Microbiol. 75(24): 7734–7738.

Ogata H., Shomura Y., A. G. Agrawal, Kaur A. P., Gärtner W., Higuchi Y. & Lubitz W. (2010): „Purifica-tion, crystallization and preliminary X-ray analysis of the dissimilatory sulfite reductase from *Desulfovibrio vulgaris Miyazaki F.*" – Acta Crystall. Sec. F 66: 1470–1472.

Ogi T., Tamaoki K., Saitoh N., Higashi A. & Konishi Y. (2012): „Recovery of indium from aqueous solu-tions by the Gram-negative bacterium *Shewanella algae.*" – Biochem. Eng. Jour. (63): 129–133.

Ogi T., Saitoh N., Nomura T. & Konishi Y. (2010): „Room-temperature synthesis of gold nanoparticles and nanoplates using *Shewanella algae* cell extract." – Jour. Nanopart. Res. 12(7): 2531–2539.

Okamura Y., Takeyama H. & Matsunaga T. (2001): „A magnetosome-specific GTPase from the mag-netic bacterium *Magnetospirillum magneticum* AMB-1." – Jour. Biol. Chem. 276: 48183–48188.

Olakanmi O., Gunn J. S., Su S., Soni S., Hassett D. J. & Britigan B. E. (2010): „Gallium disrupts iron uptake by intracellular and extracellular *Francisella* strains and exhibits therapeutic efficacy in a Murine pulmonary infection model." – Antimicrobial Agents Chemotherapy 54(1): 244–253.

Ollivier P. R., Bahrou A. S., Marcus S., Cox T., Church T. M., Hanson T. E. (2008): „Volatilization and precipitation of tellurium by aerobic, tellurite-resistant marine microbes." – Appl. Environ. Microbiol. 74(23): 7163–7173.

Olson G. J., Brierley C. L., Briggs A. P. & Calmet E. (2006): „Biooxidation of thiocyanate-containing refractory gold tailings from Minacalpa, Peru." – Hydrometall. 81: 159–166.

Omelon C. R., Pollard W. H. & Ferris F. G. (2007): „Inorganic species distribution and microbial diversity within high Arctic cryptoendolithic habitats." – Microbial Ecology 54: 740–752.

Orell A., Navarro C. A., Arancibia R., Mobarec J. C. & Jerez C. A. (2010): „Life in blue: copper resistence mechanisms of bacteria and archaea used in industrial biomining of minerals." – Biotech. Adv. 28: 839–848.

Oremland R. S., Herbel M. J., Blum J. S., Langley S., Beveridge T. J., Ajayan P. M., Sutto T., Ellis A. V. & Curran S. (2004): „Structural and spectral features of selenium nanospheres produced by Se-respiring bacteria." – Appl. Environ. Microbiol. 70(1): 52–60.

Oremland R. S. & Stolz J. F. (2003): „The ecology of arsenic." – Science 300(5621): 939–944.

Oren A. (1999): „Bioenergetic aspects of halophilism." – Microbiol. Mol. Biol. Rev. 63: 334–348.

Ortiz-Bernard I., Anderson R. T., Vrionis H. A. & Lovley D. R. (2004): „Vanadium respiration by *Geobacter metallireducens*: novel strategy for in situ removal of vanadium from groundwater." – Appl. Environ. Microbiol. 70: 3091–3095.

Ottosson L. G., Logg K., Ibstedt S., Sunnerhagen P., Käll M., Blomberg A. & Warringer J. (2010): „Sulfate assimilation mediates tellurite reduction and toxicity in *Saccharomyces cerevisiae*." – Eukaryot. Cell. 9(10): 1635–1647.

Otten L. G., Hollmann F. & Arends I. W. (2010): „Enzyme engineering for enantioselectivity: from trial-and-error to rational design?" – Trends Biotechnol. 28(1): 46–54.

Oulkadi D., Banon S., Mustin C. & Etienne M. (2014): „Local pH measurement at wet mineral-bacteria/air interface." – Electrochem. Com. 44: 1–3.

Ozaki T., Suzuki Y., Nankawa T., Yoshida T., Ohnuki T., Kimura T. & Francis A. J. (2006): „Interactions of rare earth elements with bacteria and organic ligands." – Jour. Alloys Compounds 408–412: 1334–1338.

Ozin G. A., Arsenault A. C. & Cademartiri L. (2008): „Nanochemistry: A chemical approach to nano-materials." – Royal Soc. Chemistry. 2. Aufl.: 820 Seiten.

Pacheco A., Hazzard J. T. Tollin G. & Enemark J. H. (1999): „The pH dependence of intramolecular electron transfer rates in sulfite oxidase at high and low anion concentrations." – Jour. Inorg. Chem. 4(4): 390–401.

Páez-Espino D., Tamames J., de Lorenzo V., Cánovas D. (2009): „Microbial responses to environmental arsenic." – Biometals. 22(1): 117–130.

Pages D., Rose J., Conrod S., Cuine S., Carrier P., Heulin T. & Achouak W. (2008): „Heavy metal tolerance in Stenotrophommonas maltophilia." – PloS ONE 2: 6 Seiten.

Palmiter R. D. (1998): „The elusive function of metallothioneins." – PNAS 95(15): 8428–8430.

Pan Y., Petersen N., Winklhofer M., Davila A. F., Liu Q., Frederichs T., Hanzlik M. & Zhu R. (2005): „Rock magnetic properties of uncultured magnetotactic bacteria." – Earth Planet. Sci. Lett. 237: 311.

Pandelia M.-E., Fourmond V., Tron-Infossi P., Lojou E., Bertrand P., Léger Ch., Giudici-Orticoni M.-T. & Lubitz W. (2010): „Membrane-bound hydrogenase I from the hyperthermophilic bacterium *Aquifex aeolicus*: enzyme activation, redox intermediates and oxygen tolerance." – Jour. Am. Chem. Soc. 132: 6991–7004.

Pandey A., Webb C., Soccol C. R. & Larroche C., Hrsg. (2006): „Enzyme technology." – Springer Verl.: 742 Seiten.

Panke S., Held M. & Wubbolts M. (2004): „Trends and innovations in industrial biocatalysis for the production of fine chemicals." – Curr. Opin. Biotechnol. 15(4): 272–279.

Papapostolou D. & Howorka S. (2009): „Engineering and exploiting protein assemblies in synthetic biology." – Mol. BioSyst. (5): 723–732.

Parales R. E., Bruce N. C., Schmid A. & Wackett L. P. (2002): „Biodegradation, biotransformation, and biocatalysis (B3)." – Appl. Environ. Microbiol. 68(10): 4699–4709.

Parduhn N. L. (1991): „A microbial method of mineral exploration; a case history at the Mesquite Deposit." – Geochem. Explor. 1989, Teil II, Int. Elsevier 41(1–2): 137–149.

Park H. S., Kim B. H., Kim H. S., Kim H. J. Kim G. T., Kim M., Chang I. S., Park Y. K. & Chang H. I. (2001): „A novel electrochemically active and Fe(III)-reducing bacterium phylogenetically related to *Clostridium butyricum*, isolated from a microbial fuel cell." – Anaerobe 7(6): 297–306.

Parsons I., Lee M. R. & Smith J. V. (1998): „Biochemical evolution II: Origin of life in tubular microstructures on weathered feldspar surfaces." – Proc. Natl. Acad. Sci. 95: 15173–15176.

Patel B. K. C. (2014): „Draft genome sequence of Fervidicella metallireducens strain AeBt, an iron-reducing thermoanaerobe from the great artesian basin." – Genome Announc. 2(2): 1 Seite.

Patel P. C., Goulhen F., Boothman C., Gault A. G., Kalia K. & Lloyd J. R. (2007): „Arsenate detoxification in a *Pseudomonad* hypertolerant to arsenic." – Archive Microbiol. 187: 171–183.

Paterson M. S. (2013): „Materials science for structural geology." – Series: Springer Geochemistry/Mineralogy: 247 Seiten.

Pazmino D. E. T., Snajdrova R., Rial D. V., Mihovilovic M. D. & Fraaije M. W. (2007): „Altering the substrate specificity and enantioselectivity of phenylacetone monooxygenase by structure-inspired enzyme redesign." – Adv. Synth. Catal. 349: 1361–1368.

Pearce C. I., Pattrick R. A. D., Law N., Charnock J. M., Coker V. S., Fellowes J. W., Oremland R. S. & Lloyd J. R. (2009): „Investigating different mechanisms for biogenic selenite transformations: *Geobacter sulfurreducens*, *Shewanella oneidensis* and *Veillonella atypica*." – Environ. Technol. 30: 1313–1326.

Peeters E., Nelis H. J. & Coenye T. (2008): „Resistance of planktonic and biofilm-grown *Burkholderia cepacia* complex isolates to the transition metal gallium." – Jour. Antimicro. Chemotherapy 61: 1062–1065.

Peña J., Simanova A. A., Bargar J. R. & Sposito (2010): „Sorption of cobalt and nickel by biogenic birnessite." – Geochim. Cosmochim. Acta 74: 3076–3089.

Pentráková L., Su K., Pentrák M. & Stucki J. W. (2013): „A review of mineral redox interactions with structural Fe in clay minerals." – Clay Min. 48: 543–560.

Perelomov L. V. & Yoshida S. (2008): „Effect of microorganisms on the sorption of lanthanides by quartz and goethite at the different pH values." – Water, Air, & Soil Poll. 194(1–4): 217–225.

Pereira I. A. C., Ramos A. R., Grein F., Marques M. C., de Silva S. M. & Venceslau (2011): „A comparative genomic analysis of energy metabolism in sulphate reducing bacteria and archaea." – Frontiers Microbiol. 69(2): 22 Seiten.

Perkins J. & Gadd G. M. (1993): „Accumulation and intracellular compartmentation of lithium ions in Saccharomyces cerevisiae." – FEMS Microbiol. Lett. 107(2–3): 255–260.

Perry C. C., Patwardhan S. V. & Deschaume O. (2009): „From biominerals to biomaterials: the role of biomolecule–mineral interactions." Biochem. Soc. Transact. 37: 687–691.

Perozzo R., Folkers G. & Scapozza L. (2004): „Thermodynamics of protein-ligand interactions: history, presence, and future aspects." – Jour. Recept. Signal. Transduct. Res. 24(1–2): 1–52.

Pester M., Knorr K.-H., Friedrich M. W., Wagner M. & Loy A. (2012): „Sulfate-reducing microorganism in wetlands – fameless actors in carbon cycling and climate change." – Front. Microbiol. 3, Art. 72: 19 Seiten.

Petcharoen K. & Sirivat A. (2012): „Synthesis and characterization of magnetite nanoparticles via the chemical co-precipitation method." – Mat. Sci. 5: 421–427.

Petone E., Ren B., Ladenstein R., Rossi M. & Bartolucci S. (2004): „Functional properties of the protein disulfide oxidoreductase from the archaeon *Pyrococcus furiosus*: a member of a novel protein family related to protein disulfide-isomerase." – Eur. Jour. Biochem. 271(16): 3437–3448.

Pfeiffer M. & Bestgen H., Bürger A. & Klein A. (1998): „The vhuU gene encoding a small subunit of a selenium-containing [NiFe]-hydrogenase in *Methanococcus voltae* appears to be essential for the cell." – Arch. Microbiol. 170: 418–426.

Pham T. H., Aelterman P. & Verstraete W. (2009): „Bioanode performance in bioelectrochemical systems: recent improvements and prospects." – Trends Biotechnol. 27(3): 168–178.

Pham C. A., Jung S. J., Phung J. L., Chang B. H., Kim B. H., Yi H. & Chun J. (2003): „A novel electrochemically active and Fe(III)-reducing bacterium phylogenetically related to *Aeromonas hydrophilia*, isolated from a microbial fuel cell." – FEMS Microbial. Lett. 223: 129

Philip L., Iyengar L. & Venkobachar C. (2000): „Biosorption of U, La, Pr, Nd, Eu and Dy by *Pseudomonas aeruginosa*." – Jour. Indus. Microbiol. Biotechnol. 25: 1–7.

Phoenix V. R., Renaut R. W., Jones B. & Ferris P. G. (2005): „Bacterial S-layer preservation and rare arsenic-antimony-sulphide bioimmobilization in silieous sediments from Champagne Pool hot spring, Waiotapu, New Zealand." – Jour. Geol. Soc. 162: 323–331.

Phoenix V. R., Martinez R. E., Konhauser K. O. & Ferris F. G. (2002): „Characterization and implications of the cell surface reactivity of *Calothrix sp. KC97*." – Appl. Environ. Microbiol. 68(10): 4827–4834.

Phoenix V. R., Adams D. G. & Konhauser K. O. (2000): „Cyanobacterial viability during hydrothermal biomineralization." – Chem. Geol. 169: 329–338.

Piña R. G. & Cervantes C. (1996): „Microbial interactions with aluminium." – Biometals 9(3): 311–316.

Planer-Friedrich B., Fisher J., Hollibaugh J., Suss E. & Wallschlager D. (2009): „Oxidative transformation of trithioarsenate along alkaline geothermal drainages—abiotic versus microbially mediated processes." – Geomicrobiol. Jour. 26(5): 339–350.

Pokrovsky O. S., Martinez R. E., Kompantseva E. I. & Shirokova L. S. (2013): „Interaction of metals and protons with anoxygenic phototrophic bacteria *Rhodobacter blasticus*." – Chem. Geol. 335(): 75–86.

Pokrovsky O. S., Shirokova L. S., Bénézeth P., Schott J. & Golubev S. V. (2009): „Effect of organic ligands and heterotrophic bacteria on wollastonite dissolution kinetics." – Amer. Jour. Sci., 309: 731–772.

Pol A., Barends T. R. M., Dietl A., Khadem A. F., Eygensteyn J., Jetten M. S. M., Op den Camp H. J. M. (2014): „Rare earth metals are essential for methanotrophic life in volcanic mudpots." – Environ. Microbiol. 16(1): 255–264.

Pollithy A., Romer T., Lang C., Müller F. D., Helma J., Leonhardt H., Rothbauer U. & Schüler D. (2011): „Magnetosom expression of functional camelid antibody fragments (nanobodies) in *Magnetospirillum gryphiswaldense*." – Appl. Environ. Microbiol. 77(17): 6165–6171.

Pollmann K. & Matys S. (2007): „Construction of an S-layer protein exhibiting modified self-assembling properties and enhanced metal binding capacities." Appl. Microbiol. Biotechnol. 75(5): 1079–1085.

Poortinga A. T., Bos R. & Busscher H. J. (1999): „Measurement of charge transfer during bacterial adhesion to an indium tin oxide surface in a parallel plate flow chamber." – Jour. Microbiol. Methods 38(3): 183–189.

Popescu M., Velea A. & Lörinczi A. (2010): „Biogenic production of nanoparticles." – Dig. Jour. Nanomat. Biostruct. 5(4): 1035–1040.

Pósfai M., Buseck P. R., Bazylinski D. A. & Frankel R. B. (1998): „Reaction sequence of iron sulfide minerals in bacteria and their use as biomarkers." – Science 280(5365): 880–883.

Pósfai M. & Dunin-Borkowski R. E. (2009): „Magnetic nanocrystals in organisms." – Elements 5: 235–240.

Pósfai M. & Dunin-Borkowski R. E. (2006): „Sulfides in biosystems." – Rev. Min. Geochem. 61(1): 679–714.

Pósfai M., Dunin-Borkowski R. E., Kasama T., Chong R. K. K., Simpson E. T., Finlayson A., Kôsa I., Kristôf Z., Buseck P. R., Frankel R. B. & Harrison R. J. (2005): Iron oxides and sulfides in magnetotactic bacteria: electronholography of magnetic microstructure and electron tomography of crystal morphology." – Publ. 7th MCEM, Portoroz, 26–30 June 2005: 4 Seiten.

Posfai M., Kasama T. & Dunin-Borkowski R.E (2013): „Biominerals at the nanoscale: transmission electron microscopy methods for studying the special properties of biominerals." – EMU Notes in Min. 14: 375–433.

Pósfai M., Moskowitz B. M., Arató B., Schüler D., Flies C., Bazylinski D. A. & Frankel R. B. (2006): „Properties of intracellular magnetite crystals produced by *Desulfovibrio magneticus strain RS-1*." – Earth Planet. Sci. Lett. 249(3–4): 444–455.

Prakash A., Sharma S., Ahmad N., Ghosh A. & Sinha P. (2010): „Bacteria mediated extracellular synthesis of metallic nanoparticles." – Int. Res. Jour. Biotechn. 1(5): 71–79.

Pratte B. S. & Thiel T. (2006): „High-affinity vanadate transport system in the cyanobacterium *Anabaena variabilis ATCC 29413*." – Jour. Bacteriol. 188(2): 464–468.

Privett H. K., Kiss G., Lee T. M., Blomberg R., Chica R. A., Thomas L. M., Hilvert D., Houk K. N. & Mayo S. L. (2012): „Iterative approach to computational enzyme design." – PNAS 109(10): 3790–3795.

[1]Prozorov T., Mallapragada S. K., Narasimhan B., Wang L., Palo P, Nilsen-Hamilton M., Williams T. J., Bazylinski D. A., Prozorov R. & Canfield P. C. (2007): „Protein-mediated synthesis of uniform superparamagnetic magnetite nanocrystals." – Adv. Func. Mat. 17(6): 951–957.

[2]Prozorov T., Palo P., Wang L., Nilsen-Hamilton M., Jones D., Orr D., Mallapragada S. K., Narasimhan B., Canfield P. C. & Prozorov R. (2007): „Cobalt ferrite nanocrystals: out-performing magnetotactic bacteria." – ACS Nano, 1(3): 228–233.

Pum D. & Sleytr U. B. (2009): „S-Layer proteins for assembling ordered nanoparticle arrays." – Offenhäusser A. & Rinaldi R. (Hrsg.): „Nanobioelectronics – for electronics, biology, and medicine." Springer New York Bd. 2/3: 167–180.

Pum D., Schuster B., Sára M. & Sleytr U. B. (2004): „Functionalisation of surfaces with S-layers." – IEE Proc. Nanobiotechnol. 151(3): 83–86.

Pum D., Toca-Herrera J. L. & Sleytr U. B. (2013): „S-layer protein self-assemby." – Int. Jour. Mol. Sci. 14. 2484–2501.

Purich D. L. (2010): „Chapter 1 – An introduction to enzyme science." – Enzyme Kinetics: Catalysis & Control A Reference of Theory and Best-Practice Methods, Elsevier: 1–51.

Quednau M., Maggiulli M., Rahders E., Halbach P. & Halbach M. (1997): „Postdepositional reallocation patterns in sapropel-bearing sediments from contrasting diagenetic regimes, Eastern Mediterranean Sea: a comparative geochemical study." – Chem. Erde 57: 205–230.

Quentmeier A., Kraft R., Kostka S., Klockenkämper R. & Friedrich C.G (2000): „Characterization of a new type of sulfite dehydrogenase from *Paracoccus pantrophus GB17*." – Arch. Microbiol. 173(2): 117–125.

Quintelas C., Rocha Z., Silva B., Fonseca B., Figueiredo H. & Tavares T. (2009): „Removal of Cd(II), Cr(VI), Fe(III) and Ni(II) from aqueous solutions by an E. coli biofilm supported on kaolin." – Chem. Eng. Jour. 149: 319–324.

Rabus R., Hansen T. & Widdel F. (2006): „Dissimilatory sulphate- and sulphur-reducing prokaryotes." – In Rosenberg E., de Long E. F., Stackebrandt E., Lory S. & Thompson F. (Hrsg.): „The prokaryotes." – Springer Verl. Berlin: 309–404.

Radloff C., Vaia R. A., Brunton J., Bouwer G. T. & Ward V. K. (2005): „Metal nanoshell assembly on a virus bioscaffold." – Nano Lett. 5(6): 1187–1191.

Ragot S., Zeyer J., Zehnder L., Reusser E., Brandl H. & Lazzaro A. (2013): Bacterial community structures of an alpine apatite deposit." – Geoderma 202–203: 30–37.

Rahn-Lee L., Byrne M. E., Zhang M., La Sage D., Glenn D. R., Milbourne T., Walsworth R. L., Vali H. & Komeili A. (2015): „A genetic strategy for probing the functional diversity of magnetosom formation." – PLOS Genetics 11(1): 18 Seiten.

Rainbow A., Kyser T. K. & Clark A. H. (2006): „Isotopic evidence for microbial activity during supergene oxidation of a high-sulfidation Au-Ag deposit." – Geol. Soc. Am. 34(4): 269–272.

Rainey F. A. & Oren A. (2006): „Extremophiles." – Academic Press: 838 Seiten.

Rajpert L., Sklodowska A. & Matlakowska R. (2013): „Biotransformation of copper from Kupferschiefer black shale (Fore-Sudetic Monocline, Poland) by yeast *Rhodotorula mucilaginosa LM9*." – Chemosphere 91(9): 1257–1265.

Ramlan E. I. & Zauner K. P. (2009): „Nucleic acid enzymes: the fusion of self-assembly and conformational computing." – Int. Jour. Unconven. Comput. 5 (2): 165–189.

Ramos M. J. & Fernandes P. A. (2008): „Computational enzymatic catalysis." – Acc. Chem. Res. 41(6): 689–698.

Ranjard L., Nazaret S. & Cournoyer B. (2003): „Freshwater bacteria can methylate selenium through the thiopurine methyltransferase pathway." – Appl. Environ. Microbiol. 69(7): 3784–3790.

Ranjard L., Prigent-Combaret C., Nazaret S. & Cournoyer B. (2002): „Methylation of inorganic and organic selenium by the bacterial thiopurine methyltransferase." – Jour. Bacteriol. 184(11): 3146–3149.

Ranguelova K., Bonini M. G. & Mason R. P. (2010): „(Bi)sulfite oxidation by copper, zinc-superoxid dismutase: Sulfite-derived, radical-initiated protein radical formation." – Environ. Health Perspect. 118(7): 970–975.

Raschdorf O., Müller F. D., Pósfai M., Plitzko J. M. & Schüler D. (2013): „The magnetosome proteins MamX, MamZ, and MamH are involved in redox control of magnetite biomineralization in *Magnetospirillum gryphiswaldense*." – Mol. Microbiol. 89(5): 872–886.

Rashamuse K. J. & Whiteley C. G. (2007): „Bioreduction of Pt (IV) from aqueous solution using sulphate-reducing bacteria." – Appl. Microbiol. Biotechnol. 75(6): 1429–1435.

Rashmi V., Shylajanaciyar M., Rajalakshmi R. D'Souza S. F. Prabaharan D. & Uma L. (2013): „Siderophore mediated uranium sequestration by marine cyanobacterium *Synechococcus elongatus BDU 130911*." – Bioresour. Technol. 130: 204–210.

Rassow J., Hauser K., Netzker R. & Deutzmann R. (2012): „Biochemie." – Thieme Verl. 3. Aufl.: 864 Seiten.

Rastetter E. B. (2011): „Modeling coupled biogeochemical cycles." – Front. Ecol. Environ. 9(1): 68–73.

Rastogi G., Osman S., Vaishampayan P. A., Andersen G. L., Stetler L. D. & Sani R. K. (2010): „Microbial diversity in uranium mining-impacted soils as revealed by high-density 16S microarray and clone library." – Microb. Ecol. 59(1): 94–108.

Rathgeber C., Yurkova N., Stackebrandt E., Schumann P., Humphrey E., Beatty J. T., Yurkov V. (2006): „Metalloid reducing bacteria isolated from deep ocean hydrothermal vents of the Juan de Fuca Ridge, *Pseudoalteromonas telluritireducens sp. nov.* and *Pseudoalteromonas spiralis sp. nov.*" – Curr. Microbiol. 53(5): 449–456.

Rathgeber C., Yurkova N., Stackebrandt E., Beatty J. T., Yurkov V. (2002): „Isolation of tellurite- and selenite-resistant bacteria from hydrothermal vents of the Juan de Fuca Ridge in the Pacific Ocean." – Appl. Environ. Microbiol. 68(9): 4613–4622.

Raveendran P., Fu J. & Wallen S. L. (2003): „Completely 'green' synthesis and stabilization of metal nanoparticles." – Jour. Am. Chem. Soc. 125(46): 13940–13941.

Rawlings D. E. & Johnson D. B., Hrsg. (2006): „Biomining." – Springer Verl. Berlin. 1. Aufl.: 333 Seiten.

Rawlings D. E. & Johnson D. B. (2007): The microbiology of biomining: development and optimization of mineral-oxidizing microbial consortia." Microbiol. 153: 315–324.

Rawlings D. E., Dew D. & du Plessis C. (2003): „Biomineralization of metal-containing ores and concentrates." – Trends Biotechnol. 21(1): 38–44.

Redwood M. D., Deplanche K., Baxter-Plant V. S. & Macaskie L. E. (2008): „Biomass-supported palladium catalysts on Desulfovibrio desulfuricans and Rhodobacter sphaeroides." – Biotechnol. Bioeng. 99(5): 1045–1054.

Reetz M. T. (2013): „Biocatalysis in organic chemistry and biotechnology: Past, present, and future." – Jour. Am. Chem. Soc. 135(34): 12480–12496.

Reetz M. T. (2006): „Directed evolution of enantioselective enzymes as catalysts for organic synthesis." – Adv. Catalysis 49: 1–69.

Reetz M. T. (2000): „Application of directed evolution in the development of enantioselective enzymes." – Pure Appl. Chem. 72(9): 1615–1622.

Reetz M. T., Torre C., Eipper A., Lohmer R., Hermes M. Brunner B., Maichele A., Bocola M., Arand M., Cronin A., Genzel Y., Archelas A. & Furstoss R. (2004): „Enhancing the enantioselectivity of an epoxide hydrolase by directed evolution." – Organic Lett. 6(2): 177–180.

Regil R. de & Sandoval G. (2013): „Biocatalysis for biobased chemicals." – Biomol. 3: 812–847.

Rehder D. (2008): „Is vanadium a more versatile target in the activity of primordial life forms than hitherto anticipated?" – Org. Biomol. Chem. 6: 957–964.

Reith F. (2002): „Interactions of microorganisms with gold in regolith materials from a gold mine near Mogo in south eastern New South Wales." In Roach I. C. (Hrsg.) „Regolith and landscapes in eastern Australia" CRC Leme: 107–110.

Reith F., Brugger J., Zammit C. M., Nies D. H. & Southam G. (2013): „Geobiological cycling of gold: from fundamental process understanding to exploration solutions." – Minerals 3: 367–394.

Reith F., Etschmann B., Grosse C., Moors H., Benotmane M. A., Monsieurs P., Grass G., Doonan C., Vogt S., Lai B., Martinez-Criado G., George G. N., Nies D. H., Mergeay M., Pring A., Southam G. & Brugger J. (2009): „Mechanisms of gold biomineralization in the bacterium *Cupriavidus metallidurans*." – Proc. Nat. Acad. Sci. U. S. 106(42): 17757–17762.

Reith F., Fairbrother L., Nolze G., Wilhelmi O., Clode P. L., Gregg A., Parsons J. E., Wakelin S. A., Pring A., Hough R., Southam G. & Brugger J. (2010): „Nanoparticle factories: biofilms hold the key to gold dispersion and nugget formation." – Geology 38(9): 843–846.

[1]Reith F., Lengke M. F., Falconer D., Craw D. & Southam G. (2007): „The geomicrobiology of gold." – ISME Jour. 1: 567–584.

Reitner J., Thiel V., Hansen B. & Simon K. (2011): „FOR 571: Geobiologie von Organo- und Biofilmen: Koppelung der Geosphäre und Biosphäre über mikrobielle Prozesse." – Teilprojekt FOR 571, DFG: 1 Seite

Rensing C. & Grass G. (2009): „Efflux systems in metallophiles." – In Gerday C. & Glandsdorff N. (Hrsg.): „Extremophiles." – EOLSS Bd. 3: 143–156.

Rentz J. A., Kraiya C., Luther G. W. 3rd, Emerson D. (2007): „Control of ferrous iron oxidation within circumneutral microbial iron mats by cellular activity and autocatalysis." – Environ. Sci. Technol. 41(17): 6084–6089.

Revilla-López G., Casanovas J., Bertran O., Turon P., Puiggalí J. & Alemán C. (2013): „Modeling biominerals formed by apatites and DNA." – Biointerfaces 8: 15 Seiten.

Rezza I., Salinas E., Calvente V., Benuzzi D. & Sanz de Tosetti M. I. (1997): „Extraction of lithium from spodumene by bioleaching." – Lett. Appl. Microbiol. 25(3): 172–176.

Richardson D. J., Butt J. N. & Clarke T. A. (2013): „Controlling electron transfer at the microbe–mineral interface." – PNAS 110(19): 7537–7538.

Richter F., Leaver-Fay A., Khare S. D., Bjelic S. & Baker D. (2011): „De novo enzyme design using Rosetta3." PLoS ONE 6(5): e19230 (12 Seiten).

Richter H., McKarthy K., Nevin K. P., Johnson J. P., Rotello V. M. & Lovley D. R. (2008): „Electricity generation by *Geobacter sulfurreducens* attached to gold electrodes." – Langmuir 24: 4376–4379.

Richter M., Kube M., Bazylinski D. A., Lombardot T., Glöckner F. O., Reinhardt R. & Schüler D. (2007): „Comparative genome analysis of four magnetotactic bacteria reveals a complex set of group-specific genes implicated in magnetosome biomineralization and function." – Jour. Bacteriol. 189(13): 4899–4910.

Riddin T., Gericke M. & Whiteley C. G. (2010): „Biological synthesis of platinum nanoparticles: effect of initial metal concentration." – Enzyme Microbial Technol. 46(6): 501–505.

Riddin T. L., Govender Y., Gericke M. & Whiteley C. G. (2009): „Two different hydrogenase enzymes from sulphate-reducing bacteria are responsible for the bioreductive mechanism of platinum into nanoparticles." – Enzyme Microbial Technol. 45(4): 267–273.

Rioux J.-B., Philippe N., Pereira S., Pignol D., Wu L.-F. & Ginet N. (2010): „A second actin-like MamK protein in *Magnetospirillum magneticum AMB-1* encoded outside the genomic magnetosome island." – PNAS 5(2): 12 Seiten.

Roat-Malone R. M. (2007): „Bioinorganic chemistry: a short course." – Wiley-Interscience Hoboken NJ: 544 Seiten.

Roberts J. A., Fowle D. A., Hughes B. T. & Kulczycki E. (2006): „Attachment behavior of *Shewanella putrefaciens* to magnetite under aerobic and anaerobic conditions." – Geomicrobiol. Jour. 23: 631–640.

Robertson L. A. & Kuenen J. G. (2006): The genus thiobacillus." – In Procaryotes 5: 812–827.

Robinson N. J., Whitehall S. K., Cavet J. S. (2001): „Microbial metallothioneins." – Adv. Microbiol. Physiol.44: 183–213.

Roca M., Vardi-Kilshtain A. & Warshel A. (2009): „Toward accurate screening in computer-aided enzyme design." – Biochem. 48(14): 3046–3056.

Roca M., Liu H., Messer B. & Warshel A. (2007): „On the relationship between thermal stability and catalytic power of enzymes." – Biochem. 46(51): 15076–15088.

Rogers J. R. & Bennett P. C. (2004): „Mineral stimulation of subsurface microorganisms: release of limiting nutrients from silicates." – Chem. Geol. 203(1–2): 91–108.

Rogers J. R., Bennett P. C. & Choi W. J. (1998): „Feldspars as a source of nutrients for microorganisms." – American Mineralogist 83 (11–12 Part 2): 1532–1540.

Roh Y., Chon C.-M. & Moon J.-W. (2007): „Metal reduction and biomineralization by an alkaliphilic metal-reducing bacterium, *Alkaliphilus metalliredigens* (QYMF)." – Geosci. Jour. 11(4): 415–423.

Roh Y., Gao H., Vali H., Kennedy D. W., Yang Z. K., Gao W., Dohnalkova A. C., Stapleton R. D., Moon J. W., Phelps T. J., Fredrickson J. K. & Zhou J. (2006): „Metal reduction and iron biomineralization by a psychrotolerant Fe(III)-reducing bacterium, *Shewanella sp. Strain PV-4*." – Appl. Environ. Microbiol. 72(5): 3236–3244.

Roh Y., Liu S. V., Li G., Huang H., Phelps T. J. & Zhou J. (2002): „Isolation and characterization of metal-reducing *Thermoanaerobacter* strains from deep subsurface environments of the Piceance Basin, Colorado." – Appl. Environ. Microbiol. 68(12): 6013–6020.

Roh Y., Zhang C.-L., Vali H., Lauf R. J., Zhou J. & Phelps T. J. (2003): „Biochemical and environmental factors in Fe biomineralization: magnetite and siderite formation." – Clays and Clay Minerals 51(1): 83–95.

Rollefson J. B., Levar C. E. & Bond D. R. (2009): „Identification of genes involved in biofilm formation and respiration via Mini-Himar transposon mutagenesis of *Geobacter sulfurreducens*." – Jour. Bacteriol. 191(13): 4207–4217.

Roosa S., Wattiez R., Prygiel E., Lesven L., Billon G. & Gillan D. C. (2014): „Bacterial metal resistance genes and metal bioavailability in contaminated sediments." – Environ. Pollut. 189: 143–151.

[1]Rosen B. P. (2002): „Biochemistry of arsenic detoxification." – FEBS Let. 529(1): 86–92.

[2]Rosen B. P. (2002): „Transport and detoxification systems for transition metals, heavy metals and metalloids in eukaryotic and prokaryotic microbes." – Comp. Biochem. Physiol. – Part A: Mole. & Integr. Physiol. 133(3): 689–693.

Rosenberg D. R. & Maurice P. A. (2003): „Siderophore adsorption to and dissolution of kaolinite at pH 3 to 7 and 22 °C." – Geochim. & Cosmochim. Acta 67(2): 223–229.

Rostkowski M., Olsson M. H. M., Søndergaard C. R. & Jensen J. H. (2011): „Graphical analysis of pH-dependent properties of proteins predicted using PROPKA." – Struct. Biol. 11: 6 Seiten.

Röthlisberger D., Khersonsky O., Andrew M. Wollacott A. M., Jiang L., DeChancie J., Betker J., Jasmine L. Gallaher J. L., Althoff E. A., Zanghellini A., Dym O., Albeck S., Houk K. N., Tawfik D. S. & Baker D. (2008): „Kemp elimination catalysts by computational enzyme design." – Nature 453: 190–195.

Rozycki T von. & Nies D. H. (2009): „*Cupriavidus metallidurans*: evolution of a metal-resistant bacterium." – Antonie Van Leeuwenhoek 96(2): 115–139.

Ruan L., Chiu C. Y., Li Y. & Huang Y. (2011): „Synthesis of platinum single-twinned right bipyramid and {111}-bipyramid through targeted control over both nucleation and growth using specific peptides." – Nano Lett. 11(7): 3040–3046.

Rubilar O., Rai M., Tortella G., Diez M. C., Seabra A. B. & Durán N. (2013): „Biogenic nanoparticles: copper, copper oxides, copper sulphides, complex copper nanostructures and their applications." Biotechn. Lett. 35(9): 1365–1375.

Ruebush S. S., Icopini G. A., Brantley S. L. & Tien M. (2006): „In vitro enzymatic reduction kinetics of mineral oxides by membrane fractions from *Shewanella oneidensis MR-1*." – Geochim. Cosmochim. 70: 56–70.

Ruiz-Dueñas F. J., Morales M., Pérez-Boada M., Choinowski T., Martínez M. J., Piontek K. & Martínez A. T. (2007): „Manganese oxidation site in *Pleurotus eryngii* versatile peroxidase: a site-directed mutagenesis, kinetic, and crystallographic study." – Biochem. 46: 66–77.

Rünzler D., Huber C., Moll D., Köhler G. & Sára M. (2004): „Biophysical characterization of the entire bacterial surface layer protein *SbsB* and its two distinct functional domains." – Jour. Biol. Chem. 279: 5207–5215.

Russell N. J. (2000): „Toward a molecular understanding of cold activity of enzymes from psychrophiles." – Extremophiles 4(2): 83–90.

Ryle M.J & Hausinger R.P (2002): „Non-heme iron oxygenases." – Curr. Opin. 6(2): 193–201.

Rzhepishevska O., Ekstrand-Hammarström B., Popp M., Björn E., Bucht A., Sjöstedt A., Antii H. & Ramstedt M. (2011): „The antibacterial activity of Ga^{3+} is influenced by ligand complexation as well as the bacterial carbon source." – Antimicro. Agents Chemotherapy 55(12): 5568–5580.

Saab-Rincón G. & Valderrama B. (2009): „Protein engineering of redox-active enzymes." – Antioxidants & Redox Signal. 11(2): 167–192.

Sabaty M., Avazeri C., Pignol D. & Vermeglio A. (2001): „Characterization of the reduction of selenate and tellurite by nitrate reductases." – Appl. Environ. Mikrobiol. 67(11): 5122–5126.

Sadowski Z., Maliszewska I. H., Gruchowalska B., Polowczyk I. & Koźlrcki T. (2008): „Synthesis of silver nanoparticles using microorganisms." Mat. Sci.-Poland 26(2): 419–424.

Saifuddin N., Wong C. W. & Nur Yasumira A. A. (2009): „Rapid biosynthesis of silver nanoparticles using culture supernatant of bacteria with microwave irradiation." – E-Journal of Chemistry 6(1): 61–70.

Sahai N. (2007): „Medical mineralogy and geochemistry: an interfacial science." – Elements 3: 381–384.

Sahai N. & Schoonen M. A. A.(2006): „Medical mineralogy and geochemistry." – Rev. Min. Geochem. 64 : 332 Seiten.

Sakaguchi T., Arakaki A. & Matsunaga T. (2002): „Desulfovibrio magneticus sp. nov., a novel sulfate-reducing bacterium that produces intracellular single-domain-sized magnetite particles." – Int. Jour. Syst. Evol. Microbiol. 52: 215–221.

Sakaguchi T. & Tomita O. (2000); „Bioseparation of lithium isotopes by using microorganisms." – Resource Environ. Biotechnol. 3(2/3): 173–182.

Salas E. C., Berelson W. M., Hammond D. E., Kampf A. R. & Nealson K. H. (2010): „The impact of bacterial strain on the products of dissimilatory iron reduction." – Geochim. Cosmochim. Acta 74(2): 574–583.

Salas E. C. (2008): „Studies on the influence of bacteria and carbon source on the products of dissimilatory iron reduction." – Diss. Faculty Graduate School University of Southern California: 179 Seiten.

Salazar O., Cirino P. C. & Arnold F. H. (2003): „Thermostabilization of a cytochrome *P450* peroxygenase." – Chem. Bio. Chem. 4: 891–893.

Salleh A. B., Basri M., Taib M., Jasmani H., Rahman R. N., Rahman A. B. & Razak C. N. (2002): „Modified enzymes for reactions in organic solvents." – Appl. Biochem. Biotechnol. 102–103(1–6): 349–357.

Samuel J. S. (2005): „Biogenesis of metal nanoparticles." – Thapar Institute of Engineering & Technology (Deemed University), Department of Biotechnology & Environmental Sciences, Master Thesis: 48 Seiten.

Sánchez-Navas A., Martín-Algarra A., Sánchez-Román M., Jiménez-López C., Nieto F. & Ruiz-Bustos A. (2013): „Crystal growth of inorganic and biomediated carbonates and phosphates." – INTECH: 22 Seiten.

Sanderman J. & Amundson R. (2003): „Biogeochemistry of decomposition and detrital processing." – In Holland H. D. & Turekian K. K. (Hrsg.): „Treatise on Geochemistry." – Elsevier Bd. 8.07: 249–316.

Sanghi R., Verma P. & Puri S. (2011): „Enzymatic formation of gold nanoparticles using *Phanerochaete chrysosporium*." – Adv. Chem. Eng. Sc. 1: 154–162.

Sano K.-I., Sasaki H. & Shiba K. (2005): „Specificity and biomineralization activities of Ti-binding peptide-1 (*TBP-1*)." – Langmuir 21(7): 3090–3095.

Sano K.-I. & Shiba K. (2003): „A hexapeptide motif that electrostatically binds to the surface of titanium." – Jour Am. Chem. Soc. 125 (47): 14234–14235.

Santos R., Fernandes J., Fernandes N., Oliveira F. & Cadete M. (2007): „*Mycobacterium parascrofulaceum* in acidic hot springs in Yellowstone National Park." – Appl. Environ. Microbiol. 73(15): 5071–5073.

Sanz-Montero M. E., Rodríguez-Aranda J. P. & Pérez-Soba C. (2009): „Microbial weathering of Fe-rich phyllosilicates and formation of pyrite in the dolomite precipitating environment of a Miocene lacustrine system." – Europ. Jour. Mineralogy 21(1): 163–175.

Sára M., Pum D., Schuster B. & Sleytr U. B. (2005): „S-layers as patterning elements for application in nanobiotechnology." – Jour. Nanosci. Nanotechnol. 5(12): 1939–1953.

Sára M. & Sleytr U. B. (2000): „S-Layer proteins." – Jour. Bacteriol. 182(4): 859–868.

Sarikaya M., Tamerler C., Jen A. K.-Y & Baneyx F. (2003): „Molecular biomimetics: nanotechnology through biology." Nature Materials 2: 577–585.

Sarkar B. (1987): „Metal protein interactions." – Prog. Food Nutr. Sci. 11(3–4): 363–400.

Sarret G., Avoscan L., Carrière M., Collins R., Geoffroy N., Carrot F., Covès J. & Gouget B. (2005): „Chemical forms of selenium in the metal-resistant bacterium *Ralstonia metallidurans CH34* exposed to selenite and selenate." – Geomicrobiol. Appl. Envir. Microbiol. 71: 2331–2337.

Sasaki K., Kaseyama T. & Hirajima T. (2009): „Selective sorption of Co^{2+} over Ni^{2+} using biogenic manganese oxides." – Mat. Transact. 50(11): 2643–2648.

Sauter K. B. M. (2007): „Neue Enzymeigenschaften durch gerichtete Evolution: Entwicklung und Charakterisierung einer thermostabilen Reversen Transkriptase aus einer DNA-abhängigen DNA-Polymerase." Diss. Universität Konstanz Math.-Naturwiss. Sektion, FB Chemie: 145 Seiten.

Scheffel A., Gärdes A., Grünberg K., Wanner G. & Schüler D. (2008): „The major magnetosome proteins MamGFDC are not essential for magnetite biomineralization in *Magnetospirillum gryphiswaldense* but regulate the size of magnetosome crystals." – Jour. Bacteriology 190(1): 377–386.

Scheffel A., Gruska M., Faivre D., Linaroudis A., Plitzko J. M. & Schüler D. (2006): „An acidic protein aligns magnetosomes along a filamentous structure in magnetotactic bacteria." – Nature 440: 110–114.

Schemberg J., Schneider K., Demmer U., Warkentin E., Müller A. & Ermler U. (2007): „Towards biological supramolecular chemistry: a variety of pocket-templated, individual metal oxide cluster nucleations in the cavity of a Mo/W-storage protein." – Angew. Chem. Int. Ed. Engl. 46(14): 2408–2413.

Scheuring S., Stahlberg H., Chami M., Houssin C., Rigaud J.-L. & Engel A. (2002): „Charting and unzipping the surface layer of *Corynebacterium glutamicum* with the atomic force microscope." – Mol. Microbiol. 44(3): 675–684.

Schippers A. (2007): „Microorganisms involved in bioleaching and nucleic acid-based molecular methods for their identification and quantification." – In Donati E. R. & Sand W. (Hrsg.): „Microbial processing of metal sulfides." – Springer Netherlands: 314 Seiten.

Schippers A., Breuker A., Blazejak A., Bosecker K., Kock D. & Wright T. L. (2010): „The biogeochemistry and microbiology of sulfidic mine waste and bioleaching dumps and heaps, and novel Fe(II)-oxidizing bacteria." – Hydrometall. 104: 342–350.

Schiraldi C. & de Rosa M. (2002): „The production of biocatalysts and biomolecules from extremophiles." – Trends Biotechn. 20(12): 515–521.

Schlesinger W. H., Cole J. J., Finzi A. C. & Holland E. A. (2011): „Introduction to coupled biogeochemical cycles." – Front. Ecol. Environ. 9: 5–8.

Schmid R. D. & Urlacher V., Hrsg. (2007): „Modern biooxidation enzymes. Reactions and applications." – Wiley-VCH, Weinheim: 300 Seiten.

Schmidt M., Baumann M., Henke E., Konarzycka-Bessler M. & Bornscheuer U. T. (2004): „Directed evolution of lipases and esterases." – Methods Enzymol. 388: 199–207.

Schneider H. J. (1991): „Mechanisms of molecular recognition : investigations of organic host–guest complexes." – Angew. Chem. Int. Ed. 30(11): 1417–1436.

Schneider H. J. & Yatsimirsky A. K. (2008): „Selectivity in supramolecular host-guest complexes." – Chem. Soc. Rev. 37(2): 263–277.

Schomburg I., Chang A., Ebeling C., Gremse M., Heldt C., Huhn G. & Schomburg D. (2004): „BRENDA, the enzyme database: updates and major new developments." – Nucleic Acids Res. 32: 431–433.

Schramm V. L. (2005): „Enzymatic transition states and transition state analogues." – Curr. Opin. Struct. Biol. 15: 604–613.

Schramm V. L. (2003): „Enzymatic transition state poise and transition state analogues." – Acc. Chem. Res. 36: 588–596.

Schröder I., Johnson E. & de Vries (2003): „Microbial ferric iron reductases." – FEMS Microbiol. Rev. 27(2–3): 427–447.

Schröder I., Rech S. Krafft T. & Macy J. M. (1997): „Purification and characterization of the selenate reductase from *Thauera selenatis*." – Jour. Biol.Chem. 272(38): 23765–23768.

Schubert B. A., Timofeeff M. N., Lowenstein T. K. & Polle J. E. W. (2010): „*Dunaliella* cells in fluid inclusions in halite: significance for long-term survival of prokaryotes." – Geomicrobiol. Jour. 27(1):

Schuetz R., Zamboni N., Zampieri M., Heinemann M. & Sauer U. (2012): „Multidimensional optimality of microbial metabolism." – Science 336(6081): 601–604.

Schüler D. (2008): „Genetics and cell biology of magnetosome formation in magnetotactic bacteria." – FEMS Microbiol Rev. 32(4): 654–672.

Schüler D. (2005): „Nanokristalle für die Magnetfeldorientierung: Biomineralisation von Magnetosomen in Bakterien." Biospektrum 11: 291–294.

Schüler D. (2004): „Molecular analysis of a subcellular compartment: the magnetosome membrane in *Magnetospirillum gryphiswaldense*." – Arch. Microbiol. 181(1): 1–7.

Schüler D. (2002): „The biomineralization of magnetosomes in *Magnetospirillum gryphiswaldense*." – Int. Microbiol. 5: 209–214.

Schultheiss D., Handrick R., Jendrossek D., Hanzlik M. & Schüler D. (2005): „The presumptive magnetosome protein Mms16 is a poly(3-hydroxybutyrate) granule-bound protein (phasin) *in Magnetospirillum gryphiswaldense*." – Jour. Bacteriol. 187(7): 2416–2425.

Schultze-Lam S., Fortin D., Davis B. S. & Beveridge T. J. (1996): „Mineralization of bacterial surfaces." – Chem. Geol. 132(1–4): 171–181.

Schultze-Lam S., Harauz G. & Beveridge T. J. (1992): „Participation of a cyanobacterial S Layer in fine-grain mineral formation." – Jour. Bact. 174(24): 7971–7981.

Schulzke C. (2011): „Molybdenum and tungsten oxidoreductase models." – Eur. Jour. Inorg. Chem. 8: 1189–1199.

Schuster B., Györvary E., Pum D. & Sleytr U. B. (2005): „Nanotechnology with S-layer proteins." – In Tuan Vo-Dinh (Hrsg.): „Protein Nanotechnology: Protocols, Instrumentation, and Applications." – Humana Press: 101–123.

Schütze E., Weist A., Klose M., Wach T., Schumann M., Nietzsche S., Merten D., Baumert J., Majzlan J. & Kothe E. (2013): „Taking nature into lab: biomineralization by heavy metal-resistant *Streptomycetes* in soil." – Biogeosciences 10: 3605–3614.

Schwarz G., Hagedoorn P.-L. & Fischer (2007): „Molybdate and tungstate: uptake, homeostasis, cofactors, and enzymes." – In Nies D. H. & Silver S. (Hrsg.), Mol. Microbiol. Heavy Metals, Micobiol. Monogr 6: 423–451.

Scopes R. K. (2002): „Enzyme activity and assays." – In „Encyclopedia of life sciences." – Macmillan Publ. Ltd, Nature Publ. Group: 6 Seiten.

Seeliger S., Cord-Ruwisch R. & Schink B. (1998): „A periplasmic and extracellular c-type cytochrome of *Geobacter sulfurreducens* acts as a ferric iron reductase and as an electron carrier to other acceptors or to partner bacteria." – Jour. Bacteriol. 180(14): 3686–3691.

Seeman N. C. & Belcher A. M. (2002): „Emulating biology: Building nanostructures from the bottom up." PNAS 99(2): 6451–6455.

Selenska-Pobell S., Reitz T., Schönemann R., Herrmannsdörfer T., Merroun M., Geißler A., Bartolomé J., Bartolomé F., García L. M., Wilhelm F. & Rogalev A. (2011): „Magnetic Au nanoparticles on archaeal S-layer ghosts as templates." – Nanomater. Nanotechnol. 1(2): 8–16.

Selenska-Pobell S. & Merroun M. (2010): „Accumulation of heavy metals by micro-organisms: biomineralization and nanocluster formation." – In König H., Claus H. & Varma A. (Hrsg): „Prokaryotic Cell Wall Compounds, Structure and Biochemistry Part 6, Springer: 483–500.

Selinus O., Fuge R., Alloway B., Lindh U., Centano J. A., Smedley P. & Finkelman R. B., Hrsg. (2013): „Essentials of medical geology. Impacts of the natural environment on public health." – Springer: 805 Seiten.

Sen S., Venkata D. V. & Mandal B. (2007): „Developments in directed evolution for improving enzyme functions." – Appl. Biochem. Biotechnol. 143(3): 212–223.

Senn H. M. & Thiel T. (2007): „QM/MM studies of enzymes." – Curr. Opin. Chem. Biol. 11(2): 182–187.

Seo H. & Roh Y. (2015): „Biotransformation and its application: biogenic nano-catalyst and metal-reducing-bacteria for remediation of Cr(VI)-contaminated water." – Jour. Nanosci. Nanotechnol. 15(8): 5649–5652.

Seto M. (2014): „The Gibbs free energy threshold for the invasion of a microbial population under kinetic constraints." Geomicrobiol. Jour. 31(8): 645–653.

Shah P. S., Hom G. K., Ross S. A., Lassila J. K., Crowhurst K. A., Mayo S. L. (2007): „Full-sequence computational design and solution structure of a thermostable protein variant." – Jour. Mol. Biol. 372(1): 1–6.

Sharma P. K., Chu Z. T., Olsson M. H. M. & Warshel A. (2007): „A new paradigm for electrostatic catalysis of radical reactions in vitamin B12 enzymes." – PNAS 104(23): 9661–9666.

Sharp J. O., Schofield E. J., Veeramani H., Suvorova E. I., Kennedy D. W., Marshall M. J., Mehta A., Bargar J. R. & Bernier-Latmani R. (2009): „Structural similarities between biogenic uraninites produced by phylogenetically and metabolically diverse bacteria." – Environ. Sci. Technol. 43 (21): 8295–8301.

Shephard J., McQuillan A.J & Bremer P. J. (2008): „Mechanisms of cation exchange by *Pseudomonas aeruginosa PAO1* and *PAO1 wbpL*, a strain with a truncated lipopolysaccharide." – Appl. Environ. Microbiol. 74(22): 6980–6986.

Shi L., Squier T. C., Zachara J. M. & Fredrickson J. K. (2007): „Respiration of metal (hydr)oxides by *Shewanella* and *Geobacter*: a key role for multihaem c-type cytochromes." – Mol. Microbiol. 65(1): 12–20.

Shirvani M. & Nourbakhsh F. (2010): „Desferrioxamine-B adsorption to and iron dissolution from palygorskite and sepiolite." – Appl. Clay Sci. 48(3): 393–397.

Shock E. L. (2009): „Minerals as energy sources for microorganisms." – Econ. Geol. 104(8): 1235–1248.

Shukla G. & Varma A., Hrsg. (2011): „Soil enzymology." – Springer Verl.: 385 Seiten.

Shukor M. Y. & Syed M. A. (2010): „Microbial reduction of hexavalent molybdenum to molybdenum blue." – In Mendez-Vilas A. (Hrsg.): „Current research and education topics in applied microbiology and microbial biotechnology." – Bd. 2: 1304–1310.

Siegbahn P. E. (2003): „Quantum chemical studies of redox-active enzymes." – Faraday Discuss. 124: 289–296.

Siegbahn P. E. M. & Borowski T. (2006): „Modeling enzymatic reactions involving transition metals." Acc. Chem. Res. 39(10): 729–738.

Sigel A., Sigel H. & Sigel R. K. O., Hrsg. (2008): „Metal ions in life science." – Bd. 4, Wiley: 671 Seiten.

Sigel H. & Sigel A., Hrsg. (1995): „Metal ions in biological systems: Volume 31: Vanadium and its role for life." – CRC: 824 Seiten.

Sikirić M. D., Füredi-Milhofer H. (2006): „The influence of surface active molecules on the crystallization of biominerals in solution." – Adv. Colloid Interface Sci. 128–30: 135–158.

Sillitoe R. H., Folk R. L. & Saric N. (1996): „Bacteria as mediators of copper sulfide enrichment during weathering." – Science 272(5265): 1153v–1155.

Silva K. T., Leão P. E., Abreu F., López J. A., Gutarra M. L., Farina M., Bazylinski D. A., Freire D. M. G. & Lins U. (2013): „Optimization of magnetosome production and growth by the magnetotactic

Vibrio Magnetovibrio blakemorei strain MV-1 through a statistics-based experimental design." – Appl. Environ. Microbiol. 79(8): 2823–2827.

Silver S. (1998): „Genes for all metals-a bacterial view of the periodic table. The 1996 Thom Award Lecture." – Jour. Indus. Microbiol. Biotechnol. 20(1): 1–12.

[1]Silver S. & Phung L. T. (2005): „Genes and enzymes involved in bacterial oxidation and reduction of inorganic arsenic." – Appl. Environ. Microbiol. 71(2): 599–608.

[2]Silver S. & Phung L. T. (2005): „A bacterial view of the periodic table: genes and proteins for toxic inorganic ions." – Jour. Indus. Microbiol. Biotechnol. 32 (11–12): 587–605.

Simon C., Wiezer A., Strittmacher A. W. & Daniel R. (2009): „Pylogentic diversity and metabolic potential revealed in a glacier ice metagenom." – Appl. Environ. Microbiol. 75(23): 7519–7526.

Simpson E. T., Kasama T., Pósfai M., Buseck P. R., Harrison R. J. & Dunin-Borkowski R. E. (2005): „Magnetic induction mapping of magnetite chains in magnetotactic bacteria at room temperature and close to the Verwey transition using electron holography." – Jour. Physics: Conference Series 17: 108–121.

Singh D., Kumari A., Singh R. V., Mehta S. M., Gupta I. J. & Singh K. (1993): „Antifertility and biocidal activities of organometallics of silicon, germanium, titanium and zirconium derived from 2-acetylthiophene thiosemicarbazone." – Appl. Organometallic Chem. 7(4): 289–292.

Sinha A., Singh V. N., Mehta B. R., & Khare S. K. (2011): „Synthesis and characterization of monodispersed orthorhombic manganese oxide nanoparticles produced *by Bacillus sp.* cells simultaneous to its bioremediation." – Jour. Hazard. Mat. 192(2): 620–627.

Sinha A., Sinha R. & Khare S. K. (2014): „Heavy metal bioremediation and nanoparticle synthesis by metallophiles." – Soil Biol. 39: 101–118.

Sintubin L., Verstraete W. & Boon N. (2012): „Biologically produced nanosilver: current state and future perspectives." – Biotechnol. Bioeng. 109(10): 2422–2436.

Sitte J., Akob D. M., Kaufmann C., Finster K., Banerjee D., Burkhardt E.-M., Kostka J. E., Scheinost A. C., Büchel G. & Küsel K. (2010): „Microbial links between sulfate reduction and metal retention in uranium- and heavy metal-contaminated soil." – Appl. Environ. Microbiol. 76(10): 3143–3152.

Sitte J., Pollok K., Falko Langenhorst & Kirsten Küsel (2013): „Nanocrystalline nickel and cobalt sulfides formed by a heavy metal-tolerant, sulfate-reducing enrichment culture." – Geomicro. Jour. 30(1): 36–47.

Skinner H. C. W., Hrsg. (2003): „Geology and health: closing the gap." – Oxford Uni. Press: 179 Seiten.

Skinner H. C. W. & Jahren A. H. (2003): „Biomineralization." – In Holland H. D. & Turekian K. K. (Hrsg.): „Treatise on Geochemistry." – Elsevier Bd. 8.04: 1–69.

Slawson R. M., van Dyke M. I., Lee H. & Trevors J. T. (1992): „Germanium and silver resistance, accumulation, and toxicity in microorganisms." – Plasmid. 27(1): 72–79.

Sleytr U. B., Sára M., Pum D. & Schuster B. (2001): „Characterization and use of crystalline bacterial cell surface layers." – Progress in Surface Science 68(7–8): 231–278.

Sleytr U. B. & Beveridge T. J. (1999): „Bacterial S-layers." – Trends Microbiol. 7(6): 253–260.

Sleytr U. B., Bayley H., Sára M., Breitwieser A., Küpcü S., Mader C., Weigert S., Unger F. M., Messner P., Jahn-Schmid B., Schuster B., Pum D., Douglas K., Clark N. A., Moore J. T., Winningham T. A., Levy S., Frithsen I., Pankovc J., Beale P., Gillis H. P., Choutov D. A. & Martin K. P.(1997): „Applications of S-layers." – FEMS Microbiol. Rev. 20(1–2): 151–175.

Slobodkin A. I. (2005): „Thermophilic microbial metal reduction." – Microbiol. 74(5): 501–514.

Slocik J. M., Knecht M. R. & Wright D. W. (2004): „Biogenic nanoparticles." – In Nalwa H. S. (Hrsg.): „Encylopedia of Nanoscience and Nanotechnology." – Vol. 1: 293–308.

Slocik J. M., Naik R. R., Stone M. O. & Wright D. W. (2005): „Viral templates for gold nanoparticle synthesis." – Jour. Mat. Chem. 15: 749–753.

Slocik J. M. & Wright D. W. (2003): „Biomimetic mineralization of noble metal nanoclusters." – Biomacromolecules 4(5): 1135–1141.

Smita S., Gupta S. K., Bartonova S. K., Dusinska M., Gutleb A. C. & Rahman Q. (2012): „Nanoparticles in the environment: assessment using the causal diagram approach." – Environ. Health 11(Suppl. 1): 11 Seiten.

So C. R., Kulp J. L., Oren E. E., Zareie H., Tamerler C., Evans J. S. & Sarikaya M. (2009): „Molecular recognition and supramolecular self-assembly of a genetically engineered gold binding peptide on Au{111}." – ACS Nano, 3(6): 1525–1531.

Solioz M. & Odermatt A. (1995): „Copper and silver transport by CopB-ATPase in membrane vesicles of *Enterococcus hirae*." – Jour. Biol. Chem. 270: 9217–9221.

Solomons T. W. G., Fryhle C. B. & Snyder S. A. (2013): „Organic Chemistry." – Wiley, 11. Aufl.: 1240 Seiten.

Sondi I. & Salopek-Sondi B. (2004): „Silver nanoparticles as antimicrobial agent: a case study in E. coli. As a model for Gram-negative bacteria." – Jour. Colloid Interface Sci. 275: 177–182.

Song J., Malathong V. & Bertozzi C. R. (2005): „Mineralization of synthetic polymer scaffolds: a bottom-up approach for the development of artificial bone." – Jour. Am. Chem. Soc. 127(10): 3366–3372.

Song J. Y. & Kim B. S. (2009): „Biological synthesis of metal nanoparticles." – In Hou C. T. & Shaw J.-F. (Hrsg.): „Biocatalysis and agricultural biotechnology." CRC Press: 399–407.

Song W., Ogawa N., Oguchi C. T., Hatta T. & Matsukura Y. (2007): „Effect of *Bacillus subtilis* on granite weathering: A laboratory experiment." – CATENA 70(3): 275–281.

Sood S. & Gouma P. (2013): „Polymorphic phase transitions in nanocrystalline binary metal oxides." – Jour. Am. Cer. Soc. 96(2): 351–354.

Sorokin D. Y., de Jong G. A. H., Robertson L. A., Kuenen G. J. (1998): „Purification and characterization of sulfide dehydrogenase from alkaliphilic chemolithoautotrophic sulfur-oxidizing bacteria." – FEBS Lett. 427(1): 11–14

Sotiropoulou S., Sierra-Sastre Y., Mark S. S. & Batt C. A. (2008): „Biotemplated nanostructured materials." – Chem. Mater. 20(3): 821–834.

Soumillion P. & Fastrez J. (2001): „Novel concepts for selection of catalytic activity." – Curr. Opin. Biotechnol. 12(4): 387–394.

Southam G. & Beveridge T. J. (1992): „Enumeration of *Thiobacilli* within pH-neutral and acidic mine tailings and their role in the development of secondary mineral soil." – Appl. Environ. Microbio. 58(6): 1904–1912.

Southam G., Lengke M. F., Fairbrother L. & Reith F. (2009): „The biogeochemistry of gold." – Min. Soc. Am. 5(5): 303–307.

Southam G. & Saunders J. A. (2005): „The geomicrobiology of ore deposits." – Econ. Geol. 100(6): 1067–1084.

Souza M. P. & Yoch D. C. (1995): „Purification and characterization of dimethylsulfoniopropionate lyase from an Alcaligenes-like dimethyl sulfide-producing marine isolate." – Appl. Environ. Microbiol. 61(1): 21–26.

Spear J. R., Figueroa L. A. & Honeyman B. D. (2000): „Modeling reduction of uranium U(VI) under variable sulfate concentrations by sulfate-reducing bacteria." – Appl. Environ. Microbiol. 66(9): 3711–3721.

Sprocati A. R., Alisi C., Segre L., Tasso F., Galletti M. & Cremisini C. (2006): „Investigating heavy metal resistance, bioaccumulation and metabolic profile of a metallophile microbial consortium native to an abandoned mine." – Sci. Tot. Environ. 366: 649–658.

Srivastava S. K. & Constanti M. (2012): „Room temperature biogenic synthesis of multiple nanoparticles (Ag, Pd, Fe, Rh, Ni, Ru, Pt, Co, and Li) by *Pseudomonas aeruginosa SM1*." – Jour. Nanoparticle Res. 14: 831.

Staniland S., Ward B., Harrison A., van der Laan G. & Telling N. (2007): „Rapid magnetosome formation shown by real-time x-ray magnetic circular dichroism." – PNAS 104(49): 19524–19528.

Stapleton Jr. R. D., Sabree Z. L., Palumbo A. V., Moyer C. L., Devol A. H., Roh Y., Zhou J.: (2005): „Metal reduction at cold temperatures by *Shewanella* isolates from various marine environments." – Aquat. Microb. Ecol. 38: 81–91.

Steed J. W., Turner D. R. & Wallace K. (2007): „Core concepts in supramolecular chemistry and nanochemistry." – Wiley & Sons: 307 Seiten.

Steines E. (2009): „Soils and geomedicine." – Environ. Geochem. Health 31(5): 523–535.

Steinreiber J. & Ward T. R. (2008): „Artificial metalloenzymes as selective catalysts in aqueous media." – Coord. Chem. Rev. 5–7: 751–766.

Stetter K. O. (2011): „History of discovery of hyperthermophiles." – In Horikoshi K., Antranikian G., Bull, A. T., Robb, F. T. & Stetter K. O. (Hrsg.): „Extremophiles handbook": 403–425.

Stolz J. F., Basu P. & Oremland R. S. (2002): „Microbial transformation of elements: the case of arsenic and selenium." Int. Microbiol. 5: 201–207.

Stolz J.F, Basu P., Santini J. M. & Oremland R. S. (2006): „Arsenic and selenium in microbial metabolism." – Ann. Rev. Microbiol., 60: 107–130.

Straathof A. J. J., Panke S. & Schmid A. (2002): „The production of fine chemicals by biotransformations." – Curr. Opin. Biotechnol. 13(6): 548–556.

Strong M. (2004): „Protein nanomachines." – PLoS Biol. 2(3): e73.

Suárez M. & Jaramillo A. (2009): „Challenges in the computational design of proteins." – Jour. Royal Soc. Interface 6(4): 477–491.

Suckling C. J. (1991): „Molecular recognition in applied enzyme chemistry." – Experientia 47(11–12): 1139–1148.

Sugio T., Wakabayashi M., Kanao T. & Takeuchi F. (2008): „Isolation and characterization of *Acidithiobacillus ferrooxidans* strain D3–2 active in copper bioleaching from a copper Mine in Chile." – Biosci. Biotechnol. Biochem. 72(4): 998–1004.

Sujith P. P., Khedekar V. D., Girish A. P. & Bharathi P. A. L. (2010): „Immobilization of nickel by bacterial isolates from the Indian ridge system and the chemical nature of the accumulated metal." – Geomicrobiol. Jour. 27: 424–434.

Sun H., Li H., Harvey I. & Sadler P. J. (1999): „Interactions of bismuth complexes with metallothionein(II)." – Jour. Biol. Chem. 274(41): 29094–29101.

Sun J.-B., Zhao F., Tang T., Jiang W., Tian J.-S., Li Y. & Li J.-L. (2008): „High-yield growth and magnetosomformation by *Magnetospirillum gryphiswaldense MSR-1* in an oxygen-controlled fermentor supplied solely with air." – Appl. Microbiol. Biotechnol. 79: 389–397.

Suresh A. K. (2012): „Metallic nanocrystallites and their interaction with microbial systems." – Springer Briefs in Molecular Science Biometals: 67 Seiten.

[1]Suresh A. K., Doktycz M. J., Wang W., Moon J.-W., Gu B., Meyer III H. M., Hensley D. K., Allison D. P., Phelps T. J. & Pelletier D. A. (2011): „Monodispersed biocompatible silver sulfide nanoparticles: Facile extracellular biosynthesis using the γ-proteobacterium, *Shewanella oneidensis*." – Acta Biomaterialia 7(12): 4253–4258.

[2]Suresh A. K., Pelletier D.A, Wang W., Broich M. L., Moon J. W., Gu B., Allison D. P., Joy D. C., Phelps T. J., Doktycz M. J. (2011): „Biofabrication of discrete spherical gold nanoparticles using the metal-reducing bacterium *Shewanella oneidensis*." – Acta Biomater. 7(5): 2148–2152.

Suresh A. K., Pelletier D. A., Wang W., Moon J. W., Gu B., Mortensen N. P., Allison D. P., Joy D. C., Phelps T. J. & Doktycz M. J. (2010): „Silver nanocrystallites: biofabrication using *Shewanella oneidensis*, and an evaluation of their comparative toxicity on gram-negative and gram-positive bacteria." – Environ. Sci. Technol. 44(13): 5210–5215.

Suvorova E. I., Buffat P. A., Veeramani H., Sharp J., Schofield E., Bargar J. & Bernier-Latmani R. (2008): „TEM characterization of biogenic metal nanoparticles." – Richter S. & Schwedt A.

(Hrsg.): EMC 2008, 14th European Microscopy Congress 1–5 September 2008, Aachen, Germany, Vol. 2 Mat. Sci. : 315–316.

Svendson A., Hrsg. (2004): „Enzyme functionality. Design, engineering, and screening." – Marcel Dekker Inc.: 712 Seiten.

Sweeney R. Y., Mao C., Gao X., Burt J. L., Belcher A. M., Georgiou G. & Iverson B. L. (2004): „Bacterial biosynthesis of cadmium sulfide nanocrystals." – Chem Biol. 11: 1553–1559.

Takahashi Y., Kashiwabara T., Ohmori E., Yokoyama Y., Miyoshi Y., Kawagucci S. & Ishibashi J. (2011): „Influence of redox conditions on the solubilities of Mo and W." – Jap. Geosci. Union Meeting 2011: 1 Seite.

Takahashi Y., Yamamoto M., Yamamoto Y. & Tanaka K. (2010): „EXAFS study on the cause of enrichment of heavy REEs on bacterial cell surfaces." – Geochim. Cosmochim. Acta 74(19): 5443–5462.

Takahashi Y., Hirata T., Shimizu H., Ozaki T. & Fortin D. (2007): „A rare earth element signature of bacteria in natural waters?" – Chem. Geol. 244(3–4): 569–583.

Takahashi Y., Châtellier X., Hattori K. H., Kato K. & Fortin D. (2005): „Adsorption of rare earth elements onto bacterial cell walls and its implication for REE sorption onto natural microbial mats." – Chem. Geol. 219: 53–67.

Takai K., Nakagawa S., Sako Y. & Horikoshi K. (2003): „*Balnearium lithotrophicum gen. nov., sp. Nov.*, a novel thermophilic, strictly anaerobic, hydrogen-oxidizing chemolithoautotroph isolated from a black smoker chimney in the Suiyo Seamount hydrothermal system." – Int. Jour. Syst. Evol. Microbiol. 53: 1947–1954.

[1]Tamerler C. & Sarikaya M. (2009): „Genetically designed peptide-based molecular materials." – ACS Nano 3(7): 1606–1615.

Tanaka M., Mazuyama E., Arakaki A. & Matsunaga T. (2011): „Mms6 protein regulates crystal morphology during nano-sized magnetite biomineralization in vivo." – Jour. Biol. Chem. 286(8): 6386–6392.

Tanaka M., Arakaki A., Staniland S. S. & Matsunaga T. (2010): „Simultaneously discrete biomineralization of magnetite and tellurium nanocrystals in magnetotactic bacteria." – Appl. Environ. Microbiol. 76(16): 5526–5532.

Tanaka K. & Shionoya M. (2007): „Programmable metal assembly on bio-inspired templates." – Coord. Chem. Rev. 251(21–24): 2732–2742.

Tandy S., Bossart K., Mueller R., Ritschel J., Hauser L., Rainer Schulin R. & Nowack B. (2004): „Extraction of heavy metals from soils using biodegradable chelating agents." – Environ. Sci. Technol. 38(3): 937–944.

Tang C. F., Kumar S. A. & Chen S. M. (2008): „Zinc oxide/redox mediator composite films-based sensor for electrochemical detection of important biomolecules." – Anal. Biochem. 380(2): 174–183.

Tang J., Ebner A., Kraxberger B., Leitner M., Hykollari A., Kepplinger C., Grunwalde C., Gruber H. J., Tampé R., Sleytr U. B., Ilk N. & Hinterdorfer P. (2009): „Detection of metal binding sites on functional S-layer nanoarrays using single molecule force spectroscopy." – Jour. Struc. Biol. 168(1): 217–222.

Tang R., Darragh M., Orme C. A., Guan X., Hoyer J. R. & Nancollas G. H. (2005): „Control of biomineralization dynamics by interfacial energies." – Angew. Chemie Int. Ed. 44(24): 3698–3702.

Tantillo D. J., Chen J. & Houk K. N. (1998): „Theozymes and compuzymes: theoretical models for biological catalysis." – Curr. Opin. Chem. Biool. 2: 743–750.

Tao J., Pettman A. & Liese A. (2006): „Retrosynthetic biocatalysis." – In: Andreas Liese, Karsten Seelbach & Christian Wandrey, Hrsg. „Industrial Biotransformations", Wiley-VCH Verlag GmbH & Co. KGaA. 2. Aufl.: 63–91.

Taoka A., Umeyama C. & Fukumori Y. (2009): „Identification of iron transporters expressed in the magnetotactic bacterium *Magnetospirillum magnetotacticum*." – Curr. Microbiol. 58(2): 177–181.

[1]Taunton A. E., Welch S. A. & Banfield J. F. (2000): „Geomicrobiological controls on light rare earth element, Y and Ba distributions during granite weathering and soil formation." – Jour. Alloys Compounds 303–304: 30–36.

[2]Taunton A. E., Welch S. A. & Banfield J. F. (2000): „Microbial controls on phosphate and lanthanide distributions during granite weathering and soil formation." – Chem. Geol. 169(3–4): 371–382.

Tay S. B., Natarajan G., Rahim M. N. bin A., Tan H. T., Chung M. C. M. C. & Ting Y. P. & Yew W. S. (2013): „Enhancing gold recovery from electronic waste via lixiviant metabolic engineering in *Chromobacterium violaceum*." – Sci Rep.: 7 Seiten.

Taylor A. I., Pinheiro V. B., Smola M. J., Morgunov A. S., Peak-Chew S., Cozens C., Weeks K. M., Herdewijn P. & Holliger P. (2015): „Catalysts from synthetic genetic polymers." Nature 518: 427–430.

Taylor A. P. & Barry J. C. (2004): „Magnetosomal matrix: ultrafine structure may template biomineralization of magnetosomes." – Jour. Micros. 213(2): 180–197.

Taylor S. R. & McLennan S. M. (1985): „The continental crust: its composition and evolustion." Blackwell Sci. Comm.: 312 Seiten.

Tebo B. M., Bargar J. R., Clement B. G., Dick G. J., Murray K. J., Parker D., Verity R. & Webb S. M (2004): „Biogenic manganese oxides: properties and mechanisms of formation." – Annu. Rev. Earth Planet. Sci.32: 287–328.

Tebo B. M., Johnson H. A., McCarthy J.K & Templeton A. S. (2005): „Geomicrobiology of manganese(II) oxidation." – Trends Microbiol. 13(9): 421–428.

Teitzel G. M. & Parsek M. R. (2003): „Heavy metal resistance of biofilm and planktonic *Pseudomonas aeruginosa*." – Appl. Environ. Microbiol. 69(4): 2313–2320.

Templeton A. & Knowles E. (2009): „Microbial transformations of minerals and metals: recent advances in geomicrobiology derived from synchrotron-based X-ray spectroscopy and X-ray microscopy." – Ann. Rev. Earth Planet. Sci. 37: 367–391.

[1]Templeton A. S., Spormann A. M. & Brown G. E. (2003): „Speciation of Pb(II) sorbed by *Burkholdia cepacia*/goethite composites." – Environ. Sci. Technol. 37: 2166–2172.

[2]Templeton A. S.,Trainor T. P., Spormann A. M. & Brown G. E. Jr. (2003): „Selenium speciation and partitioning within *Burkholdia cepacia* biofilms formed on α-Al_2O_3 surfaces." – Geochim. Cosmochim. Acta 67: 3547–3557.

Tessier A., Fortin D., Belzile N., DeVitre R. R. & Leppard G. G. (1996): „Metal sorption to diagenetic iron and manganese oxyhydroxides and associated organic matter: Narrowing the gap between field and laboratory measurements." – Geochim. Cosmochim. Acta 60(3): 387–404.

Texier A.-C., Andrès Y., Faur-Brasquet C. & Le Cloirec P. (2002): „Fixed-bed study for lanthanide (La, Eu, Yb) ions removal from aqueous solutions by immobilized *Pseudomonas aeruginosa*: experimental data and modelization." – Chemosphere 47: 333–342.

Texier A.-C., Andrès Y., Illemassene M. & Le Cloirec P. (2000): „Characterization of lanthanide ions binding sites in the cell wall of *Pseudomonas aeruginosa*." – Environ. Sci. Technol. 34(4): 610–615.

Theng B. K. G. (2012): „Formation and properties of polymer-clay complexes." – Elsevier „Developments of clay sciences – 4". 2. Aufl.: 526 Seiten.

Thill A., Zeyons O., Spalla O., Chauvat F., Rose J., Auffan M. & Flank A. M. (2006): „Cytotoxizität of CeO_2 nanoparticles for *Escherichia coli*. Physicochemical insight of the cytotoxicity mechanism." – Environ. Sci. Technol. 40: 6151–6156.

Tietjen T. & Wetzel R. G. (2003): „Extracellular enzyme-clay mineral complexes: Enzyme adsorption, alteration of enzyme activity, and protection from photodegradation." – Aqua. Ecol. 37(4): 331–339.

Till J. L., Guyodo Y., Lagroix F., Ona-Nguema & Brest J. (2014): „Magnetic comparison of abiogenic and biogenic alteration products of lepidocrocite." – Earth Planet. Sci. Lett. 395: 149–158.

Tishkov V. I. & Popov V. O. (2006): „Protein engineering of formate dehydrogenase." – Biomol. Eng. 23: 89–110.

Tiwari K.P, Pandey A. & Mishra N. (1980): „Lactic acid production from molasses by *Lactobacillus bulgaricus AU* in presence of U, Th, Zr, and Tl." – Zentralbl. Bakteriol. Naturwiss. 135(3): 226–229.

Tomson M. B., SPE, Fu G.m Watson M. A. & Kann A. T. & Rice U. (2002): „Mechanisms of mineral scale inhibition." – SPE 74656: 13 Seiten.

Toner B., Fakra S., Villalobos M., Warwick T. & Garrison SpositoG. (2005): „Spatially resolved characterization of biogenic manganese oxide production within a bacterial biofilm." – Appl. Environ. Microbiol. 71(3): 1300–1310.

Toner B., Manceau A., Webb M. & Sposito G. (2006): „Zinc sorption to biogenic hexagonal-birnessite particles within a hydrated bacterial biofilm." – Geochim. Cosmochim. Acta 70: 27–43.

Tottey S., Harvie D. R. & Robinson N. J. (2007): „Understanding how cells allocate metals." – Nies D. H. & Silver S. (Hrsg.), Mol. Microbiol. Heavy Metals, Micobiol. Monogr 6: 3–35.

Towe K. M. & Moench T. T. (1981): „Electron-optical characterization of bacterial magnetite." – Earth. Planet Sci. Lett. 52: 213–220.

Tracewell C. A. & Arnold F. H. (2009): „Directed enzyme evolution: climbing fitness peaks one amino acid at a time." – Curr. Opin. Chem. Biol. 13: 3–9.

Trenor C., Lin W. & Andrews N. C. (1994): „Novel bacterial p-type ATPases with histidine-rich heavy-metal-associated sequences." – Biochem. Biophys. Res. Comm. 205(3): 1644–1650.

Tributsch H. & Rojas-Chapana J. A. (2000): „Metal sulfide semiconductor electrochemical mechanisms induced by bacterial activity." – Electrochim. Acta 45(28): 4705–4716.

Trincone A. (2011): „Marine biocatalysts: enzymatic features and applications." – Mar Drugs. 9(4): 478–499.

Trutko S. M., Akimenko V. K., Suzina N. E., Anisimova L. A., Shlyapnikov M. G., Baskunov B. P., Duda V. I. & Boronin A. M. (2000): „Involvement of the respiratory chain of gram-negative bacteria in the reduction of tellurite." – Arch. Mikrobiol. 173(3): 178–186.

[1]TsurataT. (2005): „Separation of rare earth elements by microorganisms." – Jour. Nuc. Radiochem. Sci. 6(1): 81–84.

[2]Tsuruta T. (2005): „Removal and recovery of lithium using various microorganisms." – Jour. Biosci. Bioeng. 100(5): 562–566.

Turner P., Mamo G. & Karlson E. N. (2007): „Potential and utilization of thermophiles and thermostable enzymes in biorefining." – Microbial Cell factories: http://www.microbialcellfactories.com/content/6/1/9.

Turner R. J., Weiner J. H. & Taylor D. E. (1998): „Selenium metabolism in *Escherichia coli*." Biometals 11: 223–227.

UBA, BfR, baua, BAM & PTB (2012): „Nanotechnology – risks related to nanomaterials for humans and the environment." – 60 Seiten.

Uebe R., Henn V. & Schüler D. (2012): „The *MagA* protein of *Magnetospirilla* is not involved in bacterial magnetite biomineralization." – Jour. Bact. 194(5): 1018–1023.

Ueki T. & Lovley D. R. (2010): „Genome-wide gene regulation of biosynthesis and energy generation by a novel transcriptional repressor in *Geobacter* species." – Nuc. Acids Res. 38(3): 810–821.

Uhlenheuer D. A., Petkau K. & Brunsveld L. (2010): „Combining supramolecular chemistry with biology." – Chem. Soc. Rev. 39: 2817–2826.

Ullrich S., Kube M., Schübbe S., Reinhardt R. & Schüler D. (2005): „A hypervariable 130-kilobase genomic region of *Magnetospirillum gryphiswaldense* comprises a magnetosome island which undergoes frequent rearrangement during stationary growth." Jour Bacteriol. 187: 7176–7184.

Ulrich S. & Dumy P. (2014): „Probing secondary interactions in biomolecular recognition by dynamic combinatorial chemistry." – Chem. Comm. 50: 5810–5825.

Unsworth L. D., van der Oost J. & Koutsopoulos S. (2007): „Hyperthermophilic enzymes–stability, activity and implementation strategies for high temperature applications." – FEBS 274(16): 4044–4056.

Urban A. (2000): „Die Rolle der Thiol-Disulfid-Oxidoreduktasen DsbA und DsbC bei der Proteinsekretion in *Pseudomonas aeruginosa*." – Diss. Ruhr-Universität Bochum: 129 Seiten.

Urrutia M. M. & Beveridge T. J. (1994): „Formation of fine-grained metal and silicate precipitates on a bacterial surface (Bacillus subtilis)." – Chem. Geol. 116(3–4): 261–280.

Valdés J. , Pedroso I. , Quatrini R. , Dodson R. J. , Tettelin H. , Blake II R. , Eisen J. A. & Holmes D. S. (2008): „*Acidothiobacillus ferrooxidans* metabolism: from genome sequence to industrial applications." – BMC Genomics 9:597, http://www.biomedcentral.com/1471-2164/9/597

van Cappellen P. (2003): „Biomineralization and global biogeochemical cycles." – Rev. Mineral. Geochem. 54(1): 357–381.

van Dyke M. I., Lee H. & Trevors J. T. (1989): „Germanium accumulation by bacteria." – Archives Microbiol. 152(6): 533–538.

Vandecasteele F. P. J., Hess T. F. & Crawford R. L. (2007): „Using a genetic algorithm to drive a microbial ecosystem in a desirable direction." – Environ. Microbiol. 10(7): 1823–1830.

Vandecasteele F. P. J., Hess T. F. & Crawford R. L. (2004): „Constructing microbial consortia with minimal growth using a genetic algorithm." – In Raidl G. R. et al. (Hrsg.): „EvoBIO Workshops 2004, LNCS 3005." Springer-Verlag Berlin, Heidelberg: 123–129.

van den Burg B. (2003): „Extremophiles as a source for novel enzymes." – Curr. Opin. Microbiol. 6: 213–218.

van den Burg B., Vriend G., Veltman O. R., Venema G. & Eijsink V. G. H. (1998): „Engineering an enzyme to resist boiling." – PNAS March 95(5): 2056–2060.

van der Kamp M. W. & Mulholland A. J. (2008): „Computational enzymology: insight into biological catalysts from modelling." – Nat. Prod. Rep., 2008:25: 1001–1014.

van der Kamp M. W., Shaw K. E., Woods C. J. & Mulholland A. J. (2008): "Biomolecular simulation and modelling: status, progress and prospects." – Jour. Roy. Soc. Interface 5(3): 173–190.

van der Meer R., Westerhoff H. V. & van Dam K. (1980): „Linear relation between rate and thermodynamic force in enzyme-catalyzed reactions." – Biochim. Biophys. Acta (BBA) – Bioenergetics 591(2): 488–493.

Vandieken V., Finke N. & Thamdrup B. (2014): „Hydrogen, acetate, and lactate as electron donors for microbial manganese reduction in a manganese-rich coastal marine sediment." – FEMS Microbiology Ecol. 87(3): 733–745.

van Leeuwen Piet W. N. M., Hrsg. (2008): „Supramolecular catalysis." – Wiley-VCH Weinheim , 1. Aufl.: 303 Seiten.

van Oudenaarden A. (2009): „A living cell as a well-stirred bioreactor." – Jour. Sys. Biol. MIT: 6 Seiten.

Varadarajan N., Gam J., Olsen M. J., Georgiou G. & Iverson B. L. (2005): „Engineering of protease variants exhibiting high catalytic activity and exquisite substrate selectivity." – PNAS 102(19): 6855–6860.

Vardi-Kilshtain A., Roca M. & Warshel A. (2009): „The empirical valence bond as an effective strategy for computer-aided enzyme design." – Biotechn. Jour. 4(4): 495–500.

Vasiliev I., Franke C., Meeldijk J. D., Dekkers M. J., Langereis C. G. & Krijgsman W. (2008): „Putative greigite magnetofossils from the Pliocene epoch." – Nature Geoscience 1: 782–786.

Vaughan D. J. & Lloyd J. R. (2012): „Mineral-organic-microbe interfacial chemistry." – In Knoll H., Canfield D. E. & Konhauser K. O. (Hrsg.):" Fundamentals of geobiology."- Wiley-Blackwell: 131–149.

Velásquez L. & Dussan J. (2009): „Biosorption and bioaccumulation of heavy metals on dead and living biomass of *Bacillus sphaericus*." – Jour. Hazard. Mater. 167(1–3): 713–716.

Veeramani H., Alessi D. S., Suvorova E. I., Lezama-Pacheco J. S., Stubbs J. E., Sharp J., Dippon U., Kappler A., Bargar J. R. & Bernier-Latmani R. (2011): „Products of abiotic U(VI) reduction by biogenic magnetite and vivianite." – Geochim. Cosmochim. Acta 75: 2512–2528.

Verma N. & Singh M. (2005): „Biosensors for heavy metals." – Biometals 18(2): 121–129.

Verméglio A. & Joliot P. (2002): „Supramolecular organisation of the photosynthetic chain in anoxygenic bacteria." – Biochim. Biophys. Acta 1555: 60–64.

Vetriani C., Maeder D. L., Tolliday N., Yip K. S.-P., Stillman T. J., Britton K. L., Rice D. W., Klump H. H. & Robb F. T. (1998): „Protein thermostability above 100 °C: A key role for ionic interactions." – PNAS 21: 12300–12305.

Vieille C. & Zeikus G. J. (2001): „Hyperthermophilic enzymes: sources, uses, and molecular mechanisms for thermostability." – Microbiol. Mol. Biol. Rev. 65(1): 1–43.

Vieille C., Burdette D. S. & Zeikus J. G. (1996): „Thermozymes." – Biotechnol. Annu. Rev. 2: 1–83.

Vijayaraghavan K. & Yun Y. S. (2008): „Bacterial biosorbents and biosorption." – Biotechnol. Adv. 26(3): 266–291.

Viles H. A. (2012): „Microbial geomorphology: A neglected link between life and landscape." – Geomorph. 157–158: 6–16.

Vilinska A. & Rao K. H. (2008): „*Leptospirillum ferrooxidans*-sulfide interactions with reference to bioflotation and bioflocculation." – Trans. Nonferrous Met. Soc. China 18: 1403–1409.

Villalobos M., Lanson B., Manceau A., Toner B. & Sposito G. (2006): „Structural model for the biogenic Mn oxide produces by *Pseudomonas putida*." – Am. Min. 91: 489–502.

Vlamakis H., Chai Y., Beauregard P., Losick R. & Kolter R. (2013): „Stickimg together: building a biofilm the Bacillus subtilis way." – Nature Rev. Microbiol. 11(3): 157–168.

Volbeda A., Montet Y., Vernéde X., Hatchikian E. C. & Fontecilla-Camps J. C. (2002): „High-resolution crystallographic analysis of *Desulfovibrio fructosovorans* [NiFe] hydrogenase." – Int. Jour. Hydr. Ener. 27(11–12): 1449–1461.

Vollstedt A. (2004): „Sekretorische Gewinnung von Enzymen aus dem thermoalkaliphilen Bakterium *Anaerobranca gottschalkii* im mesophilen Wirt *Staphylococcus carnosus*." – Forschungszentrum Jülich 4125: 147 Seiten.

Vyalikh D. V., Kummer K., Kade A., Blüher A., Katzschner B., Mertig M. & Molodtsov S. L. (2009): „Site-specific electronic structure of bacterial surface protein layers." – Applied Physics A: Materials Science & Processing 94(3): 455–459.

Vyalikh D. V., Danzenbächer S., Mertig M., Kirchner A., Pompe W., Dedkov Y. S. & Molodtsov S. L. (2004): „Electronic structure of regular bacterial surface layers." – Phys. Rev. Lett. 93(23): 4 Seiten.

Wächtershauser G. (2006): „From volcanic origin of chemoautotrophic life to bacteria, Archaea and eukarya." –

Wackett L. P., Dodge A. G. & Ellis L. B. M. (2004): „Microbial genomics and the periodic table." – Appl. Environ. Microbiol. 70(2): 647–655.

Wahl R., Mertig M., J. Raff J., Selenska-Pobell S. & Pompe W. (2001): „Electron-beam induced formation of highly ordered palladium and platinum nanoparticle arrays on the S layer of *Bacillus sphaericusNCTC 9602*." – Adv. Mat. 13(10): 736–740.

Wakatsuki T. (1995): „Metal oxidoreduction by microbial cells." – Jour. Indus. Microbiol. 14(2): 169–177.

Walden H. (2010): „Selenium incorporation using recombinant techniques." – Acta Cryst. D66: 352–357.

[1]Waldron K. J. & Robinson N. J. (2009): „How do bacterial cells ensure that metalloproteins get the correct metal?" – Nature Rev. Microbiol. 7: 25–35.

[2]Waldron K. J., Rutherford J. C., Ford D. & Robinson N. J. (2009): „Metalloproteins and metal sensing." – Nature 460(7257): 823–830.

Walker J. J. & Pace N. R. (2007): „Endolithic microbial ecosystems." – Ann. Rev. Microbiol. 61: 331–347.

Wall J. D. & Krumholz L. R. (2006): „Uranium reduction." – Ann. Rev. Microbiol. 60: 149–166.

Wang C. L., Maratukulam P. D., Lum A. M., Clark D. S. & Keasling J. D. (2000): „Metabolic engineering of an aerobic sulfate reduction pathway and its application to precipitation of cadmium on the cell surface." – Appl. Environ. Microbiol. 66(10): 4497–4502.

[1]Wang F., Wang J., Jian H., Zhang B., Li S., Wang F., Zeng X., Gao L., Bartlett D. H., Yu J., Hu S., & Xiao X. (2008): „Environmental adaptation: genomic analysis of the piezotolerant and psychrotolerant deep-sea iron reducing bacterium *Shewanella piezotolerans WP3*." – PLoS One 3(4) http://www.ncbi.nlm.nih.gov/pmc/articles/PMC2276687/: e1937.

Wang H., Yang F., Zhou X., Zhang J. & Yao S. (2003): „Evaluation of the potential of microbial exploration for gold ores: mineralization and non-mineralization factors." – Sci. China Ser. D: Erath Sci. 46(5): 508–515.

[1]Wang J., He S., Xie S., Xu L. & Gu N. (2007): „Probing nanomechanical properties of nickel coated bacteria by nanoindention." – Materials Lett. 61: 917–920.

Wang J., Korambath P., Kim S., Johnson S., Jin K., Crawl D., Altintas I., Smallen S., Labate B. & Houk K. N. (2010): „Theoretical enzyme design using the Kepler scientific workflows on the Grid." – Procedia Comp. Sci. 1(1): 1175–1184.

Wang L. (2011): „Studies of the structure and function of Mms6, a bacterial protein that promotes the formation of magnetic nanoparticles." – Diss. Iowa State University Ames/Iowa: 126 Seiten.

Wang L. & Nilsen-Hamilton M. (2013): „Biomineralization proteins: from vertebrates to bacteria." – Front. Biol. 8(2): 234–246.

Wang X. & Müller W. E. G. (2009): „Marine biominerals: perspectives and challenges for polymetallic nodules and crusts." – Trends Biotechnl. 27(6): 375–383.

[2]Wang Z., Liu C., Wang X., Marshall M. J., Zachara J. M., Rosso K. M., Dupuis M., Fredrickson J. K., Heald S. & Shi L. (2008): „Kinetics of reduction of Fe(III) complexes by outer membrane cytochromes MtrC and OmcA of *Shewanella oneidensis MR-1*." – Appl. Environ. Microbiol. 74(21): 6746–6755.

Wang Z. J., Clary K. N., Bergman R. G., Raymond K. N. & Toste F. D. (2013): „A supramolecular approach to combining enzymatic and transition metal catalysis." – Nature Chem. 5: 100–103.

Warshel A. (2003): „Computer simulations of enzyme catalysis: methods, progress, and insights." – Ann. Rev. Biophys. Biomolecul. Struct. 32: 425–443.

Warshel A., Sharma P. K., Kato M., Xiang Y., Liu H. & Olsson M. H. M. (2006): „Electrostatic basis for enzyme catalysis." – Chem. Rev., 2006, 106 (8): 3210–3235.

Waters M. S., El-Naggar M. Y., Hus L., Sturm C. A., Luttge A., Udwadia F. E., Cvitkovitch D. G., Goodman S. D. & Nealson K. H. (2009): „Simultaneous interferometric measurement of corrosive or demineralizing bacteria and their mineral interfaces." – Appl. Environ. Microbiol. 75(5): 1445–1449.

Watson V. J. & Logan B. E. (2010): „Power production in MFCs inoculated with *Shewanella oneidensis MR-1* or mixed cultures." – Biotechnol. Bioeng. 105(3): 489–498.

Weber F.-A., Voegelin A., Kaegi R. & Kretzschmar R. (2009): „Contaminant mobilization by metallic copper and metal sulphide colloids in flooded soil." – Nat. Geosci. 2: 267–271.

Weber K. A., Urrutia M. M., Churchill P. F., Kukkadapu R. K. & Roden E. E. (2006): „Anaerobic redox cycling of iron by freshwater sediment microorganisms." – Environ. Microbiol. 8: 100–113.

Wei H., Wang Z., Zhang J., House S., Gao Y. G., Yang L., Robinson H., Tan L. H., Xing H., Hou C., Robertson I. M., Zuo J. M. & Lu Y. (2011): „Time-dependent, protein-directed growth of gold nanoparticles within a single crystal of lysozyme." – Nat. Nanotechnol. 6(2): 93–97.

Wei Y. & Hecht M. H. (2004): „Enzyme-like proteins from an unselected library of designed amino acid sequences." – Protein Engineering, Design and Selection 17(1): 67–75.

Wei Z., Liang X., Pendlowski H., Hillier S., Suntornvongsagul K., Sihanonth P. & Gadd G. M. (2013): „Fungal biotransformation of zinc silicate and sulfide mineral ores." – Environ. Microbiol. 15(8): 2173–2186.

Weiner S. & Dove P. M. (2003): „An overview of biomineralization processes and the problem of the vital effect." – In Dove P. M., De Yoreo J. J. & Weiner S. (Hrsg.): „Biomineralization." – Rev. Min. & Geochem. 54: 1–29.

Weiss I. M. & Martin F. (2008): „The role of enzymes in biomineralization processes." – In Sigel A., Sigel H. & Sigel R. K. O. (Hrsg.): „Metal ions in life sciences." – Wiley Vol. 4: 71–126.

Welch J. T., Kearney W. R. & Franklin S. J. (2003): „Lanthanide-binding helix-turn-helix peptides: Solution structure of a designed metallonuclease." – PNAS 100(7): 3725–3730.

Welch S. A. & McPhail D. C. (2003): „Mobility of major and trace elements during biologically mediated weathering of granite." – In Roach I. C. Hrsg. „Advances in Regolith", CRC Leme: 437–440.

Welch S. A., Taunton A. E. & Banfield J. F. (2002): „Effect of microorganisms and microbial metabolites on apatite dissolution." – Geomicrobiol. Jour. 19: 343–367.

Welch S. A. & Banfield J. F. (2002): „Modification of olivine surface morphology and reactivity by microbial activity during chemical weathering." – Geochim. Cosmochim. Acta 66(2): 213–221.

Wensing A., Braun S. D., Büttner P., Expert D., Völksch B., Ullrich M. S. & Weingart H. (2010): „Impact of siderophore production by *Pseudomonas syringae pv. syringae 22d/93* on epiphytic fitness and biocontrol activity against *Pseudomonas syringae pv. glycinea 1a/96*." – Appl. Environ. Microbiol. 76(9): 2704–2711.

Whiteley C., Govender Y., Riddin T. & Rai M. (2011): „Enzymatic synthesis of platinum nanoparticles: prokaryote and eukaryote systems." – In Rai M. & Duran N. (Hrsg.): „Metal nanoparticles in microbiology", Springer Heidelberg : 103–134.

Wiatrowski H. A. & Barkay T. (2005): „Monitoring of microbial metal transformations in the environment." – Curr. Op. Biotechn. 16: 261–268.

Wiencek K. M. & Fletcher M. (1995): „Bacterial adhesion to hydroxyl- and methyl-terminated alkanethiol self-assembled monolayers." – Jour. Bacteriol. 177(8): 1959–1966.

Wierzchos J., Sancho L. G. & Ascaso C. (2004): „Biomineralization of endolithic microbes in rocks from the McMurdo Dry Valleys of Antarctica: implications for microbial fossil formation and their detection." – Environ. Microbiol. (8): 1–10.

Wierzchos J., Ascaso C., Sancho L. G. & Green A. (2003): „Iron-rich diagenetic minerals are biomarkers of microbial activity in Antarctic rocks." Geomicrobiol. Jour. 20: 15–24.

Wiesemann N., Mohr J., Grosse C., Herzberg M., Hause G., Reith F. & Nies D. H. (2013): „Influence of copper resistance determinants on gold transformation by *Cupriavidus metallidurans strain CH34*." Jour. Bacteriol. 195(10): 2298–2308.

Wiester M. J., Ulmann P. A. & Mirkin C. A. (2011): „Enzyme mimics based upon supramolecular coordination chemistry." – Angew. Chemie Int. Ed. 50(1): 114–137.

Williams D. N., Ehrman S. H. & Holoman T. R. P. (2006): „Evaluation of the microbial growth response to inorganic nanoparticles." – Jour. Nanobiotechnol. http://www.jnanobiotechnology.com/content/4/1/3

Willner I. & Katz E. (2000): „Redoxproteinschichten auf leitenden Trägern – Systeme für bioelektronische Anwendungen." Angew. Chemie 112(7): 1230–1269.

Willsky G. R. & Dosch S. F. (1986): „Vanadium metabolism in wild type and respiratory-deficient strains of S. cerevisiae." – Yeast 2(2): 77–85.

Wingard Jr. L. B. (1972): „Enzyme engineering." – Adv. Biochem. Engineer. 2: 1–48.

Winkler P. M., Ortega J., Karl T., Cappellin L., Friedli H. R., Barsanti K., McMurry P. H. & James N. Smith J. N. (2012): „Identification of the biogenic compounds responsible for size-dependent nanoparticle growth." – Geophys. Res. Lett. 39(20): L20815.

Wodara C. F., Bardischewsky F. & Friedrich C. G. (1997): „Cloning and characterization of sulphite dehydrogenase, two c-type cytochromes, and a flavoprotein of *Paracoccus denitrificans GB17*: essential role of sulfite dehydrogenase in lithotrophic sulfur oxidation." – Jour. Bacteriol. 179(16): 5014–5023.

Wolfenden R. (2003): „Thermodynamic and extrathermodynamic requirements of enzyme catalysis." – Biophys. Chem. 105(2–3): 559–572.

Woodyer R., Chem W. & Zhao H. (2004): „Outrunning nature: directed evolution of superior biocatalysts." – Jour. Chem. Edu. 81(1): 126–133.

Wright D. T. (1999): „The role of sulfate reducing bacteria and cyanobacteria in dolomite formation in distal lakes of the Coorong region, South Australia." – Sediment. Geol. 126: 147–157.

Wu J., Kim K. S., Lee J. H. & Lee Y. C. (2010): „Cloning, expression in *Escherichia coli*, and enzymatic properties of laccase from *Aeromonas hydrophila WL-11*." – Jour. Environ. Sci. (China) 22(4): 635–640.

Wu L., Jacobson A. D. & Hausner M. (2008): „Characterization of elemental release during microbe–granite interactions at T = 28 °C." – Geochim. Cosmochim. Acta 72(4): 1076–1095.

Wu W. F., Wang F. P., Li J. H., Yang X. W., Xiao X. & Pan Y. X. (2013): „Iron-reduction and mineralization of deep-sea iron reducing bacterium Shewanella piezotolerans WP3 at elevated hydrostatic pressures." – Geobiol. 11: 593–601.

Xie J., Chen K. & Chen X. (2009): „Production, modification and bio-applications of magnetic nanoparticles gestated by magnetotactic bacteria." – Nano. Res. 2(4): 261–278.

Xie J., Lee J. Y. & Wang D. I. C. (2007): „Synthesis of single-crystalline gold nanoplates in aqueous solutions through biomineralization by serum albumin protein." – Jour. Phys. Chem. C. 111(28): 10226–10232.

Xu F. (2005): „Applications of oxidoreductases: recent progress." – Industrial Biotechnol. 1(1): 38–50.

Xu X., Xia S., Zhou L., Zhang Z. & Rittmann (2015): „Bioreduction od vanadium (V) in groundwater by autohydrogentrophic bacteria: mechanisms and microorganisms." – Jour. Environ. Sci. 27: 122–128.

Yan L., Yue X., Zhang S., Chen P. Xu Z. Li Y. & Li H. (2012): „Biocompatibility evaluation of magnetosomes formed by Acidithiobacillus ferrooxidans." – Mat. Sci. Eng. C. 32(7): 1802–1807.

Yang Z. X., Liu S. Q., Zheng D. W. & Feng S. D. (2006): „Effects of cadium, zinc and lead on soil enzyme activities." – Jour. Environ. Sci. 18(6): 1135–1141.

Yang X. & Ma K. (2010): „Characterization of a thioredoxin-thioredoxin reductase system from the hyperthermophilic bacterium *Thermotoga maritima*." – Jour. Bacteriol. 192(5): 1370–1376.

Yao M., Lian B., Teng H. H., Tian Y. & Yang X. (2013): „Serpentine dissolution in the presence of bacteria Bacillus mucilaginosus." – Geomicrobiol. Jour. 30(1): 72–80.

Ye M., Li G., Liang W. Q. & Liu Y. H. (2010): „Molecular cloning and characterization of a novel metagenome-derived multicopper oxidase with alkaline laccase activity and highly soluble expression." – Appl. Microbiol. Biotechnol. 87(3): 1023–1031.

Yee N., Phoenix V. R., Konhauser K. O., Benning L. G. & Ferris F. G. (2003): „The effect of cyanobacteria on Si precipitation kinetics at neutral pH: implications for bacterial silicification in geothermal hot springs." – Chem. Geol. 99: 83–90.

Yin Y., Lü Y., Wu P. & Cai Ch. (2005): „Direct electrochemistry of redox proteins and enzymes promoted by carbon nanotubes." – Sensors 5: 220–234.

Yong P., Farr J. P. G., Harris I. R. & Macaskie L. E. (2002): „Palladium recovery by immobilized cells of *Desulfovibrio desulfuricans* using hydrogen as the electron donor in a novel electrobioreactor." – Biotechnol. Lett. 24: 205–212.

Yong Y.-C, Yang-Yang Yu Y.-Y., Li C.-M, Zhong J.-J.& Song H. (2011): „Bioelectricity enhancement via overexpression of quorum sensing system in *Pseudomonas aeruginosa*-inoculated microbial fuel cells." – Biosensor Bioelectronics 30(1): 87–92.

Youssef N. H., Farag I. F., Rinke C., Hallam S. J., Woyke T. & Mostafa S. Elshahed M. S. (2015): „In silico analysis of the metabolic potential and niche specialization of candidate Phylum ‚Latescibacteria' (WS3)." – PLOS One: 21 Seiten.

Yu F., Cangelosi V. M., Zastrow M. L., Tegoni M., Plegaria J. S., Tebo A. G., Mocny C. S., Ruckthong L., Qayyum H. & Vincent L. Pecoraro (2014): „Protein Design: Toward functional metalloenzymes." Chem. Rev. 114 (7): 3495–3578.

Yu F., Penner-Hahn J. E. & Pecoraro V. L. (2013): „De novo-designed metallopeptides with type 2 copper centers: Modulation of reduction potentials and nitrite reductase activities." – Jour. Am. Chem. Soc. 135(48): 18096–18107.

Yurkov V., Jappe J. & Vermeglio A. (1996): „Tellurite resistance and reduction by obligately aerobic photosynthetic bacteria." – Appl. Environ. Microbiol. 62(11): 4195–4198.

Zachara J. M., Kukkadapu R. K., Fredrickson J. K., Gorby Y. A. & Smith S. C. (2002): „Biomineralization of poorly crystalline Fe(III) oxides by dissimilatory metal reducing bacteria (DMRB)." – Geomicrobiol. Jour. 19(2): 179–207.

Zakaria Z. A., Zakaria Z., Surif S. & Ahmad W. A. (2007): „Hexavalent chromium reduction by *Acinetobacter haemolyticus* isolated from heavy-metal contaminated wastewater." – Jour. Haz. Mat. 146: 30–38.

Zannoni D., Borsetti F., Harrison J. J. & Turner R. J. (2008): „The bacterial response to the chalcogen metalloids Se and Te." – Adv. Microb. Physiol. 53: 1–72.

Zargar K., Hoeft S., Oremland R. & Saltikov C. W. (2010): „Identification of a novel arsenite oxidase gene, arxA, in the haloalkaliphilic, arsenite-oxidizing bacterium *Alkalilimnicola ehrlichii strain MLHE-1*." – Jour. Bact. 192(14): 3755–3762.

Zastrow M. L. & Pecoraro V. L. (2014): „Designing hydrolytic zinc metalloenzymes." – Biochemistry 53 (6): 957–978.

Zawadzka A. M., Crawford R. L. & Paszczynski A. J. (2007): „Pyridine-2,6-bis(thiocarboxylic acid) produced by *Pseudomonas stutzeri KC* reduces chromium(VI) and precipitates mercury, cadmium, lead and arsenic." – Biometals 20(2): 145–158.

[2]Zawadzka A. M., Vandecasteele F. J. P., Crawford R. L. & Paszczynski A. J. (2006): „Identification of siderophores of *Pseudomonas stutzeri*." – Can. Jour. Microbiol. 52: 1164–1176.

Zeitoun-Ghandour S., Charnock J. M., Hodson M. E., Leszczyszyn O. I., Blindauer C. A. & Stürzenbaum S. R. (2010): „The two *Caenorhabditis elegans* metallothioneins (*CeMT-1* and *CeMT-2*) discriminate between essential zinc and toxic cadmium." – FEBS Jour. 277(11): 2531–2542.

Zengler K. (2009): „Central role of the cell in microbial ecology." – Microbiol. Molecul. Biol. Rev. 73(4): 712–729.

Zerkle A. L., House C. H. & Brantley S. L. (2005): „Biogeochemical signatures through time as inferred from whole microbial genomes." – American Jour. Sci. 305: 467–502.

Zeytuni N., Ozyamak E., Ben-Harush K., Davidov G., Levin M., Gat Y., Moyal T., Brik A., Komeili A. & Zarivach R. (2011): „Self-recognition mechanism of MamA, a magnetosome-associated TPR-containing protein, promotes complex assembly." – PNAS 108(33): E480–E487.

Zhang C., Liu S., Phelps T. J., Cole D. R., Horita J., Fortier S. M., Elless M. & Valley J. W. (1997): „Physiochemical, mineralogical, and isotopic characterization of magnetite-rich iron oxides formed by thermophilc iron-reducing bacteria." – Geochim. Cosmochim. Acta 61(21): 4621–4632.

Zhang H. & Banfield J. F. (1998): Thermodynamic analysis of phase stability of nanocrystallin tita-nia." Jour. Mat. Chem. 8: 2073–2076.

Zhang H., Huang F., Gilbert B. & Banfield J. F. (2003): „Molecular dynamics simulations, thermody-namic analysis and experimental study of phase stability of zinc sulfide nanoparticles." – Jour. Phys. Chem. B 107: 13051–13060.

[1]Zhang J., Dong H. L., Zhao L. D., McCarrick R. & Agrawal A. (2014): „Microbial reduction and precipi-tation of vanadium by mesophilic and thermophilic methanogens." – Chem. Geol. 370: 29–39.

Zhang S., Lu H. & Lu Y. (2013): „Enhanced stability and chemical resistance of a new nanoscale bio-catalyst for accelerating CO_2 absorption into a carbonate solution." – Environ. Sci. Technol. 47(23): 13882–13888.

Zhang X., Tervo C. J. & Reed J. L. (2016): „Metabolic assessment of E. coli as a biofactory for commer-cial products." – Metabolic Eng. 35: 64–74.

Zhang Y., Arugula M., Williams S. & Simonian A. (2015): „Layer-by-layer assembled enzyme cascade bioanode for catalyzing oxidation of sucrose." – ECS Trans 66(36): 9–17.

[1]Zhang Y., Cherney M. M., Solomonson M., Liu J., James M. N. & Weiner J. H. (2009): „Preliminary X-ray crystallographic analysis of sulfide:quinone oxidoreductase from Acidithiobacillus fer-rooxidans." – Acta Crystallogr Sect. F Struct. Biol. Cryst. Commun. 65(8): 839–842.

[2]Zhang Y. B., Monchy S., Greenberg B., Mergeay M., Gang O., Taghavi S. & van der Lelie D. (2009): „ArsR arsenic-resistance regulatory protein from Cupriavidus metallidurans CH34." – Antonie Van Leeuwenhoek 96(2): 161–170.

Zhao H. (2013): „Synthetic biology: tools and application." – Elsevier S&T pdf eBook: 352 Seiten

Zhao Y., Wei M., Lu J., Wang Z. L. & Duan X. (2009): „Biotemplated hierachical nanostructure of lay-ered double hydroxides with improved photocatalysis performance." – ACS Nano: 8 Seiten.

Zhao H., Chockalingam K. & Chen Z. (2002): „Directed evolution of enzymes and pathways for indus-trial biocatalysis." Curr. Opin. Biotechnol. 13(2): 104–110.

[1]Zhou D. & Arturo A. Keller A. A. (2010): „Role of morphology in the aggregation kinetics of ZnO nanoparticles." – Water Res. 44(9): 2948–2956.

Zhmodik S. M., Kalinin Y. A., Roslyakov N. A., Mironov A. G., Mikhlin Y. L., Belyanin D. K., Nemi-rovskaya N. A., Spiridonov A. M., Nesterenko G. V., Airiyants E. V., Moroz T. N. & Bul'bak T. A. (2012): Nanoparticles of noble metals in the supergene zone." – Geo. Ore Dep. 54(2): 141–154.

Zuo Y., Xing D., Regan J. M. & Logan B. E. (2008): „Isolation of the exoelectrogenic bacterium Ochrobactrum anthropi YZ-1 by using a u-tube microbial fuel cell." – Appl. Environ. Microbiol. 74(10): 3130–3137.

URLs (Stand März 2016)

Berkeley Lab /Lawrence Berkeley National Laboratory – http://newscenter.lbl.gov/news-releases/2011/11/09/gene-map-of-sulfate-reducing-bacterium/

BIOCYC/Database collection – http://biocyc.org/

Biomine Skellefta – wiki.biomine.skelleftea.se

BRENDA/The comprehensive enzyme database system – http://www.brenda-enzymes.info/

Bundesinstitut für Risikobewertung (BfR): http://www.bfr.bund.de/de/start.html

Chemieonline – http://www.chemieonline.de/forum/showthread.php?t=147785

CliffsNotes – http://www.cliffsnotes.com/sciences/biology/biochemistry-i/enzymes/six-types-of-enzyme-catalysts

Cordis – http://cordis.europa.eu/news/rcn/10266_en.html

EMBL-EBI – http://www.ebi.ac.uk/thornton-srv/databases/MACiE/

EU – http://www.eu-koordination.de/umweltnews/news/chemie/1112-was-ist-nanomaterial-definition-der-eu-kommission

EU NanoCap – The environmental risks of nanoparticles: http://www.nanocap.eu/Flex/Site/Pageb89f.html

European Chemicals Agency (ECHA): http://echa.europa.eu/web/guest

ExPASy – Bioinformatics Information Portal: http://enzyme.expasy.org/contact

ExplorEnz – The enzyme database – http://www.enzyme-database.org/index.php

EzCatDB – A database of enzyme catalytic mechanisms – http://mbs.cbrc.jp/EzCatDB/ezcat.html

Idw Informationsdienst Wissenschaft – https://idw-online.de/de/image116466

Informationsdienst Wissenschaft e.V. (idw), Eberhard Karls Universität Tübingen (2010) – http://idw-online.de/pages/de/news370736

International Union of Crystallography (IUCr) – http://journals.iucr.org/d/issues/2004/11/00/bw5056/bw5056fig1mag.jpg

Jakubowski H. (2013), College of Saint Benedict, Saint John's University/New York – http://employees.csbsju.edu/hjakubowski/classes/ch331/catalysis/olcatorgsolv.html

Krotz D. – http://www.lbl.gov/Science-Articles/Archive/ESD-protein-sweepers.html

MACiE – http://www.ebi.ac.uk/thornton-srv/databases/Metal_MACiE/TotalList.html

Metal MACiE – http://www.ebi.ac.uk/thornton-srv/databases/Metal_MACiE/home.html

Marine Geoscience Electron Microscopy Facility at the Naval Research Laboratory/Naval Research Laboratory, Marine Geosciences Division Stennis Space Center, MS 39529 – http://www7430.nrlssc.navy.mil/facilities/emf/metalreduction.htm

MPG Max-Planck-Gesellschaft: Pressemitteilung 2012 – http://www.mpg.de/503308/pressemitteilung20051118

METACYC – http://metacyc.org/

MeteorologyNetwork.com 2013- http://www.meteorologynetwork.com/index.htm

Mount J. & Johnstone M. B. (2008), ScienceAsArt, Clemson University – http://www.scienceasart.org/past/2008/all/place/1/21

Müller W. E.G, Inst Physiol. Chemie/JGU (2012) – http://www.uni-mainz.de/presse/29674.php

NanoComposix 2014 – http://nanocomposix.com/products/silver/plates

Naval Research Laboratory – http://www7430.nrlssc.navy.mil/facilities/emf/metalreduction.htm

Oficina de Transferencia de Resultados de Investigación (OTRI), Universitad Complutense Madrid – http://pendientedemigracion.ucm.es/info/otri/complutecno/fichas/tec_aballester1.htm

Schüler (2012): AG Marine Mikrobiologie am MPI Bremen: http://www.mpg.de

SFLD/Sructure Function Linkage Database – http://sfld.rbvi.ucsf.edu/django/

SIGMA-ALDRICH – http://www.sigmaaldrich.com

Simpson et al. 2005 – http://iopscience.iop.org/1742-6596/17/1/017/pdf/jpconf5_17_017.pdf

Stoker 2013/NASA, Ames Rsearch Centre – http://en.wikipedia.org/wiki/File:Rio_tinto_river_CarolStoker_NASA_Ames_Research_Center.jpg

TECRdb – Thermodynamics Enzyme-Catalyzed Reactions – http://xpdb.nist.gov/enzyme_thermodynamics/

The Birchall Centre, Keele University Staffordshire – http://www.keele.ac.uk/aluminium/introduction/

Thomm M. Prof. Dr, Lehrstuhl für Mikrobiologie, Universität Regensburg – http://www.biologie.uni-regensburg.de/Mikrobio/Thomm/Arbeitsgebiete/pyrit.html

University Arizona Geosciences – http://www.geo.arizona.edu/xtal/nats101/9_8.jpg

USGS, Human Health/Medical Geology – http://energy.usgs.gov/HealththeEnvironment/EcosystemsHumanHealth/MedicalGeology/tabid/92/Agg1063_SelectTab/1/Default.aspx

Wiki 2013 – http://en.wikipedia.org/wiki/File:GoldinPyriteDrainage_acide.JPG

Wikipedia (2014) – http://upload.wikimedia.org/wikipedia/commons/2/2e/Gallionella_ferruginea_in_Korrosionsprodukt.jpg

Subkapitel

Mikroorganismen

www.ingramcontent.com/pod-product-compliance
Lightning Source LLC
Chambersburg PA
CBHW082033230326

41598CB00081B/4566